中文版 AutoCAD2015
园林设计与施工图绘制实例教程

◎ 麓山工作室　编著

机械工业出版社

本书是一本 AutoCAD 2015 园林设计案例教程，全书按照园林制图的流程，并结合实际工程案例，通过 5 大园林设计综合案例+142 个课堂小实例+1000 分钟高清视频教学+2000 张园林、室内建筑图块，详细讲解了使用 AutoCAD 2015 进行园林设计与制图的方法和技巧。

本书共分 3 篇 22 章，第 1 篇为 AutoCAD 基础篇，介绍了园林设计基础、AutoCAD 的工作界面、绘图环境设置、辅助绘图工具，显示控制、图形绘制、图形编辑、图层等基础知识，使读者快速熟悉并掌握 AutoCAD 这一强有力的绘图工具；第 2 篇为园林设计篇，本篇结合一个小型别墅庭院园林实例，分别介绍了园林围墙、园林水体、园林山石、园林建筑、园路、铺装、植物、园灯、文字与表格、尺寸标尺、园林建筑立面图和详图的设计及施工图绘制方法；第 3 篇为综合实例篇，通过住宅小区园林景观、校园中心广场、办公楼景观和城市道路绿地 4 个大型案例，综合讲解了不同特色、不同类型的园林设计思路和施工图绘制技巧。

本书附 DVD 光盘，内容包含全书所有实例的源文件以及长达 1000 分钟的高清语音视频教学，手把手的生动讲解，可以帮助读者轻松自如地学习本书，提高学习兴趣和效率。并同时赠送 5 小时 AutoCAD 基础功能视频讲解，详细讲解了 AutoCAD 各个命令和功能的含义和用法，以及 2000 多张各类园林、室内和建筑 CAD 图块，可以即调即用，大幅提高您的工作效率。

本书内容丰富，结构层次清晰，讲解深入细致，范例典型，具有很强的操作性和实用性。可适合广大园林设计人员、AutoCAD 绘图人员和大专院校学生阅读，既可作为各大中专院校相关专业的辅助教材，也可作为 AutoCAD 培训学员用于增强操作能力的辅助教材，还可以用作相关技术人员和自学者提高专业技能的参考用书。

图书在版编目（CIP）数据

中文版 AutoCAD2015 园林设计与施工图绘制实例教程/麓山工作室编著.
—3 版. —北京：机械工业出版社，2014.10
ISBN 978-7-111-47766-2

Ⅰ. ①中…　Ⅱ. ①麓…　Ⅲ. ①园林设计—计算机辅助设计—AutoCAD 软件—教材　Ⅳ. ①TU986.2-39

中国版本图书馆 CIP 数据核字(2014)第 195761 号

机械工业出版社（北京市百万庄大街 22 号　邮政编码 100037）
策划编辑：曲彩云　　　　责任印制：刘　岚
北京中兴印刷有限公司印刷
2014 年 10 月第 3 版第 1 次印刷
184mm×260mm · 29.25 印张 · 722 千字
0001—4000 册
标准书号：ISBN 978-7-111-47766-2
　　　　　ISBN 978-7-89405-488-3（光盘）
定价：78.00 元（含 1DVD）
凡购本书，如有缺页、倒页、脱页，由本社发行部调换

电话服务	网络服务
社服务中心：（010）88361066	教材网: http://www.cmpedu.com
销售一部：（010）6832629	机工官网：http://www.cmpbook.com
销售二部：　（010）88379649	机工官博：http://weibo.com/cmp1952
读者购书热线：（010）88379203	**封面无防伪标均为盗版**

前言

园林设计就是在一定的地域范围内，运用园林艺术和工程技术手段，通过改造地形（或进一步筑山、叠石、理水）、种植树木花草、营造建筑和布置园路等途径创作而建成的美的自然环境和生活、游憩境域的过程。

随着我国社会的发展，经济的繁荣和文化水平的提高，人们对自己所居住、生存的环境表现出越来越普遍的关注，并提出越来越高的要求。特别是久居钢筋水泥都市的现代人，面对紧张的都市生活、巨大的工作压力，更是无限向往回归自然，去体验大自然的原始和寂静，感受自在悠闲的休闲时光。于是园林设计就发展成为一门值得深入学习和研究的学科。园林设计这门学科所涉及的知识面较广，它包括文学、艺术、生物、生态、工程、建筑等诸多领域，同时，又要求综合各学科知识统一于园林艺术之中。

AutoCAD 是 Autodesk 公司开发的计算机辅助设计软件，在世界工程设计行业中的使用相当广泛，例如建筑、机械、电子、服装、气象、地理等领域。一般的建筑、规划、装饰、景观等方面的设计公司都采用 AutoCAD 来绘制二维图形。

AutoCAD 以其灵活的操作、强大的绘制功能、高效率的工作方式，已经逐步取代手工制图，成为园林设计人员必不可少的辅助设计工具。

本书按照园林制图的流程，结合实际案例，详细讲解了使用 AutoCAD 2015 进行园林设计和制图的方法和技巧。

● 本书的特色

1. 内容丰富　知识全面	2. 步骤详细　可操作性强
从园林设计基础开始，按照园林设计的流程，分别介绍了围墙、水体、山石、建筑、园路、植物、园灯、文字和尺寸标注等设计和制图知识，内容系统全面，涵盖了整个园林设计和制图的知识点	每章首先介绍相关的理论知识，然后以工程案例介绍具体的制图方法，讲解细致，步骤详细，理论与实践完美结合

3. 工程案例　贴近实际	4. 视频讲解　效率翻倍
所有实例都是已经施工了的实际工程案例，包括别墅庭院园林、住宅小区园林和大学中心广场绿地，都是比较常见的园林工程类型，贴近实际，具有极强的代表性，读者可以快速积累相关的设计经验	书中配套光盘收录全书所有实例的长达1000分钟的高清语音视频教学，可以在家享受专家课堂式的讲解，成倍提高学习兴趣和效率

● 适合的读者

- 园林设计及绘图人员
- 大学/大专/中专院校的学生
- AutoCAD社会培训或自学者
- 景观园林设计专业的学生或从业人员

● 适合的AutoCAD版本

本书采用AutoCAD2015中文版进行编写，但本书使用的软件功能AutoCAD 2006、2007、2008、2009、2010、2011、2012、2013、2014等版本同样具备，因此本书可以适合AutoCAD各版本读者阅读使用。

● 本书编者

本书由麓山工作室编著，参加编写的有：陈志民、江凡、张洁、马梅桂、戴京京、骆天、胡丹、陈运炳、申玉秀、李红萍、李红艺、李红术、陈云香、陈文香、陈军云、彭斌全、林小群、刘清平、钟睦、刘里锋、朱海涛、廖博、喻文明、易盛、陈晶、张绍华、黄柯、何凯、黄华、陈文轶、杨少波、杨芳、刘有良、刘珊、赵祖欣、齐慧明等。

由于编者水平有限，书中错误、疏漏之处在所难免。在感谢您选择本书的同时，也希望您能够把对本书的意见和建议告诉我们。

售后服务邮箱：lushanbook@gmail.com

读 者 QQ 群：327209040

编　者

目录

前 言

第1篇 AutoCAD基础篇

第1章 园林设计与AutoCAD制图……1
1.1 园林设计基础……2
1.1.1 园林设计概述……2
1.1.2 园林的分类……2
1.1.3 园林设计的原则……3
1.1.4 园林设计的发展趋势……3
1.1.5 园林设计构成要素……4
1.1.6 园林设计相关软件简介……6
1.2 AutoCAD 2015操作基础……9
1.2.1 AutoCAD的操作界面……9
1.2.2 AutoCAD执行命令的方式……12
1.2.3 设置绘图环境……13
1.2.4 设置系统运行环境……15
1.2.5 坐标系……16
1.2.6 图形显示控制……18
1.2.7 捕捉和追踪……21
1.3 课后练习……25

第2章 绘制二维基本图形……27
2.1 绘制点对象……28
2.1.1 设置点样式……28
2.1.2 绘制单点……28
2.1.3 绘制多点……29
2.1.4 绘制定数等分点……29
2.1.5 绘制定距等分点……30
2.2 绘制直线型对象……31
2.2.1 绘制直线……31
2.2.2 绘制射线……32
2.2.3 绘制构造线……32
2.2.4 绘制多段线……33
2.2.5 绘制多线……34
2.3 绘制多边形对象……37
2.3.1 绘制矩形……37
2.3.2 绘制正多边形……39
2.4 绘制曲线对象……40
2.4.1 绘制样条曲线……40
2.4.2 绘制圆和圆弧……40
2.4.3 绘制圆环……42
2.4.4 绘制椭圆和椭圆弧……43
2.4.5 绘制修订云线……43
2.5 课后练习……45

第3章 图形的编辑……46
3.1 选择对象的方法……47
3.1.1 点选对象……47
3.1.2 框选对象……47
3.1.3 栏选对象……48
3.1.4 围选对象……48
3.1.5 套索选择……49
3.1.6 快速选择……49
3.2 移动和旋转对象……50
3.2.1 移动对象……50
3.2.2 旋转对象……51
3.3 复制、镜像、偏移和阵列对象……52
3.3.1 复制对象……52
3.3.2 镜像对象……53
3.3.3 偏移对象……54
3.3.4 阵列对象……55
3.4 删除、拉伸、修剪和延伸对象……58
3.4.1 删除对象……58
3.4.2 拉伸对象……58
3.4.3 修剪对象……59
3.4.4 延伸对象……61
3.5 缩放、打断、合并和分解对象……62
3.5.1 缩放对象……62
3.5.2 打断对象……63

3.5.3 合并对象……63
3.5.4 分解对象……64
3.6 倒角和圆角对象……64
3.6.1 倒角对象……64
3.6.2 圆角对象……65
3.7 使用夹点编辑对象……66
3.7.1 使用夹点拉伸对象……66
3.7.2 使用夹点移动对象……66
3.7.3 使用夹点旋转对象……66
3.7.4 使用夹点缩放对象……66
3.7.5 使用夹点镜像对象……66
3.8 课后练习……67

第 4 章 图层的应用……68
4.1 图层的创建和特性的设置……69
4.1.1 创建新图层和重命名图层……70
4.1.2 图层特性的设置……71
4.2 控制图层状态……75
4.2.1 打开与关闭图层……75
4.2.2 冻结与解冻图层……76
4.2.3 锁定与解锁图层……76
4.2.4 设置当前图层……76
4.2.5 删除多余图层……76
4.3 转换图层……77
4.4 课后练习……78

第 2 篇 园 林 设 计 篇

第 5 章 园林围墙的设计与绘图……79
5.1 园林围墙设计基础……80
5.1.1 园林围墙的功能……80
5.1.2 园林围墙的分类……80
5.1.3 园林围墙的设计……82
5.2 绘制别墅庭院围墙……84
5.2.1 绘制墙柱和大门立柱……84
5.2.2 绘制围墙……88
5.2.3 填充墙柱和大门立柱……89
5.2.4 绘制门图形……89
5.3 绘制别墅平面图……92
5.3.1 绘制轴网……92
5.3.2 绘制墙体……93
5.3.3 开门窗洞……95
5.3.4 绘制门窗……96
5.3.5 绘制旋转楼梯……98
5.3.6 绘制墙柱……100
5.3.7 绘制其他图形……102
5.3.8 合并图形……103
5.4 课后练习……104

第 6 章 园林水体设计与绘图……106
6.1 园林水体设计基础……107
6.1.1 园林水体的功能……107
6.1.2 园林水体的形式……108
6.1.3 水体景观的设计……111
6.2 水体的表现方法……114
6.2.1 水平面表示方法……114
6.2.2 水立面表示方法……115
6.3 绘制景观水池……116
6.3.1 绘制池岸……116
6.3.2 绘制叠水……117
6.3.3 绘制水面景观……119
6.4 绘制生态鱼池……120
6.5 课后练习……122

第 7 章 园林山石设计与绘图……124
7.1 园林山石设计基础……125
7.1.1 园林山石的功能……125
7.1.2 园林山石的分类……126
7.1.3 假山的类型……126
7.1.4 置石石材的选择……128
7.1.5 置石的类型和布置手法……129
7.1.6 园林山石的设计要点……131
7.2 山石和石块的表现方法……133
7.2.1 石块的画法……133
7.2.2 山石的画法……134
7.3 绘制景石……134
7.3.1 绘制池岸景石……135

7.3.2 绘制绿地景石 136
7.4 绘制山石汀步和叠水假山 136
7.4.1 使用"徒手画线"命令绘制汀步 137
7.4.2 使用"多段线"命令绘制汀步 138
7.4.3 绘制叠水假山 138
7.5 课后练习 139

第 8 章 园林建筑设计与绘图 141

8.1 园林建筑设计基础 142
8.1.1 园林建筑的功能 142
8.1.2 园林建筑的分类 142
8.1.3 园林建筑的设计 144
8.2 绘制亲水平台和观水长廊 147
8.2.1 绘制平台 147
8.2.2 绘制台阶 148
8.2.3 添加平台桌椅 149
8.2.4 绘制观水长廊桌椅 149
8.3 绘制景观亭 151
8.3.1 绘制景观亭基座和亭顶 151
8.3.2 填充亭顶和地面材料 151
8.3.3 绘制台阶 152
8.4 绘制花架 153
8.4.1 绘制横梁 154
8.4.2 绘制立柱 154
8.4.3 绘制花架顶部木枋 155
8.5 绘制其他园林建筑 156
8.5.1 绘制黄色鱼眼沙地和烧烤炉 156
8.5.2 绘制树池 162
8.5.3 绘制艺术花钵基座、台阶、矮砖墙和景墙 164
8.5.4 绘制门廊花坛及抽水井 167
8.6 课后练习 169

第 9 章 园路设计与绘图 171

9.1 园路设计基础 172
9.1.1 园路的功能 172
9.1.2 园路的组成 173
9.1.3 园路的分类 174
9.1.4 园路的设计 177
9.2 绘制园路 181
9.2.1 绘制主园路 181
9.2.2 绘制景观水池汀步 182
9.2.3 绘制嵌草步石 183
9.2.4 绘制块石园路 185
9.3 课后练习 187

第 10 章 园林铺装设计与绘图 188

10.1 园林铺装设计基础 189
10.1.1 园林铺装的功能 189
10.1.2 铺装的形式 189
10.2 园林铺装的表现方法 193
10.2.1 填充预定义图案 193
10.2.2 填充自定义的图案 197
10.3 绘制园林铺装 198
10.3.1 绘制观水廊铺装 198
10.3.2 绘制门廊铺装 199
10.3.3 绘制黄色鱼眼沙地台铺装 199
10.4 绘制别墅室内铺装 200
10.4.1 绘制室内拼花 200
10.4.2 绘制室内装饰及家具 202
10.4.3 绘制室内铺装 204
10.5 课后练习 208

第 11 章 园林地形设计与绘图 209

11.1 园林地形的功能 210
11.1.1 利用地形排水 210
11.1.2 改善种植条件 210
11.1.3 丰富园林景观 210
11.1.4 分隔园林空间 211
11.2 园林地形的类型 211
11.2.1 平地式 211
11.2.2 斜坡式 211
11.2.3 土丘式 211
11.2.4 沟壑式 212
11.2.5 下沉式 212
11.3 园林地形设计 212
11.3.1 园林地形处理原则 212
11.3.2 不同类型的地形处理技巧 213
11.4 绘制别墅庭院地形设计平面图 215
11.4.1 绘制等高线 216
11.4.2 绘制水体标高 219
11.5 课后练习 220

第 12 章 园林植物设计与绘图………… 221

12.1 园林植物设计基础…………………………… 222
12.1.1 园林植物的功能 …………………… 222
12.1.2 园林植物的应用 …………………… 228
12.1.3 园林植物设计 ……………………… 230
12.2 植物的画法 ……………………………… 232
12.2.1 植物的平面画法 …………………… 232
12.2.2 植物的立面画法 …………………… 235
12.2.3 种植设计图概述 …………………… 235
12.3 绘制乔木 ………………………………… 236
12.3.1 绘制桂花 …………………………… 236
12.3.2 绘制木棉 …………………………… 237
12.3.3 绘制狐尾椰子 ……………………… 238
12.3.4 绘制幌伞枫 ………………………… 239
12.4 绘制灌木 ………………………………… 239
12.4.1 绘制黄金叶球 ……………………… 240
12.4.2 绘制四季桂花 ……………………… 240
12.4.3 绘制灰利球 ………………………… 241
12.4.4 绘制绿篱 …………………………… 242
12.4.5 为植物块定义属性 ………………… 242
12.4.6 绘制种植轮廓线 …………………… 244
12.5 配置别墅庭院植物 ……………………… 245
12.5.1 绘制地被植物 ……………………… 245
12.5.2 布置乔、灌木 ……………………… 247
12.5.3 绘制室内绿化 ……………………… 249
12.6 课后练习 ………………………………… 250

第 13 章 园灯设计与绘图 ………………… 251

13.1 园灯设计基础 …………………………… 252
13.1.1 园灯的构造 ………………………… 252
13.1.2 园灯的分类 ………………………… 252
13.1.3 园林照明的类型 …………………… 254
13.1.4 园林照明的运用 …………………… 255
13.2 绘制别墅庭院照明总平面图 …………… 257
13.2.1 绘制园灯平面图例 ………………… 257
13.2.2 布置园灯 …………………………… 260
13.2.3 绘制连线 …………………………… 262
13.3 课后练习 ………………………………… 262

第 14 章 园林施工图文字与表格……… 264

14.1 输入文字 ………………………………… 265
14.1.1 设置文字样式 ……………………… 265
14.1.2 输入文字 …………………………… 266
14.1.3 编辑文字 …………………………… 270
14.2 绘制表格 ………………………………… 270
14.2.1 创建表格样式 ……………………… 270
14.2.2 绘制图框 …………………………… 271
14.2.3 插入表格 …………………………… 272
14.2.4 输入文字 …………………………… 273
14.2.5 创建表格属性块 …………………… 274
14.2.6 用属性提取创建统计表 …………… 275
14.3 课后练习 ………………………………… 277

第 15 章 园林施工图尺寸标注 ……… 279

15.1 标注样式 ………………………………… 280
15.1.1 创建标注样式 ……………………… 280
15.1.2 创建标注样式子样式 ……………… 282
15.2 创建标注 ………………………………… 283
15.2.1 创建直线标注 ……………………… 283
15.2.2 创建弧线标注 ……………………… 284
15.2.3 创建引线标注 ……………………… 285
15.3 编辑标注 ………………………………… 286
15.3.1 修改图形和标注 …………………… 287
15.3.2 仅修改标注 ………………………… 287
15.3.3 为标注添加前缀 …………………… 288
15.3.4 修改箭头大小 ……………………… 288
15.4 课后练习 ………………………………… 290

第 16 章 绘制园林制图符号及定位方格网 · 292

16.1 绘制标高符号 …………………………… 293
16.2 绘制索引符号和详图索引 ……………… 294
16.2.1 绘制索引符号 ……………………… 295
16.2.2 绘制详图索引 ……………………… 297
16.3 绘制指北针 ……………………………… 297
16.4 绘制定位方格网 ………………………… 298
16.5 课后练习 ………………………………… 300

第 17 章 园林建筑立面图和详图设计 · 301

17.1 建筑小品设计 …………………………… 302
17.1.1 花架 ………………………………… 302
17.1.2 花池 ………………………………… 304

17.1.3 栏杆 …… 305
17.2 花架立面图和详图设计 …… 306
17.2.1 绘制花架立面图 …… 306
17.2.2 绘制花架剖面大样图 …… 316
17.3 雕塑池详图设计 …… 321
17.3.1 绘制总体剖面图 …… 321
17.3.2 绘制花池剖面图 …… 323
17.3.3 绘制园椅详图 …… 325
17.4 景观亭立面图设计 …… 330
17.4.1 绘制台阶 …… 331
17.4.2 绘制栏杆扶手柱 …… 332
17.4.3 绘制栏杆 …… 334
17.4.4 绘制亭立面图 …… 335
17.5 水池详图设计 …… 337
17.5.1 水池总体平面布置图 …… 337
17.5.2 绘制 A-A 剖面图 …… 337
17.5.3 绘制 B-B 剖面图 …… 341
17.5.4 绘制 C-C 剖面图 …… 343
17.6 花池详图设计 …… 346
17.6.1 绘制花池平面图 …… 346
17.6.2 绘制花池剖面图 …… 348
17.7 生态鱼池详图设计 …… 349
17.7.1 绘制 A-A 剖面图 …… 350
17.7.2 绘制木平台桩位平面布置图 …… 351
17.8 景墙详图设计 …… 352
17.8.1 绘制景墙平面图 …… 352
17.8.2 绘制景墙展开立面图 …… 353
17.9 园林木桥详图绘制 …… 355
17.9.1 园林木桥平面图 …… 355
17.9.2 园林木桥正立面图 …… 360
17.9.3 园林木桥侧立面图 …… 363
17.10 课后练习 …… 364

第 18 章 园林施工图打印方法与技巧 · 366

18.1 模型空间打印 …… 367
18.1.1 调用图框 …… 367
18.1.2 页面设置 …… 368
18.1.3 打印输出 …… 369
18.2 图纸空间打印 …… 370
18.2.1 进入布局环境 …… 370
18.2.2 页面设置 …… 370
18.2.3 创建多个视口 …… 371
18.2.4 加入图框 …… 373
18.2.5 打印输出 …… 373
18.3 课后练习 …… 375

第 3 篇 综合实例篇

第 19 章 住宅小区园林设计实例 …… 376

19.1 绘制园林水体 …… 378
19.2 绘制园路 …… 379
19.3 绘制园林小品 …… 379
19.3.1 绘制景石 …… 379
19.3.2 绘制园桥 …… 380
19.3.3 绘制景观亭 …… 382
19.3.4 绘制花架 …… 385
19.3.5 绘制喷水池 …… 388
19.4 绘制铺装 …… 389
19.5 绘制植物 …… 391
19.5.1 地被植物的绘制 …… 391
19.5.2 乔灌木的绘制 …… 396
19.6 标注引出文字 …… 398
19.7 课后练习 …… 400

第 20 章 校园中心广场景观设计实例 · 401

20.1 绘制主体轮廓 …… 403
20.1.1 绘制轴线 …… 403
20.1.2 绘制道路轮廓线 …… 404
20.1.3 绘制轴线景观轮廓线 …… 405
20.2 绘制轴线景观 …… 407
20.2.1 绘制轴线硬质景观 …… 407
20.2.2 绘制轴线水景 …… 416
20.3 绘制广场周围景观和设施 …… 420
20.3.1 绘制艺术矮墙和座凳 …… 420
20.3.2 插入图块 …… 421
20.3.3 填充水体 …… 422

20.4 绘制植物和引线标注……423
20.4.1 地被植物的绘制……423
20.4.2 插入乔灌木图块……424
20.4.3 引线标注……425
20.5 课后练习……426

第 21 章 办公楼景观设计实例……427
21.1 绘制主体轮廓……429
21.1.1 绘制内部道路……429
21.1.2 绘制景观轮廓线……430
21.2 绘制办公楼广场周围景观和设施……437
21.2.1 绘制休闲石桌……437
21.2.2 绘制汀步……438
21.2.3 绘制花池和灯柱……438
21.2.4 绘制休闲长凳和毛石……439
21.2.5 绘制台阶……440
21.2.6 填充材料图例……441
21.3 绘制景观植物和引线标注……442
21.3.1 绘制地被植物……442
21.3.2 插入乔灌木图块……443
21.3.3 引线标注和文字标注……443
21.4 课后练习……445

第 22 章 城市道路绿地设计实例……447
22.1 绘制整体轮廓……448
22.1.1 绘制道路轮廓……448
22.1.2 绘制绿化隔离带……449
22.2 绘制绿地景观元素……451
22.2.1 绘制小广场花坛……451
22.2.2 绘制园路……452
22.2.3 绘制其他景观元素……452
22.3 绘制植物……453
22.4 课后练习……455

第1章 园林设计与AutoCAD制图

本章导读

随着我国社会的发展，经济的繁荣和文化水平的提高，人们对自己所居住、生存的环境表现出越来越普遍的关注，并提出越来越高的要求。作为一门环境艺术，园林设计的目的就是为了创造出景色如画、环境舒适、健康文明的优美环境。

作为全书的开篇，本章将介绍园林设计与制图的一些基础知识，使读者对园林设计和 AutoCAD 园林制图有一个大概的了解。

本章重点

- AutoCAD 的操作界面
- AutoCAD 执行命令的方式
- 设置绘图环境
- 设置系统运行环境
- 坐标系
- 图形显示控制
- 捕捉和追踪

1.1 园林设计基础

园林设计是一门研究如何应用艺术和技术手段处理自然、建筑和人类活动之间的复杂关系，使其达到和谐完美、生态良好、景色如画之境界的一门学科。园林设计这门学科所涉及的知识面非常广，它包含文学、艺术、生物、生态、工程、建筑等诸多领域。

1.1.1 园林设计概述

园林，就是在一定的地域运用工程技术和艺术手段，通过改造地形（或进一步筑山、叠石、理水）、种植树木花草、营造建筑和布置园路等途径创作而成的美的自然环境和游憩境域。园林包括庭园、宅园、小游园、花园、公园、植物园、动物园等，随着园林学科的发展，还包括森林公园、风景名胜区、自然保护区和国家公园的游览区以及休养胜地。

按照现代人的理解，园林不只是作为游憩之用，而且具有保护和改善环境的功能。植物可以吸收二氧化碳，放出氧气，净化空气；能够在一定程度上吸收有害气体、吸附尘埃、减轻污染；可以调节空气的温度、湿度，改善小气候；还有减弱噪声和防风、防火等防护作用。尤为重要的是园林在人们心理上和精神上的有益作用，游憩在景色优美和安静的园林中，有助于消除长时间工作带来的紧张和疲乏，使脑力和体力均得到恢复。此外，园林中的文化、游乐、体育、科普教育等活动，更可以丰富知识、充实精神生活。

1.1.2 园林的分类

古今中外的园林，尽管内容极其丰富多样，风格也各自不同；如果按照山、水、植物、建筑四者本身的经营和它们之间的组合关系来加以考查，则不外乎以下四种形式：

1. 规整式园林

此种园林的规划讲究对称均齐的严整性，讲究几何形式的构图。建筑物的布局固然是对称均齐的，即使植物配置和筑山理水也按照中轴线左右均衡的几何对位关系来安排，着重于强调园林总体和局部的图案美，如图 1-1 所示。

2. 风景式园林

此种园林的规划与前者恰好相反，讲究自由灵活而不拘一格。一种情况是利用天然的山水地貌并加以适当的改造和剪裁，在此基础上进行植物配置和建筑布局，着重于精炼而概括地表现天然风致之美。另一种情况是将天然山水缩移并模拟在一个小范围之内，通过“写意”式的再现手法而得到小中见大的园林景观效果。我国的古代园林都属于风景式园林，如图 1-2 所示。

3. 混合式园林

混合式园林即为规整式与风景式相结合的园林。

4. 庭园

以建筑物从四面或三面围合成一个庭院空间，在这个比较小而封闭的空间里面点缀山

池，配置植物。庭院与建筑物特别是主要厅堂的关系很密切，可视为室内空间向室外的延伸。

图 1-1 规整式园林

图 1-2 风景式园林

1.1.3 园林设计的原则

“适用、经济、美观”是园林设计必须遵循的原则。

在园林设计过程中，“适用、经济、美观”三者之间不是孤立的，而是紧密联系不可分割的整体。单纯追求“适用、经济”，不考虑园林艺术的美感，就要降低园林艺术水准，失去吸引力，不受广大群众的喜欢；如果单纯地追求美观，不全面考虑到适用和经济问题，就可能产生某种偏差或缺乏经济基础而导致设计方案成为一纸空文。所以，园林设计工作必须在适用和经济的前提下，尽可能地做到美观，美观必须与适用、经济协调起来，统一考虑，最终创造出理想的园林艺术作品。

1.1.4 园林设计的发展趋势

随着社会的发展，新技术的崛起和进步，园林设计也必须要适应新时代的需要。在城市环境日益恶化的今天，以生态学的原理和实践为依据，将是园林设计的发展趋势。

1. 生态化

近年来，“生态化设计”一直是人们关心的热点，也是疑惑之点。生态设计在建筑设计和园林景观设计领域尚处于起步阶段，对其概念的阐释也是各有不同。概括起来，一般包含两个方面：

- 用生态学原理来指导设计。
- 使设计的结果在对环境友好的同时又满足人类需求。

生态化设计就是继承和发展传统园林景观设计的经验，遵循生态学的原理，建设多层次、多结构、多功能的科学植物群落，建立人类、动物、植物相关联的新秩序，使其在对环境的破坏影响最小的前提下，达到生态美、科学美、文化美和艺术美的统一，为人类创造清洁、优美、文明的景观环境。

2. 人性化

人性化设计是以人为轴心，注意提升人的价值，尊重人的自然需要和社会需要的动态设计哲学。在以人为中心的问题上，人性化的考虑也是有层次的，以人为中心不是片面地考虑个体的人，而是综合地考虑群体的人，社会的人，考虑群体的局部与社会的整体结合，社会效益与经济效益相结合，使社会的发展与更为长远的人类的生存环境的和谐与统一。因此，人性化设计应该是站在人性的高度上把握设计方向，以综合协调园林设计所涉及的深层次问题。

人性化设计更大程度地体现在设计细节上，如各种配套服务设施是否完善，尺度问题，材质的选择等。近年来，我们看到，为方便残疾人的轮椅车上下行走及盲人行走，很多城市广场、街心花园都进行了无障碍设计。但目前我国景观设计在这方面仍不够成熟，如有一些过街天桥台阶宽度的设计缺乏合理性，迈一步太小，迈两步不够，不论多大年龄的人走起来都非常费力。另外，一些有一定危险的地方所设的防护栏过低，遇到有大型活动人多相互拥挤时，容易发生危险和不测。

总而言之，在整个园林设计过程中，应始终围绕着“以人为本”的理念进行每一个细部的规划设计。“以人为本”的理念不只局限在当前的规划，服务于当代的人类，而且应是长远的、尊重自然的、维护生态的，以切实为人类创造可持续发展的生存空间。

1.1.5 园林设计构成要素

任何一种艺术和设计学科都具有特殊的固有的表现方法。园林设计也一样，正是利用这些手法将作者的构思、情感、意图变成舒适优美的环境，供人观赏、游览。

一般来说，园林的构成要素包括五大部分：地形、水体、园林建筑、道路和植物。这五大要素通过有机组合，构成一定特殊的园林形式，成为表达某一性质、某一主题思想的园林作品。

1. 地形

地形是园林的基底和骨架，主要包括平地、土丘、丘陵、山峦、山峰、凹地、谷地、坞、坪等类型。地形因素的利用和改造，将影响到园林的形式、建筑的布局、植物配植、景观效果等因素。

总的来说，地形在园林设计中可以起到如下的作用：

❑ 骨架作用

地形是构成园林景观的骨架，是园林中所有景观元素与设施的载体，它为园林中其他景观要素提供了赖以存在的基面。地形对建筑、水体、道路等的选线、布置等都有重要的影响。地形坡度的大小、坡面的朝向也往往决定建筑的选址及朝向。因此，在园林设计中，要根据地形合理地布置建筑、配置树木等。

❑ 空间作用

地形具有构成不同形状、不同特点园林空间的作用。地形因素直接制约着园林空间的形成。地块的平面形状、竖向变化等都影响园林空间的状况，甚至起到决定性的作用。如在平坦宽阔的地形上形成的空间一般是开敞空间，而在山谷地形中的空间则必定是闭合空间。

❑ 景观作用

作为造园诸要素载体的底界面，地形具有扮演背景角色的作用。如一块平地上的园林建筑、小品、道路、树木、草坪等形成一个个的景点，而整个地形则构成此园林空间诸景点要

素的共同背景。除此之外，地形还具有许多潜在的视觉特性，通过对地形的改造和组合，形成不同的形状，可以产生不同的视觉效果。

2. 水体

我国园林以山水为特色，水因山转，山因水活。水体能使园林产生很多生动活泼的景观，形成开朗明镜的空间和透景线，如图1-3所示，所以也可以说水体是园林的灵魂。

水体可以分为静水和动水两种类型。静水包括湖、池、塘、潭、沼等形态；动水常见的形态有河、湾、溪、渠、涧、瀑布、喷泉、涌泉、壁泉等。另外，水声、倒影等也是园林水景的重要组成部分。水体中还可形成堤、岛、洲、渚等地貌。

园林水体在住宅绿化中的表现形式为：喷水、跌水、流水、池水等。其中喷水包括水池喷水、旱池喷水、浅池喷水、盆景喷水、自然喷水、水幕喷水等；跌水包括假山瀑布、水幕墙等。

图1-3 园林水体

3. 园林建筑

园林建筑，主要指在园林中成景的，同时又为人们赏景、休息或起交通作用的建筑和建筑小品的设计，如园亭、园廊等，如图1-4所示。园林建筑不论单体或组群，通常是结合地形、植物、山石、水池等组成景点、景区或园中园，它们的形式、体量、尺度、色彩以及所用的材料等，同所处位置和环境的关系特别密切。

从园林中所占面积来看，建筑是无法和山、水、植物相提并论的。它之所以成为“点睛之笔”，能够吸引大量的浏览者，就在于它具有其他要素无法替代的、最适合于人活动的内部空间，是自然景色的必要补充。

图1-4 园林建筑

4. 植物

植物是园林设计中有生命的题材，是园林构成必不可少的组成部分。植物要素包括各种乔木、灌木、草本花卉和地被植物、藤本攀缘植物、竹类、水生植物等，如图 1-5 所示。

植物的四季景观，本身的形态、色彩、芳香、习性等都是园林的造景题材。

图 1-5　园林植物

5. 广场和道路

广场与道路、建筑的有机组织，对于园林的形成起着决定性的作用。广场与道路的形式可以是规则的，也可以是自然的，或自由曲线流线形的。广场和道路系统将构成园林的脉络，并且起到园林中交通组织、联系的作用，如图 1-6 所示。广场和道路有时也归纳到园林建筑元素内。

图 1-6　广场和道路

1.1.6 园林设计相关软件简介

园林设计的相关软件有很多，这里选取目前国内应用较为广泛的几个软件进行介绍。

1. AutoCAD

CAD（Computer Aided Design）的含义是指计算机辅助设计，是计算机技术的一个重要的应用领域。AutoCAD 是由美国 AutoCAD 公司开发的通用计算机辅助设计软件，具有易于掌握、使用方便、体系结构开放等优点，能够绘制二维图形与三维图形、标注尺寸、渲染图形以及打印输出图纸等功能，被广泛应用于机械、建筑、电子、航天、造船、石油化工、土木工程、冶金、地质、气象、纺织、轻工、商业等领域。

图 1-7 所示为使用 AutoCAD 绘制的园林平面图。

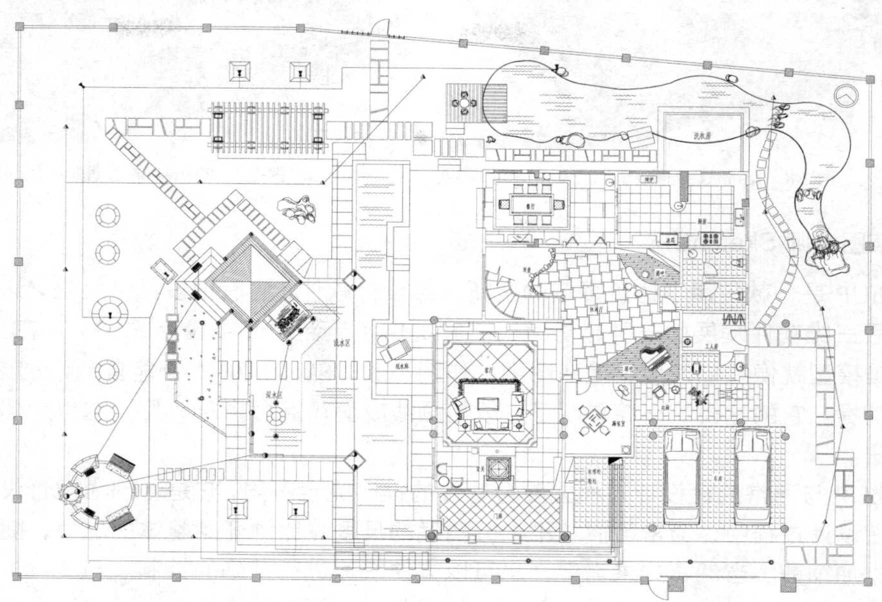

图 1-7　AutoCAD 绘制的园林平面图

2. 3ds max

人们常说的 3ds max 或者 3D，其全称是 3D studio Max。它是美国 Discreet 公司开发的基于 PC 系统的三维模型制作和渲染软件。如今 Discreet 公司已经被 Autodesk 公司合并。3ds max 的前身是基于 DOS 操作系统的 3D studio 系列软件，目前最新版本是 2015。

3ds max 主要用于制作各类效果图，如室外建筑效果图、风景园林效果图、建筑室内效果图、展示效果图等。同时也运用在计算机游戏中的动画制作方面，更进一步参与制作影视特效。

如图 1-8 所示为本书别墅庭院案例的模型效果，它由 3ds max 创建、赋予材质、布置灯光并渲染输出。

3. Photoshop

Adobe Photoshop 是最为优秀的图像处理软件之一。从功能上看，Photoshop 可分为图像编辑、图像合成、校色调色及特效制作四大部分。

图像编辑是图像处理的基础，可以对图像做各种变换，如放大、缩小、旋转、倾斜、镜像、透视等。也可进行复制、去除斑点、修补、修饰图像的残损等。图像合成则是将几幅图像通过图层操作和工具应用合成完整的、能传达明确意义的图像，这是美术设计的必经之路。Photoshop 提供的绘图工具让外来图像与创意很好地融合，使图像的合成天衣无缝。校色调色是 Photoshop 中极具威力的功能之一，可方便快捷地对图像的颜色进行明暗、色偏的调整和校正。特效制作在 Photoshop 中主要靠滤镜、通道等工具综合应用来完成。

对于风景园林效果图来说，以上几种功能都很实用。如图 1-9 所示为使用 Photoshop 对 3ds max 渲染输出的别墅庭院进行后期处理的效果。

图 1-8　3ds max 建模渲染

图 1-9　Photoshop 后期处理

4．草图大师 SketchUP

SketchUP 是一款应用于建筑领域的全新三维设计软件，它有很多独特之处，这些独特之处也是今后三维软件发展的一种趋势之一。它提供了全新的三维设计方式——在 SketchUP 中建立三维模型就像我们使用铅笔在图纸上作图一般，SketchUP 本身能自动识别这些线条，加以自动捕捉。它的建模流程简单明了，就是画线成面，而后挤压成型，这也是建筑建模最常用的方法。

SketchUP 与通常的让设计过程去配合软件的程序完全不同，它是专门为配合设计过程而研发的。在设计过程中，通常习惯从不十分精确的尺度、比例开始整体的思考，随着思路的进展不断添加细节。当然，如果需要，也可以方便快速进行精确的绘制。与 CAD 的难于修改不同的是，SketchUP 使得用户可以根据设计目标，方便地解决整个设计过程中出现的各种修改，即使这些修改贯穿整个项目的始终。

图 1-10 为使用 SketchUP 绘制的园林景观。

5．彩绘大师 Piranesi

Piranesi 是由 Informatix 英国公司与英国剑桥大学都市建筑研究所针对艺术家、建筑师、设计师研发的三维立体专业彩绘软件。Piranesi 表面上看起来像是一款普通的图形处理软件，实际上它将二维的图像当作是三维的立体空间来绘制。Piranesi 是一种三维空间图形处理软件。它所处理的图形近大远小，会有逐渐消失的视觉效果，可以快速地为所选对象绘制材质、灯光和配景。

此外，Piranesi 可以模拟手绘的效果，能够如同真实的手绘一般自由地、反复地以任意形状的笔锋进行修改。Piranesi 不同于传统的计算机图像处理软件，它可以产生写意的效果，表现出纸张及画布的质感，展现出类似于素描、水彩、油画或版画的效果，如图 1-11 所示。

图 1-10　SketchUp 绘图

图 1-11　Piranesi 绘图

1.2 AutoCAD 2015 操作基础

本节将系统学习 AutoCAD 2015 绘图的有关基本知识，了解 AutoCAD 2015 的操作界面，以及设置软件的绘图环境和系统运行环境的方法，为后面复杂的园林施工图绘制打下坚实的基础。

1.2.1 AutoCAD 的操作界面

AutoCAD 的操作界面是 AutoCAD 显示、编辑图形的工作界面，第一次启动 AutoCAD 2015 是以默认的“草图与注释”工作空间打开，如图 1-12 所示。从 AutoCAD2015 开始，工作空间只有三个，“AutoCAD 经典”工作空间停止使用。

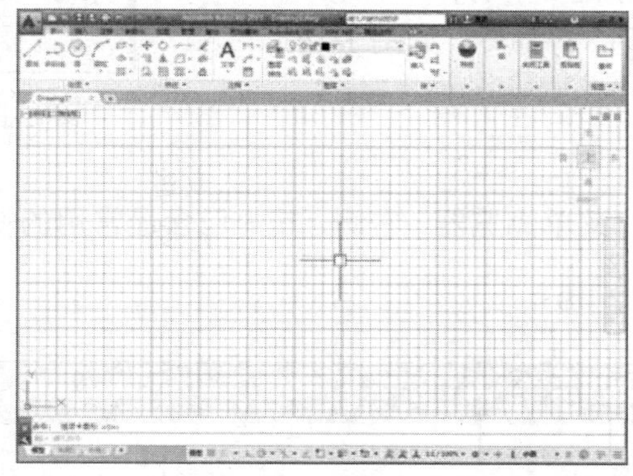

图 1-12　草图与注释空间

本节以“草图与注释”工作空间为例，介绍 AutoCAD 2015 的操作界面。AutoCAD 的操作界面包括菜单浏览器按钮、快速访问工具栏、文件选项卡、标题栏、绘图区、十字光标、菜单栏、坐标系图标、命令行、状态栏、布局标签等，如图 1-13 所示。

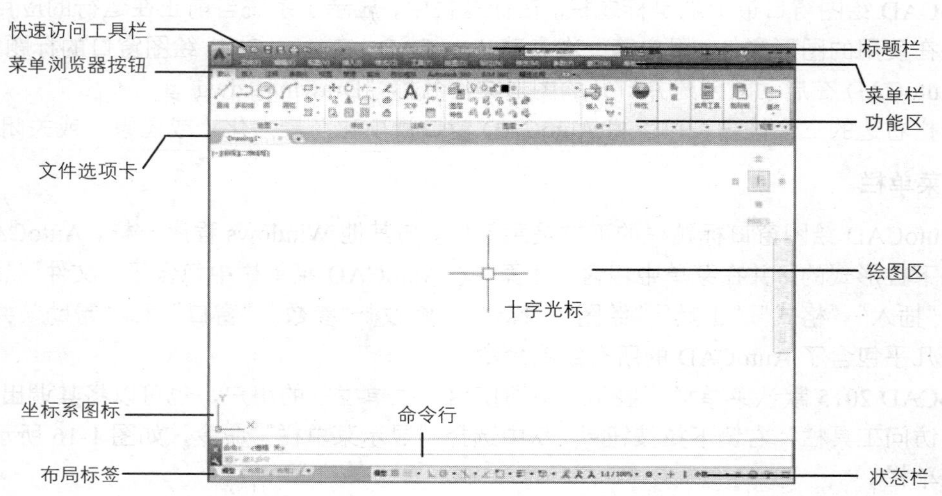

图 1-13　AutoCAD 2015 工作界面

1. 功能区

功能区由许多按功能进行分类的选项卡组成，每个选项卡又包含了多个面板。功能区包含了设计绘图的绝大多数命令，用户只需要单击面板上的按钮，就可以激活相应的命令。切换功能区选项卡上不同的标签，AutoCAD 将显示相应的面板。

功能区可以水平显示、垂直显示，也可以将功能区设置为浮动选项板。创建或打开图形时，默认情况下，功能区在图形窗口顶部水平显示。

2. 菜单浏览器按钮

“菜单浏览器”按钮位于界面左上角。单击该按钮，系统弹出用于管理 AutoCAD 图形文件的命令列表，包括“新建”“打开”“保存”“另存为”“输出”及“打印”等命令，如图 1-14 所示。

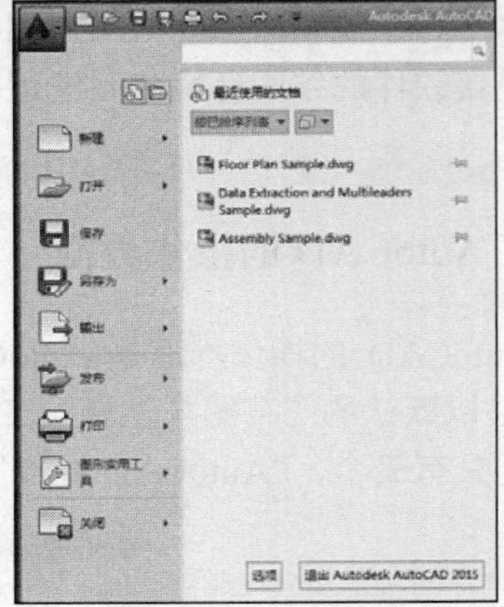

图 1-14 “菜单浏览器”展开菜单

3. 快速访问工具栏

快速访问工具栏位于“菜单浏览器”右侧，其中包含最常用的快捷按钮，如图 1-15 所示。

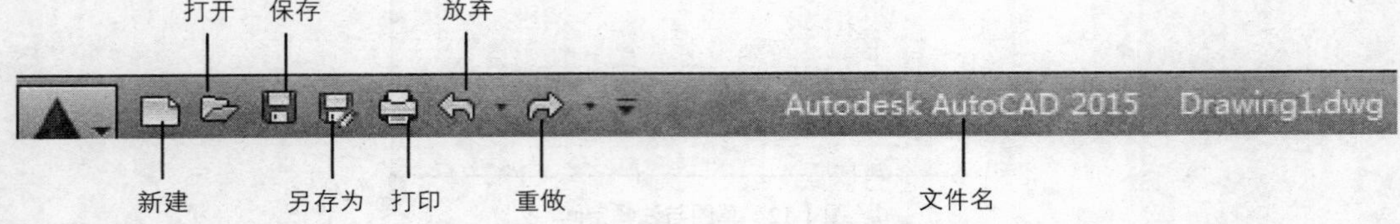

图 1-15 快速访问工具栏

4. 标题栏

AutoCAD 绘图窗口最上端是标题栏。在标题栏中，显示了系统当前正在运行的应用程序和用户正在使用的图形文件。用户第一次启动 AutoCAD，在 AutoCAD 绘图窗口的标题栏中，将显示 AutoCAD 在启动时创建并打开的图形文件名称“Drawing1.dwg”。

标题栏右边的三个按钮，可以将 AutoCAD 窗口最小化、最大化（或还原）或关闭。

5. 菜单栏

在 AutoCAD 绘图窗口标题栏的下方是菜单栏。与其他 Windows 程序一样，AutoCAD 的菜单也是下拉形式的，并在菜单中包含了子菜单。AutoCAD 菜单栏中包含了“文件”“编辑”“视图”“插入”“格式”“工具”“绘图”“标注”“修改”“参数”“窗口”和“帮助”共 12 个菜单，几乎包含了 AutoCAD 的所有绘图命令。

AutoCAD 2015 默认菜单栏不显示，习惯使用“菜单栏”的用户，也可以将其调出。单击“快速访问工具栏”右侧下拉按钮，从中选择“显示菜单栏”命令，如图 1-16 所示，即可调出菜单栏。

6. 标签栏

标签栏由多个文件选项卡组成，可以进行标签式分页切换。单击“文件选项卡”右侧的“+”按钮能快速新建文件。在“标签栏”空白处单击鼠标右键，系统会弹出快捷菜单，内容包括“新选项卡”“新建”“打开”“全部保存”和“全部关闭”等命令，如图 1-17 所示。如果选择“全部关闭”命令，就可以关闭当前所有打开图形，而不退出 AutoCAD 2015 软件。

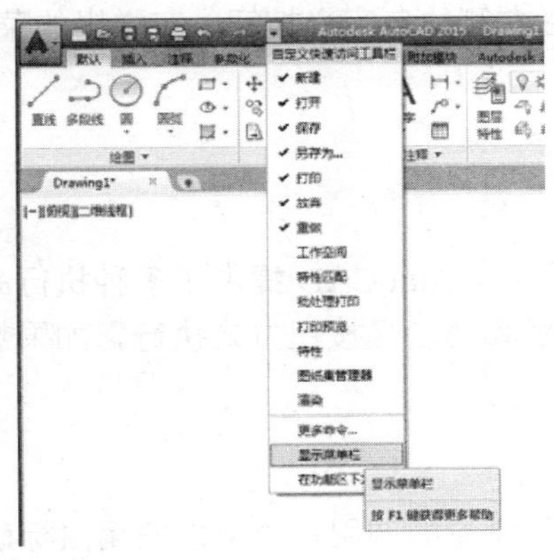

图 1-16　调出菜单栏

图 1-17　标签栏

当文件选项卡右侧出现*字符时，表示当前文件已进行了编辑和修改，并且还未保存。

7. 绘图区

绘图区是功能区下方的大片空白区域，该区域是用户使用 AutoCAD 绘制图形的区域，用户完成一幅设计图形的主要工作都是在绘图区域中完成的。

8. 坐标系图标

在绘图区的左下角，有一个类似直角形状加字母的图标，即为坐标系图标，该图标表示当前绘图正使用的坐标系类型。

9. 布局标签

布局标签位于绘图区的左下角，AutoCAD 2015 默认设定一个模型空间布局标签和“布局 1”“布局 2”两个图纸空间布局标签，系统默认打开的是模型空间布局，用户可以通过单击选择需要的布局标签。

10. 命令行

命令行是输入命令名和显示命令提示的区域，默认的命令行布置在绘图区下方，由若干文本行组成。

11. 状态栏

状态栏位于屏幕的底部，如图 1-18 所示。其左端显示绘图区中光标点的坐标位置，中间依次有显示图形栅格、捕捉模式、正交限制光标、极轴追踪、等轴测草图、对象捕捉追踪、二维对象捕捉、三维捕捉、显示注释比例、当前注释比例、切换工作空间、注释监视器、当

前图形单位、快捷特性、硬件加速、隔离对象、全屏显示、自定义等控制按钮。单击这些按钮，可以实现这些功能的打开或关闭。

图 1-18 状态栏

AutoCAD 2015 对状态栏进行了简化，单击状态栏右侧的自定义按钮，在弹出的菜单中，可以控制状态栏的显示内容。

1.2.2 AutoCAD 执行命令的方式

准确和快速地调用相关命令，是提高工作效率的保证。AutoCAD 提供了多种执行命令的方式以供用户选择，对于初学者而言，可以使用菜单栏和功能区按钮方式执行，如果想快速地操作 AutoCAD，则必须熟练掌握命令行输入方式。

1. 使用鼠标操作执行命令

使用鼠标操作时，可以在菜单栏或选项卡面板进行命令的调用，也可以使用鼠标确定或重复调用命令。

菜单栏调用命令方式是通过选择菜单栏中的下拉菜单命令，或者快捷菜单中的相应命令，来调用所需命令。例如在绘制矩形时，可以选择“绘图” | “矩形”菜单命令，如图 1-19 所示。

选项卡面板调用命令方式是指在功能区面板中，单击所需命令相应按钮，再按照命令提示行中的提示进行操作，与菜单栏和工具栏调用命令方式完全相同。

在需要确认命令时，单击鼠标右键，在弹出的快捷菜单中选择“确认”命令即可。

如果需要重复调用命令，可在绘图区域单击鼠标右键，选择“重复**”项即可。如果要重复执行以前的命令，可移动鼠标至“最近的输入”项，在级联列表中单击所需的命令。如图 1-20 所示有近期执行的若干命令，并按时间的先后顺序排列。如果要重复 O（偏移）命令，单击 Offset 即可。

提示 按一次回车键或空格键，AutoCAD 能快速调用上一条操作命令。

2. 使用键盘输入命令

键盘输入命令就是在命令提示行中输入所需的命令，再根据提示完成对图形的操作。这是最常使用的一种绘图方法。

例如绘制正五边形，可以在命令行输入 POL，按 Enter 键确认，再根据命令行提示进行操作即可，如图 1-21 所示。

在命令行的提示“输入选项［内接于圆(I)/外切于圆(C)］<I>”中，以“/”分割开的内容，表示在此命令下的各个选项。如果需要选择，可以输入某项括号中的字母，如“C”，再按 Enter 键确认。所输入的字母不分大小写。

执行命令时，如<5>、<I>等提示尖括号中的为默认值，表示上次绘制图形使用的值。可以直接按 Enter 键采用默认值．也可以输入需要的新数值再次按 Enter 键确认。

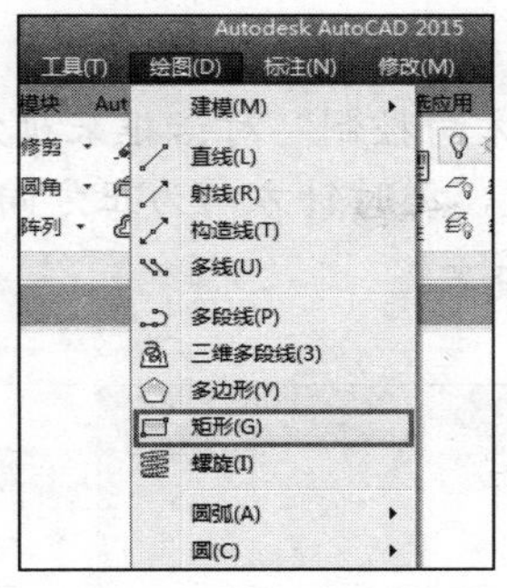

图 1-19 调用菜单命令

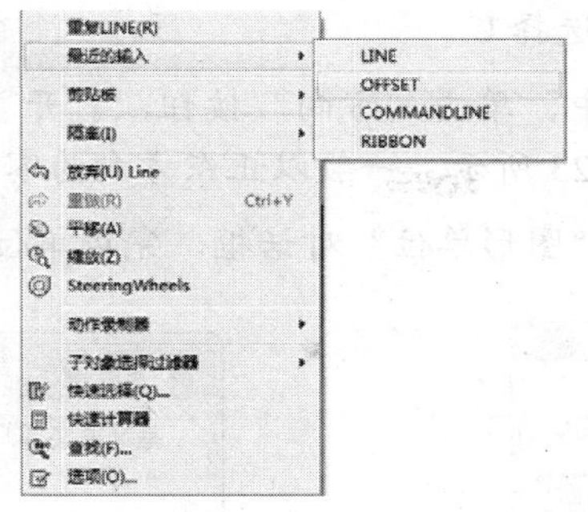

图 1-20 快捷菜单

图 1-21 命令行输入命令

为了减少输入内容，提高绘图效率，用户在输入命令时可以输入其简化形式（本书称为快捷键），如画圆命令 CIRCLE 的简写方式为 C，Offset 命令的简化形式为 O。为了帮助读者记忆这些简化命令，本书将在绘制实例的过程中，主要使用简化命令进行讲解。

3. 撤消操作

在完成了某一项操作以后，如果希望将该操作取消，就可以使用撤销命令。在命令行输入 UNDO，或者其简写形式 U 后回车，可以撤销刚刚执行的操作。另外，单击“快速访问”工具栏的“放弃”工具按钮，也可以启动 UNDO 命令。如果单击该工具按钮右侧下拉箭头，还可以选择撤消的步骤。

4. 终止命令执行

撤销操作是在命令结束之后进行的操作，如果在命令执行过程当中需要终止该命令的执行，按 Esc 键即可。

1.2.3 设置绘图环境

用户可以根据自身的需要，对 AutoCAD 2015 的绘图环境进行设置，如设置图形单位、图形界限及确定出图比例等。

1. 设置图形单位

启动 AutoCAD 2015 进入模型空间绘图界面后，第一步工作是设置图形单位。单位是精确绘制图形的依据。一般情况下，园林制图的单位是“毫米”，总平面图因为图幅尺寸很大，有时会用“米”做单位。

课堂举例 1-1：设置 AutoCAD 单位

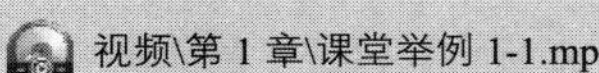

视频\第 1 章\课堂举例 1-1.mp4

01 在命令行中执行 UN【图形单位】命令，打开“图形单位”对话框，如图 1-22 所示。

02 在“图形单位”对话框中设置长度单位与角度单位。我国建筑工程绘图习惯使用十进制，所以在对话框“长度”选项区的“类型”下拉列表中选择“小数”，在“角度”选项区的“类型”下拉列表中选择“十进制度数”。

03 由于在建筑绘图中一般采用足尺寸作图（即 1: 1），所以在“长度”和“角度”两个选项区的“精度”下拉列表中都选择0。

04 在“图形单位”对话框中，单击“方向”按钮，打开“方向控制”对话框来确定角度的零度方向和正方向，如图1-23所示。一般以正东方向为零度，逆时针方向为正方向。

05 单击“确定”按钮退出“图形单位”对话框，完成单位设置。

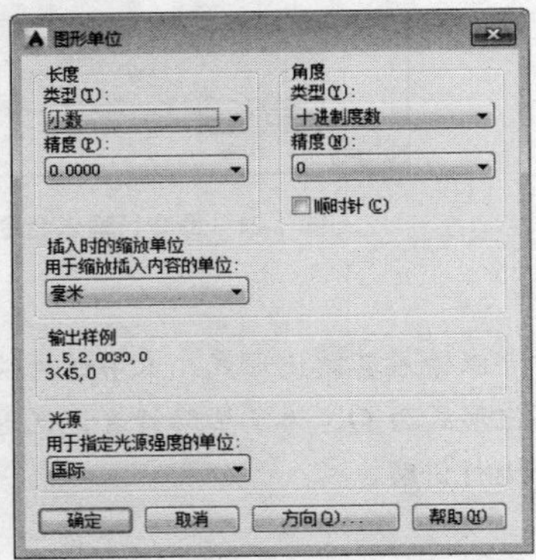

图1-22 “图形单位”对话框

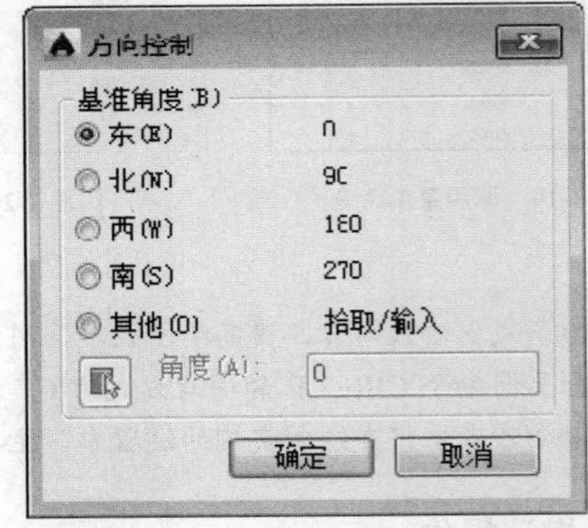

图1-23 “方向控制”对话框

2. 设置图形界限

AutoCAD的一大优点是可以按1:1的比例绘图，不像手工绘图那样要根据图纸大小，按不同比例绘图。一般工程图纸规格有A0、A1、A2、A3、A4。如果按1:1绘图，为使图形按比例绘制在相应图纸上，关键是设置好图形界限。表1-1提供的数据是按1:50和1:100出图，图形编辑区按1:1绘图的图形界限，设计时可根据实际出图比例选用相应的图形界限。

表1-1 图纸规格和图形编辑区按1:1绘图的图形界限对照表

图纸规格	A0/(mm×mm)	A1/(mm×mm)	A2/(mm×mm)	A3/(mm×mm)	A4/(mm×mm)
实际尺寸	841×1189	594×841	420×594	297×420	210×297
比例1:50	42050×59450	29700x42050	21 000x29700	14850×21000	10500×14850
比例1:100	84100×118900	59400×84100	42000×59400	29700×42000	21000×29700

课堂举例 1-2: 设置A3图幅图形界限

视频\第1章\课堂举例1-2.mp4

01 调用LIMITS命令，设置图形界限，命令行操作如下。

```
命令: limits
重新设置模型空间界限:
指定左下角点或 [开(ON)/关(OFF)] <0.0000,0.0000>:   //回车接受左下角点的默认设置
指定右上角点 <420.0000,297.0000>: 42000,29700    //输入右上角点的设置，回车确认
```

02 打开界限检查状态。

```
命令: limits
重新设置模型空间界限:
指定左下角点或 [开(ON)/关(OFF)] <0.0000,0.0000>:ON          //打开图形界限检查状态
```

03 用ZOOM视图缩放命令调整显示大小，使绘图范围满屏显示。

```
命令：Z　　　　　　ZOOM
指定窗口的角点，输入比例因子（nX 或 nXP），或者
[全部(A)/中心(C)/动态(D)/范围(E)/上一个(P)/比例(S)/窗口(W)/对象(O)] <实时>：A
正在重生成模型
```

图形界限就是绘图的区域，对图形界限进行设置，使界限以外的区域不显示栅格，可方便用户识别绘图范围。

在命令行中输入DS【草图设置】命令，或单击鼠标右键状态栏上的“捕捉模式”按钮，选择“捕捉设置”命令，打开“草图设置”对话框，选择“捕捉和栅格”选项卡，在“栅格行为”选项组中单击“显示超出界限的栅格”复选框，取消其选择，如图1-24所示。

单击“确定”按键，返回绘图区，可以看到设置后的效果，如图1-25所示，其中的显示栅格区域即为绘图界限范围。

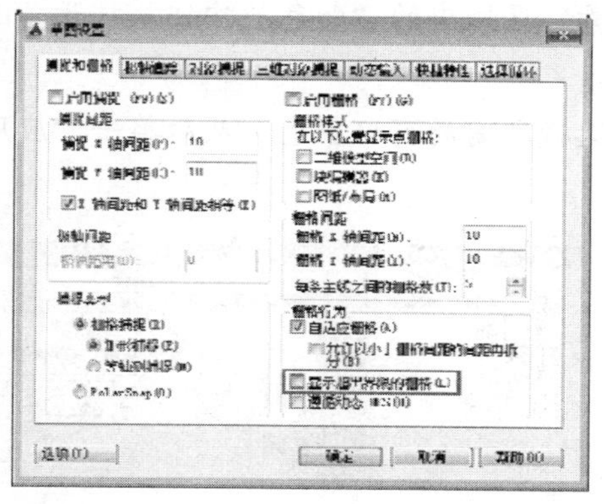

图1-24　设置栅格

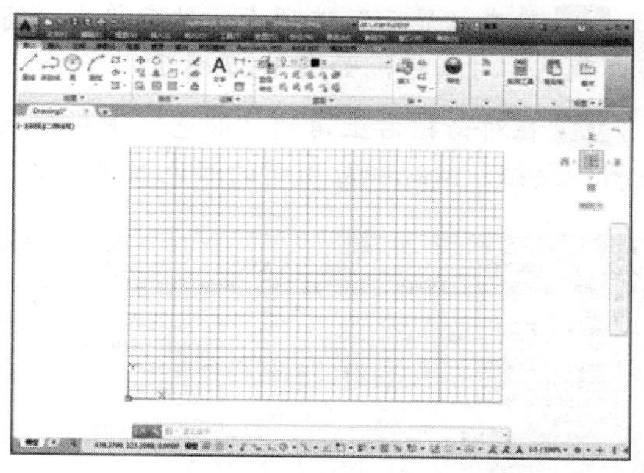

图1-25　图形界限的栅格显示

提示　可以将上述设置及标注、文字样式等内容保存为AutoCAD样板文件，以快速创建所需的绘图环境，避免重复劳动，节省时间，提高绘图效率。

1.2.4 设置系统运行环境

为了提高绘图的效率，用户可以在“选项”对话框中按照自己的习惯设置AutoCAD的系统参数，以定制最佳的工作环境，这里以设置“十字光标大小”和绘图窗口颜色为例进行说明。

1. 设置十字光标大小和拾取框大小

在绘图区域中，有一个类似光标的十字线，其交点反映了光标在当前绘图区的位置。十字线的方向与当前用户坐标的X轴、Y轴方向平行，十字线的长度系统预设为屏幕大小的5%，用户可以根据需要更改其大小。

在绘图区中单击鼠标右键，在弹出的快捷菜单中选择“选项”命令，打开“选项”对话框。选择“显示”选项卡，在“十字光标大小”选项组中拉动滑块，或者直接输入数值，即

可对十字光标的大小进行调整，如图 1-26 所示。

此外，还可以通过设置系统变量 CURSORSIZE 的值，快速更改光标的大小，命令行操作如下：

```
命令：CURSORSIZE↙                    //在命令行中输入 CURSORSIZE 命令。
输入：CURSORSIZE 的新值<5>            //在提示下输入新光标大小值。
```

2. 修改绘图窗口的颜色

在默认情况下，AutoCAD 的绘图窗口是黑色背景、白色线条。用户如果不习惯这种颜色配置，可以按照下面的方法自由更改。

课堂举例 1-3：设置绘图窗口颜色 视频\第 1 章\课堂举例 1-3.mp4

01 单击鼠标右键，在弹出的快捷菜单中选择“选项”命令，打开“选项”对话框，如图 1-26 所示。

02 单击“显示”选项卡，然后单击“窗口元素”区域中的“颜色”按钮，打开“图形窗口颜色”对话框，如图 1-27 所示。

03 在对话框右上角的“颜色”下拉列表中，选择所需的窗口颜色，然后单击“应用并关闭”按钮，系统即应用新的颜色显示方案。

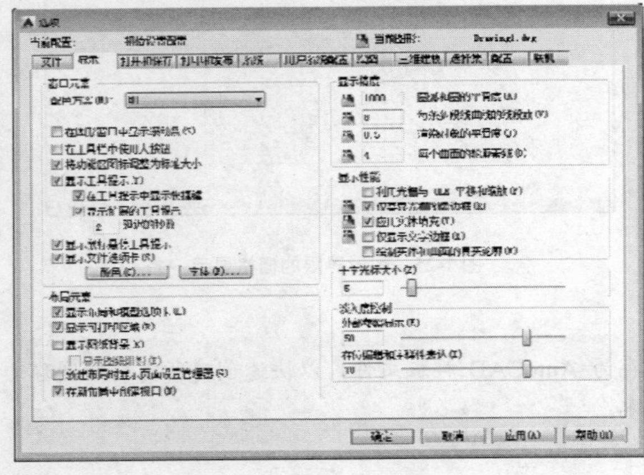

图 1-26 “选项”对话框

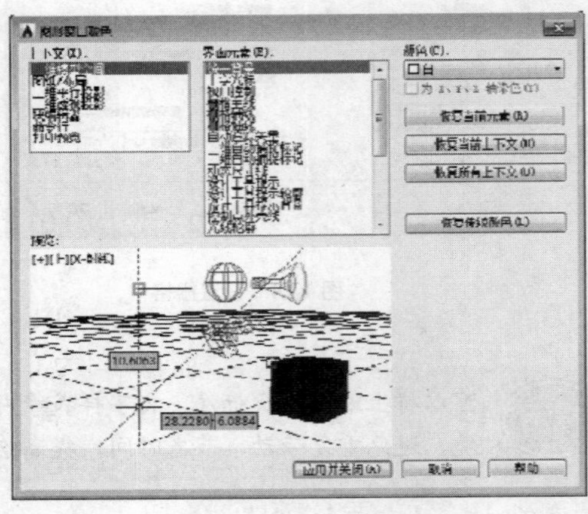

图 1-27 “图形窗口颜色”对话框

1.2.5 坐标系

在绘图过程中常常需要通过某个坐标系作为参照，以便精确地定位对象的位置。AutoCAD 的坐标系包括世界坐标系（WCS）和用户坐标系(UCS)。AutoCAD 提供的坐标系可以用来准确地设计并绘制图形，掌握坐标系的输入方法，可加快图形的绘制。

1. 认识坐标系

在 AutoCAD 中，坐标系分为世界坐标系(WCS)和用户坐标系(UCS)。在二维图形中，两种坐标系下都可以通过坐标(x，y)来精确定位点，默认情况下，在开始绘制新图形时，当前坐标系为世界坐标系，即 WCS。

为了能够更好地辅助绘图，在 AutoCAD 中可以修改坐标系的原点和方向，这时世界坐标系 WCS 将变为用户坐标系即 UCS。WCS 和 UCS 的界面区别是 UCS 没有方框标记，如图 1-28 和图 1-29 所示。

图 1-28　世界坐标系图标　　　图 1-29　用户坐标系图标

2. 坐标的表示方法

在 AutoCAD 中，一个点的坐标有绝对直角坐标、绝对极坐标、相对直角坐标和相对极坐标 4 种方法表示，如图 1-30 所示。

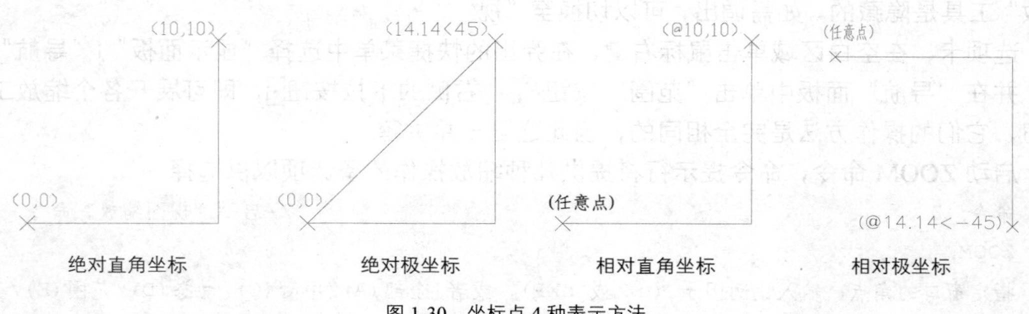

图 1-30　坐标点 4 种表示方法

绝对直角坐标：是从点(0,0)或(0,0,0)出发的位移，坐标间用逗号隔开，例如点(4,4)和(6,7,8)等。

绝对极坐标：是从点(0,0)或(0,0,0)出发的位移。但给定的是距离和角度，其中距离和角度用“<”隔开，且规定 X 轴正方向为 0°，逆时针旋转，Y 轴正方向为 90°，例如点(6<45)表示在 45° 方向上，距离点(0,0)的距离为 6。

相对直角坐标：相对直角坐标是指相对于某一点的 X 轴和 Y 轴位移，相对直角坐标需在前面加上“@”号，例如(@4,5)。

相对极坐标：相对极坐标是指相对于某一点距离和角度。相对极坐标需在前面加上“@”符号，如(@5<-60)。

坐标之间的逗号为英文格式下的逗号。

3. 创建和使用用户坐标系

在 AutoCAD 2015 中，使用“新建 UCS”命令可以方便地自定义 UCS。

在功能区空白区域单击鼠标右键，在弹出的快捷菜单中选择“显示选项卡”|“三维工具”命令，然后单击“三维工具”选项卡“坐标”面板右下角箭头按钮，打开“UCS”对话框，在“正交 UCS”选项卡中的“当前 UCS”列表中选择需要使用的正交坐标系，如俯视、仰视、左视、右视、主视和后视等，单击“确定”按钮即可使用相应的 UCS 坐标系，如图 1-31 所

示。在“设置”选项卡，还可以对 UCS 进行相应的设置。

1.2.6 图形显示控制

AutoCAD 提供了非常强大的显示控制命令，用户能够以任意的范围、比例和角度来显示图形信息。

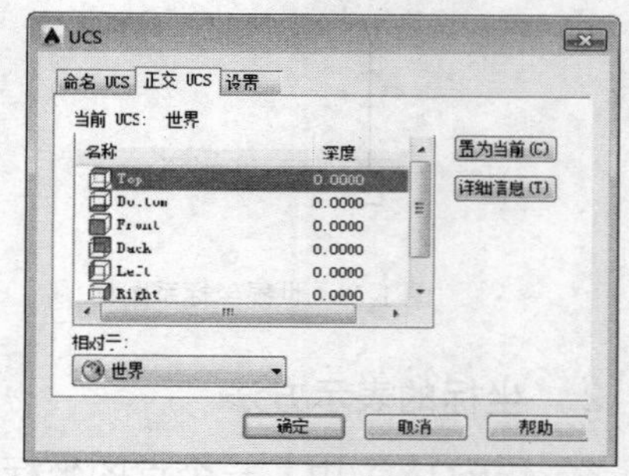

图 1-31 “UCS”对话框

1. 视图缩放

在绘图过程中，为了方便绘图，经常要用到缩放视图的功能。控制视图缩放可以直接在命令行输入 ZOOM 命令，也可单击功能区或绘图窗口右侧导航栏中的缩放工具按钮。

默认状态下，AutoCAD 2015 功能区的“视图缩放”工具是隐藏的。如需调出，可以切换至“视图”选项卡，在空白区域单击鼠标右键，在弹出的快捷菜单中选择“显示面板”|“导航”命令，并在“导航”面板中单击“范围”按钮右侧的下拉按钮，即可展开各个缩放工具按钮，它们的操作方法是完全相同的，因此这里一并讲解。

启动 ZOOM 命令，命令提示行将提供几种缩放操作的备选项以供选择：

```
命令：Z                                        //启动“视图缩放”命令
ZOOM
指定窗口的角点，输入比例因子 (nX 或 nXP)，或者[全部(A)/中心(C)/动态(D)/范围(E)/上一个(P)/比例(S)/窗口(W)/对象(O)] <实时>:     //选择缩放操作方式
```

❑ 实时缩放

所谓“实时”缩放，指的是视图中的图形将随着光标的拖动而自动、同步地发生变化。这个功能也是 ZOOM 命令的默认项，也是最常用的缩放操作。直接回车或单击“实时缩放”工具按钮，此时光标将变成放大镜形状。按住鼠标左键，并向不同方向拖动光标，图形对象将随着光标的拖动连续地缩放。

要启动实时缩放，也可以在绘图区单击鼠标右键，从快捷菜单中选择“缩放”命令项。

提示 滚动鼠标滚轮，可以快速地实时缩放视图。

❑ 全部缩放

选择“全部(A)”备选项，或单击“范围”工具按钮右侧下拉按钮，选择“全部”按钮，可以显示整个模型空间界限范围之内的所有图形对象。

❑ 中心缩放

选择“中心”备选项，或单击“范围”工具按钮右下角的下拉按钮，选择“圆心”按钮，将进入中心缩放状态。要求先确定中心点，然后以该中心点为基点，整个图形按照指定的缩放比例(或高度)缩放。而这个点在缩放操作之后将成为新视图的中心点。

❑ 动态缩放

动态缩放是 AutoCAD 的一个非常具有特色的缩放功能。该功能如同在模仿一架照相机的取景框，先用取景框在全图状态下“取景”，然后将取景框取到的内容放大到整个视图。

选择“动态”备选项，或单击“范围”按钮右侧的下拉按钮，选择“动态缩放”按钮，将进入动态缩放状态。如图 1-32 所示，视图此时显示为“全图”状态，视图的周围出现两个虚线方框，蓝色虚线方框表示模型空间的界限，绿色虚线方框表示上一视图的视图范围。

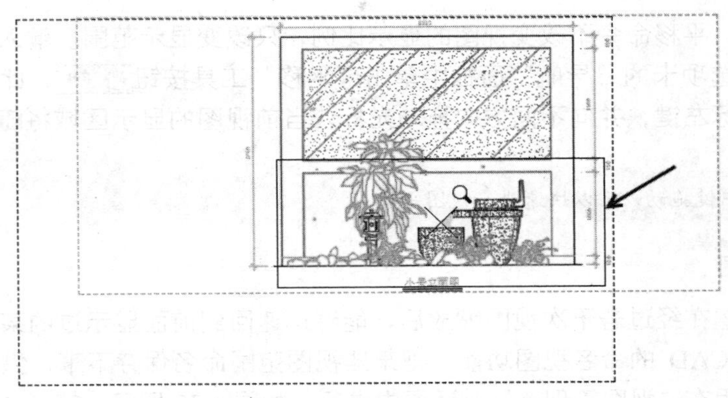

图 1-32　动态缩放视图

光标变成了一个矩形的取景框，取景框的中央有一个十字叉形的焦点。首先拖动取景框到所需位置并单击，然后调整取景框大小，按 Enter 键进行缩放。调整完毕后回车确定，取景框范围以内的所有实体将迅速放大到整个视图状态。

❑ 范围缩放

实际制图过程中，通常模型空间的界限非常大，但是绘制图形所占的区域又很小。缩放视图时如果使用显示全图功能，那么图形对象将会缩成很小的一部分。因此，AutoCAD 提供了范围显示功能，用来显示所绘制的所有图形对象的最大范围。选择“范围”备选项，或单击“范围”工具按钮，可使用此功能。

❑ 回到前一个视图

选择“上一个”备选项，或单击“上一个”工具按钮，可以回复到前一个视图显示的图形状态。这也是一个常用的缩放功能。

❑ 比例缩放

比例缩放是一个定量的精确缩放命令。选择“比例”备选项，或单击“范围”工具按钮右下角的下拉按钮，选择“缩放”工具按钮，要求输入一个缩放比例因子，然后按这个比例值进行缩放。

输入值与图形界限有关。例如，若缩放到图形界限且输入“2”，那么将以对象原来尺寸的两倍显示对象。若输入的值后面跟着“x”，AutoCAD 根据当前视图确定比例，例如，输入

"0.5x"，屏幕上的对象显示为原大小的 1/2；若输入的值后面跟着"xp"，AutoCAD 将根据图纸空间单位确定比例，例如，输入"0.5xp"将以图纸空间单位的 1/2 倍进行缩放。

❑ 窗口缩放

窗口缩放也是 AutoCAD 最常用的缩放方式。选择"窗口"备选项，或单击"范围"工具按钮右下角的下拉按钮，选择"窗口缩放"工具按钮，通过确定矩形的两个角点，可以拉出一个矩形窗口，窗口区域的图形将放大到整个视图范围。

2. 视图平移

和缩放不同，平移命令不改变视图的显示比例，只改变显示范围。输入命令 PAN 或 P，或者在"视图"选项卡的"导航"面板中单击"平移"工具按钮，此时光标将变成小手形状。按住鼠标左键，并向不同方向拖动光标，当前视图的显示区域将随之实时平移。

提示 按住鼠标中键拖动，可以快速进行视图平移。

3. 命名视图

有时用户希望在经过若干次视图缩放后，能够迅速回到前面显示过的某个视图范围。此时可以使用 AutoCAD 的命名视图功能，把某些视图范围命名保存下来，供以后随时调用。视图的命名和调用在"视图管理器"对话框中进行，如图 1-33 所示。打开"视图管理器"对话框的方法有：

- 命令行：VIEW/V
- 功能区：在"视图"选项卡的"视图"面板中单击"视图管理器"按钮
- 菜单栏："视图" |"命名视图"

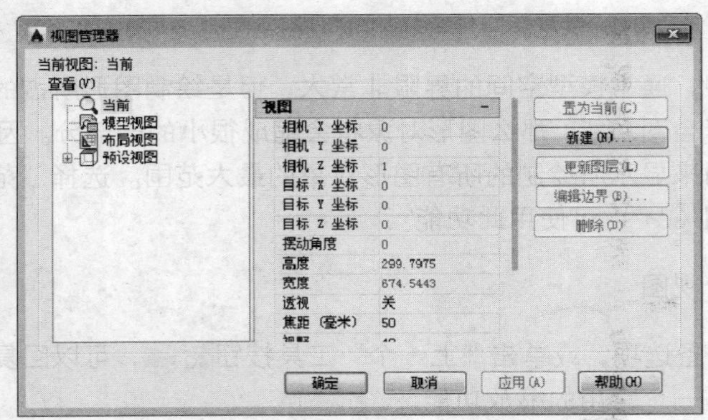

图 1-33 "视图管理器"对话框

4. 视图刷新

在 AutoCAD 中，某些操作完成以后，操作效果往往不会立即显示出来，或者在屏幕上留下绘图的痕迹与标记。因此，需要通过视图刷新对当前视图进行重新生成，以观察到最新的编辑效果。

视图刷新命令主要有两个：重生成命令和重画命令。这两个命令都是 AutoCAD 自动完成的，不需要输入任何参数，也没有备选项。

重生成 REGEN 命令重新计算当前视区中所有对象的屏幕坐标并重新生成整个图形。它还重新建立图形数据库索引，从而优化显示和对象选择的性能。启动重生成命令的方式如下：

- 命令行：REGEN/RE
- 菜单栏："视图" | "重生成"

AutoCAD 用数据库以浮点数据的形式储存图形对象的信息，浮点格式精度高，但计算时间长。AutoCAD 重生成对象时，需要把浮点数值转换为适当的屏幕坐标。因此对于复杂图形，重生成需要花很长的时间。

AutoCAD 提供了另一个速度较快的刷新命令——重画。重画只刷新屏幕显示；而重生成不仅刷新显示，还更新图形数据库中所有图形对象的屏幕坐标。

- 命令行：REDRAW/RA
- 菜单栏："视图" | "重画"

在进行复杂的图形处理时，应当充分考虑到重画和重生成命令的不同工作机制，合理使用。重画命令耗时较短，可以经常使用以刷新屏幕。每隔一段较长的时间，或重画命令无效时，可以使用一次重生成命令，更新后台数据库。

1.2.7 捕捉和追踪

和一般的绘图软件不同，AutoCAD 作为计算机辅助设计软件强调的是绘图的精度和效率。AutoCAD 提供了大量的图形定位方法与辅助工具，绘制的所有图形对象都有其确定的形状和位置关系，绝不能像传统制图那样凭肉眼感觉来绘制图形。

1. 栅格和捕捉

栅格的作用如同传统纸面制图中使用的坐标纸，它按照相等的间距在屏幕上设置了栅格点，使用者可以通过栅格点数目来确定距离，从而达到精确绘图的目的。栅格不是图形的一部分，打印时不会被输出。

捕捉功能（不是对象捕捉）经常和栅格功能联用。当捕捉功能打开时，光标只能停留在栅格点上。这样，就只能绘制出栅格间距整数倍的距离。

控制栅格是否显示，有以下两种常用方法：

- 快捷键：连续按功能键 F7，可以在开、关状态间切换
- 状态栏：单击状态栏"栅格显示"开关按钮

捕捉功能可以控制光标移动的距离，下面为两种打开和关闭捕捉功能的常用方法：

- 快捷键：连续按功能键 F9，可以在开、关状态间切换
- 状态栏：单击状态栏"捕捉"开关按钮

在命令行中执行 DS 命令，在打开的"草图设置"对话框中选中"捕捉和栅格"选项卡，如图 1-34 所示，选中或取消"启用栅格"复选框，也可以控制显示或隐藏栅格。

在图 1-34 中的"栅格间距"选项组中，可以设置栅格点在 X 轴方向(水平)和 Y 轴方向(垂直)上的距离。此外，在命令行输入 GRID 命令，可以快速设置栅格的间距和控制栅格的显示。

2. 正交模式

在进行园林绘图时，有相当一部分直线是水平或垂直的。针对这种情况，AutoCAD 提供了一个正交开关，以方便绘制水平或垂直直线。

打开和关闭正交开关的方法有：

- 快捷键：连续按功能键 F8，可以在开、关状态间切换
- 状态栏：单击状态栏“正交”开关按钮

正交开关打开以后，系统就只能画出水平或垂直的直线，如图 1-35 所示。更方便的是，由于正交功能已经限制了直线的方向，所以要绘制一定长度的直线时，只需直接输入长度值，而不再需要输入完整的相对坐标了。

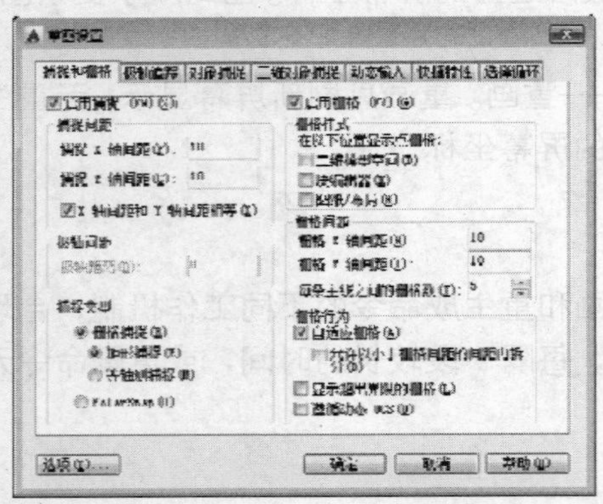

图 1-34　对象捕捉设置

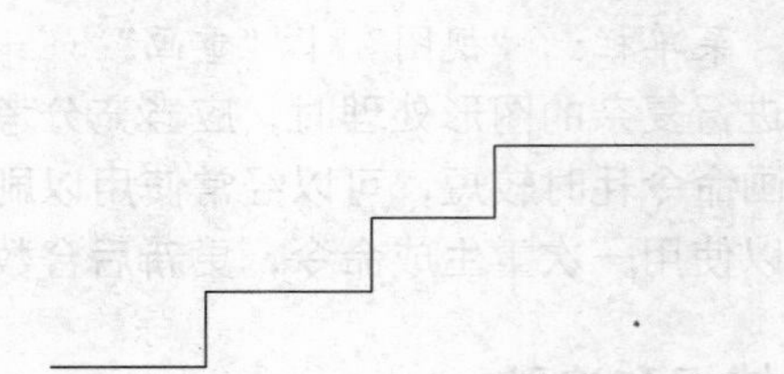

图 1-35　使用正交模式绘制水平或垂直直线

3. 对象捕捉

在二维绘图的过程中，经常要指定一些对象上已有的点。例如中点、圆心和两个对象的交点等。AutoCAD 提供了对象捕捉功能，将光标移动到这些特征点附近时，系统能够自动地捕捉到这些点的位置，从而为精确绘图提供了条件。

对象捕捉生效需要具备两个条件：

- 对象捕捉开关必须打开。
- 必须是在命令行提示输入点位置的时候，例如画直线时提示输入端点，复制时提示输入基点等。

根据实际需要，打开或关闭对象捕捉有以下两种常用的方法：

- 快捷键：连续按功能键 F3，可以在开、关状态间切换
- 状态栏：单击状态栏　“对象捕捉”开关按钮

除此之外，在命令行中输入 OSNAP 命令，打开“草图设置”对话框。选中或取消“启用对象捕捉”复选框，如图 1-34 所示，也可以打开或关闭对象捕捉，但由于操作麻烦，在实际工作中并不常用。

AutoCAD 提供了两种对象捕捉模式：自动捕捉和临时捕捉。自动捕捉模式要求使用者先在如图 1-34 所示对话框中设置好需要的对象捕捉点，当光标移动到这些对象捕捉点附近时，系统就会自动捕捉到这些点。

临时捕捉是一种一次性的捕捉模式，这种捕捉模式不是自动的。当用户需要临时捕捉某个特征点时，需要在捕捉之前手工设置需要捕捉的特征点，然后进行对象捕捉。而且这种捕捉设置是一次性的，不能反复使用。在下一次遇到相同的对象捕捉点时，需要再次设置。

在命令行提示输入点的坐标时，如果要使用临时捕捉模式，可按 Shift 键+鼠标右键，系统会弹出如图 1-36 所示的快捷菜单。单击选择需要的对象捕捉点，系统将会捕捉到该点。

4. 自动追踪

自动追踪的作用也是辅助精确绘图。制图时，自动追踪能够显示出许多临时辅助线，帮助用户在精确的角度或位置上创建图形对象。自动追踪包括极轴追踪和对象捕捉追踪两种模式。

❑ 极轴追踪

极轴追踪实际上是极坐标的一个应用。该功能可以使光标沿着指定角度的方向移动，从而很快找到需要的点。可以通过下列方法打开/关闭极轴追踪功能：

- 快捷键：按功能键 F10
- 状态栏：单击状态栏“极轴”开关按钮

在“草图设置”对话框中选择“极轴追踪”选项卡，如图 1-37 所示，可以设置下列极轴追踪属性。

“增量角”下拉列表框：选择极轴追踪角度。当光标的相对角度等于该角，或者是该角的整数倍时，屏幕上将显示追踪路径。

“附加角”复选框：增加任意角度值作为极轴追踪角度。选中“附加角”复选框，并单击“新建”按钮，然后输入所需追踪的角度值。

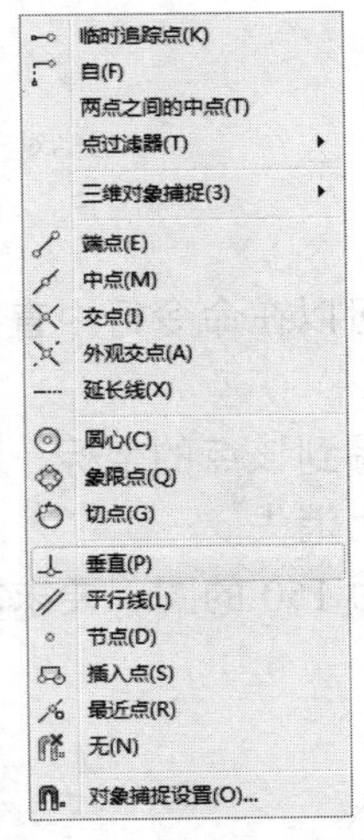

图 1-36　捕捉快捷菜单

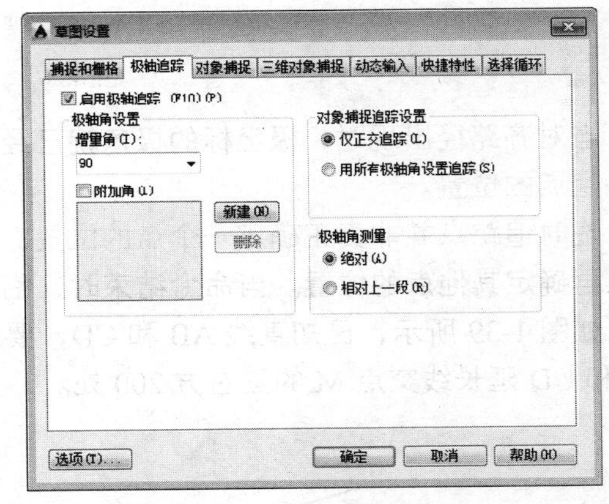

图 1-37　“极轴追踪”选项卡

“仅正交追踪”单选按钮：当对象捕捉追踪打开时，仅显示已获得的对象捕捉点的正交(水平和垂直方向)对象捕捉追踪路径。

“用所有极轴角设置追踪”单选按钮：对象捕捉追踪打开时，将从对象捕捉点起沿任何极轴追踪角进行追踪。

“极轴角测量”选项组：设置极角的参照标准。“绝对”选项表示使用绝对极坐标，以 X 轴正方向为 0°。“相对上一段”选项根据上一段绘制的直线确定极轴追踪角，上一段直线所在的方向为 0°。

❑ 对象捕捉追踪

对象捕捉追踪是在对象捕捉功能基础上发展起来的，该功能可以使光标从对象捕捉点开始，沿着对齐路径进行追踪，并找到需要的精确位置。对齐路径是指和对象捕捉点水平对齐、垂直对齐，或者按设置的极轴追踪角度对齐的方向。

对象捕捉追踪应与对象捕捉功能配合使用。使用对象捕捉追踪功能之前，必须先设置好对象捕捉点。

打开/关闭对象捕捉追踪功能的方法有：

- 快捷键：按功能键 F11
- 状态栏：单击屏幕右下方的“对象追踪”开关按钮

在绘图过程中，当要求输入点的位置时，将光标移动到一个对象捕捉点附近，不要单击鼠标，只需暂时停顿即可获取该点。已获取的点显示为一个橙色靶框标记。可以同时获取多个点。获取点之后，当在绘图路径上移动光标时，相对点的水平、垂直或极轴对齐路径将会显示出来，如图 1-38 所示，而且还可以显示多条对齐路径的交点。

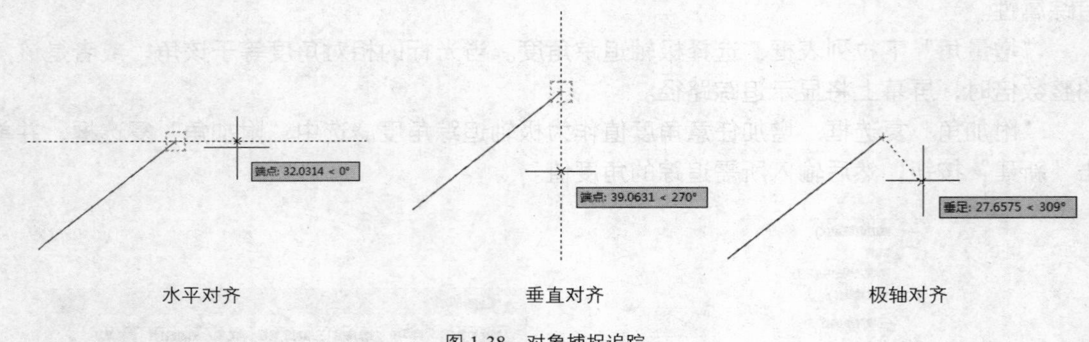

图 1-38　对象捕捉追踪

当对齐路径出现时，极坐标的极角就已经确定了。这时可以在命令行中直接输入极径值以确定点的位置。

临时追踪点并非真正确定一个点的位置，而是先临时追踪到该点的坐标，然后在该点基础上再确定其他点的位置。当命令结束时，临时追踪点也随之消失。

如图 1-39 所示，已知直线 AB 和 CD，要绘制一个半径为 150 的圆，要求圆心位置位于 AB 和 CD 延长线交点 M 的正右方 200 处。

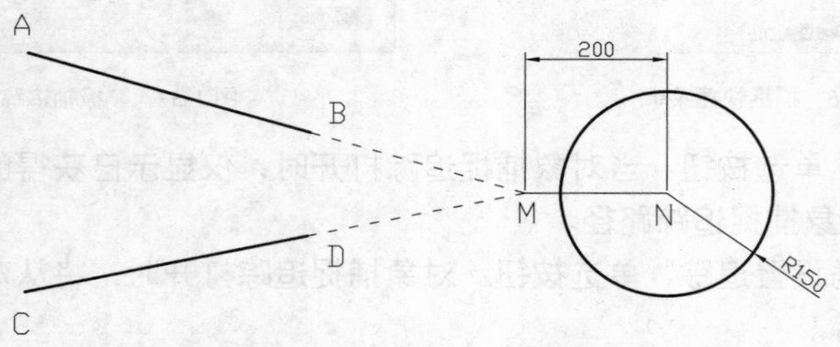

图 1-39　使用临时追踪点绘制图形

课堂举例 1-4：使用捕捉与追踪绘制圆

视频\第 1 章\课堂举例 1-4.mp4

01 设置对象捕捉。设置交点、延伸为对象捕捉点。然后按F3键，打开对象捕捉开关。

02 按 F11 键，打开对象捕捉追踪开关。

03 追踪交点M。启动画圆命令，当系统提示输入圆心位置时，将光标移动到B点，停留到橙色靶框标记出现。再将光标移到D点，也停留到蓝色靶框标记出现。最后将光标移动到AB、CD延长线交点附近，对象捕捉点追踪轨迹相交于交点M处。

04 按Shift键+鼠标右键打开临时捕捉快捷菜单，选择“临时追踪点”。单击鼠标左键，此时M点出现了临时追踪点“+”标记。

05 确定圆心点。从M点水平向右移动，出现水平对齐路径。直接在命令行输入参数值200，则圆心点N确定。

06 输入半径。此时，命令行提示输入半径值，输入150并回车，完成全部操作。

5. 动态输入

在AutoCAD 2015中，使用动态输入功能可以在指针位置处显示坐标、标注输入和命令提示等信息，从而极大地方便了绘图。可以通过在“草图设置”对话框的“动态输入”选项卡中进行设置。“动态输入”时，在光标附近提供了一个命令界面，以帮助用户专注于绘图区域。启用“动态输入”时，工具栏提示将在光标附近显示信息，该信息会随着光标移动而动态更新。当某条命令为活动时，工具栏提示将为用户提供输入的位置，如图1-40所示。

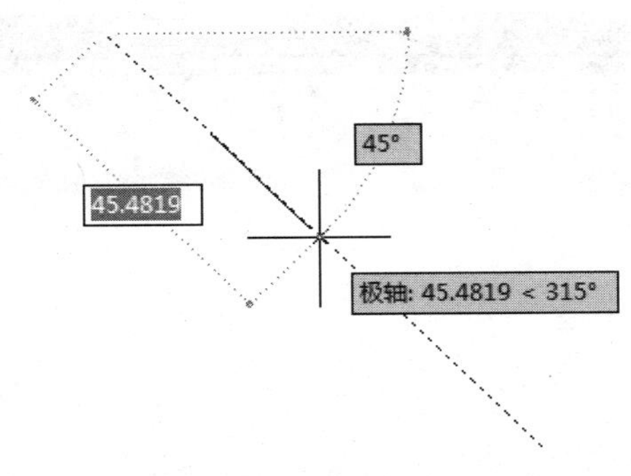

图1-40 动态输入

动态输入不会取代命令窗口。可以隐藏命令窗口以增加绘图屏幕区域，但是在有些操作中还是需要显示命令窗口的。按F2键可根据需要隐藏和显示命令提示和错误消息。另外，也可以浮动命令窗口，并使用“自动隐藏”功能来展开或卷起该窗口。

打开或关闭“动态输入”功能可以选择以下几种方法：

- 状态栏：单击按钮
- 对话框：在“草图设置”对话框的“动态输入”选项卡中选中或取消“启用指针输入”复选框

1.3 课后练习

1. 选择题

(1) AutoCAD 2015“草图与注释”空间界面中不显示的是（　　）。

A. 状态栏　　　　B. 菜单栏

C. 功能区　　　　　　　　　　D. 菜单浏览器

(2) AutoCAD 2015 中停止使用的工作空间是（　　）。

A. AutoCAD 经典工作空间　　　　B. 草图与注释工作空间

C. 三维建模工作空间　　　　　　D. 三维基础工作空间

2. 填空题

(1) 在 AutoCAD 中进行园林制图的单位是________。

(2) AutoCAD2015 默认操作界面主要包括________、________、________、________、________、________、________、________、________、________、________等内容。

(3) 图像显示控制的方式主要有________、________、________、________。

(4) 打开正交功能的快捷键是________。

3. 操作题

根据本章所学的设置系统运行环境方法，将十字光标大小、绘图区背景颜色、拾取框大小设置成用户习惯的操作环境，参考效果如图 1-41 所示。

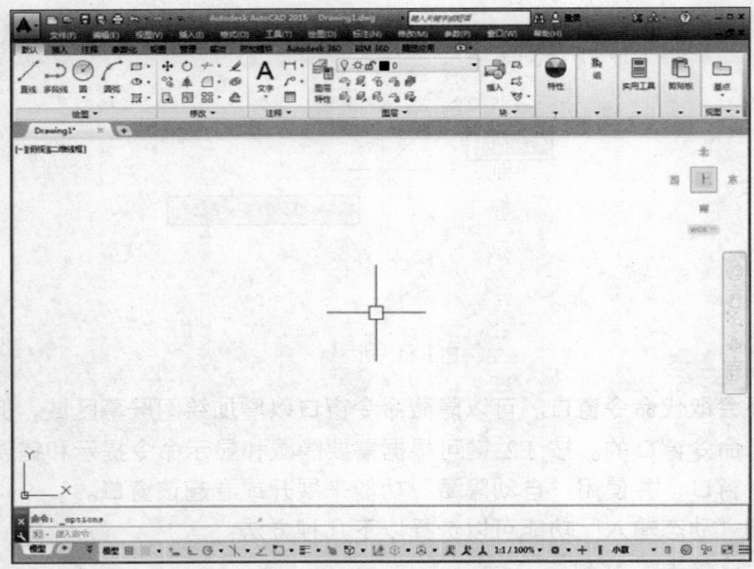

图 1-41　绘图环境设置效果

第2章 绘制二维基本图形

本章导读

绘图是 AutoCAD 最主要、最基本的功能，园林图形跟其他图形一样，都是通过绘制基本图形并对其进行编辑而生成的。本章主要介绍 AutoCAD 2015 绘制二维图形的基本方法，包括点的绘制、直线对象的绘制、曲线对象的绘制及多边形的绘制，掌握了这些基本的图形绘制方法和技巧，就能够更好地绘制复杂的园林图形。

本章重点

- 绘制点对象
- 绘制直线型对象
- 绘制多边形对象
- 绘制曲线对象
- 课后练习

2.1 绘制点对象

在 AutoCAD 中，点是组成图形对象的基本元素，可以用来作为捕捉和偏移对象的参考点，还可以用来标识某些特殊的部分，如绘制直线时需要确定端点、绘制圆或圆弧时需要确定圆心等。可以通过单点、多点、定数等分和定距等分 4 种方法创建点对象。

2.1.1 设置点样式

在 AutoCAD 中，系统默认情况下绘制的点显示为一个小黑点，不便于用户观察。因此，在绘制点之前一般要设置点样式，使其清晰可见。

设置点样式首先需要执行点样式命令，该命令主要有以下几种调用方法：

- 命令行：DDPTYPE
- 功能区：在“默认”选项卡中单击“实用工具”面板中的“点样式”按钮
- 菜单栏：“格式”|“点样式”命令

执行该命令后，将打开如图 2-1 所示的“点样式”对话框，可以在其中更改点的显示样式和大小。

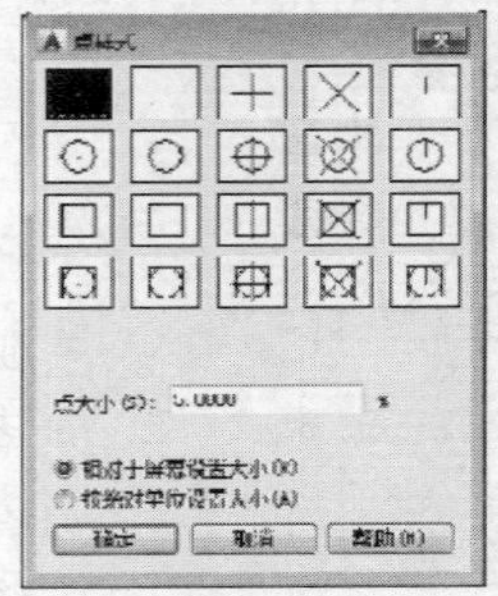

图 2-1 “点样式”对话框

2.1.2 绘制单点

绘制单点就是执行一次命令只能指定一个点。

执行绘制单点命令的方法有以下几种：

- 命令行：POINT / PO
- 菜单栏：“绘图”|“点”|“单点”命令

下面讲解单点的绘制方法，为了方便查看效果，这里设置了相应的点样式。

课堂举例 2-1：绘制单点 视频\第 2 章\课堂举例 2-1.mp4

01 在命令行中输入 POINT 命令，根据命令行提示，在绘图区任意位置单击，完成单点的绘制，结果如图 2-2 所示。

02 命令行提示如图 2-3 所示。

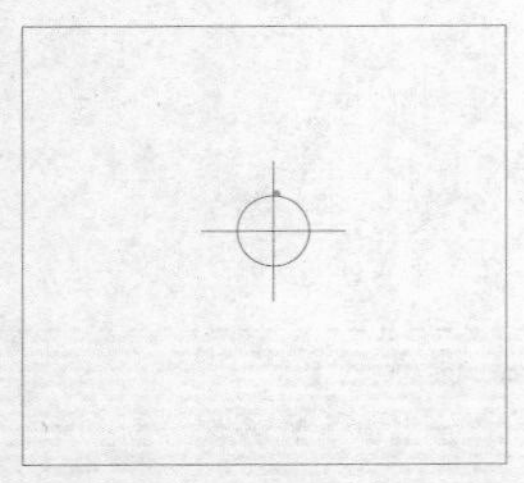

图 2-2 绘制单点效果

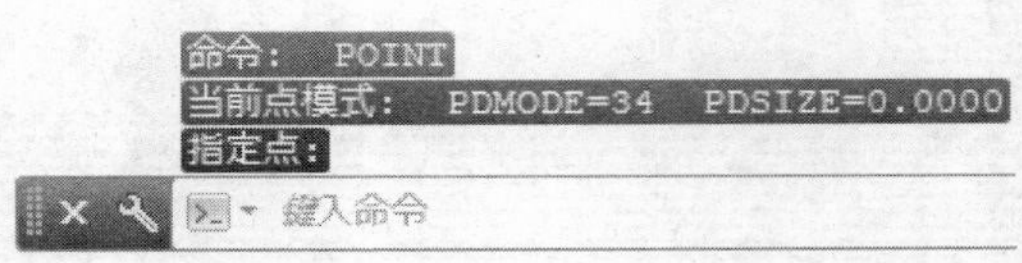

图 2-3 命令行提示

2.1.3 绘制多点

绘制多点就是指执行一次命令后可以连续绘制多个点，直到按 Esc 键结束命令为止。

绘制多点的方法有以下几种：

- 菜单栏：“绘图” | “点” | “多点”
- 功能区：在“默认”选项卡中，单击“绘图”面板中的“多点”按钮

课堂举例 2-2：绘制多点　　视频\第 2 章\课堂举例 2-2.mp4

01 在绘图面板中单击“多点”按钮，根据命令行提示，在绘图区任意位置，连续单击五次，按 Esc 键退出，完成多点的绘制，如图 2-4 所示。

02 命令行提示如图 2-5 所示。

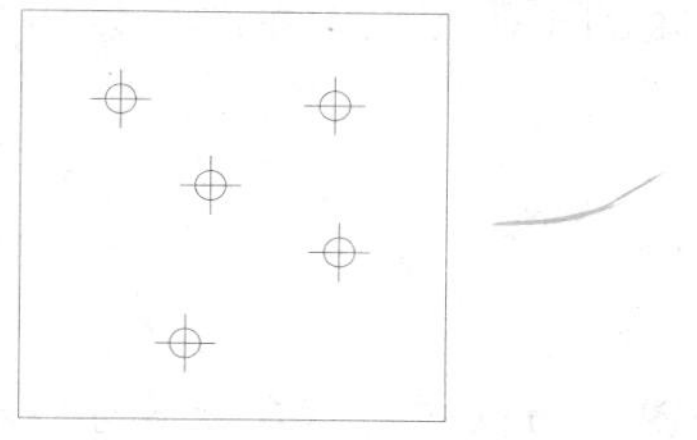

图 2-4　绘制多点效果

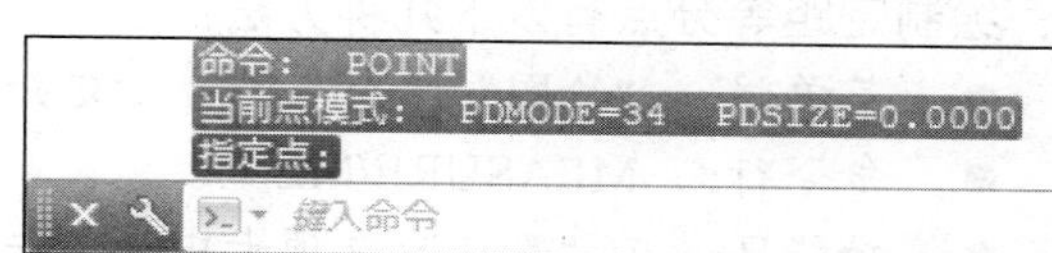

图 2-5　命令行提示

2.1.4 绘制定数等分点

绘制定数等分点就是在指定的对象上绘制等分点。实际上就是将指定的对象以一定的数量进行等分。

绘制定数等分点有以下几种方法：

- 命令行：DIVIDE/DIV
- 菜单栏：菜单栏：“绘图” | “点” | “定数等分”
- 功能区：在“默认”选项卡中，单击“绘图”面板中的“定数等分”按钮

定数等分方式输入需要等分的总段数后，系统自动计算每条线段的长度。下面对一条长度为 1000 的线段进行 5 等分，以此来讲解定数等分点的绘制方法。

课堂举例 2-3：绘制定数等分点　　视频\第 2 章\课堂举例 2-3.mp4

01 打开文件。打开本书配套光盘中的素材文件“随书文件\第 02 章\2.1.4 定数等分.dwg”。

02 设置点样式。在“默认”选项卡中，单击“实用工具”面板中的“点样式”按钮 点样式...，在打开的“点样式”对话框中选择一种点样式，以便于观察，如图 2-1 所示。

03 定数等分对象。在命令行中执行 DIV 命令，按 Enter 键，命令行提示如下：

```
命令：DIV    DIVIDE
选择要定数等分的对象：          //选择直线
输入线段数目或 [块(B)]：5       //输入定数等分数，按 Enter 键结束命令，如图 2-6 所示
```

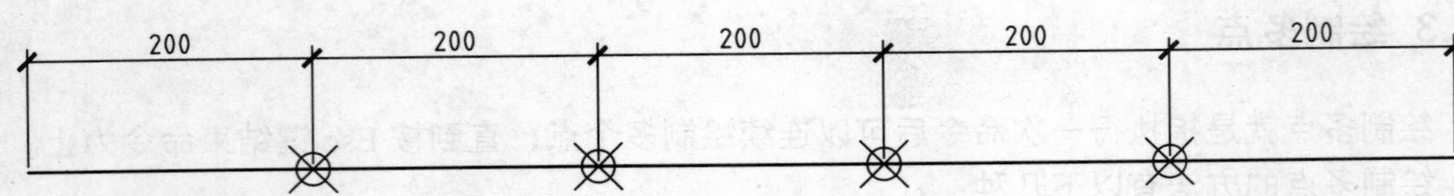

图 2-6　定数等分结果

命令行选项介绍如下：

- 线段数目：以点（POINT）方式定数等分对象。
- 块[B]：以图块（BLOCK）方式定数等分对象。

2.1.5 绘制定距等分点

定距等分就是将指定对象按确定的长度进行等分。与定数等分不同的是：因为等分后子线段的数目是线段总长除以等分距，所以由于等分距的不确定性，定距等分后可能会出现剩余线段。

绘制定距等分点有以下几种方法：

- 菜单栏：“绘图”｜“点”｜“定距等分”
- 命令行：　MEASURE/ME
- 功能区：在“默认”选项卡中，单击“绘图”面板中的“定距等分”按钮

下面同样对长度为 1000 的线段进行长度为 220 的定距等分，以此来讲解定距等分点的绘制方法。

课堂举例 2-4：绘制定距等分点　　视频\第 2 章\课堂举例 2-4.mp4

01 打开文件。打开本书配套光盘素材文件“随书文件\第 02 章\2.1.5 定距等分.dwg”。

02 设置点样式。在“默认”选项中，单击“实用工具”面板中的“点样式”按钮 点样式...，在打开的“点样式”对话框中选择一种点样式，以便于观察，如图 2-7 所示。

03 定距等分对象。在命令行中执行 ME 命令，按 Enter 键，命令行提示如下：

```
命令：ME　MEASURE
选择要定距等分的对象：　　　　　　//光标移动到直线左侧单击，如图 2-7 所示
指定线段长度或 [块(B)]：220　　　//指定要定距等分的长度，等分结果如图 2-8 所示
```

图 2-7　选择定距等分对象

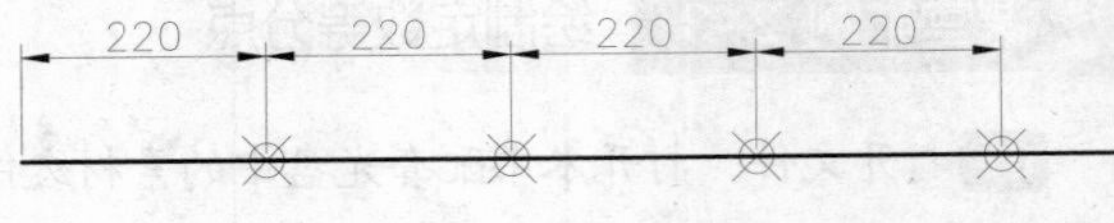

图 2-8　定距等分结果

技巧　定距等分拾取对象时，光标靠近对象哪一端，就从哪一端开始等分，如图 2-7 所示即从线段的左端开始将线段定距等分。

等分点不仅可以等分普通线段，还可以等分圆、矩形、多边形等复杂的封闭图形对象。

2.2 绘制直线型对象

直线对象是所有图形的基础，在 AutoCAD 中，直线对象包括：直线、射线、构造线、多段线和多线等。不同的直线对象具有不同的特性，应根据实际绘图需要选择不同的线型，下面对其一一进行讲解。

2.2.1 绘制直线

直线是所有绘图中最简单、最常用的图形对象，只要指定了起点和终点，就可绘制出一条直线。它可以是一条线段，也可以是一系列的线段，但每条线段都是独立的直线对象。

绘制直线有以下几种方法：

- 命令行：LINE / L
- 工具栏："绘图"工具栏"直线"按钮
- 菜单栏："绘图" | "直线"命令
- 功能区：在"默认"选项卡中，单击"绘图"面板中的"直线"按钮

执行直线命令后，命令行操作过程如下：

```
命令：L    LINE ↙                //按回车键执行该命令
指定第一点：                     //在绘图区拾取一点作为直线的起点
指定下一点或 [放弃(U)]：         //单击，确定直线的终点
```

下面使用直线命令绘制高 120、宽 350 的三级楼梯台阶剖面，来讲解直线的绘制方法。

课堂举例 2-5：绘制楼梯台阶剖面　　视频\第 2 章\课堂举例 2-5.mp4

01 打开状态栏上的"正交"按钮，以便绘制完全水平和垂直的线段。

02 输入 LINE 命令，命令行操作过程如下：

```
命令：L  LINE 指定第一点：         //在绘图区任意指定一点
指定下一点或 [放弃(U)]：120        //移动光标至第一点上方，输入台阶高度，如图 2-9 所示
指定下一点或 [放弃(U)]：350        //移动光标到上一点右方，输入台阶宽度，如图 2-10 所示
```

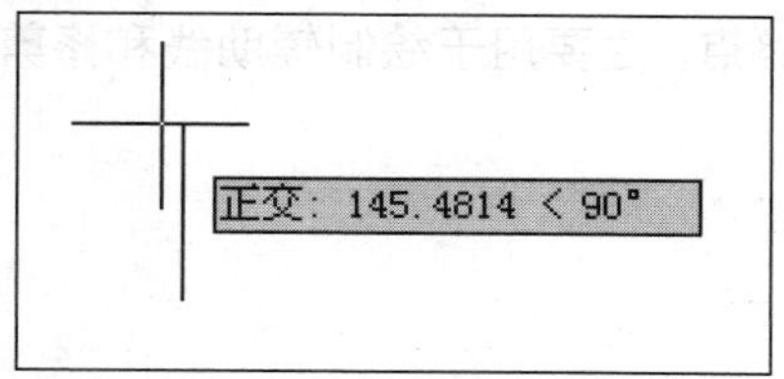

图 2-9　指定第二点方向

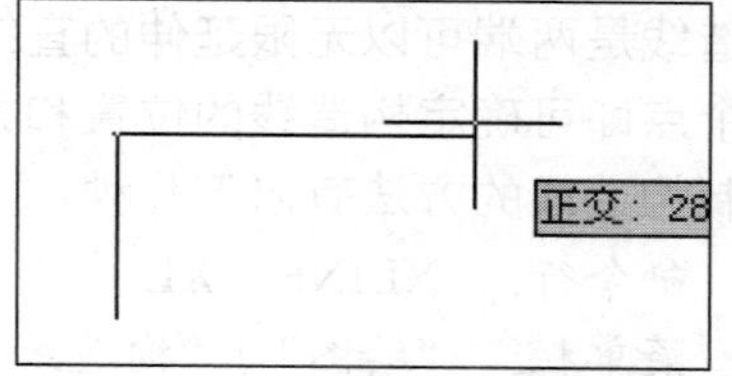

图 2-10　指定第三点方向

```
指定下一点或 [闭合(C)/放弃(U)]：120↙    //将光标移至上一点上方，输入台阶高度
指定下一点或 [闭合(C)/放弃(U)]：350↙    //将光标移到上一点右方，输入台阶宽度
指定下一点或 [闭合(C)/放弃(U)]：120↙    //将光标移至上一点上方，输入台阶高度
指定下一点或 [闭合(C)/放弃(U)]：350↙    //将光标移到上一点右方，输入台阶宽度
```

```
指定下一点或 [闭合(C)/放弃(U)]: 360↙    //将光标移到上一点下方，输入总高度，如图 2-11 所示
指定下一点或 [闭合(C)/放弃(U)]: c↙      //闭合线段，完成绘制，结果如图 2-12 所示
```

图 2-11 指定下一点方向　　图 2-12 绘制结果

2.2.2 绘制射线

射线是一端固定而另一端无限延伸的直线。它只有起点和方向，没有终点，一般用来作为辅助线。

绘制射线有以下几种方法：

- 菜单栏："绘图"|"射线"命令
- 命令行：RAY
- 功能区：在"默认"选项卡中，单击"绘图"面板中的"射线"按钮

执行上述命令后，命令行操作如下：

```
命令: _ray              //调用命令
指定起点:               //在绘图区任意位置拾取一点作为起点
指定通过点:             //确定射线的方向
```

提示 指定射线的起点后，可以在显示"指定通过点"提示时指定多个通过点，绘制经过相同起点的多条射线，直到按 Esc 键或 Enter 键退出为止。

2.2.3 绘制构造线

构造线是两端可以无限延伸的直线，没有起点和终点。主要用于绘制辅助线和修剪边界，指定两个点即可确定构造线的位置和方向。

绘制构造线的方法有以下几种：

- 命令行：XLINE / XL
- 菜单栏："绘图"|"构造线"命令
- 工具栏："绘图"工具栏"构造线"按钮
- 功能区：在"默认"选项卡中，单击"绘图"面板中的"构造线"按钮

执行该命令后，命令行提示如下：

```
命令: _xline                                            //执行命令
指定点或 [水平(H)/垂直(V)/角度(A)/二等分(B)/偏移(O)]:   //指定构造线通过的点
```

```
指定通过点：                                        //指定构造线通过的点
```

命令行各选项含义如下：

- 水平：绘制水平构造线。
- 垂直：绘制垂直构造线。
- 角度：按指定的角度创建构造线。
- 二等分：用来创建已知角的角平分线。使用该项创建的构造线，平分两条指定线的夹角，且通过该夹角的顶点。
- 偏移：用来创建平行于另一个对象的平行线。创建的平行线可以偏移一段距离与对象平行，也可以通过指定的点与对象平行。

2.2.4 绘制多段线

多段线是由等宽或不等宽的直线或圆弧等多条线段构成的复合图形对象，这些线段构成的图形是一个整体，单击时会选择整个图形，不能分别选择编辑。

绘制多段线有以下几种方法：

- 命令行：PLINE/PL
- 工具栏："绘图"工具栏"多段线"按钮
- 菜单栏："绘图"|"多段线"命令
- 功能区：在"默认"选项卡中，单击"绘图"面板中的"多段线"按钮

下面通过绘制如图 2-13 所示的简易花坛造型为例，来讲解多段线的绘制方法。

课堂举例 2-6：绘制简易花坛　　视频\第 2 章\课堂举例 2-6.mp4

输入 PLINE / PL 命令，命令行操作过程如下：

```
命令:PL    PLINE
指定起点：                                  //在绘图区任意指定一点
当前线宽为 0.0000
指定下一个点或 [圆弧(A)/半宽(H)/长度(L)/放弃(U)/宽度(W)]: @800,0
                                            //输入第二点的相对坐标
指定下一点或 [圆弧(A)/闭合(C)/半宽(H)/长度(L)/放弃(U)/宽度(W)]: @0, 800
指定下一点或 [圆弧(A)/闭合(C)/半宽(H)/长度(L)/放弃(U)/宽度(W)]: @-500,0
                                            //输入点的相对坐标,如图 2-14 所示
指定下一点或 [圆弧(A)/闭合(C)/半宽(H)/长度(L)/放弃(U)/宽度(W)]: a
                                            //激活"圆弧"选项
指定圆弧的端点或[角度(A)/圆心(CE)/闭合(CL)/方向(D)/半宽(H)/直线(L)/半径(R)/第二个点(S)/放弃(U)/宽度(W)]: a                   //激活"角度"选项
指定包含角: 90                              //指定角度
指定圆弧的端点或 [圆心(CE)/半径(R)]: @-300,-300
                                            //输入圆弧端点的相对坐标，如图 2-15 所示
指定圆弧的端点或[角度(A)/圆心(CE)/闭合(CL)/方向(D)/半宽(H)/直线(L)/半径(R)/第二个点(S)/放弃(U)/宽度(W)]: L                   //激活"直线"选项
```

```
指定下一点或 [圆弧(A)/闭合(C)/半宽(H)/长度(L)/放弃(U)/宽度(W)]: c
                                        //闭合多段线，如图 2-16 所示
```

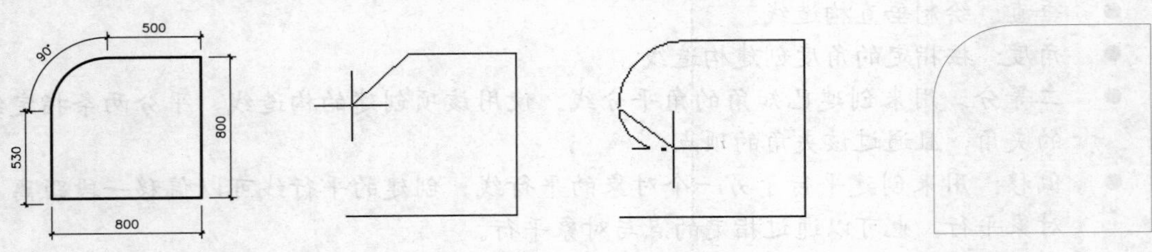

图 2-13　造型花坛　　图 2-14　绘制直线部分　　图 2-15　绘制弧线部分　　图 2-16　绘制结果

执行多段线命令过程中各选项含义如下：

- 圆弧：选择该选项，将以绘制圆弧的方式绘制多段线。
- 半宽：选择该选项，将指定多段线的半宽值，AutoCAD 将提示用户输入多段线的起点宽度和终点宽度。常用此选项来绘制箭头。
- 长度：选择该选项，将定义下一条多段线的长度。
- 放弃：选择该选项，将取消上一次绘制的一段多段线。
- 宽度：选择该选项，可以设置多段线宽度值。建筑制图中常用此选项来绘制具有一定宽度的地平线等元素。

2.2.5 绘制多线

多线是一种由多条平行线组成的组合图形对象。它可以由 1～16 条平行直线组成，每一条直线都称为多线的一个元素。多线在实际工程设计中的应用非常广泛，如建筑平面图中绘制墙体，规划设计中绘制道路，管道工程设计中绘制管道剖面等。

1. 设置多线样式

系统默认的多线样式称为 STANDARD 样式，它由两条直线组成。在绘制多线前，通常会根据不同的需要对样式进行专门设置。

设置多线样式的方法有以下几种：

- 命令行：MLSTYLE
- 菜单栏："格式" | "多线样式"

下面以设置厚度为 240 且两端封闭的墙体样式为例，讲述多线样式的设置。

课堂举例 2-7：创建多线样式　　视频\第 2 章\课堂举例 2-7.mp4

01 输入 MLSTYLE 命令。弹出如图 2-17 所示的"多线样式"对话框。

02 命名多线样式。单击"新建"按钮，打开"创建新的多线样式"对话框，在"新样式名"文本框中输入"墙线"，如图 2-18 所示。

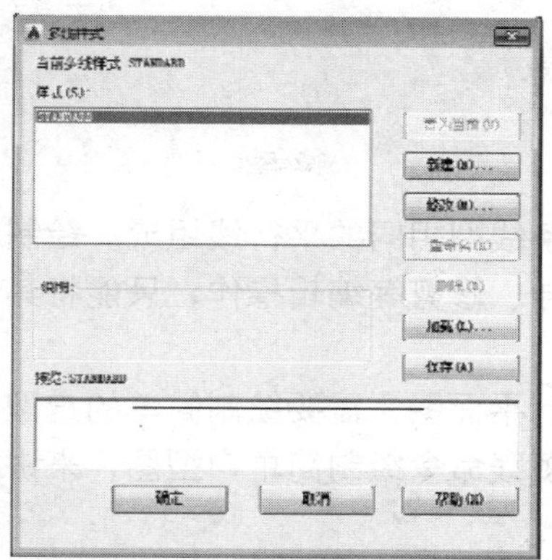

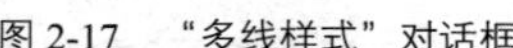

图 2-17　“多线样式”对话框

图 2-18　“创建新的多线样式”对话框

03 设置墙线样式端点封口样式。单击“继续”按钮，打开“新建多线样式：墙线”对话框。在“封口”选项区勾选“直线”的起点和端点复选框，如图 2-19 所示。

04 设置墙线厚度。在“图元”列表框中单击选择 0.5 的线型样式，在“偏移”文本框内输入 120。再单击选择-0.5 的线型样式，修改为-120，结果如图 2-20 所示。

05 单击“确定”按钮，返回“多线样式”对话框，单击“置为当前”按钮，将“墙线”样式置为当前。单击“确定”按钮，完成多线样式的设置。

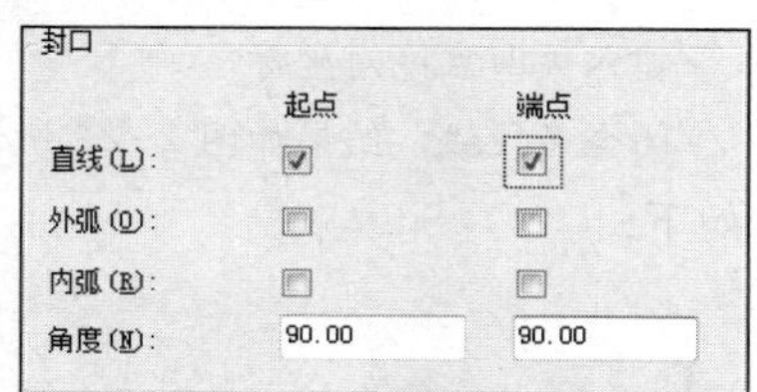

图 2-19　设置墙线端点封口样式

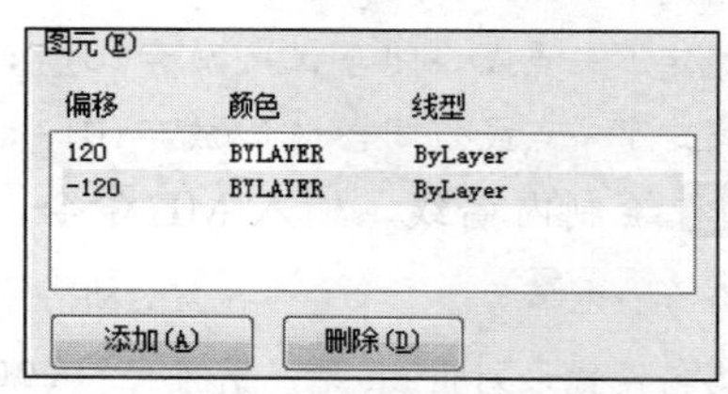

图 2-20　设置墙线厚度

“新建多线样式：墙线”对话框中各选项的含义如下：

- 封口：设置多线的平行线段之间两端封口的样式。各封口样式如图 2-21 所示。
- 填充：设置封闭的多线内的填充颜色，选择“无”，表示使用透明颜色填充。
- 显示连接：显示或隐藏每条多线线段顶点处的连接。
- 图元：构成多线的元素，通过单击“添加”按钮可以添加多线构成元素，也可以通过单击“删除”按钮删除这些元素。

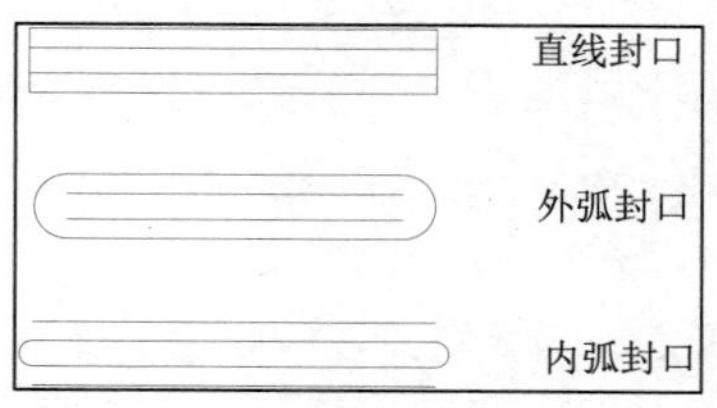

图 2-21　多线封口样式

- 偏移：设置多线元素从中线的偏移值，值为正表示向上偏移，值为负表示向下偏移。
- 颜色：设置组成多线元素的直线线条颜色。
- 线型：设置组成多线元素的直线线条线型。

2. 绘制多线

多线设置完成后，就可以进行多线的绘制。

绘制多线的方法有以下几种：

- 菜单栏："绘图" | "多线"命令
- 命令行：MLINE / ML

多线的绘制方法与直线相似，不同的是多线由多条线型相同的平行线组成。绘制的每一条多线都是一个完整的整体，不能对其进行偏移、延伸、修剪等编辑操作，只能将其进行分解为多条直线后才能编辑。

在某些园林平面图的绘制过程中，如绘制庭院设计平面图，需要绘制简单的户型图以丰富图面效果。下面运用上例设置完成的多线样式，用多线命令绘制简单户型图，来讲解多线的绘制方法。

课堂举例 2-8：使用多线绘制墙体

视频\第 2 章\课堂举例 2-8.mp4

01 绘制外墙线。输入 MLINE 命令，命令行操作过程如下：

```
命令:ML↙          MLINE
当前设置: 对正 = 无，比例 = 1.00，样式 = 墙线     //确认系统默认设置为当前设置
指定起点或 [对正(J)/比例(S)/样式(ST)]:0,0        //输入起点绝对坐标
指定下一点:4000,0                                 //输入第二点绝对坐标
指定下一点或 [放弃(U)]:4000,-7000                 //输入第三点绝对坐标
指定下一点或 [闭合(C)/放弃(U)]:0,-7000            //输入第四点绝对坐标
指定下一点或 [闭合(C)/放弃(U)]:c                  //闭合多段线，结果如图 2-22 所示
```

02 绘制内墙线。输入 ML 命令，命令行操作过程如下：

```
命令:ML               MLINE
当前设置: 对正 = 无，比例 = 1.00，样式 = 墙线
指定起点或 [对正(J)/比例(S)/样式(ST)]: 2500,-120        //输入起点绝对坐标
指定下一点: @0, -2100                                  //输入第二点的相对坐标
指定下一点或 [放弃(U)]: @-2380,0                       //输入第三点的相对坐标
指定下一点或 [闭合(C)/放弃(U)]:    //按 Enter 键结束命令，结果如图 2-23 所示
```

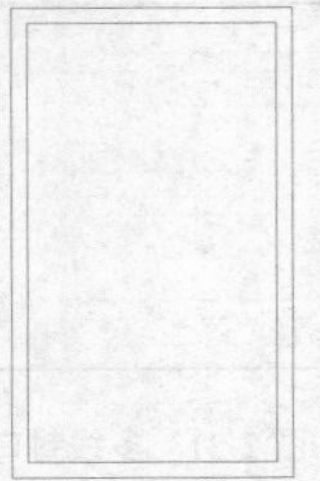

图 2-22　绘制外墙线

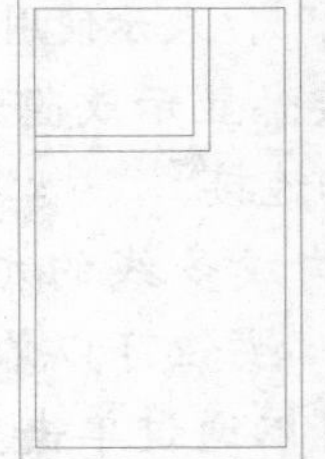

图 2-23　绘制内墙线

技巧　在一个命令执行完毕后，直接按空格键或 Enter 键，可以继续执行相同命令，而不必再次从菜单栏或绘图工具栏选择，从而节省时间，提高绘图效率。

执行多线命令过程中各选项的含义如下：

- 对正：设置绘制多线时相对于输入点的偏移位置。该选项有上、无和下 3 个选项，

上表示多线顶端的线随着光标移动；无表示多线的中心线随着光标移动；下表示多线底端的线随着光标移动，如图 2-24 所示。

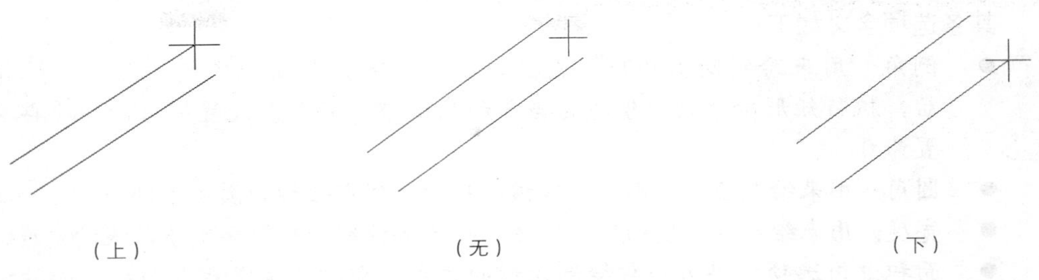

图 2-24　不同对正方式效果

- 比例：设置多线样式中平行多线的宽度比例。如：绘制墙线时，在设置多线样式时，将其偏移宽度（即墙线厚度）设为 240，若在绘制多线设置比例为 2，则绘制出来的多线，其平行线间的间隔为 480。
- 样式：设置绘制多线时使用的样式，默认的多线样式为 STANDARD，选择该选项后，可以在提示信息“输入多线样式名或[?]”后面输入已定义的样式名。输入“? ”则会列出当前图形中所有的多线样式。

2.3 绘制多边形对象

多边形图形包括矩形、正多边形和面域等，也是在绘图过程中使用较多的一类图形，下面逐一讲解这些多边形的绘制方法。

2.3.1 绘制矩形

矩形就是通常所说的长方形，是通过输入矩形的任意两个对角点位置确定的。在 AutoCAD 中绘制矩形可以为其设置倒角、圆角以及宽度和厚度值，如图 2-25 所示为矩形的各种样式。

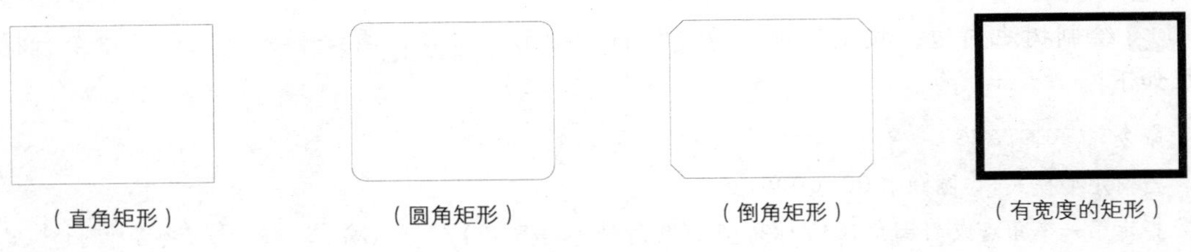

图 2-25　各种样式的矩形

绘制矩形的方法有以下几种：

- 工具栏：“绘图”工具栏“矩形”按钮
- 菜单栏：“绘图” | “矩形”命令
- 命令行：RECTANG / REC
- 功能区：在“默认” 选项卡中，单击“绘图”面板中的“矩形”按钮

执行该命令后，命令行提示如下：

```
指定第一个角点或 [倒角(C)/标高(E)/圆角(F)/厚度(T)/宽度(W)]:
```

其各选项含义如下：

- 倒角：用来绘制倒角矩形，选择该选项后可指定矩形的倒角距离。设置该选项后，执行矩形命令时此值成为当前的默认值，若不需设置倒角，则要再次将其设置为 0。
- 圆角：用来绘制圆角矩形。选择该选项后可指定矩形的圆角半径。
- 宽度：用来绘制有宽度的矩形。该选项为要绘制的矩形指定多段线的宽度。
- 面积：该选项提供另一种绘制矩形的方式，即通过确定矩形面积大小的方式绘制矩形。
- 尺寸：该选项通过输入矩形的长和宽确定矩形的大小。
- 旋转：选择该选项，可以指定绘制矩形的旋转角度。

技巧 在绘制圆角或倒角矩形时，如果矩形的长度和宽度太小而无法使用当前设置创建矩形时，绘制出来的矩形将不进行圆角或倒角。

课堂举例 2-9：绘制圆角矩形树池

视频\第 2 章\课堂举例 2-9.mp4

01 绘制树池外边。输入 REC 命令，绘制一个半径为 100 的圆角矩形，命令行操作过程如下：

```
命令: RECTANG
当前矩形模式:  圆角=200.0000
指定第一个角点或 [倒角(C)/标高(E)/圆角(F)/厚度(T)/宽度(W)]: f    //激活"圆角"选项
指定矩形的圆角半径 <200.0000>: 100          //输入圆角半径值
指定第一个角点或 [倒角(C)/标高(E)/圆角(F)/厚度(T)/宽度(W)]: 0,0
                                            //指定矩形第一角点坐标
指定另一个角点或 [面积(A)/尺寸(D)/旋转(R)]:500,500
                                            //指定矩形对角点坐标，结果如图 2-26 所示
```

02 绘制树池内边。按空格键，重复执行"矩形"命令，再绘制一个矩形，命令行操作过程如下：

```
命令:  RECTANG
当前矩形模式:  圆角=100.0000
指定第一个角点或 [倒角(C)/标高(E)/圆角(F)/厚度(T)/宽度(W)]: f↙  //激活"圆角"选项
指定矩形的圆角半径 <100.0000>: 80           //输入圆角半径值
指定第一个角点或 [倒角(C)/标高(E)/圆角(F)/厚度(T)/宽度(W)]: 50,50
                                            //指定矩形第一角点坐标
指定另一个角点或 [面积(A)/尺寸(D)/旋转(R)]: 450,450
                                            //指定矩形对角点坐标，结果如图 2-27 所示
```

图 2-26　绘制圆角矩形树池

图 2-27　绘制树池内边

2.3.2 绘制正多边形

正多边形是由三条或三条以上长度相等的线段首尾相接形成的闭合图形。其边数范围在 3 ~ 1024 之间，如图 2-28 所示为各种正多边形效果。

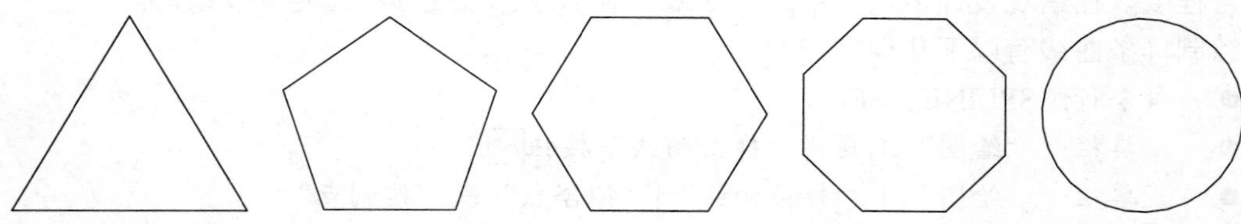

图 2-28　各种正多边形

绘制正多形的方法有以下几种：

- 命令行：POLYGON / POL
- 工具栏："绘图"工具栏"正多边形"按钮
- 菜单栏："绘图" | "正多边形"命令
- 功能区：在"默认"选项卡中，单击"绘图"面板中的"多边形"按钮

执行该命令并指定正多边形的边数后，命令行将出现如下提示：

```
指定正多边形的中心点或 [边(E)]：
```

其各选项含义如下：

- 中心点：通过指定正多形中心点的方式来绘制正多边形。选择该选项后，会提示"输入选项 [内接于圆(I)/外切于圆(C)] <I>:"的信息，内接于圆表示以指定正多边形内接圆半径的方式来绘制正多边形，如图 2-29 所示；外切于圆表示以指定正多边形外切圆半径的方式来绘制正多边形，如图 2-30 所示。
- 边：通过指定多边形边的方式来绘制正多边形。该方式将通过边的数量和长度确定正多边形。

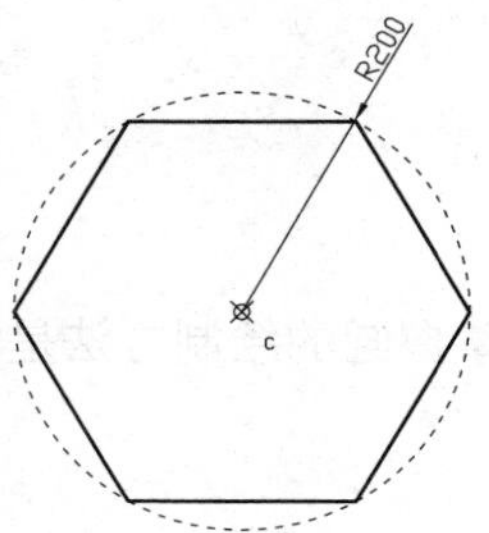

图 2-29　内接于圆画正多边形

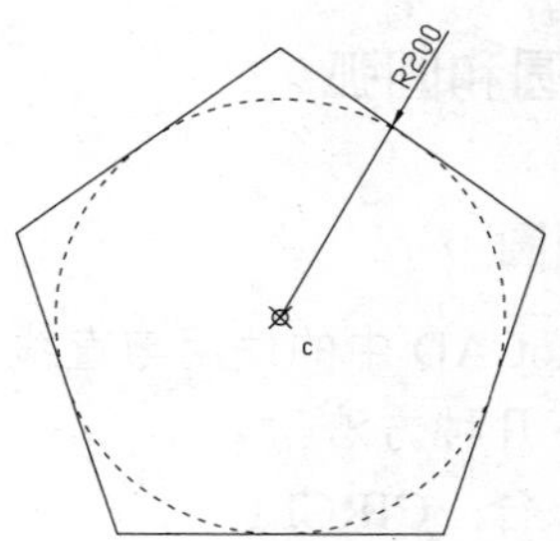

图 2-30　外切于圆画正多边形

2.4 绘制曲线对象

曲线对象主要包括样条曲线、圆、圆环、圆弧、椭圆、修订云线等，它的绘制方法比直线对象复杂，下面分别对其进行讲解。

2.4.1 绘制样条曲线

样条曲线是经过或接近一系列给定点的平滑曲线，它能够自由编辑，可以控制曲线与点的拟合程度。在景观设计中，常用此命令来绘制水体、流线形的园路及模纹等。

绘制样条曲线有以下几种方法：

- 命令行：SPLINE / SPL
- 工具栏："绘图"工具栏"样条曲线"按钮
- 菜单栏："绘图" | "样条曲线" | "拟合点"或"控制点"
- 功能区：在"默认"选项卡中，单击"绘图"面板中的"样条曲线拟合"按钮或者"样条曲线控制点"按钮

执行该命令，任意指定两个点后，命令行将出现如下提示：

```
输入下一个点或 [端点相切(T)/公差(L)/放弃(U)/闭合(C)]:
```

其各选项含义如下：

- 端点相切：指定在样条曲线终点的相切条件。
- 公差：指定样条曲线可以偏离指定拟合点的距离。公差值 0（零）要求生成的样条曲线直接通过拟合点。公差值适用于所有拟合点（拟合点的起点和终点除外），始终具有为 0（零）的公差。
- 节点：用来确定样条曲线中连续拟合点之间的零部件曲线如何过渡。
- 对象：将二维或三维的二次或三次样条曲线拟合多段线转换成等效的样条曲线。根据 DELOBJ 系统变量的设置，保留或放弃原多段线。
- 控制点：通过移动控制点调整样条曲线的形状，通常可以提供比移动拟合点更好的效果。
- 拟合点：样条曲线必须经过拟合点来创建样条曲线，拟合点不在样条曲线上。
- 起点切向：定义样条曲线的起点和结束点的切线方向。

2.4.2 绘制圆和圆弧

1. 绘制圆

圆在 AutoCAD 中的使用与直线一样，非常频繁，所以掌握圆的绘制方法是非常必要的。绘制圆有以下几种方法：

- 命令行：CIRCLE / C
- 工具栏："绘图"工具栏"圆"按钮
- 菜单栏："绘图" | "圆"命令

● 功能区：在"默认"选项卡中，单击"绘图"面板中的"圆"按钮

"绘图"面板中的"圆"按钮右侧下拉按钮中提供了 6 种绘制圆的子命令，绘制方式如图 2-31 所示。各子命令的含义如下：

● 圆心、半径：用圆心和半径方式绘制圆。
● 圆心、直径：用圆心和直径方式绘制圆。
● 三点：通过 3 点绘制圆，系统会提示指定第一点、第二点和第三点。
● 两点：通过两个点绘制圆，系统会提示指定圆直径的第一端点和第二端点。
● 相切、相切、半径：通过两个其他对象的切点和输入半径值来绘制圆。系统会提示指定圆的第一切线和第二切线上的点及圆的半径。
● 相切、相切、相切：通过 3 条切线绘制圆。

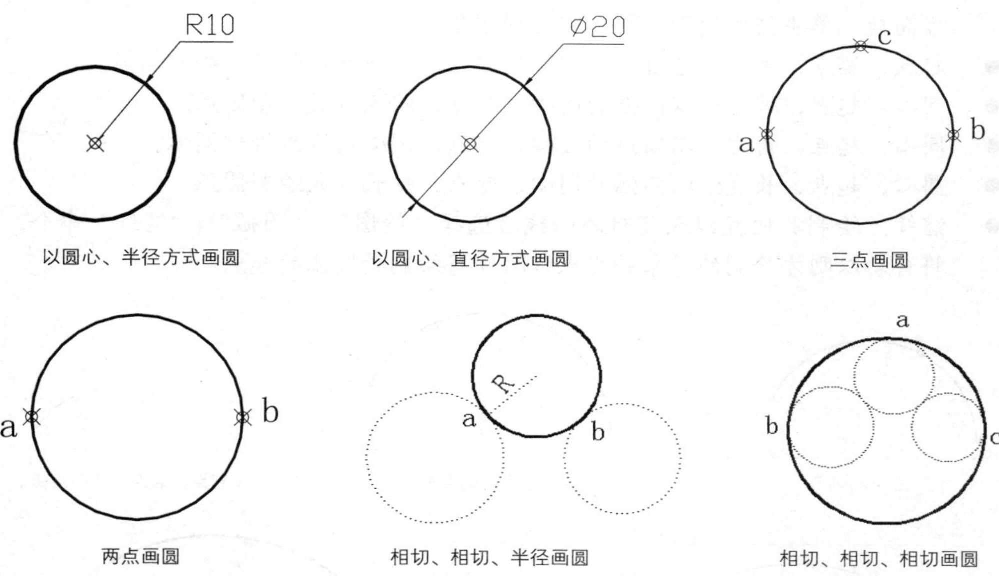

图 2-31　圆的 6 种绘制方式

2. 绘制圆弧

圆弧即圆的一部分曲线，是与其半径相等的圆周的一部分。

绘制圆弧的方法有以下几种：

● 命令行：ARC/A
● 工具栏："绘图"工具栏"圆弧"按钮
● 菜单栏："绘图" | "圆弧"命令

"绘图"面板中的"圆弧"按钮右侧下拉菜单中提供了 11 种绘制圆弧的子命令，常用的几种绘制方式如图 2-32 所示。各子命令的含义如下：

● 三点：通过指定圆弧上的三点绘制圆弧，需要指定圆弧的起点、通过的第二个点和端点。
● 起点、圆心、端点：通过指定圆弧的起点、圆心、端点绘制圆弧。
● 起点、圆心、角度：通过指定圆弧的起点、圆心、包含角绘制圆弧。执行此命令时会出现"指定包含角："的提示，在输入角度时，如果当前环境设置逆时针方向为角度正方向，且输入的正的角度值，则绘制的圆弧是从起点绕圆心沿逆时针方向绘制，反之则沿顺时针方向绘制。

- 起点、圆心、长度：通过指定圆弧的起点、圆心、弦长绘制圆弧。另外，在命令行提示的“指定弦长：”提示信息下，如果所输入的值为负，则该值的绝对值将作为对应整圆的空缺部分圆弧的弦长。
- 起点、端点、角度：通过指定圆弧的起点、端点、包含角绘制圆弧。
- 起点、端点、方向：通过指定圆弧的起点、端点和圆弧的起点切向绘制圆弧。命令执行过程中会出现“指定圆弧的起点切向：”提示信息，此时拖动鼠标动态地确定圆弧在起始点处的切线方向与水平方向的夹角。拖动鼠标时，AutoCAD 会在当前光标与圆弧起始点之间形成一条线，即为圆弧在起始点处的切线。确定切线方向后，单击拾取键即可得到相应的圆弧。
- 起点、端点、半径：通过指定圆弧的起点、端点和圆弧半径绘制圆弧。
- 圆心、起点、端点：以圆弧的圆心、起点、端点方式绘制圆弧。
- 圆心、起点、角度：以圆弧的圆心、起点、圆心角方式绘制圆弧。
- 圆心、起点、长度：以圆弧的圆心、起点、弦长方式绘制圆弧。
- 继续：绘制其他直线或非封闭曲线后选择“绘图”|“圆弧”|“继续”命令，系统将自动以刚才绘制的对象的终点作为即将绘制的圆弧的起点。

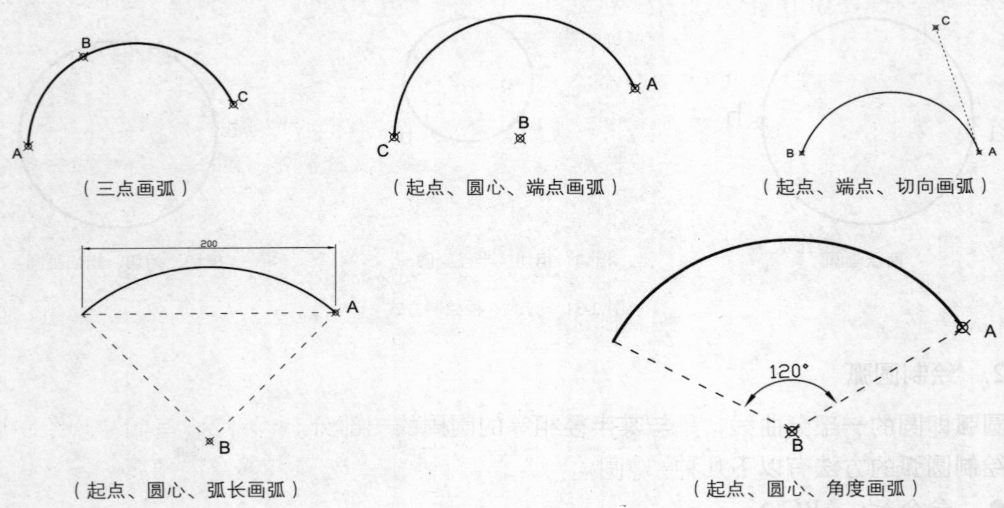

图 2-32　几种常用绘制圆弧的方法

2.4.3 绘制圆环

圆环是由两个同心圆组成的组合图形，默认情况下圆环的两个圆形中间的面积填充为实心，如图 2-33 所示。绘制圆环时，首先要确定两个同心圆的直径，也就是内径和外径，然后再确定圆环的圆心位置。

绘制圆环的方法有以下几种：

- 命令行：DONUT / DO
- 菜单栏：“绘图”|“圆环”命令

- 功能区：在“默认”选项卡中，单击“绘图” 面板中的“圆环”按钮

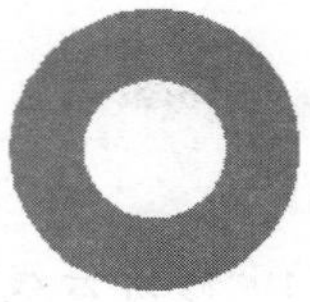

图 2-33　圆环

图 2-34　实心圆面

将圆环内径设置为 0 时，可以绘制实心的圆面。如图 2-34 所示即为绘制的内径为 0，外径为 100 的圆环。

2.4.4 绘制椭圆和椭圆弧

1. 绘制椭圆

椭圆是特殊样式的圆，与圆相比，椭圆的半径长度不一。其形状由定义其长度和宽度的两条轴决定，较长的轴称为长轴，较短的轴称为短轴。

绘制椭圆的方法有以下几种：

- 命令行：ELLIPSE／EL
- 工具栏：“绘图”工具栏“椭圆”按钮
- 菜单栏：“绘图”|“椭圆”命令
- 功能区：在“默认”选项卡中，单击“绘图”面板中的“椭圆”按钮

“绘图”面板的“椭圆”按钮下拉菜单提供了两种绘制椭圆的子命令。各子命令的含义如下：

- 圆心：通过指定椭圆的中心点、一条轴的一个端点及另一条轴的半轴长度来绘制椭圆。
- 轴端点：通过指定椭圆一条轴的两个端点及另一条轴的半轴长度来绘制椭圆。

2. 椭圆弧

椭圆弧是椭圆的一部分，它类似于椭圆，不同的是它的起点和终点没有闭合。绘制椭圆弧需要确定的参数有：椭圆弧所在椭圆的两条轴及椭圆弧的起点和终点的角度。

绘制椭圆弧的方法有以下几种：

- 工具栏：“绘图”工具栏“椭圆弧”按钮
- 菜单栏：“绘图”|“椭圆”|“圆弧”命令
- 功能区：在“默认”选项卡中，单击“绘图”面板中的“椭圆”下拉按钮中的“椭圆弧”按钮

2.4.5 绘制修订云线

修订云线是一类特殊的线条，它的形状类似于云朵，主要用于突出显示图样中已修改的部分，在园林绘图中常用于绘制灌木，如图 2-35 所示。其组成参数包括多个控制点、最大弧长和最小弧长。

绘制修订云线的方法有以下几种：

- 菜单栏：“绘图”|“修订云线”命令
- 工具栏：“绘图”工具栏“修订云线”按钮
- 命令行：REVCLOUD
- 功能区：在“默认”选项卡中，单击“绘图”面板中的“修订云线”按钮

执行该命令后，命令行提示如下：

```
指定起点或 [弧长(A)/对象(O)/样式(S)] <对象>:
```

其各选项含义如下：

- 弧长：指定修订云线的弧长，选择该选项后需要指定最小弧长与最大弧长，其中最大弧长不能超过最小弧长的 3 倍。
- 对象：指定要转换为修订云线的单个闭合对象。
- 样式：用于选择修订云线的样式。选择该选项后，命令提示行将出现“选择圆弧样式[普通（N）/ (C)]<普通>：”的提示信息，默认为“普通”选项。

技巧 在绘制修订云线时，若不希望它自动闭合，可在绘制过程中将鼠标移动到合适的位置后，单击鼠标右键来结束修订云线的绘制。

下面通过将半径为 500 的圆转换为修订云线（设置最大弧长为 300，最小弧长为 100），来讲解修订云线的绘制方法。

课堂举例 2-10：转换绘制修订云线

视频\第 2 章\课堂举例 2-10.mp4

绘制圆。在“默认”选项卡中，单击“绘图”面板中的“圆”按钮，绘制一个半径为 500 的圆。结果如图 2-36 所示。

01 在“默认”选项卡中，单击“绘图”面板中的“修订云线”按钮，将绘制的圆转换成修订云线，命令行操作过程如下：

```
命令: _revcloud
最小弧长: 20    最大弧长: 30    样式: 普通
指定起点或 [弧长(A)/对象(O)/样式(S)] <对象>: a↙      //激活“弧长”选项
指定最小弧长 <20>: 100                               //设置最小弧长
指定最大弧长 <100>: 300                              //设置最大弧长
指定起点或 [弧长(A)/对象(O)/样式(S)] <对象>: o↙      //激活“对象”选项
选择对象:                                            //选择绘制的圆
反转方向 [是(Y)/否(N)] <否>:                         //结束命令，结果如图 2-37 所示，
修订云线绘制完成。
```

图 2-35 修订云线

图 2-36 绘制圆

图 2-37 修订云线转换结果

2.5 课后练习

1. 选择题

(1) 在命令行输入（　　）并回车，可以启动多段线命令。

A、L　　B、LI

C、PL　　D、XL

(2) 在命令行输入（　　）并回车，可以启动多线样式命令。

A、MLSTYLE　　B、DDPTYPE

C、MEASURE　　D、SPLINE

2. 填空题

(1) 在 AutoCAD2015 中重复上一次命令，可按________键完成。

(2) 绘制圆弧有_____种方法，绘制圆有_____种方法。

(3) 在园林绘图中，绘制灌木常用的命令是_________。

(4) 使用多段线绘制的图形是一个_______，不可分别选择编辑。

3. 操作题

利用前面学习的命令绘制如图 2-38 所示的游乐设施。

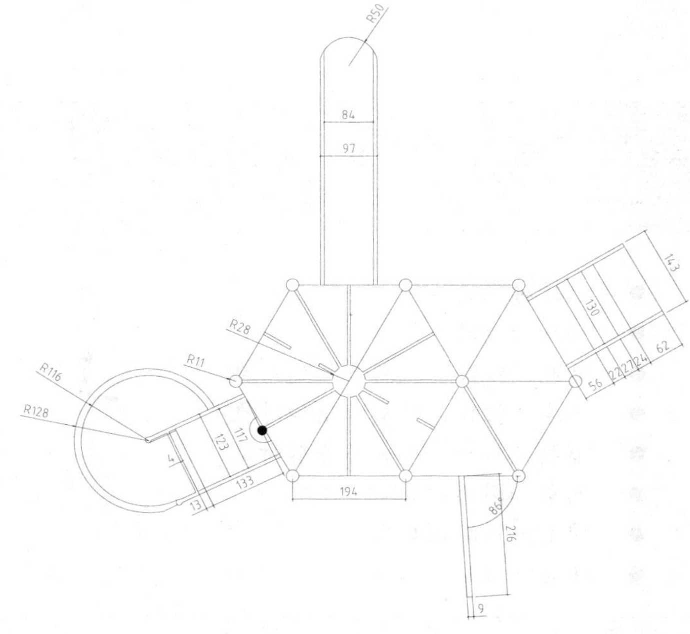

图 2-38　游乐设施

第3章 图形的编辑

本章导读

使用 AutoCAD 绘图是一个由简到繁、由粗到精的过程。AutoCAD 2015 提供了丰富的图形编辑命令，如复制、移动、旋转、镜像、偏移、阵列、拉伸、修剪等。使用这些命令，能够方便地改变图形的大小、位置、方向、数量及形状，从而绘制出更为复杂的图形。

本章重点

- 选择对象的方法
- 移动和旋转对象
- 复制、镜像、偏移和阵列对象
- 删除、拉伸、修剪和延伸对象
- 缩放、打断、合并和分解对象
- 倒角和圆角对象
- 使用夹点编辑对象
- 课后练习

3.1 选择对象的方法

在编辑图形之前，首先需要对编辑的图形进行选择。AutoCAD 2015 提供了多种选择对象的基本方法，如点选、框选、栏选、围选等，AutoCAD2015 中按空格键可切换各种选择工具。此外，AutoCAD2015 新增“窗口套索”选择及“窗交套索”选择方式。

在命令行中输入 SELECT 命令，按 Enter 键，在命令行的“选择对象:”提示下输入“？”，命令行将显示相关提示，以供用户选择相关的选择方式，下面介绍几种常用的选择方法。

```
需要点或窗口(W)/上一个(L)/窗交(C)/框(BOX)/全部(ALL)/栏选(F)/圈围(WP)/圈交(CP)/编组(G)/添加(A)/删除(R)/多个(M)/前一个(P)/放弃(U)/自动(AU)/单个(SI)/子对象(SU)/对象(O)
```

3.1.1 点选对象

点选对象是直接用鼠标在绘图区中单击需要选择的对象。它分为多个选择和单个选择方式。单个选择方式一次只能选中一个对象，如图 3-1 所示即选择了图形最右侧的一条边。可以连续单击需要选择的对象，来同时选择多个对象，如图 3-2 所示。

3.1.2 框选对象

使用框选可以一次性选择多个对象。其操作也比较简单，方法为：单击鼠标左键，移动鼠标成一矩形框，然后通过该矩形选择图形对象。依鼠标移动方向的不同，框选又分为窗口选择和窗交选择。

1. 窗口选择对象

窗口选择对象是指单击鼠标向右上方或右下方移动，框住需要选择的对象，此时绘图区将出现一个实线的矩形方框，如图 3-3 所示。被方框完全包围的对象将被选中，如图 3-4 所示，虚线显示部分为被选择的部分。

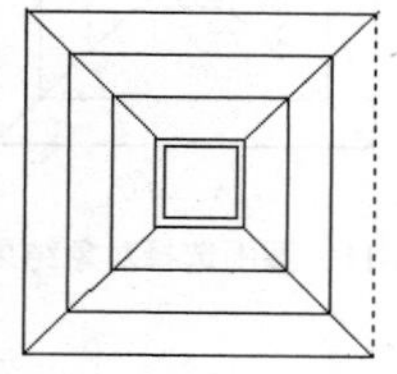

图 3-1　选择单个对象

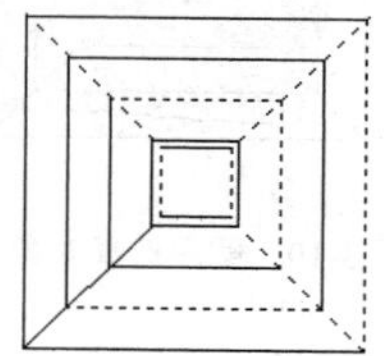

图 3-2　选择多个对象

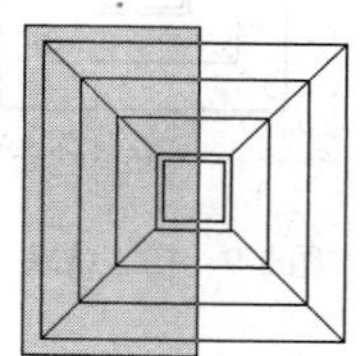

图 3-3　窗口选择对象

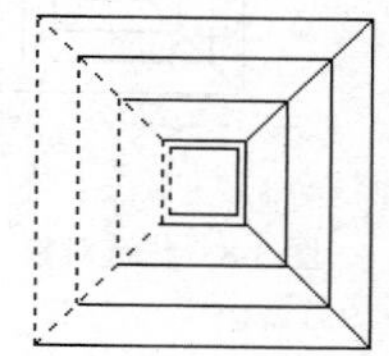

图 3-4　窗口选择结果

2. 窗交选择对象

窗交选择对象的选择方向正好与窗口选择相反，它是单击鼠标左键向左上方或左下方移动，框住需要选择的对象，此时绘图区将出现一个虚线的矩形方框，如图 3-5 所示。与方框相交和被方框完全包围的对象都将被选中，如图 3-6 所示，虚线显示部分为被选择的部分。

技巧 在不执行 SELECT 命令的情况下也可以进行对象的点选和框选，二者选择方式相同，不同的是：不执行命令直接选择对象后，被选中的对象不是以虚线显示，而是在其上出现一些小正方形，称之为夹点，如图 3-7 所示。

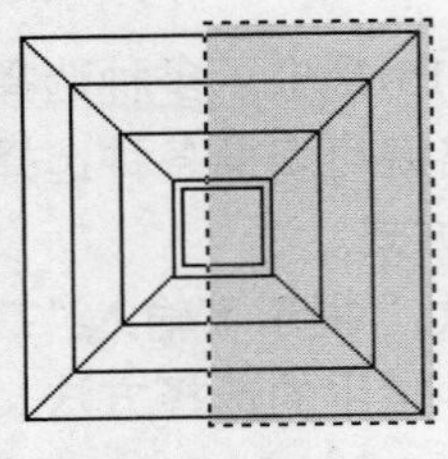
图 3-5 窗交选择对象

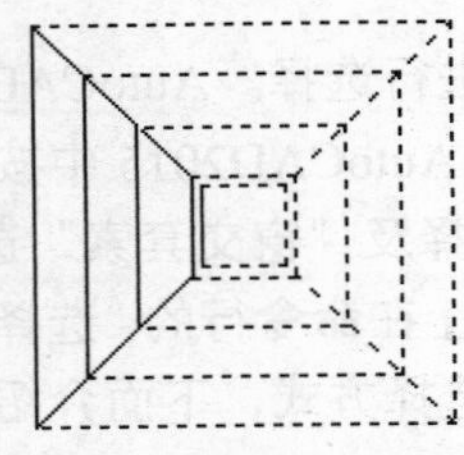
图 3-6 窗交选择结果

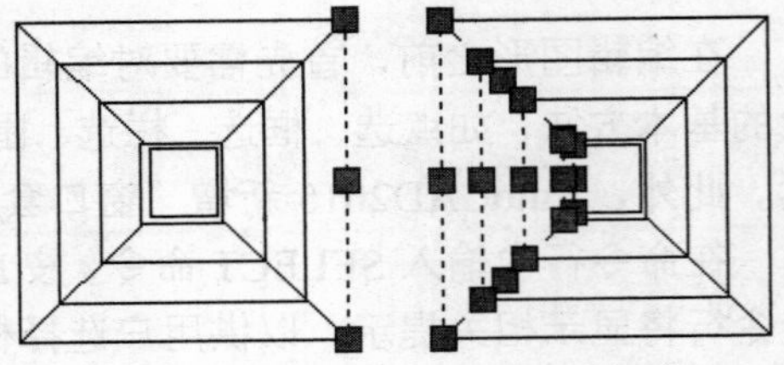
图 3-7 夹点显示选择的对象

3.1.3 栏选对象

栏选对象即在选择图形时拖曳出任意折线，如图 3-8 所示。凡是与折线相交的图形对象均被选中，如图 3-9 所示，虚线显示部分为被选择的部分。使用该方式选择连续性对象非常方便，但栏选线不能封闭或相交。

3.1.4 围选对象

围选对象是根据需要自己绘制不规则的选择范围。它包括圈围和圈交两种方法。

1. 圈围对象

圈围是一种多边形窗口选择方法，与窗口选择对象的方法类似，不同的是圈围方法可以构造任意形状的多边形，如图 3-10 所示。完全包含在多边形区域内的对象才能被选中，如图 3-11 所示，虚线显示部分为被选择的部分。

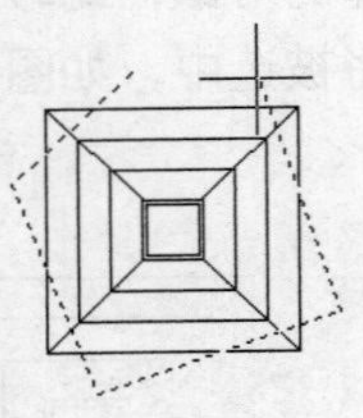
图 3-8 栏选对象

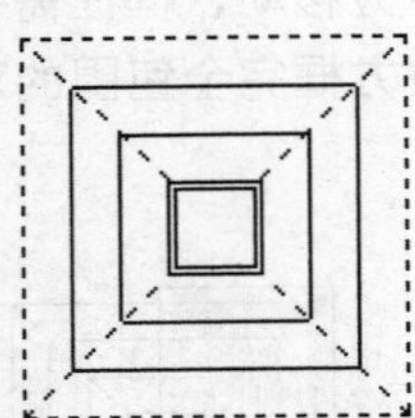
图 3-9 栏选结果

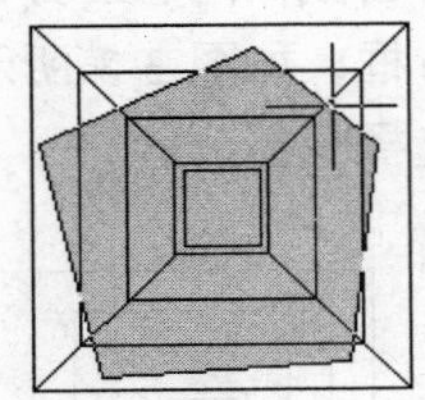
图 3-10 圈围选择对象

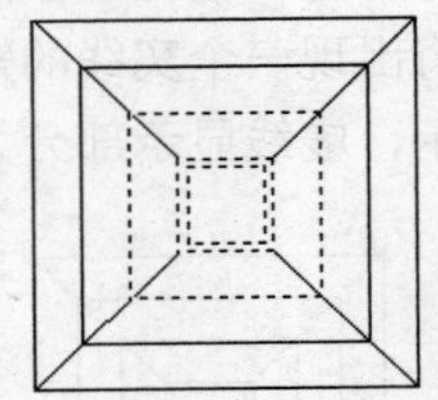
图 3-11 圈围选择对象结果

2. 圈交对象

圈交是一种多边形窗交选择方法，与窗交选择对象的方法类似，不同的是圈交方法可以构造任意形状的多边形，它可以绘制任意闭合但不能与选择框自身相交或相切的多边形，如图 3-12 所示。选择完毕后可以选择多边形中与它相交的所有对象，如图 3-13 所示，虚线的显示部分为被选择的部分。

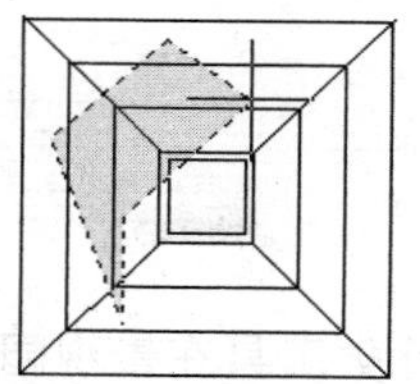

图 3-12　圈交选择对象

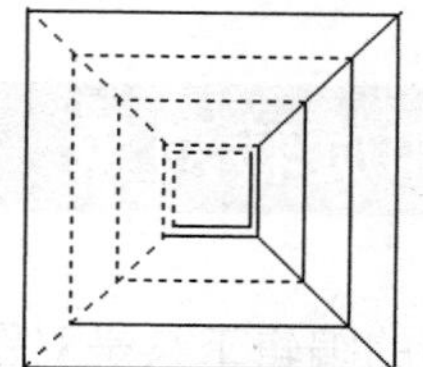

图 3-13　圈交选择对象结果

3.1.5 套索选择

套索选择是 AutoCAD2015 新增的选择方式，是框选命令的一种延伸，使用方法跟以前版本的“框选”命令类似。只是当拖动光标围绕对象拖动时，将生成不规则的套索选区，使用起来更加人性化。根据拖动方向的不同，套索选择分为窗口套索和窗交套索两种。顺时针方向拖动为窗口套索选择，如图 3-14 所示，逆时针拖动则为窗交套索选择，如图 3-15 所示。

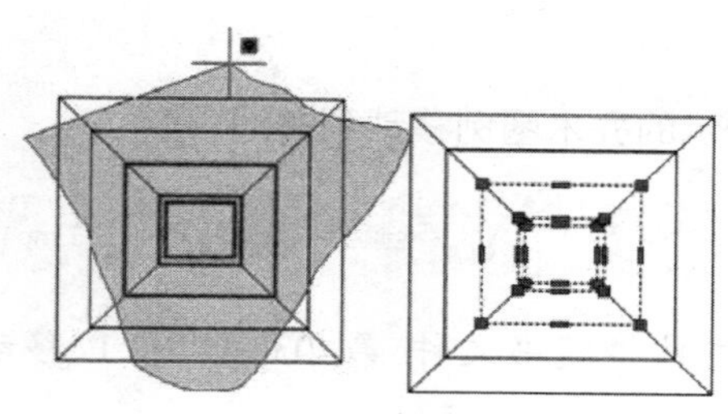

图 3-14　窗口套索选择效果

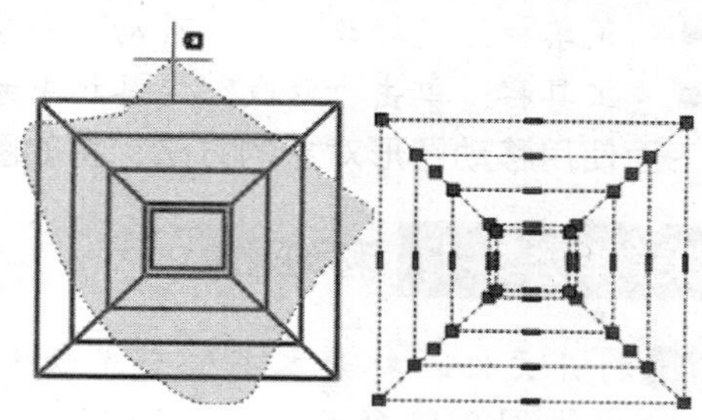

图 3-15　窗交套索选择效果

3.1.6 快速选择

快速选择可以根据对象的名称、图层、线型、颜色、图案填充等特性和类型创建选择集，从而可以准确快速地从复杂的图形中选择满足某种特性的图形对象。

单击鼠标右键，在弹出的快捷菜单中选择“快速选择”命令。系统弹出“快速选择”对话框，如图 3-16 所示，根据要求设置选择范围，单击“确定”按钮，完成选择操作。

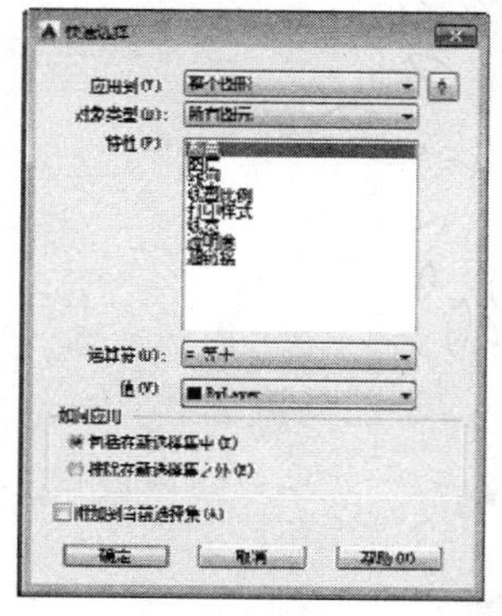

图 3-16　“快速选择”对话框

3.2 移动和旋转对象

本节所介绍的编辑工具是对图形位置、角度进行调整，此类工具在景观园林施工图绘制过程中使用非常频繁。

3.2.1 移动对象

移动命令是将图形从一个位置平移到另一位置，移动过程中图形的大小、形状和倾斜角度均不改变。

移动命令有以下几种调用方法：

- 命令行：MOVE / M
- 功能区：在“默认”选项卡中，单击“修改”面板中的“移动”按钮移动
- 菜单栏：“修改”|“移动”命令
- 工具栏：单击“修改”工具栏中的

下面使用移动图形对象的方法，将如图 3-17 所示的乔木图例移动到树池中。

课堂举例 3-1：移动对象

视频\第 3 章\课堂举例 3-1.mp4

01 打开文件，打开本书配套光盘中的素材文件“随书文件\第 03 章\3.2.1 移动对象.dwg”，如图 3-17 所示。

02 在命令行中输入 M 命令，命令行操作过程如下：

```
命令:M↙        MOVE
选择对象: 找到 1 个                          //选择乔木图形
选择对象: ↙                                 //按 Enter 键确认选择
指定基点或 [位移(D)] <位移>:                 //用对象捕捉确定图例的中心点为基点
指定第二个点或 <使用第一个点作为位移>:        //对象捕捉树池中心点并确定，如图 3-18 所示
```

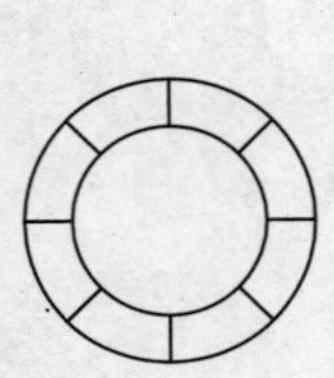

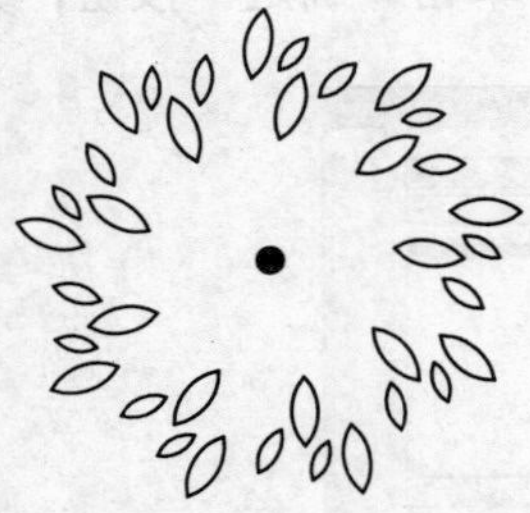

图 3-17 原图形

图 3-18 移动结果

命令行常用选项介绍如下：

位移[D]：输入坐标以表示矢量。

3.2.2 旋转对象

旋转命令是将图形对象绕一个固定的点（基点）旋转一定的角度。逆时针旋转的角度为正值，顺时针旋转的角度为负值。

旋转命令有以下几种调用方法：

- 命令行：ROTATE／RO
- 工具栏："修改"工具栏"旋转"按钮
- 菜单栏："修改" | "旋转"命令
- 功能区：在"默认"选项卡中，单击"修改"面板中的"旋转"按钮旋转

下面使用旋转命令将如图 3-19 所示的指北针逆时针旋转 90°。

课堂举例 3-2：旋转对象　　视频\第 3 章\课堂举例 3-2.mp4

01 打开文件，打开本书配套光盘中的素材文件"随书文件\第 03 章\3.2.2 旋转对象.dwg"，如图 3-19 所示。

02 在"默认"选项卡中，单击"修改"面板中的"旋转"按钮旋转，旋转图形。命令行操作过程如下：

```
命令：_rotate
UCS 当前的正角方向： ANGDIR=逆时针  ANGBASE=0
选择对象：                                        //用窗交选择对象的方法框选整个图形
指定对角点：
找到 6 个
选择对象：↙                                      //按 Enter 键，结束选择
指定基点：                                        //指定圆的圆心为旋转基点
指定旋转角度，或[复制(C)/参照(R)] <90>:-90↙      //输入旋转角度值，如图 3-20 所示
```

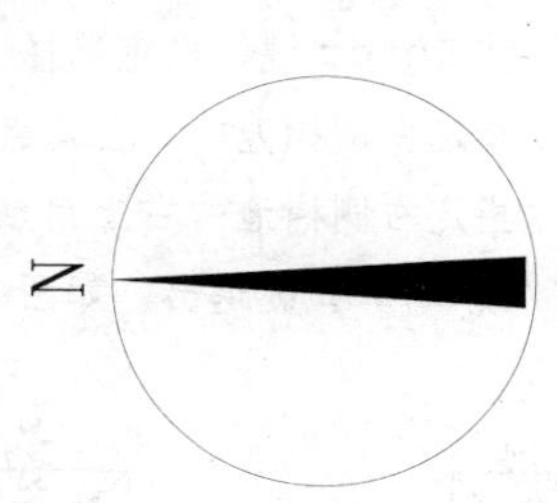

图 3-19　原文件

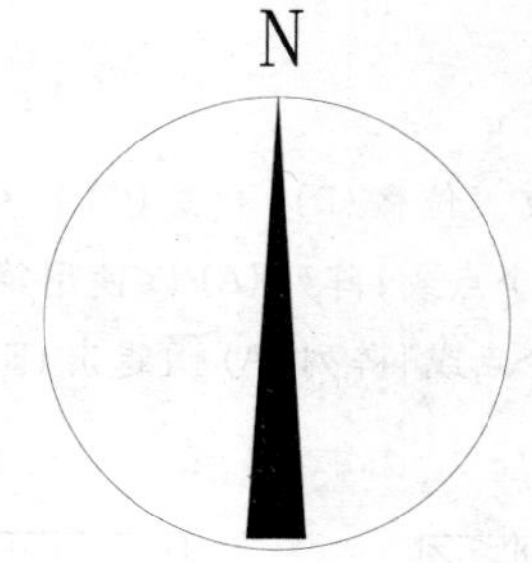

图 3-20　旋转结果

命令行常用选项介绍如下：

- 复制[C]：创建要旋转的对象的副本，并保留源对象。
- 参照[R]：按参照角度和指定的新角度旋转对象。

3.3 复制、镜像、偏移和阵列对象

本节要介绍的编辑工具是以现有图形对象为源对象，通过相应的编辑命令，绘制出与源对象相同或相似的图形，从而可以简化绘制具有重复性或近似性特点图形的绘制步骤，以达到提高绘图效率和绘图精度的目的。

3.3.1 复制对象

复制命令是指在不改变图形大小、方向的前提下，重新生成一个或多个与原对象一模一样的图形。

复制命令有以下几种调用方法：

- 命令行：COPY / CO/CP
- 工具栏："修改"工具栏"复制"按钮
- 菜单栏："修改" | "复制"命令
- 功能区：在"默认"选项卡中，单击"修改"面板中的"复制"按钮

下面使用复制命令将图 3-21 左边树池内的植物图例复制到右边的树池内。

课堂举例 3-3：复制对象

视频\第 3 章\课堂举例 3-3.mp4

01 打开文件。打开本书配套光盘中的素材文件"随书文件\第 03 章\3.3.1 复制对象.dwg"，如图 3-21 所示。

02 在"默认"选项卡中，单击"修改"面板中的"复制"按钮，命令行操作过程如下：

```
命令：COPY
选择对象：                                          //点选左侧树池上的植物图例
找到 1 个
选择对象：↙                                         //按 Enter 键，确定选择
指定基点或 [位移(D)/模式(O)] <位移>：               //指定左侧树池的右上角点为基点
指定第二个点或[阵列(A)]<使用第一个点作为位移>：     //指定右侧树池的右上角点为第二点
指定第二个点或[阵列(A)][退出(E)/放弃(U)] <退出>：↙//按 Enter 键退出，如图 3-22 所示
```

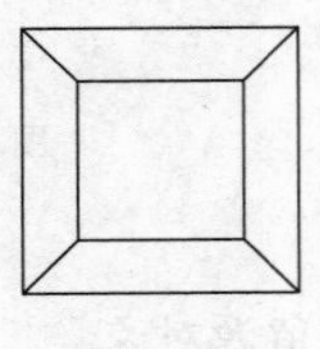

图 3-21　原文件

图 3-22　复制结果

命令行常用选项介绍如下：

- 位移[D]：使用坐标指定相对距离和方向。指定的两点定义一个矢量，指示复制对象的放置离原位置有多远以及以哪个方向放置。
- 模式[O]：控制命令是否自动重复（COPYMODE 系统变量）。
- 阵列[A]：快速复制对象，按指定数目和角度进行排列。

3.3.2 镜像对象

镜像命令可以生成与所选对象相对称的图形。在命令执行过程中，需要确定的参数有需要镜像复制的对象及对称轴。对称轴可以是任意方向的，所选对象将根据该轴线进行对称复制，并且可以选择删除或保留源对象。在实际工程中，许多物体都设计成对称形状。如果绘制了这些图例的一半，就可以利用镜像命令迅速得到另一半。

镜像命令有以下几种调用方法：

- 命令行：MIRROR/MI
- 工具栏："修改"工具栏"镜像"按钮
- 菜单栏："修改"｜"镜像"命令
- 功能区：在"默认"选项卡中，单击"修改"面板中的"镜像"按钮

下面用镜像命令对如图 3-23 所示的树池线条进行完善。

课堂举例 3-4：镜像复制

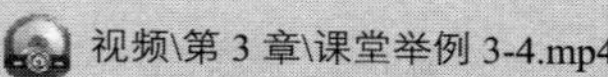
视频\第 3 章\课堂举例 3-4.mp4

01 打开文件。打开本书配套光盘中的素材文件"随书文件\第 03 章\3.3.2 镜像对象.dwg"。

02 在"默认"选项卡中，单击"修改"面板中的"镜像"按钮，命令行操作过程如下：

```
命令：MI↙     MIRROR //调用镜像命令
选择对象：              //用窗口选择的方法从左上角往右下角选择如图 3-24 所示的图形
```

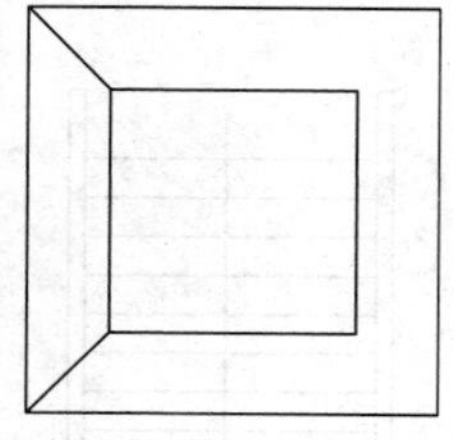
图 3-23　原文件

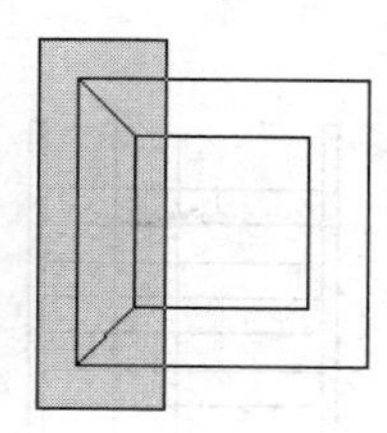
图 3-24　选择对象

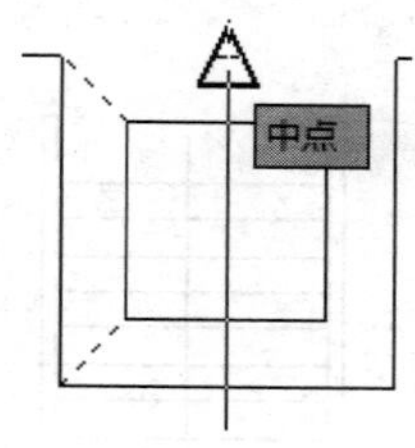

图 3-25　捕捉镜像点

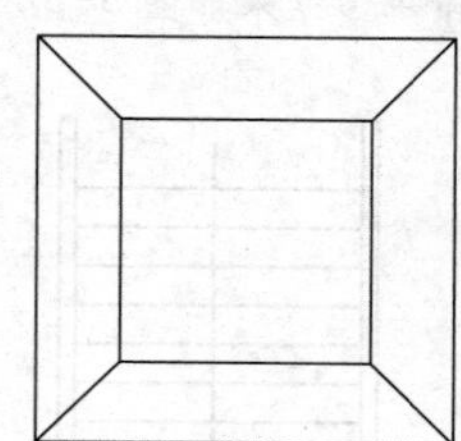
图 3-26　镜像结果

```
指定对角点：找到 2 个
选择对象：↙                           //按 Enter 键，结束选择
指定镜像线的第一点：                  //指定树池上边直线的中点，如图 3-25 所示
指定镜像线的第二点：                  //指定树池下边直线的中点
要删除源对象吗？[是(Y)/否(N)] <N>：↙  //按 Enter 键选择默认选项，如图 3-26 所示
```

3.3.3 偏移对象

偏移命令是一种特殊的复制对象的方法，它是根据指定的距离或通过点，建立一个与所选对象平行的形体，从而使对象数量得到增加。直线、曲线、多边形、圆、弧等都可以进行偏移操作。

偏移命令有以下几种调用方法：

- 命令行：OFFSET / O
- 工具栏："修改"工具栏"偏移"按钮
- 菜单栏："修改" | "偏移"命令
- 功能区：在"默认"选项卡中，单击"修改"面板中的"偏移"按钮

下面使用偏移命令对如图 3-27 所示的楼梯平面图的踏步进行完善（踏步宽 250）。

课堂举例 3-5：偏移绘制楼梯踏步 视频\第 3 章\课堂举例 3-5.mp4

01 打开文件。打开本书配套光盘中的素材文件"随书文件\第 03 章\3.3.3 偏移对象.dwg"。

02 在"默认"选项卡中，单击"修改"面板中的"偏移"按钮，命令行操作过程如下：

```
命令:O↙        OFFSET
当前设置: 删除源=否   图层=源   OFFSETGAPTYPE=0
指定偏移距离或 [通过(T)/删除(E)/图层(L)] <通过>:  250↙                //输入偏移量
选择要偏移的对象，或 [退出(E)/放弃(U)] <退出>:                        //选择楼梯最下边的踏步边线，如图 3-28 所示
指定要偏移的那一侧上的点，或 [退出(E)/多个(M)/放弃(U)] <退出>:        //在楼梯最下边踏步边线的下方单击，如图 3-29 所示
……                                                                  //重复上述操作
选择要偏移的对象，或 [退出(E)/放弃(U)] <退出>: ↙                     //按 Enter 键，结束命令，结果如图 3-30 所示
```

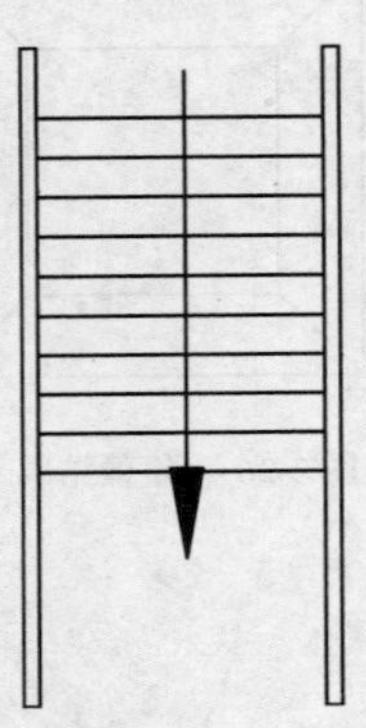
图 3-27 原文件

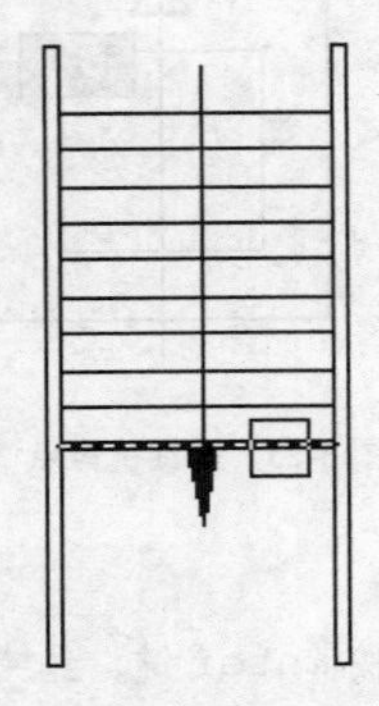
图 3-28 选择偏移对象

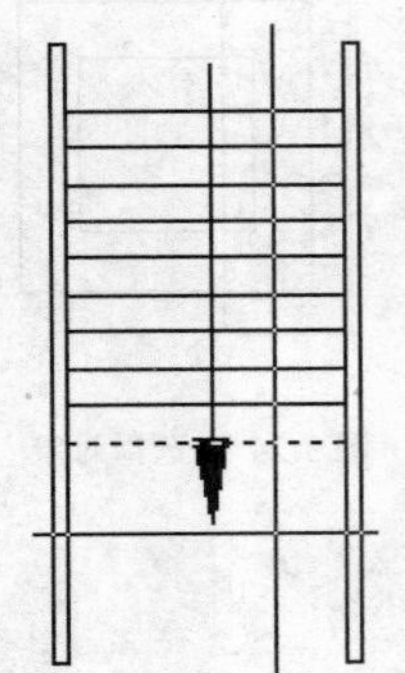
图 3-29 指定偏移方向

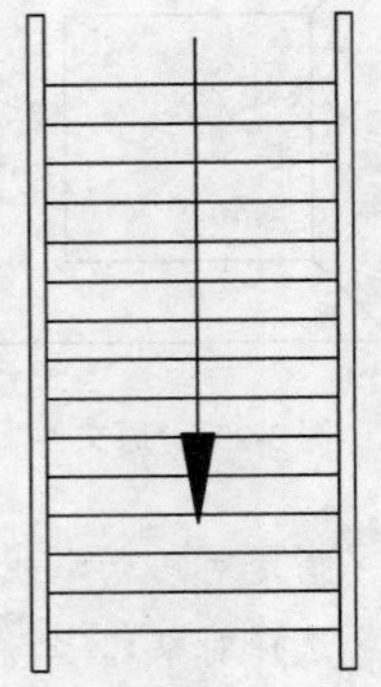
图 3-30 偏移结果

命令行常用选项介绍如下：

- 通过：创建通过指定点的对象。

- 删除：偏移源对象后将其删除。
- 图层：确定将偏移对象创建在当前图层上还是源对象所在的图层上。

3.3.4 阵列对象

阵列命令是一个功能强大的多重复制命令，它可以一次将选择的对象复制多个并按一定规律进行排列。

阵列命令有以下几种调用方法：

- 命令行：ARRAY/AR
- 工具栏："修改"工具栏"阵列"按钮
- 菜单栏："修改" | "阵列"命令
- 功能区：在"默认"选项卡中，单击"修改"面板中的"阵列"按钮

根据阵列方式不同，可以分为矩形阵列、路径阵列和环形（极轴）阵列。调用 ARRAY 命令时，命令行会出现相关提示，提示用户设置阵列类型和相关参数。

```
命令：ARRAY↙                                                    //调用阵列命令
选择对象：                                                      //选择阵列对象并回车
选择对象： 输入阵列类型 [矩形(R)/路径(PA)/极轴(PO)] <矩形>：    //选择阵列类型
```

1. 矩形阵列

矩形阵列就是将图形呈矩形一样进行排列，用于多重复制那些呈行列状排列的图形，如园林中规则排列的汀步路、建筑物立面图的窗格、规律摆放的桌椅等。

下面使用矩形阵列将如图 3-31 所示的汀步石向右复制，具体操作如下：

课堂举例 3-6：矩形阵列　　视频\第 3 章\课堂举例 3-6.mp4

01 打开文件。打开本书配套光盘中的素材文件"随书文件\第 03 章\3.3.4.1 矩形阵列对象.dwg"。

02 在命令行中执行 AR 命令，按照系统提示进行操作：

```
命令：AR↙    ARRAY                                              //调用 AR 阵列命令
选择对象：找到 1 个                                             //单击选择矩形汀步，如
图 3-32 所示
选择对象：↙                                                     //按回车键结束选择
输入阵列类型[矩形(R)/路径(PA)/极轴(PO)] <矩形>:R↙              //选择矩形阵列方式
类型=矩形  关联 =是
选择夹点以编辑阵列或 [关联(AS)/基点(B)/计数(COU)/间距(S)/列数(COL)/行数(R)/层数
(L)/退出(X)] <退出>:R↙                                          //选择"行数(R)"选项
输入行数或[表达式(E)]<4>:1↙                                     //指定矩形阵列的行数
指定 行数 之间的距离或 [总计(T)/表达式(E)] <367.3117>: 400↙     //指定行间距
指定 行数 之间的标高增量或 [表达式(E)] <0>:                     //按回车键接受
按 Enter 键接受或[关联(AS)/基点(B)/计数 (cou) 行数(R)/列数(Col)/层数(L)/退出(X)]<
退出>:                                                          //结束命令
```

03 阵列结果如图 3-33 所示。

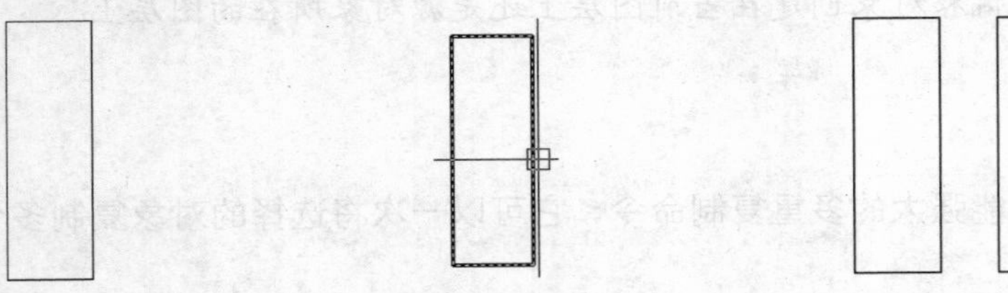

图 3-31　原文件　　图 3-32　选择阵列对象　　图 3-33　阵列结果

命令行各选项含义如下：

- "为项目数指定对角点"：设置矩形阵列的对角点位置，确定阵列的行数和列数。
- "计数"：设置阵列的行项目数和列项目数。
- "间距"：设置阵列的行偏移距离（包括图形对象本身的距离长度）和列偏移距离（包括图形对象本身的距离长度）
- "角度"：设置指定行轴角度，使阵列有一定的角度。

注意　在进行参数设置时，行距、列距和阵列角度值的正负会影响阵列的方向。

2.　环形阵列

环形阵列可将图形以某一点为中心点进行环形复制，阵列结果是使阵列对象沿中心点的四周均匀排列成环形。

下面使用环形阵列命令，将配套光盘中的植物图例素材的叶片补充完整。

课堂举例 3-7：环形阵列

视频\第 3 章\课堂举例 3-7.mp4

01 打开文件。打开本书配套光盘中的素材文件"随书文件\第 03 章\3.3.4.2 环形阵列对象.dwg"，如图 3-34 所示。

02 在命令行中执行 AR 命令，设置环形阵列参数，命令行操作如下：

```
命令:AR↙          ARRAY                              //调用阵列命令
选择对象: 指定对角点: 找到 8 个                         //选择椭圆形叶片，如图 3-35 所示
选择对象: ↙                                          //按回车键结束对象选择
输入阵列类型[矩形(R)/路径(PA)/极轴(PO)] <矩形>:PO↙
                                                     //选择极轴（环形）阵列方式
类型 = 极轴  关联 = 是
指定阵列的中心点或[基点(B)/旋转轴(A)]:                   //捕捉圆心为阵列中心点，如图 3-36 所示
选择夹点以编辑阵列或 [关联(AS)/基点(B)/项目(I)/项目间角度(A)/填充角度(F)/行(ROW)/
层(L)/旋转项目(ROT)/退出(X)] <退出>: I                  //选择项目（I）选项
输入项目数或[项目间角度(A)/表达式(E)] <4>:9↙            //设置环形阵列项目数
选择夹点以编辑阵列或 [关联(AS)/基点(B)/项目(I)/项目间角度(A)/填充角度(F)/行(ROW)/
层(L)/旋转项目(ROT)/退出(X)] <退出>: F                  //选择填充角度（F）选项
指定填充角度(+=逆时针、-=顺时针)或 [表达式(EX)] <360>:360↙
                                                     //设置填充角度
```

```
按 Enter 键接受或 [关联(AS)/基点(B)/项目(I)/项目间角度(A)/填充角度(F)/行(ROW)/层(L)/旋转项目(ROT)/退出(X)]：                    //按回车键确认，退出阵列命令
```

03 环形阵列结果如图 3-37 所示。

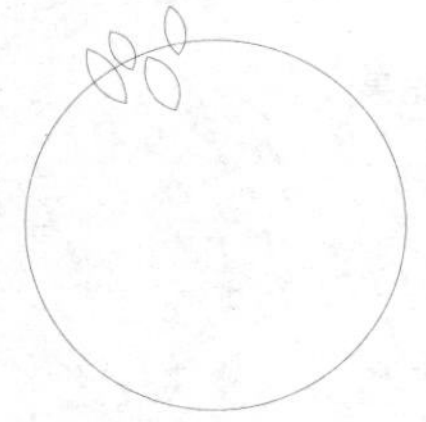
图 3-34　原文件

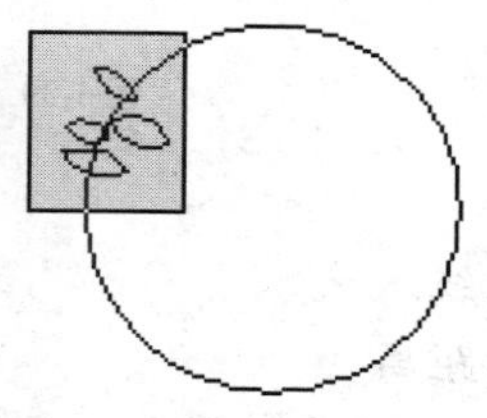
图 3-35　选择对象

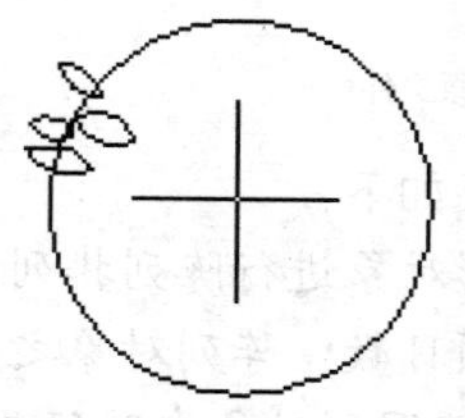
图 3-36　指定中心点

图 3-37　阵列结果

命令行各选项含义如下：

- "中心点"选项区域：在命令行窗口中，输入环形阵列的中心点坐标，或者单击右边的按钮切换到绘图窗口，在屏幕上直接指定阵列的中心点。
- "输入项目数或"选项区域：指定环形阵列的数目。
- "指定填充角度"：设置在阵列时对象的旋转角度。

3. 路径阵列

路径阵列可以将图形沿某一路径阵列。在绘制沿园路排列的树阵或园灯时，会经常需要使用此阵列方式。

下面使用路径阵列，将配套光盘中的植物图例素材进行阵列。

课堂举例 3-8：路径阵列

视频\第 3 章\课堂举例 3-8.mp4

01 打开文件。打开本书配套光盘中的素材文件"随书文件\第 03 章\3.3.4.3 路径阵列对象.dwg"，如图 3-38 所示。

02 在命令行中执行 AR 命令，按系统提示进行操作：

```
命令:AR↙    ARRAY                                            //调用阵列命令
选择对象:找到 1 个                                           //选择圆形树例
选择对象:                                                     //按回车键结束选择
输入阵列类型[矩形(R)/路径(PA)/极轴(PO)]<极轴>:PA↙           //选择"路径(PA)"阵列方式
类型=路径  关联=是
选择路径曲线:                                                 //单击选择路径曲线
选择夹点以编辑阵列或 [关联(AS)/方法(M)/基点(B)/切向(T)/项目(I)/行(R)/层(L)/对齐项目(A)/Z 方向(Z)/退出(X)] <退出>: M    //选择方法(M)选项
输入路径方法 [定数等分(D)/定距等分(M)] <定数等分>: D          //选择定数等分（D）选项
选择夹点以编辑阵列或 [关联(AS)/方法(M)/基点(B)/切向(T)/项目(I)/行(R)/层(L)/对齐项目(A)/Z 方向(Z)/退出(X)] <退出>: I    //选择项目(I)选项
输入沿路径的项目数或 [表达式(E)] <16>: 9                      //输入项目数
按 Enter 键接受或[关联(AS)/方法(M)/基点(B)/切向(T)/项目(I)/行(R)/层(L)/对齐项目(A)/Z 方向(Z)/退出(X)]  <退出>:                //按回车键接受阵列
```

03 最终路径阵列结果如图 3-39 所示。

图 3-38 原文件

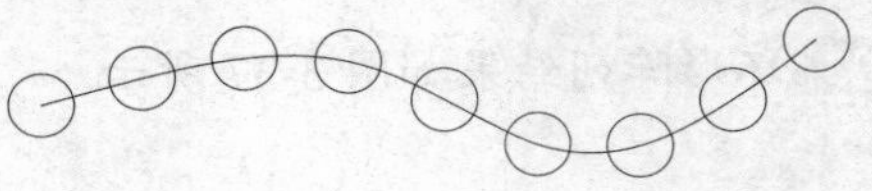

图 3-39 阵列结果

命令行主要选项含义如下：

- 路径曲线：图形对象进行阵列排列的基线。
- 输入沿路径的项目数：阵列对象之间的距离。
- 定数等分(D)：将图形对象在路径曲线上按项目数等分。
- 总距离(T)：设定图形对象进行阵列的总距离。

3.4 删除、拉伸、修剪和延伸对象

有些图形在绘制完成后，会发现存在一些问题，如多了一根线条，或者某条线段画短或画长了等。这时可以不用重画，而是使用 AutoCAD 中的一些修改命令，如删除、拉伸、修剪、延伸等，对图形进行修改，轻松地达到要求。

3.4.1 删除对象

在 AutoCAD 中，可以用“删除”命令，删除选中的对象，这是一个最常用的操作。

删除命令有以下几种调用方法：

- 菜单栏：“修改”|“删除”命令
- 工具栏：“修改”工具栏“删除”按钮
- 命令行：ERASE / E 命令
- 功能区：在“默认”选项卡中，单击“修改”面板中的“删除”按钮

选中要删除的对象后，直接按 Delete 键，也可以将对象删除。

3.4.2 拉伸对象

拉伸命令是通过沿拉伸路径平移图形夹点的位置，使图形产生拉伸变形的效果。它可以对选择的对象按规定方向和角度拉升或缩短并且使对象的形状发生改变。在命令执行过程中，需要确定的参数有拉伸对象、拉伸基点的起点和拉伸位移。拉伸位移决定了拉伸的方向和距离。

拉伸命令有以下几种调用方法：

- 命令行：STRETCH / S
- 工具栏：“修改”工具栏“拉伸”按钮
- 菜单栏：“修改”|“拉伸”命令
- 功能区：在“默认”选项卡中，单击“修改”面板中的“拉伸”按钮 拉伸

下面使用拉伸命令将如图 3-40 所示的木质平台向右加宽 200。

课堂举例 3-9：拉伸对象

视频\第 3 章\课堂举例 3-9.mp4

01 打开文件。打开本书配套光盘中的素材文件“随书文件\第 03 章\3.4.2 拉伸对象.dwg”。

02 在命令行中执行 S 命令，命令行操作过程如下：

```
命令：S↙        STRETCH
以交叉窗口或交叉多边形选择要拉伸的对象...
选择对象：                                  //用交叉选择的方法选择如图 3-41 所示的区域
选择对象：↙                                //按回车键确认选择
指定基点或 [位移(D)] <位移>：               //捕捉并单击平台右上角点，如图 3-42 所示
指定第二个点或 <使用第一个点作为位移>： 200↙ //在正交模式下沿 X 轴正方向输入 200，如图
3-43 所示
```

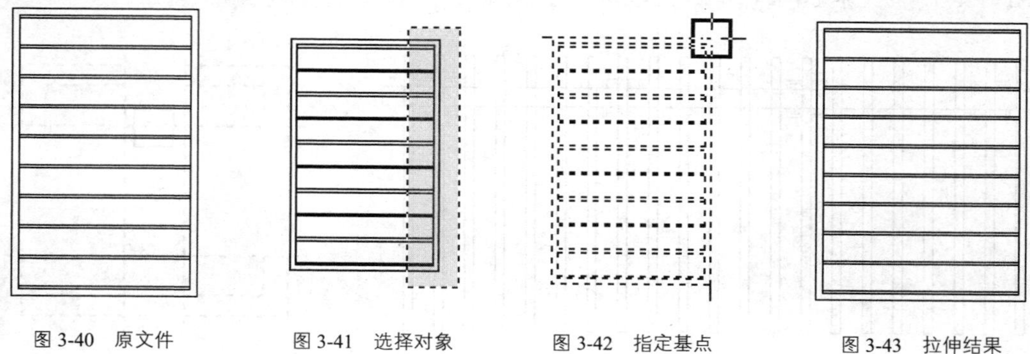

图 3-40　原文件　　图 3-41　选择对象　　图 3-42　指定基点　　图 3-43　拉伸结果

提示：通过单击选择和窗口选择获得的拉伸对象将只被平移，不被拉伸。通过交叉选择获得的拉伸对象，如果所有夹点都落入选择框内，图形将发生平移；如果只有部分夹点落入选择框，图形将沿拉伸位移拉伸；如果没有夹点落入选择窗口，图形将保持不变。

3.4.3 修剪对象

修剪命令是将超出边界的多余部分修剪删除掉。与橡皮擦的功能相似，修剪操作可以修改直线、圆、弧、多段线、样条曲线和射线等。执行该命令时要注意在选择修剪对象时光标所在的位置。需要删除哪一部分，则在该部分上单击。

修剪命令有以下几种调用方法：

- 命令行：TRIM / TR
- 工具栏：“修改”工具栏“修剪”按钮
- 菜单栏：“修改” | “修剪”命令
- 功能区：在“默认”选项卡中，单击“修改”面板中的“修剪”按钮

在修剪对象时，可以一次选择多个边界或修剪对象，从而实现快速修剪。

下面使用修剪命令对如图 3-44 所示的单排花架进行修剪完善。

课堂举例 3–10: 修剪对象

视频\第 3 章\课堂举例 3-10.mp4

01 打开文件。打开本书配套光盘中的素材文件“随书文件\第 03 章\3.4.3 修剪对象.dwg”。

在命令行中执行 TR 命令，命令行操作过程如下:

```
命令: tr TRIMb
当前设置:投影=UCS, 边=无
选择剪切边...
选择对象或 <全部选择>: 指定对角点: 找到 54 个                //选择整个图形
选择对象: ↙                                                  //按回车键确认选择
选择要修剪的对象，或按住 Shift 键选择要延伸的对象，或[栏选(F)/窗交(C)/投影(P)/边(E)/删除(R)/放弃(U)]:     //鼠标移动至最左边立柱的长短木枋交界处单击，如图 3-45 所示
```

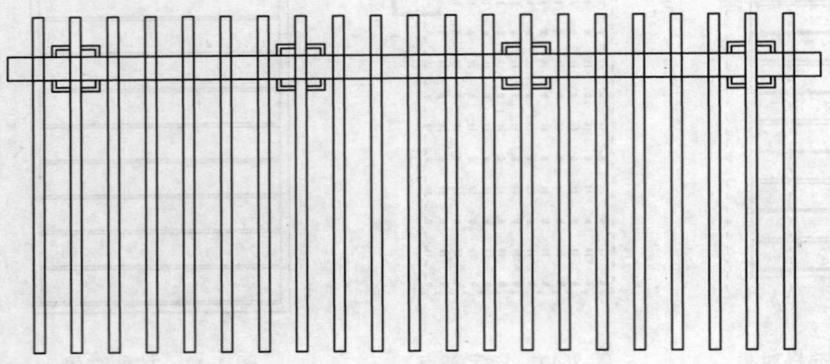

图 3-44 原文件

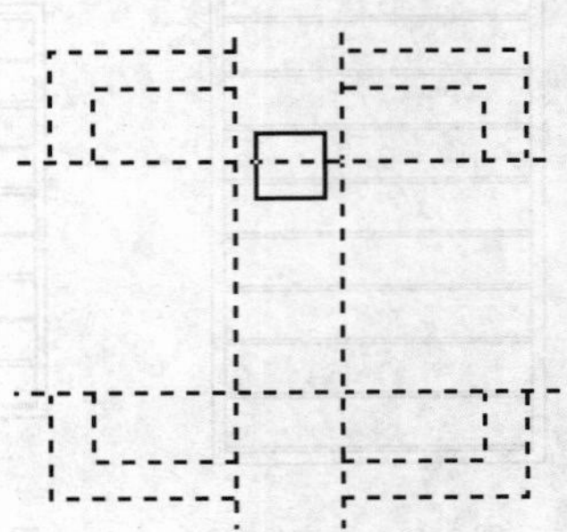

图 3-45 修剪多余线条

```
选择要修剪的对象，或按住 Shift 键选择要延伸的对象，或[栏选(F)/窗交(C)/投影(P)/边(E)/删除(R)/放弃(U)]:     //光标移动至上步修剪线条的下方单击，如图 3-46 所示
选择要修剪的对象，或按住 Shift 键选择要延伸的对象，或[栏选(F)/窗交(C)/投影(P)/边(E)/删除(R)/放弃(U)]:     //用同样的方法修剪第二个立柱处的线条
选择要修剪的对象，或按住 Shift 键选择要延伸的对象，或[栏选(F)/窗交(C)/投影(P)/边(E)/删除(R)/放弃(U)]: ↙   //结束命令，如图 3-47 所示
```

命令行主要选项介绍如下:

- 栏选[F]: 选择与选择栏相交的所有对象。选择栏是一系列临时线段，它们是用两个或多个栏选点指定的。选择栏不构成闭合环。
- 窗交[C]: 选择矩形区域（由两点确定）内部或与之相交的对象。
- 投影[P]: 指定修剪对象时使用的投影方式。
- 边[E]: 确定对象是在另一对象的延长边处进行修剪，还是仅在三维空间中与该对象相交的对象处进行修剪。
- 删除[R]: 删除选定的对象。此选项提供了一种用来删除不需要的对象的简便方式，而无需退出 TRIM 命令。

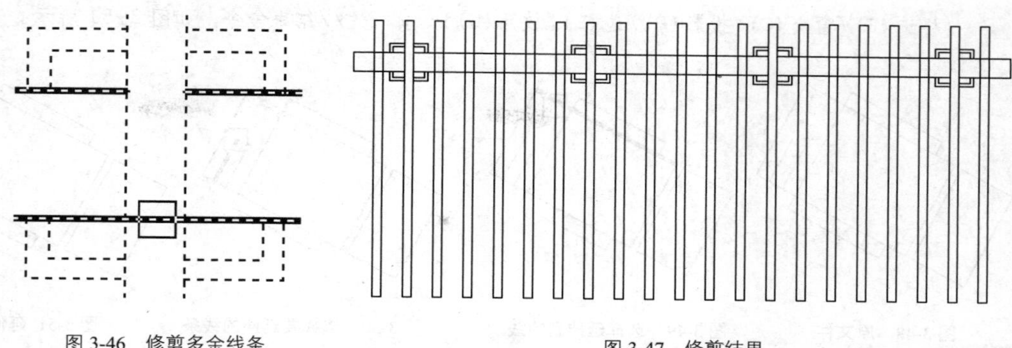

图 3-46　修剪多余线条　　图 3-47　修剪结果

3.4.4 延伸对象

延伸命令是将没有和边界相交的部分延伸补齐，它和修剪命令是一组相对的命令。

延伸命令有以下几种调用方法：

- 命令行：EXTEND / EX
- 工具栏："修改"工具栏"延伸"按钮
- 菜单栏："修改" | "延伸"命令
- 功能区：在"默认"选项卡中，单击"修改"面板中的 "延伸"按钮

技巧　在使用修剪命令中，选择修剪对象时按住 Shift 键，可以将该对象向边界延伸；在使用延伸命令中，选择延伸对象时按住 Shift 键，可以将该对象超过边界的部分修剪删除。从而省去了更换命令的操作，大大提高了绘图效率。

下面使用延伸命令对如图 3-48 所示的躺椅进行补充绘制。

课堂举例 3-11：延伸对象

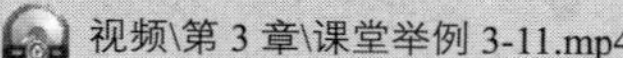

视频\第 3 章\课堂举例 3-11.mp4

01 打开文件。打开本书配套光盘中的素材文件"随书文件\第 03 章\3.4.4 延伸对象.dwg"。

02 在命令行中执行 EX 命令，命令行操作过程如下：

```
命令:EX↙        EXTEND
当前设置:投影=UCS，边=无
选择边界的边...
选择对象或 <全部选择>:                          //选择如图 3-49 所示的边作为延伸边界
找到 1 个
选择对象: ↙                                     //按 Enter 键确认选择
选择要延伸的对象，或按住 Shift 键选择要修剪的对象，或
[栏选(F)/窗交(C)/投影(P)/边(E)/放弃(U)]:        //选择如图 3-50 所示的线条
选择要延伸的对象，或按住 Shift 键选择要修剪的对象，或
[栏选(F)/窗交(C)/投影(P)/边(E)/放弃(U)]:        //选择另一条同样的线条
选择要延伸的对象，或按住 Shift 键选择要修剪的对象，或
```

```
[栏选(F)/窗交(C)/投影(P)/边(E)/放弃(U)]: ↙      //结束命令，如图 3-51 所示
```

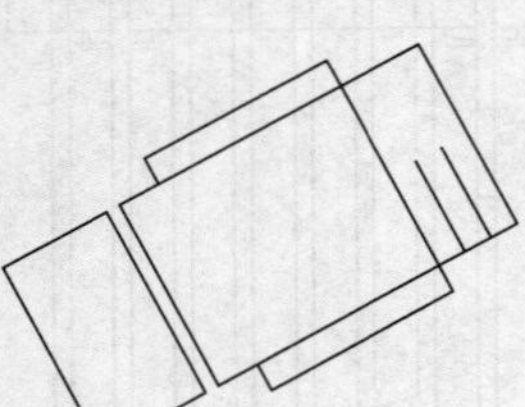
图 3-48 原文件

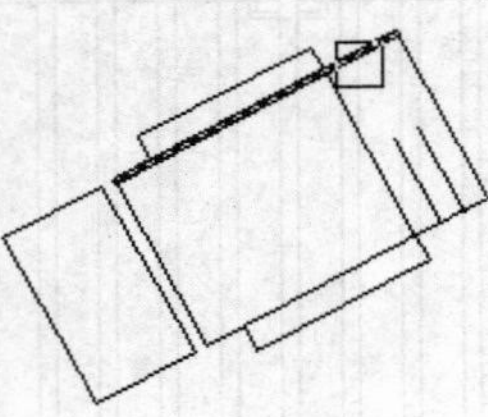
图 3-49 选择延伸到的线条

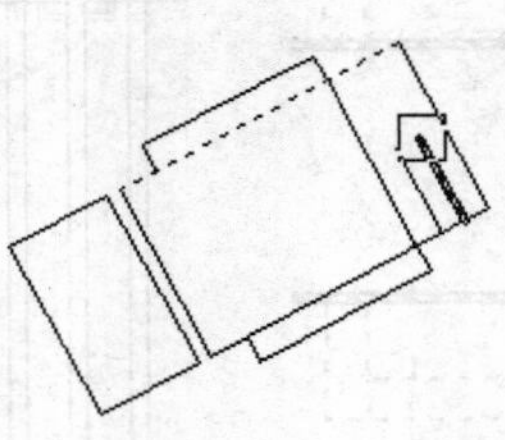
图 3-50 选择要延伸的线条

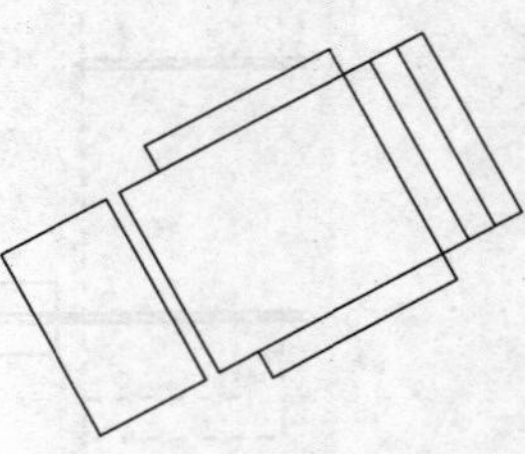
图 3-51 延伸结果

3.5 缩放、打断、合并和分解对象

在 AutoCAD 中，有一类命令，可以改变图形的大小，如缩放命令，有些命令可以保持图形整体不变，只对局部进行编辑，如打断、合并、分解等。

3.5.1 缩放对象

缩放命令是将已有图形对象以基点为参照，进行等比例缩放，它可以调整对象的大小，使其在一个方向上按要求增大或缩小一定的比例。比例因子也就是缩小或放大的比例值，比例因子大于 1 时，缩放结果是使图形变大，反之则使图形变小。

缩放命令有以下几种调用方法：

- 命令行：SCALE / SC
- 工具栏："修改"工具栏"缩放"按钮
- 菜单栏："修改" | "缩放"命令
- 功能区：在"默认"选项卡中，单击"修改"面板中的"缩放"按钮

下面运用缩放命令将图 3-52 中的一个植物图例进行比例缩放（缩放比例为 0.8）。

课堂举例 3-12：缩放对象

视频\第 3 章\课堂举例 3-12.mp4

01 打开文件。打开本书配套光盘中的素材文件"随书文件\第 03 章\3.5.1 比例缩放.dwg"。

02 在"默认"选项卡中，单击"修改"面板中的"缩放"按钮，缩放图形。命令行操作过程如下：

```
命令: _SCALE
选择对象:                          //单击下面的植物图例，如图 3-53 所示
找到 1 个
选择对象: ↙                        //按 Enter 键，确定选择
指定基点:                          //在屏幕上适当位置指定一点，如图 3-54 所示
指定比例因子或 [复制(C)/参照(R)] <1.0000>:  0.8↙
                                   //指定缩放比例，如图 3-55 所示
```

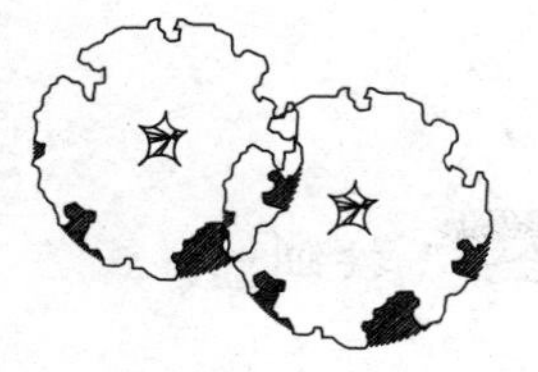

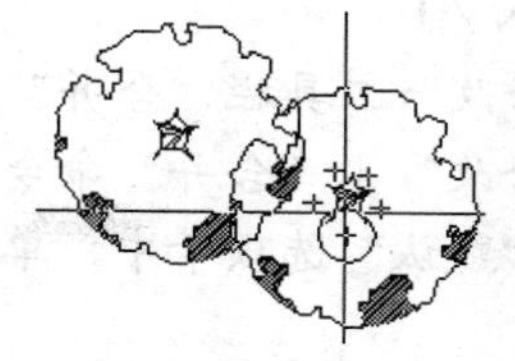
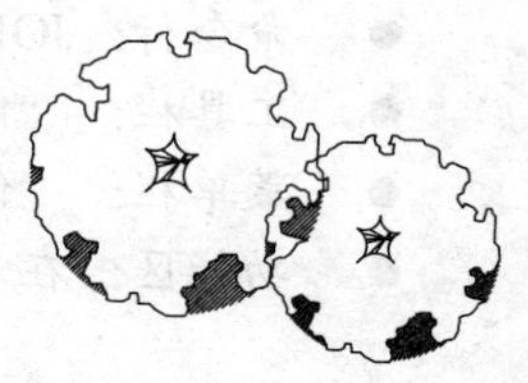

图 3-52　植物图例　　图 3-53　选择对象　　图 3-54　指定基点　　图 3-55　缩放结果

3.5.2 打断对象

打断命令是指把原本是一个整体的线条分离成两段。被打断的线条只能是单独的线条，但不能打断组合形体，如图块等。

打断命令有以下几种调用方法：

- 命令行：BREAK / BR
- 工具栏："修改"工具栏"打断"按钮
- 菜单栏："修改" | "打断"命令
- 功能区：在"默认"选项卡中，单击"修改"面板中的"打断"按钮

根据打断点数量的不同，打断命令可以分为打断和打断于点。

1. 打断

打断即是指在线条上创建两个打断点，从而将线条断开。在命令执行过程中，需要输入的参数有打断对象、打断第一点和第二点。第一点和第二点之间的图形部分则被删除。如图 3-56 所示即为将矩形打断后的前后效果。

2. 打断于点

打断于点是指通过指定一个打断点，将对象断开。在命令执行过程中，需要输入的参数有打断对象和第一个打断点。打断对象之间没有间隙。如图 3-57 所示即为将矩形的底边在某点位置打断。

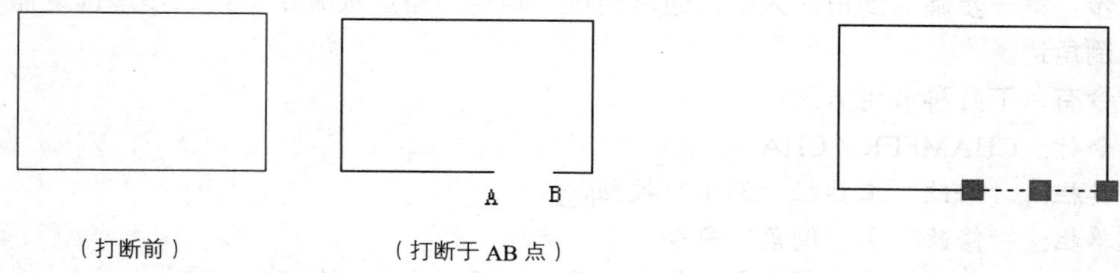

（打断前）　　（打断于 AB 点）

图 3-56　打断　　图 3-57　打断于点

3.5.3 合并对象

合并命令是指将相似的图形对象合并为一个整体。它可以将多个对象进行合并，对象包括圆弧、椭圆弧、直线、多段线和样条曲线等。

合并命令有以下几种调用方法：

- 命令行：JOIN / J
- 工具栏："修改"工具栏"合并"按钮
- 菜单栏："修改" | "合并"命令
- 功能区：在"默认"选项卡中，单击"修改"面板中的"合并"按钮

3.5.4 分解对象

分解命令是将某些特殊的对象，分解成多个独立的部分，以便于进行更深入的编辑。主要用于将复合对象，如矩形、多段线、块等还原为一般对象。分解后的对象，其颜色、线型和线宽都可能会发生改变。

分解命令有以下几种调用方法：

- 命令行：EXPLODE / X
- 工具栏："修改"工具栏"分解"按钮
- 功能区：在"默认"选项卡中，单击"修改"面板中的"分解"按钮

分解命令不能分解用 MINSERT 和外部参照插入的块以及外部参照依赖的块。分解一个包含属性的块将删除属性值并重新显示属性定义。

3.6 倒角和圆角对象

在 AutoCAD 中，还有些图形在绘制完成后，需要将某些直角变为弧形，这时可以使用圆角和倒角命令，对图形进行修改，使其轻松地达到要求。

3.6.1 倒角对象

倒角命令用于将两条非平行直线或多段线做出有斜度的倒角，如图 3-58 所示。倒角命令的使用分两步：第一步确定倒角的大小，通常通过"距离"备选项确定；第二步是选定需要倒角的两条倒角边。

倒角命令有以下几种调用方法：

- 命令行：CHAMFER / CHA
- 工具栏："修改"工具栏"倒角"按钮
- 菜单栏："修改" | "倒角"命令
- 功能区：在"默认"选项卡中，单击"修改"面板中的"倒角"按钮

调用"倒角"命令，命令行操作如下：

```
命令：_CHAMFER↙
选择第一条直线或 [放弃(U)/多段线(P)/距离(D)/角度(A)/修剪(T)/方式(E)/多个(M)]：
```

命令行主要选项介绍如下：

- 多线段[P]：对整个二维多段线倒角。相交多段线在每个多段线顶点被倒角。倒角成为多段线的新线段。如果多段线包含的线段过短以至于无法容纳倒角距离，则不对这些线段倒角。

- 距离[D]：设定倒角至选定边端点的距离。如果将两个距离均设定为零，CHAMFER 将延伸或修剪两条直线，以使它们终止于同一点。
- 角度[A]：用第一条线的倒角距离和第二条线的角度设定倒角距离。
- 修剪[T]：控制 CHAMFER 是否将选定的边修剪到倒角直线的端点。
- 方式[E]：控制 CHAMFER 使用两个距离还是一个距离和一个角度来创建倒角。
- 多个[M]：为多组对象的边倒角。

3.6.2 圆角对象

圆角与倒角类似，它是将两条相交的直线通过一个圆弧连接起来，如图 3-59 所示。圆角命令的使用也可分为两步：第一步确定圆角大小，通常用“半径”确定；第二步选定两条需要圆角的边。

AutoCAD 以往版本调用圆弧命令后，绘制圆弧的方向会有一定的局限性，必须明确指定圆心（或是起点）、端点，才能绘制正确方向的圆弧。AutCAD 2015 则可以通过按 Ctrl 键调整圆弧绘制的方向来绘制圆弧，从而降低了绘图的难度，提高了效率。

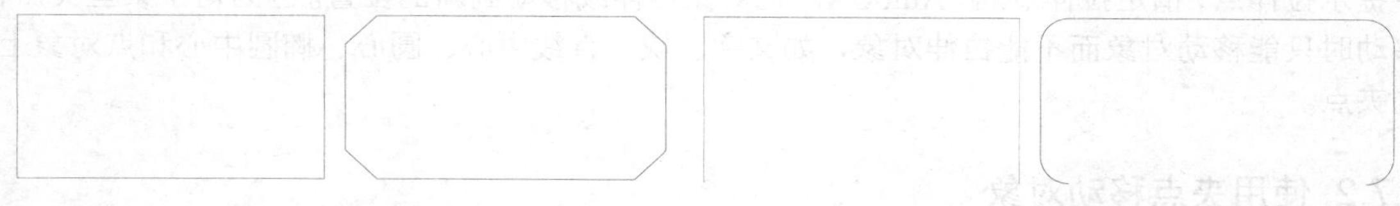

图 3-58　倒角命令示例　　图 3-59　圆角命令示例

圆角命令有以下几种调用方法：

- 命令行：FILLET / F
- 工具栏：“修改”工具栏“圆角”按钮
- 菜单栏：“修改” | “圆角”命令
- 功能区：在“默认”选项卡中，单击“修改”面板中的“圆角”按钮圆角

调用“圆角”命令，命令行操作如下：

```
命令: _FILLET↙
选择第一个对象或 [放弃(U)/多段线(P)/半径(R)/修剪(T)/多个(M)]:
```

命令行主要选项介绍如下：

半径：定义圆角圆弧的半径。输入的值将成为后续 FILLET 命令的当前半径。修改此值并不影响现有的圆角圆弧。

AutoCAD 在进行倒角和圆角时，绘图区将自动显示倒角和圆角的位置、大小。可以方便地预览倒角或圆角后的效果，同时可以方便地修改倒角的距离大小和圆角的半径大小。

3.7 使用夹点编辑对象

所谓夹点指的是图形对象上的一些特征点，如端点、顶点、中点、中心点等，如图 3-60

所示，图形的位置和形状通常是由夹点的位置决定的。在 AutoCAD 中，夹点是一种集成的编辑模式，利用夹点可以编辑图形的大小、位置、方向以及对图形进行镜像复制操作等。

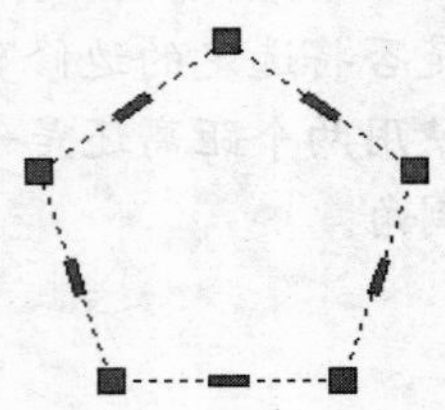

图 3-60　夹点示意图

3.7.1 使用夹点拉伸对象

在 AutoCAD 中，夹点是一种集成的编辑模式，提供了一种方便、快捷的操作途径。在不执行任何命令的情况下选择对象，显示其夹点，然后单击其中一个夹点作为拉伸基点，命令提示拉伸点，指定拉伸点后，AutoCAD 把对象拉伸或移动到新的位置。因为对于某些夹点，移动时只能移动对象而不能拉伸对象，如文字、块、直线中心、圆心、椭圆中心和点对象上的夹点。

3.7.2 使用夹点移动对象

移动对象仅仅是位置上的平移，对象的方向和大小并不会改变，要精确地移动对象，可使用捕捉模式、坐标、夹点和对象捕捉模式，在夹点编辑模式下确定基点后，在命令行提示下输入 MO 进入移动模式。

3.7.3 使用夹点旋转对象

在夹点编辑模式下，确定基点后，在命令行提示下输入 RO 进入旋转模式。

3.7.4 使用夹点缩放对象

在夹点编辑模式下，确定基点后，在命令行提示下输入 SC 进入缩放模式。默认情况下，当确定了缩放的比例因子后，AutoCAD 将相对于基点进行缩放对象操作。

3.7.5 使用夹点镜像对象

与镜像命令的功能相似，镜像操作后将删除原对象。在夹点编辑模式下，确定基点后，在命令行提示下输入 MI 进入镜像模式。

3.8 课后练习

1. 填空题

(1) AutoCAD 2015 中新增的选择方式是________和__________。

(2) 各种选择工具可按_________键进行快速切换。

(3) 可以增加图形数量的编辑命令有______、_______、_______、______等。

(4) 使用“夹点编辑”命令，可对图形进行________、_______、________、_________、________。

2. 操作题

(1) 根据如图 3-61 所示的图形，使用镜像、移动命令完善树池，并使用阵列命令，行距为 4000，列距为 3500，绘制如图 3-62 所示的树阵广场。

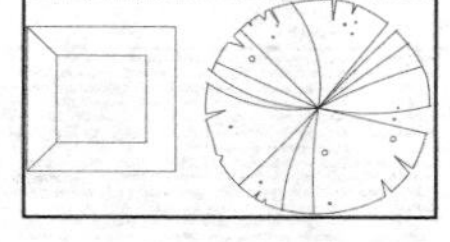

图 3-61　素材图形

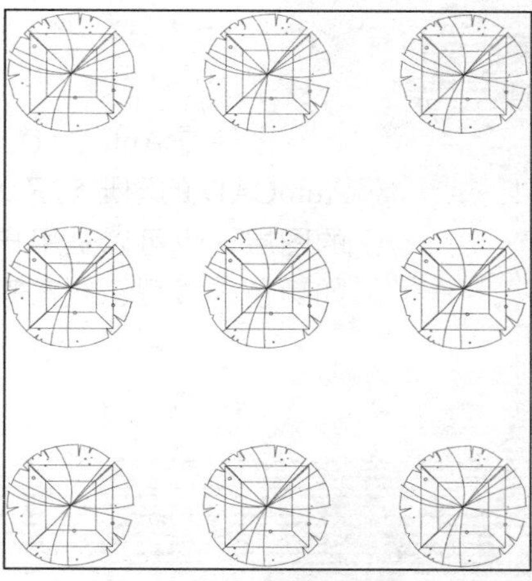

图 3-62　树阵广场

(2) 使用“阵列”命令、“修剪”命令及“偏移”命令等，将如图 3-63 所示广场平面图进行完善，完善效果如图 3-64 所示。

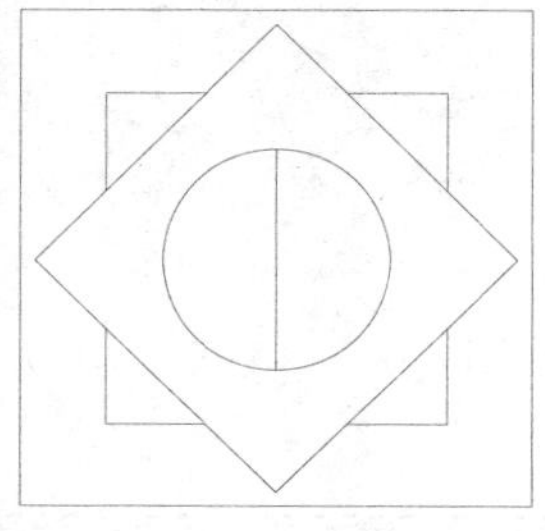

图 3-63　素材图形

图 3-64　广场平面图

第 4 章　图层的应用

本章导读

图层是 AutoCAD 提供给用户的组织图形的强有力工具。AutoCAD 的图形对象必须绘制在某个图层上，它可以是默认的图层，也可以是用户自己创建的图层。利用图层的特性，如颜色、线型、线宽等，可以非常方便地区分不同的对象。

本章重点

- 创建新图层和重命名图层
- 图层特性的设置
- 打开与关闭图层
- 冻结与解冻图层
- 锁定与解锁图层
- 设置当前图层
- 删除多余图层
- 转换图层
- 课后练习

4.1 图层的创建和特性的设置

图形对象越多越复杂，所涉及的图层也越多，这就需要正确地创建和管理图层。默认情况下创建的图层的特性是延续上一个图层的特性，为了更好地区分各个图层，还可以对图层的特性进行设置。

图层的创建和设置在“图层特性管理器”对话框中进行，打开此对话框有以下几种方法：

- 命令行：LAYER/LA
- 工具栏：“图层”工具栏中的“图层特性管理器”按钮
- 菜单栏：“格式”|“图层”命令
- 功能区：在“默认”选项卡中，单击“图层”面板中的“图层特性”按钮

执行命令后，打开的“图层特性管理器”对话框如图 4-1 所示。在该对话框中，可以看到所有图层列表、图层的组织结构和各图层的属性和状态。对于图层的所有操作也都可以在该对话框中完成，如新建、重命名、删除及图层特性的修改等。

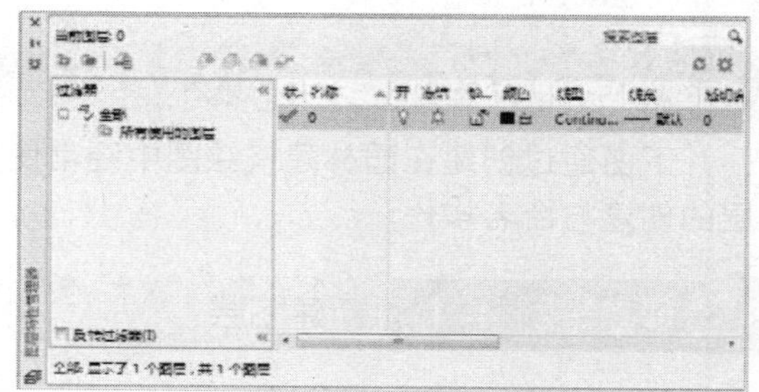

图 4-1　“图层特性管理器”对话框

“图层特性管理器”对话框列表中各属性的功能如下：

- 状态：用来指示和设置当前层，双击某个图层状态列图标可以快速设置该图层为当前层。
- 名称：用于设置图层名称。选中一个图层使其以蓝色高亮显示，再单击“名称”特性项或按下 F2 键，层名变为可编辑，输入新名称后，按 Enter 键即可。单击“名称”特性列表的表头，可以让图层按照图层名称进行升序或降序排列。
- 打开/关闭：用于控制图层是否在屏幕上显示。隐藏的图层将不被打印输出。
- 冻结/解冻：用于将长期不需要显示的图层冻结。可以提高系统运行速度，减少图形刷新的时间。AutoCAD 不会在被冻结的图层上显示、打印或重生成对象。
- 锁定/解锁：如果某个图层上的对象只需要显示、不需要选择和编辑，那么可以锁定该图层。
- 颜色、线型、线宽：用于设置图层的颜色、线型及线宽属性。如单击“颜色”属性项，可以打开“选择颜色”对话框，选择需要的图层颜色即可。使用颜色可以非常方便地区分各图层上的对象。
- 打印样式：用于为每个图层选择不同的打印样式。如同每个图层都有颜色值一样，每个图层也都具有打印样式特性。AutoCAD 有颜色打印样式和图层打印样式两种，如果当前文档使用颜色打印样式时，该属性不可用。
- 打印：对于那些没有隐藏也没有冻结的可见图层，可以通过单击“打印”特性项来控制打印时该图层是否打印输出。
- 图层说明：用于为每个图层添加单独的解释、说明性文字。

4.1.1 创建新图层和重命名图层

单击“图层特性管理器”对话框上方的“新建”按钮，可以新建一个图层；单击“删除”按钮，可以删除选定的图层。默认情况下，创建的图层会依次以“图层 1”“图层 2”进行命名。为了更直接地表现该图层上绘制的图形对象，我们可以将其重命名。

其方法为：在“图层特性管理器”对话框中选中需要的图层后，按 F2 键。此时名称文本框呈可编辑状态，输入名称即可。也可以在创建新图层时直接在文本框中输入新名称。

AutoCAD 规定以下四类图层不能被删除：

- 0 层和 Defpoints 图层。
- 当前层。要删除当前层，可以先改变当前层到其他图层。
- 插入了外部参照的图层。要删除该层，必须先删除外部参照。
- 包含了可见图形对象的图层。要删除该层，必须先删除该层中的所有图形对象。

技巧　包含了对象的图层，在“图层管理器”对话框的状态图标显示为蓝色，否则显示为灰色。

下面通过创建在园林建筑绘图中经常使用到的三个图层：轴线、墙体、门窗，来练习图层的创建与命名操作。

课堂举例 4-1：新建图层　　视频\第 4 章\课堂举例 4-1.mp4

01 在命令行中输入 LA 命令，打开如图 4-1 所示的“图层特性管理器”对话框。

02 新建图层。单击对话框上方的“新建”按钮，新建“图层 1”，如图 4-2 所示。

03 此时，“图层 1”文本框呈可编辑状态，在其中输入文字“墙体”，然后按 Enter 键，完成墙体图层的创建。如图 4-3 所示。

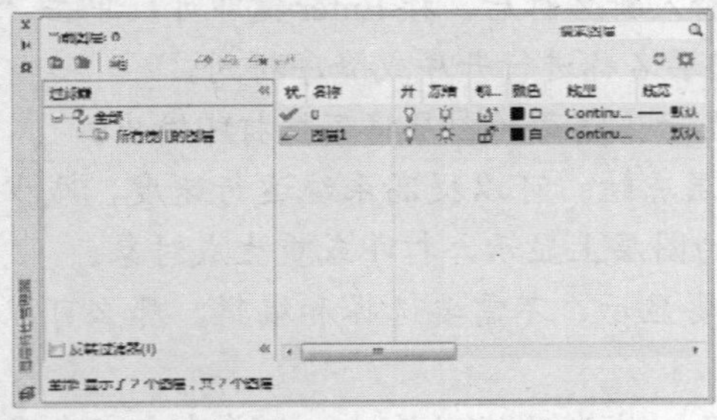

图 4-2　新建“图层 1”

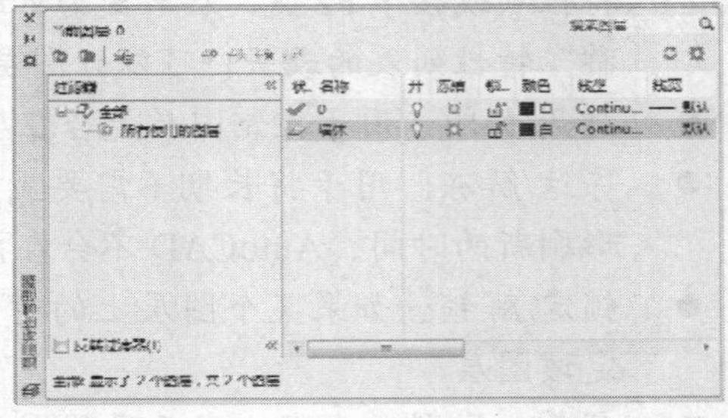

图 4-3　重命名“图层 1”

04 新建图层。再次单击对话框上方的“新建”按钮两次，新建“图层 1”和“图层 2”，如图 4-4 所示。

05 重命名图层。选择“图层 1”，按 F2 键，此时名称文本框呈可编辑状态，在其中输入“门窗”，按 Enter 键，完成门窗图层的创建。

06 用同样的方法重命名“轴线”图层，结果如图 4-5 所示。

07 图层创建完成，单击对话框左上角的“关闭”按钮，关闭对话框。

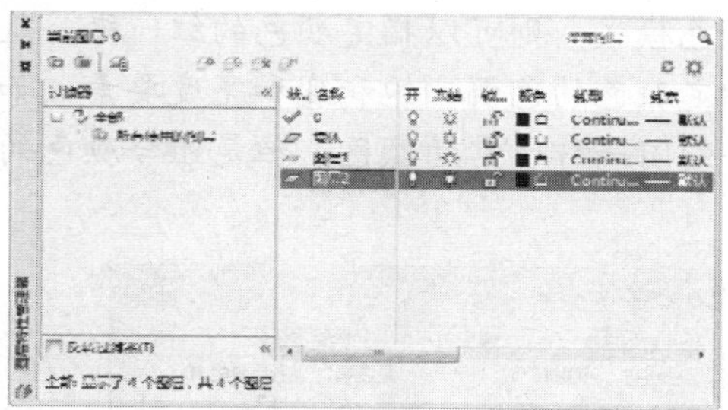

图 4-4　新建图层

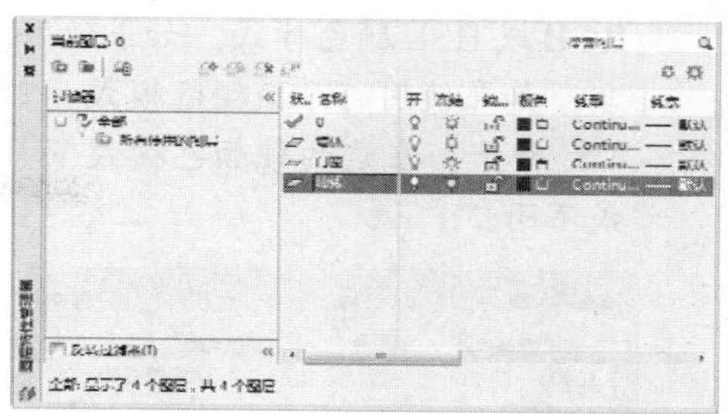

图 4-5　重命名图层

4.1.2 图层特性的设置

图层特性是属于该图层的图形对象所共有的外观特性，包括层名、颜色、线型、线宽和打印样式等。对图层的这些特性进行设置后，该图层上的所有图形对象的特性就会随之发生改变。设置图层特性时，在“图层特性管理器”对话框中选中某图层，然后双击需要设置的特性项进行设置。

1. 设置图层颜色

图层的颜色实际上就是图层中图形对象的颜色，每个图层都可以设置颜色，不同图层可以设置相同的颜色，也可以设置不同的颜色，使用颜色可以非常方便地区分各图层上的对象。

单击“图层特性管理器”中的“颜色”属性项，可以打开“选择颜色”对话框，如图 4-6 所示，选择需要的图层颜色即可。AutoCAD 提供了 7 种标准颜色，即红、黄、绿、青、蓝、紫和白色。

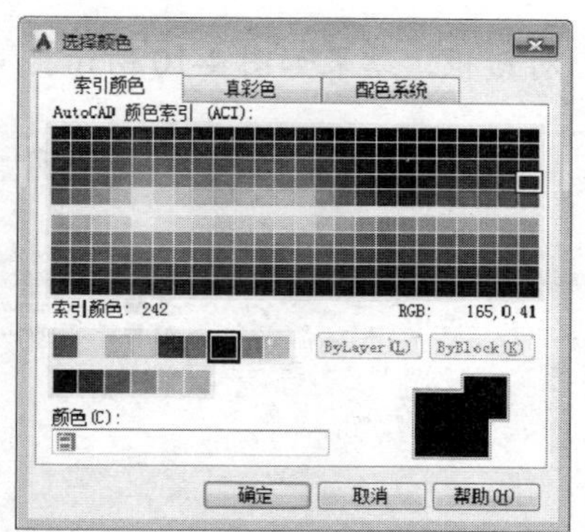

图 4-6　“选择颜色”对话框

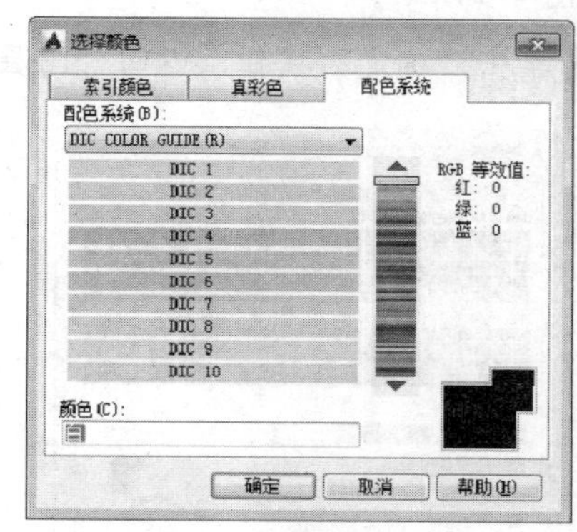

图 4-7　“配色系统”选项卡

在“颜色选择”对话框中，可以使用“索引颜色”“真彩色”和“配色系统”3 个选项卡为图层设置颜色。

- “配色系统”选项卡：使用标准 Pantone 配色系统设置图层的颜色，如图 4-7 所示。
- “索引颜色”选项卡：“索引颜色”选项卡实际上是一张包含 256 种颜色的颜色表。它可以使用 AutoCAD 的标准颜色（ACI 颜色）。在 ACI 颜色表中，每一种颜色用一个 ACI 编号（1 ~ 255 之间的整数）标识。
- “真彩色”选项卡：使用 24 位颜色定义显示 16M 色。指定真彩色时，可以使用

RGB或HSL颜色模式。如果使用RGB颜色模式，则可以指定颜色的红、绿、蓝组合；如果使用HSL颜色模式，则可以指定颜色的色调、饱和度和亮度要素，如图4-8所示。在这两种颜色模式下，可以得到同一种所需的颜色，但是组合颜色的方式不同。

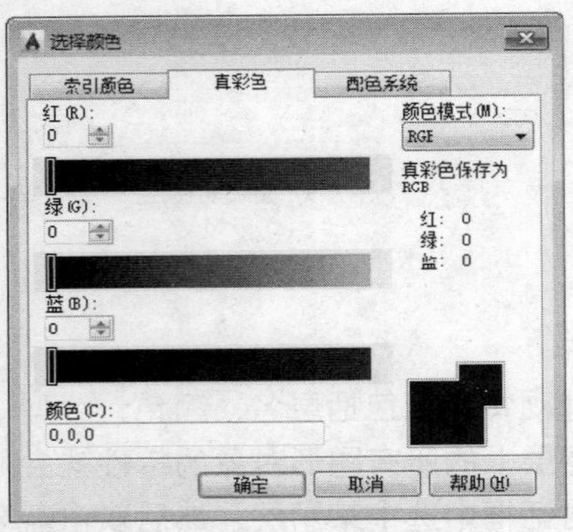

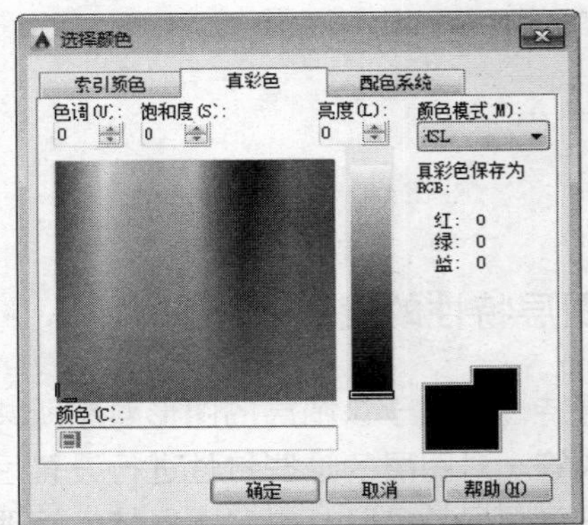

图 4-8　RGB 和 HSL 颜色模式

下面将上个练习中新创建的“墙体”“门窗”“轴线”图层颜色分别设置为“黄色”“青色”及“红色”。并将“轴线”图层置为当前层。

课堂举例 4-2：设置图层属性

视频\第 4 章\课堂举例 4-2.mp4

01 在命令行中执行LA命令，打开“图层特性管理器”对话框。单击“墙体”图层中间列表框“颜色”栏中的■白图标，打开“选择颜色”对话框，在其中单击“黄色”颜色块，如图4-9所示。

02 单击“确定”按钮，返回“图层特性管理器”对话框。结果如图4-10所示。

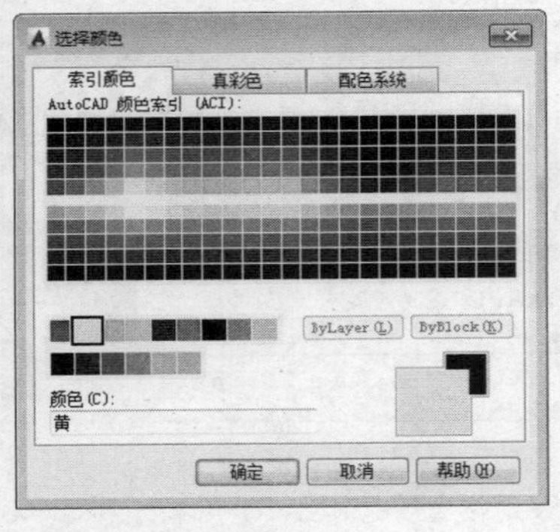

图 4-9　选择颜色

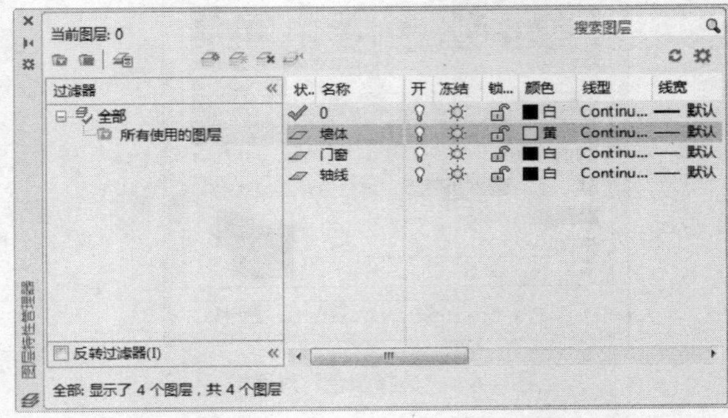

图 4-10　设置“墙体”层颜色

03 用同样的方法对“门窗”和“轴线”图层的颜色进行设置。结果如图4-11所示。

04 选择“轴线”图层，单击对话框上方的“置为当前”按钮，将其置为当前图层，结果如图4-12所示。

2. 设置图层线型及其比例

❑ 设置图层线型

图层线型表示图层中图形线条的特性，不同的线型表示的含义不同，默认情况下是 Continuous 线型，设置图层的线型可以区别不同的对象。在 AutoCAD 中既有简单线型，也有由一些特殊符号组成的复杂线型，以满足不同国家标准或行业标准的要求。

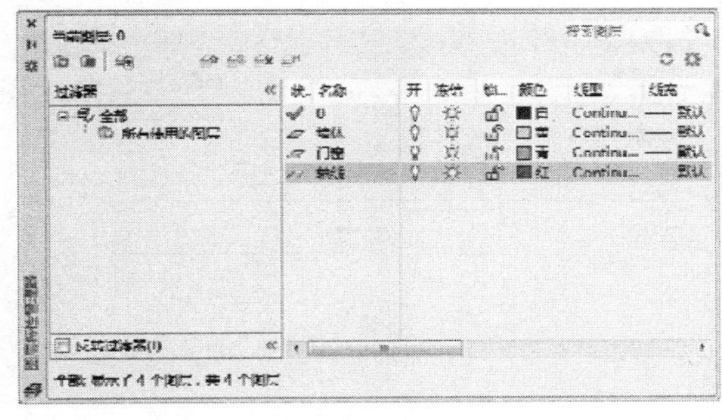

图 4-11　图层颜色设置结果

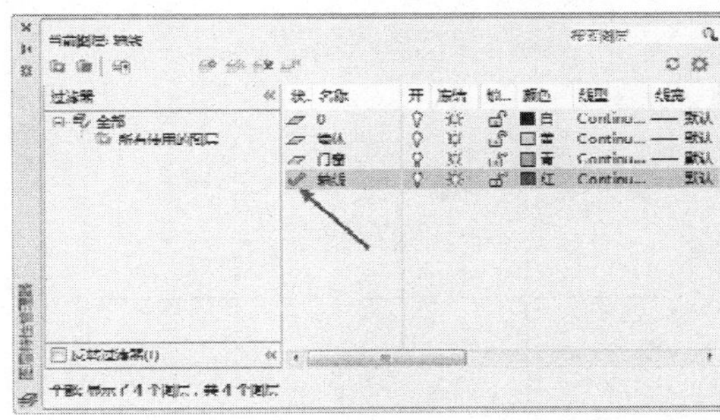

图 4-12　设置当前图层

下面通过设置上个练习中创建的“轴线”图层的线型，来讲解图层线型的设置方法。

课堂举例 4-3:　设置图层线型

视频\第 4 章\课堂举例 4-3.mp4

01 打开“图层特性管理器”对话框，选择“轴线”图层，单击该图层的“线型”栏中的 Contin... 图标，打开如图 4-13 所示的“选择线型”对话框。该对话框中列出了当前已加载的线型。

02 加载线型。我们发现所需要的线型不在列表框中，单击“加载”按钮，打开如图 4-14 所示的“加载或重载线型”对话框。

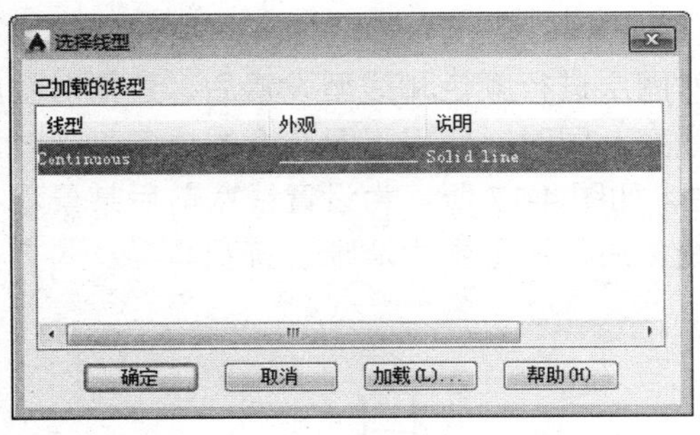

图 4-13　“选择线型”对话框

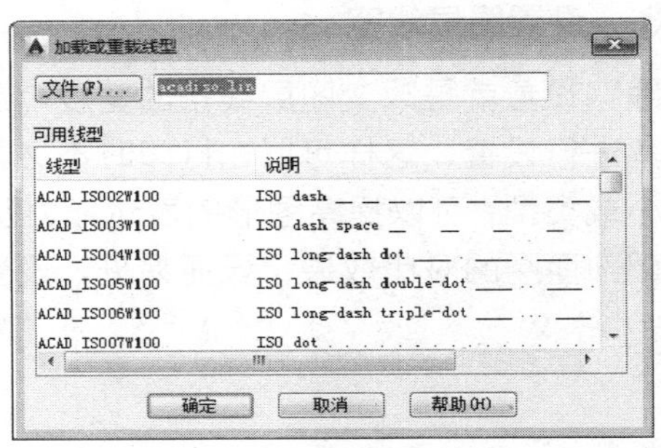

图 4-14　“加载或重载线型”对话框

选择加载线型。在该对话框中拖动列表框的滚动条，选择“DASHEDX2”线型，单击“确定”按钮完成加载。返回“选择线型”对话框，选择刚加载的线型，单击“确定”按钮完成设置。关闭对话框。

04 在命令行中执行 L 命令，绘制大致如图 4-15 所示的轴线，可以观察到线型效果。

❑ 设置线型比例

系统默认所有的线型比例均为 1，但因为绘制的图形尺寸大小的关系，致使线型的样式有时候不能被显现出来，这时就需要通过调整线型的比例来使其显现。

在“默认”选项卡中，单击“特性”面板中的“线型”下拉菜单，选择“其他”选项，将打开如图 4-16 所示的“线型管理器”对话框。该对话框显示了当前使用的线型和可选择的其他线型，它同样可以用来设置线型。

图 4-15　绘制轴线

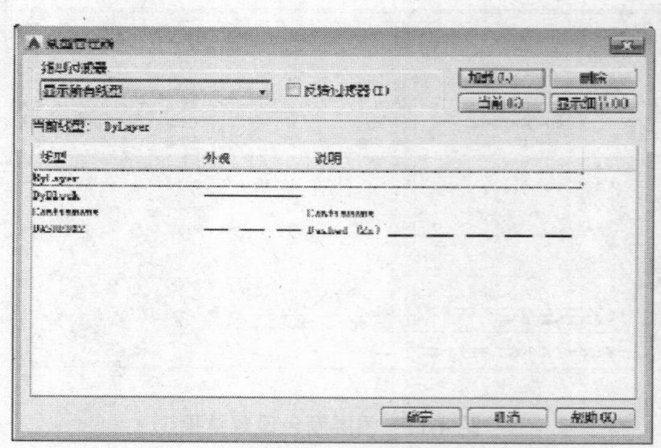

图 4-16　“线型管理器”对话框

在线型列表中选择某一线型，单击“显示 / 隐藏细节”按钮，可以显示或隐藏“详细信息”选项区域，在此区域内可以设置线型的“全局比例因子”和“当前对象缩放比例”。其中，“全局比例因子”用于设置图形中所有线型的比例，即图层的线型比例；“当前对象缩放比例”用于设置当前选中线型的比例，即图层中单个对象的比例因子。

如果用户要单独修改图层中某个对象的线型比例，也可以在选择该对象后按下 Ctrl+1 快捷键，打开“特性”选项板，在“线型比例”框中输入适当数值即可。

3. 设置图层线宽

线宽设置就是改变图层线条的宽度，通常在对图层进行颜色和线型设置后，还需对图层的线宽进行设置，这样可以在打印时不必再设置线宽。同时，使用不同宽度的线条表现对象的大小或类型，可以提高图形的表达能力及可读性。如图 4-17 所示为设置线宽前后某景观花架基础剖面图的对比效果，显而易见，设置图层线宽后，图形更为清晰、直观。

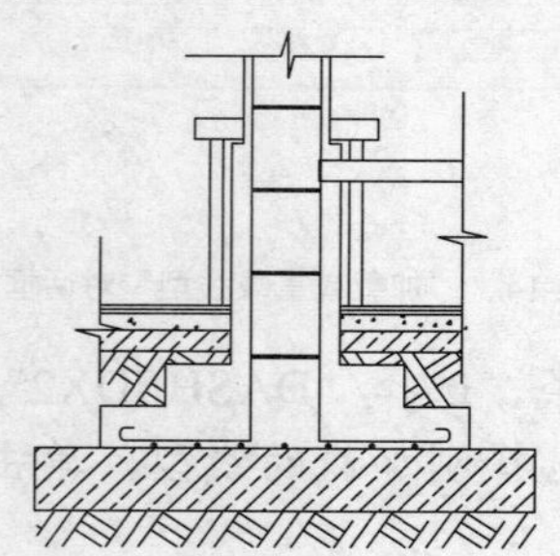

图 4-17　不同线宽显示效果

单击“图层特性管理器”对话框中间列表框“线宽”栏中的[—— 默认]图标，可以打开如图 4-18 所示“线宽”对话框，在列表框中选择需要的线宽，单击“确定”按钮，即完成线宽的设置。

设置了图层线宽后，如果要在屏幕上显示出线宽，还需要打开线宽显示开关。单击绘图区状态栏上“线宽”按钮，可以控制线宽的显示。

在“默认”选项卡中，单击“特性”面板中的“线宽”下拉菜单选择“线宽设置”选项，在打开的“线宽设置”对话框中还可以对线宽的属性进行具体设置，如图 4-19 所示。

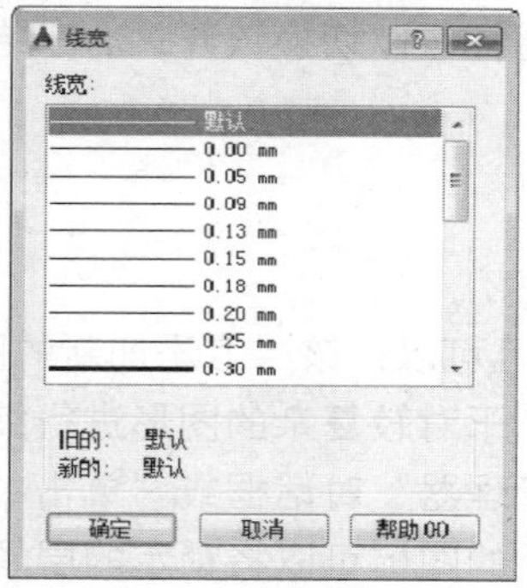

图 4-18　“线宽”对话框

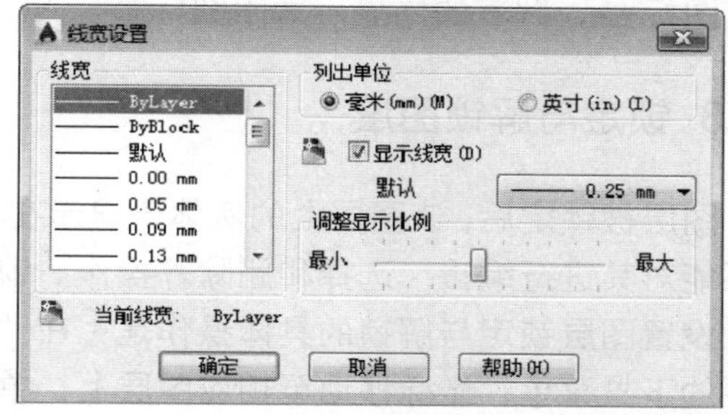

图 4-19　“线宽设置”对话框

4.2 控制图层状态

图层状态是用户对图层整体特性的开/关设置，包括隐藏或显示、冻结或解冻、锁定或解锁、打印或不打印等，对图层的状态进行控制，可以更好地管理图层上的图形对象。

4.2.1 打开与关闭图层

默认情况下图层都处于打开状态，在该状态下图层中的所有图形对象都显示在屏幕上。对于一些暂时用不上的图层，若在屏幕上全部显示，会使工作区间显得凌乱繁杂。这时，我们可以对其进行编辑操作，将这些层暂时隐藏。关闭后，图层上的实体不再显示在屏幕上，也不能被编辑和打印输出。

设置图层的打开与关闭的具体操作是：在“图层特性管理器”对话框或单击“图层”面板中的下拉菜单，光标移动至相应图层上，单击小灯泡图标，就可以打开/关闭图层。灯泡亮时图层显示，灯泡灭时图层隐藏。如图 4-20 所示为关闭“轴线”图层前后的效果。

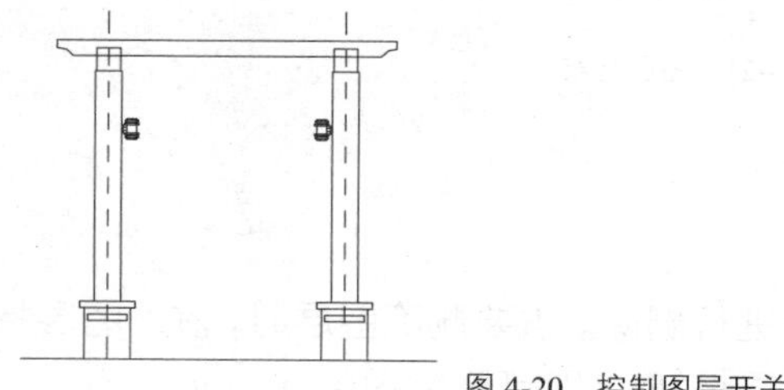
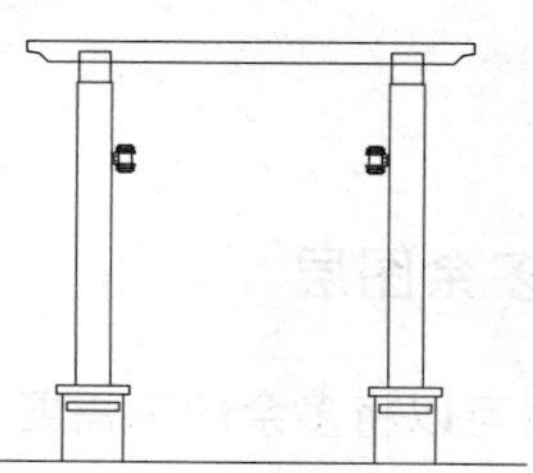

图 4-20　控制图层开关后的效果

4.2.2 冻结与解冻图层

冻结图层有利于减少系统重生成图形的时间，冻结图层不参与重生成计算且不显示在绘图区中，不能对其进行编辑。如果绘制的图形较大且需要重生成图形时，即可使用图层的冻结功能，将不需要重生成的图形进行冻结，完成重生成后，再使用解冻功能将其解冻，恢复为原来的状态。当然，当前图层不能被冻结。

设置图层冻结与解冻的具体操作是：在“图层特性管理器”对话框或单击“图层”面板中的下拉菜单，光标移动至相应图层上，单击雪花/太阳图标可以切换该开关。冻结的层显示雪花图标，解冻的层显示太阳图标。

4.2.3 锁定与解锁图层

图层被锁定后，该图层上的实体仍显示在屏幕上，而且可以在该层上添加新的图形对象。但不能对其进行编辑、选择和删除等操作。锁定图层有利于对较复杂的图形进行编辑。

设置图层锁定与解锁的具体操作是：在“图层特性管理器”对话框或“单击“图层”面板中的下拉菜单，光标移动至相应图层上，单击小锁形状的图标可以将锁定的层解锁。锁定的层显示关闭的小锁图标，解锁的层显示打开的小锁图标。

可以同时选中多个图层进行属性状态的设置。按 Shift 键可以选择多个连续的图层，按 Ctrl 键可以选择多个不连续的图层。

4.2.4 设置当前图层

当前层是当前工作状态下所处的图层。当设定某一图层为当前层后，接下来所绘制的全部图形对象都将位于该图层中。如果以后想在其他图层中绘图，就需要更改当前层设置。

将图层置为当前图层的方法有以下几种：

- 在“图层特性管理器”对话框中，单击对话框上方的“置为当前”按钮。
- 在“图层特性管理器”对话框中直接双击需要置为当前的图层。
- 单击“图层”面板中的“图层”下拉列表框中选择需要的图层。如图 4-21 所示。

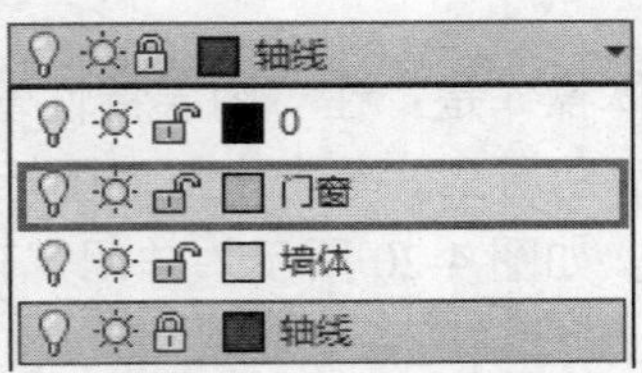

图 4-21　图层列表

4.2.5 删除多余图层

在绘图时可以将多余的不需要的图层进行删除。需要删除图层时，在“图层特性管理器”对话框中选择要删除的图层，单击删除图层按钮即可删除图层。

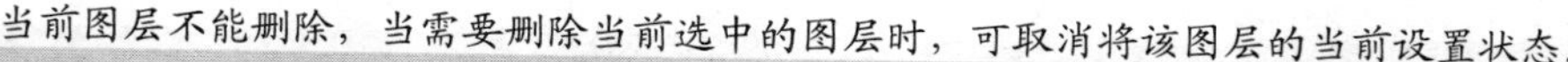
当前图层不能删除，当需要删除当前选中的图层时，可取消将该图层的当前设置状态。

技巧

4.3 转换图层

使用“图层转换器”可以转换图层，从而实现图层的标准化和规范化。“图层转换器”能够转换当前图形中的图层，使之与其他图形的图层结构或 CAD 标准文件相匹配。

执行菜单栏上的“工具”|“CAD 标准”|“图层转换器”命令或在“管理”选项卡中，单击“CAD 标准”面板中的“图层转换器”按钮[图层转换器]，可以打开如图 4-22 所示的“图层转换器”对话框，在其中可以进行图层的转换工作。

“图层转换器”对话框中各主要选项功能如下：

- “转换自”选项区域：显示当前图形中即将被转换的图层结构，可以在列表框中选择，也可以通过“选择过滤器”来选择。
- “转换为”选项区域：显示可以将当前图形的图层转换成的图层名称。单击“加载”按钮打开“选择图形文件”对话框，可以从中选择作为图层标准的图形文件，并将该图层结构显示在“转换为”列表框中。单击“新建”按钮，打开“新图层”对话框，如图 4-23 所示，可以从中创建新的图层作为转换匹配图层，新建的图层也会显示在“转换为”列表框中。

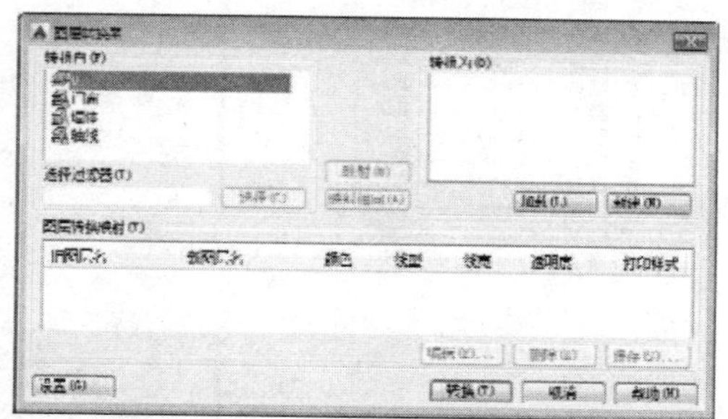
图 4-22　“图层转换器”对话框

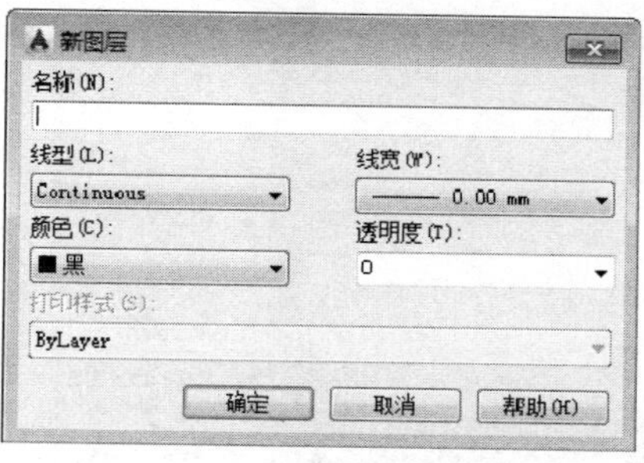

图 4-23　“新图层”对话框

- “映射”按钮：单击该按钮，可以将在“转换自”列表框中选中的图层映射到“转换为”列表框中，并且当图层被映射后，将从“转换自”列表框中删除。
- “映射相同”按钮：将“转换自”和“转换为”列表框中名称相同的图层进行转换映射。
- “图层转换映射”选项区域：显示已经映射的图层名称和相关的特性值。当选中一个图层后，单击“编辑”按钮，将打开“编辑图层”对话框，可以从中修改转换后的图层特性，如图 4-24 所示。单击“删除”按钮，可以取消该图层的转换映射，该图层将重新显示在“转换自”选项区域中。单击“保存”按钮，将打开“保存图层映射”对话框，可以将图层转换关系保存到一个标准配置文件“*.dws”中。
- “设置”按钮：单击该按钮，将打开“设置”对话框，可以设置图层的转换规则，如图 4-25 所示。

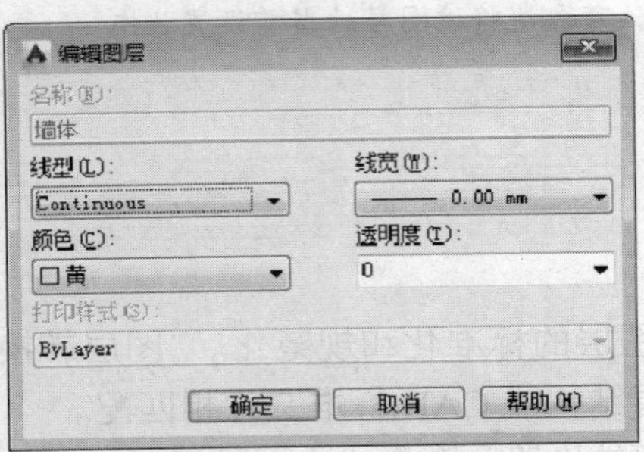

图 4-24　“编辑图层”对话框

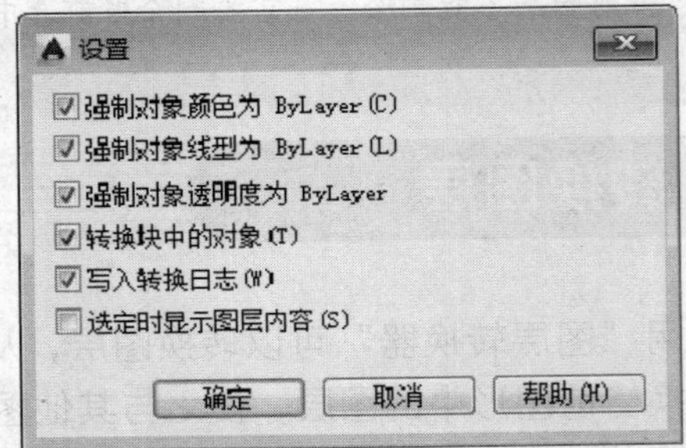

图 4-25　“设置”对话框

4.4 课后练习

操作题

(1) 根据图层所学知识，设置园林制图中各图层，效果如图 4-26 所示。

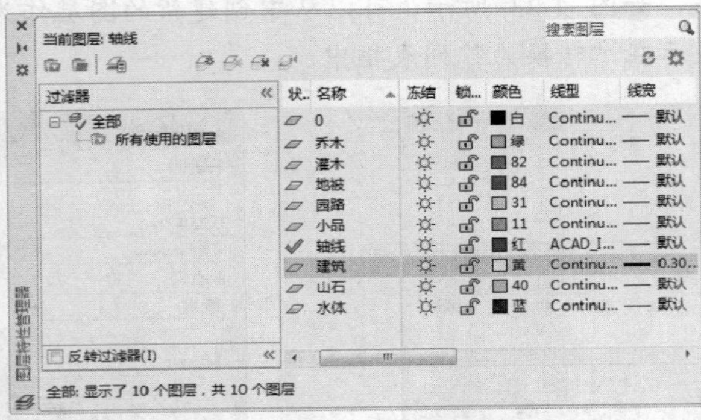

图 4-26　园林图层

(2) 将如图 4-27 所示的图形中图层参数修改成如图 4-28 所示效果。

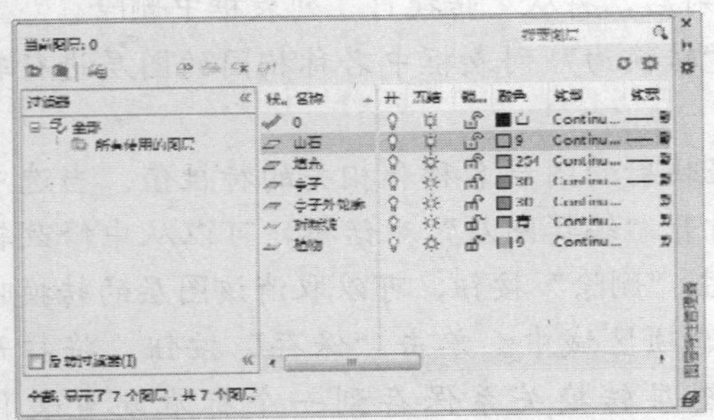

图 4-27　原图层

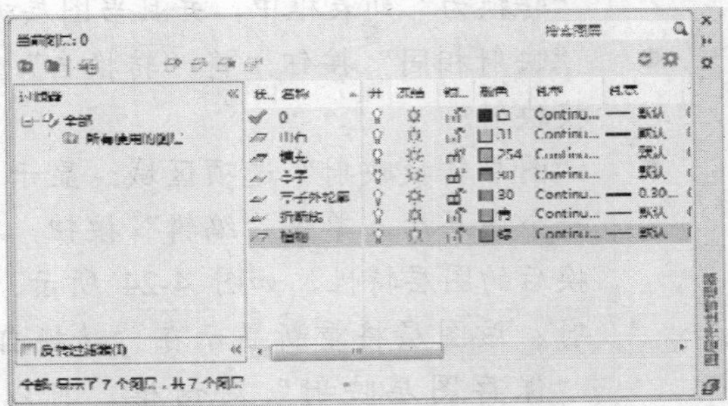

图 4-28　修改后图层

第 5 章 园林围墙的设计与绘图

本章导读

从本章开始，将以一个别墅庭院为例，介绍园林围墙、水体、山石、建筑、园路、植物和园灯等各个园林构成元素的设计和施工图绘制方法。

墙在建筑学上是指一种垂直方向的空间隔断结构，用来围合、分割或保护某一区域，在园林设计中，围墙具有重要的作用。本章首先介绍园林围墙设计的基础知识，然后通过别墅庭院围墙的绘制实例，学习园林围墙的绘制方法和技巧。

本章重点

- 园林围墙设计基础
- 绘制别墅庭院围墙
- 绘制别墅平面图
- 课后练习

5.1 园林围墙设计基础

围墙一方面作为建筑物的外维护结构，可以隔离外界起到防御的作用，另一方面围墙又是建筑师进行空间划分的主要手段，用来满足建筑功能、空间的要求。本节将从围墙的功能、种类和设计方面入手，介绍围墙的基础知识，使读者对园林围墙有一个全面的了解和认识。

5.1.1 园林围墙的功能

园林围墙作为围护构筑，其主要功能是防卫作用。同时，围墙又可以用于分隔空间，丰富景致层次及控制、引导游览路线等，是空间构图的一项重要手段。

在园林设计中，用围墙来形成空间是常用的手法。我国古典园林中巧妙地运用云墙、梯级形墙、漏明墙、平墙等，将园内划分成千变万化的空间，同时利用墙的延续性和方向性，使观赏者能自如地进入组景的程序，宛如置身于逐渐展开的园林画卷中。

为了避免墙面过分闭塞，常在墙上开设漏窗、洞门、空窗等，形成种种虚实、明暗的对比，使墙面产生丰富多彩的变化，如图 5-1 所示。

图 5-1　园林围墙

5.1.2 园林围墙的分类

园林围墙根据其使用材料的不同，可分为竹木围墙、混凝土围墙、砖墙、金属围墙、生态围墙等。不同材质的围墙有不同的优缺点，可以产生不同的造园效果。设计师在设计围墙时应根据具体需要，因地制宜，选择最合适的围墙材料。

1. 竹木围墙

竹木围墙是旧时最常见的围墙，如图 5-2 所示。它同竹篱笆墙一样自然质朴，但其使用期不长，防护性能也不强。竹木围墙适用于强调山野意境的场所。如果是真材实料要经防腐处理，或者采取“仿”真的处理办法。

2. 混凝土围墙

混凝土围墙的做法有以下两种：一是以预制花格砖砌墙，花型富有变化但易爬越；二是混凝土预制成片状，一字排开，可透绿也易管养。

混凝土围墙的特点是价格低廉，经久耐用，一劳永逸，缺点是不够通透，会阻碍视线。

3. 砖墙

砖墙一般以砖墙为结构柱，墙柱间距 3～4 米，其中开各式漏花窗。其优点是既经济又易施工、维护。砖墙如图 5-3 所示。

图 5-2　竹木围墙

图 5-3　砖墙

4. 金属围墙

金属围墙是几种围墙中最为通透和轻便的一种，其材料可分为以下几种：

- 以型钢为材。根据其断面不同又可分为圆钢、角钢、槽钢等，如图 5-4 所示。型钢优点是表面光洁，性韧易弯不易折断，缺点是每 2～3 年要油漆一次。
- 以铸铁为材。与型钢相比，其优点是不易锈蚀、价格不高，且可做各种花型，如图 5-5 所示。缺点是性脆、光滑度不够。订货要注意所含成分不同。
- 以锻铁、铸铝为材。质优而价高，通常在室内或局部花饰中使用。
- 以各种金属网为材。金属网材种类较多，如镀锌、镀塑铅丝网、铝板网、不锈钢网等。金属网材整体感强、施工简单、表面平整、手感舒适，但造型较为单一。

图 5-4　型钢围墙

图 5-5　铸铁围墙

5. 生态围墙

生态围墙是一种用植物做材料，构成具有层次和充满生命力的绿化生态围墙，深受西方国家推崇，现今在我国也随处可见。生态围墙具有种种优点，如增加绿化、降低噪声、减少尘埃、净化空气、蔽荫防暑、调节温度等，还可以创造出一道美丽的风景线。生态围墙还能抵制“城市牛皮癣”顽症在此滋生蔓延。与此同时，选取的植物均具有可重复使用性，更经济和环保，如图 5-6 所示。

现代围墙设计，往往把几种材料结合起来使用，取其长而补其短。混凝土用作墙柱、勒脚墙，取型钢为透空部分框架，用铸铁作花饰构件，如图 5-7 所示。局部、细微处用锻铁、铸铝。

围墙是长型构造物，要按要求设置伸缩缝，按转折和门位布置柱位，调整因地面标高变化而造成的立面高差。利用砖、混凝土、金属网材构筑而成的金属围墙，可以免去墙柱，使围墙更自然通透。

图 5-6　生态围墙

图 5-7 混合围墙

5.1.3 园林围墙的设计

园林围墙在人们生活中是很常见的。园林围墙的设计宗旨，就是使围墙处于绿地之中，成为园景的一部分。在设计围墙时，应将空间的分隔与景色的渗透联系统一起来，似有似无，生情引意。

1. 位置选择

园林围墙作为园林造景的重要手段，其位置的选择，必然要考虑到园林造景的需要。选择围墙的位置时，要与游览路线、视线、景物关系等统一考虑，采用框景、对景、障景等设计意图，俗则屏之，佳则收之，这也正是园林景物与围墙选址的关键所在。

围墙在绿地中的最佳位置，应该是在绿地之中，而不是在绿地的边缘。让围墙两侧都有绿化存在，让围墙隐现于绿丛之中，让人接触到的是绿化而不是墙，如图 5-8 所示。

作为分隔空间的墙垣，按空间布局的需要穿插在各种空间之中，为使分隔的空间效果更突出，一般将墙垣设在景物变化的交界处，或地形、地貌变化的交界处，或在空间形状，空间大小变化的交界处，使墙垣两侧有绝然不同的景观（如图 5-9 所示），以增强空间变化效果。如颐和园宿云檐前什景窗墙设在水陆两种地段的分界处，游人在墙内，只见院内花木，不见墙外景色，当一步出园门，一湾水流突现眼前，使墙内外有迥然不同的景物效果，空间变化效果倍增。又如广州越秀公园长腰岗围墙，也具异曲同工之妙。

2. 造型与环境

园林墙垣的造型要完整，构图要统一，形象应与环境格调一致。墙垣上需设漏窗、门洞或花格装饰时，其形状、大小、数量、纹样等均应该注意比例适度，布局有致，以形成统一的格调，其型体上或轻巧，或持重，或通透，或密实，均应变化有章，切忌零散杂乱、变化无度，如图 5-10 所示。色彩与质感是围墙的重要表现手段，既要对比，又要协调，既要醒目，又要调和。

图 5-8　围墙在绿丛之中

图 5-9　分隔空间

3．围墙的高度

在使用要求之内，围墙宜低不宜高。一般栏杆的高度在 0.8 ~ 1.2m，围墙通常高度在 1.8 ~ 2.4m。过高的围墙，即使透空，也有压抑感，让人联想到封建时代的庄园。

4．坚固与安全

墙垣设置要注意坚固与安全，尤其是孤立的单片直墙，要适当增加其厚度，加设柱墩等。设置曲折连续的墙垣，也可增加稳定性，应考虑风压、雨水等对墙体的破坏作用。

5．造型设计

从透绿的角度看，绿地中的围墙透空率越高越好，如图 5-11 所示。影响围墙透空率的主要因素有两个：一是选材，无论墙身墙柱，最透空的材料是钢材，其次是混凝土，再是砖砌体。二是构图，从这个要求看围墙的形式简洁优于复杂。简洁线条少，不引人注目，也不易让人爬越。让美于绿，这是根本原则。

图 5-10　造型与环境

图 5-11　透绿

空透和简洁，对设计提出了更有针对性的要求。既然围墙目前还有必要存在，就必须造型简洁，色彩协调，比例适当，内外通透，这样使围墙成为园林景观的一部分，成为园林景观中的建筑小品，融洽于绿地之中。

除了上面要求，还要兼顾围墙作为防卫构筑物的要求，防钻防爬，造价适中，经久耐用等。

6. 材料选择

就地取材，能体现地方特色，又具有经济的效果，应给予充分考虑。各种石料、砖、木材、竹材、钢材等均可选用，并可组合使用。

5.2 绘制别墅庭院围墙

绘制园林平面图，首先要绘制出园林的外围围墙，以确定绘制的范围。本节通过绘制别墅庭院围墙，来具体讲述园林围墙绘制方法和技巧。

绘制完成的别墅围墙效果如图 5-12 所示。该围墙属于混合围墙类型，没有完全封闭，以适当透绿。围墙高度 2.5m 左右，每隔 3.5m 左右以清水砖砌墙柱，原浆勾缝，柱上安装围墙灯，以供夜间照明之用。围墙 0.5m 以下砌同色清水砖，其上安装铸铁栏杆。这样的围墙设计虚实相间，简洁大方。

图 5-12　围墙平面图

5.2.1 绘制墙柱和大门立柱

首先绘制围墙轴线，通过轴线定位墙柱的位置，然后使用 MLINE 多线命令绘制双线，表示围墙。

课堂举例 5-1：绘制墙柱和大门立柱 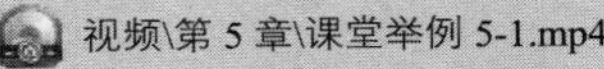 视频\第 5 章\课堂举例 5-1.mp4

1. 绘制围墙轴线

01 启动 AutoCAD 2015，系统自动新建一个图形文件。

02 新建轴线图层。在命令行中输入 LA 命令，打开“图层特性管理器”对话框。单击

“新建图层”按钮，在名称框中输入“轴线”，按回车键确认。单击“颜色”图标□白，选择“红色”作为轴线颜色，单击“置为当前”按钮，将“轴线”图层置为当前层，如图 5-13 所示。

03 开启正交。单击状态栏中的“正交”按钮（快捷键 F8），开启正交绘图模式，以便绘制完全水平或垂直的线条。

04 绘制围墙轴线。在命令行中输入 PL 命令，单击绘图区域任意指定一点，用光标引导 X 轴水平负方向输入 13894，沿 Y 轴垂直负方向输入 28207，沿 X 轴水平正方向输入 42113，沿 Y 轴垂直正方向，输入 25793，再输入 C 闭合多段线。绘制的图形如图 5-14 所示。

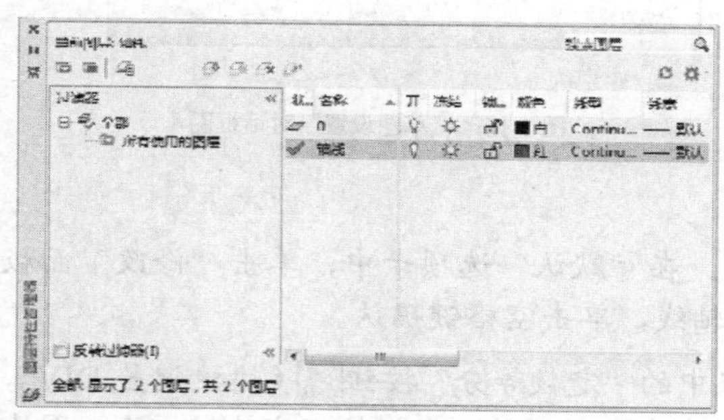

图 5-13　“图层特性管理器”对话框

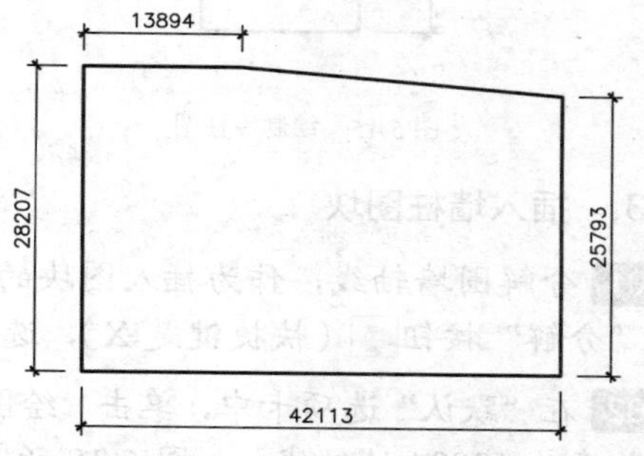

图 5-14　绘制围墙轴线

2. 创建围墙墙柱图块

围墙墙柱大小相同，间距相等，因此可将墙柱图形定义为块，使用“定数等分”命令快速在轴线上均匀布置墙柱。

01 新建“围墙”图层。在命令行中输入 LA 命令，打开“图层特性管理器”对话框，新建“围墙”图层。并设置图层颜色为 8 号色，单击“置为当前”按钮，将“围墙”图层置为当前层。

02 绘制墙柱。在“绘图”面板中单击“矩形”按钮（快捷键是 REC），单击绘图区域任一位置，确定矩形的第一个角点，输入相对坐标（@400，400），按下空格键，绘制得到如图 5-15 所示大小的矩形。

03 设置捕捉。单击状态栏“对象捕捉”按钮（快捷键是 F3），打开对象捕捉功能。右键单击“对象捕捉”按钮，选择“设置”，打开“草图设置”对话框。

04 单击“对象捕捉”标签，在“对象捕捉模式”复选框中勾选“端点”、“中点”、“圆心”、“交点”和“延长线”选项，如图 5-16 所示，以方便图形的绘制。

05 单击“对象捕捉追踪”按钮，打开对象捕捉追踪功能。

06 将墙柱图形创建成图块。在“插入”选项卡中，单击“块定义”面板中的“创建块”按钮（快捷键是 B），打开“块定义”对话框。

07 在“名称”文本框中输入图块名称“墙柱”，在“对象”选项组中单击“选择对象”按钮，在绘图区框选墙柱图形，按下空格键返回对话框。在“基点”选项组中单击“拾取点”按钮，在绘图区捕捉墙柱的几何中心点，作为图块的插入点，自动返回对话框，如图 5-17 所示。单击“确定”按钮，完成“墙柱”图块的创建。

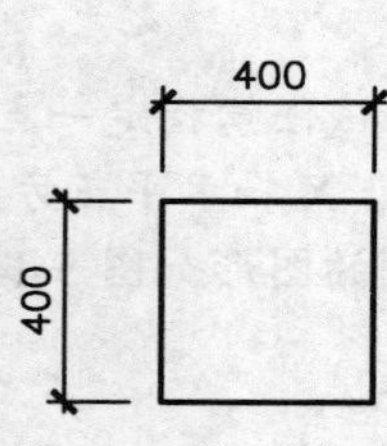

图 5-15 绘制墙柱图

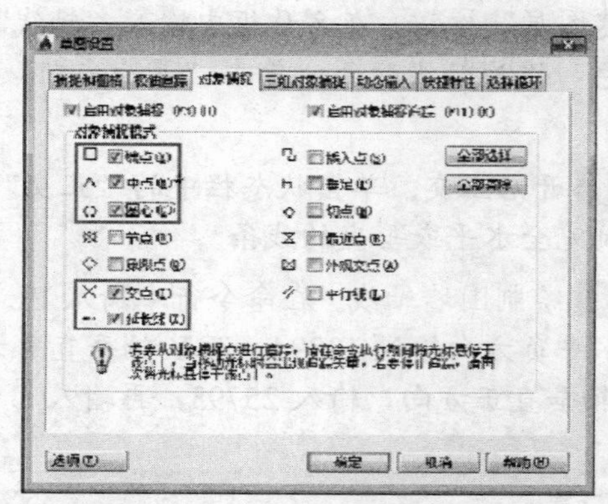

图 5-16 “草图设置”对话框图

3. 插入墙柱图块

01 分解围墙轴线，作为插入图块的辅助线。在“默认”选项卡中，单击“修改”面板中的“分解”按钮（快捷键是 X），选择围墙轴线，单击空格键确认。

02 在“默认”选项卡中，单击“绘图”面板中的“定数等分”按钮（快捷键是 DIV），单击长度为 13894 的轴线，如图 5-18 所示。根据命令行提示输入 B，按下空格键，输入图块的名称“墙柱”，按 Enter 键确认。命令行提示“是否对齐块和对象？[是（Y）/否（N）]<Y>:”时，按下空格键，采纳默认值，即将块与对象进行对齐。输入段数为 3，按下空格键结束命令，结果如图 5-19 所示。

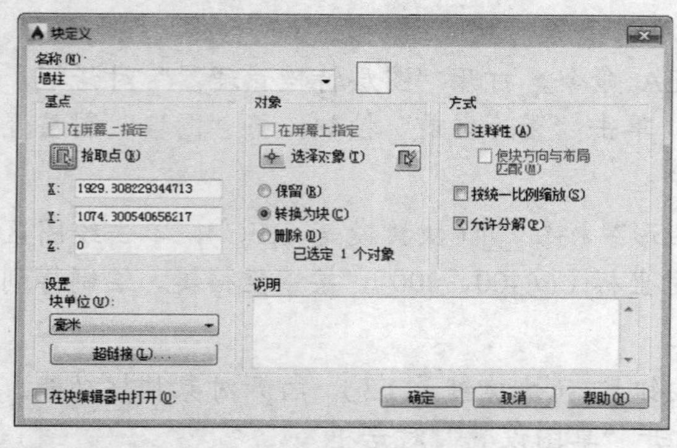

图 5-17 “块定义”对话

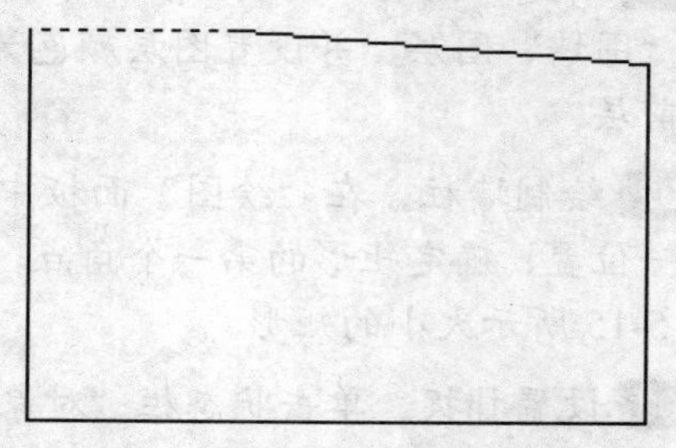

图 5-18 选择等分对象框

03 使用同样的方法在上侧、左侧和右侧轴线上插入墙柱图块，结果如图 5-20 所示。

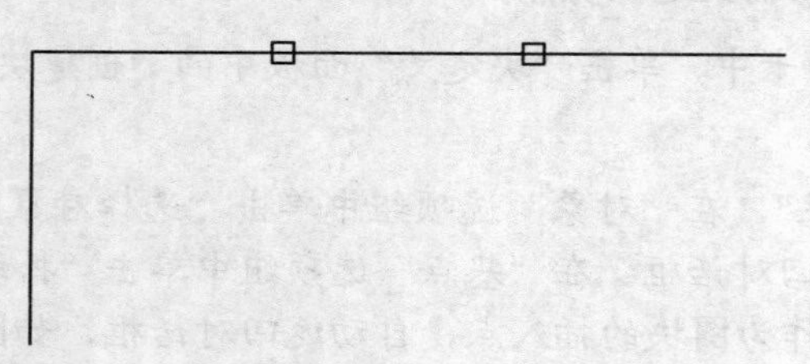

图 5-19 定数等分插入墙柱

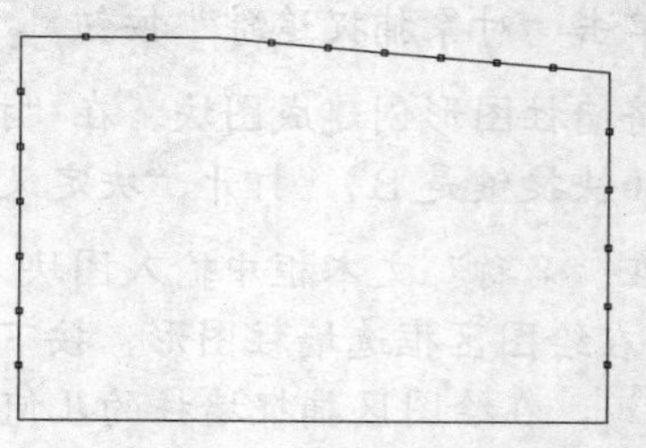

图 5-20 定数等分结果

04 复制得到墙角位置的墙柱。关闭正交模式，在命令行中输入 CO 命令，选择任意一个墙柱，以墙柱的几何中心点为基点，以各轴线的交点为目标点进行复制，结果如图 5-21 所示。

4. 绘制大门立柱和墙柱

大门立柱尺寸与墙柱不同，因此需要单独进行绘制。

❑ 绘制大门立柱

01 在命令行中输入 REC 命令，绘制 750×750 大小矩形，如图 5-22 所示。

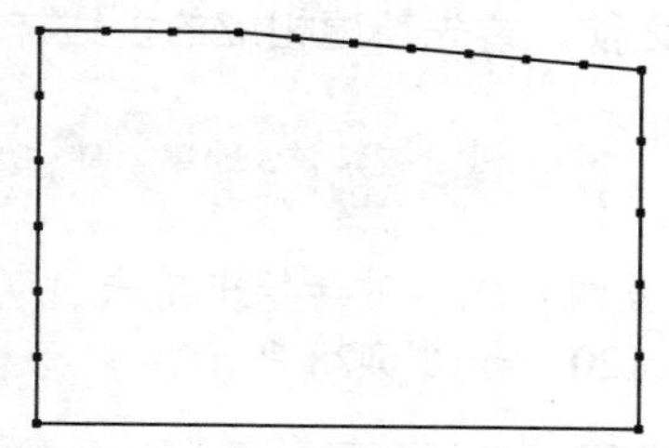

图 5-21　复制墙柱

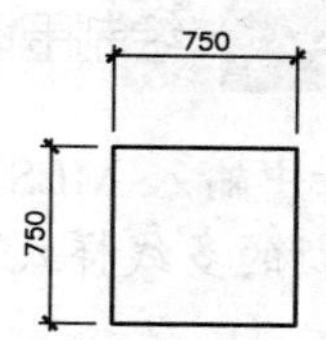

图 5-22　绘制大门立柱

02 移动立柱。在“默认”选项卡中，单击“修改”面板中的“移动”按钮，选择立柱图形，以立柱矩形上边中点为基点，捕捉右下方墙柱的上边中点，停留一段时间，以光标指引 X 轴水平负方向，输入 3950，按下空格键，定位大门立柱位置如图 5-23 所示。

03 复制立柱。在命令行中输入 CO 命令，选择立柱图形，以立柱上边中点为基点，用光标指引 X 轴水平负方向，输入 5550，按下空格键，复制大门立柱如图 5-24 所示。

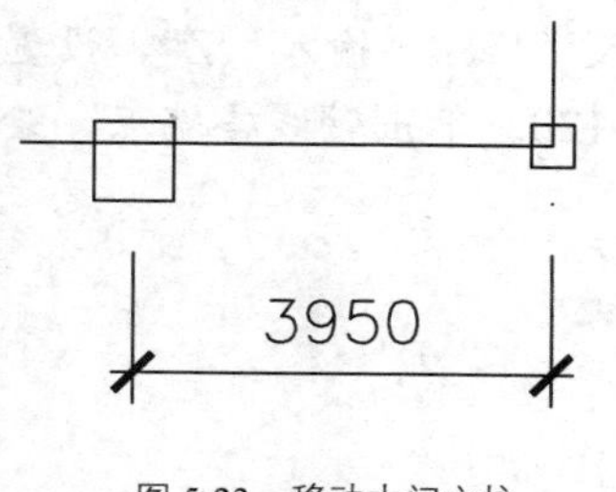

图 5-23　移动大门立柱

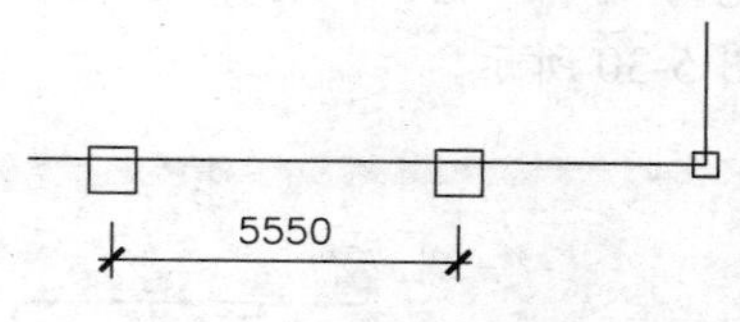

图 5-24　复制大门立柱

❑ 插入大门左侧墙柱

01 复制墙柱。在命令行中输入 CO 命令，任意选择一个墙柱，指定墙柱上边中点为基点，将光标移动到大门左边立柱的上边中点处，停留一段时间，以光标指引 X 轴水平负方向，输入 1575，按下空格键，如图 5-25 所示，得到大门左侧的小门。

02 打断围墙底边轴线。在“默认”选项卡中，单击“修改”面板中的“打断”按钮（快捷键是 BR），单击围墙底边轴线，根据提示，在命令行中输入 F，指定上步复制的墙柱的中心点为第一点和第二点，将轴线打断，结果如图 5-26 所示。

03 插入底边墙柱。在命令行中输入 DIV 命令，选择打断后的底边轴线的左边线段，输入 B，按下空格键，输入图块名称“墙柱”，按 Enter 键确认。命令行提示“是否对齐块和对象？［是（Y）|否（N）］ <Y>:”时，按下空格键，采纳默认值，将块与对象进行对齐。输入段数为 8，按下空格键结束命令，结果如图 5-27 所示。

图 5-25　复制墙柱

图 5-26　打断底边中线

5.2.2 绘制围墙

围墙直接使用 MLINE 多线命令进行绘制，在绘制之前，首先新建相应的多线样式。

课堂举例 5-2：绘制围墙

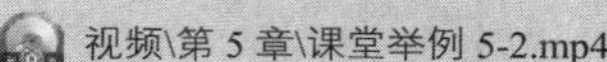

01 在命令行中输入 MLSTYLE 命令，在出现的“多线样式”对话框中单击“新建”按钮，打开“创建新的多线样式”对话框，输入样式名为 120，如图 5-28 所示。

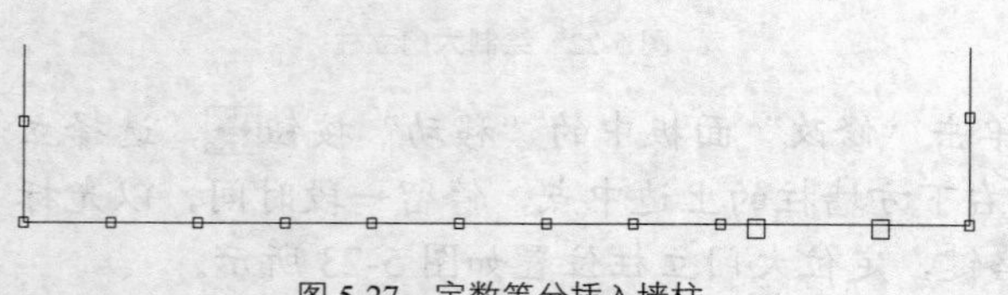

图 5-27　定数等分插入墙柱

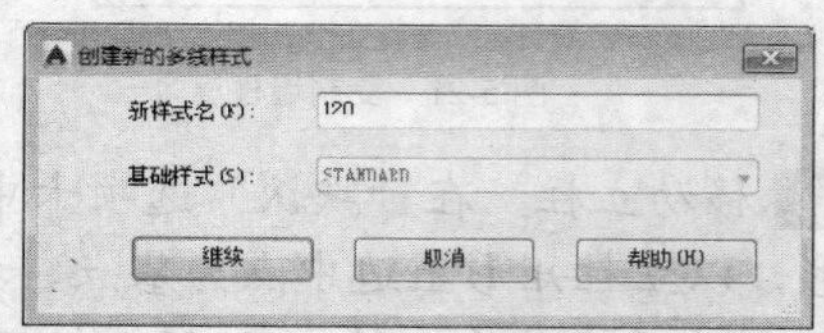

图 5-28　“创建新的多线样式”对话框

02 单击“继续”按钮，打开如图 5-29 所示对话框，在“图元”选项组中，修改偏移量，分别是 60、-60，单击“确定”按钮。将创建的样式置为当前样式。

03 在命令行中输入 ML 命令，根据命令行提示输入“J”，再输入“Z”，设置多线的对正为“无”。输入“ST”，再输入 120，设置多线样式为 120。单击轴线各端点，绘制多线，结果如图 5-30 所示。

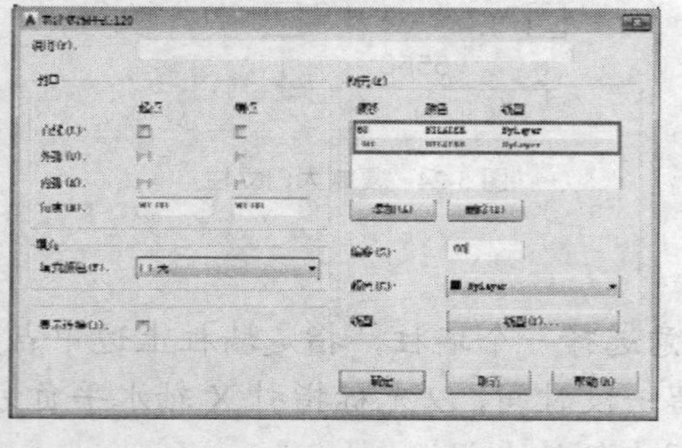

图 5-29　“新建多线样式：120”对话框

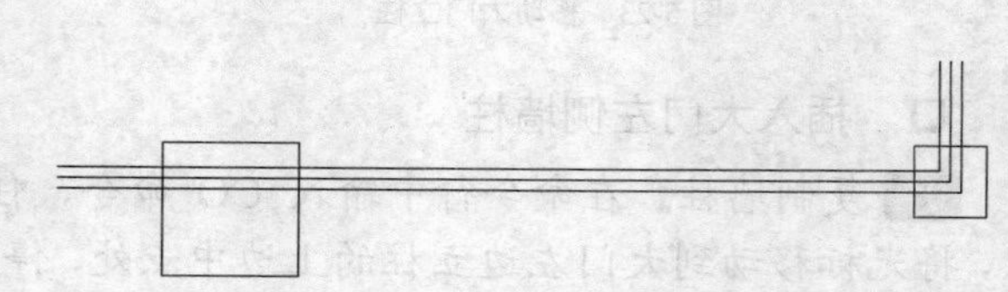

图 5-30　绘制的围墙局部效果

04 隐藏“轴线”图层。在“默认”选项卡中，单击“图层”面板中的“图层控制”下拉列表，单击“轴线”图层前的小灯泡，使其变暗，关闭“轴线”图层。

05 修剪墙柱内的墙线。在“默认”选项卡中，单击“修改”面板中的“修剪”按钮［修剪］，选择墙柱矩形为修剪边界，选择墙柱内的线段为修剪对象，按下空格键确定，结果如图 5-31 所示。

06 使用同样的方法修剪其他墙柱内的墙线。

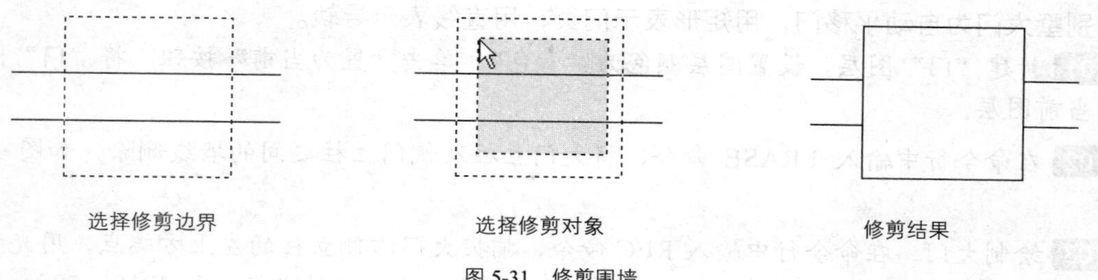

图 5-31 修剪围墙

5.2.3 填充墙柱和大门立柱

根据平面图的形成原理可知，剪切平面是通过墙柱的，因此需要在墙柱内填充图案表示剖切。

课堂举例 5-3：绘制墙柱和大门立柱 视频\第 5 章\课堂举例 5-3.mp4

01 在“默认”选项卡中，单击“绘图”面板中的“图案填充”按钮（快捷键是 H），系统弹出“图案填充创建”选项卡，在“图案”面板中，单击右下角“展开”按钮，选择“ANSI31”图案类型。在“特性”面板中，将比例改成 20，如图 5-32 所示。

02 单击“确定”按钮，填充完墙柱和大门立柱，表示出剖面结构，如图 5-33 所示。

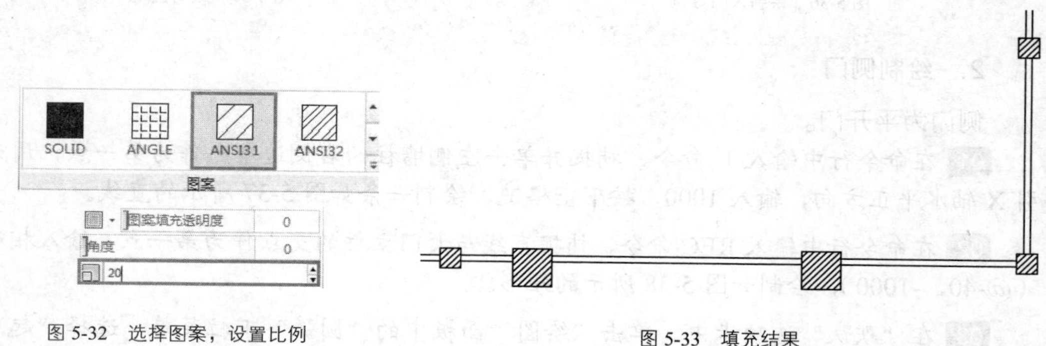

图 5-32 选择图案，设置比例

图 5-33 填充结果

> 技巧 在填充过程中，将光标移动到要填充的图形中心停留一段时间，可以在填充完成之前快速预览填充效果，以调整得到最佳的填充参数。

5.2.4 绘制门图形

本套别墅有大门、侧门和后门 3 个出入口，大门用于汽车出入，侧门和后门用于人员进出。由于门的类型不同，因此绘制方法也有所区别。

课堂举例 5-4：绘制门图形 视频\第 5 章\课堂举例 5-4.mp4

1. 绘制大门

别墅大门为自动平移门，用矩形表示门页，用直线表示导轨。

01 新建“门”图层，设置图层颜色为“青色”，单击“置为当前”按钮，将“门”图层置为当前图层。

02 在命令行中输入 ERASE 命令，将大门立柱及侧门立柱之间的墙线删除，如图 5-34 所示。

03 绘制大门。在命令行中输入 REC 命令，捕捉大门右侧立柱的左上方端点，用光标指引 X 轴水平负方向，输入 420，确定矩形第一个角点，输入相对坐标（@-4910，50），按下空格键，绘制得到如图 5-35 所示的长矩形。

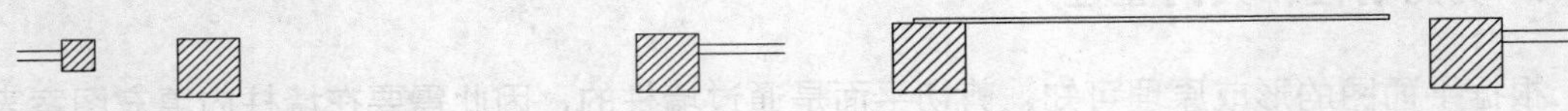

图 5-34　删除多余的墙线　　图 5-35　绘制矩形

04 绘制大门导轨。在命令行中输入 L 命令，单击上步骤中绘制的矩形右边中点，用光标指引 X 轴水平正方向，输入 1248，结果如图 5-36 所示。

图 5-36　绘制大门导轨　　图 5-37　绘制直线

2. 绘制侧门

侧门为平开门。

01 在命令行中输入 L 命令，捕捉并单击左侧墙柱的右侧边中点作为第一点，用光标指引 X 轴水平正方向，输入 1000，按下空格键，绘制一条如图 5-37 所示的直线。

02 在命令行中输入 REC 命令，捕捉直线与大门立柱的交点作为第一点，输入相对坐标（@-40，-1000），绘制如图 5-38 所示的矩形。

03 在“默认”选项卡中，单击“绘图”面板中的“圆弧”下拉菜单，选择“起点、端点、角度”按钮，指定墙柱与直线的交点为起点，矩形右下角点为端点，输入角度为 90，按下空格键，结果如图 5-39 所示。侧门绘制完成。

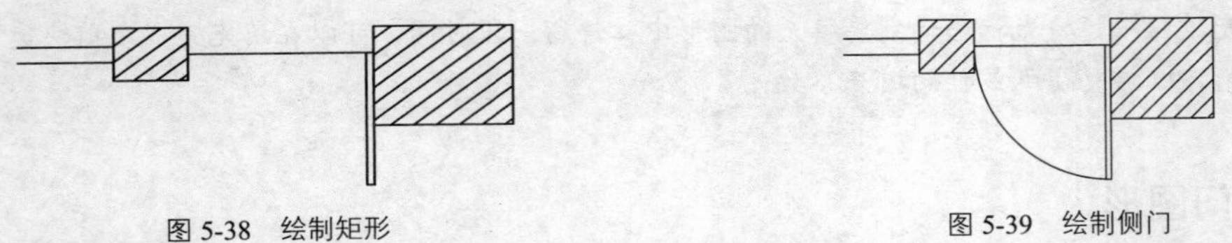

图 5-38　绘制矩形　　图 5-39　绘制侧门

3. 绘制后门

❑ 绘制侧门两旁栅栏

01 将“门”图层置为当前图层。

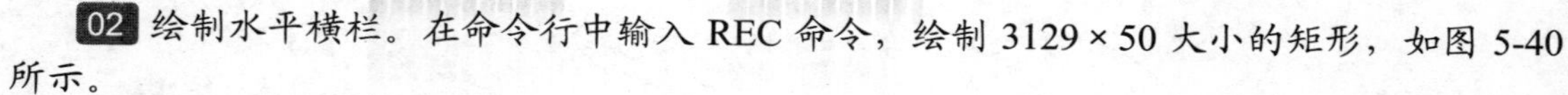

02 绘制水平横栏。在命令行中输入 REC 命令，绘制 3129 × 50 大小的矩形，如图 5-40 所示。

03 绘制直栏。按下回车键，再次执行“矩形”命令，绘制尺寸为 22 × 165 的矩形，并将其移动到如图 5-41 所示位置。

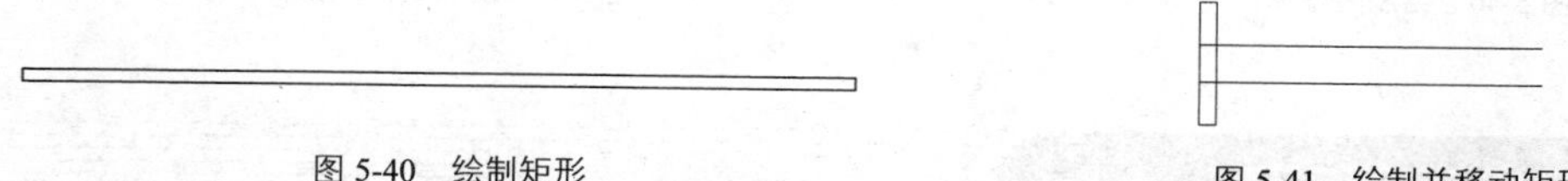

图 5-40　绘制矩形

图 5-41　绘制并移动矩形

04 在“默认”选项卡中，单击“修改”面板中的“路径阵列”按钮（快捷键是 AR），选择刚绘制的横栏为路径，绘制的矩形为阵列对象，设置路径项目数为 12，项目之间的距离为 260，得到阵列结果如图 5-42 所示。

05 在命令行中输入 CO 命令，复制一个小矩形至水平横栏的右端，得到完整的栅栏，如图 5-43 所示。

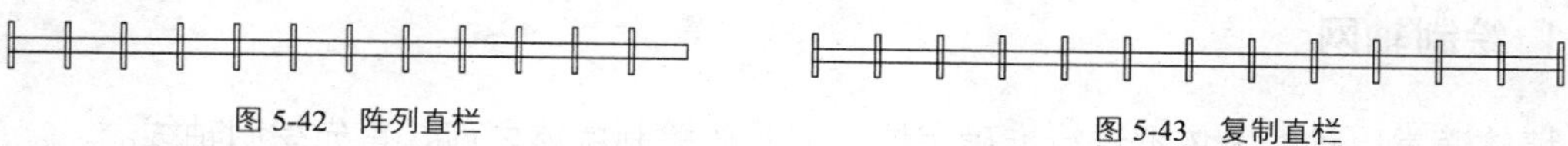

图 5-42　阵列直栏

图 5-43　复制直栏

❑　绘制侧门立柱

01 在命令行中输入 REC 命令，捕捉水平横栏右下方端点，用光标指引 X 轴水平负方向，输入 790，再输入相对坐标（@-61，72），按空格键，绘制如图 5-44 所示的矩形作为立柱。

02 在命令行中输入 CO 命令，将侧门立柱向 X 轴水平负方向复制，距离为 882。删除多余的线条以完善图形，结果如图 5-45 所示。

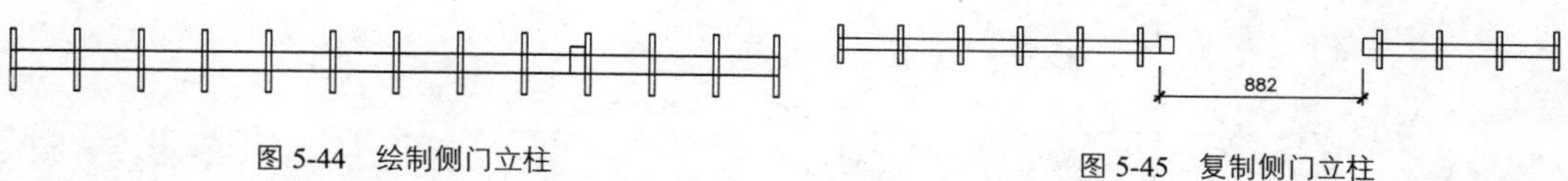

图 5-44　绘制侧门立柱

图 5-45　复制侧门立柱

❑　绘制后门

使用前面介绍的侧门的绘制方法绘制后门，如图 5-46 所示。

❑　调整栅栏和后门位置

01 在“默认”选项卡中，单击“修改”面板中的“旋转”按钮（快捷键是 RO），选择围墙侧门及栅栏，按下空格键。指定水平横栏左下方端点作为旋转的基点，输入-5，将栅栏逆时针旋转 5°。

02 在命令行中输入 M 命令，选择刚刚旋转的图形，按下空格键，选择图形左下方端点作为移动的基点，移动到围墙内侧直线与斜线的交点。按下空格键，重复“移动”命令，用光标指引与斜线相同方向 X 轴正方向，输入 2288，删除多余线段。如图 5-47 所示。

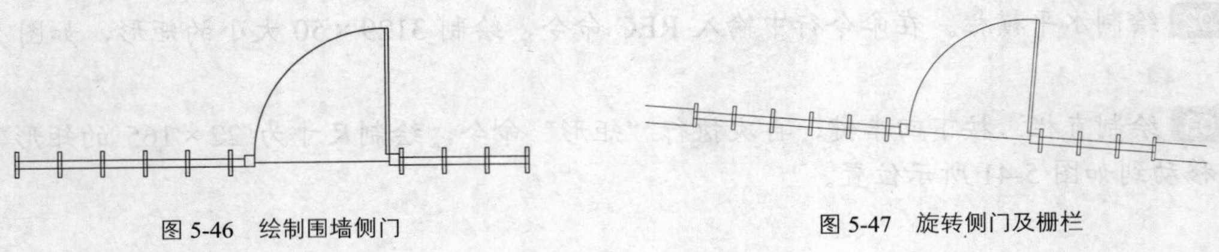

图 5-46 绘制围墙侧门　　图 5-47 旋转侧门及栅栏

5.3 绘制别墅平面图

在别墅花园平面图中，主体建筑通常需要使用建筑平面图的画法，详细表达出内部的结构，包括房间的布置、墙的位置、门窗的位置和地面铺设材料等，以方便园林设计参考。本节绘制的是别墅一层平面图，绘制完成的平面图如图 5-48 所示。

5.3.1 绘制轴网

墙体通常以轴线为依据进行准确定位，因此在绘制墙体之前，首先绘制轴线。

课堂举例 5-5：绘制轴网　　视频\第 5 章\课堂举例 5-5.mp4

01 重新显示隐藏的“轴线”图层，并将其置为当前图层。

02 在命令行中输入 L 命令，在绘图区域绘制两条长度约为 20000 并相互垂直的直线，如图 5-49 所示。

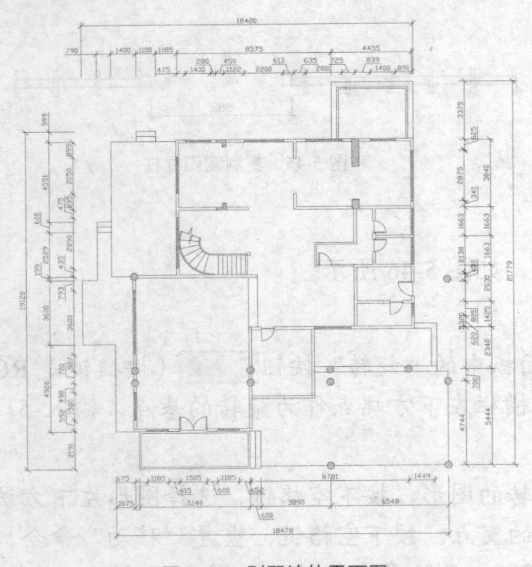

图 5-48 别墅墙体平面图

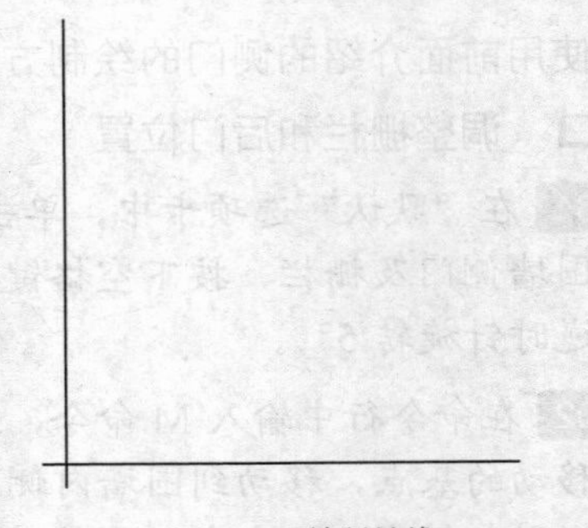

图 5-49 绘制轴线

03 在“默认”选项卡中，单击“修改”面板中的“偏移”按钮（快捷键是 O），选择垂直方向的轴线，连续向 X 轴正方向偏移 2440、6540、6490。选择水平方向的轴线，连续向 Y 轴垂直正方向偏移 8650、3840、3840，对偏移的轴线进行夹点编辑，得到墙体结构如图 5-50 所示。

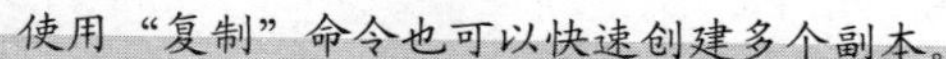
技巧　使用“复制”命令也可以快速创建多个副本。

04 用相同的方法对其他的轴线进行偏移和夹点编辑，如图 5-51 所示。别墅内部的墙体位置就基本确定下来了。

05 使用夹点编辑功能，对绘制的轴线进行更为精确的编辑，以方便墙体的创建，如图 5-52 所示。

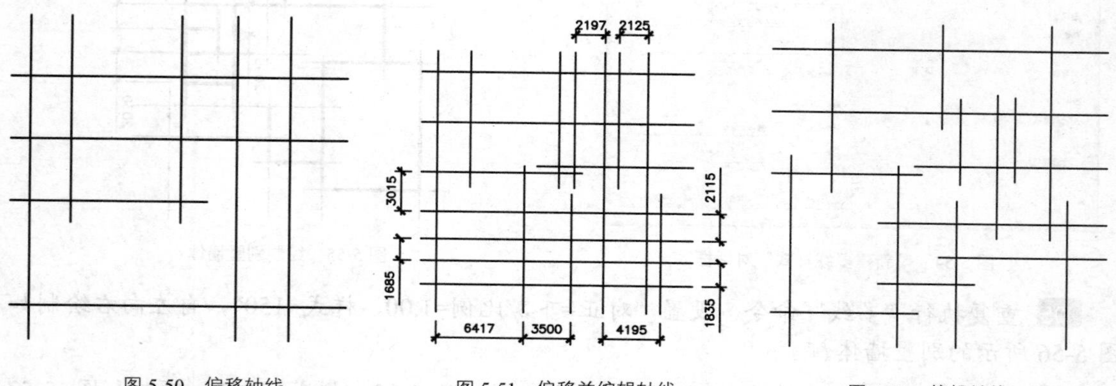

图 5-50　偏移轴线　　图 5-51　偏移并编辑轴线　　图 5-52　编辑轴线

提示　当选择一个对象后，即可进入夹点编辑模式。在夹点模式下，图形对象以虚线显示，图形上的特征点(如端点、圆心、象限点等)将显示为蓝色的小方框，如图 5-53 所示，这样的小方框称为夹点。夹点有未激活和被激活两种状态。蓝色小方框显示的夹点处于未激活状态，单击某个未激活夹点，该夹点以红色小方框显示，处于被激活状态。被激活的夹点称为热夹点。以热夹点为基点，可以对图形对象进行拉伸、平移、复制、缩放和镜像等操作。

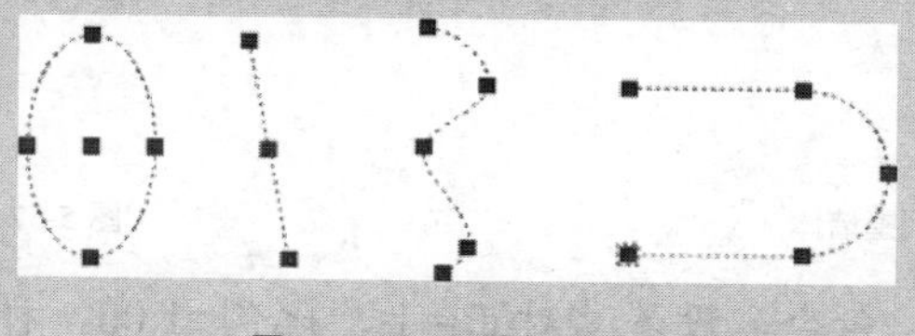

图 5-53　不同对象的夹点

5.3.2 绘制墙体

别墅内墙和外墙有不同的厚度，因此需要分别创建相应的多线样式。

课堂举例 5-6：绘制墙体

视频\第 5 章\课堂举例 5-6.mp4

01 新建“建筑”图层，颜色设置为“8 号色”，将其置为当前图层。

02 在命令行中输入 MLSTYLE 命令，在出现的多线样式对话框中单击“新建”按钮，打开“新建多线样式”对话框，输入样式名为 150，单击“继续”按钮。出现如图 5-54 所示对话框，在“图元”选项组中，修改偏移量分别为 75、-75，以创建 150 厚墙体多线样式。将创建的多线样式置为当前样式。

03 用同样的方法分别创建 100 厚墙体多线样式（偏移量 50、-50）和 300 厚墙体多线样式（偏移量 150，-150）。

04 在命令行中输入 ML 命令，设置“对正=无，比例=1.00，样式=150”，捕捉轴线交点，绘制如图 5-55 所示的别墅墙体。

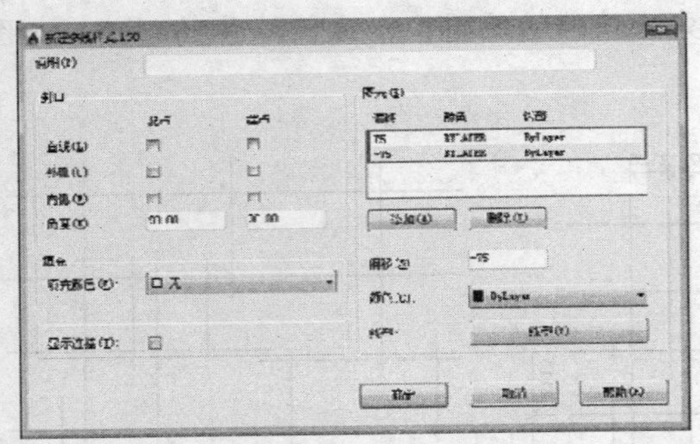

图 5-54 “新建多线样式”对话框

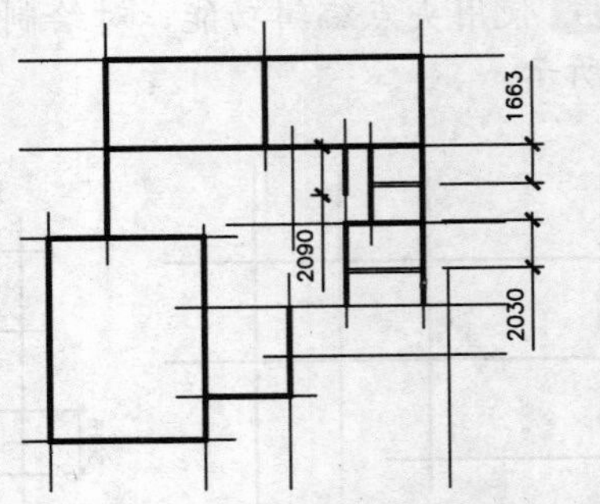

图 5-55 绘制别墅墙体

05 重复执行“多线”命令，设置“对正=下，比例=1.00，样式=150”，自左向右绘制如图 5-56 所示的别墅墙体。

06 重复执行“多线”命令，设置“对正=下，比例=1.00，样式=300”，绘制如图 5-57 所示的别墅墙体。

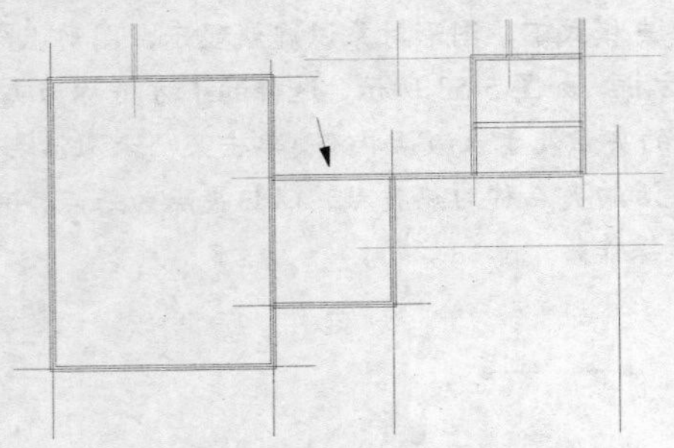

图 5-56 绘制别墅墙体

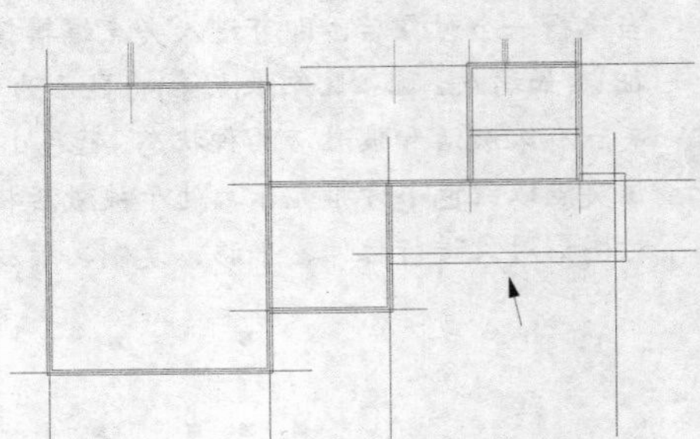

图 5-57 绘制别墅墙体

07 重复执行“多线”命令，设置“对正=上，比例=1.00，样式=100”，绘制如图 5-58 所示的别墅墙体。

08 在命令行中输入 X 命令，分解多线并修剪多余线条，结果如图 5-59 所示。

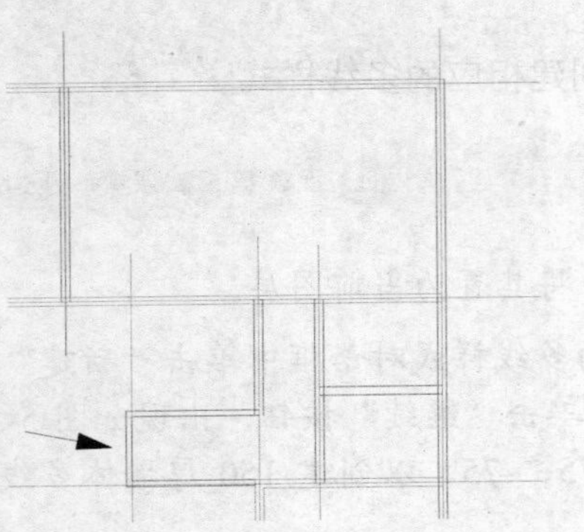

图 5-58 绘制别墅墙体

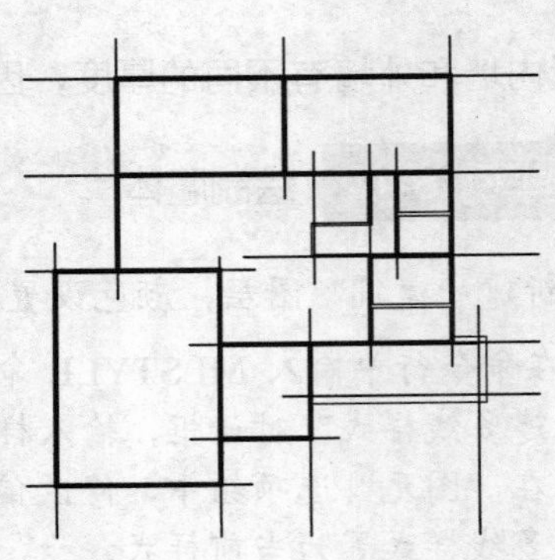

图 5-59 分解并修剪墙体线条

5.3.3 开门窗洞

下面以玄关和门廊之间的墙体为例，介绍开门洞和窗洞的方法，其尺寸和位置如图 5-60 所示。

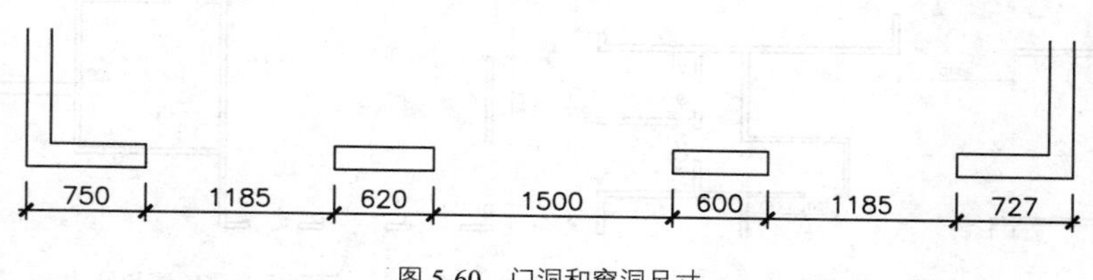

图 5-60　门洞和窗洞尺寸

课堂举例 5-7：开门窗洞　　视频\第 5 章\课堂举例 5-7.mp4

01 隐藏“轴线”图层，以方便修剪墙体。

02 在命令行中输入 L 命令，捕捉墙体左下端点，然后水平向右移动光标，输入门洞距离墙线的距离 750，得到直线的第一个端点，如图 5-61 所示。

03 垂直向上移动光标，捕捉并单击与上端墙线的交点，确定直线的第二点，如图 5-62 所示。

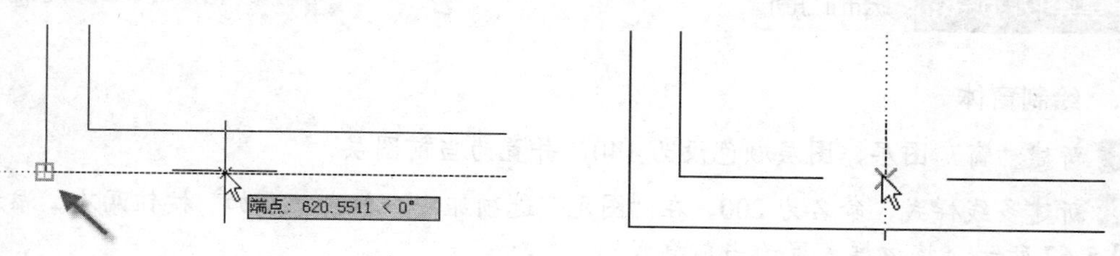

图 5-61　确定直线第一点　　图 5-62　确定直线第二点

04 绘制完成的垂直线段如图 5-63 所示。

05 在命令行中输入 O 命令，将绘制的垂直线段向右偏移窗洞的宽度 1185，得到窗洞右侧的端线，如图 5-64 所示。

06 在命令行中输入 TR 命令，修剪两端线之间墙线，得到窗洞如图 5-65 所示。

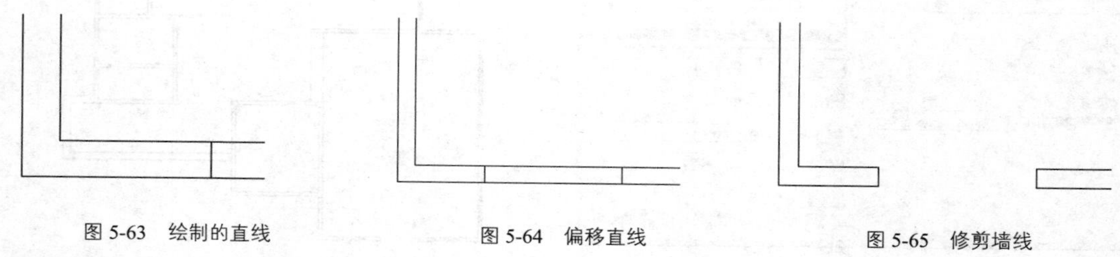

图 5-63　绘制的直线　　图 5-64　偏移直线　　图 5-65　修剪墙线

07 在命令行中输入 O 命令，将窗洞右侧端线向右偏移 4 次，偏移量分别为 620、1500、600、1185，调用 TRIM 命令修剪墙线，结果如图 5-60 所示。

08 用同样的方法绘制其他门窗洞，如图 5-66 所示。

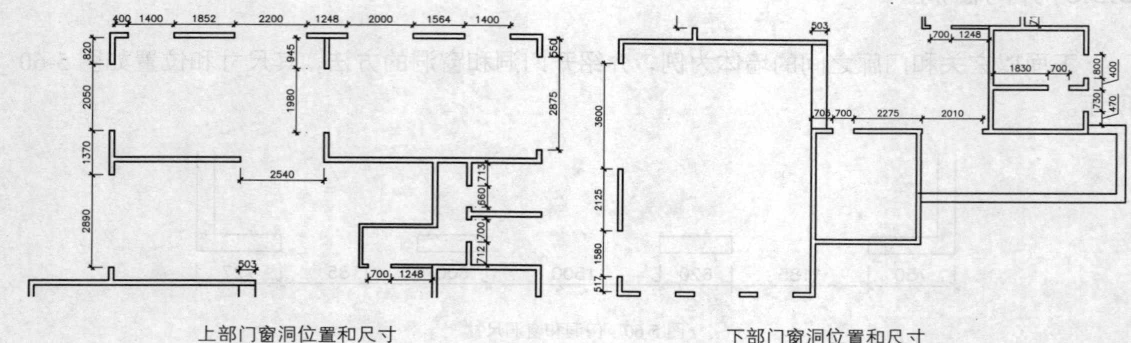

上部门窗洞位置和尺寸　　下部门窗洞位置和尺寸

图 5-66　门洞和窗洞尺寸

> **技巧** 也可以直接偏移轴线和墙线，以修剪得到门洞和窗洞。

5.3.4 绘制门窗

门的绘制方法前面已经作了详细的介绍，这里重点介绍窗的绘制方法。

课堂举例 5-8：绘制门窗

视频\第 5 章\课堂举例 5-8.mp4

1. 绘制窗体

01 新建“窗”图层，图层颜色设为 140，并置为当前图层。

02 新建多线样式，命名为 200，在“图元”选项组中，单击“添加”按钮两次，添加图元如图 5-67 所示。将该样式置为当前样式。

03 用多线绘制窗体。在命令行中输入 ML 命令，设置“对正 = 下，比例 = 1.00，样式 = 200”，捕捉窗洞端点绘制窗体如图 5-68 所示。

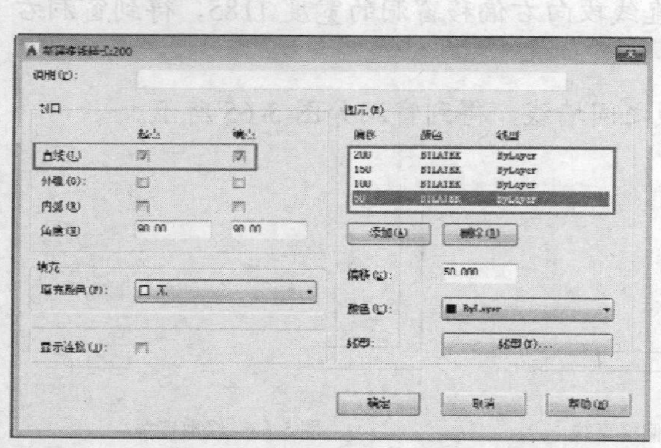

图 5-67　“新建多线样式”对话框

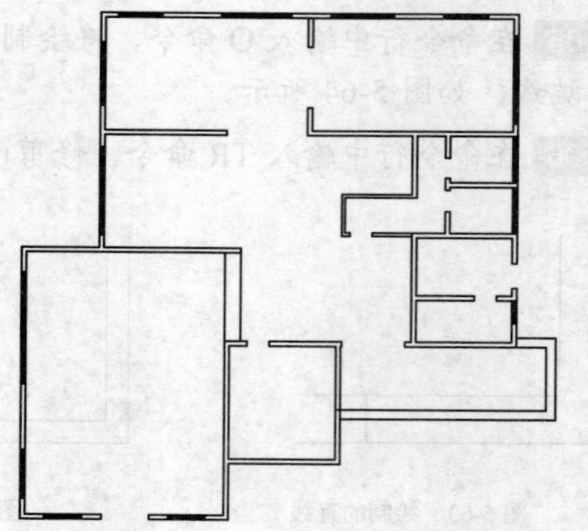

图 5-68　绘制窗体

2．绘制门

别墅有单开门和双开门两种类型，由于形状相同，可以使用插入图块的方式快速绘制。

01 将“门”图层置为当前图层。

02 首先绘制别墅左下方的双开门。用绘制围墙侧门的方法绘制单开门（矩形尺寸为40×750）。

03 在命令行中输入MI命令，以圆弧右端点所在垂直线为对称轴，镜像复制单开门，得到别墅门廊位置的双开门，如图5-69所示。

04 用定义围墙墙柱的方法将单开门定义为“单开门”块，指定镜像后单开门的矩形右下角端点为拾取基点。

05 在命令行中输入I命令，打开插入对话框。

06 在“名称”右侧的相邻列表中选择“单开门”选项，在“插入点”、“旋转”选项组的复选框中分别勾选“在屏幕上指定”选项，如图5-70所示。单击“确定”按钮，关闭对话框。

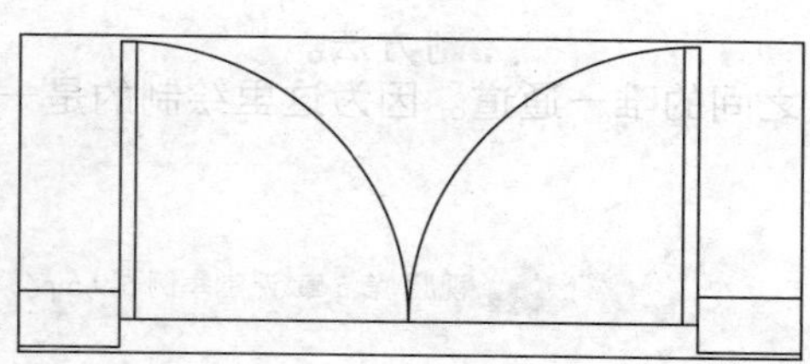

图5-69　双开门

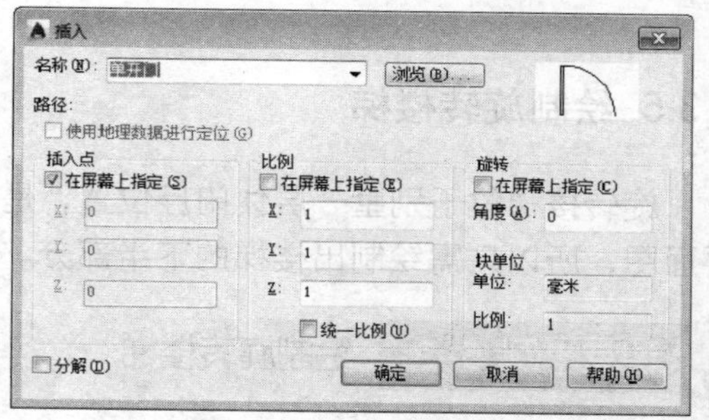

图5-70　“插入”对话框

07 捕捉并单击如图5-71所示的门洞端线中点为插入点，插入门图块。

08 输入MI命令，以门洞左右两端线中点为对称轴，调整门的开启方向朝下。

09 在命令行中输入I命令，选择插入的“单开门”块，指定插入点为缩放基点，指定缩放比例因子时输入“R”，按下空格键，表示使用参照进行缩放。指定参数长度时，输入门自身的长度750，按下空格键。指定新的长度时，输入“P”，按下空格键，单击门洞的端点，确定缩放的长度，得到与门洞大小匹配的单开门，结果如图5-72所示。

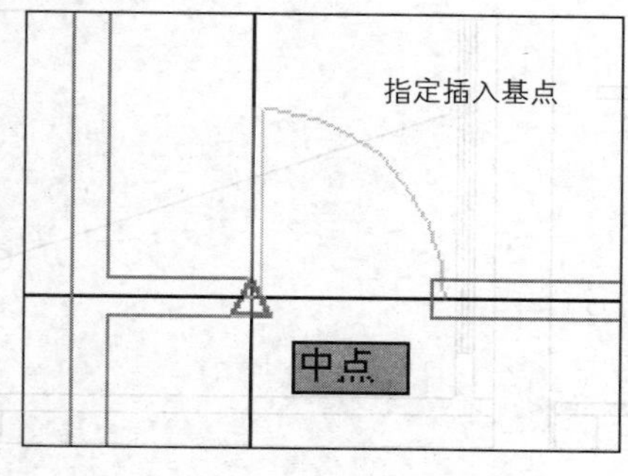

图5-71　指定插入基点

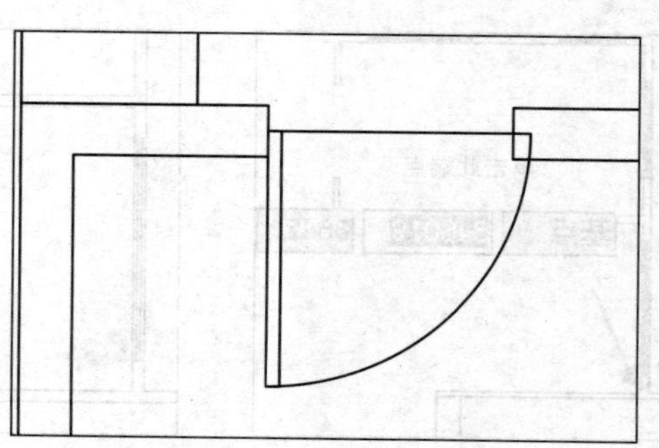

图5-72　调整方向

10 使用相同的方法绘制其他房间单开门，结果如图 5-73 和图 5-74 所示。

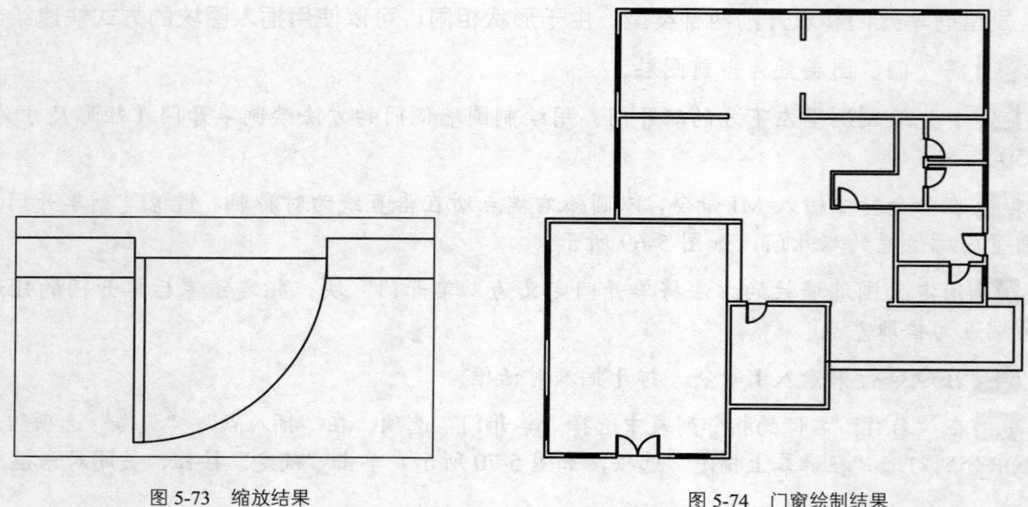

图 5-73　缩放结果　　　　图 5-74　门窗绘制结果

5.3.5 绘制旋转楼梯

旋转楼梯位于别墅一层休闲厅位置，是各楼层之间的唯一通道。因为这里绘制的是一层平面图，所以只需绘制出楼梯的下半部分。

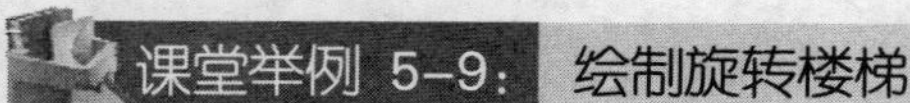

课堂举例 5-9：绘制旋转楼梯　　视频\第 5 章\课堂举例 5-9.mp4

1. 绘制扶手

01 将“建筑”图层置为当前图层。

02 绘制扶手柱。输入 C 命令，按下空格键，按 Shift 键右单击，选择“自”选项，捕捉并单击图 5-75 所示的墙线交点，输入（@3854，1170），按下空格键，确定圆心位置。输入半径 100，绘制如图 5-76 所示的圆。

03 绘制辅助线。输入 L 命令，单击绘制圆的圆心，输入（@4000<161），绘制如图 5-77 所示的辅助线。

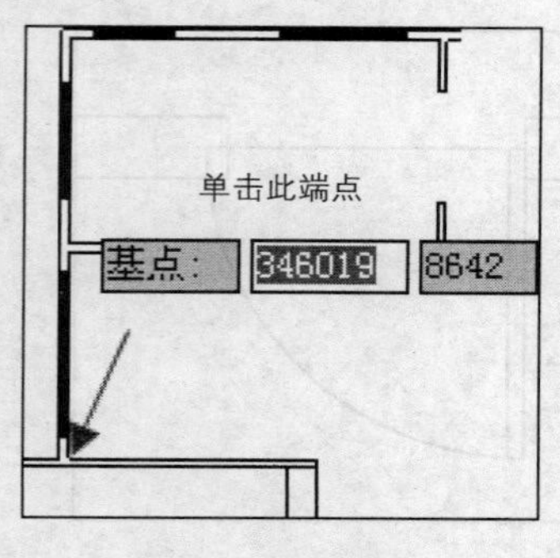

图 5-75　捕捉定位基点

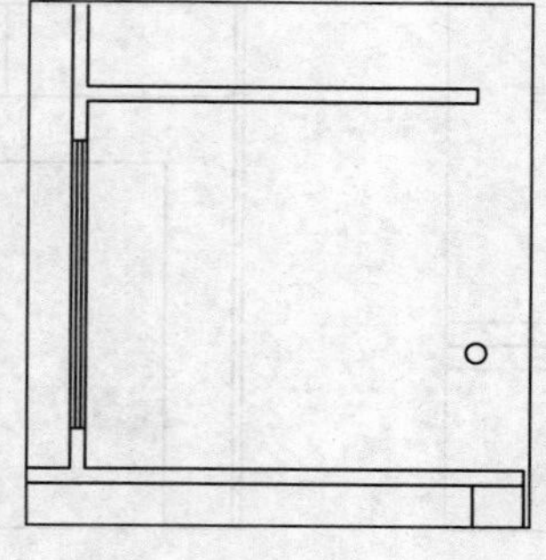

图 5-76　绘制楼梯扶手柱

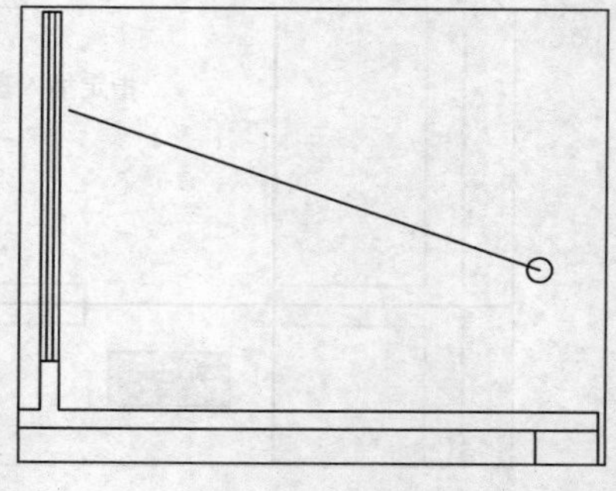

图 5-77　绘制辅助直线

04 绘制扶手边线。重复执行 L 命令，在圆心位置单击鼠标左键，确定第一点，沿 X 轴负方向指引光标，输入线段长度 2010，按空格键，绘制如图 5-78 所示的水平线段。

05 在“默认”选项卡中，单击“绘图”面板中的“圆弧”下拉按钮，选择“起点、圆心、角度”命令，按住“Shift”键，右键单击，选择“自”，单击图 5-78 所示 A 点，输入（@1845,1845），确定圆心位置。指定水平直线左端点为起点，输入角度为-161，按下空格键，对图形进行修剪，得到如图 5-79 所示的圆弧。

06 合并线条为多段线。输入 PE 命令，输入“M”，激活“多条”选项，选择绘制的弧线和直线，将其转换为多段线。输入“J”，激活“合并”选项，将其合并。

07 输入 O 命令，将合并后的多段线向左下方偏移 60，得到内侧楼梯扶手。

08 将偏移后的两条多段线分别向左下方向偏移 1110，得到靠墙侧的楼梯扶手，修剪多余线条，结果如图 5-80 所示。

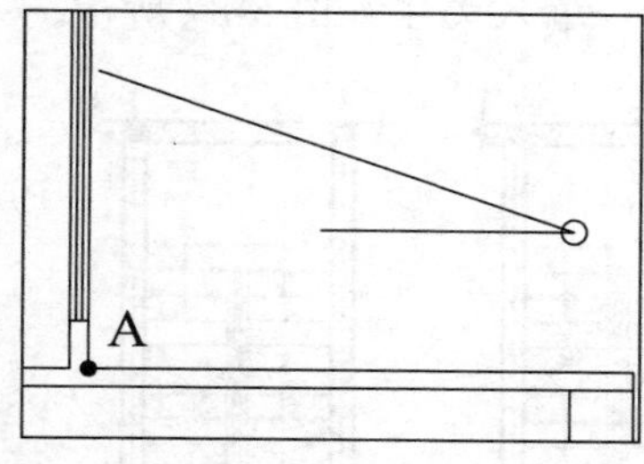

图 5-78　绘制扶手边线

图 5-79　绘制多段线

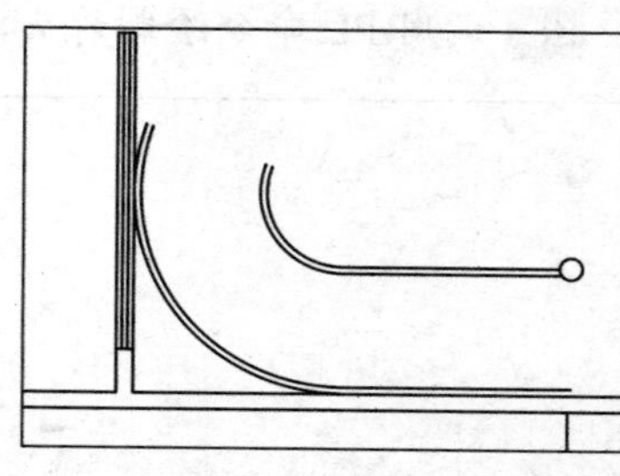

图 5-80　偏移多段线

09 靠墙位置的楼梯无需设置扶手，因此需要将这部分扶手删除。调用 ARC 命令较随意地绘制如图 5-81 所示的圆弧并调用 TRIM 命令修剪多余的线段。旋转楼梯扶手绘制完成。

2. 绘制踏步

01 输入 L 命令，以扶手柱与扶手的交点为第一点，沿 Y 轴负方向，绘制长度为 1110 的垂直线段，将绘制的线段向左偏移 100，如图 5-82 所示。

02 输入 AR 命令，选择偏移后的直线为阵列对象，设置阵列列数为 7，行数为 1，列间距为-250，阵列结果如图 5-83 所示，得到直行踏步。

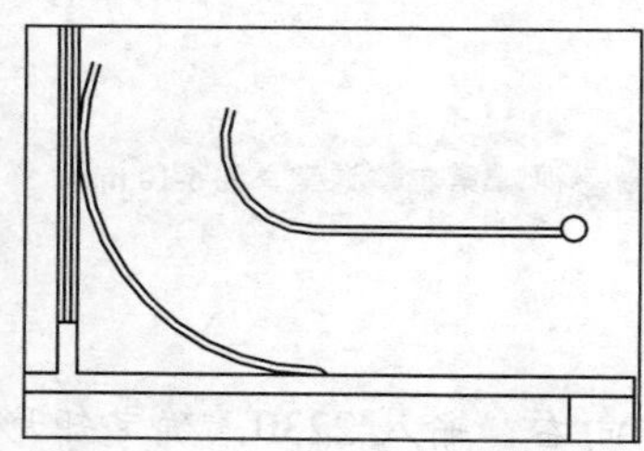

图 5-81　绘制圆弧并修剪线段

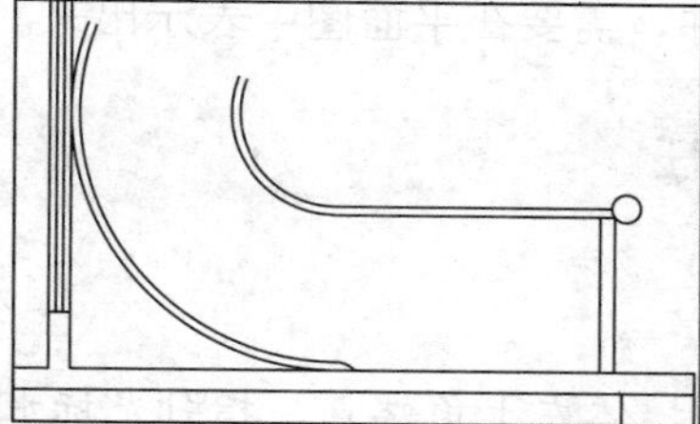

图 5-82　绘制直线

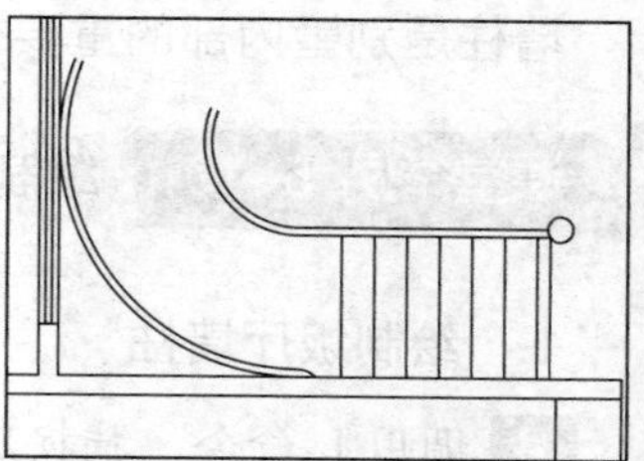

图 5-83　阵列结果

使用 OFFSET 或 COPY 命令，也可以快速绘制踏步。

03 绘制旋转踏步。输入 X 命令，将图 5-84 所示的多段线 B 分解为两条独立的线条。调用 DIV 命令，分别将弧线 B、C 等分为 7 份。在命令行中输入 PTYPE 命令，将点样式设置为☒形式，如图 5-85 所示，以方便查看等分点。

04 调用 L 命令，在状态栏的“对象捕捉”按钮处右击，选择“设置”选项，在打开的“草图设置”对话框中勾选“节点”。将定数等分后的点两两相连，然后删除等分点并绘制折断线，结果如图 5-86 所示。

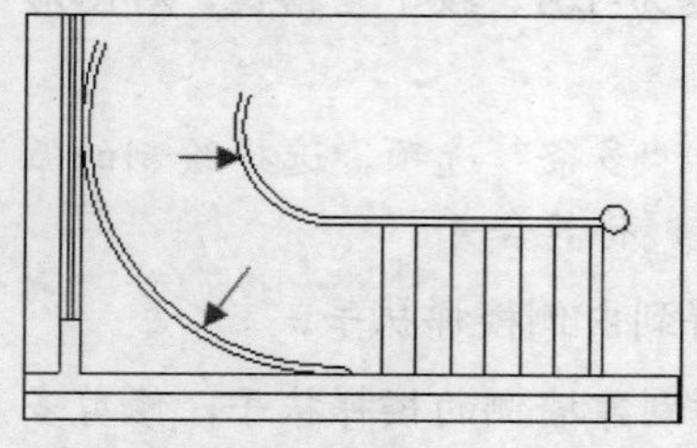

图 5-84 分解多段线

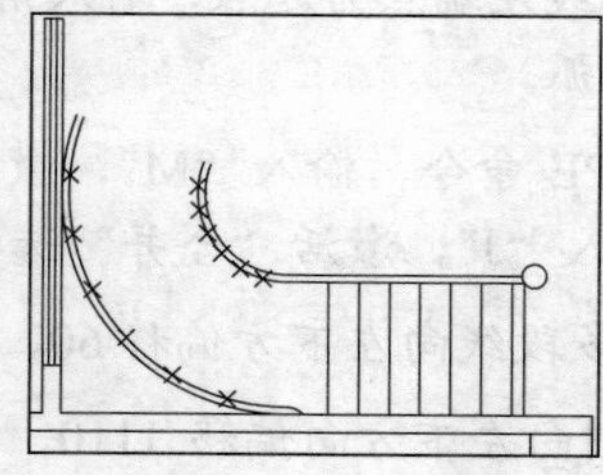

图 5-85 定数等分对象

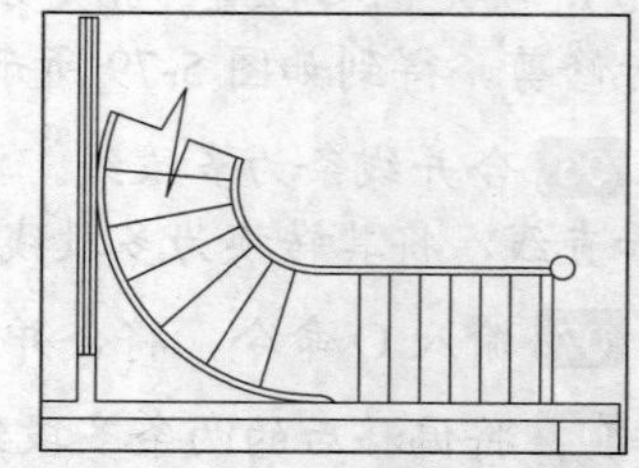

图 5-86 绘制旋转踏步和折断线

05 调用 PL 命令绘制箭头，指示楼梯方向，调用 TEXT 命令输入文字如图 5-87 所示。

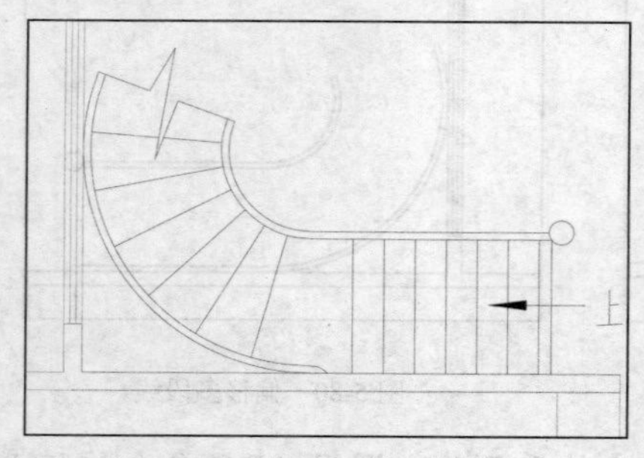

图 5-87 绘制箭头和文字

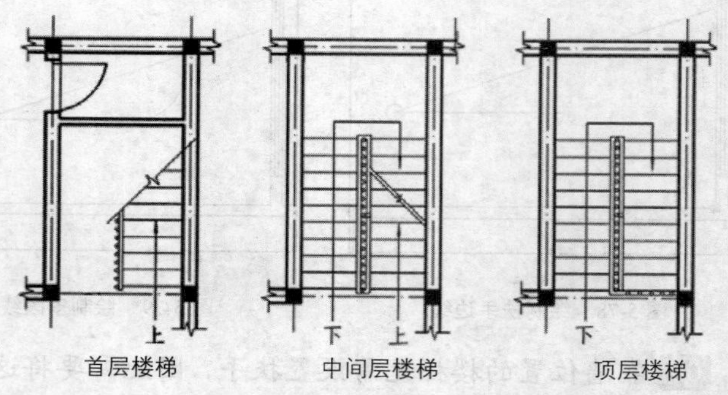

图 5-88 楼梯表示形式

楼梯平面图是各层楼梯的水平剖面图，根据楼梯所在的楼层通常有三种表示形式，分别是首层楼梯、中间层楼梯和顶层楼梯，如图 5-88 所示。

5.3.6 绘制墙柱

墙柱是别墅内部的重要构件，需要在平面图中表示出来。

课堂举例 5-10：绘制墙柱　　视频\第 5 章\课堂举例 5-10.mp4

1. 绘制饭厅墙柱

01 调用 L 命令，捕捉别墅墙体左上角端点，指引光标水平向右，输入 2230，确定矩形第一角点，指引光标垂直向下，捕捉并单击与下侧墙线的交点，绘制垂直线段如图 5-89 所示。

02 调用 OFFSET 偏移命令，将直线向右连续偏移两次，偏移量分别为 350、200，如图 5-90 所示。

03 输入 L 命令，绘制图 5-91 箭头所示的水平直线，调用 TRIM 命令修剪图形如图 5-92 所示。

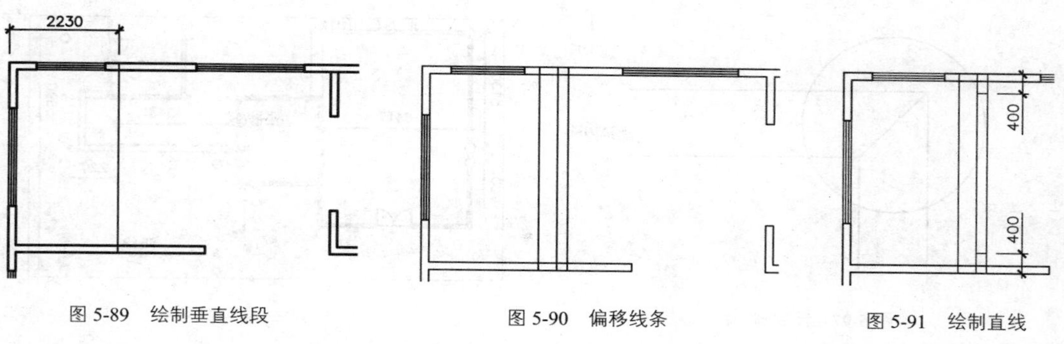

图 5-89　绘制垂直线段　　图 5-90　偏移线条　　图 5-91　绘制直线

2. 绘制厨房墙柱

01 调用 L 命令，捕捉别墅墙体右上角端点，指引光标水平向左，输入 3010，确定直线第一端点，指引光标垂直向下，捕捉与墙线的交点，绘制垂直线段如图 5-93 所示。

02 调用 O 命令，将绘制的垂直线段向左偏移 390，如图 5-93 所示。

03 输入 L 命令，绘制如图 5-94 所示的直线，并修剪线条，结果如图 5-95 所示。

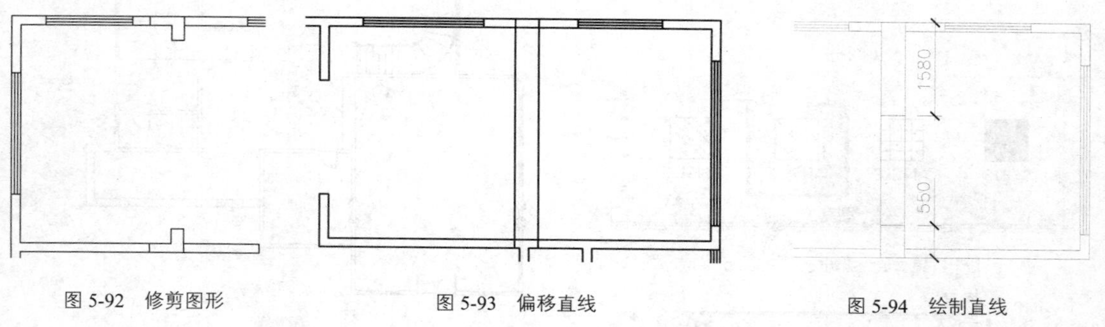

图 5-92　修剪图形　　图 5-93　偏移直线　　图 5-94　绘制直线

3. 绘制客厅圆柱

01 输入 L 命令，连接墙线端点绘制图 5-96 所示的辅助直线。输入 C 命令，过辅助直线中点绘制半径为 200 的圆，如图 5-97 所示。

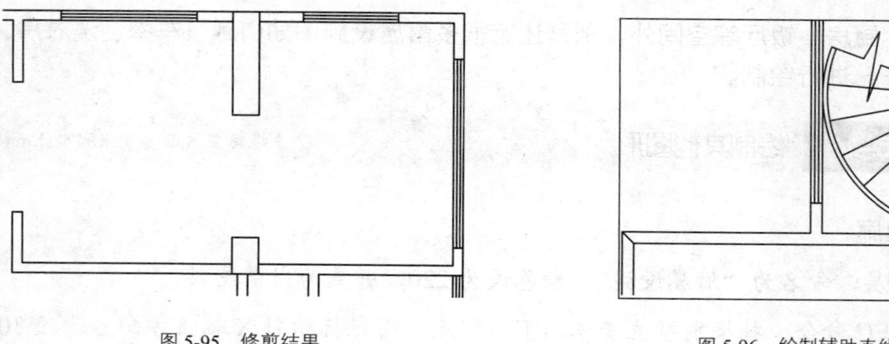

图 5-95　修剪结果　　图 5-96　绘制辅助直线

02 调用 CO 命令，对绘制的圆进行复制，并修剪圆内多余墙线，结果如图 5-98 所示。

03 新建“填充”图层，设置颜色为 9 号灰色，并将其置为当前图层。

图 5-97　绘制圆形柱

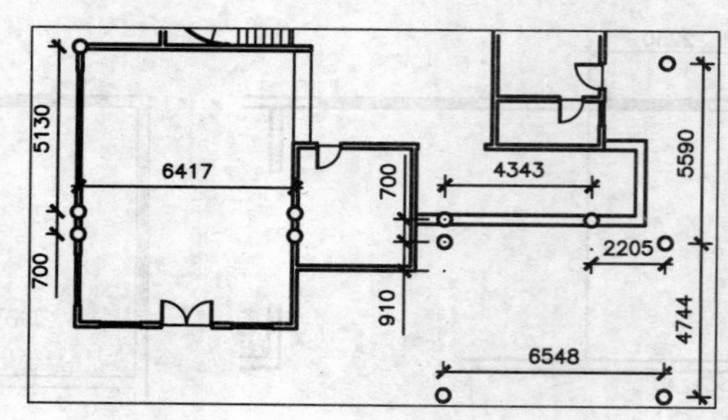

图 5-98　复制柱图形

04 填充墙柱。输入 H 命令，在弹出的“图案填充创建”选项卡中设置参数如图 5-99 所示，单击“拾取点”按钮，在绘制的圆形和多边形墙柱内部单击，指定正确的填充区域，填充结果如图 5-100 所示。

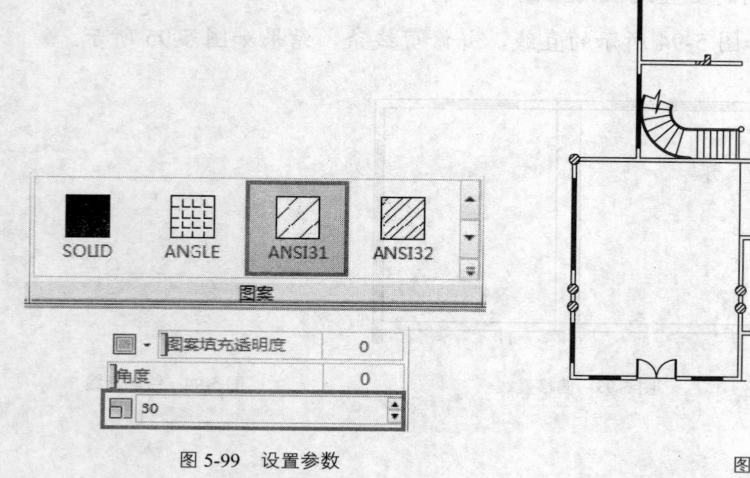

图 5-99　设置参数

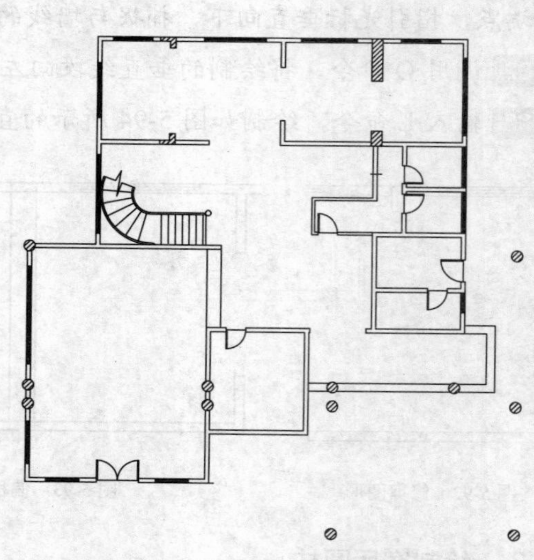

图 5-100　填充墙柱

5.3.7 绘制其他图形

除了客厅、厨房、饭厅等空间外，别墅还有很多附属设施，如门廊、车库、洗衣房、观水廊等，下面一一进行绘制。

课堂举例 5-11：绘制其他图形　视频\第 5 章\课堂举例 5-11.mp4

1. 绘制门廊

01 新建图层，命名为“附属设施”，颜色设为 220，并置为当前图层。

02 输入 REC 命令，捕捉别墅主墙体左下角端点，用光标指引 X 轴正方向，输入 300，确定矩形的第一点，输入（@6140，-2116），按空格键，确定矩形第二点。

03 输入 O 命令，将绘制的矩形向内偏移 100，结果如图 5-101 所示。

04 绘制门廊台阶。输入 REC 命令，以门廊右上方端点为矩形的第一个角点，输入（@300，-2116），按空格键，完成矩形的绘制。水平向右复制矩形，如图 5-102 所示，台阶绘制完成。

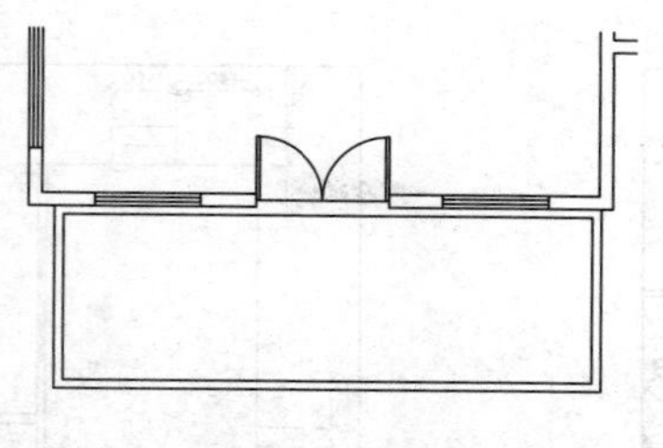
图 5-101　绘制门廊

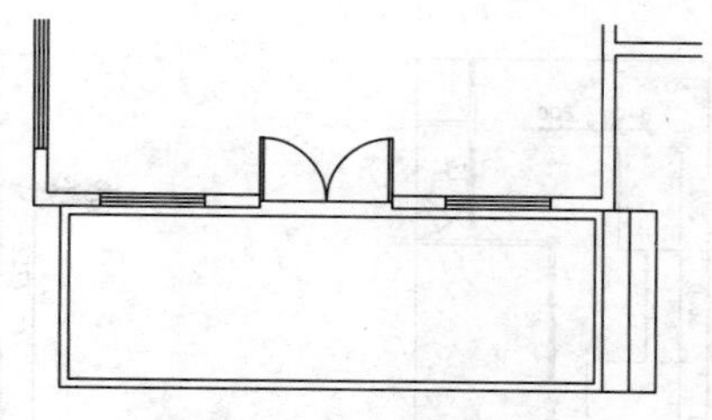
图 5-102　绘制门廊台阶

2. 绘制车库

该车库为敞开式，无需绘制墙体。右键单击状态栏上的“对象捕捉”按钮，在打开的“草图设置”对话框中勾选“象限点”。输入 L 命令，过圆柱象限点绘制如图 5-103 所示的线段即可。

3. 绘制洗衣房

输入 PL 命令，以别墅主墙体右上角端点为第一点，用光标指引 Y 轴垂直正方向输入 3300；沿 X 轴水平负方向，输入 4530；沿 Y 轴垂直负方向，输入 3300，得到洗衣房外轮廓。输入“O”命令，将绘制的多段线向内偏移两次，偏移量分别为 300、100，得到洗衣房墙体如图 5-104 所示。

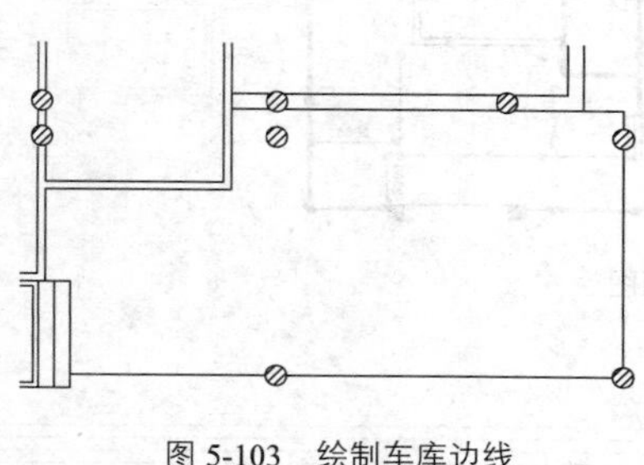
图 5-103　绘制车库边线

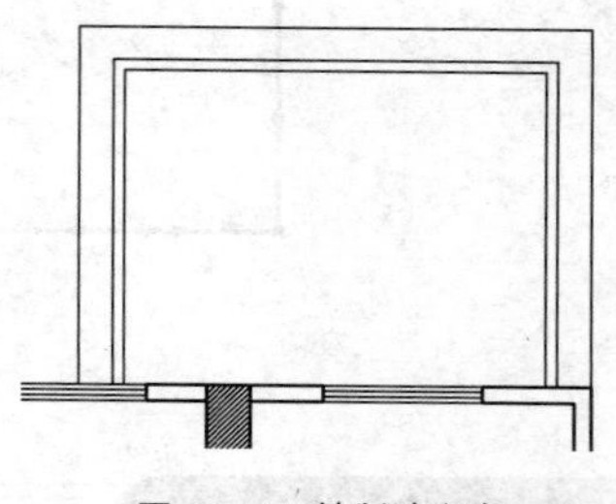
图 5-104　绘制洗衣房

4. 绘制观水廊

别墅西侧方向有大面积的水域，因此在别墅与水体之间设置了敞开式的观水长廊，以方便游览、观赏美观的水景。

01 输入 PL 命令，以别墅墙体左下角端点为第一点，绘制如图 5-105 所示的多段线，得到标高为 0.000m 的观水长廊外轮廓。

02 调用 PL 命令，绘制标高为 0.300m 的观水平台，如图 5-106 所示。

03 调用 REC 或 L 命令，绘制如图 5-107 所示的台阶，观水长廊绘制完成。

5.3.8 合并图形

别墅平面图绘制完成后，调用 M 移动命令，将其移动至别墅围墙内，如图 5-108 所示，具体过程这里就不详细讲解了，请参考配套光盘提供的视频教学。至此，别墅平面图全部绘制完成。

课堂举例 5-12：合并图形

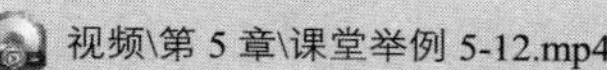
视频\第 5 章\课堂举例 5-12.mp4

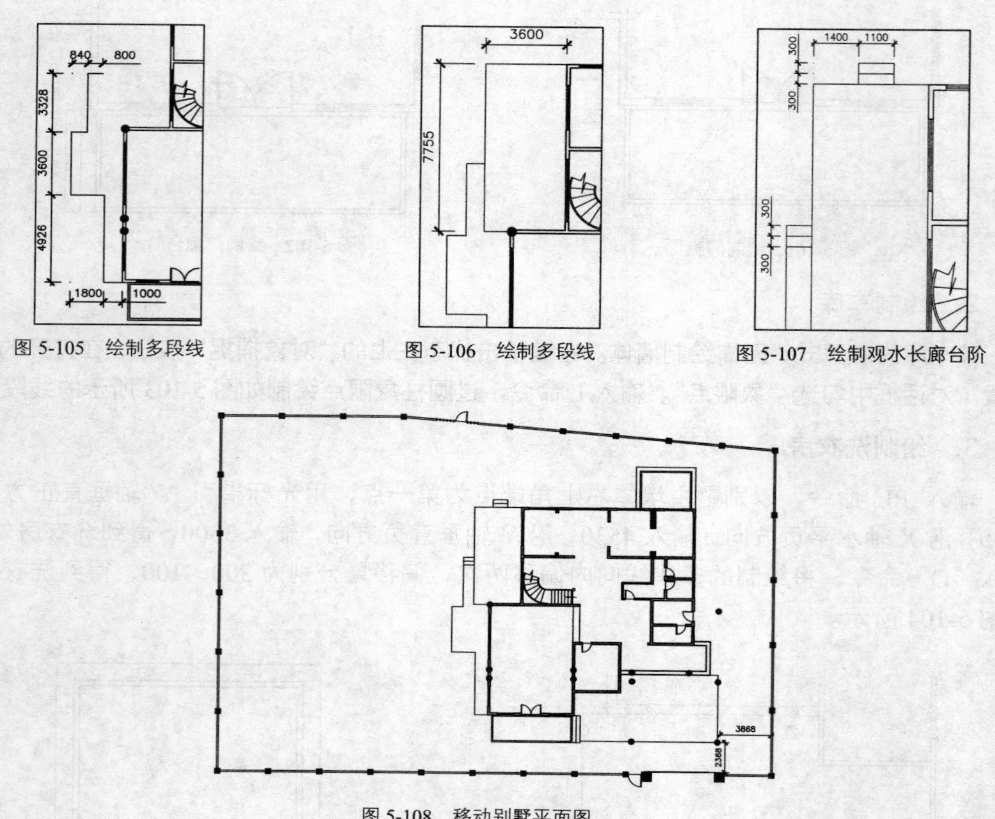

图 5-105　绘制多段线　　图 5-106　绘制多段线　　图 5-107　绘制观水长廊台阶

图 5-108　移动别墅平面图

5.4 课后练习

1. 操作题

(1) 绘制如图 5-109 所示的别墅庭院外围墙。

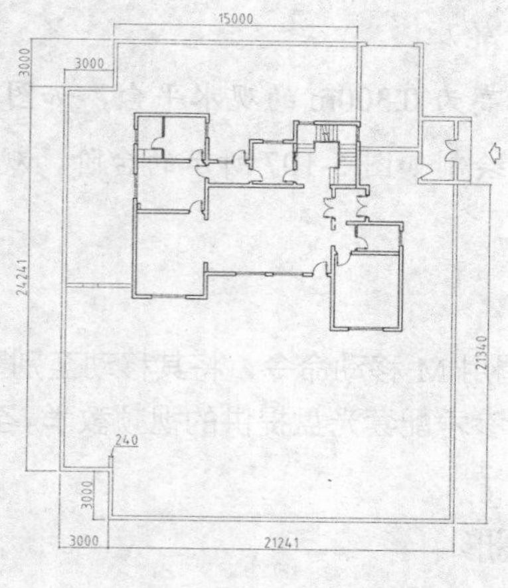

图 5-109　外围墙

(2)　绘制如图 5-110 所示的围墙平面图和立面图。

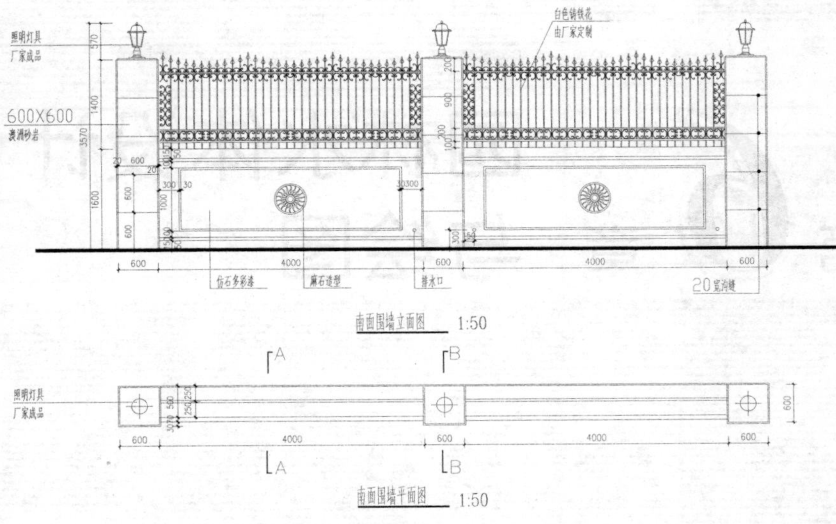

图 5-110　围墙详图

第6章 园林水体设计与绘图

本章导读

自然界的水千姿百态，其风韵、气势及音响均能给人以美的享受，引起游赏者无穷的遐思，也是人们据以艺术创作的源泉。因此，水是园林风景中非常重要的因素之一。不论是皇家苑囿的沧海湖泊，还是民间园林、庭院的一池一泓，都具有独特的风格和浓郁的自然风貌，包含着诗情画意，体现了我国的理水手法，展现出东方文化的特色。

本章首先介绍了园林水体的功能、类型及形式、设计方法等基础知识，然后通过具体的实例讲述园林水体的绘制和表示方法。

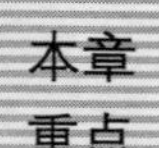

本章重点

- 园林水体设计基础
- 水体的表现方法
- 绘制景观水池
- 绘制生态鱼池
- 课后练习

6.1 园林水体设计基础

水是生命之源。乐水亲水，近水而栖，是人类天性的反映。远在两千多年前，孔子就发出了“仁者乐山，智者乐水”的感叹。水不仅给生命以滋养，而且还具有很多实际的用途。在环境景观设计中，对水资源的利用及水景的营造，一直具有重要的地位。若干世纪以来，水这种遍及全世界园林设计的要素，对于各种文化氛围中的人们，都是产生灵感和激发情感的源泉。无论在大规模的皇家园林还是小尺度的小型庭园中，无论在西方规则式园林里，还是东方自然山水庭园中，水都是其中不可替代的造景素材。

6.1.1 园林水体的功能

园林水体可赏、可游、可乐，而且有助空气流通，即使是一斗碧水映着蓝天，也可使人的视线无限延伸，在感观上扩大了空间。园林水体的形式丰富多彩，不仅可以造景，还有许多实用的功能，如美化环境、调节气候、提供生产用水等。

1. 美化环境

水能制造各种气氛，给人以不同感受，在园林设计中能起到画龙点睛的作用。

如静水给人以平静和亲切感，水中倒影则可增加园林的层次感，如图 6-1 所示。动水能造成活泼与欢快的气氛。奔腾浩瀚的江海，能使人心胸开阔，精神焕发；形体广大的水能接受风、云、雨、雾的影响，有舟帆、鸟鸥等景色变化，使人心旷神怡；形体狭长的水体则能显示出水流的奔驰状态和发出激石的声音，增加生动活跃的感觉，至于涓涓细流和叮咚山泉则能增加环境的幽静气氛。

图 6-1　水中倒影

2. 改善环境 调节气候

水体能够显著增加空气湿度、降低局部温度、减少尘埃，而且水体面积越大，这种作用就越明显。在瀑布、叠水等跌落的水体中，水在重力的作用下分裂出大量的负离子，负离子能够显著地净化空气，快速杀灭空气中的细菌，去除空气异味。矿泉水还具有医疗作用。由此可见，园林水体不仅对人体有益，还可以净化空气，甚至还能改善园林内部的小气候条件。

3. 提供生产用水

生产用水范围很广泛，其中最主要是植物灌溉用水，其次是水产养殖用水，如养鱼、蚌等，这样一来，园林不但可以供人游玩观赏，还可以产生经济效益。

但是园林水产养殖与单纯的养殖场不同，需要考虑多方面的影响。如果水体太浅，将不利于水温上下对流，不能为水生动物提供合适的生长环境；如果水体太深，虽然可以提高单位面积产量，但对游人的活动构成一定威胁。因此要在水体的观赏性不被破坏的前提下，保证游人的游览活动与养殖水生动物不发生冲突。

4．提供其他动物或植物生长条件

水能为很多观赏性水生动物和植物提供生长条件，为生物多样性创造必须的环境。如各种水生植物荷、莲、芦苇等的种植和天鹅、鸳鸯、锦鲤鱼等的饲养。

5．分隔空间

为了避免因单调而产生平淡枯燥的感觉，常用水体将园景分隔成不同情趣的观赏空间，如护城河、隔离河等，在这里水是最自然、最节约的隔离办法。

用水面创造迂回曲折的游览路线，隔岸相望，可望而不可及，使人的心情舒畅，产生想游览的兴趣。用水面分隔景点，比用围墙等生硬手段要缓和得多。由于水面只是在平面上对空间进行限定，因此也保证了视觉上的连续性，如图 6-2 所示。

6．提供体育娱乐活动场所

水体是钓鱼、游泳、划船、船模、冲浪、漂流、水上乐园等休闲娱乐活动必不可少的场所，如图 6-3 所示。这些娱乐活动，既增加了园林的趣味性和游赏内容，又可带来可观的经济效益。

图 6-2　分隔空间

图 6-3　娱乐活动场所

7．防灾用水

救火、抗旱都离不开水。城市园林水体，可作为救火备用水，郊区园林水体、沟渠，是抗旱天然管网。

6.1.2 园林水体的形式

园林水体可以分为 4 种形式：静水、流水、跌水、喷水，不同的水体可以产生不同的水态，形成不同的景观效果。

1．静水

水面自然，相对静止，不受重力及压力的影响，称为“静水”，人们常说的“水平如镜”指的就是静水，如图 6-4 所示。静水最为常见的有水池和湖泊两种形式。

图 6-4　静水

水池有规则式和自然式两种。规则式一般面积较小，有圆形、方形、矩形、椭圆形、梅花形、半圆形或其他组合类型。规则式水池在中国古典园林中应用不多，最常见的为寺庙园林中的放生池和承接泉水的池子，如镇江的天下第一泉，无锡锡惠公园的天下第二泉等。在西方的规则式园林中，规则式水池应用极为普遍，常布置在建筑群体空间的中心，并以其多变的形象，使建筑空间丰富多彩。

我国古典园林偏爱自然式的水池，池岩曲折弯环，漫步水际，水回路转，不断呈现一幅幅引人入胜的画面。这样，水体虽小，却使人有幽深迷离的无限观感。

如果园林够大，则可以开凿人工湖泊，以此为整个园林的构图中心，例如皇家园林中人工湖泊，有一望千顷、海阔天空之气派。

那些因水成景的滨湖园林，或以水池为中心的城市园林，大多有着一平似镜的水面。园林之水虽静，但不是那种了无生气的“死静”，而是显出自然生气变化的静，水平如镜的水面，涵映出周围的美景，呈现了虚实变幻而迷人的美。

2. 流水

水体因重力而流动，形成各种各样溪流、旋涡等，称为“流水”，如图 6-5 所示。流水有减少藻类滋生，加速水质的净化的作用。

园林设计中，常用流水来模拟溪、涧和河流等自然形态。溪涧的特点是水面狭窄而细长，水因势而流，不受拘束。水口的处理应使水声悦耳动听，使人犹如置身于真山真水之间。

图 6-5　流水

3．跌水

水体因重力而下跌，高程突变，形成各种各样的瀑布、水帘等，称为“跌水”。跌水主要有瀑布、叠水、壁泉等类型。

❑ 瀑布

一般来讲，瀑布是指水从悬崖或陡坡上倾泻下来而形成的水体景观，如图 6-6 所示。水自高往下倾泻，击石四溅，飞珠若帘，俨如千尺飞流，震撼人心，令人流连忘返，成为极富吸引力的自然景观。

随着园林事业的蓬勃发展，人工瀑布景观已经成为人们喜闻乐见的水景景观形式。瀑布有两种主要形式：一是水体自由跌落，二是水体沿斜面急速滑落。这两种形式因瀑布溢水口高差、水量、水流斜坡面的种种不同而产生千姿百态不同的水姿，展开出水体之美。

❑ 叠水

喷泉中的水分层连续流出，或呈台阶状流出称为叠水。中国传统园林及风景中，常有三叠泉、五叠泉的形式，外国园林如意大利的庄园，更是普遍利用山坡地，造成阶式的叠水。

台阶有高有低，层次有多有少，构筑物的形式有规则式、自然式及其他形式，故产生形式不同、水量不同、水声各异的丰富多彩的叠水，如图 6-7 所示。

叠水是善用地形、美化地形的一种最理想的水态，具有很广泛的利用价值。

图 6-6　瀑布

图 6-7　叠水

❑ 壁泉

人工堆叠的假山或自然形成的陡坡壁面上有水流过则形成壁泉，如图 6-8 所示。

在人工建筑的墙面，不论其凹凸与否，都可形成壁泉，而其水流也不一定都是一律从上而下，可设计成具有多种石砌缝隙的墙面，水由墙面的各个缝隙中流出，产生涓涓细流的水景。如在一处电梯两侧砌有石缝的平整墙面上，水从缝隙中缓缓流出，发出潺潺水声，当人们乘搭电梯缓缓而行时，仿若置身雨声淅沥的山间道上，两侧鲜花烂漫，这种优雅自然的美景，的确令人神往。设计者成功地将大自然的神韵与气质带进了密集、封闭的建筑群中。

4．喷水

水体因压力而从细窄的管道喷涌而出，形成各种各样的喷泉、涌泉、喷雾等，称为“喷水”，如图 6-9 所示。为了造景的需要，可以人工建造具有装饰性的喷水装置。喷水可以湿润周围空气，减少尘埃，降低气温。喷水的细小水珠同空气分子撞击，能产生大量的负氧离子。

因此，喷水有益于改善城市面貌和增进居民身心健康。

图 6-8 壁泉

图 6-9 喷泉

随着城市现代化的发展，喷水现在已经发展成为几大类，如音乐喷泉、程控喷泉、旱地喷泉、跑动喷泉、光亮喷泉、趣味喷泉、激光水幕电影、超高喷泉等。

随着现代园林艺术的发展，水景的表现手法越来越多，它们活跃了园林空间，丰富了园林内涵，美化了园林的景致。例如水景缸是用容器盛水作景，其位置不定，可随意摆放，内可养鱼、种花以用作庭园点景之用，如图 6-10 所示。

图 6-10 水景缸

6.1.3 水体景观的设计

水体景观在水景设计中已成为一个不可或缺的环节。它具有灵活、巧于因借等特点，能起到组织空间、协调水景变化的作用，更能明确游览路线、给人明确的方向感。全面地理解和掌握它的特性，有助于设计者更好地把握水景设计与设计意图的表达。

1. 依水景观的审美特征

水来自于大自然，它带来动的喧嚣，静的和平，还有韵致无穷的倒影。水是风景设计中重要的组成部分。它为植物、鱼和野外生灵提供生存之地。水可能是所有景观设计元素中最具吸引力的一种，它极具可塑性，并有可静止，可活动，可发出声音，可以映射周围景物等特性，所以可单独作为艺术品的主体，也可以与建筑物，雕塑，植物或其他艺术品组合，创造出独具风格的作品。正是水的这些特性，才表达出园林中依水景观的无穷魅力。作为园林中的独特一景——依水景观，与水景一样也相应地有它独特的观赏价值。

依水景观是园林水景设计中的一个重要组成部分，由于水的特殊性，决定了依水景观的异样性。在探讨依水景观的审美特征时，要充分把握水的特性，以及水与依水景观之间的关系。利用水体丰富的变化形式，可以形成各具特色的依水景观，园林小品与廊、亭、桥、榭、舫等都是依水景观中较好的表现形式。

2．依水景观的设计形式

❑ 水体建亭

水面开阔舒展，明朗，流动，有的幽深宁静，有的碧波万顷，情趣各异。为突出不同的景观效果，一般在小水面建亭宜低邻水面，以细察涟漪。而在大水面，碧波坦荡，亭宜建在临水高台，或较高的石亟上，以观远山近水，舒展胸怀，各有其妙。一般临水建亭，有一边临水、多边临水或完全伸入水中，四周被水环绕等多种形式，在小岛上、湖心台基上、岸边石矶上都是临水建亭之所。在桥上建亭，更使水面景色锦上添花，并增加水面空间层次，如图 6-11 所示。

图 6-11 临水建亭

❑ 水面设桥

桥是人类跨越沟河天堑的技术创造，给人带来生活的进步与交通的方便，自然能引起人们的美好联想，固有人间彩虹的美称。而在中国自然山水园林中，地形变化与水路相隔，非常需要桥来联系交通，沟通景区，组织游览路线，而且更以其造型优美、形式多样作为园林中重要造景建筑之一。因此小桥流水成为中国园林及风景绘画的典型景色。

在设计桥时，桥应与道路系统配合、方便交通；联系游览路线与观景点；注意水面的划分与水路通行及通航；组织景区分隔与联系的关系。

水景中桥的类型及应用分为以下几种：

步石：又称汀步、跳墩子，虽然这是最原始的过水形式，早被新技术所替代，但在园林中尚可应用，以形成有情趣的跨水小景，使走在汀步上有脚下清流游鱼可数的近水亲切感。汀步最适合浅滩小溪跨度不大的水面，如图 6-12 所示。

梁桥：以梁、独木桥跨水是最原始的形式，对园林中的小河、溪流宽度不大的水面仍可使用，水面宽度不深的也可建设桥墩形成多跨桥的梁桥。梁桥平坦便于行走与通车，在依水景观的设计中，梁桥除起到组织交通外，还能与周围环境相结合，形成—种诗情画意的意境，耐人寻味。

拱桥：拱桥是人用石材建造大跨度工程的创造，在我国很早就有拱桥的利用。拱桥的形式多样，有单拱、三拱到连续多拱，方便园林不同环境的要求而选用。在功能上又很适应上面通行、下面通航的要求。拱桥在园林中更有独特造景效果。拱桥，拱高而薄，恰如一条玉带横舞水面，它造型复杂、结构精美，在水面上映出婀娜多姿的倒影，如图 6-13 所示。

图 6-12　汀步

图 6-13　拱桥

亭桥与廊桥：既有交通作用又有游憩功能与造景效果的亭桥与廊桥，很适合园林要求，如图 6-14 所示。如北京颐和园西堤建有幽风桥、镜桥、练桥、绿柳等亭桥。这些桥在长堤游览线上起着点景休息作用，在远观上有打破长堤水平线构图，对比造景、分割水面层次的作用。如桂林七星岩的花桥，是通往公园入口的第一个景观建筑。扬州瘦西湖上的五亭桥是瘦西湖长轴上的主景建筑。

❑　依水修榭

榭是园林中游憩建筑之一，建于水边，其基本特点是临水，尤其着重于借取水面景色。在功能上除应满足游人休息的需要外，还有观景及点缀风景的作用。

最常见的水榭形式是：在水边筑一平台，在平台边以低栏杆围绕，在平台上建起一单体建筑，建筑平面通常是长方形，建筑四面开敞通透，或四面作落地长窗，如图 6-15 所示。

榭与水的结合方式有很多种。从平面上看，有一面临水、两面临水、三面临水以及四面临水等形式，四面临水者以桥与湖岸相联。从剖面上看平台形式，有的是实心土台，水流只在平台四周环绕；而有的平台下部是以石梁柱结构支撑，水流可流入部分建筑底部，甚至有的可让水流流入整个建筑底部，形成驾临碧波之上的效果。

图 6-14　廊桥

图 6-15　依水修榭

6.2 水体的表现方法

水景设计图应该标明水体的平面位置、水体形状、深浅及工程做法，以方便施工人员施工。水景设计图有平面和立面两种表示方法。

6.2.1 水平面表示方法

水平面图可以表示水体的位置和标高，如园林的竖向设计图和施工总平面图。在这些平面图中，首先画出平面坐标网格，然后画出各种水体的轮廓和形状，如果沿水域布置有山石、汀步、小桥等景观元素，也可以一一绘制出来，如图 6-16 所示。

在平面图上，水面表示可以采用填充法、线条法、等深线法和添加景物法。其中前三种为直接的水面表示法，最后一种为间接表示方法。

1. 填充法

填充法指的是使用 AutoCAD 的预定义或自定义的填充图案填充闭合的区域表示水体。填充的图案一般选择直排线条，以表示出水面的波纹效果，如图 6-17 所示。

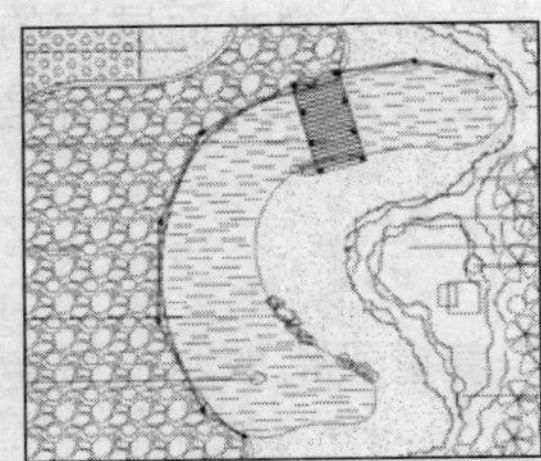

图 6-16 水体平面图

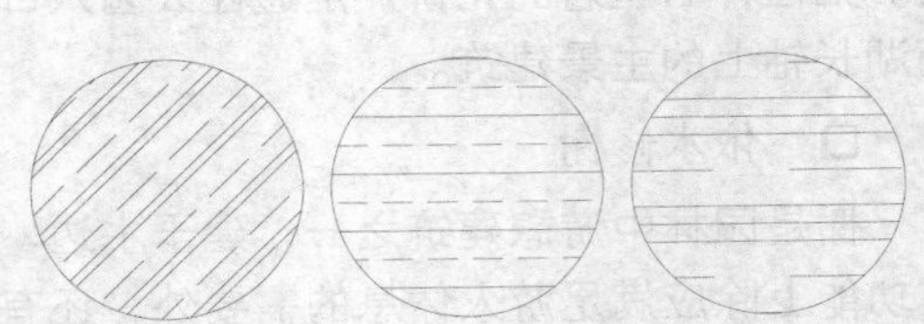

图 6-17 填充法表示水体

2. 线条法

线条法是指在水面区域绘制长短不一的短直线或波浪线，以表示水体，如图 6-18 所示。与填充法相比，线条法表示的水体更为简洁、更为自然，同时由于不需要绘制封闭水面轮廓，操作也更为简单。使用线条法表示水体时，应注意线条的疏密，以使整个图形效果整洁美观。

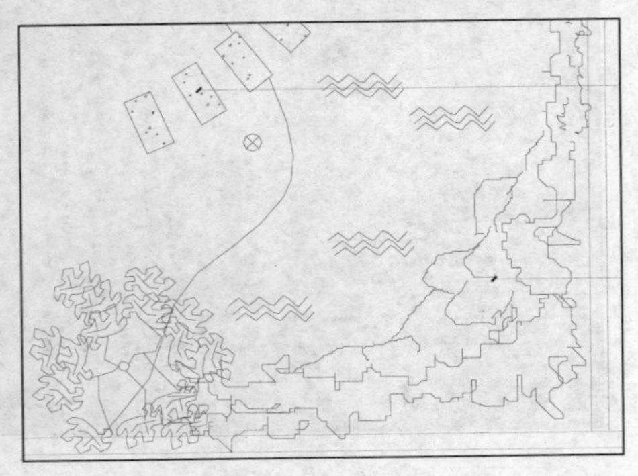
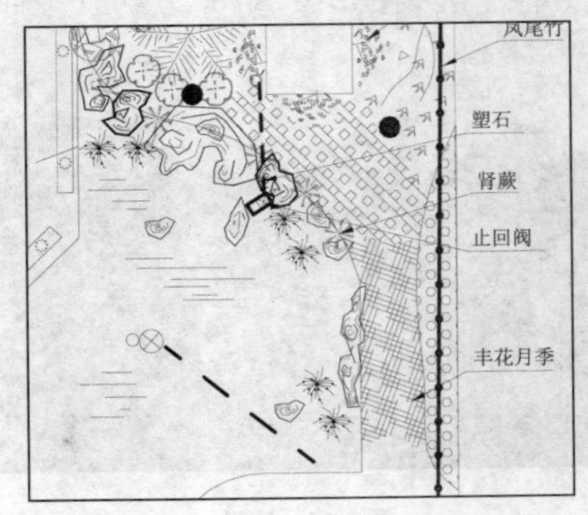

图 6-18 线条法表示水体

3. 等深线法

等深线法是指使用多段线沿池岸走向绘制类似等高线的等深线，来表示水面区域的方法，如图 6-19 所示。在具体绘制时，可以先绘制一条多段线，将其修改为弧线段后，将其向内偏移 2～3 条，然后增加外多段线的宽度即可。

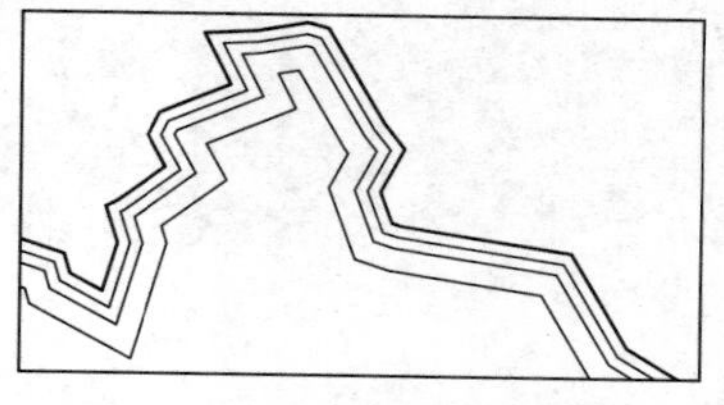

图 6-19　等深线法表示水体

4. 添加景物法

添加景物法是一种间接表示水面的方法，它通过在水面上绘制一些与水面相关的景物，如船只、游艇、水生植物（如荷花、睡莲等）或水面上产生的水纹和涟漪，以及石块驳岩、码头等，来间接表示水面，如图 6-20 所示。

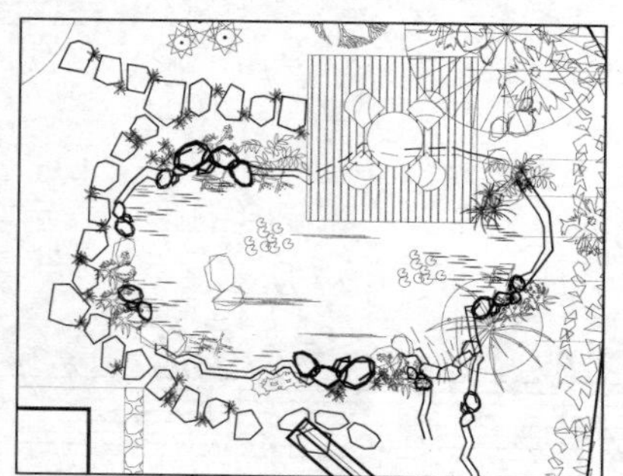

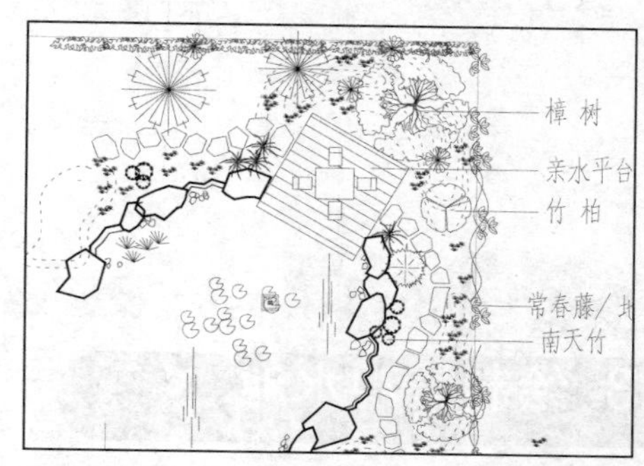

图 6-20　添加景物法

6.2.2 水立面表示方法

除了平面图外，有时还需要用立面图来表示水体的流向、造型以及与池岸、山石等硬质景观的相互关系。如图 6-21 所示为喷水池立面效果，它用线条表示了喷泉的造型效果。

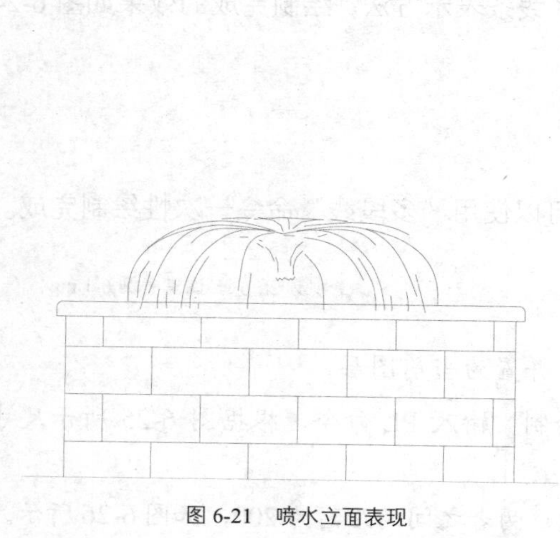

图 6-21　喷水立面表现

图 6-22　鱼池剖面图

如图 6-22 所示为别墅的生态鱼池的剖面图，该剖面图详细表达了水体与池岩、水底的位置关系，及池岩、水底的做法。

如图 6-23 所示为跌水喷泉的剖面图，该剖面图详细表达了跌水的高程变化。

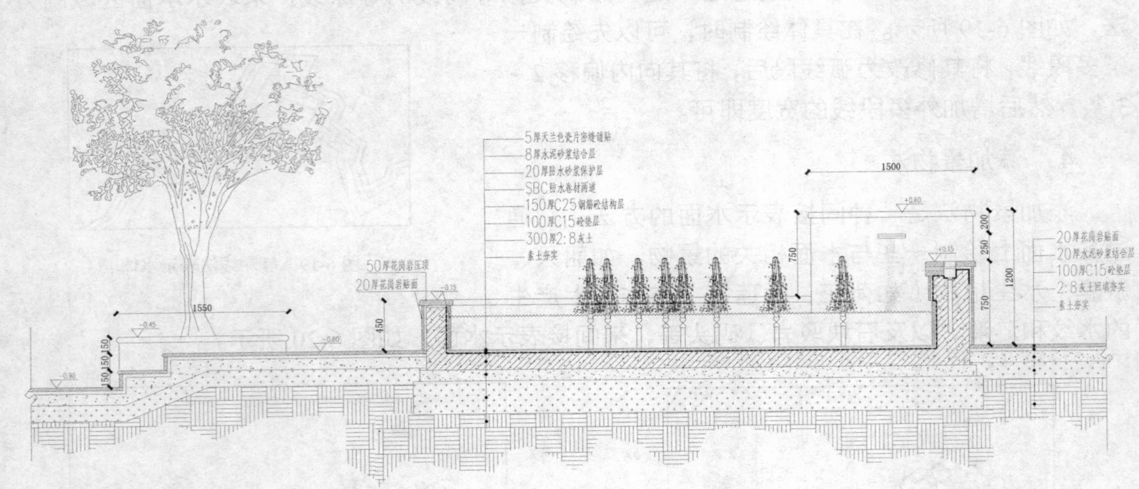

图 6-23　跌水喷泉剖面图

6.3 绘制景观水池

本别墅庭院面积较大，为了丰富景观效果，在别墅西面设计了景观水池，在别墅北面设计了生态鱼池。景观水池为规则式水体，水面较浅，水底铺设了马赛克磁砖，池水清澈见底，周围还设置了喷水雕塑、跌水瀑布，观赏性强，在夏天还可变为儿童的水上乐园。

生态鱼池为拟自然式水体，东高西低，水流源头设置了假山瀑布，池水在重力的作用下，沿曲折池岩蜿蜒流淌，在池岩狭窄处，与池中景石撞击，产生分流和涡漩，发出欢快的音响。两岸花木相互对应，高低错落，层次分明。

本节绘制景观水池的平面图，其中水面采用了线条表示方法，绘制完成的效果如图 6-24 所示。

6.3.1 绘制池岸

与生态鱼池不同，景观水池池岸非常规则，可以使用“多段线”命令一次性绘制完成。

课堂举例 6-1：绘制池岸　　视频\第 6 章\课堂举例 6-1.mp4

01 新建“水体”图层，颜色设为“蓝色”，并置为当前图层。

02 景观水池为多边形，可使用多段线命令绘制。输入 PL 命令，根据图 6-25 所示尺寸绘制池岸。

03 调用 M 命令将池岸轮廓移动至观景廊左侧，两者之间的距离为 200，如图 6-26 所示。

04 修改线型样式，选择 DASHED，设置全局比例为 20。输入 PL 命令，单击图 6-27 箭头所示端点作为多段线起点，依次输入（@2600<-45）、（@2616<225），确定第二点和第三点，然后引导光标垂直向下，捕捉与池岸轮廓线的交点，结果如图 6-27 所示。

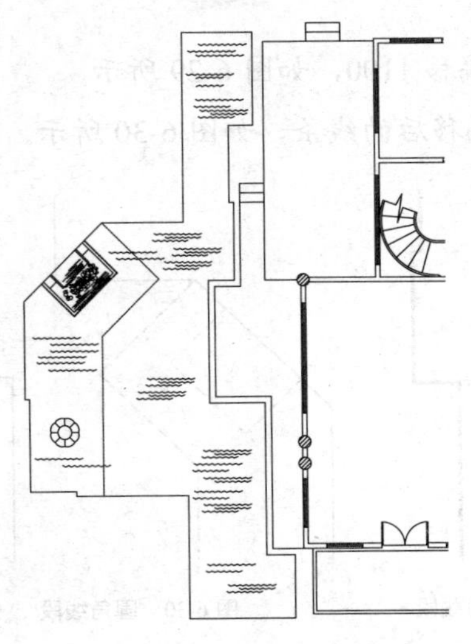
图 6-24　景观水池平面图

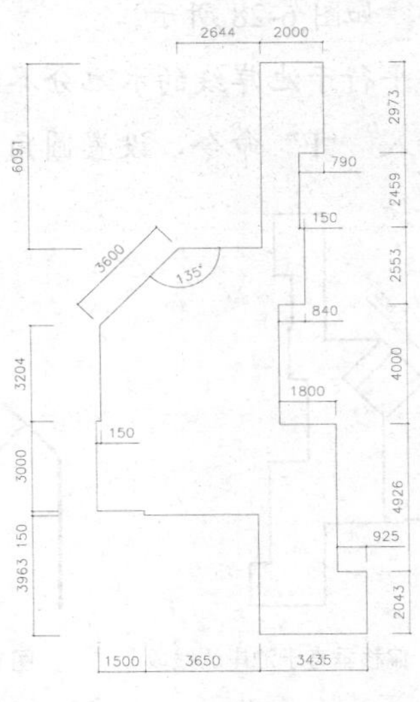

图 6-25　绘制池岸轮廓线

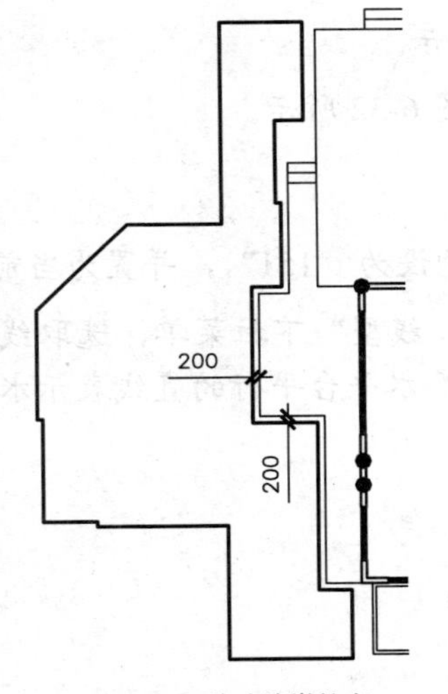

图 6-26　移动池岸轮廓

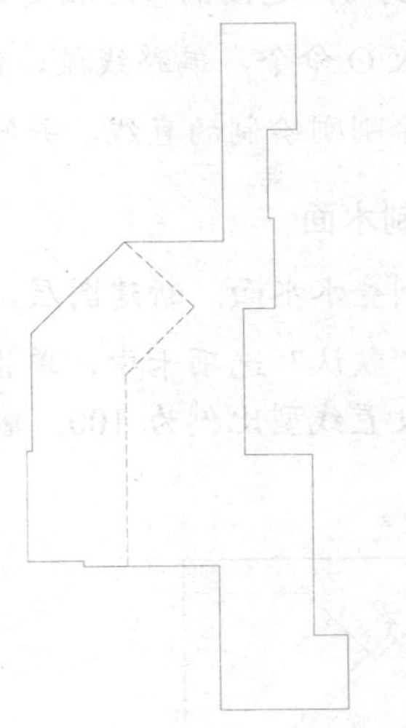
图 6-27　绘制水池分界线

注意　绘制水池分界线，该分界线为景观水池深水区和浅水区的分界线，采用虚线表示。

6.3.2 绘制叠水

叠水是水体景观设计常用的形式，能营造活泼与欢快的气氛，并改善水质。

课堂举例 6-2:　绘制叠水　　视频\第 6 章\课堂举例 6-2.mp4

1. 绘制叠水轮廓

01 绘制叠水平台。输入 X 命令，分解水池分界线，将上方斜线向左下方依次偏移 800、2000，如图 6-28 所示。

02 将平行于池岸线的水池分界线，向池岸方向偏移 1100，如图 6-29 所示。

03 输入 “F” 命令，设置圆角半径为 0，连接偏移后的线条，如图 6-30 所示。

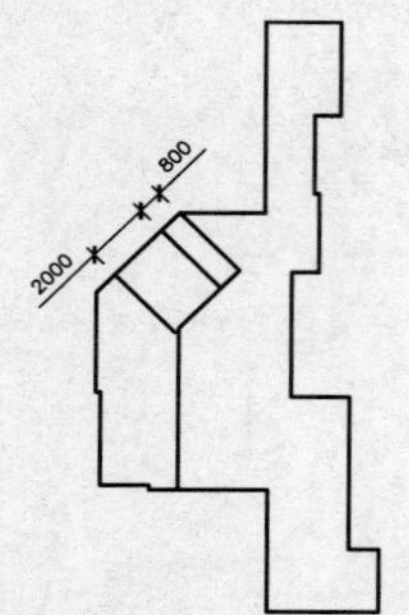

图 6-28 偏移垂直于池岸的线段

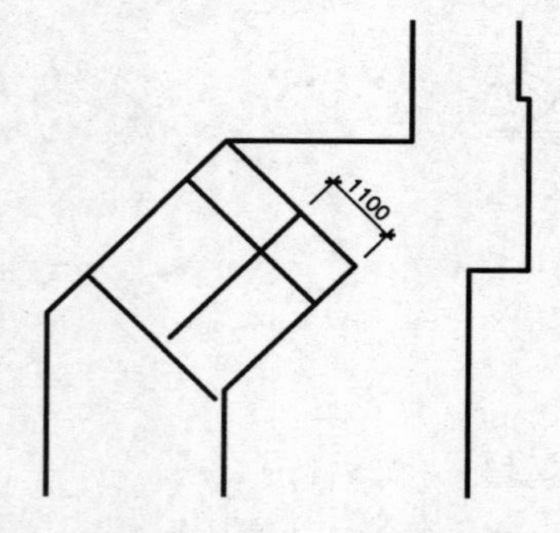

图 6-29 偏移平行于池岸的线段

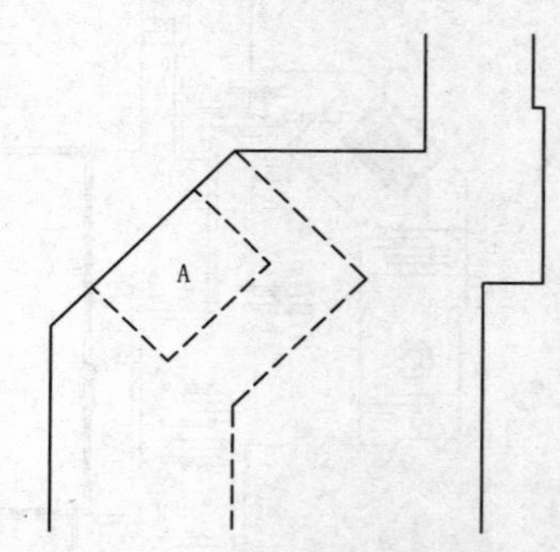

图 6-30 圆角线段

04 输入 O 命令，将“矩形 A”的三条虚线边分别向内偏移 15，并调用“F”命令，设置圆角半径为 0，连接偏移后相交的线条。

05 输入 O 命令，偏移线段，偏移结果如图 6-31 所示。

06 删除刚刚绘制的直线，并修剪多余的线段。如图 6-32 所示。

2. 绘制水面

01 绘制叠水水面。新建图层，命名为“水”，颜色设为“151”，并置为当前图层。

02 在“默认”选项卡中，单击“特性”面板中的“线型”下拉菜单，选取线型样式为 ZIGZAG，设置线型比例为 100。输入 L 命令，绘制与叠水平台平行的直线表示水面，如图 6-33 所示。

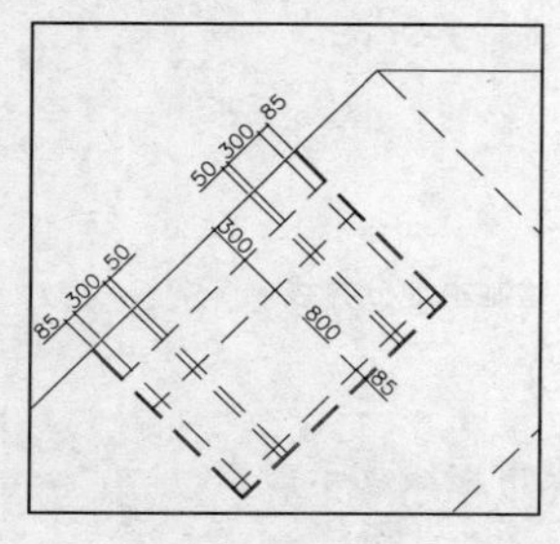

图 6-31 偏移直线

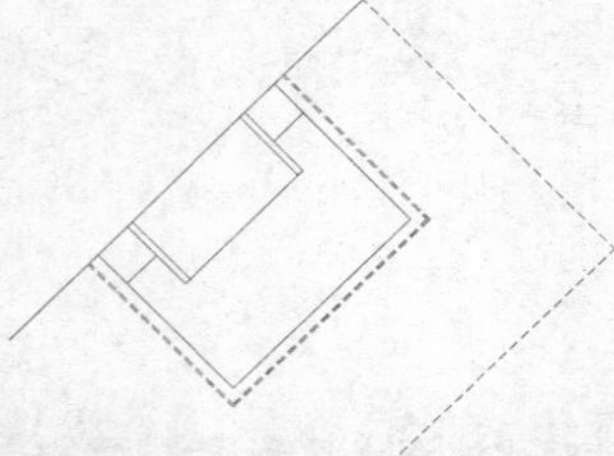

图 6-32 绘制瀑布

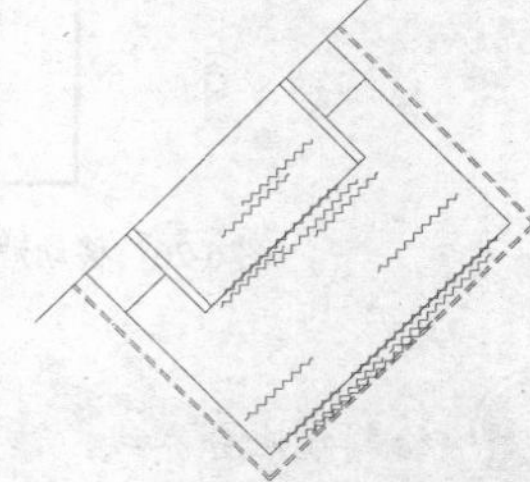

图 6-33 绘制瀑布水面

03 将线型样式设为 DASHED，设置比例为 80，绘制与瀑布平台平行的直线，如图 6-34 所示。

04 绘制水泡。将默认线型设为当前线型，输入 PL 命令，绘制如图 6-35 所示图形表示水流冲击形成的水泡，使瀑布效果更为形象生动。

05 复制、缩放水泡，并移动到适当的位置。如图 6-36 所示。

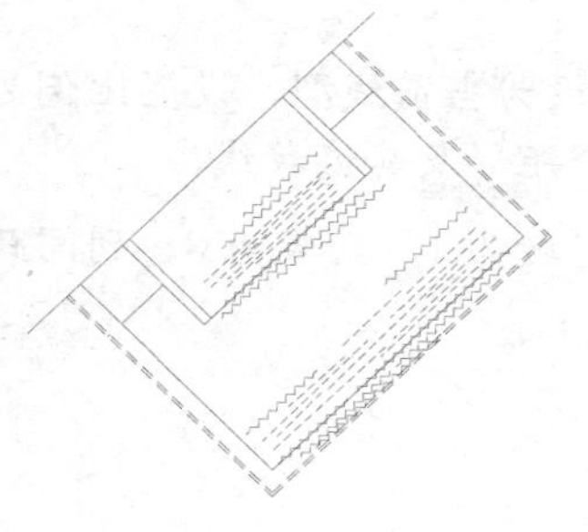
图 6-34　绘制瀑布水面

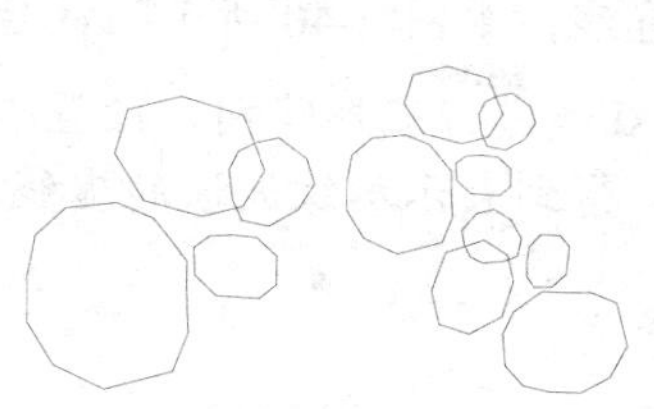
图 6-35　绘制水泡

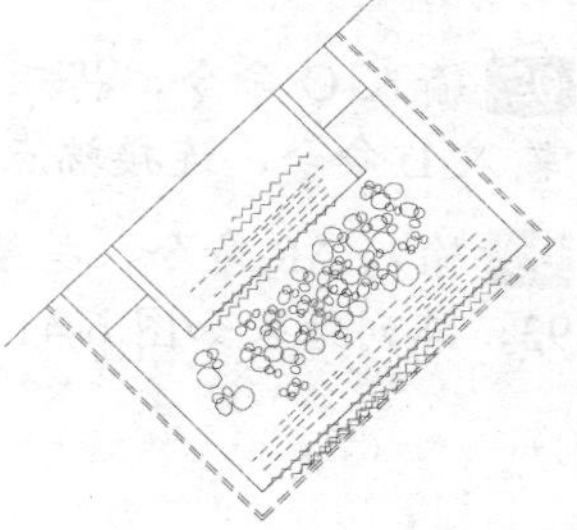
图 6-36　复制缩放水泡

6.3.3 绘制水面景观

景观水池中间位置设计了喷水雕塑，以增加观赏性和景观层次。

课堂举例 6-3：绘制叠水

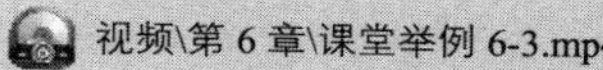
视频\第 6 章\课堂举例 6-3.mp4

1. 绘制喷水雕塑

在平面图中，喷水雕塑只需绘制出其轮廓即可。

01 新建“园林建筑”图层，设置颜色为 32，并将其置为当前图层。

02 输入 C 命令，按住 Shift 键右键单击，选择“自”，单击图 6-37 箭头所示端点，输入（@1131，1930），确定圆心位置，输入圆的半径 229，绘制一个圆。

03 输入 L 命令，单击圆的 0° 象限点为起点，用光标指引 X 轴水平正方向，输入 221，确定第二点，绘制得到水平直线。

04 输入 RO 命令，将直线以圆心为基点，旋转复制 45° 。在“默认”选项卡中，单击“绘图”面板中的“圆弧”下拉按钮，选择“起点、端点、半径”命令，绘制弧线，选择两直线的外端点为圆弧的起点和端点，半径为 263，如图 6-38 所示。

05 输入 AR 命令，将直线和弧线进行极轴阵列。指定圆心为阵列中心点，项目数为 8，角度为 360° ，阵列结果如图 6-39 所示。

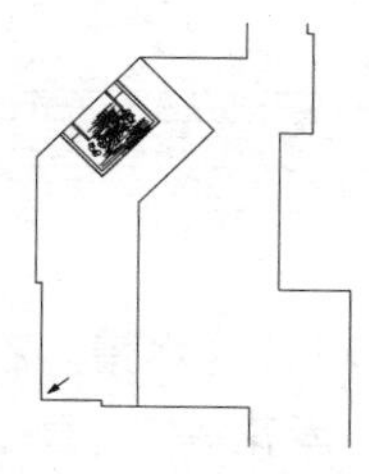
图 6-37　绘制圆

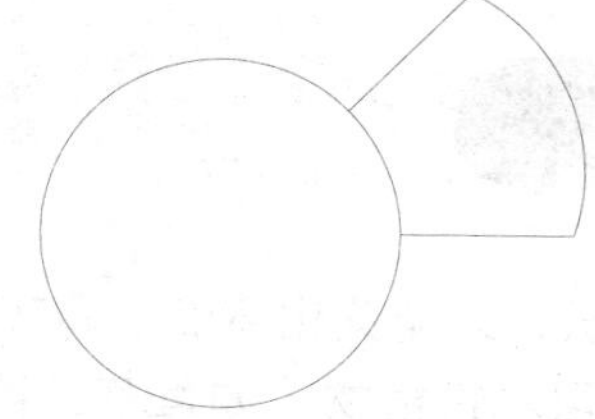
图 6-38　绘制弧线

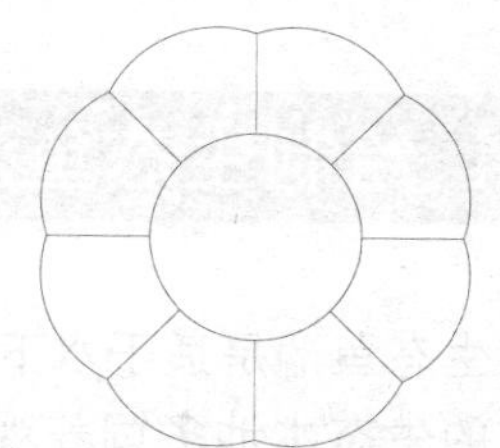
图 6-39　喷水雕塑绘制结果

2. 绘制水面

这里使用线条法绘制水面。

01 将“水”图层置为当前层。输入 REC 命令，绘制 194 × 43 大小的矩形，调用 X 命令将矩形分解。

02 输入 O 命令，将矩形左侧边向右偏移 82。将 DASHED 设为当前线型，设置比例为 80。输入 L 命令，连接端点绘制直线，如图 6-40 所示。最后删除矩形及其偏移线，

03 输入 AR 命令，将绘制的短线进行矩形阵列，设置阵列行数为 1，列数为 8，列间距为 193，阵列结果如图 6-41 所示，得到表示水纹波浪的虚线。

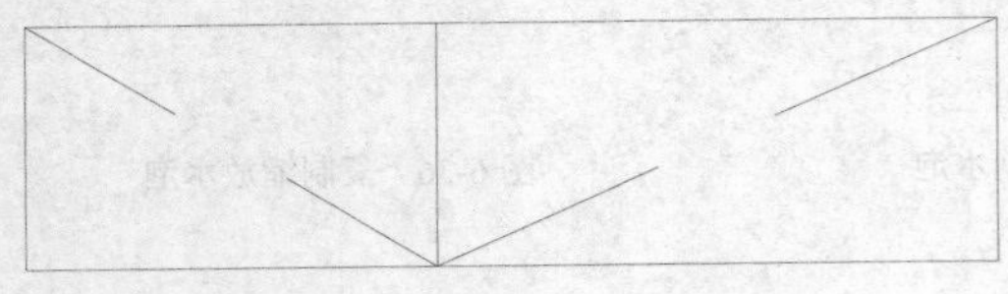

图 6-40　绘制水波线段

图 6-41　阵列线段

04 将得到的线形在水池内进行复制，结果如图 6-42 所示。

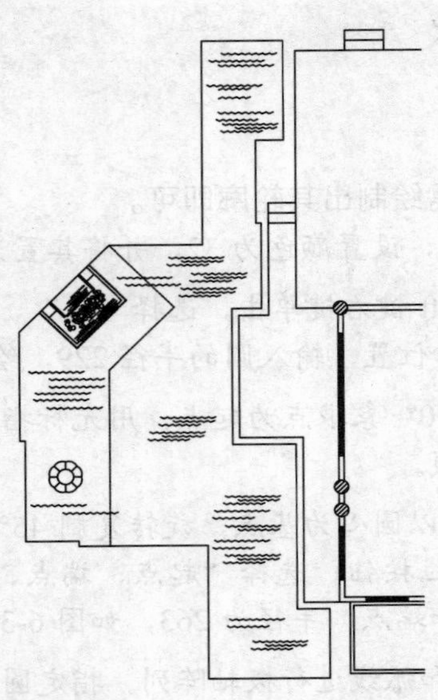

图 6-42　水面绘制结果

6.4 绘制生态鱼池

生态鱼池是适于水下动植物生长，又能美化环境、调节气候、供人观赏的水景。在居住区里的生态水池多饲养观赏鱼虫和习水性植物（如鱼草、芦苇、荷花、莲花等），营造动物和植物互生互养的生态环境。水池的深度应根据饲养鱼的种类、数量和水草在水下生存的深度而确定。一般在 0.3～1.5m，为了防止陆上动物的侵扰，池边平面与水面需保证有 0.15m 的高差。水池壁与池底需平整以免伤鱼。池壁与池底以深色为佳。不足 0.3m 的浅水池，池底可做艺术处理，显示水的清澈透明。池底与池畔宜设隔水层，池底隔水层上覆盖 0.3～0.5m 厚土，种植水草。

绘制生态鱼池的方法和绘制景观鱼池的相似，首先绘制池岸，然后再绘制水面的波纹即

可。绘制完成的生态鱼池效果如图 6-43 所示。

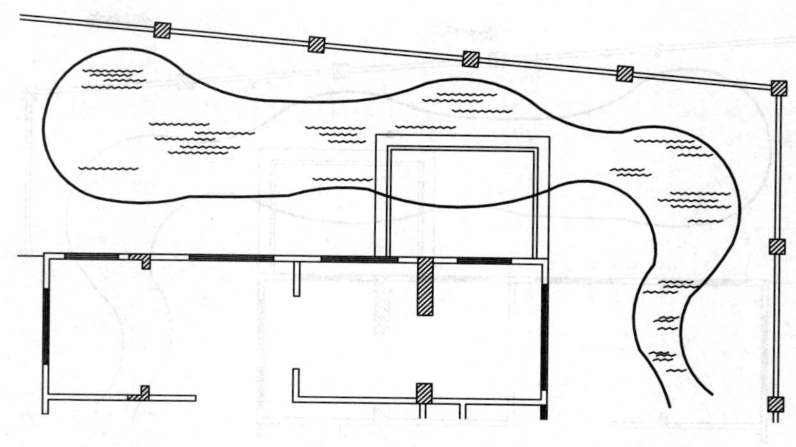

图 6-43　生态鱼池效果图

课堂举例 6-4：绘制生态鱼池

视频\第 6 章\课堂举例 6-4.mp4

01 将“水体”图层置为当前层。将线型设为默认值。输入 PL 命令，在图形中指定多段线的起点，输入 W 激活“宽度”选项，输入起点宽度 30，按下空格键，输入端点宽度 30。输入 A 激活“圆弧”选项，勾勒水池外形轮廓线，如图 6-44 所示。

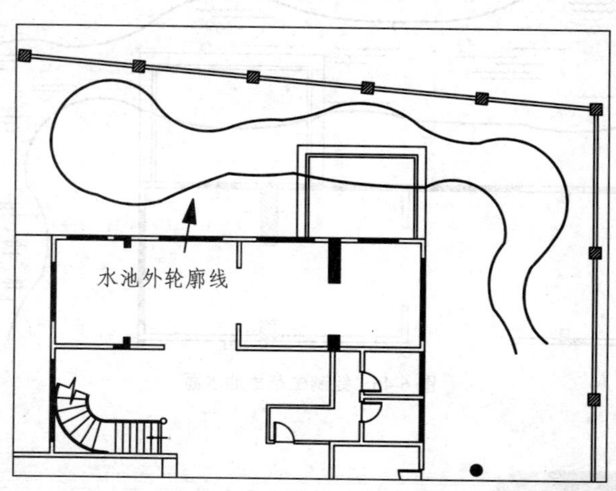

图 6-44　用多段线绘制鱼池轮廓线

02 绘制完成后对多段线进行夹点编辑。结果如图 6-45 所示。

03 绘制水波。将“水”图层置为当前层，输入 CO 命令，将景观水池内的水波线条复制到生态鱼池中，结果如图 6-46 所示。

04 别墅园林水体全部绘制完成。

注意：绘制池岸时，也可以先使用 PL 命令绘制直线段表示大致轮廓，然后在“默认”选项卡中，单击“修改”面板中的“编辑多段线”按钮（快捷命令是 PE），输入 F 激活“拟合”选项，将直线段转换为圆滑的圆弧。

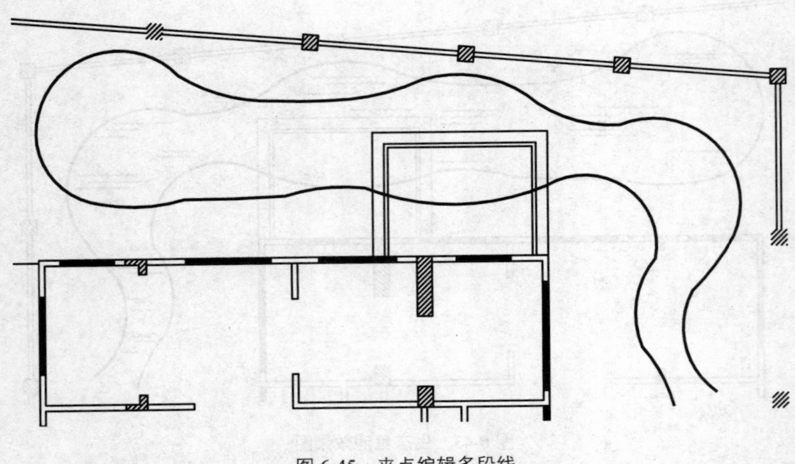

图 6-45　夹点编辑多段线

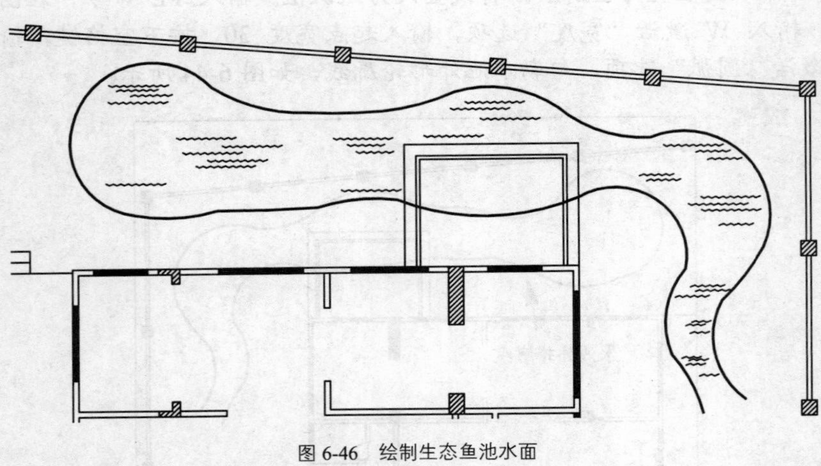

图 6-46　绘制生态鱼池水面

6.5 课后练习

操作题

(1)　绘制如图 6-47 所示别墅庭院自然式水体。

(2)　绘制如图 6-48 所示的喷泉平面图。

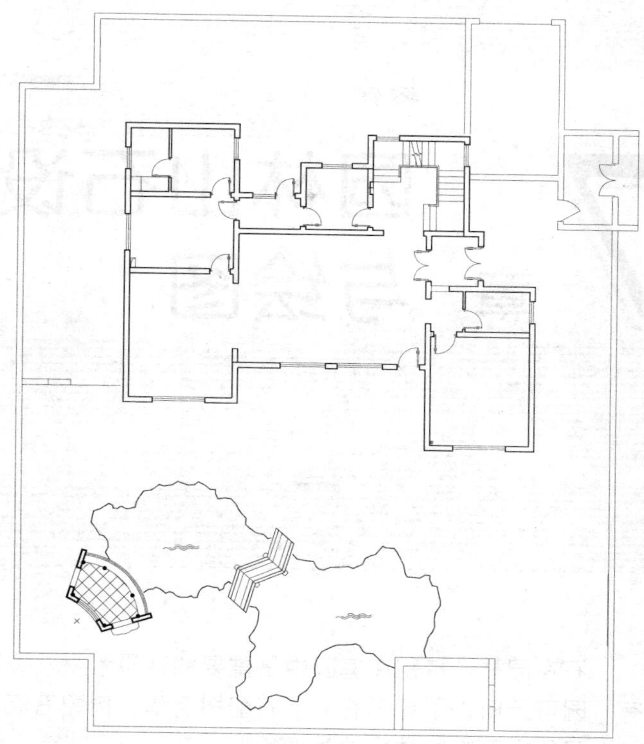

图 6-47　自然式水体

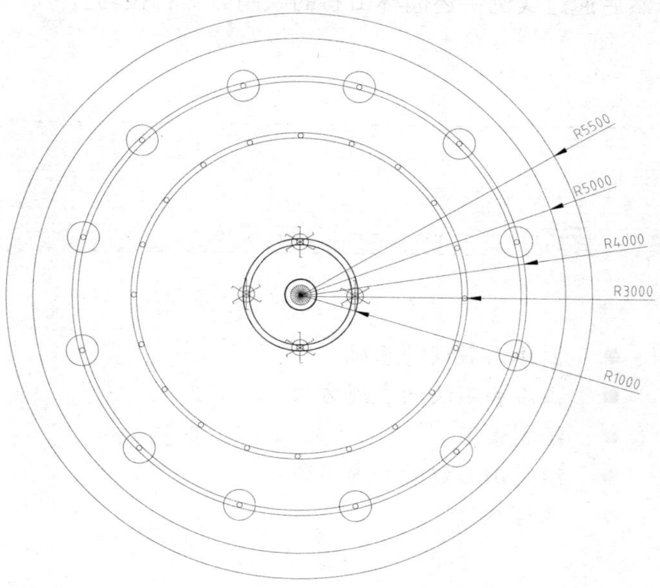

图 6-48　喷泉平面图

第7章 园林山石设计与绘图

本章导读

石在园林，特别在庭园中是重要的造景素材。我国自古有“园可无山，不可无石”，“石配树而华，树配石而坚”之说，可见山石在园林中的重要性。

本章首先介绍了山石的功能、特点、分类及设计要点，然后通过实例讲述园林山石的绘制方法和技巧。

本章重点

- 园林山石设计基础
- 山石和石块的表现方法
- 绘制景石
- 绘制山石汀步和叠水假山
- 课后练习

7.1 园林山石设计基础

园林中的山石因其具有形式美、意境美和神韵美而富有极高的审美价值，被认为是“立体的画”“无声的诗”。山石材料的易得，施工的便捷，费用的低廉，成景的迅速，在讲究经济效益与环境效益的今天，也是极为重要的一环。研究山石的特点、功能和分类，可以为山石的合理利用提供准确的参考。

7.1.1 园林山石的功能

山石在园林环境中的作用，主要体现在造景和实用两大方面。

山石是一种古老的天然艺术，出自天然，质地坚硬，形态各异。有的形似飞禽走兽，惟妙惟肖；有的状如山峰，峻峭无比；有的圆滑透亮，闪闪发光；有的大如风车，沉雄伟岸；有的小如卵石，娇巧玲珑。这千姿百态的造型是大自然长期的鬼斧神工之杰作，非人工所能为，因而具有极高的观赏价值。将其置于墙旁、树下、水边，可点缀园林景色，丰富园林景观，深化园林意境，满足人们渴望宁静、回归自然的愿望。而且能陶冶情操，给人以无穷的精神享受，如图 7-1 所示。

图 7-1　山石的景观功能

除了具有极高的欣赏价值，山石还可以起到组织园林空间，作为挡土墙、护坡、花台和驳岸等实用的功能。利用山石硬度高、纹理和颜色自然等优势，可用石材直接制作石桌凳、石桥、石阶等，使园林空间充满野趣和自然气息，如图 7-2 所示。

图 7-2　山石的实用功能

7.1.2 园林山石的分类

园林中山石包括假山和置石两个部分。假山是以造景为目的，用土、石等材料构筑的山体，可以供人登高游览或观赏，如图 7-3 所示。

图 7-3 假山

置石则以山石为材料，作独立性或附属性的造景布置，如图 7-4 所示。置石主要以观赏为主，同时兼备一些实用功能。置石一般体量较小而分散，园林中容易实现。但它对单块山石的要求较高，通常以配景出现，或作局部的主景，是特殊性的独立景观。

图 7-4 置石

7.1.3 假山的类型

假山具有多方面的造景功能，如构成园林的主景或地形骨架，划分和组织园林空间，布置庭院、驳岸、护坡、挡土，设置自然式花台等。还可以与园林建筑、园路、场地和园林植物组合成富于变化的景致，借以减少人工气氛，增添自然生趣，使园林建筑融汇到山水环境中。因此，假山成为表现我国自然山水园林的特征之一。

假山按其组成的材料大致可分为土山、石山和土石山等几种类型。

❑ 土山

土山就是不用一石而全用堆土的假山。现在一说到假山，好像是专指叠石为山，其实假山本来就是从土山开始，逐步发展到叠石的。李渔在其《闲情偶记》中说："用以土代石之法，既减人工，又省物力，且有天然委曲之妙，混假山于真山之中，使人不能辨者，其法莫

妙于此。"土山利于植物生长，能形成自然山林的景象，所以在现代城市绿化中有较多的应用。但因江南多雨，易受冲刷，故而多用草坪或地被植物等护坡，如图 7-5 所示。在古典园林中，现存的土山则大多限于整个山体的一部分，而非全山，如苏州拙政园雪香云蔚亭的西北隅。

图 7-5 土山

❑ 石山

石山是指全部用石堆叠而成的假山，如图 7-6 所示。因它用石极多，所以其体量一般都比较小，李渔所说的"小山用石，大山用土"就是这个道理。小山用石，可以充分发挥叠石的技巧，使它变化多端，耐人寻味，况且在小面积范围内，聚土为山势必难成山势，所以庭院中缀景，大多用石，或当庭而立，或依墙而筑，也有兼作登楼的蹬道的，如苏州留园明瑟楼的云梯假山等。

❑ 土石山

土石山是最常见的园林假山形式，土石相间，草木相依，极富自然生机。尤其是大型假山，如果全用山石堆叠，容易显得琐碎，加上草木不生，即使堆得嵯岈屈曲，终觉有骨无肉。如果把土与石结合在一起，使山脉石根隐于土中，泯然无迹，而且还便于植树，树石浑然一体，山林之趣顿出。土石相间的假山主要有以石为主的带土石山和以土为主的带石土山。

带土石山又称石包土，此类假山先以叠石为山的骨架，然后再覆土，土上再植树种草，如图 7-7 所示。其结构：一类是于主要观赏面堆叠石壁洞壑，山顶和山后覆土，如苏州艺圃和怡园的假山；另一类是四周及山顶全部用石，或用石较多，只留树木的种植穴，而在主要观赏面无洞，形成整个的石包土格局。

图 7-6 石山

图 7-7 带土石山

带石土山又称土包石，此类假山以堆土为主，只在山脚或山的局部适当用石，以固定土壤，并形成优美的山体轮廓，如沧浪亭的中部假山，山脚叠以黄石，蹬道盘纡其中。其因土多石少，可形成林木巍然而深莠的山林景象。

7.1.4 置石石材的选择

石材在古今园林建造过程中是不可缺少的一种用材。以下简单介绍一些置石石材的种类和选石要点。

1. 置石石材的种类及分布

在长期的造园实践中，置石常用的石种大致如下：

太湖石：太湖石因产于苏州洞庭山太湖边而得名。石材线条浑圆流畅，洞穴通空灵巧，是由于长年在湖水波浪的冲击中形成的，适宜特置或叠石，如图 7-8 所示。

黄腊石：黄腊石因其表面呈蜡油状釉彩，并呈现层次丰富的黄色而得名。其表面光滑、质地细腻，产地多且广。黄腊石因其资源丰富、成本低廉而在我国园林设计中应用较广，如图 7-4 左图所示。

灵璧石：石灰岩类，产于安徽灵璧县。颜色有深灰色、白、红等，是一种较高档的石材，适宜特置，如图 7-9 所示。

图 7-8　太湖石

图 7-9　灵璧石

石笋：变质岩类，产于浙赣交界的常山、玉山一带。因其外形修长，恰似“雨后春笋”而得名。石笋颜色有灰绿、褐红、土黄等，带作点景、对景用。

英石：产于广东英德县。成分为碳酸钙，该石材千姿百态，意趣天然，为园林造景的理想用石，如图 7-10 所示。

化石：由于地壳运动或火山爆发而形成的动、植物化石，如：硅化木等，具有独特的观赏价值，深圳就建有专门的化石公园。

九龙壁：俗称“华安石”，产于福建华安县九龙河畔。形体浑圆，颜色为棕褐色，具光泽且有白色条纹，是草坪中置石或作为器设的上等佳品。

人工塑石：利用混凝土、玻璃钢、有机树脂、GRC 假山材料进行塑石，其优点为造型随意；体量可大可小，节省石材，节省开支，特别适用于施工条件受限制或屋顶花园结构条件受限制的地方。但缺点是寿命短、人工味较浓，如图 7-11 所示。

图 7-10　英石

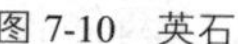

图 7-11　人工塑石

2．置石的选石要点

选择具有原始意味的石材。如：未经切割，并显示出风化痕迹的石头；被河流、海洋强烈冲击或侵蚀的石头；生有锈迹或苔藓的岩石。这类石头能显示出平实、沉着的感觉。

最佳的石料颜色是蓝绿色、棕褐色、红色或紫色等柔和的色调。白色缺乏趣味性，金属色彩容易使人分心，应避免使用。

具有动物等象形的石头或具有特殊纹理的石头最为珍贵。

石形选择自然形态，纯粹圆形或方形等几何形状的石头以及经过机器打磨的石头均不能用。

造景选石时无论石材的质量高低，石种必须统一，不然会使局布与整体不协调，导致总体效果不伦不类、杂乱不堪。

造景选石无贵贱之分，应该“是石堪堆”。就地取材，随类赋型，最有地方特色的石材也最为可取。置石造景不应沽名钓誉或用名贵的奇石生拼硬凑，而应以自然观察之理组合山石成景才富有自然活力。

总之在选石过程中，应首先熟知石性、石形、石色等石材特性，其次要准确把握置石的环境，如建筑物的体量、外部装饰、绿化等因素，设计必须从整体出发，以少胜多，这样才能使置石与环境相融洽，形成自然和谐美。

7.1.5 置石的类型和布置手法

置石运用的山石材料少，结构简单，如果置石得法，可以取得事半功倍的效果。置石的布局要点有：造景目的明确、格局谨严、手法洗炼、寓浓于淡、有聚有散、有断有续、主次分明、高低起伏、顾盼呼应、疏密有致、虚实相间、层次丰富、以少胜多、以简胜繁、小中见大、比例合宜、假中见真、片石多致、寸石生情。

置石一般有特置、对置、散置、群置、山石器设等布置手法。

❑　特置

特置又称孤置山石、孤赏山石，也有称其为峰石的。特置山石大多由单块山石布置成独立性的石景，常在环境中作局部主题，如图 7-12 所示。特置常在园林中作入口的障景和对景，或置于视线集中的廊间、天井中间、漏窗后面、水边、路口或园路转折的地方。此外，还可与壁山、花台、草坪、广场、水池、花架、景门、岛屿、驳岸等结合来使用。

特置山石布置特点有：

- 特置选石宜体量大，轮廓线突出，姿态多变，色彩突出，具有独特的观赏价值。石最好具有透、瘦、漏、皱、清、丑、顽、拙特点的；
- 特置山石为突出主景并与环境相谐调，常石前“有框”（前置框景），石后有“背景”衬托，使山石最富变化的那一面朝向主要观赏方向，并利用植物或其他方法弥补山石的缺陷，使特置山石在环境中犹如一幅生动的画面；
- 特置山石作为视线焦点或局部构图中心，应与环境比例合宜。

❑ 对置

把山石沿某一轴线或在门庭、路口、桥头、道路和建筑物入口两侧作对应的布置称为对置，如图 7-13 所示。对置由于布局比较规整，给人严肃的感觉，常在规则式园林或入口处多用。对置并非对称布置，作为对置的山石在数量、体量以及形态上无须对等，可挺可卧，可坐可偃，可仰可俯，只求在构图上的均衡和在形态上的呼应，这样既给人以稳定感，亦有情的感染。

图 7-12 特置

图 7-13 对置

❑ 散置

散置即所谓的“攒三聚五、散漫理之，有常理而无定势”的作法。常用奇数三、五、七、九、十一、十三来散置，如图 7-14 所示，最基本的单元是由三块山石构成的，每一组都有一个“3”在内。

散置对石材的要求相对比特置低一些，但要组合得好。常用于园门两侧、廊间、粉墙前、竹林中、山坡上、小岛上、草坪和花坛边缘或其中、路侧、阶边、建筑角隅、水边、树下、池中、高速公路护坡、驳岸或与其他景物结合造景。它的布置特点在于有聚有散、有断有续、主次分明、高低起伏、顾盼呼应、一脉既毕、余脉又起、层次丰富、比例合宜、以少胜多、以简胜繁、小中见大。此外，散置布置时要注意石组的平面形式与立面变化。在处理两块或三块石头的平面组合时，应注意石组连线总不能平行或垂直于视线方向，三块以上的石组排列不能呈等腰、等边三角形和直线排列。立面组合要力求石块组合多样化，不要把石块放置在同一高度，组合成同一形态或并排堆放，要赋予石块自然特性的自由。

❑ 群置

群置应用多数山石互相搭配布置称为群置或称聚点、大散点。群置常布置在山顶、山麓、池畔、路边、交叉路口以及大树下、水草旁，还可与特置山石结合造景。群置配石要有主有从，主次分明，组景时要求石之大小不等、高低不等、石的间距远近不等。群置有墩配、剑配和卧配三种方式，不论采用何种配置方式，均要注意主从分明、层次清晰、疏密有致、虚实相间，如图 7-15 所示。

图 7-14　散置

图 7-15　群置

7.1.6 园林山石的设计要点

庭园中山石的设计与其他造园要素的设计一样，要遵循美学原理与规律。设计时应把握如下几点：

1. 整体统一

山石的选用要符合总体规划的要求，与整个地形、地貌相协调。

山石虽身出自然，然而耐雕琢，具有很强的可塑性。现代的工艺技工可以将它们随意处理，所以从自然式到规则式，从古典式到现代派的各样庭园，山石都可应用得恰到好处，游刃有余，符合风格、形式的统一这一基本要求。而山石品种的多样性又保证了可以为色彩、线条等方面的统一找到适当的石材。

2. 均衡和谐

小小的山石有时会是设计师手中的魔棒，可以迅速达成一种均衡，如图 7-16 所示。例如，建筑门前一侧原始保存的大乔木，只需再在另一侧点上一块顽皮的卧石，一种轻盈的平衡马上浮现而毫无突兀之感。又如，园路入口处设计时，一侧有了一丛灌木，另一侧摆上一块嵌有铜质标牌的顽石，一种有品位的又不失活泼的均衡油然而生；若是在入口设立几个高矮不同的虎皮砌石门柱，显现的又是另一番朴素的平衡。而山石之于水体、花木，一刚一柔，一动一静，本身就是一种鲜明的对比。同是自然产物，把握好色彩、质感、数量、位置上的分寸，便又可营造出一份天然的而高于自然的和谐之美。

在同一地域，不宜多种山石混用，因为不易做到质、色、纹、面、体、姿的协调一致。

3. 崇尚自然

曾有传统的“山石张”十大手法：安、接、跨、悬、斗、卡、连、垂、剑、拼。但是从现在的假山施工来看，更注重的是崇尚自然，朴实无华。尤其是采用千层石、花岗石的地方，要求的是整体效果，而不是孤石观赏。整体造型，既要符合自然规律，在情理之中又要高度概括，提升在意料之外，如图 7-17 所示。

图 7-16 均衡和谐

图 7-17 崇尚自然

4．胸有成竹

设计和施工者，胸中要有波澜壮阔、万里江山，才能塑造崇山峻岭、危岩奇峰、层峦险壑、细流飞瀑。宋朝蔡京在《宣和画谱》中说“岳镇川灵，海涵地负，至于造化之神秀，阴阳之明晦，万里之远，可得咫尺之间，其非胸中自有丘壑而能见之形容者，未必能如此。”王维在《山水诀》中有“平夷顶尖者巅，峭峻相连者岭，有穴者岫，峭壁者崖，悬石者岩，形圆者峦，路迫者川，二山夹道名曰壑。”是对各种造型山姿的描述。

5．简单点缀

简单并不是苍白与空洞无物，而是一种朴素与天真，是以“洗练”的手法表达设计者的思想与情感，是设计者要刻意追求的一点，而山石恰恰是实现这一愿望的首选之材。

山石是天然之物，有自然的纹理、轮廓、造型，质地又纯净，朴实无华，但是属于无生命的一类建材。因此山石是自然环境与建筑空间的一种过渡，一种中间体。虽有“无园不石”之说，但山石只能作局部景点点缀、提示、寄托、补充，如图 7-18 所示。切勿滥施，导致造价昂升，失去造园的生态意义。

图 7-18 简单点缀

6．讲究质地

同是山石却有不同的质地。长满青苔的山石与光滑的大理石和卵石是细质地；小卵石与砾石铺就的路面是中等质地；乱石砌就的挡土墙、自然的驳岸、未经磨砺的山石是粗质地。山石与花木的质地相近得和谐，相背得对比，而这份对比又是一种平静中的暗示，尤为微妙。庭园中山石设计的质地美随处可见：一片河砂中放上一块光润的大卵石，体现出谐调之美；粗砺的砌石台阶边植以常春藤，乱石堆砌的挡土墙上植以铺地柏，体现出自然的静谧与雅致；或在几块顽石的缝中流泻出几丛多肉植物，小小景致一下子摄入视线。山石的特殊质感，为庭园营造出了更多的情趣。

7．顺其自然

山石的设计与应用，贵在轻灵精巧，忌凌乱杂突兀；贵在疏密有致，忌闭闷繁冗；贵在浑然一体，忌生硬僵化，缺乏自然之气。

7.2 山石和石块的表现方法

园林制图中，需要依据施工总平面图和竖向设计图，绘制出山石的平面图、立面图、剖面图，并且要求注明材料及施工做法。下面将分别讲解石块的表现方法，以及别墅庭院中石块的绘制方法。

7.2.1 石块的画法

平面图、立面图中的石块通常只用线条勾勒轮廓，很少采用光线、质感的表现方法，以免失之零乱。用线条勾勒时，轮廓线要粗些，石块面、纹理可用较细较浅的线条稍加勾绘，卧体现石块的体积感。不同的石块，其纹理不同，有的浑圆，有的棱角分明，在表现时应采用不同的笔触和线条。剖面上的石块，轮廓线应用剖断线，石块剖面上还可加上斜纹线。

石块的平面、立面的不同表现方法，如图 7-19 和图 7-20 所示。

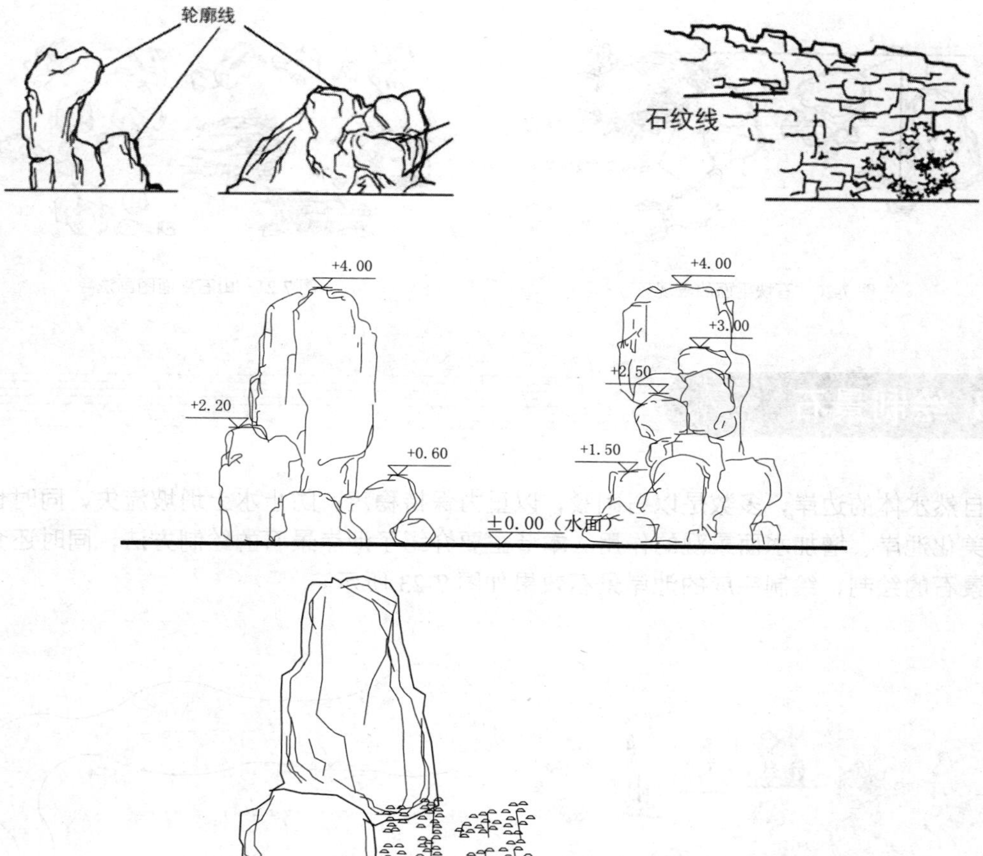

图 7-19　石块立面的表现

7.2.2 山石的画法

假山和置石中常用的石材有湖石、黄石、青石、石笋、卵石等。由于山石材料的质地、纹理等不同，其表现方法也不同。

湖石即太湖石，为石灰岩风化溶蚀而成，太湖石面上多有沟、缝、洞、穴等，因而形态玲珑剔透。画湖石时多用曲线表现其外形的自然曲折，并刻画其内部纹理的起伏变化及洞穴。

黄石为细砂岩受气候风化逐渐分裂而成，故其体形敦厚、棱角分明、纹理平直，因此画时多用直线和折线表现其外轮廓，内部纹理应以平直为主。

青石是青灰色片状的细砂岩，其纹理多为相互交叉的斜纹。画时多用直线和折线表现。

石笋为外形修长如竹笋的一类山石。画时应以表现其垂直纹理为主，可用直线，也可用曲线。

卵石体态圆润，表面光滑。画时多以曲线表现其外轮廓，再在其内部用少量曲线稍加修饰即可。

如图 7-21 所示为山石的平面图画法。

如图 7-22 所示为山石的立面图画法。

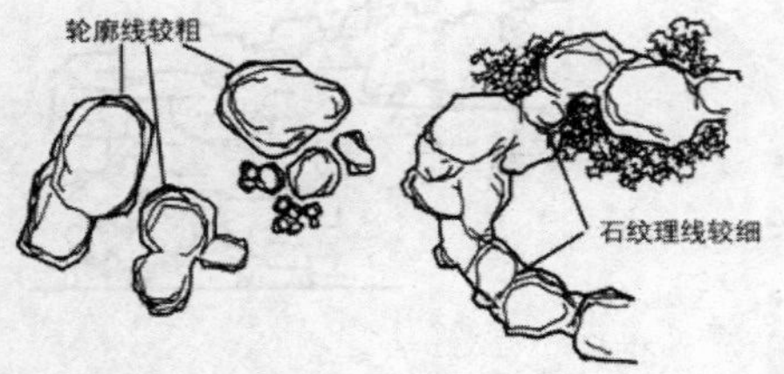

图 7-20　石块平面的表现

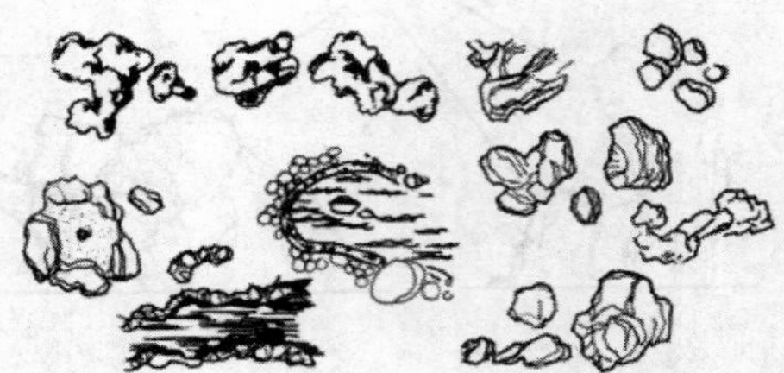

图 7-21　山石平面图画法

7.3 绘制景石

自然水体的边岸，多数是以石砌驳，以重力保持稳定，防止水土坍坡流失，同时也可以起到美化池岸、增加水面景观的作用。本节主要介绍了池岸景石的绘制方法，同时还介绍了草地景石的绘制，绘制完成的池岸景石效果如图 7-23 所示。

图 7-22　山石立面图画法

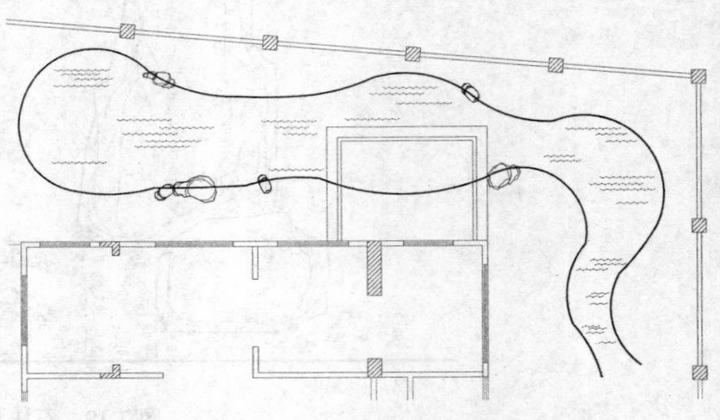

图 7-23　池岸景石效果

7.3.1 绘制池岸景石

池岸景石可以使用“多段线”命令绘制，外轮廓使用粗线绘制，内部的石块纹理使用细线绘制。

课堂举例 7-1：绘制池岸景石　　视频\第 7 章\课堂举例 7-1.mp4

01 创建新图层，命名为“景石”，设置颜色为 34，并置为当前图层。

02 绘制景石的外轮廓。输入 PL 命令，设置多段线的宽度为 15，绘制如图 7-24 所示图形。

03 绘制石块纹理。继续调用 PL 命令，设置多段线的宽度为 0，绘制如图 7-25 所示线段。

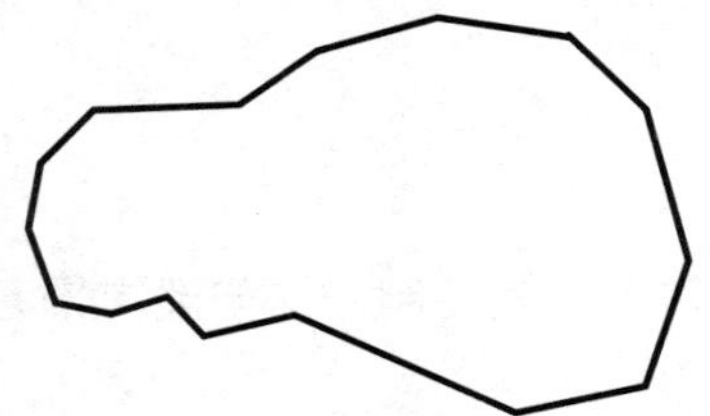

图 7-24　绘制石块外部轮廓

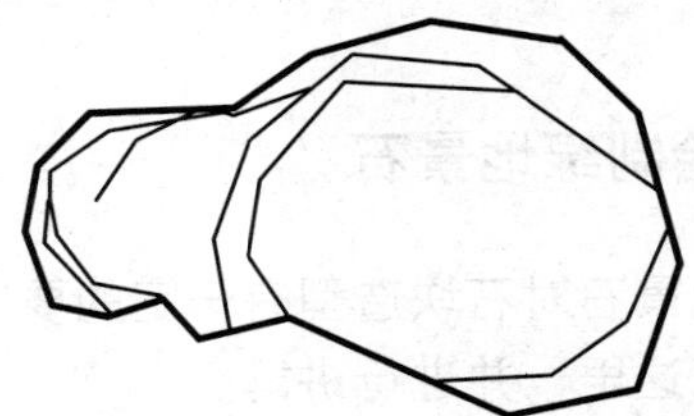

图 7-25　绘制石块内部纹理

04 输入 B 命令，将石块定义为内部块，命名为“池岸景石 1”，指定景石中心点为拾取点，参数设置如图 7-26 所示。

05 用相同的方法绘制其他形状的池岸景石并定义为块，分别命名为“池岸景石 2”和“池岸景石 3”，指定景石中心点为拾取点，如图 7-27 所示。

图 7-26　“块定义”对话框

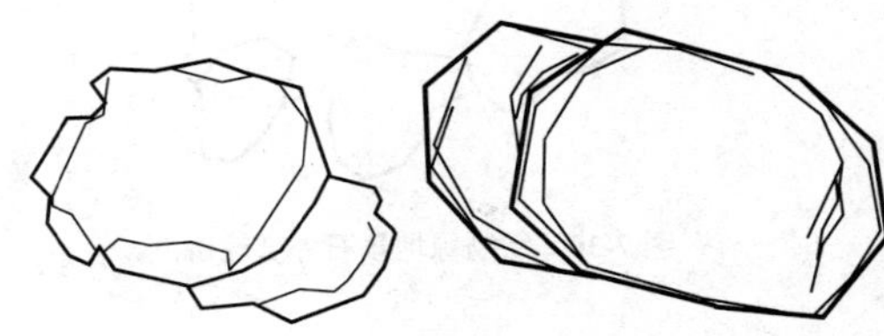

图 7-27　绘制其它景石

06 综合使用 M 和 CO 命令，将绘制的景石移动复制到适当位置，如图 7-28 所示。

07 综合使用 SC 和 RO 命令，调整景石的大小和方向，如图 7-29 所示，以产生自然和随意的效果。

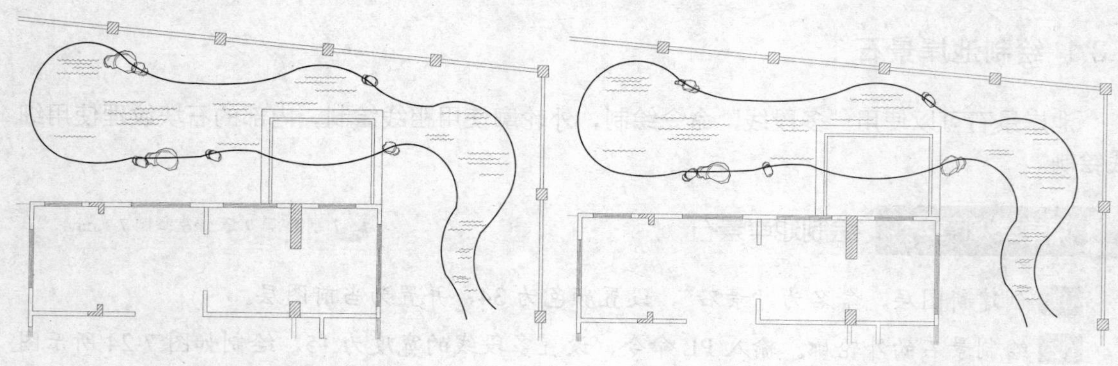

图 7-28 移动复制景石　　图 7-29 调整景石的大小和方向

技巧 该池岸景石的布置方法有特置，也有散置，做到主次分明，疏密有致，随意而不随便。

7.3.2 绘制绿地景石

绿地景石对石块造型有一定的要求，一般为特置或散置，其绘制方法与池岸景石完全相同，因此这里一并进行讲解。

课堂举例 7-2：绘制绿地景石

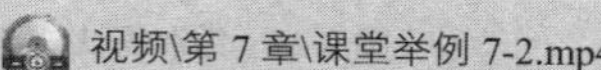

视频\第 7 章\课堂举例 7-2.mp4

01 输入 PL 命令，设置宽度为 15，绘制外轮廓，如图 7-30 所示。

02 绘制石块纹理。输入“PL”命令，设置宽度为 0，绘制如图 7-31 所示线条表示石块内部纹理。

03 输入 B 命令，将石块定义为内部块，命名为“绿地景石”，指定景石中心点为拾取点，后面备用。

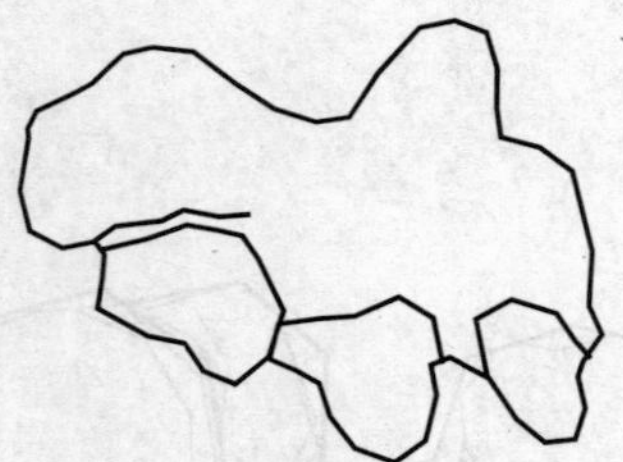

图 7-30 绘制绿地景石外部轮廓

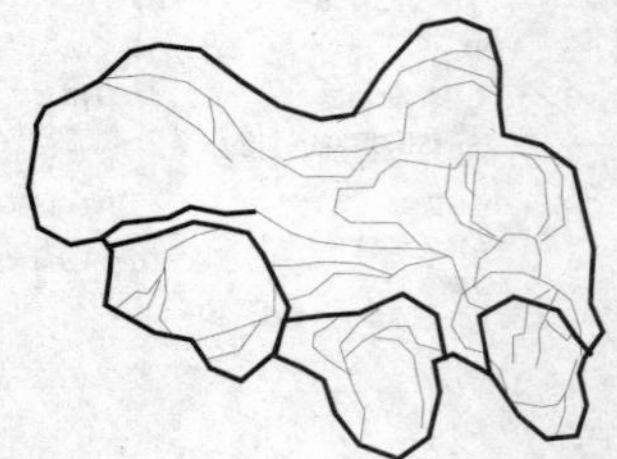

图 7-31 使用多段线绘制石块内部纹理

7.4 绘制山石汀步和叠水假山

在园林小品中，常常在池水里安排一些让游客跨步水面的汀步石，一步一石、洒落水面，既能给游园增添情趣，又能给园林水景增加许多活泼的气息。

本节介绍了具体绘制山石汀步的方法，山石汀步多选石块较大，外形不整且面层比较平

的山石，散置于水浅处，石与石之间高低参差，疏密相间，取自然之态，既便于临水，又能使池岸形象富于变化。

绘制完成的山石汀步效果如图 7-32 所示。

7.4.1 使用“徒手画线”命令绘制汀步

“徒手画线”命令用于绘制一些无规律可循的不规则的曲线图形。绘制图形时，输入 sketch 并按空格键确认，然后光标就像画笔一样，移动到哪里，图形就画到哪里。徒手画线产生的曲线是由许多条短小的线段组成的，每条线段都可以是独立的对象或多段线。可以设置线段的最小增量，记录的增量值定义直线段的长度。

课堂举例 7-3：使用“徒手画线”命令绘制汀步 视频\第 7 章\课堂举例 7-3.mp4

01 在命令行中输入 sketch 命令，按下空格键确认。选择“增量”备选项，输入最小线段长度为 15，按下空格键确认。

02 在“徒手画”提示下，单击起点表示放下“画笔”。移动光标时，将以指定的长度徒手绘制汀步石块的轮廓，如图 7-33 所示。

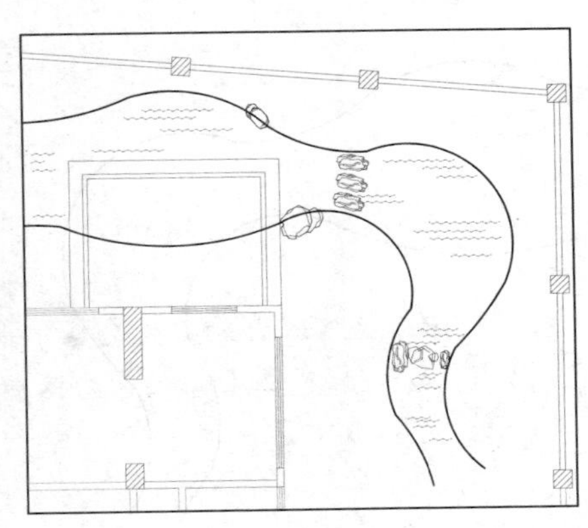

图 7-32 山石汀步效果图

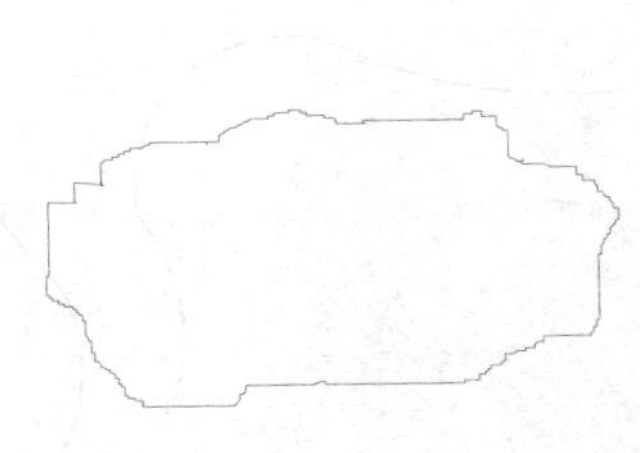

图 7-33 绘制汀步轮廓

03 单击端点收起“画笔”。此时移动光标不会留下笔迹。单击新起点，从新的光标位置开始绘制汀步内部纹理，如图 7-34 所示。

04 以相同的方法绘制其他线条，如图 7-35 所示。

05 输入 B 命令，打开“块定义”对话框，将绘制完成的山石汀步定义为块，命名为“汀步”，指定汀步的中心为基点。

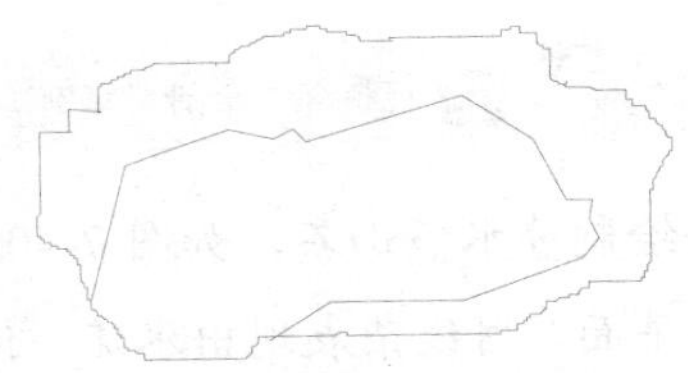

图 7-34 使用徒手绘线绘制汀步内部纹理

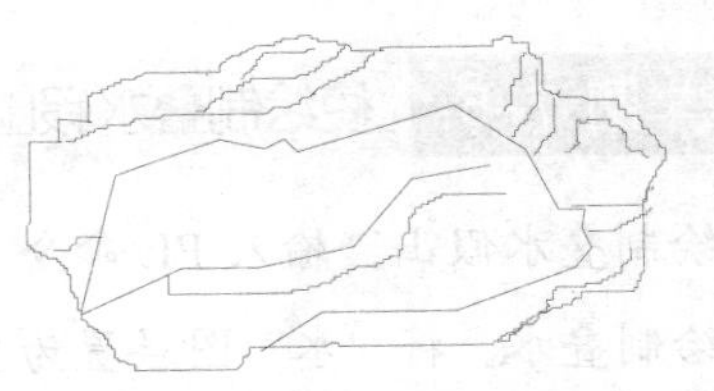

图 7-35 汀步绘制结果

7.4.2 使用“多段线”命令绘制汀步

该汀步形状与前面绘制的汀步有较大的差异，因此这里使用“多段线”命令进行绘制。

课堂举例 7-4：使用“多段线”命令绘制汀步 视频\第 7 章\课堂举例 7-4.mp4

01 输入 PL 命令，绘制如图 7-36 所示的多段线。

02 输入 B 命令，用同样的方法将绘制的汀步定义为内部块，命名为“步石汀步”，指定其中心为基点。

03 综合使用 M（移动）和 CO（复制）命令，将绘制完成的汀步移动复制到合适位置，如图 7-37 所示。

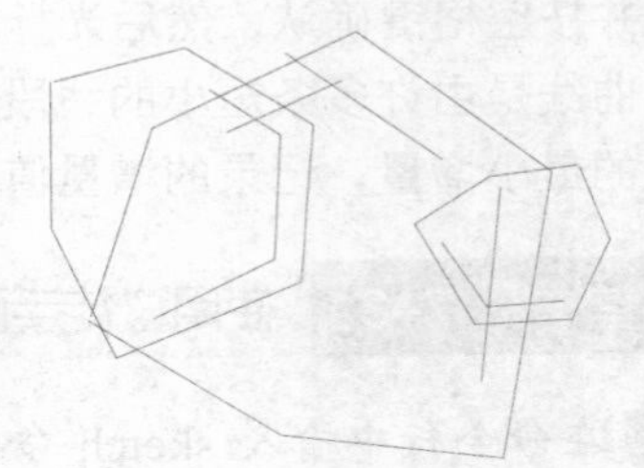
图 7-36 绘制步石

04 综合使用 RO（旋转）和 SC（缩放）命令，对汀步进行调整，结果如图 7-38 所示。

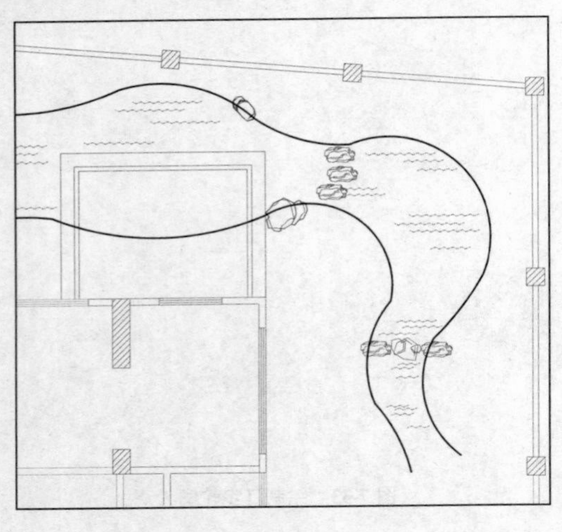
图 7-37 移动复制汀步

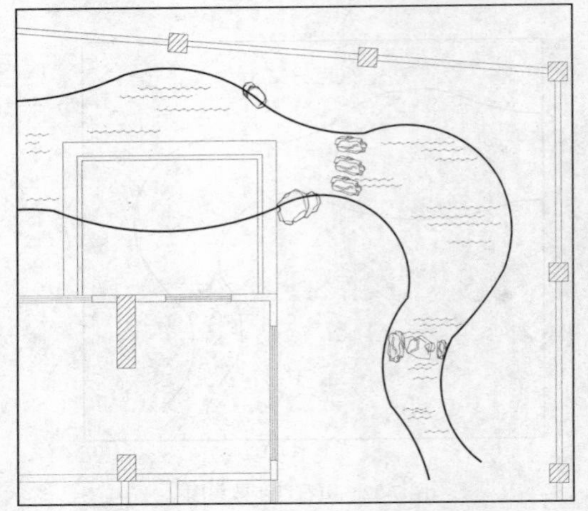
图 7-38 布置汀步

7.4.3 绘制叠水假山

叠水瀑布是指水从假山上倾泻下来而形成的水体景观。绘制完成的假山叠水瀑布效果如图 7-39 所示。

课堂举例 7-5：使绘制叠水假山 视频\第 7 章\课堂举例 7-5.mp4

01 绘制叠水假山。输入 PL 命令，用绘制景石方法绘制叠水假山石，如图 7-40 所示。

02 绘制叠水。将“水”图层置为当前图层。叠水的平面，用线条表现出水流。使用“圆弧”和“直线”命令绘制线段，然后复制移动线段，结果如图 7-41 所示。

03 使用 M 命令，将绘制的叠水假山移动至合适位置，并综合使用 RO 和 SC 命令，调节其大小和方向，如图 7-42 所示。

04 叠水假山绘制完成。

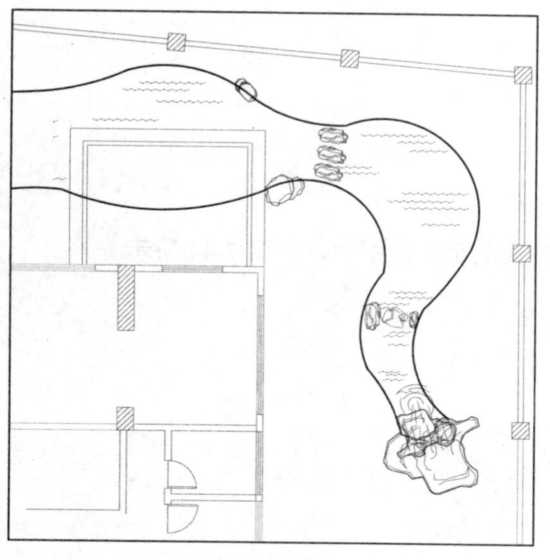

图 7-39　叠水瀑布效果图

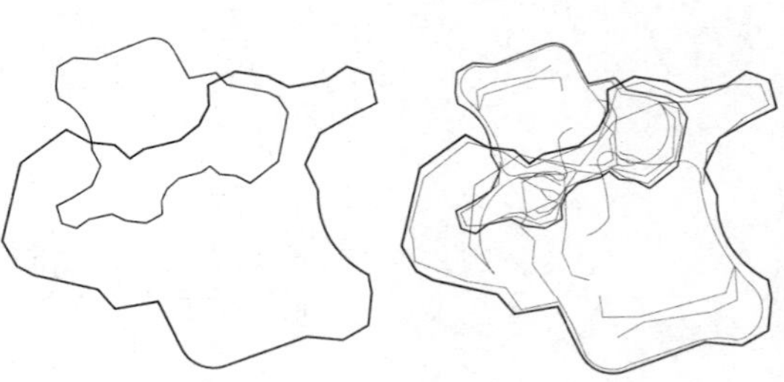

图 7-40　绘制叠水假山

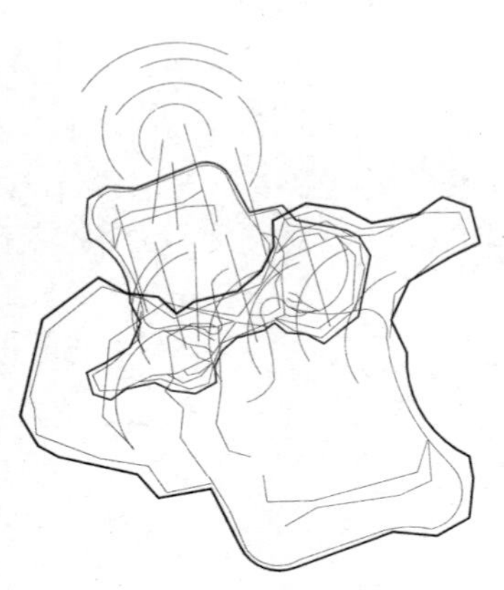

图 7-41　绘制叠水

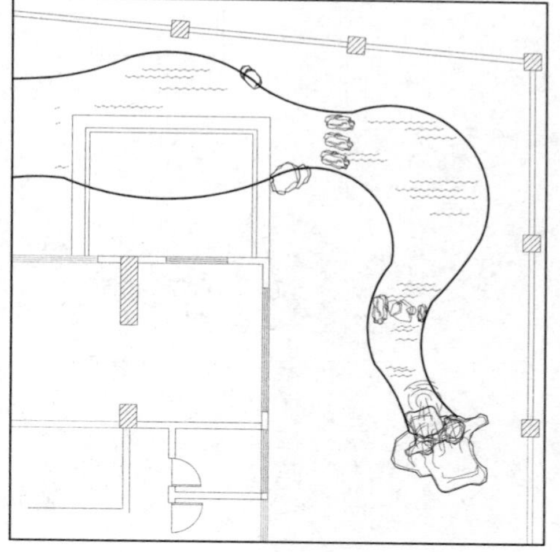

图 7-42　假山叠水瀑布绘制结果

7.5 课后练习

操作题

（1） 绘制如图 7-43 所示庭院景石。

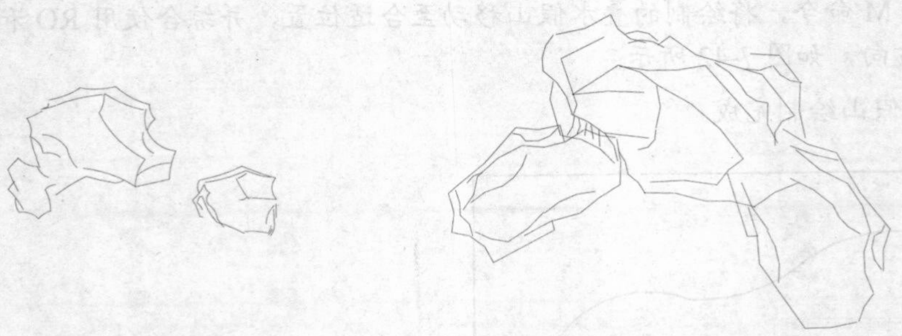

图 7-43 景石

(2) 将上一题绘制的景石分别创建成块，并复制至平面图中，如图 7-44 所示。

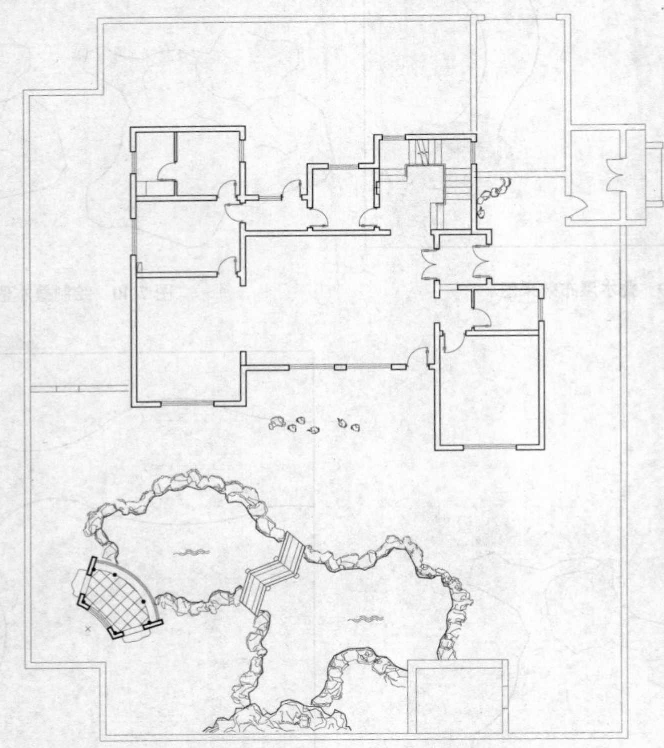

图 7-44 平面图

第8章 园林建筑设计与绘图

本章导读

园林把山、水、植物和建筑组合成有机的整体，从而创造丰富多彩的园林景观，给人们以赏心悦目的美的享受。作为园林构成几大要素之一，园林建筑具有实用和造景的双重功能，随着园林现代化设施水平的不断提高，园林建筑的内容也越来越复杂多样，在园林中的地位也日愈重要。

本章首先简单介绍了园林建筑的功能、分类及设计原则，然后结合别墅庭院实例讲述园林建筑的绘制方法和技巧。

本章重点

- 园林建筑设计基础
- 绘制亲水平台和观水长廊
- 绘制景观亭
- 绘制花架
- 绘制其他园林建筑
- 课后练习

8.1 园林建筑设计基础

园林建筑是指园林中提供休息、装饰、照明、展示和为园林管理及方便游人之用的小型建筑设施。一般设有内部空间，体量小巧，造型别致，富有特色，并讲究适得其所。园林建筑在园林中既能美化环境，丰富园趣，为游人提供娱乐休息和公共活动的场所，又能使游人从中获得美的感受和良好的教益。

8.1.1 园林建筑的功能

园林建筑的功能多样，种类繁多，主要包括两个方面，一是满足游人的需要，如凉亭、展览馆等，另外还要满足园林造景要求，是园林构成中不可缺少的景观要素。

1. 满足游人需求

园林是改善、美化人们生活环境的设施，也是供人们休息、游览、文化娱乐的场所，随着园林活动的日益增多，园林建筑类型也日益丰富起来，主要有茶室、餐厅、展览馆、体育场所等等，以满足游人的需要。

2. 园林造景功能

园林造景功能主要体现在以下几个方面：

点景。即点缀风景。建筑与山水、花木种植相结合而构成园林内的许多风景画面。在一般情况下，建筑物往往就是这些画面的重点或主题；没有建筑也就不成其为“景”、无以言园林之美。重要的建筑物常常作为园林的一定范围内甚至整座园林的构景中心。

观景，即观赏风景。作为观赏园内外景物的场所，建筑的朝向、门窗的位置与大小的设计均要考虑赏景的要求。

引导游览路线。园林建筑常常具有起承转合的作用，当人们的视线触及某处优美的园林建筑时，游览路线就会自然而然的延伸，建筑常成为视线引导的主要目标，人们常说的步移景异就是这个意思。园林常以一系列空间的巧妙变化给人以艺术享受，以建筑构成的各种形式的庭院及游廊、花墙、园洞门等恰是组织空间、划分空间的最好手段，如图 8-1 所示。

图 8-1　游廊

8.1.2 园林建筑的分类

园林建筑按其使用功能可分为以下 5 类：

1. 游憩性建筑

供游人休息、游赏用的建筑，它既有简单的使用功能，又有优美的建筑造型。如亭、廊、花架、榭、舫等，如图 8-2 所示。

图 8-2　游憩性建筑

2．文化娱乐性建筑

供园林开展各种活动用的建筑。如游船码头、游艺室、各类展厅等，如图 8-3 所示。

3．园林小品

一些小型的建筑或者设施，可以装饰园景、提供照明、指示方向等。

装饰用的园林小品包括固定的和可移动的花钵、饰瓶，可以经常更换花卉，如图 8-4 所示。还有日晷、香炉、水缸，各种景墙（如九龙壁）、景窗等，在园林中起点缀作用。

图 8-3　游船码头

图 8-4　装饰性园林小品

结合照明的建筑即园灯，它是有装饰效果的园林小品，在地形、道路、绿化的配合下，可以组成一幅非常优美动人的园景，如图 8-5 所示。一般庭园柱子灯的构造，由灯头、灯干及灯座三部分组成。园灯造型的美观，也是由这三部分比例匀称、色彩调和、富于独创来体现的。过去的园灯往往线条较为繁复细腻，现在则强调朴素、大方、整体美，与环境相协调。

展示性建筑包括各种布告板、导游图板、指路标牌（如图 8-6 所示）以及动物园、植物园和文物古建筑的说明牌、阅报栏、图片画廊等，它们都对游人有宣传、教育及引导的作用。

4．服务性建筑

服务性建筑包括为游人服务的饮水泉、洗手池、公用电话亭、时钟塔等，如图 8-7 所示。还有为保护园林设施的栏杆、格子垣、花坛绿地的边缘装饰等，为保持环境卫生的废物箱等。

图 8-5　照明园林小品

图 8-6　园林指示牌

图 8-7　公用电话亭

8.1.3 园林建筑的设计

与其他建筑类型不同，园林建筑既要满足一定的功能要求，又要拥有较高的艺术性和观赏性。园林建筑设计，要在选址的基础上，根据园林的性质、规模、地形特点等因素，进行全园的总布局。

1. 立意

立意是指园林设计的总意图，即设计思想。无论中国的帝王宫苑、私人宅园，或外国的君主宫苑、地主庄园，都反映了园主的设计思想。

立意既关系到设计的目的，又是在设计过程中采用各种手法的根据。组景没有立意，构图将是空洞的形式堆砌。在园林建筑设计中特别要有新意、不落俗套，建筑格局不宜千篇一律，更不容标准化。我国古代园林中的亭子不可计数，但很难找出格局和式样完全相同的例子来，它们总是因地制宜的选择建筑式样和巧妙地配置水、石、树、桥、廊等以构成各具特色的空间。

2. 选址

园林建筑位置必须根据人对自然景物包括建筑在内的观察研究来确定，要符合自然和生活的要求，务求“得体合宜”，如在高崖绝壁松杉掩映处筑奇观精舍，在林壑幽绝处建山亭，在双峰夹峙处置关隘，在广阔处辟田园等。即使同一类型建筑物，也要根据环境设计成不同的风格。如长沙岳麓山山腰的爱晚亭（如图 8-8 所示），处于进入陡峭山区的前哨，是登山的必经之路，亭子建在一小块平坦的高地上，从山下仰视高峻清雅，在亭内往外眺望，山路、小桥、池塘都蜿蜒曲折于茂林之中，更显幽静。

园林建筑的位置要兼顾成景和得景两个方面，如颐和园中的佛香阁既是全园的主景，又可在上俯瞰整个湖区，是成景和得景兼顾的范例。通常以得景为主的建筑多建在景界开阔和景色的最佳观赏线上，以成景为主的建筑多建在有典型景观的地段，而且有合宜的观赏视距和角度。

景不在大，只要有天然情趣，画面动人，能从中获得美的享受，都可以成为园林建筑的佳作。

3. 布局

布局是园林建筑设计方法和技巧的中心问题。有了好的组景立意和基址环境条件，但如

果布局零乱，不合章法，则不可能成为佳作。园林建筑的空间布局形式通常有以下几种：

- 由独立的建筑物和环境结合　形成开放性空间

这种空间组合形式多使用于某些点景的亭、榭之类，如图 8-8 所示，或用于单体式平面布局的建筑物。这种空间组合的特点是以自然景物来衬托建筑物，建筑物是空间的主体，一般对建筑物本身的造型要求较高。

- 由建筑组群自由组合的开放性空间

这种空间组合与前一种组合形式相比，视觉上空间的开放性是基本相同的，但一般规模较大，建筑组群与园林空间之间可形成多种分隔和穿插。由建筑组群自由组合的开敞空间，则多采用分散式布局，并用桥、廊、道路、铺面等使建筑物相互连接，但不围成封闭性的院落。此外，建筑物之间有一定的轴线关系，使能彼此顾盼，互为衬托，有主有从，如图 8-9 所示。

图 8-8　爱晚亭

图 8-9　组群建筑

- 由建筑物围合而成的庭院空间

这是我国古代园林建筑普遍使用的一种空间组合形式，如图 8-10 所示。庭院可大可小，围合庭院的建筑物数量、面积、层数均可伸缩，在布局上可以是单一庭院，也可以由几个大小不等的庭院相互衬托、穿插、渗透形成统一的空间。

- 混合式的空间组合

由于功能或组景的需要，有时可把以上几种空间组合的形式结合使用，故称混合式的空间组合。

图 8-10　围合建筑

4. 借景

借景在园林建筑规划设计中占有特殊重要的地位。借景的目的就是把各种在形、声、色、香上能增添艺术情趣、丰富画面构图的外界因素，引入到本景观空间中，使景色更具特色和变化，如图 8-11 所示。因此，园林建筑设计要突破一般建筑格局，不拘泥对称，也不拘泥朝向。有时为了一棵树，可以去掉半间屋；为了一块石，廊子可以弯过；为了借墙外之景，墙上可以开个洞窗等。“俗则屏之，嘉则收之”，充分发挥各个角度景观的情趣。

5. 风格

不同的国家其园林风格各不相同。从古典园林来说，有以意大利和法国为代表的规则式园林风格（如图 8-12 所示）；有以英国为代表的，以植物造景为主的自然式园林风格（如图 8-13 所示）；有以中国为代表的写意山水式的园林风格。

图 8-11　借景

图 8-12　规则式园林风格

同一个国家的不同地区，风格也会不一样。如我国古典园林中，江南园林与北方园林就有明显的差别，北方皇家园林富丽堂皇、建筑雄厚；而江南的园林则轻巧玲珑、明秀典雅。另外还有山地与海滨等风格迥异的园林。

同一块绿地，表现同一个主题，但由于设计不同，作品的风格也会不一样。因为设计者的生活经历、立场观点、艺术修养和修改特征不同，在处理题材、驾驭素材及表现手法上也会有所不同、各具特色。

6. 尺度与比例

尺度是指建筑空间各个组成部分与具有一定自然尺度的物体的比较，是设计时不可忽视的一个因素。园林建筑是供人休憩、游乐、赏景的所在，空间环境的各项组景内容，一般应该具有轻松活泼、富于情趣和使人不尽回味的艺术气氛，所以尺度必须亲切宜人。房屋建筑的尺度，要注意推敲门、窗、墙身、栏杆、踏步、柱廊等各部分的尺寸和它们在整体上的相互关系，如果符合人体尺度和人们习惯的尺寸，可给人亲切感。除了建筑之外，还要考虑建筑和其他园林要素的关系，浩瀚的湖泊和狭小的池沼、高大的乔木和低矮的灌木丛，小巧玲珑的曲桥和平直空阔的石拱桥，用来组合空间，在尺度效果上是完全不同的。

园林建筑的比例是指各个组成部分在尺度上的相互关系及其整体的关系。一般建筑只需要推敲其内部空间和外部体型的比例关系，而园林建筑还要推敲水、树、石等各种景物的形状、比例问题，以及两者之间的比例谐调关系。

园林建筑中的水形、树姿、石态，它们的优美不仅在于自身造型比例，还在于与建筑的组合关系。在自然风景区，以建筑配合山水、树石，如伏波山的听涛阁，建于漓江江畔半山

之中，上层大阳台挑出，视野开阔，最宜远眺。室内后墙为天然峭壁，石纹如画，磅礴而和谐；室外构垒料石，与大玻璃窗形成强烈的虚实对比。屋顶是水泥小坡顶，覆以黄琉璃瓦，整体建筑高低起伏，使建筑与伏波山结合得生动、自然，如图 8-14 所示。

在人工园林中，则要以其他园林要素配合建筑，如某别墅园林，更以高大浓密的树木、绿色的草地自然围合出私密的院落，清新自然，可畅享大自然的无限静谧，如图 8-15 所示。

图 8-13　自然式园林风格

图 8-14　听涛阁

图 8-15　别墅园林

7. 色彩与质感

色彩与质感的处理与园林空间的艺术感染力有密切的关系。在园林建筑空间中，无论建筑物、山石、池水、花木等主要都以其形、色动人。我国传统园林建筑以木结构为主，但南方风格体态轻盈、色泽淡雅，北方则造型浑厚，色泽华丽。现代园林采用玻璃、钢材等新型材料，造型简洁、色泽明快。

色彩有冷暖、浓淡的区别，色彩可引起人的感情和联想，其象征的手法带给人不同的感受。质感可以增添气氛，古朴、苍劲、轻盈等建筑特性都与质感有莫大的关系。只要善于发现色彩与质感的特点，利用它去组织节奏、韵律、对比、均衡等各种构图变化，就有可能获得良好的艺术效果。

8.2 绘制亲水平台和观水长廊

本别墅庭院的园林建筑设计有景观亭、花架、亲水平台等。下面分别介绍这些园林建筑的功能、特点和具体绘制方法。

绘制完成的亲水平台效果及尺寸如图 8-16 所示。

8.2.1 绘制平台

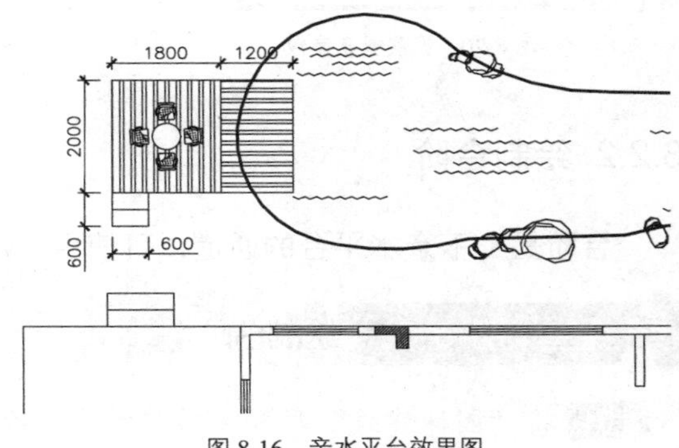

图 8-16　亲水平台效果图

亲水平台为人们提供了一个观赏水生动植物、和水环境亲密接触的场所，以近距离感受水清天蓝、绿树夹岸、鱼虾洄游的河道生态景观。这里将其布置在生态鱼池的西岸，由木材搭建而成，美观实用简洁，同时与环境融洽和谐。人站在平台上犹如站在甲板上，尽情徜徉在波光鳞鳞之中。

课堂举例 8-1：绘制平台 视频\第 8 章\课堂举例 8-1.mp4

01 将“园林建筑”图层置为当前图层。

02 绘制平台轮廓。输入 REC 命令，按住 Shift 键，右键单击鼠标，选择“自”，单击如图 8-17 所示点 A，输入相对坐标（@0，2400），确定矩形第一点，输入相对坐标（@-1800，2000），绘制得到如图 8-18 所示矩形。

03 按空格键再次调用 REC 命令，以绘制的矩形右上角端点为矩形第一角点，输入相对坐标（@1200，-2000），绘制得到如图 8-19 所示的第二个矩形。

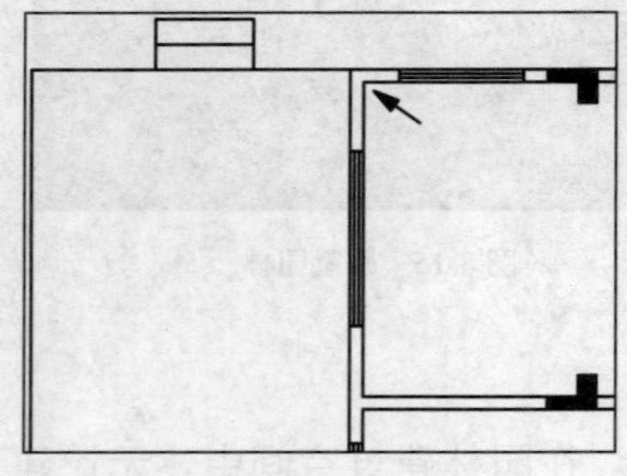

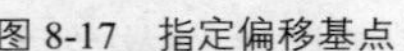

图 8-17 指定偏移基点

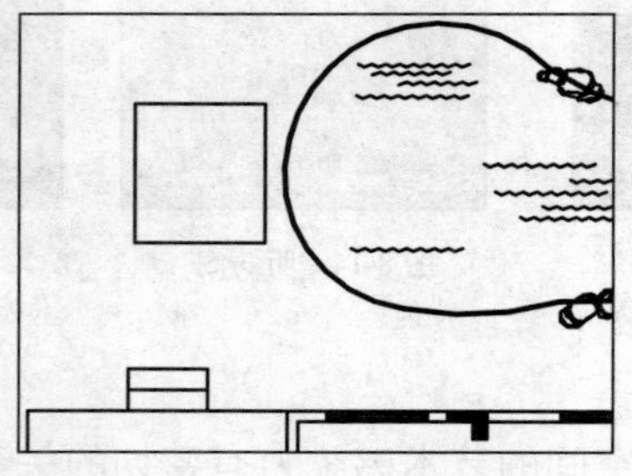

图 8-18 绘制亲水平台轮廓

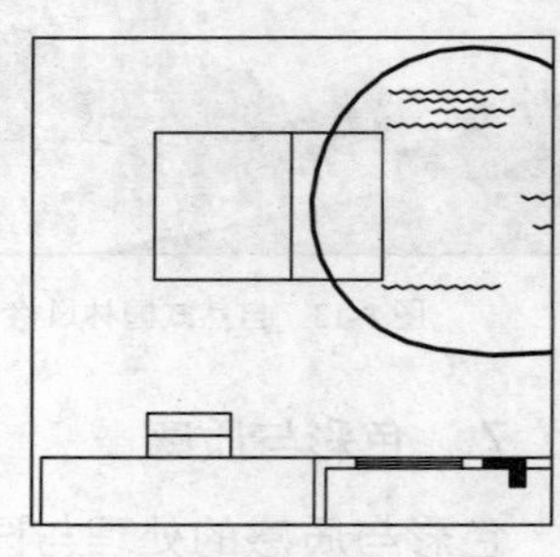

图 8-19 绘制亲水平台轮廓

04 填充平台木纹。将“填充”图层置为当前图层，输入 H 命令，在弹出的“图案填充创建”选项卡中，选择填充图案为 ANSI32，设置角度为 45，比例为 50，如图 8-20 所示。单击“添加:选择对象”按钮，选择较大的矩形进行填充，结果如图 8-21 所示。

05 用相同的方法填充另一个矩形，修改角度为 135，比例为 50，填充结果如图 8-22 所示。

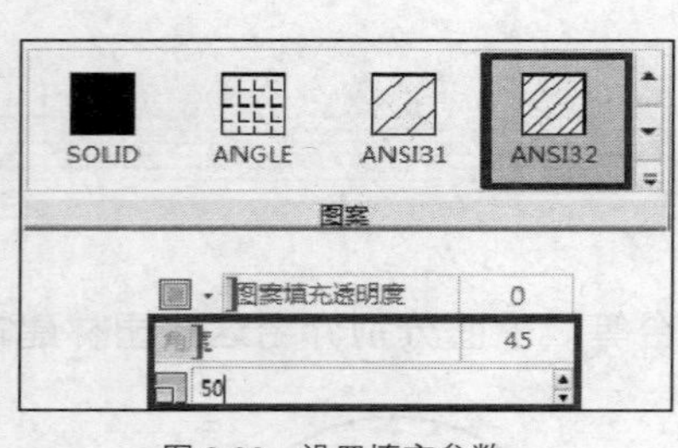

图 8-20 设置填充参数

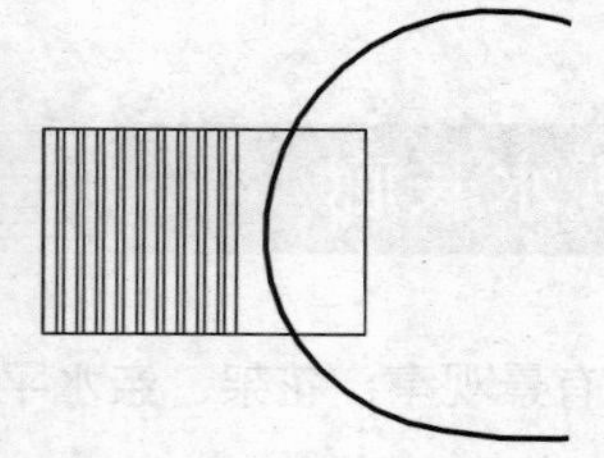

图 8-21 填充结果

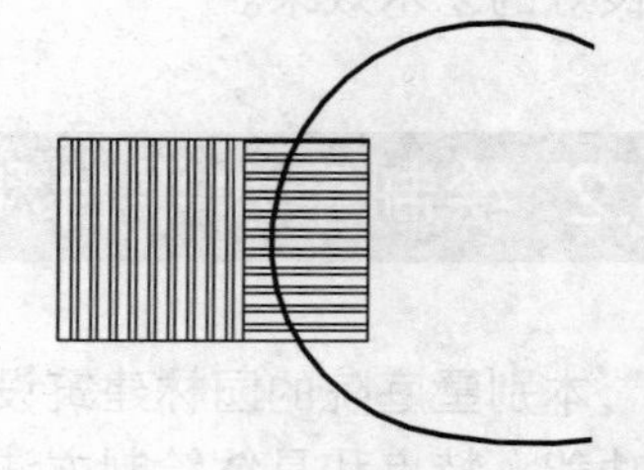

图 8-22 填充另一个矩形

8.2.2 绘制台阶

台阶是上下亲水平台的通道，可使用“矩形”命令进行绘制。

课堂举例 8-2：绘制台阶 视频\第 8 章\课堂举例 8-2.mp4

01 将“园林建筑”层置为当前图层。输入 REC 命令，以绘制的亲水平台的左下角端点为矩形第一角点，输入（@600，-300），绘制得到如图 8-23 所示的台阶矩形。

02 输入 CO 命令，将绘制的矩形进行如图 8-24 所示的复制，得到第二级台阶。

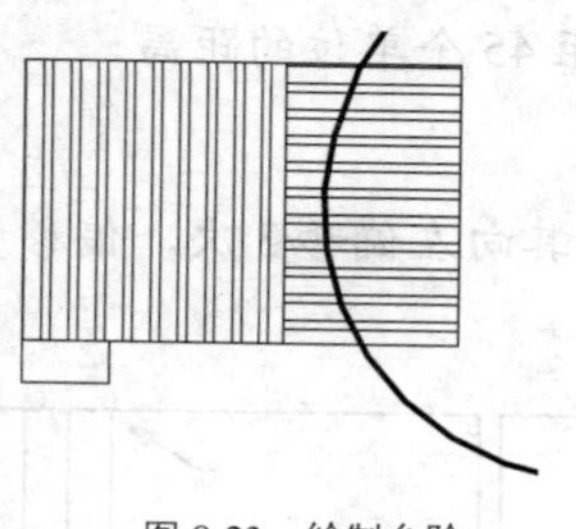

图 8-23　绘制台阶

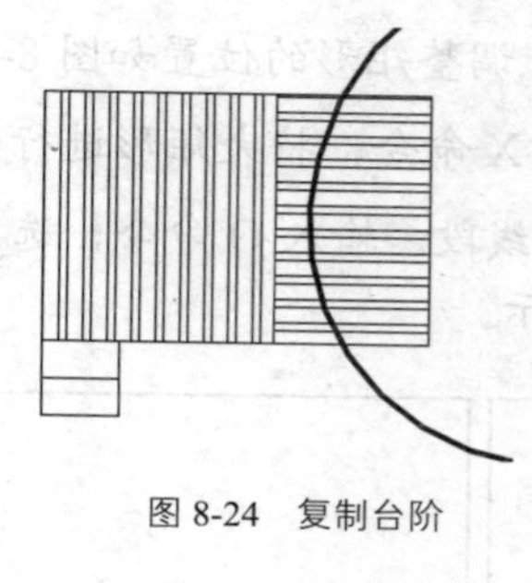

图 8-24　复制台阶

8.2.3 添加平台桌椅

平台桌椅可通过调入图块的方式加快绘制。

课堂举例 8-3：添加平台桌椅　视频\第 8 章\课堂举例 8-3.mp4

01 将“附属设施”层置为当前图层。输入 I 命令，单击“浏览”按钮，选择随书光盘中的“图库 / 第 05 章 / 素材 / 室外桌椅.DWG”文件，如图 8-25 所示。

02 单击“确定”按钮，捕捉亲水平台所在的大矩形的中心为插入点，如图 8-26 所示。

03 修剪填充。输入 X 命令，选择稍大矩形的填充，按下空格键，分解填充图案。输入 TR 命令，按下空格键，修剪填充图形与插入桌椅重叠的部分，如图 8-27 所示，以体现出图形之间的层次。

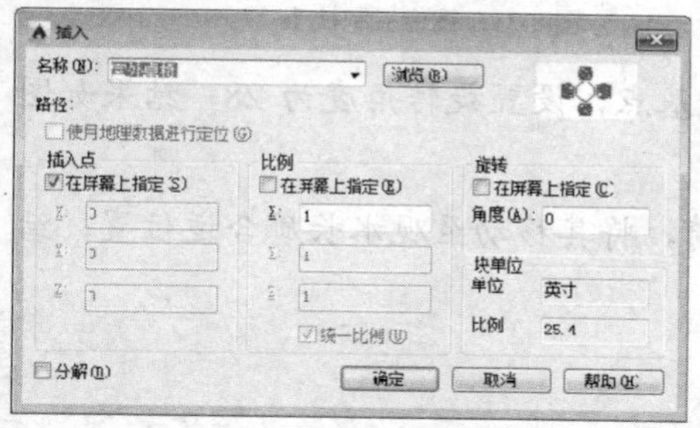

图 8-25　“插入”对话框

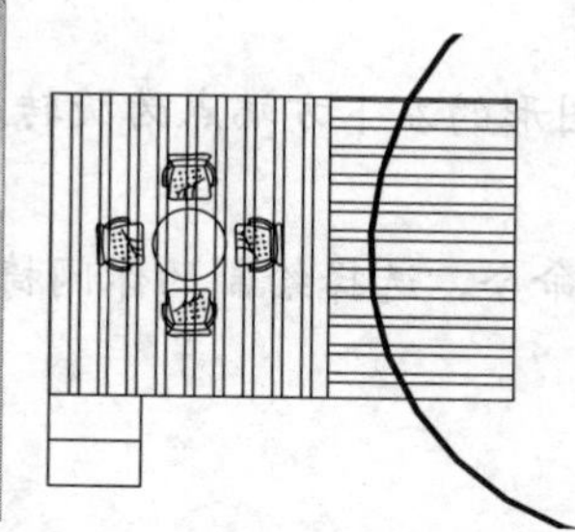

图 8-26　插入桌椅图块

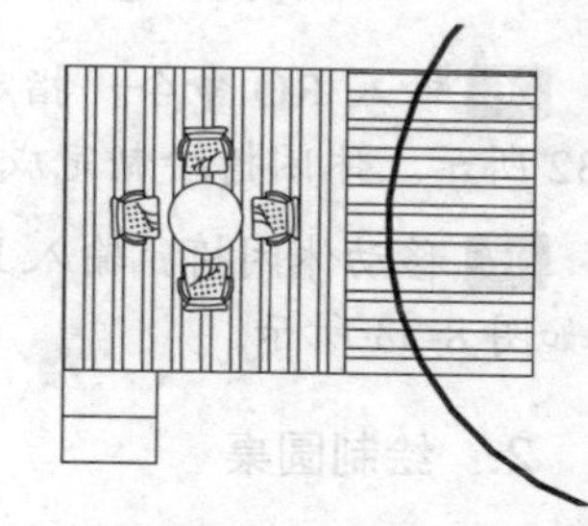

图 8-27　修剪多余线条

8.2.4 绘制观水长廊桌椅

与亲水平台类似，观水长廊也是一个赏水、亲水的场所，同时也是连接景区和景点的纽带，廊的特点是狭长而流畅。为了方便水体的绘制，在本书第 2 章绘制了景观水池右侧的观水长廊的轮廓，因此这里添加长廊休闲桌椅，完善长廊图形。

课堂举例 8-4：绘制观水长廊桌椅　视频\第 8 章\课堂举例 8-4.mp4

1. 绘制座椅

01 绘制椅面。输入 REC 命令，在绘图区任意位置绘制大小分别为 360×630 和 1035×630

的两个矩形，调整矩形的位置如图 8-28 所示，两矩形相距 45 个单位的距离。

02 输入 X 命令，将大矩形进行分解。

03 偏移线段。输入 O 命令，选择大矩形右侧边，将其向左偏移 3 次，偏移量均为 90，如图 8-29 所示。

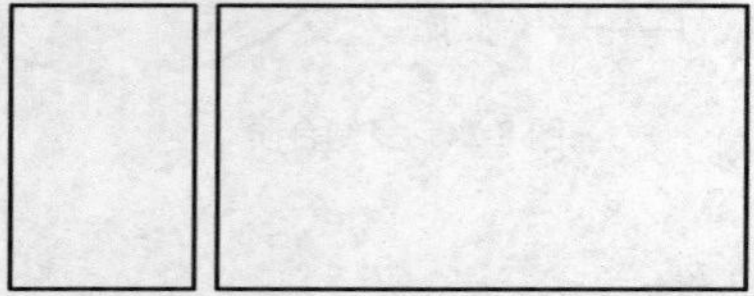

图 8-28　绘制座椅轮廓

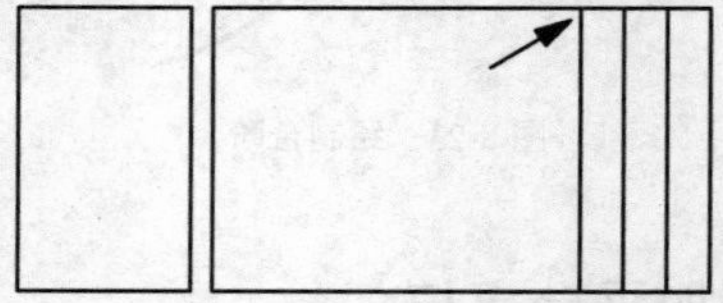

图 8-29　偏移线段

04 绘制扶手。输入 PL 命令，捕捉并单击图 8-29 所示的 B 点，用光标指引 Y 轴正方向输入 90，得到多段线第一个顶点，继续指引 X 轴负方向输入 630，得到第二个顶点，指引 Y 轴负方向输入 90，如图 8-30 所示。

05 复制扶手。输入 MI 命令，将其镜像复制到矩形下侧，如图 8-31 所示。

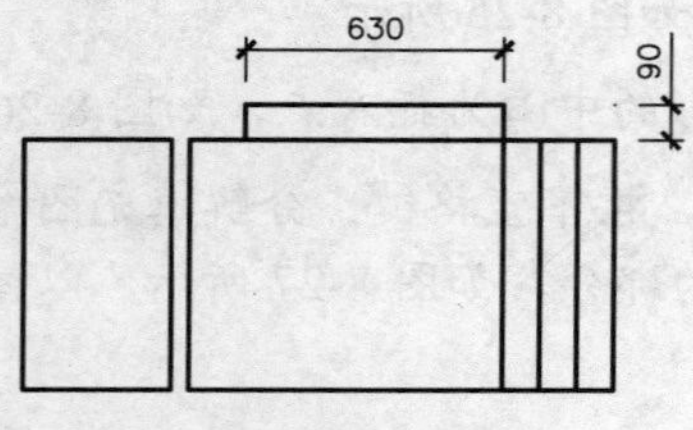

图 8-30　绘制座椅扶手

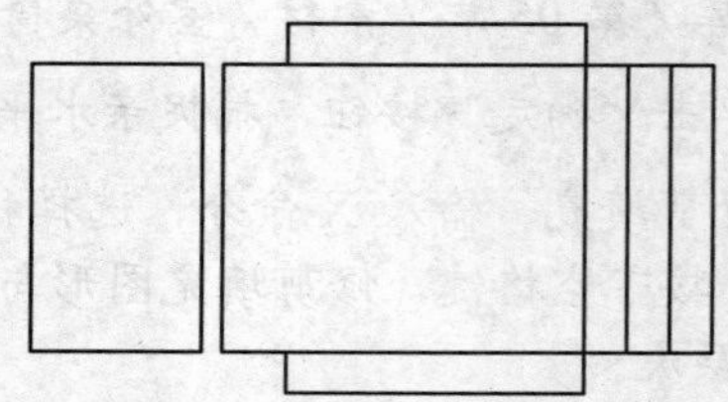

图 8-31　镜像复制扶手

06 输入 RO 命令，指定图形的左下方端点为旋转基点，设置旋转角度为 28，结果如图 8-32 所示。休闲椅绘制完成。

07 移动休闲椅。输入 M 命令，选择绘制的休闲椅，将其移动至观水长廊合适位置，结果如图 8-33 所示。

2. 绘制圆桌

输入 C 命令，绘制半径为 250 的圆表示桌面，并将其移动至休闲椅旁边，结果如图 8-34 所示。

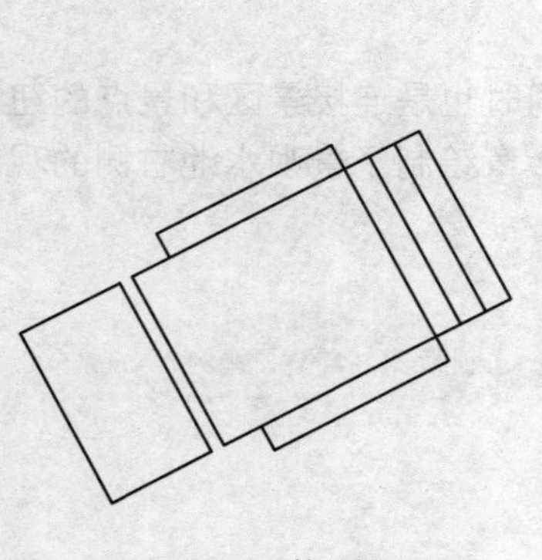

图 8-32　旋转图形

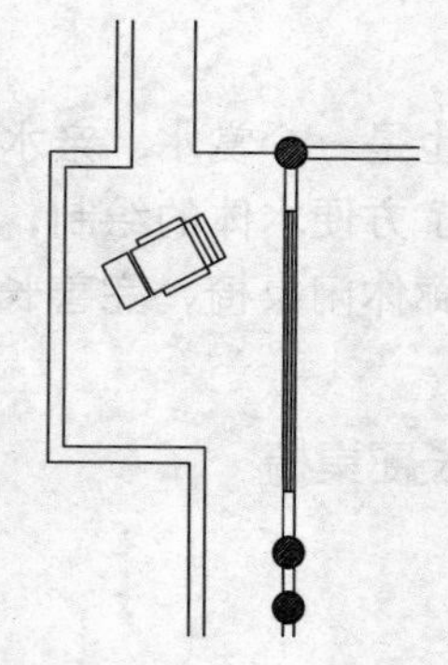

图 8-33　移动座椅

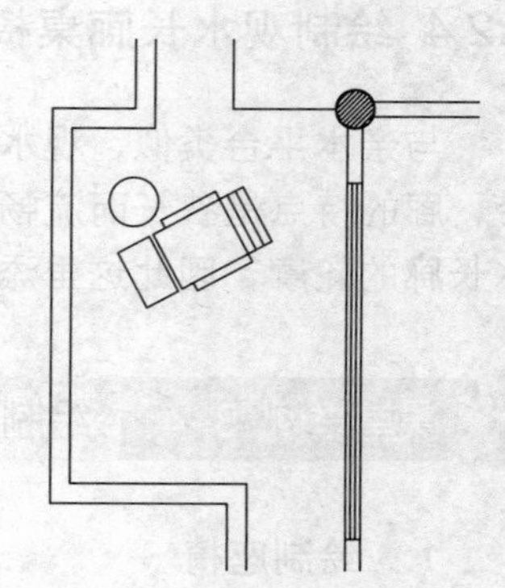

图 8-34　绘制圆桌

8.3 绘制景观亭

景观亭在我国园林中是运用得最多的一种建筑形式。无论是在传统的古典园林中，还是在解放后新建的公园及风景浏览区，都可以看到有各种各样的亭子。或伫立于山岗之上，或依附在建筑之旁，或临近于水池之畔。与园林中的山水、植物一起，构成一幅幅生动的画面。

这里绘制的是一个现代风格的景观亭，布置在景观水池叠水景观的位置，是欣赏水景、休闲闲谈的好去处。绘制完成的景观亭效果如图 8-35 所示。

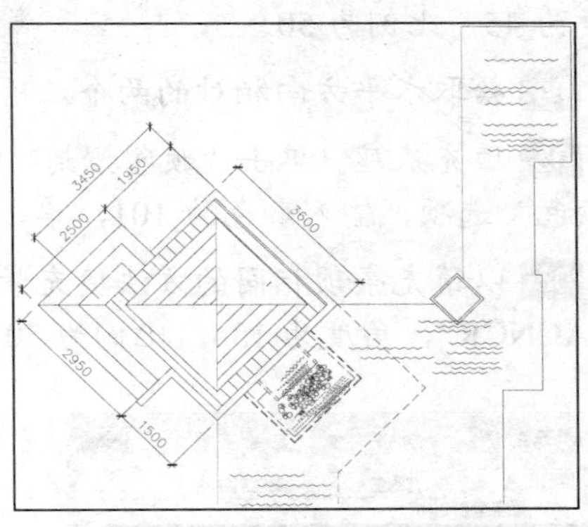

图 8-35　景观亭尺寸效果图

8.3.1 绘制景观亭基座和亭顶

在总平面图中，景观亭只需绘制出大致轮廓即可，景观亭的结构和具体尺寸将在立面和详图中详细表达。

课堂举例 8-5：绘制景观亭基座和亭顶

视频\第 8 章\课堂举例 8-5.mp4

01 绘制基座。将“园林建筑”置为当前图层。输入 REC 命令，单击绘图区任意位置确定第一角点，输入（@3600，3600），绘制一个矩形。

02 输入 O 命令，将矩形依次向内偏移 150、300，如图 8-36 所示。

03 绘制亭顶。输入 L 命令，连接矩形的两个对角点绘制直线，表示棱台形状的亭顶结构，如图 8-37 所示。

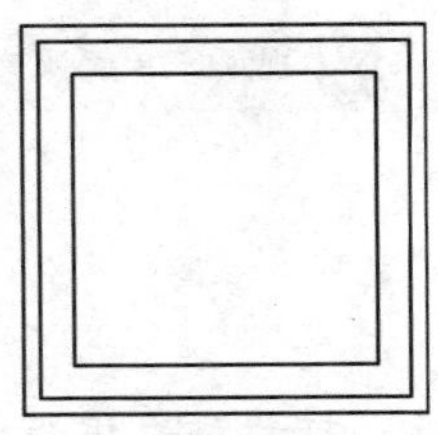

图 8-36　绘制亭基座

图 8-37　绘制亭顶

8.3.2 填充亭顶和地面材料

为了表现亭顶和地面的材料，需要填充相应的图案。

课堂举例 8-6：填充亭顶和地面材料

视频\第 8 章\课堂举例 8-6.mp4

01 将“填充”层置为当前图层。

02 填充亭顶。在“特性”面板中，单击“对象颜色”下拉列表框按钮 ByLayer ，在该下拉列表中选择“更多颜色”选项，打开“选择颜色”对话框，在该对话框中的“索引颜色”选项卡中输入 32，单击“确定”按钮，如图 8-38 所示。

03 填充亭顶。输入 H 命令，弹出“图案填充创建”选项卡，选择填充图案为“ANSI31”，角度为 45，比例为 50。

04 拾取水平方向相对的两个三角形，表示亭顶木结构材料，填充结果如图 8-39 所示。

05 填充基座。单击“颜色控制”下拉列表框按钮 ByLayer ，在该下拉列表中单击“更多颜色”选项，输入颜色为 101，单击“确定”按钮。

06 以填充亭顶相同的方法填充景观亭基座，表示基座地面铺装材料。选择填充图案为“SACNCR”，角度为 135，比例为 50。填充结果如图 8-40 所示。

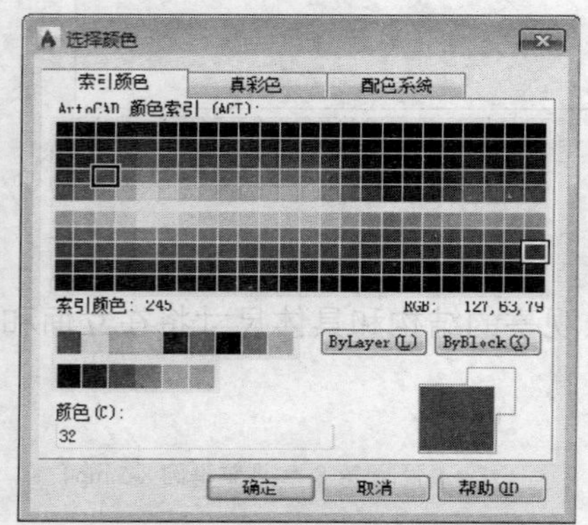

图 8-38 “选择颜色”对话框

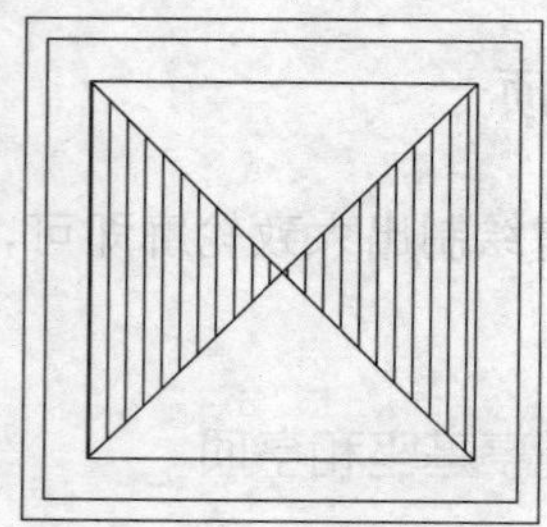

图 8-39 亭顶填充结果

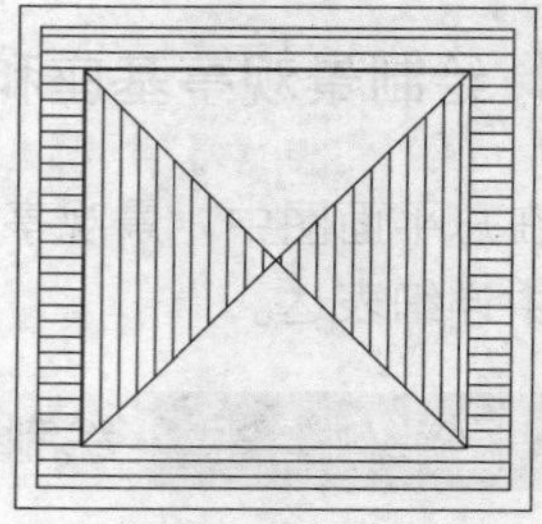

图 8-40 基座填充结果

8.3.3 绘制台阶

台阶是景观亭出入的通道，位于景观亭的西南角位置。

 课堂举例 8-7: 绘制台阶  视频\第 8 章\课堂举例 8-7.mp4

1. 绘制护栏

01 将“园林建筑”层置为当前图层。

02 绘制台阶边线。输入 PL 命令，捕捉景观亭右下角端点，打开对象追踪，用光标指引 X 轴水平负方向，输入 1350，以这一点作为起点。沿 Y 轴垂直负方向输入 900，沿 X 轴水平负方向输入 150，沿 Y 轴垂直正方向输入 1050，绘制得到如图 8-41 所示图形，表示台阶右侧的护栏。

2. 绘制台阶

01 输入台阶外轮廓。重复执行 PL 命令，捕捉基座第二层矩形左下角端点，用光标指引 Y 轴正方向，输入 1500，得到多段线起点。沿 X 轴水平负方向输入 1000，沿 Y 轴垂直负方向输入 2500，沿 X 轴水平正方向输入 2950，按下空格键，得到台阶外轮廓如图 8-42 所示。

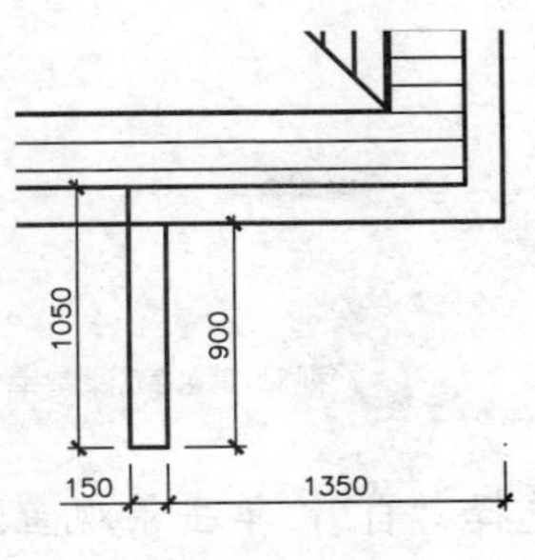

图 8-41　绘制台阶边线

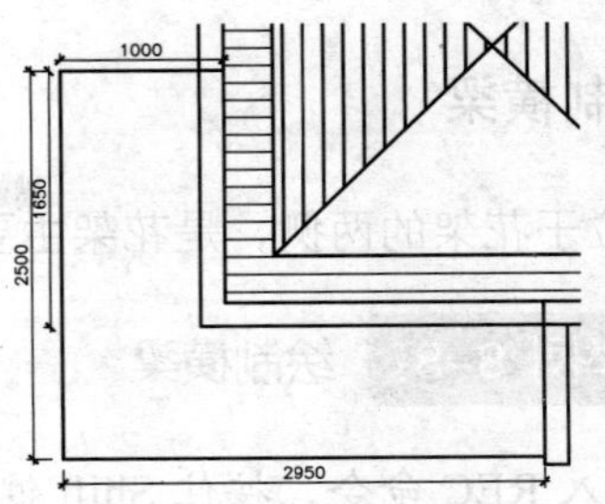

图 8-42　绘制台阶外轮廓

02 输入 TR 命令，对图形进行修剪，结果如图 8-43 所示。

03 绘制台阶。输入 O 命令，将第二条多段线向内偏移两次，偏移量为 300。输入 L 命令，连接台阶的转折点，如图 8-44 所示。

04 输入 RO 命令，选择如图 8-44 所示的图形，以基座右下角端点为基点，旋转景观亭 -45° 输入 M 命令，移动景观亭到如图 8-45 所示的叠水位置。

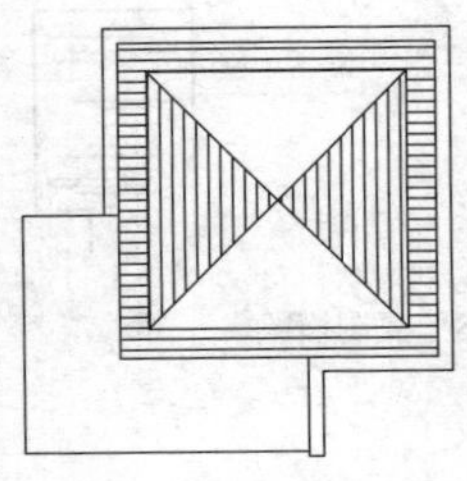

图 8-43　修剪结果

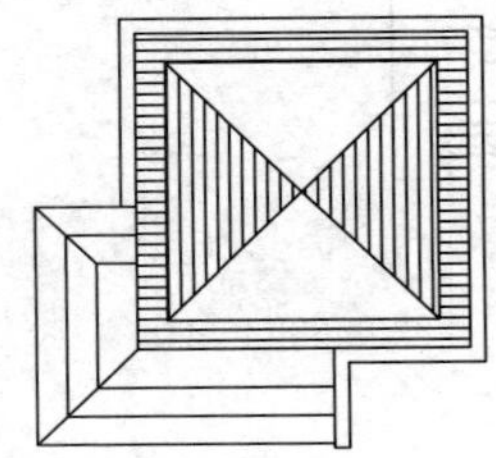

图 8-44　绘制台阶

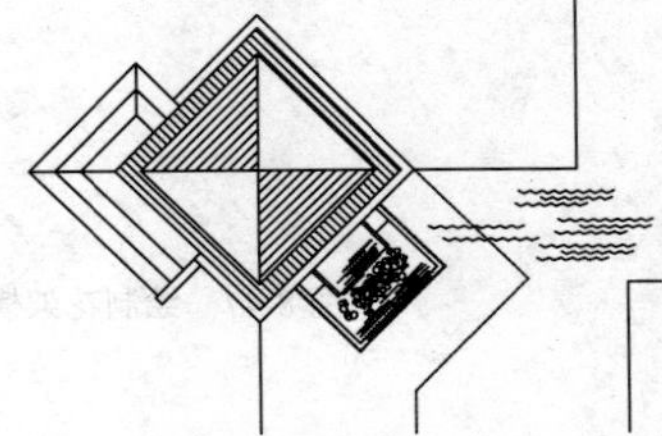

图 8-45　移动景观亭

8.4 绘制花架

花架可作遮荫休息之用，并可点缀园景。花架可应用于各种类型的园林绿地中，常设置在风景优美的地方供休息和点景，也可以和亭、廊、水榭等结合，组成外形美观的园林建筑群。在居住区绿地、儿童游戏场中，花架可供休息、遮荫、纳凉。

本节绘制完成的花架平面图如图 8-46 所示，它由横梁、木枋和立柱等部分组成。

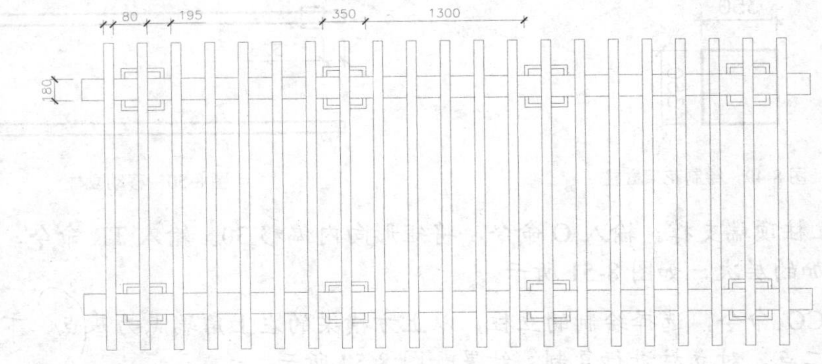

图 8-46　花架平面图

8.4.1 绘制横梁

横梁位于花架的两侧，是花架主要的支撑结构。

课堂举例 8-8：绘制横梁

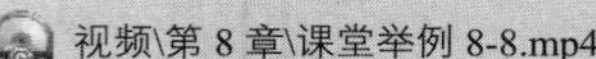

01 输入 REC 命令，按住 Shift 键，右键单击鼠标，选择“自”，单击景观鱼池左上方端点，输入（@-1405，838），确定矩形第一角点，再输入（@-5959，180），按空格键，得到第一根横梁，结果如图 8-47 所示。

02 输入 CO 命令，选择绘制的矩形，用光标指引 Y 轴正方向，输入 1800，按空格键，得到第二根横梁，结果如图 8-48 所示。

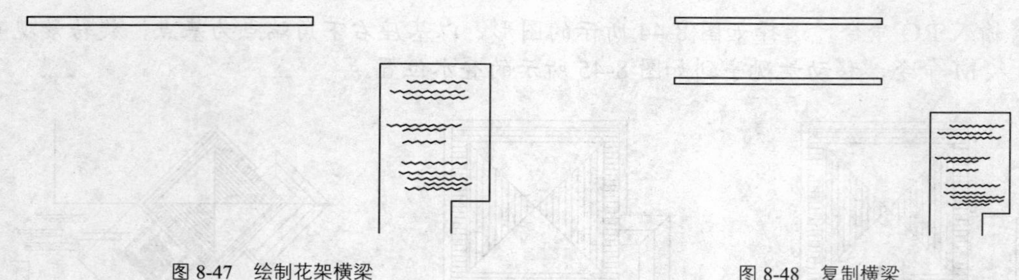

图 8-47　绘制花架横梁　　图 8-48　复制横梁

8.4.2 绘制立柱

在花架平面图中，立柱只需要大概表示其位置和数量即可。

课堂举例 8-9：绘制立柱

视频\第 8 章\课堂举例 8-9.mp4

01 将图层颜色设为“白色”。

02 输入 REC 命令，绘制尺寸为 350×350 的矩形表示立柱，如图 8-49 所示。

03 输入 M 命令，选择矩形，以矩形左侧边中点为基点，捕捉横梁左侧边中点为参考点，沿 X 轴正方向，输入 325，将立柱移动至如图 8-50 所示位置。

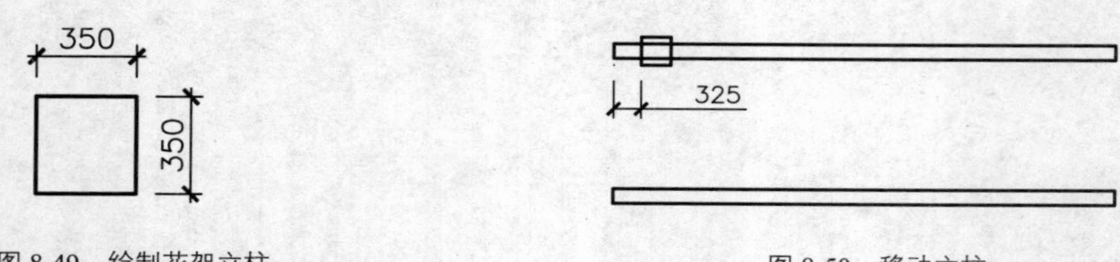

图 8-49　绘制花架立柱　　图 8-50　移动立柱

04 绘制立柱顶端支撑。输入 O 命令，将矩形向内偏移 30。输入 TR 命令，修剪多余线条，以表示叠加的层次，如图 8-51 所示。

05 输入 CO 命令，选择绘制的立柱，以上方横梁的左上角端点为基点，下方横梁的左上角端点为第二点，对立柱进行复制，结果如图 8-52 所示。

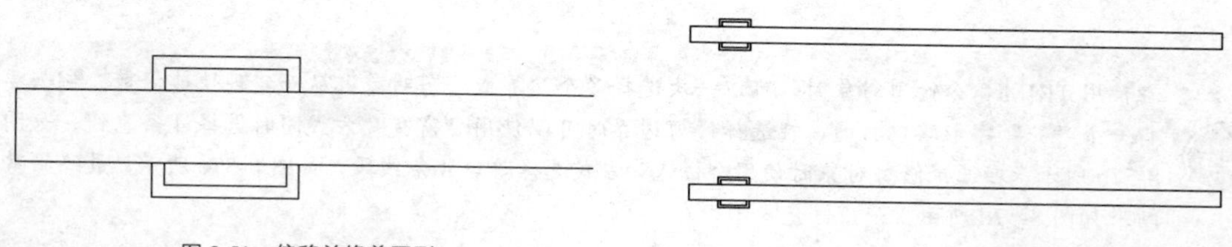

图 8-51　偏移并修剪图形

图 8-52　复制立柱

06 输入 AR 命令，选择绘制和复制的立柱阵列对象，选择“矩形阵列”方式，设置阵列行项目数为 1，列项目数为 4，列间距为 1650，阵列结果如图 8-53 所示，得到两组共 8 根立柱图形。

8.4.3 绘制花架顶部木枋

木枋按一定距离呈矩形排列，可以使用“阵列”命令快速绘制。

课堂举例 8-10：绘制花架木枋　　视频\第 8 章\课堂举例 8-10.mp4

01 将图层颜色设为“青色”。

02 输入 REC 命令，按住 Shift 键，右键单击鼠标，选择“自”，单击下方横梁左下角端点，作为参考点，输入（@185，-300），得到矩形第一角点，再输入（@80，2580），按空格键，绘制第一根木枋，结果如图 8-54 所示。

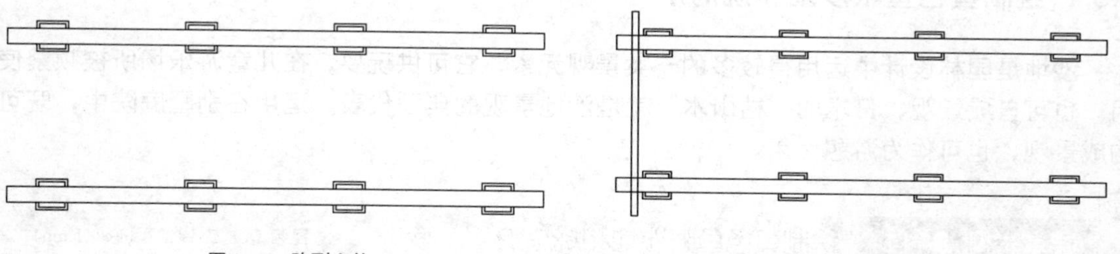

图 8-53　阵列立柱

图 8-54　绘制木枋

03 输入 AR 命令，进行矩形阵列。设置阵列数目行为 1，列为 21，行间距为 0，列间距为 275，阵列结果如图 8-55 所示。

04 输入 X 命令，阵列的木枋分解，然后输入 TR 命令，修剪多余线条，结果如图 8-56 所示。

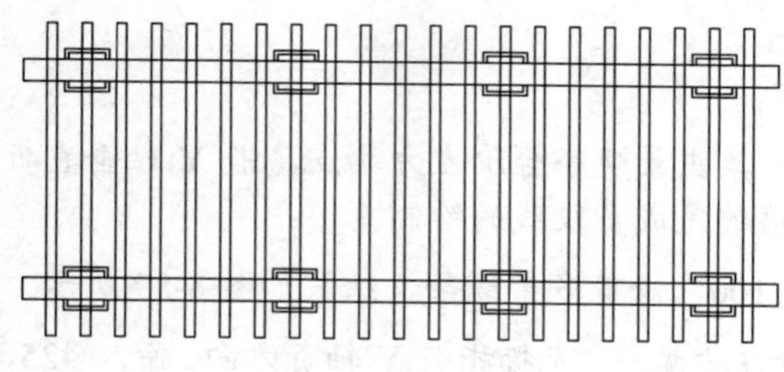

图 8-55　阵列木枋

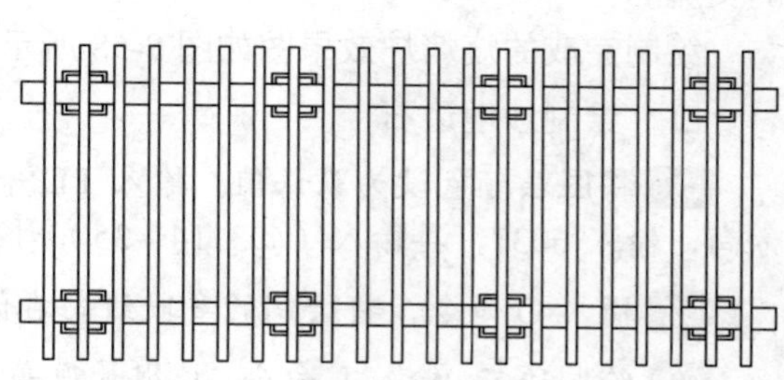

图 8-56　修剪结果

技巧

在使用 TRIM 命令修剪对象时，可以一次选择多个边界或修剪对象，从而实现快速修剪。例如要将一个“井”字形路口打通，在选择修剪边界时可以使用“窗交”方式同时选择 4 条直线，如图 8-57b 所示，在选择修剪对象时使用“栏选”方式选择路口 4 条线段，如图 8-57c 所示，最终修剪结果如图 8-57d 所示。

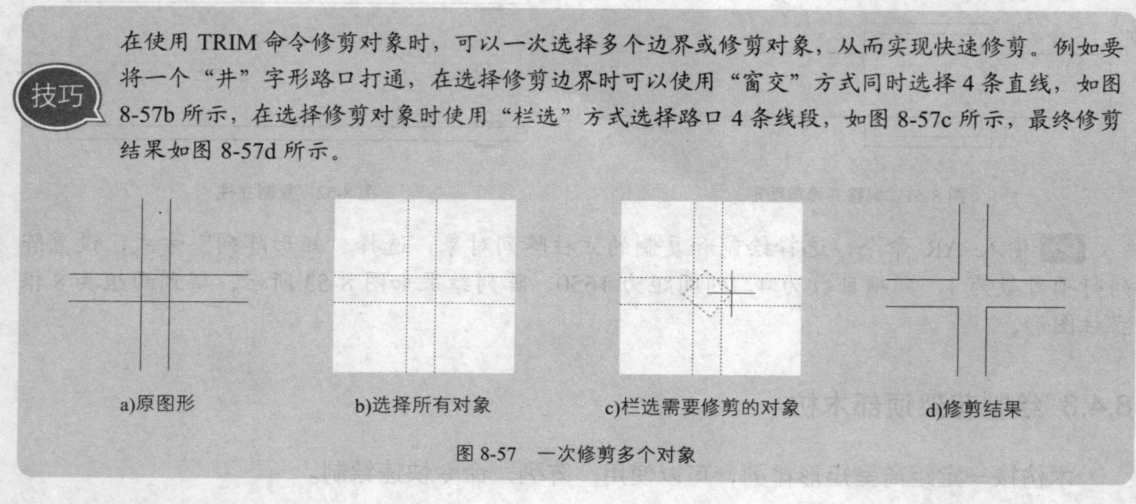

图 8-57 一次修剪多个对象

8.5 绘制其他园林建筑

本节绘制了园林中的一些其他建筑，如黄色鱼眼沙地和烧烤炉、树池、艺术花钵、台阶、矮砖墙、景墙、门廊装饰及抽水井等。

8.5.1 绘制黄色鱼眼沙地和烧烤炉

沙地是园林设计中运用得较多的一类景观元素，它可供玩耍，在儿童游乐场所被频繁使用；也可自成景观，日本的“枯山水”就是沙地景观的典型代表。运用在别墅庭院中，既可构成景观，也可作为游憩之用。

课堂举例 8–11： 绘制黄色鱼眼沙地和烧烤炉 视频\第 8 章\课堂举例 8-11.mp4

1. 绘制烧烤炉

在别墅庭院中设计烧烤炉别有一番情趣，主人可以不必去专门的烧烤场所，不出门就能享受烧烤带来的乐趣。同时也可以通过这种方式，增加家人相处的时间，促进家庭成员之间的交流。

绘制完成的烧烤炉效果图如图 8-58 所示。

❑ 绘制沙地边石

01 将图层颜色设为默认值。输入 PL 命令，单击景观亭台阶左方端点，沿 Y 轴垂直负方向，输入 6037，再输入（@3114<-35），按空格键完成多段线的绘制。

02 输入 O 命令，将绘制的多段线向右偏移 100，修剪多余线条，结果如图 8-59 所示。

03 绘制边石。输入 L 命令，捕捉景观亭台阶左方端点，光标指引 Y 轴负方向，输入 425，确定直线的起点，沿 X 轴正方向输入 100，按下空格键，如图 8-60 所示。

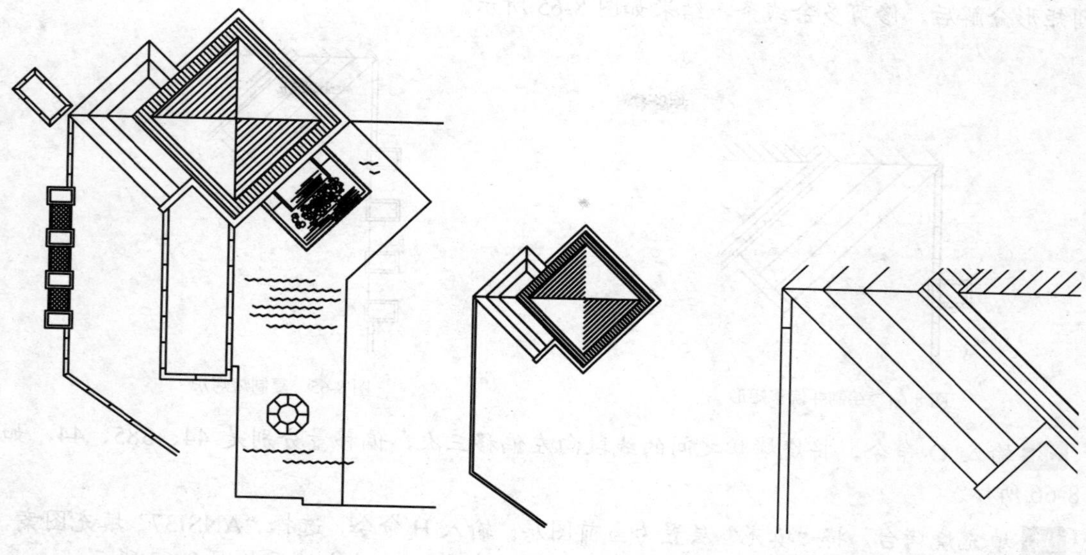

图 8-58　烧烤炉效果图　　图 8-59　绘制沙地边线　　图 8-60　绘制边石分隔

04 输入 AR 命令，进行矩形阵列。设置阵列数目行为 12，列为 1，行间距为-475，列间距为 0，选择绘制的线段，单击“确定”按钮，结果如图 8-61 所示。

05 输入 L 命令，绘制图 8-62 箭头所示的线段。

06 输入 AR 命令，，选择绘制的线段进行矩形阵列。设置阵列数目行为 5，列为 1，行间距为 600，列间距为 0，行轴角度为-125，阵列结果如图 8-63 所示。

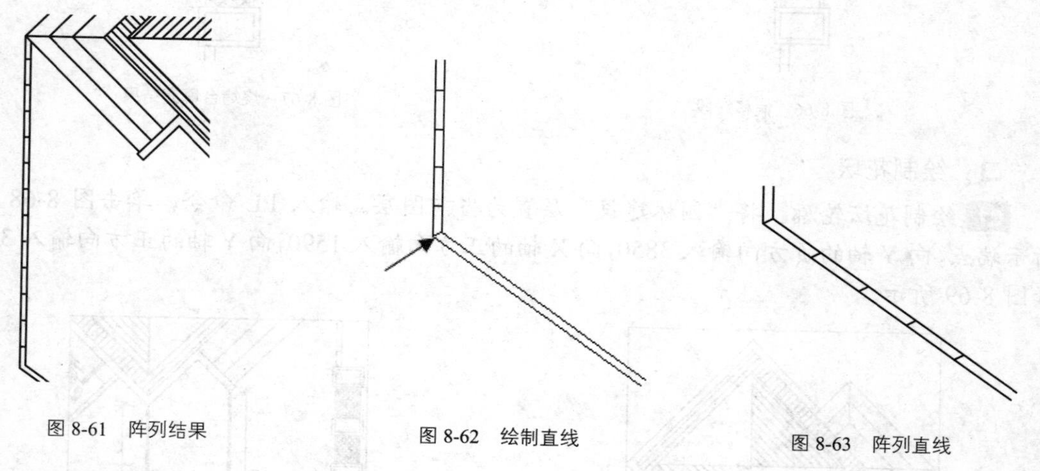

图 8-61　阵列结果　　图 8-62　绘制直线　　图 8-63　阵列直线

- 绘制烧烤炉

01 输入 REC 命令，按住 Shift 键，右键单击鼠标，选择“自”，单击景观亭台阶左方端点，输入（@163，-1683），确定矩形第一角点位置，输入（@-600，-400），绘制得到矩形。输入 O 命令，将绘制的矩形向内偏移 60，结果如图 8-64 所示。

02 输入 AR 命令，选择刚绘制的两个矩形为阵列对象，以矩形的中心点为基点进行阵列，设置阵列的项目数为 4。将光标指引 Y 轴负方向，输入 975，确定复制阵列的间距。将阵列矩形分解后，修剪多余线条，结果如图 8-65 所示。

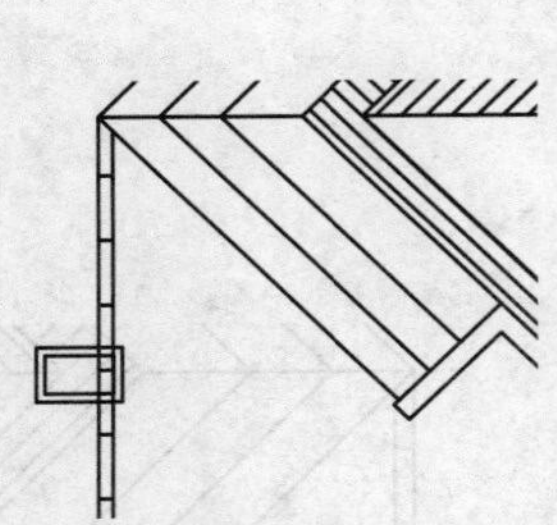
图 8-64　绘制并偏移矩形

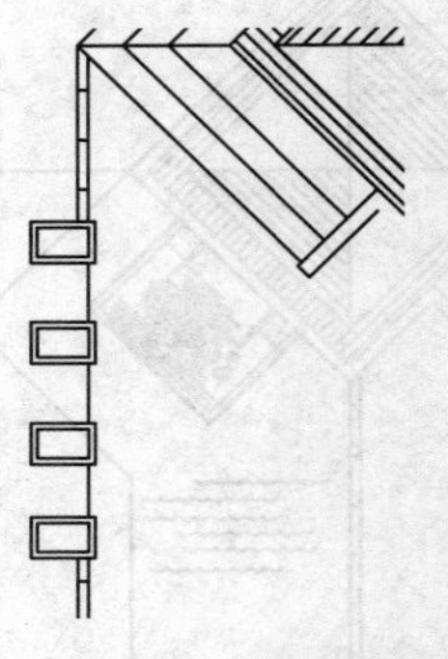
图 8-65　复制烧烤炉

03 输入 O 命令，将烧烤炉之间的线段向左偏移三次，偏移量分别是 44、385、44，如图 8-66 所示。

04 填充烧烤台。将“填充”层置为当前图层。输入 H 命令，选择“ANSI37”填充图案，填充角度为 0，填充比例为 600。拾取烧烤炉之间的内部点，填充结果如图 8-67 所示。

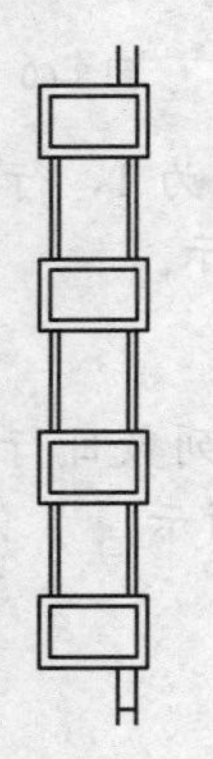
图 8-66　偏移线段

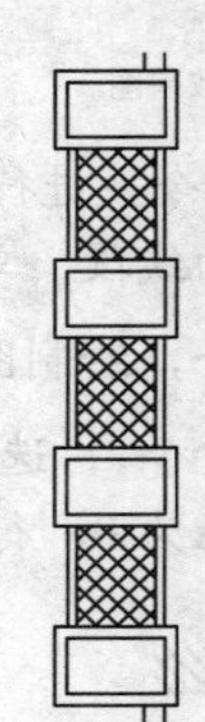
图 8-67　烧烤台填充结果

❑　绘制花坛

01 绘制花坛轮廓。将“园林建筑”层置为当前图层。输入 PL 命令，单击图 8-68 箭头所示端点，向 Y 轴的负方向输入 3850，向 X 轴的正方向输入 1590，向 Y 轴的正方向输入 3532，如图 8-69 所示。

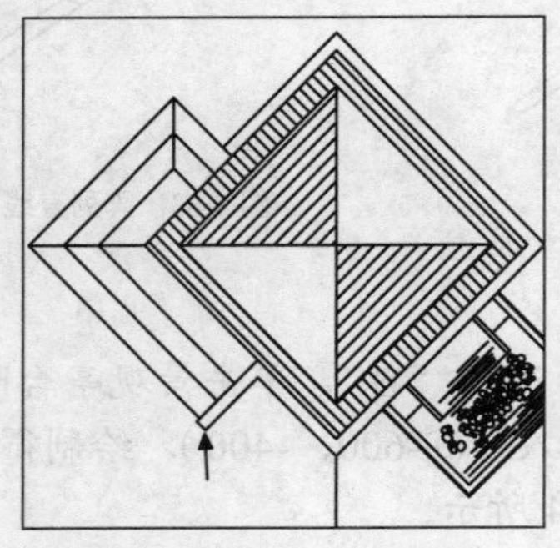
图 8-68　指定多段线起点

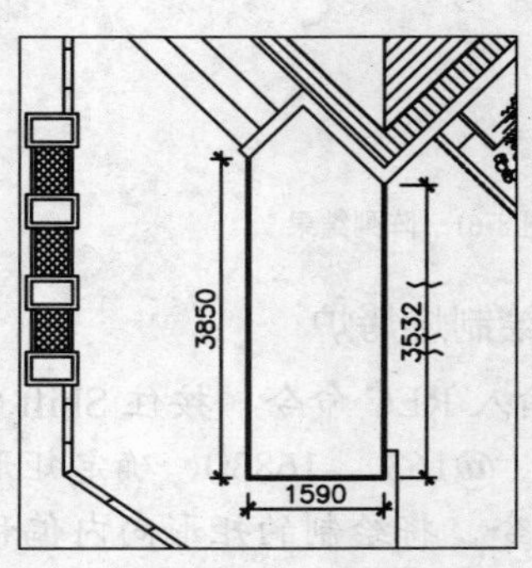

图 8-69　绘制花坛边线

02 输入 O 命令，将绘制的多段线向内偏移 120。输入 EX 命令，对偏移的多段线进行延伸，结果如图 8-70 所示。

03 绘制花坛边石分隔。输入 L 命令，绘制如图 8-71 所示的线段。

04 输入 AR 命令，进行矩形阵列。设置阵列数目行为 6，列为 1，行间距为-600，列间距为 0，选中进行了尺寸标注的线段，单击“确定”按钮，并调用 L 命令，完善花坛，结果如图 8-72 所示。

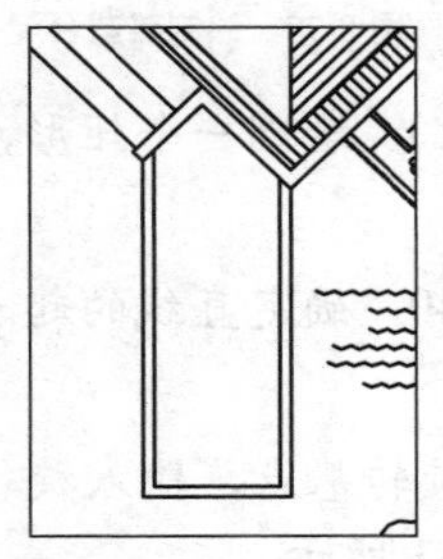

图 8-70　偏移并延伸线条

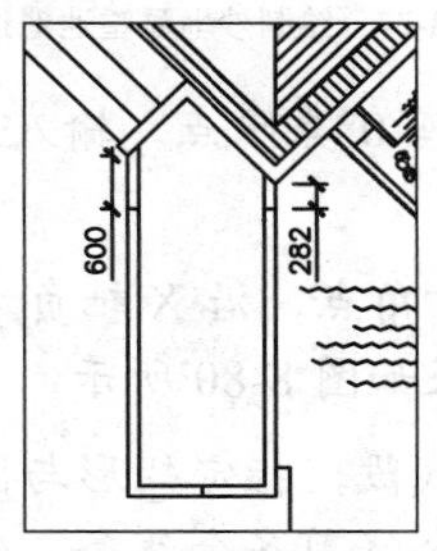

图 8-71　绘制花坛边石分隔

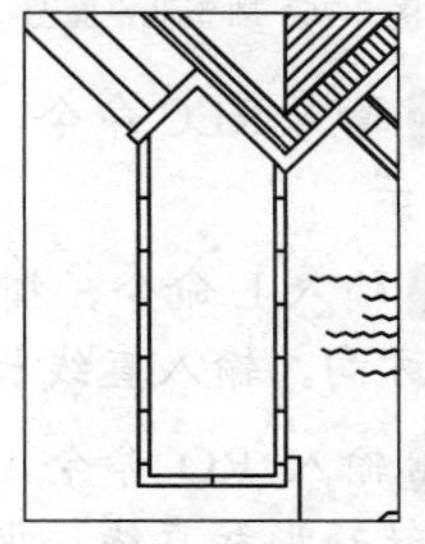

图 8-72　阵列线条

05 绘制另一个花坛。首先绘制花坛边线。输入 REC 命令，按住 Shift 键，右键单击鼠标，选择“自”，单击景观亭台阶左边端点，输入（@-168，-373），再输入（@-1200，700），绘制结果如图 8-73 所示。

06 输入 RO 命令，以矩形右侧垂直边的中点为基点，输入旋转角度-45。输入 O 命令，将矩形向内偏移 100，如图 8-74 所示。

07 绘制花坛边石分隔。输入 L 命令，绘制如图 8-75 所示的线段。

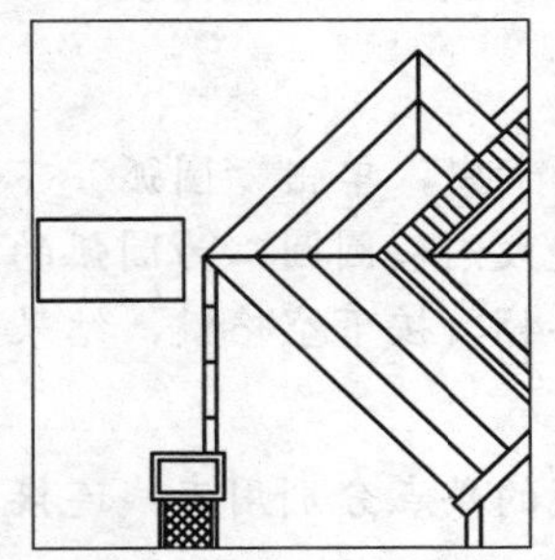

图 8-73　绘制花坛边线

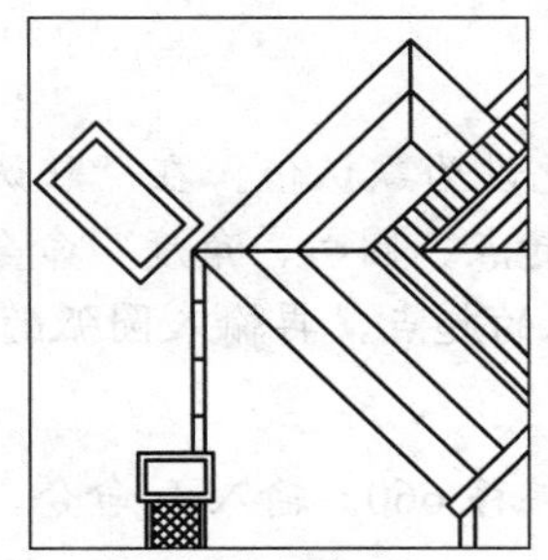

图 8-74　旋转花坛

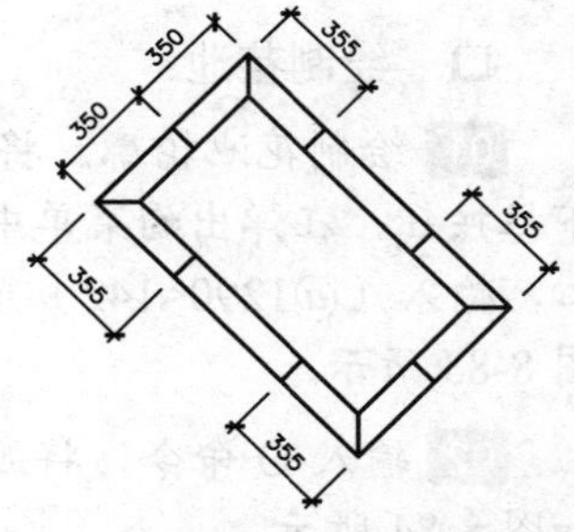

图 8-75　绘制花坛边石分隔

2．绘制黄色鱼眼沙地雕塑池

绘制完成的黄色鱼眼沙地雕塑池平面图如图 8-76 所示。

- 绘制雕塑池底座

输入 C 命令，按住 Shift 键右键单击鼠标，选择“自”，单击围墙墙体左下角端点，输入（@4340，4446），确定圆的圆心，输入圆的半径为 1620。将圆向内偏移 120，如图 8-77 所示。

- 绘制雕塑基座

01 将图层颜色设为 152，输入 C 命令，按住 Shift 键，右键单击鼠标，选择“自”选项，单击同心圆的圆心，输入（@-1696，-256），输入圆的半径为396。如图 8-78 所示。

图 8-76　雕塑池平面图

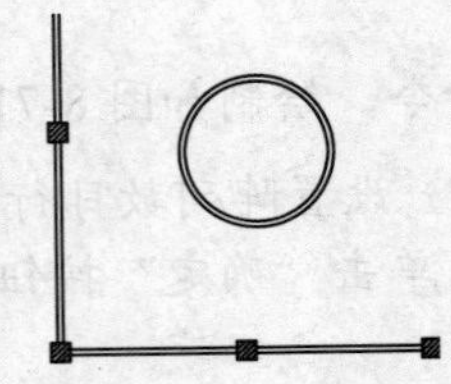
图 8-77　绘制沙地雕塑池池边

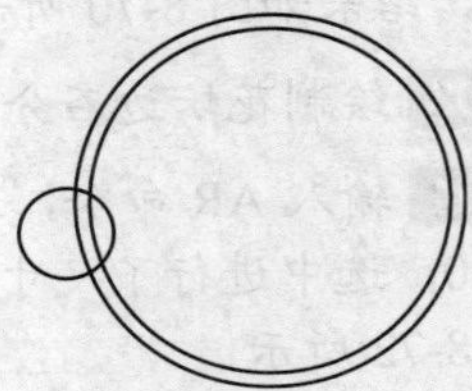
图 8-78　绘制雕塑台

02 输入REC命令，单击雕塑基座0°象限点，输入（@341，82），绘制一个矩形，如图 8-79 所示。

03 输入L命令，捕捉矩形右上方角点，沿X轴负方向，输入40，确定直线的起点，沿Y轴正方向，输入直线长度230，结果如图 8-80 所示。

04 输入 RO 命令，选择矩形和线段，指定矩形与圆的交点为旋转基点，输入旋转角度54，旋转矩形和直线。调用 TRIM 命令修剪多余线条，结果如图 8-81 所示。

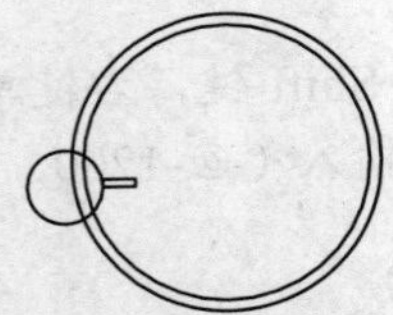
图 8-79　绘制矩形

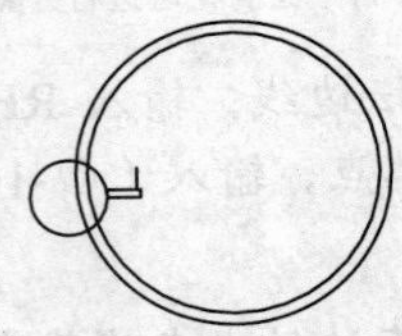
图 8-80　绘制直线

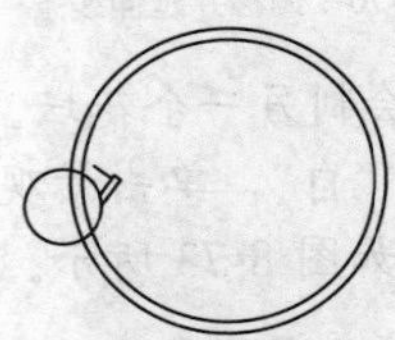
图 8-81　旋转矩形和线段

05 输入AR命令，选择矩形和线段为阵列对象，选择阵列类型为“环形阵列”。指定阵列中心是雕塑基座的圆心，数目是10，填充角度是360，阵列结果如图 8-82 所示。

❑　绘制花池

01 绘制花池轮廓。将图层颜色设为默认值。在“默认”选项卡中，单击“圆弧”下侧下拉按钮，在弹出的菜单中选择“起点、圆心、角度”命令，指定大同心圆圆心为圆弧的圆心，输入（@1290<142），指定圆弧的起点，再输入圆弧的角度为-45，按下空格键，结果如图 8-83 所示。

02 输入O命令，将弧线向外偏移660。输入L命令，将弧线的端点分别用直线连接，如图 8-84 所示。

图 8-82　阵列结果

图 8-83　绘制弧线

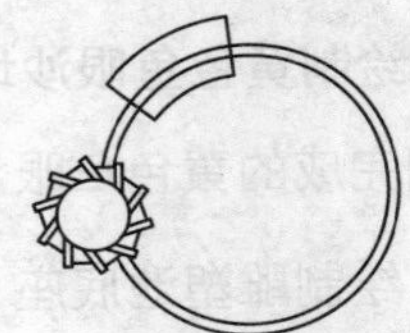
图 8-84　偏移并连接弧线

03 输入O命令，将绘制的弧线和线段分别向内偏移120，修剪多余线段，结果如图 8-85 所示。

04 绘制花坛边石分隔线。输入 AR 命令，选择花池右方外侧线段为阵列对象，选择阵列类型为“环形阵列”，指定雕塑池底座中心为中心点，设置项目总数为 4，填充角度为 12，阵列结果如图 8-86 所示。

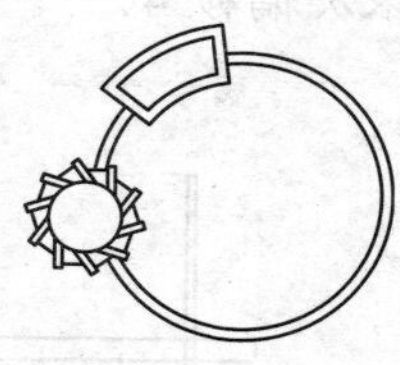
图 8-85　偏移线条

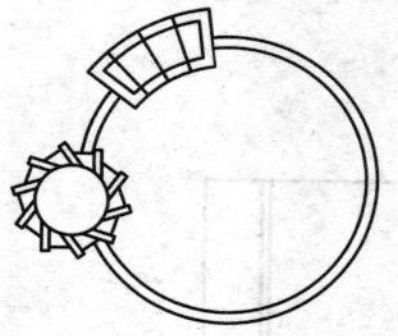
图 8-86　阵列线条

05 输入 L 命令，绘制如图 8-87 所示的线段。

06 将阵列图形分解，然后输入 TR 命令，修剪多余的线条，如图 8-88 所示。

07 输入 MI 命令，选择花池，以雕塑池底座所在圆的 0° 和 180° 象限点为镜像线上的两点对图形进行镜像复制，并修剪多余线条，如图 8-89 所示。

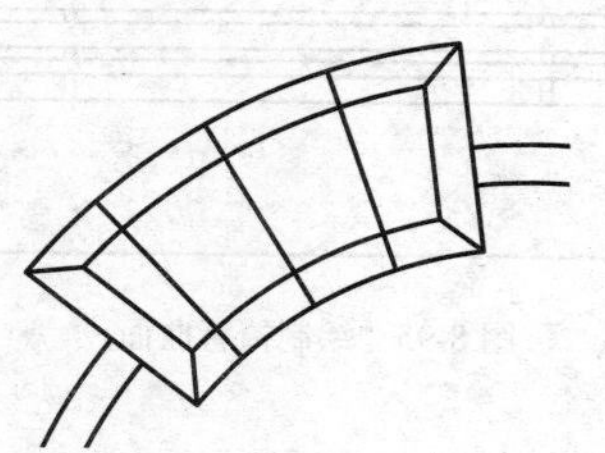
图 8-87　绘制直线

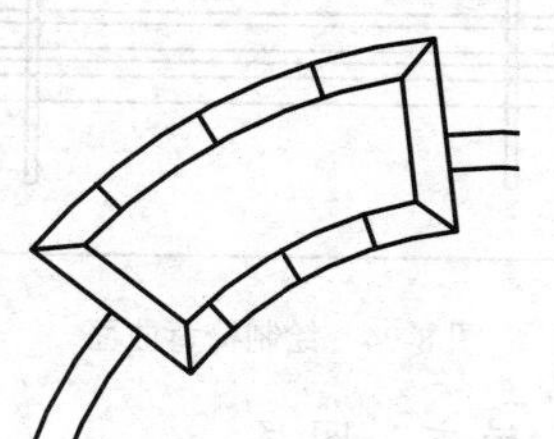
图 8-88　修剪结果

图 8-89　复制花坛

❑ 绘制休闲座椅

园椅、园凳是供人们坐息、赏景用的。同时园椅和园凳的艺术造型也能装点园林。这里绘制的是休闲座椅的平面图，休闲座椅的详图将在本书第 13 章进行绘制。

01 绘制总体轮廓。将“附属设施”置为当前图层。输入 REC 命令，绘制尺寸为 1200 × 840 的矩形。

02 绘制靠背支柱。重复执行 REC 命令，捕捉矩形左上角端点，沿 X 轴正方向，输入 140，确定矩形第一角点，输入（@20，-700），按空格键结束命令。输入 CO 命令，向右复制矩形，距离为 900，如图 8-90 所示。

03 绘制座面。输入 REC 命令，按下空格键，以座椅轮廓的左下方角点为端点，绘制大小为 1200×300 的矩形，删除座椅轮廓，如图 8-91 所示。

04 绘制靠背面。再次调用 REC 命令，捕捉上步绘制矩形的左上角端点，沿 Y 轴正方向输入 50，再输入（@1200，30），绘制得到一个 1200 × 30 大小的矩形。继续执行 REC 命令，捕捉这一步绘制矩形的左上角端点，沿 Y 轴正方向输入 24，再输入（@1200，50），绘制得到一个 1200 × 50 大小的矩形，绘制结果如图 8-92 所示。

05 输入 AR 命令，进行矩形阵列。将最上方的矩形向上阵列 5 行，行间距为 74，如图 8-93 所示。

06 绘制椅背曲面。输入 REC 命令，捕捉最上方矩形左上角端点，沿 Y 轴正方向输入

30，再输入（@1200，60），绘制 1200×60 大小的矩形。修剪多余线条，如图 8-94 所示。

07 填充曲面。输入 X 命令，选择最上方一个矩形，按下空格键，将矩形分解。输入 O 命令，选择分解后矩形上方水平方向线段，沿 Y 轴负方向，依次偏移 4、7、10、13、16，如图 8-95 所示。

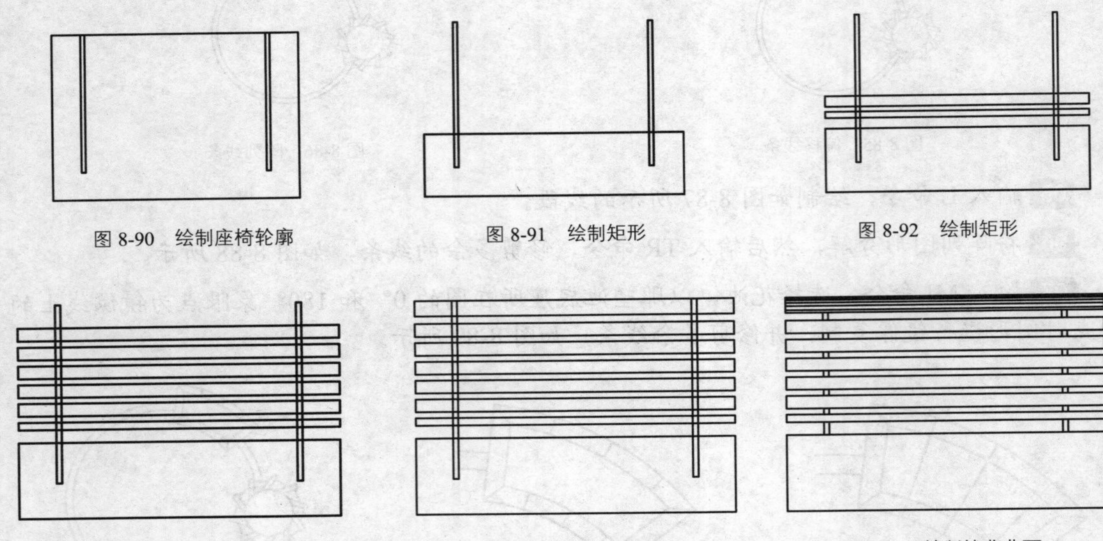

图 8-90　绘制座椅轮廓　　图 8-91　绘制矩形　　图 8-92　绘制矩形

图 8-93　阵列矩形　　图 8-94　绘制椅背曲面　　图 8-95　绘制椅背曲面

08 将偏移得到的线条转换至“填充”图层。

09 将“填充”图层置为当前图层。输入 H 命令，选择填充图案“AR-CONC”，设置比例为 30，在椅面区域填充如图 8-96 所示。

10 综合使用 M 和 RO 命令，将绘制的休闲座椅移动至雕塑处，并旋转至合适的角度，如图 8-97 所示。

11 输入 MI 命令，选择休闲座椅，以大圆的 0° 和 180° 象限点为镜像线的两点，镜像复制图形，并修剪多余的线条，结果如图 8-98 所示。

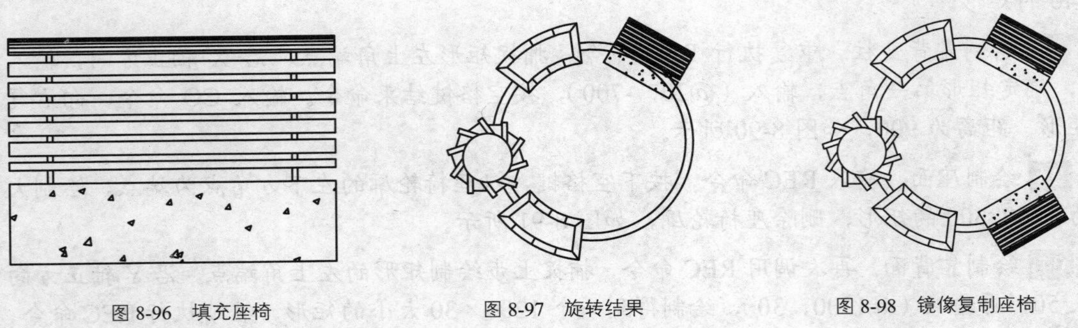

图 8-96　填充座椅　　图 8-97　旋转结果　　图 8-98　镜像复制座椅

8.5.2 绘制树池

树池是种植树木的种植槽。树池处理得当，不仅有助于树木生长，美化环境，还具备很多功能，如图 8-99 所示。

图 8-99　树池

树池处理应坚持因地制宜、生态优先的原则。由于园林绿地树木种植的多样性，不同地段、不同种植方式应采用不同的处理方式。总之，树池覆盖在保证使用功能的前提下，宜软则软，以最大发挥树池的生态效益。

课堂举例 8-12：绘制树池

视频\第 8 章\课堂举例 8-12.mp4

1. 绘制圆形树池

01 将“园林建筑”图层置为当前图层。

02 输入 C 命令，按住 Shift 键，右键单击鼠标，选择“自”，捕捉并单击沙地雕塑池的圆心为偏移基点，输入（@25,4046）确定圆心位置，输入圆半径 600，绘制得到一个圆。输入 O 命令，将圆向内偏移 200，如图 8-100 所示。

03 输入 L 命令，连接两圆的 0°象限点。输入 AR 命令，以绘制的同心圆的圆心为中心，环形阵列绘制的短线，项目数为 8，填充角度为 360，如图 8-101 所示。

04 输入 CO 命令，用光标指引 Y 轴垂直正方向，输入 2114，复制树池如图 8-102 所示。

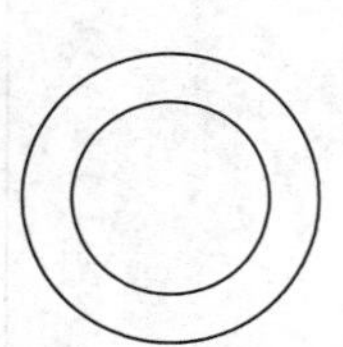

图 8-100　绘制同心圆

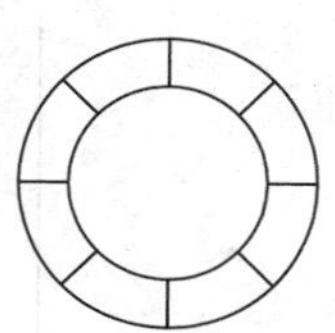

图 8-101　绘制直线

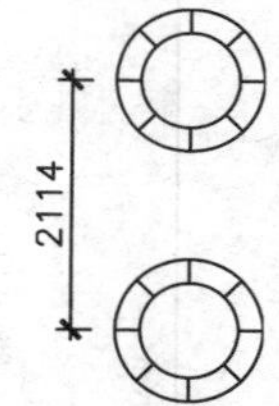

图 8-102　复制图形

05 重复执行 CO 命令，选中绘制完成的两个树池，用光标指引 Y 轴正方向，输入 7948，如图 8-103 所示。

06 重复执行 CO 命令，选中上面第二个树池，以其圆心为基点，向下进行复制，距离为 2917。输入 SC 命令，将复制的树池以其自身所在圆的圆心为基点，放大 1.5 倍，结果如

图 8-104 所示。

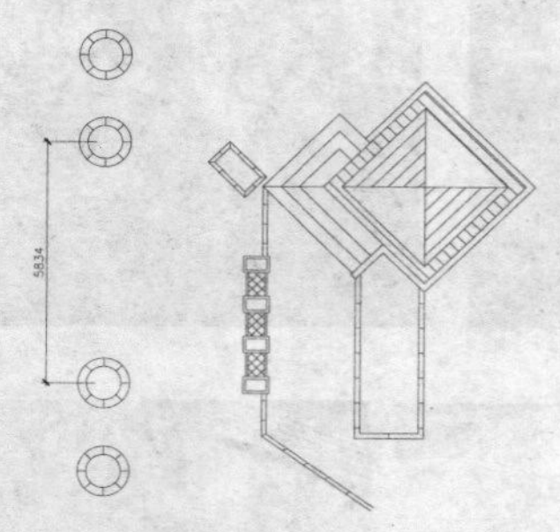

图 8-103 复制图形

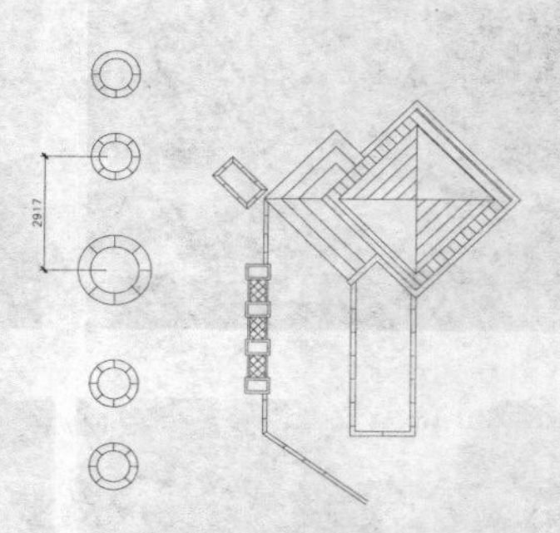

图 8-104 复制树池

2. 绘制方形树池

01 输入 REC 命令，按住 Shift 键，右键单击鼠标，选择“自”，单击沙地雕塑池的圆心，输入（@6715,-324），确定矩形第一点，输入（@1000,-1000），绘制一个矩形。

02 输入 O 命令，将矩形向内偏移 200。输入 L 命令，连接两矩形 4 个角点，如图 8-105 所示。

03 输入 CO 命令，选择绘制的方形树池，光标引导 X 轴正方向，输入 3000，如图 8-106 所示。

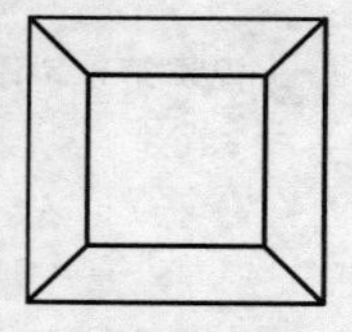

图 8-105 绘制树池

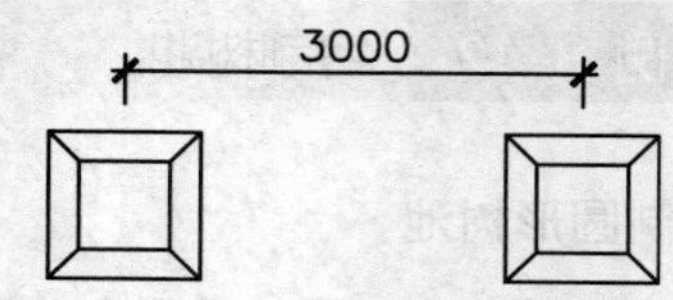

图 8-106 复制树池

04 重复执行 CO 命令，选择绘制的两个方形树池，光标引导 Y 轴正方向，输入 22410，如图 8-107 所示。

8.5.3 绘制艺术花钵基座、台阶、矮砖墙和景墙

这里讲解艺术花钵、台阶、矮砖墙和景墙的绘制方法。如图 8-108 所示。

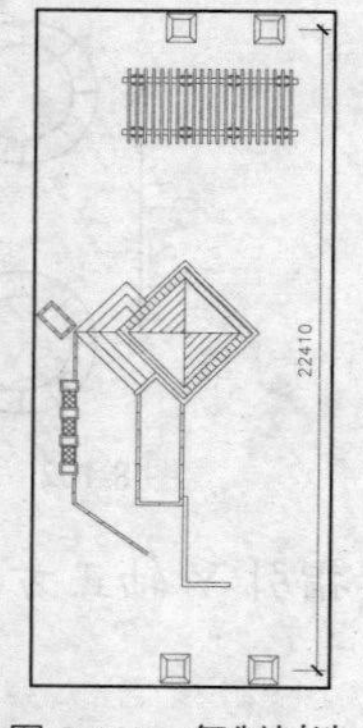

图 8-107 复制树池

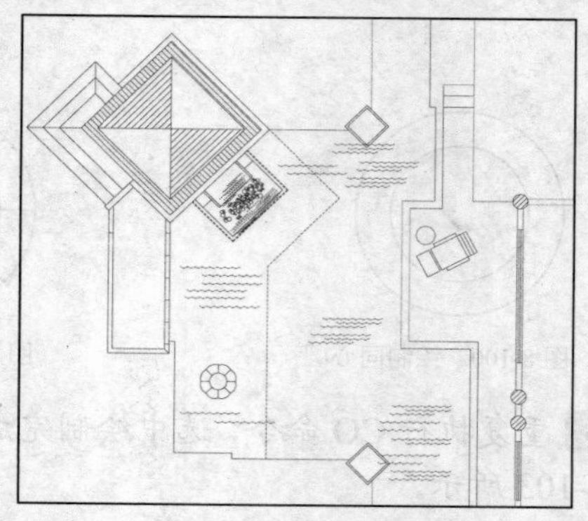

图 8-108 艺术花钵基座

课堂举例 8-13：　绘制术花钵、台阶、矮砖墙和景墙

视频\第 8 章\课堂举例 8-13.mp4

1. 绘制艺术花钵基座

花钵可以说是活动的花坛，它是随着现代化城市的发展，以及花卉种植手段逐步完善而推出的又一新型花卉应用形式，在园林景观中有着极高的观赏价值和极强的装饰作用，如图 8-109 所示。

花钵的造型新颖别致、美观大方，有的外部还装饰有简洁美丽的纹路。花钵里面所种植的花卉可以随季节更替或造景需求而随时变换，装饰效果好，而且花钵轻巧灵活，移动起来非常方便，主要摆放于广场、道路及建筑物前进行装饰。使用花钵进行造景施工量小，能够迅速形成景观，是现代化城市绿化美化的重要元素。

图 8-109　花钵

本节绘制的艺术花钵基座如图 8-108 所示。

01 输入 REC 命令，按住 Shift 键，右键单击鼠标，选择“自”，单击景观亭右侧端点，输入（@1950,110），确定矩形第一点，输入（@800,800），绘制一个矩形，结果如图 8-110 所示。

02 输入 RO 命令，指定矩形左下角端点为基点，输入旋转触角-45。输入 O 命令，将矩形向内偏移 50，结果如图 8-111 所示。

03 输入 MI 命令，以图 8-112 箭头所示的线条为对称轴，对绘制的两个矩形进行镜像复制，结果如图 8-113 所示。

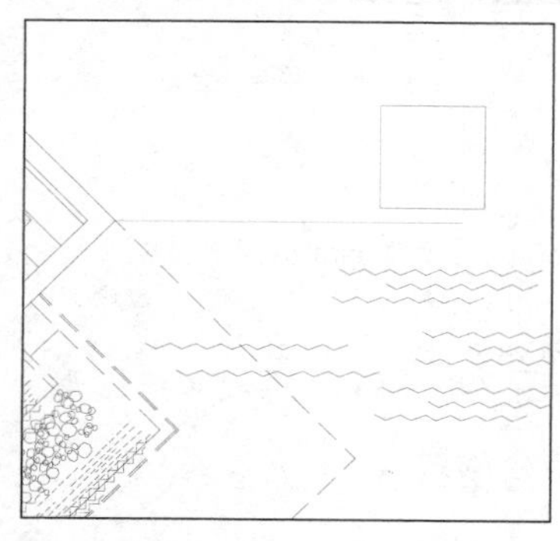

图 8-110　绘制矩形

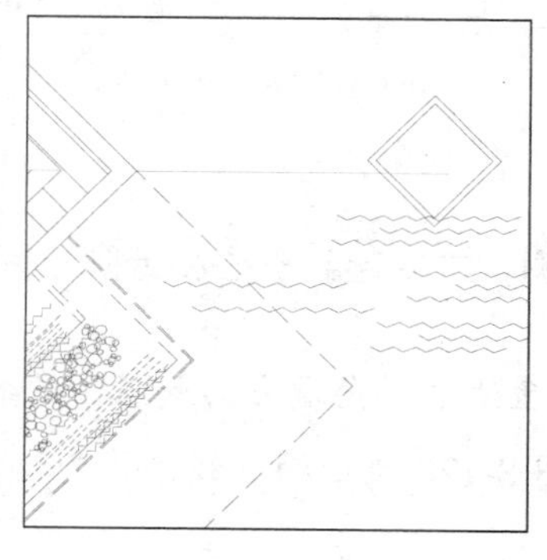

图 8-111　旋转并偏移矩形

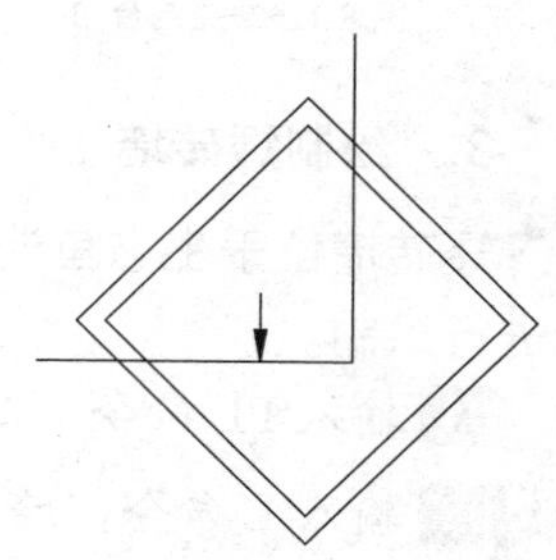

图 8-112　指定镜像对称轴

04 输入 M 命令，以图 8-114 中水池两条垂直边的交点为基点，以图 8-114 箭头所示的点为第二点，对镜像复制的两个矩形进行移动。

05 输入 TR 命令，修剪多余线条，结果如图 8-115 所示。

图 8-113 镜像复制结果

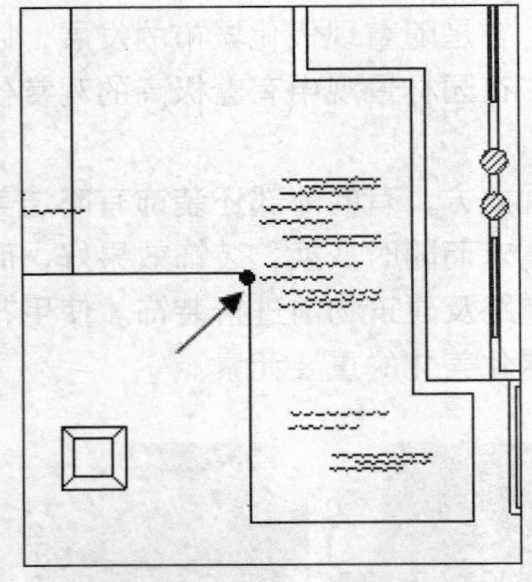

图 8-114 指定移动第二点

图 8-115 修剪结果

2. 绘制台阶

这里绘制的台阶为洗衣房西侧、生态鱼池岸边的台阶，其尺寸为 1200×30，铺砌材料为厚火烧面山东灰麻。

01 输入 REC 命令，绘制尺寸为 1200×300 的矩形，如图 8-116 所示。

02 输入 CO 命令，复制矩形如图 8-117 所示，得到三级台阶。

03 综合使用 M 和 RO 命令，选择绘制的三个矩形，将其移动至洗衣房西侧，并旋转至合适角度，结果如图 8-118 所示。

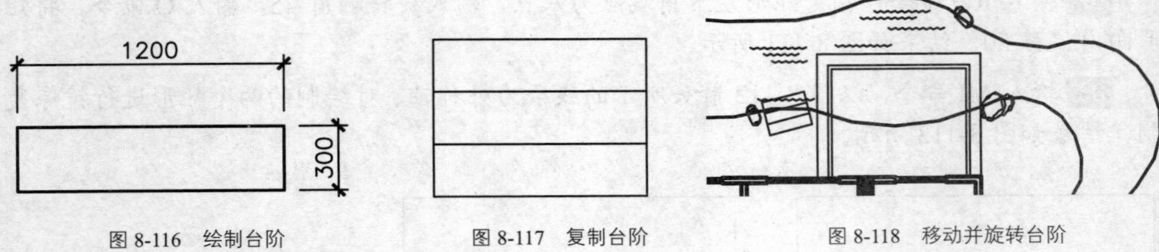

图 8-116 绘制台阶　　图 8-117 复制台阶　　图 8-118 移动并旋转台阶

3. 绘制矮砖墙

矮砖墙位于生态鱼池的东侧，主要起到护栏和分隔空间的作用，可以使用“多段线”命令进行绘制。

01 输入 PL 命令，以景观鱼池右上角端点为起点，绘制如图 8-119 所示的矮砖墙图形。

02 输入 L 命令，绘制如图 8-120 所示的直线，作为矮砖墙分隔线。

4. 绘制景墙.

输入 PL 命令，绘制如图 8-121 所示的宽度为 150 的景墙。

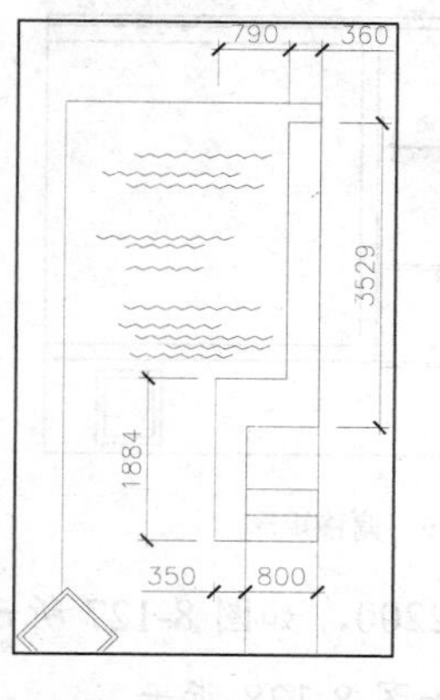

图 8-119　绘制矮砖墙

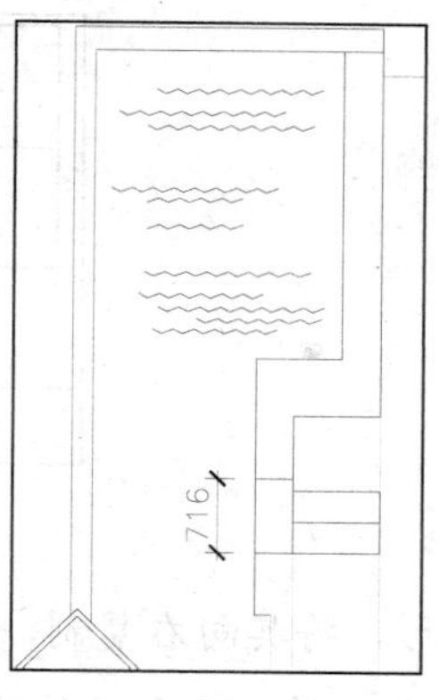

图 8-120　绘制分隔线

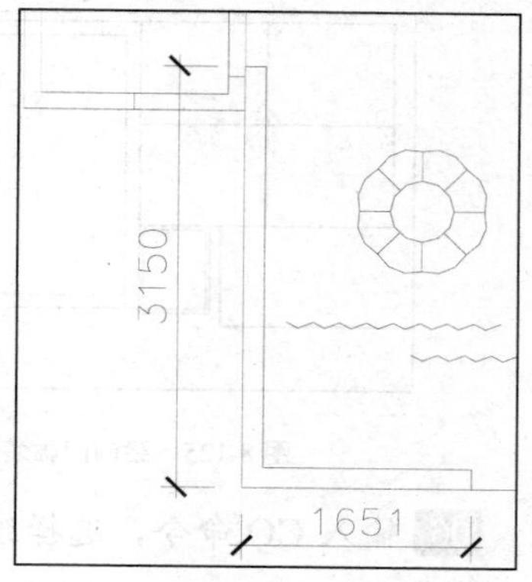

图 8-121　绘制景墙

8.5.4 绘制门廊花坛及抽水井

本节介绍门廊花坛及抽水井的画法。

课堂举例 8–14：绘制门廊花坛及抽水井

视频\第 8 章\课堂举例 8-14.mp4

1．绘制门廊花坛

门廊西侧和南侧都布置有小型花坛，以起到装饰和美化环境的作用。

01 绘制门廊外平台。输入 REC 命令，以别墅左下方墙体与门廊的交点为起点，绘制大小为 1800×1500 的矩形，并调用 LINE 命令分别连接两对边的中点，如图 8-122 所示。

02 绘制门廊西侧花台，该花台种植的是小叶棕竹。输入 REC 命令，以绘制的矩形的右下角端点为第一角点，输入（@-500，-650），绘制矩形如图 8-123 所示。

03 输入 O 命令，将绘制的矩形向内偏移 30。输入 TR 命令，修剪多条线条，结果如图 8-124 所示。

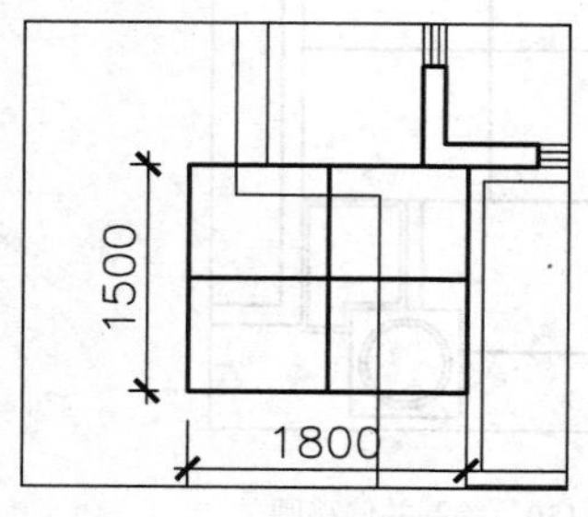

图 8-122　绘制门廊外平台

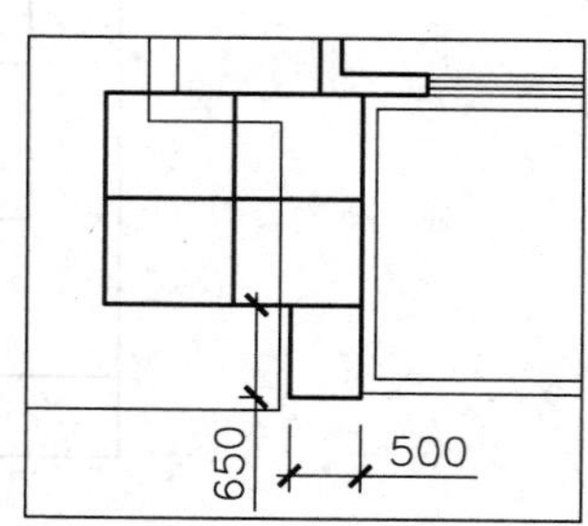

图 8-123　绘制门廊花台

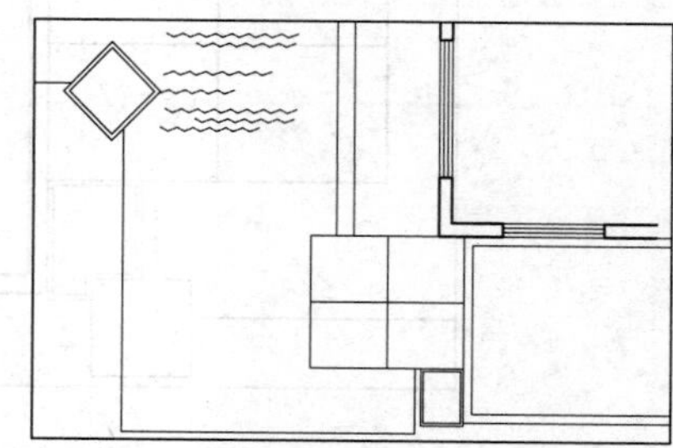
图 8-124　偏移矩形

04 绘制门廊正面花坛，形状为矩形。输入 REC 命令，按住 Shift 键，右键单击鼠标，选择“自”，单击门廊花台右下角端点，输入（@1305，-34），再输入（@400，-474），绘制矩形如图 8-125 所示。

05 输入 O 命令，将绘制的矩形向内偏移 50，如图 8-126 所示。

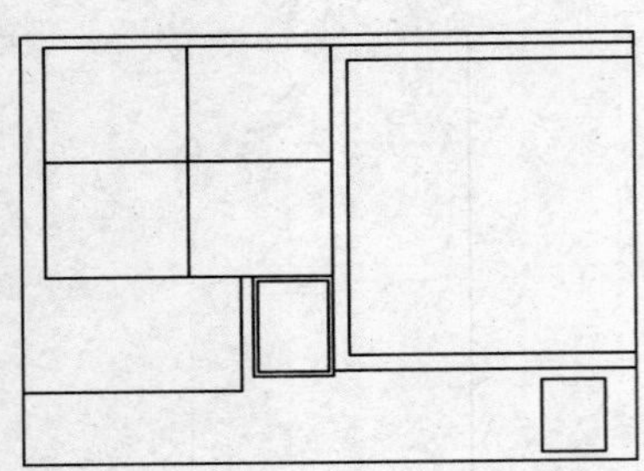

图 8-125 绘制门廊装饰

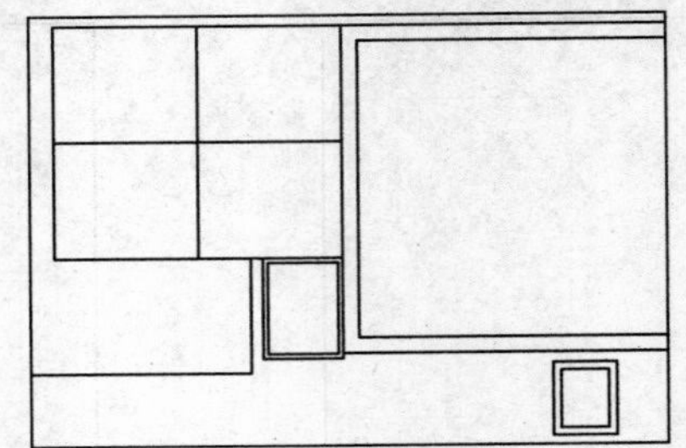

图 8-126 偏移矩形

06 输入 CO 命令，选择绘制的矩形，将其向右复制，距离为 2200，如图 8-127 所示。

07 输入 L 命令，连接矩形的两端点，并将其向下偏移 400，如图 8-128 所示。

图 8-127 复制门廊装饰

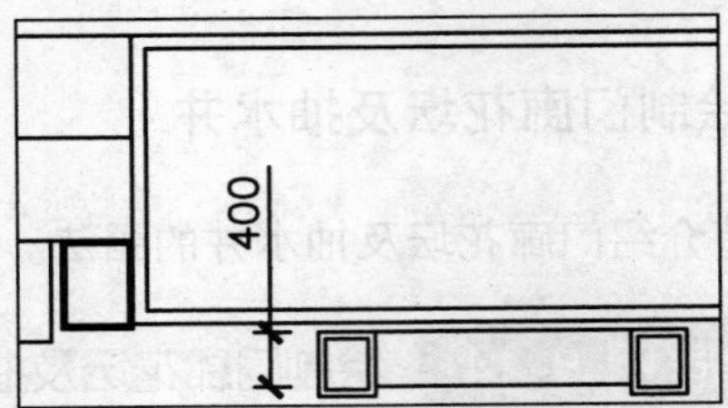

图 8-128 绘制并偏移直线

08 绘制门廊装饰立柱。输入 REC 命令，按住 Shift 键，右键单击鼠标，选择“自”，单击门廊花台右下角端点，输入（@-235，115）确定矩形第一个角点，输入（@-530，-530）完成矩形绘制，并修剪多余线条，结果如图 8-129 所示。

09 输入 C 命令，指定矩形的中心为圆心，输入半径 220。输入 O 命令，将绘制的圆向内偏移 30，结果如图 8-130 所示。

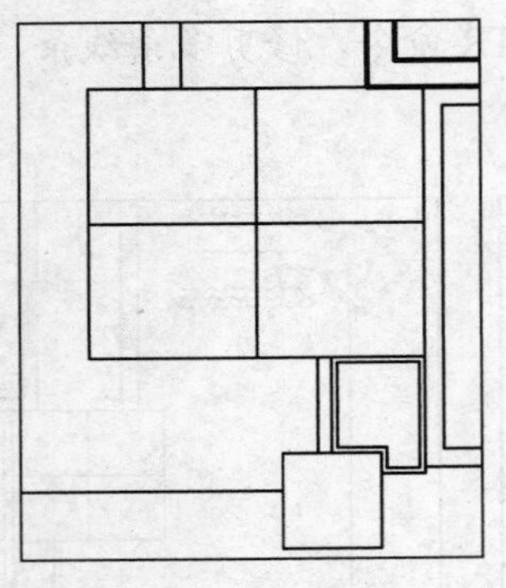

图 8-129 绘制门廊装饰立柱

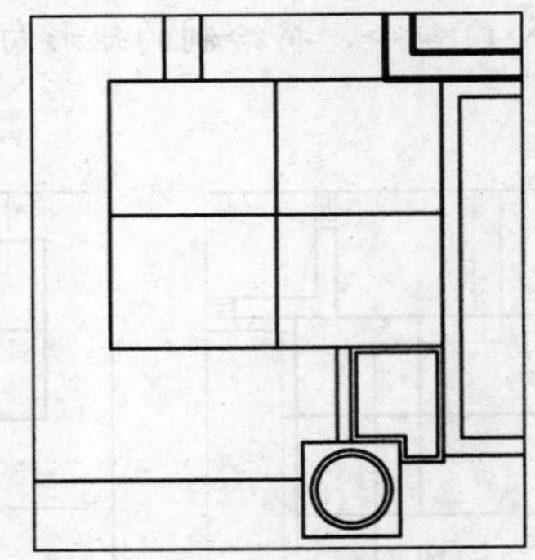

图 8-130 绘制并偏移圆

10 填充装饰柱剖面。将“填充”层置为当前图层。输入 H 命令，选择“ANSI31”填充图案，比例设置为 300，对偏移的内部圆进行填充，结果如图 8-131 所示。

11 将“园林建筑”层置为当前图层。输入 CO 命令，将绘制的门廊装饰立柱向右复制，距离为 6610。修剪多余线条，结果如图 8-132 所示。

12 输入 L 命令，捕捉左侧门廊装饰立柱右下角端点，打开正交，沿 Y 轴正方向输入 47，

X 轴正方向输入 1540，按下空格键。输入 O 命令，将绘制的线段向上偏移 300，如图 8-133 所示。

13 用同样的方法绘制另一边的线段，结果如图 8-134 所示。

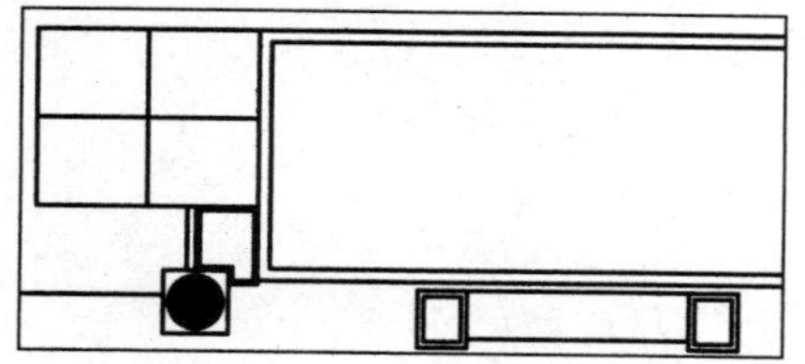

图 8-131　装饰立柱填充结果

图 8-132　复制立柱

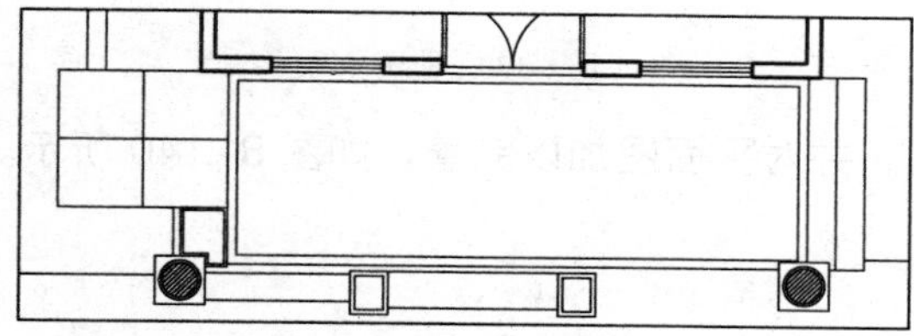

图 8-133　绘制并偏移直线

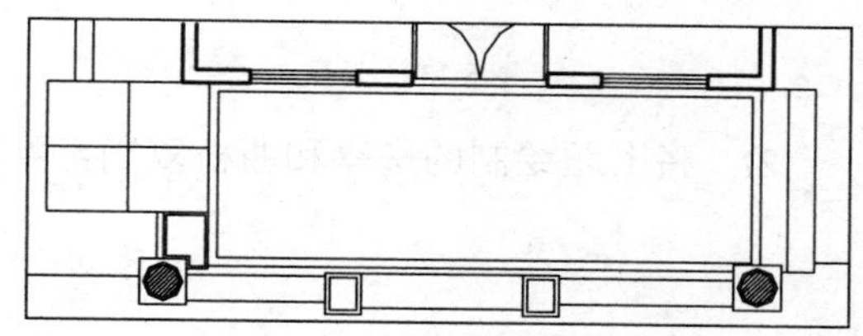

图 8-134　门廊花坛绘制结果

2. 绘制抽水井

01 输入 C 命令，绘制一个半径为 600 的圆。输入 O 命令，将圆向内偏移 100，如图 8-135 所示。

02 输入 L 命令，绘制大致如图 8-136 所示的两条直线。

03 输入 M 命令，将绘制的抽水井移动至如图 8-137 所示的位置。

04 园林建筑全部绘制完成。

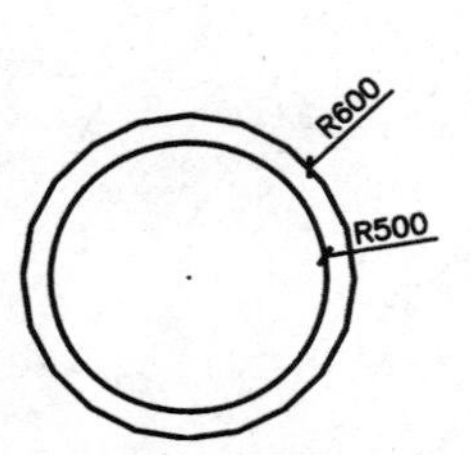

图 8-135　绘制并偏移圆

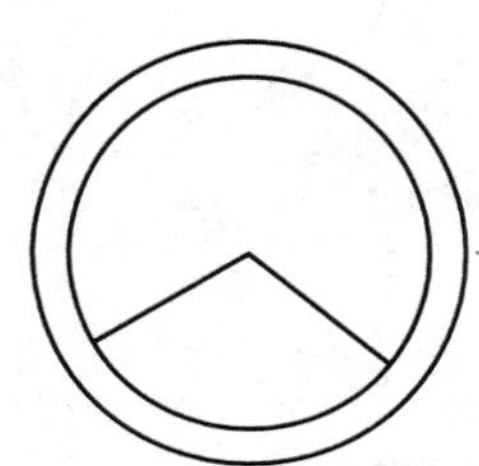

图 8-136　绘制直线

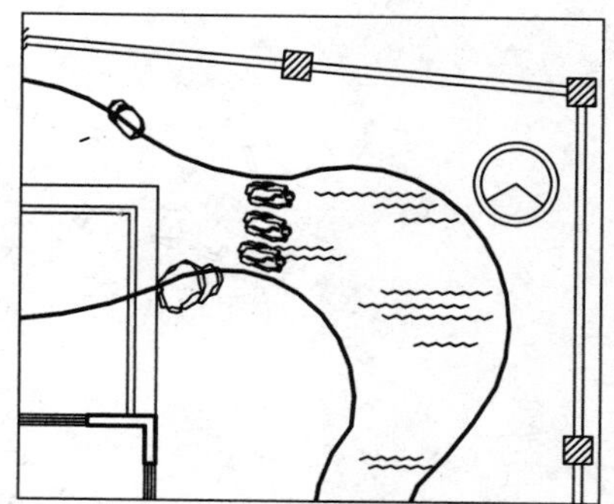

图 8-137　移动结果

8.6 课后练习

操作题

(1)　绘制如图 8–138 所示的扇亭和如图 8–139 所示的曲桥。

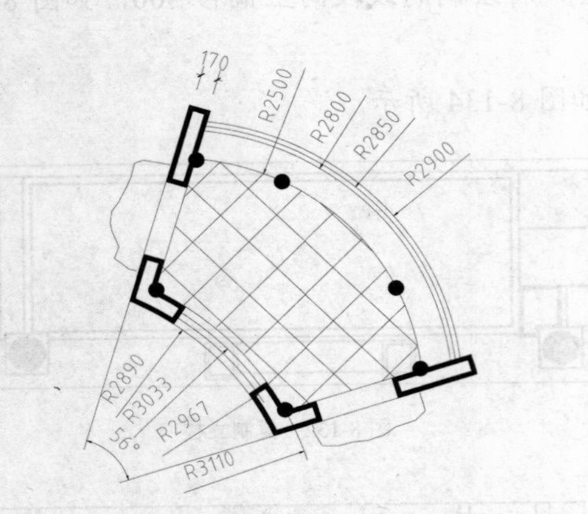

图 8-138 扇亭

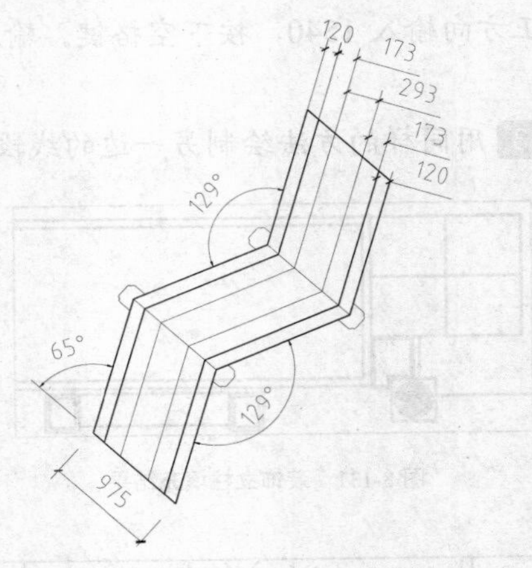

图 8-139 曲桥

(2) 将上题绘制的扇亭和曲桥复制至平面图，并对平面图加以完善，如图 8-140 所示。

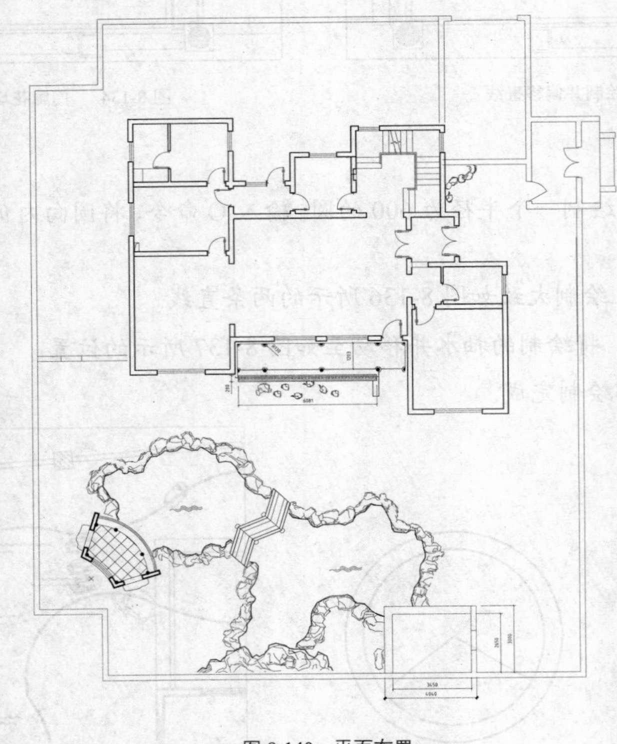

图 8-140 平面布置

第9章 园路设计与绘图

本章导读

园林道路是园林的重要组成部分，起着组织空间、引导游览、联系交通并提供散步休息场所的作用。园路是联系各景区、景点以及活动中心的纽带。此外，园林道路本身又是园林风景的组成部分，蜿蜒起伏的曲线，丰富的寓意，精美的图案，都给人以美的享受。

本章重点讲述园路的功能、分类及设计，并结合实例讲解园路的绘制方法和技巧。

本章重点

- 园路的功能
- 园路的组成
- 园路的分类
- 园路的设计
- 绘制主园路
- 绘制景观水池汀步
- 绘制嵌草步石
- 绘制块石园路
- 课后练习

9.1 园路设计基础

园路是园林不可缺少的构成要素，是园林的骨架、网络。不同的园路规划布置，往往反映不同的园林面貌和风格。例如，我国苏州古典园林，讲究峰回路转，曲折迂回，而西欧古典园林如凡尔赛宫，则讲究平面几何形状。

9.1.1 园路的功能

园林是组织和引导游人观赏景物的驻足空间，与建筑、水体、山石、植物等造园要素一起组成丰富多彩的园林景观。而园林道路又是园林的脉络，它的规划布局及走向必须满足该区域使用功能的要求，同时也要与周围环境相协调。

园林道路除了具有与人行道路相同的交通功能外，还有许多特有的功能。

1. 划分组织园林空间

中国传统园林忌直求曲，以曲为妙。追求一种隽永含蓄、深邃空远的意境，目的在于增加园林的空间层次，使一幅幅画景不断地展现在游人面前。“道莫便于捷，而妙于迂”“路径盘蹊”“曲径通幽”“斗折蛇行”“一步一换形”“一曲一改观”等词句都是对传统园林道路的最好写照。园路规划决定了全园的整体布局。各景区、景点看似零散，实以园路为纽带，通过有意识的布局，有层次、有节奏地展开，使游人充分感受园林艺术之美，如图 9-1 所示。

2. 引导游览

我国古典园林无论规模大小，都划分几个景区，设置若干景点，布置许多景物，而后用园路把它们连结起来，构成一座布局严谨，景象鲜明，富有节奏和韵律的园林空间。所以，园路的曲折是经过精心设计、合理安排的。使得遍布全园的道路网按设计意图、路线和角度把游人引导输送到各景区景点的最佳观赏位置。并利用花、树、山、石等造景素材来诱导、暗示、促使人们不断去发现和欣赏令人赞叹的园林景观，如图 9-2 所示。

图 9-1 划分园林空间

图 9-2 引导游览

3. 丰富园林景观

园林中的道路是园林风景的组成部分，它们与周围的山水、建筑及植物等景观紧密结合，形成“因景设路”“因路得景”的效果，贯穿所有园内的景物，如图 9-3 所示。

图 9-3　丰富园林景观

9.1.2 园路的组成

园路的组成包括平面组成和断面组成。

1. 平面组成

车行道：用来通行车辆。由于荷载大，磨耗多、所以要求耐压、耐磨损的材料作路面，如水泥路面、沥青路面、条石路面等。路面要有纵横坡，有利排水。

人行道：为保证游人能安全地游览赏景，当人、车分道时，人行道应高出车行道 15cm。因荷重没有车行道大，所以铺面材料可以与车行道相同，也可以与车行道不同。对于交通量较大的地方，如公园出入口，路面材料要适当加厚。

路肩：在公路式道路中，路两旁不加铺设的部分。其作用是稳固路面，保证行车安全、路肩要有一定肩度和排水能力，其宽度在 1 ~ 2.5m 间。

路牙：又称边缘石或侧石。用以分隔车行道及人行道，及满足排水的需要。路牙要有足够的强度，以抵挡车辆的冲击，路牙的断面形式一般为长方体。

绿带：当风景区中道路路面较宽时，常用绿带来分隔车行道和人行道，或用绿带来分隔车行道中的机动车和非机动车及上下行驶车道。

边沟：位子道路的一侧或二侧，边沟的作用在于排除路面积水。因为路面积水如果能及时排除，往往会渗入路基，造成路基被毁。

暗沟：在面积较小的园林中不可能设立明沟，要改用暗沟，暗沟一般断面较小，排水量不大，更要注意排水方向。

2. 断面组成及坡度

园路断面由路基和路面两大部分组成。而路面包括垫层、基层、面层三部分。

路基：是整个道路的基础，要求有一定的强度和稳定性。因此，作路基的土壤要求密实、透水。

垫层：又称结合层，其作用是加强路面表面及排除园路积水。

基层：它的作用是把面层所受到的压力传到路基，因此基层要求耐压，不受外界环境影响。

面层：面层在园路的最表面，直接承受载重和磨损。

道路的横坡即路面横向坡度，又称路拱。其作用是使路面上的水迅速排向边沟。道路横坡一般为 2% ~ 3%。

9.1.3 园路的分类

根据分类方法的不同，园路有许多种不同的分类，这里按照园路的功能、构造形式和面层材料三种分类方法进行讲解。

1. 按照园林的功能分类

按照园林的功能进行分类，园路有主要道路、支路和休闲小径三种主要类型。

❑ 主要道路

主路要能贯穿园内的各个景区、主要风景点和活动设施，形成全园的骨架和回环，因此主路最宽，一般为 4 ~ 6m。结构上必须能适应车辆承载的要求。路面结构一般采用沥青混凝土、黑色碎石加沥青砂封面、水泥混凝土铺筑或预制混凝土块等。主路图案的拼装全园应尽量统一、协调。主要道路要联系全园，必须考虑生产车、救护车、消防车、游览车等车辆的通行，如图 9-4 所示。

❑ 支路

园中支路是各个分景区内部的骨架，联系着各个景点，对主路起辅助作用并与附近的景区相联系，路宽依游人容量、流量、功能及活动内容等因素而定。一般而言，单人行的园路宽度为 0.8 ~ 1.0m，双人行为 1.2 ~ 1.8m，三人行为 1.8 ~ 2.2m。次路自然曲度大于主路，以优美舒展富于弹性的曲线构成有层次的景观，如图 9-5 所示。

图 9-4 主路

图 9-5 支路

❑ 休闲小径

园林中的小径是园路系统的末梢，是联系园景的捷径，最能体现艺术性的部分。它以优美婉转的曲线构图成景，与周围的景物相互渗透、吻合，极尽自然变化之妙。小径宽度一般为 0.8 ~ 1.0m，甚至更窄。材料多选用简洁、粗犷、质朴的自然石材(片岩、条石、卵石等)。双人行走 1.2 ~ 1.5m，单人行走 0.6 ~ 1m。健康步道是近年来最为流行的足底按摩健身方式。通过行走在卵石路上按摩足底穴位达到健身目的，但又不失为园林一景，如图 9-6 所示。

2. 按照面层材料分类

按照园路的面层材料的不同，园路又可分为整体路面、块料路面、碎料路面和简易路面 4 种。

图 9-6　小径

- 整体路面

整体路面是用水泥混凝土或沥青混凝土、彩色沥青混凝土铺成的路面。它平整度好，路面耐磨，养护简单，便于清扫，多于主干道使用。

- 块料路面

块料路面以由各种天然块石、陶瓷砖及预制水泥混凝土块料制成各种花纹图案的路面。这种路面简朴、大方、防滑、装饰性好。如：木纹板路、拉条水泥板路、假卵石路等，如图 9-7 所示。

图 9-7　块料路面

- 碎料路面

碎料路面是用各种片石、砖瓦片、卵石等碎料拼成的路面，如图 9-8 所示。

- 简易路面

简易路面是由煤渣、三合土等组成的路面，多用于临时性或过渡性的园路。

3. 根据构造形式分类

根据构造形式分类，路面可分为路堑型、路堤型、特殊式 3 种。

❑ 路堑型

凡是园路的路面低于周围绿地，道牙高于路面，有利于道路排水的，都可称为路堑型路面，如图 9-9 所示。

图 9-8 碎料路面

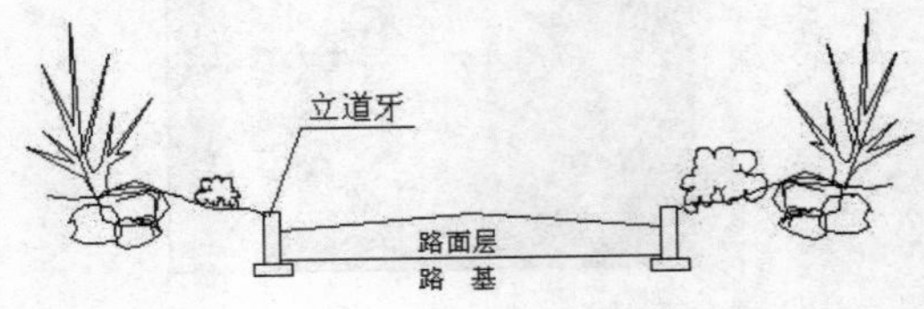

图 9-9 路堑型园路

❑ 路堤型

平道牙靠近边缘处，路面高于两侧地面，利用明沟排水。

❑ 特殊式

如步石、汀步、蹬道、攀梯等。

步石在绿地上放置一块至数块天然石或预制成圆形、树桩形、木纹板形等铺块，如图 9-10 所示。一般步石的数量不宜过多，块体不宜太小，两块相邻块体的中心距离应考虑人的跨越能力。步石易与自然环境协调，能取得轻松活泼的景观效果。

汀步是在水中设置的步石，汀石适用于窄而浅的水面，如图 9-11 所示。

图 9-10 步石

图 9-11 汀步

蹬道是局部利用天然山石、露岩等凿出的或用水泥混凝土仿木树桩、假石等塑成的上山的蹬道，如图 9-12 所示。

图 9-12　蹬道

9.1.4 园路的设计

园路是园林绿地构图中的重要组成部分，是联系各景区、景点以及活动中心的纽带，具有引导浏览，分散人流的功能，同时也可供游人散步和休息之用。园路本身与植物、山石、水体、亭、廊、花架一样都能起展示景物和点缀风景的作用，因此需要把道路的功能作用和艺术性结合起来，精心设计，因景设路、做到步移景异。

1. 布局

西方园林追求形式美、建筑美，园路笔直宽大，轴线对称，成为“规则式”景园。而中国园林多以山水为中心，园林也多采用具含蓄、自然的布局，园路布局注重萦迂回环，曲径通幽，以“自然式”景园为特点。但在寺庙园林或纪念性园林中，多采用规则式布局。

2. 线型

园林中的园路，有自由、曲线的方式，也有规则、直线的方式，形成两种不同的园林风格，如图 9-13 所示。当然，采用一种方式为主的同时，也可以用另一种方式补充。如上海的杨浦公园，整体是自然式的，而入口一段是规则式的；复兴公园则相反，雁荡路、毛毡大花坛是规则式，而后面的山石瀑布是自然式的。这样相互补充也无不当。不管采取什么式样，园路忌讳断头路、回头路，除非有一个明显的终点景观和建筑。

图 9-13　园路的线型

园路要随地形和景物而曲折起伏，若隐若现，“路因景曲，境因曲深”，造成“山重水复疑无路，柳暗花明又一村”的情趣，以丰富景观，延长游览路线，增加层次景深，活跃空间气氛。也就是说园路的曲折要有一定的目的，随“意”而曲，曲得其所，如：在自然式水池岸布路宜随池而曲，略有凹凸变化；山坡路宜盘旋环绕而上；两土丘之间沿丘脚的相接线弯曲布置；为逾越石山、花丛等障景而曲；符合传统“曲径通幽”的要求而曲。最忌弯曲时角度相同，在短距离内曲得太多以及走投无路的曲。

3. 多样性

园林中路的形式是多种多样的。在人流集聚的地方或在庭院内，路可以转化为场地；在林地或草坪中，路可以转化为步石或休息岛；遇到建筑，路可以转化为“廊”；遇山地，路可以转化为盘山道、蹬道、石级、岩洞；遇水，路可以转化为桥、堤、汀步等，如图 9-14 所示。路又可以它丰富的体态和情趣来装点园林，使园林因路而引人入胜。

图 9-14 园路的多样性

4. 铺地

我国古典园林中铺地常用的材料有：石块、方砖、卵石、石板及砖石碎片等。在现代园林中，除沿用传统材料外，水泥、沥青、彩色卵石、文化石等材料正以各种形式为园林工作者广泛采用。传统的路面铺地受材料的限制大多为灰色并进行各种纹样设计，如用荷花象征“出污泥而不染”的高尚品德；用兰花象征素雅清幽，品格高尚等。而在现代园林的建设中，继承了古代铺地设计中讲究韵律美的传统，并以简洁、明朗、大方的格调，增添了现代园林的时代感，如图 9-15 所示。

图 9-15 园路的铺地

在铺地设计中要有意识地利用色彩变化，这样可以丰富和加强空间的气氛。较常采用的彩色路面有：如红砖路、青砖路、彩色卵石路、水泥调色路、彩色石米路等。随着新兴材料的增多，园路的铺装将是五彩斑斓。

目前较为流行的是预制块铺路，因为它的生产成本较低、颜色品种多，且可以重复使用。预制块的形状有方形、长方形、六角形和弧形等，变化很多，可拼成各种各样的图案。

此外，可以用砖铺成人字形、纹形等铺装形状；用砂砾小径，可铺成斑斑点的形式；还有各种条纹、沟槽的混凝土砖铺地，在阳光的照射下，能产生很好的光影效果，不仅具有很好的装饰性，还减少了路面的反光强度，提高了路面的抗滑性能。

彩色路面的应用，已逐渐为人们所重视，使路面铺地的材料有较多的选择性并富于灵活性，如图 9-16 所示。它能把"情绪"赋予风景。一般认为暖色调表现热烈兴奋的情绪，冷色调较为幽雅、明快。明朗的色调给人清新愉快之感，灰暗的色调则表现为沉稳宁静。

5. 园路的坡度

坡度设计要求在先保证路基稳定的情况下，尽量利用原有地形以减少土方量。但坡度受路面材料、路面的横坡和纵坡只能在一定范围内变化等因素的限制，一般水泥路最大纵坡为7%，沥青路 6%，砖路 8%。游步道坡度超过 12°(20%)时为了便于行走，可设台阶。

台阶不宜连续使用过多，如地形允许，经过一、二十级设一平台，使游人有喘息、观赏的机会。

园路的设计除考虑以上原则外，还要注意交叉路口的相连避免冲突，出入口的艺术处理，与四周环境的协调，地表的排水，对花草树木的生长影响等。近年来，有些公园园路的设计不拘泥于传统技法，如广州流花湖公园的春园，因观赏需要局部膨胀成暂留空间，周围配置植物、山石、园凳、小品等，很有特色，值得我们学习。

6. 尺度

❑　注重绿色景观

园路的铺装宽度和园路的空间尺度，是有联系但又不同的两个概念。旧城区道路狭窄，街道绿地不多，因此路面有多宽，它的空间也就有多大。而园路是绿地中的一部分，它的空间尺寸既包含有路面的铺装宽度，也有四周地形地貌的影响。不能以铺装宽度代替空间尺度要求。一般园林绿地通车频率并不高，人流也分散，不必为追求景观的气魄、雄伟而随意扩大路面铺砌范围，减少绿地面积，增加工程投资。倒是应该注意园路两侧空间的变化，疏密相间，留有透视线，并有适当缓冲草地，以开阔视野，并借以解决节假日、集会人流的集散问题。园林中最有气魄的应该是绿色植物景观，而不应该是人工构筑物，如图 9-17 所示。

图 9-16　彩色路面

图 9-17　注重绿色景观

❑ 反映人流密度

园路和广场的尺度、分布密度应该是人流密度客观、合理的反映。"路是走出来的"，人多的地方，如游乐场、入口大门等，尺度和密度应该要大一些；休闲散步区域，相反要小一些，达不到这个要求，绿地就极易被损坏。20 世纪 60～70 年代上海市中心的人民公园草地，被喻为金子铺出来的，就是这个原因。现在很多规划设计，反过来夸大铺砌地坪的作用，增加建设投资，也导致终日暴晒，行人屈指可数，于生态不利，不能不说是一种弊病。

当然，这也和园林绿地的性质、风格、地位有关系。例如，动物园比一般休息公园园路的尺度、密度要大一些；市区比郊区公园大一些；中国古典园林由于建筑密集，铺装地往往也大一些。建筑物和设备的铺装地面，是导游路线的一部分，但它不是园路，是园路的延伸和补充。

❑ 分清轻重缓急

大型新建绿地，如郊区人工森林公园，因为规模宏大，占地面积达几千亩至万亩，在进行建设时，要分清轻重缓急，逐步建设园路。建园伊始，只要道路能达到生产、运输的要求。随着园林面貌的逐步形成，再建设其他园路和小径、设施，以节约投资。初期建设也以只建园路路基最为合理有利，如南汇的滨海人工森林公园。

7. 绿化

园路的绿化形式主要有 3 种，一是中心绿岛、回车岛等，二是道树、花钵、花树坛、树阵，三是两侧绿化。

最好的绿化效果，应该是林荫夹道，如图 9-18 所示。郊区大面积绿化，行道树可和两旁绿化种植结合在一起，自由进出，不按间距灵活种植，实现路在林中走的意境。这不妨称之为夹景；而一定距离在局部稍作浓密布置，形成阻隔，是障景。障景使人有"山重水复疑无路，柳暗花明又一村"的意境。城市绿地则要多几种绿化形式，才能减少人为的破坏。车行园路中，绿化的布置要符合行车视距、转弯半径等要求。特别是不要沿路边种植浓密树丛，以防人穿行时刹车不及。

图 9-18 林荫夹道

要考虑把"绿"引伸到园路、广场的可能，相互交叉渗透，最为理想，主要的方法有：使用点状路面，如旱汀步、间隔铺砌；使用空心砌块，如目前使用最多的植草砖；在园路、广场中嵌入花钵、花树坛、树阵等。

设计好的园路，常是浅埋于绿地之内，隐藏于绿丛之中的。尤其是山麓边坡外，园路一经暴露便会留下道道横行痕迹，极不美观，因此设计者往往要求路比"绿"低，但不一定是比"土"低。由此带来的是汇水问题，这时园路单边式两侧，距路 lm 左右，要安排很浅的明沟，降雨时是汇水泻入的雨水口，天晴时乃是草地的一种起伏变化。

8. 交叉

在一眼所能见的距离内，道路的一侧不宜出现两个或两个以上的道路交叉口，尽量避免

多条道路交接到一起。如果避免不了，可以在交接处形成一个广场。

凡道路交叉所形成的大小角都宜采用弧线，转角要圆润。

9．其他

安排好残疾人所到范围和用路。

9.2 绘制园路

园路布置合理与否，直接影响到园林的布局和利用率，因此需要把道路的功能作用和艺术性结合起来。本节主要讲解了园路的绘制方法，其中具体介绍了绘制主要园路、汀步、嵌草步石、块石园路等几种。

9.2.1 绘制主园路

主园路是联系花架、景观亭、景观鱼池和别墅建筑的纽带，铺设材料为厚火烧面山东灰麻大理石，因此只要绘制出园路轮廓及内部大理石分隔线即可。

课堂举例 9-1：绘制主园路　　视频\第 9 章\课堂举例 9-1.mp4

01 新建“园路”图层，设置颜色为“青色”，并将其置为当前图层。

02 绘制园路轮廓。输入 PL 命令，单击矮砖墙右上角端点，用光标引导，沿 Y 轴正方向输入 221，沿 X 轴负方向输入 2850，沿 Y 轴负方向输入 5710，绘制园路内侧轮廓如图 9-19 所示。

03 重复执行 PL 命令，单击景观亭基座右上方边的中点，输入（@1200<45），再输入（@1300<-45），用光标引导，沿 X 轴正方向输入 947，Y 轴正方向输入 5988，X 轴正方向输入 1658，沿 Y 轴负方向输入 878，绘制园路外侧轮廓如图 9-20 所示。

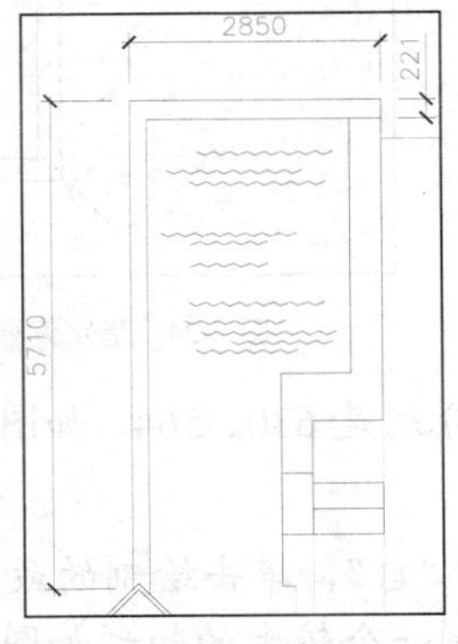

图 9-19　绘制园路轮廓线

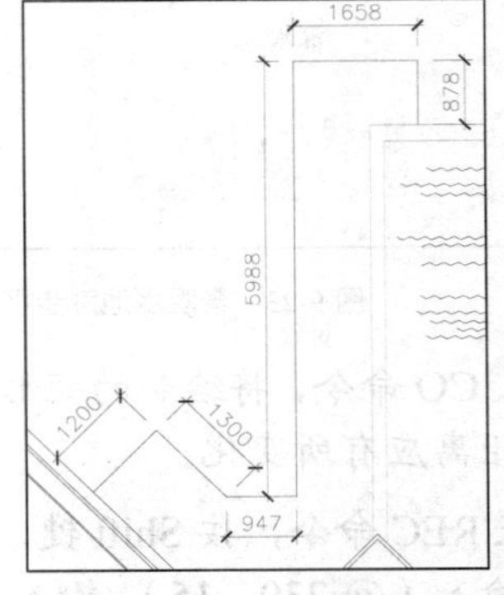

图 9-20　绘制园路轮廓线

04 绘制园路铺装。将“填充”层置为当前图层。综合使用 L 命令和 O 命令，绘制如图 9-21 所示线段，线段间间隔为 600，以表示大理石的规格尺寸。

05 用相同的方法绘制另一条主要园路，尺寸如图 9-22 所示。

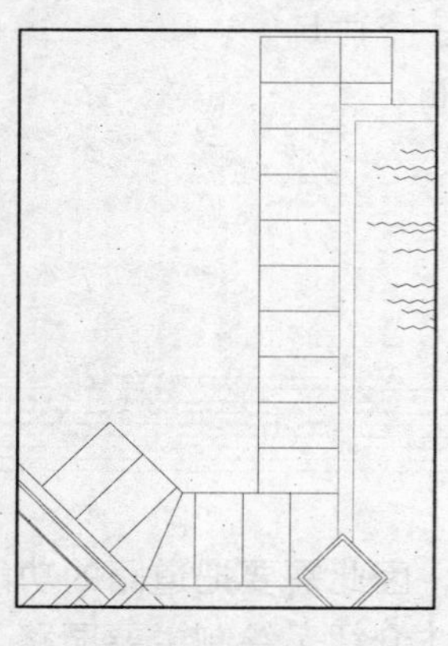
图 9-21　绘制园路铺装

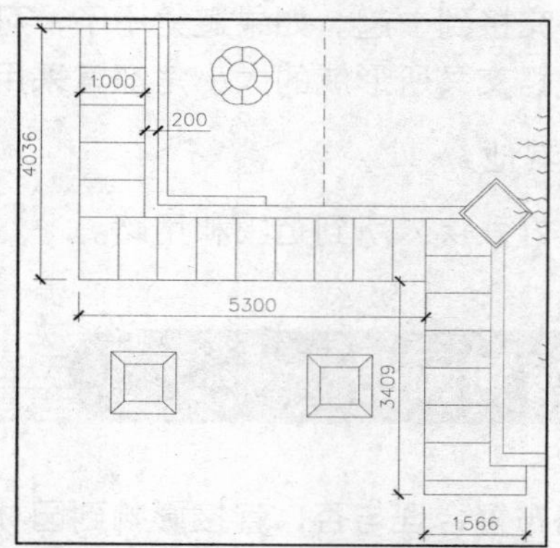

图 9-22　绘制另一条主园路

9.2.2 绘制景观水池汀步

景观水池汀步横跨景观水池中部，由规则的矩形的灰麻石组成，具有桥梁的作用，绘制完成的汀步效果如图 9-23 所示。

课堂举例 9-2：绘制景观水池汀步　视频\第 9 章\课堂举例 9-2.mp4

01 将“园路”层置为当前图层。输入 REC 命令，按 Shift 键，右键单击鼠标，选择“自”，单击图 9-24 中箭头所示点，输入（@-97，994），再输入（@-300，900），绘制矩形如图 9-25 所示，得到第一个汀步。

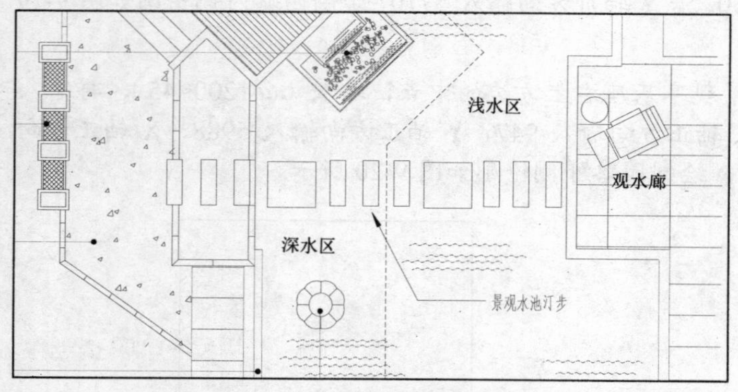

图 9-23　景观水池汀步平面图

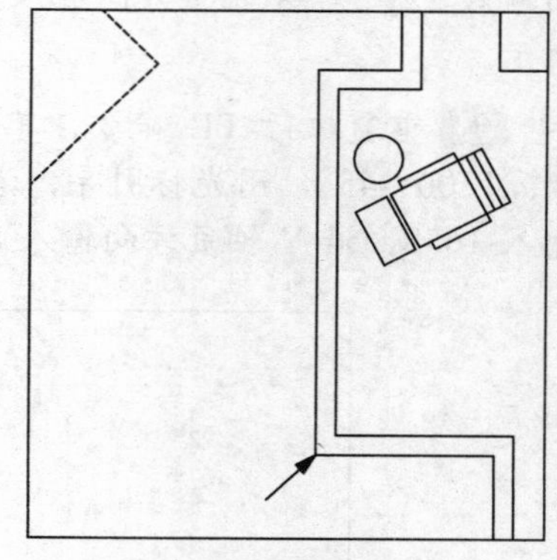
图 9-24　指定偏移基点

02 输入 CO 命令，将绘制的矩形向左复制两个，距离分别是 630、564，如图 9-26 所示，汀步之间的距离应有所变化。

03 输入 REC 命令，按 Shift 键，右键单击鼠标，选择“自”，单击绘制的最左边矩形的左上角点，输入（@-230，15），输入（@-930，-930），绘制一个较大的矩形如图 9-27 所示。

04 输入 CO 命令，选择刚刚绘制的一组矩形，沿 X 轴负方向复制，输入距离 2950，用同样的方法再复制一次，修剪多余的线条，结果如图 9-28 所示。

05 删除最左边的矩形，并修剪汀步内的多余线条，结果如图 9-29 所示。景观水池汀步绘制完成。

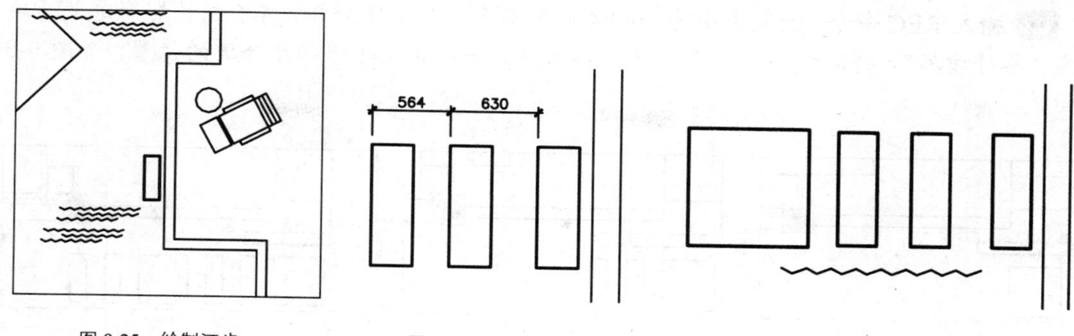

图 9-25　绘制汀步　　图 9-26　复制汀步　　图 9-27　绘制汀步

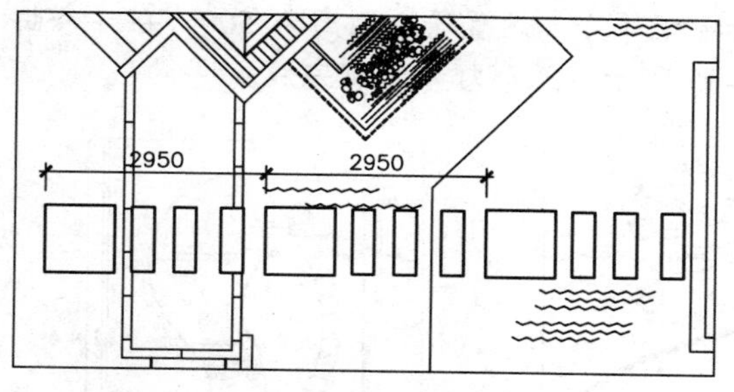

图 9-28　复制汀步

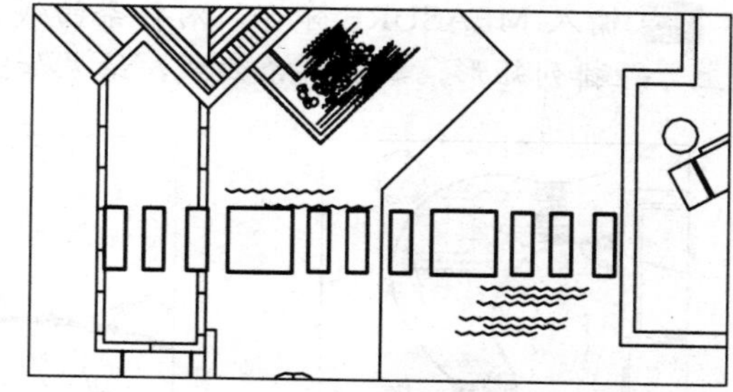

图 9-29　修剪多余的线条

9.2.3 绘制嵌草步石

步石易与自然环境协调，能取得轻松活泼的景观效果。本嵌草步石既可使人感觉像行走在草地上，增加趣味性，又可起到保护草地的作用。步石之间的距离应考虑人的跨越能力，作不等距变化，形成自然错落的效果。

课堂举例 9-3：绘制嵌草步石　　视频\第 9 章\课堂举例 9-3.mp4

1. 绘制第一组嵌草步石

第一组嵌草步石形状为矩形，其绘制方法与景观水池汀步绘制方法基本相同。

01 输入 REC 命令，按 Shift 键，右键单击鼠标，选择“自”，单击下方主园路下侧的左下角端点，输入（@109，-228），再输入（@900，-900），绘制矩形如图 9-30 所示。

02 重复执行 REC 命令，捕捉绘制的矩形右上角端点，沿 X 轴正方向输入 330，确定矩形第一点，输入（@300，-900），绘制得到矩形。输入 CO 命令，将绘制的矩形向右复制一次，距离为 630，如图 9-31 所示。

03 输入 CO 命令，选择绘制的一组矩形，将其向右复制一次，距离为 2490，如图 9-32 所示。第一组嵌草步石绘制完成。

2. 绘制第二组嵌草步石

第二组嵌草步石位于生态鱼池西侧，形状为弧形，绘制时需要掌握一些方法和技巧。

01 输入 SPL 命令，绘制样条曲线，作为步石排列的形状，如图 9-33 所示。

02 输入 REC 命令，绘制大小为 400×400 的矩形。输入 B 命令，将绘制的矩形定义为块，命名“草坪步石”，将矩形的中心点定义为插入点，并将其旋转移动至合适的位置，如图 9-34 所示。

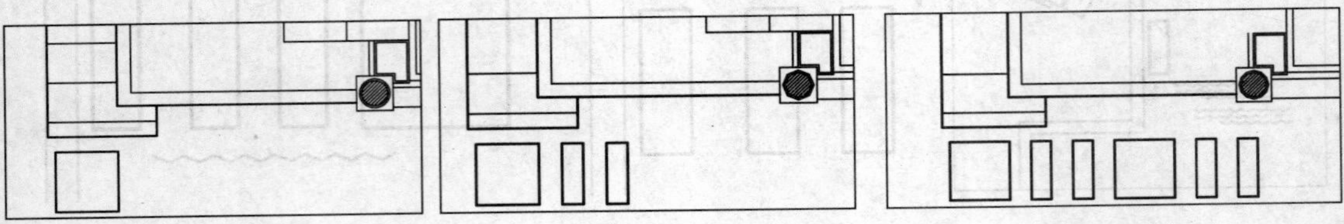

图 9-30　绘制矩形　　图 9-31　绘制并复制矩形　　图 9-32　复制图形

03 输入 MEASURE 命令，对样条曲线进行定距等分，设置等分距离为 500，在样条曲线上等距排列矩形，删除样条曲线，结果如图 9-35 所示，弧形汀步绘制完成。

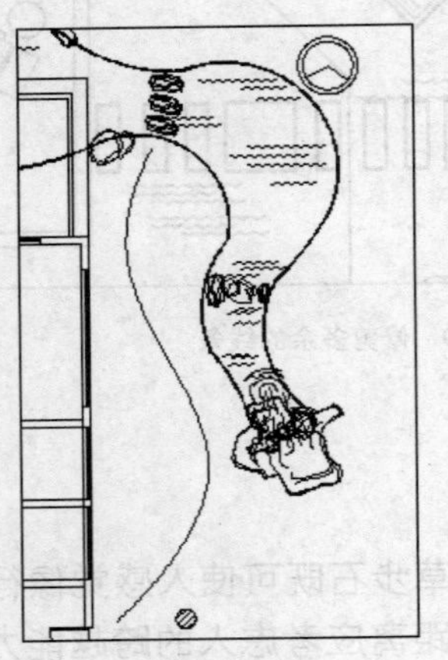

图 9-33　绘制步石路径形状

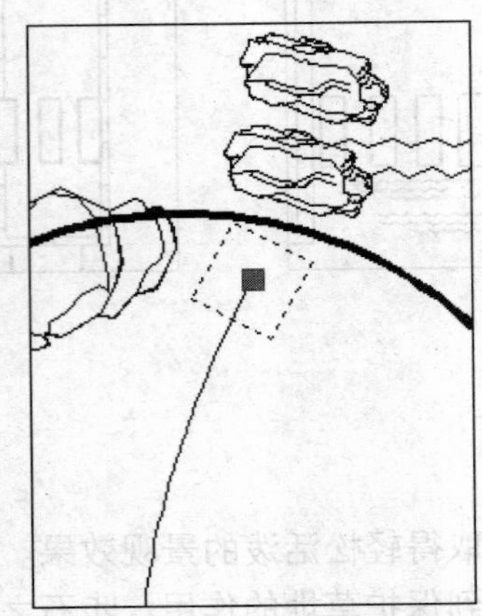

图 9-34　绘制并调整矩形

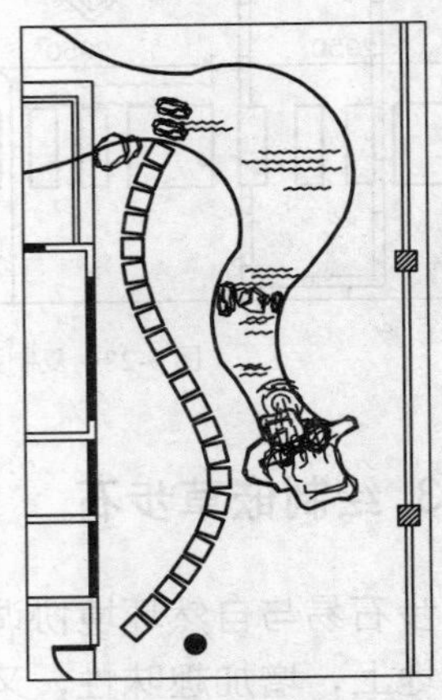

图 9-35　定距等分排列步石

3．绘制第三组嵌草步石

第三组步石位置及尺寸如图 9-36 所示，其绘制方法与第一组步石的绘制方法完全相同，这里就不详细介绍了。

4．绘制第四组嵌草步石

第四组步石位于景观亭的西北方向，其尺寸和位置如图 9-37 所示，用绘制第一组步石的方法进行绘制。

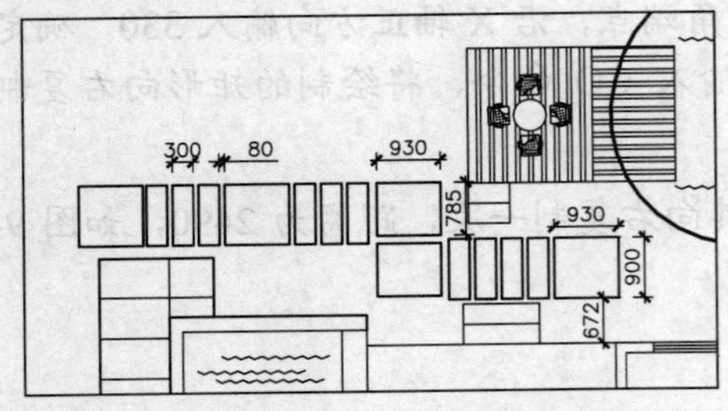

图 9-36　第三组步石

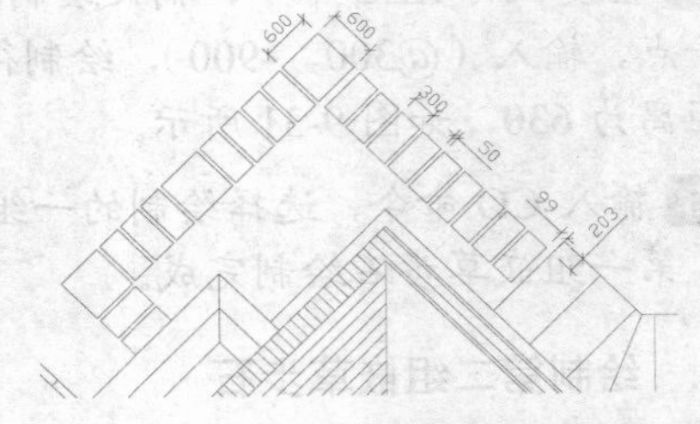

图 9-37　绘制嵌草步石

5. 绘制第五组嵌草步石

第五组嵌草步石如图 9-38 所示，同样可用绘制第一组步石的方法进行绘制，

9.2.4 绘制块石园路

由于块石园路铺装时，块石需按尺寸大小切割，因此在绘制块石园路时，可以先绘制如图 9-39 所示的各尺寸的块石，再按设计需要将各尺寸的块石，移动到适当位置。

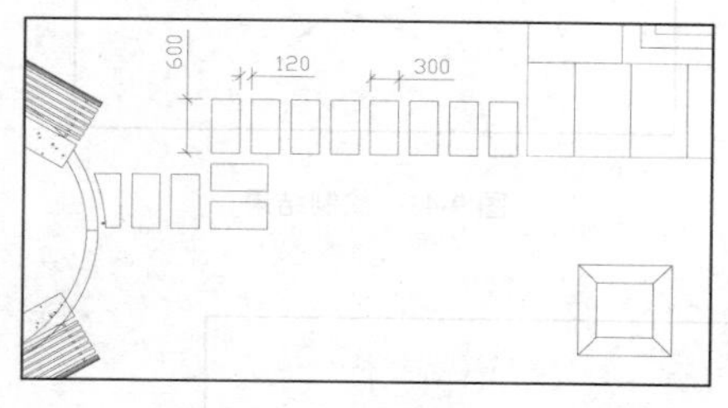

图 9-38　第五组步石

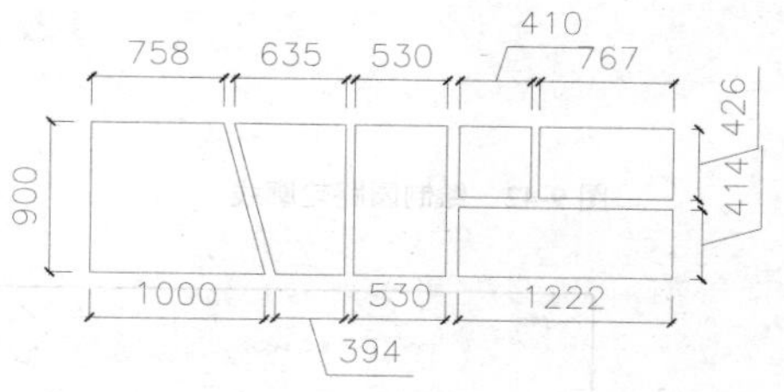

图 9-39　块石平面图

课堂举例 9-4：绘制块石园路　视频\第 9 章\课堂举例 9-4.mp4

01 输入 PL 命令，用光标指引 X 轴负方向输入 758，Y 轴负方向输入 900，X 轴正方向输入 1000，输入 C 闭合多段线，如图 9-40 所示。

02 重复执行 PL 命令，捕捉绘制的多边形右上角端点，沿 X 轴正方向输入 60，用光标指引 X 正方向输入 635，Y 轴负方向输入 900，X 轴负方向输入 394，输入 C，闭合多段线，如图 9-41 所示。

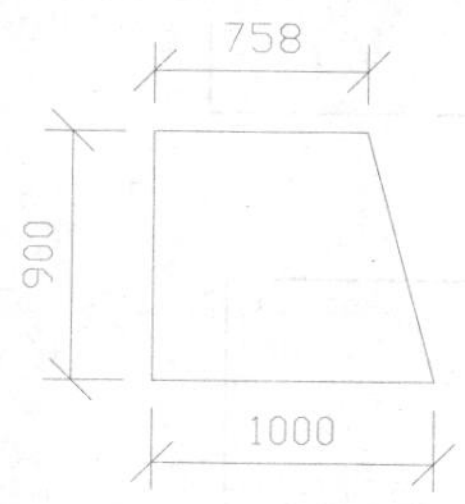

图 9-40　绘制多段线

图 9-41　绘制多段线

03 根据图 9-39 所示的尺寸绘制完其余的块石。

04 综合使用 L 命令和 O 命令，绘制如图 9-42 所示的图形作为块石园路的轮廓线。

05 将绘制的块石根据轮廓线，进行移动与排列，并删除轮廓线，结果如图 9-43 所示。

06 用同样的方法绘制其他的块石园路，结果如图 9-44 所示。

园路绘制完成。在第 7 章中，我们绘制了一块景石并将其定义为内部块，下面根据园路的位置，来定位插入景石。输入 I 命令，找到保存的“绿地景石”，将其插入图中，并调节大小和位置，结果如图 9-45 所示。

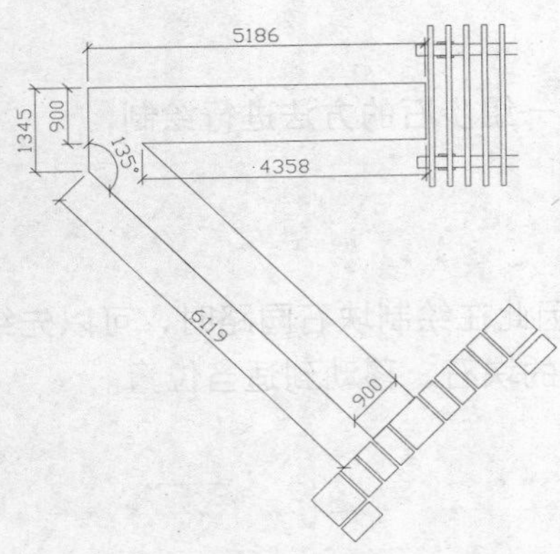

图 9-42 绘制园路轮廓线

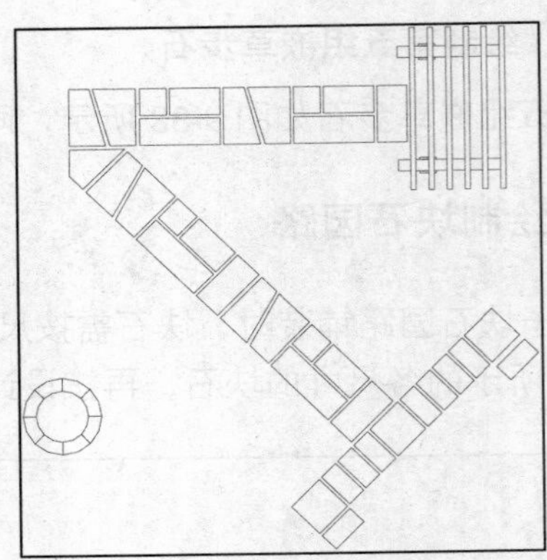

图 9-43 绘制结果

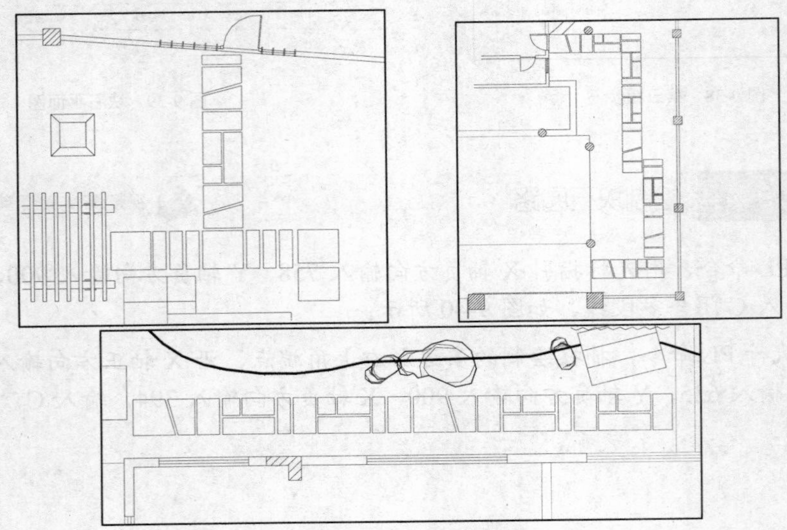

图 9-44 绘制块石园路

图 9-45 插入绿地景石

9.3 课后练习

操作题

(1) 调用 SPL、PL 等命令绘制庭院园路，如图 9-46 所示。

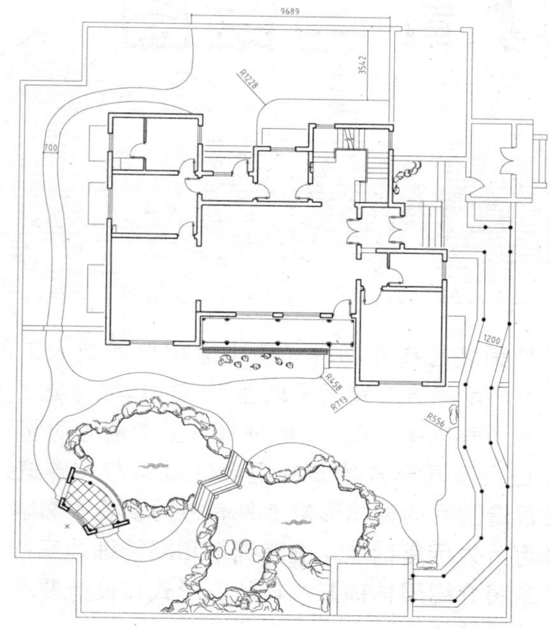

图 9-46　园路

(2) 绘制如图 9-47 所示城市车行道详图。

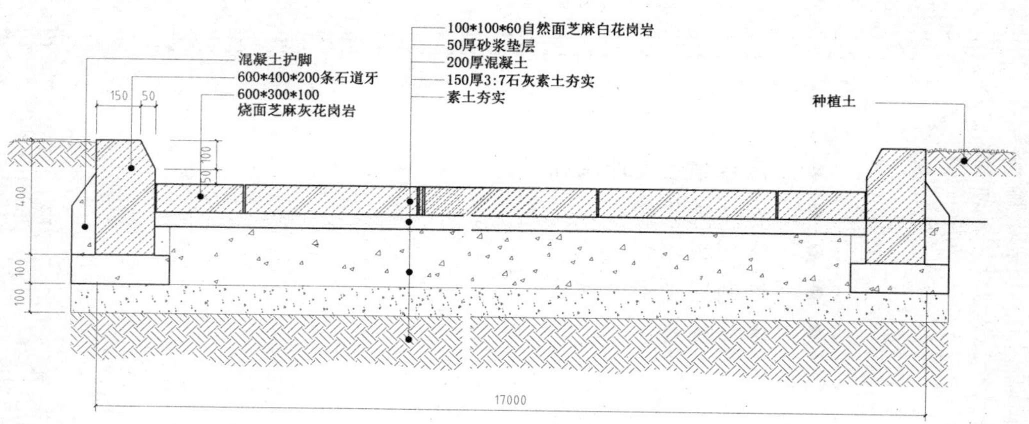

图 9-47　车行道详图

第10章 园林铺装设计与绘图

本章导读

园林铺装是指在园林环境中运用自然或人工的铺地材料，按照一定的方式铺设于地面形成的地表形式。作为园林景观的一个有机组成部分，园林铺装主要通过对园路、空地、广场等进行不同形式的印象组合，贯穿游人游览过程的始终，在营造空间的整体形象上具有极为重要的影响。园林铺装大体可分为厅堂铺地、庭院铺地和路径铺地三种。

本章将介绍园林铺装的功能、形式和设计要点，并结合实例讲述铺装的绘制方法。

本章重点

- 园林铺装设计基础
- 园林铺装的表现方法
- 绘制园林铺装
- 绘制别墅室内铺装
- 课后练习

10.1 园林铺装设计基础

在我国造园艺术中，对厅、堂、楼、阁、亭、榭的内外地面铺装，以及路径的地面铺砌都十分重视。本节详细介绍了园林铺装的基础知识，使读者对园林铺装有一个准确、完整的了解和认识。

10.1.1 园林铺装的功能

园林铺装有许多功能，除实用以外，还可以满足人们深层次的需求。

1. 空间的分隔和变化作用

园林铺装通过材料或样式的变化体现空间界线，在人的心理上产生不同暗示，达到空间分隔及功能变化的效果。比如两个不同功能的活动空间，往往采用不同的铺装材料，或者即使使用同一种材料，也采用不同的铺装样式，这种例子随处可见。

2. 视觉的引导和强化作用

园林铺装利用其视觉效果，引导游人视线。在园林中，常采用直线形的线条铺装引导游人前进；在需要游人停留的场所，则采用无方向性或稳定性的铺装；当需要游人关注某一景点时，则采用聚向景点方向走向的铺装。

另外，通过铺装线条的变化，可以强化空间感，比如用平行于视平线的线条强调铺装面的深度。用垂直于视平线的铺装线条强调宽度，合理利用这一功能可以在视觉上调整空间大小，起到使小空间变大，窄路变宽等效果。

3. 意境与主题的体现作用

良好的铺装景观对空间往往能起到烘托、补充或诠释主题的增彩作用，利用铺装图案强化意境，这也是中国园林艺术的手法之一。这类铺装使用文字、图形、特殊符号等来传达空间主题，加深意境，在一些纪念型、知识型和导向性空间比较常见。如图 10-1 所示的步行道水纹图案可以突出水的主题，广场圆形图案可以产生一种张力效果。

10.1.2 铺装的形式

铺装的形式多种多样，选材者要因地制宜，根据园林整体风格、地理环境和造价等各种因素，综合考虑进行选择。

1. 柔性铺装

柔性铺装是各种材料完全压实在一起而形成的，会将交通荷载传递给下面的基层。这些材料利用它们天然的弹性在荷载作用下轻微移动，因此在设计中应该考虑限制道路边缘的方法，防止道路结构的松散和变形。常见的柔性铺装有以下几种：

❑ 砾石

砾石是一种常用的铺地材料，它适合于在庭园各处使用，如图 10-2 所示，对于规则式和不规则式设计来说很适用。砾石包括了3种不同的种类：机械碎石、圆卵石和铺路砾石。机械碎石是用机械将石头碾碎后，再根据碎石的尺寸进行分级。它凹凸的表面会给行人带来不便，但将它铺在斜坡上却比圆卵石稳固。圆卵石是一种在河床和海底被水冲击而成的小鹅卵石，如果不把它铺好，会很容易松动。铺路砾石是一种尺寸在 15～25mm，由碎石和细鹅卵石组成的天然材料，铺在粘土中或嵌入基层中，通常设有一定坡度的排水系统。

图 10-1 铺装突出主题

图 10-2 砾石铺装

□ 沥青

沥青对于马路和辅助道路来说是一种理想的铺装材料，如图 10-3 所示。对于需求更复杂的大面积铺地来说，它会显得豪华和昂贵。沥青中性的质感是植物造景理想的背景材料。而且运用好的边缘材料可以将柔性表面和周围环境相结合。铺筑沥青路面时应用机械压实表面，且应注意将地面抬高，这样可以将排水沟隐藏在路面下。

图 10-3 沥青铺装

□ 嵌草混凝土

许多不同类型的嵌草混凝土砖对于草地造景是十分有用的，如图 10-4 所示。它们特别适合那些要求完全铺草又是车辆与行人入口的地区。这些地面也可以作为临时的停车场，或作为道路的补充物。铺装这样的地面首先应在碎石上铺一层粗砂，然后在水泥块的种植穴中填满泥土和种上草及其他矮生植物。绿叶可以起到软化混凝土层的作用，它们甚至可以掩盖混凝土层，特别是在地面或斜面上。

2. 刚性铺装

刚性铺装是用现浇混凝土或预制构件铺设而成，常见的刚性铺装有以下几种类型：

❑ 人造石及混凝土铺地

水泥可塑造出不同种类的石块，做得好的可以以假乱真。这些人造石可制成用于铺筑装饰性地面的材料。混凝土铺地的很多情况下还会加入颜料。有些是用模具仿造天然石，有些则利用手工仿造。当混凝土还在模具内时，可刷扫湿的混凝土面，以形成合适的凹槽及不打滑的表面；有的则是借机械用水压出多种涂饰和纹理，如图 10-5 所示。

图 10-4 嵌草混凝土

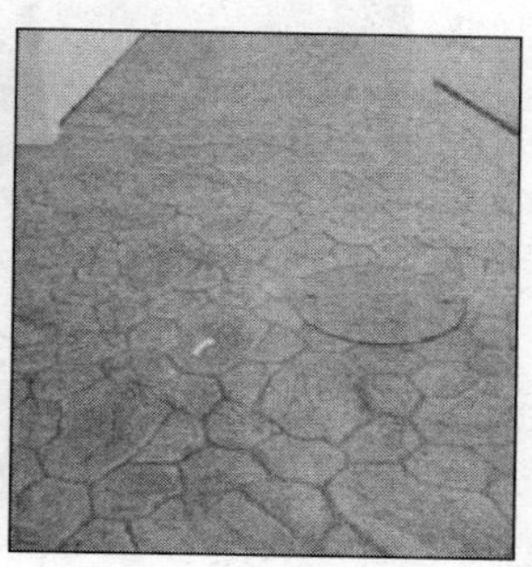

图 10-5 混凝土艺术铺装

❑ 砖及瓷砖

砖是一种非常流行的铺地材料，经久耐用，抗冻、防腐能力较强，而且铺设方式十分灵活，能够组合出人字形、工字形、席纹图案等，如图 10-6 所示。

瓷砖具有一定的形状和耐磨性，最硬的是用素烧粘土制成的瓷砖，它们很难切断，所以适合用在正方形的地方，如图 10-7 所示。瓷砖也可以像砖那样在砂浆上拼砌。新陶瓷砖虽然最具装饰性，但也最易碎。不是所有的瓷砖都具有抗冻性，所以常常要做一层混凝土基层。

图 10-6 砖铺装

图 10-7 瓷砖铺装

❑ 透水砖

传统的非透水性铺装完全阻断了自然降雨与路面下部土层的连通，造成城市地下水源难以得到及时补充，严重影响雨水的有效利用，且严重破坏地表土壤的动植物生存环境，改变了大自然原有的生态平衡。

透水砖可以使雨水从砖缝渗入地下，从而有限利用水资源，防止路面积水，目前已经在园林、市政道路得到了广泛应用。透水砖也可以铺设成各种图案，如工字形、人字形等。

❑ 天然石材

天然石材在所有铺装材料中最具自然气息。天然的铺路石材包括石灰岩、砂岩、花岗岩、大理石等。用天然的石块铺设路面，因其本身的厚重感和粗犷感而充满了返璞归真的情趣，如图 10-8 所示。

图 10-8 天然石材铺装

3. 木制铺装

木板是一种极具吸引力的地面铺装材料，它的多样性使它既适合现代风格的设计，又适合乡村风格和不规则式设计。木材铺装可以和很多不同风格的建筑相融合，用于建造坚固平台和坚固的脚踏石，特别是往植物园中铺木板路效果最好。木材的散热性比石头和混凝土都好，即使在太阳的暴晒下，木板也不会如石头那样热。木材同样可以做成台阶、桥梁和扶手，所以在住宅与庭园间，木材是一种很好的过渡材料。

在使用木板时，通常是按照木板的纹理把原木锯成块状或者圆形，这样可以做成一块块美观实用的铺装材料，如图 10-9 所示。这种材料大多数是在开阔的庭院中使用，它可以产生一种坚固和轻质的感觉。材料的延伸感可通过平行铺装来强调，同时也适用于其他的铺装方法。

木材作为室外铺装材料，适用范围不如石材或其他材料那么广泛。木材容易腐烂、枯朽，因此需要经过特殊的防腐处理。但是木材又有其他材料无法替代的优势，它可以随意的涂色、油漆，或者干脆保持原来的面目。如果需要配合自然、典雅的园景，木材当然是首选的材料。木质铺装最大的优点就是给人以柔和、亲切的感觉，所以常用木块或栈板代替砖、石铺装，尤其是在休息区内，放置桌椅的地方，与坚硬冰冷的石质材料相比，它的优势会更加明显。

图 10-9 木制铺装

木质最常见的是铺设露台、广场、人行道、栈桥、亲水平台、树池等地面，如图 10-10 所示为河道边的木板栈道效果。

10.2 园林铺装的表现方法

园林路面的铺装设计图主要有平面图和剖面图两种。路面材料一般通过图案填充来区分和表现。平面图通常需要标注材料的名称，规则的铺装材料还要标注材料的尺寸，如图 10-11 所示。

图 10-10　木板栈道

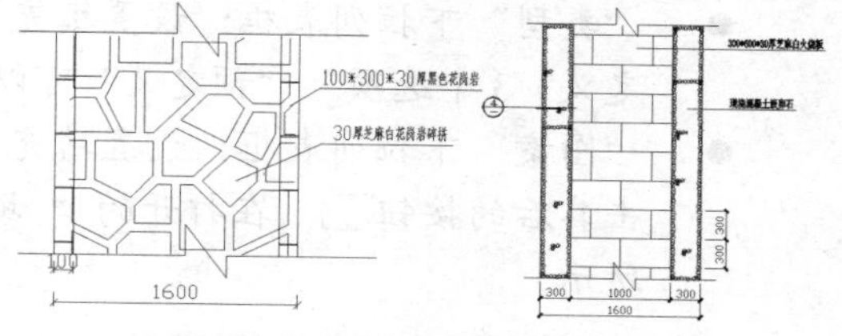

图 10-11　园路铺装平面图

剖面图则需要注明具体的施工做法，如图 10-12 所示。

10.2.1 填充预定义图案

绘制园林铺装主要使用了 AutoCAD2015 的“图案填充创建”选项卡，打开该选项卡的方法有以下几种：

- 菜单栏：“绘图”|“图案填充”命令
- 工具栏：单击“绘图”工具栏上的“图案填充”按钮
- 命令行：输入 H（BHATCH）
- 功能区：在“默认”选项卡中，单击“绘图”面板中的“图案填充”按钮

1. 设置图案填充

在“图案填充创建”选项卡中，可以设置图案填充的类型和角度、比例等特性；也可以打开“图案填充和渐变色”对话框，如图 10-13 所示，进行参数设置。在 AutoCAD2015 中，打开“图案填充和渐变色”对话框的方法主要有：

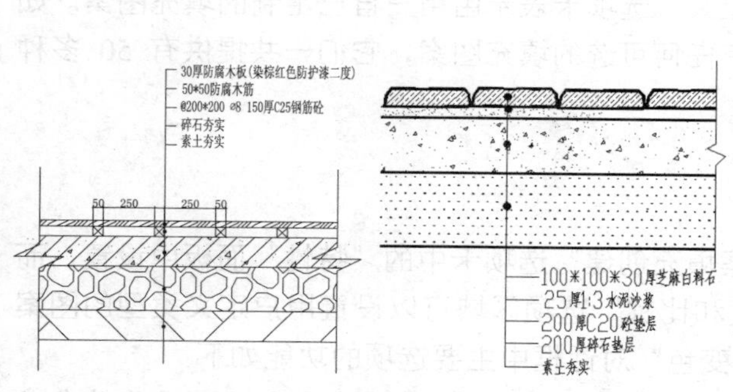

图 10-12　园路剖面图

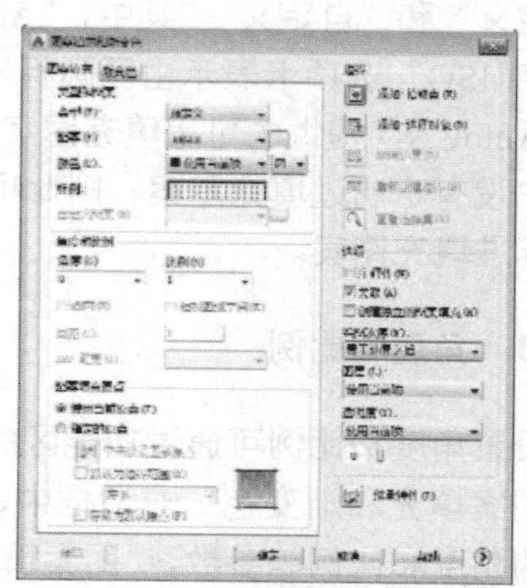

图 10-13　“图案填充和渐变色”对话框

- 命令行：输入 H 命令，在命令行提示中选择“设置【T】”选项。
- 功能区：在“图案填充创建”选项卡中，单击“选项”面板右下角的“图案填充设置”按钮↘。

❑ 图案设置

在“图案”面板中，可以设置图案填充的类型和图案，当然也可以在“图案填充和渐变色”对话框中进行设置，其对话框中的一些主要选项功能介绍如下：

- “类型”下拉列表框：设置填充图案类型，包括“预定义”“用户定义”和“自定义”3 个选项。“预定义”可以使用 AutoCAD 提供的图案。
- “图案”下拉列表框：设置填充的图案，可以根据图案名称选择图案，也可以单击其后的按钮…，在打开的“填充图案选项板”对话框中进行选择，如图 10-14 所示。

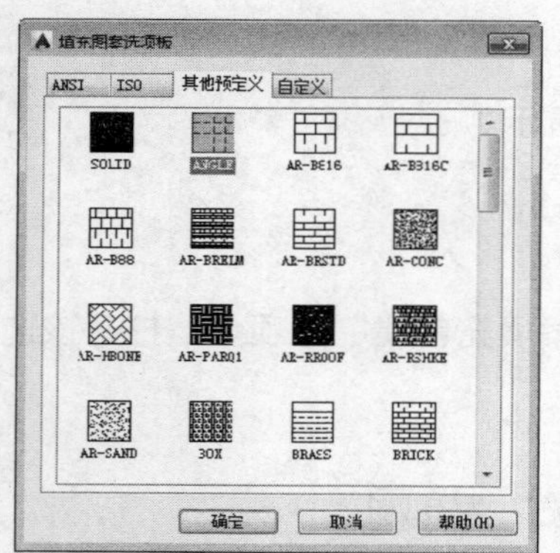

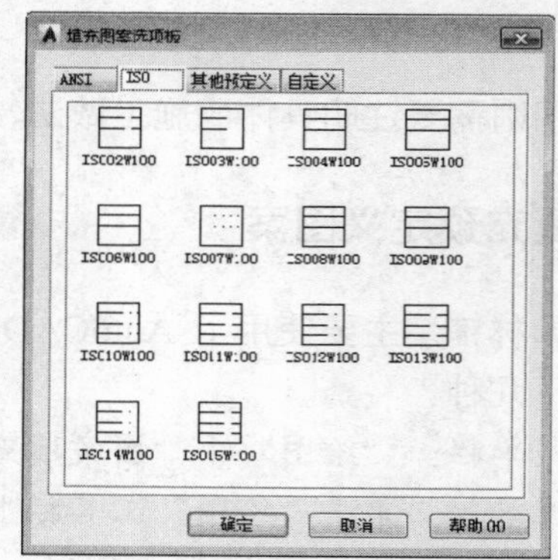

图 10-14 “填充图案选项板”对话框

- “样例”预览窗口：显示当前选中的图案样例，单击所选的样例图案，也可打开“填充图案选项板”对话框选择图案。
- “自定义图案”下拉列表框：选择自定义图案，在“类型”下拉列表框中选择“自定义”选项时该选项可用。

如图 10-14 所示“填充图案选项板”对话框中有 4 个选项卡，分别是“ANSI”“ISO”“其他预定义”和“自定义”。其中，“ANSI”选项卡表示由美国国家标准化组织建议使用的填充图案；“ISO”选项卡表示由国际标准化组织建议使用的填充图案；“其他预定义”选项卡表示由 AutoCAD 提供的可用填充图案；“自定义”选项卡表示由用户自己定制的填充图案。如果用户没有定制过填充图案，则此项中没有任何可选的填充图案，它们一共提供有 50 多种行业标准填充图案。

❑ 角度和比例

设置角度和比例可通过功能区的“图案填充创建”选项卡中的“特性”面板中设置，而在“图案填充和渐变色”对话框中，“角度和比例”选项区域可以设置用户定义类型的图案填充的角度和比例等参数，“图案填充和渐变色”对话框中主要选项的功能如下：

- “角度”下拉列表框：设置填充图案的旋转角度，每种图案在定义时的旋转角度都为零。

- “比例”下拉列表框：设置图案填充时的比例值。每种图案在定义时的初始比例为 1，可以根据需要放大或缩小。
- “双向”复选框：当图案类型为“用户定义”时，选中该复选框，可以使用相互垂直的两组平行线填充图形，否则为一组平行线。
- “相对图纸空间”复选框：设置比例因子是否为相对于图纸空间的比例。
- “间距”文本框：设置平行线之间的距离，当填充类型为“用户定义”时才可用。
- “ISO 笔宽”下拉列表框：设置笔的宽度，当填充图案采用 ISO 图案时才可用。

例如要填充如图 10-15 所示 800×800 方砖图案，可以选择“用户定义”类型，选择“双向”复选框，设置“间距”为 800 即可，如图 10-16 所示。

❑ 图案填充原点

设置填充原点可通过功能区的“图案填充创建”选项卡中的“原点”面板进行设置，“原点”面板中有多种不同的设置原点选项，如图 10-17 所示，用户可根据实际需要做出合适的选择。

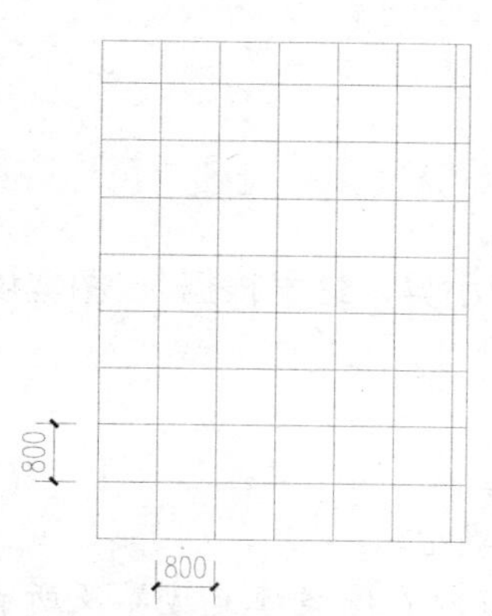

图 10-15 填充 800×800 方砖图案

图 10-16 填充参数设置

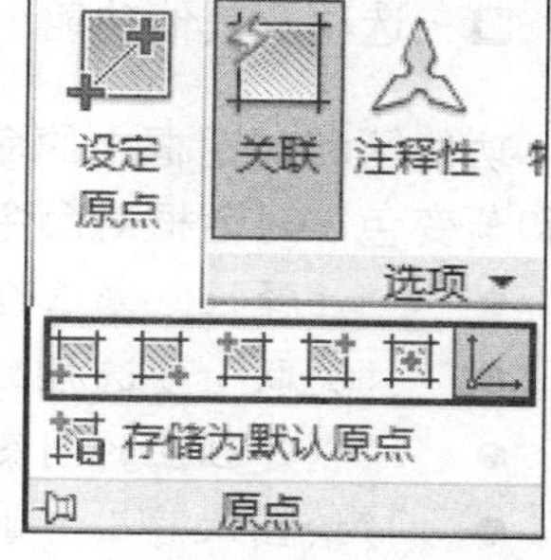

图 10-17 “原点”面板

也可在“图案填充和渐变色”对话框的“图案填充原点”选项区域中设置图案填充原点的位置，因为许多图案填充需要对齐填充边界上某一个点。“图案填充和渐变色”对话框中其主要选项的功能如下：

- “使用当前原点”单选按钮：可以使用当前 UCS 坐标的原点（0,0）作为图案填充原点。
- “指定的原点”单选按钮：可以通过指定点作为图案填充原点。单击“单击以设定新原点”按钮，可以在绘图窗口中选择某一点作为图案填充原点。

如图 10-18 所示为默认图案填充效果和重新设置矩形 A 点为填充原点的填充效果对比。

❑ 边界

“边界”面板中的命令按钮与“图案填充和渐变色”对话框中“边界”选项区域中的几乎相同，都包括“拾取点”“选择对象”等按钮，其主要功能如下：

- “拾取点”按钮：以拾取点的形式来指定填充区域的边界。单击该按钮切换到绘

图窗口，可在需要填充的区域内任意指定一点，系统会自动计算出包围该点的封闭填充边界，同时亮显边界。

- “选择对象”按钮：单击该按钮将切换到绘图窗口，可以通过选择对象的方式来定义填充区域的边界。
- “删除边界”按钮：可以取消系统自动计算或用户指定的边界。
- “重新创建边界”按钮：重新创建图案填充边界。
- “查看选择集”按钮：查看已定义的填充边界。单击该按钮，切换到绘图窗口，已定义的填充边界将亮显。

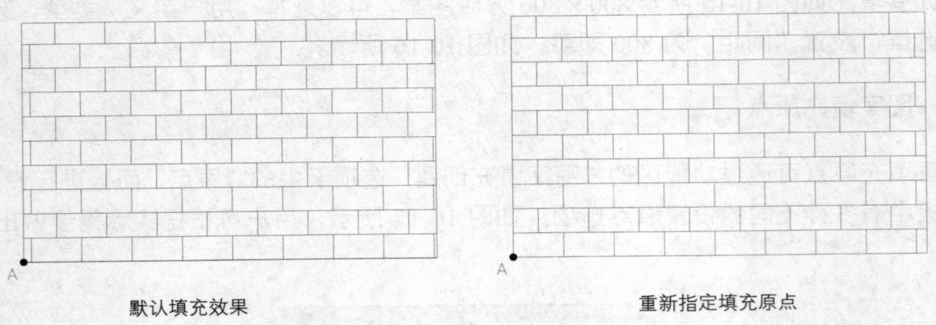

图 10-18　指定填充原点

❑ 选项及其他功能

功能区和对话框中的命令形式虽有区别，但是使用方法大同小异，这里根据 “图案填充和渐变色”对话框对命令进行介绍。

- “注释性”复选框：将图案定义为可注释性的对象。
- “关联”复选框：创建其边界时随之更新的图案和填充。
- “创建独立的图案填充”复选框：创建独立的图案填充类型。
- “绘图次序”下拉列表：指定图案填充的绘图顺序，可以在图案填充边界及所有其他对象之后或之前。
- “继承特性”按钮：可以将现有图案填充或填充对象的特性应用到其他图案填充或填充对象。单击“继承特性”按钮，对话框暂时消失，光标变成格式刷形状。先单击选择源填充对象，然后选择需要继承属性的目标填充区域。选择完毕后回车，对话框重新出现，填充区域已经确定。单击“预览”按钮，可以观看填充效果。

2. 设置孤岛

进行图案填充时，如果一个较大的填充区域内部还有一个或多个较小的封闭区域，这些区域称为“岛”。AutoCAD 提供了一套孤岛检测方案，使用户能够设置对哪些岛区域进行填充，对哪些岛区域不填充。单击“图案填充和渐变色”对话框右下角的⊙按钮，将显示更多选项，可以对孤岛进行设置。选中“孤岛检测”单选按钮，可以看到有三种孤岛填充方式可供选择。

- 普通：由外部边界向内交替填充。对于嵌套的岛，采用填充与不填充的方式交替进行。这是 AutoCAD 默认的填充方式，填充效果如图 10-19a 所示。
- 外部：仅填充最外层的区域，内部所有岛都不填充，填充效果如图 10-19b 所示。

- 忽略：忽略内部所有的岛，全部填充，如图 10-19c 所示。

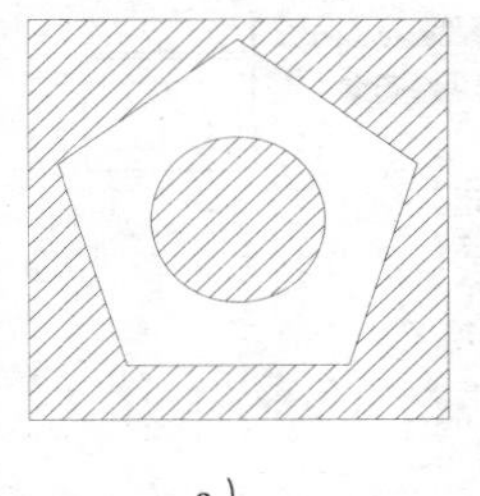
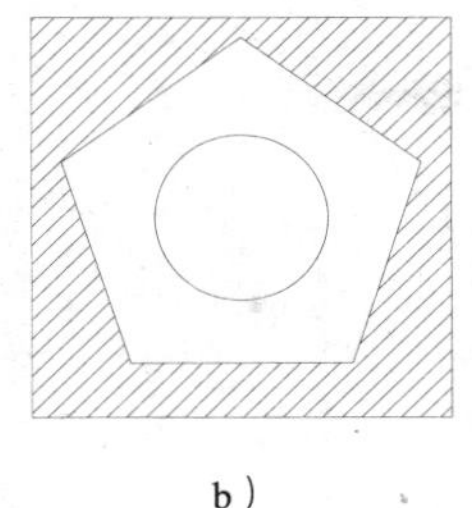
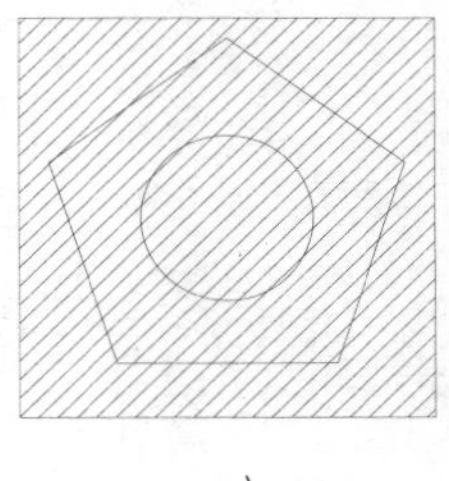

a） b） c）

图 10-19 孤岛的三种填充效果

以普通方式填充时，如果填充边界内有诸如文字、属性这样的特殊对象，且在选择填充边界时也选择了它们，填充时图案填充在这些对象处会自动断开，就像用一个比它们略大的看不见的框保护起来一样，以使这些对象更加清晰，如图 10-20 所示。

图 10-20 包含特殊对象的图案填充

- “边界保留”选项区域：“保留边界”复选框，可将填充边界以对象的形式保留；“对象类型”下拉列表框可以选择填充边界的保留类型，如“多段线”和“面域”选项等。
- “边界集”选项区域：用来定义填充边界的对象集，AutoCAD 将根据这些对象来确定填充边界。默认情况下为“当前视口”，系统据此确定填充边界为所有可见对象的边界。也可以单击“新建”按钮，返回至绘图窗口指定对象来定义边界集，此时“边界框”下拉列表框中将显示为“现有集合”选项。
- “允许的间隙”选项区域：通过“公差”文本框设置允许的间隙大小。在该参数范围内，可以将一个几乎封闭的区域看作是一个闭合的填充边界。默认值为 0，这时对象是完全封闭的区域。
- “继承选项”选项区域：用于确定在使用继承属性创建图案填充时图案填充原点的位置，可以是当前原点或源图案填充的原点。

10.2.2 填充自定义的图案

AutoCAD 提供了几十种预定义的图案，但对于绘制园林铺装图来说还远远不够用，如图 10-21 所示的常用填充图案。

目前网络上有很多的填充图案资源可供下载，将这些“*.pat”格式填充图案文件复制到 AutoCAD 的安装目录下的 support 文件夹中，在“填充图案选项板”对话框的“自定义”选项卡中即可看到这些填充图案，如图 10-22 所示。可以像使用 AutoCAD 提供的预定义图案一样使用这些自定义图案，操作方法完全相同。

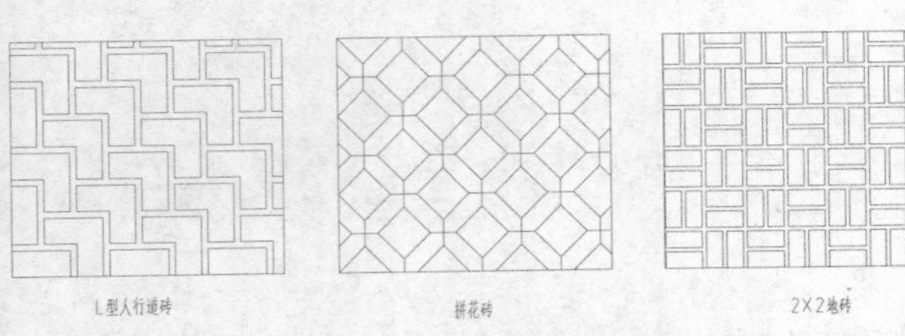

图 10-21 其他常用填充图案

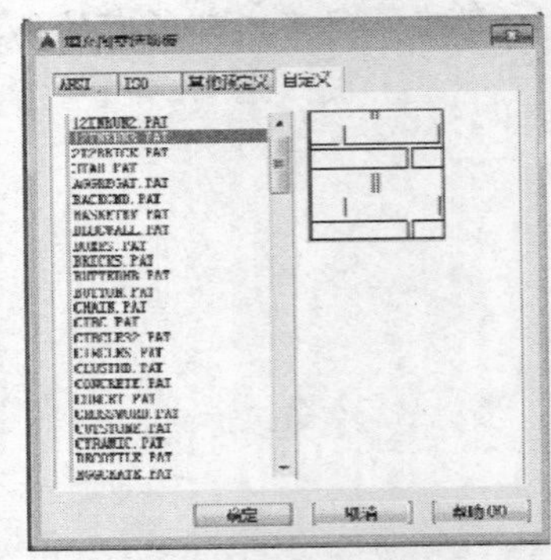

图 10-22 选择自定义图案

10.3 绘制园林铺装

本别墅庭院有建筑室内铺地和室外园路、门廊等铺地两个部分，根据填充材料的特点和拼接方式，分别使用不同的绘制方法。本节介绍园路、门廊等室外园林部分的铺装绘制。

10.3.1 绘制观水廊铺装

观水廊位于景观水池右侧，是欣赏水景、休闲漫步的水边走廊，地面铺设材料为 1000×600 大小、厚度为 20 的火烧面山东灰麻石，由于尺寸不规则，因此这里使用阵列的方法绘制，以精确控制铺装的尺寸规格。

课堂举例 10-1： 绘制观水廊铺装

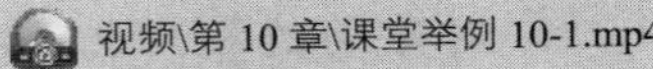

01 设置“填充”层为当前图层。

02 调用 L 命令，绘制如图 10-23 所示的三条线段。

03 输入 AR 命令，选择上步绘制的水平线段为阵列对象，选择“矩形阵列”方式，设置阵列行数为 15，列数为 1，行间距为-600。

04 将阵列后的图形进行分解后，输入 TR 命令，修剪多余线条，结果如图 10-24 所示。观水廊铺装绘制完成。

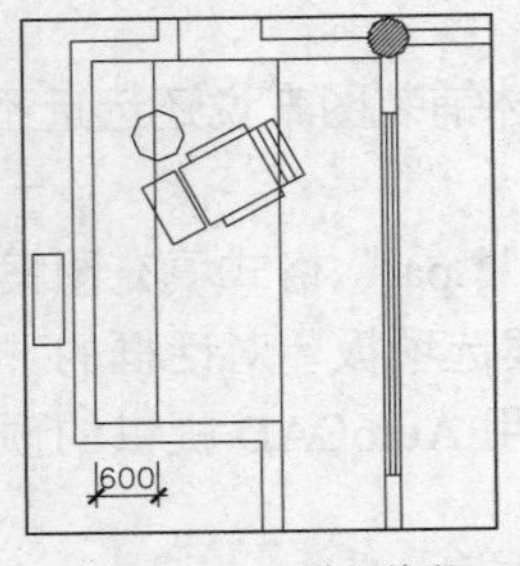

图 10-23 绘制线段

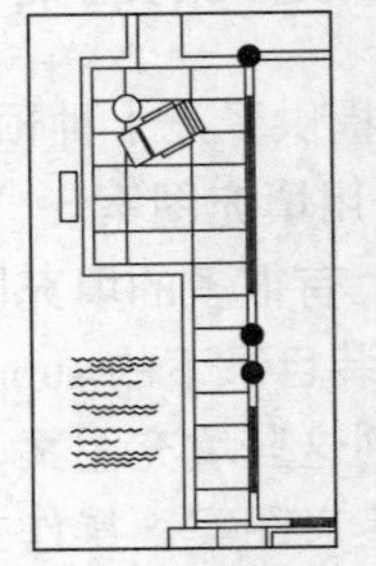

图 10-24 阵列线条

10.3.2 绘制门廊铺装

门廊的铺装方式为方砖 45° 斜拼，这里直接使用“ANSI 37”填充图案表示。

课堂举例 10-2：绘制门廊铺装　　视频\第 10 章\课堂举例 10-2.mp4

01 输入 H 命令，在弹出的“图案填充创建”选项卡中，选择“ANSI 37”为填充图案，比例设为 100，单击“添加：选择对象”按钮，选择门廊里面的矩形，确定填充对象，填充结果如图 10-25 所示。

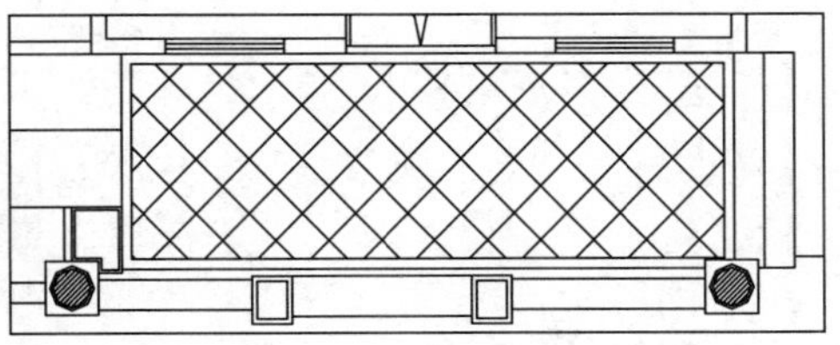

图 10-25　门廊填充结果

02 斜拼方砖外围为 100 宽黑色大理石镶边，如图 10-26 所示，这里使用“AR-SAND”填充图案表示。

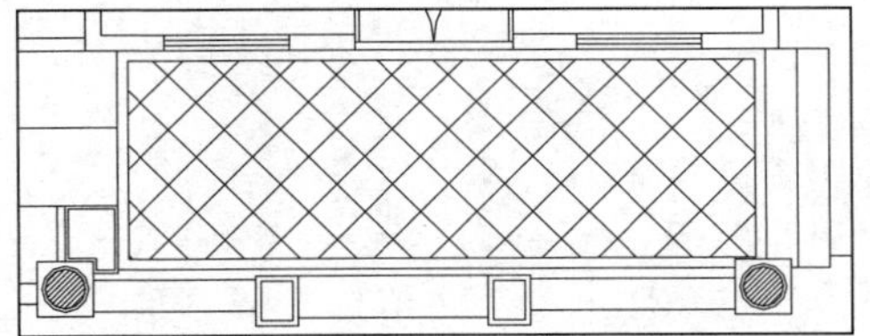

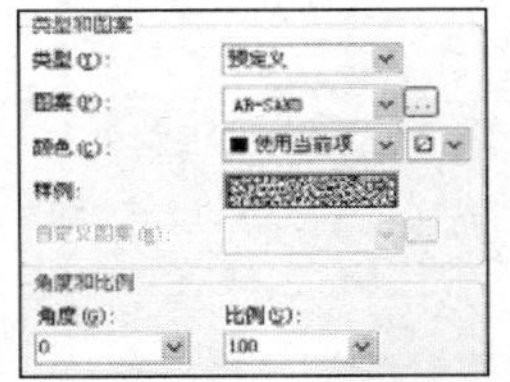

图 10-26　黑色大理石镶边

10.3.3 绘制黄色鱼眼沙地台铺装

黄色鱼眼沙地的铺装材料为细沙，这里使用“AR-CONC”填充图案表示。

课堂举例 10-3：绘制黄色鱼眼沙地台铺装　　视频\第 10 章\课堂举例 10-3.mp4

01 将当前填充颜色设为索引号为“91”的颜色。

02 输入 H 命令，选择“AR-CONC”填充图案，比例设为 1，填充结果如图 10-27 所示。

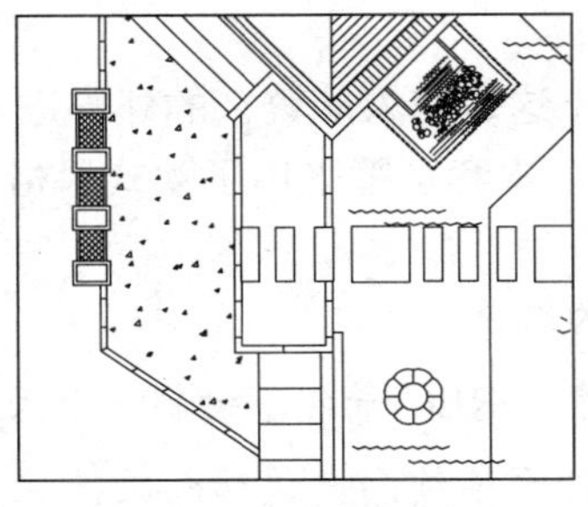

图 10-27　填充沙地台

10.4 绘制别墅室内铺装

建筑室内铺装表示的是建筑各室内空间的地面铺设材料和方式。绘制完成的建筑室内铺地效果如图 10-28 所示。

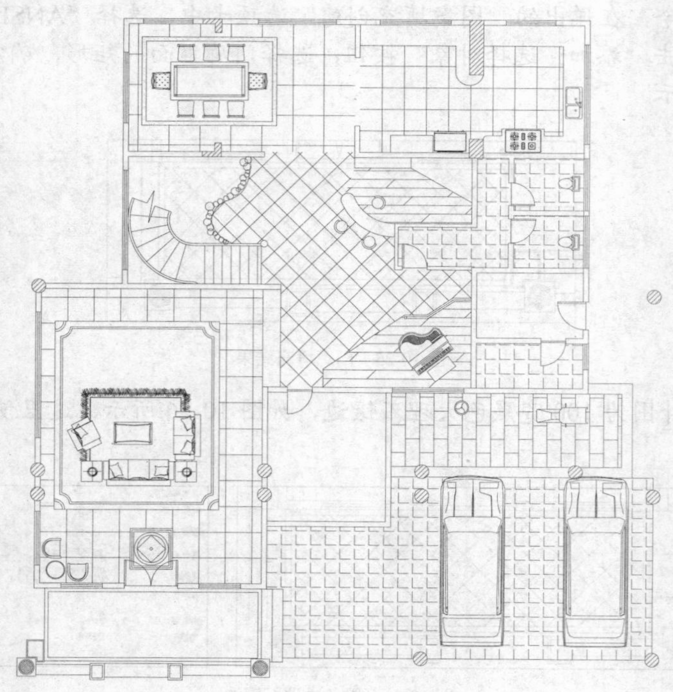

图 10-28 绘制室内铺地效果

10.4.1 绘制室内拼花

为了丰富地面在造型和颜色上的变化，增加整个空间的韵律感，别墅地面设计了很多拼花。

课堂举例 10-4： 绘制室内拼花

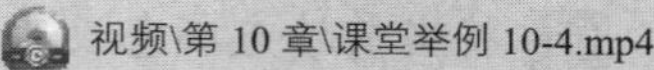

1. 绘制玄关拼花

玄关是一个缓冲过渡的地段，这是客人从繁杂的外界进入一个家庭的最初感觉。可以说，玄关设计是家居设计开端的缩影。本套别墅采用了欧式风格，因此大量使用了石材和拼花等欧式元素。

01 将当前填充图层颜色变为红色。

02 绘制玄关拼花外轮廓。输入 REC 命令，绘制一个尺寸为 1200 × 1200 的矩形。

03 输入 O 命令，将绘制的矩形连续向内偏移两次，偏移量均为 50，如图 10-29 所示。

04 输入 C 命令，以绘制的正多边形的中心为圆心，绘制半径为 480 的圆，并将圆向内偏移 80，结果如图 10-30 所示。。

05 输入 PL 命令，连接内圆的各象限点，得到菱形图形。输入 O 命令，并将绘制的多段线向内偏移 250，结果如图 10-31 所示。

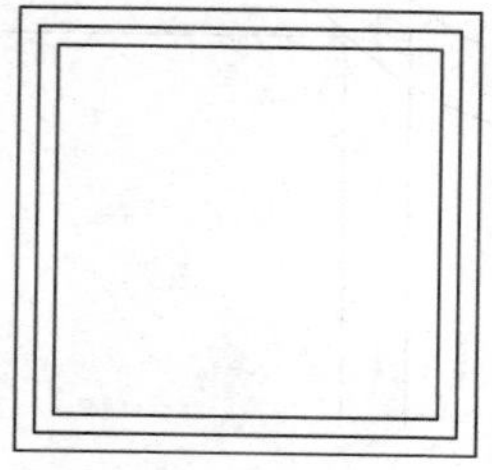
图 10-29　偏移矩形

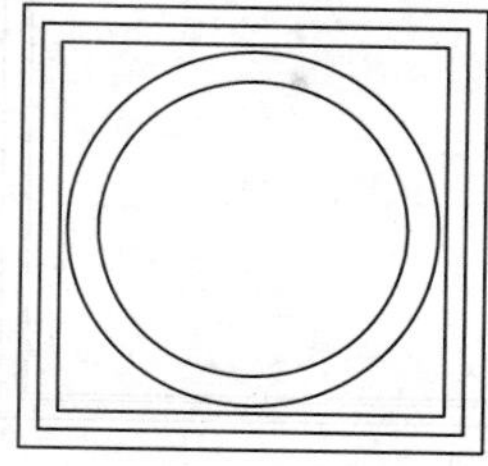
图 10-30　绘制并偏移圆

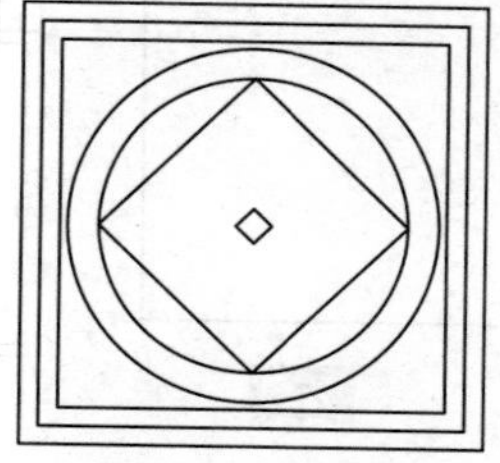
图 10-31　绘制并偏移多段线

06 输入 L 命令，连接多段线的相对端点，得到如图 10-32 所示图案。

07 填充图案表现拼花材质。输入 H 命令，填充 “AR-SAND” 图案，比例为 1，填充结果如图 10-33 所示。

08 输入 M 命令，指定图形底边中点为基点，捕捉双开门中点，光标指引 Y 轴正方向，输入 482，将拼花图案定位到如图 10-34 所示位置。

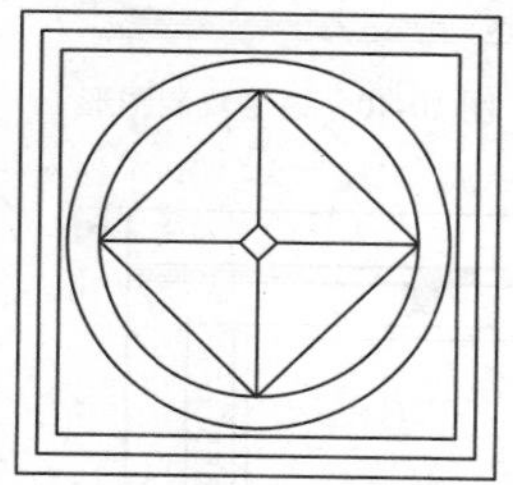
图 10-32　绘制直线

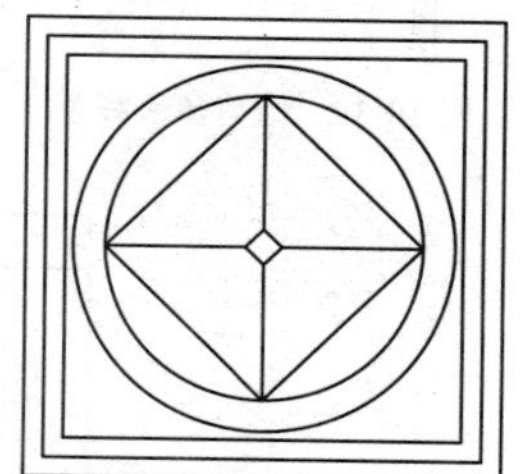
图 10-33　填充图形

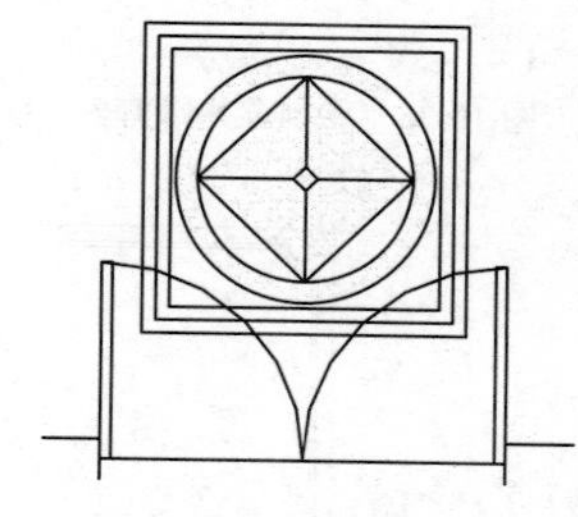
图 10-34　移动图形

2. 绘制客厅拼花

01 输入 REC 命令，按住 Shift 键，右键单击鼠标，选择 “自”，单击客厅内墙左下角点，输入（@394，2150），再输入（@4651，5406），绘制一个矩形，如图 10-35 所示。

02 绘制客厅拼花轮廓。输入 O 命令，将绘制的矩形向内偏移两次，偏移量分别为 160、53。如图 10-36 所示。

03 绘制客厅拼花图案。输入 C 命令，以最外层矩形的左上角端点为圆心，绘制半径为 240 的圆，并向外偏移 60。修剪多余线条，如图 10-37 所示。

04 输入 C 命令，以中间矩形的左上角端点为圆心，绘制半径为 272 的圆，并向外偏移 53，修剪多余线条，如图 10-38 所示。

05 重复执行 TR 命令，对图形进行进一步修剪，结果如图 10-39 所示。

06 输入 MI 命令，将绘制的拼花图案镜像复制到其他三个端点处，并修剪多余线条，结果如图 10-40 所示。

07 以填充玄关拼花的方法填充客厅拼花，如图 10-41 所示。

08 以绘制客厅拼花的方法绘制位于别墅左上角的餐厅拼花，如图 10-42 所示。

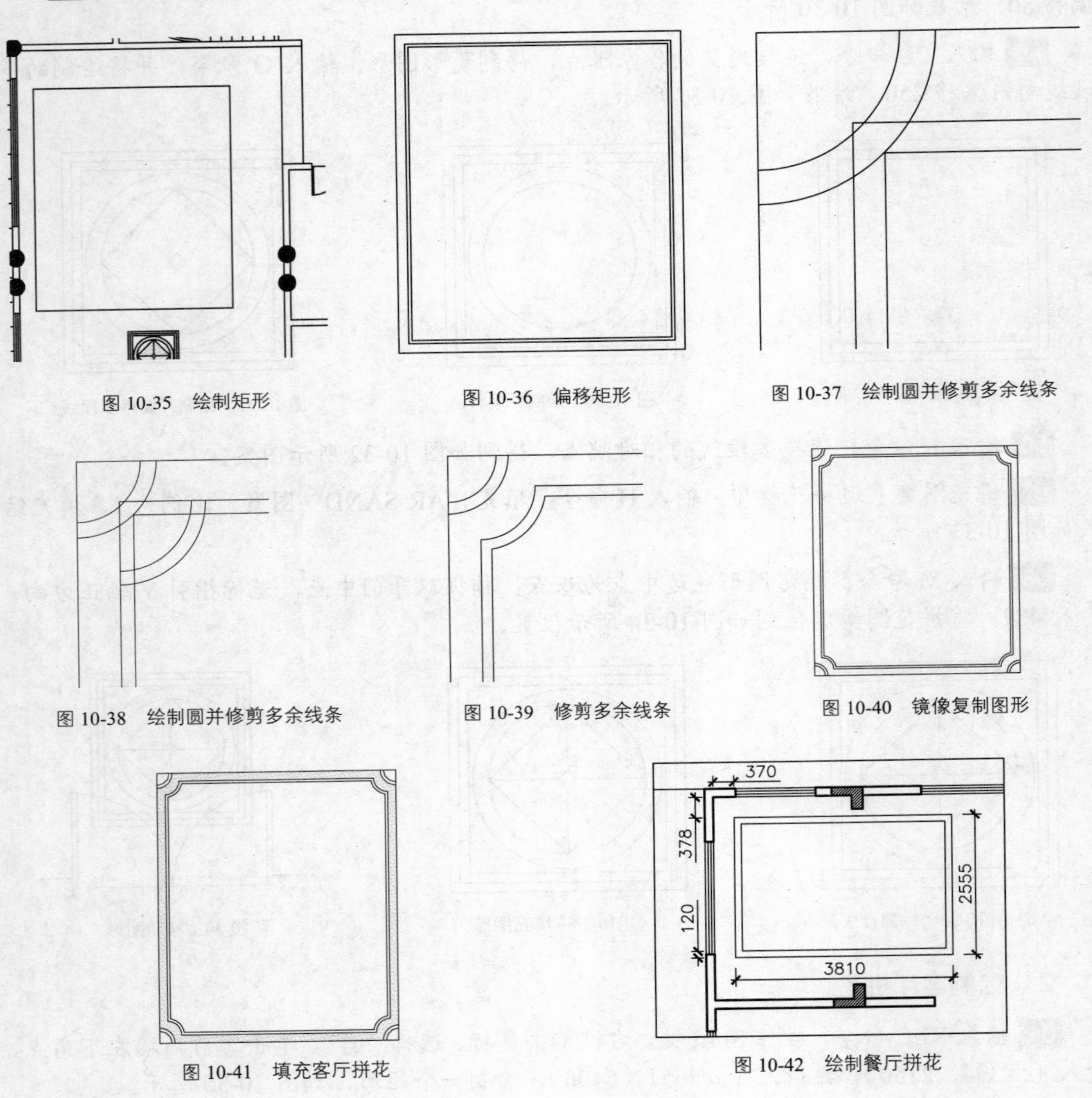

图 10-35 绘制矩形

图 10-36 偏移矩形

图 10-37 绘制圆并修剪多余线条

图 10-38 绘制圆并修剪多余线条

图 10-39 修剪多余线条

图 10-40 镜像复制图形

图 10-41 填充客厅拼花

图 10-42 绘制餐厅拼花

10.4.2 绘制室内装饰及家具

为了表示别墅内部的空间布局，需要绘制相应空间位置的家具和装饰。

课堂举例 10-5: 绘制室内装饰及家具 视频\第 10 章\课堂举例 10-5.mp4

1. 绘制厨房装饰

01 将“附属设施”图层置为当前层，将图层颜色设为默认值。

02 绘制厨房料理台。使用 PL 命令，根据如图 10-43 所示的尺寸绘制厨房料理台。

2. 绘制休闲厅装饰

❑ 绘制旱景

所谓旱景，它是相对于水景而言的，即它不需要造出一个水环境的室内景观，可以起到与水景一样的装饰作用。旱景常设置在平层的客厅或跃层的楼梯下，这两处不会影响住户实际使用空间，却很容易吸引眼球，营造出奇特的效果。

01 输入 SPL 命令，绘制大致如图 10-44 所示的样条曲线。

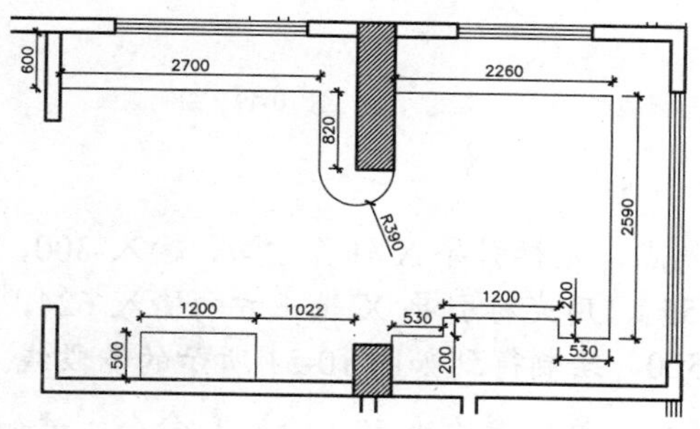

图 10-43　绘制厨房料理台

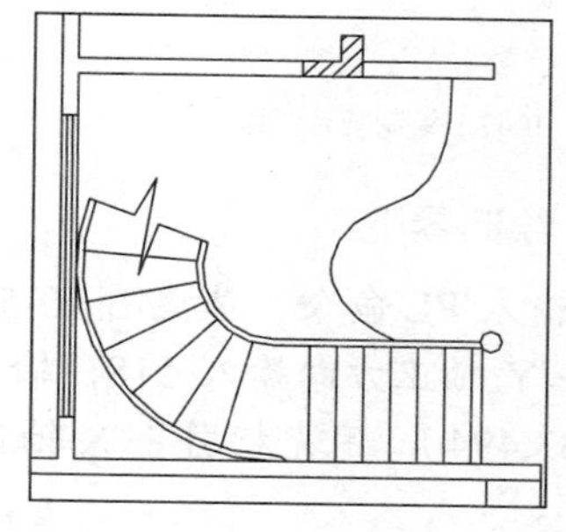

图 10-44　绘制样条曲线

02 输入 C 命令，连续绘制如图 10-45 所示的圆，作为旱景装饰。

❑ 绘制酒吧

01 绘制储物柜。输入 L 命令，绘制如图 10-46 所示的图形。

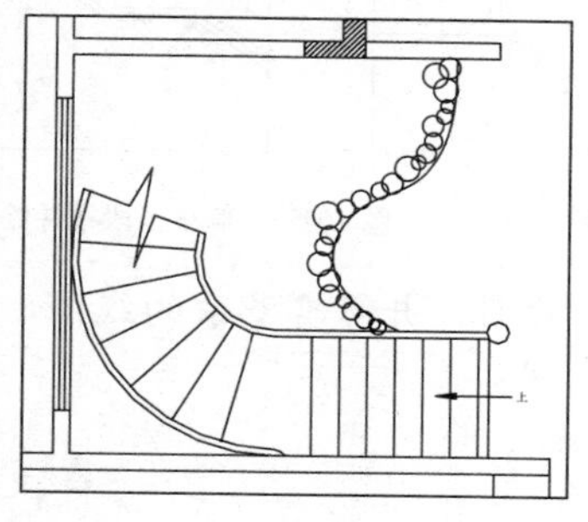

图 10-45　绘制旱景装饰

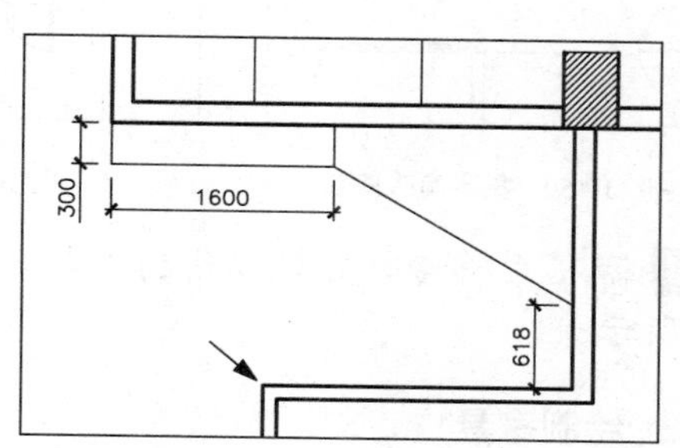

图 10-46　绘制储物柜

02 绘制吧台。执行"绘图"｜"圆弧"｜"起点、端点、半径"命令，指定图 10-46 箭头所示的点为起点，输入相对坐标（@-1166,790）确定端点位置，最后输入半径 1260 完成圆弧绘制。

03 输入 MI 命令，以绘制得到的圆弧的两端点所在直线为镜像轴，进行镜像，调整弧线的方向如图 10-47 所示。

04 输入 O 命令，将绘制的吧台弧线向左下方偏移 390，如图 10-48 所示。

05 输入 A 命令，以两弧线的左上方端点作为圆弧的起点和端点，绘制半径为 200 的圆弧，如图 10-49 所示，酒吧弧形吧台绘制完成。

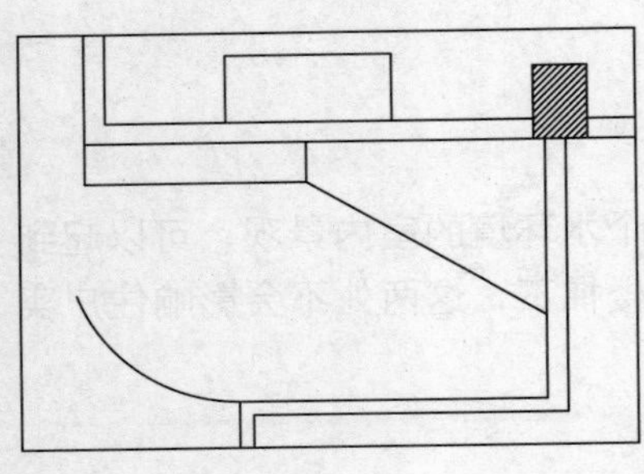

图 10-47 绘制吧台弧线

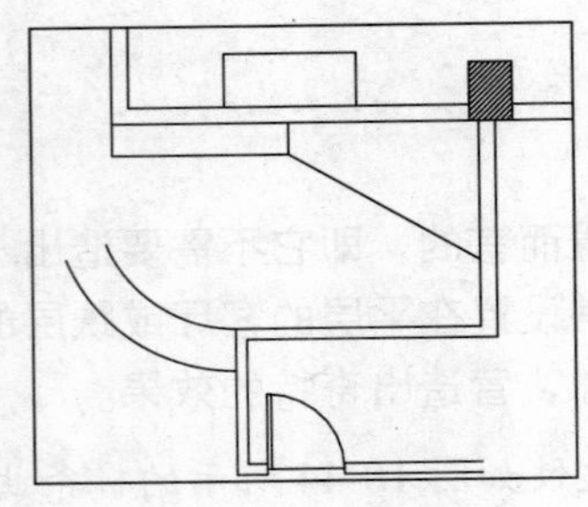

图 10-48 偏移弧线

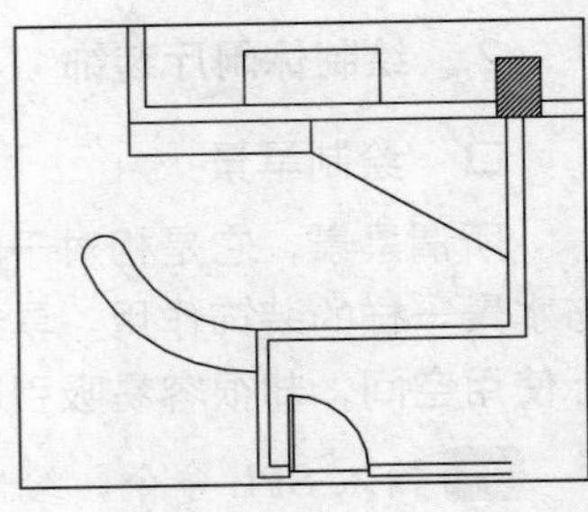

图 10-49 绘制圆弧

❑ 绘制琴吧

01 输入 PL 命令，捕捉图 10-50 箭头所示的端点，光标引导 X 轴负方向，输入-300，用光标引导 Y 轴正方向输入 518，输入（@2305,1555），用光标引导 X 轴正方向输入 624，输入（@733,494），用光标引导 X 轴正方向，输入 520，绘制得到如图 10-51 所示的多段线。

02 输入 O 命令，将绘制的多段线向下偏移两次，偏移量均为 50。输入 L 命令，过如图 10-52 所示的下方两条多段线端点处绘制直线段作为辅助线。

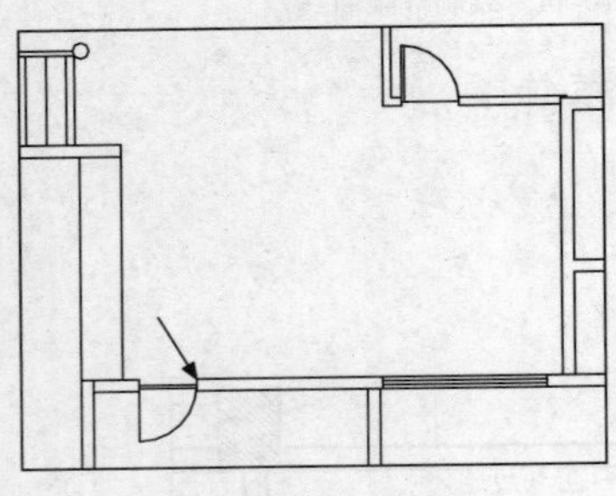

图 10-50 指定偏移基点

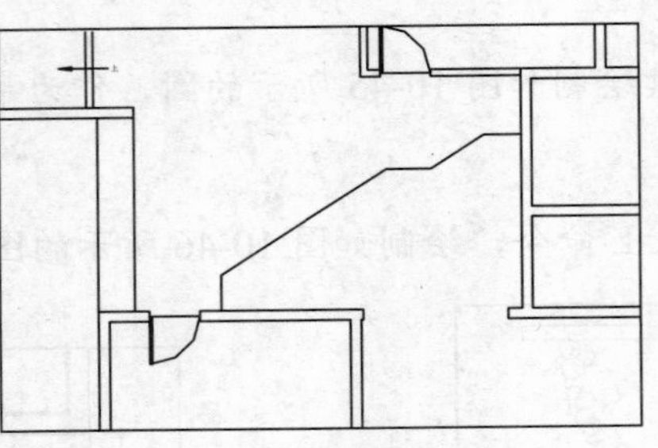

图 10-51 绘制多段线

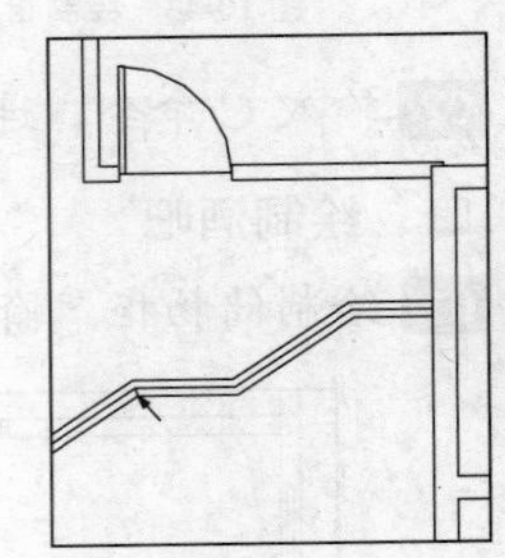

图 10-52 偏移多段线并绘制辅助线

03 输入 C 命令，过辅助线的中点绘制半径为 35 的圆，并修剪多余的线条，结果如图 10-53 所示。

3. 绘制家具

新建图层，命名为“家具”，颜色设为索引号“40”，并将其置为当前图层。输入 I 命令，从本书配套光盘中调取相应图块插入，结果如图 10-54 所示。

10.4.3 绘制室内铺装

根据室内空间的功能和类型，需要设计不同形式和材质的铺装，以满足审美和使用要求。

课堂举例 10-6: 绘制室内铺装

视频\第 10 章\课堂举例 10-6.mp4

1. 描边铺装范围

01 新建“描边”图层，颜色为“灰色”，并将其置为当前图层。

02 输入 PL 命令，沿室内墙壁和家具的边线进行描边，以方便图案的填充，隐藏“家具”“附属设施”“填充”图层后显示效果如图 10-55 所示。

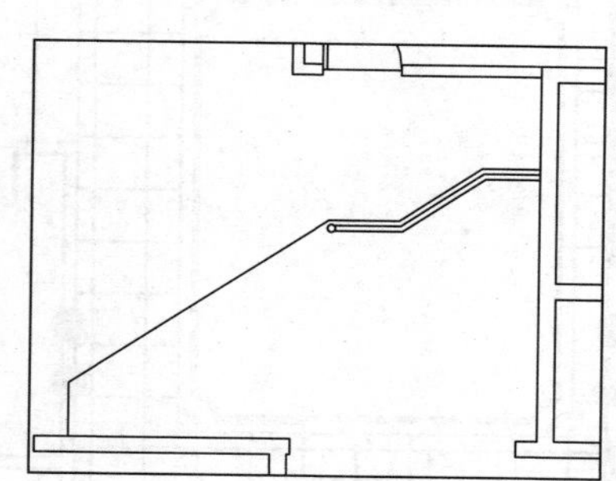

图 10-53 绘制圆并修剪多余线条

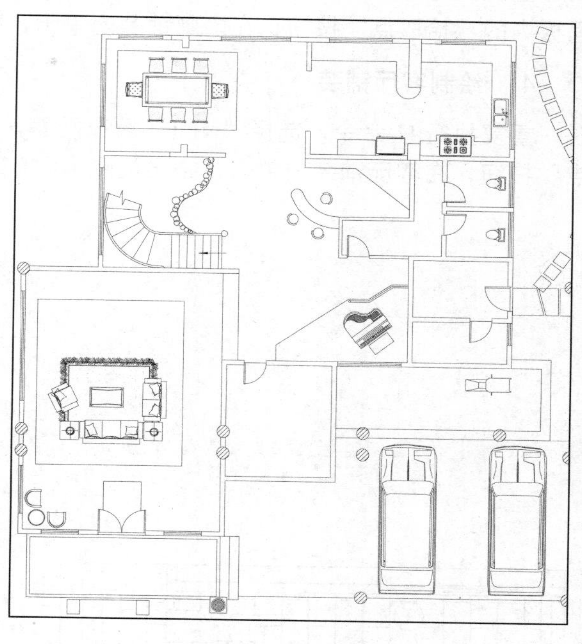

图 10-54 家具插入结果

2. 绘制车库铺装

将“填充”层置为当前图层，颜色设为默认颜色。

输入 H 命令，选择“ANGLE”填充图案，比例设为 100，单击“边界”面板中的“拾取点”按钮，在车库铺装内单击，填充结果如图 10-56 所示。

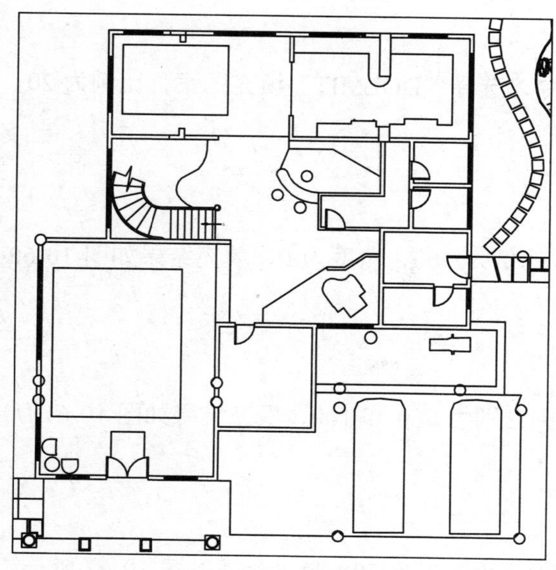

图 10-55 描边结果

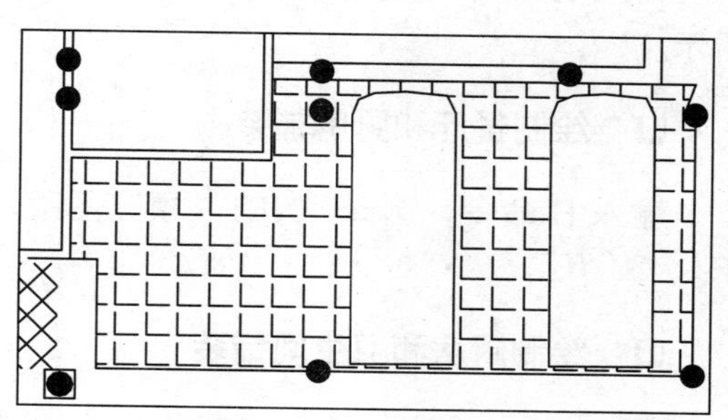

图 10-56 车库填充结果

3. 绘制内廊铺装

重复执行 H 命令，选择“AR－B816”填充图案，比例为 3，角度为 90，单击“边界”面板中的“拾取点”按钮，在内廊铺装内单击，结果如图 10-57 所示。

4. 绘制客厅铺装

重复执行 H 命令，选择“NET”填充图案，比例为 300，单击“边界”面板中的“拾取点”按钮，在客厅铺装内单击，结果如图 10-58 所示。

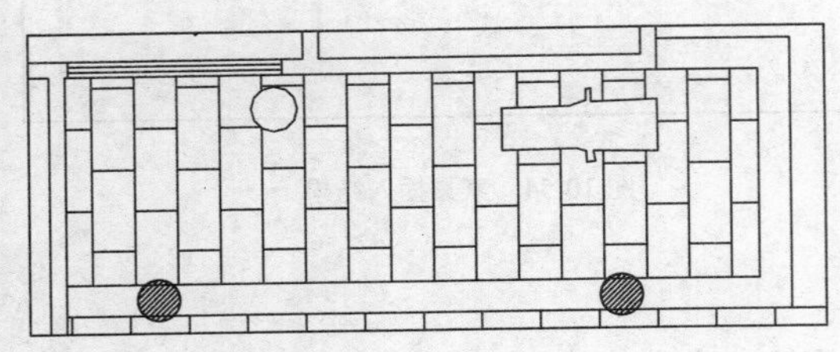

图 10-57 内廊填充结果

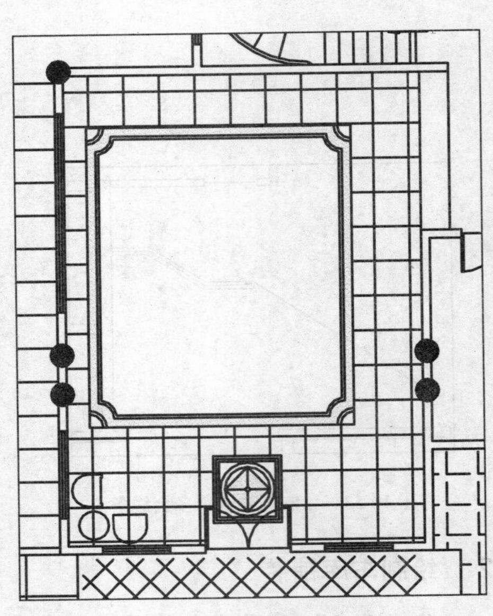

图 10-58 客厅填充结果

5. 绘制休闲厅铺装

❑ 填充酒吧和琴吧

酒吧和琴吧铺装材料为木地板，输入 H 命令，选择“DOLMIT”填充图案，比例为 20，填充结果如图 10-59 所示。

❑ 填充休闲厅

输入 H 命令，选择“ANSI37”填充图案，比例为 100，角度为 0，填充结果如图 10-60 所示。

❑ 绘制餐厅和厨房铺装

输入 H 命令，选择“NET”填充图案，比例分别为 300 和 100，填充结果如图 10-61 所示。

❑ 绘制厨房和卫生间铺装

01 输入 H 命令，选择“ANGLE”填充图案，比例设为 50，填充结果如图 10-62 所示。

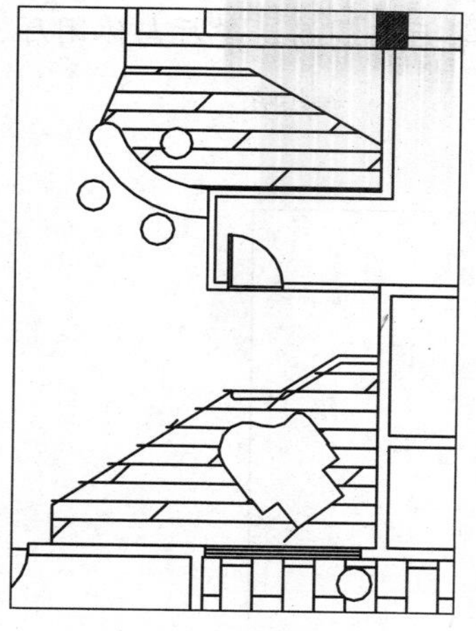

图 10-59　酒吧和琴吧填充结果

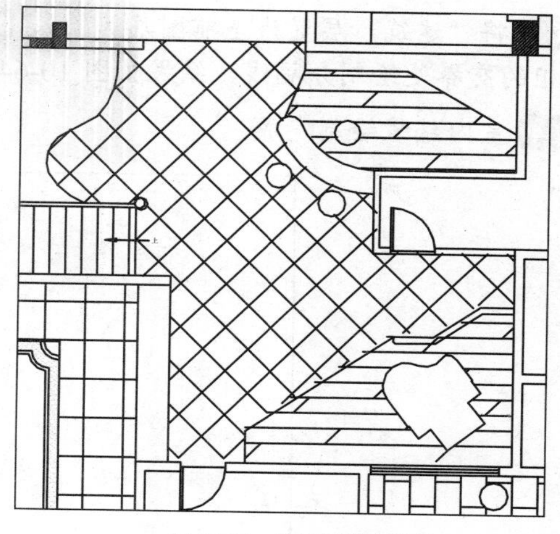

图 10-60　休闲厅填充结果

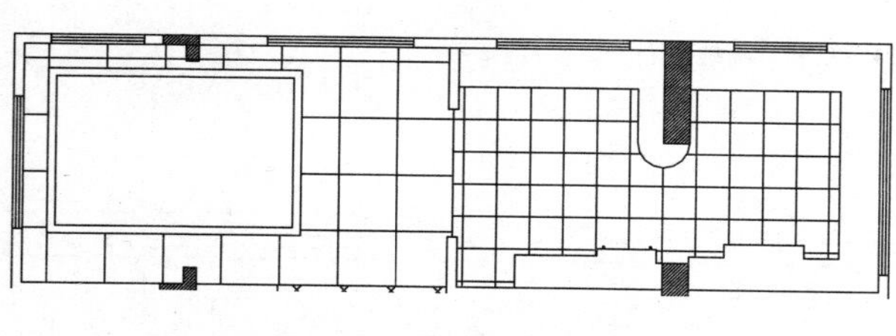

图 10-61　餐厅和厨房填充结果

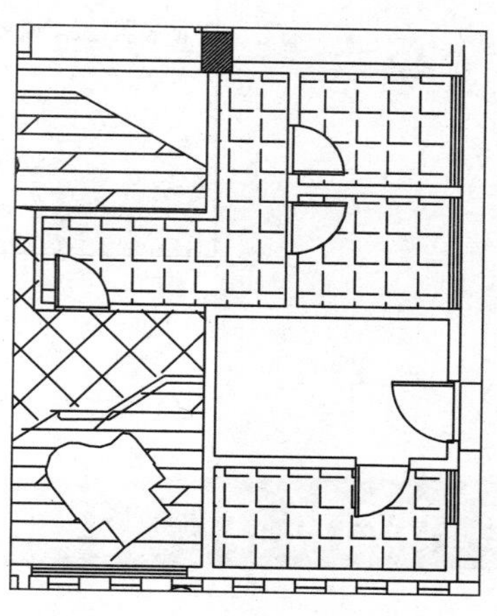

图 10-62　厨房和卫生间填充结果

02 打开隐藏的“家具”“附属设施”图层，将“描边”图层隐藏，最终结果如图 10-63 所示。

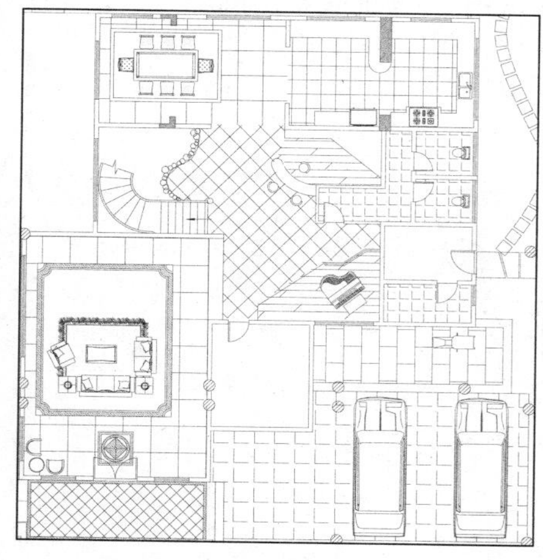

图 10-63　最终结果

03 将“建筑”层置为当前图层。输入 L 命令，在餐厅与厨房、餐厅与休闲厅、吧台与储物柜的交界处绘制分隔线，结果如图 10-64 所示。

04 室内铺装绘制完成。

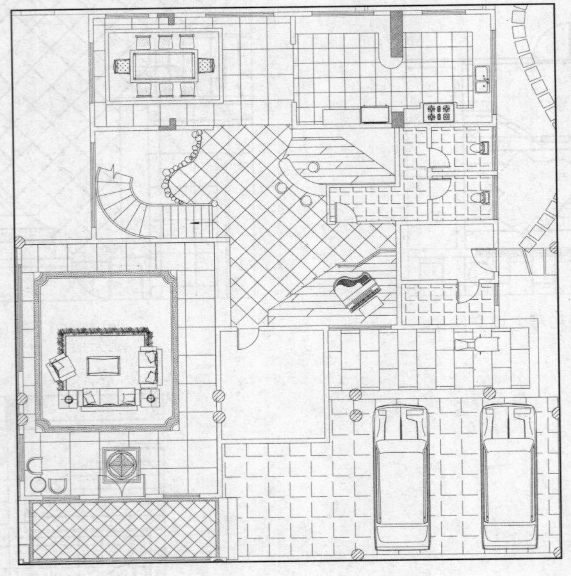

图 10-64 绘制分隔线

10.5 课后练习

操作题

(1) 绘制如图 10-65 所示道路铺装平面图。

(2) 绘制如图 10-66 所示的小广场铺装平面图。

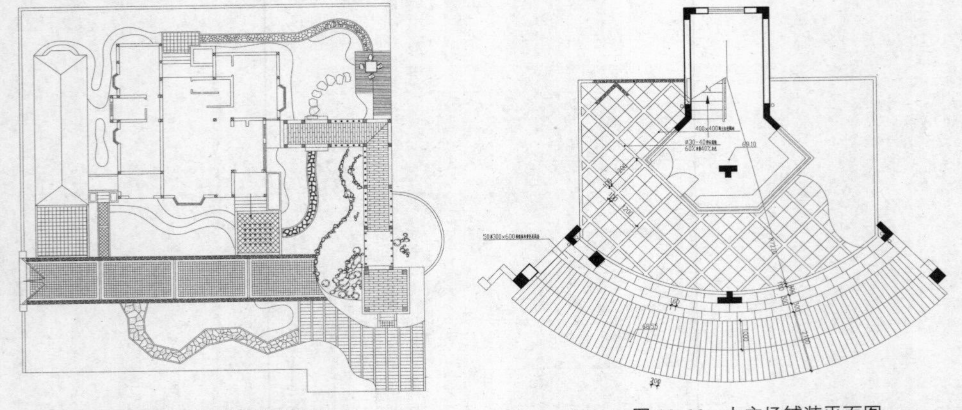

图 10-65 道路铺装平面图

图 10-66 小广场铺装平面图

第11章 园林地形设计与绘图

本章导读

在园林设计过程中，原有的地形未必符合设计要求。很多时候需要在充分利用原有地形的情况下，对其进行改造，使其最大限度地发挥出综合功能，以便统筹安排园林各要素的关系。改造地形的范围很广，包括平整土地、堆石叉叠山、凿池蓄水等，地形图作为施工的参考，要求准确、清晰。本章详细讲解地形平面图的绘制方法。

本章重点

- 园林地形的功能
- 园林地形的类型
- 园林地形设计
- 绘制别墅庭院地形设计平面图
- 课后练习

11.1 园林地形的功能

地形设计是指在一块场地进行垂直于水平面方向的布置和处理。

地形的设计是园林设计的基本工作之一，因为地形是园林景观的骨架，植物、人体、建筑等景观都是依附于地形而存在的。地形的变化直接影响到空间的效果和人们的感受，还影响到园林种种要素的布置。在现代园林设计中，对原有地形进行利用或重新塑造，可以有效地利用地形排水、改善种植条件、丰富园林景观及分隔园林空间等。

11.1.1 利用地形排水

利用地形的起伏变化，可以及时排除雨水，防止积涝成灾，避免引起地表径流，产生坡面泥土滑动，从而有效地保证土壤稳定，巩固了建筑和道路的基础。同时，也减少了修筑人工排水沟渠的工程量。从长远考虑，还可将雨水引入附近绿地，采用自然水灌溉，形成水的生态良性循环。地形排水的效果与坡度有很大的联系，只有设计适度的起伏，适中的坡长才具有较好的排水条件。除坡度以外，土壤渗水性也会对排水效果造成一定影响。

11.1.2 改善种植条件

利用和改善种植环境，可以为植物创造有利的生长环境。坡度和坡向不同，受到的阳光照射也就不同，其光线、温度和湿度条件有明显差异。地形有平坦、起伏、凹凸、阶梯形等不同类型，可形成阴、阳、向、背等不同。又可以使沼生、水生植物各得其所。通常认为坡度为 5%~20%的斜坡接受阳光充足，湿度适中，是最适合植物成长的良好坡地。

11.1.3 丰富园林景观

虽然地形并不是主要的观赏对象，在园林中也不十分突出，但它却对景观的表现起到了决定性的影响。如果园林所有的景观都处在同一平面上，就会显得单调乏味。经过精心设计和处理过的地形，则能够打破沉闷的格局，丰富景观层次，如图 11-1 所示北京万寿山，因山就势，高低起伏，利用地形丰富了立面构图。

图 11-1　万寿山

11.1.4 分隔园林空间

利用地形可以有效地、自然而然地分隔园林空间，使之形成功能各异的区域，为人们不同的活动需要提供场所。地形的分隔方式与其他分隔方式不同，不像围墙和栏杆那样把空间生硬地分割出来。它的空间分割性不明显，是一种缓慢的过渡。在视线上几乎没有物体阻挡，景观连续性较强。当人行走在高低起伏的地势上，会不断地变换视点。即便是同样的景观，处在不同位置观赏，也会得到不同的感受。

11.2 园林地形的类型

地球上五种基本地形有平原、山脉、丘陵、高原和盆地。园林地形其实是对这些地形的微缩再现。下面简单介绍几种常见的地形塑造类型。

11.2.1 平地式

平地是指坡度比较平缓的用地，是平原景观的再现。当所有的景观都处在同一水平面上时，视野开阔，而且其连缓性和整体感会给人一种强烈的视觉冲击力，如图 11-2 所示的大连星海广场。此类地形的优势在于可以接纳和疏散人群，方便园林施工、植物浇灌和绿化带的整形修剪。园林中的平地大致有草地、集散广场、交通广场、建筑用地等几种类型。

11.2.2 斜坡式

斜坡常常是结合地形原貌进行设置，是地形处理中的常用手法，如图 11-3 所示广州云台花园。此类地形上种植植物，并对其整形修剪，可以组成文字、花纹图案等，立体感强，便于观赏。斜坡上的植物也能够在充分利用光能的情况下良好地生长。

图 11-2 大连星海广场

图 11-3 广州云台花园

11.2.3 土丘式

土丘为自然起伏的地形，其断面的曲线较为平缓，被称为微地形。土丘一般较为低矮，高度通常为 2~3m，坡面倾斜度在 8%~12%之间。在山地和丘陵地区，可直接利用自然地形地貌；而在平原地区，则需要人工堆置。塑造土丘要尽量自然，也就是掌握土壤的基本特性和植物的生态规律，如图 11-4 所示的微地形景观。

11.2.4 沟壑式

与土丘相比，沟壑式地形空间起伏较大。高度通常在 6~10m 之间，坡面倾斜度在 13%~30%之间，其外形更像是巨大的假山。

11.2.5 下沉式

对于某些广场、绿地，可以降低高程，做下沉式处理。如在各城市地铁出入口、商场前庭设置下沉广场。下沉广场的四周往往被建筑或墙体环绕，构成围合的空间。它集休闲、购物、娱乐、文化和交通等功能为一体，广场气氛更加浓厚，因此使用率更高。另外下沉广场在隔绝噪声方面也优于地面广场，如图 11-5 所示长沙五一广场。

图 11-4　微地形景观

图 11-5　长沙五一广场

11.3 园林地形设计

地形是造园的基础，是园林的骨架，是在一定范围内包括岩石、地貌、气候、水文、动植物等要素的自然综合体。在造园过程中，对地形进行适当的处理，可以更加合理地安排景观要素，形成更为丰富多变的层次感。

11.3.1 园林地形处理原则

园林地形处理原则有以下几点：

1. 因地制宜

园林中的地形处理是一种对自然地形的模仿。大自然本身就是最好的景观，结合景点的自然地形、地势、地貌进行就地取材，可体现出原本的乡土风貌和地表特征。因此，园林中的地形处理必须遵循自然规律，注重自然的形态和特点。

2. 以小见大

我国古典的园林面积都不大，但是在园林设计师的精心规划之下，却于方寸之间，体现出了无限的广阔的空间，正所谓“咫尺之内，而瞻万里之遥；方寸之中，乃辩千寻之峻”。中国古典园林这种移天缩地、以小见大的空间特点，是我国传统空间意识的艺术表现。现代园林设计中切不可为堆山而大兴土方，应该向古典园林学习，以形象的手法来表现山体、坡地等丰富的地表特征、以石喻山，以湖喻海，为园林这种形式上的自然山水艺术，提供无限可能性的审美体验。

3. 和谐统一

园林中的地形是具有连续性的，园林中的各组成部分是相互联系、相互影响、相互制约的、彼此不可能孤立存在。因此，每块地形既要满足排水及种植要求，又要与周围环境融为一体，力求达到自然过渡的效果。地形处理必须淡化人工建筑与自然环境的界限，使地形、园林建筑与绿化景观紧密结合，如图 11-6 所示颐和园的画中游，是建筑与地形的完美结合的典范。

图 11-6 颐和园画中游

11.3.2 不同类型的地形处理技巧

地形设计往往和竖向设计相结合，包括确定高程、坡度、朝向、排水方式等。园林地形丰富多样，处理方法也各不相同。具体情况具体分析，不能以偏概全。下面将以广场、山丘、园路、街道和滨水绿地为例，讲解不同类型的地形处理技巧。

1. 广场地形

广场是园林中面积最大的公共空间，它能够反映一个园林环境甚至是一个城市的文化特征，被赋予“城市客厅”的美喻。在广场设计中，常常将其地形进行抬高或下沉处理。对于以纪念性为主题的园林来说，适合用抬高处理，如图 11-7 所示抬高的纪念塔、纪念碑等主题性建筑的基座，可以使人们在瞻仰时，油然而生一种崇敬之心。抬高地形后，最好在两侧种植植物，对灌木进行整形修剪，使其随台阶高低起伏产生节奏感。

对于没有明显主景的休闲广场来说，常常做下沉地形处理，形成下沉式广场，如果举办文艺表演，地形四周可以设置坐凳，如图 11-8 所示。当人们坐在看台上时，视线的汇集处正好是下沉广场的中心，另外还可以作为交通缓冲地段。

图 11-7 烈士塔

图 11-8 下沉广场

2. 山丘

对于起伏较小的山丘、坡地等微地形来说，最好不要大面积调整，应该尽量利用原有的地形。这样不但可以减少土方工程量，还可以避免对原地形的破坏。如果原本就是抬高的地形，可以考虑设计成高低起伏的土丘；如果原来是低洼地形，可以就势做成水池。如果地形的坡度大于 8%，应该使用台阶连接不同高程的地坪，如图 11-9 所示。

3. 园路

对于园路的设计，可以处理成高低起伏的状态，或者可以使用步道、台阶缓冲平坦的路面。使人们在游览过程中，因地势的变化放慢步伐，增加观赏时间，同时也能缓解疲劳。园路随地形和景物而曲折起伏，若隐若现，可以遮挡游人视线，造成“山重水复疑无路，柳暗花明又一村”的情趣。园路两侧的地势抬高，呈坡状延伸到排水沟渠，还可以满足排水的要求，如图 11-10 所示的曲径通幽。

图 11-9 台地式地形

图 11-10 曲径通幽

4. 街道绿地

街道绿地是街道景观的要素，也是城市的形象工程。街道两旁提高绿化率有诸多好处，如降低噪声、吸附尾气和粉尘，还可以遮阴纳凉。为了创造良好的视觉效果，除了合理搭配各种植物，形成丰富的种植层次以外，适当的地形处理也非常重要。处理地形时可做成一定的坡度，可以丰富景观的层次，还可以更加有效地发挥植物阻止尾气、粉尘、噪声扩散的作用，如图 11-11 所示。

5. 滨水绿地

路堤、河岸等滨水绿地连接着水与路面。高速公路的路堤常常做成斜坡状，或者做成台阶，缓慢延伸到低处的绿地或水面。而河岸线蜿蜒起伏，随地形发生变化，常常采用沙滩或者草地模式使其缓慢过渡，使绿地或水体与路面没有过于清晰的边界。如果水体较为宽阔，还可人工建造出岛、洲、滩等景观。在路堤、河岸上种植植物，增加绿化，还可以固土护坡，防止冲刷，如图 11-12 所示。

图 11-11　街道绿地

图 11-12　滨水景观

11.4 绘制别墅庭院地形设计平面图

本例是绘制如图 11-13 所示某别墅庭院地形设计平面图，需要对绿地、水体进行标高标注，还有绘制等高线，下面将详细介绍绘制方法。

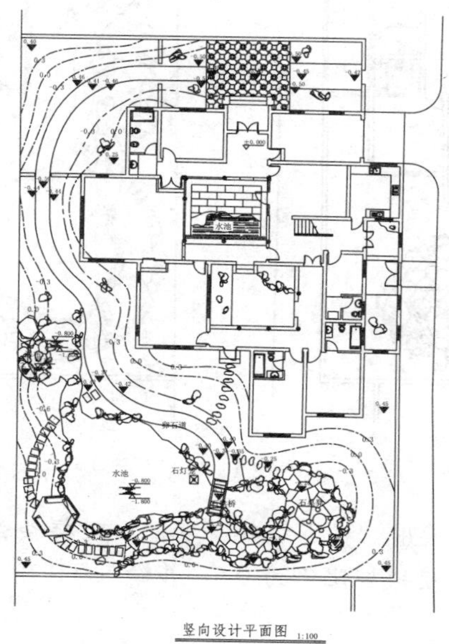

图 11-13　竖向设计平面图

11.4.1 绘制等高线

所谓等高线，就是在户外地形上收集海拔高度相同的点，将这些点连接起来形成闭合曲线。等高线具有 4 个特点：

- 同一条等高线上的点，海拔高度是相同的。
- 在同一幅图纸当中，等高线之间的高差是相同的。
- 等高线不能交叉，但在悬崖处会重合在一起。
- 可以根据等高线的疏密来判断坡度的陡缓情况。

课堂举例 11-1： 绘制等高线 视频\第 11 章\课堂举例 11-1.mp4

绘制等高线步骤如下：

01 按 CTRL+O 快捷键，打开“别墅素材.dwg”文件，如图 11-14 所示。

02 切换至“等高线”图层，输入“SPL”命令，绘制样条曲线，表示等高线，如图 11-15 所示。

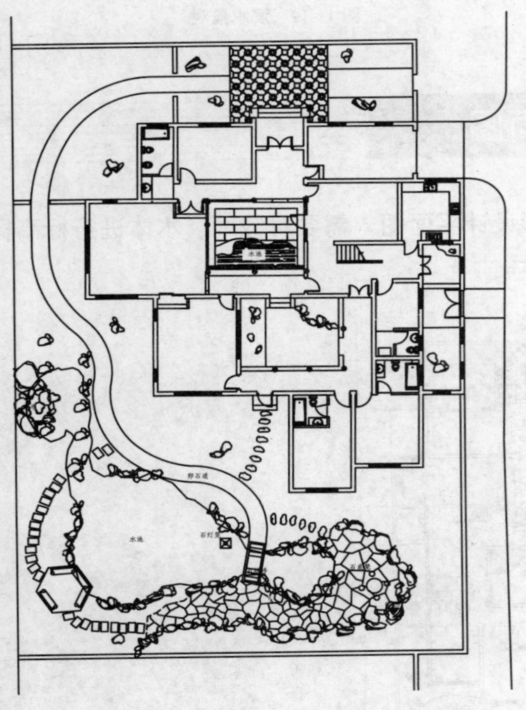

图 11-14 素材文件

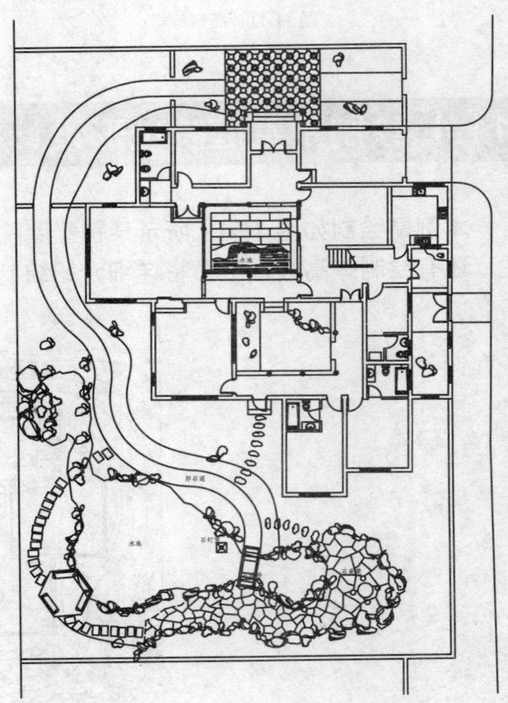

图 11-15 绘制等高线

03 等高线绘制完成后，使用“夹点编辑”功能，对样条曲线进行夹点编辑，使等高线看起来更加自然，然后调整全局线型比例为 0.5，并输入 TR 命令，对与建筑相交的地方进行修剪，如图 11-16 所示。

04 使用相同的方法，对其他等高线进行绘制，效果如图 11-17 所示。

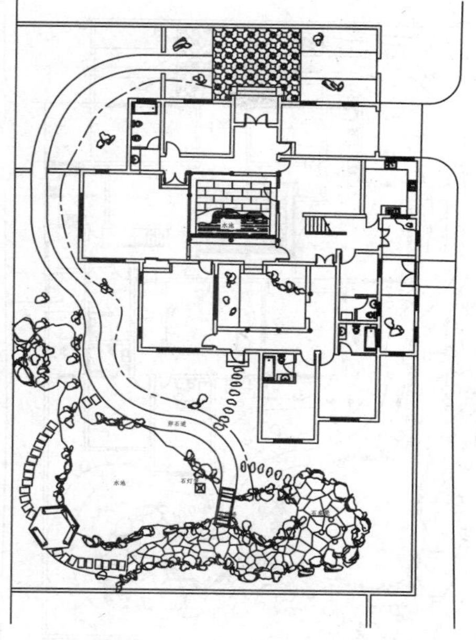

图 11-16　编辑等高线

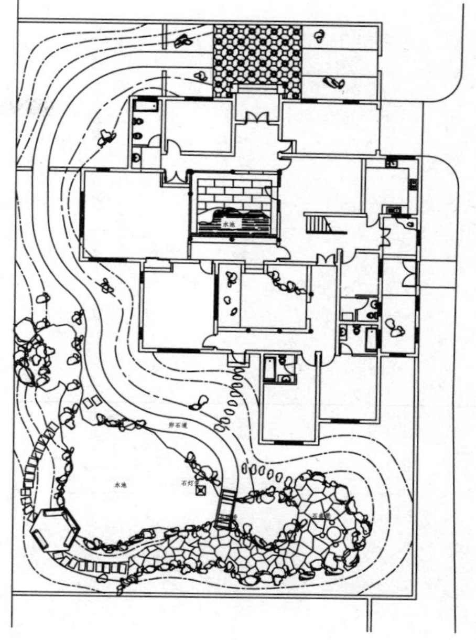

图 11-17　等高线完成效果

课堂举例 11-2：标注标高文字

视频\第 11 章\课堂举例 11-2.mp4

01 将“标注文字”文字样式置于当前层，输入 ATT 命令，打开“属性定义”对话框，设置如图 11-18 所示参数。

02 在绘图区指定插入点，输入 B 命令，将其定义成块，输入块名称为“等高线标高”。

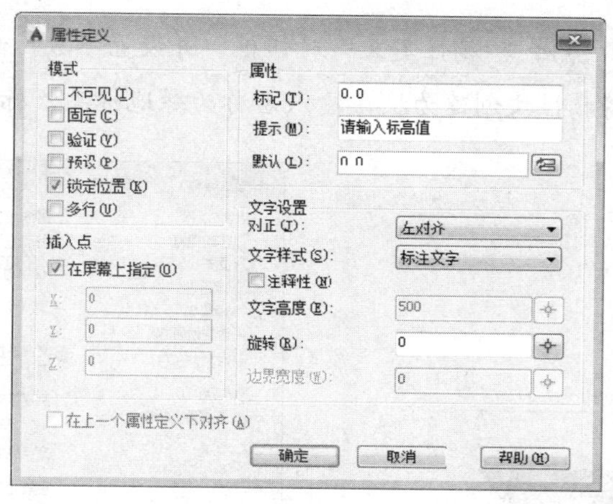

图 11-18　“属性定义”对话框

03 输入 I 命令，选择“等高线标高”图块，插入至当前图形合适的位置，如图 11-19 所示。

04 使用相同方法标注其他等高线，结果如图 11-20 所示。

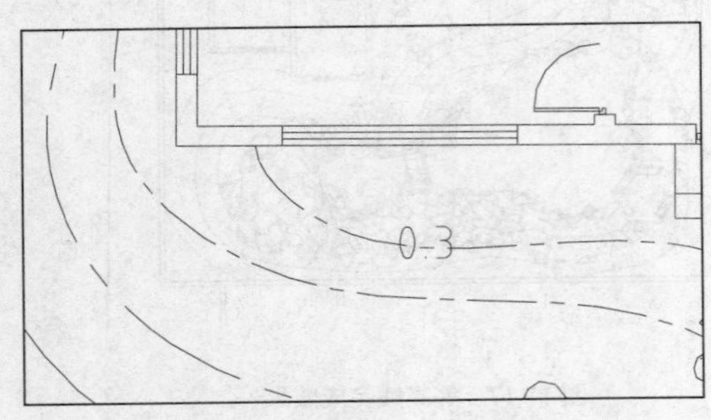

图 11-19　标注等高线标高

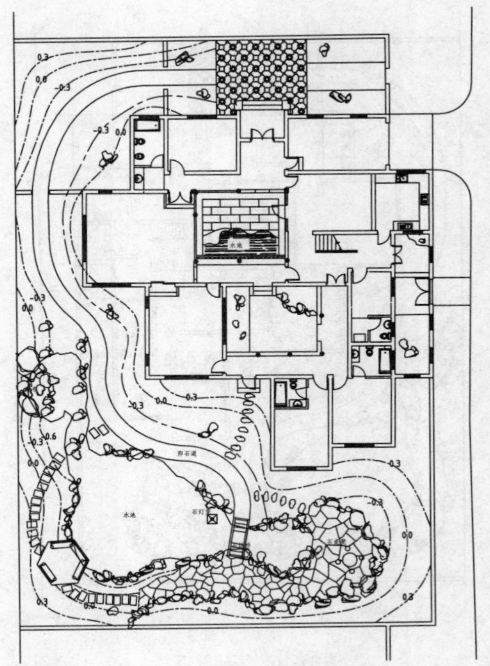

图 11-20　等高线标高结果

课堂举例 11-3：绘制园路、绿地标高

视频\第 11 章\课堂举例 11-3.mp4

一般室外绿地、路面等的标高用实心倒三角形表示绘制标高符号。

01 输入 PL 命令，绘制多段线，表示标高符号轮廓；输入 H 命令，选择 SOLID 图案，进行填充，如图 11-21 所示。

02 输入 ATT 命令，弹出 “属性定义”对话框，并设置参数，如图 11-22 所示。

03 输入 B 命令，将属性块创建为块，输入名称为绿地标高，标高属性块创建完成。

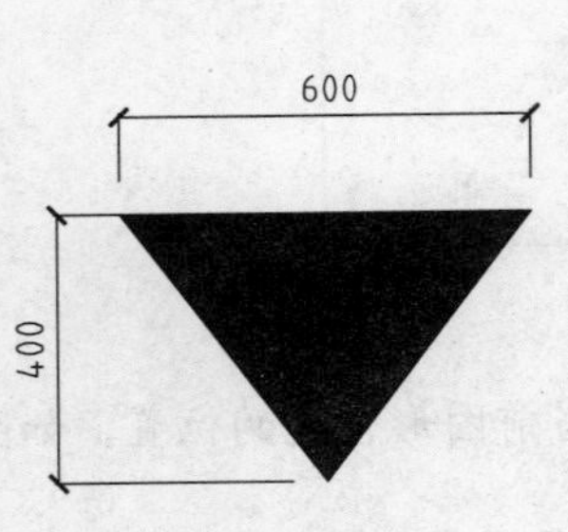

图 11-21　绘制标号符号

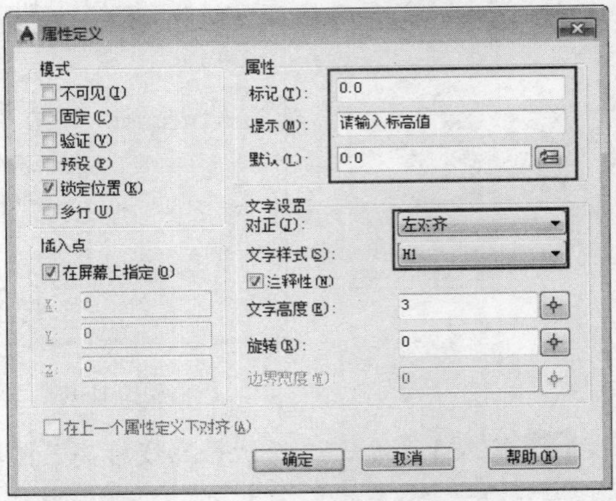

图 11-22　“属性定义”对话框

课堂举例 11-4：插入标高属性块

视频\第 11 章\课堂举例 11-4.mp4

01 输入 I 命令，选择“绿地标高”图块，指定插入点后，根据命令行提示，输入标高值为-0.50，效果如图 11-23 所示。

02 使用相同的方法，对其他区域的园路及绿地进行标高，标高结果如图 11-24 所示，园路、绿地标高标注完成。

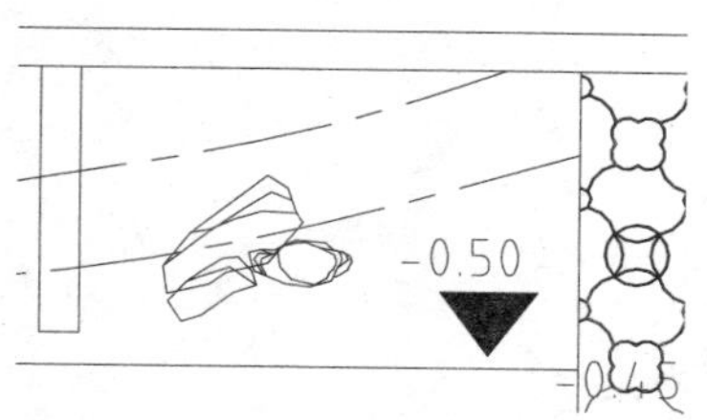

图 11-23　标注绿地标高

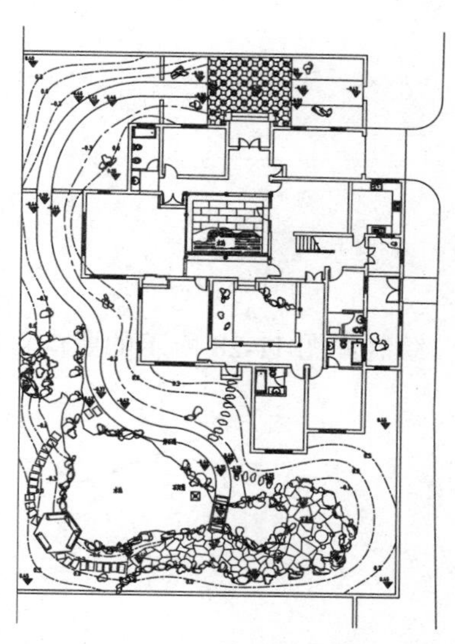

图 11-24　园路、绿地标高标注结果

11.4.2 绘制水体标高

水体标高用空心倒三角形表示，其方法和绿地标高一样，水体标注结果如图 11-25 所示。最后利用 MT、PL 命令，标注图名，地形设计平面图绘制完成。结果如图 11-13 所示。

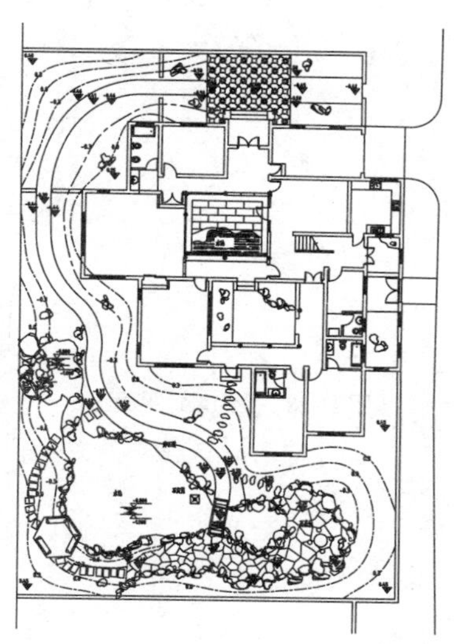

图 11-25　标注水体

11.5 课后练习

操作题

(1) 新建如图 11-26 所示的标高块和如图 11-27 所示放线箭头图块。

图 11-26 标高块　　　图 11-27 放线箭头

(2) 绘制如图 11-28 所示的竖向设计平面图。

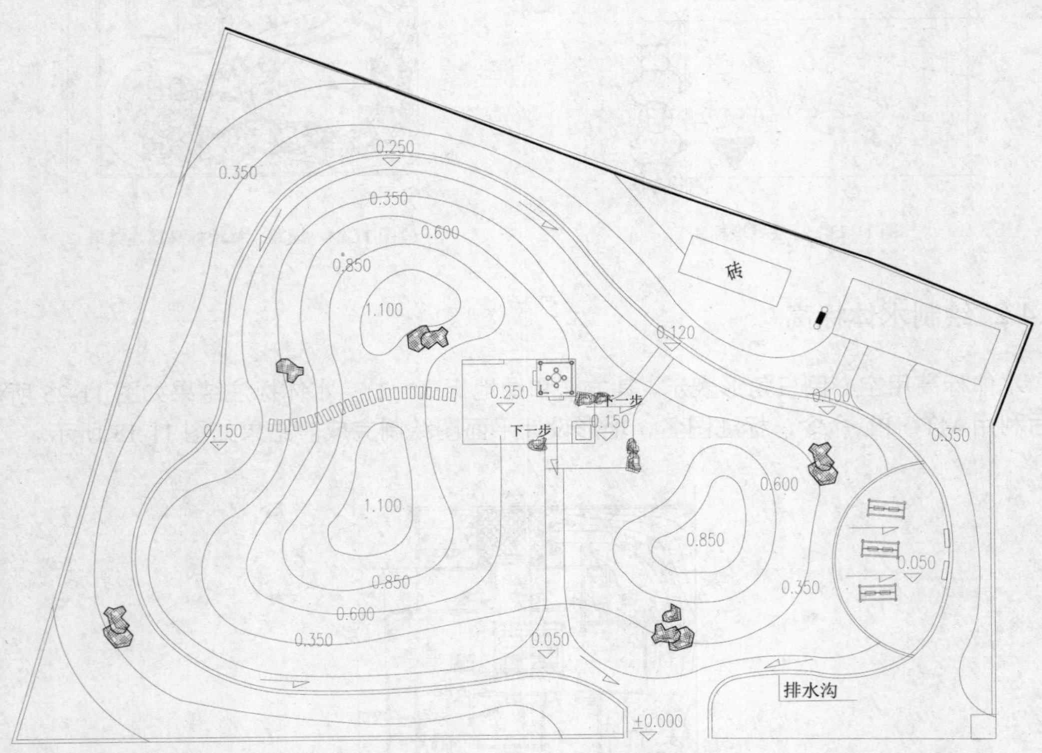

图 11-28 竖向设计平面图

第12章 园林植物设计与绘图

本章导读

植物是构成园林景观的主要素材。由植物构成的空间，无论是空间变化、时间变化还是色彩变化，反映在景观变化上，是极为丰富和无与伦比的。除此之外，植物可以有效改善城市环境、调剂城市空气，提高人们生活的质量。

本章将在理论知识介绍的基础上，详细讲解园林植物的绘制方法和技巧。

本章重点

- 园林植物设计基础
- 植物的画法
- 绘制乔木
- 绘制灌木
- 配置别墅庭院植物
- 课后练习

12.1 园林植物设计基础

园林植物种类繁多，每种植物都有自己独特的形态、色彩、风韵、芳香等美的特色。而这些特色又能随季节及年龄的变化而有所丰富和发展。例如春季梢头嫩绿，花团锦簇；夏季绿叶成荫，浓彩覆地；秋季嘉实累累，色香齐俱；冬季白雪挂枝，银装素裹，四季各有不同的风姿妙趣。

可以说，世界是没有其他生物能像植物这样富有生机而又变化万千。如此丰富多彩的植物材料为营造园林景观提供了广阔的天地，但对植物造景功能的整体把握和对各类植物景观功能的领会是营造植物景观的基础和前提。

12.1.1 园林植物的功能

园林植物在园林景观营造中作用有以下几个方面。

1. 表现季节 增强自然气氛

表现季相的更替，是植物所特有的作用。春天开花的植物最多，加之叶、芽萌发，给人以山花烂漫，生机盎然的景观效果，如图 12-1 所示。夏季开花的植物也较多，但更显著的季相特征是绿荫匝地，林草茂盛。金秋时节开花植物较少，却也有丹桂飘香、秋菊傲霜，而丰富多彩的秋叶秋果更使秋景美不胜收，如图 12-2 所示。隆冬草木凋零，山寒水瘦，呈现的是萧条悲壮的景观。

图 12-1　春暖花开

图 12-2　秋叶似火

根据植物的季相变化，把不同花期的植物搭配种植，使得同一地点在不同时期产生某种特有景观，给人不同的感受，体会时令的变化。

2. 构成景物 创建观赏景点

园林植物作为营造园林景观的主要材料，本身具有独特的姿态、色彩，风韵之美。不同的园林植物形态各异，变化万千，既可孤植以展示个体之美，又能按照一定的构图方式配置，表现植物的群体美，还可根据各自生态习性，合理安排，巧妙搭配，营造出乔、灌、草结合的群落景观。

就拿乔木来说，银杏、毛白杨树干通直，气势轩昂，油松曲虬苍劲，铅笔柏则亭亭玉立，这些树木孤立栽培，即可构成园林主景，如图 12-3 所示。而秋季变色叶树种如枫香、银杏、重阳木等大片种植可形成“霜叶红于二月花”的景观。许多观果树种如海棠、山楂、石榴等

的累累硕果呈现一派丰收的景象。

色彩缤纷草本花卉更是创造观赏景观的好材料，由于花卉种类繁多，色彩丰富，株体矮小，园林应用十分普遍，形式也是多种多样。既可露地栽植，又能盆栽摆放组成花坛、花带，如图 12-4 所示。或采用各种形式的种植钵，点缀城市环境，创造赏心悦目的自然景观，烘托喜庆气氛，装点人们的生活。

图 12-3 乔木

图 12-4 花坛

不同的植物材料具有不同的景观特色，棕榈、大王椰子、假槟榔等营造的是一派热带风光，如图 12-5 所示；雪松、悬铃木与大片的草坪形成的疏林草地展现的是欧陆风情；而竹径通幽，梅影疏斜表现的是我国传统园林的清雅，如图 12-6 所示。

图 12-5 棕榈

图 12-6 竹

许多园林植物芳香宜人，能使人产生愉悦的感受。如桂花、腊梅、丁香、兰花、月季等香味的园林植物种类非常多，在园林景观设计中可以利用各种香花植物进行配置，营造成“芳香园”景观，也可单独种植成专类园，如丁香园、月季园。也可种植于人们经常活动的场所，如在盛夏夜晚纳凉场所附近种植茉莉花和晚香玉，微风送香，沁人心脾。

3. 形成地域景观特色

植物生态习性的不同及各地气候条件的差异，致使植物的分布呈现地域性。不同地域环境形成不同的植物景观，如热带雨林及阔叶常绿林相植物景观、暖温带针阔叶混交林相景观等具有不同的特色。

根据环境气候等条件选择适合生长的植物种类，营造具有地方特色的景观。各地在漫长的植物栽培和应用观赏中形成了具有地方特色的植物景观，并与当地的文化融为一体，甚至有些植物材料逐渐演化为一个国家或地区象征。如日本把樱花作为自己的国花，大量种植，樱花盛开季节，男女老少涌上街头公园观赏，载歌载舞，享受樱花带来的精神愉悦，场面十分壮观，如图 12-7 所示。我国地域辽阔，气候迥异，园林植物栽培历史悠久，形成了丰富的植物景观。例如北京的国槐和侧柏，云南大理的山茶，深圳的叶子花等，都具有浓郁的地方特色。运用具有地方特色的植物材料营造植物景观对弘扬地方文化，陶冶人们的情操具有重要意义。

4. 进行意境的创作

利用园林植物进行意境创作是中国传统园林的典型造景风格和宝贵的文化遗产。中国植物栽培历史悠久，文化灿烂，很多诗、词、歌、赋和民风民俗都留下了歌咏植物的优美篇章，并为各种植物材料赋予了人格化内容，从欣赏植物的形态美升华到欣赏植物的意境美，达到了天人合一的理想境界。

图 12-7 日本樱花

在园林景观创造中可借助植物抒发情怀，寓情于景，情景交融。松苍劲古雅，不畏霜雪严寒的恶劣环境，能在严寒中挺立于高山之巅，如图 12-8 所示；梅不畏寒冷，傲雪怒放，如图 12-9 所示；竹则“未曾出土先有节，纵凌云处也虚心”。三种植物都具有坚贞屈、高风亮节的品格，所以被称作“岁寒三友”。其配置形式，意境高雅而鲜明，常被用于纪念性园林以缅怀前人的情操。兰花生于幽谷，叶姿飘逸，清香淡雅，绿叶幽茂，柔条独秀，无娇弱之态，无媚俗之意，摆放室内或植于庭院一角，意境何其高雅。

图 12-8 迎客松

图 12-9 雪中傲梅

5. 组合空间 控制风景视线

植物本身是一个三维实体，是园林景观营造中组成空间结构的主要成分。枝繁叶茂的高大乔木可视为单体建筑，各种藤本植物爬满棚架及屋顶，绿篱整形修剪后颇似墙体，平坦整齐的草坪铺展于水平地面，因此植物也像其他建筑、山水一样，具有构成空间、分隔空间、引起空间变化的功能。

组合空间的形式：

开敞空间（开放空间）：开敞空间是指在一定区域范围内，人的视线高于四周景物的植物空间，一般用低矮的灌木、地被植物、草本花卉、草坪可以形成开敞空间。开敞空间在开放式绿地、城市公园等园林类型中非常多见，像草坪、开阔水面等，视线通透，视野辽阔，容易让人心胸开阔，心情舒畅，产生轻松自由的满足感，如图 12-10 所示。

半开敞空间：半开敞空间就是指在一定区域范围内，四周不全敞开，而是有部分视角用植物阻挡了人的视线。根据功能和设计需要，开敞的区域有大有小。从一个开敞空间到封闭空间的过渡就是半开敞空间，如图 12-11 所示。它也可以借助地形、山石、小品等园林要素与植物配置共同完成。半开敞空间的封闭面能够抑制人们的视线，从而引导空间的方向，达到“障景”的效果。比如从公园的入口进入另一个区域，设计者常会采用先抑后扬的手法，在开敞的入口某一朝向用植物小品来阻挡人们的视线，使人们一眼难以穷尽，待人们绕过障景物，进入另一个区域就会豁然开朗，心情愉悦。

图 12-10　开敞空间

图 12-11　半开敞空间

封闭空间（闭合空间）：封闭空间是指人处于的区域范围内，周围用植物材料封闭，这时人的视距缩短，视线受到制约，近景的感染力加强，景物历历在目容易产生亲切感和宁静感。小庭园的植物配置宜采用这种较封闭的空间造景手法，而在一般的绿地中，这样小尺度的空间私密性较强，适宜于年轻人私语或者人们独处和安静休憩。

覆盖空间：覆盖空间通常位于树冠下与地面之间，通过植物树干的分枝点高低，浓密的树冠来形成空间感，如图 12-12 所示。高大的常绿乔木是形成覆盖空间的良好材料，此类植物不仅分枝点较高，树冠庞大，而且具有很好的遮荫效果，树干占据的空间较小，所以无论是一棵几丛还是一群成片，都能够为人们提供较大的活动空间和遮荫休息的区域，此外，攀援植物利用花架、拱门、木廊等攀附在其上生长，也能够构成有效的覆盖空间。

相对全封闭空间：植物空间的六合方向全部封闭，视线均不可透。如密林空间。

植物组合空间的形式丰富多样，其安排灵活、虚实透漏、四季有变、年年不同。因此，在各种园林空间中（山水空间、建筑空间、植物空间等）由植物组合或植物复合的空间是最多见的。

6. 改观地形 装点山水建筑

高低大小不同植物配置造成林冠线起伏变化，可以改观地形。如平坦地植高矮有变的树木，远观形成起伏有变的地形。若高处植大树、低处植小树，便可增加地势的变化。

在堆山、叠石及各类水岸或水面之中，常用植物来美化风景构图，起补充和加强山水气韵的作用。亭、廊、轩、榭等建筑的内外空间，也须植物的衬托。所谓“山得草木而华、水得草木而秀、建筑得草木而媚”。

7. 制造氧气　净化空气

园林植物具有改善环境，净化空气的作用。植物通过光合作用，可以吸收二氧化碳放出氧气。据科学数据显示，每公顷森林每天可消耗 1000kg 二氧化碳，放出 730kg 氧气。这就是人们到公园中后感觉神清气爽的原因。城市中，园林植物是空气中二氧化碳和氧气的调节器。在光合作用中，植物每吸收 44g 二氧化碳可放出 32g 氧气，园林植物为保护人们的健康默默地做着贡献。当然，不同植物光合作用的强度是不同的，如每 1g 重的新鲜松树针叶在 1 小时内能吸收二氧化碳 3.3mg，同等情况下柳树却能吸收 8.0mg。通常，阔叶树种吸收二氧化碳的能力强于针叶树种。在居住区园林植物的应用中，就充分考虑到了这个因素，合理地进行配置。此外，还要给习惯早锻炼的人提个醒，早晨日出前植物尚未进行光合作用，此时空气中含氧量较低，最好在日出后再进行锻炼，相比较而言，下午空气中氧气含量较高，此时锻炼为佳。

8. 杀灭细菌 吸收有毒气体

园林植物还能分泌杀菌素。据统计数据显示，城市中空气的细菌数比公园绿地中多 7 倍以上。公园绿地中细菌少的原因之一是很多植物能分泌杀菌素。根据科学家对植物分泌杀菌素的一系列科学研究得知，具有杀灭细菌、真菌和原生动物能力的主要园林植物有：雪松、侧柏、圆柏、黄栌、大叶黄杨、合欢、刺槐、紫薇、广玉兰、木槿、茉莉、洋丁香、悬铃木、石榴、枣、钻天杨、垂柳、栾树、臭椿及一些蔷薇属植物，如图 12-13 所示。此外，植物中一些芳香性挥发物质还可以起到使人们精神愉悦的效果。

图 12-12 覆盖空间

雪松

合欢

图 12-13 杀菌的园林植物

园林植物又可以吸收有毒气体。城市的空气中含有许多有毒物质，某些植物的叶片可以吸收解毒，从而减少空气中有毒物质的含量。当然，吸收和分解有毒物质时，植物的叶片也会受到一定影响，产生卷叶或焦叶等现象。经过实验可知，汽车尾气排放会产生大量二氧化硫，而臭椿、旱柳、榆、忍冬、卫矛、山桃既有较强的吸毒能力又有较强的抗性，是良好的净化二氧化硫的树种，如图 12-14 所示。此外，丁香、连翘、刺槐、银杏、油松也具有一定的吸收二氧化硫的功能。普遍来说，落叶植物的吸硫能力强于常绿阔叶植物。对于氯气，如臭椿、旱柳、卫矛、忍冬、丁香、银杏、刺槐、珍珠花等也具有一定的吸收能力。

臭椿

山桃

图 12-14 净化二氧化硫的树种

9. 阻滞尘埃　降低污染

园林植物具有很强的阻滞尘埃的作用。城市中的尘埃除含有土壤微粒外，还含有细菌和其他金属性粉尘、矿物粉尘等，它们既会影响人体健康又会造成环境的污染。园林植物的枝叶可以阻滞空气中的尘埃，相当于一个滤尘器，使空气清洁。各种植物的滞尘能力差别很大，其中榆树、朴树、广玉兰、女贞、大叶黄杨、刺槐、臭椿、紫薇、悬铃木、腊梅、加杨等植物具有较强的滞尘作用，如图12-15所示。通常，树冠大而浓密、叶面多毛或粗糙以及分泌有油脂或粘液的植物都具有较强滞尘力。

广玉兰

刺槐

图12-15　阻滞尘埃的树种

10. 改善空气湿度 调整气候

园林植物对于改善小环境内的空气湿度有很大影响。一株中等大小的杨树，在夏季白天每小时可由叶片蒸腾5kg水到空气中，一天即达0.5t。如果在一块场地种植100株杨树，相当于每天在该处洒50t水的效果。

不同植物的蒸腾度相差很大，有目标地选择蒸腾度较强的植物种植对提高空气湿度有明显作用。北京电视台播放的一个节水广告中，表现的是通过用塑料袋罩住一盆绿色植物来收集水，就是利用了植物的蒸腾作用。

11. 减弱光照 降低噪声

园林植物还具有减弱光照和降低噪声的作用。阳光照射到植物上时，一部分被叶面反射，一部分被枝叶吸收，还有一部分透过枝叶投射到林下。由于植物吸收的光波段主要是红橙光和蓝紫光，反射的部分主要是绿光，所以从光质上说，园林植物下和草坪上的光具有大量绿色波段的光，这种绿光要比铺装地面上的光线柔和的多，对眼睛有良好的保健作用。在夏季还能使人在精神上觉得爽快和宁静。城市生活中有很多噪声，如汽车行驶声、空调外机声等，园林植物具有降低这些噪声的作用。单棵树木的隔声效果虽较小，丛植的树阵和枝叶浓密的绿篱墙隔声效果就十分显著了。实践证明，隔声效果较好的园林植物有：雪松、松柏、悬铃木、梧桐、垂柳、臭椿、榕树等，如图12-16所示。

综上所述，从科学数据和人们的切身感受中可以体会到，园林植物不仅能使人从视觉上、精神上得到美的享受，更能带给人们健康、安静的生活环境。

悬铃木

梧桐

图 12-16　隔声效果较好的园林植物

12.1.2 园林植物的应用

从园林规划设计的角度出发，根据外部形态，通常将园林植物分为乔木、灌木、藤木、竹类、花卉、草皮 6 类。不同类型的植物，应用范围和作用自然各不相同。

1. 乔木的应用

乔木多体量大，具明显主干，因高度不同可分为：小乔（高度 5 ~ 10m）、中乔（高度 10 ~ 20m）、大乔（高度 20 ~ 30m）、伟乔（高度 30m以上），其景观功能都是作为植物空间的划分、围合、屏障、装饰、引导以及美化作用。小乔高度适中，最接近人体的仰视角度，故成为城市生活空间中的主要构成树种。中乔具有包容中小型建筑或建筑群的围合功能，并"同化"城市空间中的硬质景观结构，把城市空间环境有机统一地协调为一个整体。大乔的城市景观应用多在特殊环境之下，如点缀、衬托高大建筑物或创造明暗空间变化，引导游人视线等。另外，乔木中也不乏美丽多花者，如木棉、凤凰木、木兰等，其成林景观或单体点景，实为其他种类所无法比及的，如图 12-17 所示。

木棉

凤凰木

图 12-17　乔木

2. 灌木的应用

高大灌木也因其高度超越人的视线，所以在景观设计上，主要用于景观分隔与空间围合，对于小规模的景观环境来说，则用在屏蔽视线与限定不同功能空间的范围。大型的灌木与乔木结合常常是限定空间范围、组织较私密性活动的应用组合，并能对不良外界环境加以屏蔽与隔离。灌木之姿多以花和叶为主要设计参考要素。花之艳丽最引人入胜，或国色天香，或

异彩纷呈。观叶者观赏期长，也被广泛引种和采用，如常绿灌木、彩叶树种等。

小型灌木的空间尺度最具亲人性，而且其高度在视线以下，在空间设计上具有形成矮墙、篱笆以及护栏的功能，所以对使用者在空间中的行为活动与景观欣赏有着至关重要的影响。而且由于视线的连续性，加上光影变化不大，所以从功能上易形成半开放式空间。通常这类材料被大量应用。图 12-18 所示为种植不同的灌木形成的园林景观。

图 12-18 灌木

3. 花卉植物的应用

草本花卉的主要观赏及应用价值在于其色彩的多样性，而且其与地被植物结合，不仅增强地表的覆盖效果，更能形成独特的平面构图。大部分草本花卉的视觉效果通过图案的轮廓及阳光下的阴影效果对比表现，故此类植物在应用上重点突出体量上的优势。没有植物配置在“量”上的积累，就不会形成植物景观“质”的变化。为突出草本花卉量与图案光影的变化，除利用艺术的手法加以调配外，辅助的设施手段也是非常必要的。在城市景观中经常采用的方法是花坛、花台、花境以及花带、悬盆垂吊等，以突出其应用价值和特色，如图 12-19 所示。

图 12-19 花卉

4. 藤木植物的应用

藤木植物多以墙体、护栏或其他支撑物为依托，形成竖直悬挂或倾斜的竖向平面构图，使其能够较自然地形成封闭与围合效果，并起到柔化附着体的作用，如图 12-20 所示。

5. 草坪及地被植物的应用

草坪与地被植物的含义不同，草坪原为地被的一个种类，因为现代草坪的发展已不容忽视地使其成为一门专业，这里的草坪特指以其叶色或叶质为统一的现代草坪。而地被则指专门用于补充或点衬于林下、林缘或其他装饰性的低矮草本植物、灌木等，其显著的特点是适应性强。草坪和地被植物具有相同的空间功能特征，即对人们的视线及运动方向不会产生任何屏蔽与阻碍作用，可构成空间自然的连续与过渡，如图 12-21 所示。

图 12-20　紫藤

图 12-21　草坪的应用

我们在营造城市园林景观时，需综合考虑园林植物的各种特征，以适应不同的园林需要，充分发挥园林植物的特点，营造出优美的园林景观，美化、净化环境，给人类提供舒适的生活环境。

12.1.3 园林植物设计

按植物生态习性和园林布局要求，合理配置园林中各种植物(乔木、灌木、花卉、草皮和地被植物等)，以发挥它们的园林功能和观赏特性。园林植物配置是园林规划设计的重要环节。

园林植物的配置包括两个方面：一方面是各种植物相互之间的配置，考虑植物种类的选择，树丛的组合，平面和立面的构图、色彩、季相以及园林意境；另一方面是园林植物与其他园林要素如山石、水体、建筑、园路等相互之间的配置。

1. 植物种类的选择

植物具有生命，不同的园林植物具有不同的生态和形态特征。它们的干、叶、花、果的姿态、大小、形状、质地、色彩和物候期各不相同；它们(主要指树木)在幼年、壮年、老年以及一年四季的景观也颇有差异。进行植物配置时，要因地制宜，因时制宜，使植物正常生长，充分发挥其观赏特性。选择园林植物要以乡土树种为主，以保证园林植物有正常的生长发育条件，并反映出各个地区的植物风格。同时也不能忽视优良品种的引种驯化工作。

2. 植物配置方式

自然界的山岭岗阜上和河湖溪涧旁的植物群落，具有天然的植物组成和自然景观，是自然式植物配置的艺术创作源泉。中国古典园林和较大的公园风景区中，植物配置通常采用自然式，但在局部地区、特别是主体建筑物附近和主干道路旁侧也采用规则式。园林植物的布置方法主要有孤植、对植、列植、丛植和群植等几种。

- ❑ 孤植

主要显示树木的个体美，常作为园林空间的主景。对孤植树木的要求是：姿态优美，色彩鲜明，体形略大，寿命长而有特色。周围配置其他树木，应保持合适的观赏距离。在珍贵

的古树名木周围，不可栽植其他乔木和灌木，以保持它独特风姿。用于庇荫的孤植树木，要求树冠宽大，枝叶浓密，叶片大，病虫害少，以圆球形、伞形树冠为好。

- 对植

即对称地种植大致相等数量的树木，多应用于园门、建筑物入口、广场或桥头的两旁。在自然式种植中，则不要求绝对对称，对植时也应保持形态的均衡。

- 列植

也称带植，是成行成带栽植树木，多应用于街道、公路的两旁，或规则式广场的周围。如用作园林景物的背景或隔离措施，一般宜密植，形成树屏。

- 丛植

三株以上不同树种的组合，是园林中普遍应用的方式。可用作主景或配景，也可用作背景或隔离措施。配置宜自然，符合艺术构图规律，务求既能表现植物的群体美，也能看出树种的个体美。

- 群植

相同树种的群体组合，树木的数量较多，以表现群体美为主，具有“成林”之趣。

3．植物配置的艺术手法

植物配置的艺术手法 在园林空间中，无论是以植物为主景，或植物与其他园林要素共同构成主景，在植物种类的选择，数量的确定，位置的安排和方式的采取上都应强调主体，作到主次分明，以表现园林空间景观的特色和风格。

- 对比和衬托

利用植物不同的形态特征，运用高低、姿态、叶形叶色、花形花色的对比手法，表现一定的艺术构思，衬托出美的植物景观。在树丛组合时，要注意相互间的协调，不宜将形态姿色差异很大的树种组合在一起。

- 动势和均衡

各种植物姿态不同，有的比较规整，如石楠、臭椿；有的有一种动势，如松树、榆树、合欢。配置时，要讲求植物相互之间或植物与环境中其他要素之间的和谐协调；同时还要考虑植物在不同的生长阶段和季节的变化，不要因此产生不平衡的状况。

- 起伏和韵律

道路两旁和狭长形地带的植物配置，要注意纵向的立体轮廓线和空间变换，做到高低搭配，有起有伏，产生节奏韵律，避免布局呆板。

- 层次和背景

为克服景观的单调，宜以乔木、灌木、花卉、地被植物进行多层次的配置。不同花色花期的植物相间分层配置，可以使植物景观丰富多彩。背景树一般宜高于前景树，栽植密度宜大，最好形成绿色屏障，色调宜深，或与前景有较大的色调和色度上的差异，以加强衬托效果。

□ 色彩和季相

植物的干、叶、花、果色彩十分丰富。可运用单色表现、多色配合、对比色处理以及色调和色度逐层过渡等不同的配置方式，实现园林景物色彩构图。将叶色、花色进行分级，有助于组织优美的植物色彩构图。要体现春、夏、秋、冬四季的植物季相，尤其是春、秋的季相。在同一个植物空间内，一般以体现一季或两季的季相，效果较为明显。因为树木的花期或色叶变化期，一般祇能持续一、二个月，往往会出现偏枯偏荣的现象。所以，需要采用不同花期的花木分层配置，以延长花期；或将不同花期的花木和显示一季季相的花木混栽；或用草木花卉(特别是宿根花卉)弥补木本花卉花期较短的缺陷等方法。

大型的园林和风景区，往往表现一季的特色，给游人以强烈的季候感。中国有某时某地观赏某花的传统，如“灵峰探梅”“西山红叶”等时令美景很受欢迎。在小型园林里，也有樱花林、玉兰林等配置方式，产生具有时令特色的艺术效果。

12.2 植物的画法

园林植物是园林设计中应用最多，也是最重要的造园要素。园林植物的分类方法较多，这里根据各自特征，将其分为乔木、灌木、攀援植物、竹类、花卉、绿篱和草地七大类。这些园林植物由于它们的种类不同，形态各异，因此画法也不同。但一般都是根据不同的植物特征，抽象其本质，形成“约定俗成”的图例来表现的。

12.2.1 植物的平面画法

1. 乔木平面画法

园林植物的平面图是指园林植物的水平投影图，如图 12-22 所示。

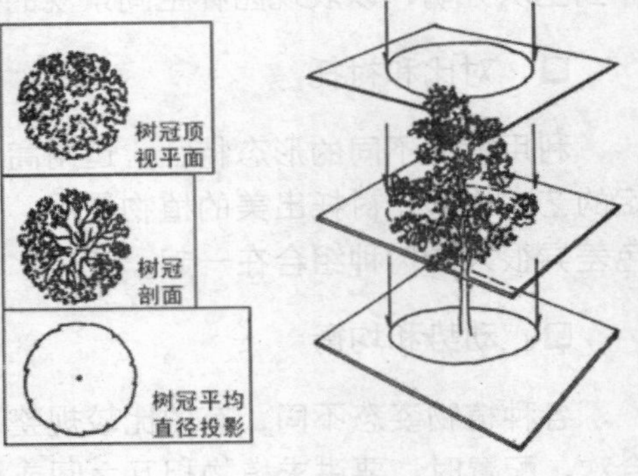

图 12-22 树木平面投影示意图

一般都采用图例概括地表示，其方法为：用圆圈表示树冠的形状和大小，用黑点表示树干的位置及树干粗细，树冠的大小应根据树龄按比例画出，成龄的树冠大小见表 12-1。

表 12-1 成龄树的树冠冠径

树种	孤植树	高大乔木	中小乔木	常绿乔木	花灌丛	绿篱
冠径/m	10～15	5～10	3～7	4～8	1～3	单行宽度：0.5～1.0 双行宽度：1.0～1.5

为了能够更形象地区分不同的植物种类，常以不同的树冠线型来表示：

- 针叶树常以带有针刺状的树冠来表示，若为常绿的针叶树，则在树冠线内加画平行的斜线。
- 阔叶树的树冠线一般为圆弧线或波浪线，且常绿的阔叶树多表现为浓密的叶子，或在树冠内加画平行斜线，落叶的阔叶树多用枯枝表现。

树木平面画法并无严格的规范，实际工作中根据构图需要，设计师可以创作出许多画法。常见的乔木和棕榈类图例如图 12-23 和图 12-24 所示。

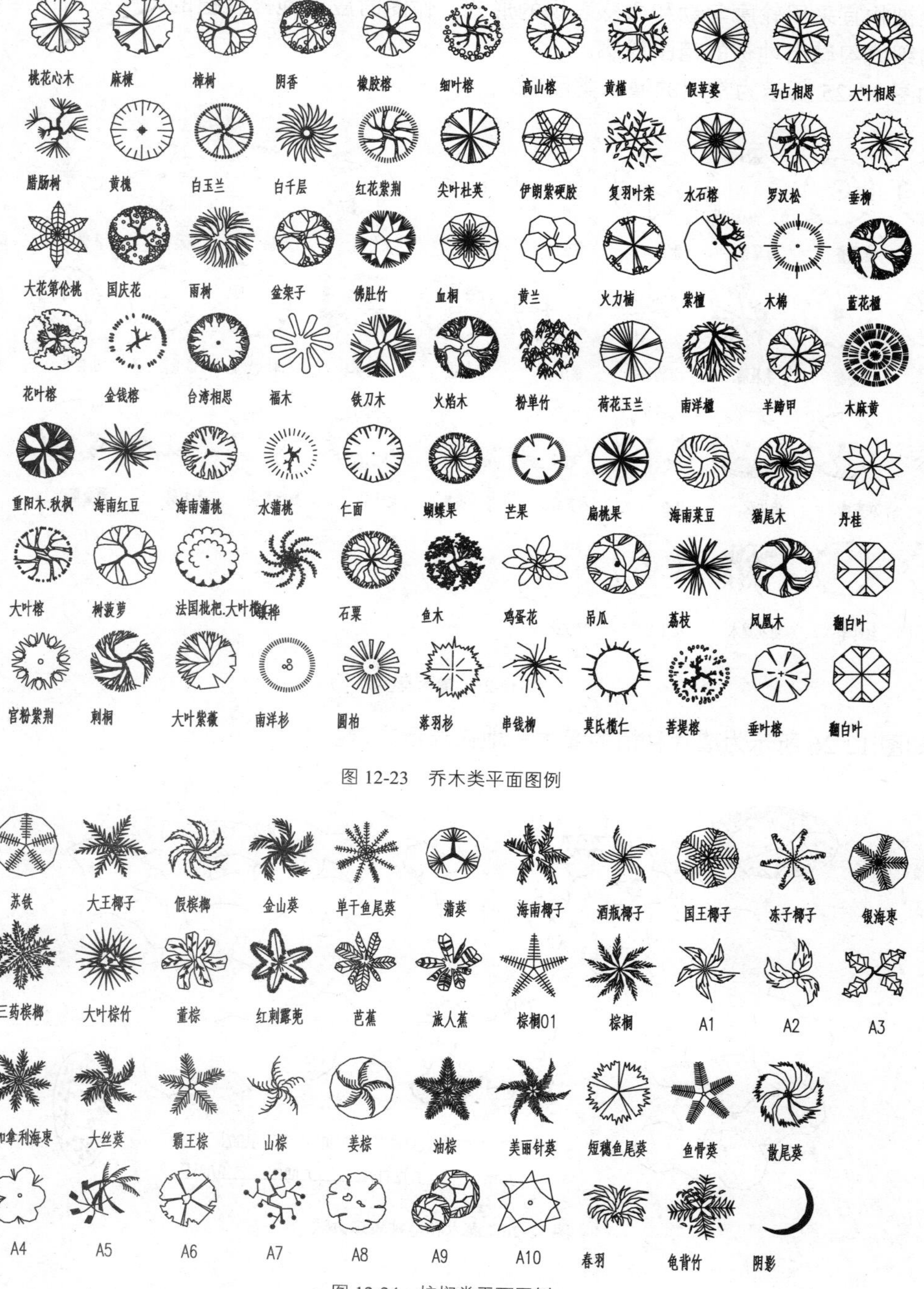

图 12-23　乔木类平面图例

图 12-24　棕榈类平面图例

2. 灌木和地被植物的表示方法

灌木没有明显的主干，平面形状有曲有直。自然式栽植灌木丛的平面形状多不规则，修剪的灌木和绿篱的平面形状多为规则的或不规则但平滑的。灌木的平面表示方法与树木类似，通常修剪的规模灌木可用轮廓、分枝或枝叶型表示，不规则形状的灌木平面宜用轮廓型或质感型表示，表示时以栽植范围为准。由于灌木通常丛生、没有明显的主干，因此灌木平面很少会与树木平面相混淆。

地被物宜采用轮廓勾勒和质感表现的形式。作图时应以地被栽植的范围线为依据，用不规则的细线勾勒出地被的范围轮廓。

如图 12-25 所示为常用的灌木类图例。

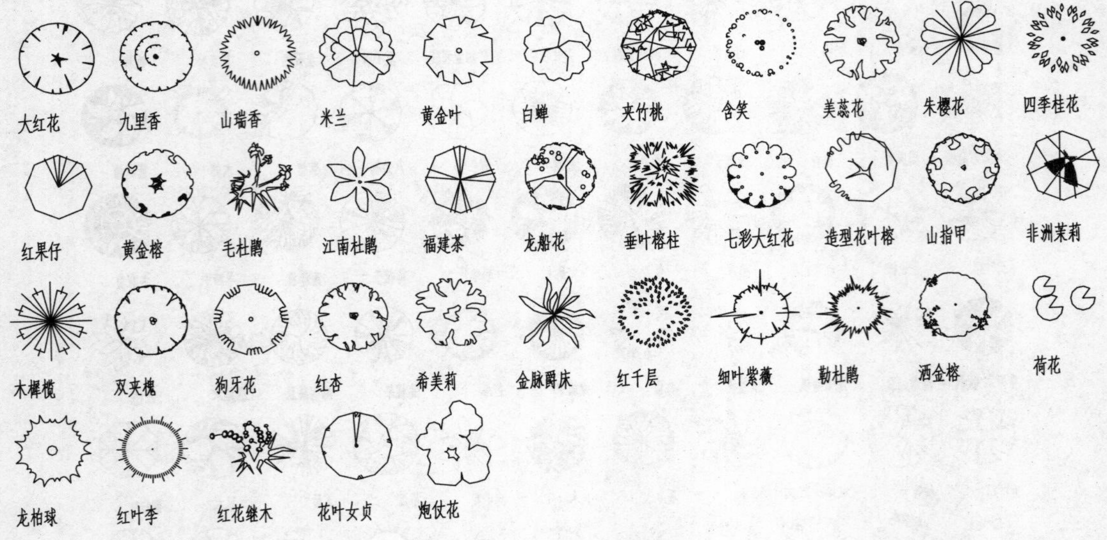

图 12-25 灌木类图例

如图 12-26 所示为成片种植的灌木和地被表示方法。

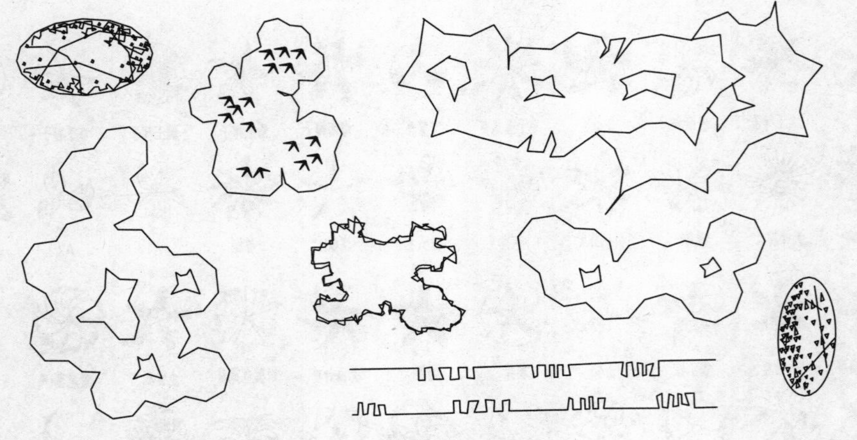

图 12-26 灌木和地被表示方法

12.2.2 植物的立面画法

植物的立面图比较写实，但也不必完全按照具体植物的外形进行绘制。树冠轮廓线因树种而不同，针叶树用锯齿形表示. 阔叶树则用弧线形表示。只需大致表现出该植物所属类别即可，如常绿植物、落叶植物、棕榈科植物等，如图 12-27 所示。其他的植物立面图，读者可从网上下载。

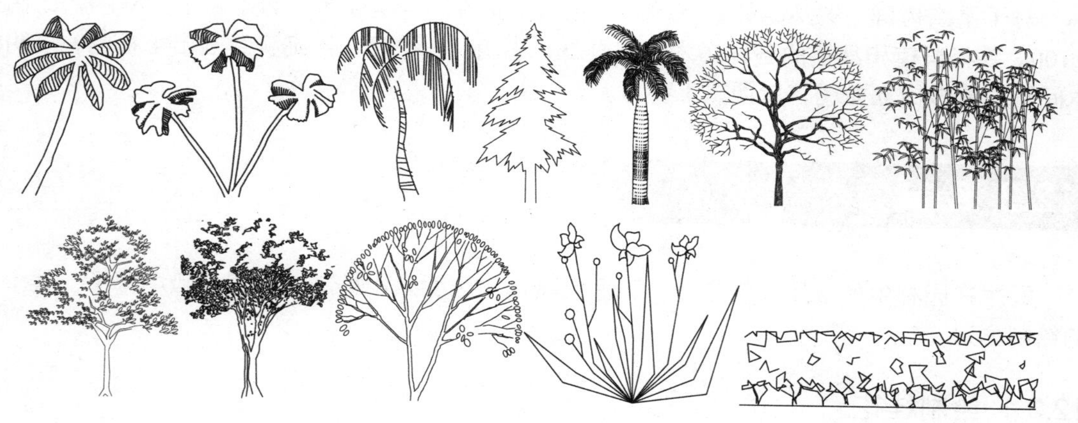

图 12-27　植物立面图

12.2.3 种植设计图概述

种植设计图主要表现树木花草的种植位置、种类、种植方式、种植距离等。

1. 种植设计平面图

根据树木种植设计，在施工总平面图基础上，用设计图例绘出常绿阔叶乔木、落叶阔叶乔木、落叶针叶乔木、常绿针叶乔木、落叶灌木、常绿灌木、整形绿篱、自然形绿篱、花卉、草地等具体位置和种类、数量、种植方式、株行距等如何搭配。同一幅图中树冠的表示不宜变化太多，花卉绿篱的图示也应该简明统一，针叶树可重点突出，保留的现状树与新栽的树应该加以区别。复层绿化时，用细线画大乔木树冠，用粗

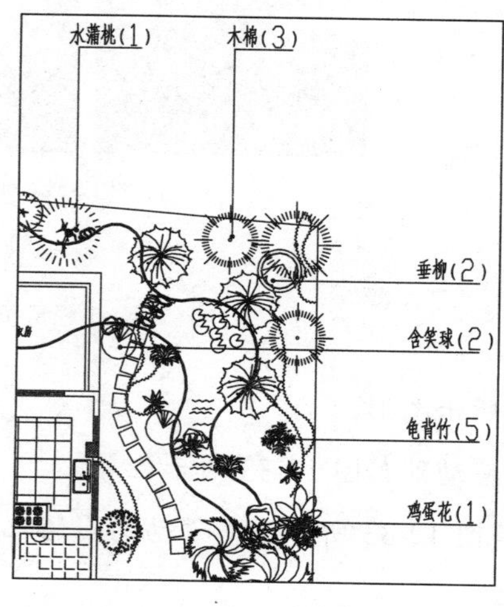

图 12-28　乔灌木种植设计图

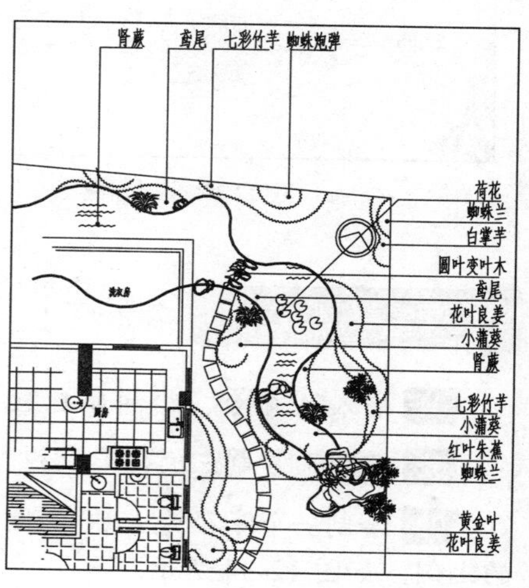

图 12-29　地被种植设计图

一些线画冠下的花卉，树丛、花台等。树冠的尺寸大小应以成年树为标准。如大乔木 5～6m，孤植树 7～8m，小乔木 3～5m，花灌木 1～2m，绿篱宽 0.5～1m，种名、数量可在树冠上注明，如果图纸比例小，不易注字，可用编号的形式，在图纸上要标明编号树种名、数量对照表。成行树要注上每两株树距离。

乔灌木、地被种植平面图如图 12-28、图 12-29 和图 12-30 所示。

2. 大样图

对于重点树群、树丛、林缘、绿立、花坛、花卉及专类园等，可附种植大样图，比例为 1:100。要将群植和丛植的各种树木位置画准，注明种类数量，用细实线画出坐标网，注明树木间距。并做出立面图，以便施工参考。

12.3 绘制乔木

乔木在园林中的应用非常广泛，下面就具体介绍乔木中桂花、木棉、狐尾椰子、幌伞枫的绘制方法。

12.3.1 绘制桂花

桂花为木樨科木樨属常绿灌木或小乔，属温带树种。树冠呈圆球形，属于芳香植物，花小而具有浓郁的香味，于初秋时节开放。桂花树形丰满、树姿优美，可孤植于空旷场所单独成景，也可对植于大门、道路两侧，还可列植于道路两旁，是园林设计中运用得非常广泛的一类植物，如图 12-31 所示。

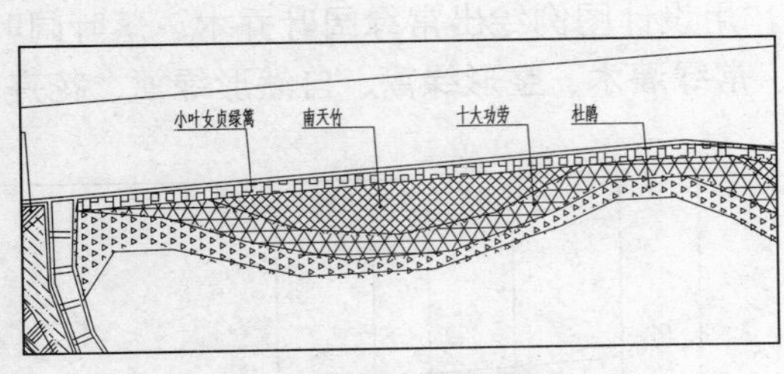

图 12-30 灌木种植图

图 12-31 桂花

课堂举例 12-1：绘制桂花

视频\第 12 章\课堂举例 12-1.mp4

01 输入 A 命令，绘制如图 12-32 所示图形。

02 将图形复制三次，缩放旋转后移动到如图 12-33 所示位置。

03 绘制一个半径为 1200 的圆。将图 12-33 所示图形移动到圆的轨迹上，并缩放至合适的比例，如图 12-34 所示。

04 输入 AR 命令，进行极轴阵列。以圆心为中心点，项目总数为 9，填充角度为 360，选择绘制的树叶图形作为阵列对象，阵列结果如图 12-35 所示。

05 输入 DO 命令，绘制圆环。指定圆环的内径为 0，按下空格键，指定圆环的外径为 164，按下空格键。指定圆心为圆环的中心，删除圆，结果如图 12-36 所示。

06 输入 B 命令，将“桂花”定义为块，指定圆环的中心为图块插入点。

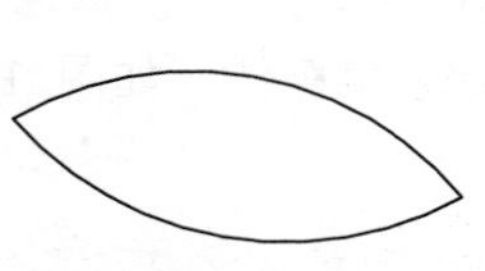

图 12-32　绘制树叶

图 12-33　复制并缩放树叶

图 12-34　移动缩放树叶

12.3.2 绘制木棉

木棉为木棉科落叶大乔木，树形高大，雄壮魁梧，枝干舒展，花红如血，硕大如杯，盛开时叶片几乎落尽，远观好似一团团在枝头尽情燃烧、欢快跳跃的火苗，极有气势。因此，历来被人们视为英雄的象征。木棉为速生树种，广泛分布于亚热带地区，如图 12-37 所示。

图 12-35　阵列树叶

图 12-36　桂花绘制结果

图 12-37　木棉

课堂举例 12-2：绘制木棉

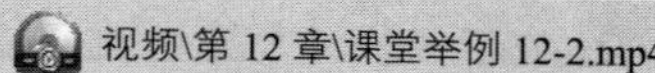

视频\第 12 章\课堂举例 12-2.mp4

01 输入 C 命令，分别绘制半径为 610 和 38 的同心圆，如图 12-38 所示。

02 输入 L 命令，指定外圆 0° 象限点为直线第一点，用光标引导 X 轴水平正方向输入 153，绘制一条短直线。

03 输入 AR 命令，以圆心为中心点进行极轴阵列，设置阵列数为 45，选择绘制的短线，阵列结果如图 12-39 所示。

04 输入 O 命令，将外圆向内偏移 150。输入 L 命令，指定偏移圆上的 0° 象限点为起点，用光标引导 X 轴水平正方向输入 450。输入 AR 命令，将绘制的直线，环形阵列 8 个。删除多余大圆，结果如图 12-40 所示。

05 输入 B 命令，定义为“木棉”图块，将图块插入点定义为圆形的中心。

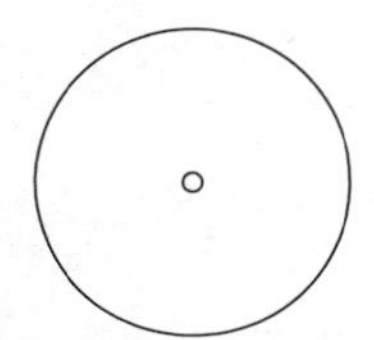

图 12-38　绘制同心圆

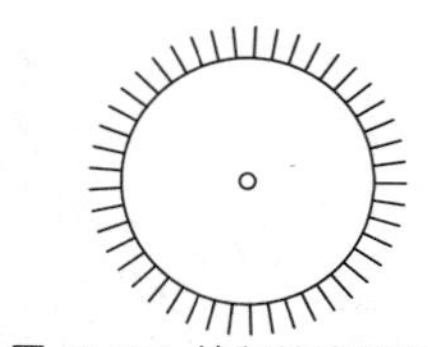

图 12-39　绘制并阵列短线

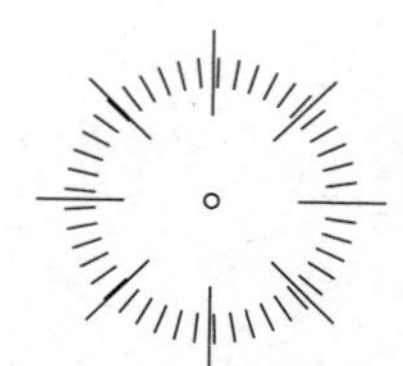

图 12-40　木棉绘制结果

12.3.3 绘制狐尾椰子

狐尾椰子为棕榈科狐尾椰子属常绿乔木，因形似狐尾而得名。树冠伞状，植株高大挺拔，形态优美。耐寒耐旱，适应性广，为热带、亚热带地区最受欢迎的园林植物之一。适合列植于池旁、路边、楼前后，也可数株群植于庭院之中或草坪角隅，观赏效果极佳，如图 12-41 所示。

课堂举例 12-3： 绘制狐尾椰子　　视频\第 12 章\课堂举例 12-3.mp4

01 输入 C 命令，绘制半径为 1190 的圆形。

02 在“默认”选项卡中，单击“绘图”面板中的“圆弧下拉按钮，选择“起点、端点、半径”命令，单击圆的圆心作为起点，圆的象限点作为端点，半径输入 640，如图 12-42 所示。

03 在“默认”选项卡中，单击“绘图”面板中的“圆弧下拉按钮，选择“起点、端点、方向”命令，分别以如图 12-42 所示的“点 1”为起点，以“点 2”和“点 3”为端点，绘制两条圆弧，结果如图 12-43 所示。

图 12-41　狐尾椰子

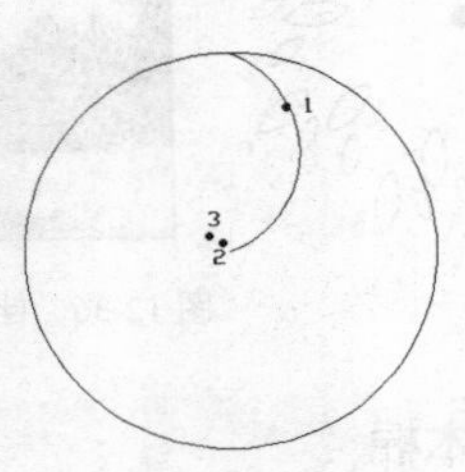

图 12-42　绘制圆弧

图 12-43　绘制弧线

04 在“默认”选项卡中，单击“绘图”面板中的“圆弧”下拉按钮，选择“起点、端点、方向”命令，绘制如图 12-44 所示图形。

05 以相同的方法绘制其他树叶，如图 12-45 所示。

06 输入 AR 命令，将绘制的图形极轴阵列 5 个，删除圆，如图 12-46 所示。

07 将绘制的图形定义为“狐尾椰子”图块，将图块插入点定义为图形的中点。

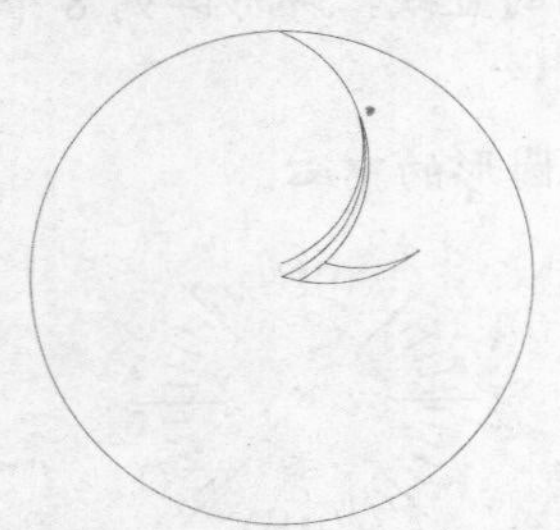

图 12-44　绘制树叶

图 12-45　绘制树叶

图 12-46　狐尾椰子绘制结果

12.3.4 绘制幌伞枫

幌伞枫为五加科幌伞枫属无刺乔木或灌木，是一很美丽的庭园观赏树，广州常见栽培。3～5 回羽状复叶，极大，小叶对生，纸质，椭圆形，无毛。多数小伞形花序排成大圆锥花丛，密被褐色星状毛。果扁形。树冠圆形，形如罗伞，可作庭阴树及行道树，如图 12-47 所示。

课堂举例 12-4：绘制幌伞枫　　视频\第 12 章\课堂举例 12-4.mp4

01 输入 C 命令，绘制半径为 1116 的圆形。输入 L 命令，捕捉圆心和 90°的象限点，绘制一条直线，以圆心为中心点，将直线极轴阵列 3 条，如图 12-48 所示。

图 12-47　幌伞枫

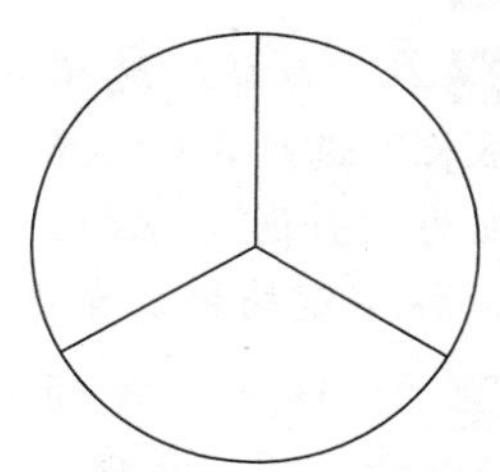

图 12-48　绘制圆形和直线

02 输入 sketch 命令，使用徒手画线绘制树叶，在"记录增量"的提示下，输入最小线段长度为 15，按照如图 12-49 所示图形进行绘制。

03 输入 PL 命令，绘制树枝。删除辅助线及圆，如图 12-50 所示。

04 将绘制的图形定义为"幌伞枫"图块，将图块插入点定义为图形的中心。

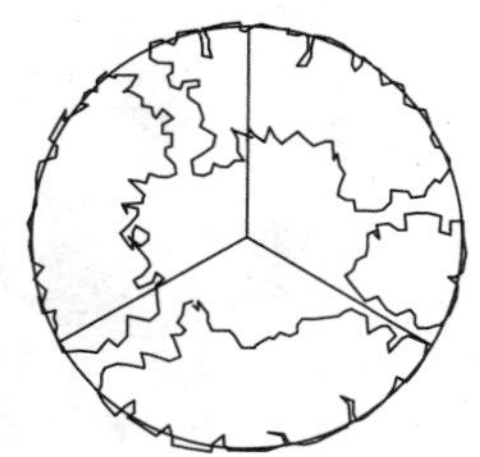

图 12-49　徒手画线绘制树叶

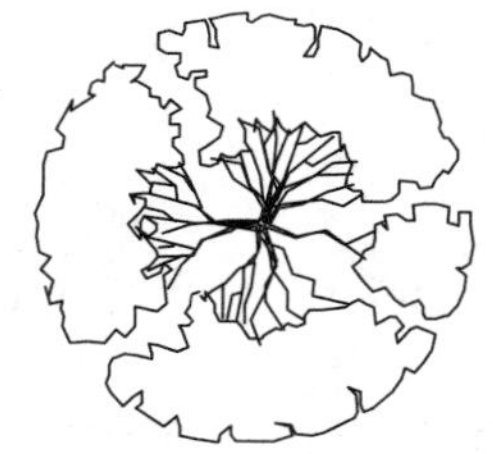

图 12-50　幌伞枫绘制结果

图 12-51　黄金叶

限于篇幅限制，本别墅庭院其他乔木的绘制方法这里就不一一讲解了。

12.4 绘制灌木

灌木在园林中的应用非常广泛，下面就具体介绍黄金叶球、四季桂花、灰莉球、绿篱的绘制方法，并介绍定义属性和绘制种植轮廓的方法。

12.4.1 绘制黄金叶球

黄金叶学名金露花，为马鞭草科常绿灌木。叶色翠绿，主要花期6～10月，花色金黄、淡蓝或淡紫，亦有白花品种。果实金黄色。用于大型盆栽、花槽、绿篱。在庭园、校园或公园列植、群植均佳，开花能诱蝶。以观叶为主，用途极广泛，可地被、修剪造型、拼成图案或强调色彩配植树，极为耀眼醒目，为目前南方广泛应用的优良矮灌木，如图 12-51 所示。

课堂举例 12-5：绘制黄金叶球

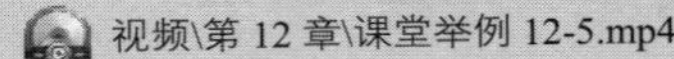

01 输入 C 命令，绘制一个半径为 530 的圆形。

02 输入 Sketch 命令，设置记录增量为 15，沿圆的边线绘制树形轮廓，如图 12-52 所示。

03 输入 REC 命令，绘制尺寸为 190×220 的矩形，并将其移动至圆的中心位置。

04 在“默认”选项卡中，单击“绘图”面板中的“修订云线”按钮，输入“A”，激活“弧长”选项，输入最小弧长 165，最大弧长 165；输入“S”，激活“样式”选项，将样式修改为“普通”；输入“O”，激活“对象”选项，选择矩形，提示是否反转方向时，输入“Y”，按下空格键。如图 12-53 所示。

05 在“默认”选项卡中，单击“绘图”面板中的“构造线”按钮，绘制树干纹理。单击云线内一点，出现一条直线，移动光标，单击不同的点，旋转绘制构造线，绘制完成后，按下空格键。修剪多余的线段，如图 12-54 所示。

06 输入 H 命令，填充阴影。选择图形下方向内凹的轮廓线，进行填充，选择“ANSI31”图案，比例为 5。删除圆形。结果如图 12-55 所示。

07 删除圆。并将其定义为“黄金叶球”图块，指定插入点为图形中心。

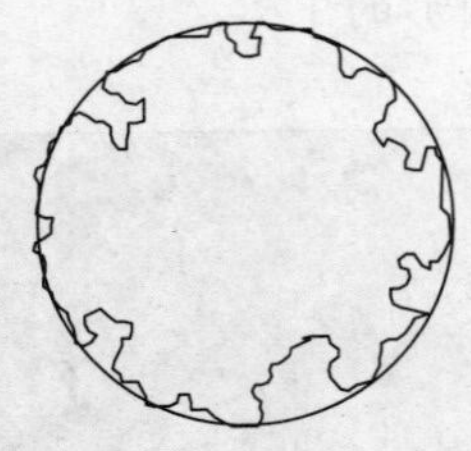
图 12-52 绘制树形轮廓

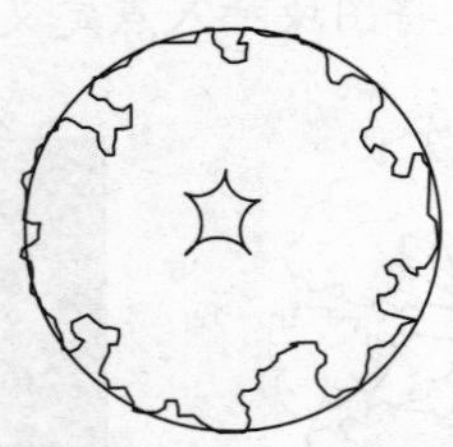
图 12-53 绘制树干轮廓

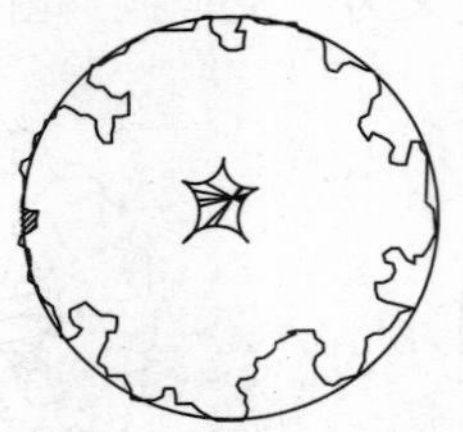
图 12-54 绘制树干纹理

图 12-55 填充阴影

12.4.2 绘制四季桂花

四季桂花是桂花中的一个优良品种，桂植株矮小，叶片大而常绿，比较适应家庭种植。一年四季均有花开。花初开时淡黄色，后变为白色，盛开时清香扑鼻。适合庭植观赏、孤植、高速路绿化，常植于园林内、道路两侧、草坪和院落等地。由于它对二氧化疏、氟化氢等有害气体有一定的抗性，也是工矿区绿化的优良花木。它与山、石、亭、台、楼、阁相配，更显端庄高雅、悦目怡情。它同时还是盆栽的上好材料，做成盆景后能观形、视花、闻香，如图 12-56 所示。

课堂举例 12-6：绘制四季桂花　　视频\第 12 章\课堂举例 12-6.mp4

01 输入 C 命令，绘制半径为 500 的圆。

02 输入 POL 命令，指定正多边形的边数为 4。输入 E 命令，指定圆的 90°的象限点为边第一个端点，单击大致如图 12-57 箭头所示的点为边的第二个端点，绘制原则为确保四边形边长约为 30。

图 12-56　四季桂花

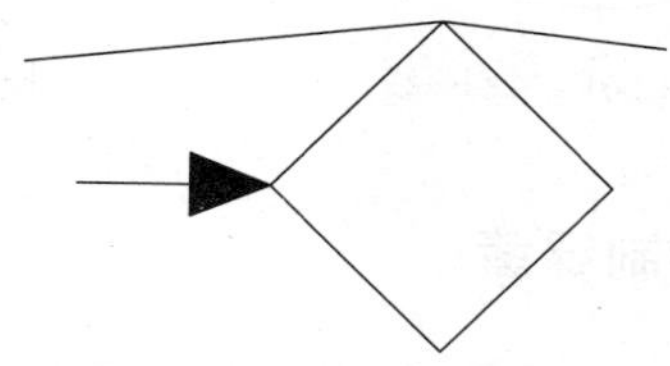

图 12-57　指定边的第二个端点

03 对正多边形进行夹点编辑，使其成为一个不规则的四边形，如图 12-58 所示。

04 输入 AR 命令，将多边形进行极轴阵列。以圆心为中心点，旋转角度为 360 度，项目总数为 35，结果如图 12-59 所示。

05 删除圆形，分解阵列后图形，将环形阵列后的多边形随意移动、复制和缩放，结果如图 12-60 所示。

06 将绘制的四季桂花定义为块，指定插入点为图形中心。

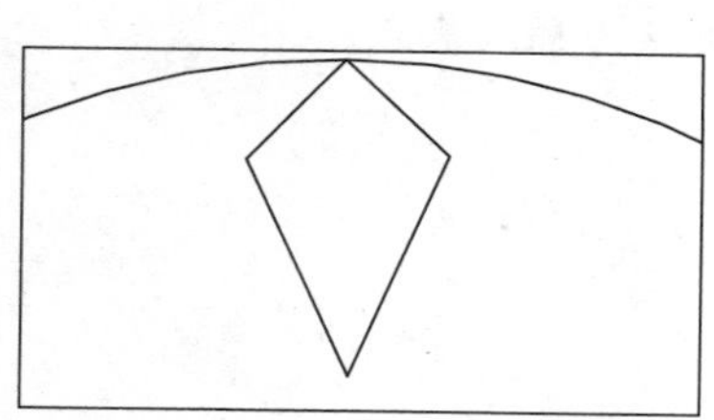

图 12-58　夹点编辑结果

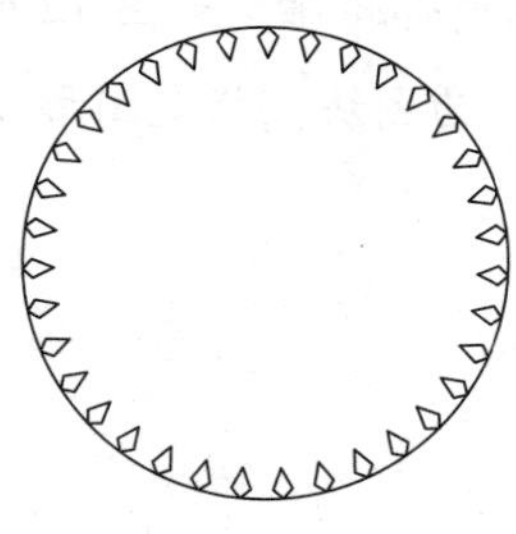

图 12-59　阵列结果

图 12-60　多边形复制缩放结果

12.4.3 绘制灰利球

下面介绍灰利球灌木的绘制方法。

课堂举例 12-7：绘制灰利球　　视频\第 12 章\课堂举例 12-7.mp4

01 输入 C 命令，绘制半径为 540 的圆。

02 输入 A 命令，绘制如图 12-61 所示的弧线。

03 多次重复绘制弧线，得到图形如图 12-62 所示。

04 输入 H 命令，对部分闭合曲线进行填充，选择“NET”填充图案，比例为 5，结果如图 12-63 所示。

05 将图形定义为“灰利球”图块，指定图块插入点定义为图形的中心。

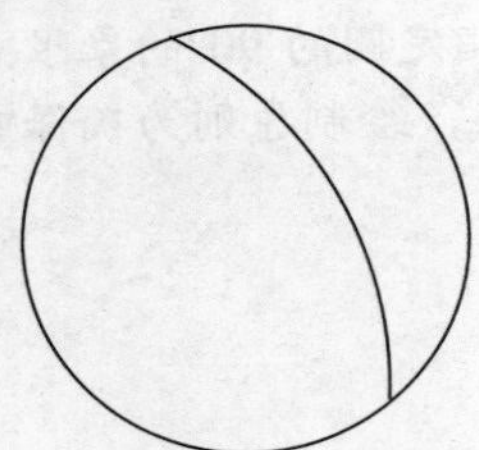

图 12-61 绘制弧线

图 12-62 重复绘制弧线

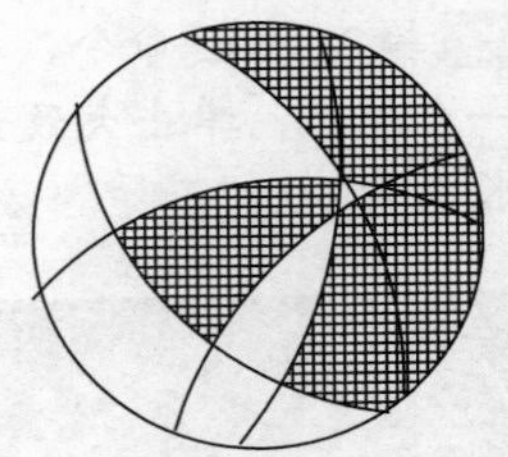

图 12-63 灰利球绘制结果

12.4.4 绘制绿篱

绿篱是“用植物密植而成的围墙”。是园林中一种比较重要的应用形式。它具有隔离和装饰美化作用，广泛应用于公共绿地和庭院绿化中。绿篱可分为高篱、中篱、矮篱、绿墙等，多采用常绿树种。绿篱也可采用花灌木、带刺灌木、观果灌木等做成花篱、果篱、刺篱，如图 12-64 所示。

课堂举例 12-8：绘制绿篱 视频\第 12 章\课堂举例 12-8.mp4

01 输入 REC 命令，绘制尺寸为 2340×594 的矩形，表示绿篱的范围。

02 输入 PL 命令，绘制绿篱轮廓，如图 12-65 所示。

03 重复执行 PL 命令，绘制绿篱内部轮廓。如图 12-66 所示。

04 删除矩形。将绘制的绿篱定义为图块，指定图形左上角点为插入基点。

图 12-64 绿篱

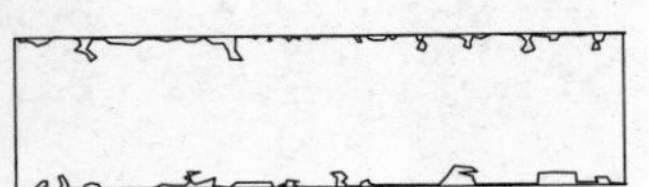

图 12-65 绘制绿篱外部轮廓线

图 12-66 绘制绿篱内部线条

12.4.5 为植物块定义属性

为了能够重复使用绘制好的植物图形，方便后面绘制苗木统计表，可以为绘制的植物图形定义属性。属性也是组成图块的一部分，但它不是图形而是文字。一个带有属性的图形可以在不分解的情况下，编辑其属性值，一个植物图形，在插入不同的文件时，规格会改变。

下面以“狐尾椰子”图块为例，创建一个带有属性的植物图块。在创建属性块之前，首先必须定义属性特征，然后将图形与文字一起创建成图块。

课堂举例 12-9：为植物块定义属性

视频\第 12 章\课堂举例 12-9.mp4

01 定义属性特征。输入 ATT 命令，弹出“属性定义”对话框。

02 在“模式”选项组中勾选“不可见”选项。在“属性”选项组中的“标记”文本框中输入“名称”，在“提示”文本框中输入“请输入植物名称”，在“默认”文本框中输入“狐尾椰子”；在“文字设置”选项组中的“文字高度”文本框中输入 200，如图 12-67 所示。

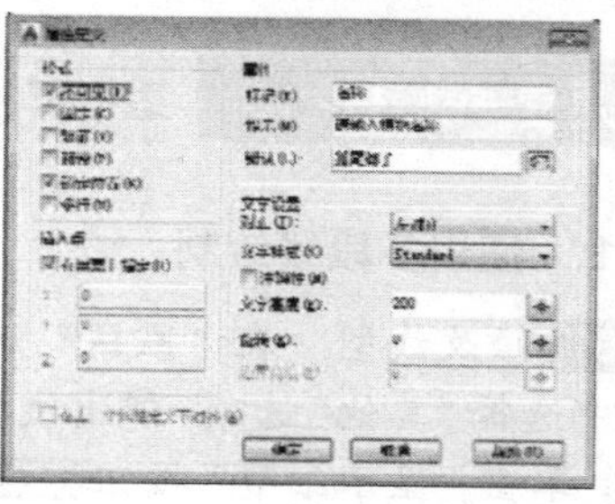

图 12-67　“属性定义”对话框

03 单击“确定”按钮，返回绘图窗口，在如图 12-68 所示位置单击，指定为文字的插入基点。

04 以相同的方法定义其他属性，不同的是，可以勾选“在上一个属性定义下对齐”选项，不用指定文字插入点，如图 12-69 所示。属性定义完毕图形如图 12-70 所示。

图 12-68　指定文字的插入点

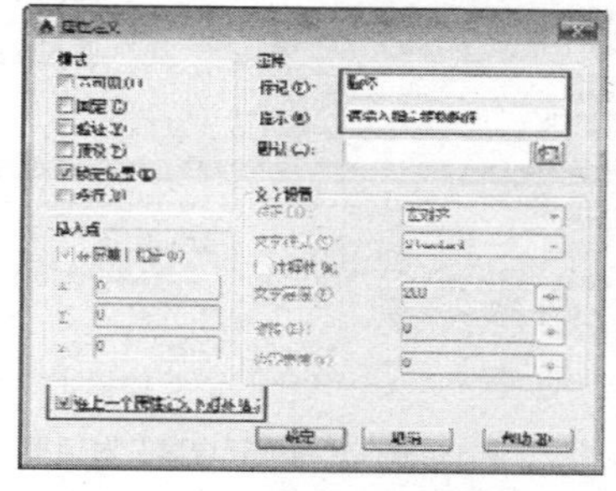

图 12-69　“属性定义”对话框

05 输入 B 命令，在“名称”文本框中输入“狐尾椰子”，选择如图 12-70 所示图形和文字，指点图形的中点为图块的插入点，单击“确定”关闭对话框，在弹出的“编辑属性”对话框中直接单击“确定”按钮。

06 要编辑带有属性的图块，可以双击图形，弹出“增强属性编辑器”对话框，如图 12-71 所示。单击“属性”标签，选择需要编辑的属性行，在“值”旁边的文本框中输入图形的内容。

图 12-70　属性定义

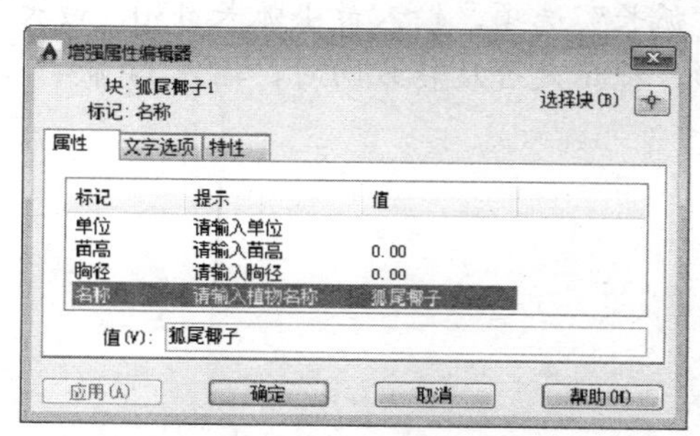

图 12-71　“增强属性编辑器”对话框

07 用相同的方法定义其他的块属性。

12.4.6 绘制种植轮廓线

对于植株数量较多的乔灌木，如丛植、群植、林植或篱植等，不宜按照确切数量进行绘制。为了避免图纸混乱，通常只绘制出种植轮廓线，即灌木丛或树冠垂直投影在平面上的线。下面分别介绍使用多段线和修订云线的绘制方法。

课堂举例 12-10：绘制种植轮廓线 视频\第 12 章\课堂举例 12-10.mp4

1. 使用多段线绘制

01 修改线型。在“默认”选项卡中，单击“特性”面板中的“线型”按钮，在其下拉菜单中选择“其他”选项，弹出线型管理器对话框，单击“加载”按钮[加载(L)...]，加载“ZIGZAG”线型，单击“显示细节”按钮[显示细节(D)]，出现如图 12-72 所示对话框。选择加载的线型，将“当前对象缩放比例”修改为 50，单击“确定”按钮完成线型设置。

02 输入 PL 命令，绘制如图 12-73 所示的多段线，作为植物种植轮廓线。

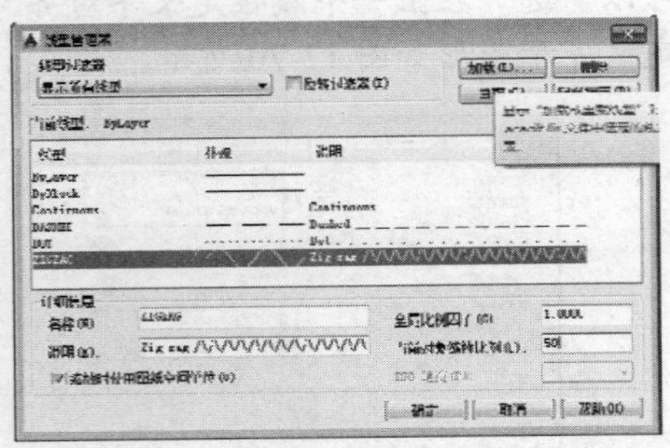

图 12-72 “线型管理器”对话框

图 12-73 使用多段线绘制种植轮廓线

03 输入 A 命令，在多段线内部绘制植物种植轮廓线，如图 12-74 所示。

2. 使用修订云线绘制

01 将线型修改为默认值。输入 C 命令，绘制半径为 525 的圆，作为植物种植轮廓线，如图 12-75 所示。

02 在“默认”选项卡中单击“绘图”面板中的“修订云线”按钮，输入 A 命令，激活“弧长”选项，输入最小弧长 130，最大弧长 130，输入“O”，激活“对象”选项，选择圆形，提示是否反转方向时，输入 N 命令，按下空格键。如图 12-76 所示。

图 12-74 使用弧线绘制植物种植轮廓线

图 12-75 绘制圆

图 12-76 使用修订云线绘制植物轮廓线

12.5 配置别墅庭院植物

本节通过配置别墅植物，练习了绘制地被植物、乔、灌木、室内绿化的布置方法。

12.5.1 绘制地被植物

地被植物在园林中功能性极强．能解决环境绿化和美化中的许多实际问题。如护坡保持水土，节约养护成本和养护时间等。它们能够展现出一种整体性的自然美感。地被植物种类繁多。有草本类．灌木类、藤本类，蕨类、竹类等。对于自然生长不进行修剪的地被植物来说可用图块表现。

课堂举例 12-11：绘制地被植物　视频\第 12 章\课堂举例 12-11.mp4

1．绘制地被植物

01 新建“地被”图层，颜色设为“92”，并置为当前图层。

02 修改线型。执行菜单“格式”|“线型”命令，在线型管理器对话框中单击“加载”按钮[加载(L)...]，加载“ZIGZAG”线型，单击“显示细节”按钮[显示细节(D)]，出现如图 12-72 所示对话框。选择加载的线型，将“当前对象缩放比例”修改为 30。单击“确定”按钮。

03 综合使用 SPL、L 等命令，用绘制植物种植轮廓线的方法，绘制地被植物。各区域植物种植轮廓线如图 12-77 ~ 图 12-86 所示。

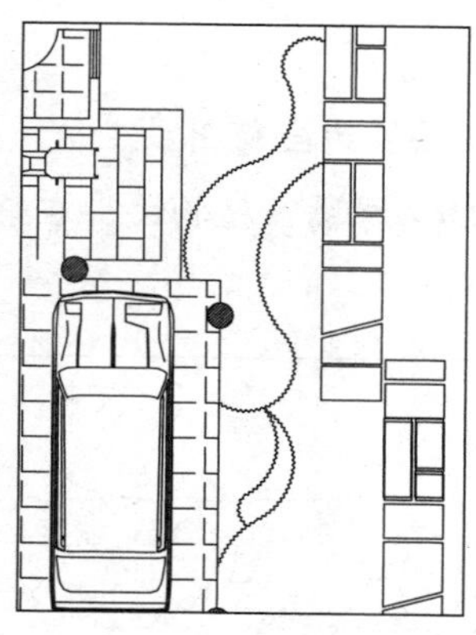

图 12-77　车库旁植物种植轮廓线

图 12-78　别墅与生态鱼池间植物种植轮廓线

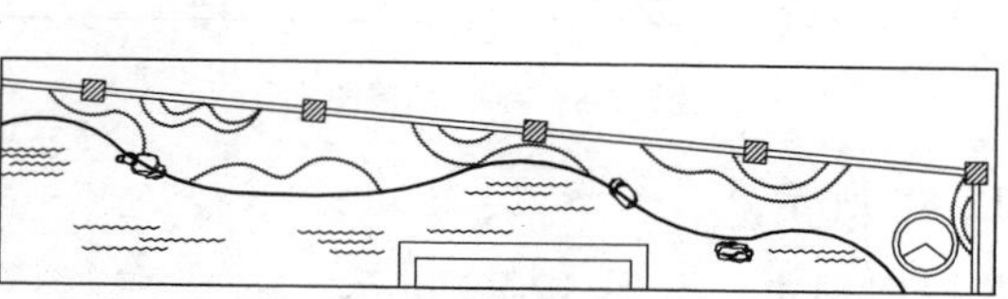

图 12-79　围墙旁植物种植轮廓线

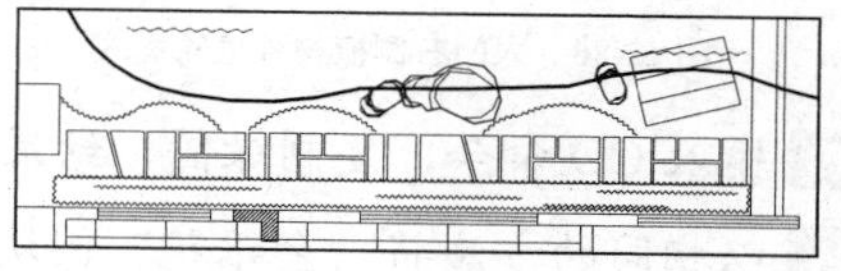

图 12-80　餐厅外植物种植轮廓线

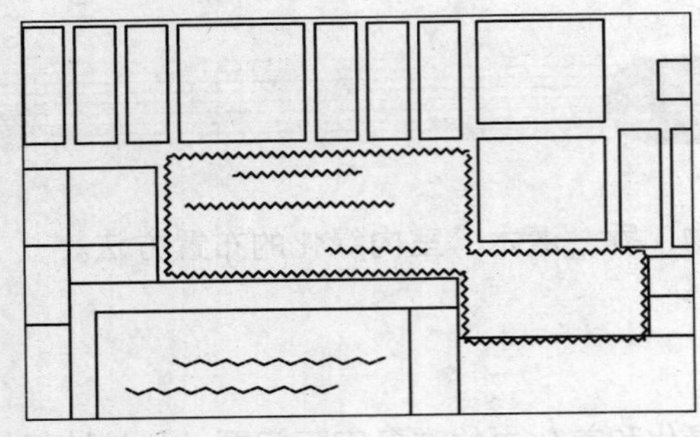

图 12-81 景观鱼池上方植物种植轮廓线

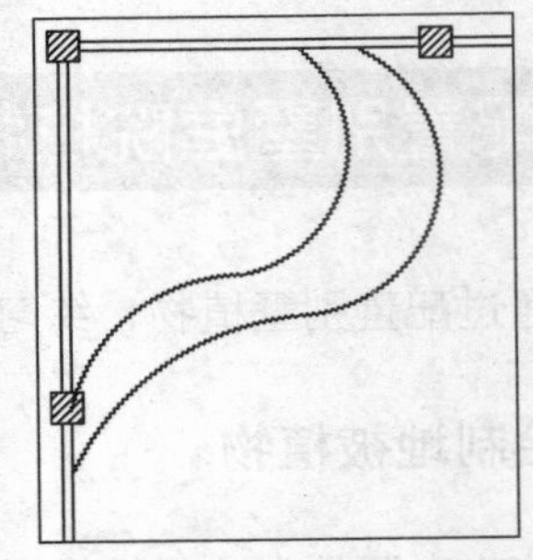

图 12-82 围墙左上角植物种植轮廓线

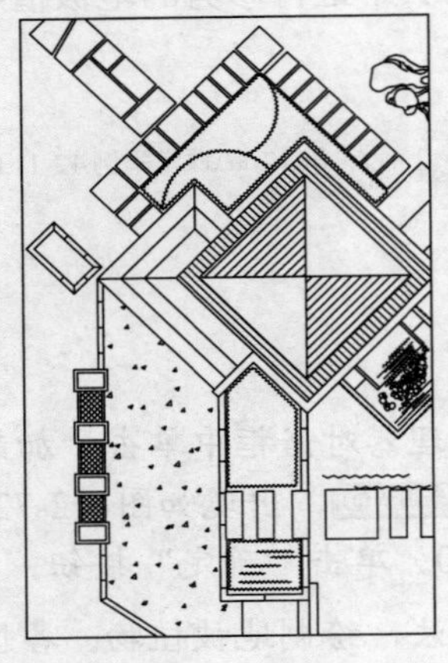

图 12-83 景观亭周边植物种植轮廓线

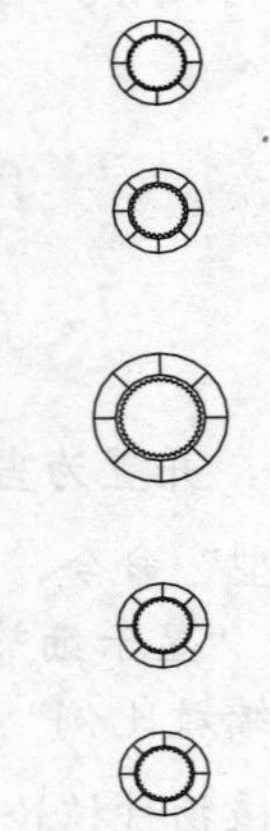

图 12-84 树池种植轮廓线

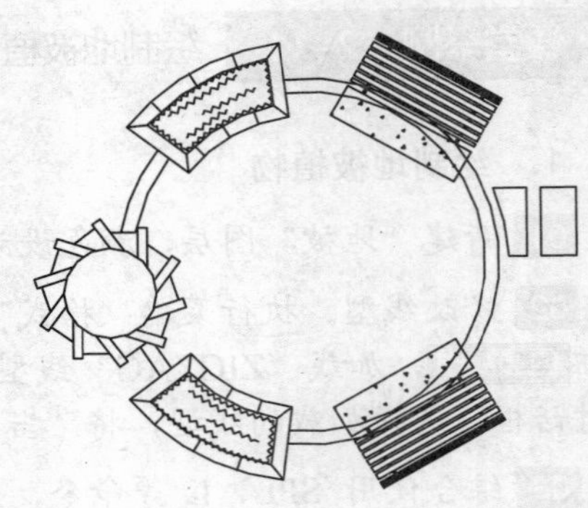

图 12-85 黄色鱼眼沙地雕塑池植物种植轮廓线

2. 绘制绿篱及水生植物

01 新建“绿化”图层，设置颜色为“104”，并将该图层置为当前图层。

02 输入 I 命令，插入本书配套光盘中的“图库 / 植物 / 绿篱”植物块，在绘图区相应位置指定一点为块的插入点，如图 12-87 所示。

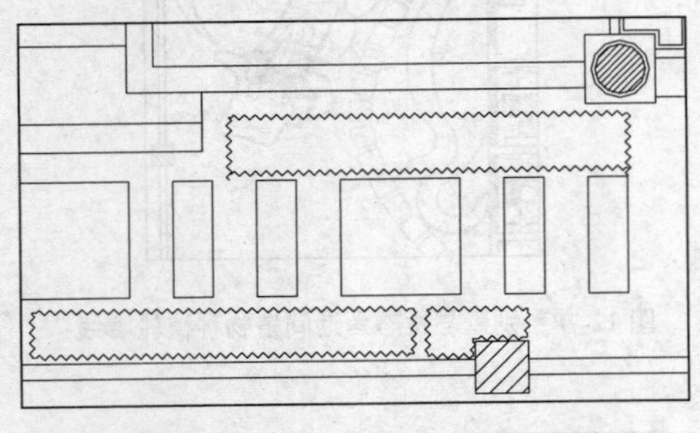

图 12-86 大门右侧植物种植轮廓线

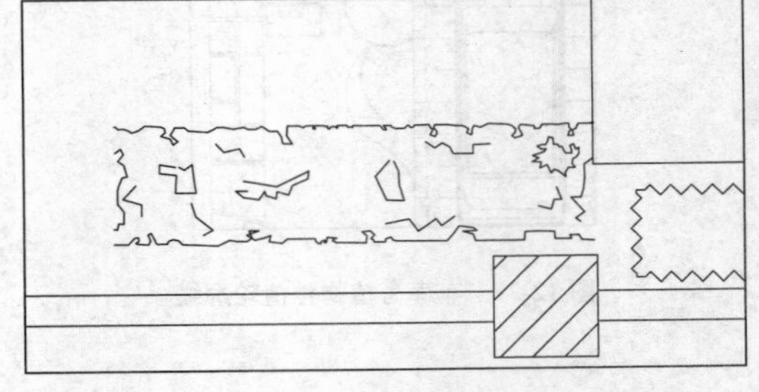

图 12-87 插入绿篱图块

03 输入 CO 命令，复制绿篱，结果如图 12-88 所示。

04 以相同的方法将“金银花”图块插入花架图形中，如图 12-89 所示。

05 将图层线型设置为默认。输入 C 命令，绘制半径为 180 的圆。

图 12-88　复制绿篱

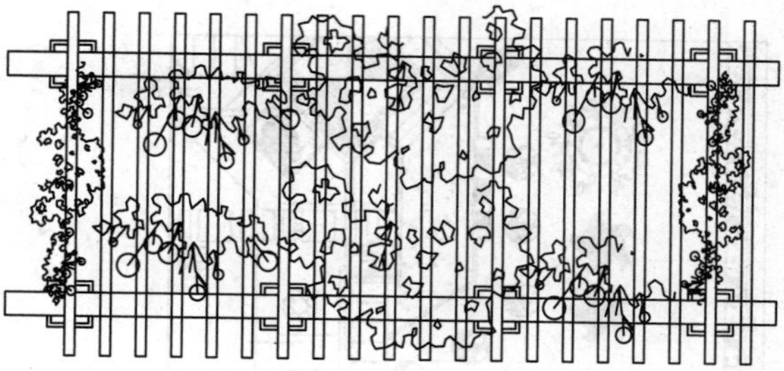

图 12-89　插入金银花图块

06 输入 L 命令，绘制两条过圆心的线段，并修剪图形，得到荷花如图 12-90 所示。

07 复制并缩放图 12-90 所示图形，放置如图 12-91 所示水面位置。

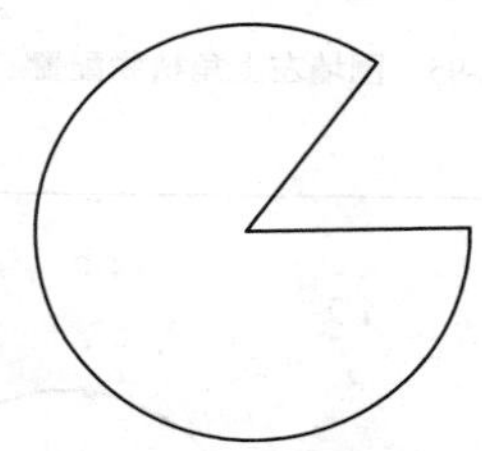

图 12-90　绘制荷花

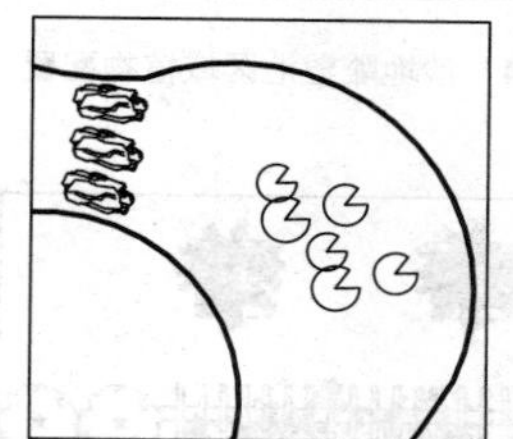

图 12-91　复制并缩放荷花

12.5.2 布置乔、灌木

乔、灌木图块前面已经绘制完成，这里直接通过复制的方法按设计要求进行合理布置即可。

课堂举例 12-12：布置乔、灌木

视频\第 12 章\课堂举例 12-12.mp4

01 新建“乔木”图层，颜色设为“84”，将该图层置为当前图层。

02 输入 I 命令，在“插入”对话框中单击“浏览”按钮 浏览(B)... ，找到“图库／第 11 章／狐尾椰子”图块，比例设为 0.8。插入黄色鱼眼沙地雕塑池上方的 4 个小圆形树池内，如图 12-92 所示。插入一个其他的复制即可。

03 以相同的方法在大的圆形树池内插入“桂花”植物块，比例为 1，结果如图 12-93 所示。

图 12-92　插入“尾椰子图块

图 12-93　插入桂花图块

04 用同样的方法插入其他植物图块，结果如图 12-94~图 12-100 所示。

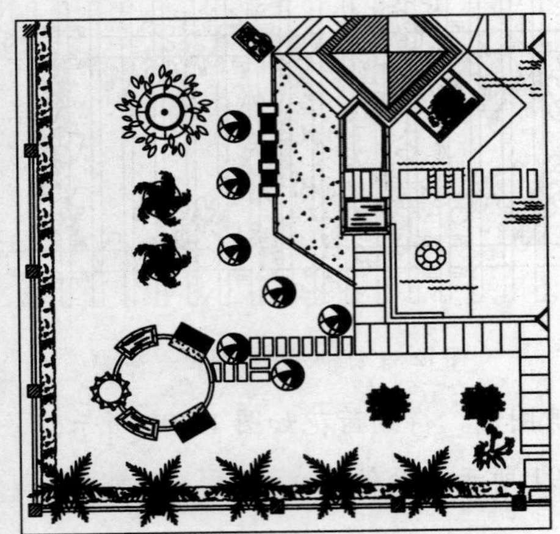

图 12-94 沙地雕塑池区域植物配置

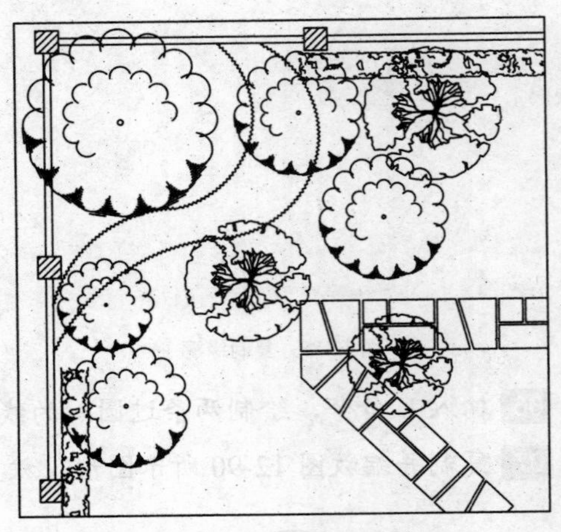

图 12-95 围墙左上角植物配置

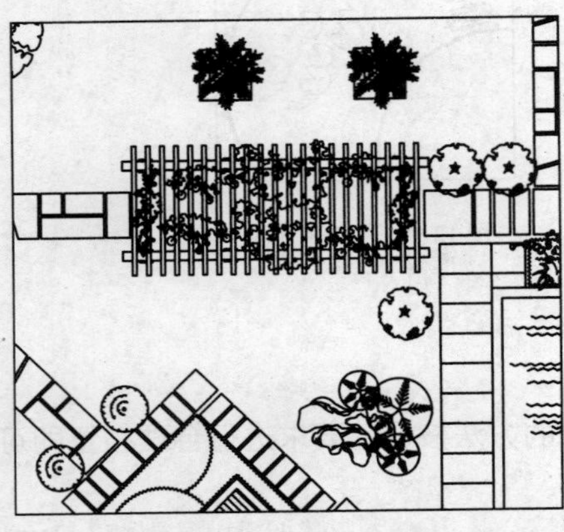

图 12-96 花架区域植物配置

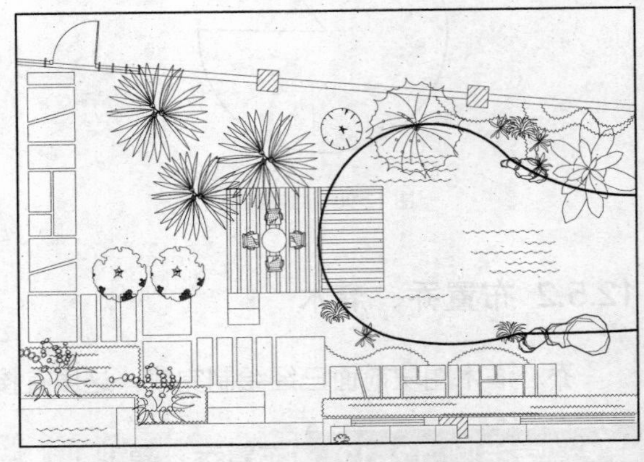

图 12-97 亲水平台区域植物配置

图 12-98 洗衣房区域植物配置

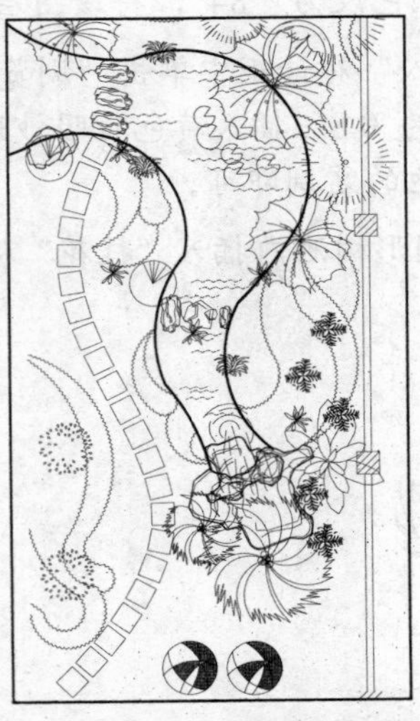

图 12-99 叠水喷泉区域植物配置

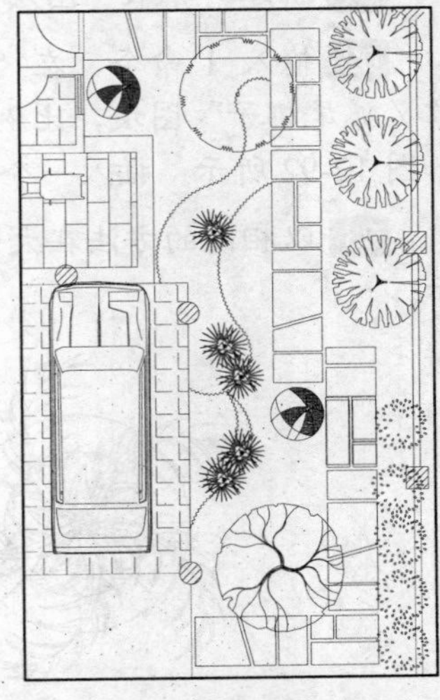

图 12-100 车库区域植物配置

12.5.3 绘制室内绿化

室内绿化主要以盆栽植物为主，这里使用插入图块的方法直接调用。

课堂举例 12-13：绘制室内绿化　　视频\第 12 章\课堂举例 12-13.mp4

01 将“绿化”图层置为当前图层。

02 使用 I 命令，在图示位置插入图块。结果如图 12-101 ~ 图 12-107 所示。

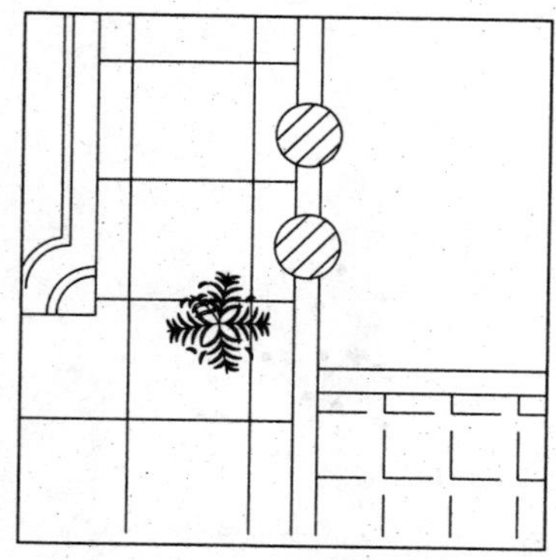

图 12-101　客厅植物摆放

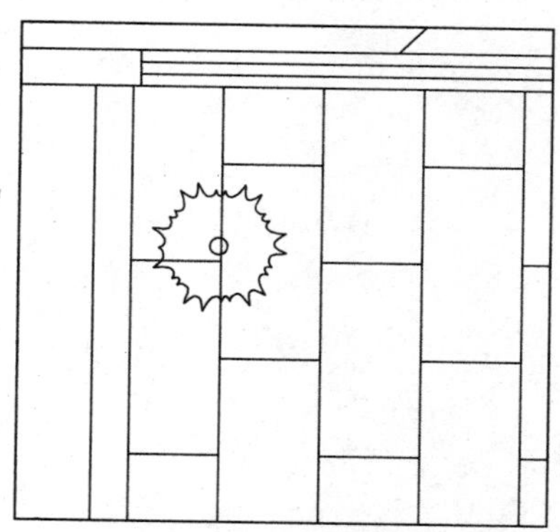

图 12-102　内廊植物摆放

图 12-103　琴吧植物摆放

图 12-104　休闲厅内植物摆放

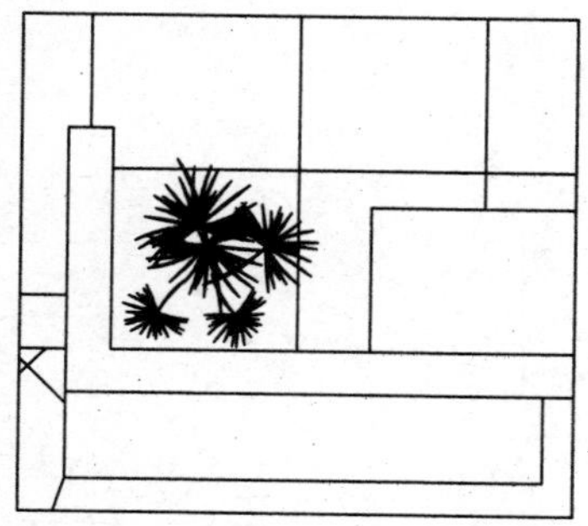

图 12-105　厨房内植物摆放

图 12-106　流理台植物摆放

图 12-107　餐厅植物摆放

12.6 课后练习

操作题

(1) 绘制如图 12-108 所示的植物图例。

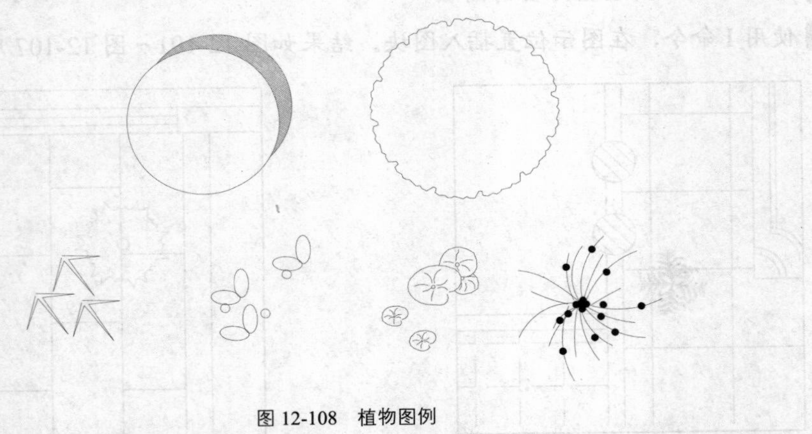

图 12-108 植物图例

(2) 将植物图例，复制粘贴至图中合适的位置，效果如图 12-109 所示，其中植物图例用户可在网站上自行下载。

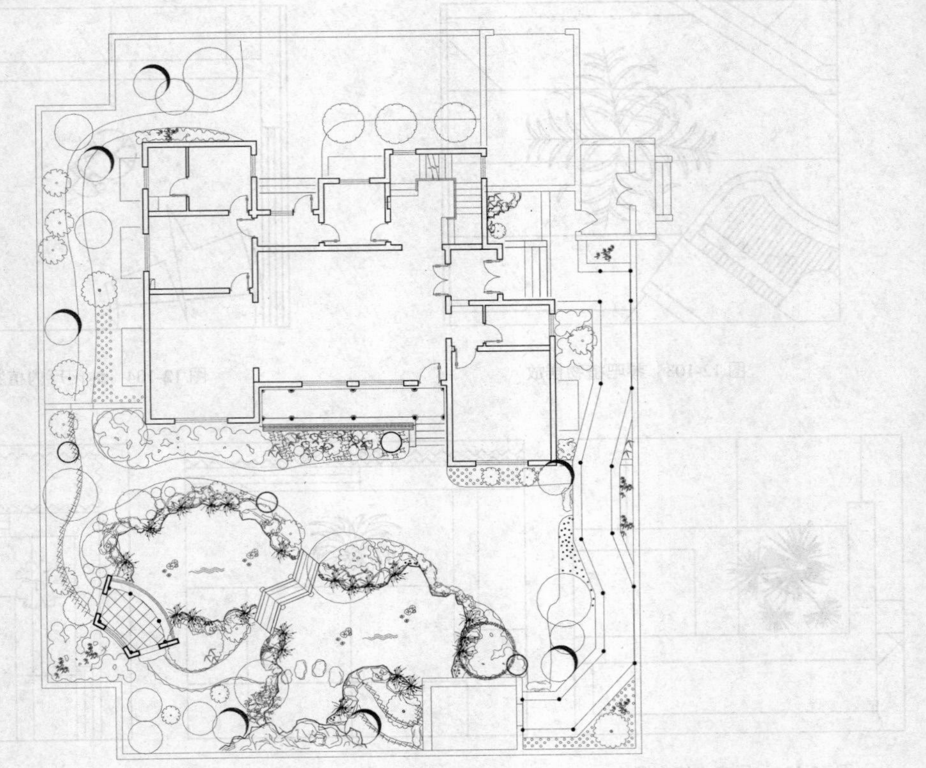

图 12-109 植物配置平面图

第13章 园灯设计与绘图

本章导读

园灯是一种引人注目的园林小品，白天可点缀景色，夜间可以照明，具有指示和引导游人的作用。此外，园灯还可以突出重点景色，有层次地展开组景序列和勾画庭园轮廓的作用。特别是临水园灯，衬托着水面涟漪波光，给人以无限遐想。

本章将在介绍园灯基础知识的基础上，详细讲解几种主要园灯的平面绘制方法。

本章重点

- 园灯的构造
- 园灯的分类
- 园林照明的类型
- 园林照明的运用
- 绘制园灯平面图例
- 布置园灯
- 绘制连线
- 课后练习

13.1 园灯设计基础

张灯夜游曾是古典园林中一项极富情趣的活动。由于种种原因，这样的活动一度远离了我们的生活，因而在园林的设计中，照明部分常常为人们所忽略。随着近年来城市居民作息方式的变化，夜间出行已越来越频繁。为满足夜晚活动及美化城市夜空的需要，许多城市正在广泛开展“灯光工程”。园林，尤其是城市中开放性的公园、绿地的照明，作为城市“灯光工程”的重要组成部分之一，自然也渐为人们所重视。

然而园林照明的意义并非单纯将园地照亮，利用夜色的朦胧与灯光的变幻，可以使园林呈现出一种与白昼迥然不同的诣趣，而造型优美的园灯在白天也有特殊的装饰作用。所以依据园林的自身特点研究其照明的方式和手段，对于进一步增进园林的艺术气氛具有重要的意义。

13.1.1 园灯的构造

一般的庭园柱子灯由灯头、灯杆及灯座三部分组成，如图 13-1 所示。造型美观的园灯，也是由这三部分比例匀称、色彩调和、富于独创来体现的。过去的园灯往往线条较为繁复细腻，现在则强调朴素、大方、整体美，与环境相协调。

1. 灯头

灯头集中表现园灯的面貌和光色，有单灯头、多灯头，规则式、自然式等多种多样的外形和各种各样的灯泡。选择时要讲究照明实效，防水防尘，灯头型式和灯色要符合总体设计要求。目前灯具厂生产有多种庭园柱子灯、草坪灯供选用。自行设计的灯头，要考虑到加工数量的限制和今后养管所需零件的配套。

2. 灯杆

灯杆是园灯的支撑部分，可选择钢筋混凝土、铸铁管、钢管、不锈钢、玻璃钢等多种材料。中部穿行电线，外表有加工成各种线脚花纹的，也有上下不等截面的。

3. 灯座

灯座是园灯的基础，用于固定灯杆。地下电缆往往穿过基础接至灯座接线盒后，再沿灯杆上升至灯头。单灯头时，灯座一般要预留 20cm×15cm 的接线盒位置，因此灯座处的截面往往较粗大，因接近地面，造型也需较稳重。

园灯结构大致相同，但通过使用不同的材料，可以设计出不同的造型。如果选用合适，它们能在由山水、花木为主体的自然园景中起到很好的点缀，如图 13-2 所示。

13.1.2 园灯的分类

常用的园灯类型为满足园林对照明的不同需求，有关的设计部门和生产单位已设计生产出不少相关的产品，归纳起来大致有以下几类：

图 13-1　园灯

图 13-2　造型别致的灯具

投光器：可以将光线由一个方向投射到需要照明的物体，如建筑、雕塑、树木之上，能产生欢快、愉悦的气氛，如图 13-3 所示。投射光源可用一般的白炽灯或高强放电灯，为免游人受直射光线的影响，应在光源上加装档板或百叶板，并将灯具隐蔽起来。使用一组小型投光器，并通过精确的调整，使之形成柔和、均匀的背景光线，可勾勒出景物的外形轮廓，就成了轮廓投光灯。

杆头式照明器：用高杆将光源抬升至一定高度，可使照射范围扩大，以照全广场、路面或草坪，如图 13-4 所示。由于光源距地较远，使光线呈现出静谧、柔和的气氛。过去光源常用高压汞灯，目前为高效、节能，广泛采用钠灯。

图 13-3　投射器

图 13-4　杆头式照明器

低照明器：将光源高度设置在视平线以下，光源用磨砂或乳白玻璃罩护，或者为免产生眩光而将上部完全遮挡，如图 13-5 所示。低照明器主要用于园路两旁、墙垣之侧或假山岩洞等处，能渲染出特殊的灯光效果。

埋地灯：常埋置于地面以下，外壳由金属构成，内用反射型灯泡，上面装隔热玻璃。埋地灯主要用于广场地面，如图 13-6 所示，为创造一些特殊的效果，也被用于建筑、小品、植物的照明。

水下照明彩灯：主要由金属外壳、转臂、立柱以及橡胶密封圈、耐热彩色玻璃、封闭反射型灯泡、水下电缆等组成。颜色有红、黄、绿、蓝、紫等颜色，可安装于水下 30 ~ 1000mm 处，是水景照明和彩色喷泉的重要组成部分，如图 13-7 所示。

图 13-5　低照明器

图 13-6　埋地灯

图 13-7　水下灯

13.1.3 园林照明的类型

灯光能够照亮周围的事物，但夜晚的园林并不希望将所有一切全都照亮。有选择地使用灯光，可以让园林中意欲显现各自特色的建筑、雕塑、花木、山石展示出与白天相异的情趣。在灯光创造的光影中，园景会形成一种幽邃、静谧的气氛。为实现意想中的效果，大致可采用重点照明、工作照明、环境照明和安全照明等方式，并在彼此的组合中，创造出无穷的变化。

1. 重点照明

重点照明是为强调某些特定目标而采用的定向照明。为让园林充满艺术韵味，在夜晚可以用灯光强调某些要素或细部。即选择定向灯具将光线对准目标，使某些景物打上适当强度的光线，而让其他部位隐藏在弱光或暗色之中，从而突出意欲表达的部分，以产生特殊的景观效果，如图 13-8 所示。重点照明须注意灯具的位置，使用带遮光罩或小型的便于隐藏的灯具可减少眩光，同时还能将许多难于照亮的地方显现在灯光之下，从而产生意想不到的效果。

2. 环境照明

环境照明体现着两方面的含义：其一是相对于重点照明的背景光线；另一是作为工作照明的补充光线。它不是专为某一景物或某一活动而设，主要提供一些必要亮度的附加光线，以便让人们感受到或看清周围的事物。环境照明的光线应该是柔和的，弥漫在整个空间，具有浪漫的情调。所以通常应消除特定的光源点，可以利用诸如将灯光投向匀质墙面所产生的均匀、柔和的反射光线，也可采用地灯、光纤、霓虹灯等，形成一种充斥某一特定区域的散射光线。

3. 工作照明

游园、观景的主体是游客。为方便人们的夜间活动，需要充足的光线。工作照明就是为特定的活动所设。工作照明要求所提供的光线应该无眩光、无阴影，以便使活动不受夜色的影响。并且要注意对光源的控制，即在需要时能够很容易地被启闭，这不仅可以节约能源，更重要的是可以在无人活动时恢复场地的幽邃和静谧。

4. 安全照明

为确保夜间游园、观景的安全，需要在广场、园路、水边、台阶等处设置灯光，让人能够清晰地看清周围的高差障碍，如图 13-9 所示；在墙角、屋隅、丛树之下布置适当的照明，

可给人以安全感。安全照明的光线一般要求连续、均匀，并有一定的亮度。照明可以是独立的光源，也可以与其他照明结合使用，但需要注意相互之间不产生干扰。

图 13-8 重点照明

图 13-9 安全照明

13.1.4 园林照明的运用

为突出不同位置的园景特征，灯光的使用也要有所区别。园林绿地中照明的形式大致可分为场地照明、道路照明、轮廓照明、植物照明和水景照明。

1. 场地照明

园林中的各类广场是人流聚集的场所，灯光的设置应考虑人的活动特征。在广场的周围选择发光效率高的高杆直射光源可以使场地内光线充足，便于人的活动，如图 13-10 所示。若广场范围较大，之内又不希望有灯杆的阻碍，则可根据照明的要求和所设计的灯光艺术特色，布置适当数量的地灯作为补充。场地照明通常依据工作照明或安全照明的要求来设置，在有特殊活动要求的广场上还应布置一些聚光灯之类的光源，以便在举行活动时使用。

2. 道路照明

园林道路具有多种类型，不同的园路对于灯光的要求也不尽相似。对于园林中可能会有车辆通行的主干道和次要道路，需要根据安全照明要求，使用具有一定亮度，且均匀的连续照明，以使行人及部分车辆能够准确识别路上的情况；而对于游憩小路则除了需要照亮路面外，还希望营造出一种幽静、祥和的氛围，因而用环境照明的手法可使其融入柔和的光线之中，如图 13-11 所示。采用低杆园灯的道路照明应避免直射灯光耀眼，通常可用带有遮光罩的灯具，将视平线以上的光线予以遮挡；或使用乳白灯罩，使之转化为散射光源。

图 13-10 广场照明

图 13-11 道路照明

3. 建筑照明

建筑一般在园林中具有主导地位，为使园林建筑优美的造型能呈现在夜空之中，过去主要采用聚光灯和探照灯，如今已普遍使用泛光照明。若为了突出和显示其特殊的外形轮廓，而弱化本身的细节，通常以霓虹灯或成串的白炽灯安设于建筑的棱边，构成建筑轮廓灯，如图 13-12 所示。也可以用经过精确调整光线的轮廓投光灯，将需要表现的形体仅仅用光勾勒出轮廓，使其余保持在暗色状态中，并与后面背景分开，这对于烘托气氛具有显著的效果。建筑内的照明除使用一般的灯具外，还可选用传统的宫灯、灯笼，如在古典园林中，现代灯饰的造型可能与景观不能很好地协调，则更应选择具有美观造型的传统灯具。

4. 植物照明

灯光透过花木的枝叶会投射出斑驳的光影，使用隐于树丛中的低照明器可以将阴影和被照亮的花木组合在一起。特定的区域因强光的照射变得绚烂与华丽，而阴影之下又常常带有神秘的气氛。利用不同的灯光组合可以强调园中植物的质感或神秘感。植物照明设计中最能令人感到兴奋的是一种被称作“月光效果”照明方式，这一概念源于人们对明月投洒的光亮所产生的种种幻想。灯具被安置在树枝之间，将光线投射到园路和花坛之上形成类似于为明月照射下的斑驳光影，从而引发奇妙的想象。

5. 水景照明

各种水体都会给人带来愉悦，夜色之中用灯光照亮湖泊、水池、喷泉，则将让人体验到另一种感受。大型的喷泉使用红色、橘黄、蓝色和绿色的光线进行投射，会产生欢快的气氛；小型水池运用一些更为自然的光色则可使人感到亲切，但琥珀色的光线会把水变黄，从而显得肮脏，可以添加蓝光校正滤光器，将水映射成蔚蓝色，以给人以清爽、明快的感觉。水景照明的灯具位置需要慎重考虑，位于水面以上的灯具应将光源，甚至整个灯具隐于花丛之中或者池岸、建筑的一侧，也就是要将光源背对着游人，以避免眩光刺眼。跌水、瀑布中的灯具可以安装在水流的下方，这不仅能隐藏灯具，而且还可以照亮潺潺流水，变得十分生动。静态的水池使用水下照明，可能会因池中藻类的影响而变得昏暗，或使水藻之类一览无遗，使水看起来很脏，较为理想的方法是将灯具抬高使之贴近水面，增加灯具的数量，使之向上照亮周围的花木，以形成倒影，或者将静水作为反光水池处理。

6. 其他灯光

除了上述几种照明之外，还有像水池、喷泉水下设置的彩色投光灯、射向水幕的激光束、园内广告灯箱等，此类灯具与其说还保留一部分照明功能，还不如说更多的是对夜景的点缀，如图 13-13 所示。随着大量新颖灯具的不断涌现，不仅会使今后的园灯有了更多的选择，它所妆点的夜景也会更加绚丽。

7. 按形式分类

园灯是园林环境空间的重要景观，白天，园灯丰富了园林的环境空间，可作为园林景观的点缀，成为引人注目的小品；夜晚的灯光更是美化环境的重要手段，不同的灯光可丰富景观空间的色彩，渲染和衬托景观氛围，使园林景色变幻莫测，为人们夜间活动提供安全的保证。园灯应针对特定的环境和景物，如建筑、雕塑、喷泉的需要进行灯光设置，以丰富园林的景观，烘托不同的环境氛围，如图 13-13 所示。

图 13-12　建筑照明

图 13-13　喷泉照明

13.2 绘制别墅庭院照明总平面图

电气施工图是园林工程施工图的一个重要组成部分。它以统一规定的图形符号辅以简单扼要的文字说明，把电气设计的内容明确地表示出来，用以指导电气工程施工。

园林项目中的电气工程主要是为喷泉及景观照明供配电的工程，大型复杂园林项目中的电气工程则包括电力工程、照明工程、通信工程、网络工程、智能化安全防范工程等诸多内容。

本章仅介绍园灯及照明平面图的画法。照明平面图就是在建筑平面图基础上绘出的电气照明装置、线路的分布图。

编号	图例	名称	IP	规格及型号	光源	数量	备注
1		草坪灯		13W	节能管(遮光罩)	14盏	
2		小射灯		35W	石英杯	11盏	
3		埋地灯		60W	飞利浦灯泡	7盏	
4		插地射灯		150W	高压钠灯	8盏	
5		水底射灯		80W	飞利浦彩灯	5盏	
6		台阶灯		9-15W	节能管	4盏	
7		壁灯		25-45W	节能管	4盏	
8		柱头灯		13W	节能管(遮光罩)	6盏	
9		配电箱				2个	增加,不在预算内
10		接线盒				1个	增加,不在预算内

图 13-14　园灯图例说明表

13.2.1 绘制园灯平面图例

电气施工图都会有一个图例表，以解释说明各电气符号的含义、规格和数量，本照明平面图图例表如图 13-14 所示，从表中可以看出，别墅庭院使用的照明灯具有草坪灯、小射灯、埋地灯、插地射灯等。这里选择介绍几种园灯图例的绘制方法。

课堂举例 13-1：绘制园灯平面图例　　视频\第 13 章\课堂举例 13-1.mp4

1. 绘制草坪灯

01 新建“园灯”图层，设置颜色为“白色”，将其置为当前图层。隐藏“绿化”“乔木”及“地被”图层，下面将在该平面图基础上绘制照明平面图。

02 输入 SE 命令，打开“草图设置”对话框，选择“极轴追踪”标签，在“增量角”下拉列表中选择 30，勾选“启用极轴追踪”选项，如图 13-15 所示。

03 输入 L 命令，绘制一条长度为 200 的垂直直线。

04 按 F3 快捷键，打开“对象捕捉”按钮。重复执行 L 命令，单击垂直直线上方端点，指定直线的起点，捕捉垂直直线下方端点，光标向左移动，单击垂直直线下方端点的延长线与斜线的交点，绘制如图 13-16 所示直线。

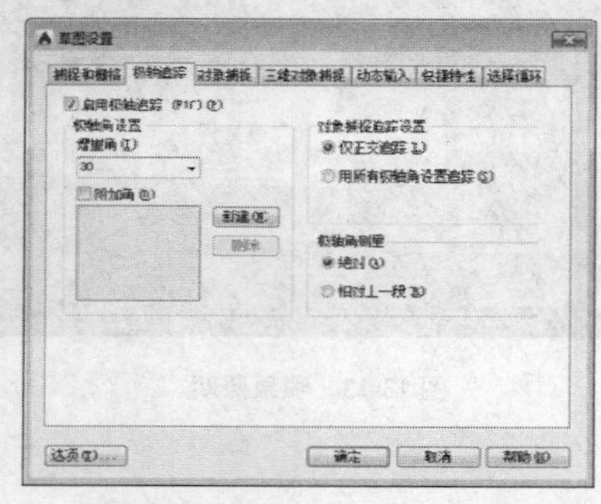
图 13-15 “草图设置”对话框

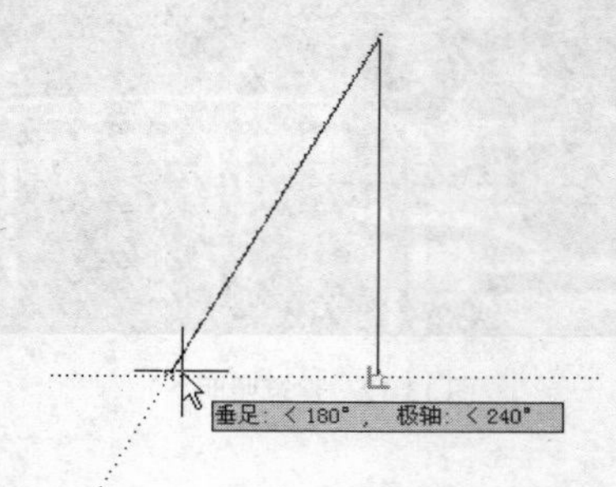

图 13-16 绘制倾斜的直线

05 输入 MI 命令，镜像复制斜线，并用直线连接两斜线的端点，如图 13-17 所示。

06 输入 H 命令，选择“ANSI31”图案类型，比例设置为 60，拾取图 13-17 右半边图形进行填充。填充结果如图 13-18 所示。

07 将绘制的草坪灯定义为“草坪灯”块，指定插入点为三角形的几何中心。草坪灯绘制完成。

2. 绘制插地射灯

01 输入 DO 命令，输入圆环的内径为 0，外径为 100，在绘图区单击一点，指定圆环的中心点。

02 输入 PL 命令，单击圆环中心点，指定多段线的起点。输入 W 命令，设置多段线的起点宽度为 0，端点宽度为 150，水平向左绘制长度为 200 的多段线，结果如图 13-19 所示。

03 插地射灯绘制完成，定义为“插地射灯”图块，指定插入点为圆环的中心。

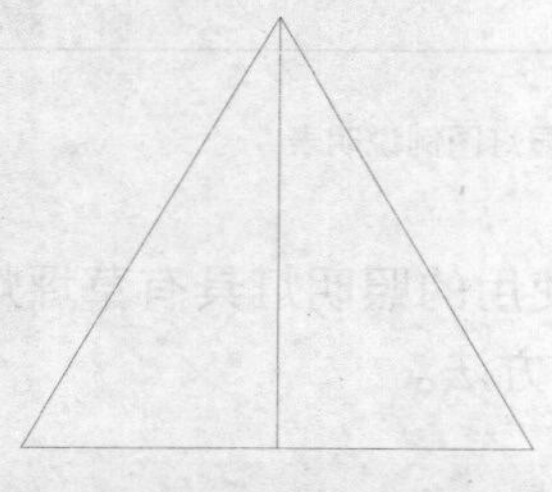
图 13-17 镜像复制图形

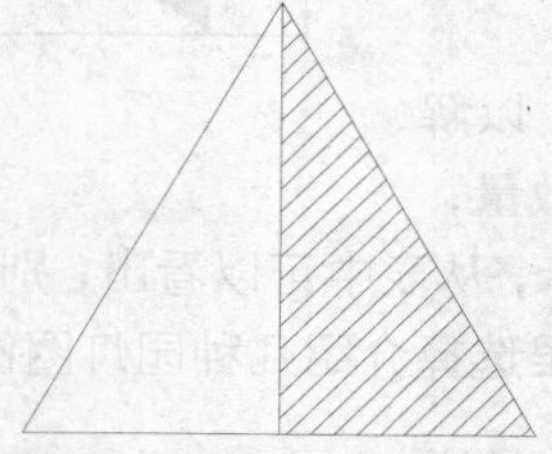
图 13-18 填充结果

图 13-19 绘制插地射灯

3. 绘制水底射灯

01 输入 C 命令，绘制一个半径为 100 的圆形。

02 输入 POL 命令，输入边数为 3，打开“对象捕捉”功能，单击圆心，作为正多边形的中心点，输入 I 命令，指定正多边形内切于圆，输入半径为 100，如图 13-20 所示。

03 输入 H 命令，对正多边形进行填充，填充图案为“SOLID”。填充效果如图 13-21 所示。将图 13-21 所示的图形定义为“水底射灯”图块，指定图块的插入点为圆心。

4. 绘制台阶灯

01 输入 PL 命令，单击绘图区一点，指定起点，输入 W 命令，激活“宽度”选项，设置线宽为 35，用光标指引 Y 轴负方向输入 260，X 轴正方向输入 460，Y 轴正方向输入 260，绘制得到如图 13-22 所示的图形。

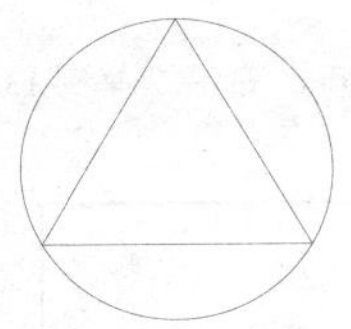

图 13-20　绘制圆和正多边形

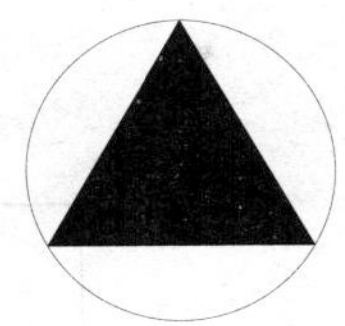

图 13-21　填充正多边形

图 13-22　绘制多段线

02 输入 REC 命令，捕捉多段线左上方端点，沿 X 轴正方向输入 50，指定矩形的第一角点，再输入（@360，-200），绘制得到如图 13-23 所示的矩形。

03 输入 H 命令，选择“SOLID”图案填充矩形，如图 13-24 所示。

04 将图形定义为“台阶灯”图块，指定图形左下角端点为插入基点。

5. 绘制接线盒

01 输入 REC 命令，绘制一个大小为 700×400 的矩形。

02 输入 L 命令，过矩形对角线绘制一条直线，如图 13-25 所示。

03 输入 H 命令，对矩形的一部分进行填充，结果如图 13-26 所示。

04 将图形定义为“接线盒”图块，指定插入点为矩形的中心点。

图 13-23　绘制矩形

图 13-24　填充矩形

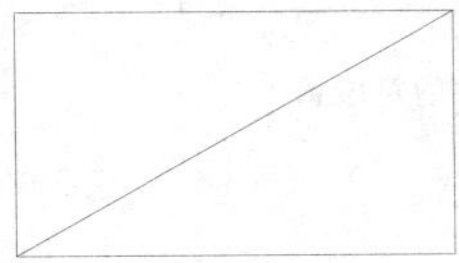

图 13-25　绘制矩形及对角线

图 13-26　填充图形

6. 绘制其他园灯

用上述方法再分别绘制其他类型的园灯，如图 13-27 ~ 图 13-30 所示。

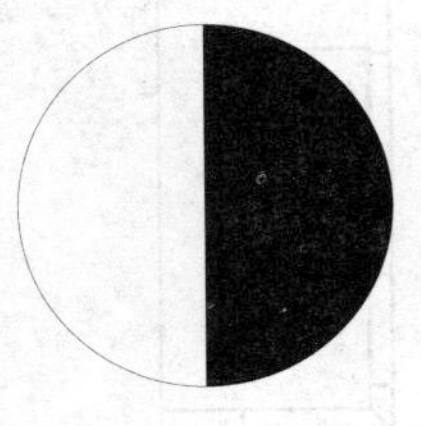

图 13-27　小射灯

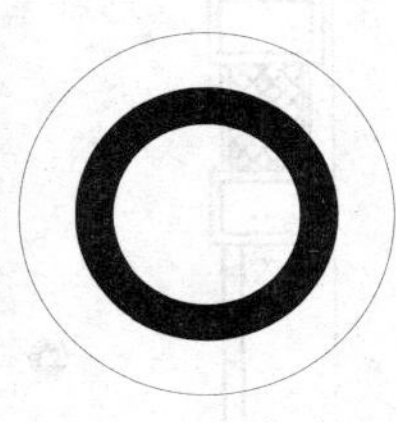

图 13-28　埋地灯

图 13-29　壁灯

图 13-30　柱头灯

13.2.2 布置园灯

照明灯具图例绘制完成后，即可将其布置在别墅庭院中的相应位置。输入 I 或 COPY 命令将绘制的园灯插入平面图中，如图 13-31 ~ 图 13-41 所示。

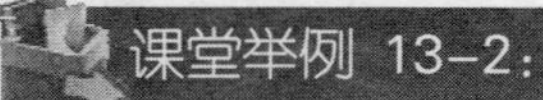

布置园灯

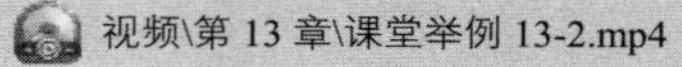

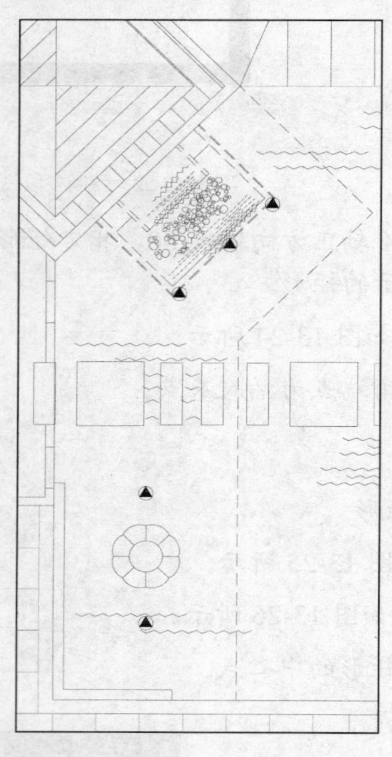

图 13-31　水底射灯位置

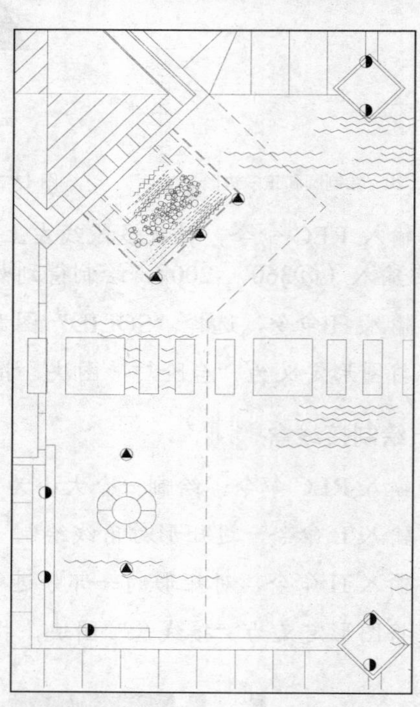

图 13-32　小射灯位置

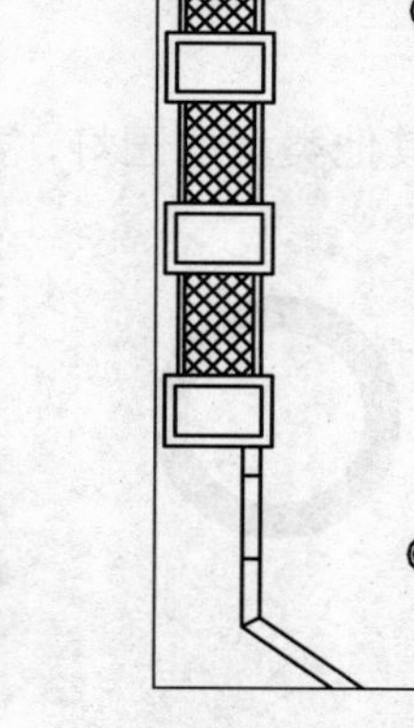

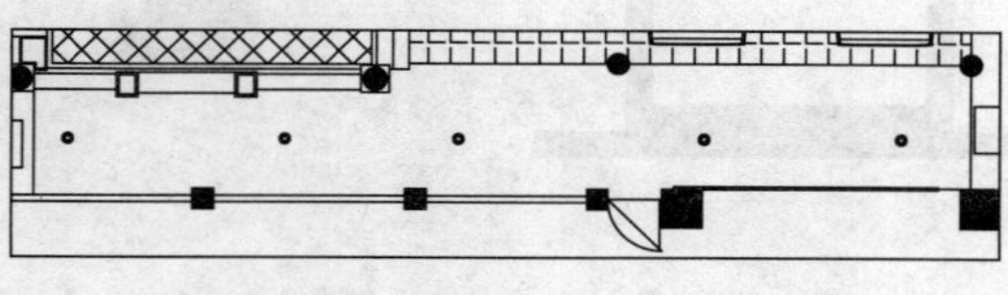

图 13-33　大门区域埋地灯位置

图 13-34　沙地台埋地灯位置

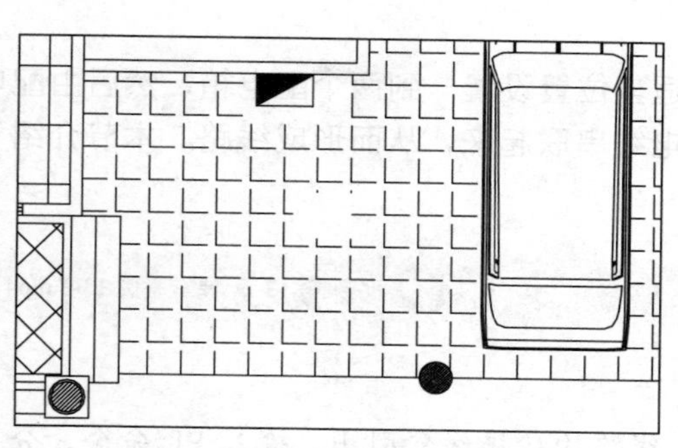
图 13-35　接线盒位置

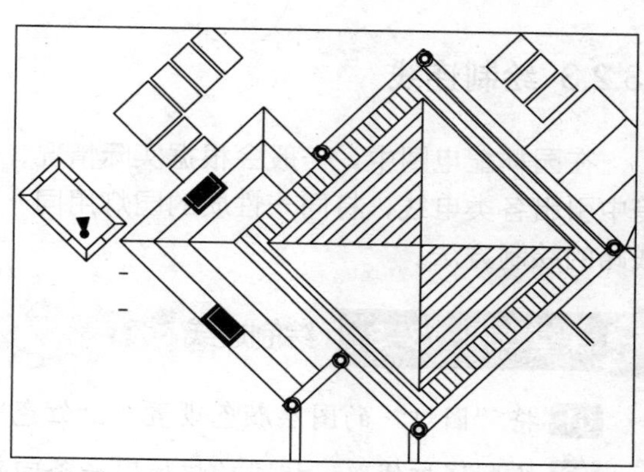
图 13-36　景观亭园灯布置

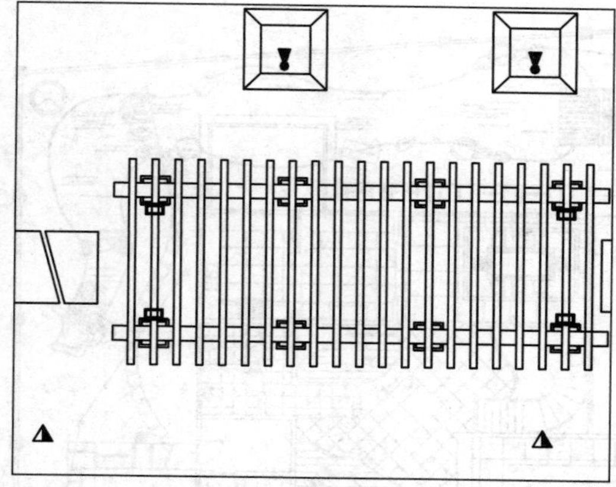
图 13-37　花架园灯布置

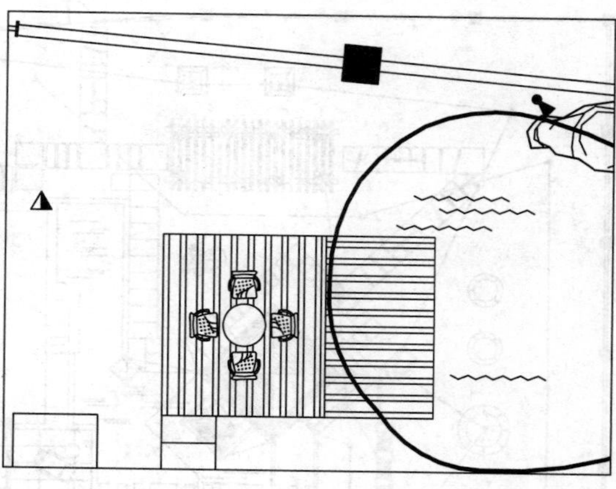
图 13-38　亲水平台园灯布置

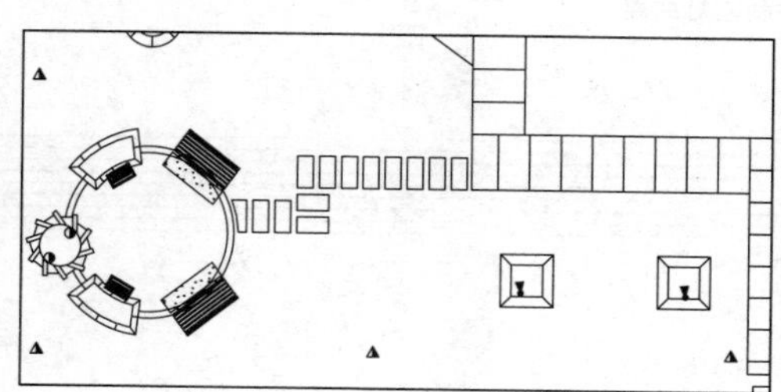
图 13-39　雕塑池及方形树池园灯布置

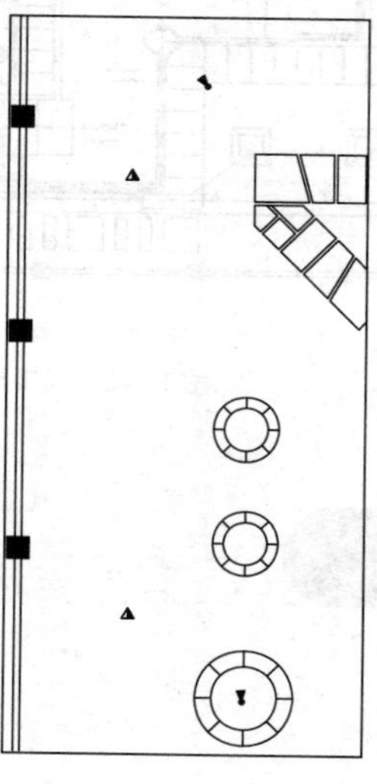
图 13-40　左侧草坪灯布置

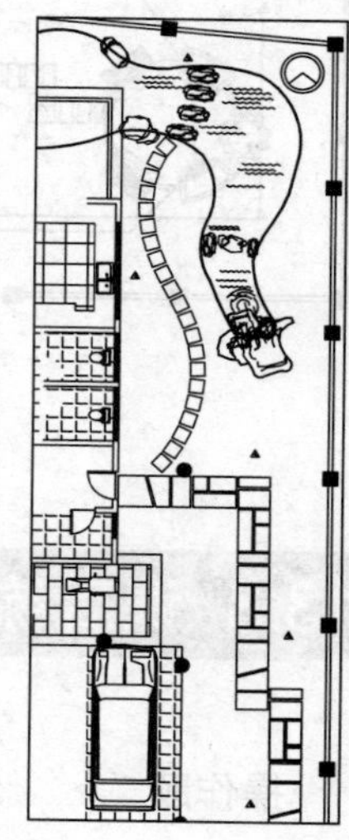
图 13-41　右侧草坪灯布置

13.2.3 绘制连线

在园林配电图中，一般会根据实际情况，在适当位置设置一到两个配电箱，然后由配电箱中引出各类电线，将同一性质的园灯用同一根电线串联起来，从而形成线路。本节介绍了线路的绘制方法。

课堂举例 13-3：绘制连线 视频\第 13 章\课堂举例 13-3.mp4

01 将“园灯”的图层颜色设置为“红色”。

02 绘制园灯线路。相同的灯用同一条回路，线路均从接线盒引出。输入 PL 命令，分别用多段线连接型号相同的园灯即可，如图 13-42 所示。照明平面图绘制完成。

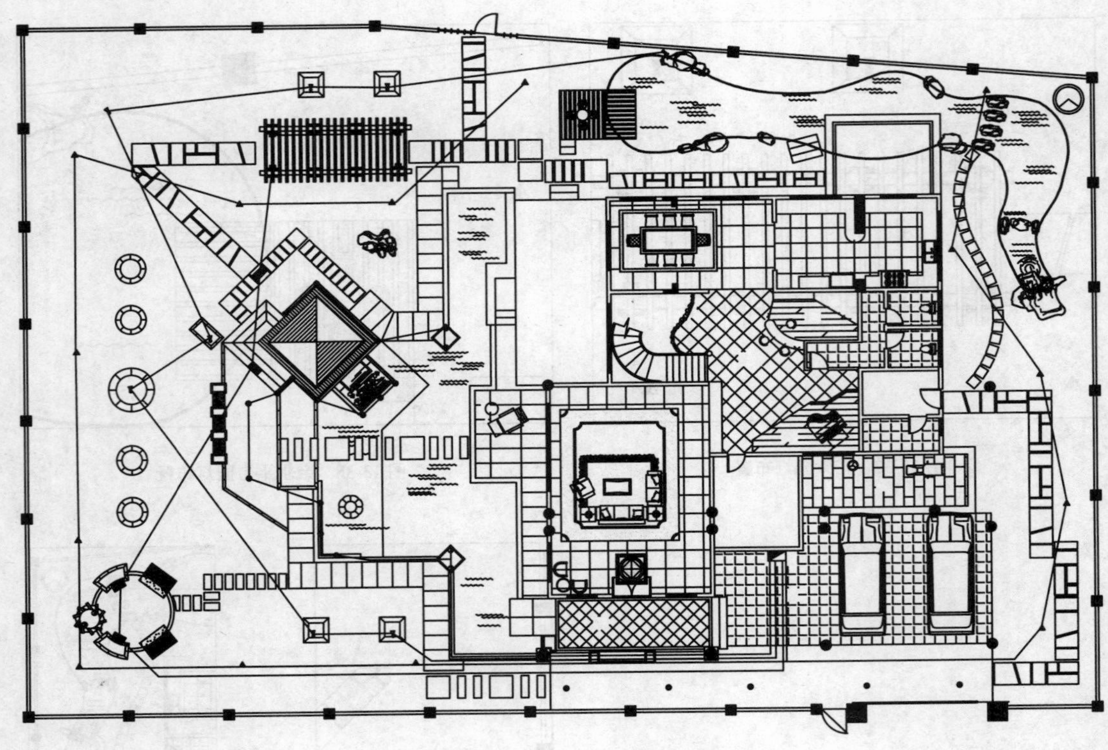

图 13-42 连接园灯绘制园灯线路

13.3 课后练习

操作题

(1) 依次绘制草坪灯、庭院灯、水下灯及潜水泵，如图 13-43 所示。

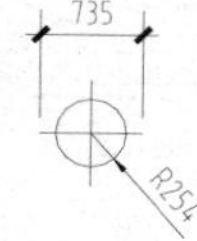

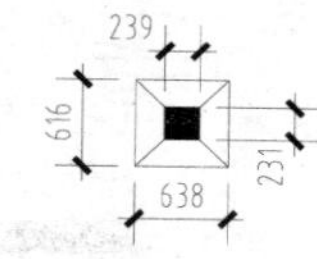

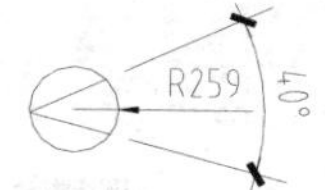

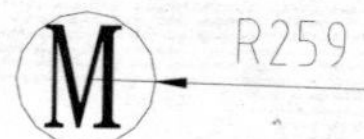

图 13-43　灯图例

(2) 将绘制好的灯具复制至平面图中，并将其连接起来，形成回路，效果如图 13-44 所示。

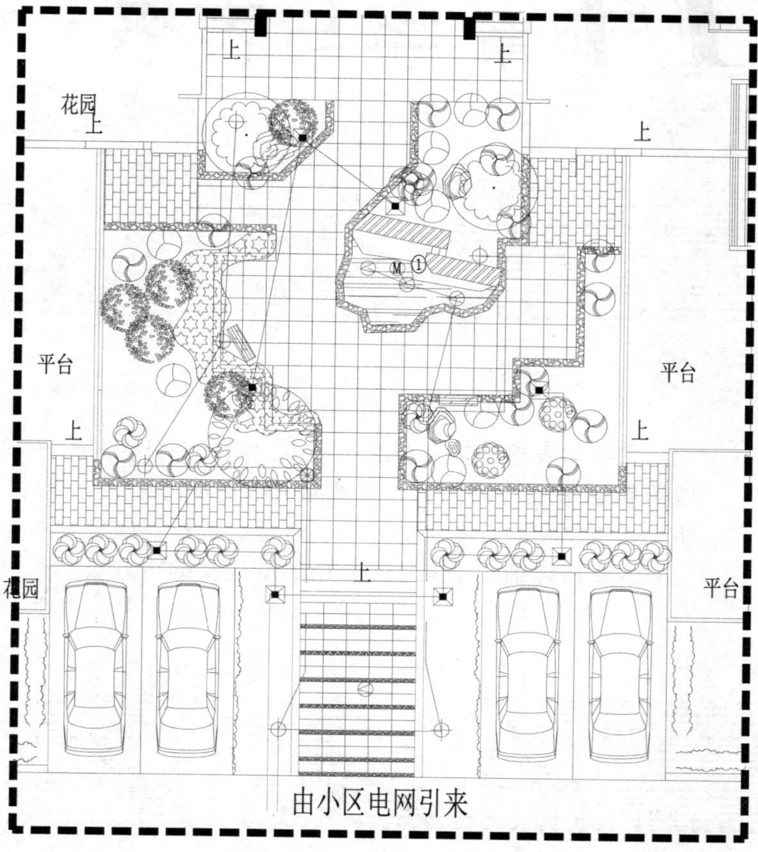

图 13-44　照明平面布置图

第14章 园林施工图文字与表格

本章导读

文字与表格是施工图必不可少的组成部分，对于一些难以用图形来表达的内容，就需要用文字和表格进行解释说明。如植物和园灯图例的名称、规格、材料、施工方法等。

本章将详细介绍文字和表格的创建及编辑方法。

本章重点

- 设置文字样式
- 输入文字
- 编辑文字
- 创建表格样式
- 绘制图框
- 插入表格
- 输入文字
- 创建表格属性块
- 用属性提取创建统计表
- 课后练习

14.1 输入文字

文字是园林施工图的重要组成部分，在图签、说明、图纸目录等地方都要用到文字。本节讲述文字样式的创建、输入和编辑方法。

14.1.1 设置文字样式

文字样式是对同一类文字的格式设置的集合，包括字体、字高、显示效果等。在标注文字前，应首先定义文字样式，以指定字体、高度等参数，然后用定义好的文字样式进行标注。

课堂举例 14-1：设置文字样式

01 在“默认”选项卡中，单击“注释”面板中的“文字样式”按钮 （快捷键是 ST），打开“文字样式”对话框。这时会看到一个名为“Standard”的样式，它是 AutoCAD 2015 系统的默认字体样式。这里新建一个专用的文字样式。

02 单击“新建”按钮 新建(N)...，出现如图 14-1 所示对话框。在“样式名”文本框中输入“园林字体”，单击“确定”按钮，关闭对话框。

03 设置该样式的字体样式。在“字体”的下拉列表中选择“gbenor.shx”选项；勾选“大字体”选项；在“大字体”的下拉列表中选择“gbcbig.shx”字体；在“高度”文本框中输入 400，如图 14-2 所示。单击“置为当前”按钮，将该样式置为当前，关闭对话框。

04 新建文字样式，命名为“园林字体副本”，字体高度设置为 700。

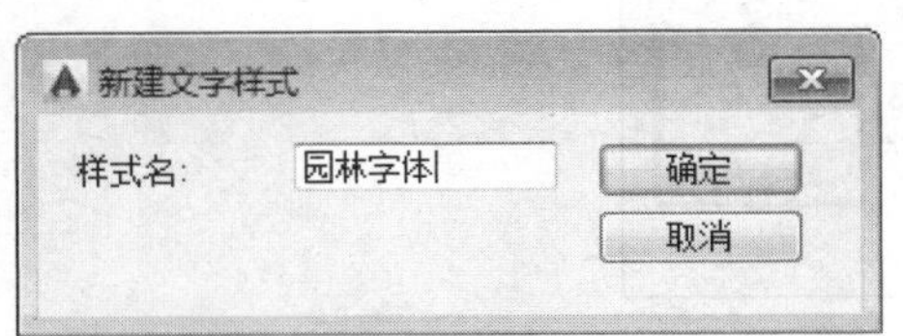

图 14-1 “新建文字样式”对话框

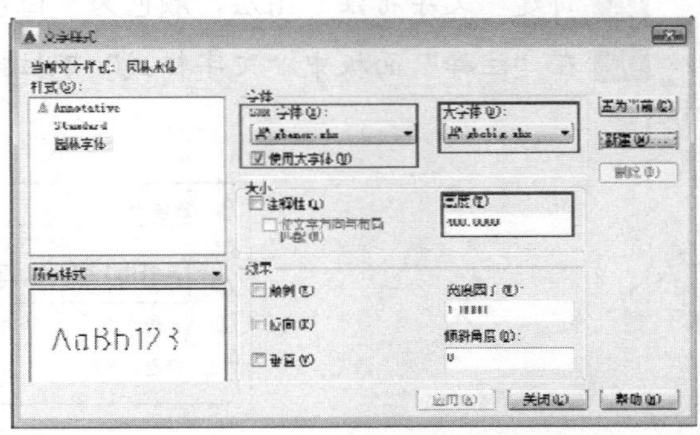

图 14-2 “文字样式”对话框

在以 1:100 比例打印输出的图纸中，使用“园林字体”样式的文字的大小为 4mm。如果将字高设置为 0，那么每次标注单行文字时都会提示用户输入字高。因此，0 字高用于使用相同的文字样式来标注不同字高的文字对象。

AutoCAD 2015 中有两种文字类型，一个是 AutoCAD 专用的形文字体，文件扩展名为“shx”，另一个是 Windows 自带的 TrueType 字体，文件扩展名为“ttf”。形文字体的字形简单，占用计算机资源较少。以前在英文版的 AutoCAD 中没有提供中文字体，这对于许多使用中文的用户来说十分不便。他们不得不使用由第三方软件开发商提供的中文字体，比如

"hztxt.shx" 等。但是并非所有的 AutoCAD 用户都安装了此类字体，因此在图纸交流过程中，会导致中文字体在其他计算机上不能正常显示，如显示成问号或者是乱码。

自 AutoCAD 2000 以后的版本中，特地为使用中文的用户提供了符合国际要求的中西文工程形文字体，包括两种西文字体和一种中文字体，它们分别是正体的西文字体"gbenor.shx"、斜体的西文字体 "gbeitc.shx" 和中文字长仿宋体工程字体 "gbcbig.shx"。

在 Windows 操作系统下，包括 AutoCAD 在内几乎所有的应用软件都可使用 TrueType 字体。这是由 Windows 系统自带的字体，它包括宋体、黑体、楷体、仿宋体，也称为 "四大标准字体"。TrueType 字体的特点是字形美观、形式多样，但是会占用较多的计算机资源。

注意 绘制正规图纸，建议使用以上三种中西文工程形文字体。既符合国际制图规范，又可以节省图纸所占的计算机资源。

14.1.2 输入文字

文字样式创建完成后，即可使用单行或多行文字工具输入相应的文字。

课堂举例 14-2：输入文字 视频\第 14 章\课堂举例 14-2.mp4

1. 输入单行文字

对于像 "深水区" "浅水区" "洗衣房" 之类的简短、字体单一的文字，通常使用 "单行文字" 命令进行文字输入。

下面通过为绘制的平面图添加简单说明文字，来讲解单行文字的输入方法。

01 新建 "文字标注" 图层，颜色为 "白色"，将其置为当前图层。

02 在 "注释" 面板中 "文字样式" 下拉按钮中选择 "园林字体" 文字样式，如图 14-3 所示。

图 14-3 指定文字样式

03 在 "默认" 选项卡中，单击 "注释" 面板中的 "文字" 下拉按钮，选择 "单行文字" 按钮 A 单行文字 （快捷键是 DT）。在如图 14-4 所示区域单击，指定文字的起点。

04 当光标跳动时，输入文字 "深水区" 。按两次 Enter 键，结束单行文字输入命令。

05 用同样的方法标注室内文字，结果如图 14-5 所示。

也可以在输入文字后，按下 Enter 键，继续输入其他文字，看上去输入了多行文字，但实际上每一行的文字是一个单元，行与行之间是相互独立的，如果需要编辑文字，则需要分别进行。

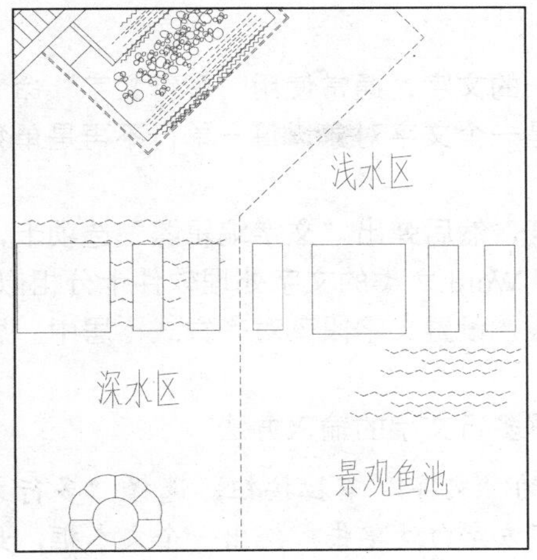

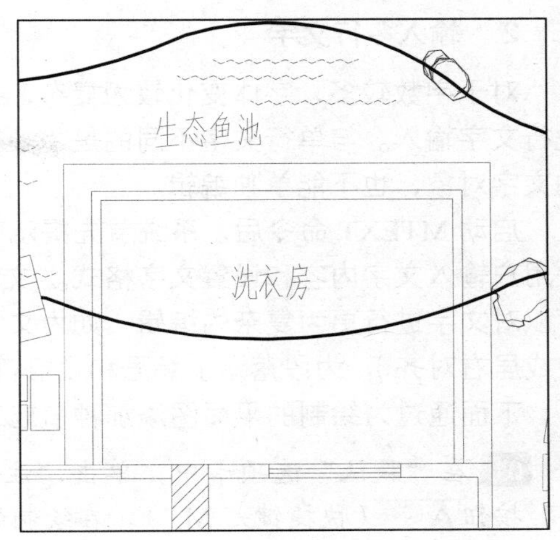

图 14-4　输入单行文字

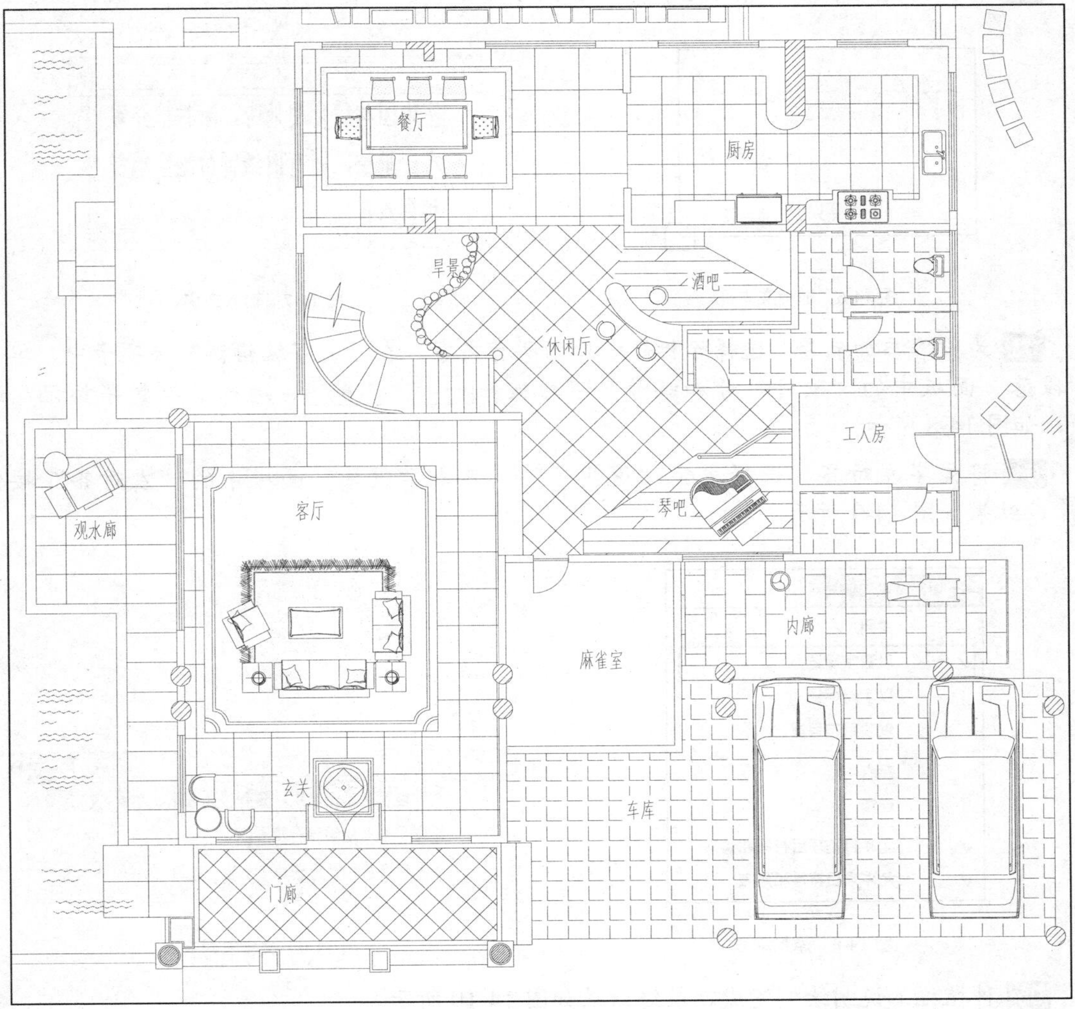

图 14-5　室内文字标注

2. 输入多行文字

对于字数较多，字体变化较为复杂，甚至字号不一的文字，通常使用“多行文字”命令进行文字输入。与单行文字不同的是，多行文字整体是一个文字对象，每一单行不再是单独的文字对象，也不能单独编辑。

启动 MTEXT 命令后，系统首先提示确定段落宽度，然后弹出“文字编辑器”选项卡，让用户输入文字内容和设置文字格式。“文字编辑器”和 Word 之类的文字处理软件十分相似，可以对文字进行更为复杂的编辑，如为文字添加下划线，设置文字段落对齐方式（居中、居左或居右对齐），为段落添加编号和项目符号等。

下面通过为绘制的平面图添加种植施工说明，讲解多行文字的输入方法。

01 在“默认”选项卡中，单击“注释”面板中的“文字”下拉按钮，选择“多行文字”按钮（快捷键是 MT），在绘制的平面图右下方空白处单击，拖出一个文本框，如图 14-6 所示。

02 在弹出的文本框中输入文字，如图 14-7 所示。

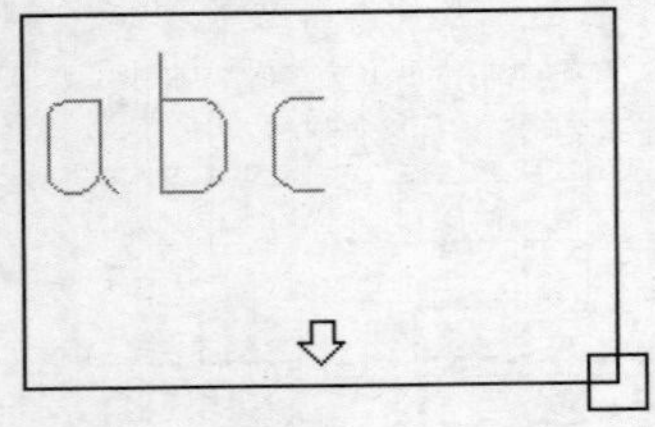

图 14-6　拖出文本框

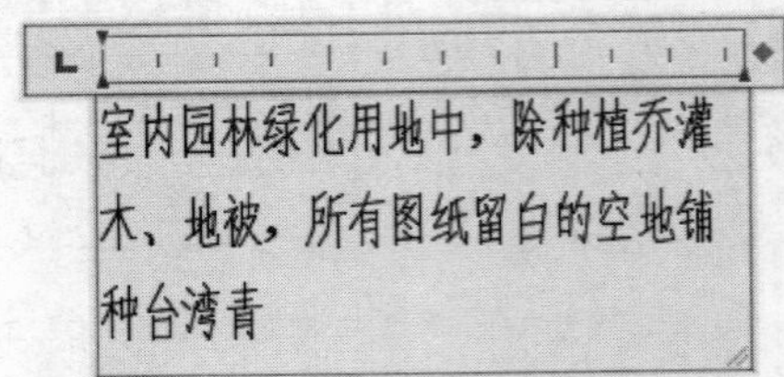

图 14-7　输入文字

03 为段落添加编号。选择除标题以外的所有文字，在“文字编辑器”选项卡中，单击“段落”面板中的“项目符号和编号”下拉按钮，选择“以数字标记”选项，如图 14-8 所示。

04 将文字左对齐。选择文字“说明：”，单击“段落”面板中的“左对齐”按钮，结果如图 14-9 所示。

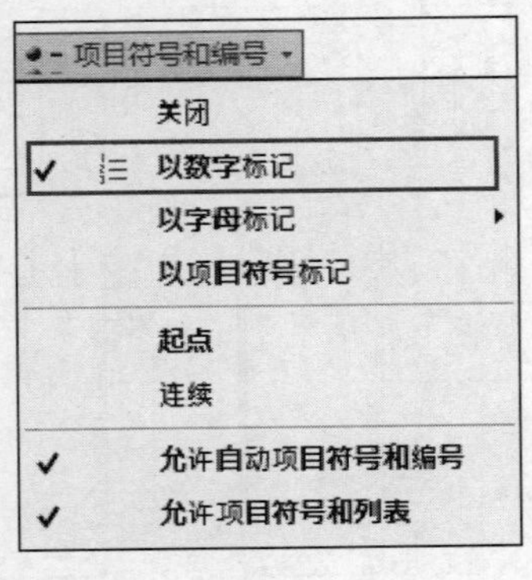

图 14-8　添加编号

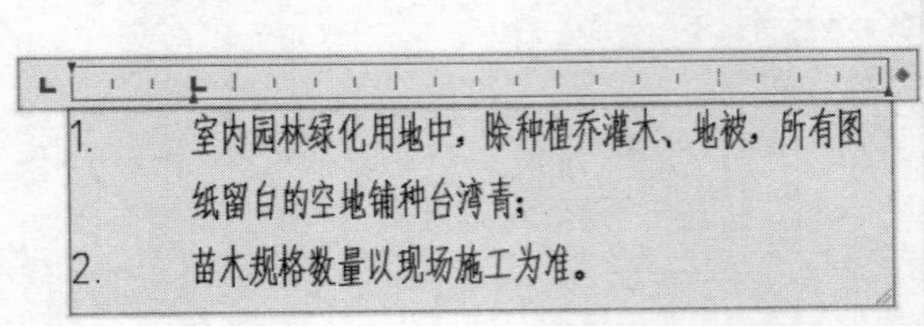

图 14-9　文字左对齐

05 种植施工说明绘制完成，最终结果如图 14-10 所示。

说明:

1. 室外园林绿化用地中，除种植乔灌木、地被，所有图纸留白的空地铺种台湾青。
2. 种植穴的大小随土球的增大而递增，坑壁垂直，圆形或方形，每边至少距土球30cm以上（大型树木至少50cm以上）。挖穴后，发现瓦粒多或下层土质差，必须清除瓦粒垃圾，根据情况加大种植穴、置换客土或添加有机肥。挖穴时发现电缆、管道等要停止操作，及时找有关部门配合解决。挖穴时如遇到影响较大的障碍物，应会同甲方与设计人员协商解决。
3. 种植植物前，应先把基肥与种植土拌均。基肥可为充分腐熟、干爽的蘑菇肥、塘泥、泥炭土、堆肥等。设计基肥用量为：草地5kg/m²，地被植物10kg/m²，冠幅1m以下的灌木5kg/株，冠幅1m以上的灌木10kg/株，土球直径60cm以下的乔木20kg/株，土球直径70-80cm的乔木40kg/株，土球直径90-100cm的乔木60kg/株，土球直径100cm以上的乔木至少80kg/株。原土贫脊或种植土肥力较差时可增加基肥，特殊情况可会同甲方最后确定具用量。
4. 苗木种植前的修剪一定要适度，应遵循各种苗木的自然形态和生物学特性，在保持基本形态下剪去阴枝、病损枝、徒长枝、重叠枝、过密的枝条及断根、劈裂根、病虫根各过长的根。
5. 种植乔木时，应以拌有基肥的合格种植土为树坑底部植土，使穴深与土球高度相符，避免深度不符来回搬动；摆放苗b1木时应将土球放在种植穴的中央，土球规格较小的苗木拆除外包装后再放入穴内，土球较大的苗木，要先放入穴内调好朝向固定土球后再拆除包装材料；种植时在接触树木根部的地方要铺放一层没有拌肥的干净种植土，回填种植土，使种植土均匀、密实地分布在土球的周围；种植后，淋透定根水；根据实际情况对需要加固的树木立支架（涂绿色）固定。
6. 种植地被和花带时，其边缘种植密度应大于约定的种植密度及苗木质量，平面线形应流畅、自然，高低层次分明。
7. 草皮铺前应保证土壤具有适当的湿度，地面经过充分的平整、压实；铺装后应立即淋透水，用专用工具拍平压实，完成后的草坪平整度误差应不超过1cm。
8. 为保证施工能充分体现植物景观，要求施工方在施工前应充分理解设计意图，按照设计图纸认真搭配；对于孤立树，应利于突出其最佳树姿；对规则式种植的乔灌木，统一树种规格、形态应一致；对自然式种植，应高低错落有致。

图 14-10　多行文字输入结果

3. 输入特殊字符

在“文字编辑器”选项卡中，还可以创建堆叠文字，如分数等，并插入特殊字符。下面讲解几种常用的字符输入方法。

01 输入指数。以“m^2”为例，输入 MT 命令，输入字母“m”。当光标在文字右侧时，单击鼠标右键或单击“插入”面板中的“符号”下拉按钮，在弹出的菜单中选择““平方”命令，如图 14-11 所示。

02 在右键快捷菜单中还有“立方”命令，如果需要输入大于 3 的指数，则需要采用另一种方法：以“m^9”为例。输入“MT”命令，输入字母“m9^”。选择“9^”，在“格式”面板中单击“堆叠”按钮，如图 14-12 所示。

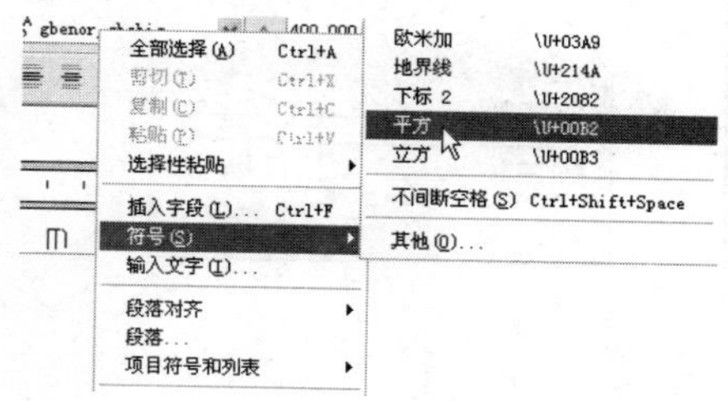

图 14-11　“平方”命令

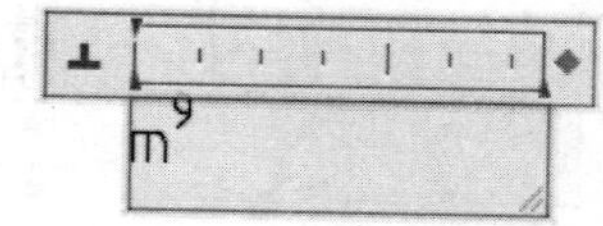

图 14-12　“堆叠”效果

03 输入分数。分数有两种，一种是手写体，如$^1/_2$。输入方法是执行 MT 命令，输入文字“1#2”，选中“1#2”，在“格式”面板中单击“堆叠”按钮，结果如图 14-13 所示。另一种是书面体，如$\frac{7}{9}$。执行 MT 命令，输入文字“7 / 9”，单击“堆叠”按钮，结果如图 14-14 所示。

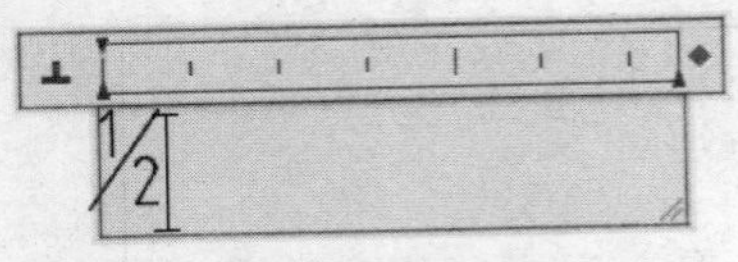

图 14-13　输入手写体分数

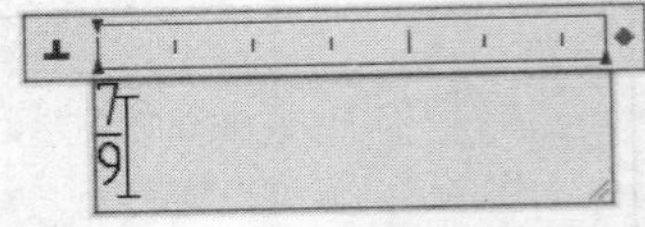

图 14-14　输入书面体分数

14.1.3 编辑文字

要修改已输入的文字，可双击文字，选择需要修改的文字，并输入替换字，然后单击绘图区空白处，结束编辑命令即可。

14.2 绘制表格

表格在 AutoCAD 中有大量的应用，如明细表、参数表、工程数量表和标题栏等，使用 Auto CAD 2015 的表格功能，可以快速方便地创建各种形状的表格。

14.2.1 创建表格样式

表格的外观由表格样式来控制。与文字一样，在创建表格之前，需要设置表格的样式。下面以创建“标题栏”表格样式为例进行讲解。

课堂举例 14-3：创建表格样式　　视频\第 14 章\课堂举例 14-3.mp4

01 在“默认”选项卡中，单击“注释”面板中的“表格样式”按钮（快捷键是 TS），弹出“表格样式”对话框。

02 单击“新建”按钮，弹出“创建新的表格样式”对话框。输入新样式名为“标题栏”，如图 14-15 所示。

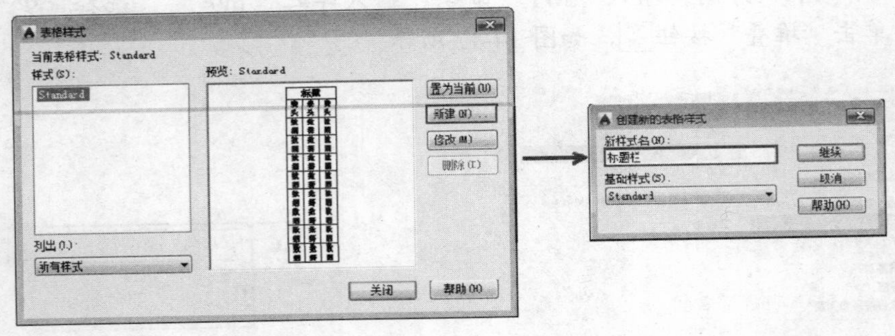

图 14-15　新建表格样式

03 单击“继续”按钮。在弹出的“新建表格样式：标题栏”对话框中设置文字高度。单击“文字”标签，在“特性”选项组中，将“文字高度”设为 400，如图 14-16 所示。

04 设置表格边框的宽度。单击“边框”标签，在“特性”选项组中“线宽”的下拉列表中选择“0.18mm”线宽，单击“内边框”按钮，如图 14-17 所示。

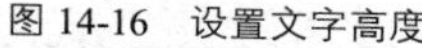

图 14-16　设置文字高度

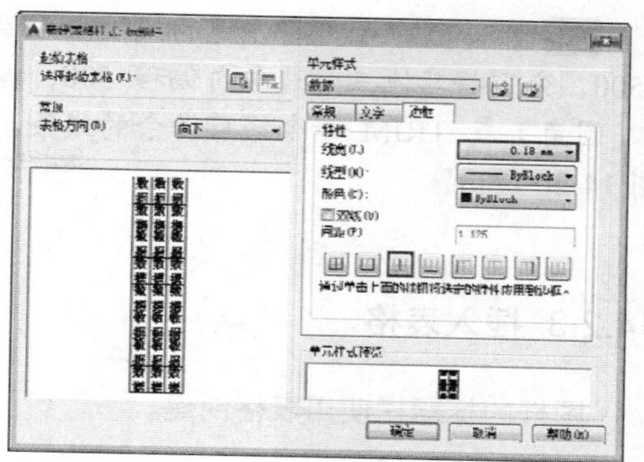

图 14-17　设置内边框线宽

05 在“线宽”的下拉列表中选择“0.35mm”线宽，单击“外边框”按钮，如图 14-18 所示。单击“确定”按钮，关闭“新建表格样式：标题栏”对话框。

06 在“表格样式”对话框中，单击“置为当前”按钮，关闭对话框。可以看到“注释”面板中的当前表格样式为“标题栏”，如图 14-19 所示。

图 14-18　设置外边框线宽

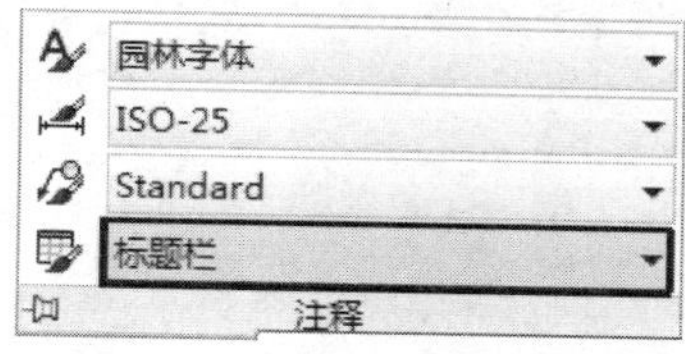

图 14-19　当前表格样式为“标题栏

提示　设置线宽时，必须先选择线宽，再单击需要更改的边框按钮，设置才有效。

14.2.2 绘制图框

下面以绘制 A3 图框为例，来具体讲解表格的创建方法。

课堂举例 14-4：绘制图框

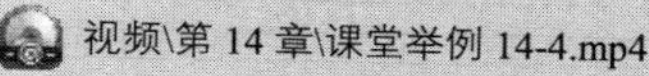

视频\第 14 章\课堂举例 14-4.mp4

01 新建“图框”图层，颜色设置为“白色”，将其置为当前图层。

02 输入 REC 命令，在绘图区域指定一点为矩形的端点，输入 D 命令，输入长度为 42000，宽度为 29700。

03 输入 X 命令，分解矩形。

04 输入 O 命令，将左边的线段向右偏移 2500，分别将其他三个边向内偏移 500。调用 F（圆角）或 TRIM 命令修剪多余的线条，如图 14-20 所示。

图 14-20 绘制图框

14.2.3 插入表格

图框的标题栏使用表格创建。

课堂举例 14-5：插入表格　　视频\第 14 章\课堂举例 14-5.mp4

01 输入 REC 命令，绘制一个 20000×4000 的矩形，作为标题栏的范围。

02 输入 M 命令，将绘制的矩形移动至输入框的相应位置，结果如图 14-21 所示。

03 输入 TB 命令，弹出“插入表格”对话框。

04 在“插入方式”选项组中，选择“指定窗口”方式。在“列和行设置”选项组中，设置为 6 行 6 列，如图 14-22 所示。单击“确定”按钮，返回绘图区。

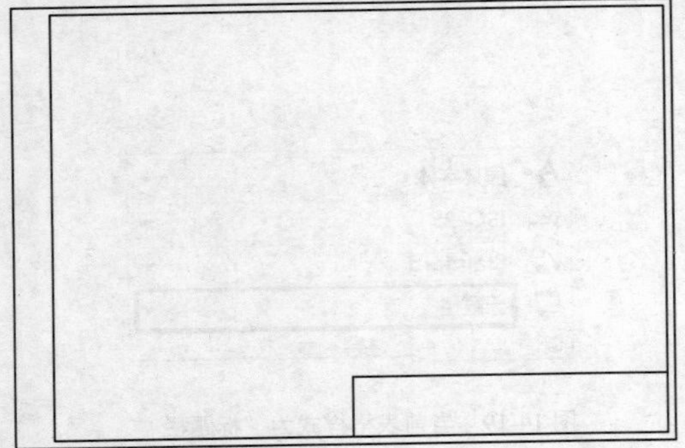

图 14-21 移动标题栏

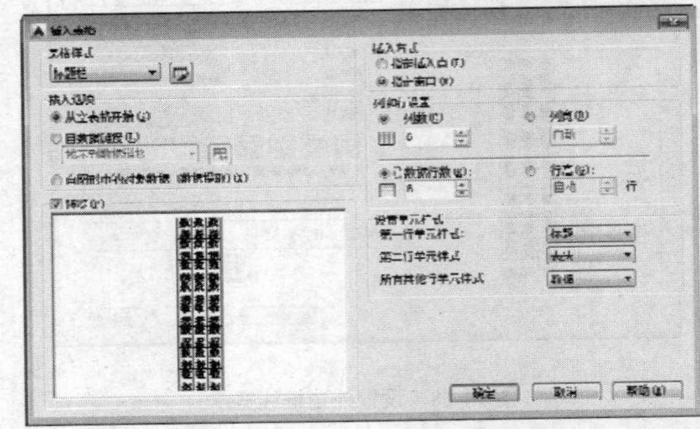

图 14-22 “插入表格”对话框

05 在绘图区中，为表格指定窗口。在矩形左上角单击，指定为表格的左上角点，拖动到矩形的右下角点，如图 14-23 所示。

06 指定位置后，弹出“文字编辑器”选项卡。单击“关闭编辑器”按钮，关闭编辑器，如图 14-24 所示。

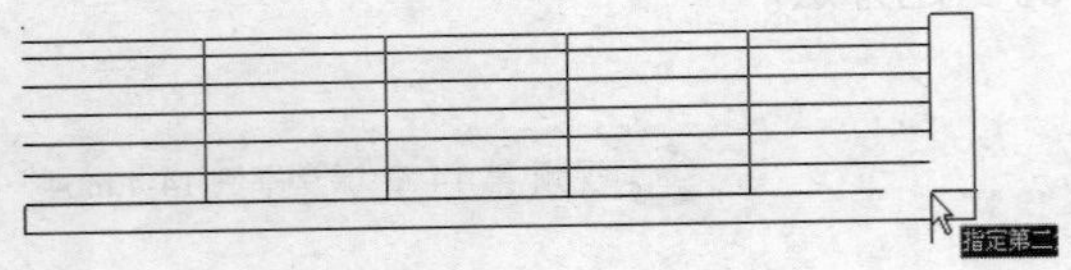

图 14-23 为表格指定窗口

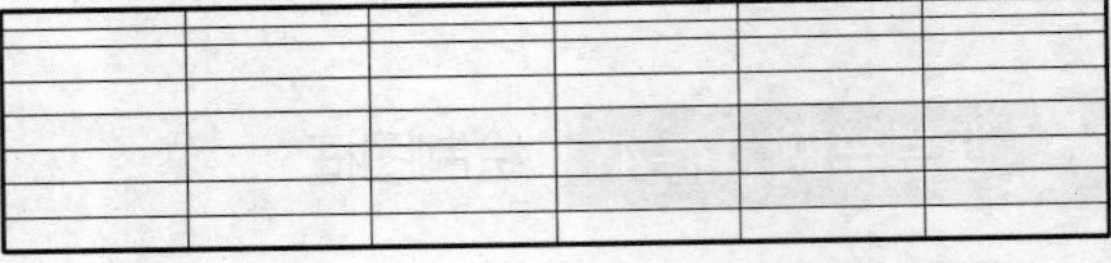

图 14-24 绘制表格

07 删除列标题和行标题。选择列标题和行标题，单击鼠标右键，选择“行”|“删除”命令，如图 14-25 所示。

08 删除行标题和列标题结果如图 14-26 所示。

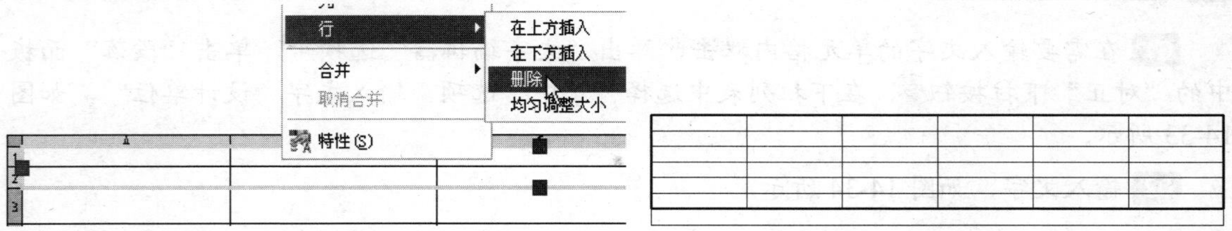

图 14-25　删除列标题和行标题　　　　图 14-26　删除结果

09 调整表格。选择表格，对其进行夹点编辑，使其与矩形的大小相匹配，如图 14-27 所示。

10 夹点调整结果如图 14-28 所示。

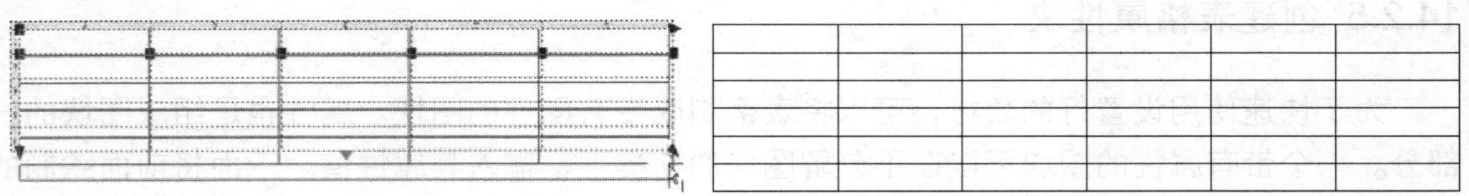

图 14-27　调整表格　　　　图 14-28　调整结果

11 合并单元格。选择左侧一列上两行的单元格，如图 14-29 所示。单击鼠标右键，选择“合并”|“全部”命令。

12 单元格合并结果如图 14-30 所示。

图 14-29　合并单元格

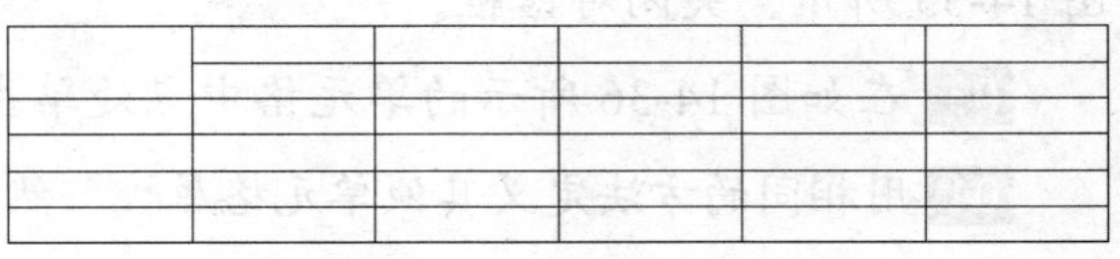

图 14-30　合并结果

13 以相同的方法合并其他单元格，结果如图 14-31 所示。

14 调整表格，对表格进行夹点编辑，结果如图 14-32 所示。

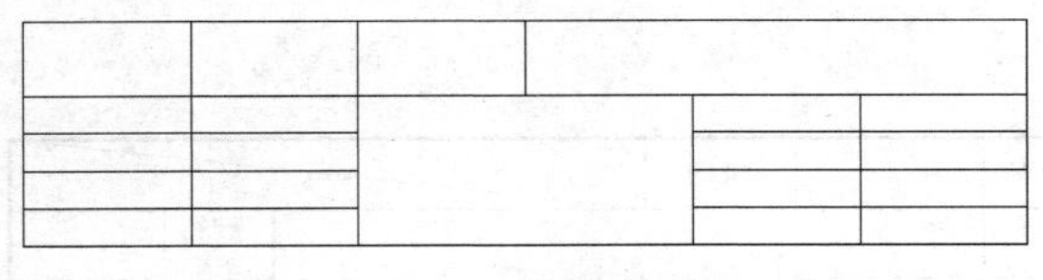

图 14-31　合并单元格

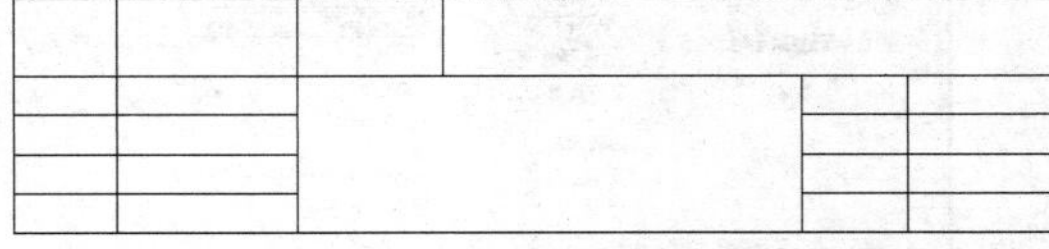

图 14-32　调整表格

14.2.4 输入文字

表格创建完成后在表格中输入文字。

课堂举例 14-6：输入文字　　视频\第 14 章\课堂举例 14-6.mp4

01 在需要输入文字的单元格内双击，弹出“文字编辑器”选项卡，单击“段落”面板中的“对正”下拉按钮，在下拉列表中选择“正中”选项，输入文字“设计单位”，如图 14-33 所示。

02 输入文字，如图 14-34 所示。

	A	B
1	设计单位	
2		
3		

图 14-33　输入文字“设计单位”

设计单位		工程名称			
负 责				设计号	
审 核				图 别	
设 计				图 号	
制 图				比 例	

图 14-34　文字输入结果

14.2.5 创建表格属性块

为了快速使用设置好的表格，可以将表格制成带有属性的图块。属性也是组成图块的一部分。一个带有属性的图块可以在不分解图块的前提下，输入其属性值。下面将前面绘制的标题栏表格创建为带属性的块。

课堂举例 14-7：创建表格属性块　　视频\第 14 章\课堂举例 14-7.mp4

01 定义属性特征。输入 ATT 命令，弹出“属性定义”对话框。

02 在“属性”选项组中的“标记”文本框中输入“XXX”，在“提示”文本框中输入“请输入工程名称”，在“默认”文本框中输入“某别墅设计图”；在“文字设置”选项组中的“对正”下拉列表中选择“中间”对正方式，在“文字高度”文本框中输入 400，如图 14-35 所示。关闭对话框。

03 在如图 14-36 所示的单元格中点处单击，指定为文字的插入基点。

04 用相同的方法定义其他单元格属性，然后将表格其定义为块，结果如图 14-37 所示。

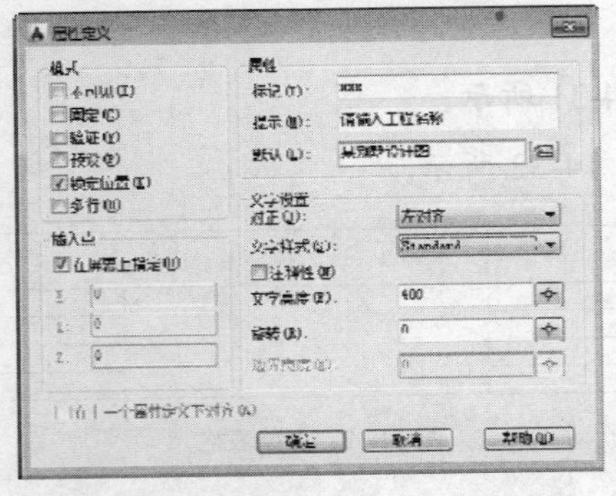

图 14-35　“属性定义”对话框

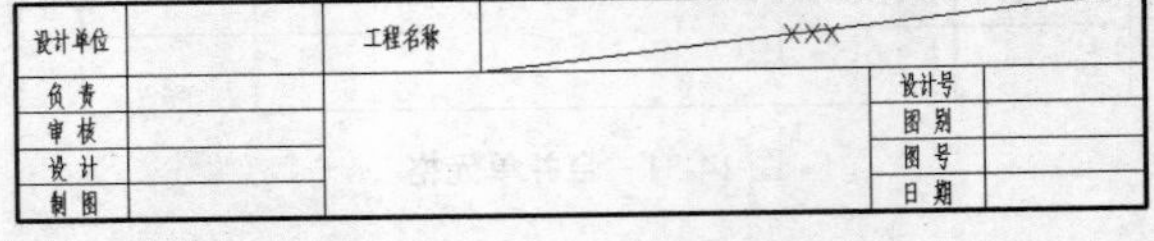

图 14-36　指定文字插入点

05 输入 B 命令，将图 14-37 图形定义为块。

06 用相同的方法绘制会签栏，尺寸为 100×20，线宽为 0.35mm，如图 14-38 所示。

设计单位	--	工程名称	别墅设计平面图		
负　责	--	平面图		设计号	006984
审　核	--			图　别	园设
设　计	--			图　号	S-001
制　图	--			日　期	2008-01-01

图 14-37　定义表格属性

给排水			
电气			
结构			
建筑			

图 14-38　会签栏绘制结果

07 移动会签栏和标题栏，并旋转会签栏。放置在如图 14-39 所示位置。输入 B 命令，定义为“A3 图框”块。

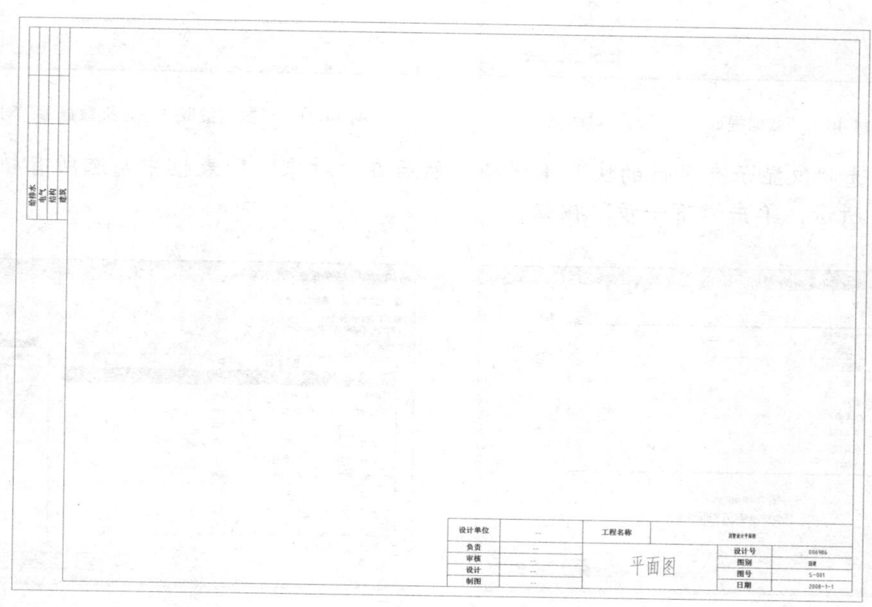

图 14-39　移动会签栏和标题栏

14.2.6 用属性提取创建统计表

因为前面在创建植物图块时为其创建了指定的属性，这样在创建苗木统计表时就非常方便了。可以直接使用 AutoCAD 的属性提取功能创建苗木统计表。

课堂举例 14-8：用属性提取创建统计表

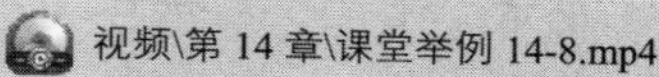

视频\第 14 章\课堂举例 14-8.mp4

01 在“注释”选项卡中，单击“表格”面板中的“数据提取”按钮 提取数据，弹出“数据提取-开始”对话框。选择“创建新数据提取”单选项，如图 14-40 所示，单击“下一步”按钮。

02 在弹出的对话框中选择保存路径，将数据表进行保存。命名为“某别墅设计苗木表”，单击“保存”，出现如图 14-41 所示对话框。单击“下一步”按钮。

如果只想提取图形文件中部分图块的属性，可以选择“选择对象”，并单击右侧的“选择块”按钮，返回绘图区选择图块；如果想提取一个打开图形文件夹的图块属性，可以选择“图纸 | 图形集”，并单击“添加图形”或“添加文件夹”按钮，以查找文件。

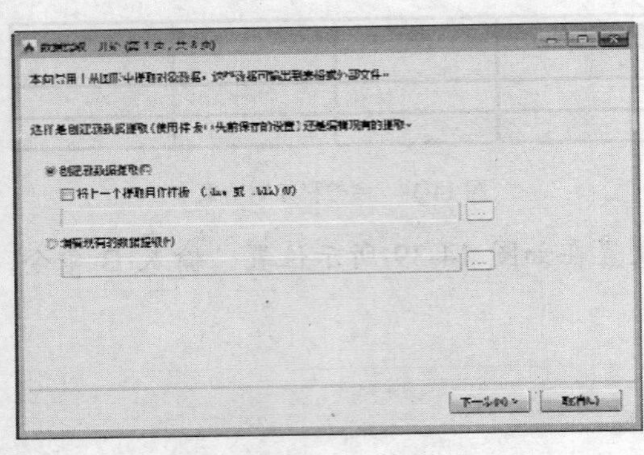

图 14-40 “数据提取——开始”对话框

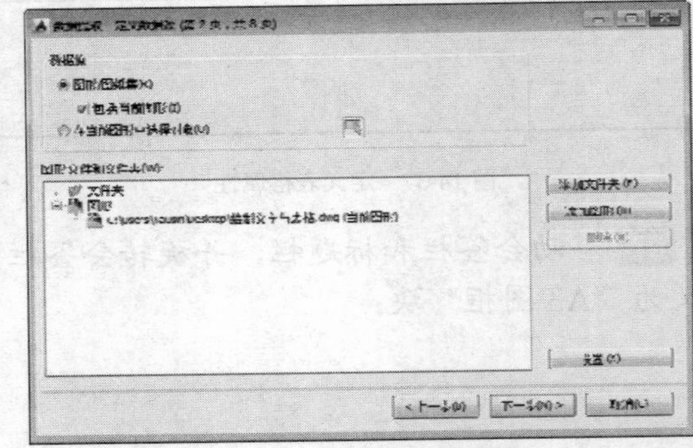

图 14-41 “数据提取——定义数据源”对话框

03 勾选“仅显示有属性的块”单选项，然后在“对象”列表框中勾选所有植物图块，如图 14-42 所示，单击“下一步”按钮。

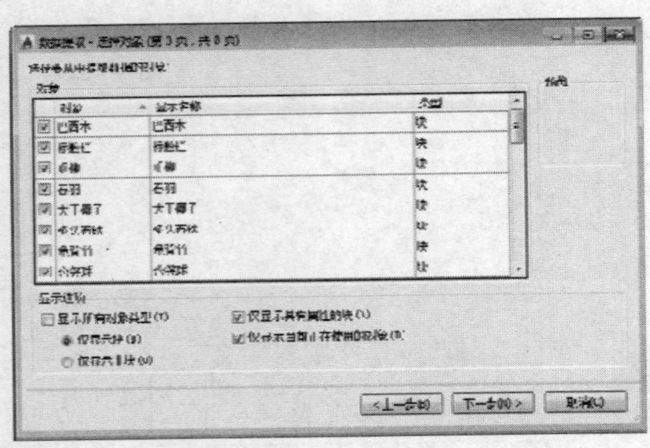

图 14-42 “数据提取——选择对象”对话框

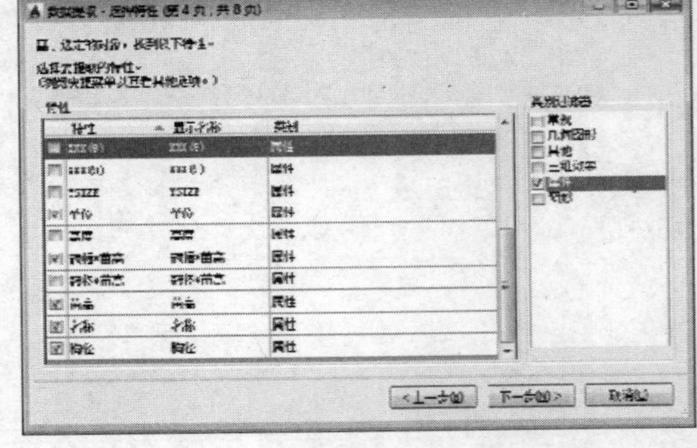

图 14-43 “数据提取 – 选择特性”对话框

04 在如图 14-43 所示对话框右侧类别过滤器中，勾选“属性”，在左侧勾选“单位”“冠幅*苗高”“苗高”“名称”“胸径”属性。单击“下一步”按钮继续下面的操作。

05 单击“完整预览”按钮，可以看到提取属性的表格，如图 14-44 所示。关闭预览窗口，如果需要调整列的顺序，可以拖动列标题。单击“下一步”按钮。

06 在“输出选项”选项组中，勾选“将数据提取处理表插入图形”，如图 14-45 所示，单击“下一步”按钮。

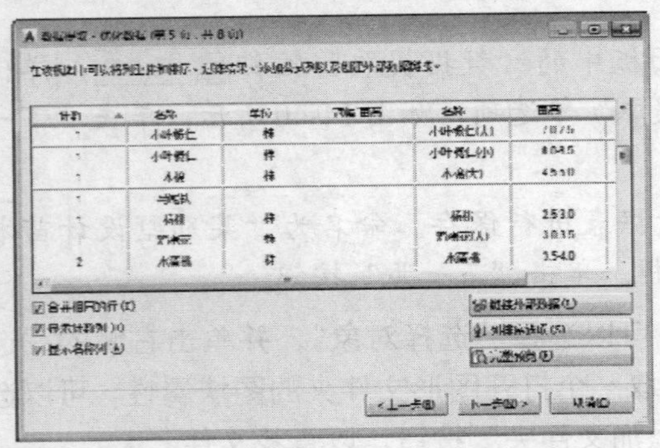

图 14-44 “数据提取——优化数据”对话框

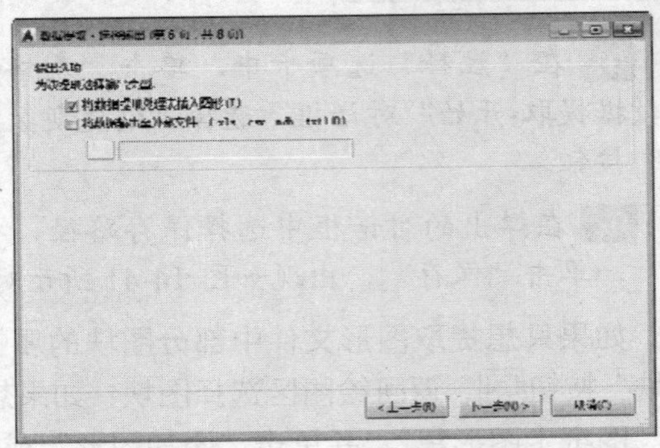

图 14-45 “数据提取——选择输出”对话框

07 选择表格样式为“标题栏”，输入表格标题为“苗木统计表”，如图 14-46 所示，单击“下一步”按钮。

08 单击“完成”按钮，在绘图区指定表格的插入点，如图 14-47 所示。

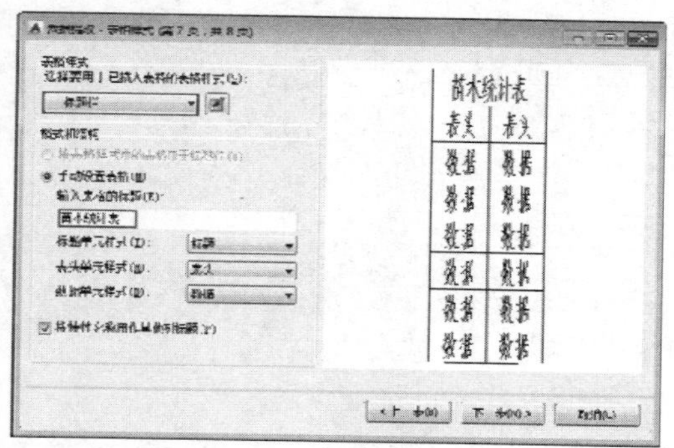

图 14-46　“数据提取 – 表格样式”对话框

苗木统计表						
计数	名称	单位	冠幅×苗高	名称	苗高	胸径
1	桂花					
1	小叶榄仁	株		小叶榄仁(大)	7.0-7.5	12-15
1	小叶榄仁	株		小叶榄仁(小)	6.0-6.5	7-8
1	伞枫	株		伞枫(大)		20-25
1	多头苏铁	株		多头苏铁		
1	马尾铁					
1	鸡蛋花	株		鸡蛋花(大)	3.0-3.5	8-10
1	木棉	株		木棉(大)	4.5-5.0	7-8
1	棕竹	盆		棕竹	1.0-1.5	-
1	日本黑松	株		日本黑松	1.8-2.5	1.0-1.5
1	小叶棕竹					
1	日本黑松	7		日本黑松	1.8-2.5	1.0-1.5
1	九里香球	株	80×80-100×100	九里香球		
1	多头苏铁	株	120-150	多头苏铁		
1	苏铁	株	80×80-120×120	苏铁		
2	九里香球	株		九里香球		

图 14-47　插入的表格

09 如果需要更加复杂和系统的苗木统计表，可以自行创建表格，如图 14-48 所示。

图例	品种名称	规格		数量(株)	备注
		胸径(cm)	苗高(m)		
	加拿利海枣		1.5-2.0	4	头径40-45cm
	伞枫(大)	20-25	5.5-6.0	1	假植苗
	伞枫(小)	12-15	4.0-4.5	2	假植苗
	小叶榄仁(大)	12-15	7.0-7.5	1	假植苗
	小叶榄仁(中)	10-12	6.0-6.5	3	假植苗
	小叶榄仁(小)	7-8	6.0-6.5	1	假植苗
	鸡蛋花(大)	8-10	3.0-3.5	1	假植苗
	鸡蛋花(小)	7-8	2.5-3.0	2	假植苗
	杨桃	7-8	2.5-3.0	1	假植苗
	散尾葵		2.0-2.5	2	每丛3-5株
	鸡蛋果	5-6	3.0-3.5	3	假植苗

图 14-48　自行创建的表格

14.3 课后练习

操作题

(1)　利用所学的文字与表格命令，绘制如图 14-49 所示的苗木统计表。

苗木统计表

编号	苗木名称	规格(cm)				数量(株)	备注
		高度	胸径	分支点	冠幅		
1	灯台树	320-340	9.0-10.0	170-180	280-300	1	
2	海棠果	260-280	7.0-8.0		200-220	5	
3	榆叶梅	220-240			180-200	9	
4	贴梗海棠	160-180	5.0-6.0		150-160	7	
5	紫丁香	170-190	6.0-7.0	100-120	160-170	8	
6	腊梅	160-180			150-180	4	
7	山梅花	260-280			200-220	1	
8	油松盆景	80-120			90-100	4	具盆景造型
9	丝兰	35-40			45-50	17	
10	白皮松	220-240	6.0-7.0	80-100	200-220	1	
11	紫竹	220-280				3.5m²	20枝/丛 4丛/m²
12	南天竹	80-120			60-80	1.5m²	
13	合欢	180-200	6.0-7.0	120-150	200-220	5	
14	二月兰					1m²	
15	探春	60-70			60-80	21	
16	紫藤					1	自然散生形
17	小蜡			贴地		2m²	
18	宿根美女樱			贴地		0.3m²	
19	紫叶小檗			贴地		1m²	
20	小花溲疏			贴地		2m²	
21	葱兰			贴地		1m²	
22	茼蒿菊			贴地		0.5m²	
23	从生福禄考			贴地		1.5m²	
24	百子莲			贴地		0.5m²	
25	棣棠			贴地		2m²	
26	麦冬			贴地		1m²	
27	龙爪槐	80-120			90-100	7	具盆景造型
28	金丝桃	40-60				1m²	
29	杜鹃	40-60			45-55	1m²	
30	睡莲					4缸	ø600缸型
31	草地早熟禾					50m²	手掌大草皮块, 15块/m²

图 14-49 苗木统计表

(2) 调用多行文字命令，完成如图 14-50 所示的技术说明。

加固技术说明

一。加固施工要求

1.1 本加固工程的结构加固、结构拆除、结构修复必须由具有专业结构加固(结构补强)及施工经验的的专业公司完成。专业公司施工前必须根据本设计图进行相应的深化设计并编制相应的施工组织设计。

1.2 构件进行加固前，应优先考虑将原结构构件除其自重外进行卸荷。当构件受力以结构自重为主时，应采用反力架卸荷。

1.3 在加固工程中若发现原结构构件有开裂、腐蚀、锈蚀、老化以及与图纸不一致的情况，施工单位应进行记录检查结构损坏的程度，向设计人员报告。得到设计人员同意后方可继续相关的加固修复工作。

1.4 工程施工前必须完全理解整体加固的原则及其加固的需要，若部分结构拆除工作需先进行加固，必须确保加固工作完成且加固构件达到设计强度后，方可进行相关的拆除工作。

1.5 施工单位在施工中必须做好对新旧混凝土浇筑界面的处理，凿毛、充分湿润、接浆(或使用其他界面剂)，保证连接面的质量及可靠性。

1.6 采用粘钢、粘贴碳纤维或加大截面等加固方式加固时，混凝土基面的处理对保证加固质量十分重要，在施工中应严格控制。

1.7 加固施工时，要注意加固材料对施工环境温度和湿度的特殊要求。

1.8 加固施工时，要注意加固材料储存和使用过程中的安全，并按产品说明的要求采取安全保障措施。

1.9 当现场构件尺寸与图纸标注的尺寸有矛盾时，应及时通知设计单位以修改设计。

1.10 当现场构件尺寸与检测报告不符时，应及时通知检测单位及设计单位以修改设计。

1.11 对结构加固构件，应每隔 5~10 年进行一次安全评估与可靠性鉴定，并根据评估鉴定结论采取相应措施。

1.12 碳化严重的构件应进行结构耐久性处理，采用满足加固规范的永久性混凝土保护剂，以愈合和抑制混凝土微裂缝的发展，同时防止钢筋锈蚀。

1.13 本工程对整个建筑物在施工及使用过程中作沉降观测记录，监测工作必须由具有相应工种监测资质单位承担，并由建设单位委托。沉降观察按《建筑变形测量规程》 (JGJ/T8-2007) 的要求进行。
沉降观测点布置要求：水准点的设置以保证稳定可靠为原则，尽量靠近建筑物，但不得小于 80m ，在一个观测区内水准基点应不少于 3 个。
水准测量采用精密水平仪和钢卷尺，按三级变形测量等级水准测量，视线长度为 20m~30m ，视线高度不低于 0.3m 。采用闭合法测量。观测次数和时间：在施工阶段，观测的频率为每两周一次；主体完工后第一年每三个月测一次，共四次；第二年半年测一次，共两次，以后每年测一次直至沉降稳定为止。沉降稳定控制指标：0.01mm/d

图 14-50 技术说明

第15章 园林施工图尺寸标注

本章导读

尺寸标注是对图形对象形状和位置的定量化说明，也是工程施工的重要依据，因而标注图形尺寸是一般绘图不可缺少的步骤。园林图的特点是道路、水池等不规则的图形要素较多，无法进行精确的标注，通常是采用定位方格网或只标注出道路的宽度、坡度和转弯处半径，其他尺寸由施工人员在现场施工中灵活掌握。

本章详细介绍了标注样式和尺寸标注的创建、编辑方法。

本章重点

- 标注样式
- 创建标注
- 编辑标注
- 课后练习

15.1 标注样式

AutoCAD 中，标注对象具有特殊的格式，由于各行各业对于标注的要求不同，所以在进行标注之前，必须修改标注的样式以适应本行业的标准。AutoCAD 可以针对不同的标注对象设置不同的样式，如在标准标注样式（standard）下又可针对线性标注、半径标注、直径标注、角度标注、引线标注、坐标标注分别设置不同的样式。即使在使用同一名称标注样式的情况下，也可以满足对不同对象的标注要求。

下面通过为绘制的平面图进行尺寸标注，来讲解尺寸标注的方法。标注完成的平面图如图 15-1 所示。

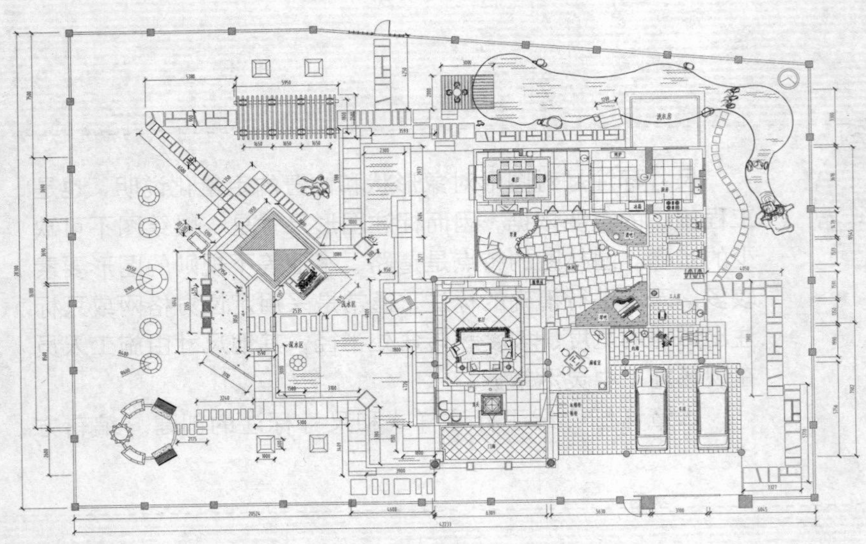

图 15-1 尺寸标注平面图

15.1.1 创建标注样式

如图 15-2 所示，一个完整的尺寸标注对象由尺寸界线、尺寸线、尺寸箭头和尺寸文字四个要素构成。AutoCAD 的尺寸标注命令和样式设置，都是围绕着这四个要素进行的。

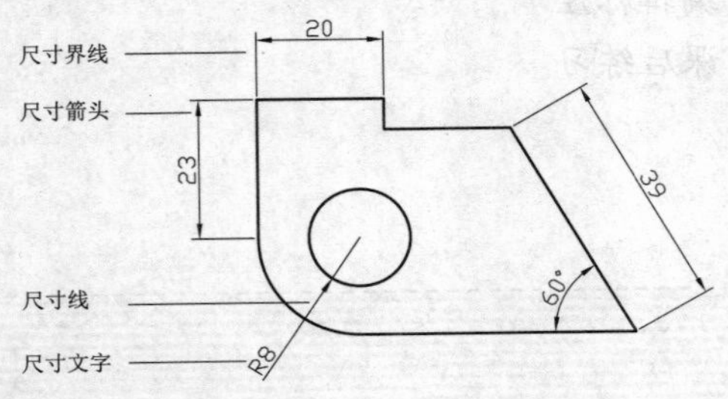

图 15-2 尺寸标注的组成要素

课堂举例 15-1：创建标注样式

视频\第 15 章\课堂举例 15-1.mp4

01 输入 D 命令，打开“标注样式管理器”对话框。“样式”列表中已有一个默认样式“Standard”。单击“新建”按钮，打开“创建新标注样式”对话框。

02 为新样式命名为“样式 1”，基础样式为“Standard”，如图 15-3 所示。

03 单击“继续”按钮，打开“新建标注样式：样式 1”对话框。

04 单击“线”标签。将“尺寸界线”选项组中的“超出尺寸线”设置为 100，将“起点偏移量”设置为 200，如图 15-4 所示。

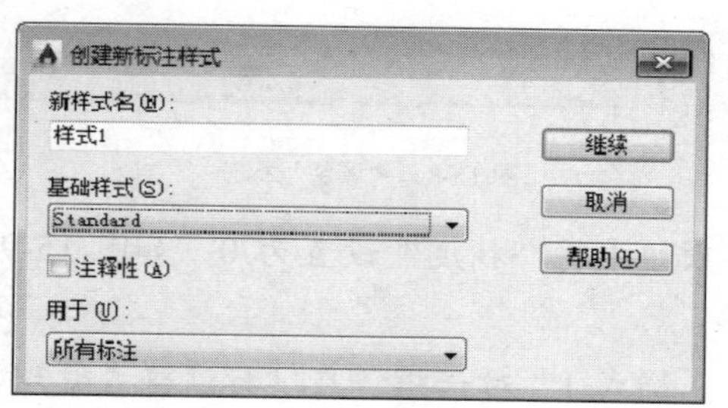

图 15-3　“创建新标注样式”对话框

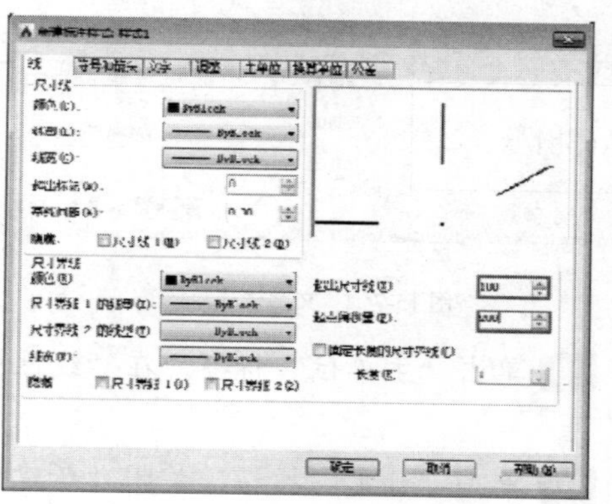

图 15-4　“线”标签

05 单击“符号和箭头”标签。在“箭头”选项组中，将“箭头”样式设为“建筑标记”，“引线”样式设为“点”；“箭头大小”为 50，如图 15-5 所示。

06 单击“文字”标签。在“文字位置”选项组的“垂直”下拉列表中选择“上”，“水平”下拉列表中选择“居中”，“从尺寸线偏移”设为 50。在“文字对齐”选项组中勾选“与尺寸线对齐”，如图 15-6 所示。

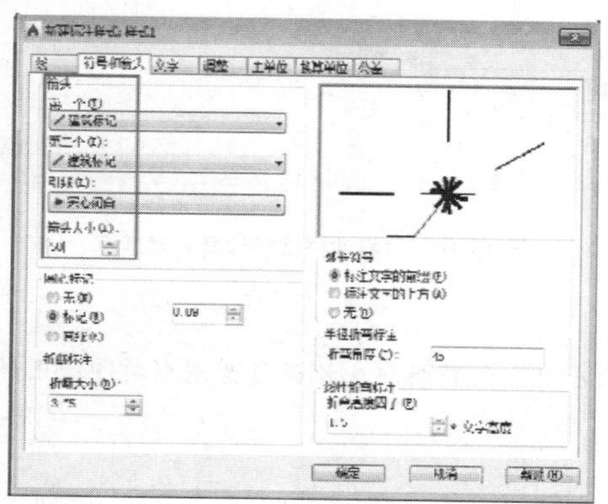

图 15-5　“符号和箭头”标签

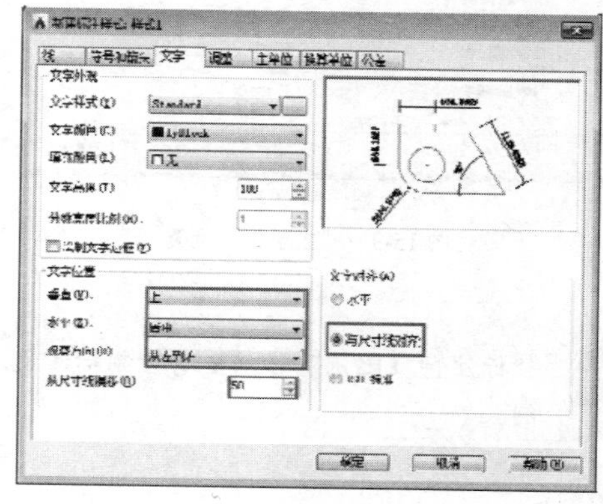

图 15-6　“文字”标签

07 在“文字外观”选项组中，单击“文字样式”右侧的 ... 按钮，将弹出“文字样式”对话框，在该对话框中的“文字”选项组中的“文字”下拉菜单中选择“gbenor.shx”，勾选

“使用大字体”，在“大字体”下拉列表中选择“gbcbig.shx”。将其置为当前，如图 15-7 所示。单击“关闭”按钮，返回“新建标注样式”对话框，设置文字高度为 300。

08 单击“调整”标签。在“文字位置”选项组中选择“尺寸线上方，带引线”，在“标注特征比例”选项组中选择“使用全局比例”，确保全局比例为 1，如图 15-8 所示。

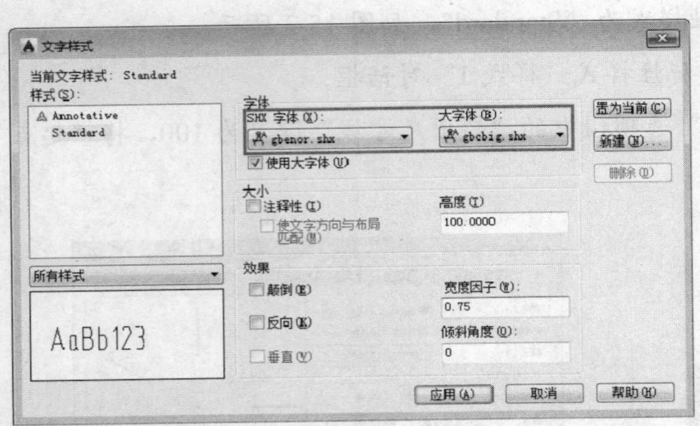

图 15-7 “文字样式”标签

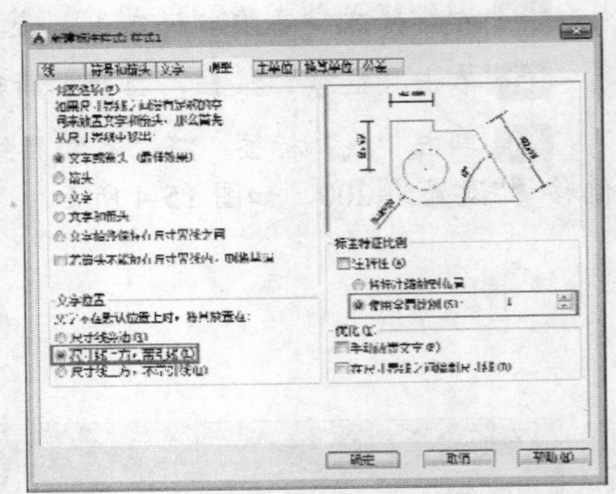

图 15-8 “调整”标签

09 单击“主单位”标签。在“线性标注”选项组中将“精度”设置为 0，如图 15-9 所示。

10 单击“确定”按钮，关闭“新建标注样式：样式 1”对话框。在“标注样式管理器”中单击“置为当前”按钮，如图 15-10 所示。

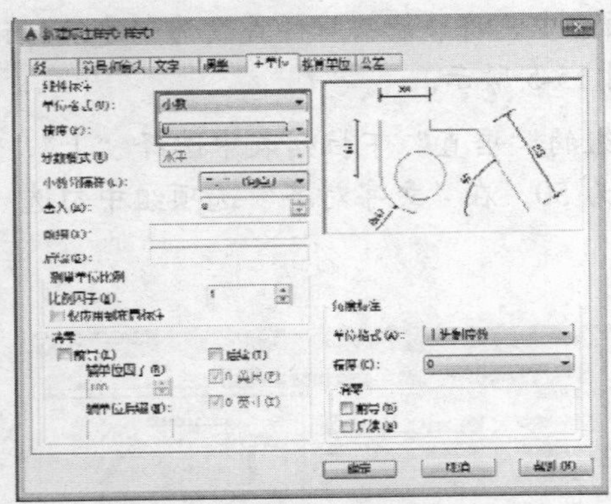

图 15-9 “主单位”标签

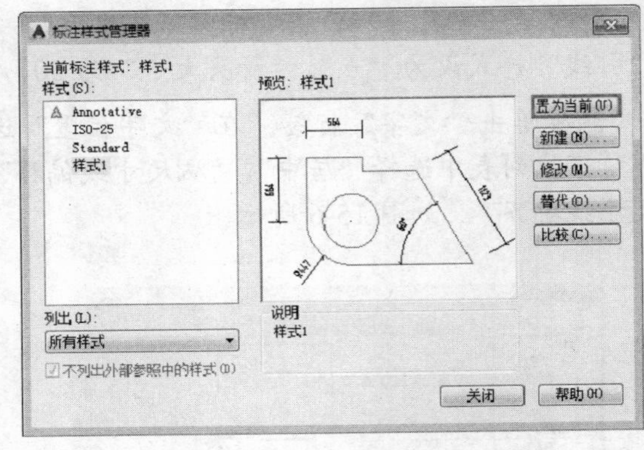

图 15-10 “标注样式管理器”对话框

“标注特征比例”可以全局控制标注尺寸的外观大小，一般将特征比例设置为图形打印输出的比例。

15.1.2 创建标注样式子样式

上面创建的标注样式只适合于距离的标注，如果用于半径、角度和直径的标注，则会出现错误，因为这些标注需要设置标注箭头为实心箭头。下面创建用于标注半径、角度和直径

标注的子标注样式。

课堂举例 15-2：创建标注样式子样式　　视频\第 15 章\课堂举例 15-2.mp4

01 打开“标注样式管理器”对话框，在“样式”列表中选择“样式 1”选项，单击“新建”按钮，打开“创建新标注样式”对话框。

02 不修改新样式名，确保“基础样式”下拉列表中选择了“样式 1”选项，在“用于”下拉列表中选择“半径标注”选项。此时，“新样式名”变成灰色，如图 15-11 所示。单击“继续”按钮，打开“新建标注样式：样式 1”对话框。

03 单击“符号和箭头”标签，在“箭头”选项组中“第二个”下拉列表中选择“实心闭合”选项，如图 15-12 所示。单击“确定”按钮，关闭对话框，子样式创建完成。

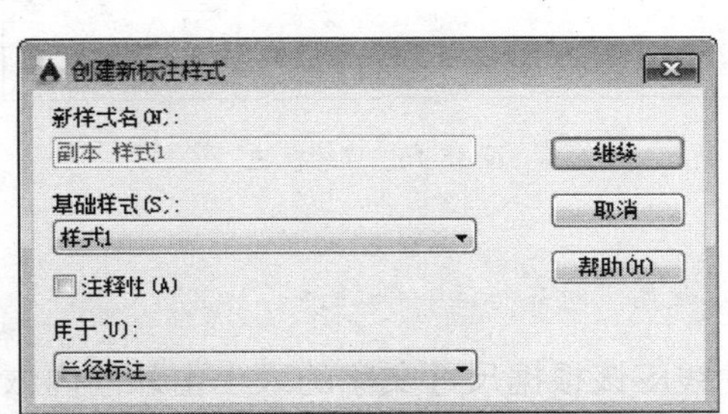

图 15-11　“创建新标注样式”对话框

图 15-12　“符号和标签”对话框

15.2 创建标注

设置好标注的样式后，下面通过实例来学习具体标注方法，包括了直线标注、弧线标注和引线标注等内容。

15.2.1 创建直线标注

水平、垂直的直线段可以使用“线性标注”命令进行标注。

课堂举例 15-3：对直线创建标注　　视频\第 15 章\课堂举例 15-3.mp4

01 将“地被”“绿化”“乔木”图层隐藏，以方便尺寸标注。

02 新建“尺寸标注”图层，颜色设置为“蓝色”，将该图层置为当前图层。

03 在“默认”选项卡中，单击“注释”面板中的“线性”按钮 线性，打开“对象捕捉”功能，单击如图 15-13 所示位置，确定两条尺寸界线原点，移动光标指定尺寸线位置，结果如图 15-14 所示。

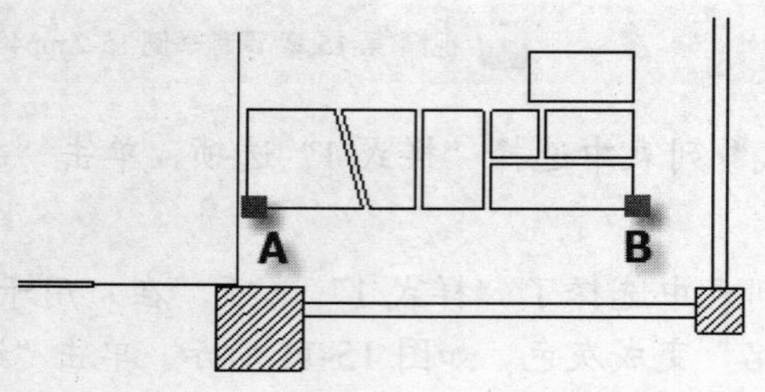

图 15-13　指定尺寸界线原点位置

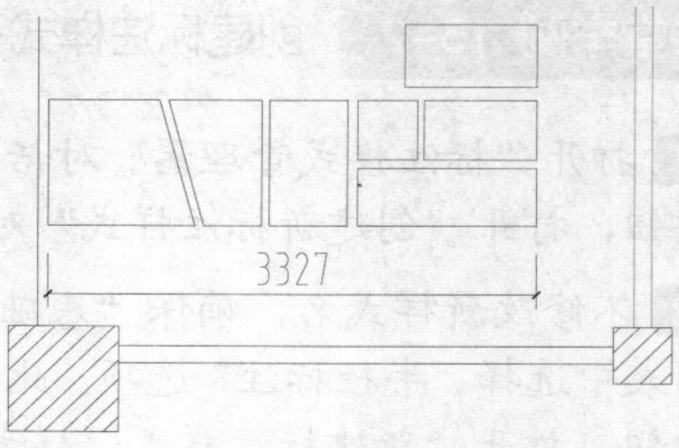

图 15-14　标注结果

04 用相同的方法对围墙下方进行标注，如图 15-15 所示。

05 输入 DCO 命令，单击如图 15-16 所示位置，指定为第二条尺寸界线原点。

06 用相同的方法完成其他标注。

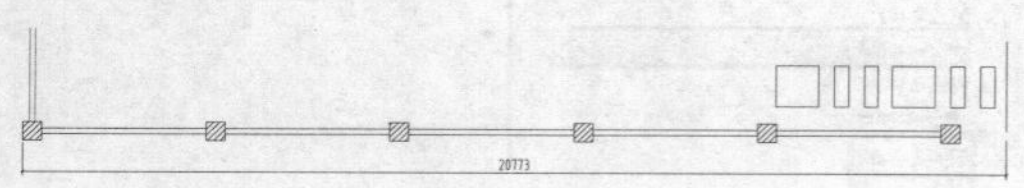

图 15-15　直线标注

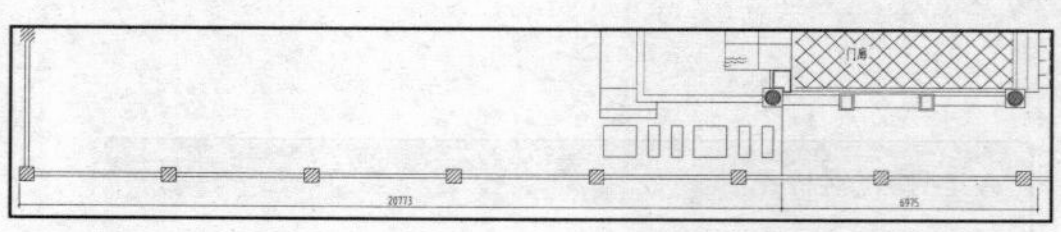

图 15-16　连续标注

技巧 倾斜的线段无法使用“线性标注”命令，此时可以使用“对齐标注”命令。

当图形上的尺寸标注较多时，相互平行的尺寸线应该根据尺寸文字的大小由外向内依次排列，最外侧的尺寸通常为总尺寸。

15.2.2 创建弧线标注

弧线可以使用“直径标注”和“半径标注”命令进行标注。

课堂举例 15-4：对弧线创建标注　　视频\第 15 章\课堂举例 15-4.mp4

01 半径标注。执行菜单“标注”|“半径”命令，在绘图区选择要进行标注的弧线或圆，单击空白处指定尺寸线的位置，如图 15-17 所示。

02 弧长标注。在“默认”选项卡中，单击“注释”面板中的“线性”按钮右侧下拉按钮，在弹出的菜单中选择“弧长”按钮，在绘图区选择需要进行标注的弧线，单击空白处指定尺寸线的位置，如图 15-18 所示。

03 折弯标注。对较大的圆弧进行标注时，圆弧的圆心时常在图纸之外，因此就要使用折弯标注。折弯标注可以另外指定一个点替代圆心。在“默认”选项卡中，单击“注释”面板中的“线性”按钮右侧下拉按钮，在弹出的菜单中选择“折弯”按钮，选择需要进行标注的弧线，单击空白处指定中心位置替代圆心，移动光标指定折弯位置，标注结果如图 15-19 所示。但折弯标注不能控制尺寸箭头为“实心闭合”。

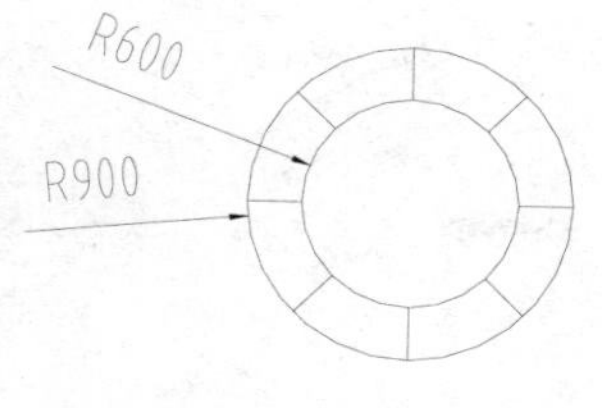

图 15-17 半径标注

图 15-18 弧长标注

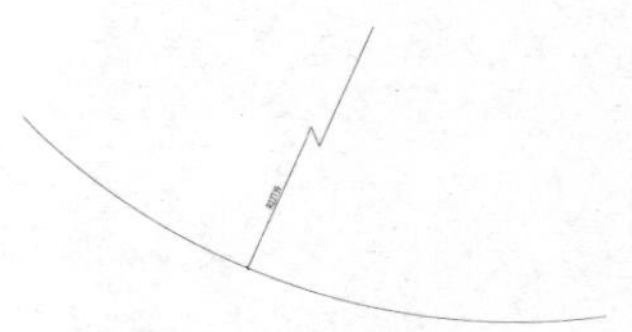

图 15-19 折弯标注

15.2.3 创建引线标注

对于一些文字注释、详图符号和索引符号，需要使用引线来进行标注。在创建引线标注前，需要创建多重引线样式。

课堂举例 15-5：创建引线标注 视频\第 15 章\课堂举例 15-5.mp4

1. 创建多重引线样式

01 将“文字标注”层置为当前图层，隐藏“尺寸标注”图层，以方便标注。

02 在“默认”选项卡中，单击“注释”面板中的“多重引线样式”按钮，打开“多重引线样式管理器”对话框，单击“新建”按钮，打开“创建多重引线样式”对话框，输入“新样式名”为“样式 2”，单击“继续”按钮。

03 单击“引线格式”标签，设置“箭头”符号为“点”，“大小”为 30，如图 15-20 所示；单击“内容”标签，设置文字高度为 300；在“引线连接”选项组中的“连接位置—左:”和“连接位置—右”的下拉列表中均选择“第一行加下划线”选项，如图 15-21 所示。

04 单击“确定”按钮，关闭“创建多重引线样式：样式 2”对话框。在“标注样式管理器”对话框中单击“置为当前”按钮，关闭对话框。

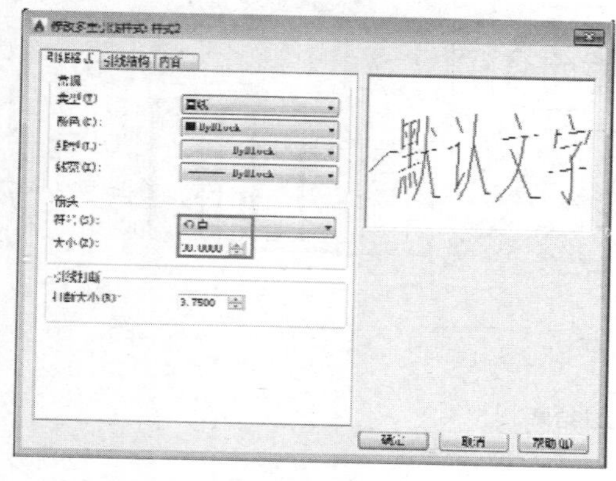

图 15-20 “修改多重引线样式”对话框

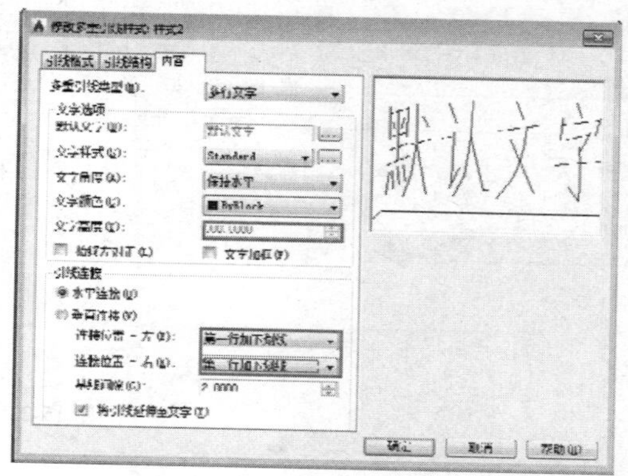

图 15-21 “内容”标签

2. 创建引线标注

01 在“默认”选项卡中，单击“注释”面板中的“引线”按钮 引线，在绘图区指定引线箭头和引线基线的位置，并输入文字“花池”，如图 15-22 所示。

图 15-22　多重引线标注结果

02 用相同的方法完成其他引线标注。如图 15-23 所示。

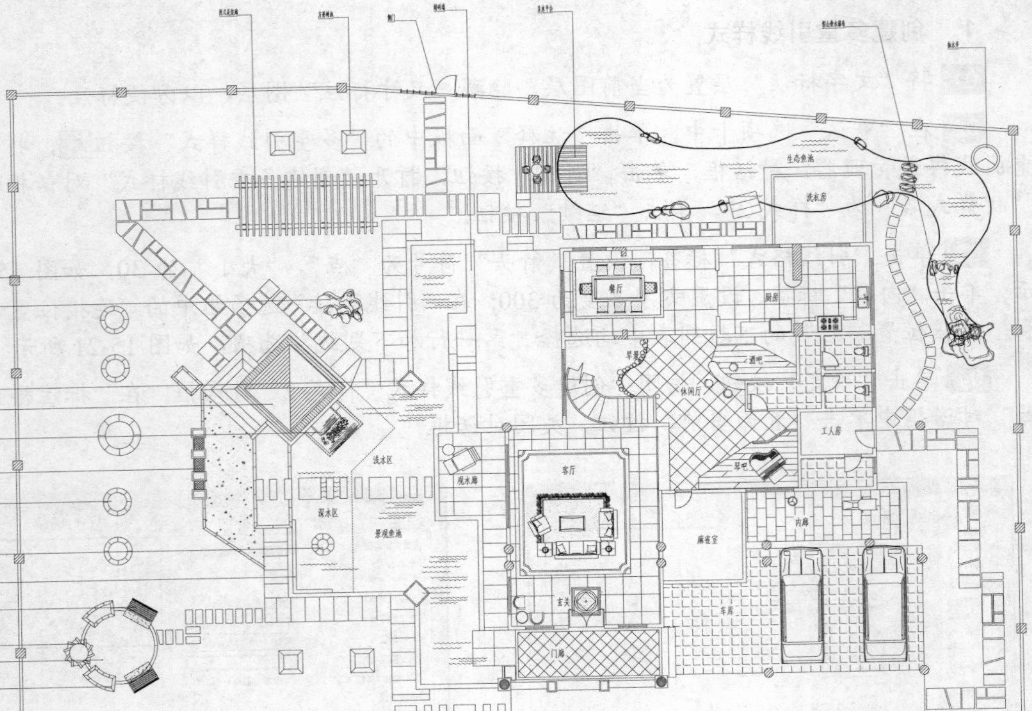

图 15-23　引线标注结果

15.3 编辑标注

在 AutoCAD 2015 中，可以对已标注对象的文字、位置及样式等内容进行修改，而不必

删除所标注的尺寸对象再重新进行标注。

15.3.1 修改图形和标注

绘制并标注好的图形有时候需要进行修改，如果只修改图形，则需要重新进行标注，会比较麻烦，因此，最好的方法是能够连同标注一起修改，这样修改，图形和标注都不容易出现误差。下面以简单的矩形标注为例进行说明。

课堂举例 15-6：修改图形和标注

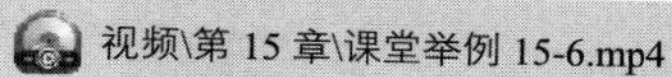
视频\第 15 章\课堂举例 15-6.mp4

01 在绘图区创建一个大小为 2000×1500 的矩形，并对其进行标注，如图 15-24 所示。

02 将矩形 2000 的宽度缩短为 1000。输入 S 命令，从右向左框选矩形及标注，如图 15-25 所示。

03 单击矩形右上方角点作为基点，水平向左移动光标，输入 1000，按下空格键结束命令。结果如图 15-26 所示，尺寸和图形都被修改。

图 15-24　绘制矩形并标注

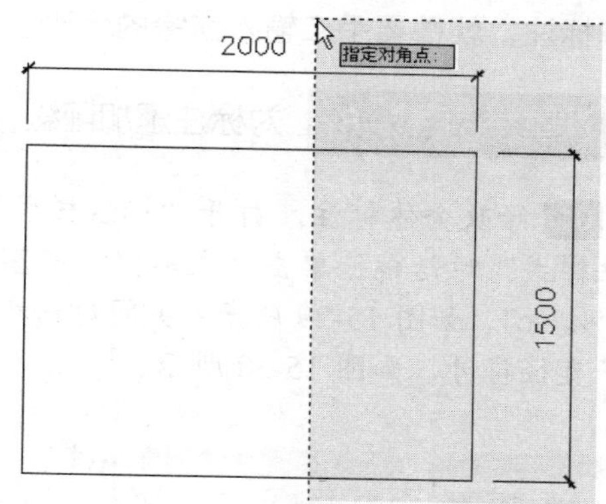

图 15-25　从右向左框选矩形及标注

15.3.2 仅修改标注

如果标注的尺寸误差不大，而图形较为复杂时，可以只修改标注的尺寸文字，而不修改图形，以节省时间。

课堂举例 15-7：仅修改标注

视频\第 15 章\课堂举例 15-7.mp4

01 选择图 15-26 中文字为 1000 的标注，单击鼠标右键，选择“特性”命令，打开“特性”工具栏。双击“文字”展卷栏，在“文字替换”右侧的方本框中输入 900，如图 15-27 所示。

02 单击 Enter 键，确认命令输入。此时，图形上方原本为 1000 的尺寸标注已被 900 所替代，如图 15-28 所示。

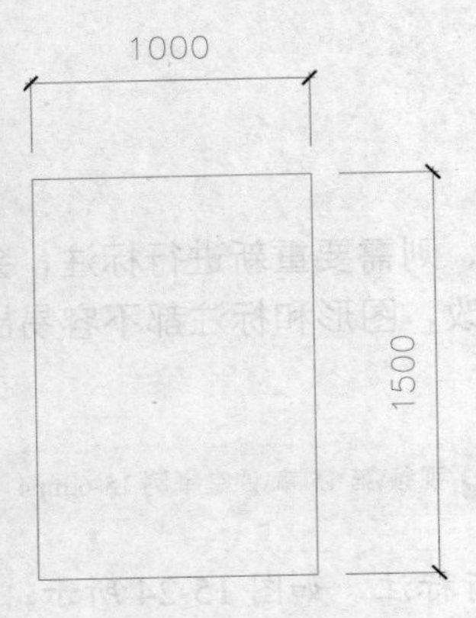

图 15-26　修改后的图形和标注

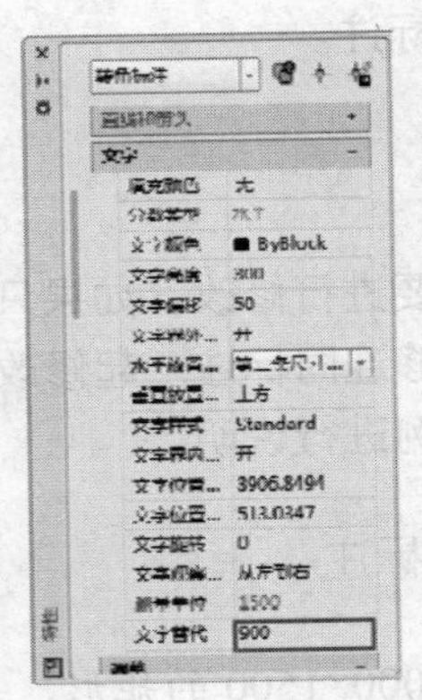

图 15-27　"特性"工具栏

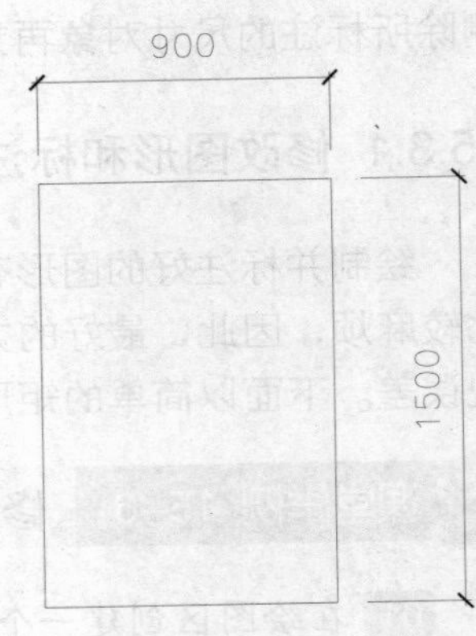

图 15-28　修改后的标注

15.3.3 为标注添加前缀

如果使用半径或直径标注，那么标注的尺寸文字会自动添加前缀。但是如果是为剖面图进行标注，就需要手工输入前缀的代码。下面以添加直径符号 ϕ 为例进行说明。

课堂举例 15-8：为标注添加前缀　视频\第 15 章\课堂举例 15-8.mp4

01 修改全体标注。打开"标注样式管理器"对话框，单击"修改"按钮，打开"修改标注样式"对话框。单击"主单位"标签，在"线性标注"选项组中的"前缀"文本框中输入"%%c"，如图 15-29 所示。关闭对话框。此时，图形中使用了此标注样式的直线标注都添加了直径符号，如图 15-30 所示。

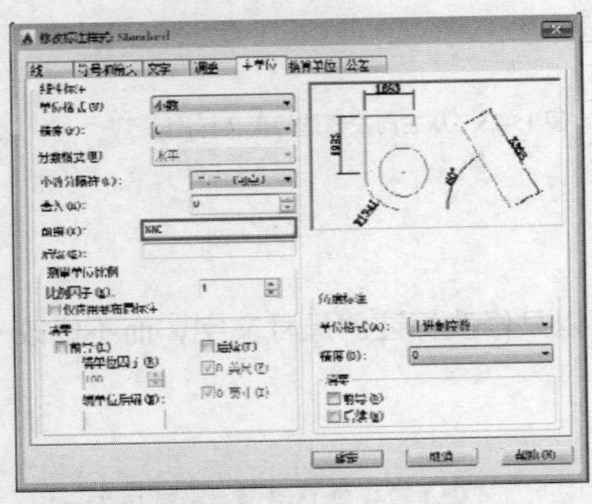

图 15-29　"主单位"标签

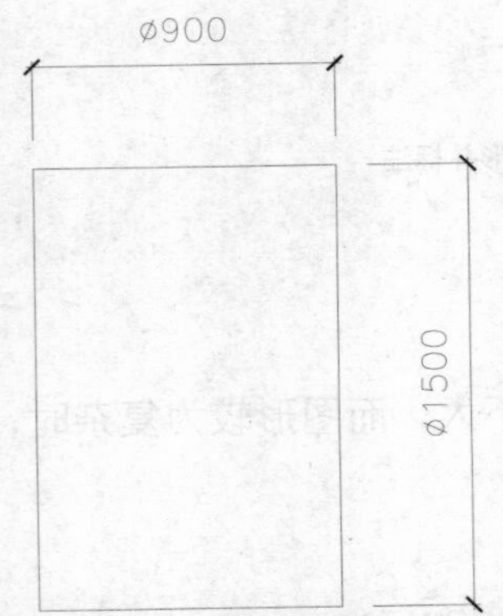

图 15-30　直径符号标注

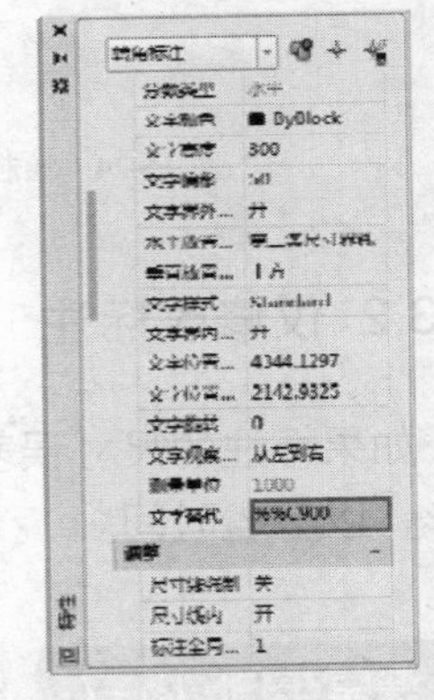

图 15-31　"特性"工具栏

02 修改个别标注。打开"特性"工具栏，在"文字替代"右侧的文本框中输入"%%c900"，如图 15-31 所示。这样就可以在不修改尺寸文字内容的情况下只添加前缀。

15.3.4 修改箭头大小

直线和弧线的尺寸标注，可以在标注样式中设置尺寸箭头的大小，但是对于引线标注却

只能在标注之后再修改。下面以一园路剖面图标注为例，来讲解其具体的操作方法：

输入 MLD 命令，按下空格键，表示激活“选项”，命令行提示如下：

```
输入选项 [引线类型(L)/引线基线(A)/内容类型(C)/最大节点数(M)/第一个角度(F)/第二个角度(S)/退出选项(X)] <退出选项>:
```

输入相应的选项命令，可以进行相应的设置，如图 15-32 所示。

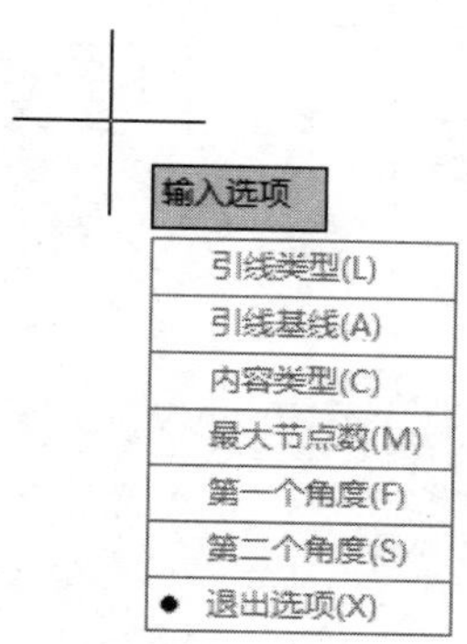

图 15-32　设置引线标注

课堂举例 15-9：修改箭头大小

视频\第 15 章\课堂举例 15-9.mp4

01 设置引线标注。输入 LE 命令，在弹出的“引线设置”对话框中，单击“引线和箭头”选项卡，设置“引线类型”为“直线”，设置“第一个角度”为 45，设置“第二个角度”为 180；单击“注释”选项卡，设置“注释类型”为“多行文字”；单击“确定”按钮完成设置。

02 在绘图区单击指定引线箭头和引线基线的位置，如图 15-33 所示。

03 输入文字“素土夯实”。

04 调整文字大小。双击引线，打开“特性”工具栏，将“文字”卷展栏下的“高度”设置为 300，如图 15-34 所示。

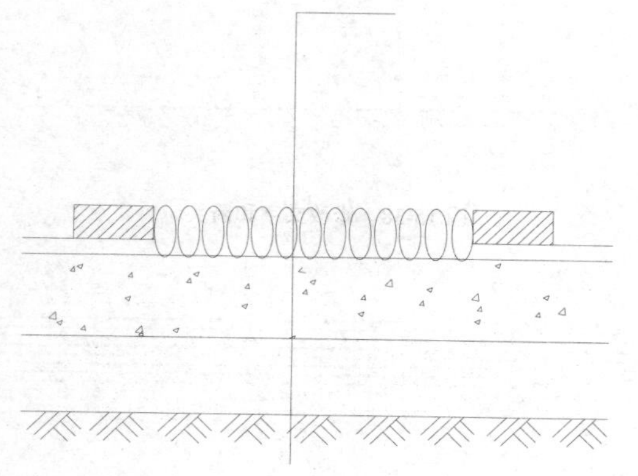

图 15-33　指定引线箭头和引线基线位置

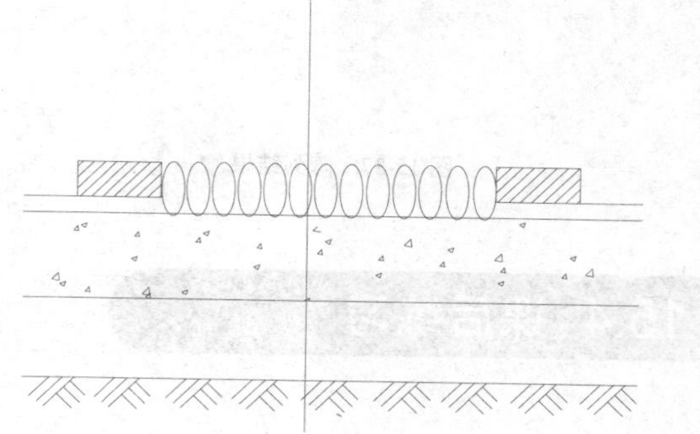

图 15-34　修改文字大小

05 调整箭头样式。在“特性”工具栏的“箭头”下拉列表中选择“点”选项，设置箭头大小为 100，如图 15-35 所示，结果如图 15-36 所示。

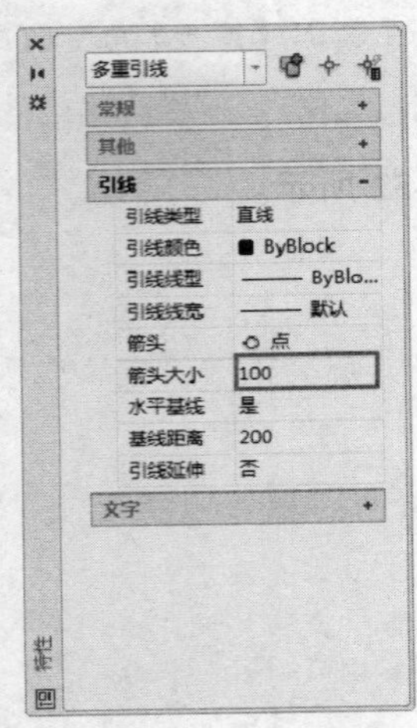

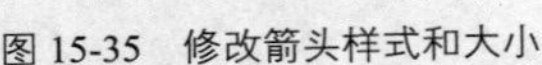
图 15-35　修改箭头样式和大小

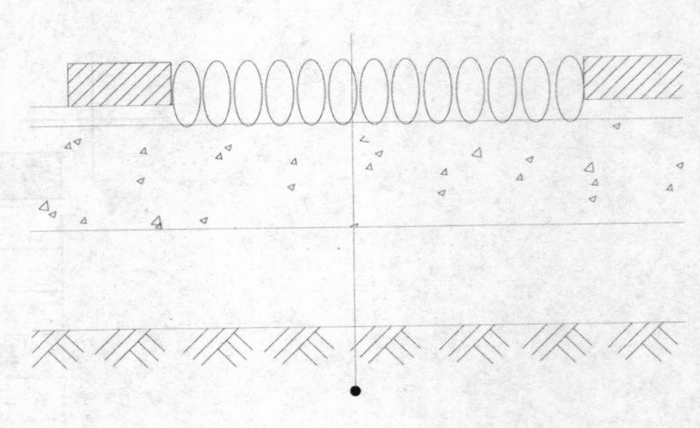

图 15-36　箭头修改结果

06 阵列 5 行 1 列引线标注，行偏移设置为 700，阵列结果如图 15-37 所示。

07 对引线标注进行调整，双击引线文字进行修改，如图 15-38 所示。

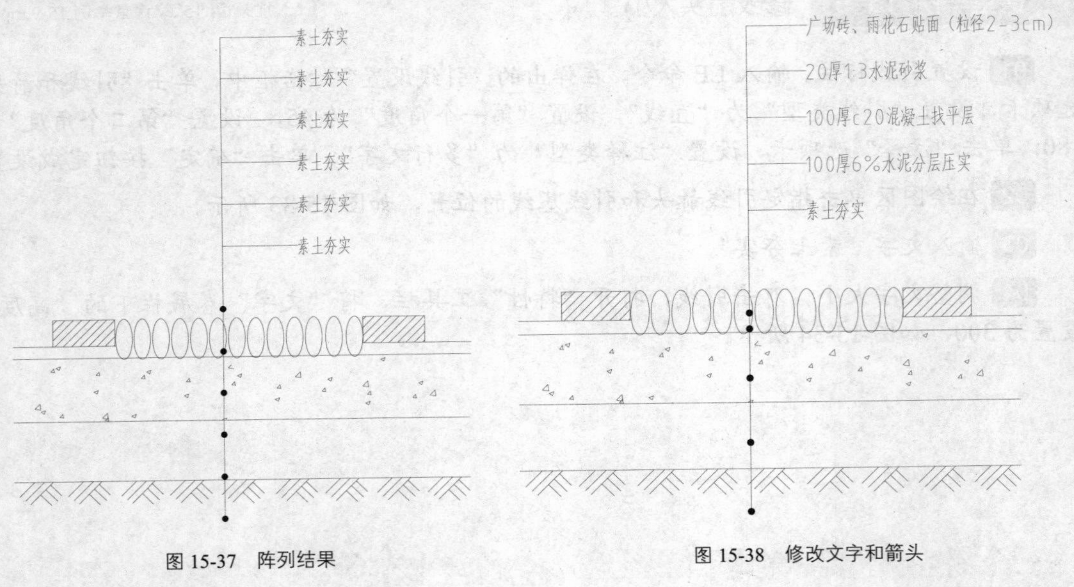

图 15-37　阵列结果

图 15-38　修改文字和箭头

15.4 课后练习

操作题

(1) 标注如图 15-39 所示小园景平面图。

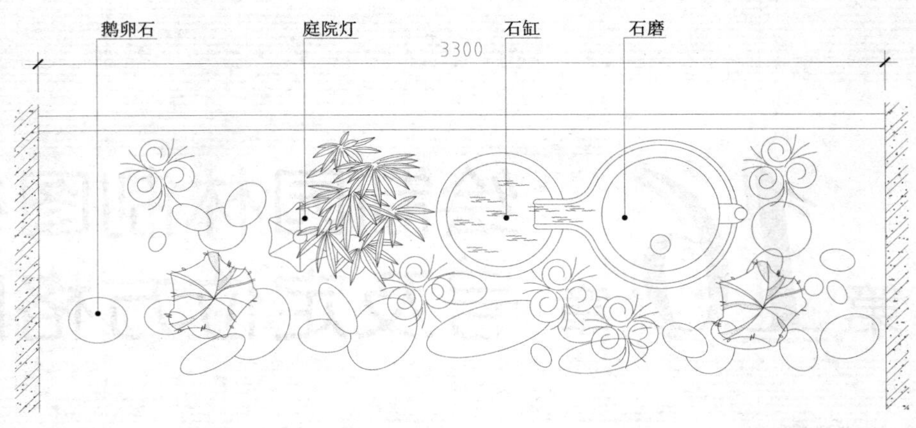

图 15-39　平面图

(2)　绘制如图 15-40 所示小园景立面图。

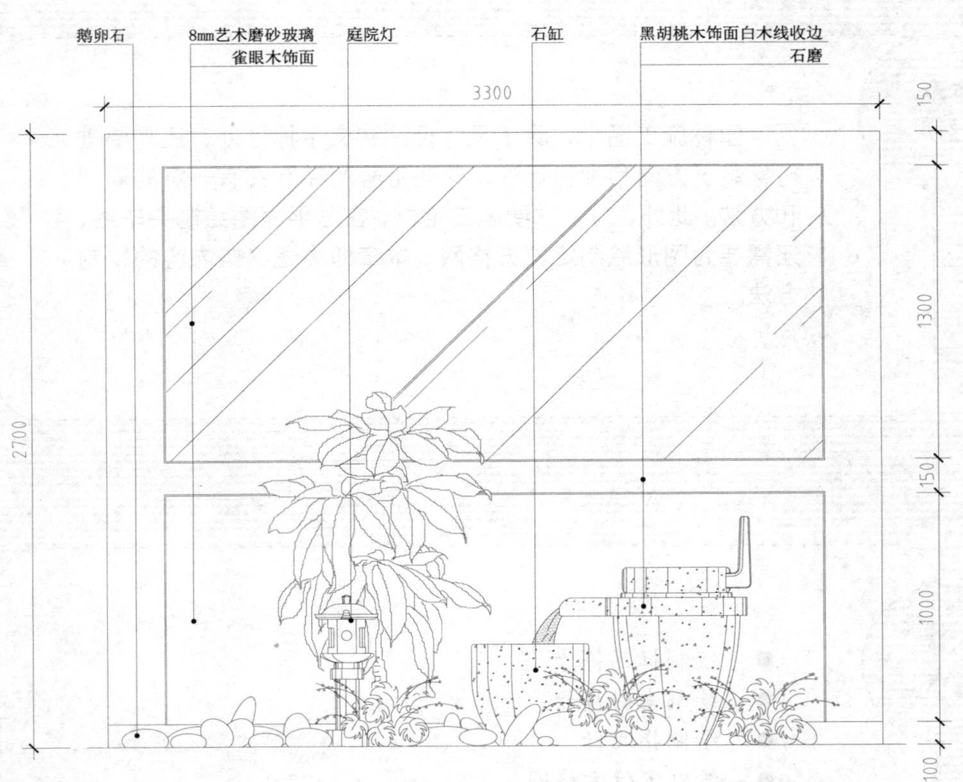

图 15-40　立面图

第16章 绘制园林制图符号及定位方格网

本章导读

园林施工图中，除了尺寸标注和文字标注外，还需要进行标高、方向和索引标注，这些符号的绘制都有一定的规则和方法。此外，为了方便施工定位，在总平面图绘制完毕后，还需要为图形绘制定位方格网。本章即讲述这些内容的绘制方法。

本章重点

- 绘制标高符号
- 绘制索引符号
- 绘制指北针
- 绘制定位方格网
- 课后练习

16.1 绘制标高符号

标高符号用来在图纸上表示某一部位的高度，它的形式有两种：绝对标高和相对标高。绝对标高就是相对于海平面的标高。我国目前统一的是黄海标高，取黄海的平均海平面为 0.000m，多用在地形图和总平面图中，以黑色实心倒三角形来表示，如图 16-1 所示。

相对标高是以某水平面为起始零点来计算高度的，多用在个体建筑图样上，以细实线空心倒三角形来表示。在立面图和剖面图中，可从标注的部位引出水平延伸线，如图 16-2 和图 16-3 所示。

图 16-1　绝对标高符号

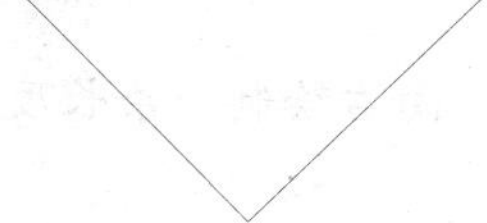

图 16-2　相对标高符号

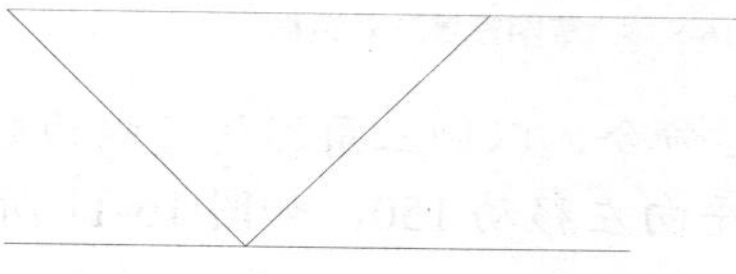

图 16-3　带引出线标高

标高符号三角形的尖端可朝上，也可朝下，但都应指向被标注的对象。标注数字的位置也会随之改变，如图 16-4 ~ 图 16-6 所示。

标高的数值以 m（米）为单位，通常精确到小数点后第三位。低于零平面的点，应在数字前加上“-”号，零平面的标高应加上正负号，如果同一个位置表示几个不同标高时，标高数字应依次进行排列，如图 16-7 所示。

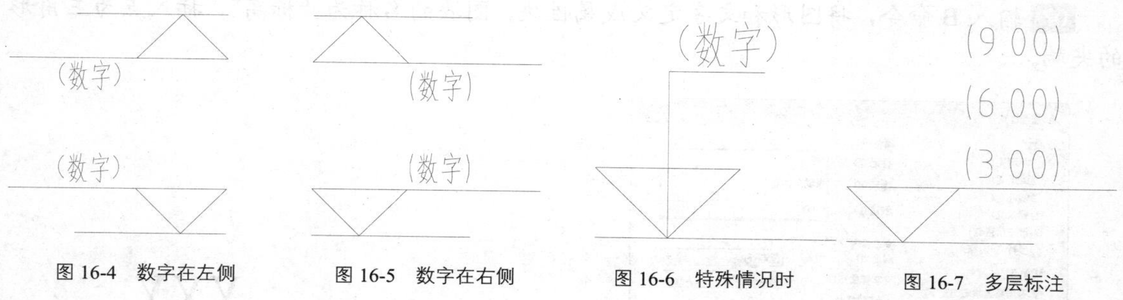

图 16-4　数字在左侧　　图 16-5　数字在右侧　　图 16-6　特殊情况时　　图 16-7　多层标注

课堂举例 16-1：绘制标高符号

视频\第 16 章\课堂举例 16-1.mp4

01 输入 L 命令，在绘图区空白处绘制一条长为 150mm 的垂直线段。

02 输入 SE 命令，打开“草图设置”对话框，单击“极轴追踪”标签，在“极轴角设置”选项组中将“增量角”设置为 45，并勾选“启用极轴追踪”选项，如图 16-8 所示。

03 打开“对象捕捉”功能，输入 L 命令，以垂直线的下方端点为起点，将光标沿 45°方向移动，将光标移动至垂直直线的上方端点并水平向右移动，出现延长的虚线，在两条虚线的交点上单击，如图 16-9 所示。

04 输入 MI 命令，将 45°斜线镜像复制。删除垂直直线，连接两条倾斜的直线。对连接线进行夹点编辑，使其向右延伸 350，如图 16-10 所示。

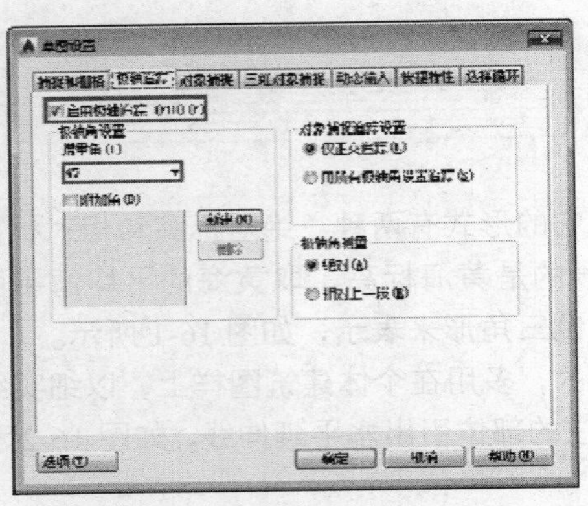

图 16-8 “草图设置”对话框

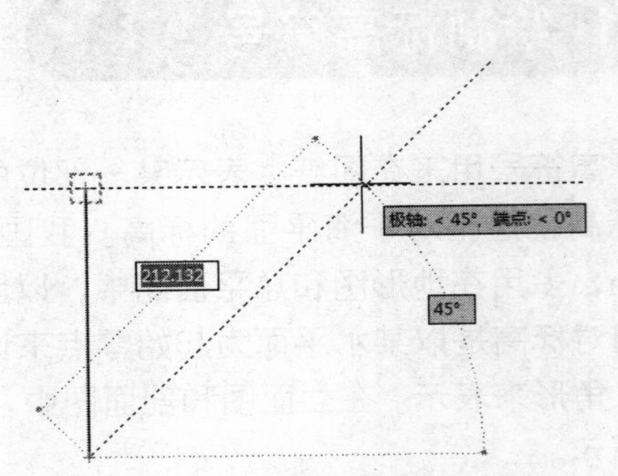

图 16-9 绘制斜线

05 输入 L 命令，以倒三角形的尖端为起点，向右绘制一条长度为 500 的直线。输入 M 命令将直线水平向左移动 150，如图 16-11 所示。

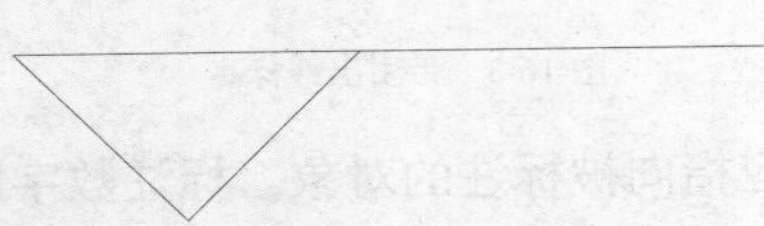

图 16-10 连接两条倾斜的直线

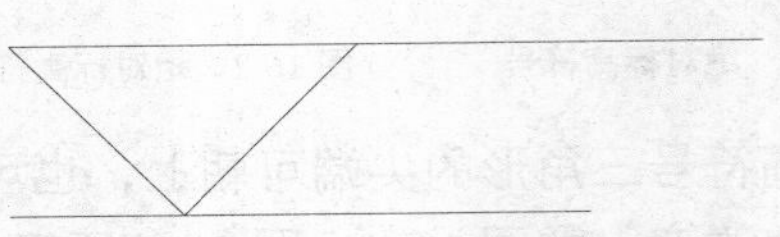

图 16-11 绘制水平引出线

06 输入 ATT 命令，将标高符号定义成属性块，以便快速输入标高数值。属性定义对话框如图 16-12 所示。在如图 16-13 所示的位置插入属性。

07 输入 B 命令，将图形和文字定义成属性块，图块的名称为“标高”，插入点为三角形的尖端。

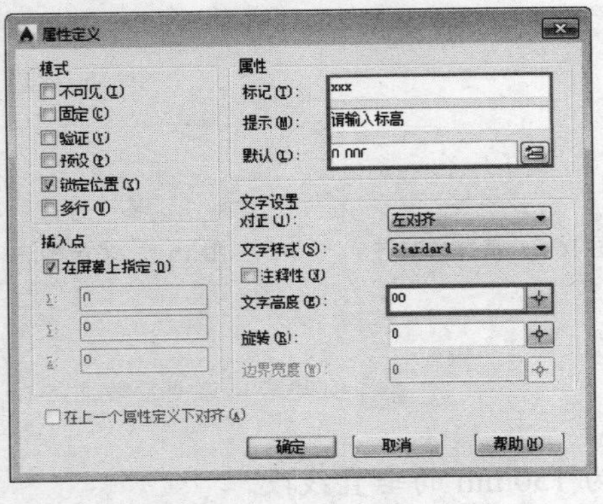

图 16-12 “属性定义”对话框

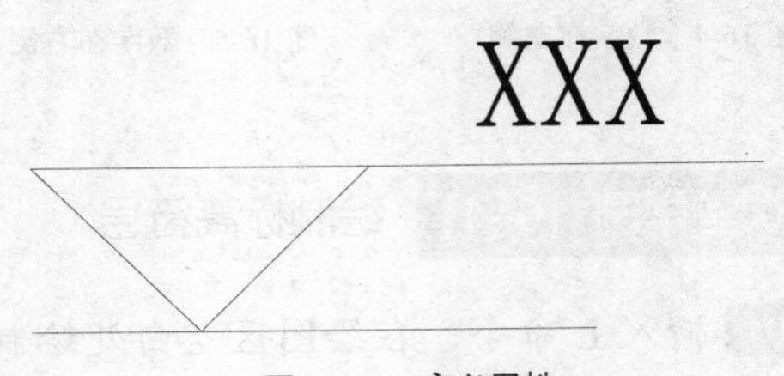

图 16-13 定义属性

16.2 绘制索引符号和详图索引

在绘制园林图时，有时会因为比例问题而无法清楚表达局部内容,为了方便查阅，需要详细标注和说明的内容，一般用索引符号注明详图的位置、详图的编号以及详图所在的图纸编号。索引符号和详图符号内的详图编号与图纸编号两者对应一致。

16.2.1 绘制索引符号

索引符号为一个绘有直径的细实线圆形，圆和引出线均用细实线绘制，引出线应对准圆心，圆内过圆心画一水平线，索引上半部分标注详图编号，下半部分标注详图所在的图纸编号，如图 16-14 所示。

下面以为地被添加索引说明为例，来讲解绘制索引符号的方法。

课堂举例 16-2：绘制索引符号

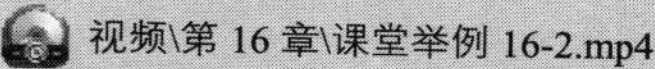

视频\第 16 章\课堂举例 16-2.mp4

1. 设置多重引线样式

01 新建“地被标注”图层，设置颜色为“红色”，并将其置为当前图层。

02 输入 C 命令，绘制一个半径为 150 的圆，如图 16-15 所示。

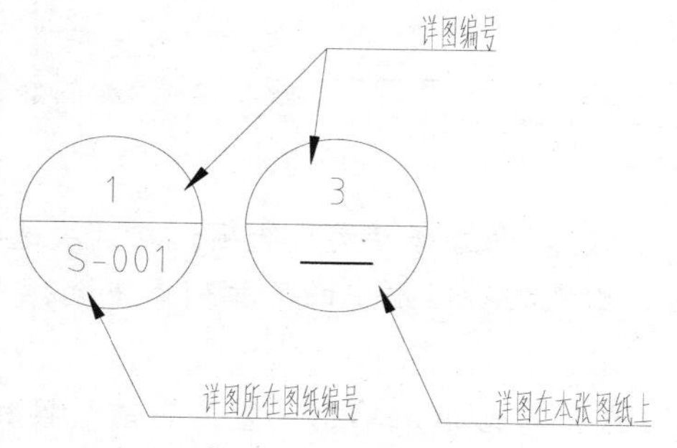

图 16-14　索引符号

图 16-15　绘制圆

03 将绘制的索引符号定义成属性块。输入 ATT 命令，在弹出的“属性定义”对话框中进行如图 16-16 所示的设置。

04 单击“确定”按钮，将属性值添加到圆的中间位置，如图 16-17 所示。

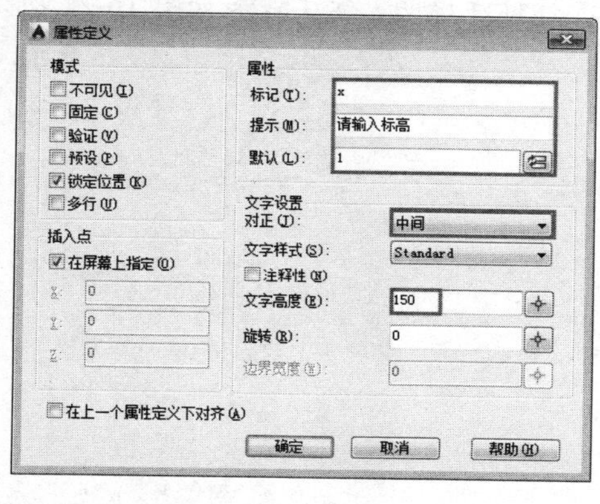

图 16-16　“属性定义”对话框

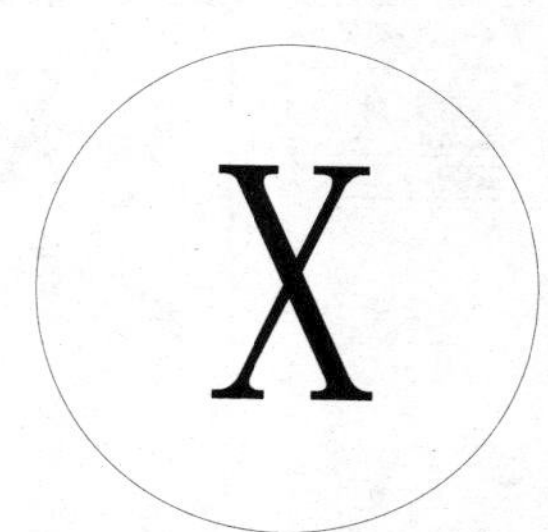

图 16-17　添加属性值

05 输入 B 命令，选择图形及其属性值，将其定义为图块，命名为“地被索引”，插入基点指定圆的 270° 象限点。

06 在“默认”选项卡中，单击“注释”面板中的“多重引线样式”按钮，打开“修改多重引线样式”对话框，单击“新建”按钮，命名为“样式3”。

07 单击“引线格式”标签，在“箭头”选项组中单击“符号”下拉列表，在该下拉列表中选择“点”选项。在“大小”的文本框中输入30，如图16-18所示。

08 单击“引线结构”标签，在“约束”选项组中指定“最大引线点数”为3，如图16-19所示。

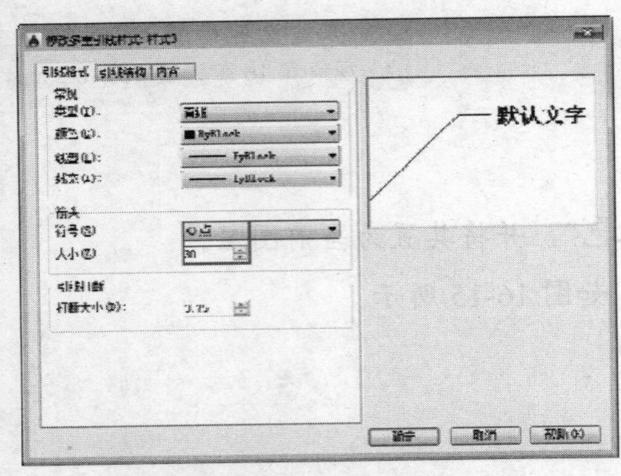

图16-18 “引线格式”标签

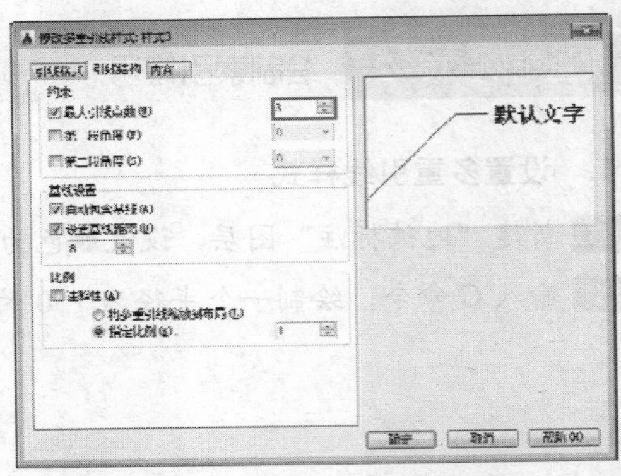

图16-19 “引线结构”标签

09 单击“内容”标签，在“多重引线类型”下拉列表中选择“块”选项；在“块选项”选项组的“源块”下拉列表中选择“用户块”选项，在出现的对话框中的下拉列表中选择“地被索引”图块，如图16-20所示。

10 单击“确定”按钮。回到“修改多重引线样式”对话框，单击“置为当前”按钮，单击“关闭”按钮，返回绘图窗口。

2. 多重引线标注

01 将“地被标注”层置为当前图层。打开关闭的“地被”图层，同时隐藏“乔木”“文字标注”图层，以方便引线标注。

02 输入MLD命令，根据命令行提示，对地被进行标注说明，标注结果如图16-21所示。

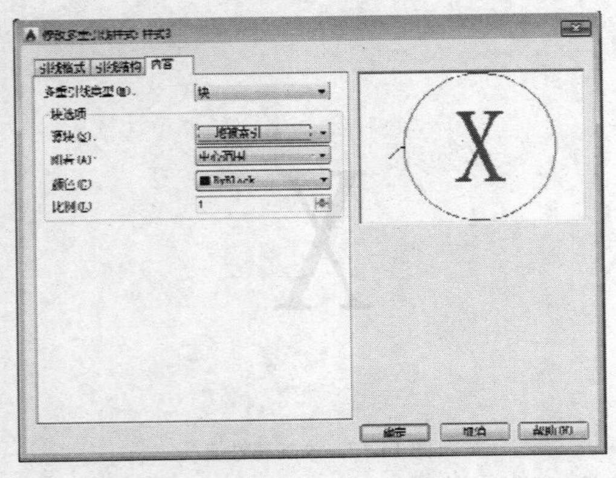

图16-20 “内容”标签

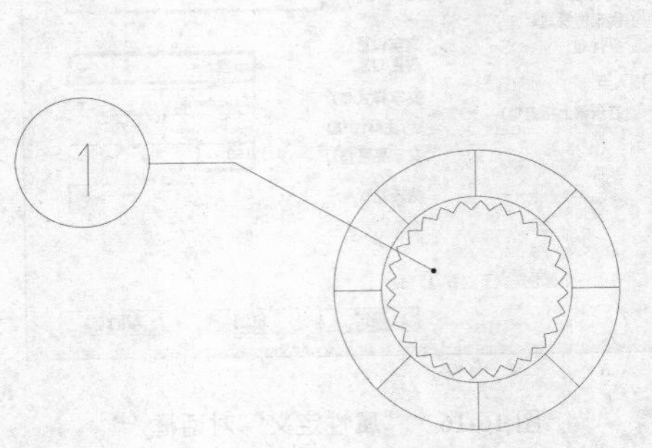

图16-21 多重引线标注

03 用同样的方法进行其他的地被标注，结果如图16-22所示。

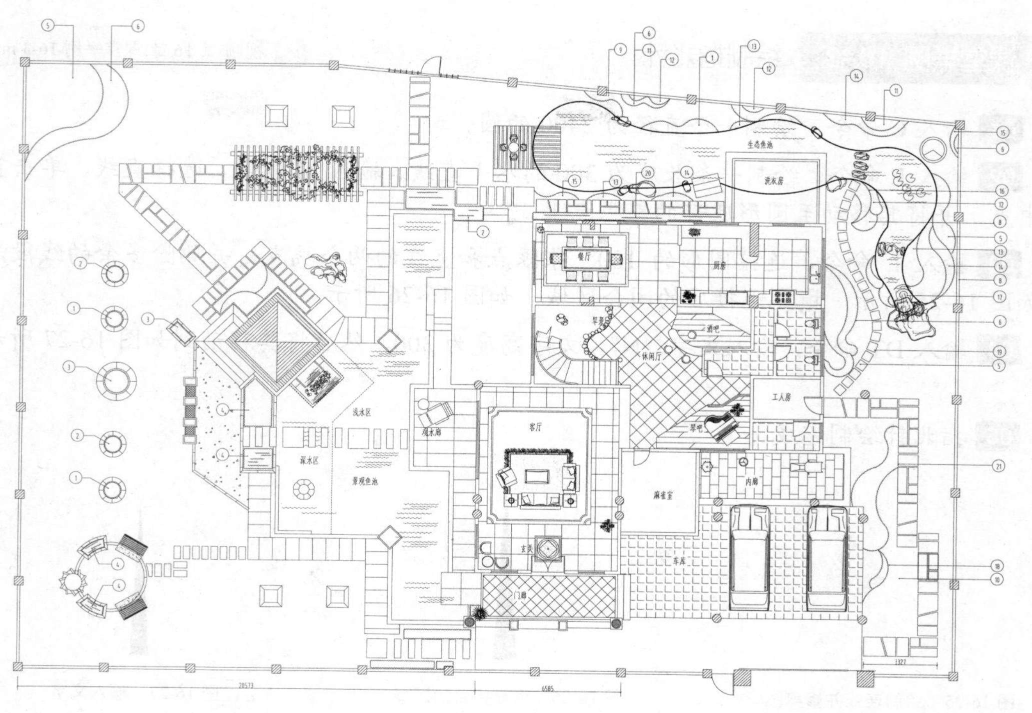

图 16-22　索引标注结果

16.2.2 绘制详图索引

详图索引常用来索引剖面详图，与索引符号不同的是，详图索引为一个粗实线的圆形，如图 16-23 所示。被索引的详图编号应与索引符号编号一致，绘制方法与索引符号基本相同，具体绘制过程这里就不详细讲解了。

16.3 绘制指北针

指北针用于指示北面的方向，通常置于图纸的右上方。指北针指针尖端指向即为北向。指北针的绘制方法较多，如图 16-24 所示，下面只讲解最常用的一种指北针的画法。

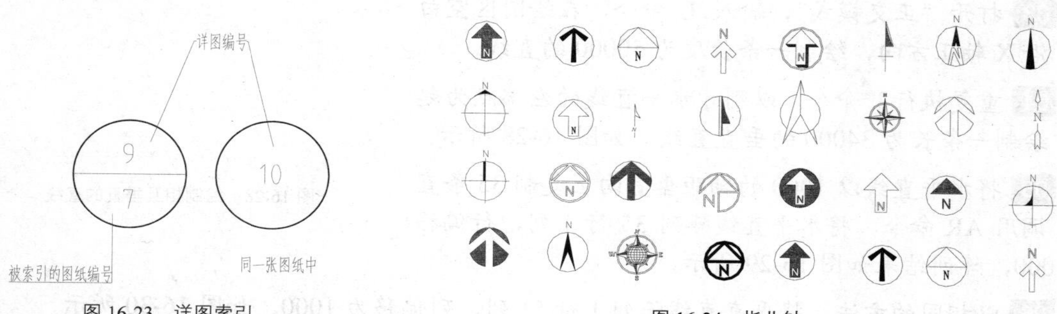

图 16-23　详图索引

图 16-24　指北针

课堂举例 16-3：绘制指北针

视频\第 16 章\课堂举例 16-3.mp4

01 输入 C 命令，绘制一个直径为 2400 的圆。

02 输入 L 命令，绘制一条长度为 300 的水平直线。输入 M 命令，选择直线，单击直线的中点，并将其移动至圆形底部的象限点上。

03 输入 L 命令，连接圆形的 180° 象限点和直线的两个端点，并删除多余的线段，结果如图 16-25 所示。填充连接后的闭合区域，如图 16-26 所示。

04 输入 DT 命令，输入文字“N”，文字高度为 300，然后将其移动到如图 16-27 所示位置。

05 指北针绘制完成。

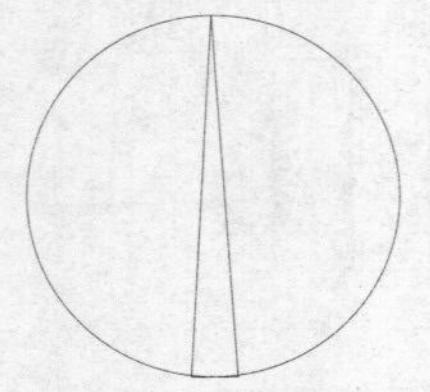

图 16-25 绘制连线并修剪图形

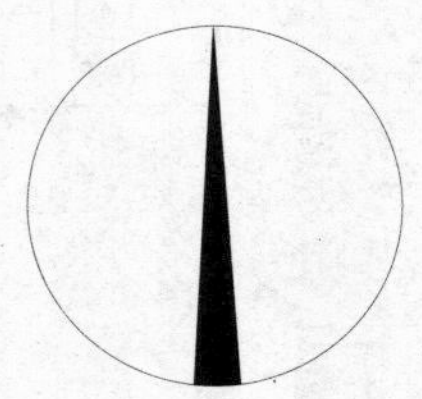

图 16-26 填充闭合的区域

图 16-27 输入文字

16.4 绘制定位方格网

放线是园林施工中非常重要的工作之一，它体现着园路、广场、水域和其他园林要素的自身形状，以及在施工场地的平面布局。园路多变的形式，以及水体等不规则形状的建筑就是依靠放线来精确定位的。

本节将介绍绘制定位方格网的操作方法。

课堂举例 16-4：绘制定位方格网

视频\第 16 章\课堂举例 16-4.mp4

01 新建“方格网”图层，颜色设为灰色，并将该图层置为当前图层。

02 隐藏“地被”“地被标注”图层，以简化视图。

03 打开“正交模式”，输入 L 命令，在绘图区空白处，沿 X 轴正方向，绘制一条长度为 50000 的直线。

04 重复执行 L 命令，以刚才水平直线的左端点为起点，绘制一条长为 34000 的垂直直线，如图 16-28 所示。

图 16-28 绘制相互垂直的直线

05 将水平直线以 1000 的轴距垂直向上复制 35 条直线。调用 AR 命令，将水平直线阵列 35 行 1 列，行偏移为 1000，阵列结果如图 16-29 所示。

06 以相同的方法，将垂直直线阵列 1 行 51 列，列偏移为 1000，如图 16-30 所示。

图 16-29 向上阵列水平直线

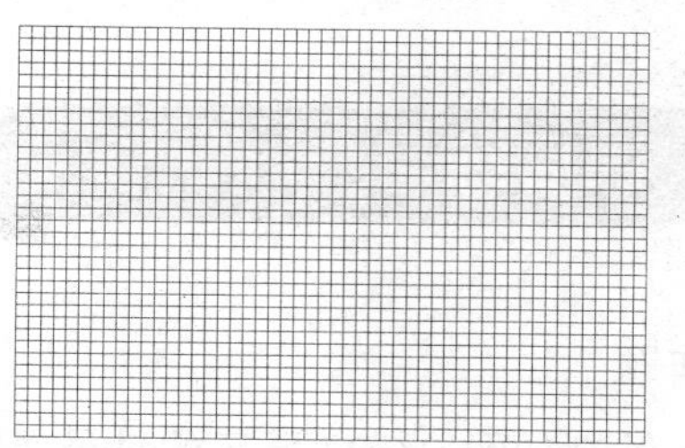

图 16-30 向左阵列垂直直线

07 移动方格网至平面图上。捕捉方格网左下角如图 16-31 所示的点，并将其移动到围墙左下角墙柱如图 16-32 所示位置。

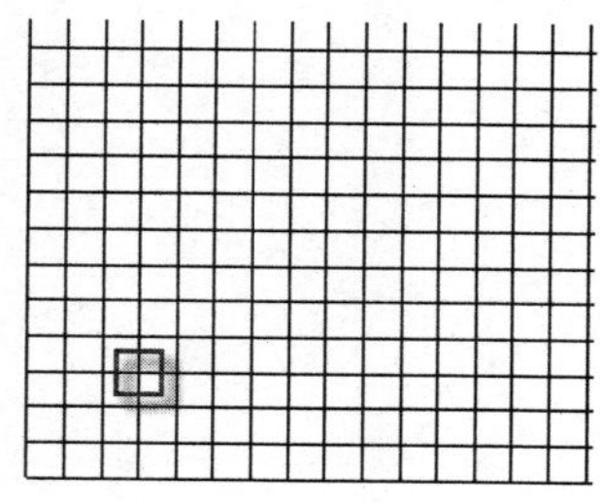

图 16-31 指定移动基点

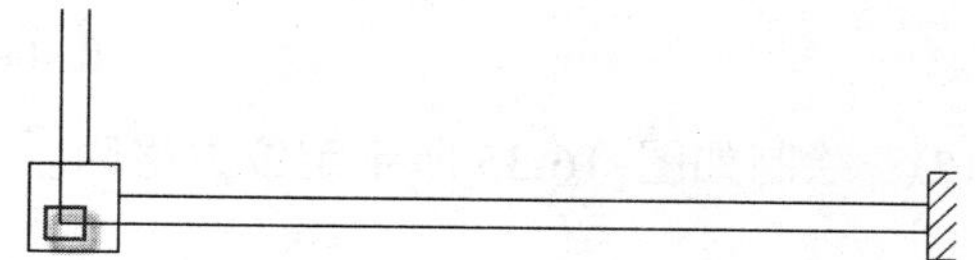

图 16-32 指定移动目标点

08 删除方格网四周的线条，并输入编号，横向编号为 1～50，纵向编号为 “A” ～ “Z”，如图 16-33 所示。

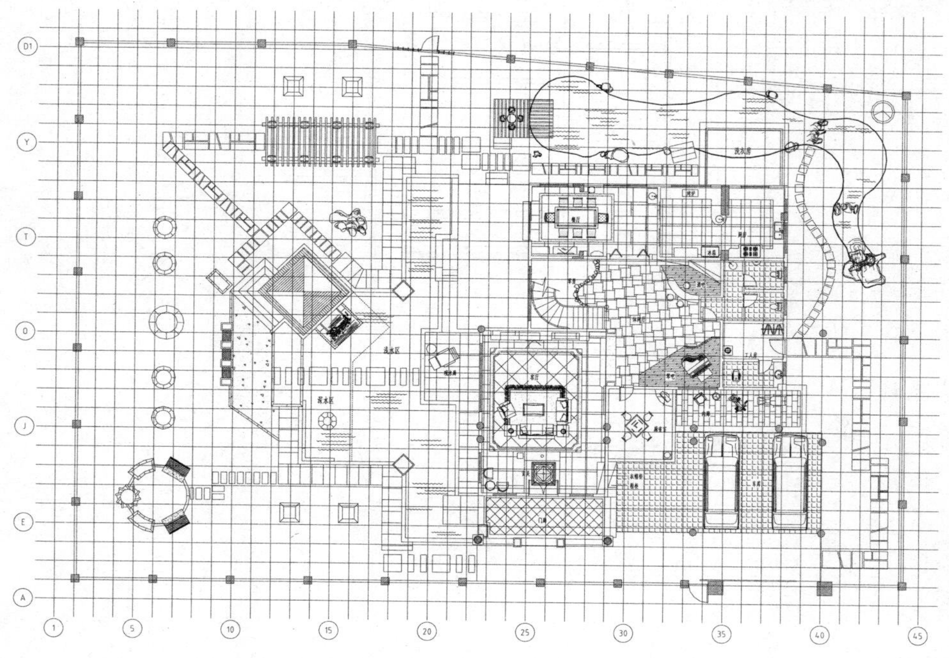

图 16-33 方格网完成图

提示 方格定位图基点一般选用建筑角点。

16.5 课后练习

操作题

(1) 绘制如图 16-34 所示的轴号属性块。

图 16-34 轴号

(2) 绘制如图 16-35 所示定位方格网。

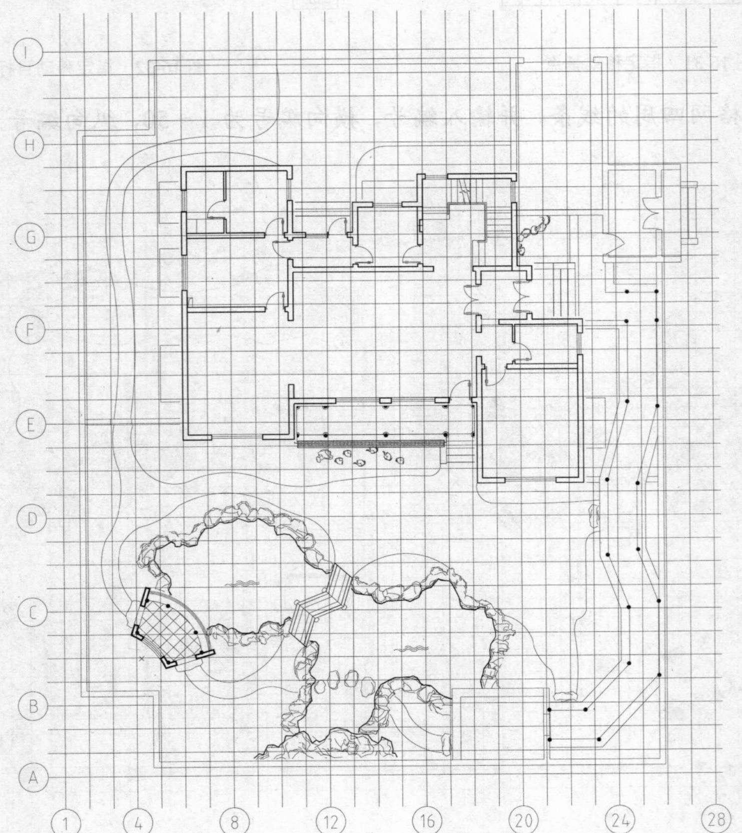

图 16-35 定位方格网图

第17章 园林建筑立面图和详图设计

本章导读

对于精细的园林小品、园林建筑，如喷泉、花架、景观亭等，需要另外绘制详图，进行详细的结构表达和尺寸标注。

本章首先介绍了花架、花池、栏杆等建筑小品的设计基础知识，然后详细讲解了它们的立面图和详图的绘制方法。

本章重点

- 建筑小品设计
- 花架立面图和详图设计
- 雕塑池详图设计
- 景观亭立面图设计
- 水池详图设计
- 花池详图设计
- 生态鱼池详图设计
- 景墙详图设计
- 园林木桥详图绘制
- 课后练习

17.1 建筑小品设计

园林建筑在园林空间中，一方面作为被观赏的对象，另一方面又作为人们观赏景色的场所。在设计中，常常使用建筑小品把外界的景色组织起来，使园林意境更为生动，画面更富诗情画意。

17.1.1 花架

一提起花架，很容易联想到宅前屋后的豆棚瓜架。花架是攀援植物的棚架，又是人们消夏庇荫之所。可以说花架是最接近于自然的园林小品了。

1. 花架的作用

花架在园林设计中往往有亭、廊的作用，作长线的布置时，就像游廊一样能发挥建筑空间的脉络作用，形成导游路线；也可以用来划分空间，增加风景的深度。作点状布置时，就像亭子一般，形成观赏点，并可以在此组织对环境景色的观赏。花架又不同于亭、廊，空间更为通透，特别由于绿色植物及花果自由地攀绕和悬挂，更添一番生气。

花架在现代园林中除供植物攀援外，有时也取其形式轻盈，以点缀园林建筑的某些墙段或檐头，使之更加活泼和具有园林的性格。

2. 几种常见花架类型

❑ 双柱花架

花架造型比较灵活和富于变化，最常见的形式是双柱花架，如图 17-1 所示。这种花架是先立柱，再沿柱子排列的方向布置梁，在两排梁上垂直于柱的方向设间距较小的枋，两端向外挑出悬臂，如供藤本植物攀援时，在枋上还要布置更细的枝条以形成网格。值得注意的是供植物攀援的花架板，其平面排列可等距(一般每 50cm 左右)，也可不等距，板间嵌入花架砧，取得光影和虚实变化；其立面也不一定是直线的，可曲线、折线，甚至由顶面延伸至两侧地面，如滚地龙一般。

图 17-1 双柱花架

❑ 半边花架

花架的另一种形式是半边列柱半边墙垣，上边叠架小枋，它在划分封闭或开敞空间上更为自如，造园趣味类似于半边廊，在墙上也可以开设景窗使意境更含蓄。

❑ 单排花架

单排柱的花架仍然保持廊的造园特征，它在组织空间和疏导人流方面，具有同样的作用，但在造型上却轻盈自由得多。为了整体的稳定和美观，单排花架在平面上宜做成曲线、折线型，如图 17-2 所示。

❑ 单柱花架

单柱花架很像一座亭子，只不过顶盖是由攀援植物组成。形式舒展新颖，别具风韵，如图 17-3 所示。

图 17-2　单排花架

图 17-3　单柱花架

3. 花架的设计

花架的设计往往同其他建筑小品相结合，形成一组内容丰富的小品建筑，如布置坐凳供人休息，墙面开设景窗、漏花窗，柱间或嵌以花墙，周围点缀叠石小池以形成吸引游人的景点。

花架在园林中的布局可以是依附于建筑，属于建筑的一部分或是建筑空间的延续，如在墙垣的上部，垂直墙面水平搁置横梁向两侧挑出，它应保持建筑自身的统一比例与尺度，在功能上除供植物攀援或设坐凳供游人休息外，也可以只起装饰作用。

花架的布局还可以采取独立式，独立式布局应在园林总体设计中加以确定，它可以在花丛中，也可以在草坪边，使园林空间有所起伏，增加平坦空间的层次，有时也可以傍山临池，随意弯曲。

4. 花架配置的植物

一般情况下，一个花架配置一种攀援植物，有时也可以见到配置 2～3 种相互补充的植物的花架。各种攀援植物的观赏价值和生长要求不尽相同，设计花架前须有所了解。

❑ 紫藤花架

紫藤枝粗叶茂，老态龙钟，尤宜观赏。北京恭王府中有二三百年前的藤萝架。设计紫藤花架，要采用能负荷、永久性材料，显古朴、简练的造型。紫藤花架如图 17-4 所示。

❑ 葡萄架

葡萄浆果有许多耐人深思的寓言、童话，可作为构思参考。种植葡萄，要求有充分的通风、光照条件，还要翻藤修剪，因此要考虑合理的种植间距。葡萄架如图 17-5 所示。

❑ 猕猴桃棚架

猕猴桃属有 30 余种为野生藤本果树，广泛生长于长江流域以南的林中、灌丛及路边，其枝叶左旋攀援而上。设计此棚架之花架板，最好是双向的，或者在单向花架板上再放临时石竹，以适应猕猴桃只旋而无吸盘的特点。整体造型宜纤细现代而不粗犷。

对于茎干草质的攀援植物，如葫芦、茑萝、牵牛等，往往要借助于牵绳而上，因此，种植池要近；在花架柱梁板之间也要有支撑、固定，方可爬满全棚。

图 17-4 紫藤花架

图 17-5 葡萄架

5. 几种常用的花架建材

❑ 自然材料

在我国 17 世纪末的《工段营造录》中有记载：架以见方计工。料用杉槁、杨柳木条、薰竹竿、黄竹竿、荆笆、箍竹片、花竹片。现已不易见到，但为追求某种意境、造型，可用钢管绑扎外粉或混凝土仿做上述自然材料。也流行经处理的木材做材料，以求真实、亲切。

❑ 混凝土材料

混凝土是最常见的材料。基础、柱、梁皆可按设计要求，唯花架板量多因距近，且受木构断面影响，宜用光模、高标号混凝土一次捣制成型，以求轻巧挺薄。

❑ 金属材料

金属材料常用于独立的花柱、花瓶等。造型活泼、通透、多变、现代、美观，唯需经常养护油漆，且阳光直晒下温度较高。

17.1.2 花池

在园林中，花池是组景不可缺少的手段之一，甚至有的花池在园林组景中成为组景的中心，既起点缀作用，又能增添园林生气，如图 17-6 所示。

图 17-6 花池

花池随地形、位置、环境的不同，形式多样。有单个的花池，也有组合的花池，可以是大面积的花坛，也可以是狭长的花带，有的将花台与休息座椅结合起来，也有的把花池与栏杆踏步等组合在一起，以便争取更多的绿化面积创造舒适的环境。我国传统园林多以自然山水布局为主，庭园组景讲究诗情画意，植物多为自由栽种，很少采用花池形式。

在我国现代园林中，花台的处理方法，在吸取我国古典手法和西洋手法的基础上，有较大的创造和发展。例如结合平面布置，利用对景位置设置花台；或在屋顶辟半方小孔，透阳光雨露，种植花木。有的结合竖向构图，把花池作成与各种隔断、格架或墙面结合的高低错落的花斗。这种由南方传统园林壁上花插脱胎出来的壁面花斗形式，在现代南方园林建筑小品中大量采用，使绿化得以有机地和建筑结合起来。在构图上形成富有趣味性的景点。

在国外，花池多讲究几何体，如圆形、方形、多边形等。在古典西洋园林中，往往把花池与雕塑结合起来，或在庭园中布置有一定造型的花盆、花瓶。花池的造型简洁多样，大都采用可以移动的花盆，随季节变更而更换盆花。

建造花池的施工工艺和材料也是多种多样的，有天然石砌的，有规整石砌的，也有混凝土预制块砌筑的，此外还有砖砌筑的和塑料砌筑的等。表面装饰材料有干粘石、粘卵石、洗石子、磁砖、马赛克等。

17.1.3 栏杆

栏杆在园林建筑中，除具有防护功能外，也是园林组景中大量出现的一种重要小品，起到装饰的作用。

1. 形式

栏杆有漏空和实体两类。漏空的由立杆、扶手组成，有的加设横档或花饰部件。实体的是由栏板、扶手构成，也有局部漏空的。此外，栏杆还可做成坐凳或靠背式的。栏杆的设计，应考虑安全、适用、美观、节省空间和施工方便等。

2. 构造

建造栏杆的材料有木、石、混凝土、砖、瓦、竹、金属、有机玻璃和塑料等。栏杆的高度主要取决于使用对象和场所，一般高 900mm；幼儿园、小学楼梯栏杆还可建成双道扶手形式，分别供成人和儿童使用；在高险处可酌情加高。楼梯宽度超过 1.4m 时，应设双面栏杆扶手（靠墙一面设置靠墙扶手），大于 2.4m 时，须在中间加一道栏杆扶手。居住建筑中，栏杆不宜有过大空档或可攀登的横档。各种栏杆和扶手的构造分述如下：

- 铁栏杆

铁栏杆的栏杆和基座相连接，有以下几种形式：

插入式：将开脚扁铁、倒刺铁件等插入基座预留的孔穴中，用水泥砂浆或细石混凝土浆填实固结。

焊接式：把栏杆立柱（或立杆）焊于基座中预埋的钢板、套管等铁件上。

螺栓结合式：可用预埋螺丝母套接，或用板底螺帽栓紧贯穿基板的立杆。上述方法也适用于侧向斜撑式铁栏杆。

❑ 钢筋混凝土栏杆

钢筋混凝土栏杆多用预制立杆，下端同基座插筋焊接或预埋铁件相连，上端同混凝土扶手中的钢筋相接，浇筑而成。

❑ 木栏杆

木栏杆以榫接为主。若为望柱，则应将柱底卯入楼梯斜梁，扶手再与望柱榫接。

❑ 栏板式栏杆

栏板式栏杆可采用现浇或预制的钢筋混凝土板和钢丝网水泥板，也可用砖砌。室内的还可考虑使用钢化玻璃和有机玻璃等。

扶手多为木制的，常以木螺丝固定于立杆顶端的长扁铁条上（木立杆时为榫接）。也可用金属焊接和螺钉固接或以金属作骨衬，饰以木质和塑料面层，或为混凝土浇注、水磨石抹面等。断面形式和尺寸应根据功能需要。图 17-7 所示为不同构造的栏杆。

图 17-7 栏杆

17.2 花架立面图和详图设计

本别墅庭院花架为双柱花架形式，由立柱、梁和木枋组成。其中立柱为钢筋混凝土结构，梁和木枋为实木材料，两侧设置有座椅。下面介绍立面图和详图具体绘制方法。

17.2.1 绘制花架立面图

绘制花架立面图可以借助花架平面图，以快速定位尺寸和位置。

课堂举例 17–1： 绘制花架立面图 视频\第 17 章\课堂举例 17-1.mp4

1. 绘制花架正立面图

花架位于别墅庭院的北侧位置，正立面即为其南立面。

❑ 绘制立柱

01 输入 CO 命令，选择平面图中的花架，将其复制至绘图区域的空白处。

02 打开隐藏的“轴线”图层，并将其置为当前图层。输入 L 命令，绘制花架投影线，长度约为 3000，如图 17-8 所示。

03 将“园林建筑”图层置为当前图层。输入 L 命令，在投影线下方绘制一水平线段表示地面，如图 17-9 所示。

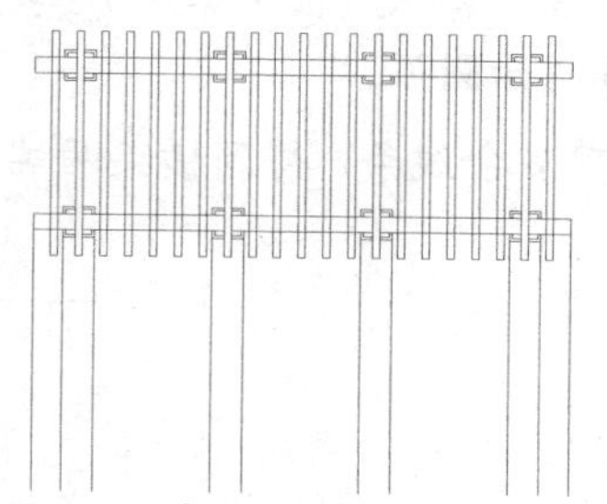

图 17-8　绘制花架投影线

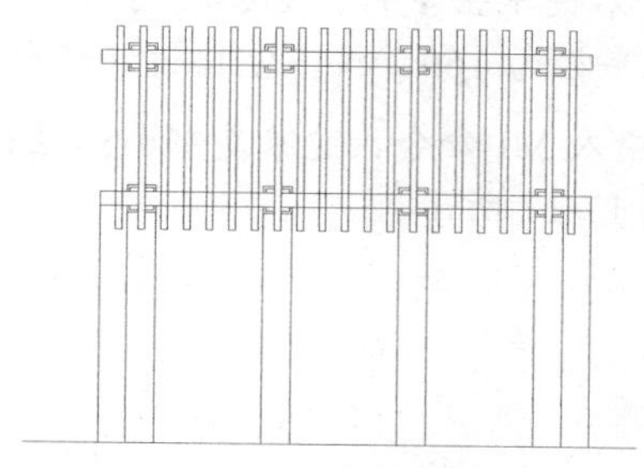

图 17-9　绘制地面线

04 绘制立柱基座。输入 PL 命令，指定左边第二条投影线与地面线的交点为起点，沿 Y 轴正方向输入 400，X 轴正方向输入 350，Y 轴负方向输入 400，按下空格键，绘制得到如图 17-10 所示的多段线。

05 绘制基座装饰。输入 REC 命令，在绘图区绘制一个尺寸为 420×50 的矩形。输入 M 命令，捕捉矩形下方水平方向的边中点，移动至基座上方边的中点，如图 17-11 所示。

06 输入 L 命令，打开“对象追踪”功能，捕捉图 17-11 中矩形左上方角点，用光标指引沿 X 轴正方向输入 110，沿 Y 轴正方向输入 1800，按下空格键。将直线向右偏移 200，如图 17-12 所示。

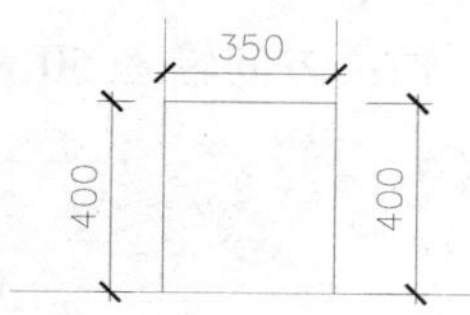

图 17-10　绘制立柱基座

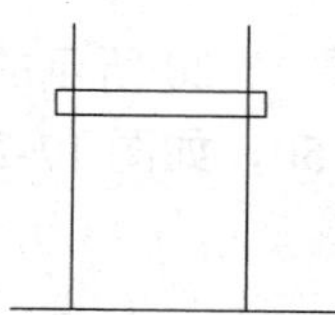

图 17-11　绘制基座装饰

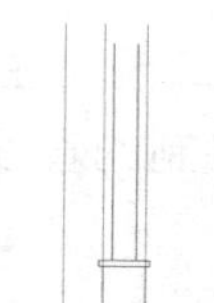

图 17-12　绘制立柱

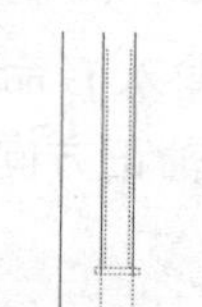

图 17-13　选择图形

07 阵列花架立柱。输入 AR 命令，选择如图 17-13 所示的图形，阵列 1 行 4 列，列偏移为 1650，阵列结果如图 17-14 所示，得到 4 根立柱。

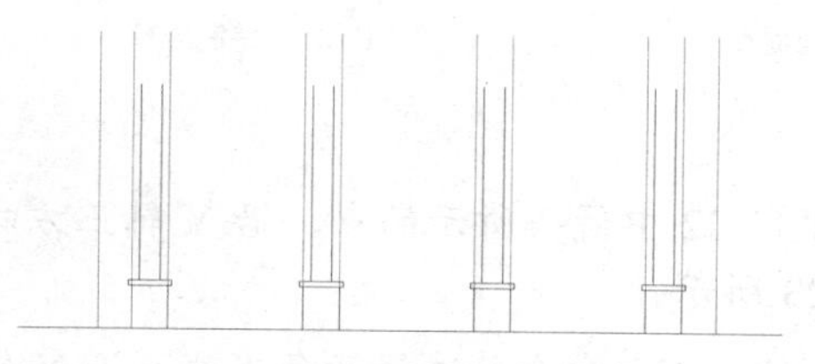

图 17-14　阵列花架立柱

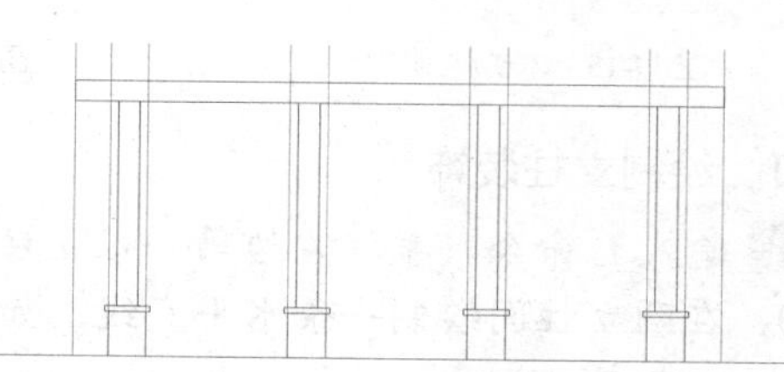

图 17-15　绘制横梁

□ 绘制横梁

01 输入 REC 命令，绘制一个尺寸为 5960×180 的矩形，并将其移动至如图 17-15 所示位置。

02 隐藏“轴线”图层，以方便察看视图。

03 在“默认”选项卡中，单击“绘图”面板中的“圆弧”下拉按钮，选择“起点、端点、半径”命令，捕捉矩形左下方角点，沿 X 轴正方向输入 180，指定为圆弧的起点。按住 Shift 键，右键单击鼠标，选择“自”，单击矩形左上角端点，输入（@0，-70），确定端点；输入圆弧半径为 160，按下空格键，绘制得到如图 17-16 所示圆弧。

04 输入 MI 命令，镜像复制圆弧至栋梁另一端，修剪多余线条，得到横梁两端的倒角装饰，如图 17-17 所示。

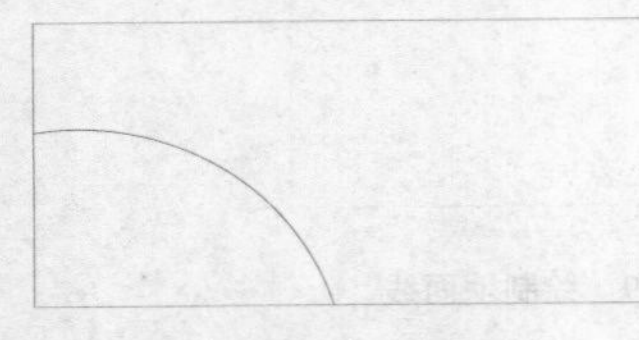
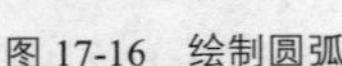

图 17-16　绘制圆弧

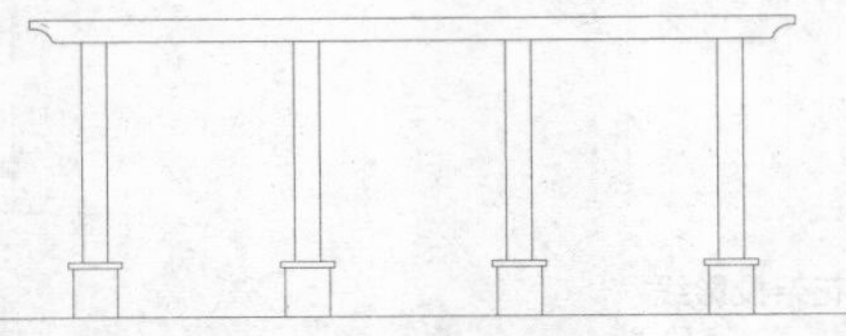

图 17-17　镜像复制圆弧并修剪多余线条

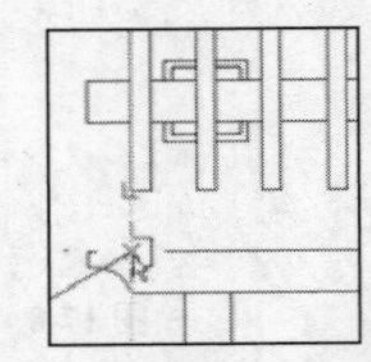

图 17-18　绘制花架木枋

□ 绘制木枋

01 输入 REC 命令，绘制一个尺寸为 80×120 的矩形。输入 M 命令，指定矩形左侧边的中点为移动基点，捕捉花架左边第一根顶梁的左下角端点，拖动至如图 17-18 所示的位置并单击鼠标确定。

02 输入 AR 命令，选择上一步绘制的矩形，向右阵列 21 列，列偏移为 275。分解阵列图形，修剪多余的线条，结果如图 17-19 所示。花架木枋绘制完成。

□ 绘制座椅

输入 L 命令，捕捉左边第二根立柱基座上如图 17-20 所示的点，沿 Y 轴负方向输入 50，沿 X 轴正方向输入 1300。将绘制的直线向下偏移 50，如图 17-21 所示。

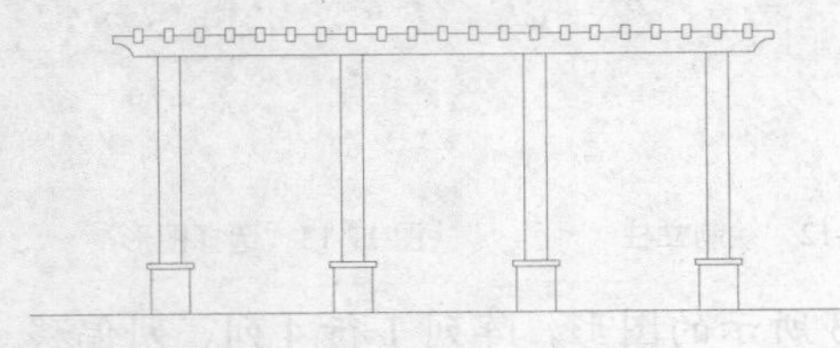

图 17-19　木枋阵列结果

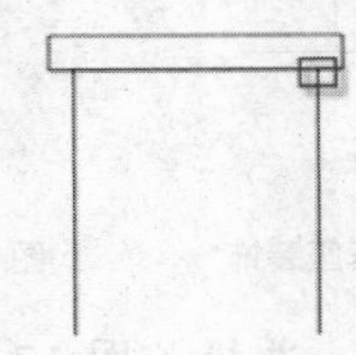

图 17-20　捕捉点

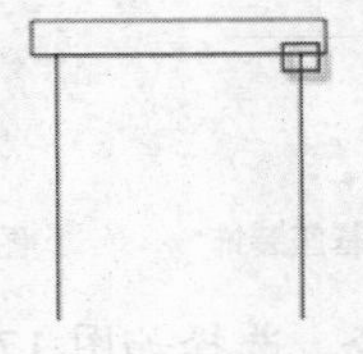
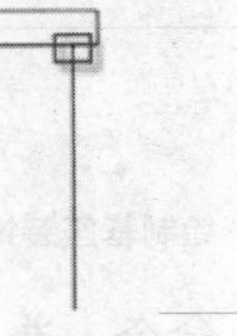

图 17-21　绘制座椅

□ 绘制立柱装饰

01 输入 L 命令，捕捉左边第一根立柱上如图 17-22 中箭头所示的点，沿 Y 轴正方向输入 350，在两立柱间绘制一条水平直线，如图 17-23 所示。

02 输入 O 命令，将绘制的直线向上偏移 50。输入 CO 命令，选择两条直线，沿 Y 轴正方向输入 800，按空格键，结果如图 17-24 所示。

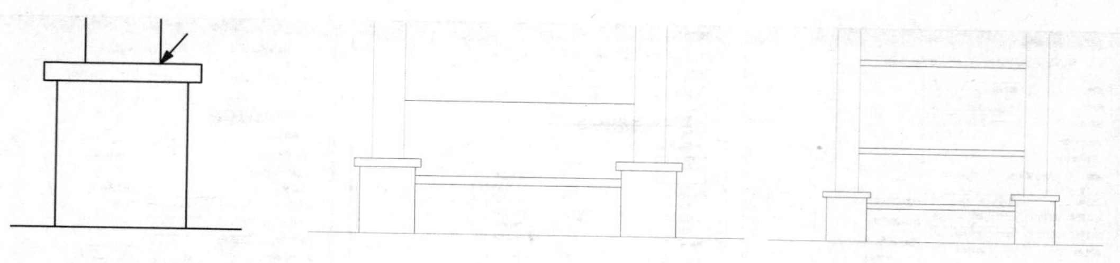

图 17-22　指定直线第一点　　图 17-23　绘制直线　　图 17-24　绘制花架装饰

03 将“填充”图层置为当前图层。单击状态栏中的“极轴追踪”右侧箭头按钮，在弹出的快捷菜单中选择 45° 增量角，并激活“极轴追踪”命令。

04 输入 L 命令，以任意点为起点，在绘图区域拖出 135° 极轴追踪线，沿追踪线绘制一条斜线，如图 17-25 所示。并将其移动到图 17-26 所示的位置。

05 输入 O 命令，将斜线向左下方多次偏移，偏移量为 100，修剪多余的线条，并对部分线条进行延伸，结果如图 17-27 所示。

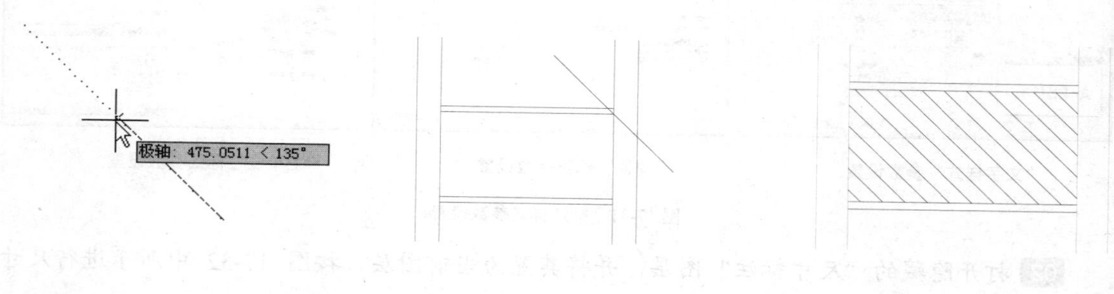

图 17-25　绘制斜线　　图 17-26　绘制结果　　图 17-27　偏移斜线

06 输入 CO 命令，选择所有的斜线，向右复制，线段间距为 30。延伸和修剪直线，如图 17-28 所示。

07 输入 MI 命令，以装饰上下横条的中点为对称点，镜像复制斜线，结果如图 17-29 所示。

08 输入 CO 命令，选择绘制的花架装饰，将其复制到另一侧，结果如图 17-30 所示。

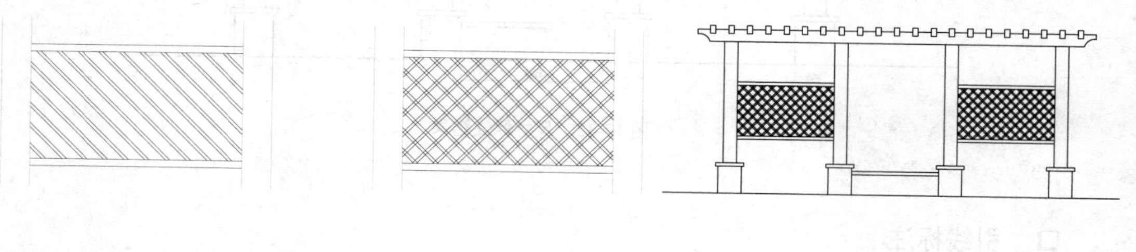

图 17-28　复制斜线　　图 17-29　镜像复制斜线　　图 17-30　花架装饰绘制结果

❑ 尺寸标注

01 在“默认”选项卡中，单击“注释”面板中的“标注样式”按钮，打开“新建标注样式”对话框，新建“立面样式”标注，各选项的参数设置如图 17-31 所示。

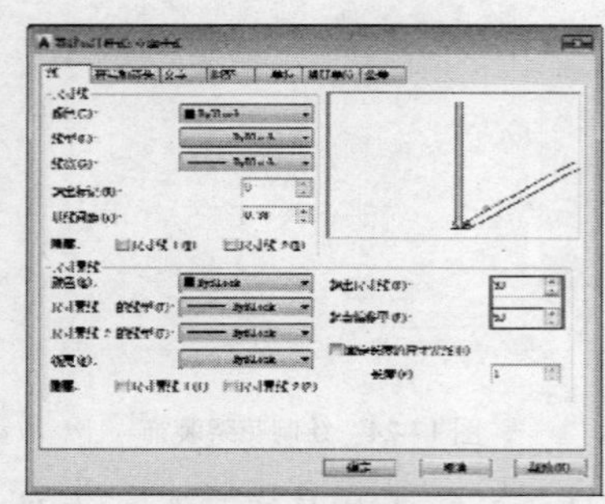

“线”标签参数设置

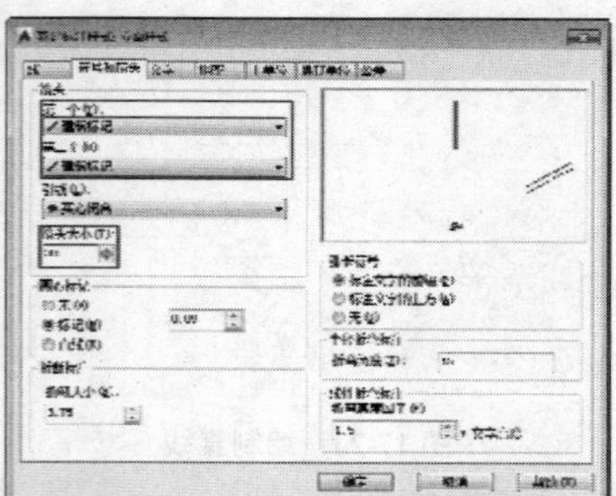

“符号和箭头”标签参数设置

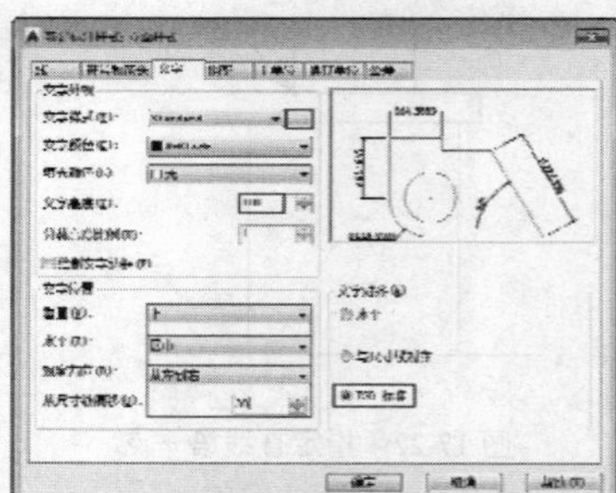

“文字”标签参数设置

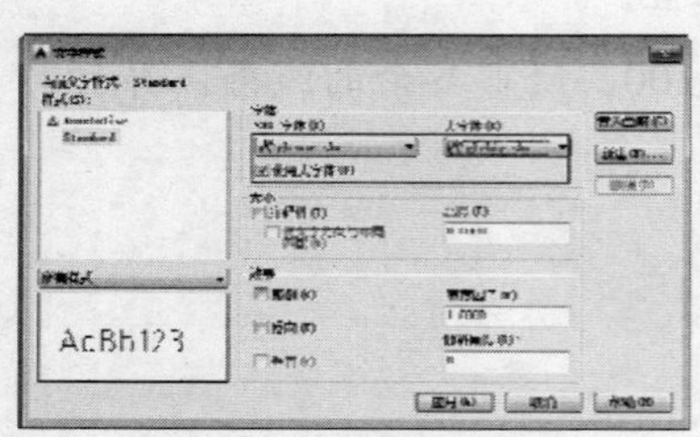

“文字样式”参数设置

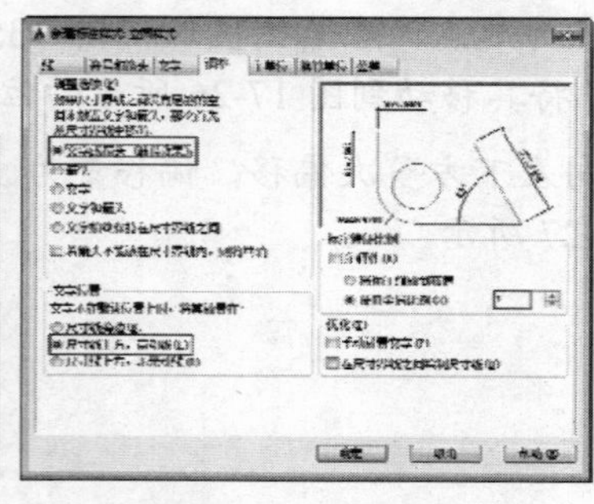

“调整”标签参数设置

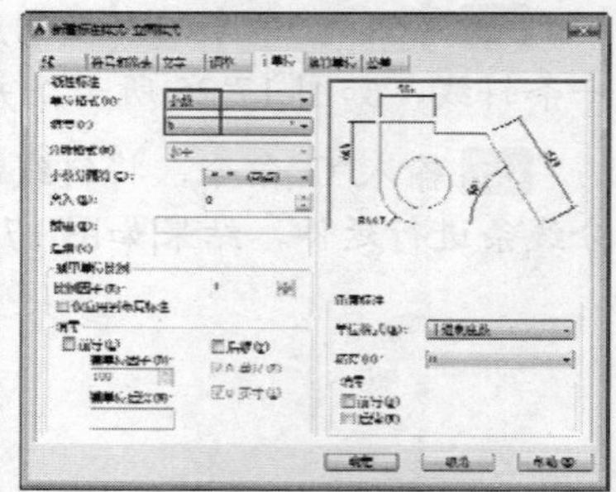

“主单位”标签参数设置

图 17-31 标注样式参数设置

02 打开隐藏的“尺寸标注”图层，并将其置为当前图层，按图 17-32 中所示进行尺寸标注。

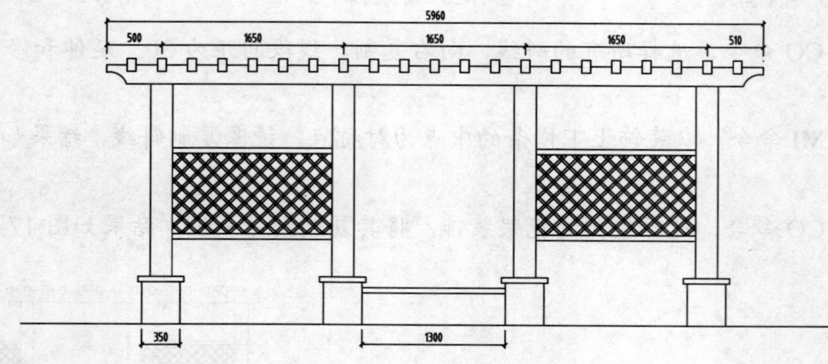

图 17-32 尺寸标注结果

❑ 引线标注

01 在“默认”选项卡中，单击“注释”面板中的“多重引线样式”按钮，打开“修改多重引线样式”对话框，新建“立面样式”标注，各选项的参数设置如图 17-33 所示。

02 打开隐藏的“文字标注”图层，并将其置为当前图层。执行菜单“标注”｜“多重引线”命令，按图 17-34 中所示进行引线标注。以注明花架各部分的材料和尺寸。

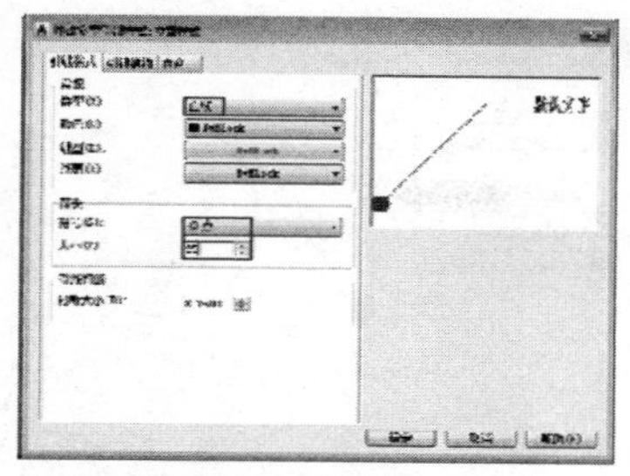

“引线格式”标签参数设置

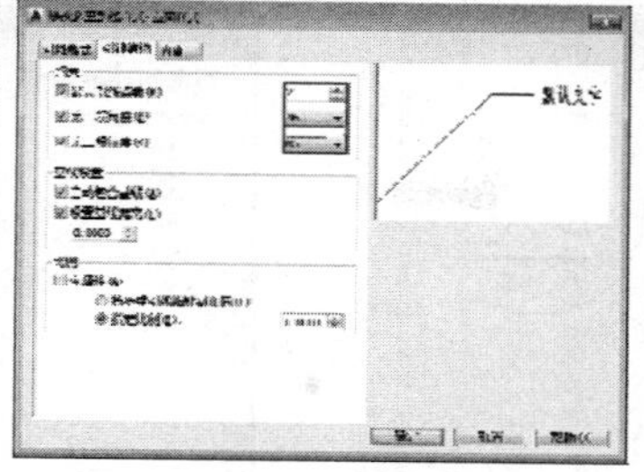

“引线结构”标签参数设置

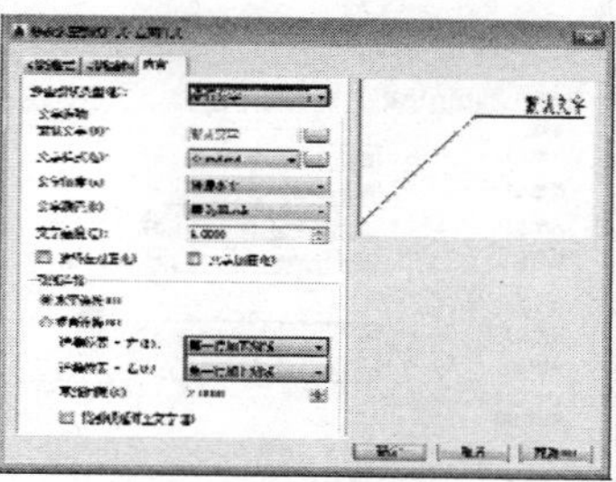

“内容”标签参数设置

图 17-33　“修改多重引线样式”对话框

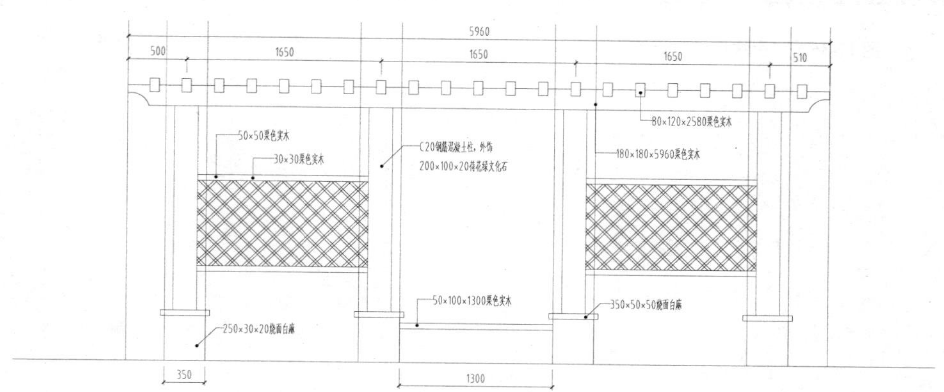

图 17-34　引线标注结果

❑ 详图索引

花架很多细部结构和尺寸无法通过立面图表达出来，需要绘制比例更大的详图进行表示，绘制详图的位置需要插入详图索引，以标明详图的编号。

01 绘制一个如图 17-35 所示的详图索引符号（圆的半径为 150，文字高度设为 100），并定义为属性块，块名为“详图索引”。

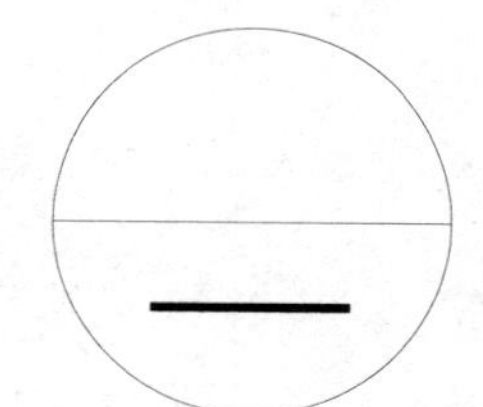

图 17-35　绘制索引符号

02 在“默认”选项卡中，单击“注释”面板中的“多重引线样式”按钮，打开“修改多重引线样式”对话框。新建一个样式，命名为“详图索引”。

03 在“引线格式”标签中设置箭头符号为“点”，大小为 40，如图 17-36 所示；在“内容”标签的“多重引线类型”下拉列表中选择“块”选项；在“块源”下拉列表中选择“用户块”选项，打开“选择自定义内容块”对话框，在下拉列表中选择“索引符号”图块，如图 17-37 所示。单击“确定”按钮。

04 输入 C 命令，在横梁侧端和柱基装饰位置绘制如图 17-38 所示的圆作为详图索引的区域。

05 输入 MLD 命令，按图 17-39 中所示进行标注。

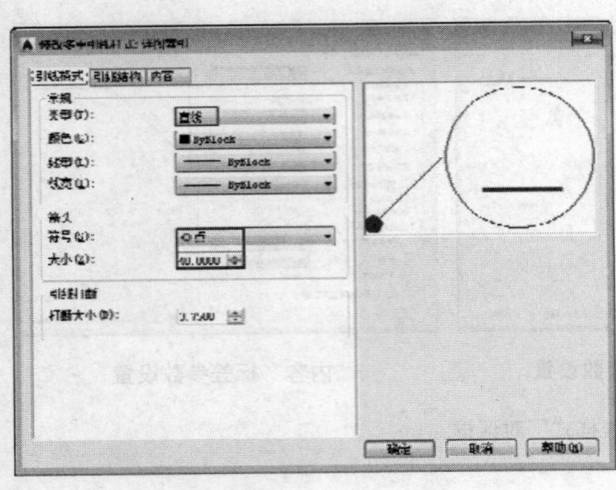

图 17-36　“引线格式”标签

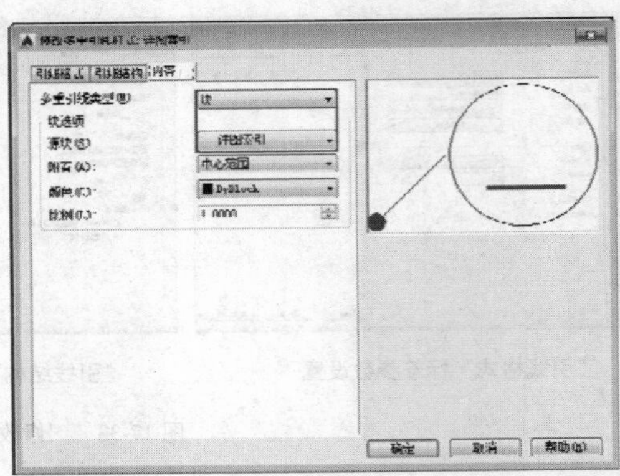

图 17-37　“内容”标签

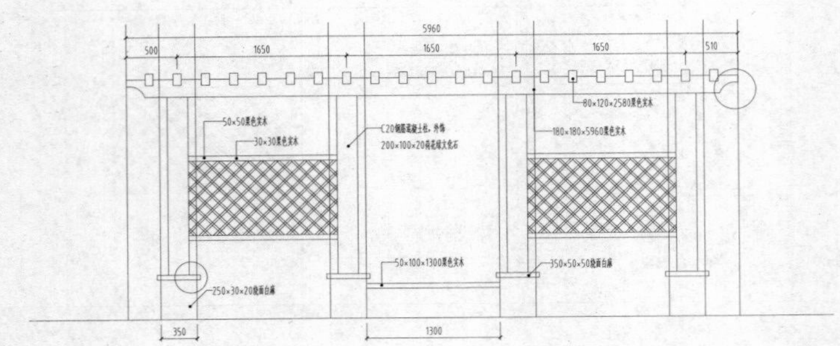

图 17-38　绘制索引区域

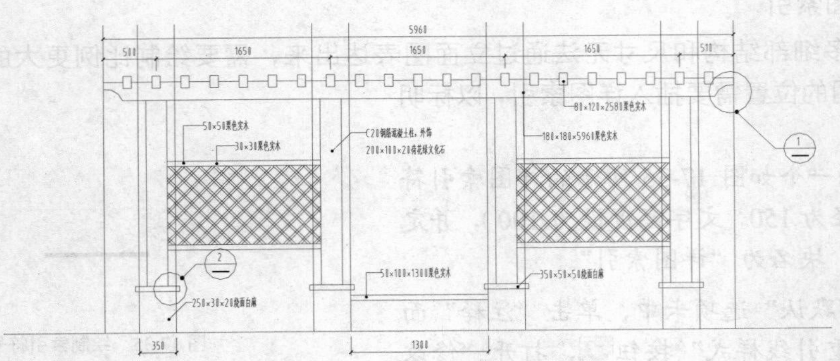

图 17-39　添加索引标注

06 花架正立面图绘制完成。

2. 绘制花架侧立面图

□ 绘制立柱

01 打开隐藏的“轴线”图层，并将其置为当前图层。

02 绘制辅助线。输入 L 命令，绘制两条长为 3000 的垂直直线，两辅助线之间的距离为 1800，如图 17-40 所示。

03 将“园林建筑”层置为当前图层。重复执行 L 命令，于辅助线下端绘制一条水平直

线，表示地面，如图 17-41 所示。

04 输入“CO”命令，复制花架正立面图的一个立柱及立柱装饰，使立柱的中点在辅助线上，如图 17-42 所示。

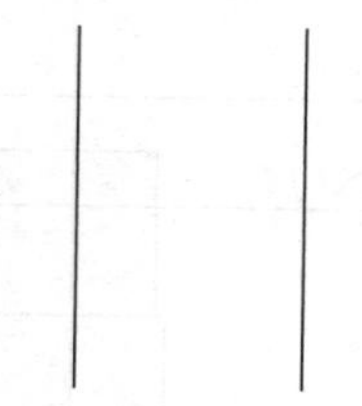
图 17-40 绘制辅助线

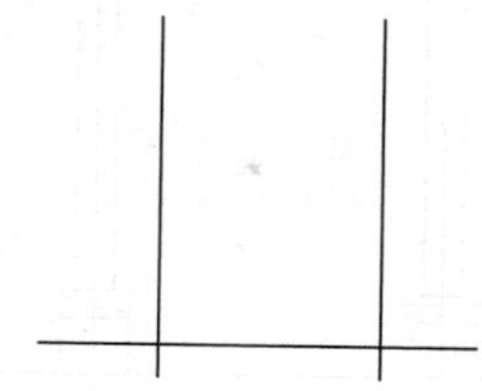
图 17-41 绘制地面线

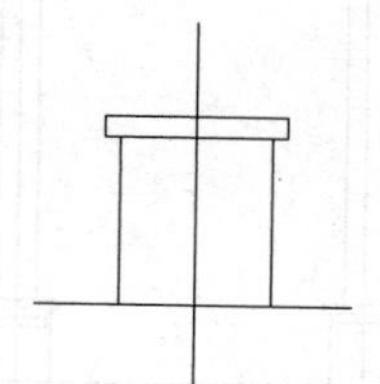
图 17-42 绘制立柱侧立面图

05 输入 REC 命令，绘制一个尺寸为 300×50 的矩形。输入 M 命令，以矩形上面的边的中点为基点，捕捉立柱基座装饰下面边的中点，沿 Y 轴负方向输入 50，定位矩形位置如图 17-43 所示。

06 输入 REC 命令，绘制尺寸为 200×1800 的矩形。输入 M 命令，指定矩形下方的中点为基点，移动至如图 17-44 所示的位置。

❑ 绘制横梁

01 输入 REC 命令，绘制尺寸为 180×180 的矩形。输入 M 命令，捕捉小矩形下方的中点，移动至大矩形上方边的中点，如图 17-45 所示。

02 输入 CO 命令，将绘制的立柱和横梁，复制一个，使立柱的中心在另一条辅助线上。

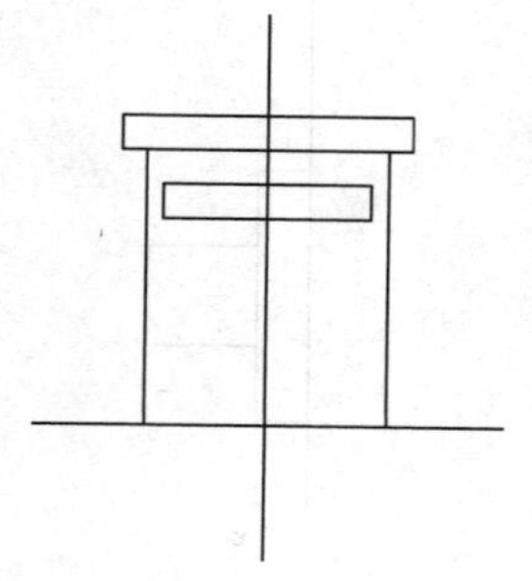
图 17-43 绘制并移动矩形

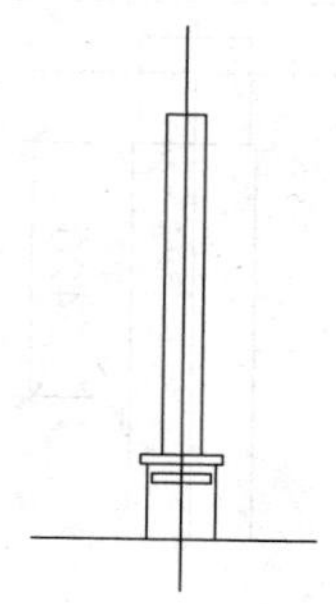
图 17-44 绘制立柱

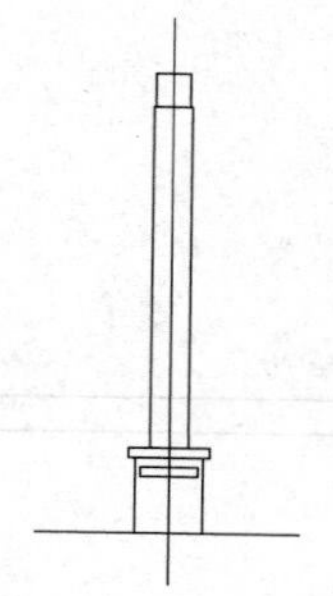
图 17-45 移动木柱及横梁

❑ 绘制木枋

01 输入 L 命令，绘制一条连接两横梁的辅助直线，如图 17-46 所示。

02 输入 REC 命令，绘制一个尺寸为 2580×120 的矩形。输入 M 命令，指定矩形上侧边中点为基点，捕捉辅助直线的中点，沿 Y 轴正方向输入 60，删除辅助线，如图 17-47 所示。

03 在“默认”选项卡中，单击“绘图”面板中的“圆弧”下拉按钮，在弹出的菜单中选择“起点、端点、半径”命令，捕捉横梁左下角端点，沿 X 轴正方向输入 120，指定起点。捕捉横梁左上角端点，沿 Y 轴负方向，输入 60，指定端点。输入圆弧半径 120，如图 17-48 所示。

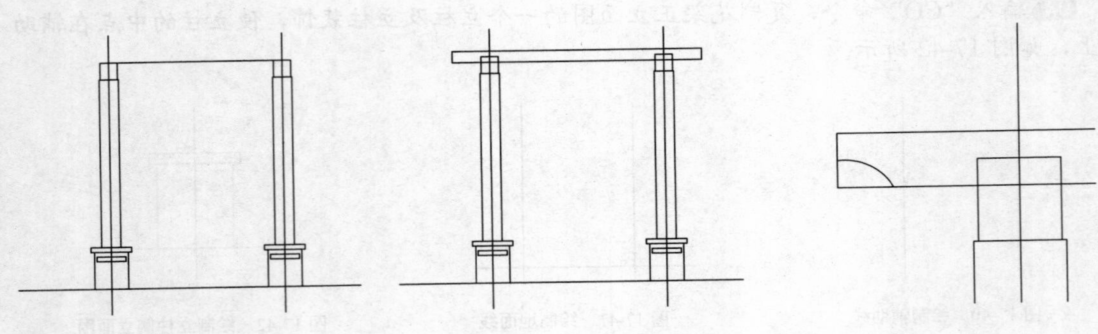

图 17-46　绘制辅助直线　　图 17-47　绘制并移动矩形　　图 17-48　绘制圆弧

04 输入 MI 命令，镜像复制圆弧，并修剪多余线条，如图 17-49 所示。

□ 绘制壁灯

01 输入 REC 命令，绘制一个尺寸为 13×63 的矩形，作为灯座，并将其移动至立柱右上角端点下方“420”处，如图 17-50 所示。

02 输入 REC 命令，绘制一个尺寸为 27×25 的矩形，作为灯柄，并将其移动至灯座右方垂直边的中点，如图 17-51 所示。

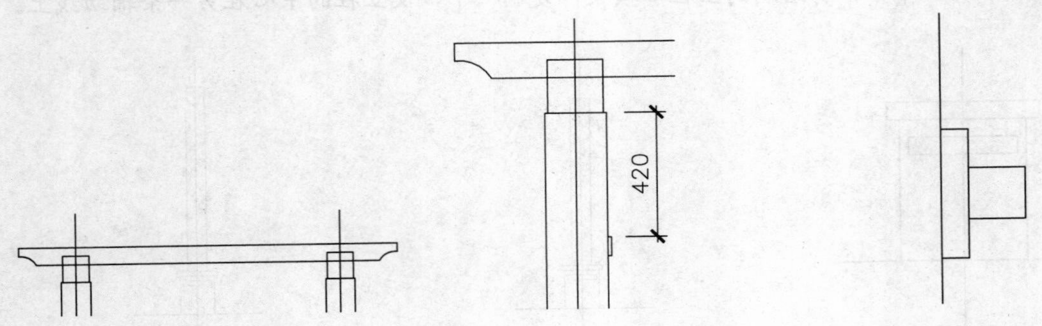

图 17-49　镜像复制圆弧并修剪多余线条　　图 17-50　绘制灯座　　图 17-51　绘制灯柄

03 输入 REC 命令，绘制一个尺寸为 75×160 的矩形，作为灯具，并将其移动至灯柄右方垂直边的中点，如图 17-52 所示。

04 绘制两个尺寸分别为 100×13 和 110×13 的矩形，并移动至如图 17-53 所示位置。

05 输入 MI 命令，以灯具的中线为镜像线，复制一组矩形。并修剪多余线条，如图 17-54 所示。

06 重复执行 MI 命令，镜像复制一组壁灯至另一边立柱。

□ 尺寸标注

在“默认”" 选项卡中，单击“注释”面板中的“标注样式”按钮右侧下拉按钮，在弹出的菜单中选择设置的“立面样式”。将“尺寸标注”层置为当前图层，对花架侧立面进行标注，如图 17-55 所示。

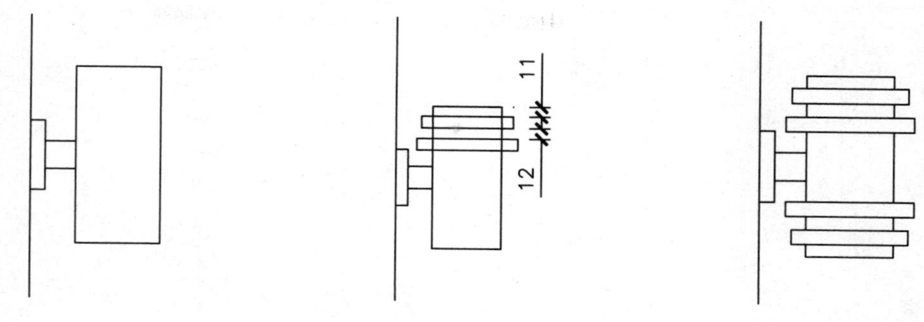

图 17-52　绘制灯具　　图 17-53　绘制灯饰　　图 17-54　镜像复制灯饰

❑　引线标注

在“默认””选项卡中，单击“注释”面板中的“多重引线样式”按钮右侧下拉按钮，在弹出的菜单中选择“立面样式”。将“文字标注”层置为当前图层，输入 MLD 命令，对花架侧立面图进行引线标注，如图 17-56 所示。

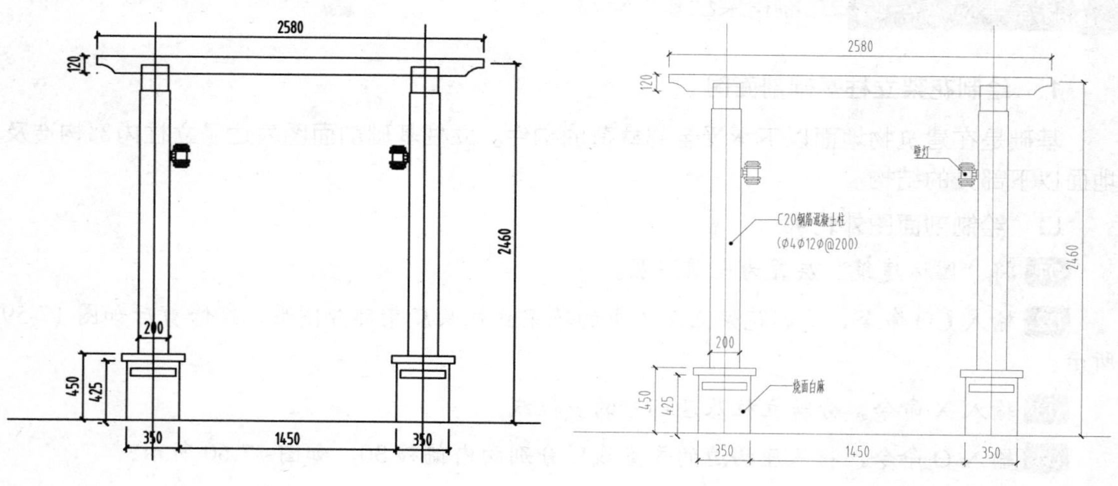

图 17-55　尺寸标注结果　　图 17-56　引线标注结果

❑　详图索引

01 输入 C 命令，绘制如图 17-57 所示的圆标明详图索引的区域。

02 在“默认”选项卡中，单击“注释”面板中的“多重引线样式”下拉按钮，在弹出的菜单中选择“详图索引”样式为当前样式。输入“MLD”命令，对花架侧立面图进行详图索引，如图 17-58 所示。

03 花架侧立面图绘制完成。

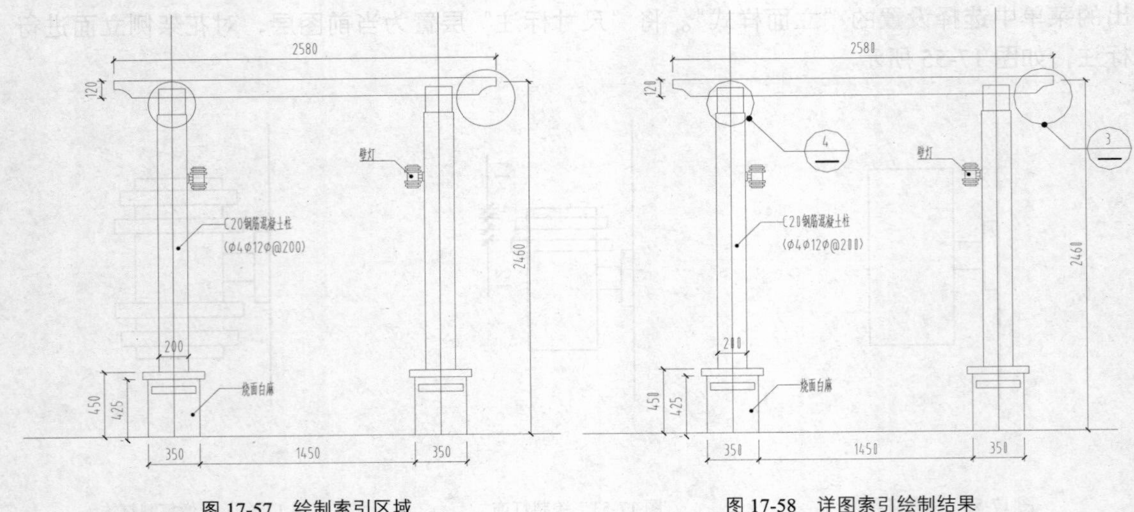

图 17-57　绘制索引区域　　　图 17-58　详图索引绘制结果

17.2.2 绘制花架剖面大样图

剖面大样图是反映建筑物内部构造和空间关系的图样，是指导施工的依据。

课堂举例 17-2：绘制花架剖面大样图　　视频\第 17 章\课堂举例 17-2.mp4

1. 绘制花架立柱基础剖面图

基础是在建筑物地面以下承受全部载荷的构件。立柱基础剖面图表达了立柱内部构造及地面以下部分的结构。

❑ 绘制剖面图外轮廓

01 将“园林建筑”层置为当前图层。

02 输入 CO 命令，复制花架立面图中的花架立柱及座凳部分图形，经修剪后如图 17-59 所示。

03 输入 X 命令，分解立柱基座部分的多段线。

04 输入 O 命令，将基座两边的垂直线段分别向内偏移 30，如图 17-60 所示。

05 重复执行 O 命令将地面线依次向下偏移 10、10、40、50，如图 17-61 所示。

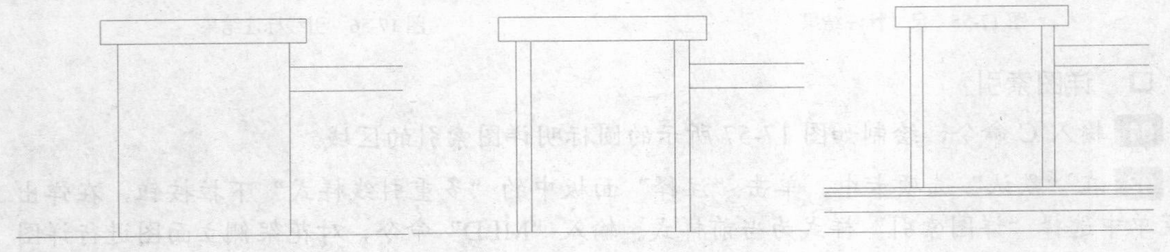

图 17-59　复制花架立柱及座凳　　图 17-60　绘制面层轮廓线　　图 17-61　偏移地面线

❑ 绘制剖面图内部构造

01 输入 PL 命令，绘制如图 17-62 所示的图形。

02 输入 M 命令，指定图 17-63 箭头所示点为基点，按住 Shitf 键，右键单击鼠标，选择“自”，单击图 17-64 箭头所示的点，输入（@50，-10），结果如图 17-65 所示。

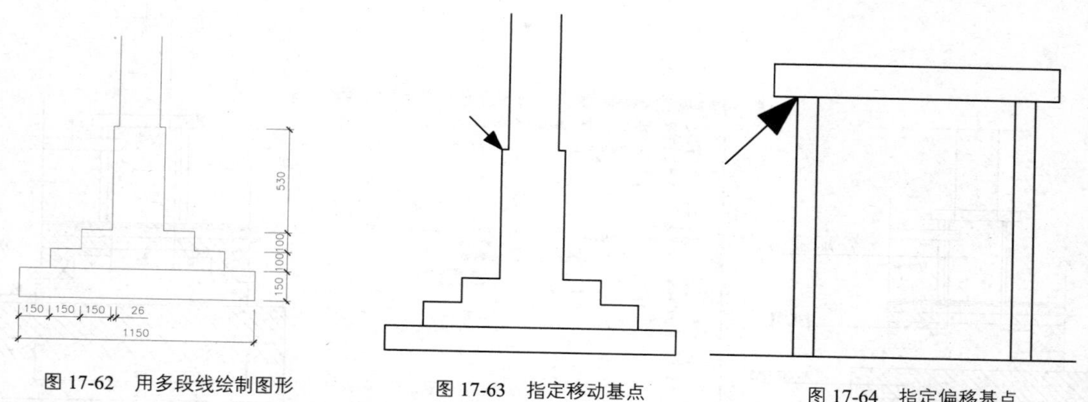

图 17-62　用多段线绘制图形　　图 17-63　指定移动基点　　图 17-64　指定偏移基点

03 使用夹点编辑功能，将座凳线条向基础内部伸入 100，修剪多余线条。如图 17-66 所示。

04 输入 PL 命令，绘制填充辅助线和折断线，结果如图 17-67 所示。

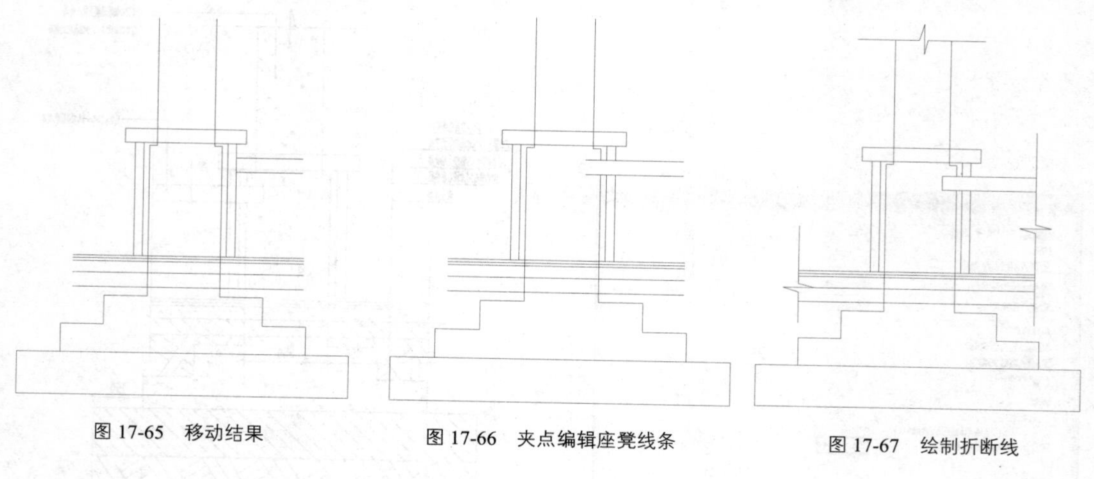

图 17-65　移动结果　　图 17-66　夹点编辑座凳线条　　图 17-67　绘制折断线

❑ 填充及标注

01 将“填充”层置为当前图层。输入 H 命令，填充花架基础，如图 17-68 所示。

02 输入 D 命令，打开“标注样式”管理器对话框。单击“新建”按钮，打开“新建标注样式”对话框，新建“副本 立面样式”，在基础样式下拉列表中选择“立面样式”。单击“继续”按钮，在“调整”标签中，将“使用全局比例”修改为 2.4，如图 17-69 所示。

03 将“尺寸标注”层置为当前图层。对图形进行尺寸标注，结果如图 17-70 所示。

04 在“默认”选项卡中，单击“注释”面板中的“多重引线样式”按钮，打开“多重引线样式管理器”对话框，在“样式”选项组中单击“立面样式”。单击“新建”按钮，打开“修改多重引线样式”对话框，新建“副本 立面样式”，在基础样式下拉列表中选择“立面样式”。单击“继续”按钮，在打开的对话框中单击“引线结构”标签，在“比例”选项组中将“指定比例”修改为0.35，如图17-71所示。

05 将“文字标注”置为当前图层，对图形进行引线标注，结果如图17-72所示。

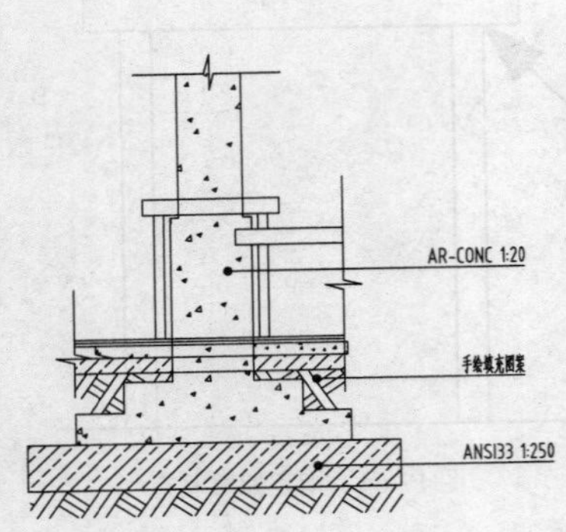

图 17-68　花架填充及标注结果

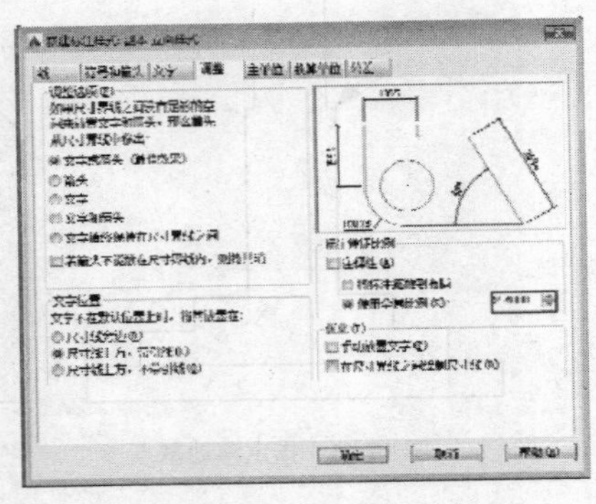

图 17-69　“调整”标签设置

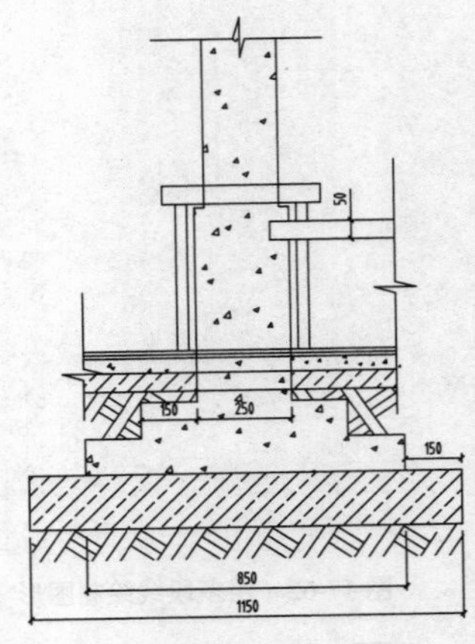

图 17-70　尺寸标注结果

06 花架立柱及座凳部分的基础剖面图绘制完成。

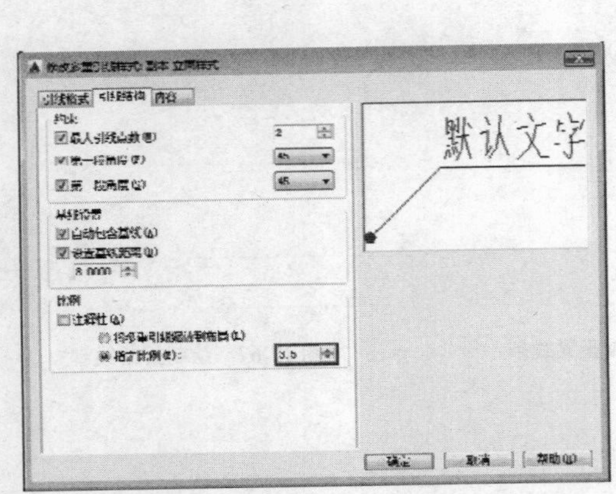

图 17-71　“引线结构”标签设置

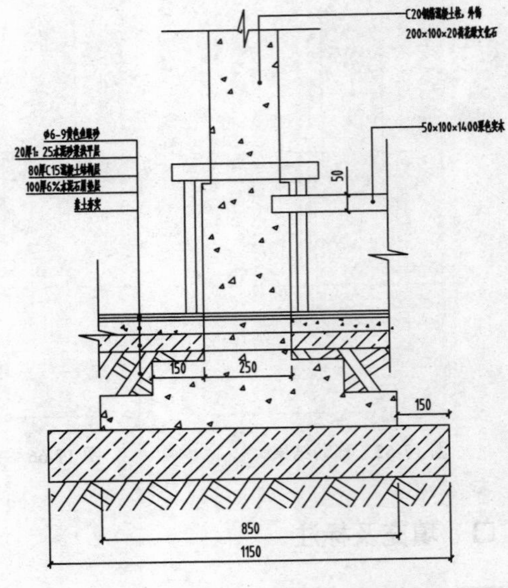

图 17-72　花架引线标注结果

2. 绘制花架立柱配筋图

配筋图是表示建筑结构构件内部钢筋配置的图样，一般由平面图和断面图组成。花架立柱配筋图表达了钢筋混凝土立柱内部的钢筋的直径大小、根数、间距和种类等情况。

❑ 绘制花架立柱平面配筋图

01 将“园林建筑”层置为当前图层。

02 绘制水平方向钢筋。输入REC命令，绘制一个边长为200的正方形。输入O命令，将正方形向内偏移40，如图17-73所示。

03 输入PL命令，设置线宽为6，沿偏移后的正方形轨迹绘制一个正方形，如图17-74所示，表示水平方向的钢筋。

04 绘制垂直方向钢筋。输入DO命令，在内部正方形四个端点内，分别绘制外径为6，内径为0的圆环，结果如图17-75所示。

05 输入L命令，过内矩形的对角点绘制两条交叉直线。输入C命令，过内矩形中心点绘制一个半径为4的圆，并进行填充，填充图案为“SOLID”。

06 将“文字标注”层置为当前图层。对平面图进行标注，注明钢筋规格，结果如图17-76所示。

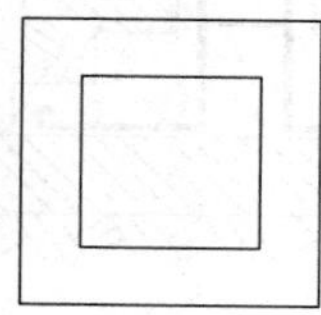

图17-73　绘制并偏移矩形

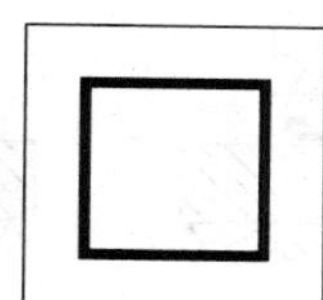

图17-74　绘制水平钢筋

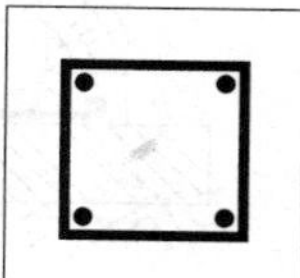

图17-75　绘制垂直钢筋

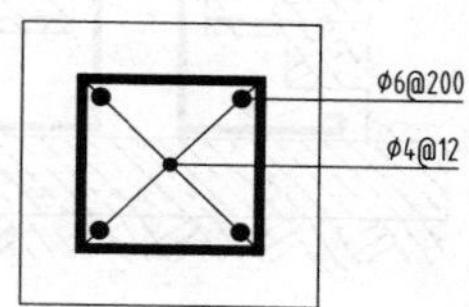

图17-76　绘制并标注钢筋

❑ 绘制花架立柱立面配筋图

立柱立面配筋图可在基础剖面图基础上修改得到。

01 将“园林建筑”层置为当前图层，图层颜色修改为白色。输入CO命令，复制花架基础剖面图，删除混凝土柱的填充图案，结果如图17-77所示。

02 绘制垂直方向钢筋。输入PL命令，设置线宽为12。捕捉图17-77中箭头所示端点，沿X轴正方向输入20，确定起点。按住Shite键，右击鼠标，选择“自”，单击起点所在垂直线段与石屑垫层的交点，输入（@0,18），沿X轴负方向输入300，Y轴正方向输入30，X轴正方向输入30，绘制如图17-78所示多段线。

03 输入F命令，再输入R，激活“半径”选项，输入圆角半径大小为10，对多段线左下部的两个端点进行圆角操作，结果如图17-79所示。

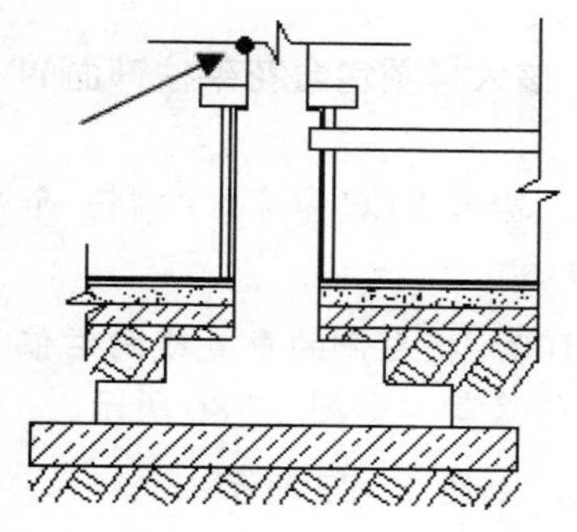

图17-77　修整花架基础剖面图

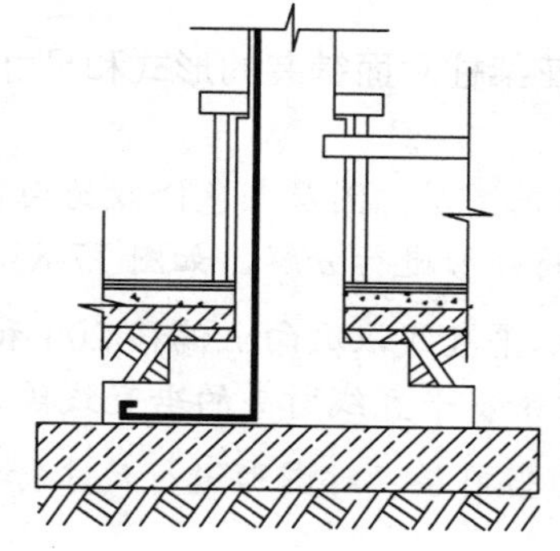

图17-78　绘制垂直钢筋

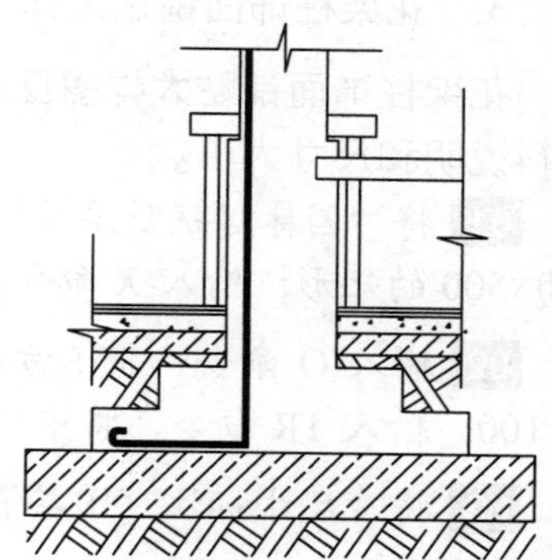

图17-79　绘制圆角

04 输入MI命令，镜像复制多段线，如图17-80所示。

05 绘制水平方向钢筋。输入 PL 命令，设置线宽为 6，捕捉多段线内侧左下方端点，沿 Y 轴正方向输入 200，指定多段线起点，绘制一条水平方向的多段线，如图 17-81 所示。

06 输入 AR 命令，将绘制的多段线向上阵列 4 行，行偏移为 200，结果如图 17-82 所示。

07 输入 C 命令，在阵列线段中点下方绘制半径为 6 的圆，并填充“SOLID”图案，分别向左右两边阵列 4 列，列偏移距离为 100，如图 17-83 所示。

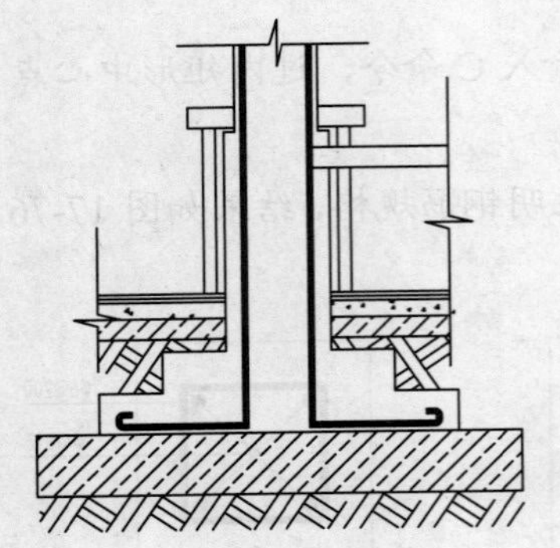

图 17-80　镜像复制钢筋

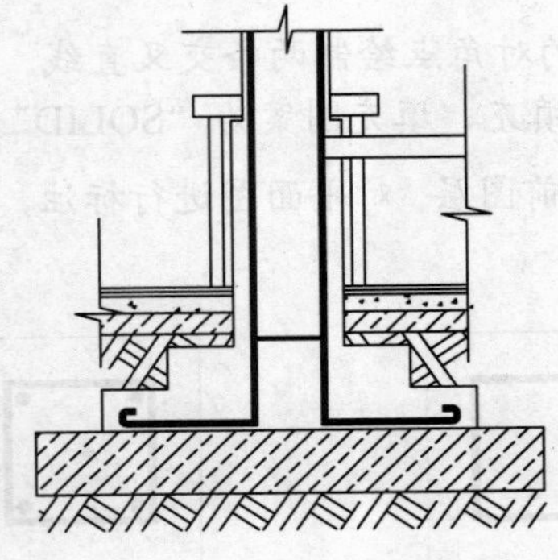

图 17-81　绘制水平钢筋

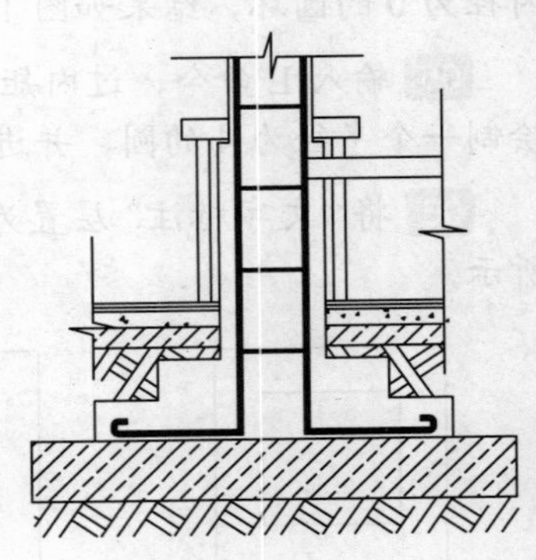

图 17-82　阵列图形

08 将“文字标注”层置为当前图层。标注钢筋规格，如图 17-84 所示。

09 花架立柱立面配筋图绘制完成。

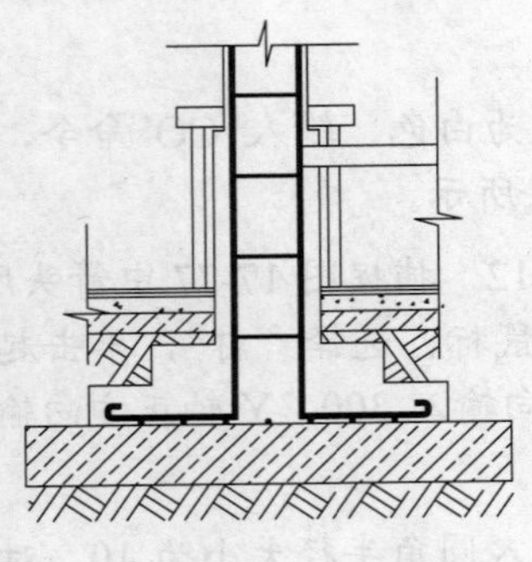

图 17-83　绘制水平钢筋

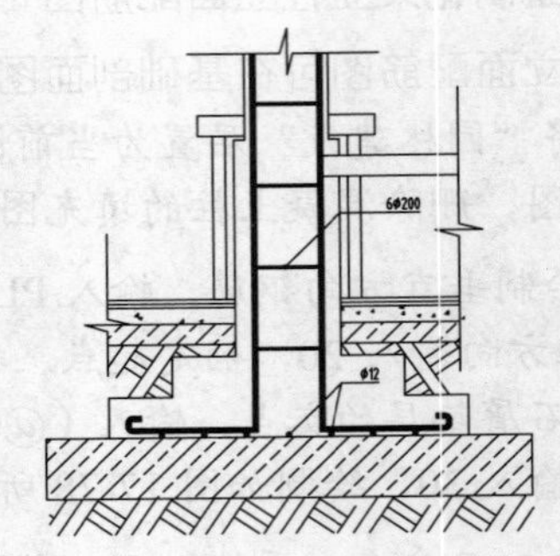

图 17-84　标注花架配筋图

3. 花架柱饰面铺贴大样

花架柱饰面铺贴大样图反映花架柱立面铺装的形式和尺寸。该大样图包含花架柱饰面的材料说明和尺寸大小。

01 将“园林建筑”层置为当前图层，图层颜色修改为白色。输入 REC 命令，绘制一个 200×500 的矩形；输入 X 命令，将矩形进行分解，如图 17-85 所示。

02 输入 O 命令，将下方的水平直线依次向上偏移 200 和 100，将左侧的垂直线向右偏移 100；输入 TR 命令，将中间两条水平直线所夹的垂直线段进行修剪，如图 17-86 所示。

03 将“尺寸标注”图层置为当前层，对图形进行尺寸标注，如图 17-87 所示。

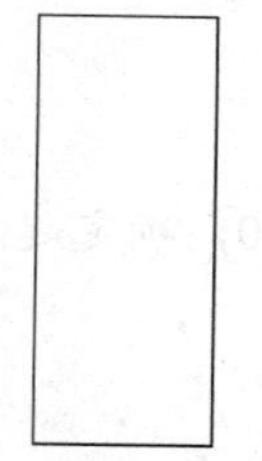

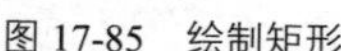

图 17-85　绘制矩形

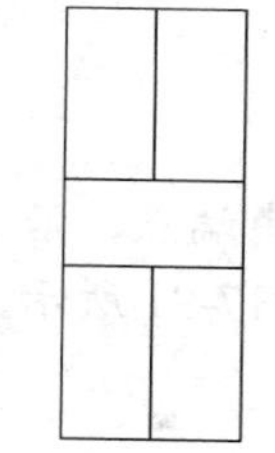

图 17-86　绘制饰面装饰线

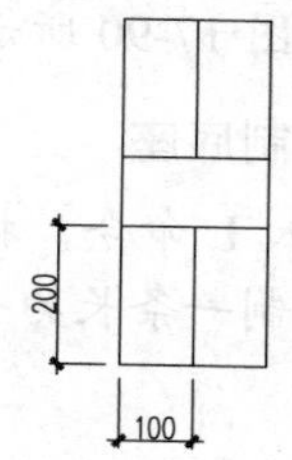

图 17-87　添加尺寸标注

04 将"文字标注"图层置为当前层，输入 MLD 命令，对图形进行引线标注，如图 17-88 所示。

05 花架柱饰面铺贴大样图绘制完成。

17.3 雕塑池详图设计

雕塑池位于别墅庭院左下角，由雕塑、花池和园椅围合而成，雕塑池详图详细表达了雕塑基座、花池的结构、材料和做法。

17.3.1 绘制总体剖面图

雕塑池剖切位置如图 17-89 所示，剖切到的部分为雕塑和池沿。

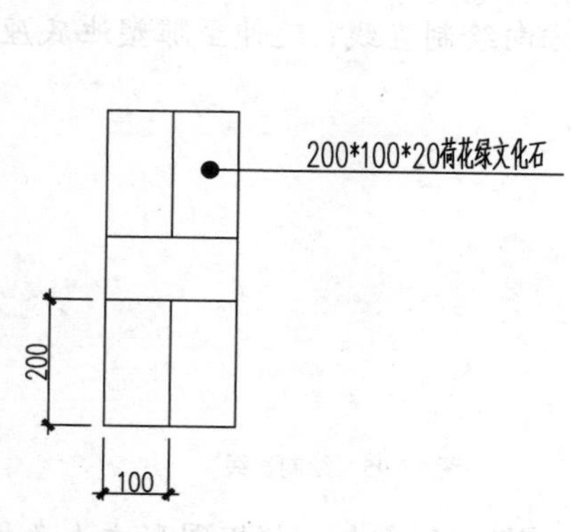

图 17-88　花架柱饰面大样引线标注结果

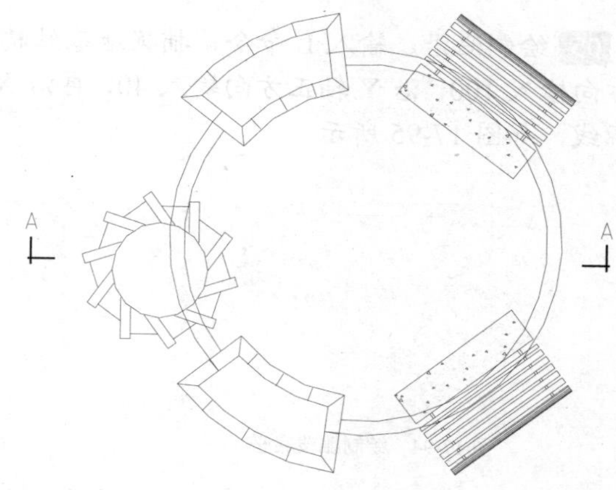

图 17-89　雕塑池剖切位置示意

课堂举例 17-3：绘制总体剖面图　　视频\第 17 章\课堂举例 17-3.mp4

- 绘制地基结构层

01 将"园林建筑"层置为当前图层，颜色设为默认色。

02 输入 REC 命令，在绘图区绘制两个尺寸分别为 3820×150 和 3420×100 的矩形，且中线对齐，如图 17-90 所示。

❑ 绘制底座

01 输入 L 命令，捕捉上方矩形左上角端点，沿 X 轴正方向输入 100，确定起点，沿 Y 轴正方向绘制一条长为 300 的直线，如图 17-91 所示。

图 17-90 绘制结构层　　图 17-91 绘制直线

02 输入 O 命令，将直线向右偏移 20。将两条直线分别向右偏移 740。输入 L 命令，过直线上端绘制一条辅助直线，如图 17-92 所示。

03 输入 REC 命令，绘制一个尺寸为 800×40 的矩形。输入 M 命令，捕捉矩形下侧边的中点，移动到辅助直线的中点位置，删除辅助直线，结果如图 17-93 所示。

04 输入 X 命令，将矩形分解。输入 O 命令，将所示的围合“空间 A”的左、右、上三条边分别向内偏移 20，修剪多余线段，结果如图 17-94 所示。

图 17-92 绘制底座轮廓　　图 17-93 绘制矩形

05 绘制池沿。输入 L 命令，捕捉地基结构层上方矩形的右上角端点，用光标指引 X 轴负方向输入 100，沿 Y 轴正方向输入 40，再沿 X 轴负方向绘制直线，延伸至雕塑池底座外部轮廓线，如图 17-95 所示。

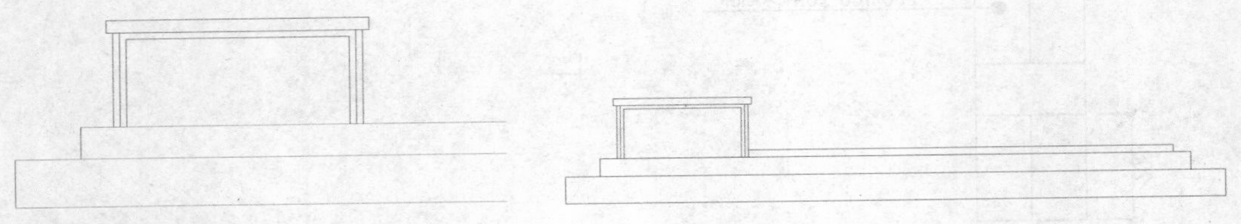

图 17-94 绘制雕塑底座　　图 17-95 绘制直线

06 输入 O 命令，将绘制的水平直线向下偏移 20。输入 L 命令，捕捉图形右上角端点，沿 X 轴负方向输入 150，沿 Y 轴负方向输入 20，绘制一条垂直短线，如图 17-96 所示。

❑ 绘制花池

剖切面没有经过花池，因此这里只需按照投影规律绘制花池的立面图即可。

01 输入 L 命令，捕捉图形左上角端点，沿 X 轴正方向输入 150，沿 Y 轴正方向输入 150，沿 X 轴正方向输入 1625，沿 Y 轴负方向输入 450，结果如图 17-97 所示。

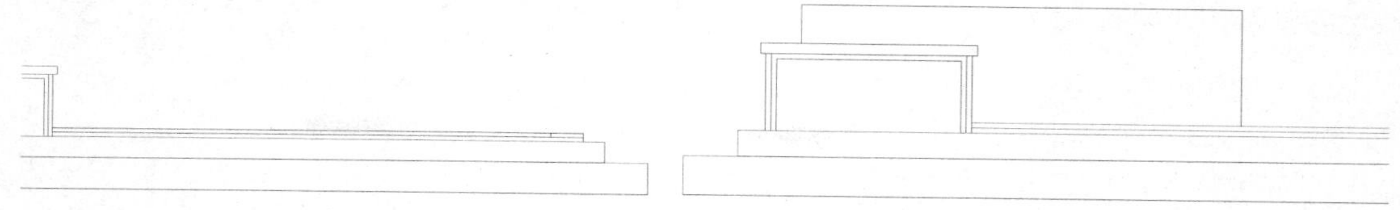

图 17-96　绘制雕塑池边　　　　图 17-97　绘制花池

02 将“填充”层置为当前图层。输入 H 命令，填充图案如图 17-98 所示。

❑ 插入图块

01 绘制花池墙面内嵌灯具。将“园林建筑”层置为当前图层。绘制尺寸为 160×80 的矩形，向内偏移 5。输入 M 命令，移动至图 17-99 所示位置表示花池灯具。

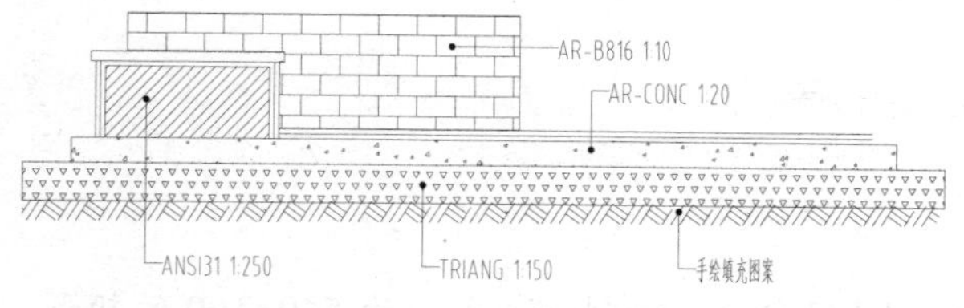

图 17-98　花池填充结果

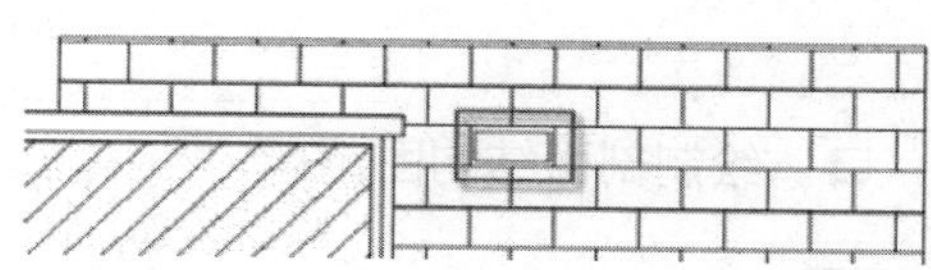

图 17-99　绘制灯具

02 插入“灯具”图块。输入 I 命令，插入本书配套光盘中的“灯具”图块，如图 17-100 所示。该灯具埋入雕塑底座，对雕塑进行重点照明。

03 插入植物图块。用同样的方法插入本书配套光盘中的“草地立面”和“灌木立面”图块，如图 17-101 所示。

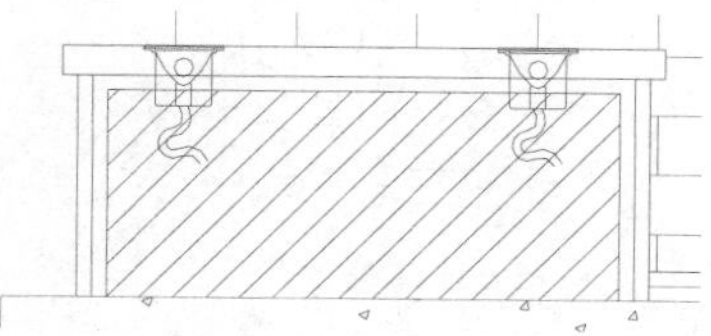

图 17-100　插入“灯具”图块

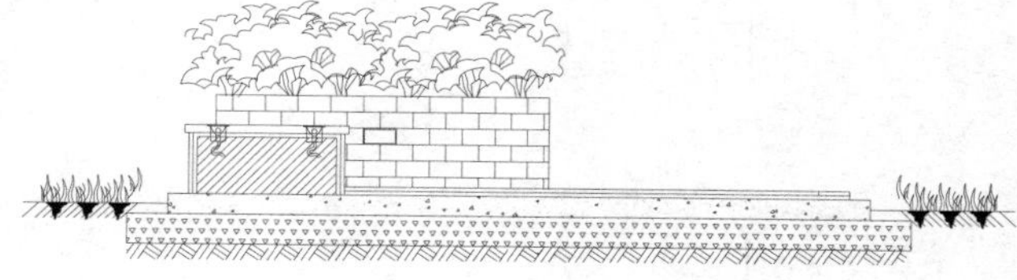

图 17-101　插入植物图块

❑ 标注

01 将标注样式设为“立面样式”，进行文字和尺寸标注，结果如图 17-102 所示。

02 花池总体剖面图绘制完成。

17.3.2 绘制花池剖面图

A-A 剖面没有经过花池，无法表达出花池的结构，因此这里还需绘制 B-B 剖面图，剖切位置如图 17-103 所示。

课堂举例 17-4：绘制花池剖面图　　视频\第 17 章\课堂举例 17-4.mp4

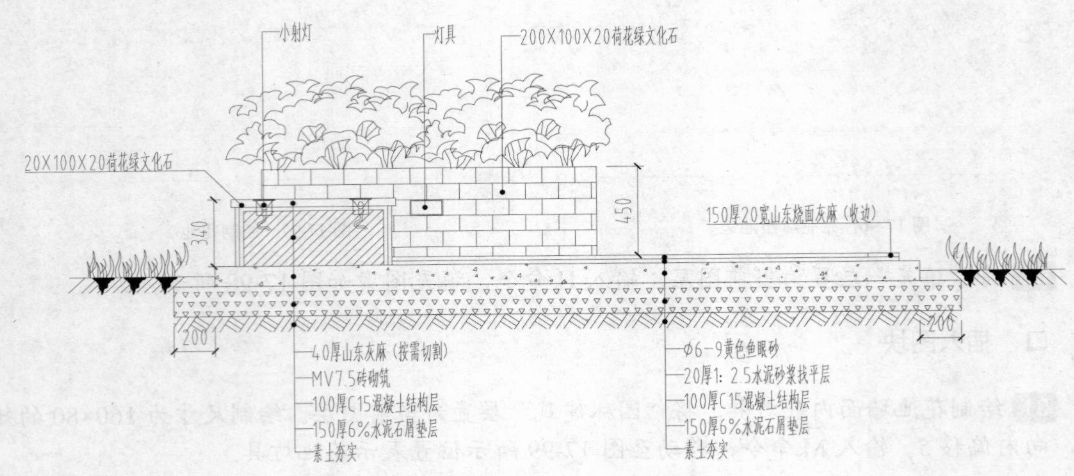

图 17-102　标注剖面图

❑ 绘制剖面结构图

01 将“园林建筑”层置为当前图层。输入 REC 命令，绘制一个大小为 540×100 的矩形。

02 输入 PL 命令，捕捉矩形左上角端点，沿 X 轴正方向输入 100，开始绘制多段线，确保多段线宽度为 0，依次沿 Y 轴正方向输入 100，X 轴正方向输入 100，Y 轴正方向输入 210，X 轴正方向输入 120，再分别沿刚刚绘制的多段线反方向，绘制相同长度的多段线，如图 17-104 所示，也可以使用镜像的方法复制得到。

03 输入 O 命令，将绘制的多段线向外偏移两次，偏移量均为 20，如图 17-105 所示。

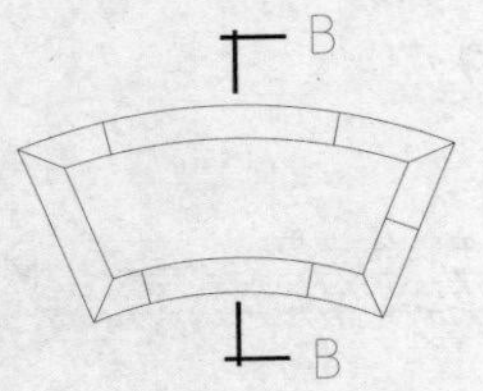

图 17-103　花池剖切示意图

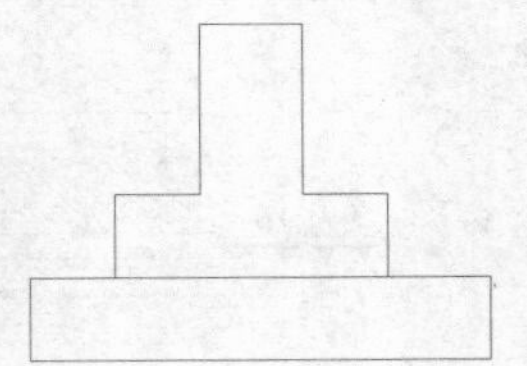

图 17-104　绘制多段线

图 17-105　偏移多段线

04 输入 L 命令，绘制如图 17-106 所示的线段。并将偏移的多段线分解、延伸。

05 输入 TR 命令，修剪多余的线条，结果如图 17-107 所示。

06 将“填充”层置为当前图层。填充花池边，如图 17-108 所示。

07 输入 L 命令，捕捉图形右上角端点，沿 Y 轴负方向输入 50，沿 X 轴正方向输入 800。

08 输入 MI 命令，将图 17-108 以绘制的直线的中点所在垂直直线为对称轴进行镜像复制，结果如图 17-109 所示。

❑ 插入图块

01 输入 I 命令，插入本书配套光盘中的“种植土”图块，并对其进行复制修剪，如图

17-110 所示。

02 用同样的方法插入“草地立面”图块，如图 17-111 所示，并镜像复制到另一侧。

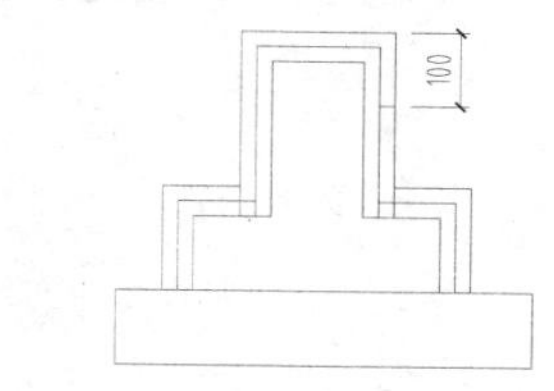

图 17-106　绘制直线

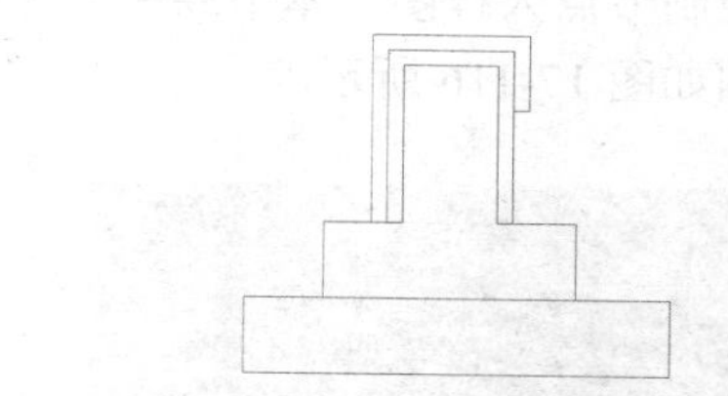

图 17-107　修剪线条

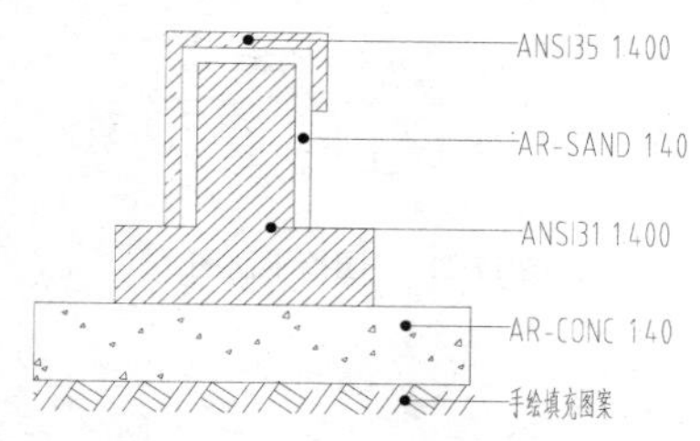

图 17-108　填充花池边

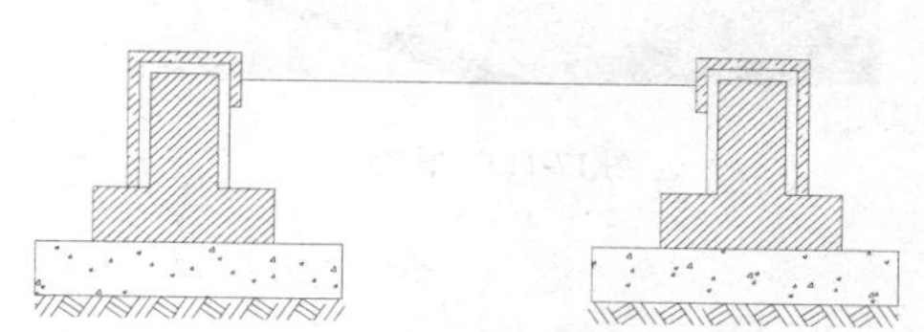

图 17-109　镜像复制图形

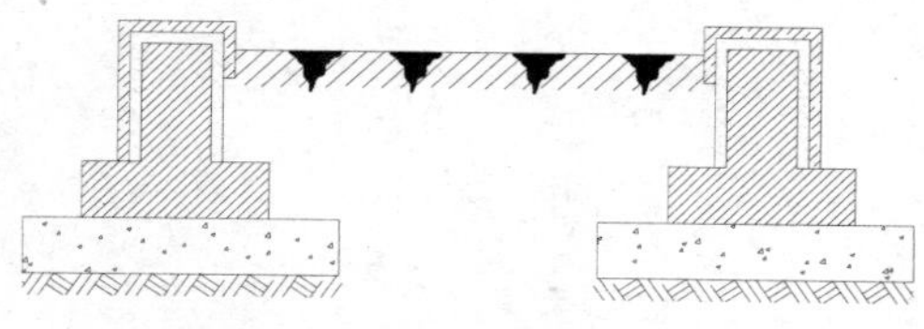

图 17-110　插入并复制种植土图块

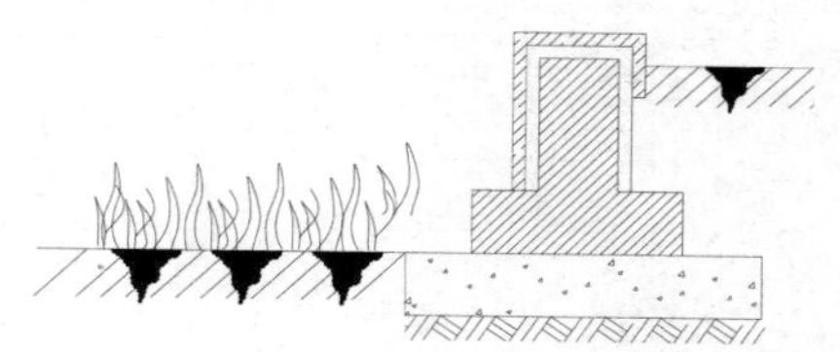

图 17-111　插入草地立面图块

❑ 标注

01 将标注样式设为“副本 立面样式”，标注花池剖面图，结果如图 17-112 所示。

02 花池剖面图绘制完成。

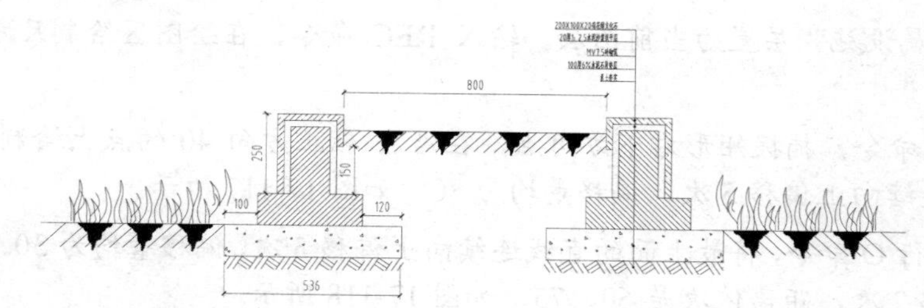

图 17-112　花池剖面图标注结果

17.3.3 绘制园椅详图

园椅是供人们坐息、赏景用的，同时园椅的艺术造型也能装点园林，如图 17-113 所示。

园椅的造型宜简单朴实、舒适美观。

为了详细表达园椅的结构和做法，需要绘制园椅的平面图、立面图和剖面图，部分细部结构还需要绘制节点大样图。本节绘制的园椅平面图如图 17-114 所示，立面图如图 17-115 所示，剖面图如图 17-116 所示。

图 17-113 圆椅

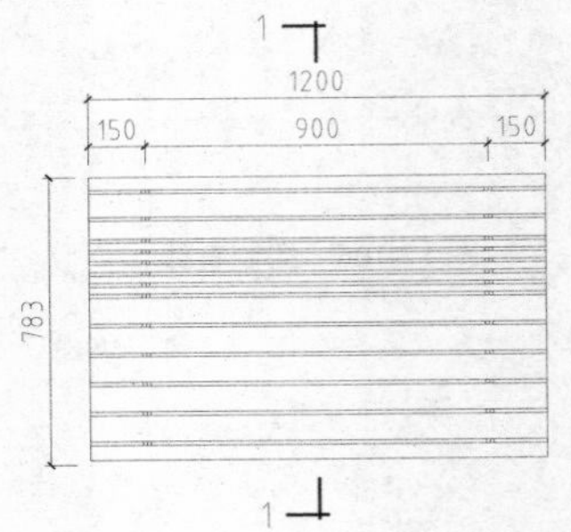

图 17-114 园椅平面图

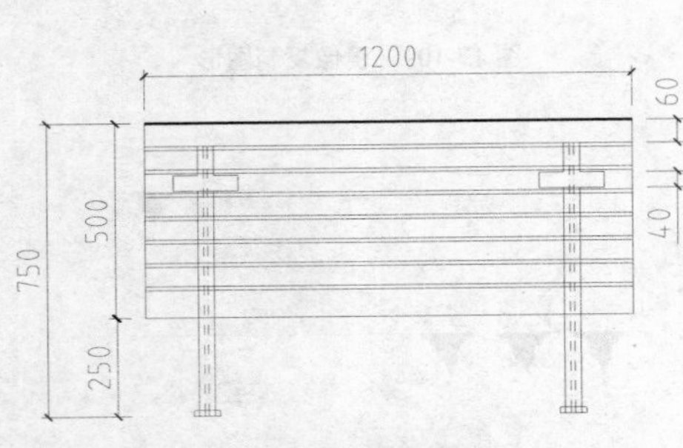

图 17-115 园椅立面图

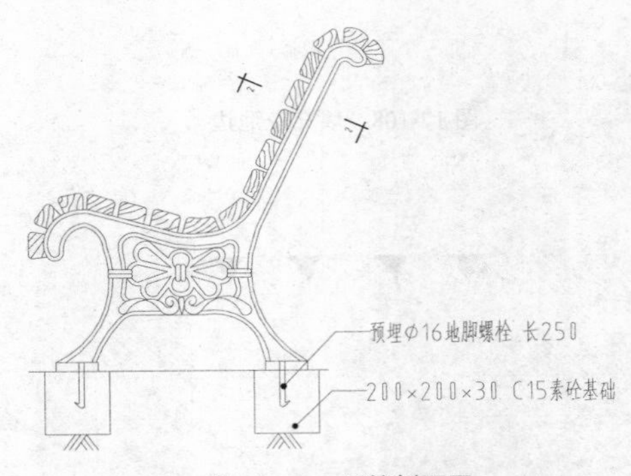

图 17-116 园椅剖面图

课堂举例 17-5：绘制园椅详图

视频\第 17 章\课堂举例 17-5.mp4

1. 绘制平面图

01 将“附属设施”层置为当前图层。输入 REC 命令，在绘图区绘制尺寸为 1200×770 的矩形。

02 输入 L 命令，捕捉矩形右下方角点，在沿 Y 轴正方向 40 的点上绘制一条水平的直线，并将直线连续向上偏移 5 次，偏移量均为 80，如图 17-117 所示。

03 重复执行 O 命令，将最上面的直线连续向上偏移 5 次，偏移量均为 30。再次使用“O”命令，向上偏移 2 次，距离依次是 60、75，如图 17-118 所示。

04 输入 CO 命令，将矩形内所有的直线向上复制一次，间距为 10，如图 17-119 所示，以表示出圆椅木板之间的缝隙。

05 输入 L 命令，捕捉矩形左上角端点，沿 X 轴正方向输入 150，绘制一条垂直线段。将线段分别向左右两边偏移 10，如图 17-120 所示。

06 输入 TR 命令，对垂直线段进行修剪，并将修剪后的图形镜像复制到另一边，结果如

图 17-121 所示。

07 标注座椅平面图，如图 17-122 所示。

08 座椅平面图绘制完成。

图 17-117　偏移直线

图 17-118　偏移直线

图 17-119　复制线条

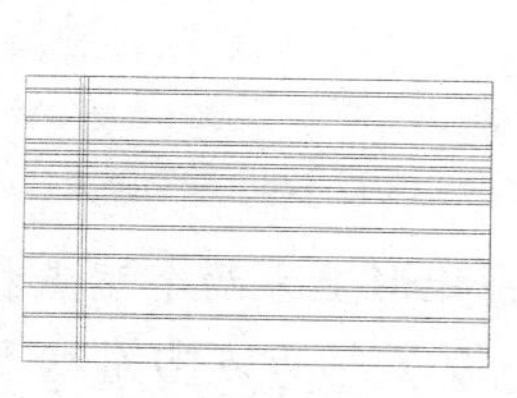

图 17-120　绘制并偏移直线

图 17-121　镜像图形并修剪线段

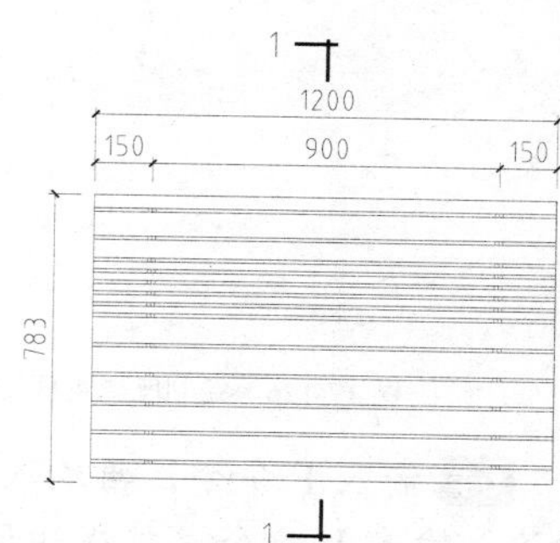

图 17-122　座椅平面标注结果

2. 绘制立面详图

❑ 绘制靠背

01 将“附属设施”层置为当前图层。输入 PL 命令，任意指定一点为起点，设置线宽为 5，沿 X 轴正方向输入 1200，设置线宽为 0，沿 Y 轴负方向输入 500，X 轴负方向输入 1200，Y 轴正方向输入 500，如图 17-123 所示。

02 输入 L 命令，捕捉多段线右下角端点，沿 Y 轴正方向输入 70，确定直线第一点，水平向左移动光标，捕捉并单击水平直线与垂直线的交点，绘制得到一条直线。输入 AR 命令，将直线向上阵列 7 行，行间距为 60，如图 17-124 所示。

03 输入 O 命令，将内部的所有直线向上偏移 10，如图 17-125 所示。

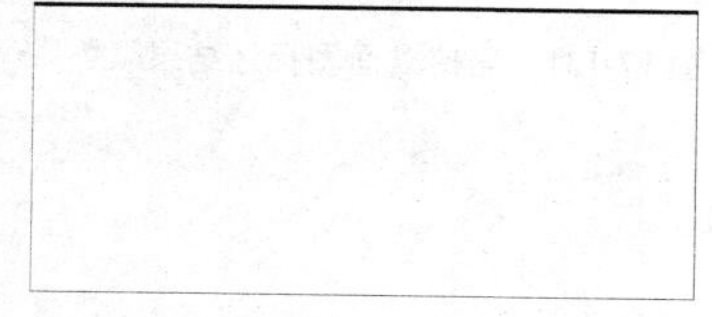

图 17-123　绘制多段线

图 17-124　阵列直线

图 17-125　偏移直线

❑ 绘制座椅支柱

01 输入“L”命令，捕捉图 17-125 中左上方第二个交点，沿 X 轴正方向输入 130，绘制一条长为 690 的垂直直线。输入 O 命令，将直线向右边偏移 3 次，距离分别是 1510、15。修改里面两条直线的线型为“DASHED2”，线型比例为 100，如图 17-126 所示。

02 输入 PL 命令，捕捉座椅支柱左上角端点，沿 Y 轴负方向输入 75，确定多段线的起点，沿 X 轴负方向输入 60，Y 轴负方向输入 40，X 轴正方向输入 80。在相反的方向绘制支柱另一边的多段线，如图 17-127 所示。

03 绘制脚座。输入 REC 命令，捕捉支柱左下角端点，沿 X 轴负方向输入 13，确定矩形第一个角点，输入（@66,15），确定第二个角点，绘制得到如图 17-128 所示矩形。

图 17-126　绘制座椅支柱

图 17-127　绘制多段线

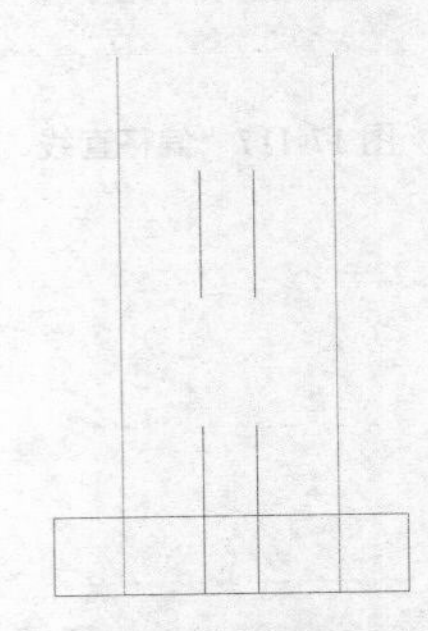

图 17-128　绘制脚座

04 输入 F 命令，再输入 R 命令，设置圆角半径为 4，分别单击矩形上方两个端点相邻的边。输入 L 命令，捕捉矩形左下角端点，沿 X 轴正方向输入 10，沿 Y 轴正方向输入 15，用同样的方法绘制矩形另一边的直线，如图 17-129 所示。

05 输入 MI 命令，镜像复制立柱及脚座，如图 17-130 所示。

06 对绘制的图形进行尺寸标注和引线标注，结果如图 17-131 所示。

07 座椅立面详图绘制完成。

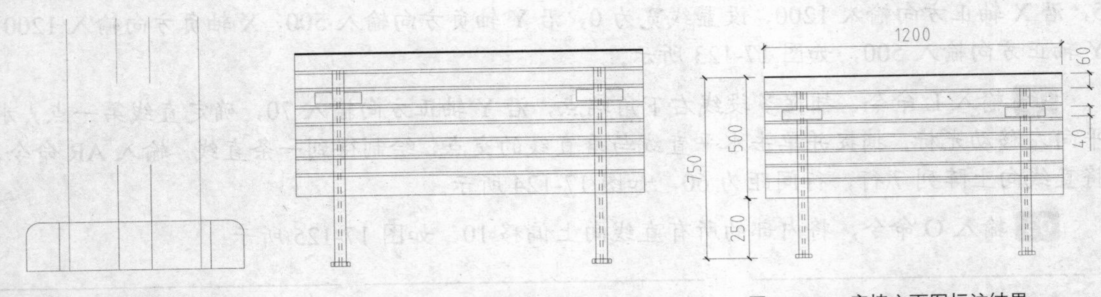

图 17-129　绘制结果　　图 17-130　镜像复制结果　　图 17-131　座椅立面图标注结果

3. 绘制剖面详图

❑ 绘制座椅剖面图

座椅剖面图剖切位置如图 17-114 所示。

01 将“附属设施”层置为当前图层。绘制座椅剖面图。输入 I 命令，调入“座椅”图块。

02 在“默认”选项卡中，单击“特性”面板中的“线型”下拉按钮，在弹出的的菜单中选择“其他”选项，弹出“线型管理器”对话框，加载“DASHED2”线型，当前缩放线型比例设置为 100。

03 输入 REC 命令，绘制一个边长为 20 的正方形，使正方形的上方水平方向的边的中点与“座椅”图块中脚座的中点对齐，如图 17-132 所示。

04 输入 PL 命令，绘制如图 17-133 所示图形。输入 MI 命令，将绘制的图形镜像复制至另一边脚座下。

05 设置线型为默认值，输入 L 命令，绘制填充线，并标注剖面图，如图 17-134 所示。

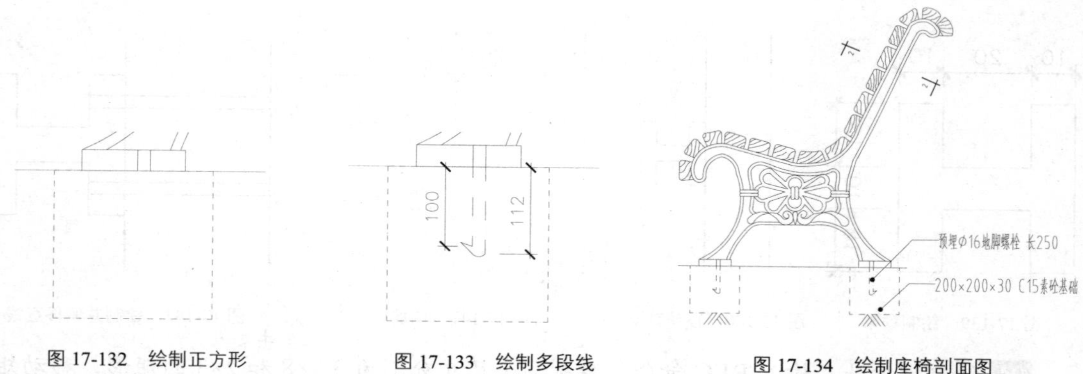

图 17-132　绘制正方形　　图 17-133　绘制多段线　　图 17-134　绘制座椅剖面图

❑　绘制脚座平面图

01 将“附属设施”层置为当前图层。输入 REC 命令，再输入 F 命令，表示绘制矩形带有圆角，输入圆角半径为 6，在绘图区单击一点，指定矩形的端点，输入尺寸为 100×90，按下空格键，如图 17-135 所示。

02 重复执行 REC 命令，再输入 F 命令，激活“圆角”选项，输入圆角半径为 0。在屏幕上任意指定一点为起点，输入（@50,80）得到矩形。输入 M 命令，指定矩形上侧边的中点为基点，移动至圆角矩形上侧边的中点处，如图 17-136 所示。

03 绘制螺栓。输入 POL 命令，输入边数为 6，单击绘图区任一位置作为多边形中心点，输入半径为 4.5。以同一个圆心绘制一个半径为 2 的多边形。

04 输入 M 命令，指定螺栓右侧外端点为基点，捕捉直角矩形左上角端点，沿 Y 轴负方向输入 35，结果如图 17-137 所示。

05 输入 MI 命令，镜像复制螺栓，并标注平面图，如图 17-138 所示。

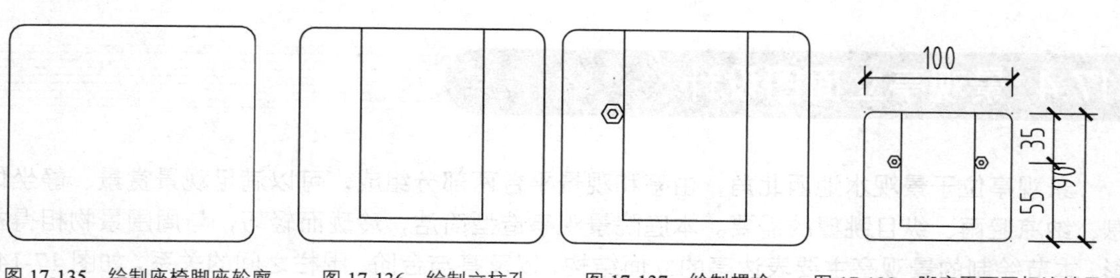

图 17-135　绘制座椅脚座轮廓　　图 17-136　绘制立柱孔　　图 17-137　绘制螺栓　　图 17-138　脚座平面图标注结果

4. 绘制节点大样图

节点大样图位置如图 17-116 所示，主要用于表达椅背木条在铸铁架上的固定方式。

01 将“附属设施”层置为当前图层。输入 L 命令，绘制一条长为 155 的垂直直线，并将其向右偏移 40。

02 输入 PL 命令，在绘图区单击一点，绘制如图 17-139 所示倒“工”字图形。输入 M 命令，单击图形左边中点，移动至右边垂直直线的中点，如图 17-140 所示。

03 输入 L 命令，捕捉如图 17-141 所示的点，沿 Y 轴正方向，输入 6，沿 X 轴负方向输入 50。将绘制的直线向上偏移 3 次，距离分别是 3.5、21、3.5，如图 17-142 所示。

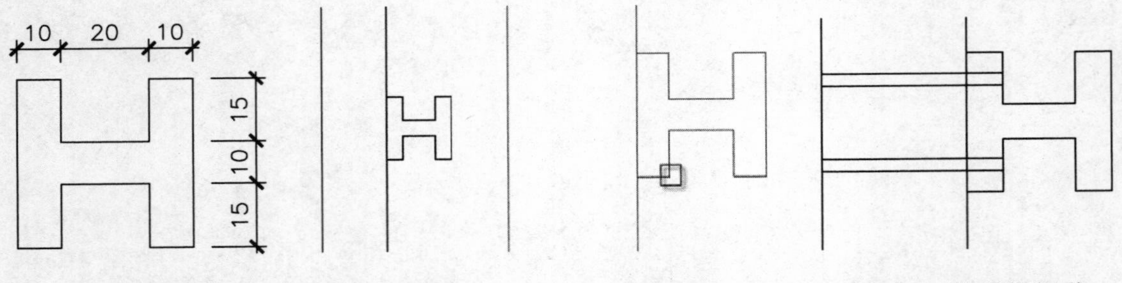

图 17-139 绘制铁架　　图 17-140 移动铁架　　图 17-141 捕捉点　　图 17-142 绘制并偏移直线

04 绘制螺栓头。输入 REC 命令，绘制两个尺寸分别为 3.8×8 和 2×3 的矩形，移动矩形到如图 17-143 所示位置。

05 输入 MI 命令，镜像复制螺栓头至另一边，如图 17-144 所示。

06 填充并标注图形，如图 17-145 所示。

07 座椅立面详图绘制完成。

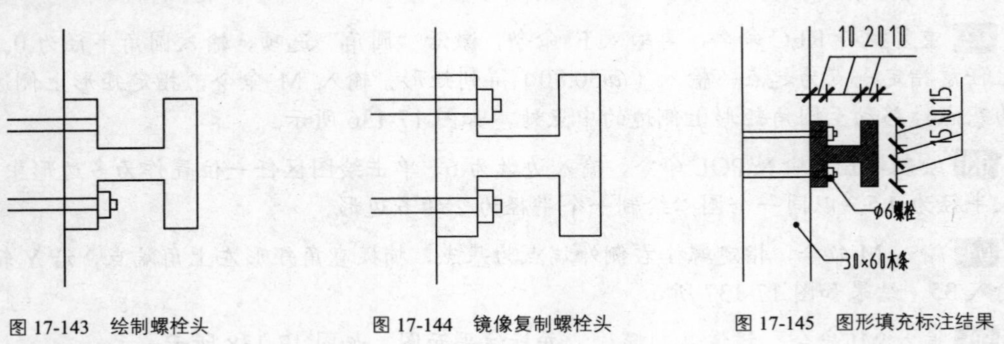

图 17-143 绘制螺栓头　　图 17-144 镜像复制螺栓头　　图 17-145 图形填充标注结果

17.4 景观亭立面图设计

景观亭位于景观水池西北角，由亭和观景平台两部分组成，可以满足观景赏景、静坐休息、纳凉避雨、纵目眺望的需要。本庭院景观亭造型简洁，玲珑而轻巧，与周围景物相得益彰。本节绘制的景观亭主要表达亭的立面结构，以及亭与台阶、围栏之间的关系，如图 17-146 所示。

17.4.1 绘制台阶

课堂举例 17-6：绘制景观亭立面台阶　视频\第 17 章\课堂举例 17-6.mp4

01 将“园林建筑”置为当前图层。输入 L 命令，绘制一条长度为 6500 的水平直线，作为地坪线。

02 绘制台阶踏步。输入“PL”命令，捕捉地面线左端点，沿 X 轴正方向输入 1000，指定起点。打开正交模式，依次沿垂直和水平方向输入 150、300、150、300、150、300 和 150。输入 O 命令，向上偏移 20，如图 17-147 所示。

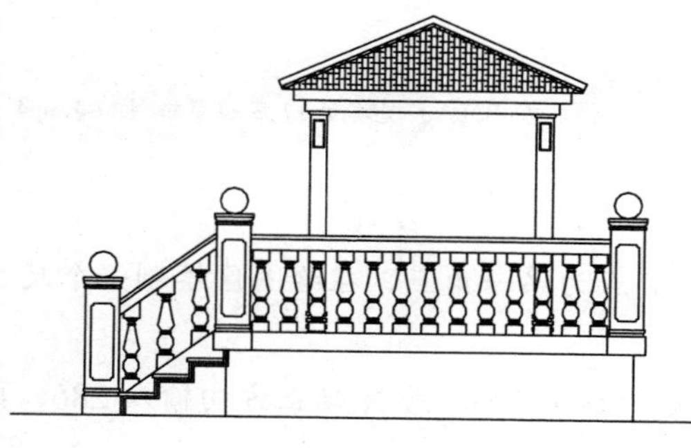

图 17-146　景观亭立面图

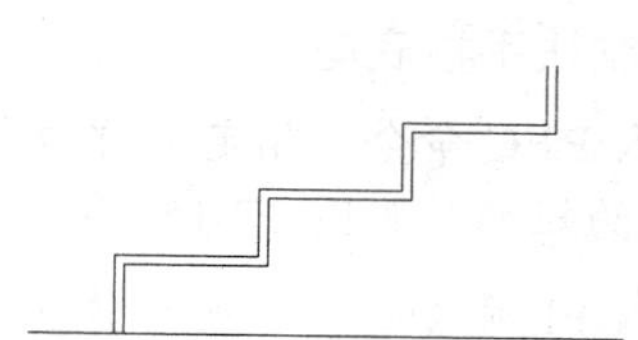

图 17-147　绘制并偏移台阶

03 绘制亭基座。输入 REC 命令，指定图 17-148 箭头所示端点为矩形第一角点，输入（@3570,-600），绘制得到如图 17-149 所示矩形。

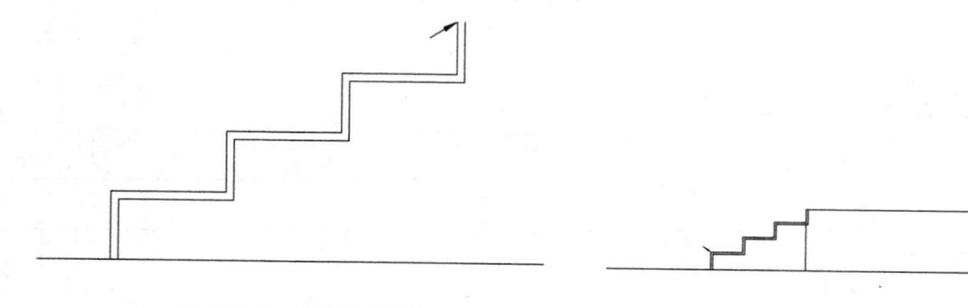

图 17-148　绘制台阶面

图 17-149　绘制亭基座

04 绘制垂直方向台阶面。重复执行 REC 命令，指定图 17-149 所示点 2 第一角点，输入（@-20,-170），绘制得到如图 17-150 所示矩形。

05 绘制水平方向台阶面。重复执行 REC 命令，捕捉上步绘制矩形的左上角端点，沿 X 轴水平负方向输入 20，再输入（@320,30），绘制如图 17-151 所示的台阶踏步。

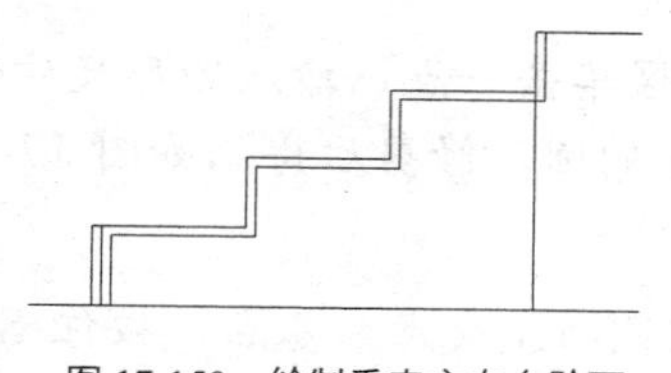

图 17-150　绘制垂直方向台阶面

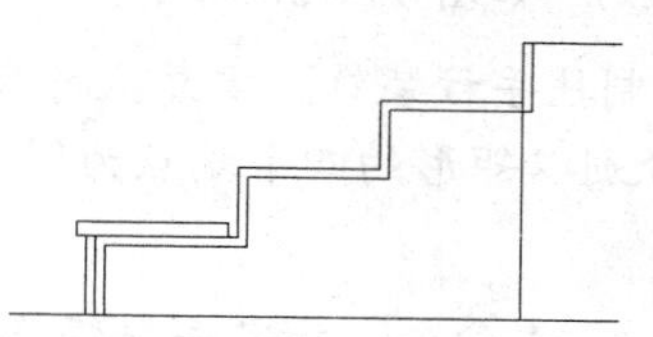

图 17-151　绘制水平方向台阶面

06 复制台阶面。输入“CO”命令，选择刚刚绘制的两个矩形，以两矩形内交点为基点，对台阶面进行复制，并修剪多余线条，结果如图 17-152 所示。

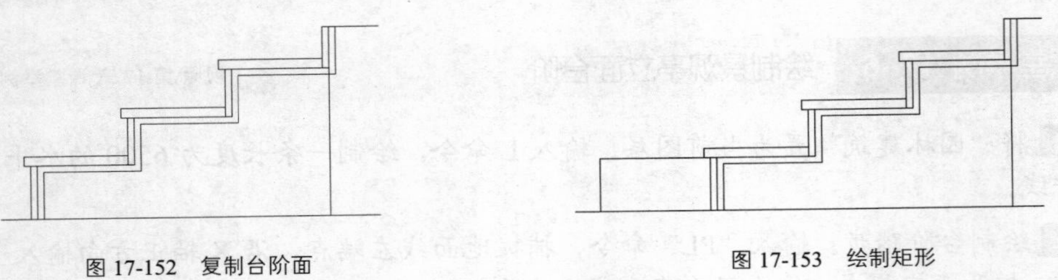

图 17-152　复制台阶面　　图 17-153　绘制矩形

17.4.2 绘制栏杆扶手柱

课堂举例 17-7：绘制栏杆扶手柱　　视频\第 17 章\课堂举例 17-7.mp4

□ 绘制扶手柱底座

01 输入 REC 命令，指定地坪线与台阶踢面的交点为第一角点，在绘图区绘制一个尺寸为 336×170 的矩形，如图 17-153 所示。

02 输入 PL 命令，单击矩形左上角端点，输入（@40<50），沿 X 轴正方向输入 286，再输入（@11<-67），如图 17-154 所示。

03 重复执行 PL 命令，指定多段线左上角点为起点，输入（@18<146），沿 Y 轴正方向输入 20，沿 X 轴正方向输入 316，沿 Y 轴负方向输入 20，指定上一个多段线的上侧右端点为终点，如图 17-155 所示。

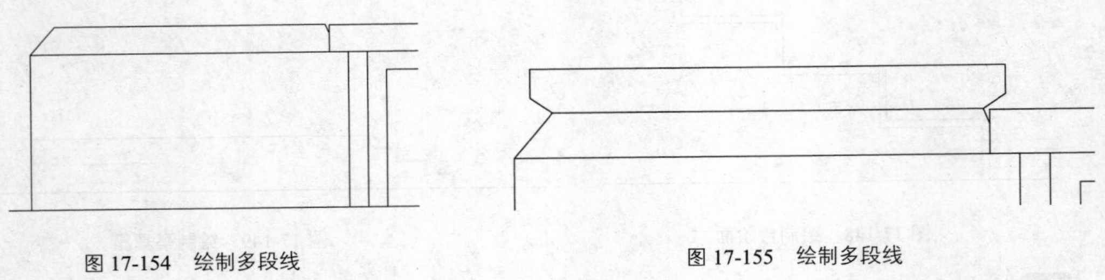

图 17-154　绘制多段线　　图 17-155　绘制多段线

□ 绘制柱身

01 输入 REC 命令，捕捉底座上侧线段的左端点，沿 X 轴正方向输入 8，再输入（@297,923），如图 17-156 所示。

02 绘制扶手柱装饰。重复执行 REC 命令，在绘图区单击一点，输入矩形尺寸（@200,704），并分别以矩形的四个端点为圆心，绘制半径为 25 的圆，修剪后得到如图 17-157 所示的图形。

03 输入 M 命令，指定手扶装饰上边水平直线与左侧圆弧交点为基点，按住 Shift 键，右键单击鼠标，选择“自”，单击图 17-156 绘制矩形的左上角端点，输入（@75,-139），结果

如图 17-158 所示。

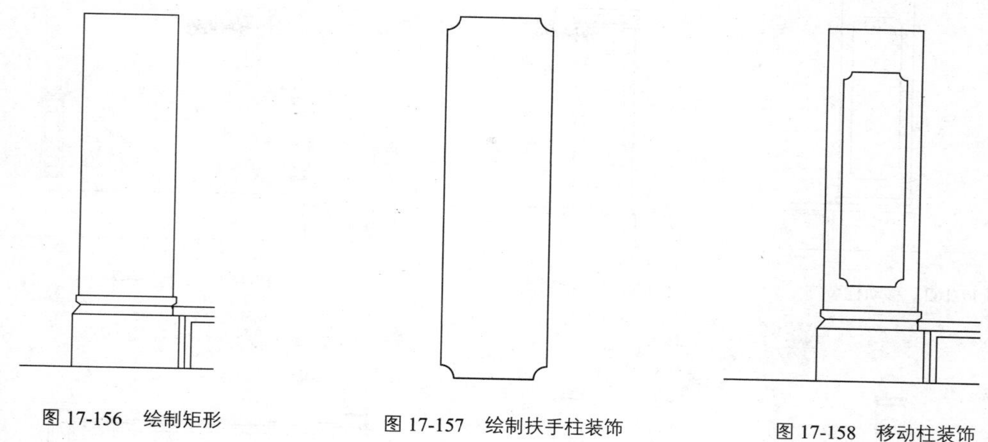

图 17-156　绘制矩形　　图 17-157　绘制扶手柱装饰　　图 17-158　移动柱装饰

❑ 绘制柱头

01 输入 REC 命令，从下至上依次绘制大小为 320 × 20、320 × 10、340 × 38 和 340 × 30 的矩形，如图 17-159 所示。

02 在“默认”选项卡中，单击“绘图”面板中的“圆弧”下拉按钮，在弹出的菜单中选择“起点、端点、半径”命令，捕捉从下至上的第二个矩形的左上角端点，沿 X 轴正方向输入 15，确定起点，指定同矩形左下角端点为圆弧端点，输入半径 34。

03 在“默认”选项卡中，单击“绘图”面板中的“圆弧”下拉按钮，在弹出的菜单中选择“起点、端点、半径”命令，捕捉从下至上第二个矩形的右上角端点，沿 X 轴负方向输入 15，指定从下至上第三个矩形的右上角端点，输入半径 38，结果如图 17-160 所示。

04 输入 MI 命令，镜像复制绘制的弧线，并修剪多余的线条，结果如图 17-161 所示。

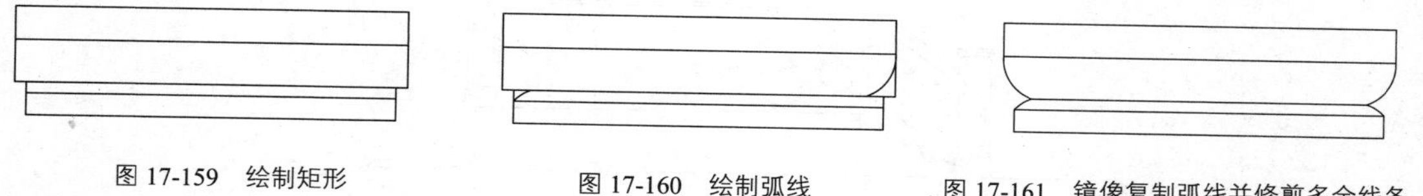

图 17-159　绘制矩形　　图 17-160　绘制弧线　　图 17-161　镜像复制弧线并修剪多余线条

05 输入 M 命令，指定最下边矩形中点为基点，柱身最上边水平直线中点为第二点，结果如图 17-162 所示。

06 输入 C 命令，绘制半径为 120 的圆。输入“M”命令，以圆的 360° 象限点为基点，将其移动至图形最上端矩形的中点处，如图 17-163 所示。

07 复制扶手柱。输入 CO 命令，以扶手柱右下角端点为基点，捕捉亭基座左上角端点，沿 X 轴正方向输入 4593 和 1144，并对图形进垂直移动、延伸、修剪，结果如图 17-164 所示。

08 输入 PL 命令，过扶手柱底座端点，绘制如图 17-165 所示多段线。

09 输入 CO 命令，向上复制多段线，距离分别为 751、100、40，延伸修剪多余线段，结果如图 17-166 所示。

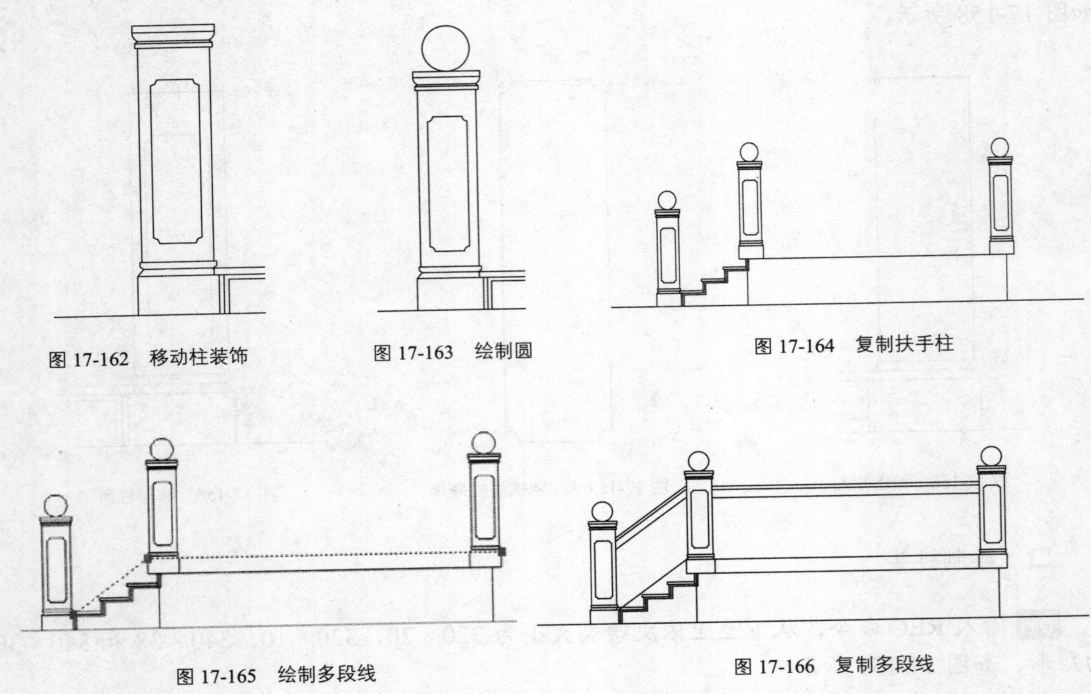
图 17-162　移动柱装饰　　图 17-163　绘制圆　　图 17-164　复制扶手柱

图 17-165　绘制多段线　　图 17-166　复制多段线

17.4.3 绘制栏杆

课堂举例 17-8：绘制栏杆　　视频\第 17 章\课堂举例 17-8.mp4

01 输入 I 命令，插入“栏杆”图块至如图 17-167 所示位置。

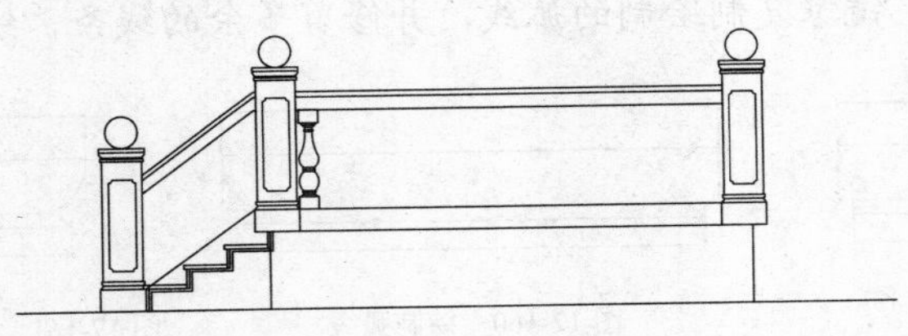
图 17-167　插入栏杆图块

02 输入 AR 命令，将插入的图块进行矩形阵列，列数为 13，列偏移数为 247，结果如图 17-168 所示。

03 输入 CO 命令，指定栏杆左下点为基点，捕捉台阶踏步左上角点，沿 X 水平正方向输入 37，以同样的方法将栏杆复制到另外两个踏步上，结果如图 17-169 所示的位置。

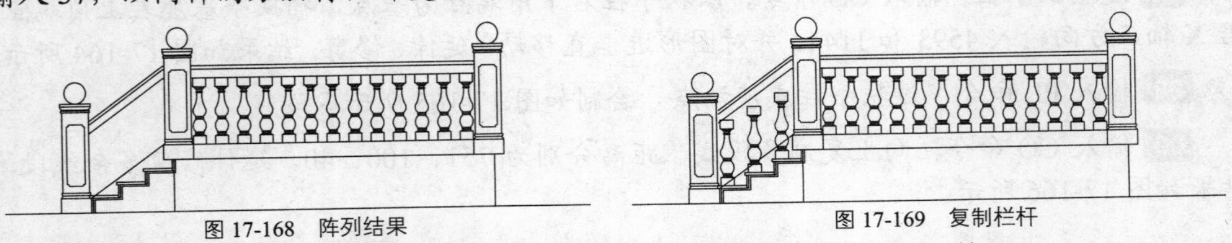
图 17-168　阵列结果　　图 17-169　复制栏杆

04 输入 M 命令，沿垂直方向移动复制的栏杆，结果如图 17-170 所示。

05 输入 X 命令，分解图块，对图形进行延伸修剪，结果如图 17-171 所示。

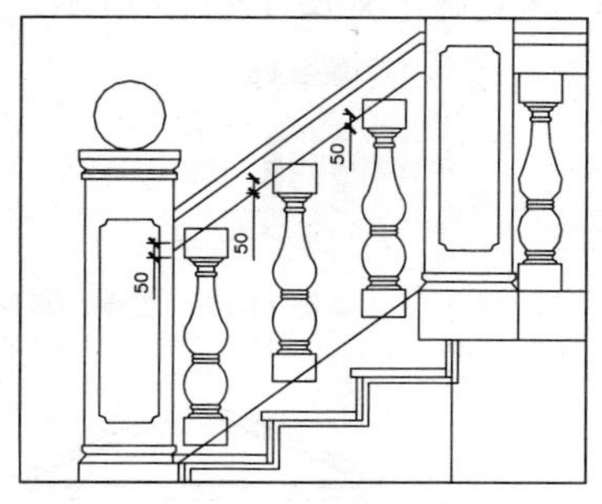

图 17-170　移动栏杆

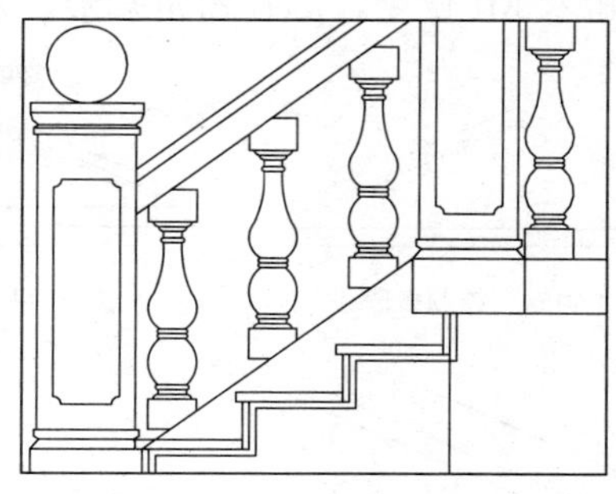

图 17-171　修剪结果

17.4.4 绘制亭立面图

课堂举例 17-9：绘制亭立面图　　视频\第 17 章\课堂举例 17-9.mp4

□ 绘制亭顶

01 输入 PL 命令，单击绘图区一点，指定多段线的起点，输入(@1480<24)、(@1480<-24)，按下空格键，结束多段线的绘制，如图 17-172 所示。

02 输入 O 命令，将多段线向下偏移两次，偏移量分别为 60 和 27。输入 L 命令，连接偏移后多段线的端点，如图 17-173 所示。

图 17-172　绘制多段线

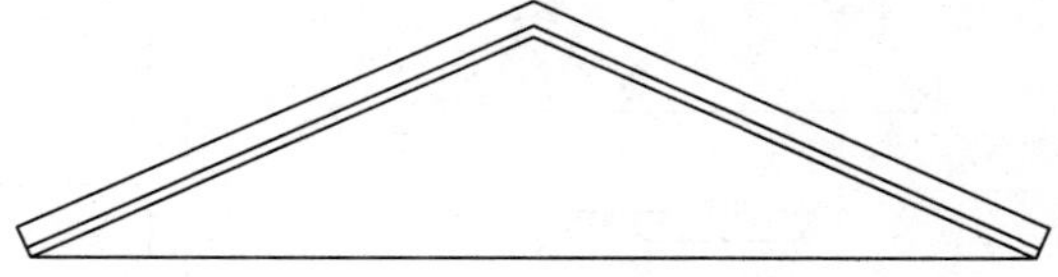

图 17-173　偏移线条并绘制直线

03 输入 PL 命令，捕捉亭顶左下角端点，沿 X 轴正方向输入 100，指定多段线的起点。沿 Y 轴负方向输入 100，X 轴正方向输入 2433，沿 Y 轴正方向输入 100，如图 17-174 所示。

04 输入 REC 命令，捕捉多段线左下角端点，沿 X 轴正方向输入 100，输入(@2234,-100)，结果如图 17-175 所示。

□ 绘制亭柱

01 重复执行 REC 命令，捕捉矩形左下角端点，沿 X 轴正方向输入 35，再输入(@180,-30)，结果如图 17-176 所示。

02 输入 F 命令，输入圆角半径 15，对小矩形下侧两端角进行圆角处理，结果如图 17-177 所示

03 输入 L 命令，以圆角矩形下方水平边与弧线的交点为起点，沿 Y 轴负方向绘制两条

长为 1987 的直线，如图 17-178 所示。

04 输入 MI 命令，选择圆角矩形，沿亭柱的中点镜像复制，如图 17-179 所示。

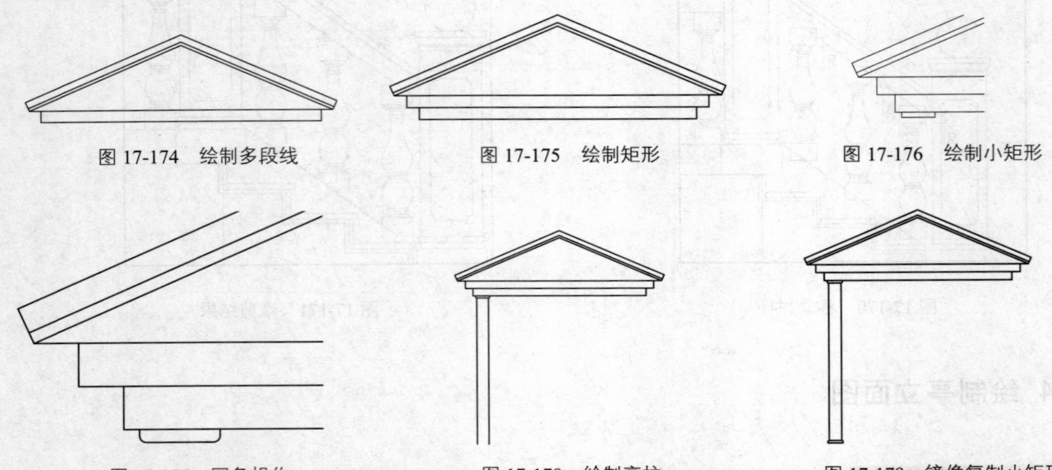

图 17-174　绘制多段线　图 17-175　绘制矩形　图 17-176　绘制小矩形

图 17-177　圆角操作　图 17-178　绘制亭柱　图 17-179　镜像复制小矩形

05 输入 REC 命令，按 Shift 键，右键单击鼠标，选择“自”，单击长度为 1987 左边直线的上端点，输入（@27，-50），确定矩形第一角点，再输入（@95，-250），确定对角点。输入 O 命令，将矩形向内偏移 6，如图 17-180 所示。

06 输入 REC 命令，捕捉下端圆角矩形的左下角端点，沿 Y 轴正方向输入 60，输入（@180，30）。输入 CO 命令，将矩形向上复制两次，距离为 60，修剪多余的线，如图 17-181 所示。

07 输入 MI 命令，沿亭顶的垂直线镜像复制亭柱，如图 17-182 所示。

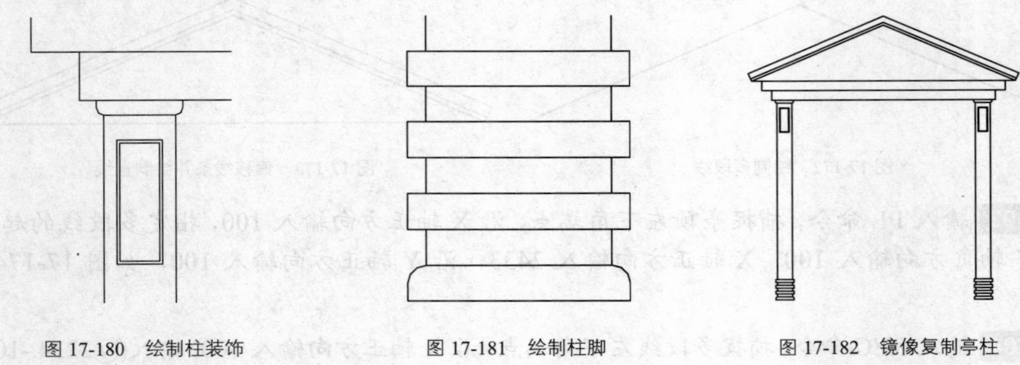

图 17-180　绘制柱装饰　图 17-181　绘制柱脚　图 17-182　镜像复制亭柱

08 绘制辅助线。输入 L 命令，以两平行扶手柱之间的最上方线段的中心点为起点，沿 Y 轴的正方向输入“2037”，如图 17-183 所示。

09 输入 M 命令，选择亭子，指定亭顶为基点，移动亭子到线段的端点，删除线段，再修剪多余线段，如图 17-184 所示。

❑　填充

01 将“填充”层置为当前图层。输入 H 命令，对亭顶进行填充，结果如图 17-185 所示。

02 亭立面图绘制完成，最终结果如图 17-186 所示。

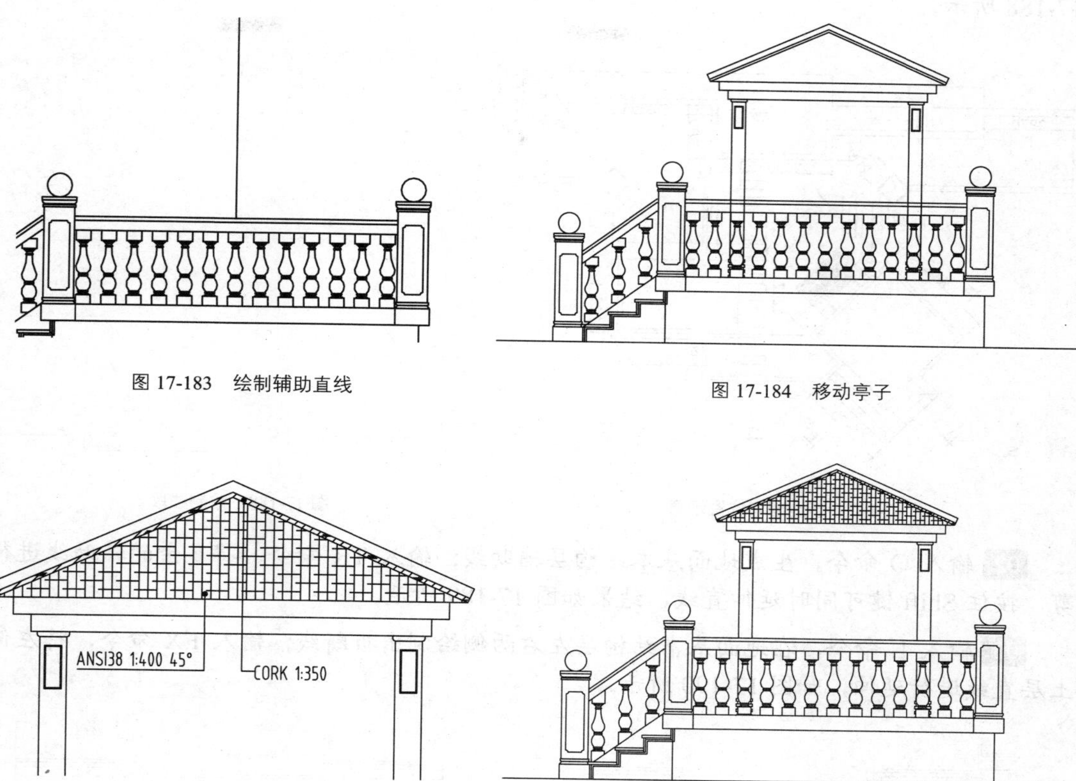

图 17-183 绘制辅助直线

图 17-184 移动亭子

图 17-185 亭顶填充结果

图 17-186 最终效果

17.5 水池详图设计

水池位于别墅观水廊西侧，由观水廊、休息平台、艺术花钵和小道等围合而成。水池详图表达了水池内部各部分的高差、材料和做法等。

17.5.1 水池总体平面布置图

水池总体平面布置图是反映水池在总平面图中位置关系的图样，绘制水池总体平面布置图，可以从总平面图中调出，然后加入尺寸标注和剖切位置，即可完成水池总体平面布置图的绘制。水池总体平面布置图的剖切位置关系如图 17-187 所示。

17.5.2 绘制 A-A 剖面图

课堂举例 17-10： 绘制 A-A 剖面图

视频\第 17 章\课堂举例 17-10.mp4

01 将“园林建筑”置为当前图层。输入 L 命令，单击绘图区空白处一点，打开正交功能，依次沿水平和垂直方向输入1230、443、3393、482、6418、443和3112，绘制线段如图17-188所示。

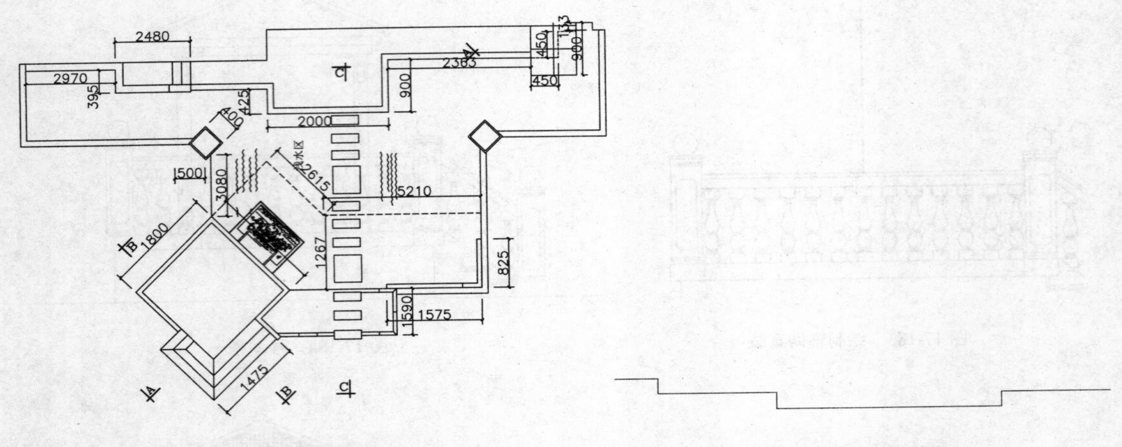

图 17-187　水池剖切位置示意

图 17-188　绘制线段

02 输入O命令，生成地面基本结构层辅助线；输入TR命令，将多余的辅助线进行修剪，按住Shift键可同时延伸直线，结果如图17-189所示。

03 输入L命令，在地面基本结构层左右两侧绘制出折断线；输入EX命令，将左侧素土层直线进行延伸，如图17-190所示。

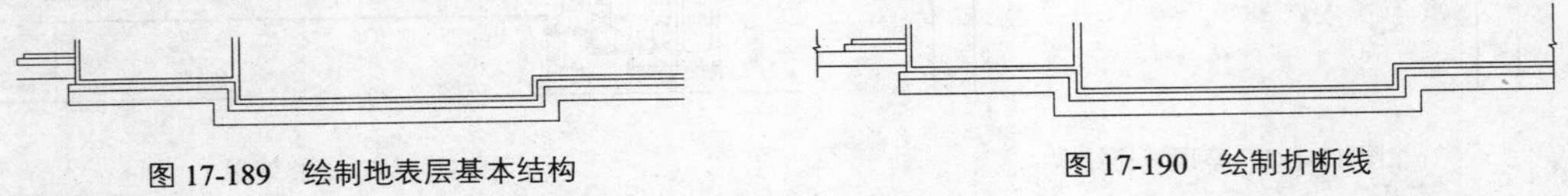

图 17-189　绘制地表层基本结构

图 17-190　绘制折断线

04 输入L命令，捕捉钢筋混土层左上角点，指引光标水平向右输入167，确认踏步的第一个起点，配合正交功能，绘制出踏步的一条结构线；输入O命令，将结构线进行偏移，生成踏步的辅助线；输入“TR”命令，将辅助线进行修剪，结果如图17-191所示。

05 输入O命令，生成桥墩柱子的辅助线；输入TR命令，将多余的辅助线进行修剪，结果如图17-192所示。

图 17-191　绘制台阶

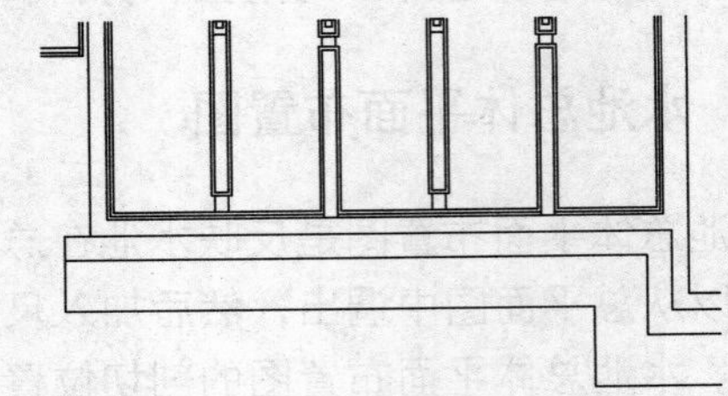

图 17-192　绘制桥墩

06 输入O命令，生成花池立面和喷泉台的辅助线；输入“TR”命令，将多余的辅助线进行修剪，结果如图17-193所示。

07 输入L命令，绘制特色护栏的一条垂直线和一条水平直线；输入O命令，生成护栏的辅助线；输入A命令和C命令，绘制护栏柱立面的圆和圆弧；输入TR命令，将多余的辅助线进行修剪，结果如图 17-194 所示。

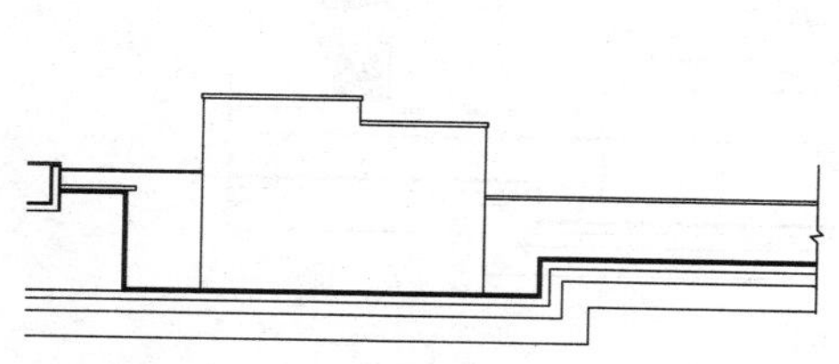

图 17-193　绘制花池立面和喷泉台轮廓线

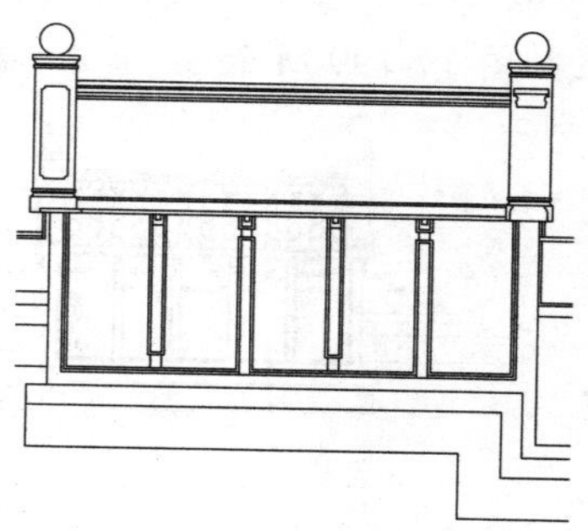

图 17-194　绘制护栏

08 输入 REC 命令，在弹出右键菜单中选择“自”选项，单击装饰盖板左上角作为基点，输入(@202，-148)确认矩形的左上角点，输入（@1357，354）按 Enter 键即可绘制一个矩形；同样方法绘制另一个矩形；输入 O 命令，将绘制的矩形向内偏移 30；输入 L 命令，在矩形区中绘制出架空线，结果如图 17-195 所示。

09 输入 REC 命令，在弹出右键菜单中选择“自”选项，单击架空牌与右侧围栏的交点作为基点，输入(@2204，-738)确认矩形的左下角点，输入（@708，816）按 Enter 键即可绘制一个矩形；输入 CHA 命令，设置第一个倒角距离为 29.5，第二个倒角距离为 20，将矩形上边两个角进行倒直角处理；同样方法绘制出装饰柱的其他矩形，如图 17-196 所示。

10 输入 C 命令，在弹出右键菜单中选择“自”选项，单击装饰台左上角点作为基点，输入（@234，59）确认圆心位置，输入半径值 59 后按 Enter 键；输入 CO 命令，用光标指引 X 轴正方向，输入 319，复制出另一个圆；输入 O 命令，生成花盆的辅助线；输入“F”命令，分别设置圆角半径为 20 和 8，将花盆顶部进行圆角处理；输入“A”命令，绘制一条经过两圆心的圆弧；输入 TR 命令，将经过圆内的圆弧段进行修剪，结果如图 17-197 所示。

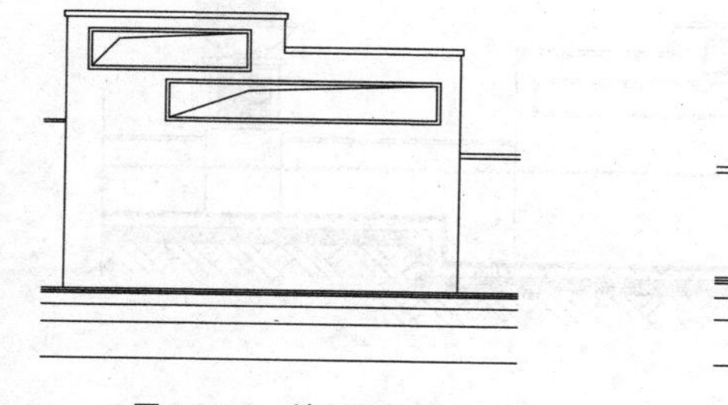

图 17-195　绘制装饰洞口

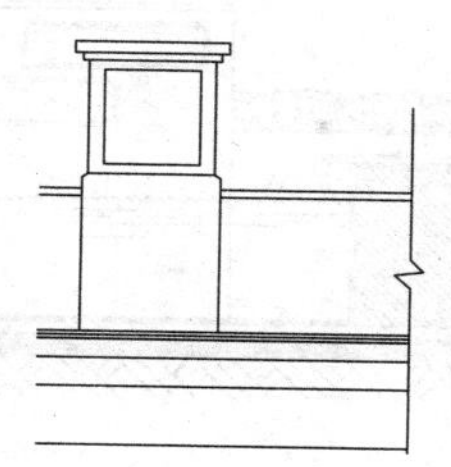

图 17-196　绘制装饰柱

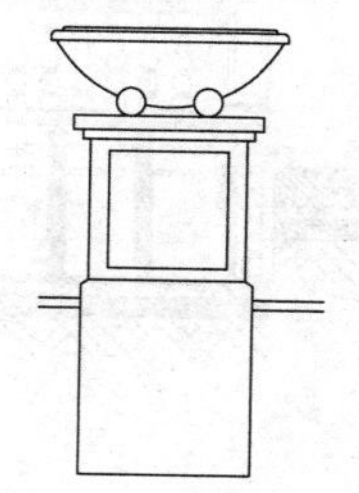

图 17-197　绘制花盆

11 输入 I 命令，插入已有的立面栏杆柱图块和植物图块，结果如图 17-198 所示。

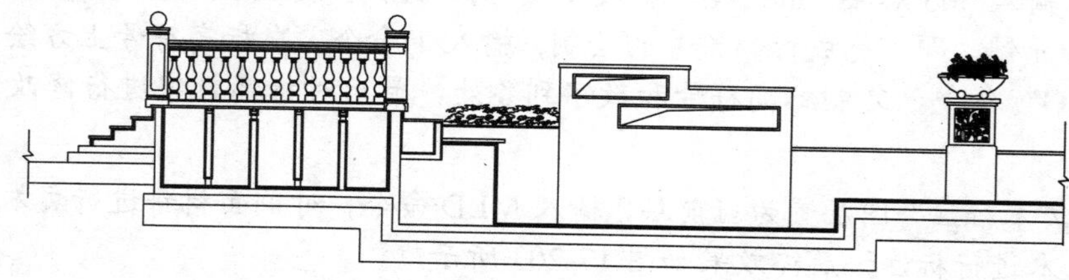

图 17-198　插入图块

12 将“水”图层置为当前层，将线型样式设置为 DASHED，设置比例为 100，分别输入 L 命令和 A 命令，绘制水纹直线和弧线；将线型样式设置为“ZIGZAG”，绘制两条水纹直线，结果如图 17-199 所示。

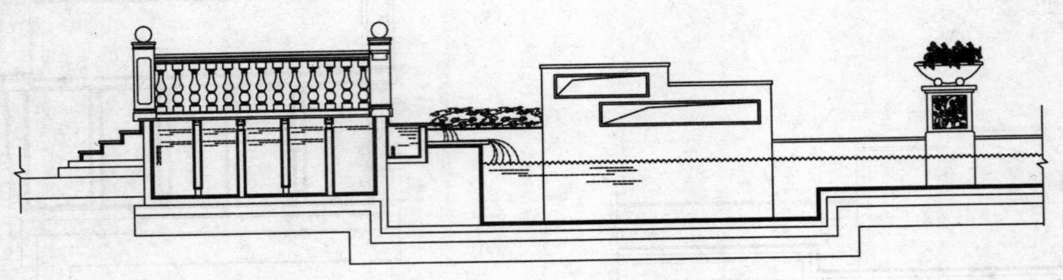

图 17-199 绘制水纹

13 将“水管”图层置为当前层，将线型样式设置为“DASHED”，设置比例为 100，输入 A 命令，绘制出总给水和总排水口；输入 L 命令，绘制水管线；输入 TR 命令，修剪两根水管线之间的线条；输入 PL 命令，绘制出泵水仓，结果如图 17-200 所示。

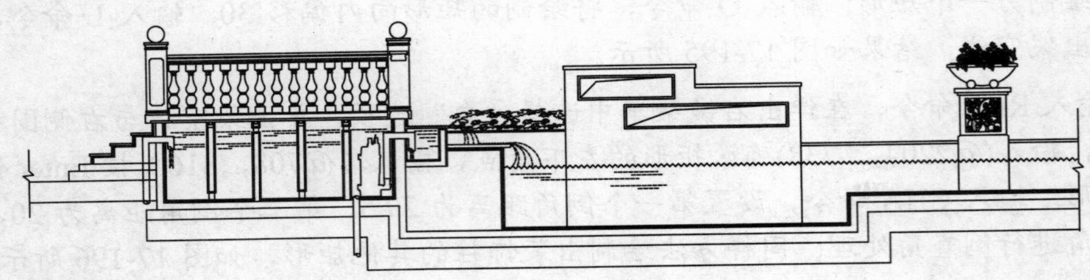

图 17-200 绘制水管和设备

14 将“填充”图层置为当前层，输入 H 命令，将剖面进行材料填充；输入 E 命令，将土壤层轮廓线进行删除，结果如图 17-201 所示。

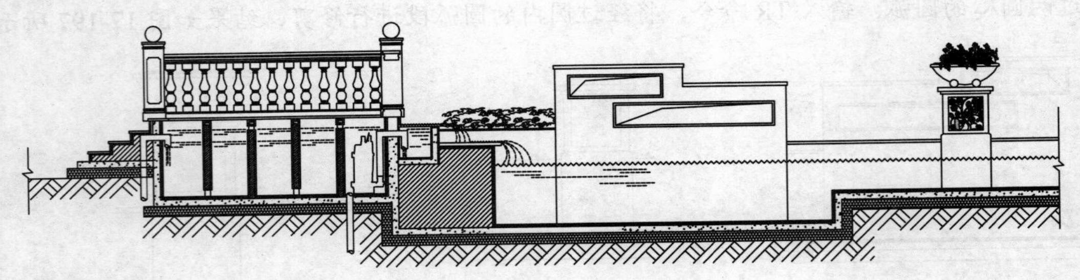

图 17-201 填充材料图例

15 将“标高”图层置为当前层，输入 L 命令，单击绘图区中空白处一点，用光标指引 X 轴正方向，输入 505 后按 Enter 键，输入 (@-75，-113)后按 Enter 键，接着输入（@-79，113）后按 Enter 键，即可完成标高符号的绘制；输入 T 命令，在标高符号上方绘制出标高数字；输入“CO”命令，复制标高符号和数字到各处，最后对标高数字进行修改，结果如图 17-202 所示。

16 将“文本标注”图层置为当前层，输入 MLD 命令，对剖面材料进行文本标注；输入 T 命令，对文本进行标注，最终效果如图 17-203 所示。

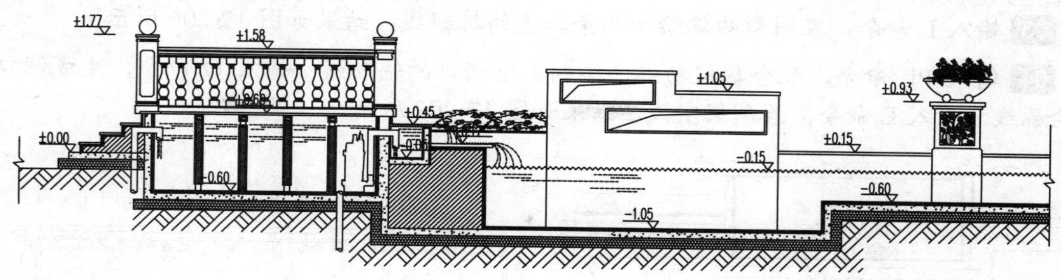

图 17-202　绘制标高符号

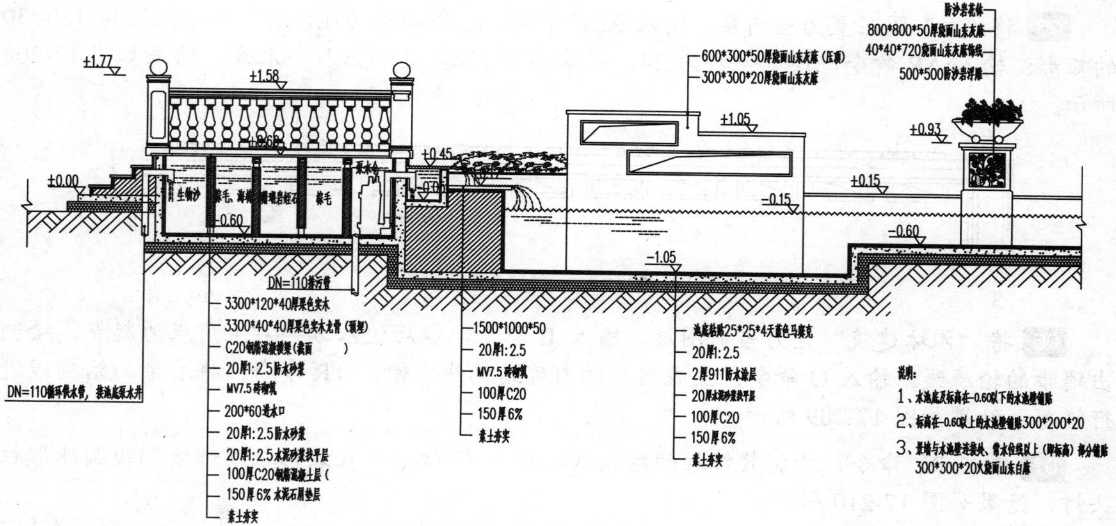

图 17-203　文本标注

17.5.3 绘制 B-B 剖面图

课堂举例 17–11：绘制 B-B 剖面图　　视频\第 17 章\课堂举例 17-11.mp4

01 将“园林建筑”置为当前图层。输入 L 命令，单击绘图区空白处一点，打开正交功能，依次沿水平和垂直方向输入 1471、-50、40、-650、-150、-150、3880、150、-150、410 和 2200，结果如图 17-204 所示。

02 输入 O 命令，将直线进行偏移，生成景观台底部剖面的辅助线；输入 TR 命令，将辅助线进行修剪，按住 Shift 键，对直线进行延伸，结果如图 17-205 所示。

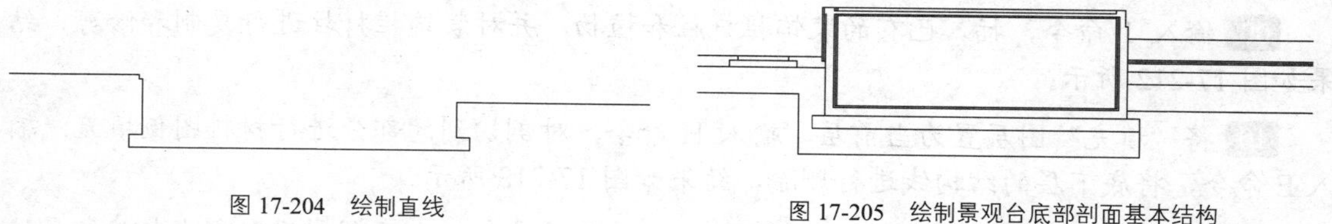

图 17-204　绘制直线

图 17-205　绘制景观台底部剖面基本结构

03 输入 L 命令，在图形两端绘制两条垂直的折断线，结果如图 17-206 所示。

04 输入 PL 命令，配合捕捉功能，绘制架空洞口的辅助线；输入 O 命令，生成洞口的内轮廓线；输入 L 命令，绘制架空线，结果如图 17-207 所示。

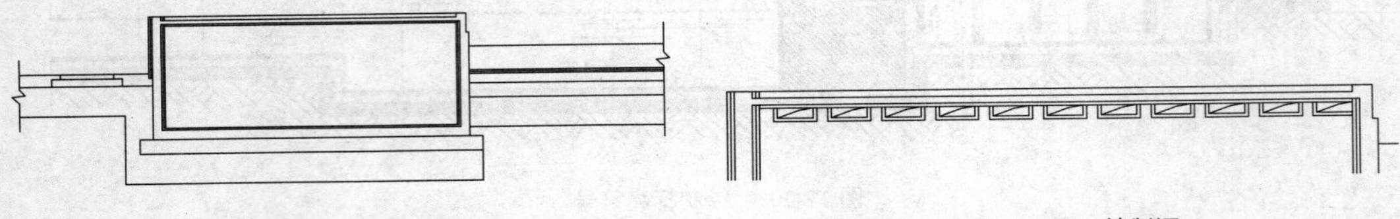

图 17-206　绘制折断线　　图 17-207　绘制洞口

05 将“木”图层置为当前层，输入 REC 命令，配合捕捉功能，绘制一个尺寸为 120×30 的矩形；输入 AR 命令，设置列数为 24，列偏移为 128，复制出多个木方，结果如图 17-208 所示。

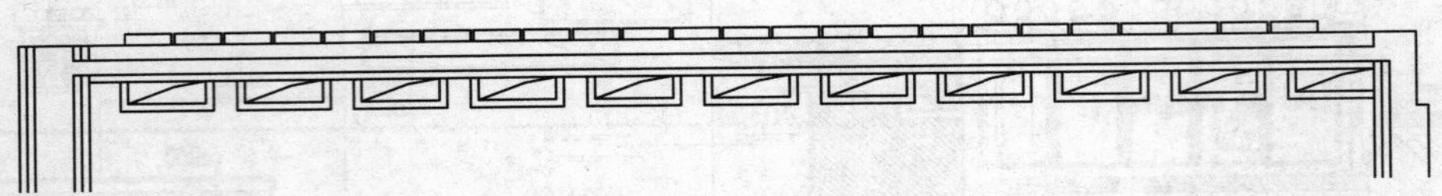

图 17-208　绘制木方

06 将“园林建筑”置为当前图层。输入 L 命令，以后边木方的右上角点为起点，绘制出踏步的轮廓线；输入 O 命令，生成踏步的内部结构线；输入 TR 命令，将多余的结构线进行修剪，结果如图 17-209 所示。

07 输入 PL 命令，绘制装饰柱的结构线；输入 C 命令，在装饰柱顶部绘制出圆球形柱头灯，结果如图 17-210 所示。

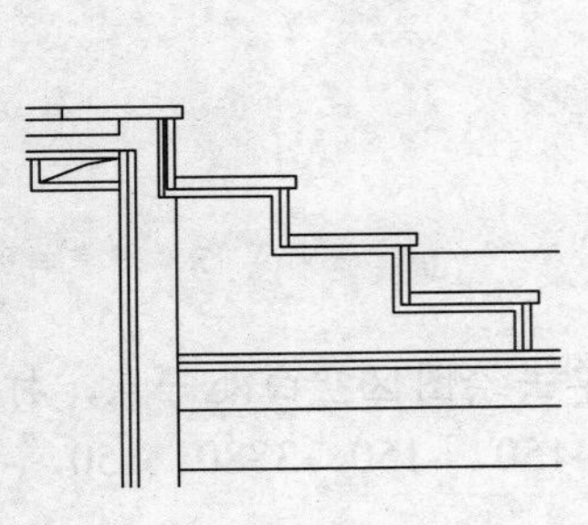

图 17-209　绘制台阶

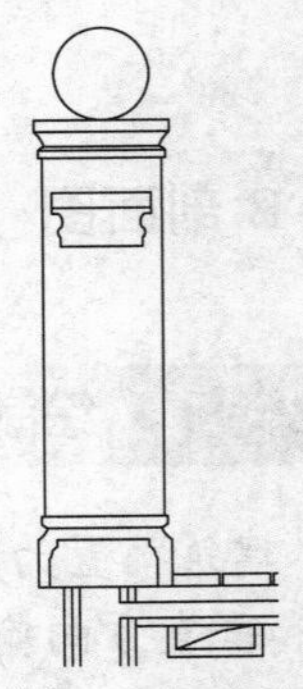

图 17-210　绘制装饰柱

08 输入 CO 命令，配合捕捉功能，复制两个装饰柱；输入 L 命令，绘制出护栏栏杆线，并对装饰柱和栏杆线进行适当修改，结果如图 17-211 所示。

09 输入 I 命令，插入已有的装饰栏杆柱和植物，并对装饰栏杆柱进行复制和修剪，结果如图 17-212 所示。

10 将“填充”图层置为当前层，输入 H 命令，对剖切到的部分进行材料图例填充；输入 E 命令，将底下层的结构线进行删除，结果如图 17-213 所示。

11 将“文本标注”图层置为当前层，输入 MLD 命令，对剖面材料进行文本标注，最终

效果如图 17-214 所示。

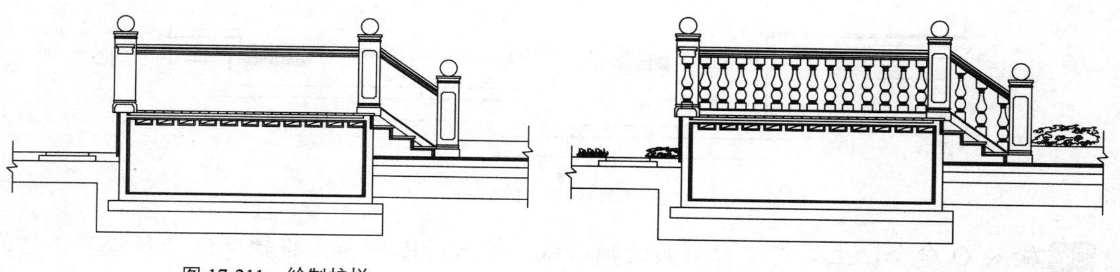

图 17-211　绘制护栏　　　　图 17-212　插入装饰栏杆柱和植物

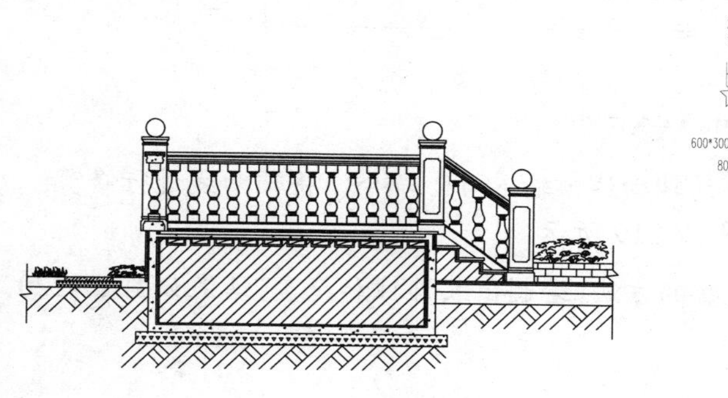

图 17-213　填充剖面材料

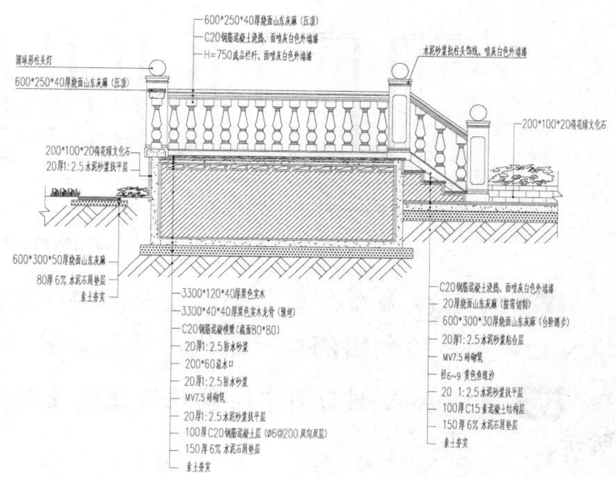

图 17-214　添加文本标注

17.5.4 绘制 C-C 剖面图

课堂举例 17-12：绘制 C-C 剖面图

视频\第 17 章\课堂举例 17-12.mp4

01 将“园林建筑”置为当前图层。输入“L”命令，配合正交功能，绘制水平和垂直基准线，结果如图 17-215 所示。

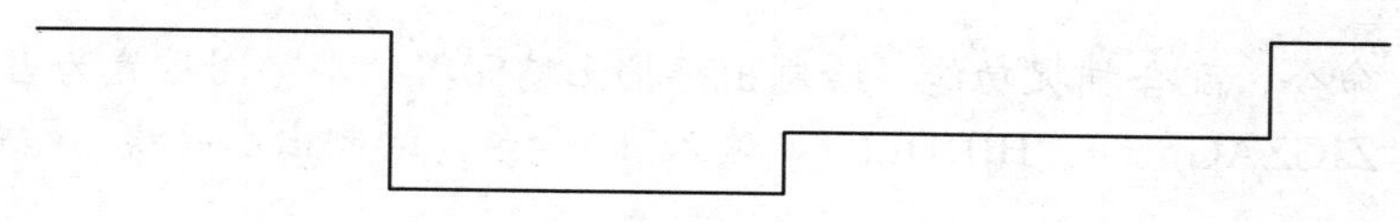

图 17-215　绘制基准直线

02 输入 O 命令，生成地面各结构层的辅助线；输入 TR 命令，按住 Shift 键，配合延伸功能，绘制出地面层的结构线，结果如图 17-216 所示。

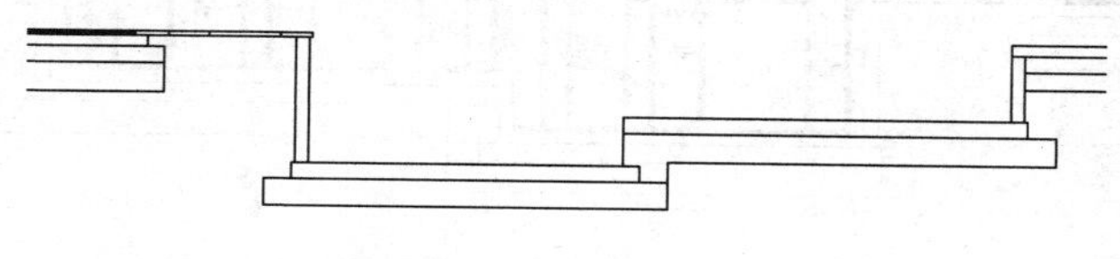

图 17-216　绘制地面结构层

03 输入 L 命令，在图形两侧绘制出折断线，结果如图 17-217 所示。

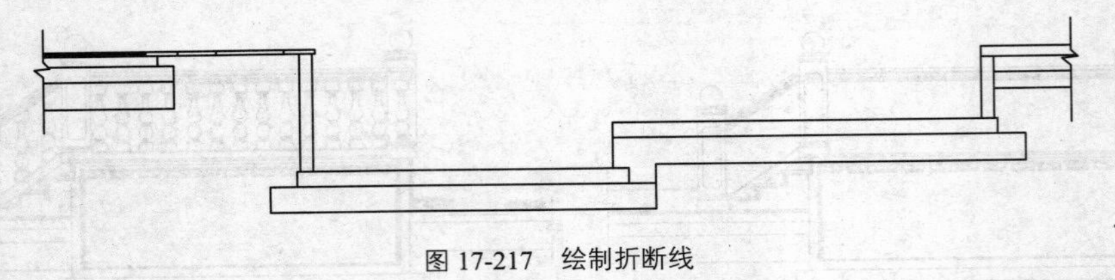

图 17-217　绘制折断线

04 输入 O 命令，生成汀步台剖面的辅助线；输入 TR 命令，将辅助线进行修剪，结果如图 17-218 所示。

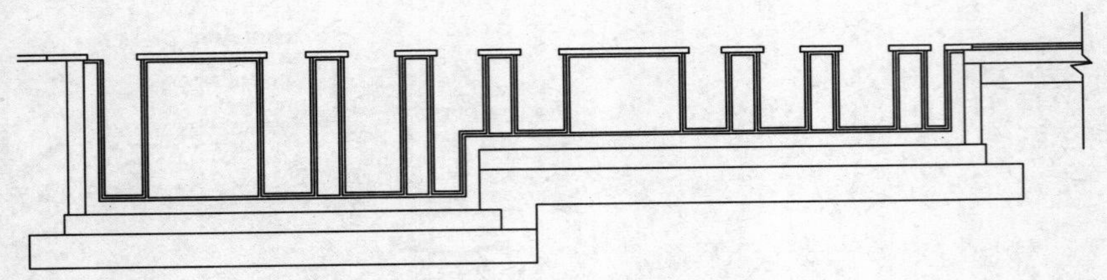

图 17-218　绘制汀步

05 输入 O 命令，生成景墙立面和洞口的辅助线；输入 TR 命令，将辅助线进行修剪；输入 L 命令，绘制出洞口示意线，结果如图 17-219 所示。

06 根据 A-A 剖面图中绘制装饰柱和花盆的方法，绘制出装饰柱和花盆，结果如图 17-220 所示。

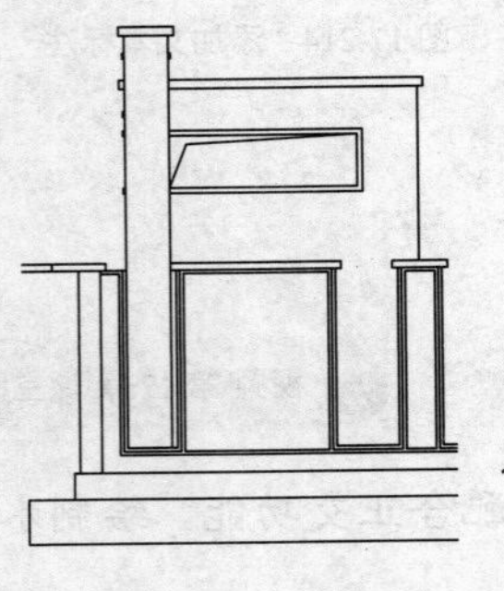

图 17-219　绘制景墙

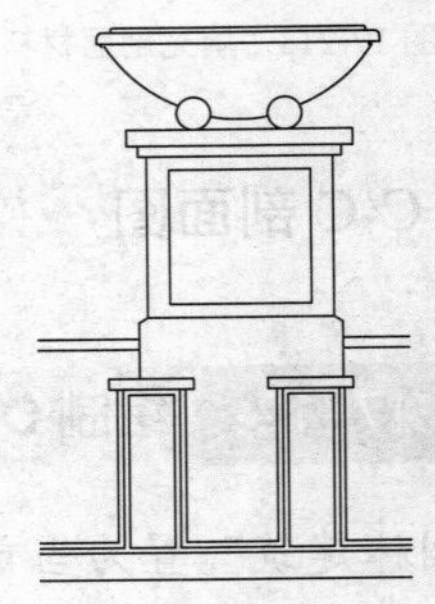

图 17-220　绘制装饰柱和花盆

07 输入 L 命令，配合捕捉功能，绘制出矮挡土墙；将“水”图层置为当前层，分别设置线型样式为“ZIGZAG”和“HIDDEN”，输入 L 命令，绘制出水纹线，结果如图 17-221 所示。

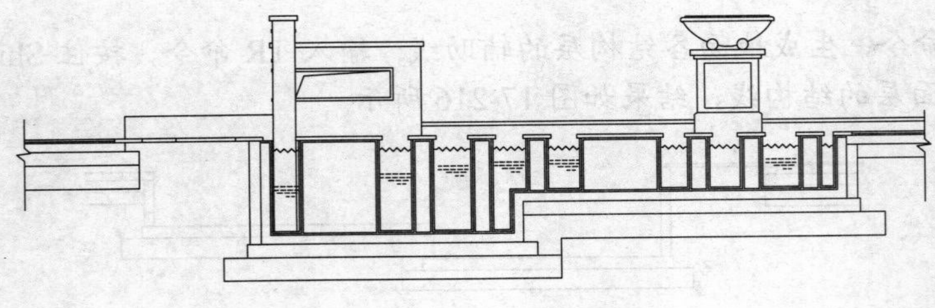

图 17-221　绘制矮挡土墙和水纹

08 将“填充”图层置为当前层，输入 H 命令，填充剖面材料图例；输入 E 命令，删除素土夯实剖分的辅助线，结果如图 17-222 所示。

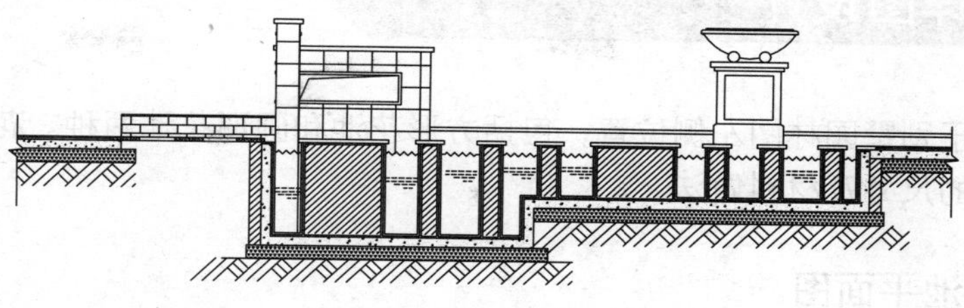

图 17-222　填充材料图例

09 将“绿化”图层置为当前层，输入 PL 命令，绘制出草丛；输入 I 命令，插入盆花图块，结果如图 17-223 所示。

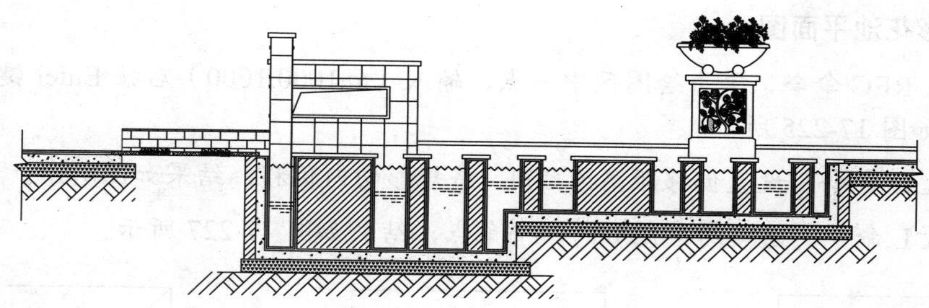

图 17-223　绘制绿化

10 与其他剖面图相同，绘制出标高符号及数字、引线标注，最终效果如图 17-224 所示。

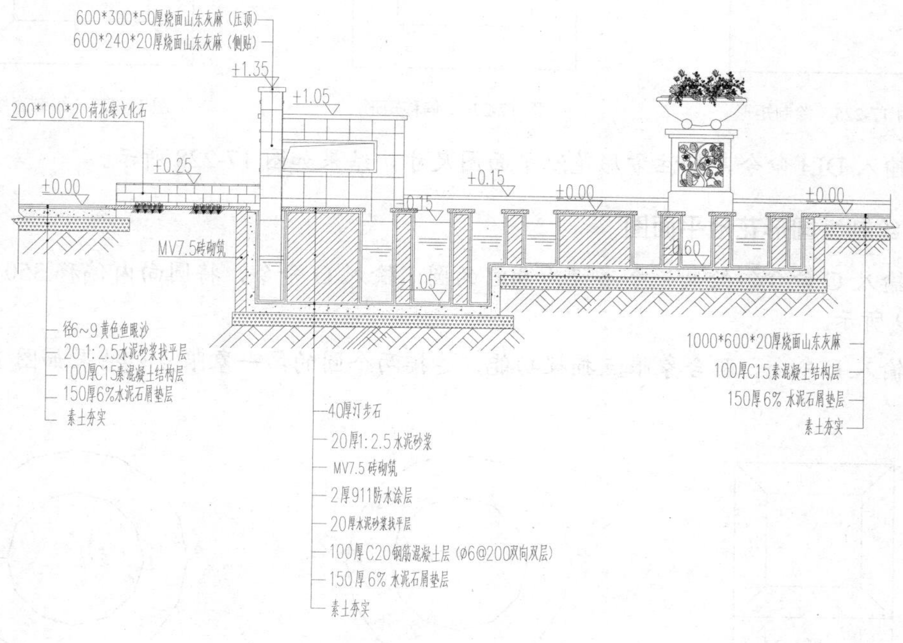

图 17-224　标注标高符号和文字

17.6 花池详图设计

花池主要位于别墅园林图左侧位置，包括方形花池和圆形花池两种。花池详图表达了花池的平面和剖面的尺寸及材料做法。

17.6.1 绘制花池平面图

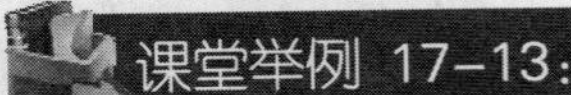
课堂举例 17-13：绘制花池平面图

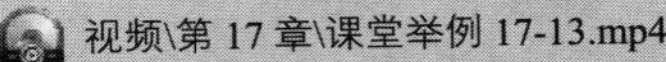
视频\第 17 章\课堂举例 17-13.mp4

1. 方形花池平面图

01 输入 REC 命令，单击绘图区中一点，输入（@1000,1000）后按 Enter 键，绘制一个矩形，结果如图 17-225 所示。

02 输入 O 命令，设置偏移距离为 200，将矩形向内偏移，结果如图所示。

03 输入 L 命令，连接两个矩形的四个角点，结果如图 17-227 所示。

图 17-225 绘制矩形

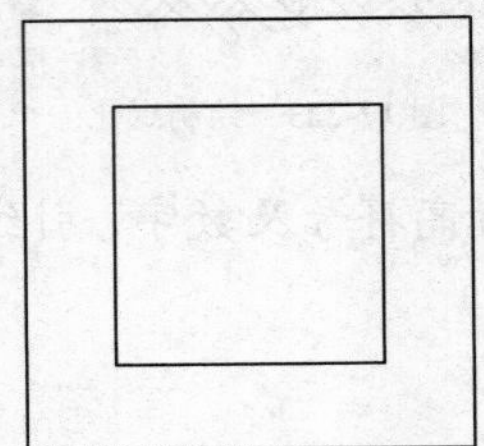
图 17-226 偏移矩形

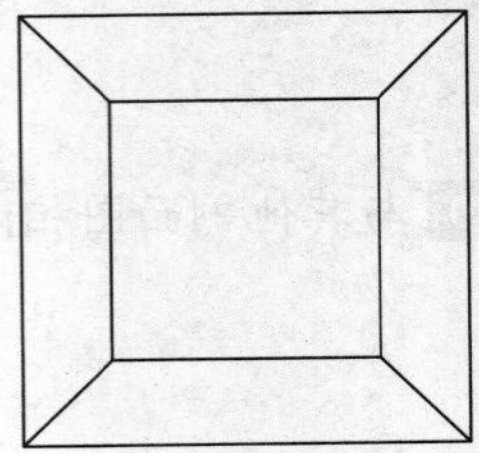
图 17-227 绘制直线

04 输入 DLI 命令，标注方形花池平面图尺寸，结果如图 17-228 所示。

2. 绘制大圆形花池平面图

01 输入 C 命令，绘制一个半径为 900 的圆；输入 O 命令，将圆向内偏移 350，结果如图 17-229 所示。

02 输入 L 命令，配合象限点捕捉功能，连接两个圆的第一象限点，结果如图 17-230 所示。

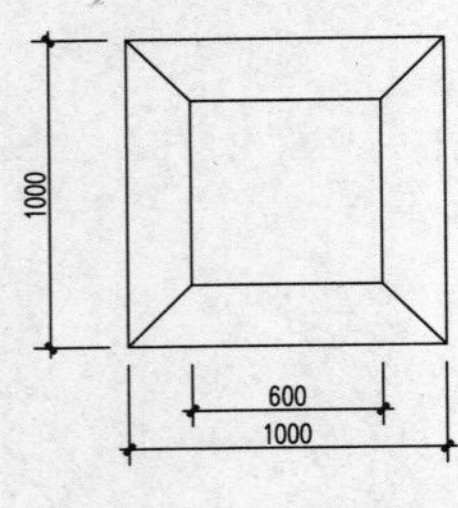

图 17-228 标注尺寸

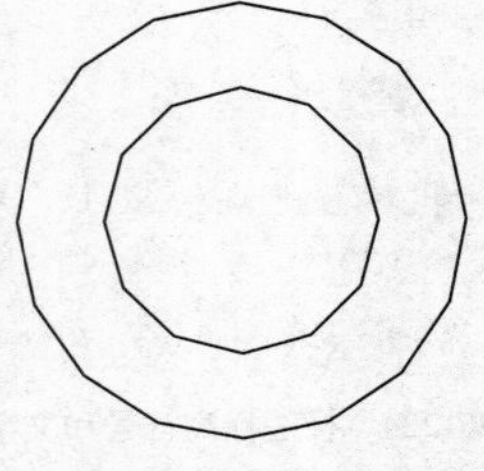
图 17-229 绘制和偏移圆

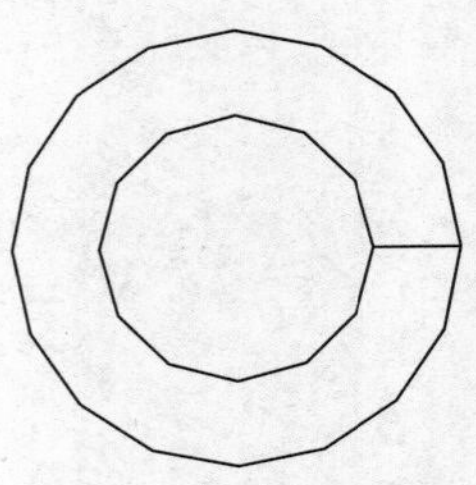
图 17-230 绘制直线

03 输入 AR 命令，选择“环形阵列”方式，设置中心点为圆的圆心，项目总数为 8，填充角度为 360，将直线阵列复制，结果如图 17-231 所示。

04 输入 DRA 命令，标注两个圆的半径，结果如图 17-232 所示。

3. 绘制小圆形花池平面图和剖切符号

01 输入 C 命令，绘制一个半径为 600 的圆；输入 O 命令，将圆向内偏移 200，结果如图 17-233 所示。

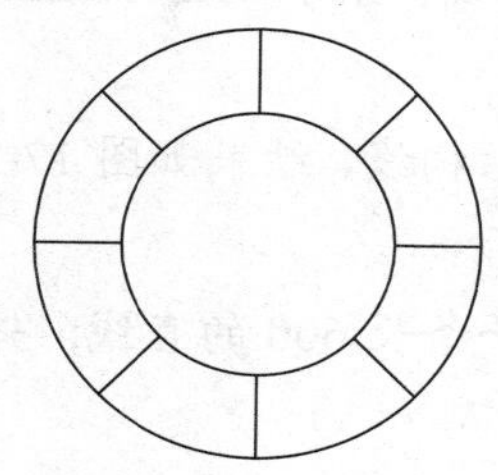

图 17-231　阵列直线

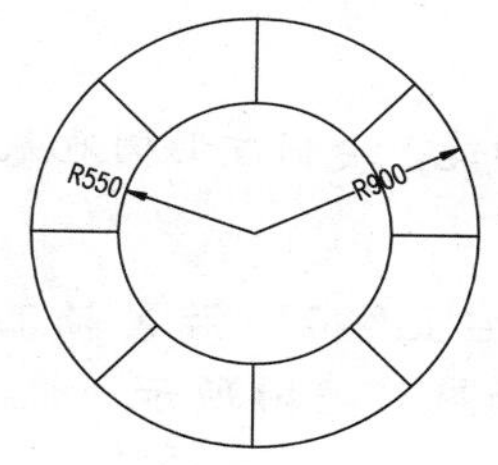

图 17-232　半径标注

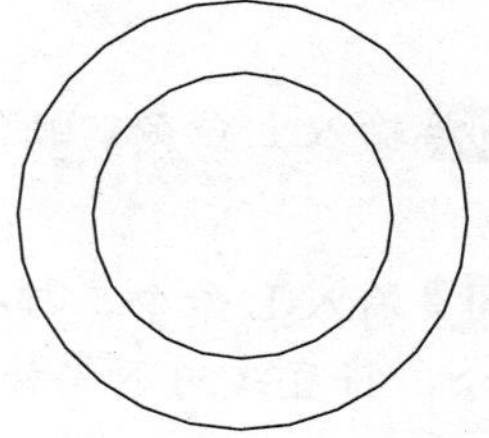

图 17-233　绘制和偏移圆

02 输入 L 命令，配合象限点捕捉功能，连接两个圆第一象限的点，结果如图 17-234 所示。

03 输入 AR 命令，选择“环形阵列”方式，设置中心点为圆的圆心，项目总数为 8，填充角度为 360，将直线阵列复制，结果如图 17-235 所示。

04 输入 DRA 命令，标注两个圆的半径，结果如图 17-236 所示。

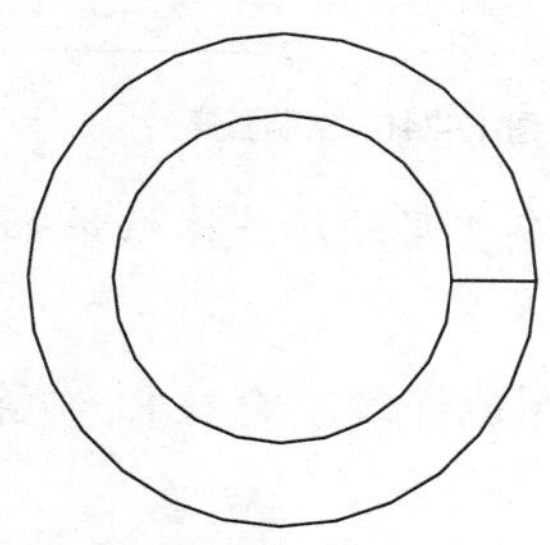

图 17-234　绘制直线

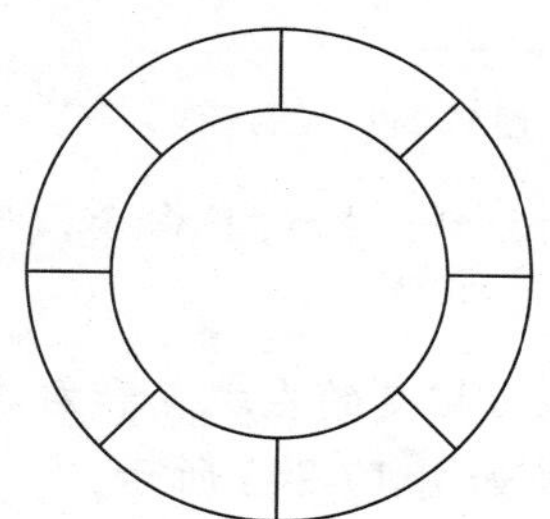

图 17-235　阵列直线

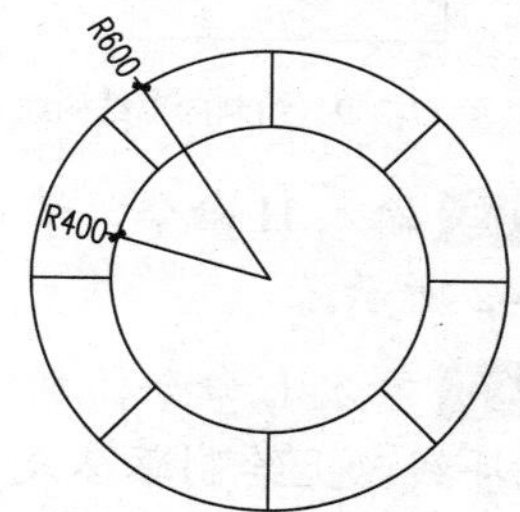

图 17-236　标注半径

05 输入 PL 命令，设置多段线宽为 10，绘制两条垂直的直线，其长度为 180，作为剖切符号；输入 T 命令，绘制剖切文字，然后利用镜像和复制命令复制剖切符号和文字，双击对文字内容进行修改，结果如图 17-237 所示。

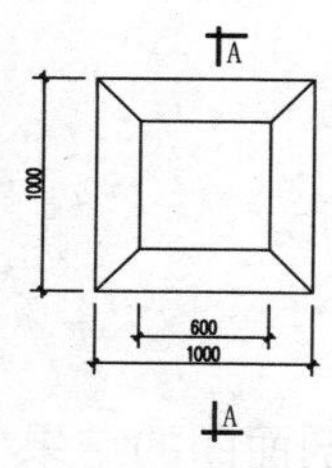

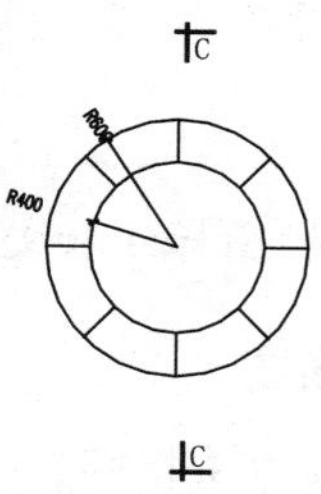

图 17-237　绘制剖切符号

图 17-238　绘制方形树池基座的轮廓线

17.6.2 绘制花池剖面图

课堂举例 17-14：绘制花池剖面图　　视频\第 17 章\课堂举例 17-14.mp4

1. 绘制 A-A 剖面图

01 输入 L 命令，配合“正交”功能，绘制方形树池基座的轮廓线，结果如图 17-238 所示。

02 输入 L 命令，配合“正交”功能，绘制方形树池基座内部的结构线，结果如图 17-239 所示。

03 输入 L 命令，捕捉树池基座右上角点，沿 X 轴正方向绘制一条长 600 的直线；输入 O 命令，将直线向下偏移 50，结果如图 17-240 所示。

04 输入 MI 命令，以上一步创建的直线中点所作的垂线为对称轴，将树池基座进行对称复制，结果如图 17-241 所示。

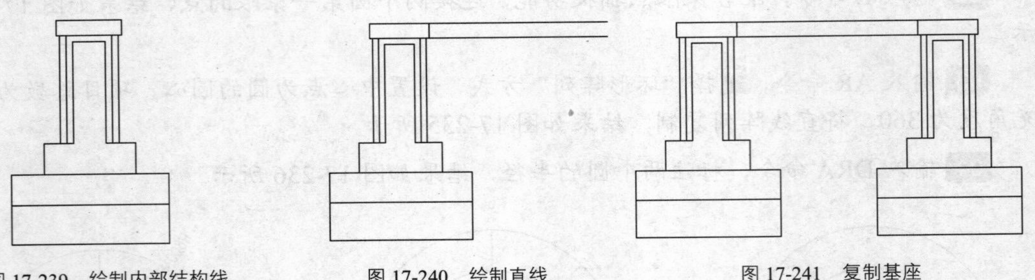

图 17-239　绘制内部结构线　　图 17-240　绘制直线　　图 17-241　复制基座

05 输入 H 命令，填充树池剖面材料；输入 E 命令，删除素土夯实层轮廓线，结果如图 17-242 所示。

06 输入 L 命令，捕捉基础与地面相交的左端点和右端点，绘制地坪线；输入 PL 命令，在地坪线以上绘制草丛表示线，结果如图 17-243 所示。

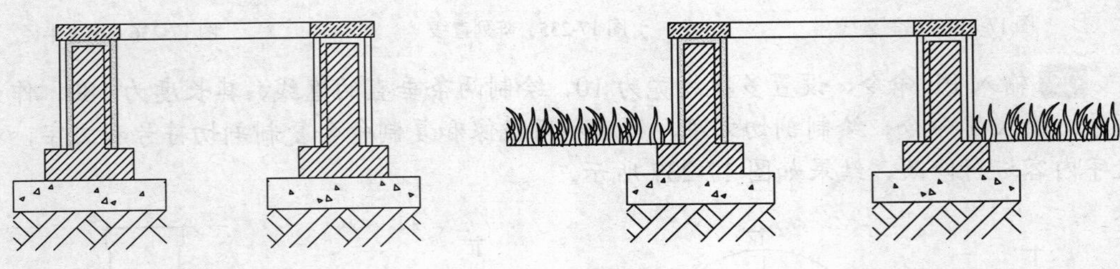

图 17-242　填充剖面材料　　图 17-243　绘制地坪线和植物

07 同样方法，添加尺寸标注、标高标注和文本标注，结果如图 17-244 所示。

2. 绘制 B-B 剖面图和 C-C 剖面图

B-B 剖面图与 A-A 剖面图的绘制方法相同，可参照其进行绘制，绘制 B-B 剖面图的结果如图 17-245 所示。

C-C 剖面图与 A-A 剖面图的绘制方法相同，可参照其进行绘制，绘制 B-B 剖面图的结果如图 17-246 所示。

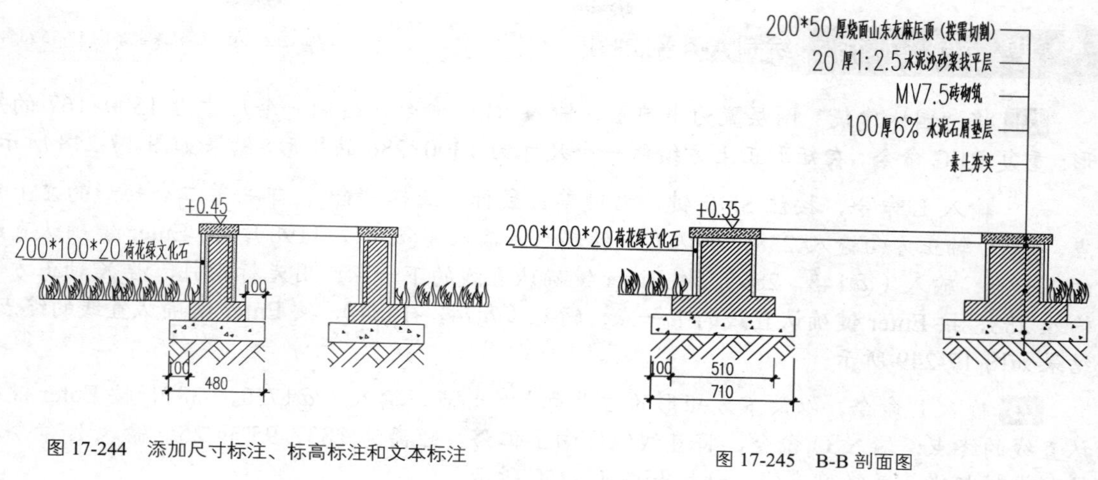

图 17-244　添加尺寸标注、标高标注和文本标注　　图 17-245　B-B 剖面图

17.7 生态鱼池详图设计

生态鱼池位于别墅平面图东北侧，生态鱼池详图反映鱼池剖面的基本结构和剖面基本尺寸。生态鱼池详图主要包括剖面详图、木平台桩位布置平面图和桩位剖面图。

生态鱼池总平面布置图反映鱼池的平面位置和平面尺寸，生态鱼池的总体剖切关系如图 17-247 所示。

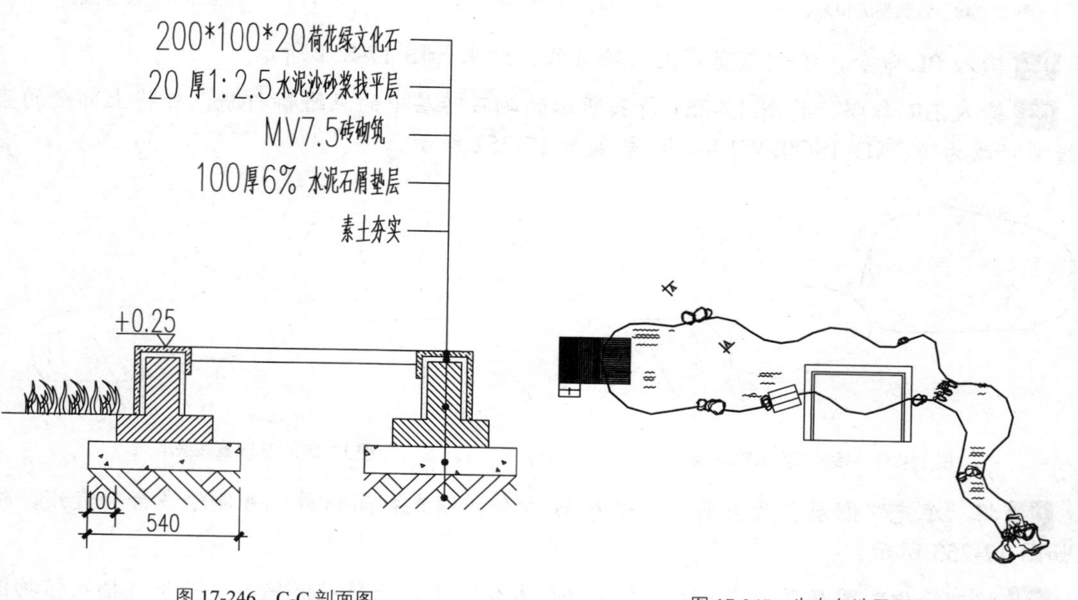

图 17-246　C-C 剖面图　　图 17-247　生态鱼池平面图

17.7.1 绘制 A-A 剖面图

课堂举例 17-15：绘制 A-A 剖面图　视频\第 17 章\课堂举例 17-15.mp4

01 将“园林建筑”图层置为当前层，输入 REC 命令，绘制一个尺寸为 1500×167 的矩形；重复 REC 命令，在矩形正上方绘制一个尺寸为 1300×286 的矩形，结果如图 17-248 所示。

输入 L 命令，按住 Shift 键，右键单击鼠标，选择“自”，单击第二个矩形的左上角点，沿 X 轴正方向输入 238，确认直线的起点；输入（@381，1198），按 Enter 键确认直线的下一点；输入（@143，286），按 Enter 键确认直线的下一点；用光标指引，沿 X 轴正方向输入 238，按 Enter 键确认直线的下一点；输入（@74，-1484），按 Enter 键确认直线的终点，结果如图 17-249 所示。

03 输入 L 命令，以最下方矩形的右上角点为起点，输入（@1729，-38），按 Enter 键确认直线的终点；输入 O 命令，将直线依次向上偏移，距离为 283、95 和 25；输入 L 命令，绘制出折断线，并修剪直线，结果如图 17-250 所示。

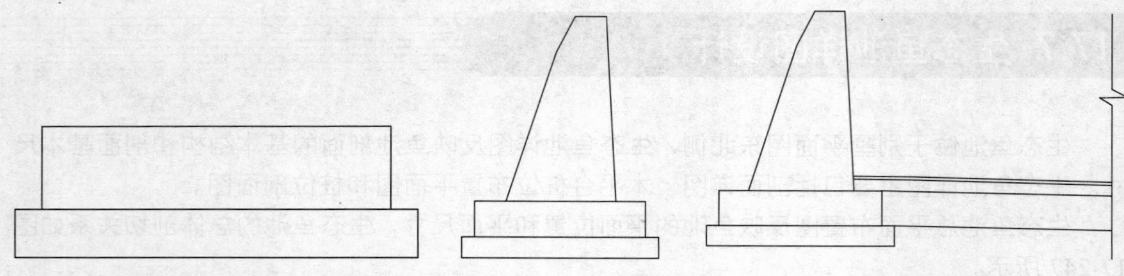

图 17-248　绘制垫层和大石块　　图 17-249　绘制砌石砖层　　图 17-250　绘制水池底部结构层

04 输入 PL 命令，绘制花岗石大致轮廓线，结果如图 17-251 所示。

05 输入 BR 命令，将图 17-251 箭头所示的砌石砖层中的点进行打断，并将上部分的直线线型修改为 ACAD_ISO02W100，结果如图 17-252 所示。

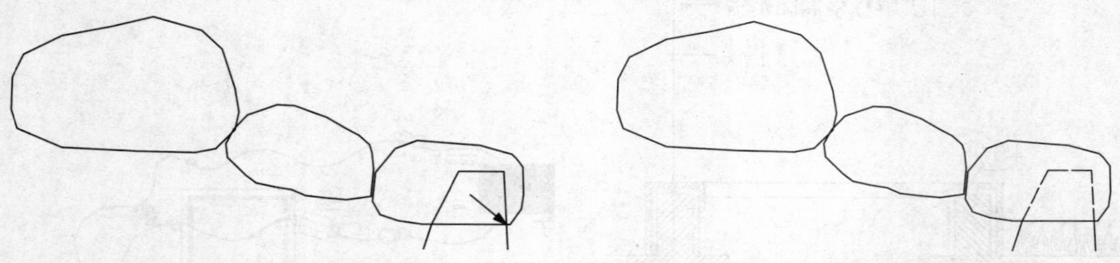

图 17-251　绘制花岗石轮廓线　　图 17-252　修改直线线型

06 将“填充”图层置为当前层，输入 H 命令，填充剖面材料，并删除多余的直线，结果如图 17-253 所示。

07 将“绿化”图层置为当前层，输入 PL 命令，绘制出草丛；输入 I 命令，插入植物图块，结果如图 17-254 所示。

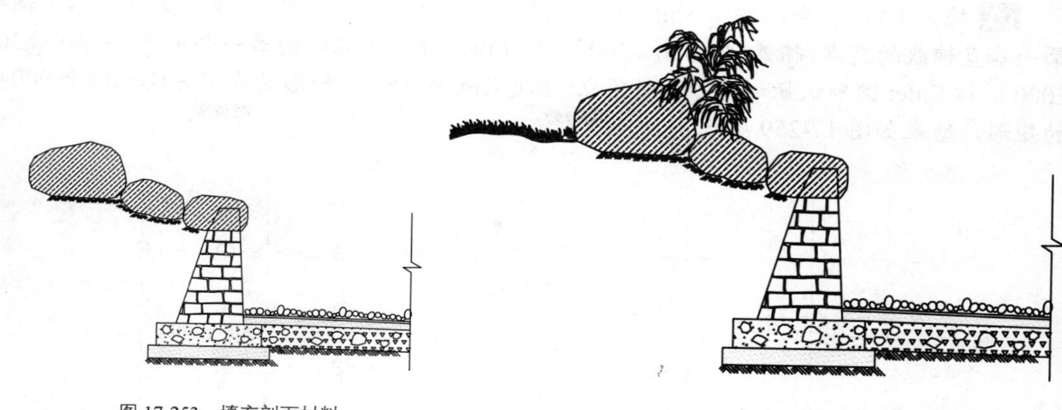

图 17-253　填充剖面材料　　　　图 17-254　绘制绿化

08 将“水”图层置为当前层，并设置不同的线型，输入 L 命令，绘制出水纹线，结果如图 17-255 所示。

09 为剖面详图添加尺寸标注、标高标注和文字标注，结果如图 17-256 所示。

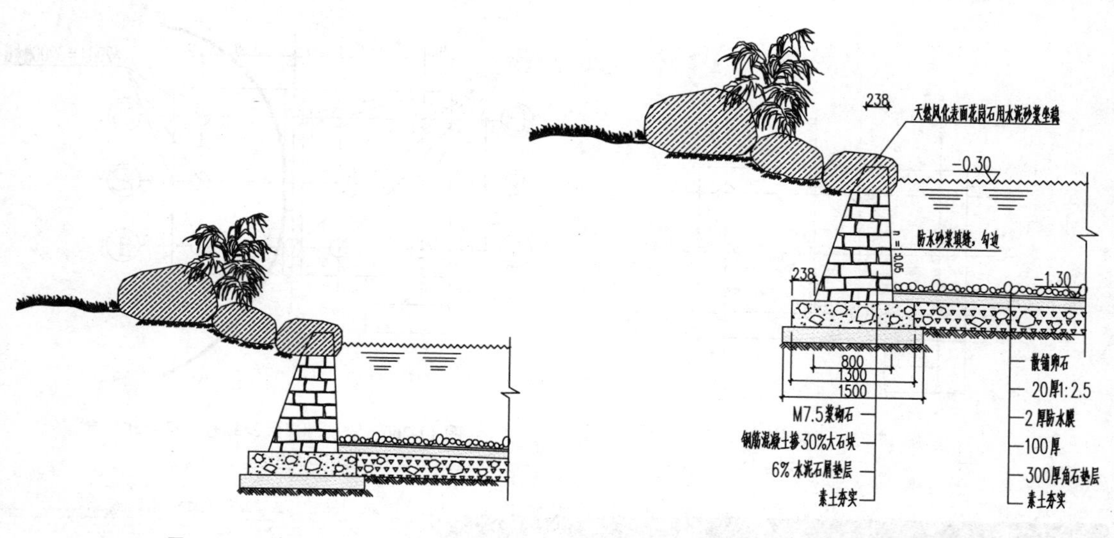

图 17-255　绘制水纹　　　　图 17-256　添加尺寸、标高和文字

17.7.2 绘制木平台桩位平面布置图

课堂举例 17-16：绘制木平台桩位平面布置图　　视频\第 17 章\课堂举例 17-16.mp4

01 将“园林建筑”图层置为当前层，设置线型为 DASHED，输入 L 命令，绘制一条水平直线，长为 3877；重复 L 命令，按住 Shift 键，右键单击鼠标，选择“自”，单击直线的左端点，输入（@830，-700），按 Enter 键确认直线的起点；沿 Y 轴正方向输入 3000，按 Enter 键确认直线的终点；输入 O 命令，生成木平台桩位辅助线，结果如图 17-257 所示。

02 将线型设置为随图层，输入 C 命令，绘制一个半径为 100 的圆；输入 CO 命令，以圆心为基点，将圆复制到辅线各交点处，结果如图 17-258 所示。

03 输入 REC 命令，按住 Shift 键，右键单击鼠标，选择“自”，单击第一根水平辅线和第一垂直辅线的交点，输入(@-300, -300)，按 Enter 键确认矩形的第一个角点；输入(@3000, 2000)，按 Enter 键确认矩形的另一对角点；重复 REC 命令，在矩形的左下方绘制两个 900×300 的矩形，结果如图 17-259 所示。

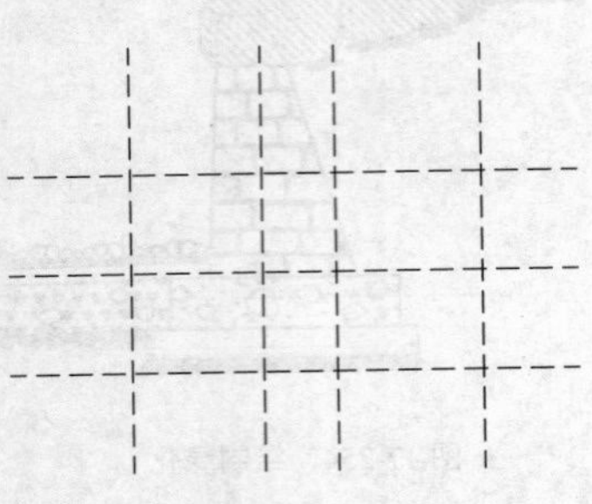
图 17-257 绘制辅线

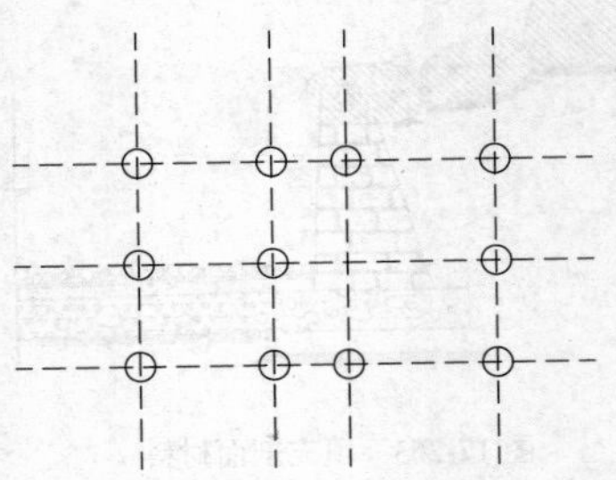
图 17-258 绘制木桩

04 为木平台桩位布置图添加湖岸线、轴号、尺寸标注和文字标注，结果如图 17-260 所示。

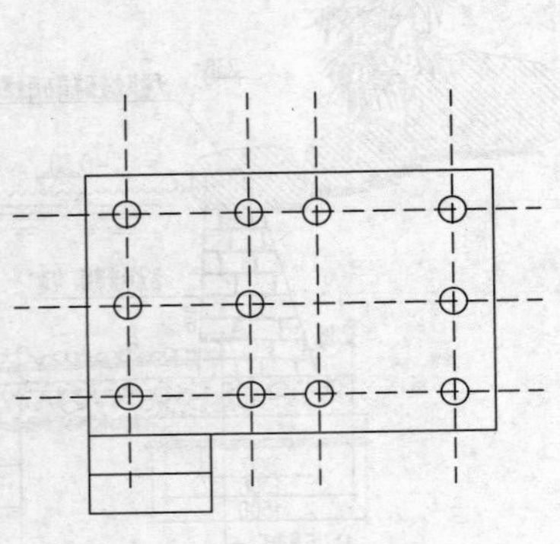
图 17-259 绘制矩形

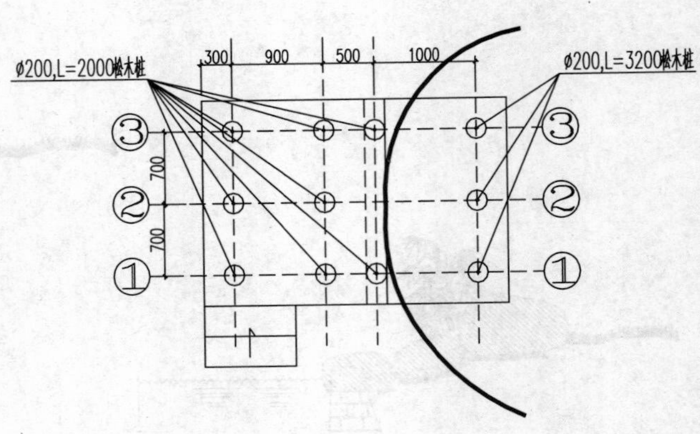

图 17-260 添加湖岸线、轴号、尺寸和文字

17.8 景墙详图设计

景墙是园林设计的主要手法之一，既可以美化环境，又可以分隔空间。本例的景墙详图包括景墙平面图和景墙立面展开图。

17.8.1 绘制景墙平面图

课堂举例 17-17: 绘制景墙平面图　　视频\第 17 章\课堂举例 17-17.mp4

01 将“园林建筑”图层置为当前层，输入 L 命令，单击绘图区中任意一点，用光标引导 X 轴正方向，输入 3150 按 Enter 键；沿 Y 轴正方向输入 1650，按 Enter 键；沿 X 轴负方向输入 300，按 Enter 键；沿 Y 轴负方向输入 1350，按 Enter 键；沿 X 轴负方向输入 2850，按

Enter 键；沿 Y 轴负方向输入 300 按 Enter 键，结果如图 17-261 所示。

02 输入 O 命令，生成景墙宽度和高低盖板的辅助线；输入 TR 命令，将辅助线进行修剪，结果如图 17-262 所示。

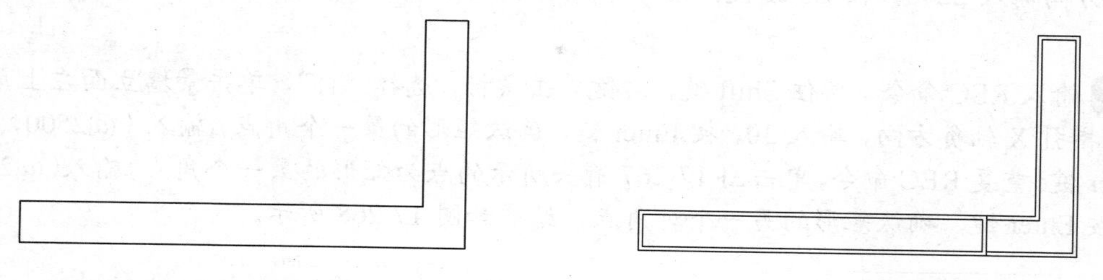

图 17-261　绘制景墙外轮廓线

图 17-262　绘制景墙线和盖板分隔

03 将不可见的景墙线修改线型为 DASHED，结果如图 17-263 所示。

04 将“尺寸标注”图层置为当前层，为景墙平面图添加尺寸标注，结果如图 17-264 所示。

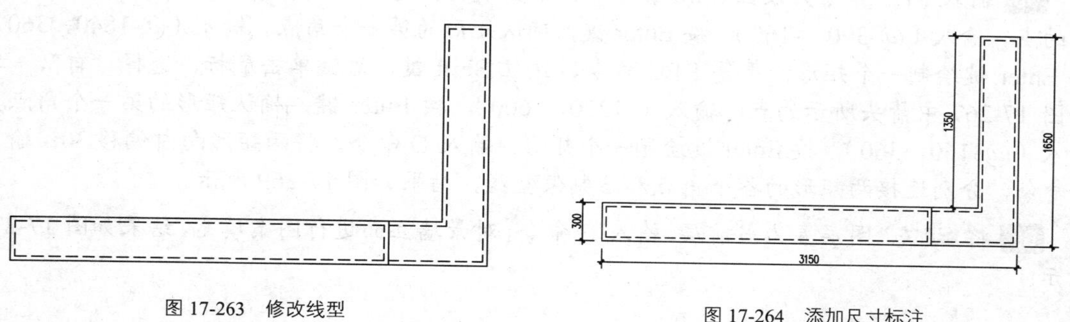

图 17-263　修改线型

图 17-264　添加尺寸标注

17.8.2 绘制景墙展开立面图

课堂举例 17-18：绘制景墙展开立面图

视频\第 17 章\课堂举例 17-18.mp4

01 将“园林建筑”图层置为当前层，输入 L 命令，单击绘图区中任意一点，用光标指引 X 轴正方向，输入, 1200，按 Enter 键；用光标指引 Y 轴正方向，输入 250，按 Enter 键；用光标指引 X 轴负方向，输入 1200，按 Enter 键；重复 L 命令，绘制折断线，结果如图 17-265 所示。

02 输入 L 命令，按住 Shift 键，右键单击鼠标，选择“自”，单击花池立面右下角点，沿 Y 轴正方向输入 150，按 Enter 键，确认直线的起点；用光标指引 X 轴正方向，输入 5000，按 Enter 键，确认直线的端点，结果如图 17-266 所示。

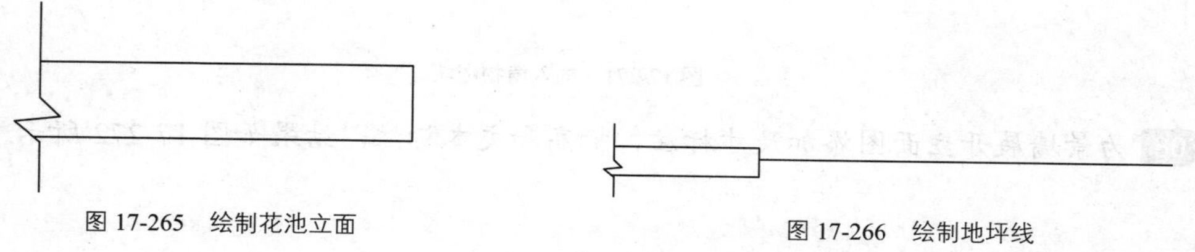

图 17-265　绘制花池立面

图 17-266　绘制地坪线

03 输入 L 命令，按住 Shift 键，右键单击鼠标，选择“自”，单击花池立面右上角点，用光标指引 X 轴负方向，输入 325，按 Enter 键确认直线的起点；沿 Y 轴正方向输入 1050，按 Enter 键；沿 X 轴正方向输入 2440，按 Enter 键；沿 Y 轴负方向输入 300，按 Enter 键；沿 X 轴正方向输入 2240，按 Enter 键；沿 Y 轴负方向输入 850，按 Enter 键，结果如图 17-267 所示。

04 输入 REC 命令，按住 Shift 键，右键单击鼠标，选择“自”，单击景墙立面左上角点，用光标指引 X 轴负方向，输入 30，按 Enter 键，确认矩形的第一个角点，输入（@2500，50），按 Enter 键；重复 REC 命令，单击图 17-267 箭头所示的点为矩形的第一个角点，输入（@2270，50），按 Enter 键，确认矩形的另一个对角点，结果如图 17-268 所示。

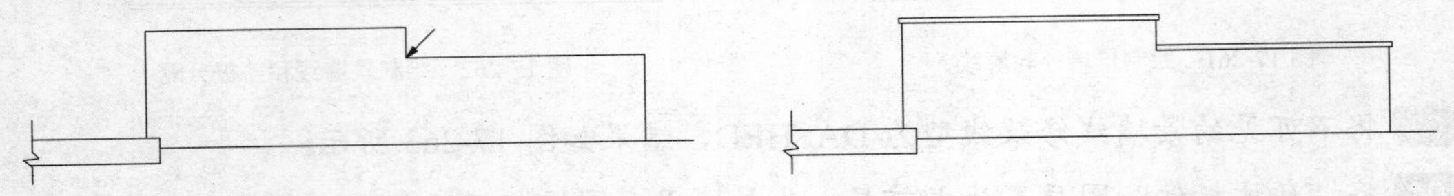

图 17-267　绘制景墙立面外轮廓线　　图 17-268　绘制景墙压顶

05 输入 REC 命令，按住 Shift 键，右键单击鼠标，选择“自”，单击图 17-267 中箭头所示的点，输入（@-300，-160），按 Enter 键，确认矩形的第一个角点，输入（@-1840，360），按 Enter 键绘制一个矩形；重复 REC 命令，按住 Shift 键，右键单击鼠标，选择“自”，单击图 17-267 中箭头所示的点，输入（-1220，-600），按 Enter 键，确认矩形的第一个角点，输入（@3160，360），按 Enter 键绘制一个矩形；输入 O 命令，将两矩形向内偏移 30；输入 L 命令，分别连接两矩形的各个角点和绘制架空线，结果如图 17-269 所示。

06 将“填充”图层置为当前层，输入 H 命令，对景墙立面进行图案填充，结果如图 17-270 所示。

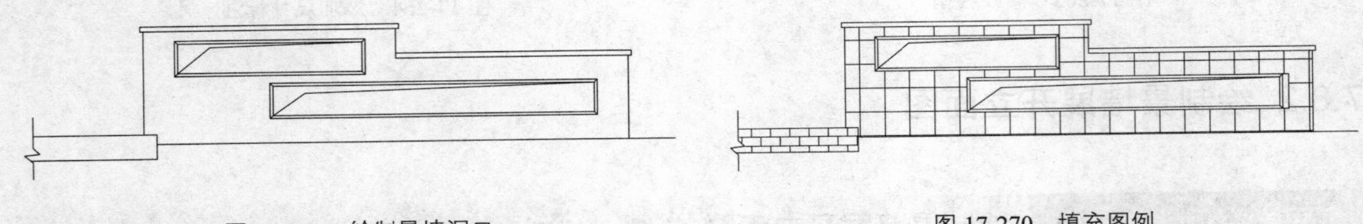

图 17-269　绘制景墙洞口　　图 17-270　填充图例

07 输入“I”命令，插入已有的植物图块，结果如图 17-271 所示。

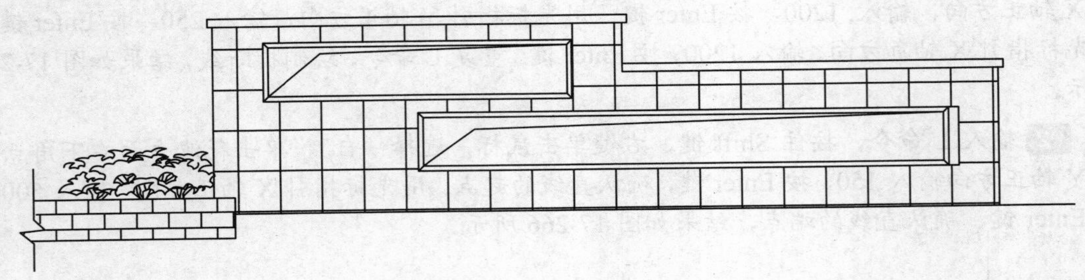

图 17-271　插入植物图块

08 为景墙展开立面图添加尺寸标注、标高和文本标注，结果如图 17-272 所示。

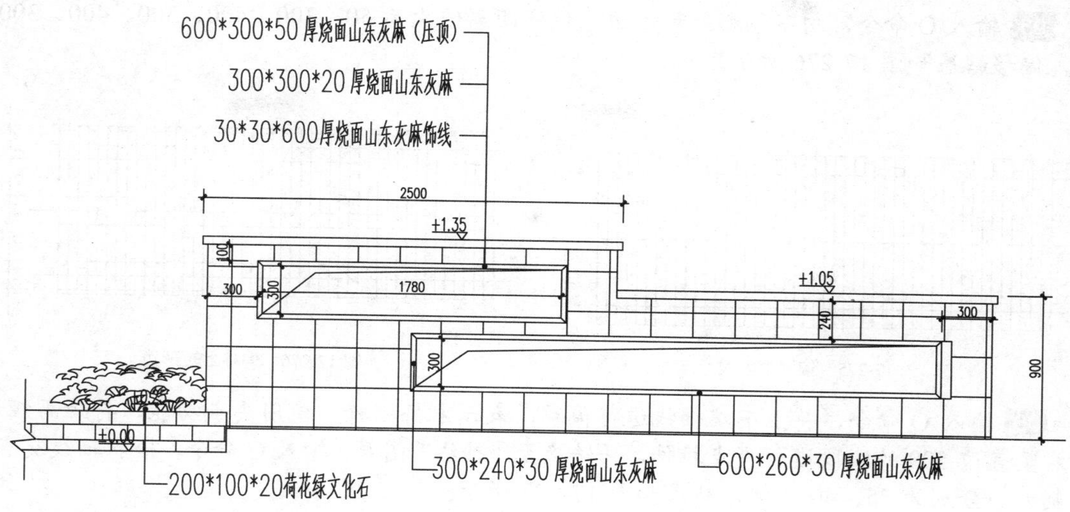

图 17-272　添加尺寸标注、标高和文本标注

17.9 园林木桥详图绘制

园林木桥是园林设计中十分重要的造景元素之一，其不仅使道路连通，而且也丰富了园林景色层次。本例的木桥详图主要有木桥平面图、木桥正立面图及木桥侧立面图。

17.9.1 园林木桥平面图

课堂举例 17-19：绘制木桥平面图　　视频\第 17 章\课堂举例 17-19.mp4

01 将“木桥”图层置于当前图层，输入 REC 命令，绘制尺寸为 4600×1800 的矩形，表示木桥平面外轮廓。

02 输入 X 命令，将矩形分解，并输入 O 偏移命令，将矩形左侧边向右偏移 100，偏移结果如图 17-273 所示。

03 将“轴线”图层置于当前，利用“极轴追踪”功能，拾取矩形竖直边中点，绘制中心线，如图 17-274 所示。

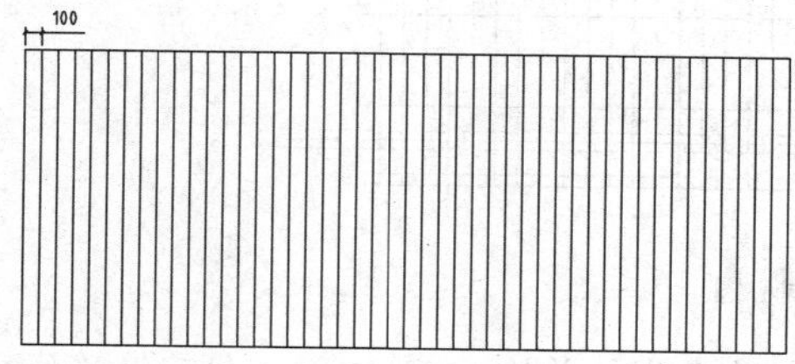

图 17-273　偏移矩形边

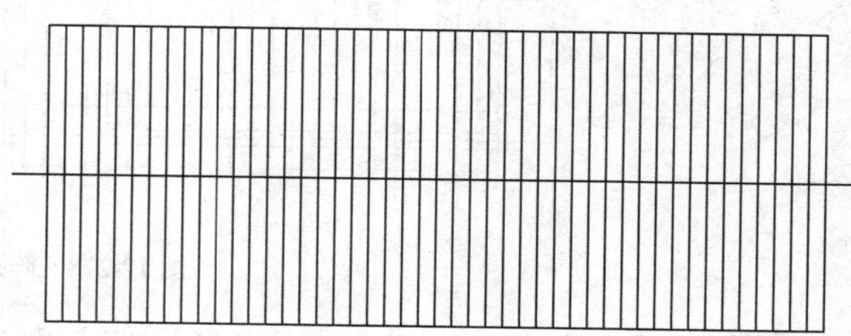

图 17-274　绘制轴线

04 输入 O 命令，偏移中轴线，偏移数据及效果如图 17-275 所示。

05 输入 O 命令，向下偏移矩形上边，偏移距离依次为 50、300、400、300、400、300、50，偏移结果如图 17-276 所示。

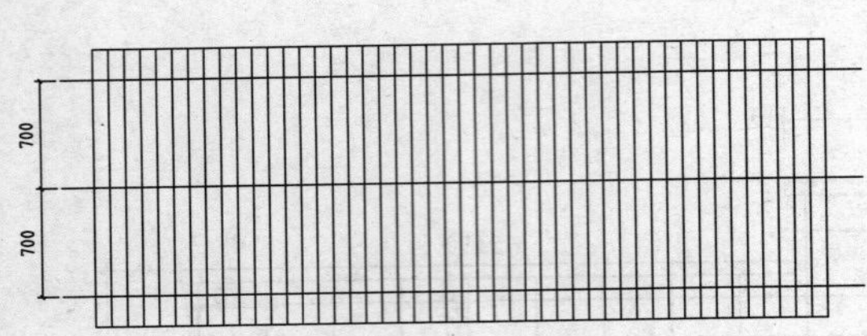

图 17-275 偏移中轴线

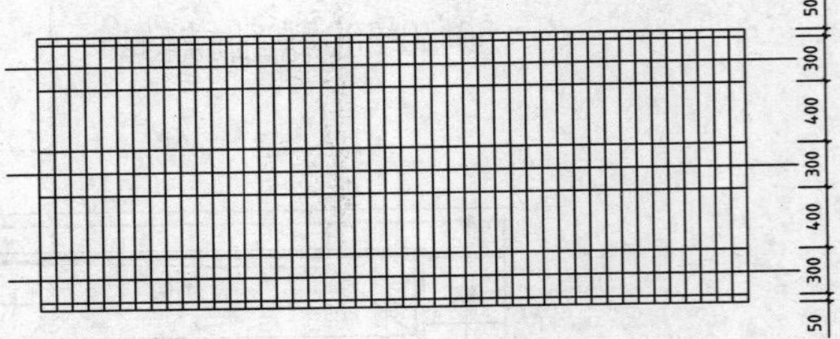

图 17-276 偏移上矩形边

06 输入 O 命令，将上下端轴线进行偏移，表示木桥栏杆；使用夹点功能，将距离矩形左右竖直边 500 的线段进行夹点拉伸，并转换至“轴线”图层，输入 C 命令，拾取轴线交点，绘制大小分别为 75、40 的圆，结果如图 17-277 所示。

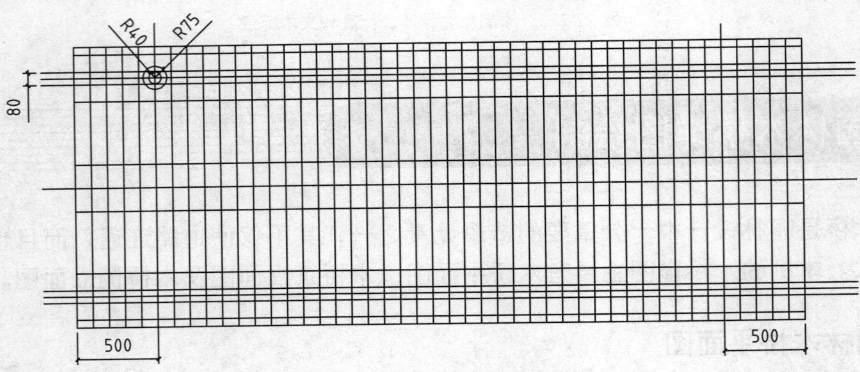

图 17-277 绘制扶手栏杆

07 输入 AR 命令，阵列上一步绘制好的同心圆，行数为 2，行距为 1400，列数为 4，列距为 1200，阵列结果如图 17-278 所示。

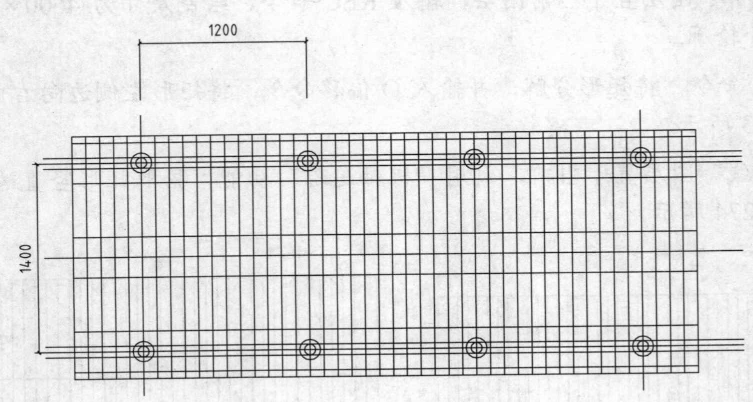

图 17-278 阵列同心圆

08 输入 L 命令，绘制角度为 150，距离为 700 的直线，并输入 O 命令，上下偏移线段，偏移距离为 40，然后输入 MI 命令，镜像绘制好的直线，镜像两次，效果如图 17-279 所示。

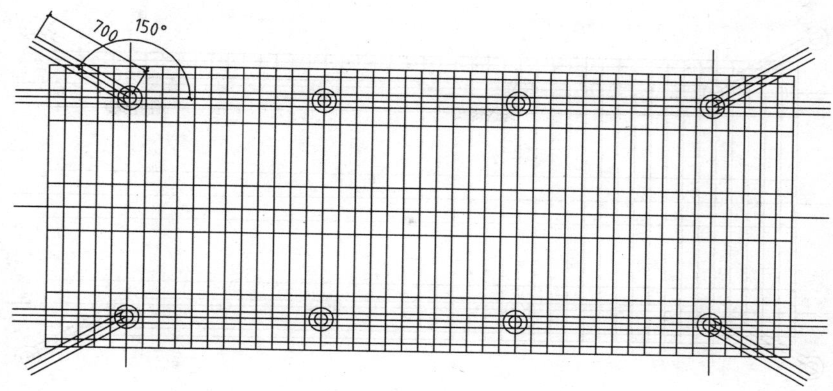

图 17-279　完善栏杆

09 输入 C 命令，绘制如图 17-280 所示的圆。

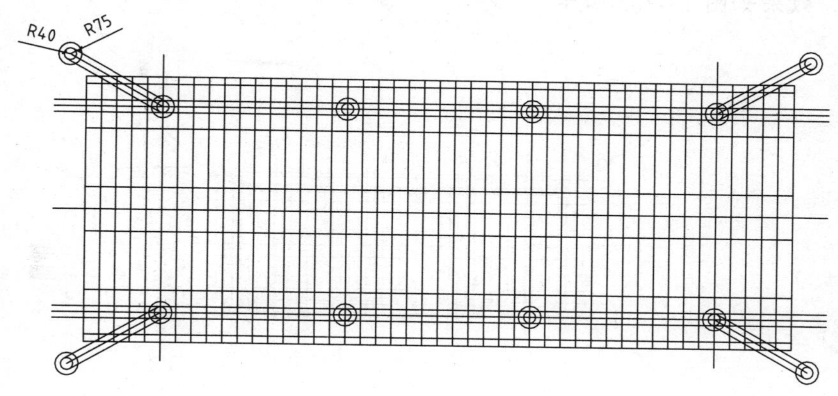

图 17-280　绘制圆

10 输入 TR、E 命令，修剪和整理图形，结果如图 17-281 所示。

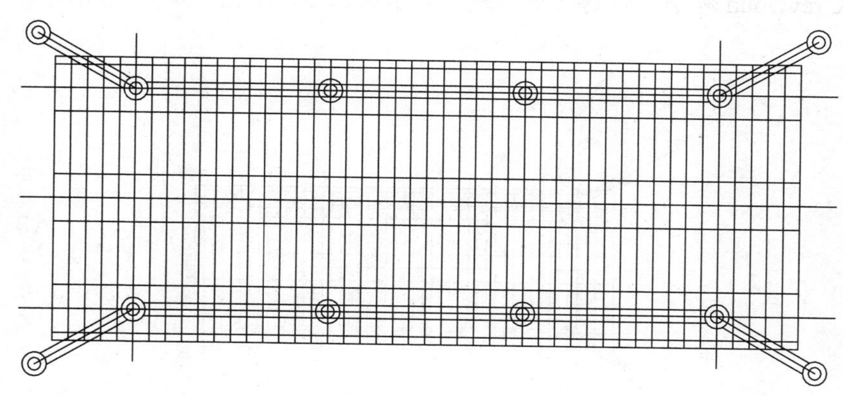

图 17-281　整理图形

11 输入 REC 命令，绘制尺寸为 60X40 的榫接矩形，并输入 CO 命令，复制移动矩形至相应的位置，并配合 RO、TR 命令，整理图形，如图 17-282 所示。

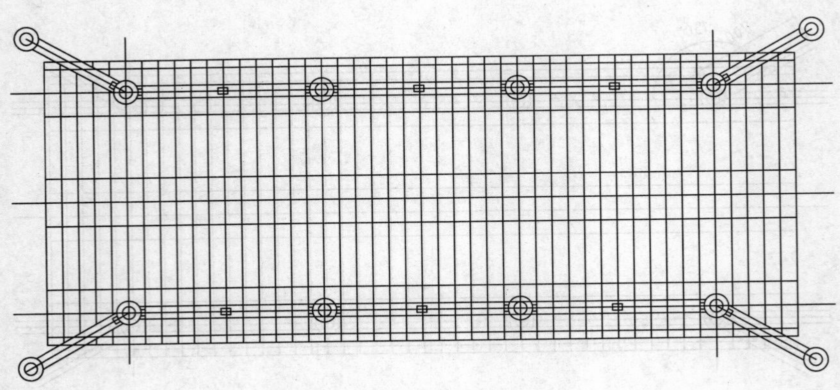

图 17-282　绘制榫接矩形

12 将“水体”图层置于当前，输入 PL 命令，绘制水体驳岸线，并输入 SPL 命令，绘制园路边线，效果如图 17-283 所示。

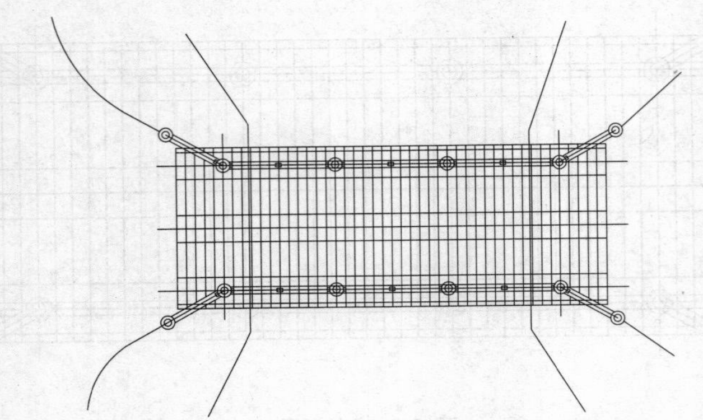

图 17-283　绘制水体驳岸线

13 输入 revcloud 命令，随意绘制云线，表示灌木丛，如图 17-284 所示。

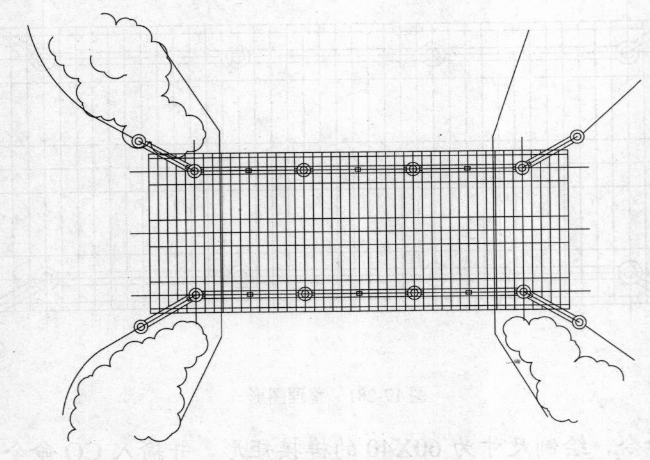

图 17-284　绘制灌木丛

14 按 Ctrl+O 快捷键，打开随书附赠图例，并将植物、人、景石图块粘贴至当前图形中，然后输入 M 命令，将图块移动至相应的位置，如图 17-285 所示。

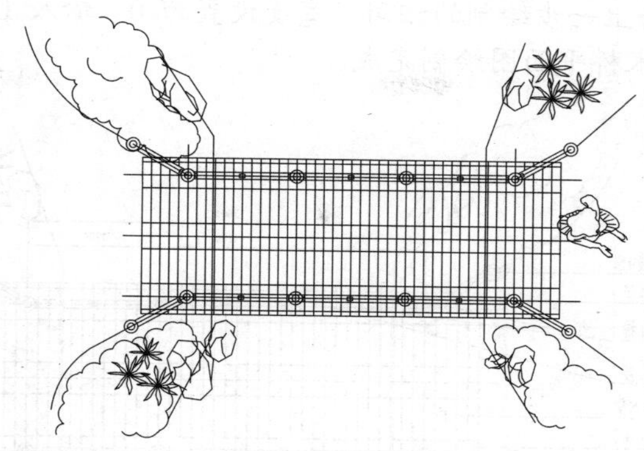

图 17-285　插入图块

15 输入 DLI、DCO 命令，对木桥平面图进行尺寸标注，标注结果如图 17-286 所示。

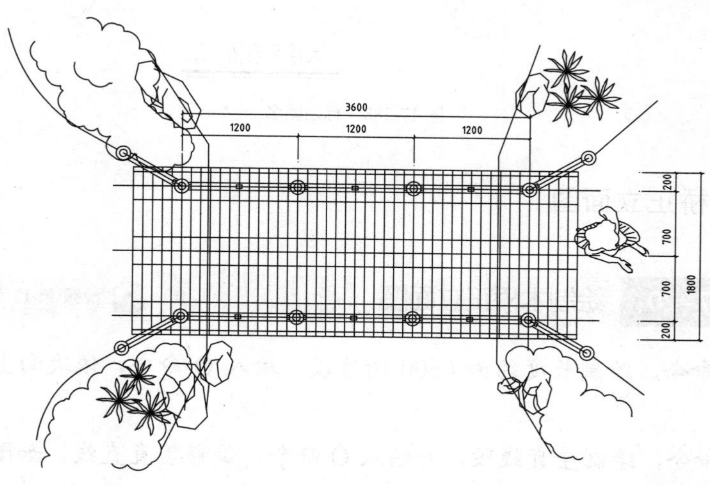

图 17-286　标注尺寸

16 输入 MLD 命令，对木桥平面图进行材料标注；输入 DT 命令，进行文字标注，如图 17-287 所示。

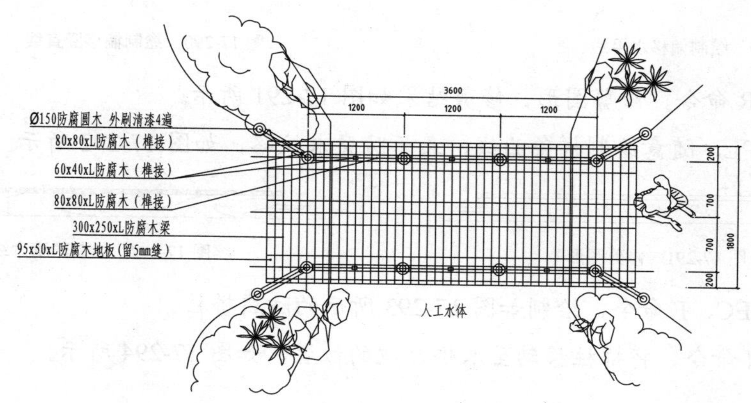

图 17-287　文字标注

17 输入 PL 命令，绘制多段线，并设置多段线宽度为 20，长度约为 1800，重复 PL 命令，绘制多段线，长度与上一步绘制的相同，宽度设置为 0。输入 DT 命令，输入图名及比例，如图 17-288 所示，木桥平面图绘制完成。

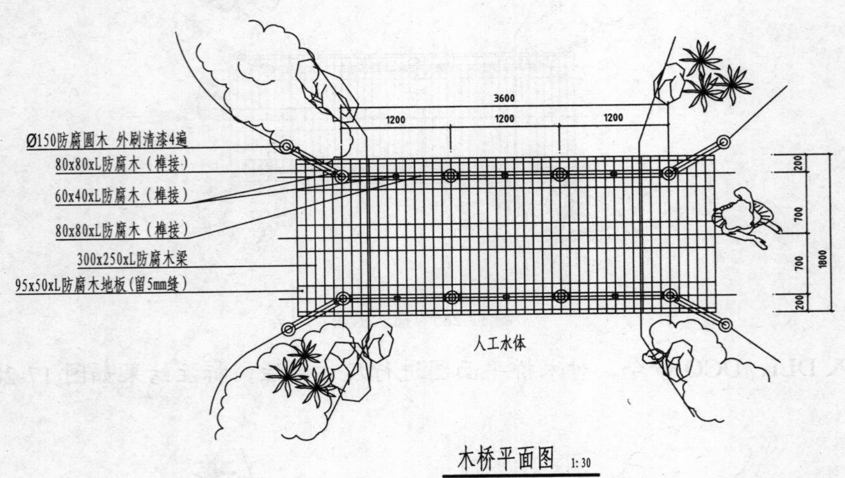

图 17-288 标注图名

17.9.2 园林木桥正立面图

课堂举例 17-20：绘制木桥正立面图 视频\第 17 章\课堂举例 17-20.mp4

01 输入 L 命令，绘制长度约为 6600 的线段；输入 O 命令，依次向上偏移地平线，如图 17-289 所示。

02 输入 L 命令，绘制竖直线段，并输入 O 命令，偏移竖直直线，如图 17-290 所示。

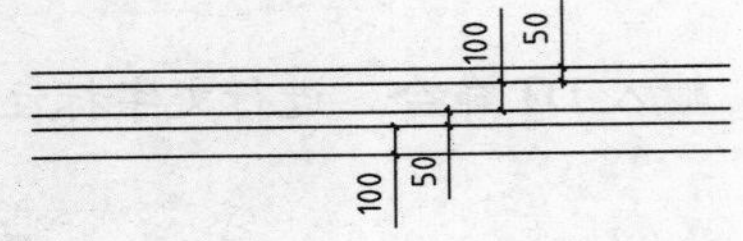

图 17-289 绘制偏移水平线

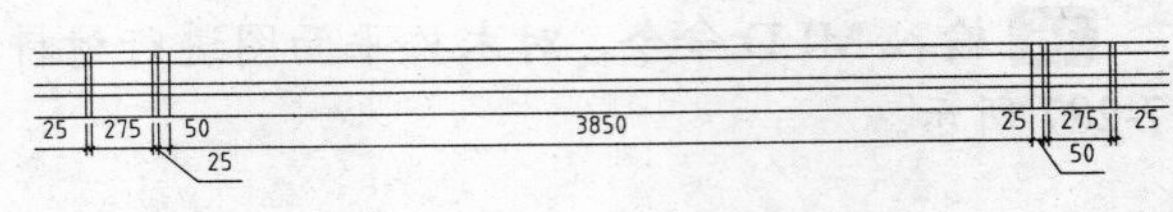

图 17-290 绘制偏移竖直线

03 输入 TR 命令，修剪图形，修剪结果如图 17-291 所示。

04 输入 SPL，随意绘制样条曲线，表示防腐木纹路，如图 17-292 所示。

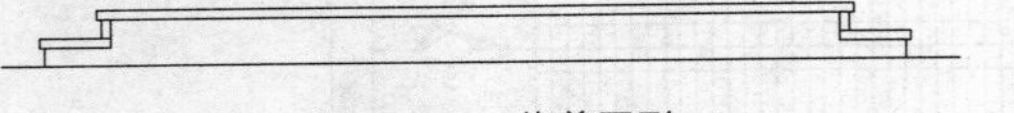

图 17-291 修剪图形

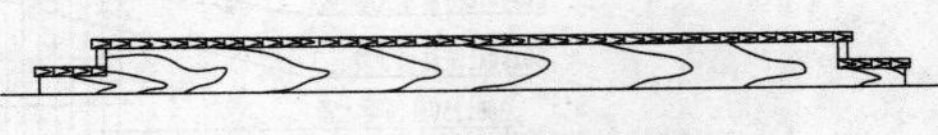

图 17-292 绘制防腐木纹路

05 输入 REC、F 命令，绘制如图 17-293 所示的防腐桥柱。

06 输入 M 命令，将桥柱移动至木桥合适的位置，如图 17-294 所示。

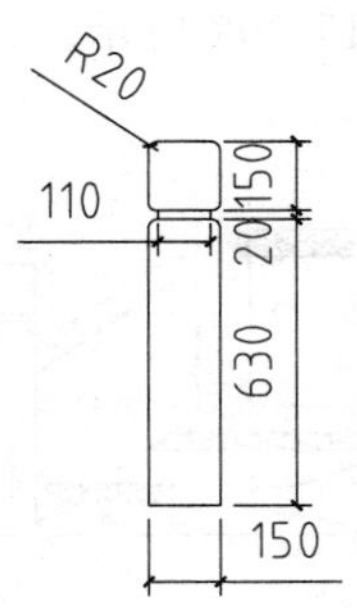

图 17-293　修剪图形

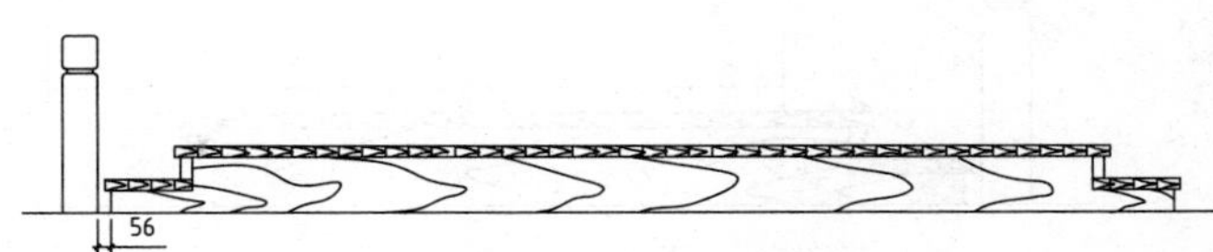

图 17-294　绘制防腐木纹路

07 输入 CO 命令，移动复制桥柱，移动完成结果如图 17-295 所示。

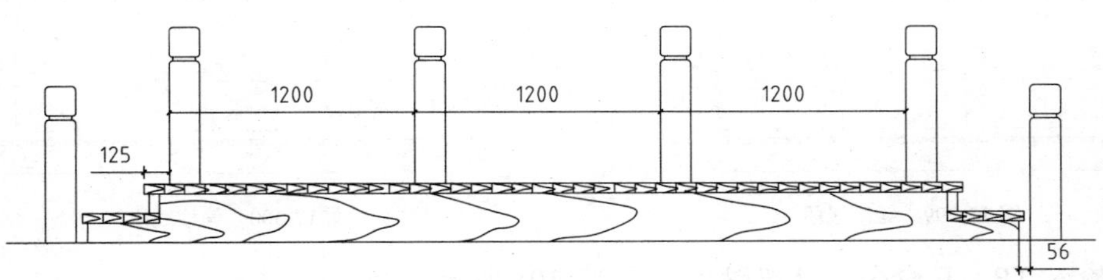

图 17-295　复制桥柱

08 输入 O 命令，向上偏移木桥表面最上边的线段，偏移距离依次为 80、440、80，如图 17-296 所示。

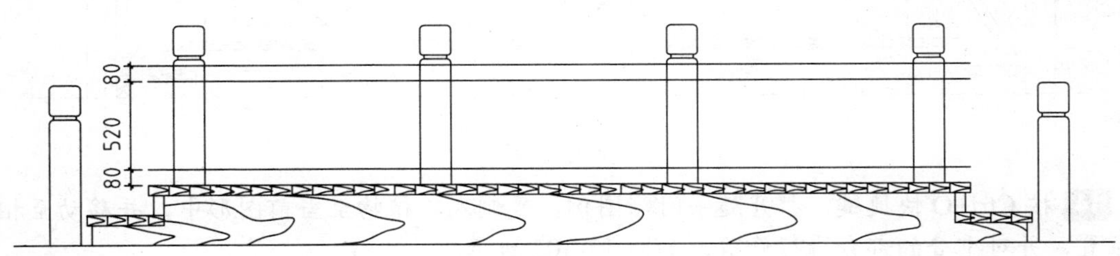

图 17-296　偏移水平直线

09 输入 L 命令，绘制与竖直线成 123° 的线段，并输入 O 命令，偏移刚绘制好的斜线，然后输入 MI、EX 命令，将绘制好的线段进行镜像，然后延伸，如图 17-297 所示。

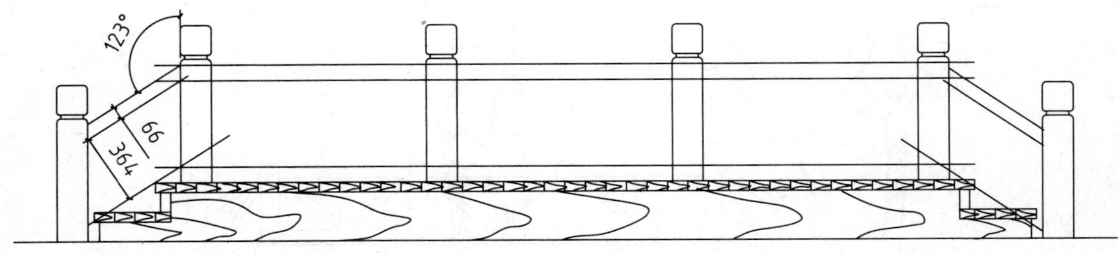

图 17-297　绘制栏杆

10 输入 TR 命令，对绘制好的栏杆进行修剪整理，结果如图 17-298 所示。

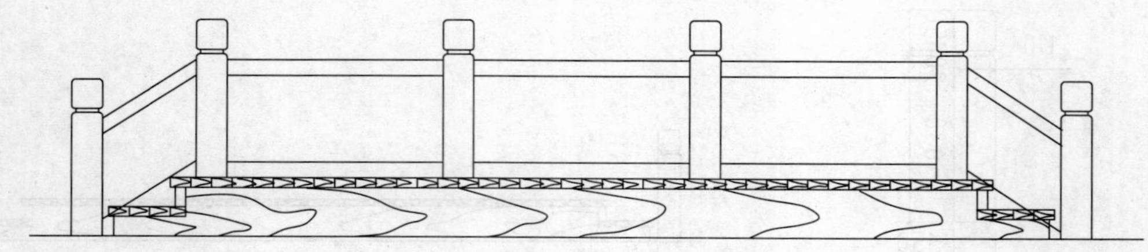

图 17-298　整理栏杆

11 输入 L 命令，拾取各线段的交点及中点，绘制如图 17-299 所示的线段。

12 输入 O 命令，偏移上一步绘制好的线段，偏移参数如图 17-300 所示。

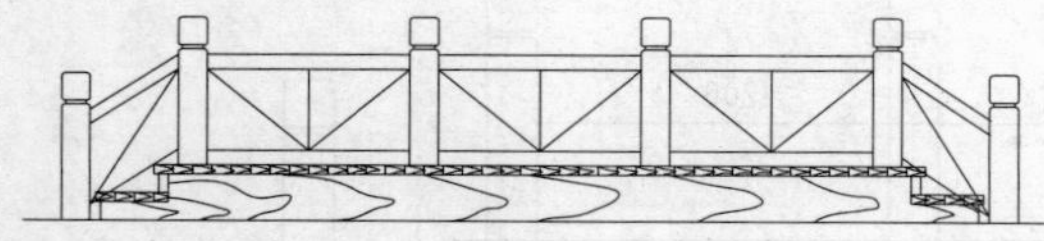

图 17-299　绘制线段

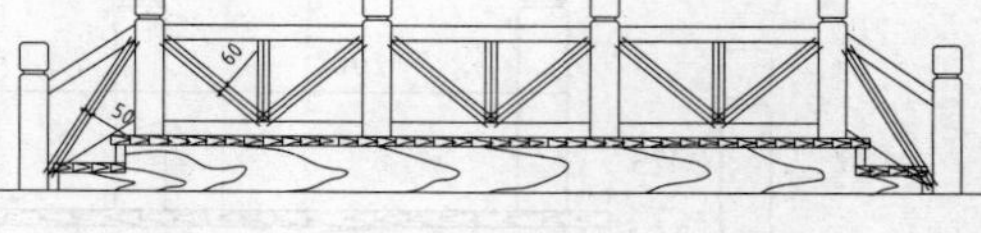

图 17-300　偏移线段

13 输入 TR、E 命令，整理图形如图 17-301 所示。

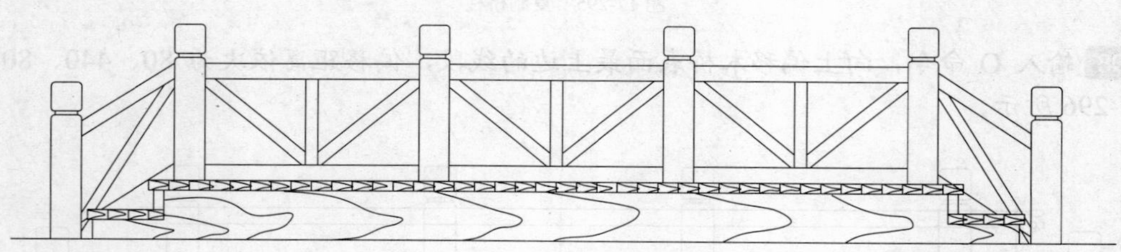

图 17-301　整理图形

14 按 Ctrl+O 快捷键，打开随书附赠图例，复制人、植物至当前图形中，并移动至相应的位置，并对重叠的部分进行修剪，如图 17-302 所示。

图 17-302　插入图例

15 输入与上一小节相同的命令，分别进行尺寸标注、文字标注及图名标注，最终结果如图 17-303 所示，木桥正立面图绘制完成。

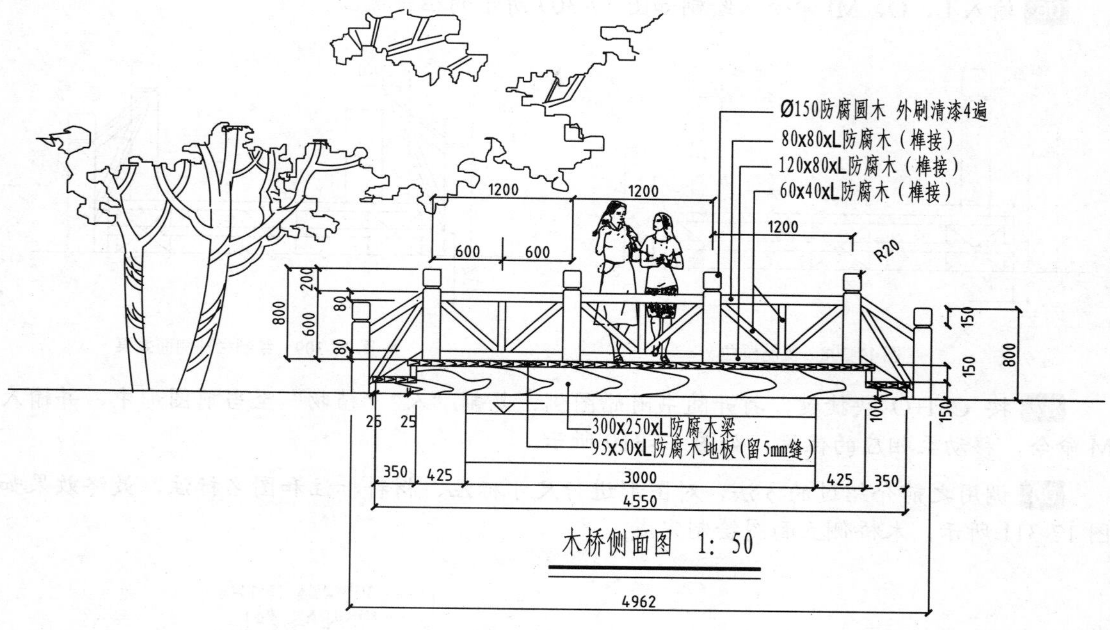

图 17-303　最终结果图

17.9.3 园林木桥侧立面图

课堂举例 17-21：绘制木桥侧立面图　　视频\第 17 章\课堂举例 17-21.mp4

01 输入 L 命令，绘制地平线，输入 REC 命令，绘制矩形，如图 17-304 所示。

02 输入 X 命令，分解矩形；输入 O 命令，偏移矩形边，如图 17-305 所示。

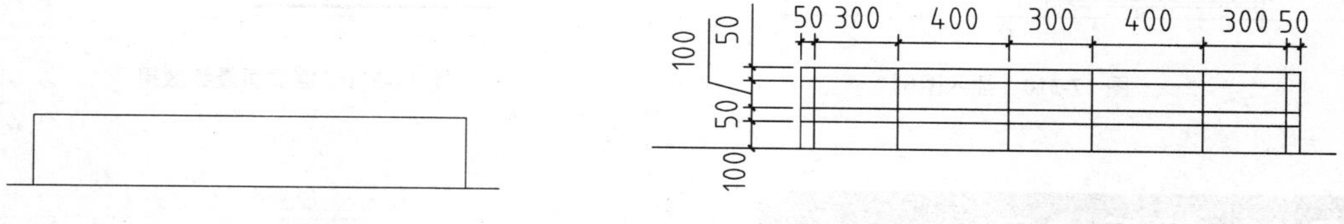

图 17-304　绘制矩形

图 17-305　偏移线段

03 输入 L 命令，绘制对角线，如图 17-306 所示。

04 输入 TR 命令，修剪线段，如图 17-307 所示。

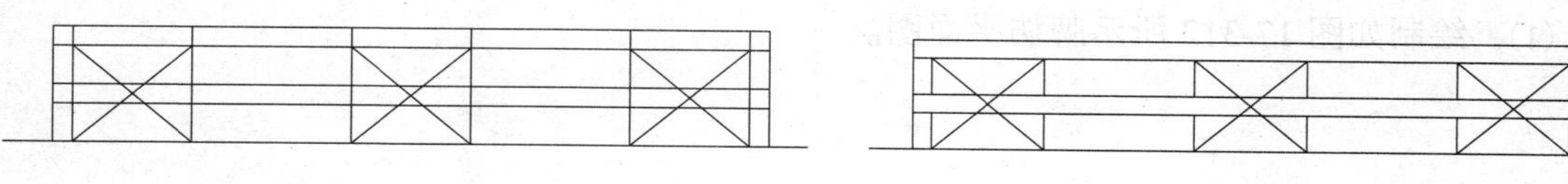

图 17-306　绘制对角线

图 17-307　修剪线段

05 输入 CO 命令，从正立面图中复制桥柱，并移动至侧立面中相应的位置，如图 17-308 所示。

06 输入 L、O、MI 命令，绘制如图 17-309 所示的栏杆侧面。

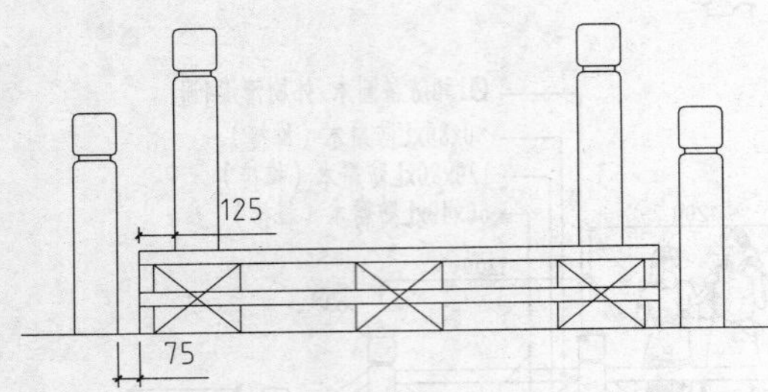

图 17-308　复制桥柱

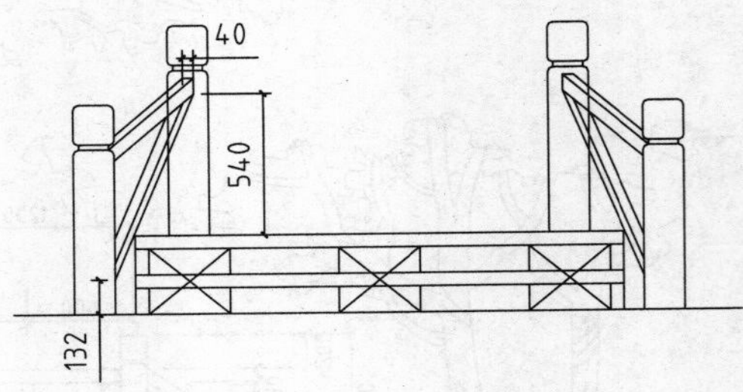

图 17-309　绘制栏杆侧面效果

07 按 Ctrl+O 快捷键，打开随书附赠图例，复制“人”“植物”至当前图形中，并输入 M 命令，移动至相应的位置，如图 17-310 所示。

08 调用之前介绍过的方法，对图形进行尺寸标注、材料标注和图名标注，最终效果如图 17-311 所示，木桥侧立面图绘制完成。

图 17-310　插入图例

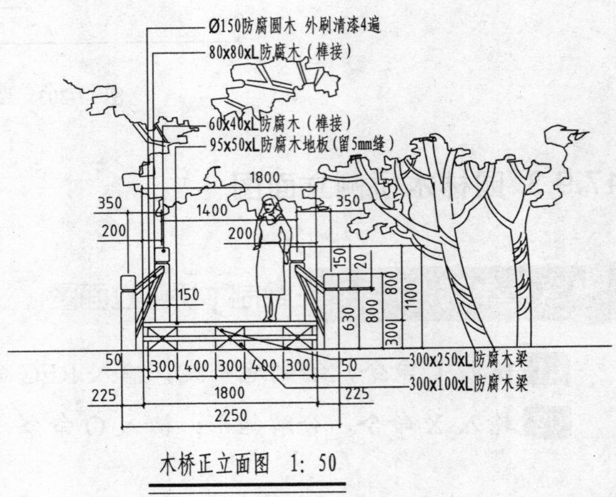

图 17-311　侧立面最终效果

17.10 课后练习

操作题

(1) 绘制如图 17-312 所示牌坊平面图。

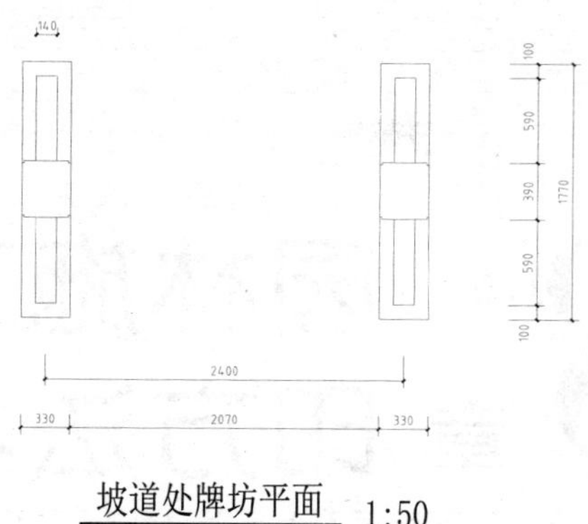

图 17-312　牌坊平面图

(2) 绘制如图 17-313 所示牌坊立面图。

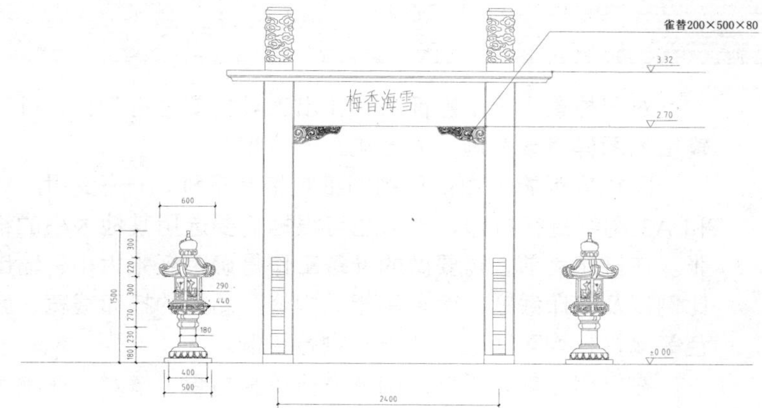

图 17-313　牌坊立面图

(3) 绘制如图 17-314 所示牌坊侧立面图。

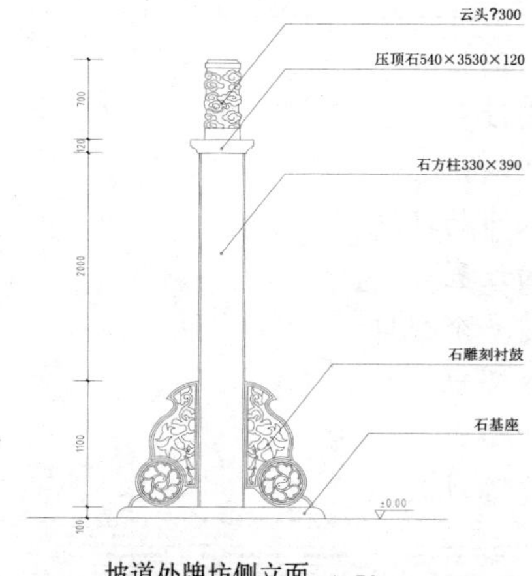

图 17-314　牌坊侧立面图

第18章 园林施工图打印方法与技巧

本章导读

对园林景观施工图而言，输出工具主要为打印机，打印输出的图样将成为施工人员施工的依据。

园林景观施工图使用的图纸规格有多种，一般采用 A2 和 A3 图纸进行打印，当然也可根据需要选用其他大小的纸张。在打印之前，需要做的准备工作是确定纸张大小、输出比例以及打印线宽、颜色等相关内容。图形的打印线宽、颜色等属性，均可通过打印样式进行控制。

在打印之前，需要对图形进行认真检查、核对，在确定正确无误之后方可进行打印。本章以第 16 章绘制的花架详图为例，介绍打印的相关设置方法与技巧。

本章重点

- 调用图框
- 页面设置
- 打印输出
- 进入布局环境
- 页面设置
- 创建多个视口
- 加入图框
- 打印输出
- 课后练习

18.1 模型空间打印

打印有模型空间打印和图纸空间打印两种方式。模型空间打印指的是在模型空间进行打印设置和打印；图纸空间打印指的是在布局中进行打印设置和打印。

第一次启动 AutoCAD 时，默认进入的是模型空间，平时的绘图工作也都是在模型空间完成的。将十字光标移动标签选项卡上，打开快速查看面板，该面板显示了当前图形所有布局缩览图和一个模型空间缩览图，如图 18-1 所示，单击某个缩览图即可快速进入该工作空间。

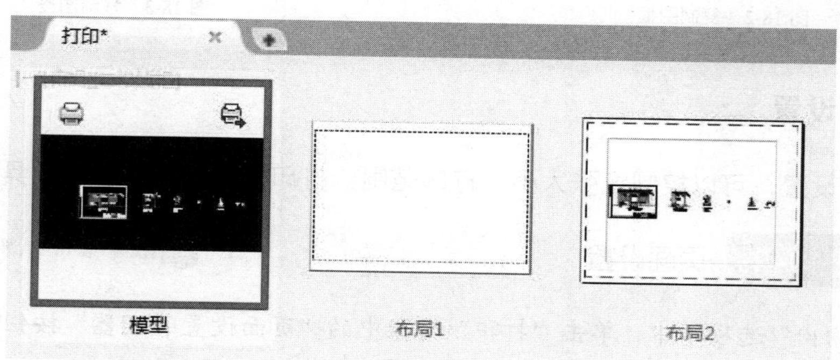

图 18-1　快速查看面板

本节以花架正立面图为例，介绍模型空间的打印方法。

18.1.1 调用图框

施工图在打印输出时，需要为其加上图框，以注明图样名称、设计人员、绘图人员、绘图日期等内容。图框在前面的章节中已经绘制，并定义成块，这里可以直接将其复制过来。

课堂举例 18–1：调用图框　　视频\第 18 章\课堂举例 18-1.mp4

01 打开本书第 16 章绘制的“园林详图.dwg”文件，并另存为一份副本，保留花架的所有立面图和详图，删除其余的图形。

02 打开本书第 14 章绘制的“文字与表格.dwg”文件。将其中的 A3 图框复制到详图副本中，并将其缩小 100 倍，以保证图框尺寸与实际相符，结果如图 18-2 所示。

由于图框是按 1:1 的比例绘制的，即图框大小为 420×297（A3 图纸），而本平面布置图的绘图比例同样是 1:1，其图形尺寸约为 8500×5300。为了使图形能够打印在图框之内，需要将图框放大，或者将图形缩小，缩放比例为 1:20（与该图的尺寸标注比例相同）。

为了保持图形的实际尺寸不变，这里将图框放大，放大比例为 20。

03 输入 SC 命令，将图框放大 20 倍。

04 图框放大之后，便可将图形置于图签内。输入 M 命令，移动图签至平面布置图上方，如图 18-3 所示。

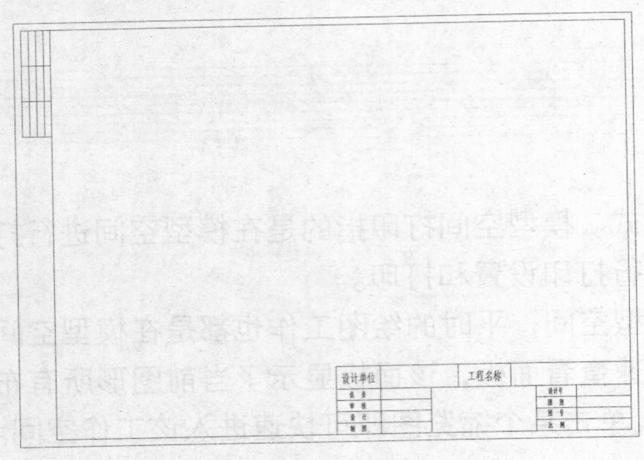

图 18-2　复制图框

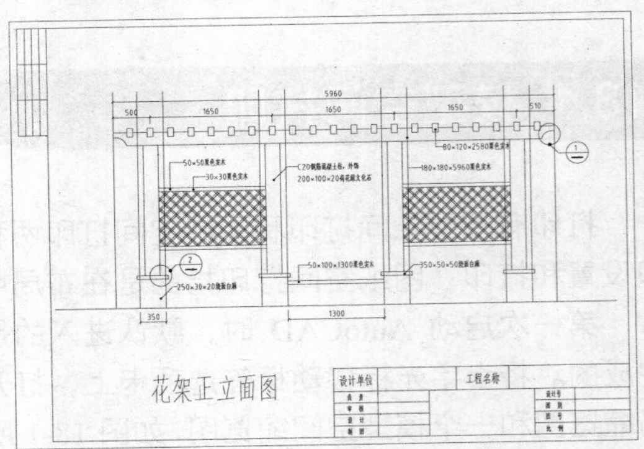

图 18-3　移动图签

18.1.2 页面设置

通过页面设置，可以控制纸张大小、打印范围、打印样式等，下面介绍具体操作方法。

课堂举例 18-2：页面设置

视频\第 18 章\课堂举例 18-2.mp4

01 在“输出”选项卡中，单击“打印”面板中的“页面设置管理器”按钮 页面设置管理器，打开“页面设置管理器”对话框，如图 18-4 所示。

02 单击“新建”按钮，打开如图 18-5 所示“新建页面设置”对话框，在对话框中输入新页面名称“A3”。

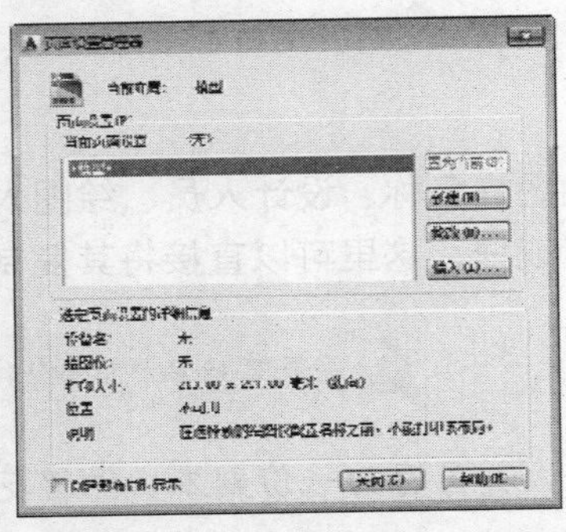

图 18-4　“页面设置管理器”对话框

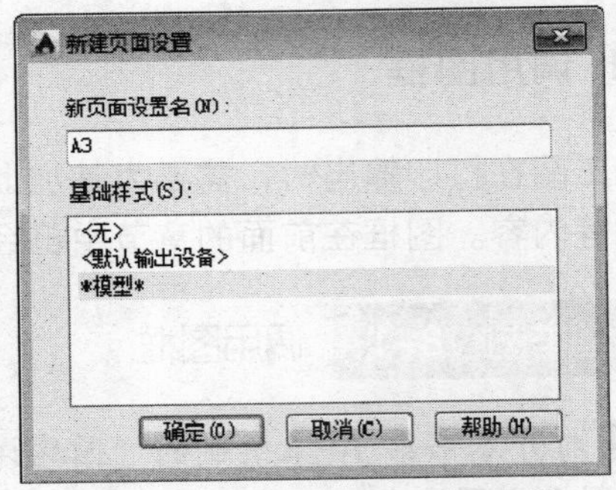

图 18-5　“新建页面设置”对话框

03 单击“确定”按钮，打开“页面设置—模型”对话框，如图 18-6 所示。在“页面设置”对话框“打印机/绘图仪”选项区中选择用于打印当前图纸的打印机。在“图纸尺寸”选项区中选择 A3 类图纸。

04 在“打印样式表”列表中选择系统自带的“monochrome.ctb”，如图 18-7 所示，使打印出的图形线条全部为黑色，在随后弹出的“问题”对话框中单击“是”按钮。

05 勾选“打印选项”栏中的“按样式打印”复选框，使打印样式生效，否则图形将按其自身的特性进行打印。

06 勾选“输出比例”栏中的“布满图纸”复选框，图形将根据图纸尺寸和图形在图纸中的位置成比例缩放。

07 在“图形方向”栏设置图形打印方向为横向。

08 单击“确定”按钮返回“页面设置管理器”对话框，此时在该对话框中已增加了页面设置“A3”，选择该页面设置，单击“置为当前”按钮，如图 18-8 所示。

09 单击“关闭”按钮关闭“页面设置管理器”对话框。

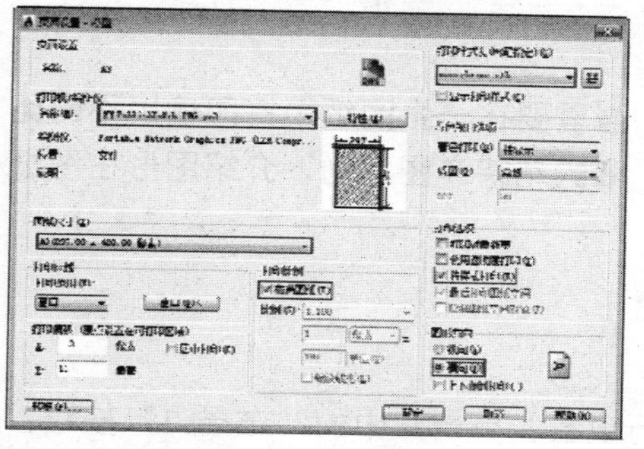

图 18-6　“页面设置”对话框

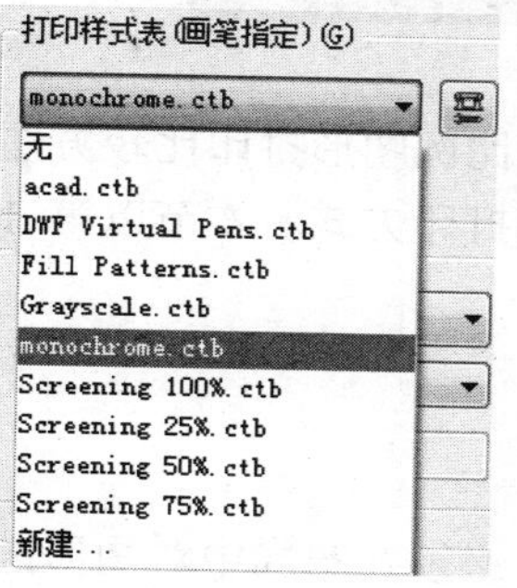

图 18-7　应用打印样式

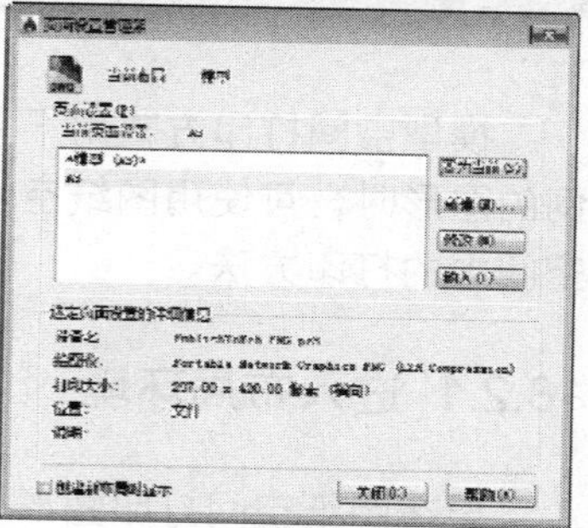

图 18-8　指定当前页面设置

18.1.3 打印输出

课堂举例 18-3：打印输出

视频\第 18 章\课堂举例 18-3.mp4

01 在“输出”选项卡中，单击“打印”面板中的“打印”按钮，打开“打印—模型”对话框，如图 18-9 所示。

02 在“页面设置”选项区“名称”列表中选择前面创建的“A3”，在打印机/绘图仪选项区“名称”列表中选择配置的打印机型号。

03 在“打印区域”选项区“打印范围”下拉列表中选择“窗口”选项，如图 18-10 所示，或者单击右侧的“窗口”按钮，“页面设置”对话框被暂时隐藏，此时分别拾取图框的两个对角点，确定一个矩形范围，该范围即为打印范围。

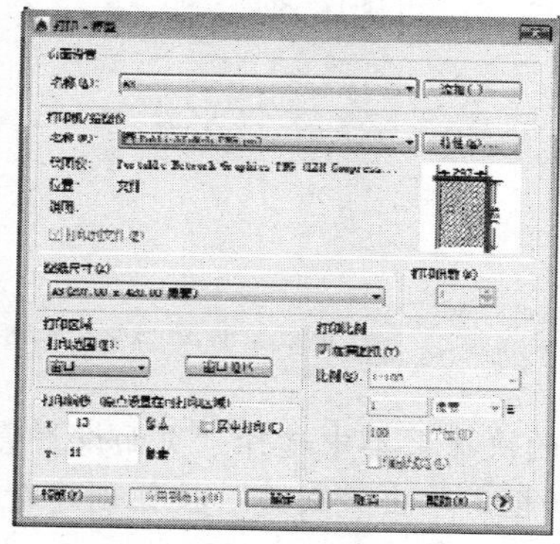

图 18-9　“打印”对话框

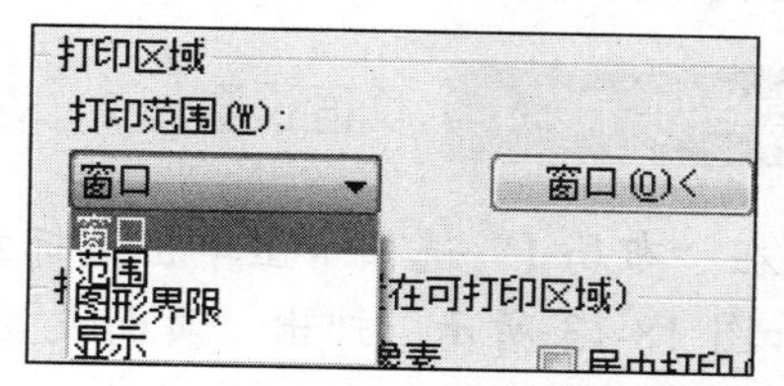

图 18-10　设置打印范围

04 在“打印份数”选项区中设置打印的份数，其他参数在“页面设置”对话框中已设置好，不必重新设置。

05 设置完成后单击“预览”按钮，检查是否为预想的打印效果。

06 确认打印机与计算机已连接好，单击“确定”按钮开始打印。在弹出的“打印作业进度”对话框显示了打印的进度，单击“取消”按钮可取消打印。

18.2 图纸空间打印

模型空间打印方式用于单比例图形打印比较方便，当需要在一张图纸中打印输出不同比例的图形时，可使用图纸空间打印方式。本节以第 16 章的花架详图为例，介绍图形在图纸空间中的打印方法。

18.2.1 进入布局环境

要在图纸空间打印图形，必须在布局中对图形进行设置。单击其中的“布局 1”按钮，即可进入布局 1 图纸空间。在状态上的“布局”选项卡上单击鼠标右键，从弹出的快捷菜单中选择“新建布局”命令（如图 18-11 所示），创建新的布局。

当第一次进入布局时，系统会自动创建一个视口，该视口一般不符合我们的要求，可以将其删除，删除后的效果如图 18-12 所示。

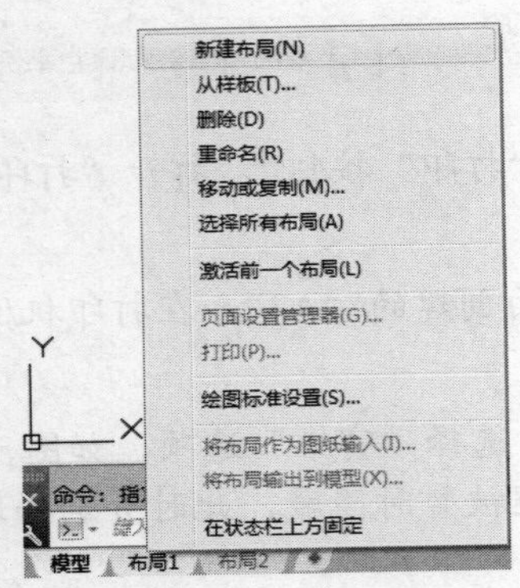

图 18-11　新建布局

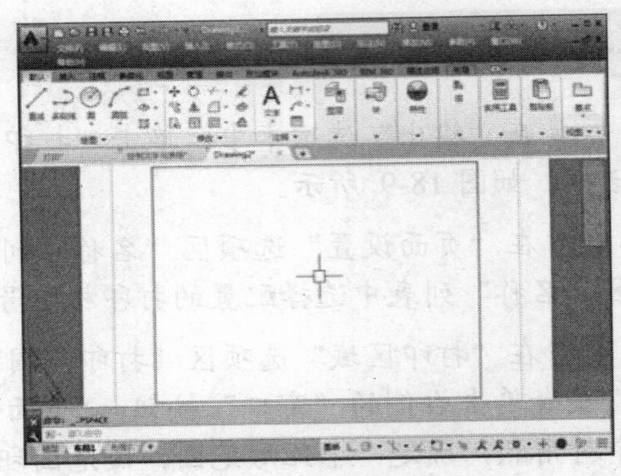

图 18-12　布局空间

18.2.2 页面设置

在图纸空间打印，需要重新进行页面设置。

课堂举例 18-4：页面设置

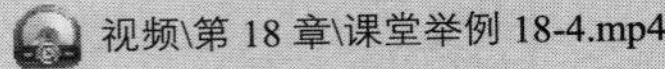

01 在“布局 1”选项卡上单击鼠标右键，从弹出的快捷菜单中选择“页面设置管理器”选项，如图 18-13 所示。弹出“页面设置管理器”对话框，单击“新建”按钮创建新页面设置“A3—图纸空间”。

02 单击“确定”按钮，进入“页面设置—布局 1”对话框后，在“打印范围”列表中选择“布局”，在“比例”列表中选择“1∶1”，如图 18-14 所示。

03 设置完成后单击“确定”按钮关闭“页面设置”对话框，在“页面设置管理器”对

话框中选择页面设置“A3 图纸页面设置-图纸空间”，单击“置为当前”按钮，将该页面设置应用到当前布局。

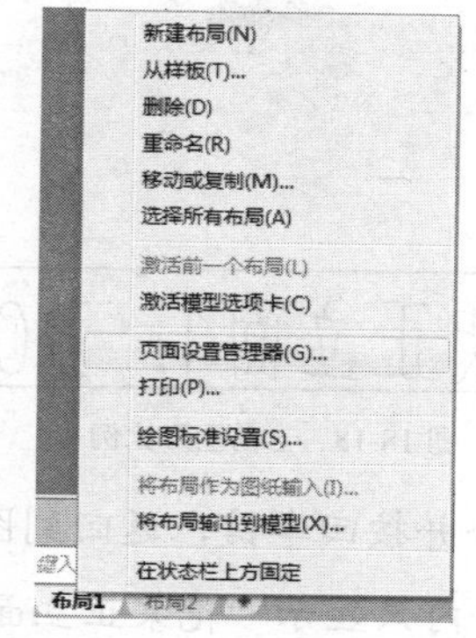

图 18-13 选择“页面设置管理器”选项

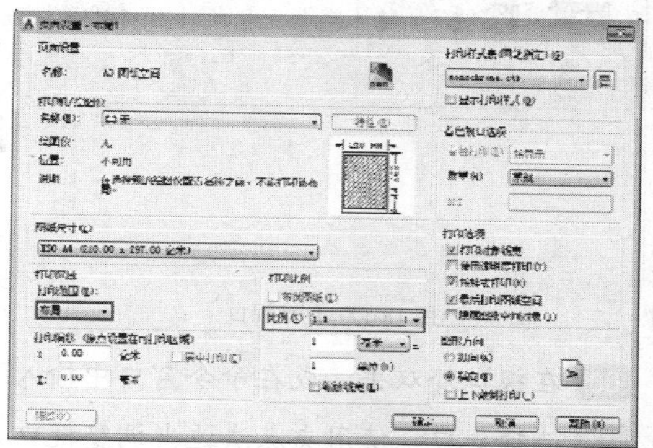

图 18-14 “页面设置”对话框

18.2.3 创建多个视口

通过创建视口，可将多个图形以不同的打印比例布置在同一张图纸上。创建视口的命令有 VPORTS 与 SOLVIEW，下面介绍使用 VPORTS 命令创建视口的方法，将花架详图用不同比例打印在同一张图纸内。

课堂举例 18-5：创建多个视口

视频\第 18 章\课堂举例 18-5.mp4

01 创建一个“视口”图层，并设置为当前图层，如图 18-15 所示。

02 创建第一个视口。输入 VPORTS 命令，打开“视口”对话框，如图 18-16 所示。

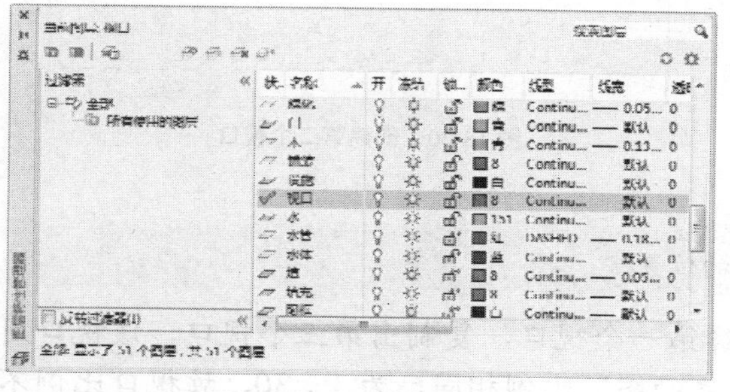

图 18-15 创建图层

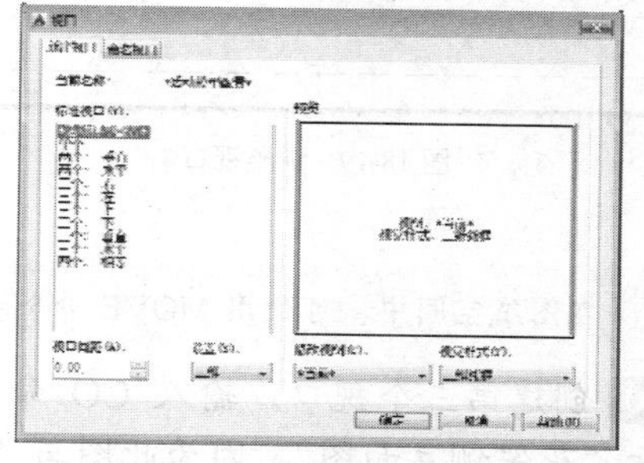

图 18-16 “视口”对话框

03 在“标准视口”栏中选择“单个”，单击“确定”按钮，在布局内拖动鼠标创建一个视口，如图 18-17 所示，该视口用于显示“花架正立面图”。

04 在创建的视口中双击，进入模型空间状态，处于模型空间状态的视口边框以粗线显示。

05 单击状态中的 “选定视口的比例”按钮，在弹出的菜单中选择“1∶30”选项，调用 PAN 命令平移视图，使“花架正立面图”在视口中显示出来。视口的比例应根据图纸的尺寸进行适当设置，这里设置为 1∶30，如图 18-18 所示，以适合于 A3 图纸。如果为其他尺寸图纸，则应做相应变化。

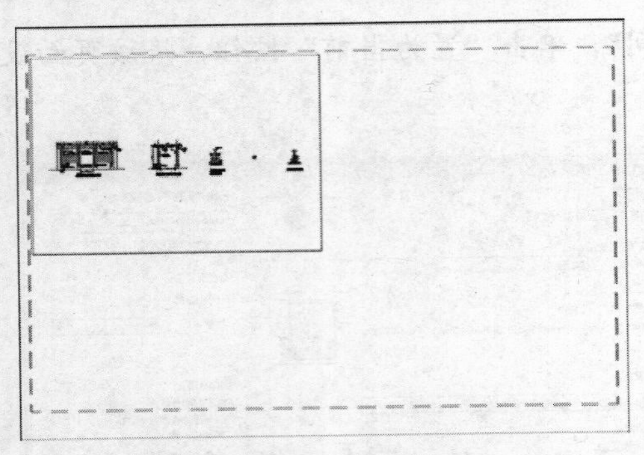

图 18-17 创建视口

花架正立面1：30

图 18-18 当前图形比例

06 在视口外双击，或在命令窗口中输入 PSPACE 命令并按回车键，返回到图纸空间。

07 选择视口，使用夹点法适当调整视口大小，使视口内只显示“花架正立面图”，结果如图 18-19 所示。

08 创建第二个视口。输入 CO 命令，选择第一个视口，将其复制得到第二个视口，该视口用于显示“花架平面配筋图”。

09 单击状态中的 “选定视口的比例” 按钮，在弹出的菜单中选择“1∶5”选项，调用 PAN 命令平移视口，使大样图在视口中显示出来，并适当调整视口大小，如图 18-20 所示。

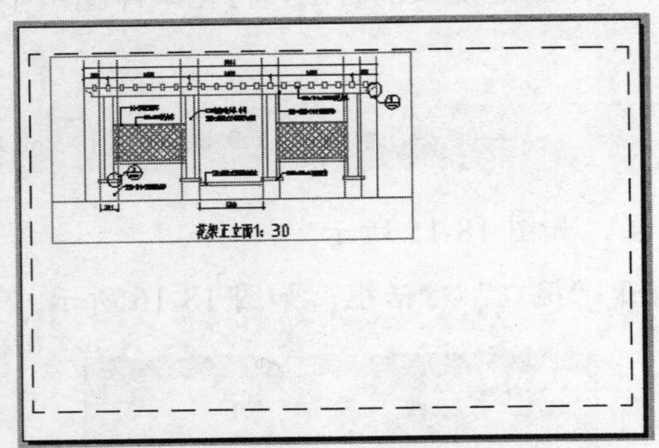

图 18-19 调整视口

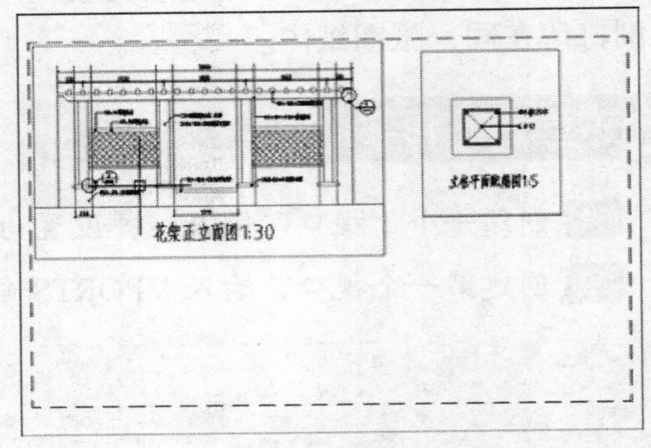

图 18-20 创建第二个视口

> **提示** 在图纸空间中，可使用 MOVE 命令修改视口的位置。

10 创建第三个视口。输入 CO 命令，选择第一个视口，复制出第三个视口，该视口用于显示“花架侧立面图”。因为此图与“花架正立面图”比例相同，为 1∶30，故视口比例不需要修改。只需使用夹点功能，调整视口大小，显示出“花架侧立面图”即可。

11 调用 PAN 命令平移视口，使花架侧立面图在视口中显示出来，并适当调整视口大小，结果如图 18-21 所示。

12 使用前面的方法，创建第四个视口和第五个视口，用来显示“花架立柱及坐凳部分剖面图”和“立柱立面配筋图”，结果如图 18-22 所示。

13 视口创建完成。第一、三、四、五个视口将以 1∶30 的比例进行打印，第二个视口的大样图将以 1∶5 的比例进行打印。

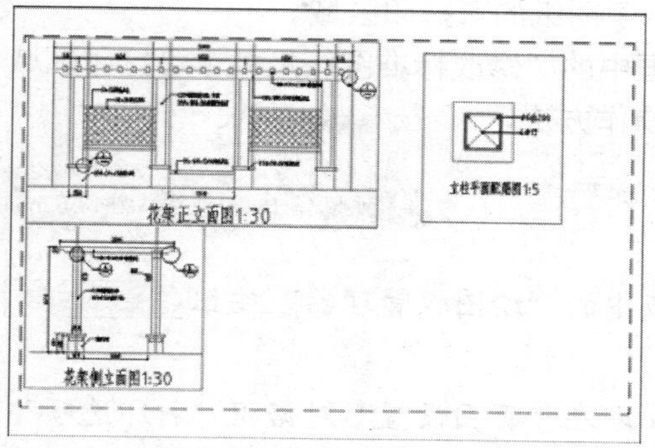

图 18-21　创建第三个视口

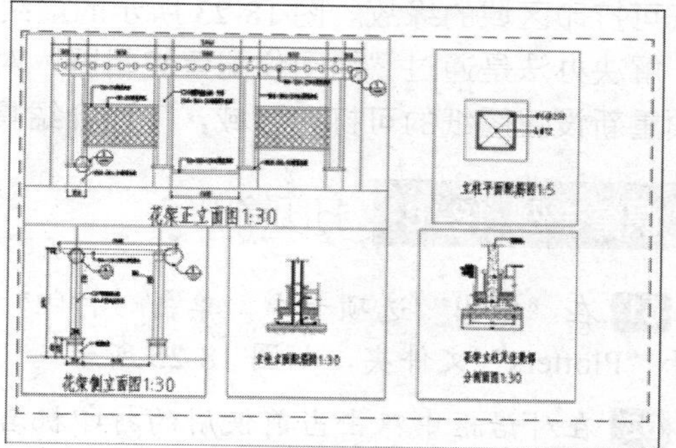

图 18-22　创建第四、五个视口

设置好视口比例之后，在布局的模型空间状态下就不应再使用 ZOOM 命令或鼠标中键改变视口显示比例。

18.2.4 加入图框

在图纸空间中，同样可以为图形加上图签，方法同样是调用 INSERT 命令插入图签图块，操作步骤是：输入 I 命令，在打开的“插入”对话框中选择“A3 图框”图块，单击“确定”按钮，关闭“插入”对话框，在图形窗口中拾取一点确定图签位置，插入图签后的效果如图 18-23 所示。

图框是以 A3 图纸大小绘制的，它与当前布局的图纸大小相符。

18.2.5 打印输出

创建好视口并加入图签后，接下来就可以开始打印了。在打印之前，先隐藏“视口”图层，在“输出”选项卡中，单击“打印”面板中的“预览”按钮，预览当前的打印效果，如图 18-24 所示。

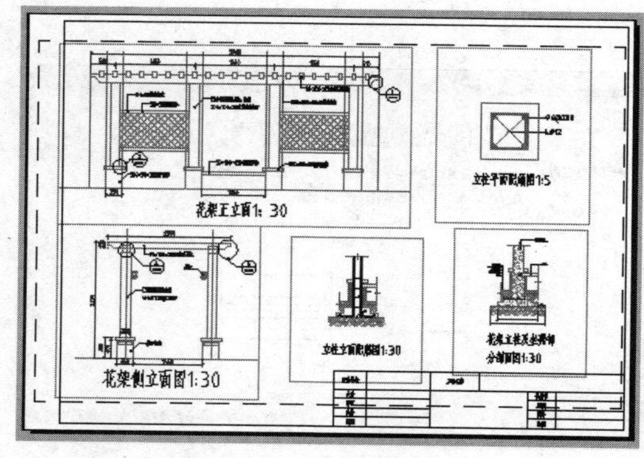

图 18-23　加入图框

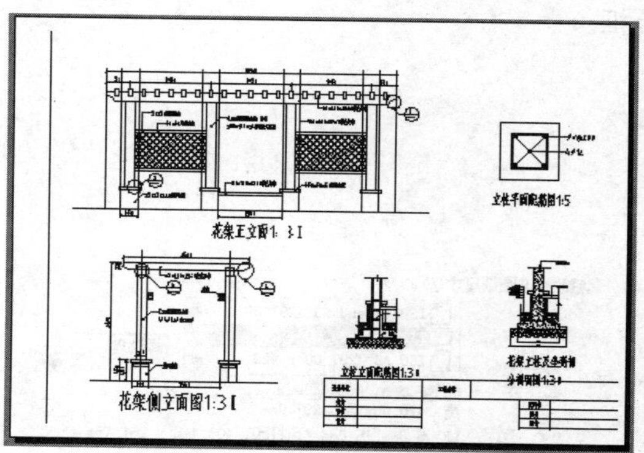

图 18-24　打印预览效果

从图 18-24 所示打印效果可以看出，图框部分不能完全打印，这是因为图框大小超越了图纸可打印区域的缘故。图 18-23 所示的虚线表示了图纸的可打印区域。

解决办法是通过“绘图仪配置编辑器”对话框中的“修改标准图纸尺寸（可打印区域）”选项重新设置图纸的可打印区域，下面介绍具体操作方法。

课堂举例 18-6：打印输出

视频\第 18 章\课堂举例 18-6.mp4

01 在“输出”选项卡中，单击“打印”面板中的“绘图仪管理器”按钮 绘图仪管理器，打开“Plotters”文件夹，如图 18-25 所示。

02 在对话框中双击当前使用的打印机名称（即在“页面设置”对话框“打印选项”选项卡中选择的打印机），打开“绘图仪配置编辑器”对话框。选择“设备和文档设置”选项卡，在上方的树型结构目录中选择“修改标准图纸尺寸（可打印区域）”选项，如图 18-26 光标所在位置。

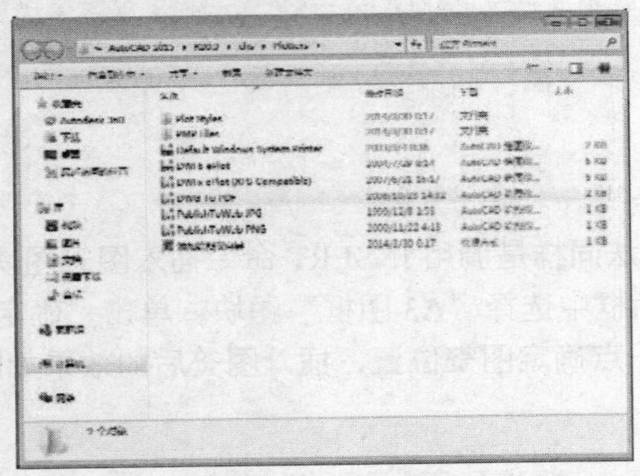

图 18-25　Plotters 文件夹

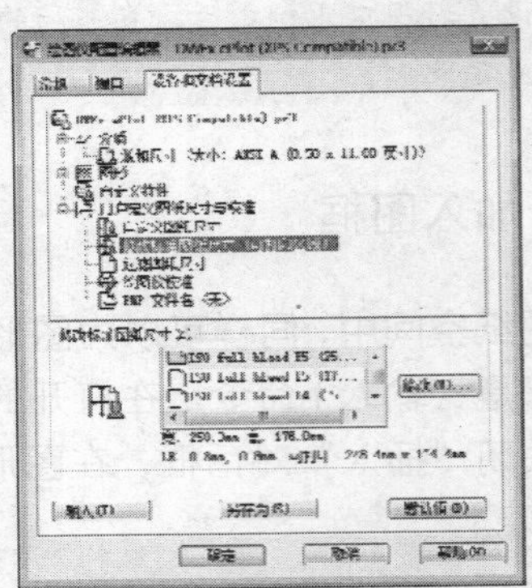

图 18-26　绘图仪配置编辑器

03 在“修改标准图纸尺寸”栏中选择当前使用的图纸类型（即在“页面设置”对话框中的“图纸尺寸”列表中选择的图纸类型），如图 18-27 所示光标所在位置（不同打印机有不同的显示）。

04 单击“修改”按钮弹出“自定义图纸尺寸”对话框，如图 18-28 所示，将上、下、左、右页边距分别设置为 0、0、25、0（使可打印范围略大于图框即可），单击“下一步”按钮，再单击“完成”按钮，返回“绘图仪配置编辑器”对话框，单击“确定”按钮关闭对话框。

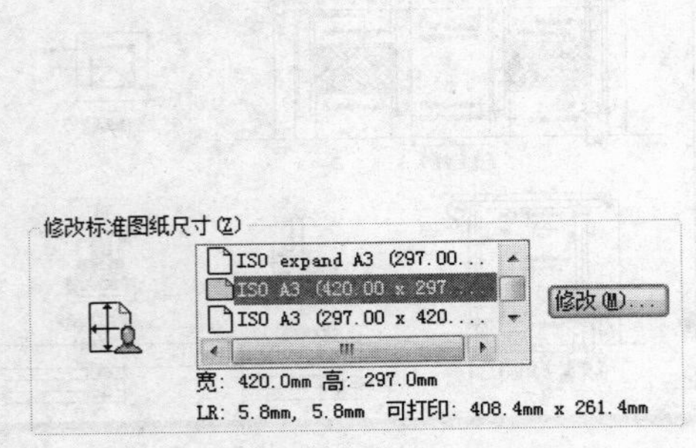

图 18-27　选择图纸类型

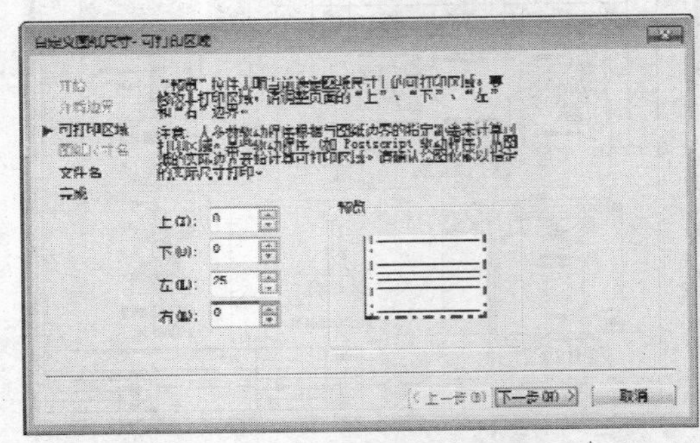

图 18-28　“自定义图纸尺寸”对话框

05 修改图纸可打印区域之后，此时布局如图 18-29 所示（虚线内表示可打印区域）。

06 再次预览打印效果，如图 18-30 所示，图框已能正常打印，且视口边框已经不可见。

07 如果满意当前的预览效果，按 Ctrl+P 键即可开始打印输出。

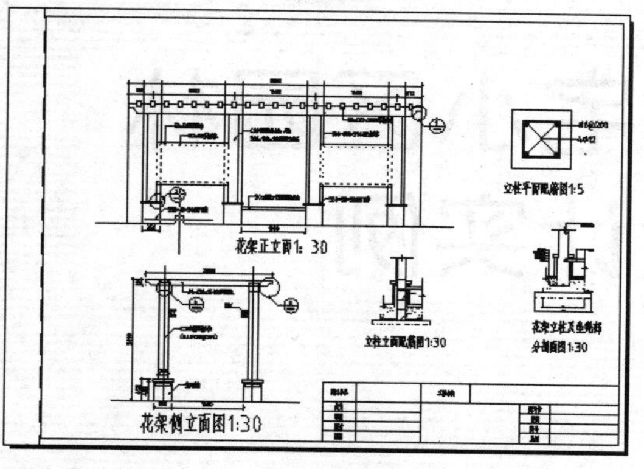

图 18-29　布局效果

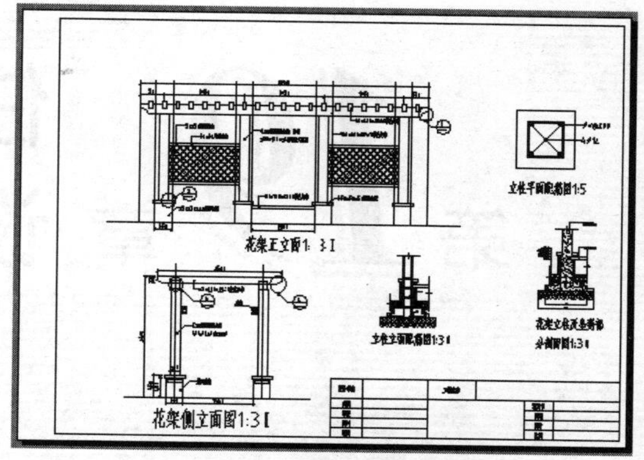

图 18-30　修改页边距后的打印预览效果

18.3 课后练习

操作题

(1)　将如图 18-31 所示的景观设计平面图打印出图。

(2)　将第 17 章操作题图形加上 A3 图框，并在布局空间中通过创建新视口进行排版布局，最后输出打印图形，如图 18-32 所示。

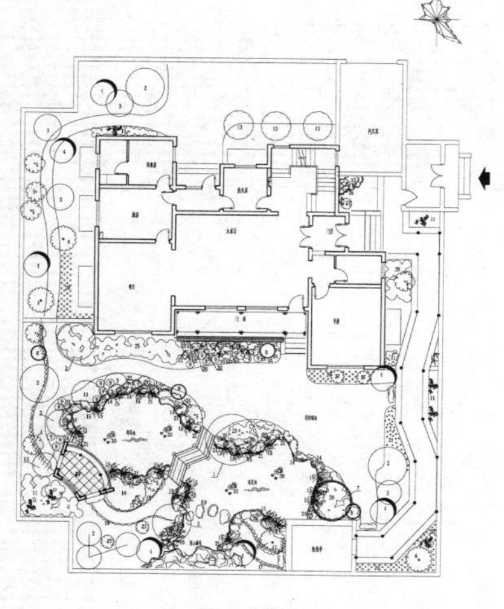

图 18-31　景观平面图

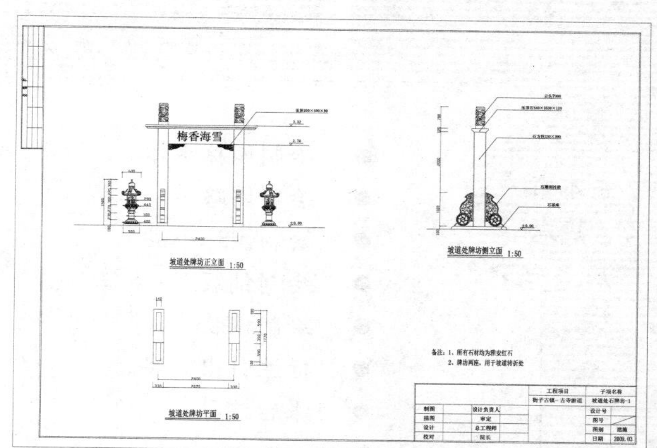

图 18-32　打印输出

第19章 住宅小区园林设计实例

本章导读

本书前面几章分别介绍了水体、山石、建筑、园路、园灯、铺装等园林基本要素的基础知识和施工图绘制方法，从本章开始，将综合运用前面所学知识进行住宅小区和校园景观设计，完整的设计案例可以巩固前面所学内容，并积累常见园林设计的相关经验。

本章重点

- 绘制园林水体
- 绘制园路
- 绘制园林小品
- 绘制铺装
- 绘制植物
- 标注引出文字
- 课后练习

本园林是某住宅小区的一块宅间休闲绿地，属自然式园林设计风格，绿地面积较大。设计时以自然式水体为主要造景元素，其他景观内容在此基础上进行了自然而合理的分布，旨在为居民创造一处舒适、合理的休闲之处。绿地中植物的配置相当丰富，层次明显，园林小品的设置亦合理而自然，主要有：围水而置的景石、临水而设的景观亭、跨水而过的园桥及景观花架、喷泉等。

如图 19-1 所示为本住宅小区园林设计的效果图。

图 19-1 住宅小区园林绿化效果图

如图 19-2 所示为绘制完成的住宅小区园林设计平面图。下面将在主体建筑和主要园路的基础上，详细讲解此住宅小区园林的具体设计流程。

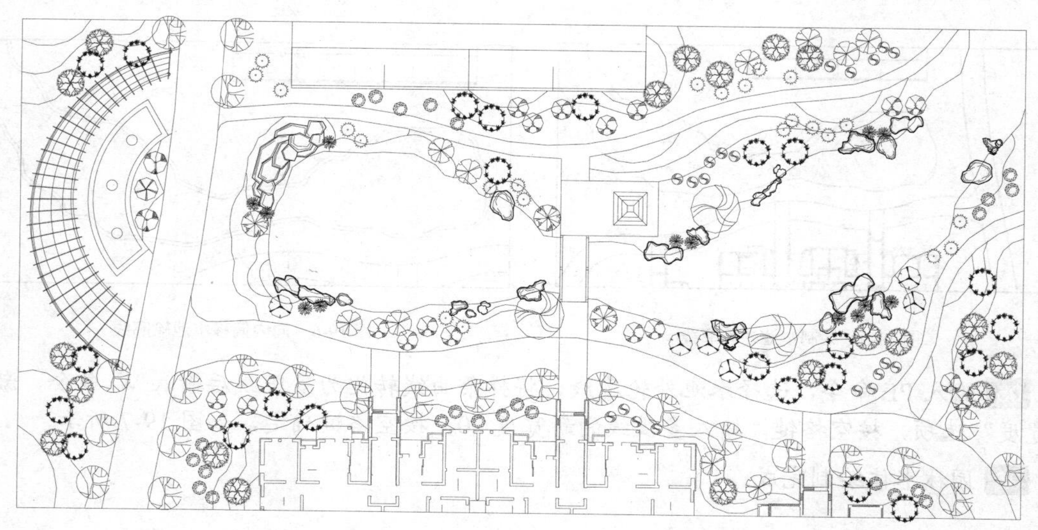

图 19-2 住宅小区景观设计总平面图

19.1 绘制园林水体

池岸的形状决定了园林水体的外形，所以绘制水体，实际上就是绘制水体池岸。本例中的水体为自然式。自然式水体都是无轨迹可循的曲线，讲究的是蜿蜒曲折，自由流畅，故绘制时不需要非常精确，只要把握大概的位置即可。这里首先使用“多段线”命令绘制大致形状，然后转换为光滑的圆弧曲线。

01 启动 AutoCAD 2015，按 Ctrl+O 快捷键，打开本书配套光盘中的“住宅小区景观设计.dwg”文件，如图 19-3 所示，下面将在该建筑图的基础上进行池岸的绘制。

02 输入 LA 命令，打开“图层特性管理器”对话框，文件已建好“道路”“建筑”两个图层。新建一个名为“水体”的图层，图层颜色设置为“蓝色”，并将其置为当前图层，如图 19-4 所示。

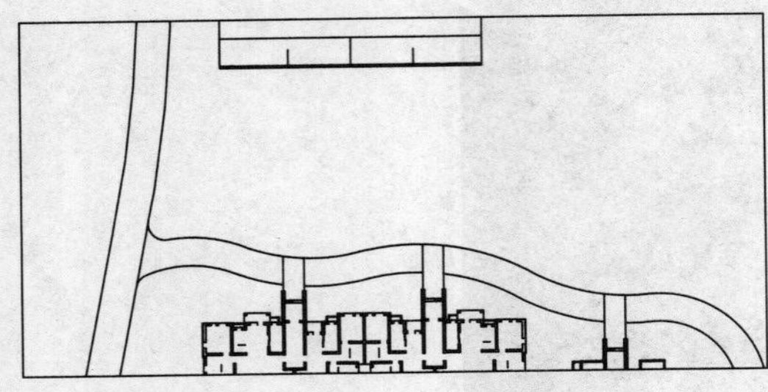

图 19-3 基础图形

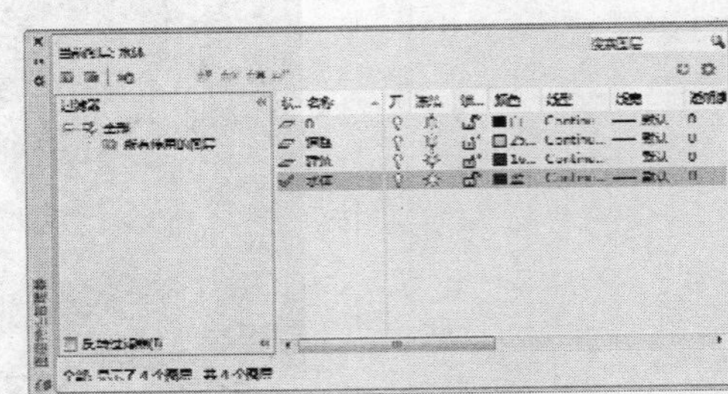

图 19-4 “图层特性管理器”对话框

03 绘制水池的外轮廓线。输入 SPL 命令，指定样条曲线大概起点位置，在绘图区空白处根据水体的走势定点以创建样条曲线，结果如图 19-5 所示。

04 输入 O 命令，将水池外轮廓线向内偏移 500，并对偏移后的线条进行延伸或修剪。将偏移后的线条改为 8 号灰色，以区别水池外轮廓线，如图 19-6 所示。

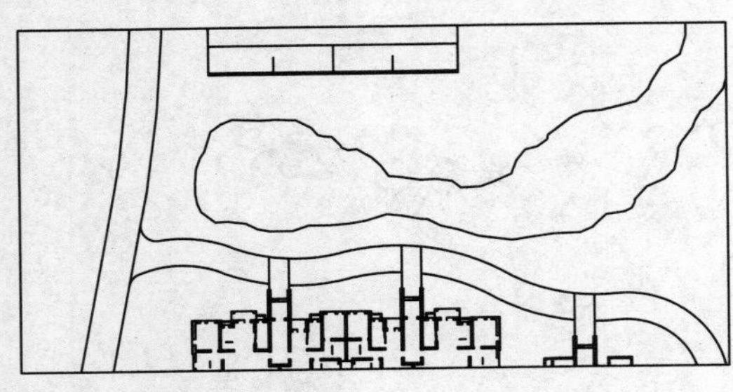

图 19-5 绘制水池外轮廓线

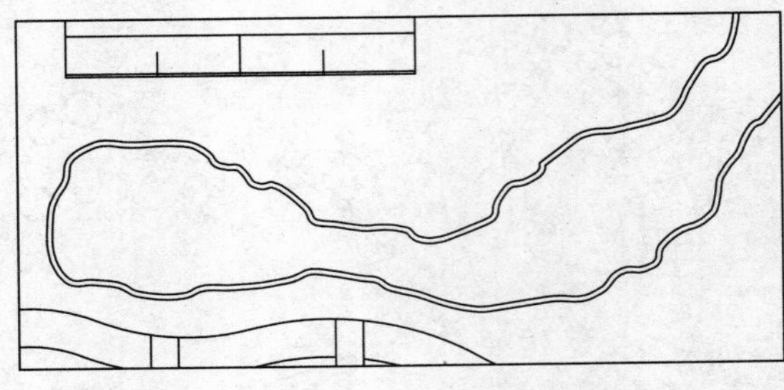

图 19-6 向内偏移水池轮廓线

05 输入 PE 命令，选择水池外轮廓线，将样条曲线转化为多段线后输入 W 命令，激活“宽度”选项，按空格键，输入多段线的新宽度 20，按空格键确定，如图 19-7 所示。

06 园林水体绘制完成。

19.2 绘制园路

本例中的园路为休闲小径，位于两幢住宅之间，依水而建，主要供小区居民休闲漫步、观赏水池景色使用，园路形状为不规则曲线，这里直接使用“样条曲线”命令绘制。

01 新建图层，命名为“园路”，图层设置为“黄色”，并将其置为当前图层，如图 19-8 所示。

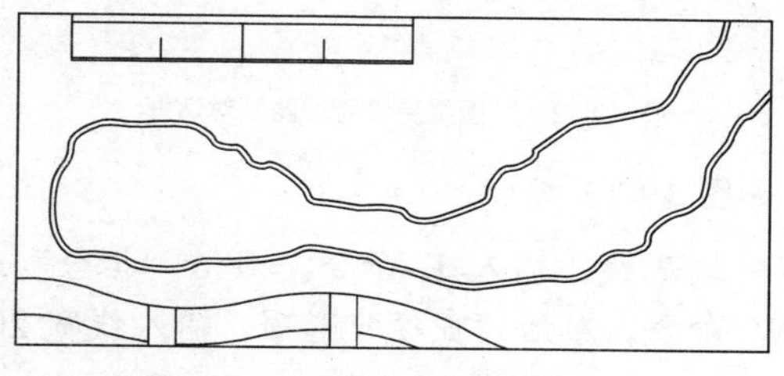

图 19-7　加粗水池外轮廓线

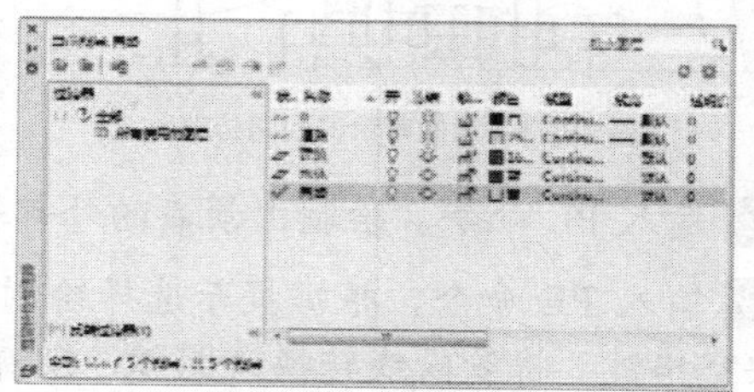

图 19-8　“图层特性管理器”对话框

02 输入 SPL 命令，指定样条曲线的大概起点位置，在绘图区空白处根据园路的走势指定点以创建样条曲线，按下空格键以指定起点和端点切向。如图 19-9 所示。

03 使用夹点编辑功能，调整样条曲线，结果如图 19-10 所示。

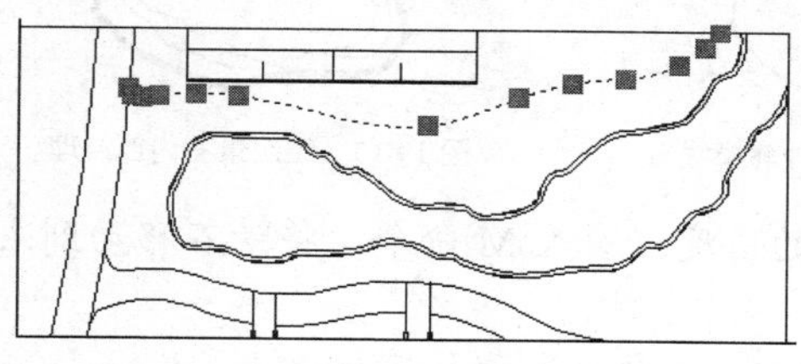

图 19-9　绘制园路边线

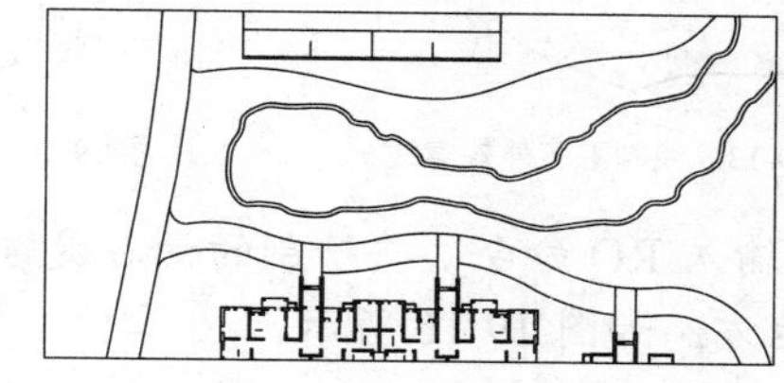

图 19-10　编辑样条曲线

04 用同样的方法绘制出其余的园路边线，结果如图 19-11 所示。也可以使用“偏移”命令快速得到另一侧的园路边线，偏移距离 1300，然后进行夹点编辑，调整园路边缘形状。

05 园路绘制完成。

19.3 绘制园林小品

本例中的园林小品种类较多，有景石、园桥、景观亭、喷水池、花架等。下面分别介绍它们的绘制方法。

19.3.1 绘制景石

这里绘制的是岸边景石，通过在水体四周零零散散地摆放几个石块，可以减弱人工开挖带来的人工化气氛，增加自然气息，水草与石块的合理布置，可以使水体四周形成一道自然的风景线，同时又可起到一定的保护池岸的作用。

01 新建“景石”图层，图层颜色设置为“34 号棕色”，并将其置为当前图层，如图 19-12 所示。

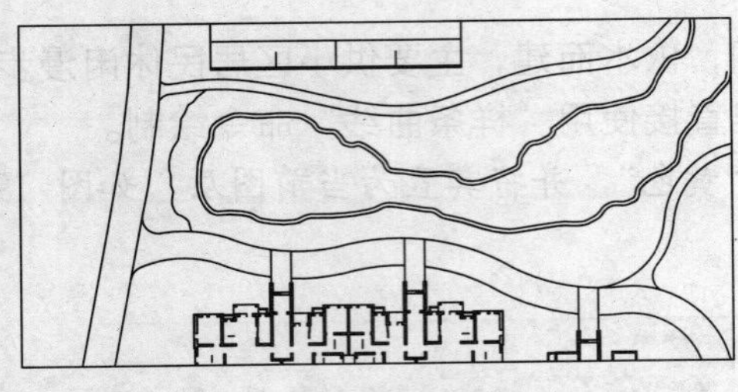

图 19-11 绘制其余的园路边线

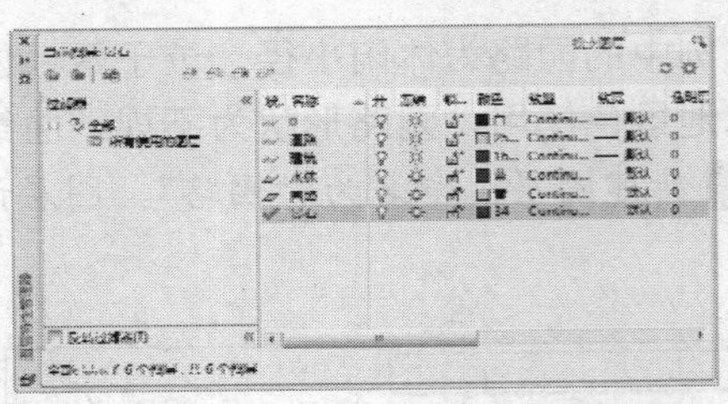

图 19-12 “图层特性管理器”对话框

02 输入 PL 命令，绘制出景石的外部轮廓，如图 19-13 所示。

03 输入 PE 命令，根据提示选择绘制的景石外轮廓线，输入 F 命令，激活“拟合”选项，按空格键，将多段线转换为圆弧。接着输入 W 命令，激活“宽度”选项，输入线宽 20，加粗景石外轮廓线，结果如图 19-14 所示。

04 输入 PL 命令，绘制出景石的内部纹理线条，如图 19-15 所示。

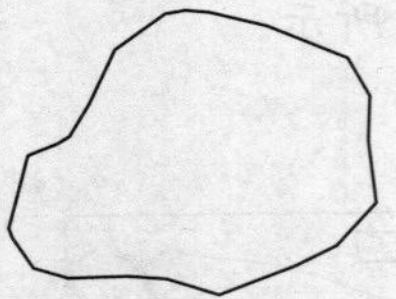

图 19-13 绘制景石外轮廓线

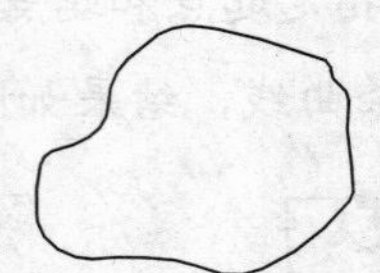

图 19-14 加粗景石外轮廓线

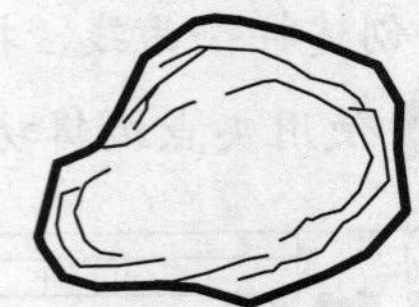

图 19-15 绘制景石内部纹理

05 输入 RO 命令，将绘制的景石旋转至合适的角度；输入 M 命令，将景石移动到池岸相应的地方。如图 19-16 所示。

06 用同样的方法，绘制出其他景石并进行旋转移动，最终结果如图 19-17 所示。

07 景石绘制完成。

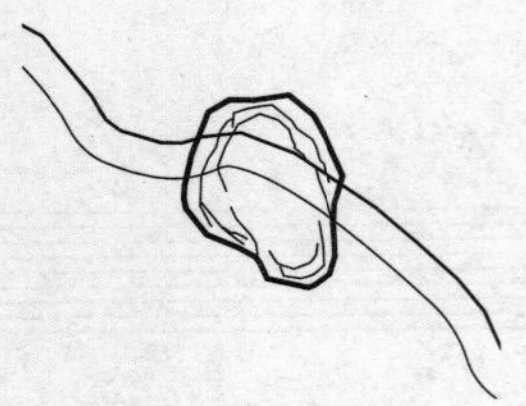

图 19-16 旋转移动景石

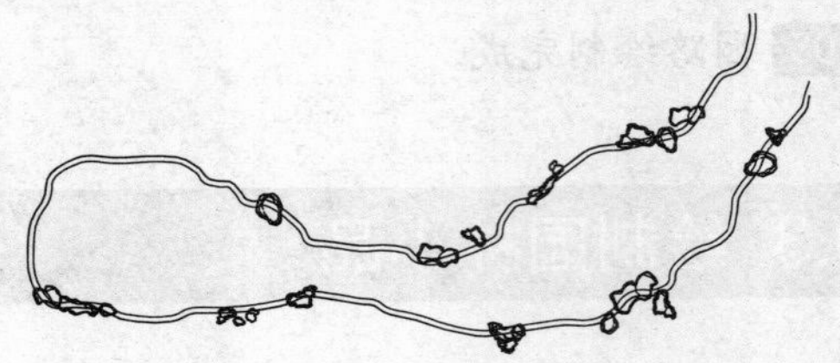

图 19-17 景石绘制

19.3.2 绘制园桥

园林中的桥梁可以联系风景点的水陆交通，组织游览线路，交换观赏视线，点缀水景，增加水面层次，兼有交通和艺术欣赏的双重作用，如图 19-18 所示。这里绘制的是园桥的平面图，只能大致表示园桥的位置和尺寸，园桥的具体结构和形状，需要在详图中表达。

图 19-18　园桥

1. 绘制园桥

01 新建图层，命名为“园桥”，图层颜色设为“44 号棕色”，并将其置为当前图层，如图 19-19 所示。

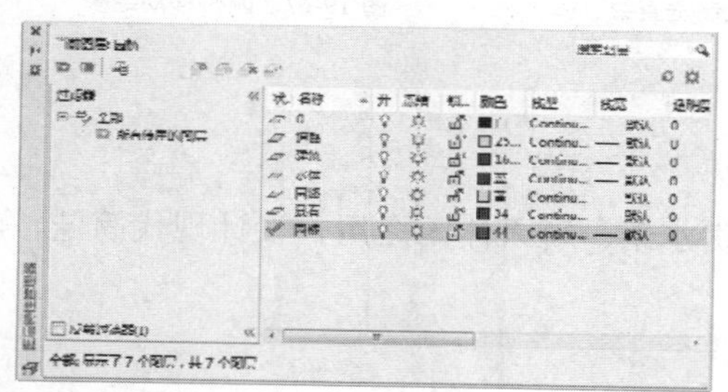

图 19-19　“图特性管理器”对话框

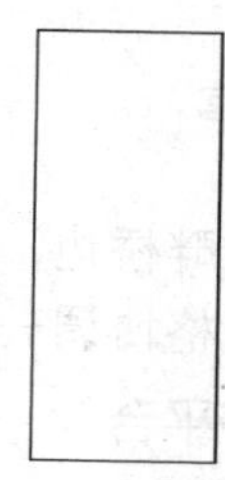

图 19-20　绘制园桥外部轮廓

02 输入 REC 命令，任意指定一点作为矩形的第一角点，输入（@2500,6000），按空格键确定，如图 19-20 所示。

03 输入 X 命令，分解矩形，再输入 O 命令，将矩形的四个边分别向内部偏移 200，如图 19-21 所示。

04 绘制辅助线。输入 L 命令，过矩形两条长边的中点绘制一条辅助直线，如图 19-22 所示。

05 输入 O 命令，将绘制的辅助直线分别向两边偏移 100，如图 19-23 所示。

06 输入 TR 命令，修剪多余的线条，结果如图 19-24 所示。

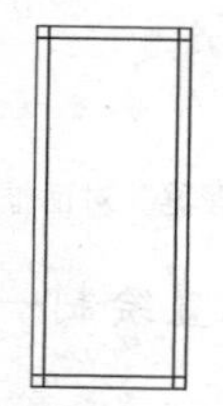

图 19-21　偏移线条

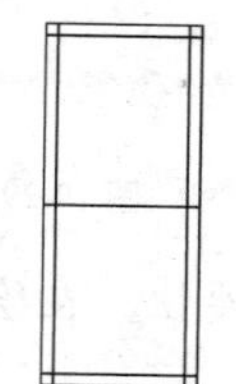

图 19-22　绘制辅助直线

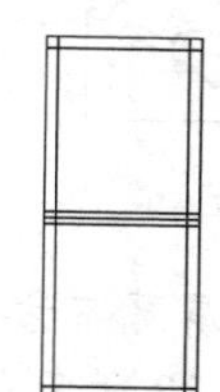

图 19-23　偏移辅助直线

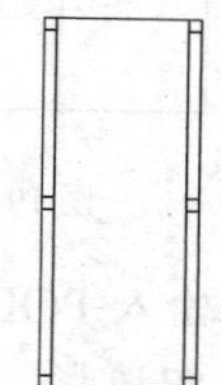

图 19-24　修剪多余的线条

2. 确定园桥的位置

01 将“园路”层置为当前图层。输入 L 命令，分别过图 19-25 箭头所示端点（位于图形下方建筑中间单元的出入口位置）向上绘制两条垂直线，结果如图 19-26 所示。

02 输入 M 命令，指定园桥左下角端点为基点，捕捉图 19-25 左边箭头所示点，沿 Y 轴正方向输入 3160，结果如图 19-27 所示。

03 园桥绘制完成。

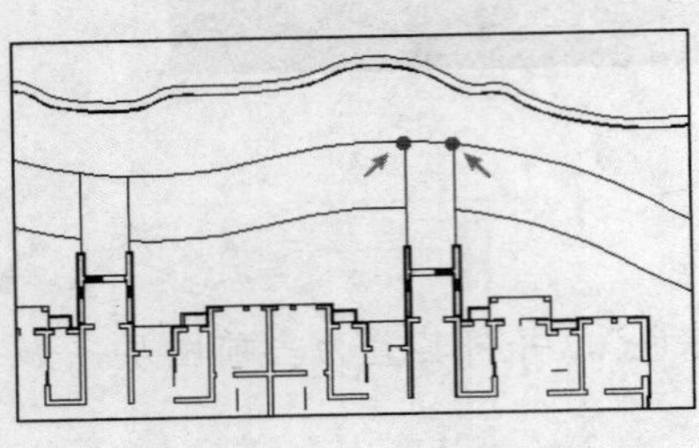

图 19-25　指定直线起点

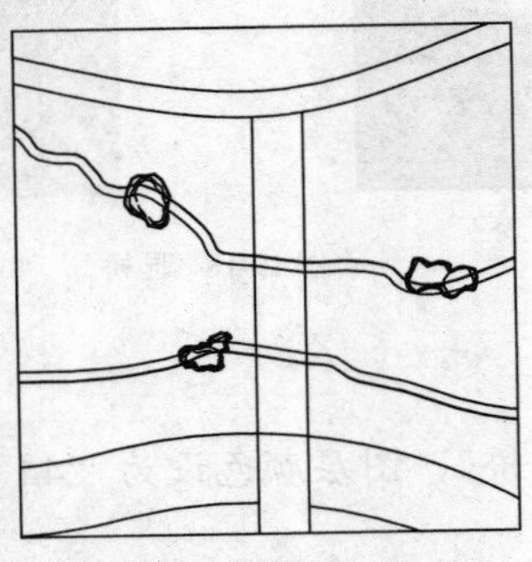

图 19-26　绘制垂直线

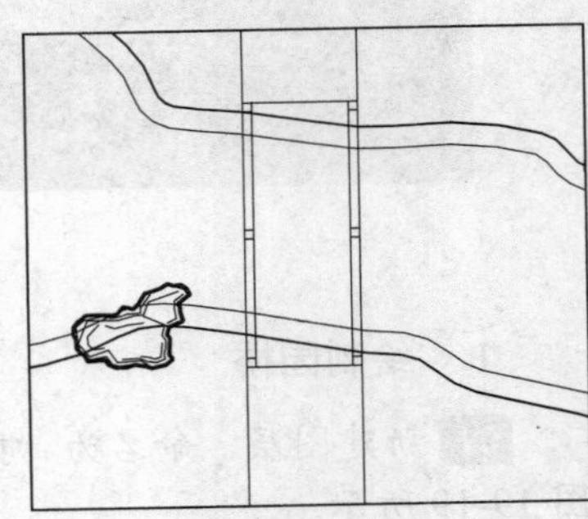

图 19-27　园桥移动结果

19.3.3 绘制景观亭

本景观亭位于池畔桥边，主要供小区居民观赏水景、聊天休闲之用，设计现代简洁，与整个小区建筑设计风格协调一致。

❑　绘制景观亭平台

输入 PL 命令，根据图 19-28 所示的参数绘制多段线作为景观亭平台轮廓，并修剪多余的线段。

❑　绘制景观亭压顶

01 新建图层，命名为“景观亭”，图层颜色设置为“黄色”，并将其置为当前图层，如图 19-29 所示。

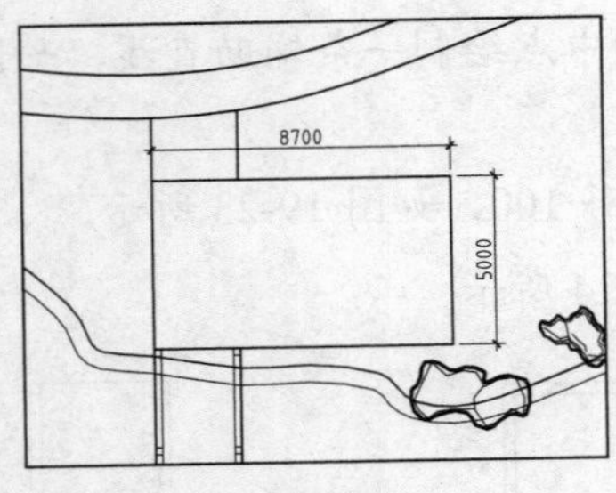

图 19-28　绘制景观亭平台

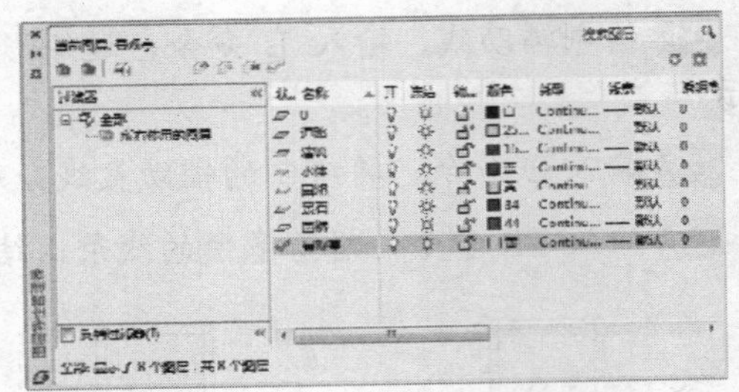

图 19-29　“图层特性管理器”对话框

02 输入 POL 命令，打开屏幕下方的“正交”按钮，在绘图区任意位置绘制一个边长为 160 的正四边形，结果如图 19-30 所示。

03 输入 O 命令，将上一步绘制的正四边形向外偏移两次，偏移量分别为 20、15，结果如图 19-31 所示。

图 19-30　绘制正四边形

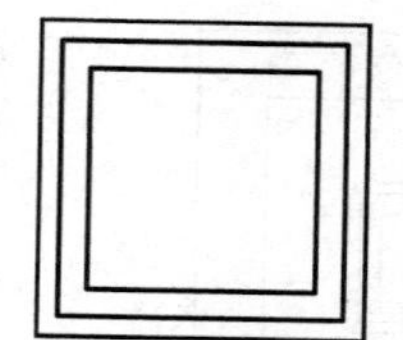

图 19-31　向外偏移正四边形

04 输入 PL 命令，根据图 19-32 所示尺寸绘制多段线。

05 输入 MI 命令，以图 19-33 箭头所指的直线为对称轴，将上一步绘制的图形进行镜像复制，结果如图 19-34 所示。

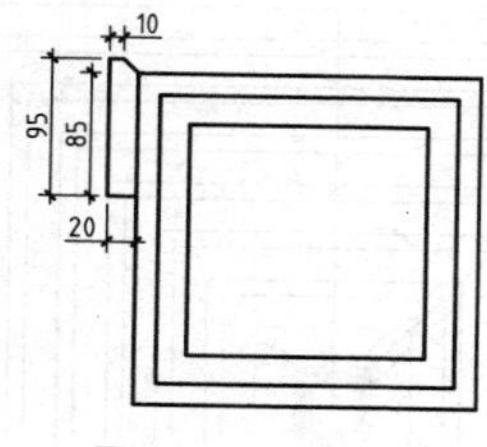

图 19-32　绘制多段线

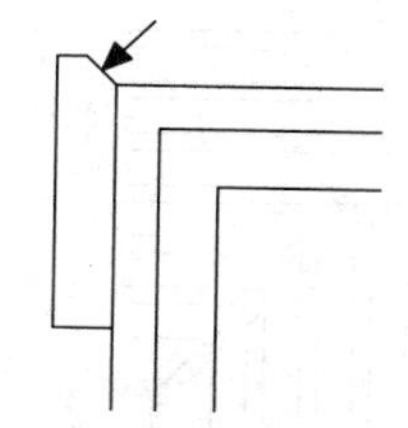

图 19-33　指定镜像对称轴

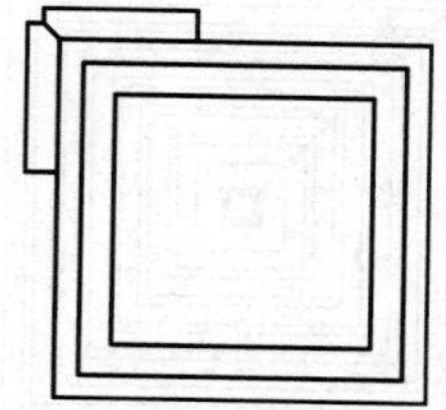

图 19-34　镜像复制图形

06 输入 AR 命令，选择极轴阵列，设置参数：项目总数为 4，填充角度为 360，

07 选择阵列对象为镜像复制的图形，如图 19-35 所示，整列的中心点为正四边型的中心，阵列结果如图 19-36 所示。

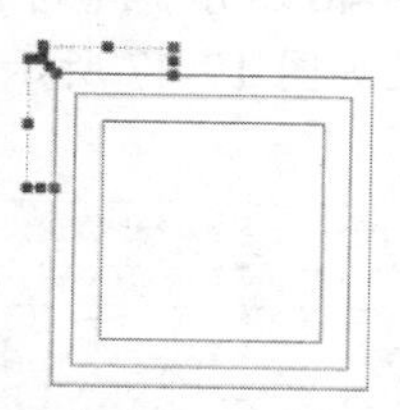

图 19-35　指定阵列对象

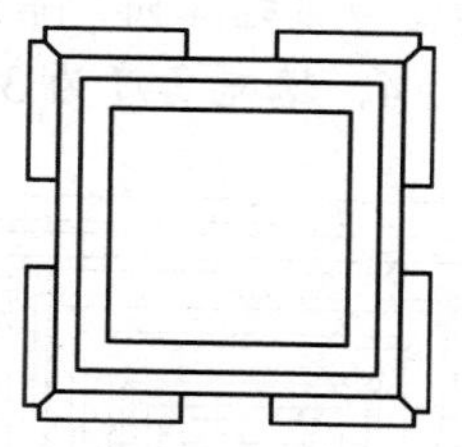

图 19-36　极轴阵列结果

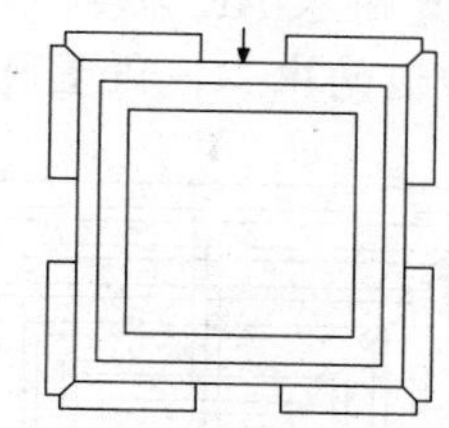

图 19-37　指定偏移对象

❑　绘制亭顶

01 输入 O 命令，选择如图 19-37 箭头所示的四边形，将其向外分别偏移 168、119，结果如图 19-38 所示。

02 重复执行 O 命令，将最外侧的正四边形分别向外偏移 60、120，结果如图 19-39 所示。

将上一步的操作步骤重复 5 次，结果如图 19-40 所示。

❑　绘制亭梁

01 输入 L 命令，绘制一条如图 19-41 箭头所示的直线；输入 O 命令，将其向两侧偏移 50，并对其进行延伸或修剪，结果如图 19-42 所示。

02 绘制辅助线。输入 L 命令，过正多边形的中心绘制一条垂直辅助线，如图 19-43 所示。

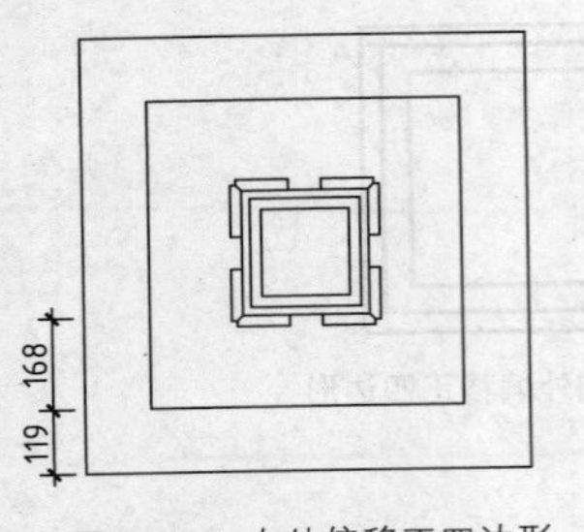

图 19-38　向外偏移正四边形

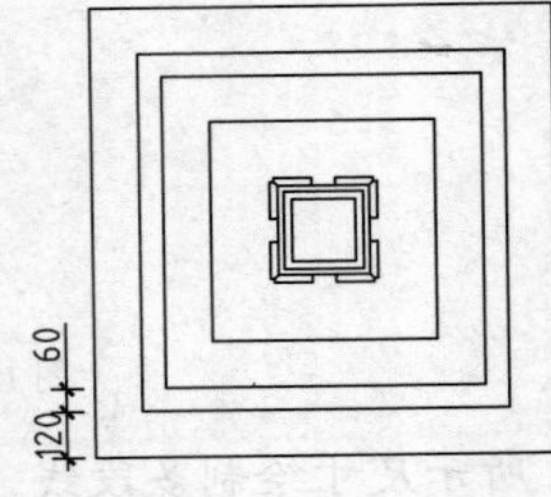

图 19-39　偏移正四边形

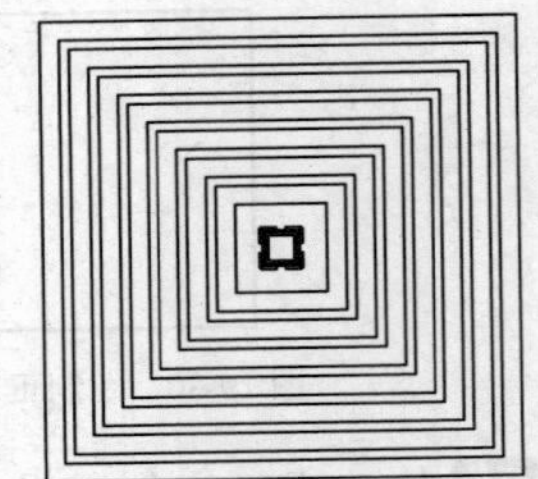
图 19-40　重复偏移正四边形

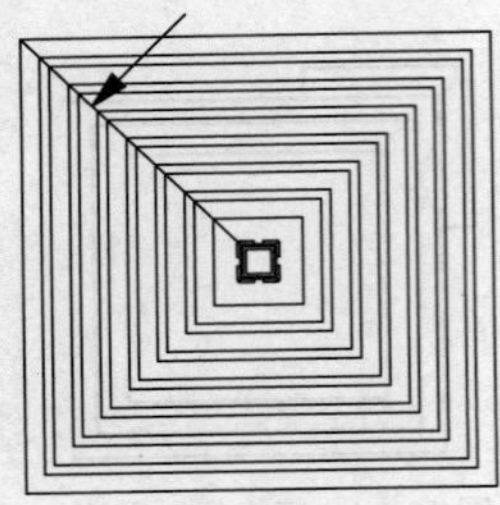
图 19-41　绘制直线

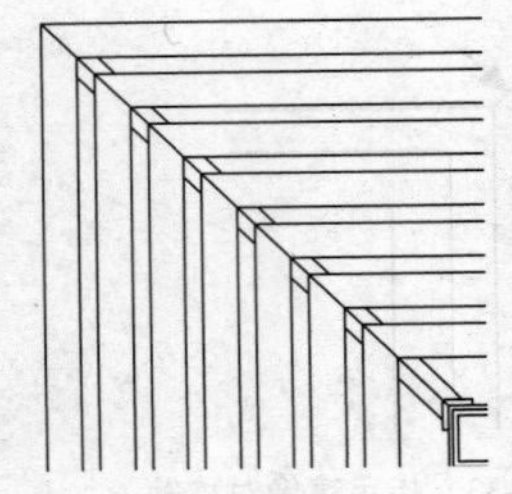
图 19-42　偏移并修剪直线

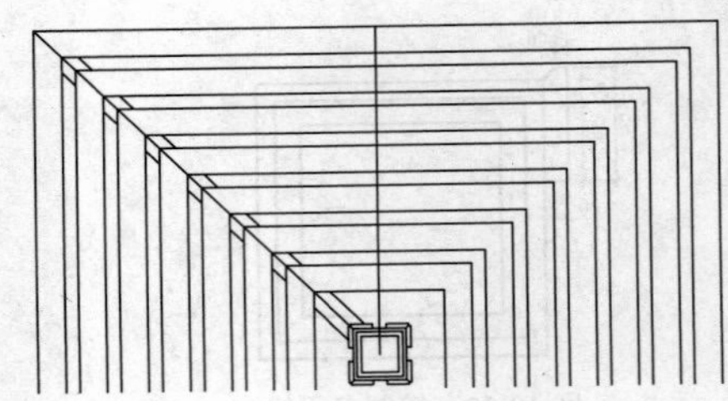
图 19-43　绘制辅助线

03 输入 O 命令，将绘制的辅助线分别向两侧偏移 60，如图 19-44 所示。

04 删除辅助线，并修剪多余的线条，结果如图 19-45 所示。

05 输入 AR 命令，选择阵列的类型为极轴阵列，阵列对象如图 19-46 所示，阵列的中心为正四边的中心，设置阵列的项目数为 4，填充角度为 360。阵列结果如图 19-47 所示

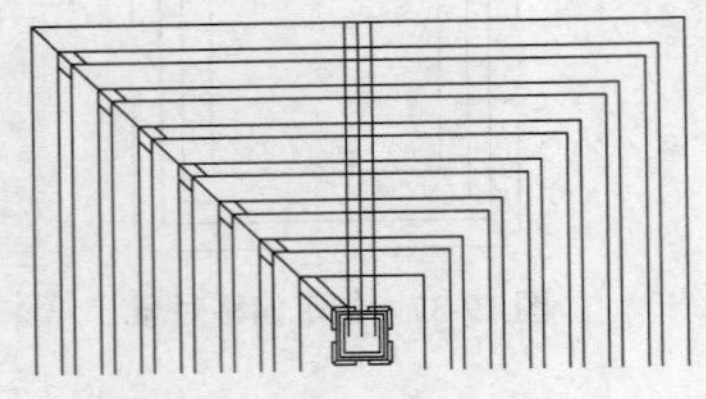
图 19-44　偏移辅助线

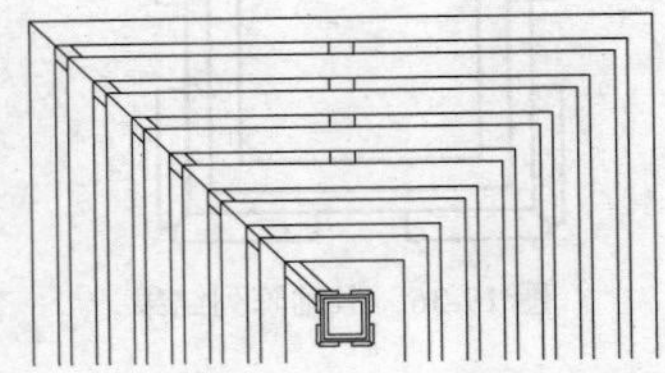
图 19-45　修剪多条的线条

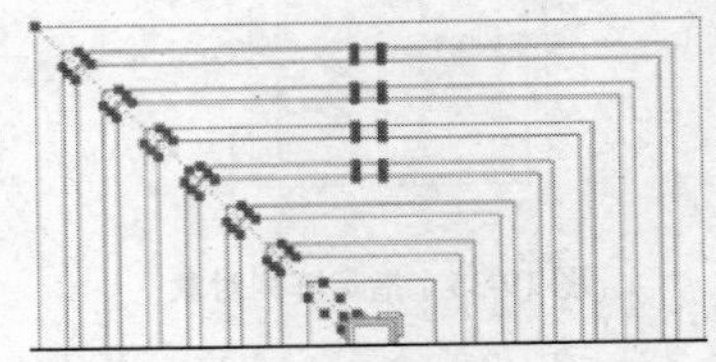
图 19-46　阵列对象

06 输入 M 命令，指定景观亭右上角端点为基点，按住 Shift 键，右键单击鼠标，选择“自”，单击景观平台右上角端点，输入（@-1000,-1000），定位景观亭位置如图 19-48 所示。

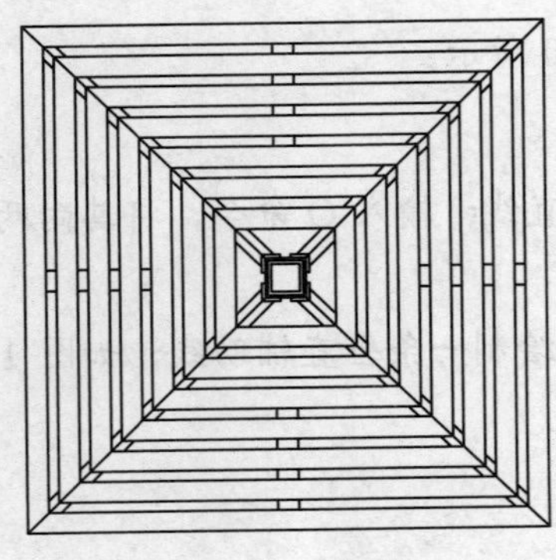
图 19-47　极轴阵列结果

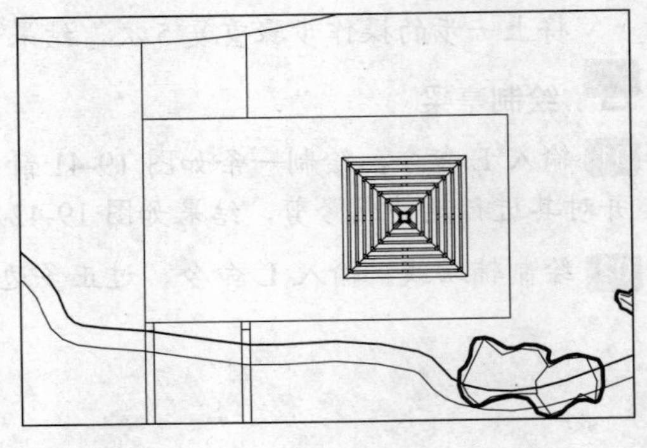
图 19-48　景观亭完成效果

07 景观亭绘制完成。

19.3.4 绘制花架

景观花架位于水池西侧，为木制弧形结构，体态轻盈，外形优美，与景观亭隔池相望，是住宅小区景观的有力补充。

1. 绘制横梁

01 新建“花架”图层，图层颜色设置为“30 号橙色”，并将其置为当前图层，如图 19-49 所示。

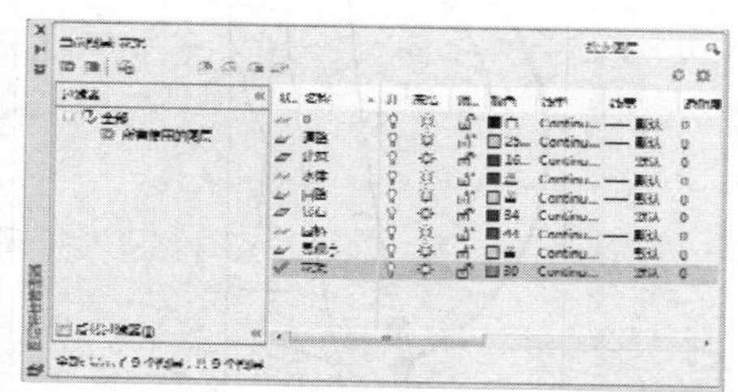

图 19-49 “图层特性管理器”对话框

02 绘制辅助矩形，以确定花架的位置和范围。输入 REC 命令，按住 Shift 键，右键单击鼠标，选择“自”，单击图形上方建筑的左下角端点，输入（@-10030,3470），指定第一角点，再输入（@-13040，-29520），指定对角点，结果如图 19-50 所示。

03 绘制花架外侧横梁。在“默认”选项卡中，单击“绘图”面板中的“圆弧”下拉按钮，在弹出的菜单中选择“起点、端点、角度”命令，指定交点 1 为起点，交点 2 为端点，输入圆弧角度为 145，结果如图 19-51 所示。

04 绘制内侧横梁。在“默认”选项卡中，单击“绘图”面板中的“圆弧”下拉按钮，在弹出的菜单中选择“起点、端点、角度”命令，按住 Shift 键，右键单击鼠标，选择“自”，单击“交点 1”，输入（@-126,-2230），确定起点。按住 Shift 键，右键单击鼠标，选择“自”，单击“交点 2”，输入（@983,5170），确定端点。输入圆弧角度为“138”，按空格键确定，删除矩形，结果如图 19-52 所示。

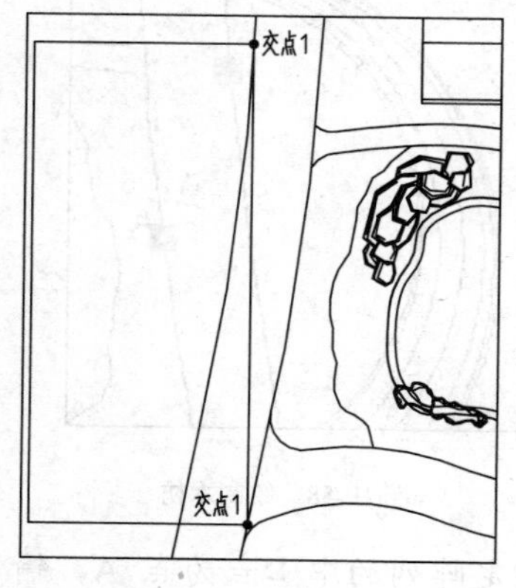

图 19-50 绘制辅助矩形

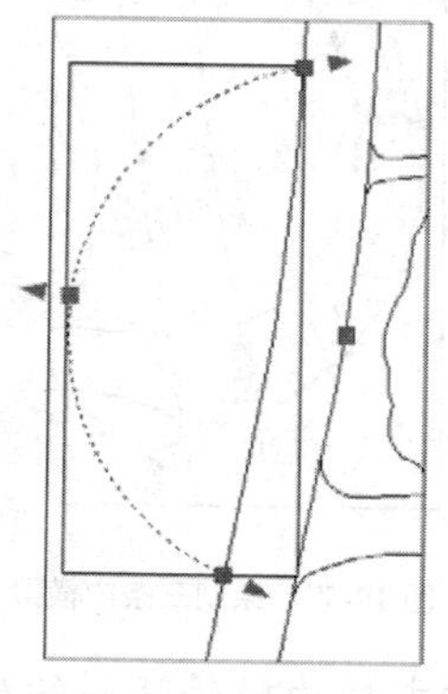

图 19-51 绘制花架第一条横梁

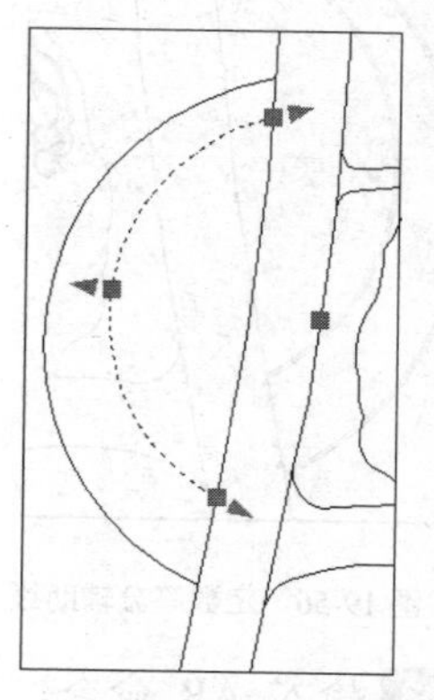

图 19-52 绘制花架第二条横梁

05 输入 O 命令，将绘制的横梁分别向花架内部偏移 200，并对其进行延伸或修剪，结果如图 19-53 所示。

06 输入 L 命令，过花架横梁两端点绘制两条辅助直线，如图 19-54 所示。

07 输入 DIV 命令，将绘制的辅助直线四等分。

08 在“默认”选项卡中，单击“实用工具”面板中的“点样式”按钮[点样式...]，在弹出的对话框中选择如图 19-55 所示的点样式，以方便查看等分点的位置，如图 19-56 所示。

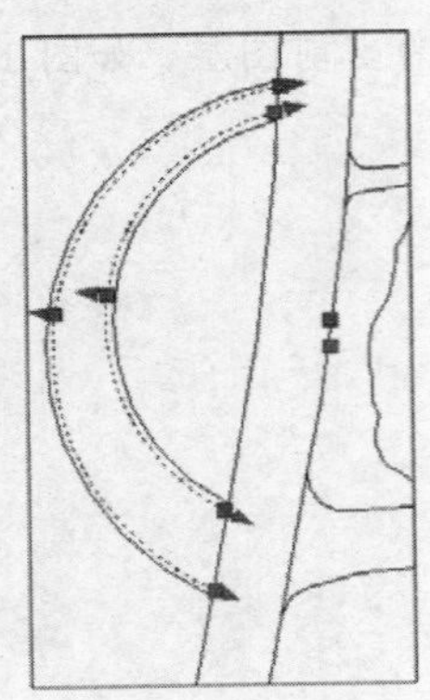

图 19-53　向内偏移横梁

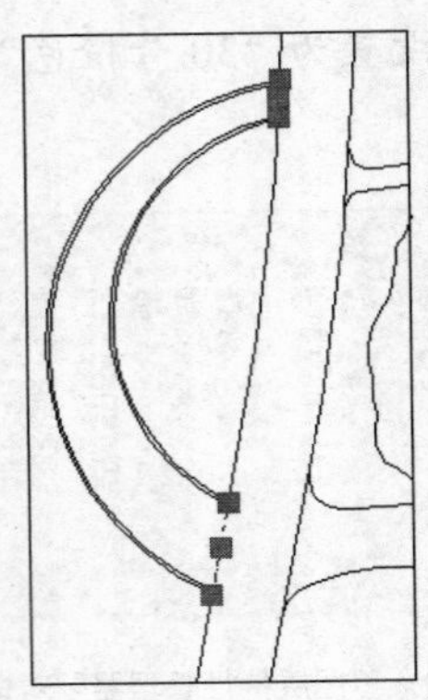

图 19-54　绘制辅助直线

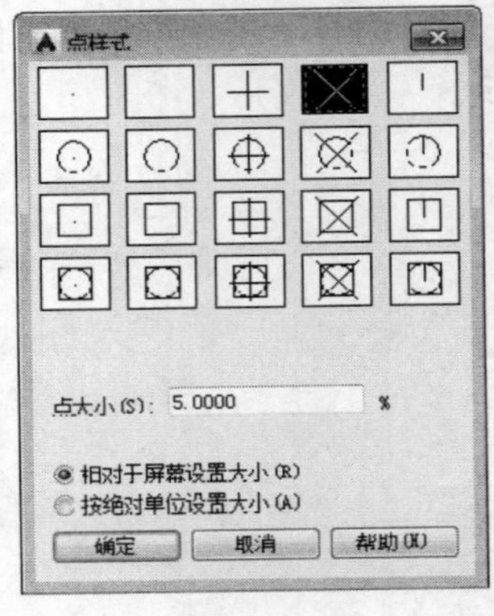

图 19-55　“点样式”对话框

09 在“默认”选项卡中，单击“绘图”面板中的“圆弧”下拉按钮，在弹出的菜单中选择“起点、端点、角度”命令，绘制花架其余的横梁。分别以定数等分得到的点为圆弧起点和端点，角度分别为 147°、143°、140°。删除等分点和辅助线，结果如图 19-57 所示。

2. 绘制木枋

01 输入 L 命令，指定花架内侧横梁所在圆弧的圆心（即 A 点）为第一点，输入（@17000<110），按空格键确定，绘制直线如图 19-58 所示。

02 输入 O 命令，将绘制的直线向下偏移 50。

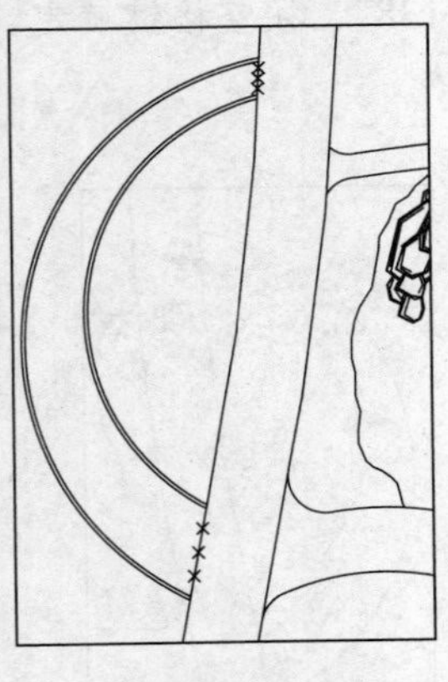

图 19-56　定数等分辅助线

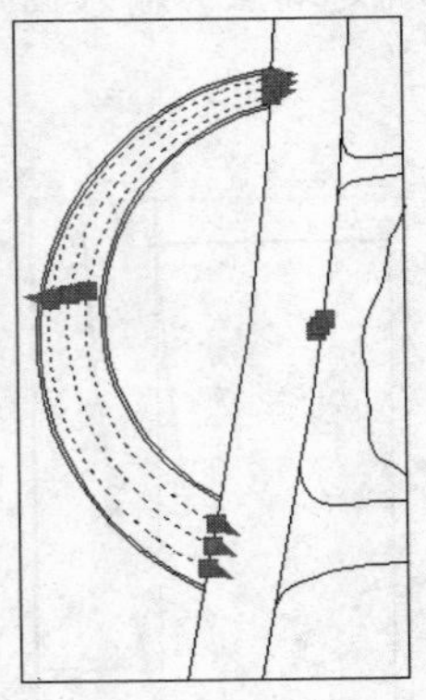

图 19-57　绘制三条内横梁

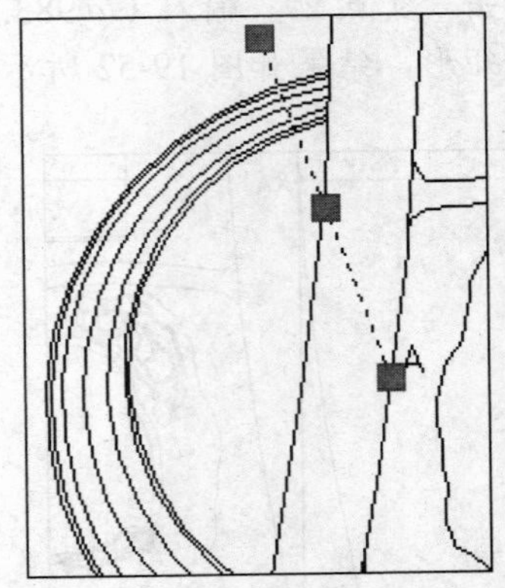

图 19-58　绘制木枋

03 输入 AR 命令，选择绘制的木枋为极轴阵列的对象，指定阵列的中心点为点 A，输入项目间角度为 4，填充角度为 120。阵列结果如图 19-59 所示。

04 输入 L 命令，过花架横梁绘制两条与园路边线大致平行的直线，并将其向中间偏移 50，结果如图 19-60 所示。

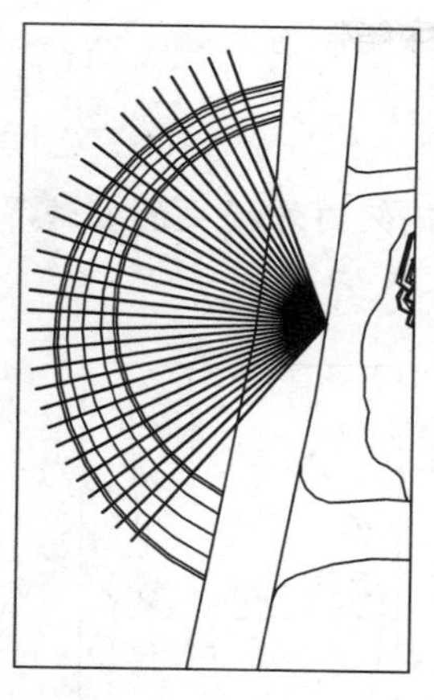

图 19-59　极轴阵列结果

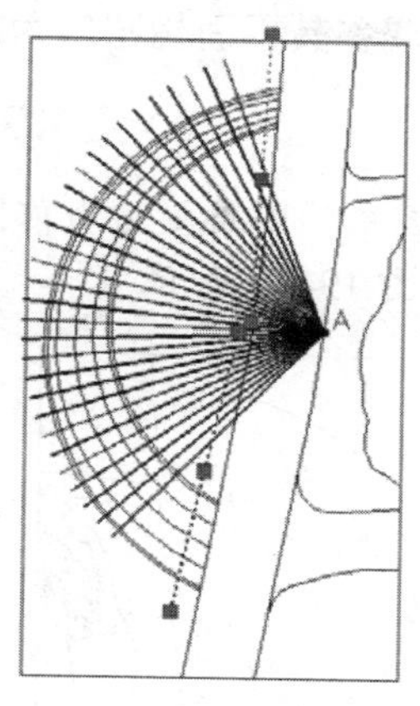

图 19-60　绘制并偏移直线

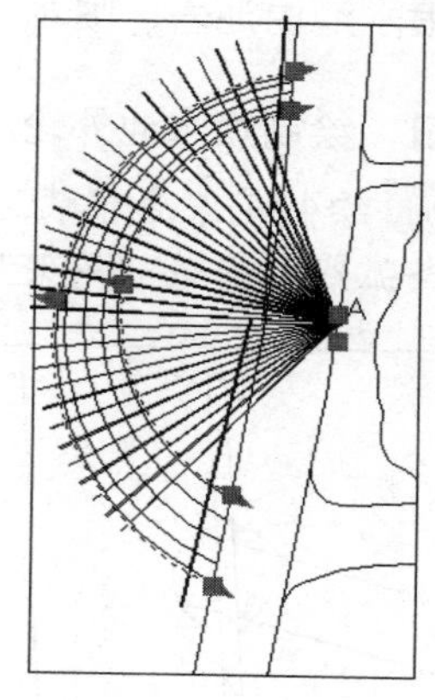

图 19-61　确定偏移对象

05 确定木枋的长度。输入 O 命令，选择如图 19-61 所示的内外横梁，将其分别向外偏移 450，结果如图 19-62 所示。

06 输入 TR 命令，修剪多余的线条，删除辅助线，结果如图 19-63 所示。花架木枋绘制完成。

3．绘制立柱

01 绘制辅助直线。输入 L 命令，过花架外横梁与木枋的交点绘制两条辅助直线，结果如图 19-64 所示。

02 输入 C 命令，以辅助直线的交点为圆心，绘制一个半径为 150 的圆，并对其进行修剪完善，结果如图 19-65 所示。

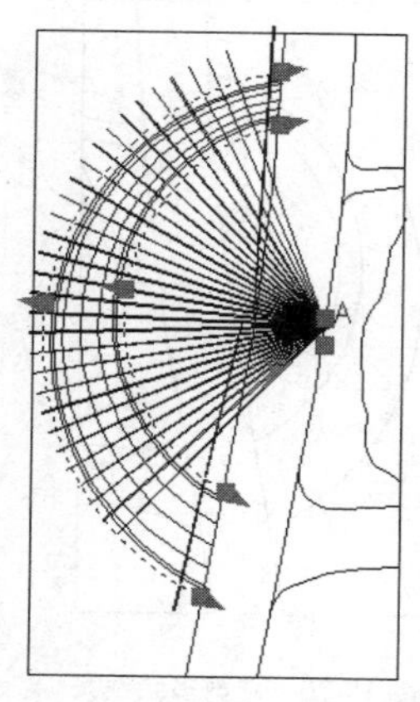

图 19-62　向外偏移弧线

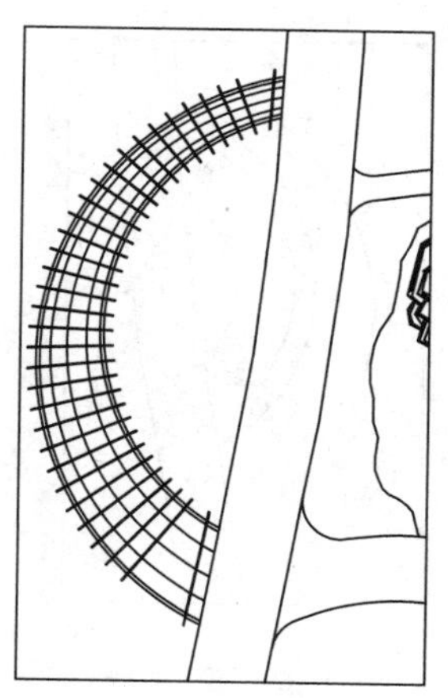

图 19-63　修剪多余线条

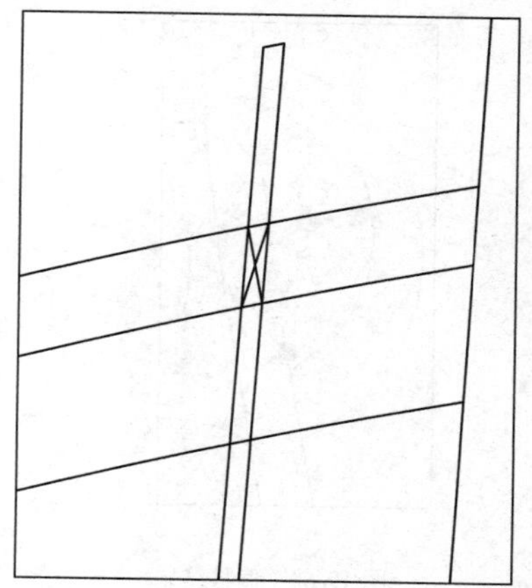

图 19-64　绘制辅助直线

03 用同样的方法绘制完成其他的花架立柱。

04 花架平面图全部绘制完成。

19.3.5 绘制喷水池

喷水池由池岩、喷水口两部分组成，其平面构图较为简单，具体绘制方法如下：

❑ 绘制喷水池外轮廓

01 绘制花架底铺装边线。将“园路”图层置为当前图层。沿花架内外横梁的外边界绘制两条弧线，隐藏“花架”图层，如图 19-66 所示。

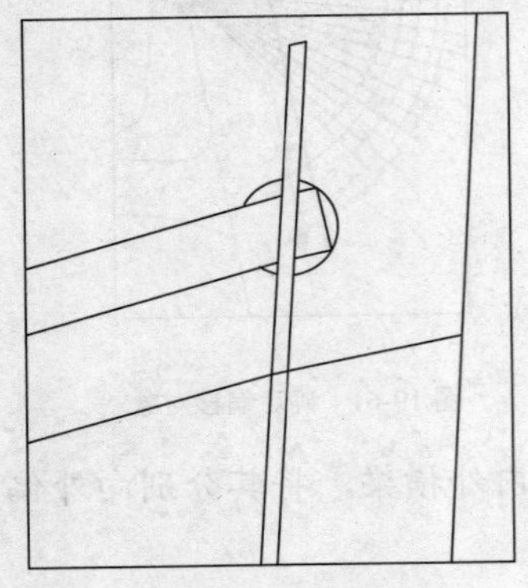
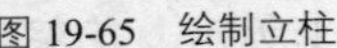
图 19-65 绘制立柱

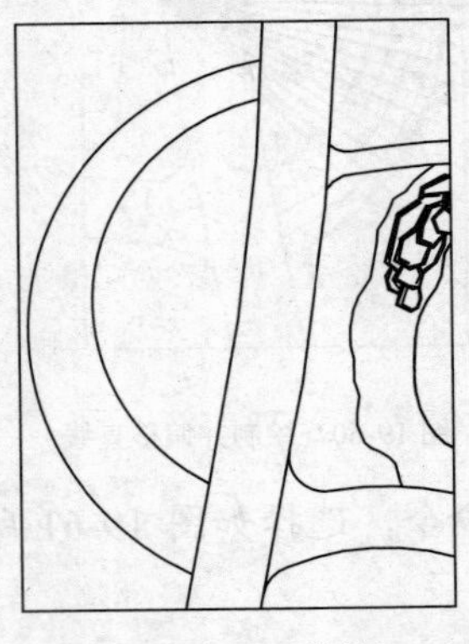
图 19-66 隐藏花架

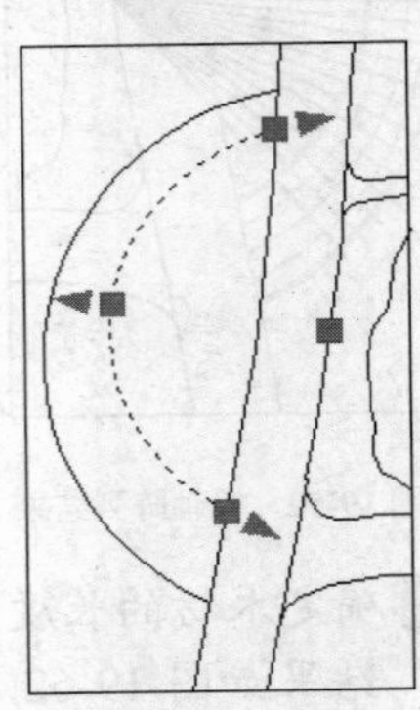
图 19-67 确定偏移对象

02 输入 O 命令，选择如图 19-67 所示的圆弧，并将其向右偏移两次，偏移距离分别为 1350、3750，修剪多余的线条，结果如图 19-68 所示。

03 输入 L 命令，绘制两条直线。指定圆弧所在圆心为第一点，第二点坐标分别为（@12000<120）、（@12000<222），结果如图 19-69 所示。

04 输入 TR 命令，修剪多余的线条，得到喷水池的外轮廓如图 19-70 所示。

05 输入 EX 命令，将喷水池外轮廓线中较短的弧线延伸到与道路线相交。

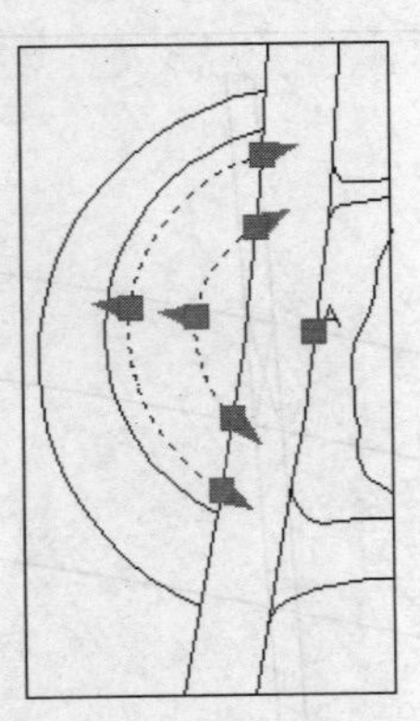

图 19-68 偏移结果

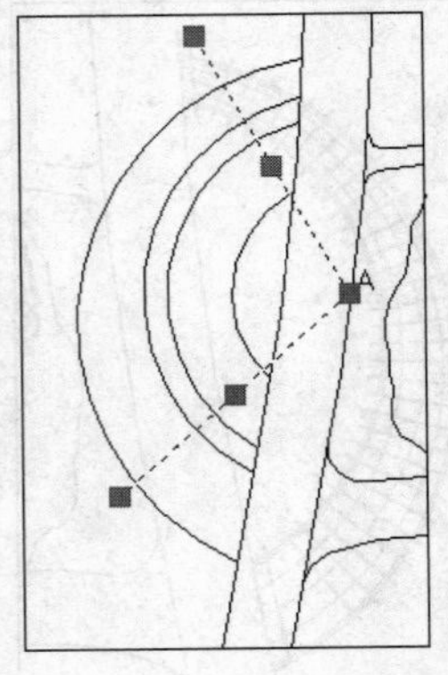

图 19-69 绘制直线

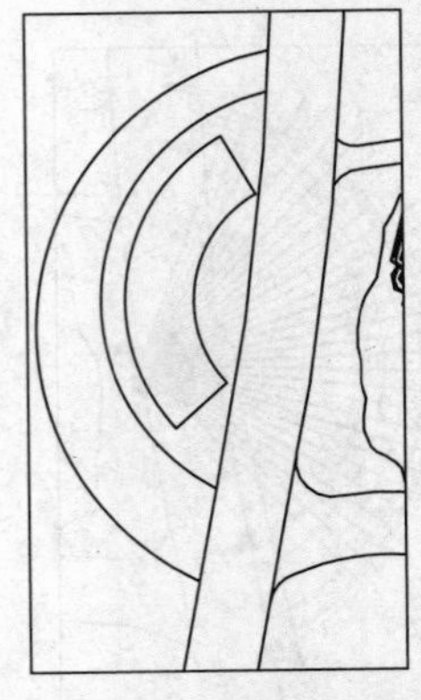
图 19-70 修剪多余线条

❑ 绘制喷水池

01 新建“喷水池”图层，图层颜色设置为“蓝色”，并将其置为当前图层，如图 19-71

所示。

02 输入 O 命令，选中如图 19-72 所示的线条，并将其分别向内偏移 450，修剪多余线条。选择偏移的线条，将其移动至“喷水池”图层，结果如图 19-73 所示。

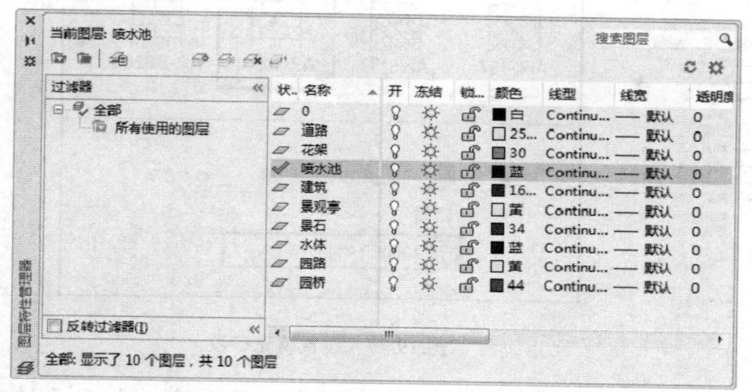

图 19-71　“图层特性管理器”对话框

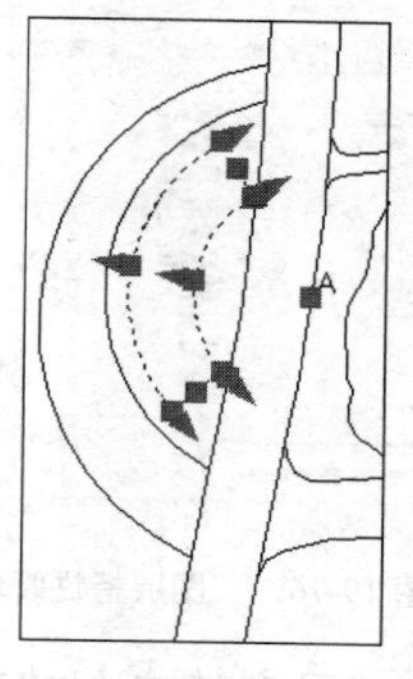

图 19-72　确定偏移线条

❑ 绘制喷泉

01 输入 C 命令，按住 Shift 键，右键单击鼠标，选择“自”选项，单击喷水池外轮廓上方端点，输入（@-1430,-3620），确定圆心，再输入圆的半径 500，结果如图 19-74 所示。

02 输入 AR 命令，对圆进行极轴阵列。指定喷水池圆弧所在圆心为中心点，项目总数为 3，填充角度为 60，结果如图 19-75 所示。

03 喷水池绘制完成。

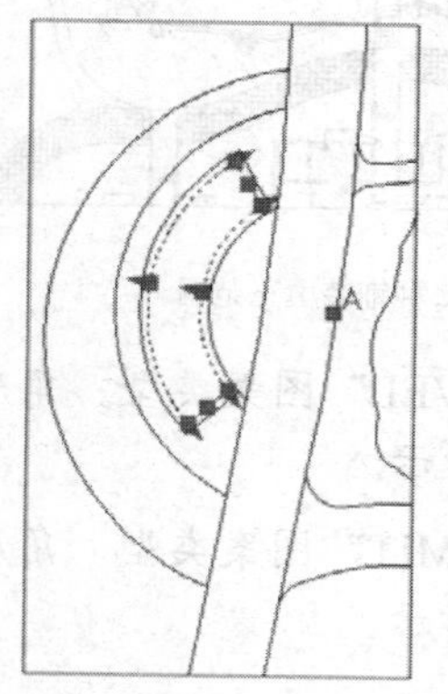

图 19-73　偏移并修剪多余线条

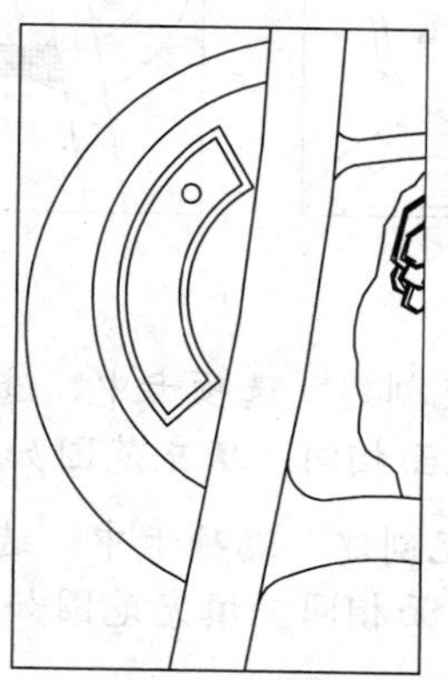

图 19-74　绘制喷泉

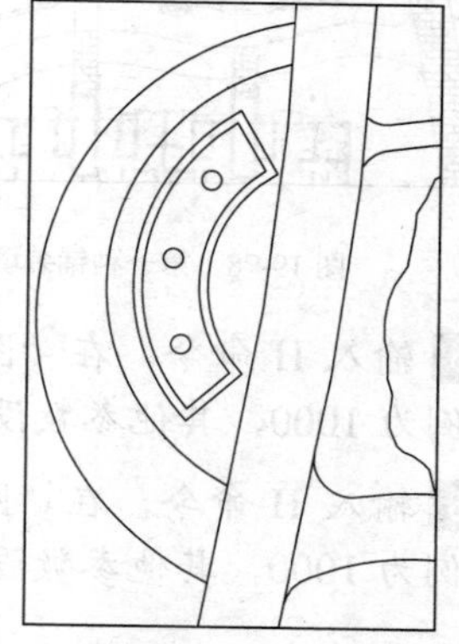

图 19-75　阵列喷泉

19.4 绘制铺装

本例中园林铺装的绘制主要是运用“图案填充”工具，对需要填充的部位进行图案填充。在填充前，要确保所填充的区域是一个完全封闭的空间，即所有的线条都是闭合的。

01 新建“铺装”的图层，图层颜色设置为“8 号灰色”，并将其置为当前图层，如图 19-76

所示。

02 输入 H 命令，弹出“图案填充创建”选项卡，设置参数如图 19-77 所示。

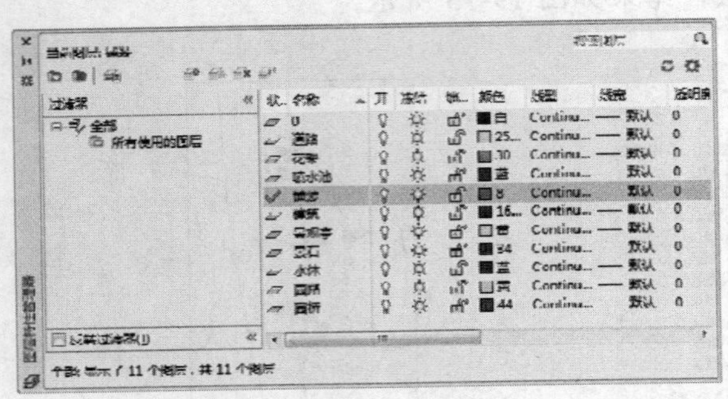

图 19-76 “图层特性管理器”对话框

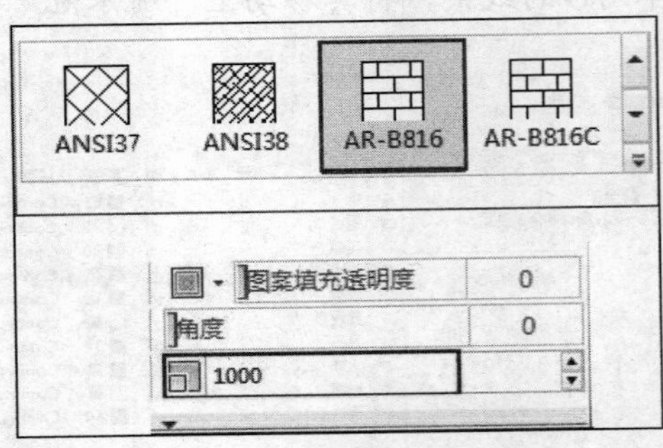

图 19-77 设置填充参数

03 在“图案填充创建”选项卡中，单击“边界”面板中的“拾取点”按钮，在需要填充区域的空白处进行单击。填充范围如图 19-78 所示。

用同样的方法可进行其他部位的铺装绘制。其参数设置如下：

04 输入 H 命令，在“图案填充创建”选项卡中，选择“NET”图案类型。角度为 0，比例为 3000，其他参数设置与上面相同。填充范围如图 19-79 所示。

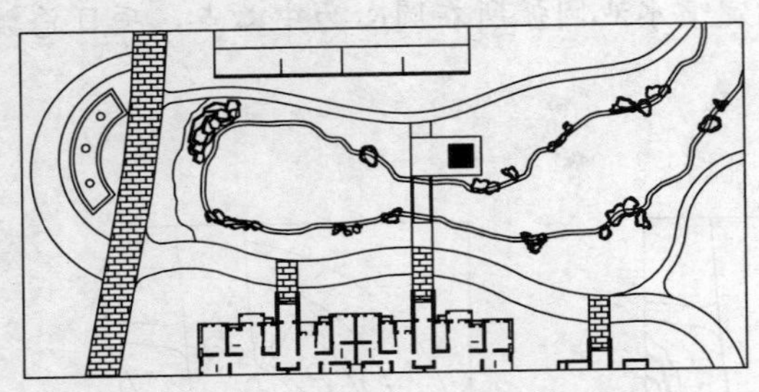

图 19-78 第一种铺装填充范围

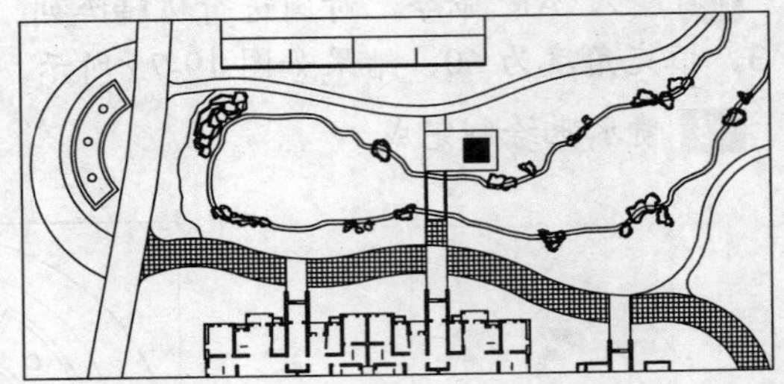

图 19-79 第二种铺装填充范围

05 输入 H 命令，在“图案填充创建”选项卡中，选择“GRAVEL”图案类型。角度为 0，比例为 1000，其他参数设置与上面相同。填充范围如图 19-80 所示。

06 输入 H 命令，在“图案填充创建”选项卡中，选择“DOLMIT”图案类型。角度为 0，比例为 1000，其他参数设置与上面相同。填充范围如图 19-81 所示。

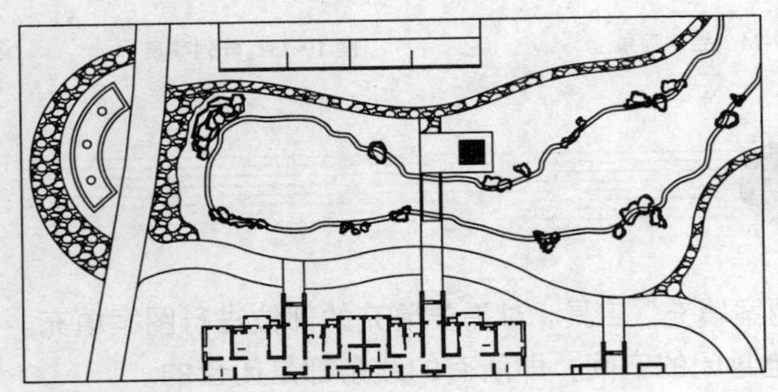

图 19-80 第三种铺装填充范围

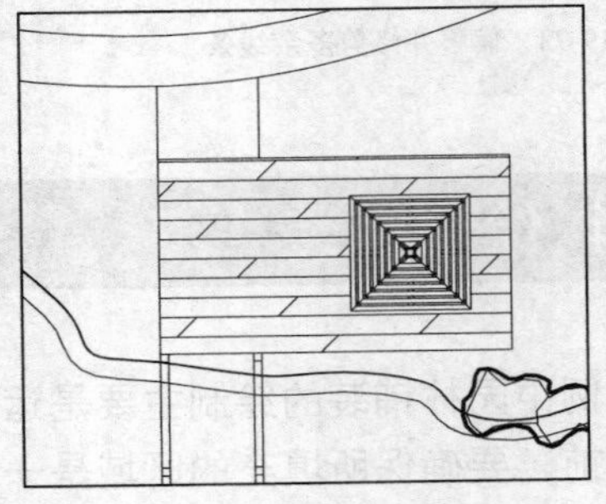

图 19-81 第四种铺装填充范围

07 园林铺装绘制完成。

19.5 绘制植物

植物是园林四要素之一，在景观设计中占有相当重要的位置，好的植物配置能够提升整个设计的档次。本例的植物配置属自然式，与绿地的整体风格相协调。植物种类丰富且配置合理、疏密有致。层次亦相当丰富，从下至上依次有草地、草花、模纹、灌木球、小乔木、大乔木。

19.5.1 地被植物的绘制

本例的地被植物包括两类：一是草和草花，如：书带草，菖蒲；二是由低矮的木本植物搭配而成的模纹带，如月季、金叶女贞、矮紫小檗等。地被植物的绘制大致可分为两个步骤：一是勾绘出地被的轮廓线；二是对所画区域进行填充以区别不同的植物种类。

1. 绘制地被轮廓线

地被植物轮廓可用“样条曲线”进行勾勒。

01 新建“地被”图层，图层颜色设置为“9 号灰色”，并将其置为当前图层，如图 19-82 所示。

02 隐藏“铺装”图层，以方便视图。输入 SPL 命令，在如图 19-83 所示的位置绘制地被轮廓。

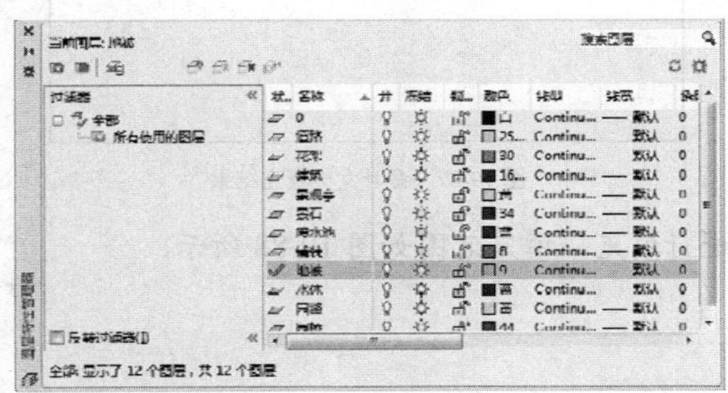

图 19-82 “图层特性管理器”对话框

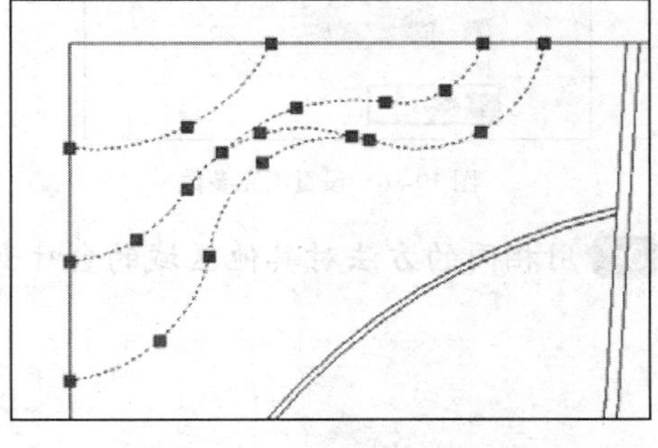

图 19-83 绘制地被轮廓

03 重复执行 SPL 命令，用相同的方法绘制其余的地被轮廓线，绘制结果如图 19-84 所示。

2. 填充地被

填充地被的目的是为了区分不同的植物种类，了解不同植物的分布情况。本例中将相同的地被用同一种图案进行填充。

01 新建“地被填充”的图层，图层颜色设置为“青色”，并将其置为当前图层，如图 19-85 所示。

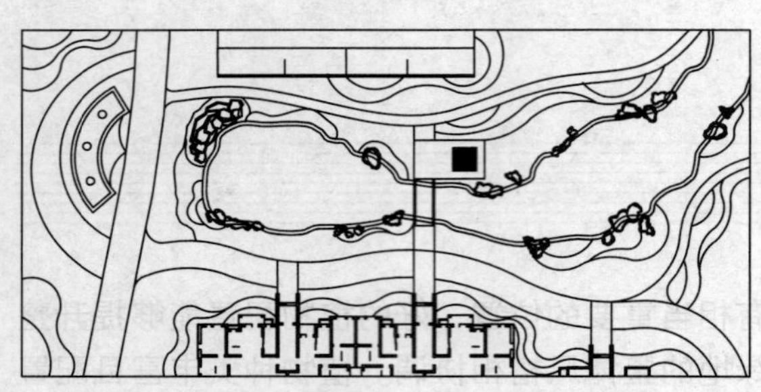

图 19-84　地被轮廓绘制结果

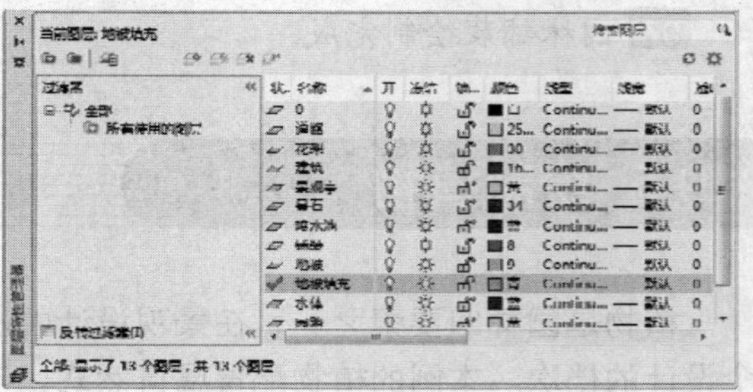

图 19-85　“图层特性管理器”对话框

02 填充金叶女贞模纹块。输入 H 命令，打开“图案填充创建”选项卡。选择“SACNCR”图案类型，填充颜色为“白色”，角度为 0，比例为 4000。设置如图 19-86 所示。

03 在“图案填充创建”选项卡中，单击“边界”面板中的“拾取点”按钮，单击第一个地被的空白位置。填充结果如图 19-87 所示。

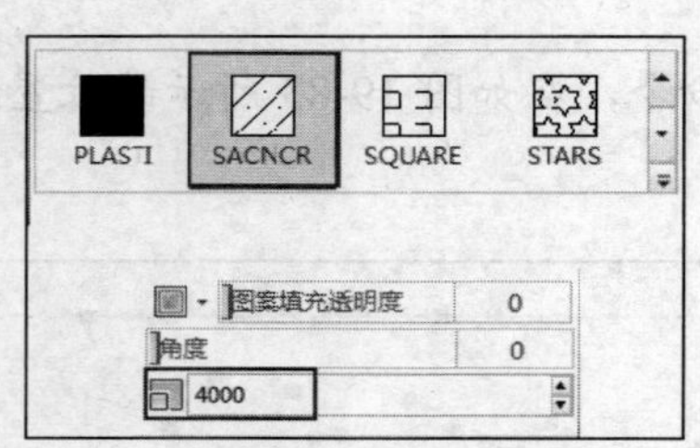

图 19-86　设置填充参数

图 19-87　金叶女贞填充结果

04 用相同的方法对其他区域的金叶女贞进行填充，填充范围如图 19-88 所示。

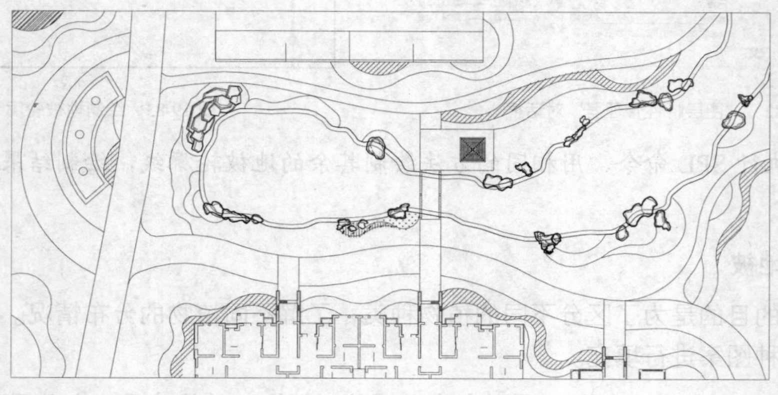

图 19-88　第一种地被填充范围

05 填充红花继木模纹块，参数设置如图 19-89 所示，填充结果如图 19-90 所示。

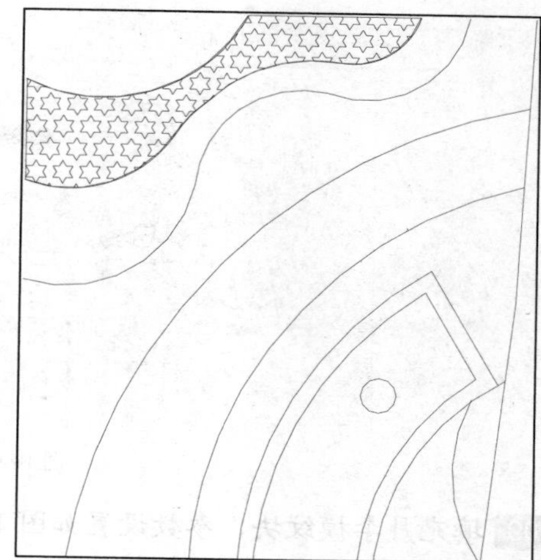

图 19-89 设置填充参数

图 19-90 红花继木填充结果

06 填充红花继木范围如图 19-91 所示。

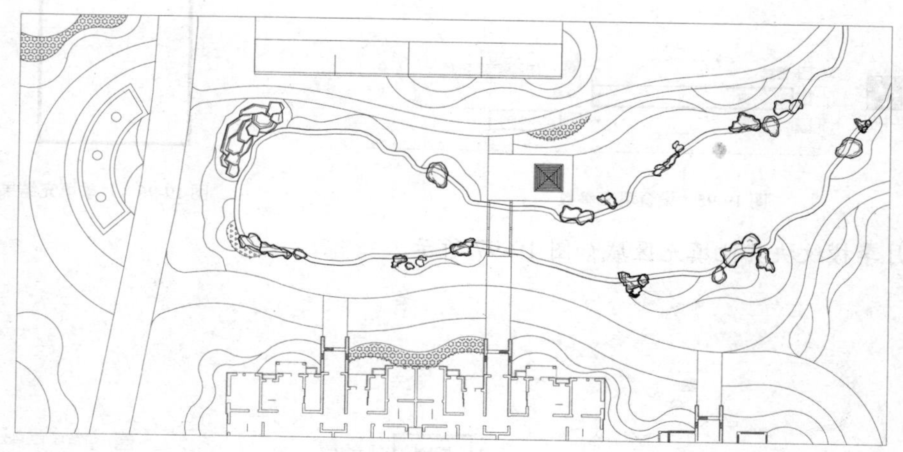

图 19-91 红花继木填充范围

07 填充杜鹃模纹块，参数设置如图 19-92 所示，填充结果如图 19-93 所示。

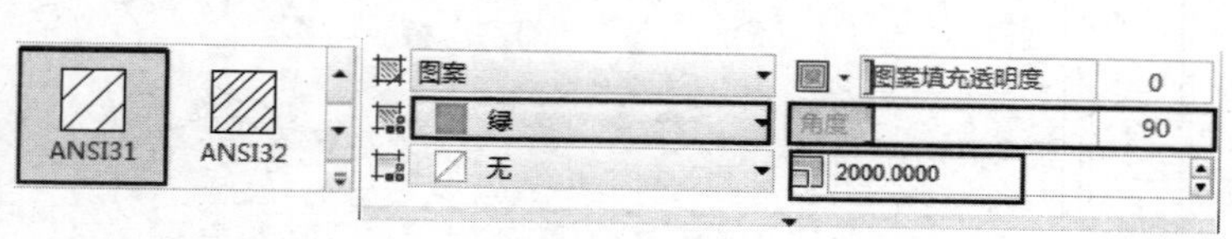

图 19-92 设置填充参数

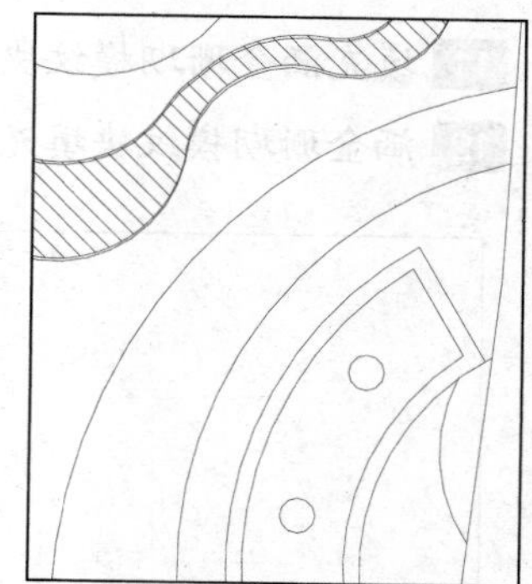

图 19-93 杜鹃填充结果

08 其他区域杜鹃模纹块填充范围如图 19-94 所示。

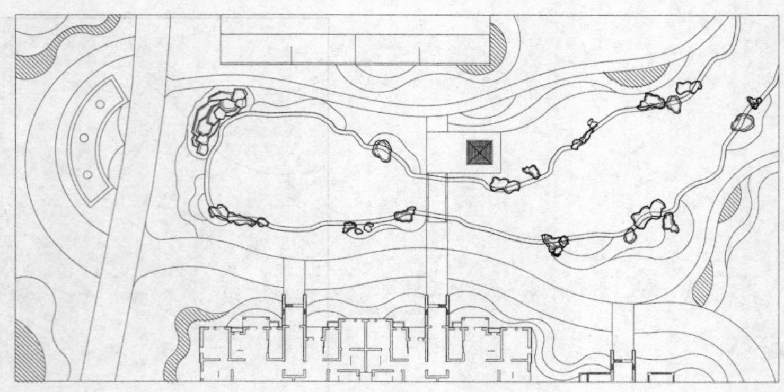

图 19-94　杜鹃填充范围

09 填充月季模纹块，参数设置如图 19-95 所示。填充结果如图 19-96 所示。

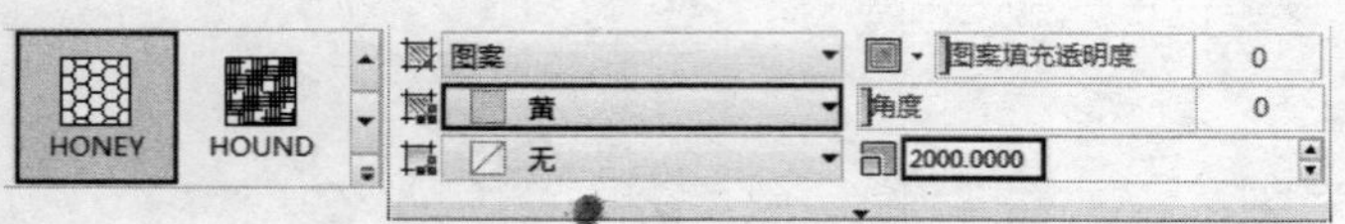

图 19-95　设置填充参数

图 19-96　月季填充结果

10 月季模纹块其他填充区域如图 19-97 所示。

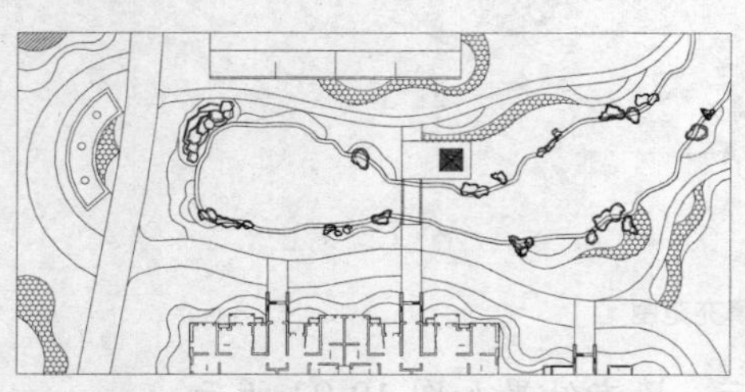

图 19-97　月季填充结果

图 19-98　设置填充参数

11 填充洒金珊瑚模纹块。参数设置如图 19-98 所示。填充结果如图 19-99 所示。

12 洒金珊瑚模纹块填充范围如图 19-100 所示。

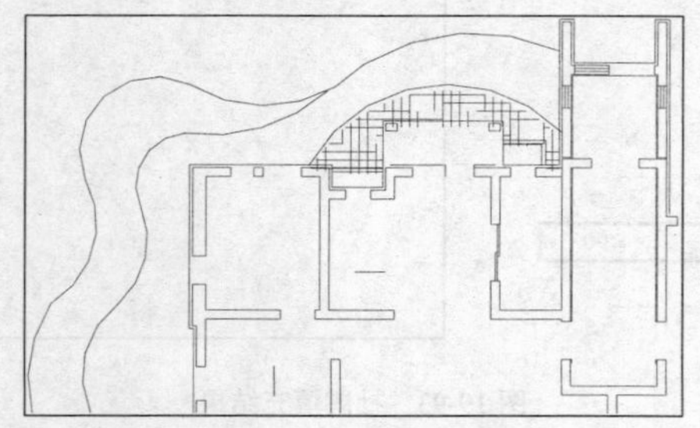

图 19-99　洒金珊瑚填充结果

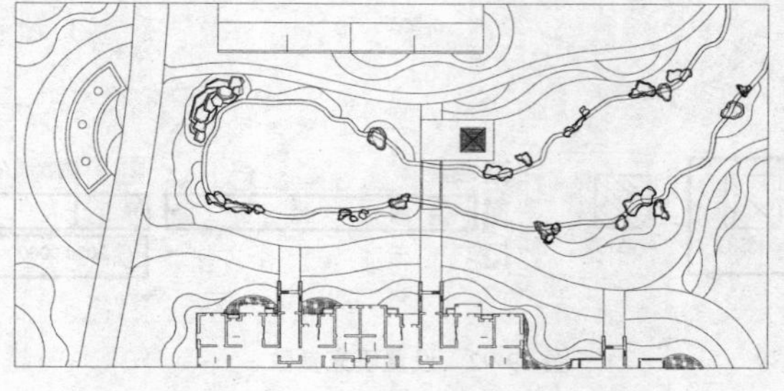

图 19-100　洒金珊瑚填充范围

13 填充八角金盘模纹块，参数设置如图 19-101 所示。填充结果如图 19-102 所示。

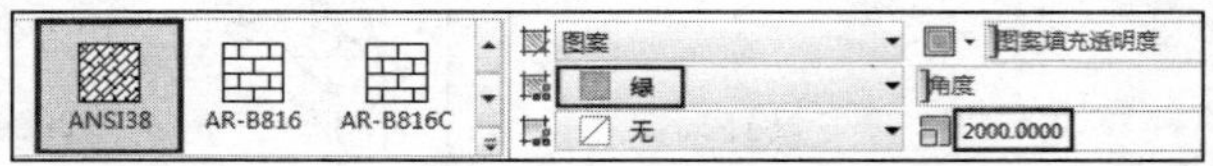

图 19-101　“图案填充和渐变色”对话框

14 八角金盘模纹块其他填充范围如图 19-103 所示。

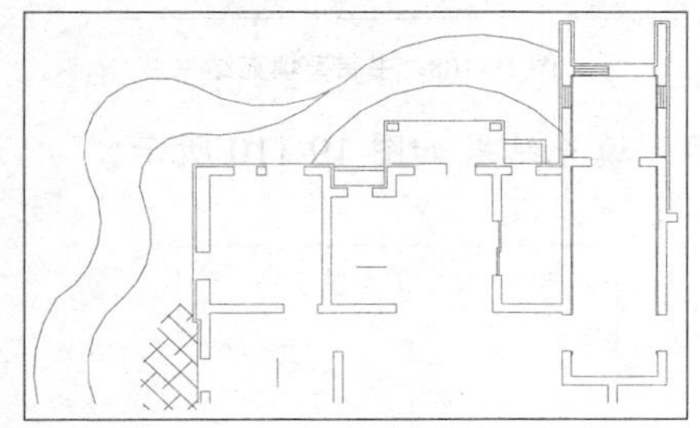

图 19-102　八角金盘填充结果

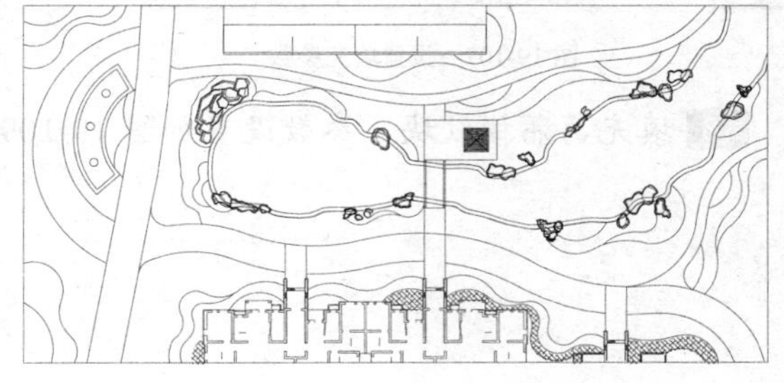

图 19-103　八角金盘填充范围

15 填充矮紫小檗模纹块。参数设置如图 19-104 所示。填充结果如图 19-105 所示。

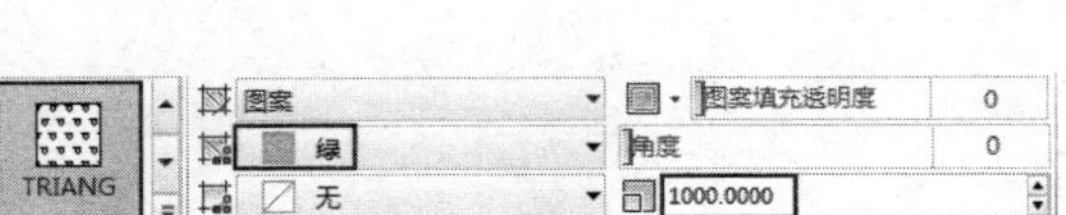

图 19-104　设置填充参数

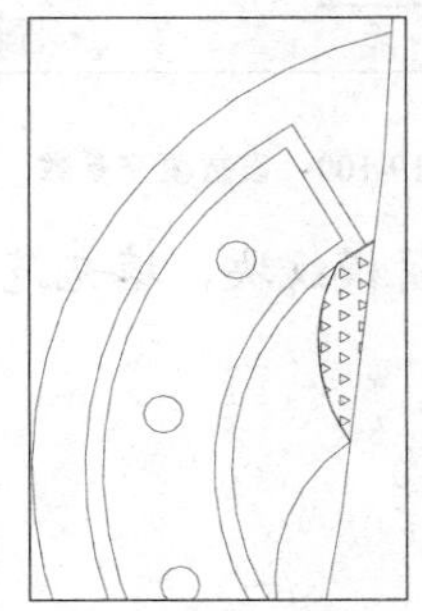

图 19-105　矮紫小檗填充结果

16 矮紫小檗模纹块填充范围如图 19-106 所示。

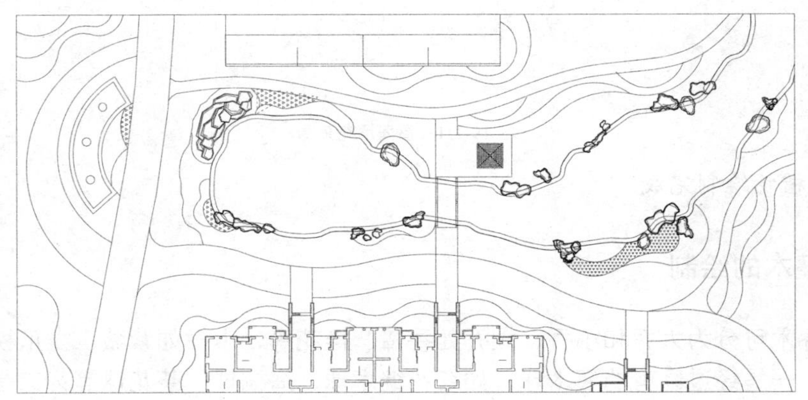

图 19-106　矮紫小檗填充范围

17 填充书带草模纹块，参数设置如图 19-107 所示。填充结果及范围如图 19-108 所示。

图 19-107 设置填充参数

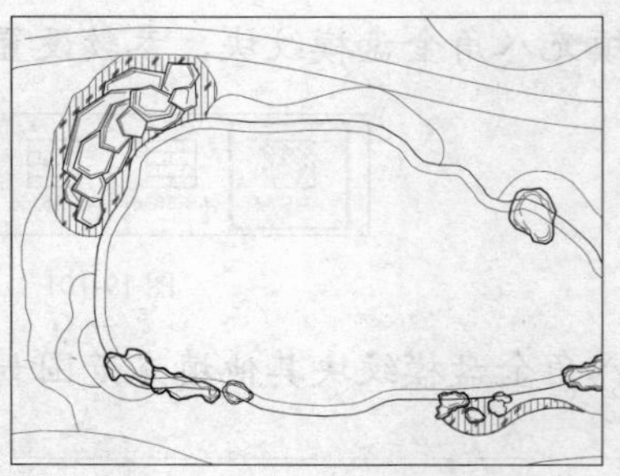

图 19-108 书带草填充结果

18 填充菖蒲模纹块，参数设置如图 19-109 所示。填充结果如图 19-110 所示。

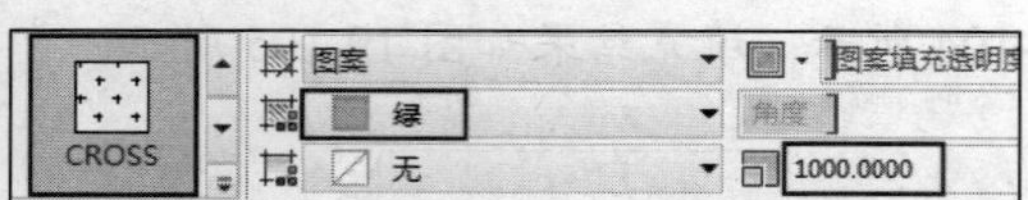

图 19-109 设置填充参数

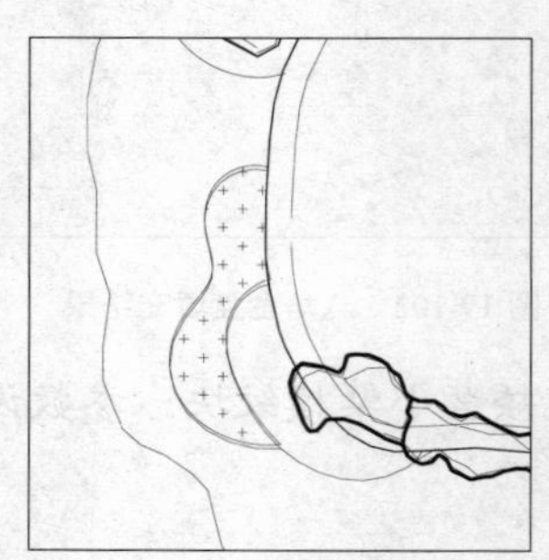

图 19-110 菖蒲填充结果

19 填充菖蒲模纹块，填充范围如图 19-111 所示。

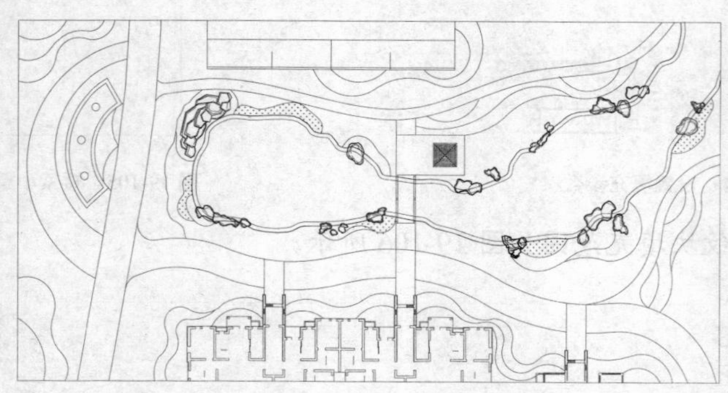

图 19-111 菖蒲填充范围

20 地被植物绘制完成。

19.5.2 乔灌木的绘制

本例的乔木可分为大乔和小乔，大乔如香樟、桂花等，小乔如紫薇、龙爪槐等。灌木也可分为两类：一是经过修剪的灌木球，如红花继木球、海桐球、茶花球等；二是自然生长的木本植物，如南天竹等。

大多数情况下，绘制乔木只需从图库中调用植物图块，插入至当前图形即可，本例采用此方法进行乔灌木的绘制。

01 新建“乔灌木”图层，图层颜色设置为“3 号绿色”，并将其置为当前图层，如图 19-112 所示。

02 隐藏“地被填充”图层，以方便视图。输入 I 命令，在弹出的对话框中单击“浏览”按钮，找到本书配套光盘中的“第 15 章/素材/垂柳.dwg”文件，将其插入图形相应位置，结果如图 19-113 所示。

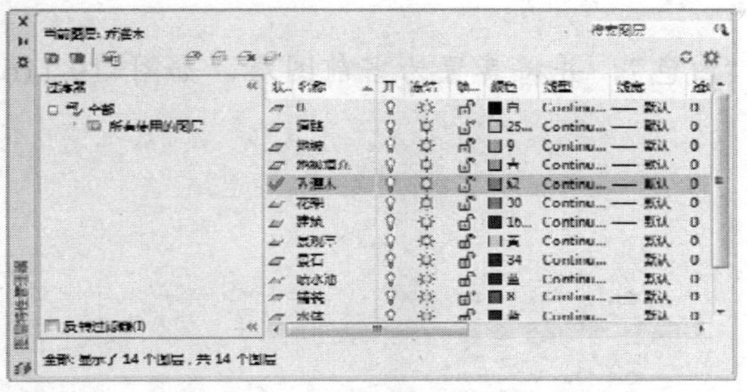

图 19-112　“图层特性管理器”对话框

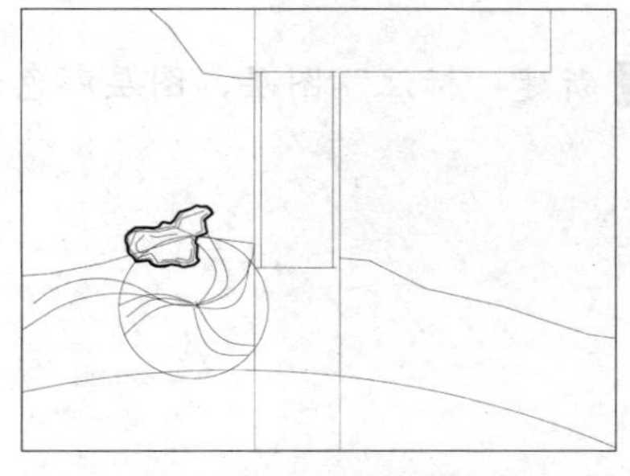

图 19-113　插入垂柳图块

03 输入“CO”命令，复制图块到其他相应位置，并调节其大小，结果如图 19-114 所示。

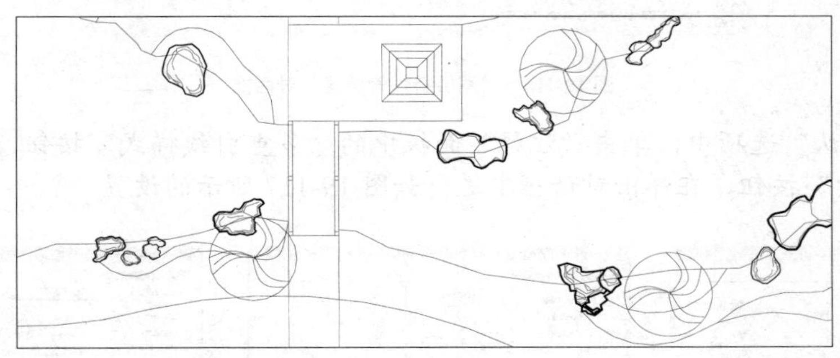

图 19-114　复制结果

04 用同样的方法插入其他乔灌木图块，结果如图 19-115 所示。

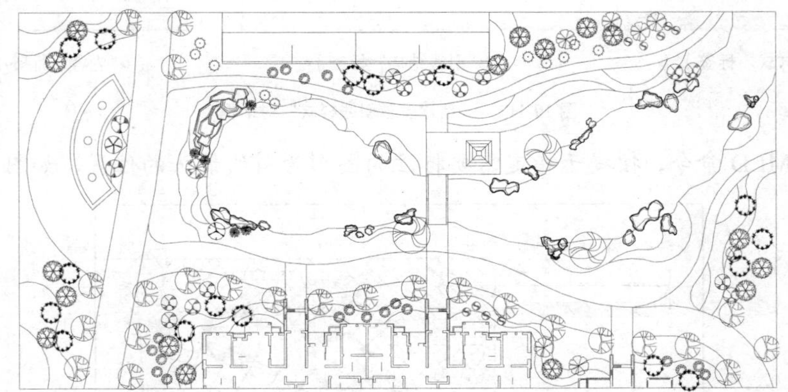

图 19-115　乔木绘制最终结果

05 乔灌木绘制完成。至此，住宅小区园林植物也就绘制完成了。

19.6 标注引出文字

接下来需要对绘制的植物和其他景观元素进行标注，以增加其识别性，使空间布局更清楚。

01 新建“标注”图层，图层颜色设置为“白色”，并将其置为当前图层，如图 19-116 所示。

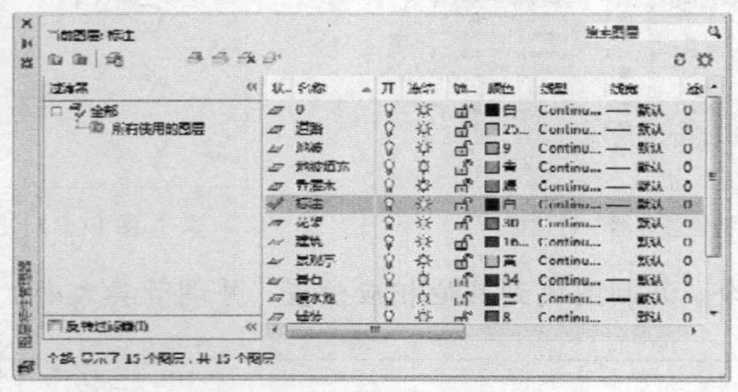

图 19-116 “图层特性管理器”对话框

02 在“默认”选项中，单击“注释”面板中的“多重引线样式”按钮，新建“样式 1”，单击“继续”按钮，在弹出对话框中进行如图 19-117 所示的设置。

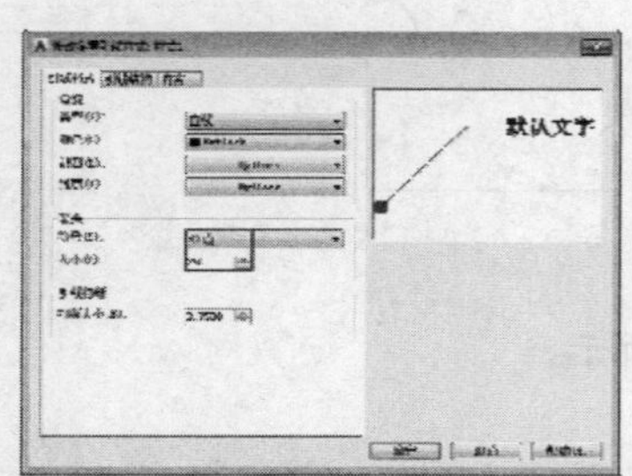

（“引线样式”标签）

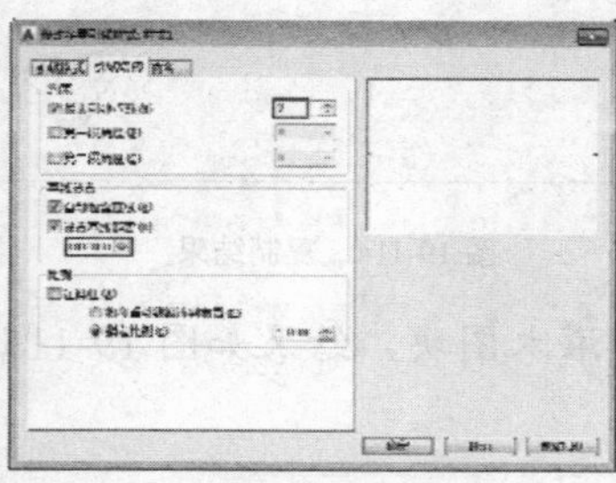

（“引线结构”标签）

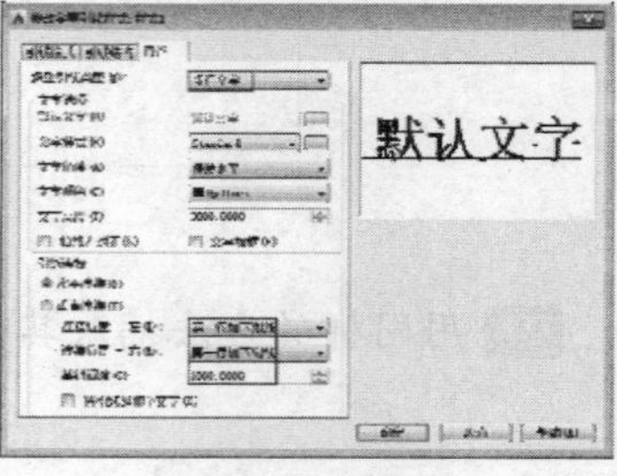

（“内容”标签）

图 19-117 “新建多重引线样式”对话框

03 输入 MLD 命令，按提示指定需要标注的图形为引线箭头的位置，如图 19-118 所示。

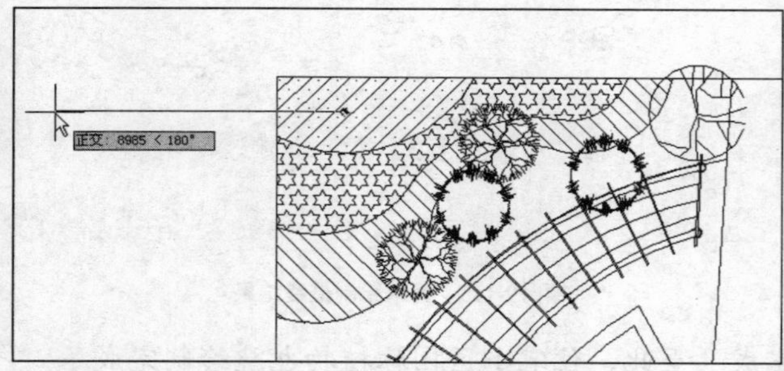

图 19-118 指定引线箭头位置

04 沿水平方向指定下一点和基点位置，按空格键，弹出“文字编辑器”选项卡，输入文字，单击绘图区空白区，退出“文字编辑器”结果如图 19-119 所示。

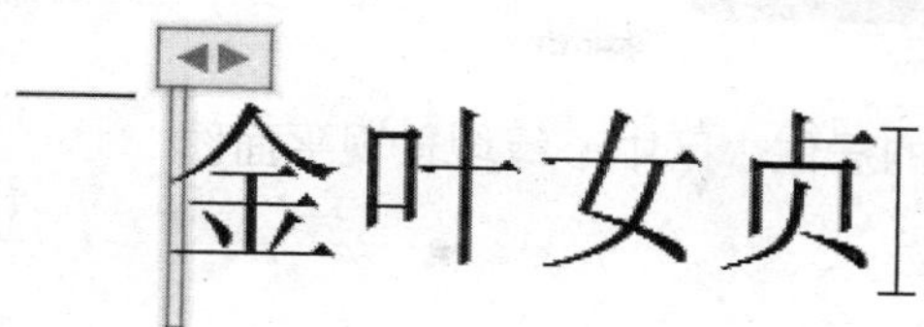

图 19-119　“文字样式”对话框

05 标注结果如图 19-120 所示。

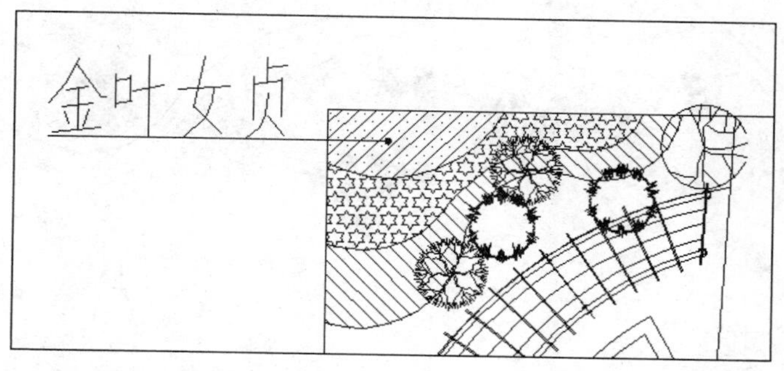

图 19-120　标注结果

06 用同样的方法完成标注，结果如图 19-121 所示，显示隐藏的图层可以看到最终绘制效果。

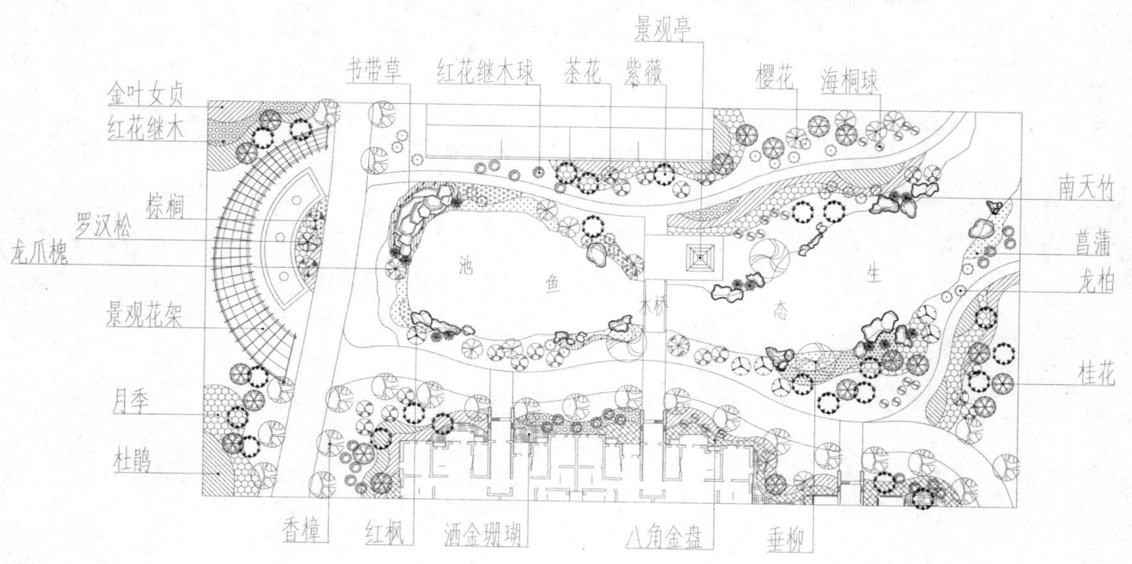

图 19-121　标注示意图

19.7 课后练习

绘制如图 19-122 所示的居住小区中心绿地景观平面图

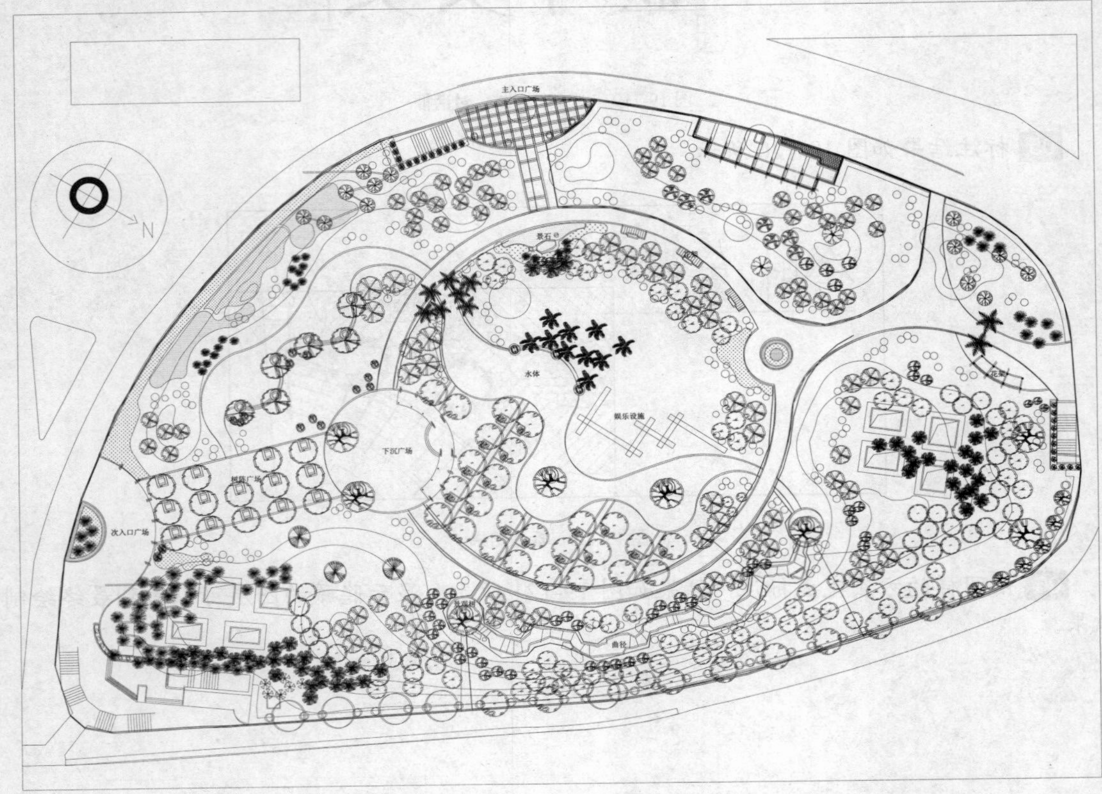

图 19-122 居住小区中心绿地景观平面图

第20章 校园中心广场景观设计实例

本章导读

本章设计的是一所高校的中心广场，位于两栋教学楼之间，属规则式园林设计风格。绿地面积较大，约1.3万m^2。设计时以一根主轴线贯穿其中，主要景观围绕主轴线展开，周围辅以绿地，形成开合有致的空间。

本章重点

- 绘制主体轮廓
- 绘制轴线景观
- 绘制广场周围景观和设施
- 绘制植物和引线标注
- 课后练习

校园中心广场彩色平面图如图 20-1 所示。

由于此景观设计属于比较规则的对称式设计，所以在绘制时可以大量地使用镜像复制命令，以方便并简化绘制过程，节省时间。

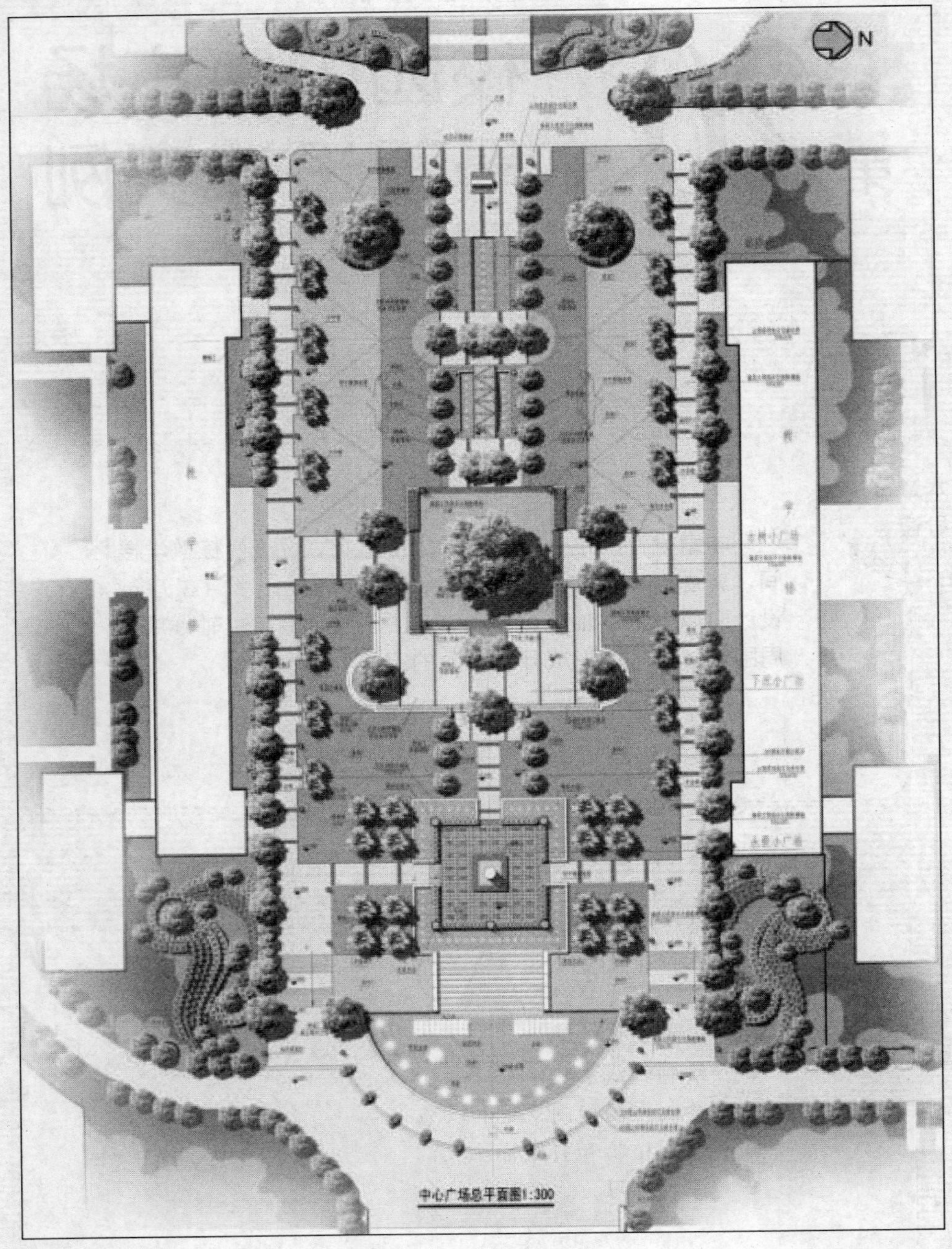

图 20-1　彩色总平面图

本章绘制完成的景观总平面图如图 20-2 所示。

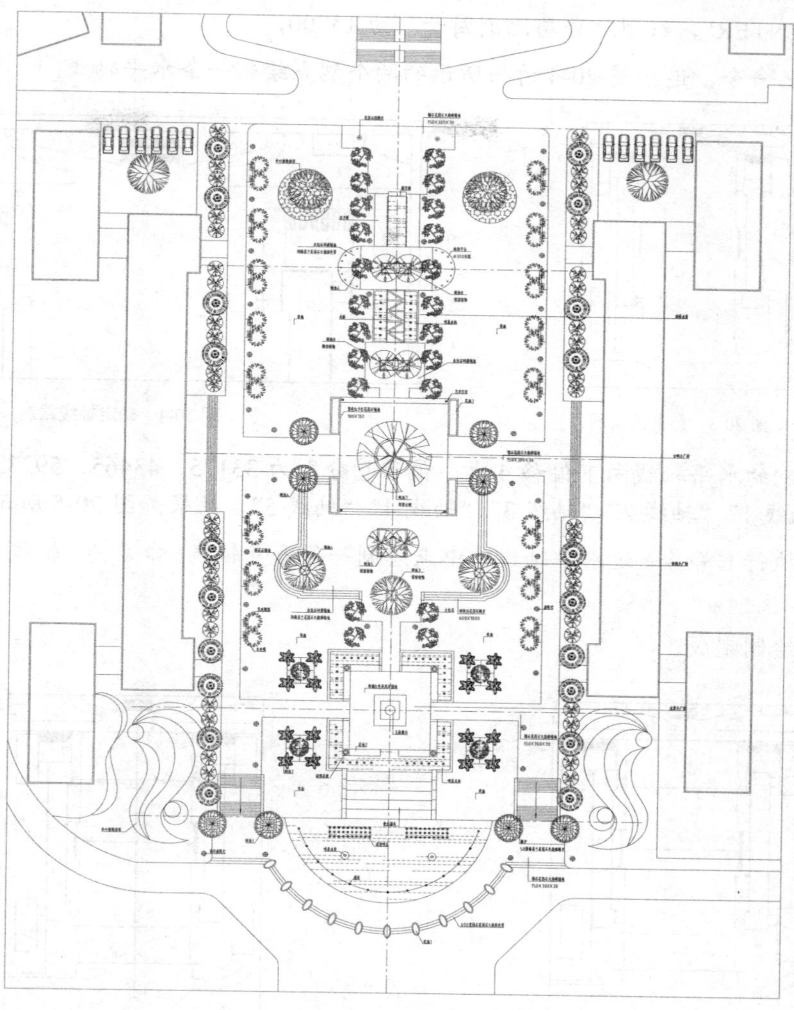

图 20-2　校园中心广场景观设计总平面图

20.1 绘制主体轮廓

本例中的主体轮廓包括道路的外部轮廓线和景观轴线的大致轮廓线。先绘制出主体轮廓线，然后在此基础上进行细致的绘制。

20.1.1 绘制轴线

本例中的广场景观基本上呈左右对称式分布，绘制好轴线，可以方便图形的绘制和景观的定位。

01 打开本书配套光盘中的“校园中心广场.dwg”文件，如图 20-3 所示，该图形已经绘制了建筑和外围的道路，下面将在该图形基础上进行景观设计。

02 输入 LA 命令，新建“轴线”图层。设置图层颜色为红色，将其置为当前图层。修

改线型为“CENTER”，线型“全局比例因子”为15000，

03 输入L命令，连接图20-4箭头所示的两个端点绘制一条水平轴线。

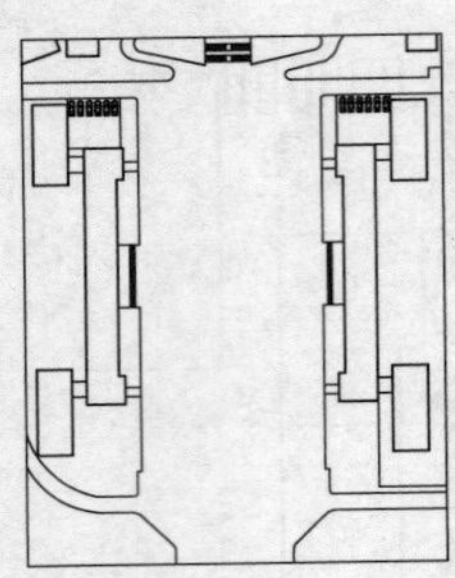

图 20-3 打开建筑图

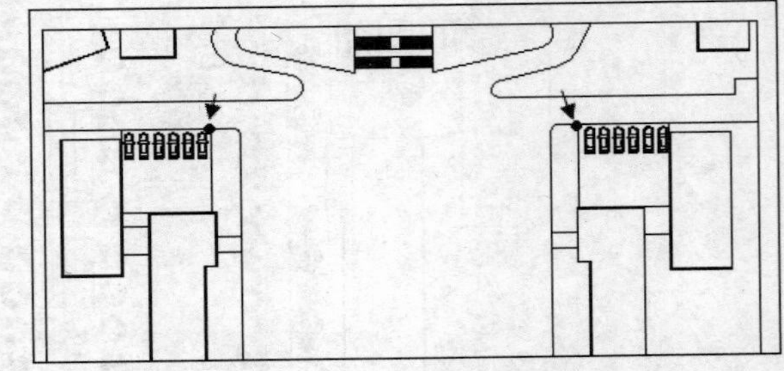

图 20-4 确定轴线端点

04 将绘制的水平轴线向下偏移4次，偏移量分别为33175、43465、59233、25096，分别命名为“轴线1”“轴线2”“轴线3”“轴线4”“轴线5”，结果如图20-5所示。

05 重复执行L命令，过水平轴线的中点绘制一条垂直轴线，命名为“轴线6”，如图20-6所示。

06 轴线绘制完成。

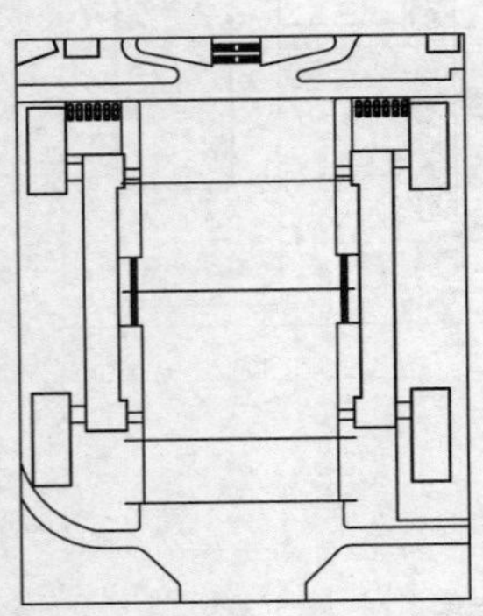

图 20-5 绘制并偏移水平轴线

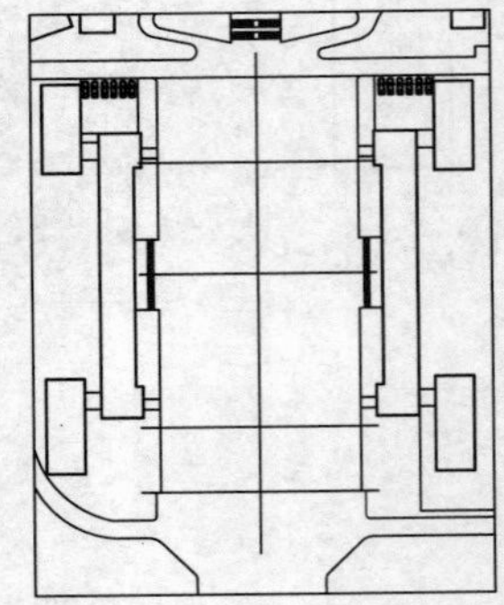

图 20-6 绘制垂直轴线

20.1.2 绘制道路轮廓线

校园道路系统应简洁明快，不宜设计成曲径通幽的道路，以符合学生的学习生活要求。这样既方便行人，在客观上也有效地保护了园林绿地。

在本校园景观设计中，只要绘制出道路轮廓，景观的基本骨架也就出来了。

01 将“道路”图层置为当前图层。将线型设为默认值。

02 绘制矩形。输入REC命令，捕捉“轴线1”的左端点，沿X轴正方向输入7540，再输入（@67000,-72640）绘制得到一个矩形。再输入F圆角命令，将矩形上面两个端点转换成半径为2000的圆角，结果如图20-7所示。

03 按空格键再次执行REC命令，捕捉矩形左下角端点，沿Y轴负方向输入8000，再输入（@67000,-53233），绘制得到第二个矩形。

04 继续执行REC命令，按Shift键，右键单击鼠标，选择“自”选项，单击上一步绘

制的矩形左下角端点，输入（@5000,-4000），再输入（@57000,-23100），绘制得到第三个矩形如图 20-8 所示。

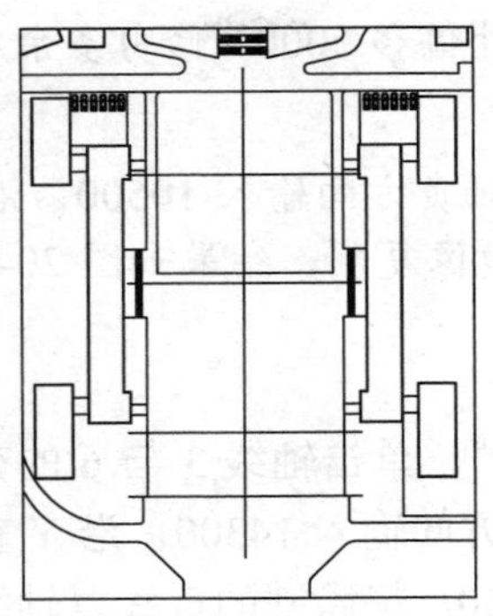
图 20-7 绘制矩形

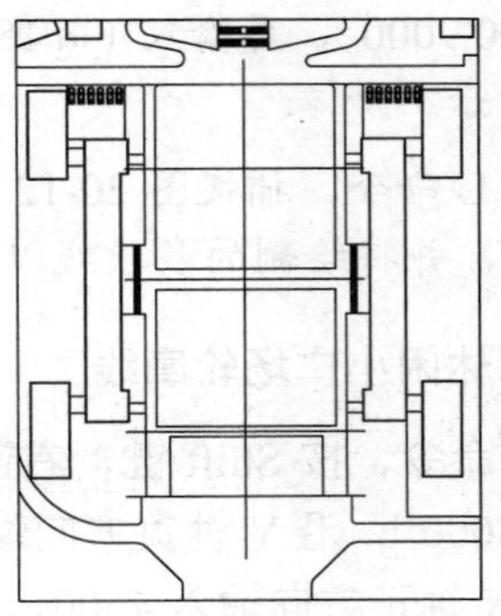
图 20-8 绘制矩形

05 在“默认”选项卡中，单击“绘图”面板中的“圆弧”下拉按钮，在弹出的的菜单中选择“起点、端点、角度”命令，捕捉上一步绘制的矩形的左下角端点，沿 X 轴正方向输入 5343，确定圆弧起点。按 Shift 键，右键单击鼠标，选择“自”，单击上一步绘制的矩形的右下角端点，输入（@-5343,0），确定圆弧第二个端点，输入圆弧角度 160，结果如图 20-9 所示。

06 输入 PL 命令，单击如图 20-10 所示水平直线与弧线的交点，沿 X 轴正方向输入 13750，输入 A 命令，激活“圆弧”选项，输入 A 命令，确定圆弧角度 121。按 Shift 键，右键单击鼠标，选择“自”，单击图形右边与图 20-10 所示点相对应的端点，输入（@-13750，0）。输入 L 命令，激活“直线”选项，沿 X 轴正方向输入 13750，绘制多段线如图 20-11 所示。

07 道路轮廓线绘制完成。

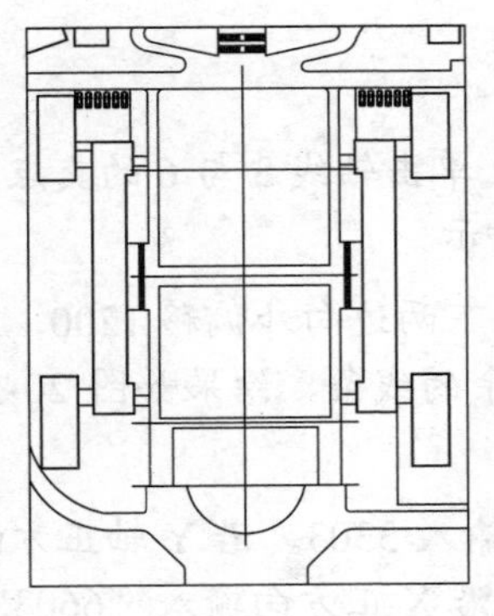
图 20-9 绘制圆弧

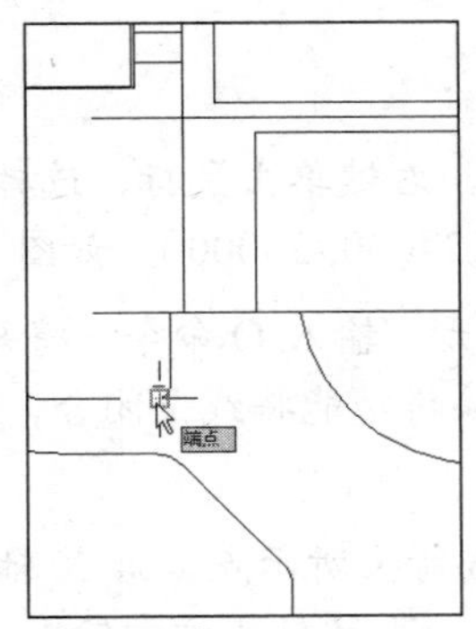

图 20-10 确定多段线起点

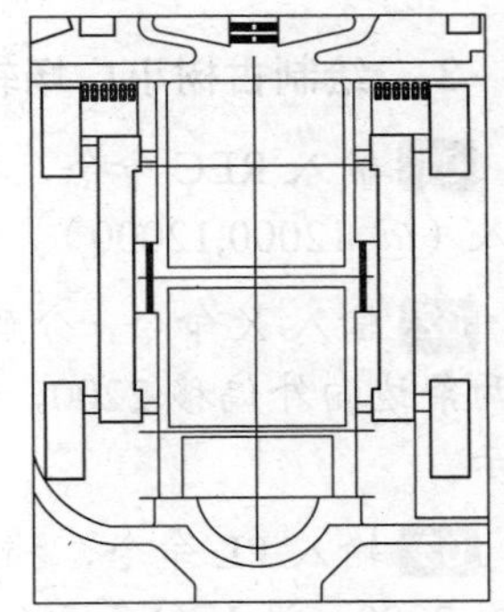
图 20-11 绘制多段线

20.1.3 绘制轴线景观轮廓线

景观是园林设计的主体。本设计的主要景观都分布在 6 条轴线上，形成了一条连续的景观带。轴线上的景观轮廓线绘制出来后，景观的大体分布和样式也就明确了。

1. 绘制水景小广场轮廓线

01 输入 REC 命令，按 Shift 键，右键单击鼠标，选择“自”，单击轴线 4 与 6 的交点，输入（@-9000,9000），再输入（@18000,-18000），将其向外偏移 5000，修剪多余线条，结果如图 20-12 所示。

02 输入 L 命令，捕捉图 20-12 箭头所示的点，沿 X 轴负方向输入 10500，沿 Y 轴负方向输入 11100，并将绘制的多段线以轴线 6 为对称轴进行镜像复制，结果如图 20-13 所示。

2. 绘制休闲小广场轮廓线

输入 PL 命令，按 Shift 键，右键单击鼠标，选择“自”，单击轴线 3 与 6 的交点，输入（@-20900,-4000），沿 Y 轴负方向输入 29300，沿 X 轴正方向输入 14300，沿 Y 轴负方向输入 5250，沿 X 轴正方向输入 4600，沿 Y 轴负方向输入 6650。将绘制的直线以轴线 6 为对称轴镜像复制，并修剪多余的线段，结果如图 20-14 所示。

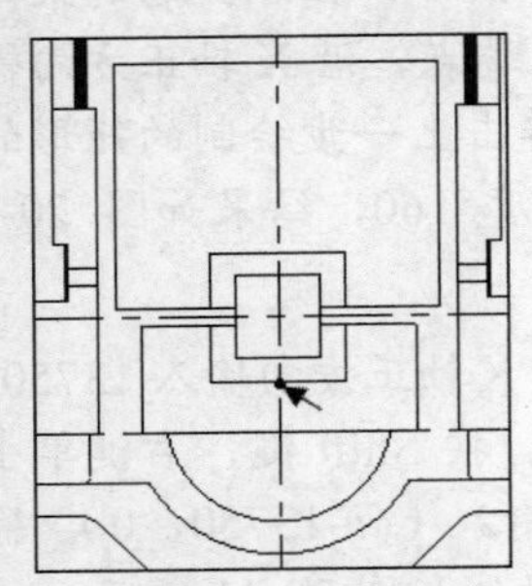
图 20-12 绘制矩形

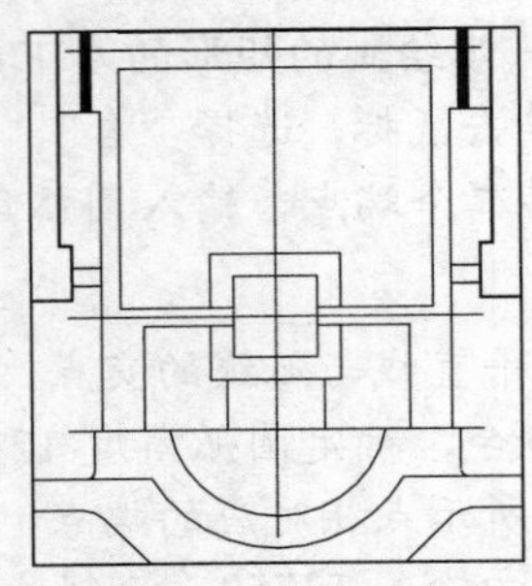
图 20-13 绘制并镜像直线

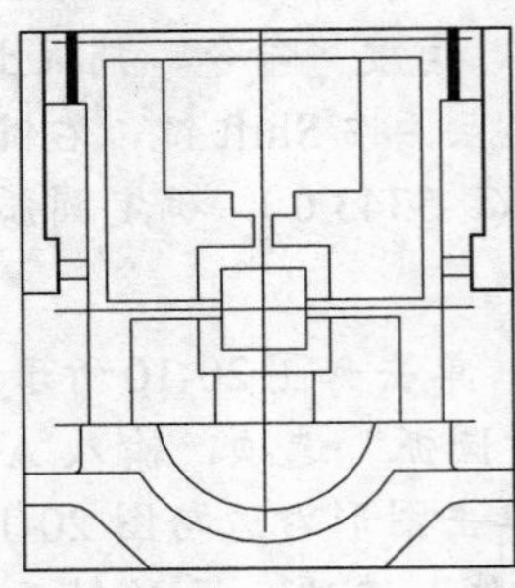
图 20-14 绘制多段线

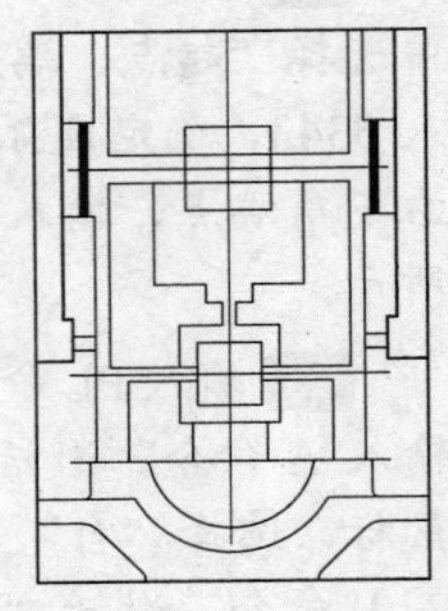
图 20-15 绘制矩形

3. 绘制古树小广场轮廓线

01 输入 REC 命令，按 Shift 键，右键单击鼠标，选择“自”，单击轴线 3 与 6 的交点，输入（@-12000,12000），再输入（@24000,-24000），如图 20-15 所示。

02 输入 X 命令，分解绘制的矩形。输入 O 命令，将矩形的上下两边向外偏移 1200，左右两条边向外偏移 2200，使用夹点编辑功能将线条闭合，修剪多余的线条，结果如图 20-16 所示。

03 输入 PL 命令，捕捉图 20-16 箭头所示点，沿 X 轴负方向输入 3303，沿 Y 轴正方向输入 2300，沿 X 轴负方向输入 3300，沿 Y 轴正方向输入 10400，沿 X 正方向输入“6603”。镜像复制多段线，结果如图 20-17 所示。

4. 绘制廊桥水景轮廓线

01 输入 PL 命令，捕捉轴线 2 与 6 的交点，沿 Y 轴正方向输入 5000，沿 X 轴负方向输入 8000，输入 A 命令，指定圆弧半径为 5000，输入（@0,-10000），输入 L 命令，沿 X 轴正方向输入 8000，绘制如图 20-18 所示多段线。

02 输入 L 命令，连接弧线的两端点。输入 MI 命令，镜像复制直线和多段线，结果如图 20-19 所示。

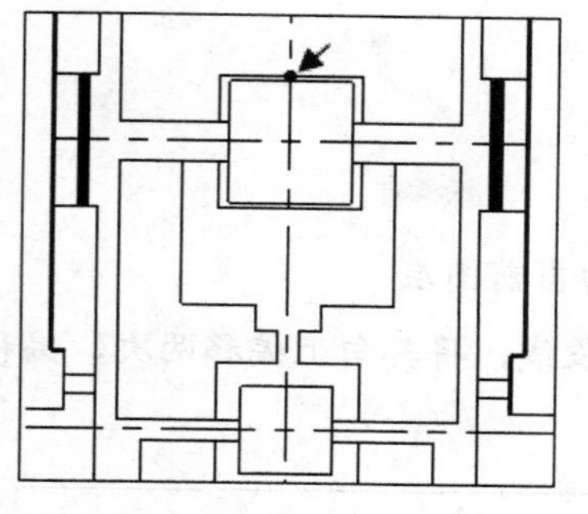

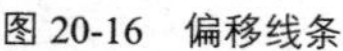

图 20-16　偏移线条

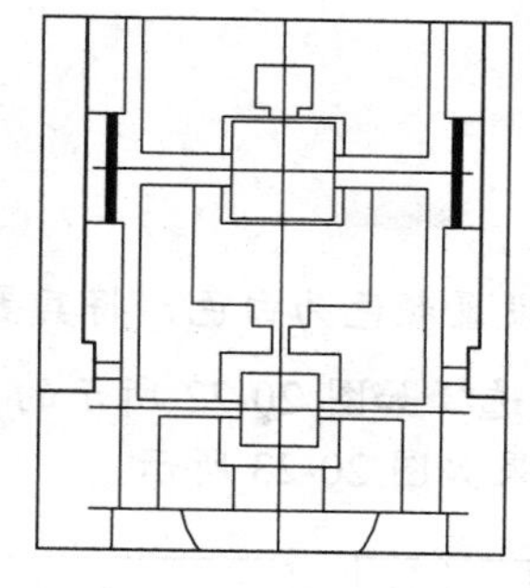

图 20-17　绘制多段线

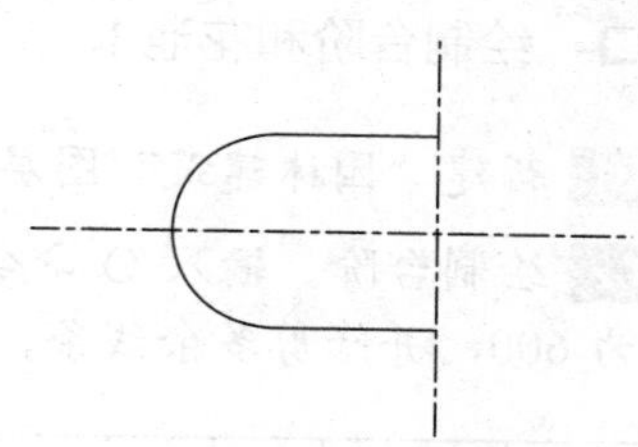

图 20-18　绘制多段线

03 输入 PL 命令，捕捉轴线 1 与 6 的交点，沿 X 轴负方向输入 12600，沿 Y 轴负方向输入 5340，沿 X 轴正方向输入 6000，沿 Y 轴负方向输入 10500，沿 X 轴正方向输入 6600。镜像复制多段线，结果如图 20-20 所示。

04 输入 L 命令，捕捉图 20-20 箭头所示点，沿 X 轴负方向输入 5000，沿 Y 轴负方向输入 34500，镜像复制直线并修剪多余线条，结果如图 20-21 所示。

05 轴线景观轮廓线绘制完成。

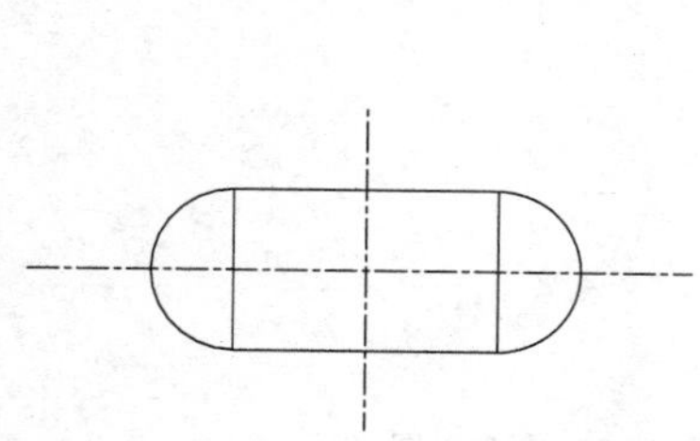

图 20-19　绘制直线并镜像复制图形

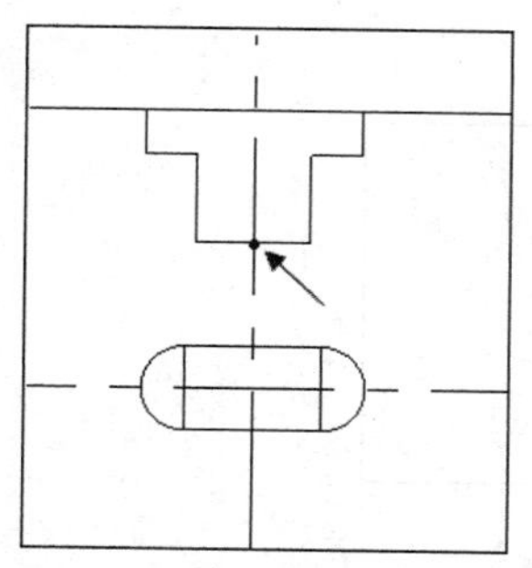

图 20-20　绘制多段线

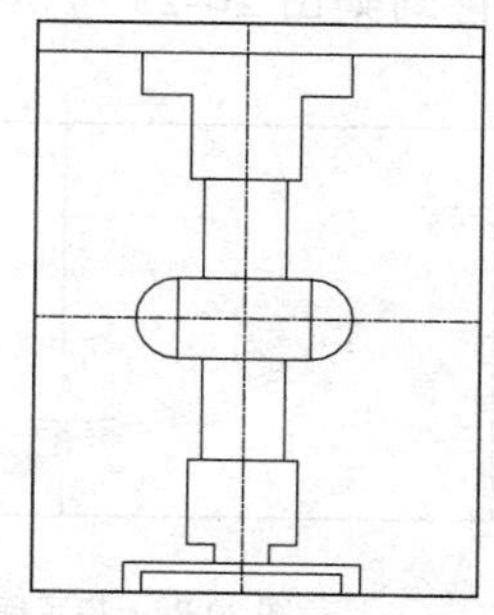

图 20-21　绘制并镜像直线

20.2 绘制轴线景观

确定了景观主体轮廓之后，接下来即可分别绘制各区域的景观图形。本节将分别绘制轴线硬质景观和轴线水景。

20.2.1 绘制轴线硬质景观

硬质景观（Hard Landscape）是英国人 M.盖奇（Michael Gage）和 M.凡登堡（Maritz Vandenberg）在其著作《城市硬质景观设计》中创造并首次提出的，意指相对于植物的软质景观而言。即景观可分为以植物、水体等为主的软质景观和以人工材料处理的道路铺装、小品设施等为主的硬质景观两部分。

本例中的硬质景观包括花池、树池、园灯、景墙、座凳、台阶、广场等。下面一一进行绘制。

1. 绘制主入口景观

❑ 绘制台阶和花池 1

01 新建“园林建筑”图层，设置颜色为白色，将其置为当前图层。

02 绘制台阶。输入 O 命令，选择如图 20-22 所示的多段线，将其向上偏移两次，偏移量均为 600，并修剪多余线条，结果如图 20-23 所示。

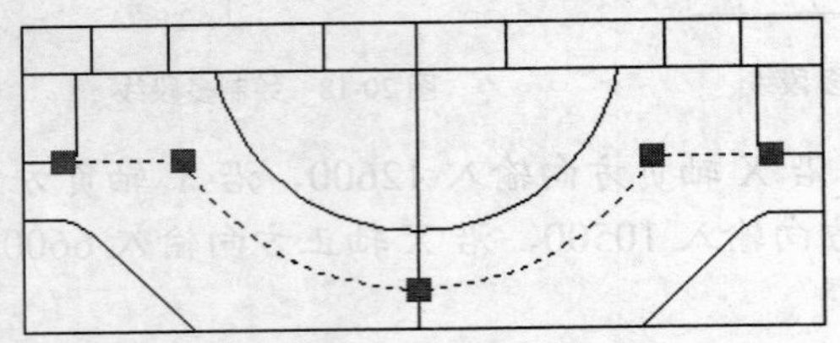

图 20-22 指定偏移对象

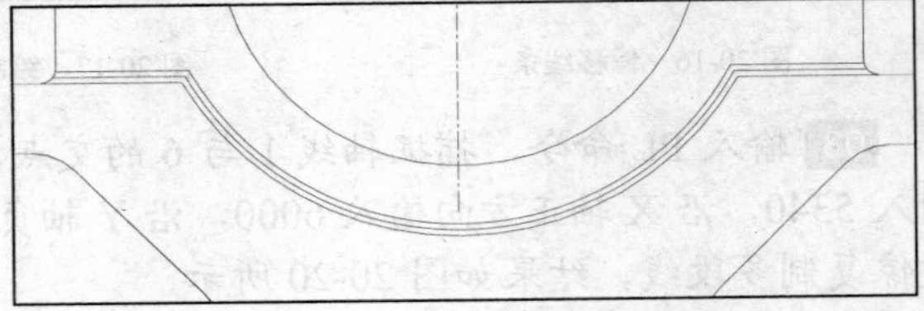

图 20-23 偏移结果

03 绘制花池 1。在“默认”选项卡中，单击“绘图”面板中的“椭圆”下拉按钮，在弹出的菜单中选择“圆心”命令，指定图 20-24 所示的点为圆心，输入（@0,1500），再输入 800，绘制得到如图 20-25 所示椭圆。

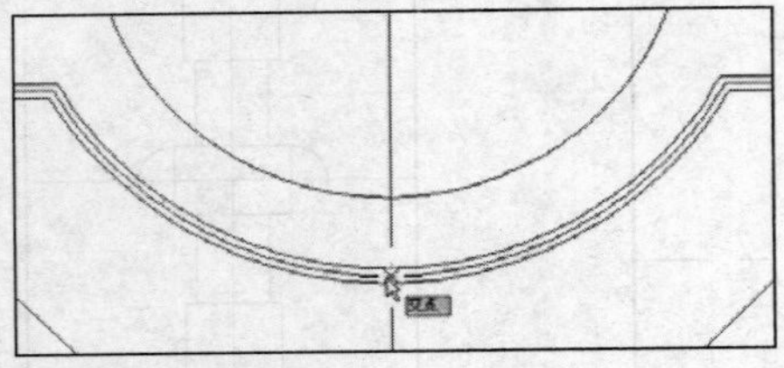

图 20-24 指定椭圆圆心位置

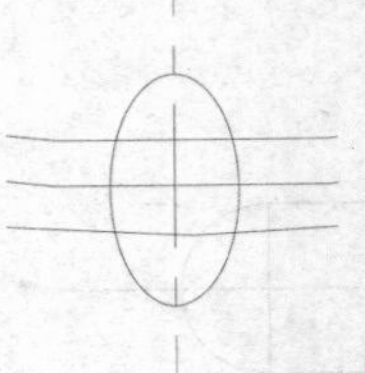

图 20-25 绘制椭圆

04 输入 O 命令，将绘制的椭圆向内偏移 200，如图 20-26 所示。

05 输入 AR 命令，对椭圆图形进行极轴阵列，以圆弧所在圆心为中心点，设置项目总数为 6，填充角度为-60。镜像复制阵列的图形，结果如图 20-27 所示。

06 输入 TR 命令，修剪多余的线条，结果如图 20-28 所示。

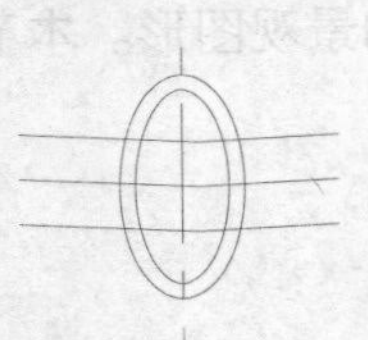

图 20-26 偏移椭圆

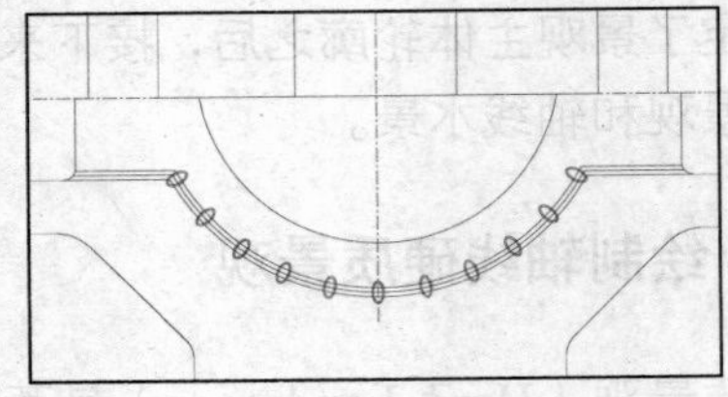

图 20-27 阵列椭圆

❑ 绘制树池 1

01 输入 REC 命令，单击图 20-29 所示的点，输入（@3500,-3500），并将其向内偏移 500，如图 20-30 所示。

02 输入 CO 命令，捕捉绘制的矩形图形的右上端点，将其复制到左侧如图 20-31 所示的位置，并修剪多余的线条。

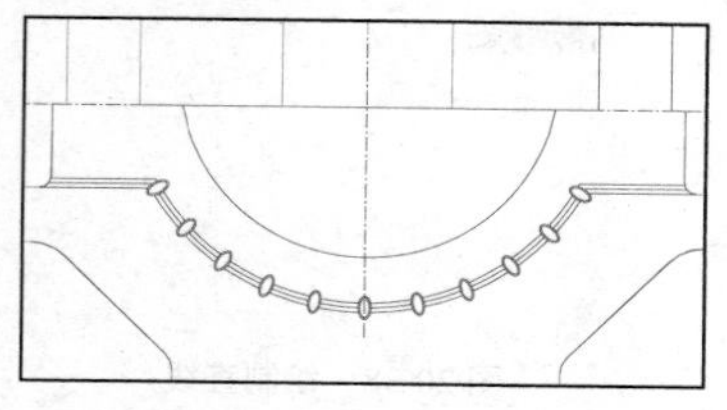

图 20-28 修剪多余线条

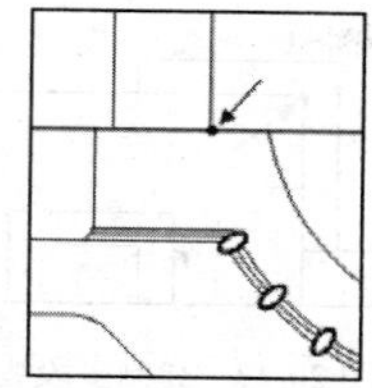

图 20-29 指定矩形第一角点

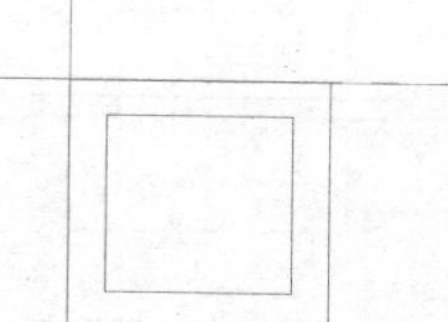

图 20-30 绘制并偏移矩形

03 输入 MI 命令，选中图 20-31 所示的矩形，以轴线 6 为对称轴，将其镜像复制到另一边，并修剪多余线条，结果如图 20-32 所示。

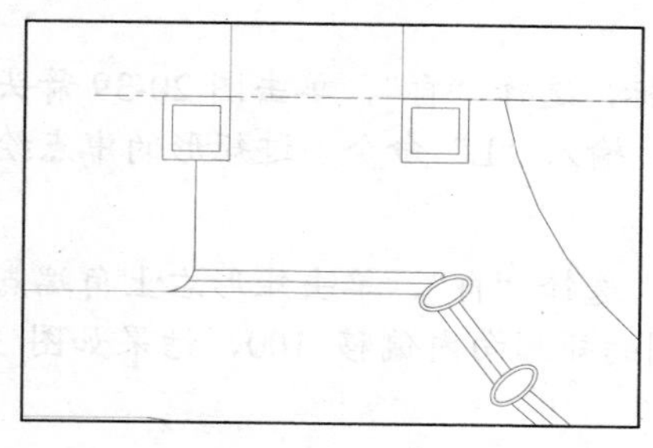

图 20-31 复制矩形

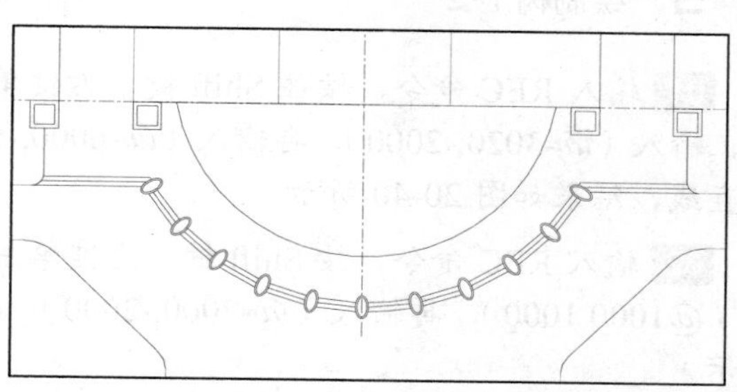

图 20-32 镜像复制树池

2. 绘制小广场水景景观

❑ 绘制主席像台

01 输入 O 命令，选择轴线 4 与 6 交汇处的矩形，如图 20-33 所示，将其向内偏移两次，偏移量分别为 5460、1440，如图 20-34 所示。

02 输入 C 命令，指定轴线 4 与 6 的交点为圆心，绘制半径为 1100 的圆，表示主席像台，如图 20-35 所示。

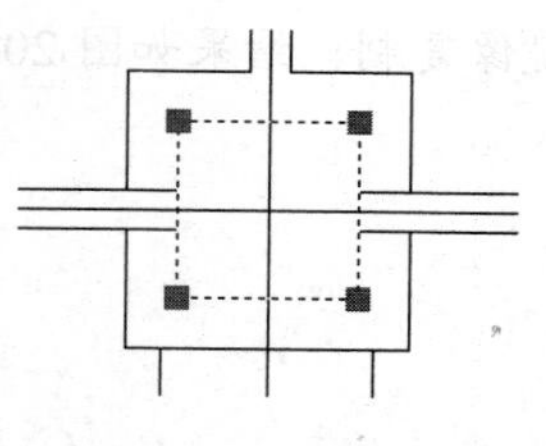

图 20-33 指定偏移对象

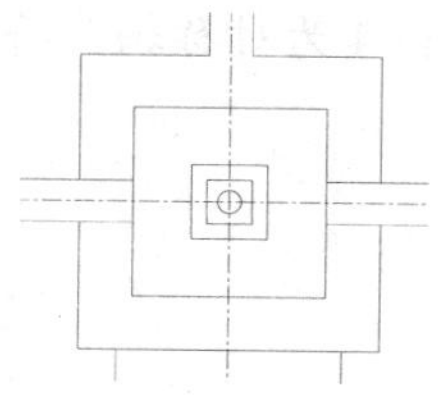

图 20-34 偏移矩形

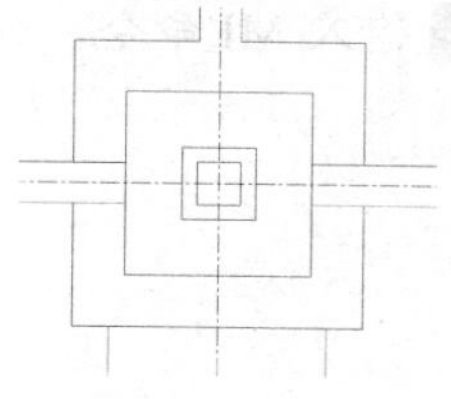

图 20-35 绘制圆

❑ 绘制花池 2

01 绘制花池边线。输入 PL 命令，捕捉图 20-36 箭头所示点，沿 Y 轴负方向输 5000，沿 Y 轴正方向输入 1500，沿 X 轴负方向输入 8500，沿 Y 轴负方向输入 8500，绘制得到如图 20-37 所示的多段线。

02 输入 L 命令，过图 20-37 箭头所示点分别向上、向左画两条直线，作为艺术盆花的摆放位置，如图 20-38 所示。

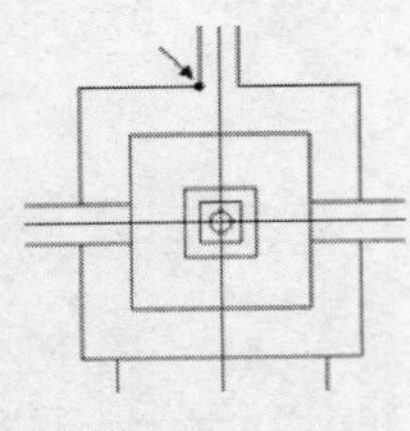
图 20-36　捕捉点

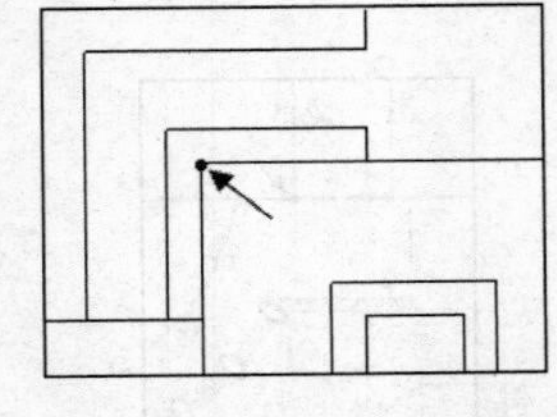
图 20-37　绘制多段线

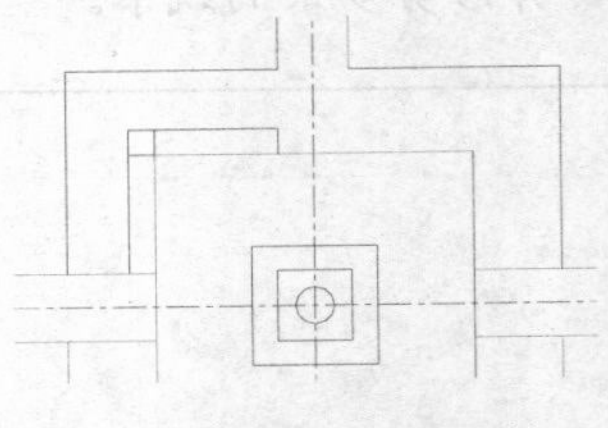
图 20-38　绘制直线

03 输入 MI 命令，选择绘制的多段线和直线，进行多次镜像复制，结果如图 20-39 所示，得到主席像台四周的花池。

❑ 绘制树池 2

01 输入 REC 命令，按住 Shift 键，右键单击鼠标，选择“自”，单击图 20-39 箭头所示点，输入（@-3020,-2000），再输入（@-6000,-6000）。输入“L”命令，过矩形的中点绘制两条直线，结果如图 20-40 所示。

02 输入 REC 命令，按 Shift 键，右键单击鼠标，选择“自”，单击矩形右上角端点，输入（@1000,1000），再输入（@-2000,-2000）。将绘制的矩形向内偏移 100，结果如图 20-41 所示。

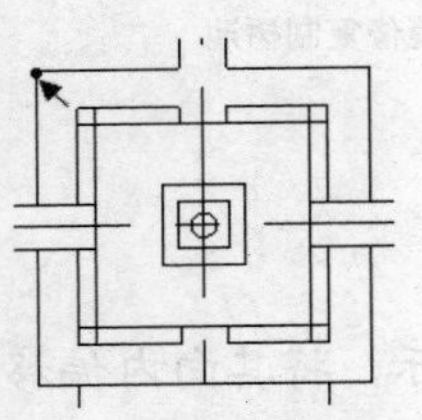
图 20-39　镜像复制结果

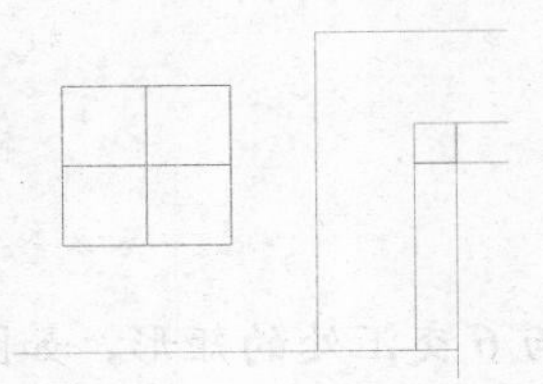
图 20-40　绘制矩形和直线

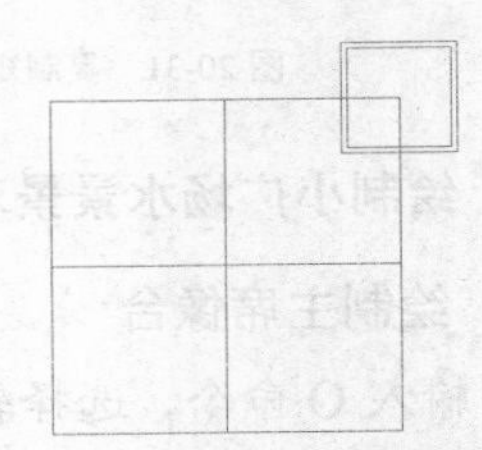
图 20-41　绘制并偏移矩形

03 输入 CO 命令，选择绘制和偏移的小矩形，指定其中心为基点，将其复制到大矩形的另外三个端点位置，结果如图 20-42 所示。

04 输入 MI 命令，分别以轴线 6 和 4 为对称轴，将图形进行镜像复制，结果如图 20-43 所示。

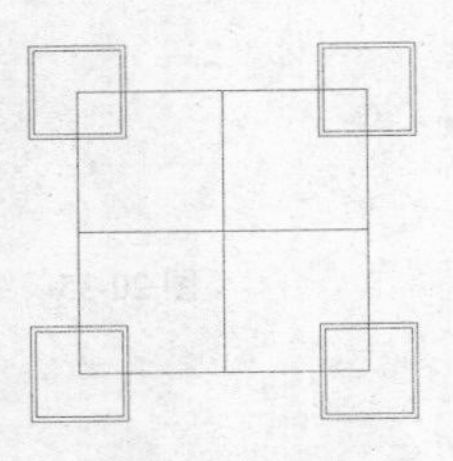
图 20-42　复制矩形

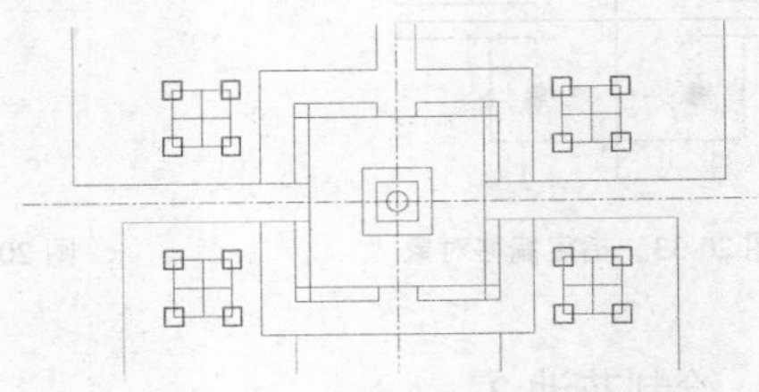
图 20-43　镜像复制图形

❑ 绘制台阶

01 输入 REC 命令，单击图 20-29 所示的点，输入（@600,9945）绘制矩形。输入 CO 命令，以矩形的右下角端点为基点，以左边树池的右上角端点为第二点进行复制，结果如图

20-44 所示。

02 输入 L 命令，过两矩形的上边内端点绘制直线，并将其向下偏移 9 次，偏移量为 350，结果如图 20-45 所示。

03 输入 CO 命令，选择绘制和偏移的直线，将其向下复制，距离为 6500，如图 20-46 所示。

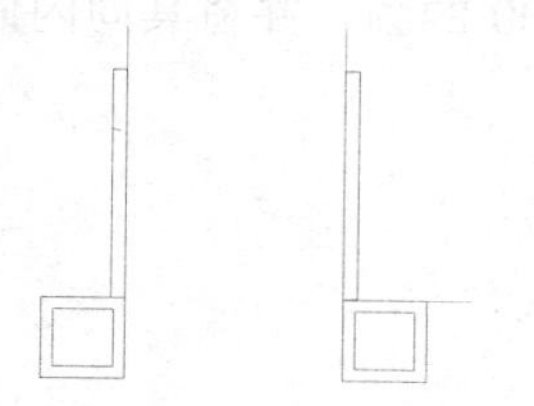

图 20-44　绘制台阶边线

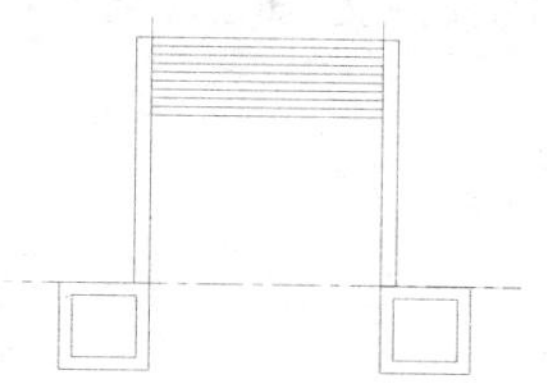

图 20-45　绘制并偏移直线

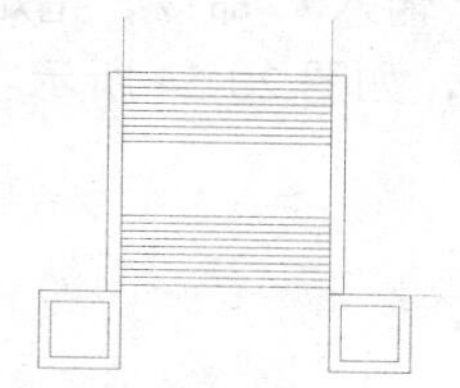

图 20-46　复制直线

04 绘制台阶楼梯方向示意符号。输入 PL 命令，在台阶上方指定起点，沿 Y 轴负方向，输入 7500，再输入"W"，指定起点宽度为 200，端点宽度为 0，绘制大致如图 20-47 所示的箭头，以指定阶梯的上、下方向，并将其移动到合适位置。

05 输入 MI 命令，镜像复制绘制的台阶，结果如图 20-48 所示。

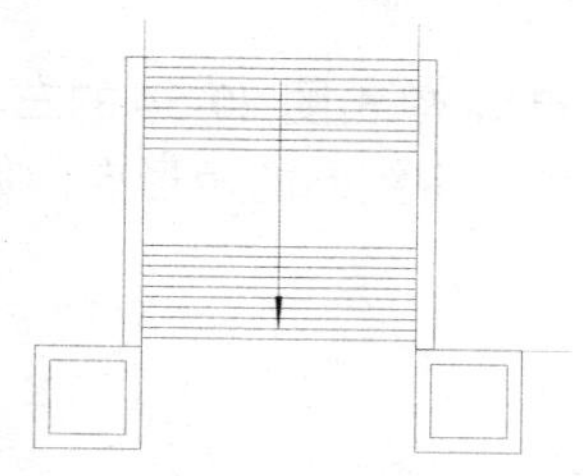

图 20-47　绘制箭头

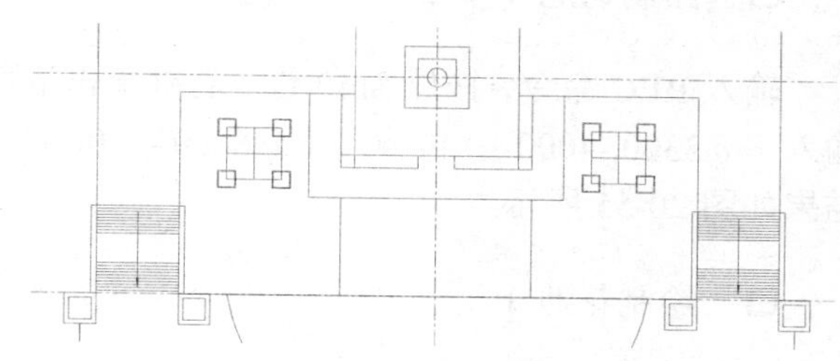

图 20-48　镜像复制台阶

3. 绘制古树小广场景观

❑ 绘制树池 6

01 输入 REC 命令，捕捉图 20-49 箭头所示点，沿 X 轴负方向输入 4300，再输入（@-3000,3000）。将绘制的矩形向内偏移 300，如图 20-50 所示。

02 输入 L 命令，捕捉矩形右下角端点，沿 Y 轴正方向输入 900，沿 X 轴正方向输入 6500，如图 20-51 所示。

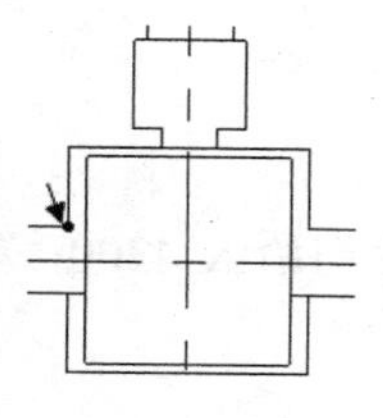

图 20-49　捕捉点

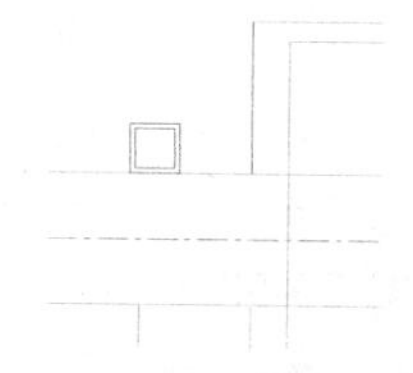

图 20-50　绘制并偏移矩形

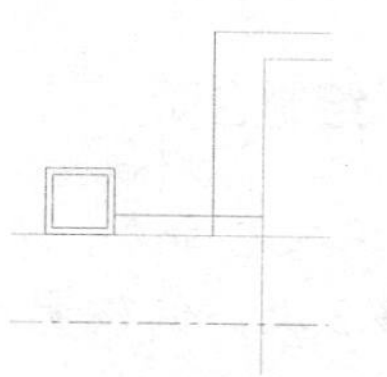

图 20-51　绘制直线

03 输入 MI 命令，将绘制的矩形和直线以轴线 6 为对称轴进行镜像复制，修剪多余线条，结果如图 20-52 所示。

04 重复执行 MI 命令，选择两矩形图形，将其以轴线 3 为对称轴进行镜像复制，修剪多余线条，结果如图 20-53 所示。

□ 绘制树池 7

输入 C 命令，指定轴线 3 与 6 的交点为圆心，绘制半径为 4200 的圆，并将其向内偏移 450，如图 20-54 所示。

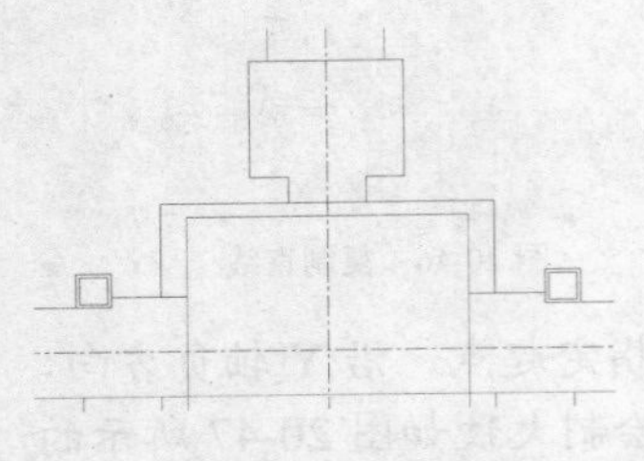
图 20-52 镜像复制图形

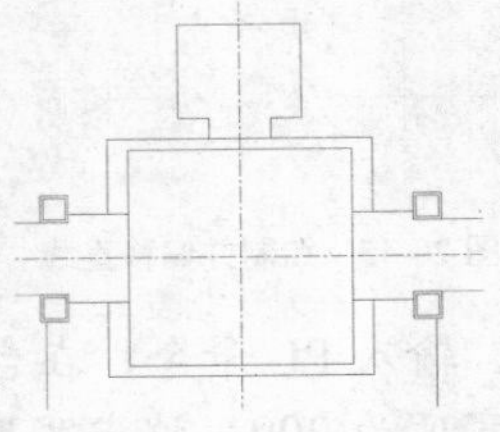
图 20-53 镜像复制图形

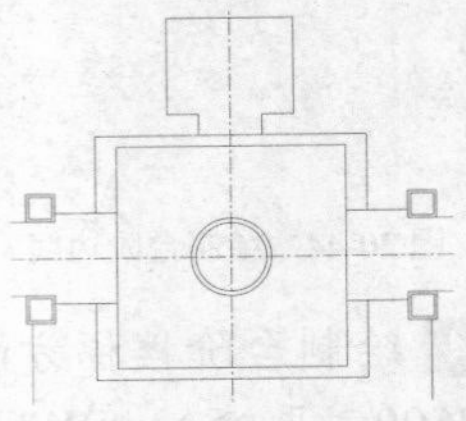
图 20-54 绘制并偏移圆

□ 绘制树池 8

输入 REC 命令，按住 Shift 键，右键单击鼠标，选择“自”，单击图 20-54 的左上角端点，输入（@3300,-4000），再输入（@6600,-2400）。输入 O 命令，将绘制的矩形向内偏移 100，结果如图 20-55 所示。

□ 绘制花池 3

01 输入 PL 命令，绘制如图 20-56 所示的多段线，并将其向内偏移 300。

02 输入 MI 命令，分别以轴线 3 和 6 为对称轴，镜像复制多段线，结果如图 20-57 所示。

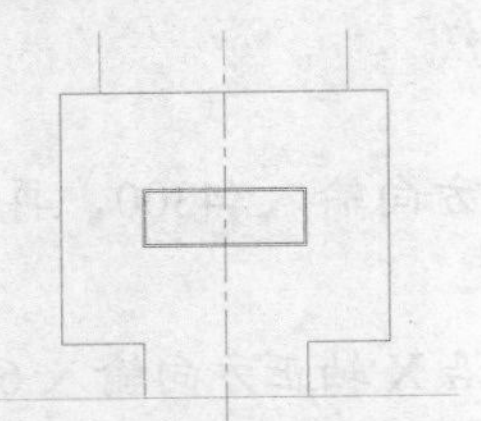
图 20-55 绘制并偏移矩形

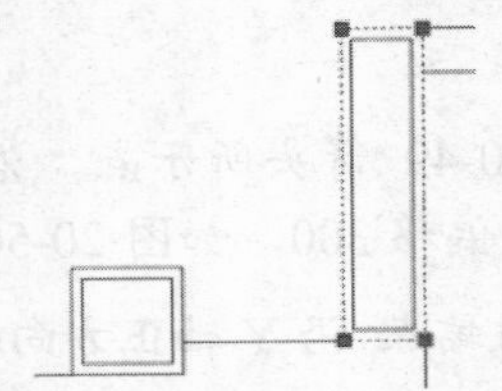
图 20-56 绘制并偏移多段线

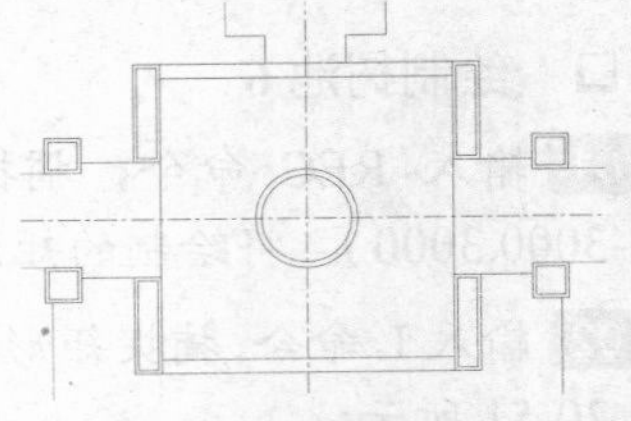
图 20-57 镜像复制图形

□ 绘制台阶

01 输入 L 命令，单击左边下面的花池的左上角端点，沿 X 轴负方向输入 4300，并将其向下偏移 3 次，偏移量为 600，结果如图 20-58 所示。

02 输入 MI 命令，镜像复制绘制的台阶。

03 输入 L 命令，连接下面两个花池的内端点，并将其向上偏移 600，结果如图 20-59 所示。

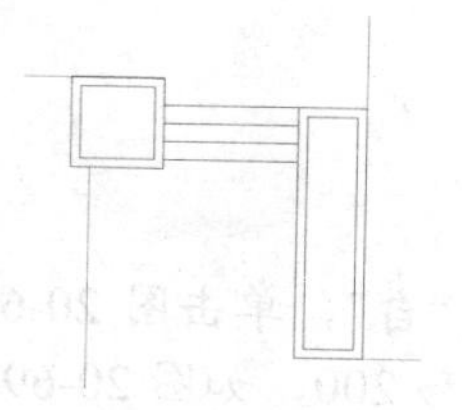

图 20-58　绘制并偏移直线

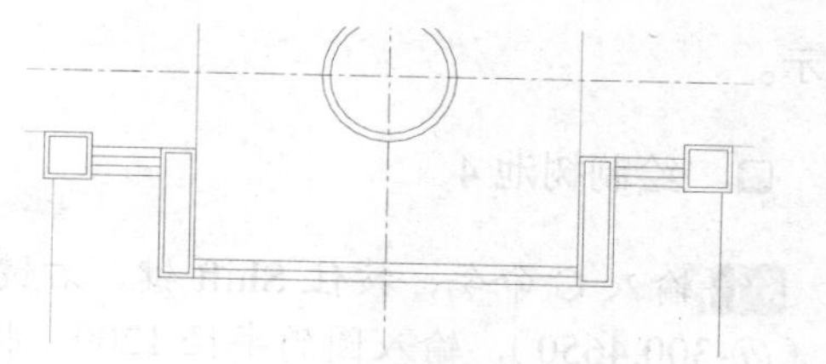

图 20-59　绘制并偏移直线

4. 绘制休闲小广场景观

01 输入 X 命令，分解用多段线绘制的休闲广场轮廓线。

02 输入 O 命令，选择图 20-60 所示的线段，将其分别向右、向上偏移 3 次，偏移量为 600，修剪多余的线条，结果如图 20-61 所示。

03 输入 REC 命令，单击最上边水平偏移线段的右端点，输入（@-600,-2000），修剪多余的线段，结果如图 20-62 所示。

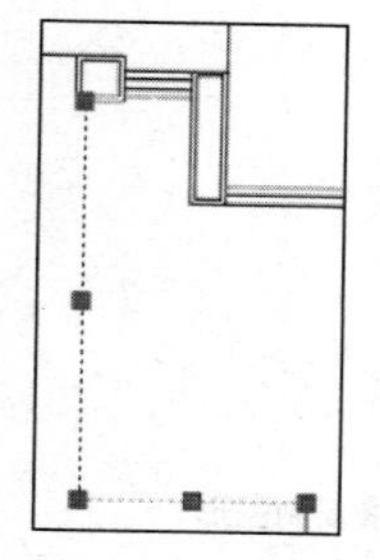

图 20-60　指定偏移对象

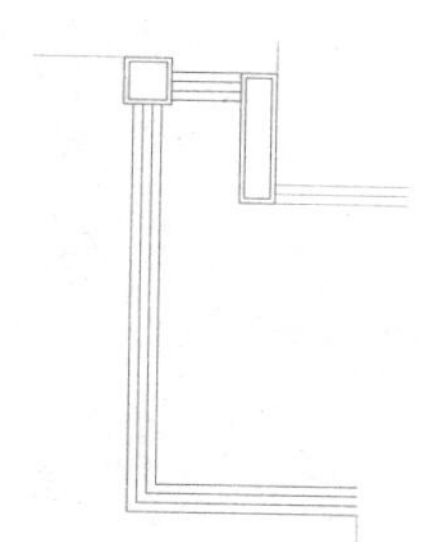

图 20-61　偏移并修剪线段

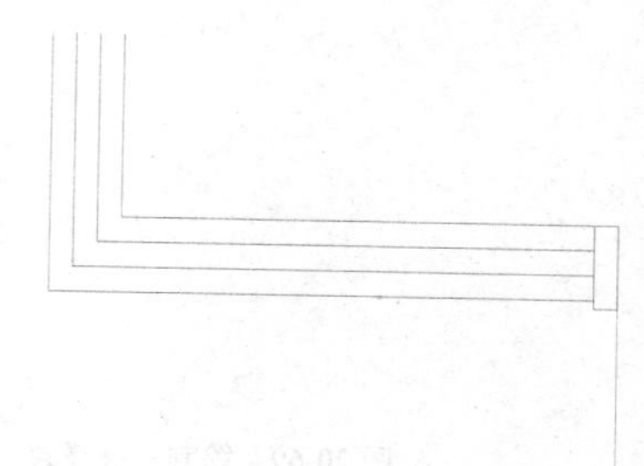

图 20-62　绘制矩形

04 在“默认”选项卡中，单击“绘图”面板中的“圆弧”下拉按钮，在弹出的菜单中选择“起点、端点、角度”命令，捕捉图 20-62 所示图形的左下角端点，沿 Y 轴正方向输入 366，再输入（@0,12170），输入圆弧角度为-163，结果如图 20-63 所示。

05 输入 O 命令，将绘制的圆弧向右偏移 2 次，偏移量为 600，延伸、修剪多余线条，结果如图 20-64 所示。

06 输入 MI 命令，选中图 20-64 所示的所有线条，将其以轴线 6 为对称轴进行镜像复制，延伸、修剪线条，结果如图 20-65 所示。

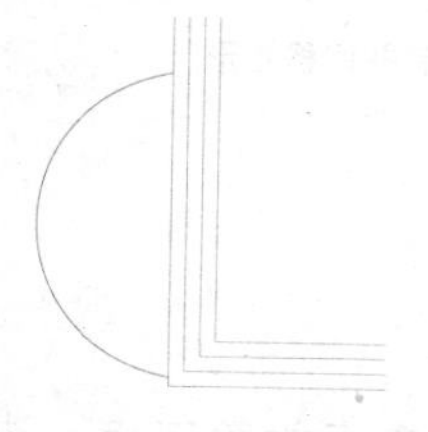

图 20-63　绘制圆弧

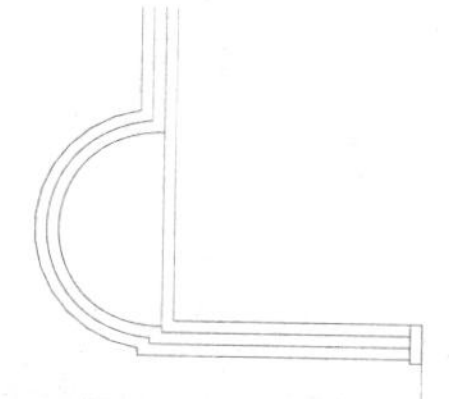

图 20-64　偏移圆弧

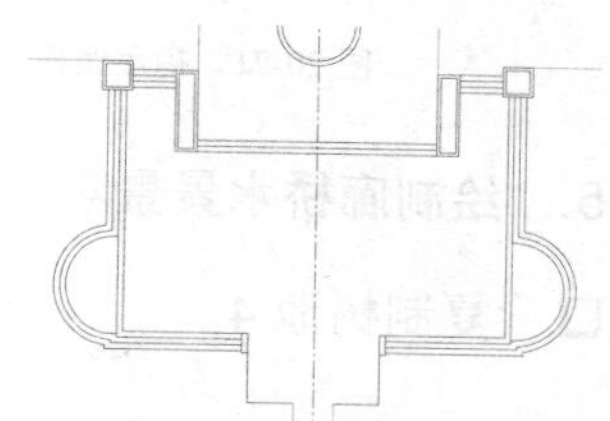

图 20-65　镜像复制图形

❑　绘制树池 3

输入 REC 命令，按住 Shift 键，右键单击鼠标，选择“自”，单击图 20-66 箭头所示点，输入（@5400,300），再输入（@2400,-2400）。将绘制的矩形向内偏移 300，结果如图 20-67

所示。

❑ 绘制树池 4

01 输入 C 命令，按住 Shift 键，右键单击鼠标，选择“自”，单击图 20-68 所示点，输入（@-300,4650），输入圆的半径 1200，将绘制的圆向内偏移 200，如图 20-69 所示。

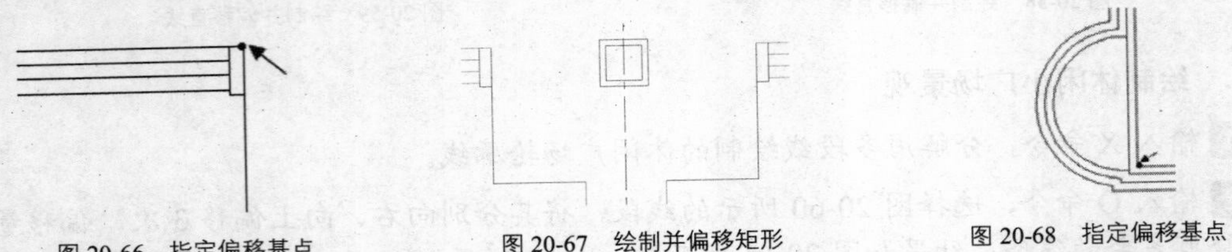

图 20-66 指定偏移基点　　图 20-67 绘制并偏移矩形　　图 20-68 指定偏移基点

02 输入 MI 命令，选中绘制的圆，将其以轴线 6 为对称轴进行镜像复制，修剪多余线条，结果如图 20-70 所示。

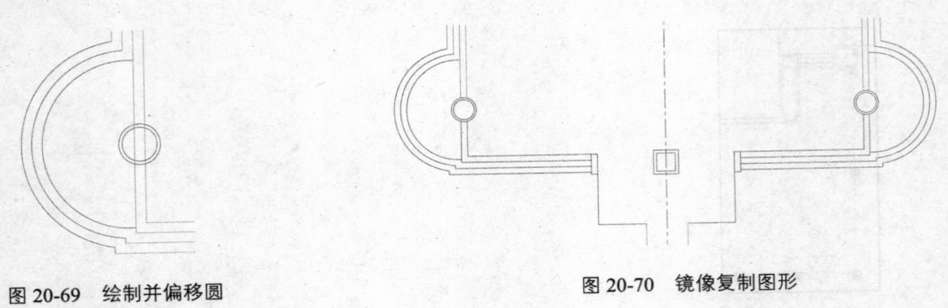

图 20-69 绘制并偏移圆　　图 20-70 镜像复制图形

❑ 绘制树池 5

输入 REC 命令，按住 Shift 键，右键单击鼠标，选择“自”，单击图 20-71 所示点，输入（@10900,-3250），输入（@6600,-6600）。将绘制的矩形向内偏移 300，如图 20-72 所示。

图 20-71 指定偏移基点　　图 20-72 绘制并偏移矩形

5. 绘制廊桥水景景观

❑ 复制树池 4

输入 CO 命令，指定树池 4 的中心为基点，以图 20-73 所示边的中点为第二点，进行复制，并将复制得到的图形以轴线 6 进行镜像复制，修剪多余的线段，结果如图 20-74 所示。

❑ 复制树池 8

输入 CO 命令，以树池 8 的中心为基点，以轴线 2 与 6 的交点为第二点进行复制，结果

如图 20-75 所示。

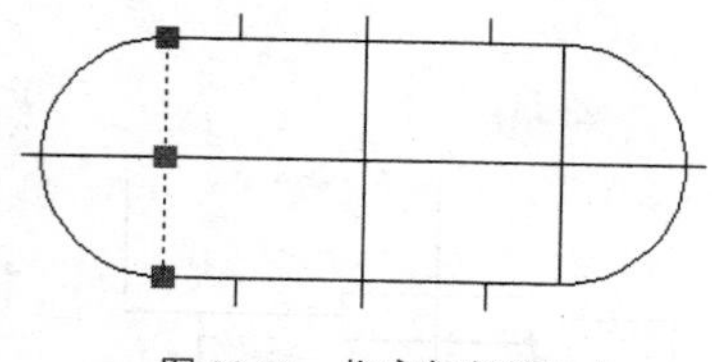
图 20-73 指定复制第二点

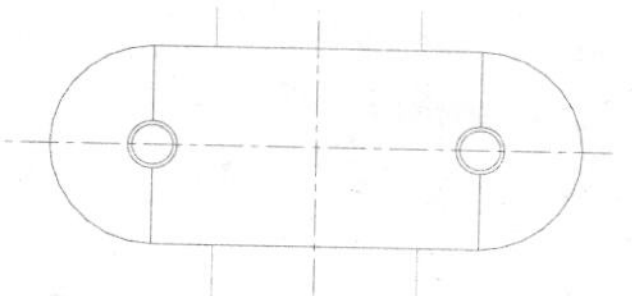
图 20-74 树池复制结果

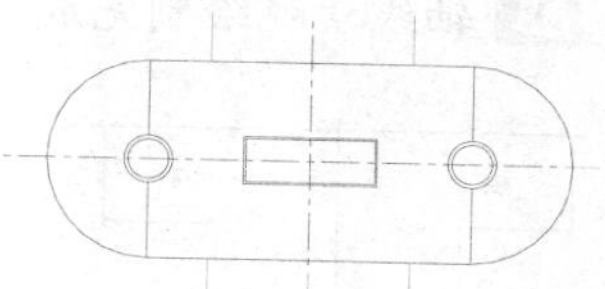
图 20-75 树池复制结果

❑ 绘制休闲平台木桩

01 输入 C 命令，捕捉图 20-76 箭头所示点，沿 X 轴正方向输入 600，输入圆的半径 160，如图 20-77 所示。

02 输入 AR 命令，对绘制的圆进行环形阵列，指定项目总数为 5，填充角度为-80，指定圆弧所在圆心为中心点，结果如图 20-78 所示。

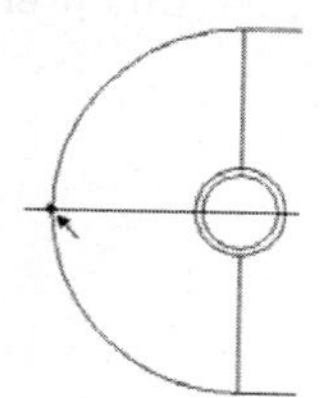
图 20-76 捕捉点

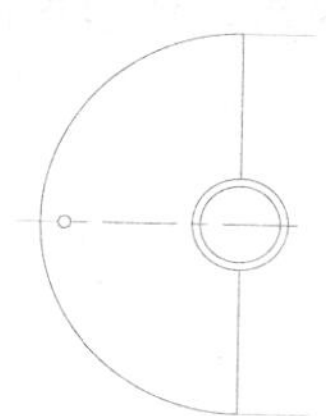
图 20-77 绘制圆

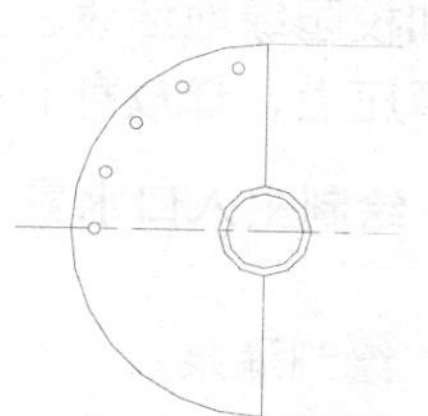
图 20-78 阵列结果

03 输入 MI 命令，对绘制的小圆分别以轴线 2 和 6 为对称轴进行多次镜像复制，结果如图 20-79 所示。

❑ 绘制图腾柱

01 绘制图腾柱。输入 C 命令，按住 Shift 键，右键单击鼠标，选择“自”，单击图 20-80 箭头所示点，输入（@ 3900,-2840），再输入半径 500。将绘制的圆向内偏移 300。

02 输入 L 命令，过内圆的象限点绘制两条垂直的直线。输入 MI 命令，将绘制的图腾柱以轴线 6 为对称轴镜像复制到另一边，结果如图 20-81 所示。

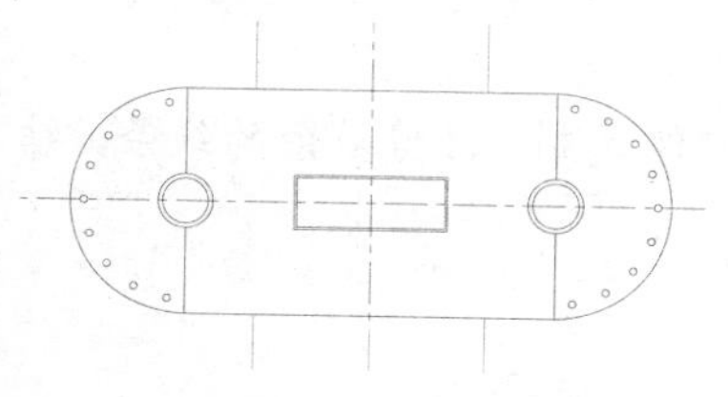
图 20-79 镜像复制木桩

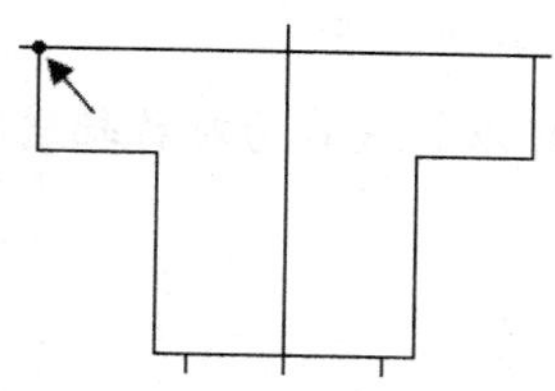
图 20-80 指定偏移基点

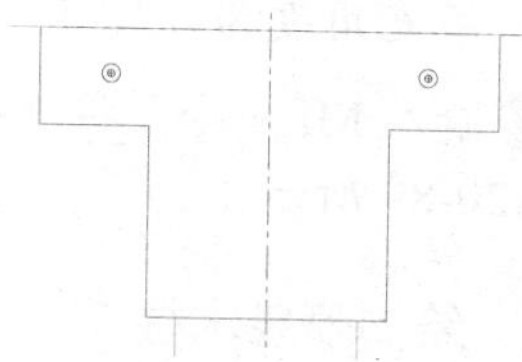
图 20-81 镜像复制结果

❑ 绘制题字牌

01 输入 REC 命令，按住 Shift 键，右键单击鼠标，选择“自”，单击图 20-82 箭头所示点，输入（@3000,500），再输入（@4000,-1000），修剪多余线条，如图 20-83 所示。

02 输入 REC 命令，捕捉图 20-84 箭头所示点，沿 X 轴正方向输入 400，再输入

(@3200,-60)，结果如图 20-85 所示。

03 轴线景观绘制完成。

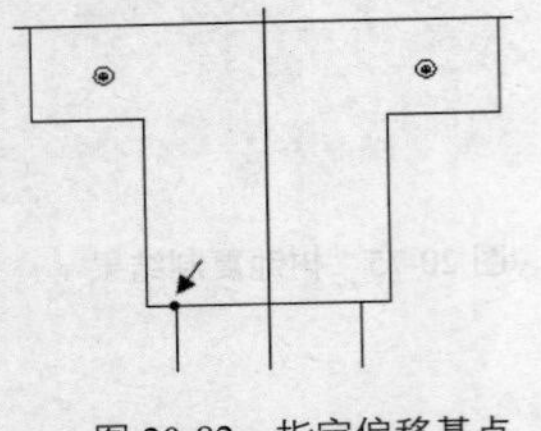

图 20-82 指定偏移基点

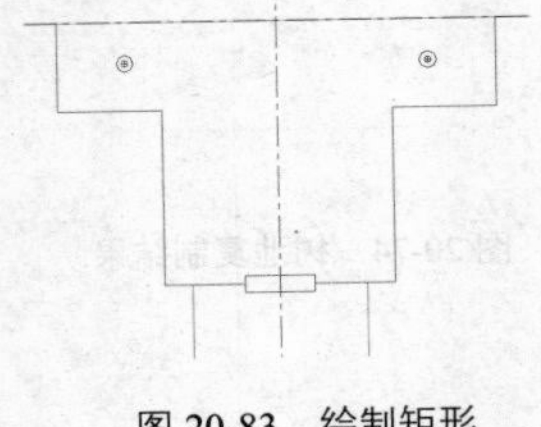

图 20-83 绘制矩形

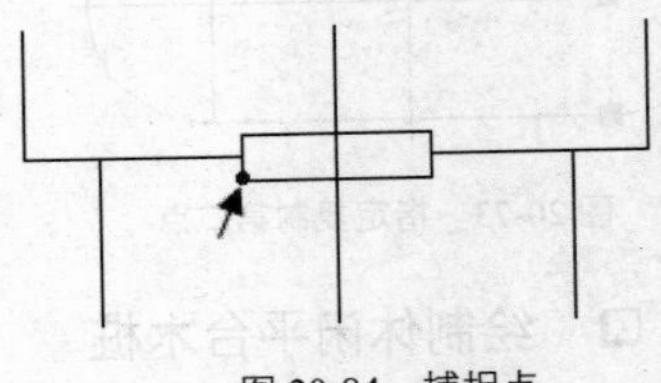

图 20-84 捕捉点

20.2.2 绘制轴线水景

考虑到校园景观的特点，中心广场设置了涌泉、跌水、喷泉、瀑布等丰富多彩的水景形式来增加校园绿地活泼、开场、明丽的风貌，让学生们置身于充满美好、阳光的环境中，以达到缓解压力，释放身心的目的。

1. 绘制主入口水景

❑ 绘制涌泉

01 绘制水管。输入 O 命令，将图 20-86 箭头所示的圆弧向上偏移 2500。

02 绘制涌泉柱头。输入 DO 命令，根据提示输入圆环的内径为 300，外径为 450，指定偏移的圆弧与轴线 6 的交点为中心点，结果如图 20-87 所示。

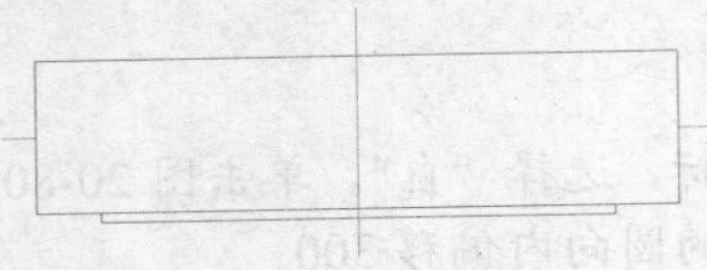

图 20-85 绘制矩形

图 20-86 指定偏移对象

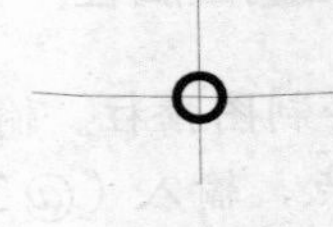

图 20-87 绘制柱头

03 输入 AR 命令，将圆环以圆弧所在圆心为中心点进行极轴阵列。设置阵列的项目总数为 7，填充角度为-72，结果如图 20-88 所示。

04 输入 MI 命令，将阵列的圆环以轴线 6 为对称轴进行镜像复制，修剪多余的线条，结果如图 20-89 所示。

❑ 绘制喷泉水柱

01 输入 C 命令，绘制半径分别为 900 和 300 的两个同心圆，并将其移动至图 20-90 所示的位置。

02 输入 MI 命令，将其以轴线 6 为对称轴进行镜像复制。

❑ 绘制造型喷泉

01 输入 REC 命令，绘制一个 9000 × 2000 的矩形。

02 绘制喷泉。输入 DO 命令，以矩形的左上角端点为中心点，绘制一个内径为 300、外径为 450 的圆环，如图 20-91 所示。

03 输入 AR 命令，对圆环进行矩形阵列。设置行数为 3，列数为 10，行偏移为-1000、列偏移为 1000，结果如图 20-92 所示。

04 将绘制的造型喷泉移动至图形相应位置，并输入 MI 命令，将其以轴线 6 为对称轴进行镜像复制，最终结果如图 20-93 所示。

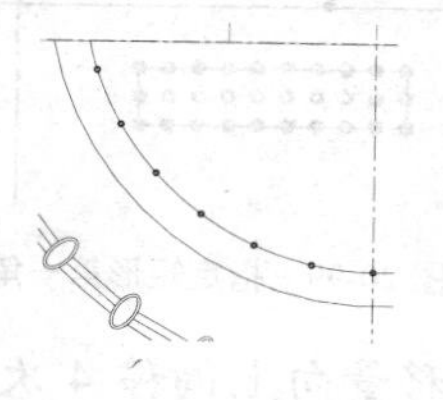

图 20-88　阵列柱头

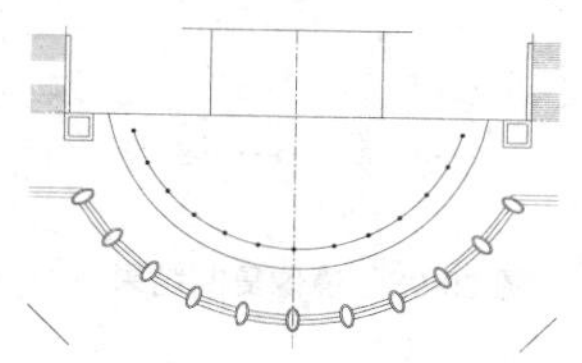

图 20-89　镜像复制柱头

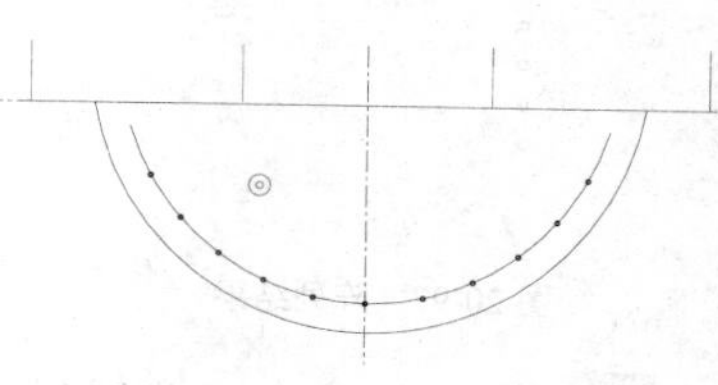

图 20-90　绘制并移动同心圆

图 20-91　绘制喷泉

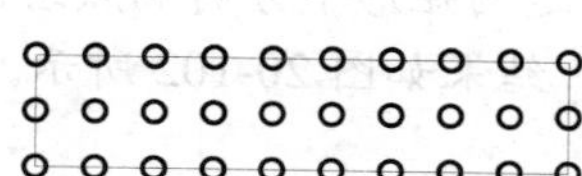

图 20-92　阵列喷泉

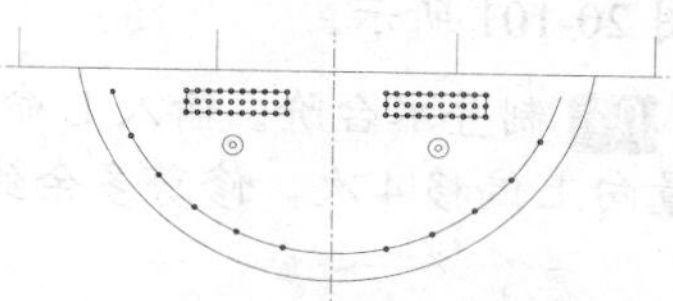

图 20-93　移动并复制造型喷泉

2. 绘制水景小广场水景

❑ 绘制喷泉水池

01 绘制水池边线。输入 PL 命令，绘制如图 20-94 所示的多段线，并将其向内偏移 500。

02 复制喷泉。输入 CO 命令，复制一个柱头至大致如图 20-95 所示的位置。

03 输入 AR 命令，对圆环进行矩形阵列。设置 6 列 1 行，列偏移-1600，如图 20-96 所示。

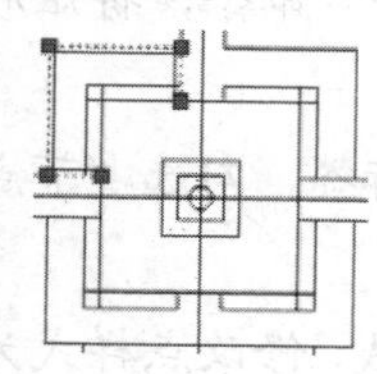

图 20-94　绘制并偏移水池边线

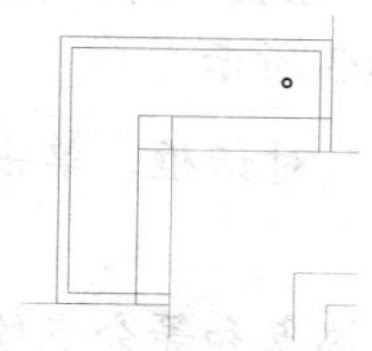

图 20-95　复制喷泉

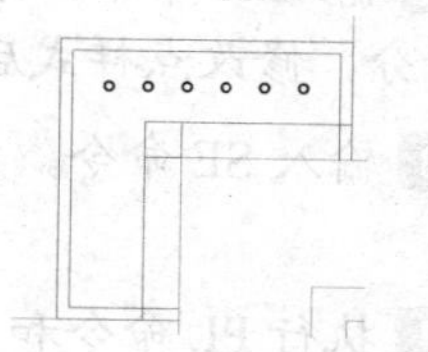

图 20-96　阵列结果

04 重复执行 AR 命令，选择最左边的圆环，设置 1 列 6 行，行偏移-1600，如图 20-97 所示。

05 输入 MI 命令，选择多段线和圆环，分别将其以轴线 4 和 6 为对称轴进行多次镜像复制，结果如图 20-98 所示。

□ 绘制叠水瀑布

01 绘制叠水台阶边线。输入 REC 命令，单击图 20-99 箭头所示点，输入（@1000,11600），绘制矩形。

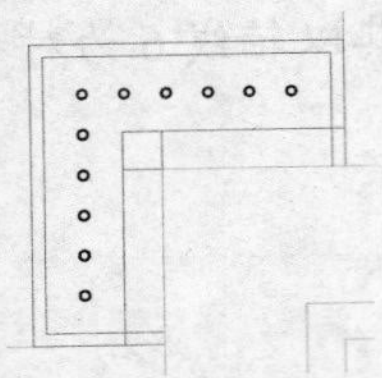

图 20-97 阵列结果

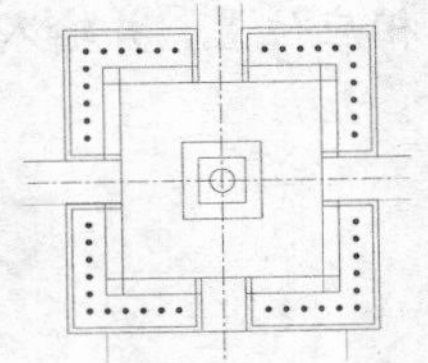

图 20-98 镜像复制结果

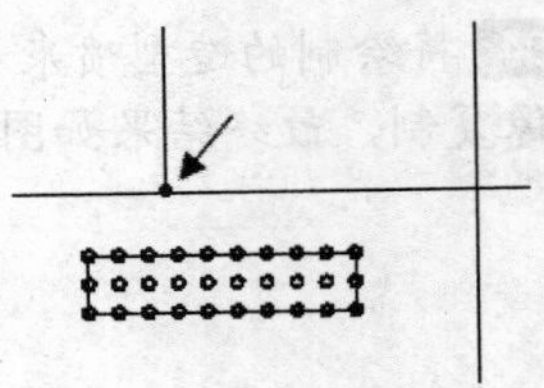

图 20-99 指定矩形第一角点

02 输入 X 命令，分解矩形，并将其下面的短边以 2300 的偏移量向上偏移 4 次，如图 20-100 所示。

03 输入 MI 命令，选择绘制的矩形和偏移的直线，将其以轴线 6 为对称轴进行镜像复制，如图 20-101 所示。

04 制叠水台阶。输入 L 命令，过两矩形下方内端点绘制一条直线，并将其以 2200 的偏移量向上偏移 4 次，修剪多余线条，结果如图 20-102 所示。

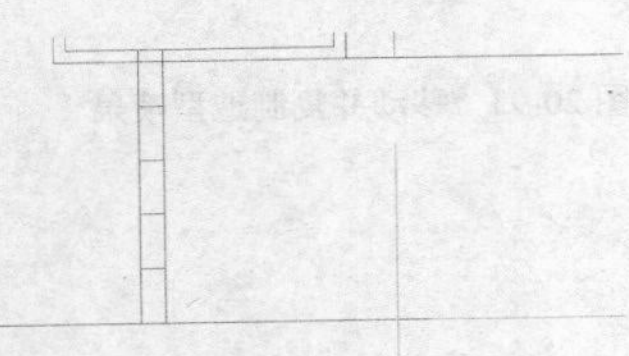

图 20-100 偏移线段

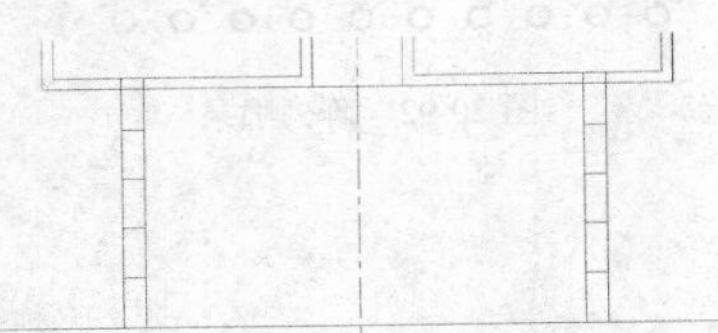

图 20-101 镜像复制结果

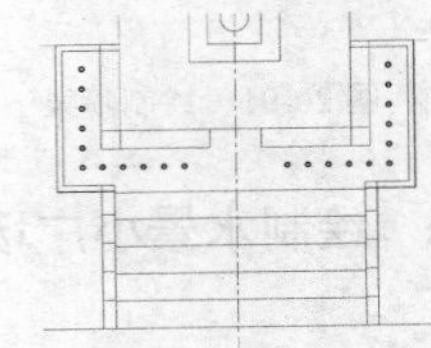

图 20-102 绘制并偏移直线

3. 绘制廊桥水景

□ 绘制木桥处水景

01 绘制木桥。输入 REC 命令，绘制一个大小为 4000×12565 的矩形。

02 输入 X 命令，分解矩形。执行“绘图”|“点”|“定数等分”命令，将矩形两长边 5 等分，修改点样式后显示如图 20-103 所示。

03 输入 SE 命令，打开“草图设置”对话框，单击“对象捕捉”标签，勾选“节点”复选框。

04 执行 PL 命令和 L 命令，过矩形端点和等分点绘制多段线和直线，修改点样式为默认样式，如图 20-104 所示。

05 输入 O 命令，将矩形 4 条边向内偏移 150，将多段线和直线向两边分别偏移 150。修剪多余的线条，结果如图 20-105 所示。

06 输入 M 命令，指定图形上方直线中点为基点，将其移动至如图 20-106 所示的位置。

07 绘制水池边界线。输入 PL”命令，绘制如图 20-107 所示的多段线，并将其向内偏移

300。

08 绘制喷泉。输入 CO 命令，复制一个喷泉柱头至大致如图 20-108 所示的位置。

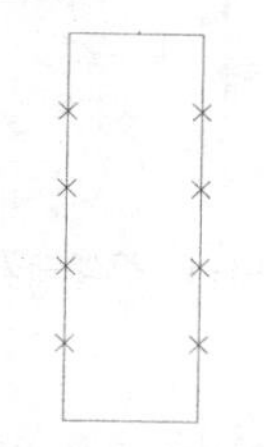

图 20-103　定数等分线段

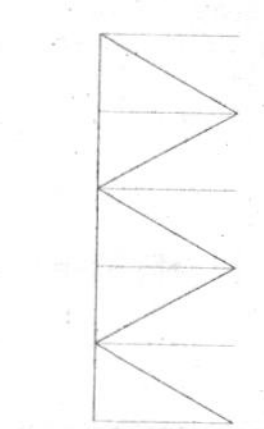

图 20-104　绘制多段线和直线

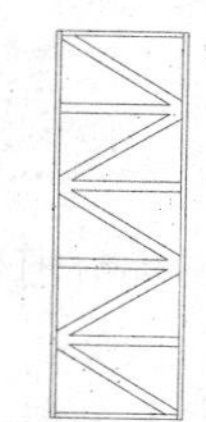

图 20-105　偏移线条并修剪多余线段

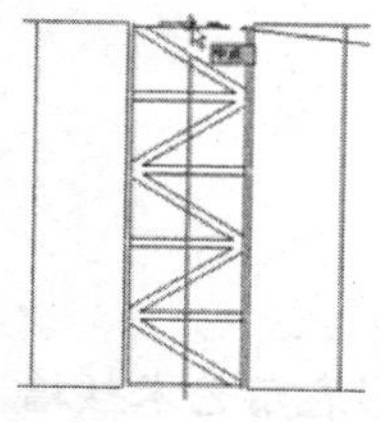

图 20-106　移动木桥

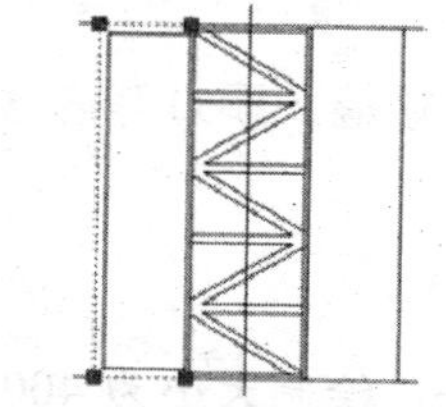

图 20-107　绘制并偏移水池边线

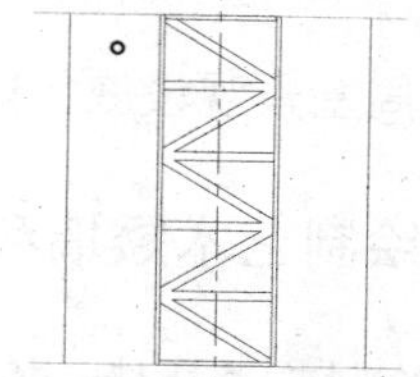

图 20-108　复制柱头

09 输入 AR 命令，对圆环进行矩形阵列。设置 7 行 1 列，行偏移-1500，如图 20-109 所示。

10 输入 MI 命令，将水池边线和喷泉以轴线 6 为对称轴进行镜像复制，如图 20-110 所示。

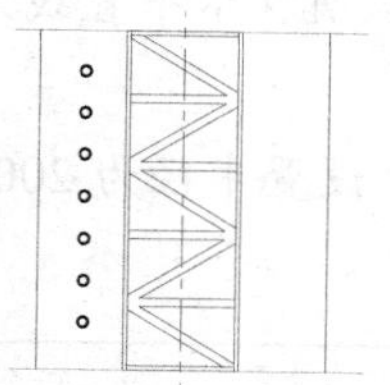

图 20-109　阵列结果

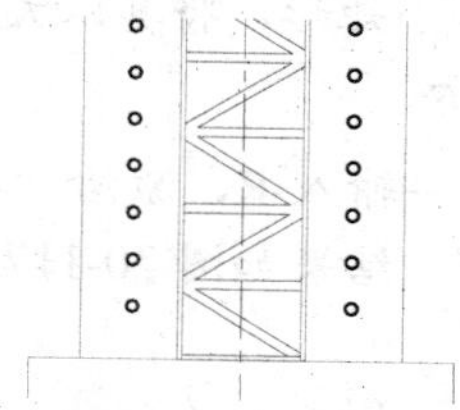

图 20-110　镜像复制结果

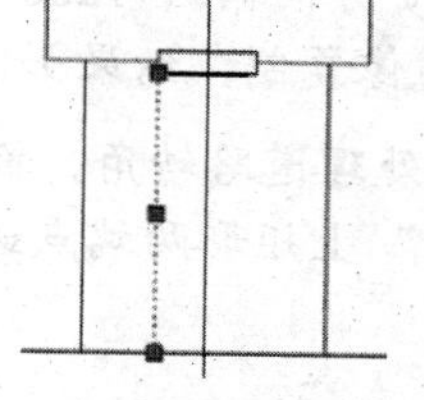

图 20-111　绘制桥边线

❑　绘制双子桥处景观

01 绘制桥边线。输入 L 命令，绘制如图 20-111 所示直线，作为桥的另一侧边线。

02 绘制桥栏杆。输入 O 命令，将绘制的直线向左偏移两次，偏移量为 115、20。

03 输入 REC 命令，捕捉图 20-111 所示直线的下端点，沿 X 轴负方向输入 50，再输入（@-150,150），如图 20-112 所示。

04 输入 AR 命令，将绘制的矩形进行矩形阵列。设置 11 行 1 列，行偏移 1150，修剪多余的线条，结果如图 20-113 所示。

05 输入 MI 命令，选择绘制的桥边线和栏杆，将其以轴线 6 为对称轴进行镜像复制，如图 20-114 所示。

06 轴线水景绘制完成。

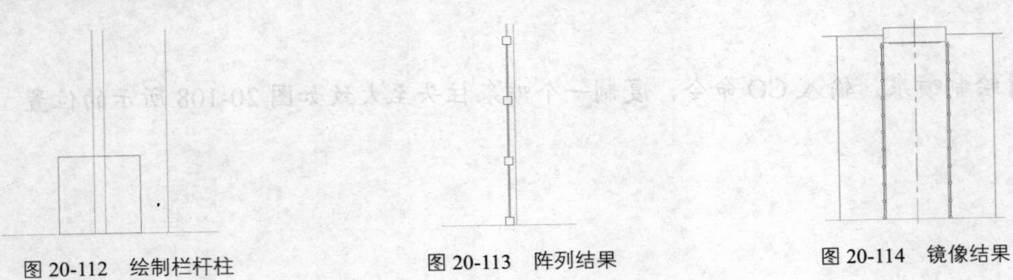

图 20-112　绘制栏杆柱　　图 20-113　阵列结果　　图 20-114　镜像结果

20.3 绘制广场周围景观和设施

广场周围景观设施包括座凳、艺术矮墙、园灯等内容。

20.3.1 绘制艺术矮墙和座凳

01 绘制艺术矮墙。输入 REC 命令，绘制大小为 400×4800 的矩形表示艺术矮墙，矮墙的形状和结构将在详图中另外表达。

02 绘制座凳。重复执行 REC 命令，按住 Shift 键，右键单击鼠标，选择“自”，单击矩形左上角端点，输入（@-250,-600），再输入（@-350,-1200），绘制矩形表示座凳，如图 20-115 所示。

03 绘制铺装边线。输入 L 命令，捕捉大矩形的左上角端点，沿 Y 轴负方向输入 300，沿 X 轴负方向输入 1200。选择直线和小矩形，将其以大矩形长边中点所在水平直线为对称轴进行镜像复制，结果如图 20-116 所示。

04 处理道路转角。输入 F 命令，再输入 R，激活“半径”选项，设置半径为 2000，对“轴线 1”上矩形两端点进行圆角操作，结果如图 20-117 所示。

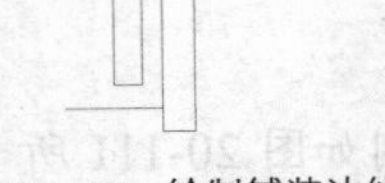

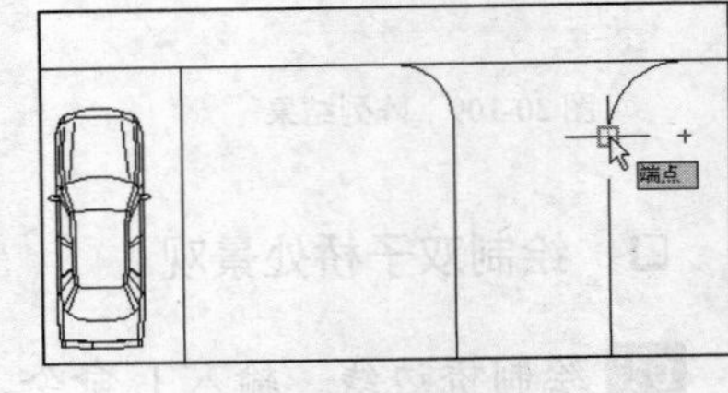

图 20-115　绘制木座凳　　图 20-116　绘制铺装边线　　图 20-117　捕捉点

05 输入 M 命令，指定图 20-116 上方直线的左端点为基点，捕捉图 20-117 所示的端点，沿 Y 轴负方向输入 7400，定位矮墙和座凳的位置，如图 20-118 所示。

06 输入 AR 命令，对艺术矮墙和木座凳进行矩形阵列。设置 5 行 1 列，行偏移量为-12000，如图 20-119 所示。

07 输入 CO 命令，选择最下边的矮墙座凳组合，沿 Y 轴负方向输入 33900。并用同样的方法将复制的图形向下阵列 2 个，设置 3 行 1 列，行偏移量为-12000，结果如图 20-120 所示。

08 输入 MI 命令，选择所有的矮墙座凳组合，将其以轴线 6 为对称轴进行镜像复制，结

果如图 20-121 所示。

09 矮墙和木座凳绘制完成。

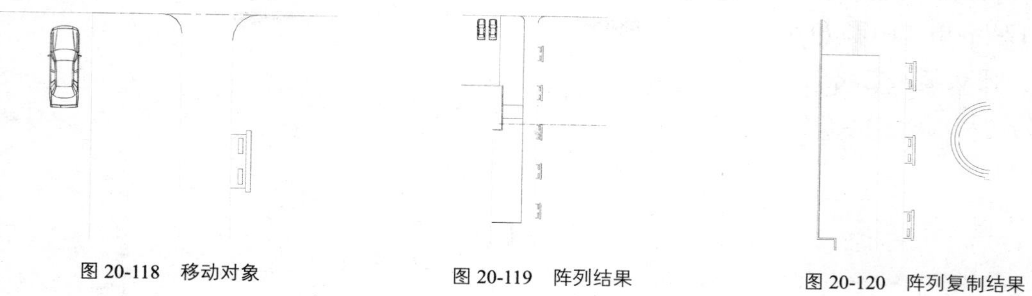

图 20-118　移动对象　　图 20-119　阵列结果　　图 20-120　阵列复制结果

20.3.2 插入图块

1. 插入园灯

园灯全部布置在园路的两侧，以供夜间照明使用。

01 输入 I 命令，在弹出的对话框中单击“浏览”按钮，插入随书光盘中的“庭院灯”图块，设置比例为 30，插入至大致如图 20-122 所示的位置。

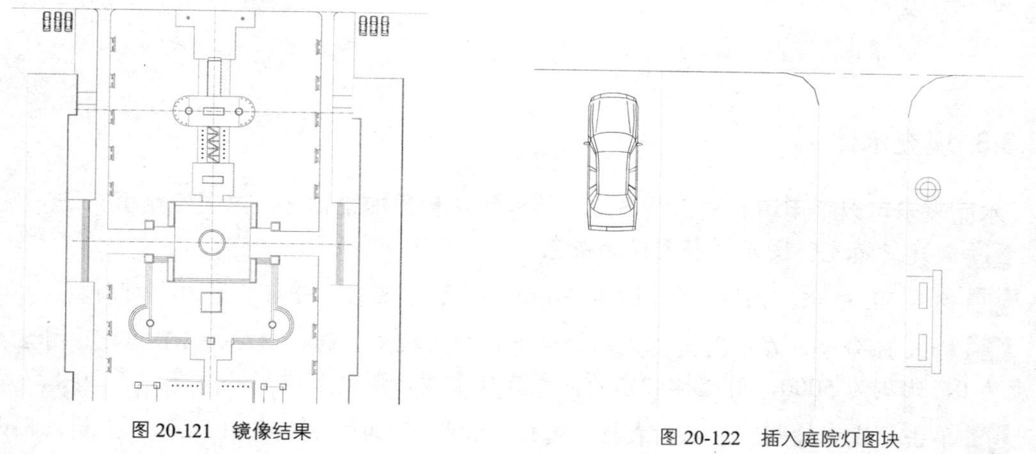

图 20-121　镜像结果　　图 20-122　插入庭院灯图块

02 输入 CO 和 MI 命令，选择庭院灯，将其复制到图中的其他位置，如图 20-123 所示。

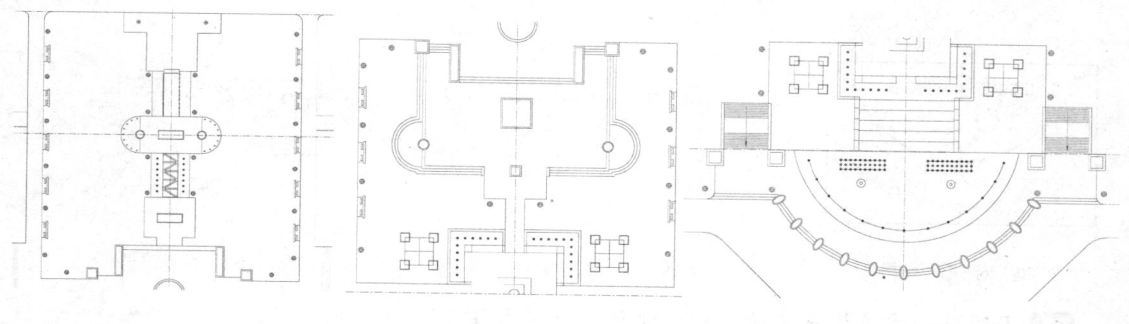

图 20-123　复制圆灯

2. 插入造型花盆和艺术灯柱

用同样的方法插入随书光盘中的“造型花盆”和“艺术灯柱”图块，比例不变，结果如图 20-124 和图 20-125 所示。

图块插入完成。

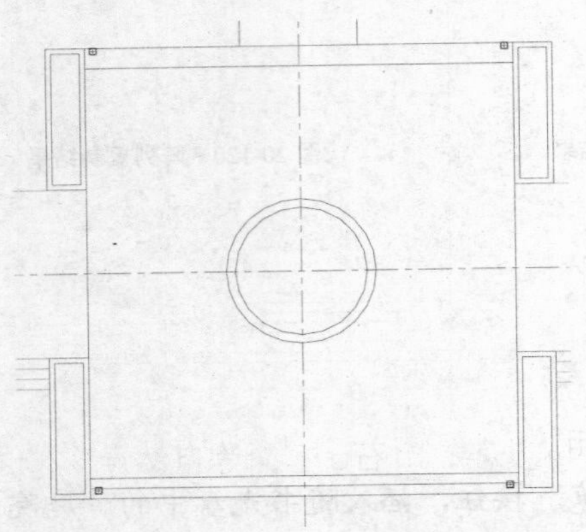

图 20-124　艺术灯柱插入结果

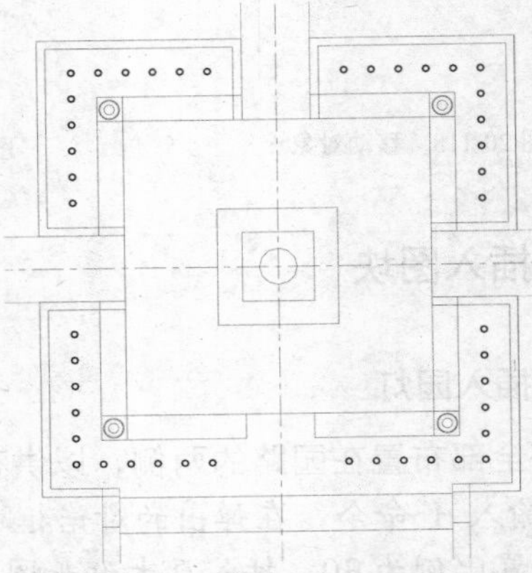

图 20-125　造型花盆插入结果

20.3.3 填充水体

水面表示可以采用填充法、线条法、等深线法和添加景物法，这里使用填充法。

01 新建“填充”图层，颜色设为灰色。

02 输入 PL 命令，描绘出如图 20-126 所示的水体区域，并将其置为当前图层。

03 输入 H 命令，在“图案填充和渐变色”对话框中，选择“AR－RROOF”图案类型。角度为 0，比例为 5000，用选择对象的方式选择上步绘制的多段线，结果如图 20-127 所示。

04 单击“线型控制”下拉列表框，选择“加载”，加载“DASHED2”，“全局比例因子”设为 2000，将填充的水纹线型改为此线型，结果如图 20-128 所示。

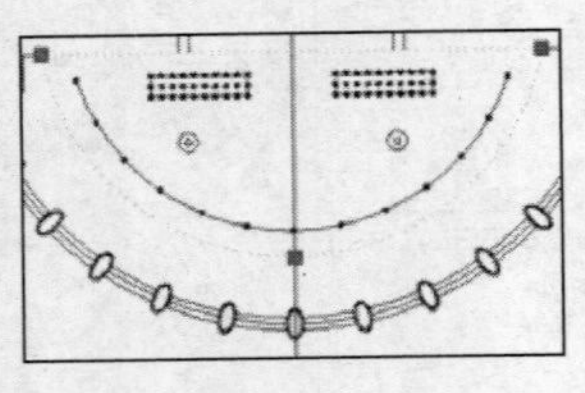

图 20-126　描边结果

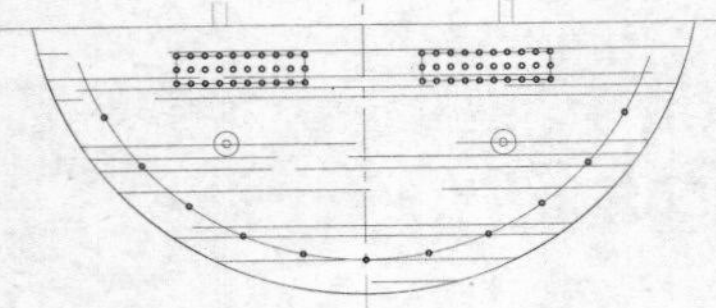

图 20-127　填充结果

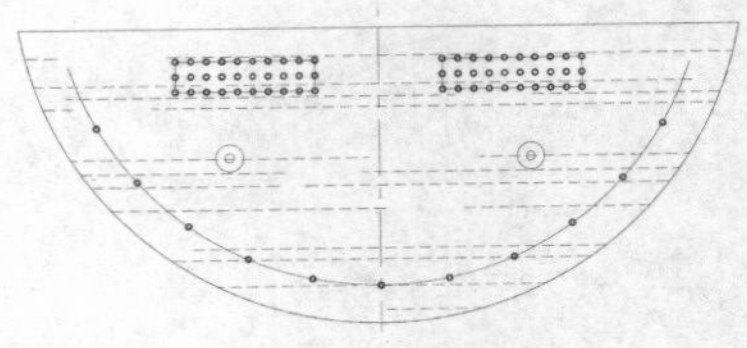

图 20-128　修改线型

05 用同样的方法填充其他区域的水体，结果如图 20-129 所示。

06 水体填充完成。

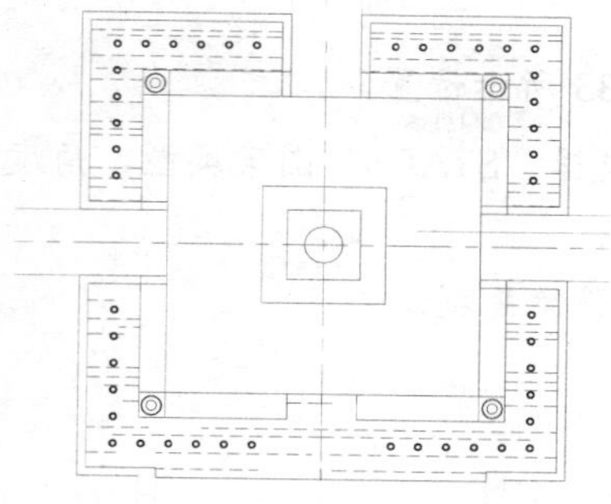

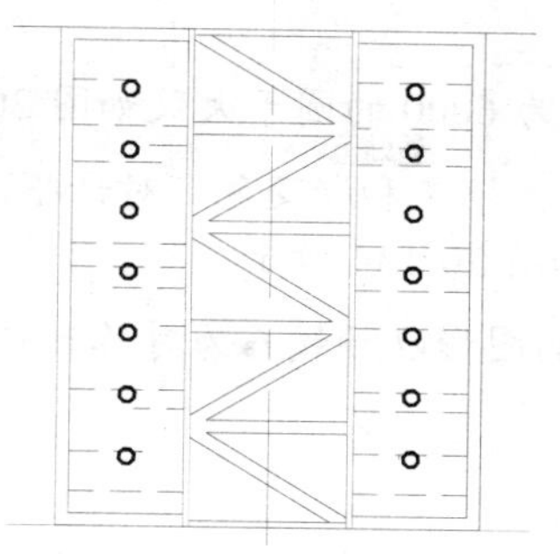

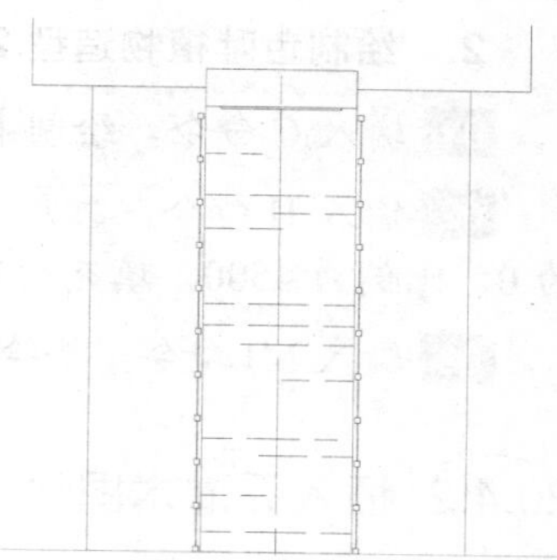

图 20-129　填充其他水体区域

20.4 绘制植物和引线标注

校园的植物配置有其自身的特点。园林是以树木、花草、山石、水面等自然景物为主体，以建筑小品为点缀、衬托自然景物，即使量较大的亭台廊榭，除造景需要外，其功能也是满足人们的游憩要求。而校园绿化是通过种植树木花草等措施，改善小气候，美化环境，配合校园建筑起着衬托的作用。

一般情况下，校园广场的植物力求简单，以突出广场的轮廓，体现其气势。植物类型以乔木为主，种植方式以孤植或对植为主，不宜成片种植，以避免阻碍视线，有利于人员流动和通风。

20.4.1 地被植物的绘制

本例的地被植物包括：草坪和位于草坪上的由色叶植物构成的植物造型。

1. **绘制色叶植物造型 1**

01 新建“地被”图层，颜色设为洋红，将其置为当前图层。

02 输入 C 命令，绘制半径分别为 1800、1800、2800 的三个圆，大致放置于如图 20-130 所示的位置。

03 输入 SPL 命令，绘制如图 20-131 所示的地被轮廓。

04 输入 MI 命令，将绘制的圆和样条曲线以轴线 6 为对称轴进行镜像复制，并删除多余的线条，结果如图 20-132 所示。

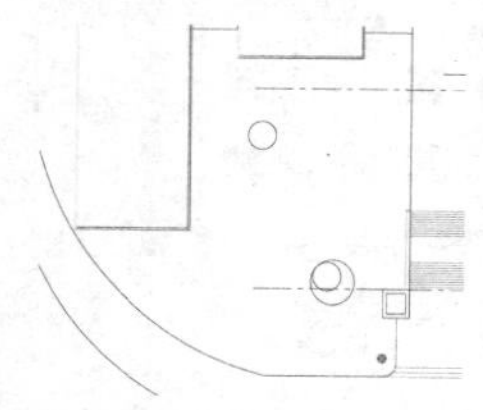

图 20-130　绘制圆

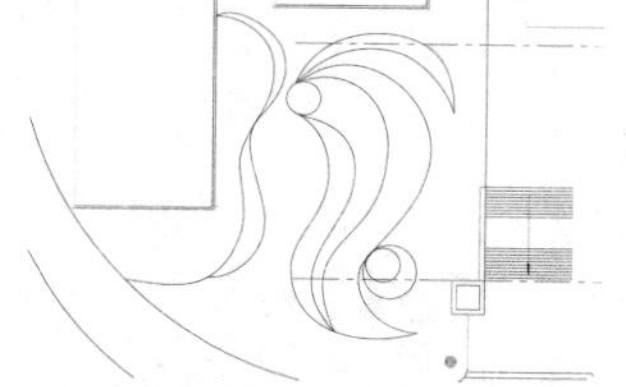

图 20-131　绘制地被轮廓

图 20-132　镜像结果

2. 绘制色叶植物造型 2

01 输入 C 命令，绘制半径为 6000 的圆于大致如图 20-133 所示位置。

02 输入 H 命令，打开“图案填充和渐变色”对话框。选择“STARS”图案类型，角度为 0，比例为 4500。填充结果如图 20-134 所示。

03 输入 MI 命令，将绘制的图形以轴线 6 为对称轴进行镜像复制。

20.4.2 插入乔灌木图块

本例中的灌木有红继木，乔木包括白兰花、银杏、桂花等。

01 新建“乔灌木”图层，颜色设为绿色，并将其置为当前。

02 输入 I 命令，在弹出的对话框中单击“浏览”按钮，找到本书配套光盘中的“大桂花”图块，设置比例为 30，将其插入大致如图 20-135 所示的位置。

03 输入 CO 命令，将插入的图块复制到其他部位，如图 20-136 所示。

04 输入 MI 命令，选择所有大桂花图例，将其以轴线 6 为对称轴进行镜像复制，结果如图 20-137 所示。

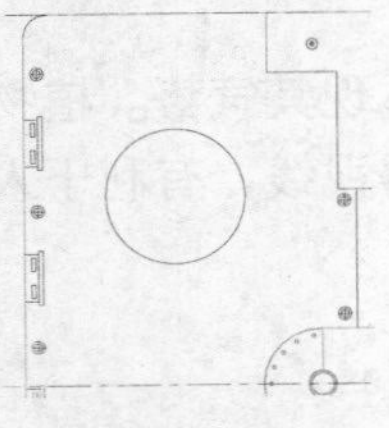

图 20-133 绘制圆

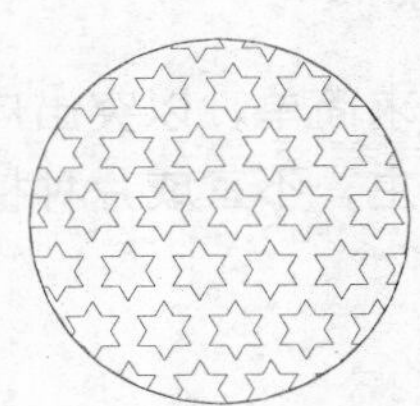

图 20-134 填充结果

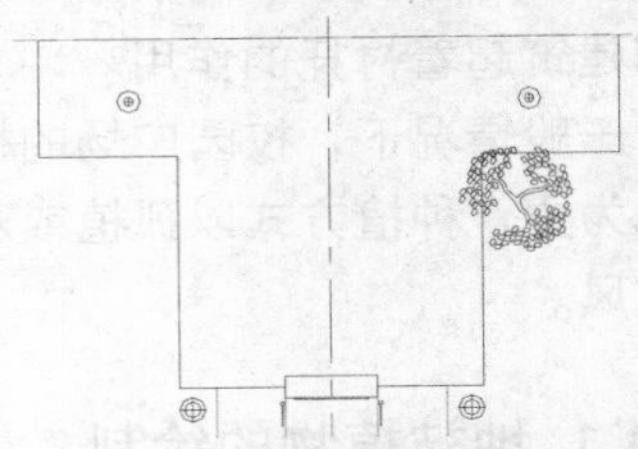

图 20-135 插入植物图块

05 用同样的方法插入其余的植物图块，最终结果如图 20-138 所示。

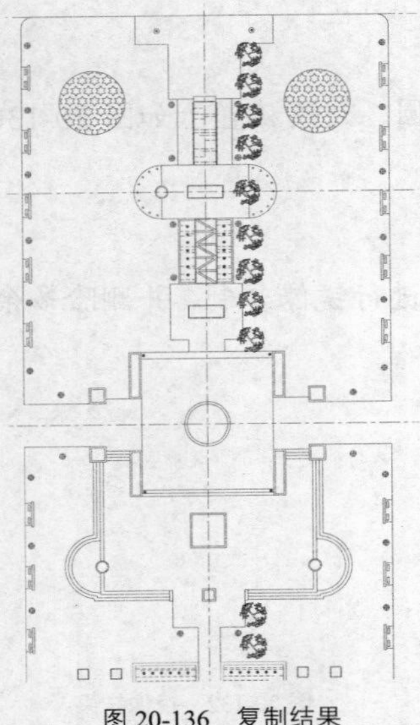

图 20-136 复制结果

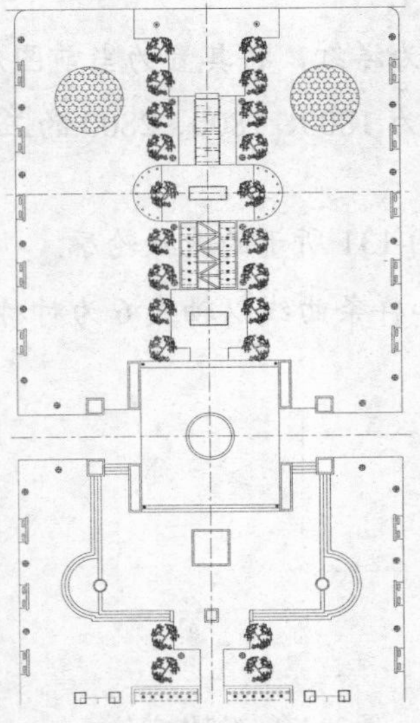

图 20-137 镜像结果

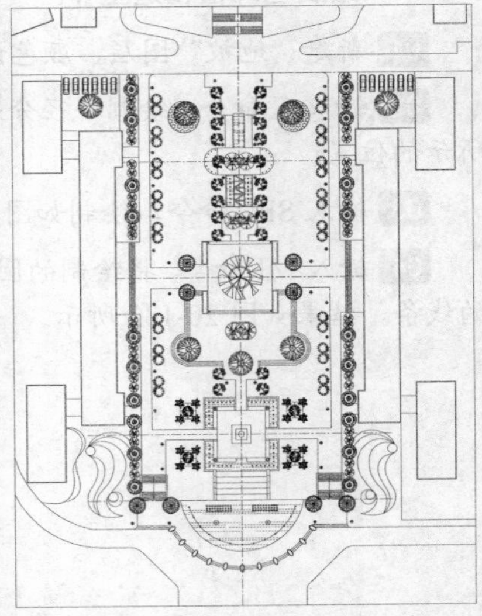

图 20-138 插入结果

20.4.3 引线标注

01 新建“标注”图层，颜色设为白色。

02 在“默认”选项卡中，单击“注释”面板中的“多重引线样式”按钮，新建“样式 1”，其各选项设置如图 20-139 所示。

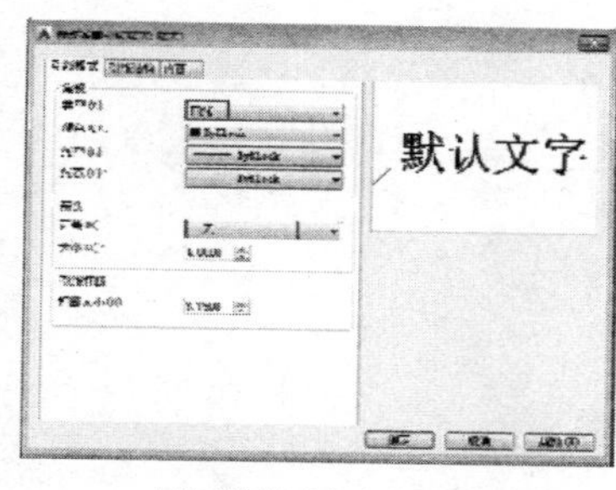

（“引线格式”标签设置）

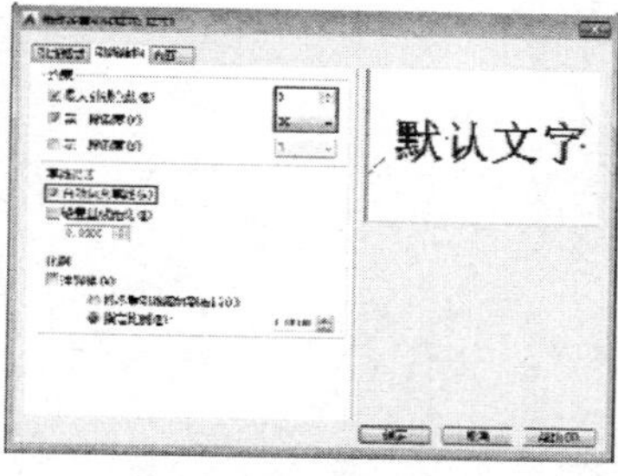

（“引线结构”标签设置）

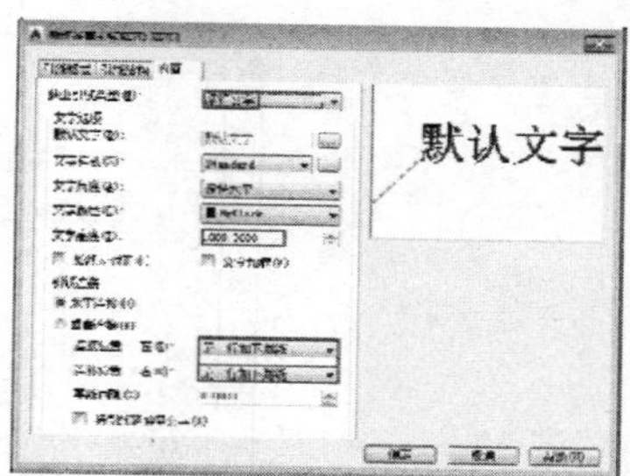

（“内容”标签设置）

图 20-139 多重引线样式设置

03 输入 MLD 命令，对图形进行引线标注，结果如图 20-140 所示。

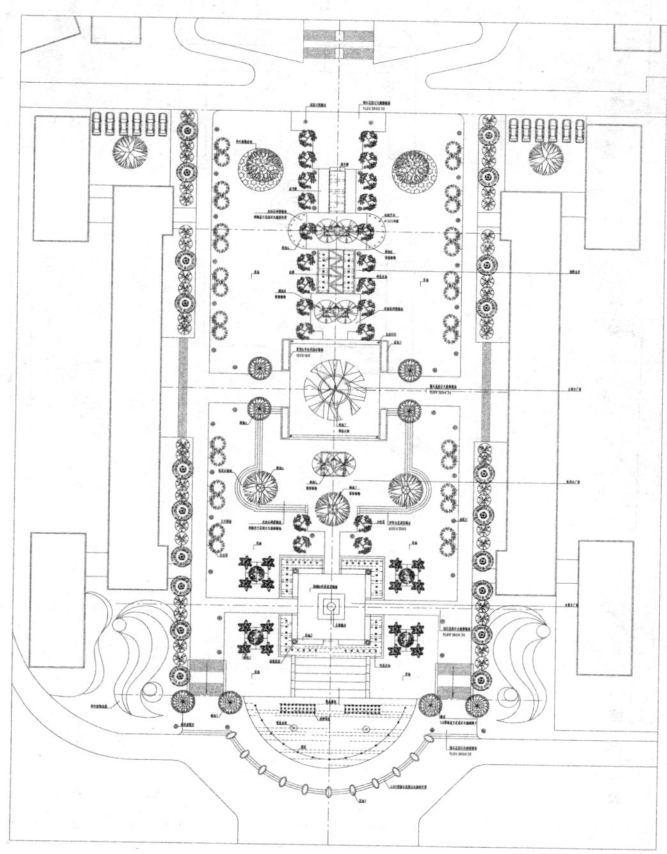

图 20-140 引线标注结果

至此，校园中心广场景观设计的平面图就绘制完成了。

20.5 课后练习

绘制如图 20-141 所示小广场景观设计平面图。

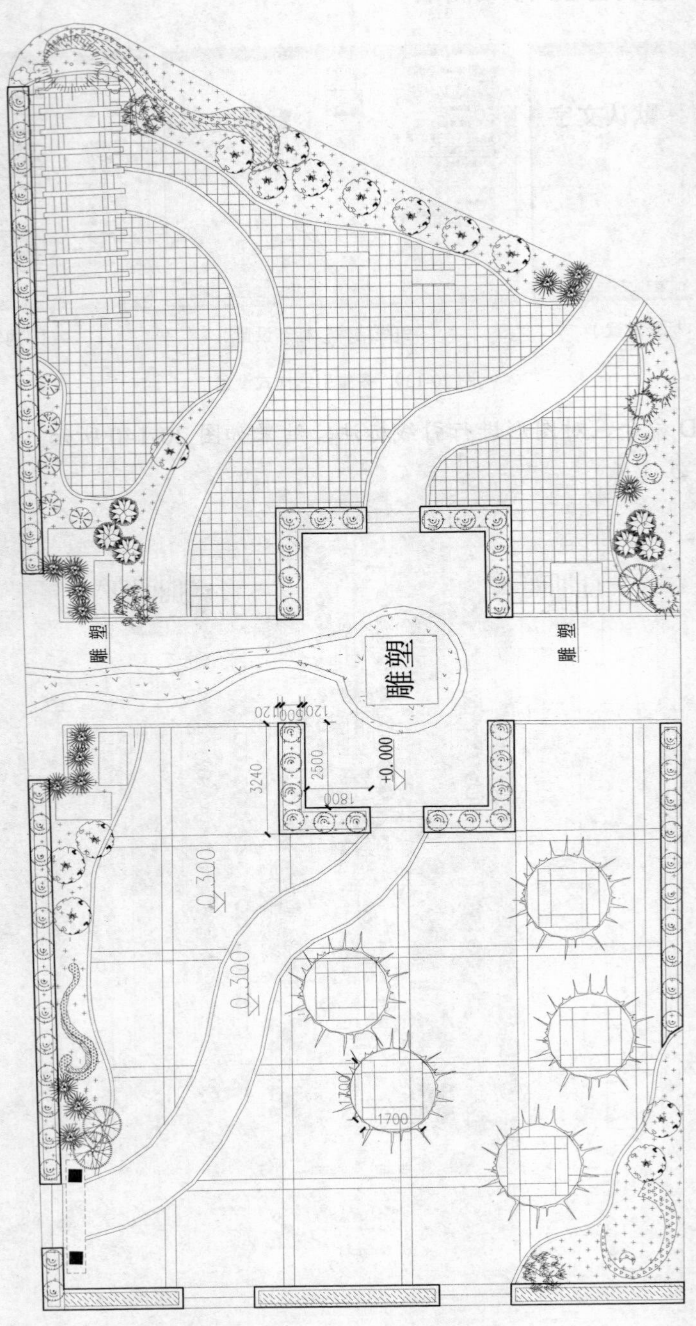

图 20-141　小广场景观设计平面图

第21章 办公楼景观设计实例

本章导读

本章介绍的是某办公楼及南面公用绿地广场的设计。该办公大楼由五层办公主楼和三层裙楼组成。基地西侧为区政府大院，北向为中南院围墙，南向为城市预留公共绿地，东侧为规划实施中的住宅小区。

本章重点

- 绘制主体轮廓
- 绘制办公楼广场周围景观和设施
- 绘制景观植物和引线标注
- 课后练习

本章讲述该办公楼景观总平面图的绘制过程和方法，绘制完成的最终效果如图 21-1 所示。

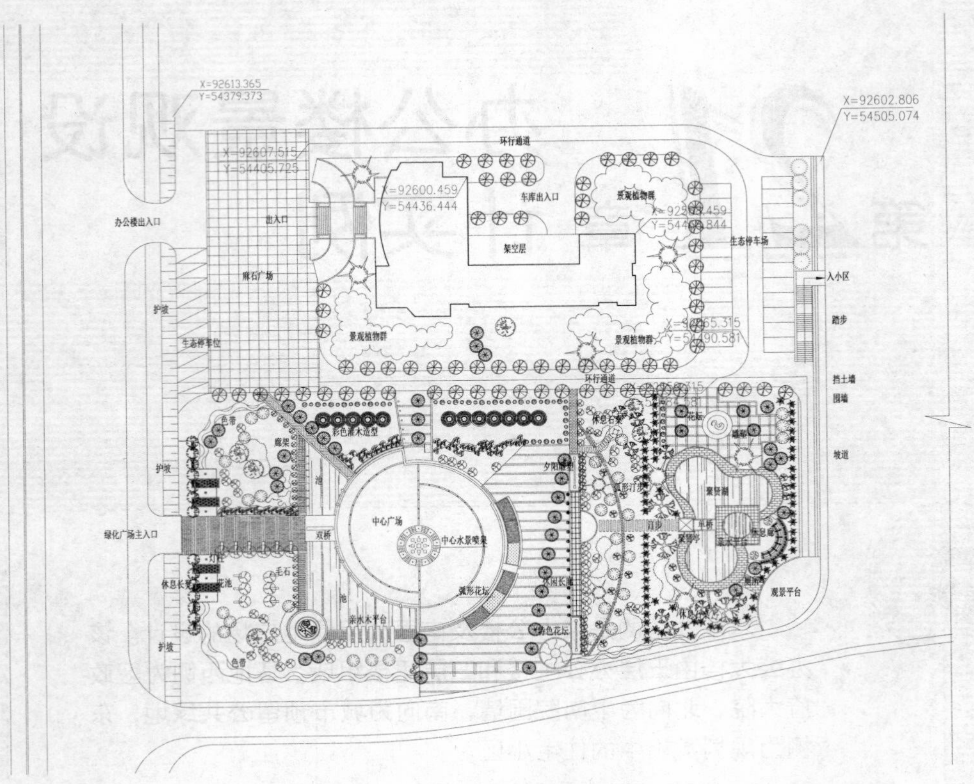

图 21-1　某办公楼景观总平面图

该景观设计鸟瞰透视效果图如图 21-2 所示。

图 21-2　鸟瞰效果图

21.1 绘制主体轮廓

本实例中的主体轮廓包括道路的轮廓线和景观的大致轮廓线，本实例先绘制出主体轮廓线，然后再进行细部的绘制。

21.1.1 绘制内部道路

内部道路位于办公楼建筑物旁边，根据已有的建筑物和道路绘制好内部道路，可以方便图形的绘制和景观的定位。

01 打开本书配套光盘中的“办公楼原始图.dwg”，如图 21-3 所示。该图形已经绘制了建筑轮廓线和外围的道路。

02 输入“LA”命令，在打开的“图层特性管理器”对话框中新建“道路中心线”图层，设置颜色为红色，线型为“ACAD_ISO04W100”，并将其置为当前图层。

03 输入“L”命令，按住 Shift 键，右键单击鼠标，选择“自”，单击上侧护坡与道路边线的交点，作为参考点，输入（@26000，-3000），得到道路中心线的第一点；用光标引导，沿 X 轴正方向输入 84856，Y 轴负方向输入 48200，X 轴负方向输入 83264.5；重复“L”命令，单击轴线的右下角点，用光标引导，沿 X 轴正方向输入 11362，Y 轴负方向输入 36592，结果如图 21-4 所示。

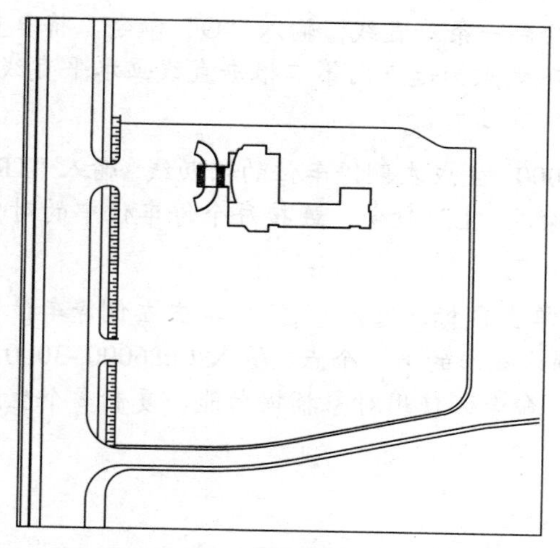

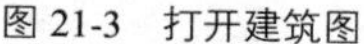

图 21-3　打开建筑图

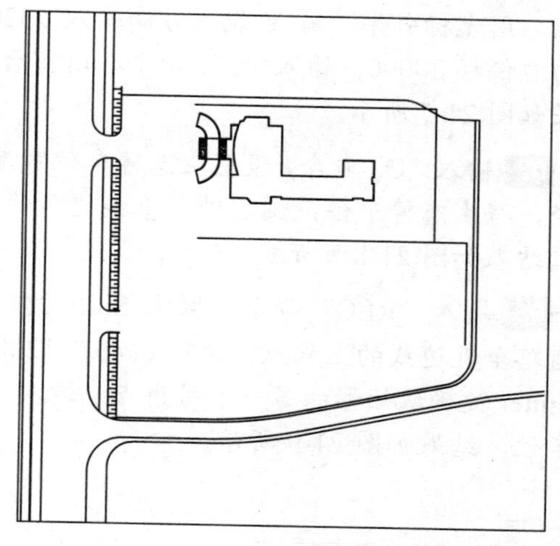

图 21-4　绘制道路中心线

04 输入“F”命令，分别设置圆角半径为 12000 和 6000，对应右上角的两轴线和中间的两轴线进行倒圆角，结果如图 21-5 所示。

05 将“道路”图层置为当前层，输入“O”命令，根据内部道路宽度，设置道路半宽为偏移距离，将道路中线向两侧偏移，生成道路边线；输入“F”命令，对转角处的道路进行圆角处理，结果如图 21-6 所示。

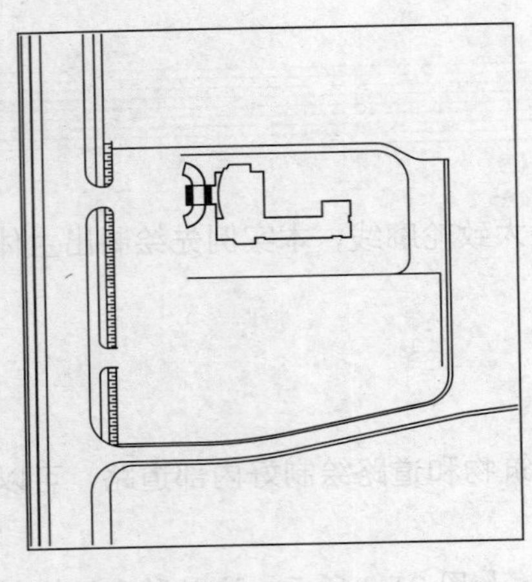

图 21-5　倒圆角

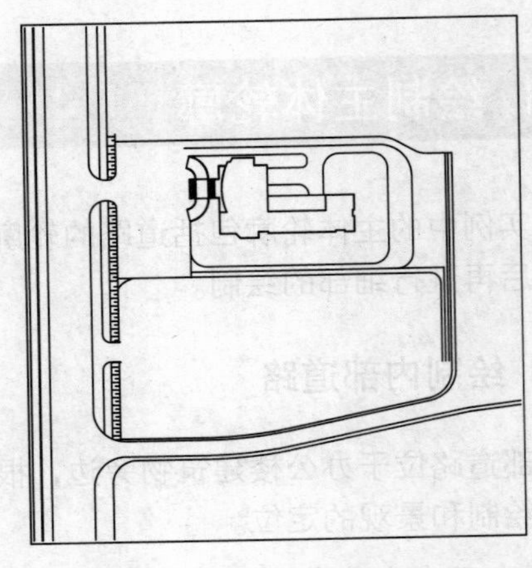

图 21-6　绘制道路轮廓线

21.1.2 绘制景观轮廓线

景观是园林设计的主体部分，绘制园林平面图先要绘制出景观轮廓线，然后在景观轮廓线的基础上绘制出细部景观。

1. 绘制麻石广场和生态停车位

01 新建“景观”图层，将其置为当前层，输入“L”命令，按住 Shift 键，右键单击鼠标，选择“自”，单击第二个护坡与道路边线的交点，沿 X 轴正方向输入 6000，确认直线的起点，用光标引导，沿 Y 轴正方向输入 53200，绘制一条垂直线；输入“O”命令，将垂直线向右偏移 20000；输入“L”命令，以花台的上下端点为起点向第二根垂直线画水平直线，结果如图 21-7 所示。

02 输入“O”命令，设置生态停车位宽度为 3000，生成左侧停车位的辅助线；输入“TR”命令，将生态停车位范围以外的直线进行修剪；输入“L”命令，连接每个停车位中的对角线，结果如图 21-8 所示。

03 输入“REC”命令，按住 Shift 键，右键单击鼠标，选择“自”，单击左侧停车位左侧道路垂直边线的上端点，输入（@0，-1200），确认矩形的第一个点，输入（@6000,-3000），按 Enter 键确认矩形的另一个对角点；输入“CO”命令，使用对象捕捉功能，复制多个生态停车位，结果如图 21-9 所示。

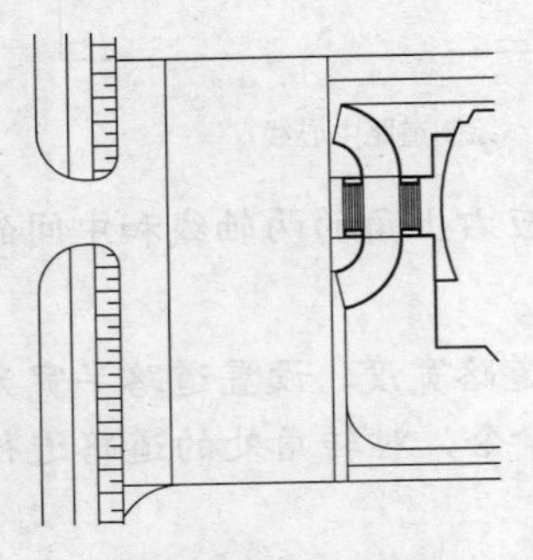

图 21-7　绘制麻石广场轮廓线

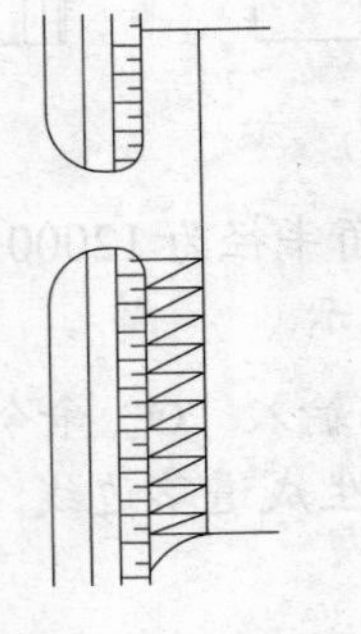

图 21-8　绘制左侧生态停车位

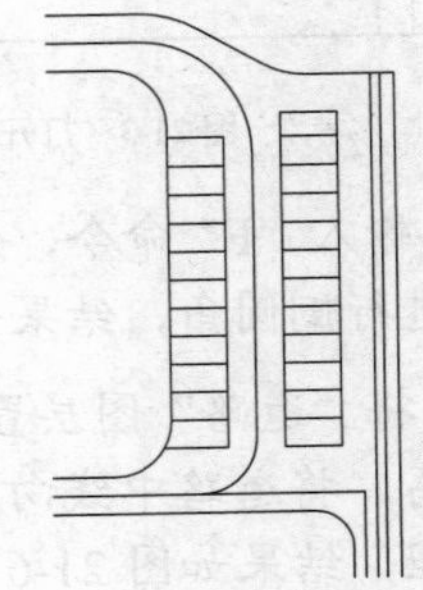

图 21-9　绘制右侧生态停车位

2．绘制中心广场

01 输入“C”命令，按住 Shift 键，右键单击鼠标，选择“自”，单击左侧生态停车位右下角的端点，输入（@40744，-28088）确认圆心位置，输入 16640 后按 Enter 键，确认半径值，绘制一个圆。

02 输入“XL”命令，绘制角度为 103°和 90°且经过圆心的直线。

03 输入“TR”命令，将构造线和圆多余的部分进行修剪，结果如图 21-10 所示。

04 输入“C”命令，按住 Shift 键，右键单击鼠标，选择“自”，单击左侧生态停车位右下角的端点，输入（@40744，-32022）确认圆心位置，输入 17536 后按 Enter 键，确认半径值，绘制一个圆。

05 输入“TR”命令，将第三步创建两半径右侧的圆弧进行修剪，结果如图 21-11 所示。

06 输入“O”命令，生成广场和弧形花坛的辅助线；输入“XL”命令，绘制具有一定角度并通过圆心的构造线；输入“TR”命令，将偏移生成的圆弧和构造线等进行修剪，结果如图 21-12 所示。

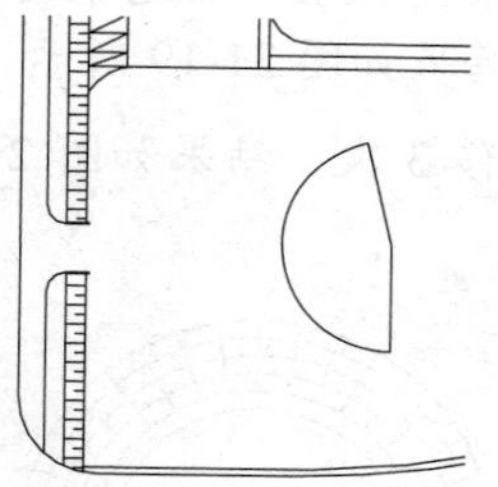

图 21-10　绘制左边圆弧

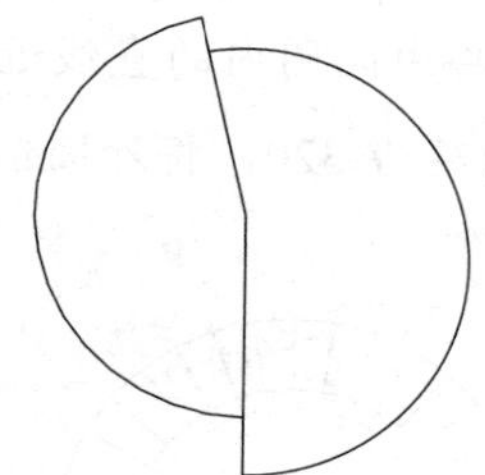

图 21-11　绘制右边圆弧

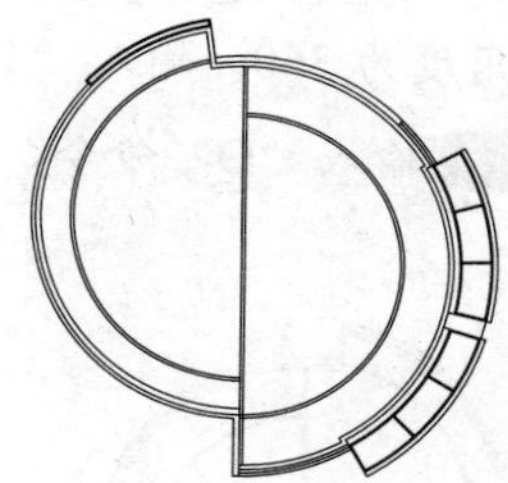

图 21-12　绘制广场和弧形花坛轮廓线

07 输入“REC”命令，按住 Shift 键，右键单击鼠标，选择“自”，单击左侧圆弧的圆心，输入（@-15030，7579）按 Enter 键，确定矩形的第一个角点，输入（@768，320）按 Enter 键，确认矩形的另一个对角点，结果如图 21-13 所示。

08 输入“RO”命令，选择矩形作为旋转对象，单击矩形左下角点为基点，设置旋转角度为-27°，结果如图 21-14 所示。

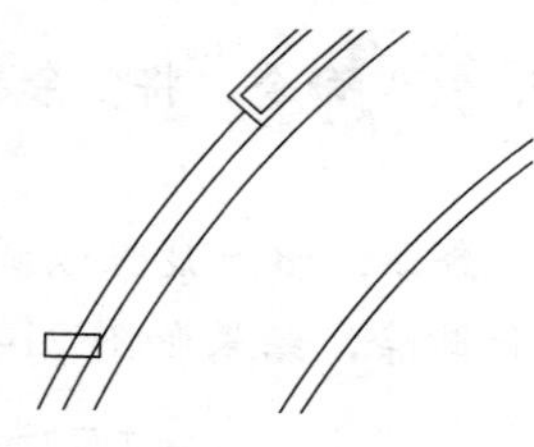

图 21-13　绘制矩形

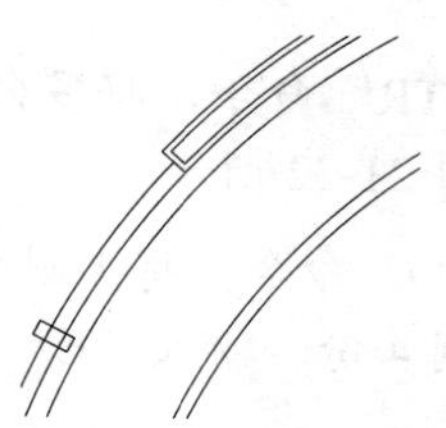

图 21-14　旋转矩形

09 输入“AR”命令，选择“极轴阵列”方式，选择矩形对象，指定中心点为圆弧的圆心，设置项目总数为 12，填充角度为 115°，对矩形进行阵列。

10 输入“E”命令，删除 3 个矩形，结果如图 21-15 所示。

11 输入“TR”命令，将矩形内的圆弧进行修剪，结果如图 21-16 所示。

12 输入“C”命令，绘制一个半径为 96 的圆；输入“O”命令，将圆向内偏移 19.2；输入

"M"命令，将圆移到两圆弧处；输入"AR"命令，对两圆进行阵列，结果如图 21-17 所示。

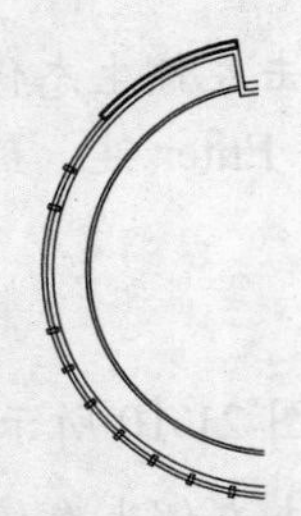
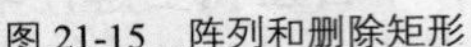

图 21-15　阵列和删除矩形

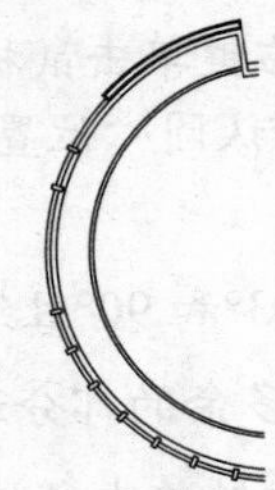

图 21-16　修剪圆弧

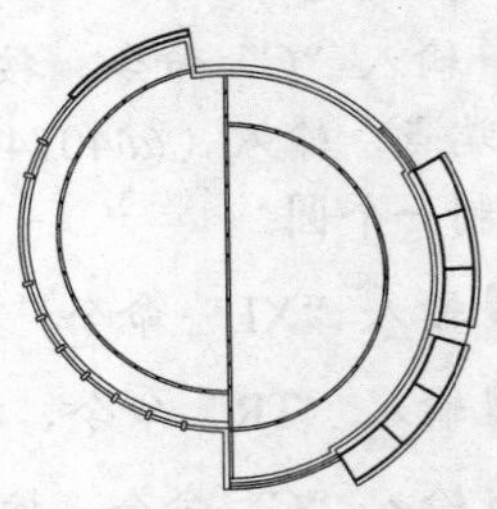

图 21-17　阵列圆形

13 输入"C"命令，按住 Shift 键，右键单击鼠标，选择"自"，单击左侧最外圆弧的圆心，输入（@35，-3840）按 Enter 键确认圆的圆心位置，输入 4160 按 Enter 键确认圆半径；输入"O"命令，将圆依次向内偏移 1280 和 320；输入"TR"命令，将圆内直线进行修剪，结果如图 21-18 所示。

14 输入"L"命令，绘制一条经过大圆 90°象限点的半径线；输入"AR"命令，选择"极轴阵列"方式，选择直线对象作为阵列对象，指定圆心作为阵列中心点，设置项目总数为 36，填充角度为 360；输入"TR"命令，将中间圆内的直线进行修剪，结果如图 21-19 所示。

15 输入"O"命令，设置偏移距离为 320，将外圆依次向内偏移 3 次，结果如图 21-20 所示。

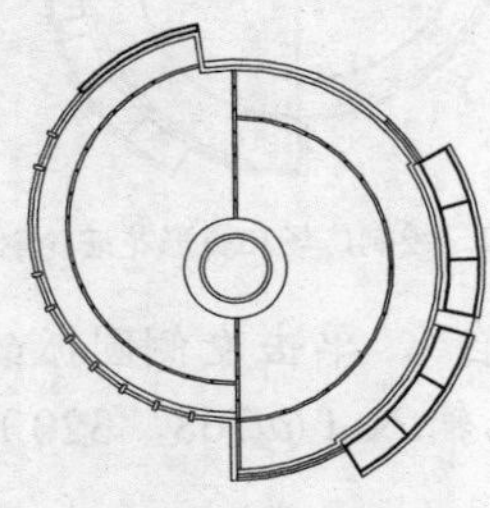

图 21-18　绘制圆

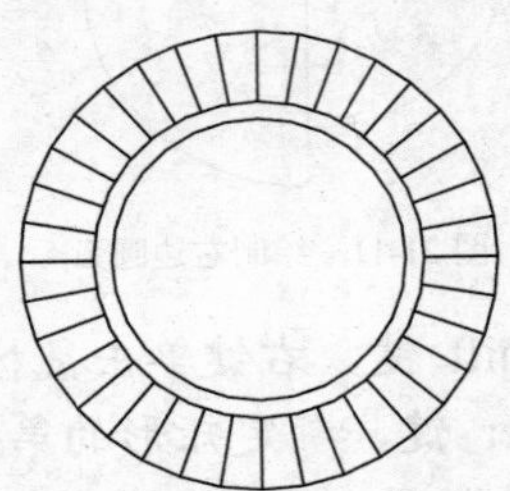

图 21-19　绘制直线

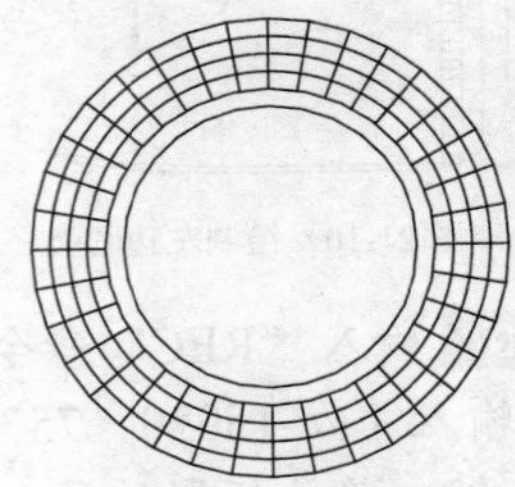

图 21-20　偏移圆

16 输入"CO"命令，将前面绘制的喷泉口，以圆心为基点，复制多个喷泉眼；结果如图 21-21 所示。

17 输入"TR"命令，将多余的圆弧线进行修剪；输入"E"命令，将多余的直线进行删除，结果如图 21-22 所示。

18 输入"O"命令，将小圆向内偏移 736；输入"CO"命令，将喷泉眼以圆心为基点，捕捉象限点复制 4 份；输入"E"命令，将偏移生成的圆进行删除，结果如图 21-23 所示。

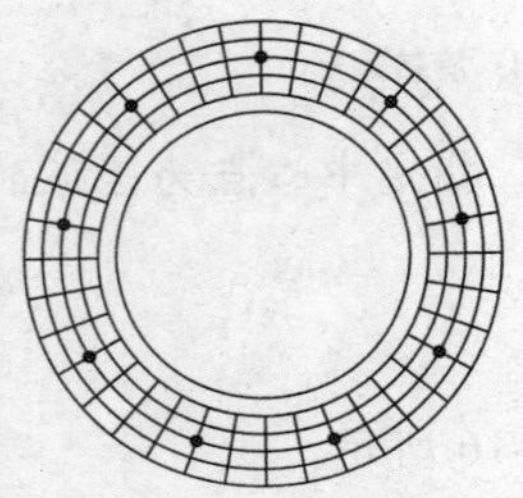

图 21-21　复制喷泉眼

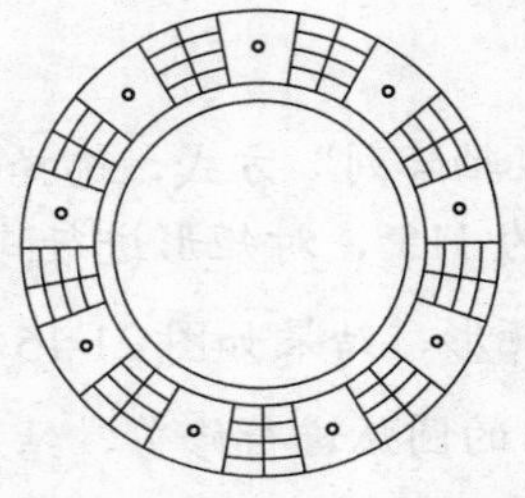

图 21-22　修剪圆弧和删除直线

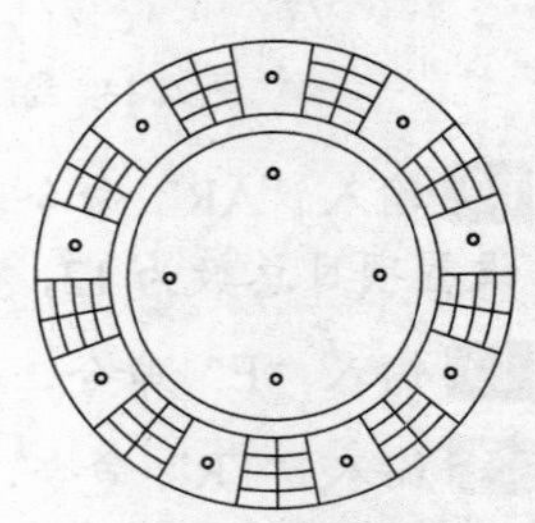

图 21-23　复制喷泉眼

19 输入"REC"命令，按住 Shift 键，右键单击鼠标，选择"自"，单击圆心，输入（@-640，-640）按 Enter 键确认矩形的第一个角点，输入（@1280，1280）按 Enter 键确认矩形的另一个对角点；输入"CO"命令，将喷泉眼以圆心为基点，捕捉端点将其复制到矩形的 4 个对角点上；输入"E"命令，删除辅助矩形，结果如图 21-24 所示。

20 输入"REC"命令，按住 Shift 键，右键单击鼠标，选择"自"，单击圆心，输入（@-1472，-1472）按 Enter 键确认矩形的第一个角点，输入（@576，576）按 Enter 键确认矩形的另一个对角点；输入"AR"命令，选择"矩形"阵列方式，设置行数和列数为 3，设置行偏移和列偏移都为 1184，选择矩形对象，阵列复制多个矩形；输入"E"命令，将中间一个矩形进行删除，结果如图 21-25 所示。

21 输入"REC"命令，按住 Shift 键，右键单击鼠标，选择"自"，单击圆心，输入（@-384，-384）按 Enter 键确认矩形的第一个角点，输入（@768，768）按 Enter 键确认矩形的另一个对角点，结果如图 21-26 所示。

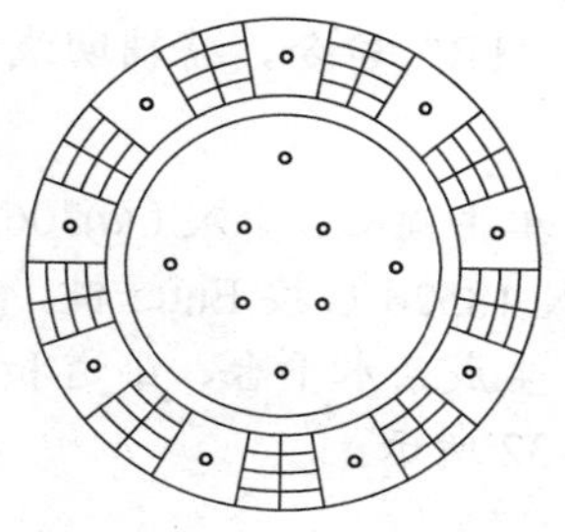

图 21-24　复制内喷泉眼

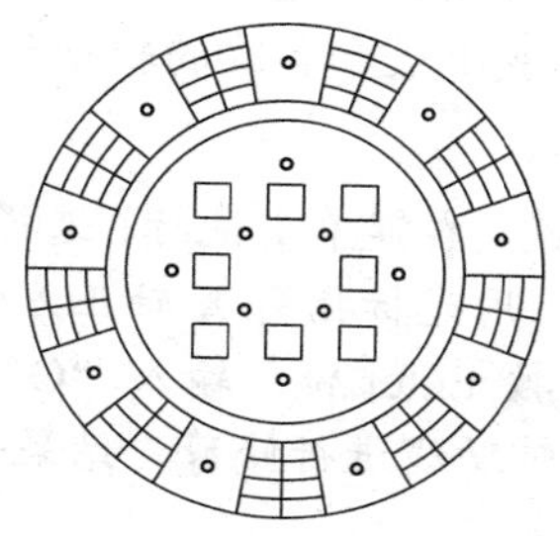

图 21-25　绘制四周矩形

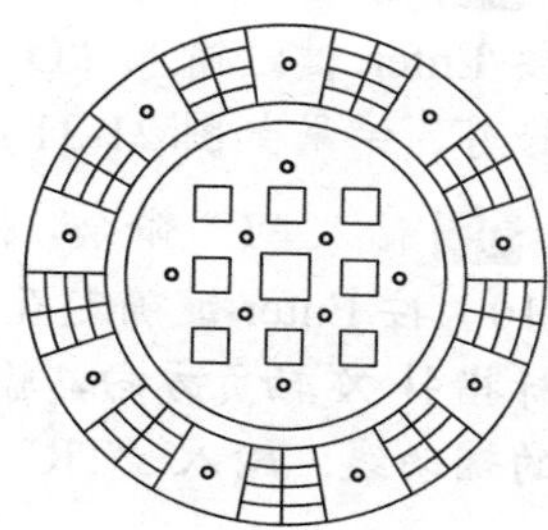

图 21-26　绘制中间矩形

3. 绘制中心广场左侧道路

01 输入"L"命令，以主入口道路为参考，绘制辅助直线；输入"O"命令，生成主入口铺地、树池、双桥和历史文牌的辅助线；输入"TR"命令，将辅助线进行修剪，结果如图 21-27 所示。

02 输入"L"命令，按住 Shift 键，右键单击鼠标，选择"自"，单击生态停车位右下角点，用光标指引 X 轴正方向，输入 8912.5 按 Enter 键确定直线的第一点，输入（@18091，-18091）按 Enter 键确定直线的另一点；输入"O"命令，将直线依次向右上方偏移 288、1344 和 288，结果如图 21-28 所示。

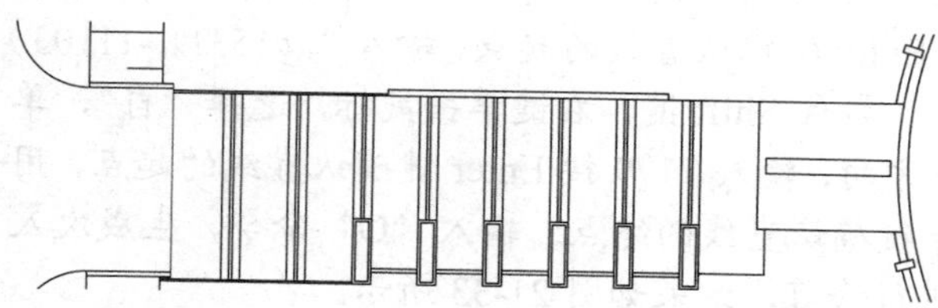

图 21-27　绘制主入口铺地、树池、双桥和历史文牌

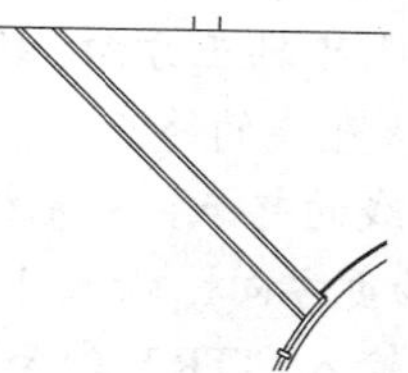

图 21-28　绘制小道

03 输入"L"命令，按住 Shift 键，右键单击鼠标，选择"自"，单击生态停车位右下角点，输入（@17031，-8119）按 Enter 键确定直线的第一点，用光标指引 X 轴负方向，输入 17037 后按 Enter 键确认直线的另一点；输入"O"命令，生成廊架和台阶的辅助线；输入"TR"命令，将辅助线进行修剪，结果如图 21-29 所示。

04 输入“C”命令，按住 Shift 键，右键单击鼠标，选择“自”，单击双桥左下角端点，输入（@308，-17805）按 Enter 键确认圆心位置，输入半径值 3840 后按 Enter 键；输入“O”命令，将圆向内偏移 5 次，偏移距离依次为 288、1152、128、384 和 128，结果如图 21-30 所示。

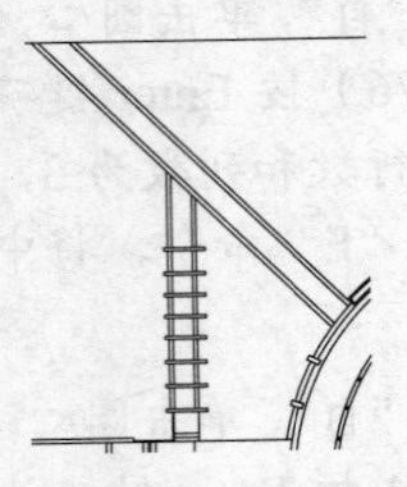

图 21-29 绘制廊架和台阶

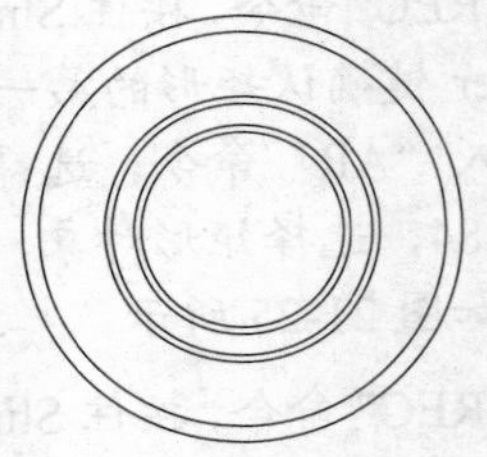

图 21-30 绘制圆

05 输入“L”命令，单击主入口铺地右下角端点，用光标指引 Y 轴负方向，输入 12090 后按 Enter 键；输入“O”命令，生成小道和台阶的辅助线；输入“TR”命令，将辅助线进行修剪，结果如图 21-31 所示。

06 输入“L”命令，按住 Shift 键，右键单击鼠标，选择“自”，单击圆心，输入（@3067，-2310）按 Enter 键确定直线的起点，用光标指引 X 轴正方向，输入 18526 后按 Enter 键，用光标指引 X 轴负方向，输入 11798 按 Enter 键；输入“O”命令，生成亲水平台、小道和台阶的辅助线；输入“TR”命令，将辅助线进行修剪，结果如图 21-32 所示。

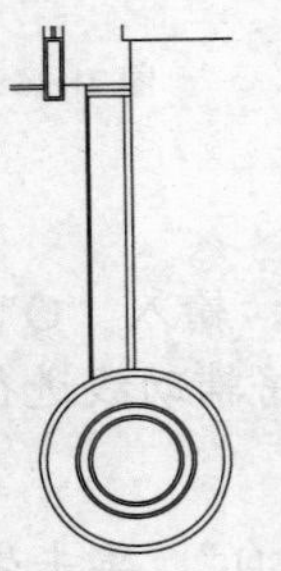

图 21-31 绘制小道和台阶

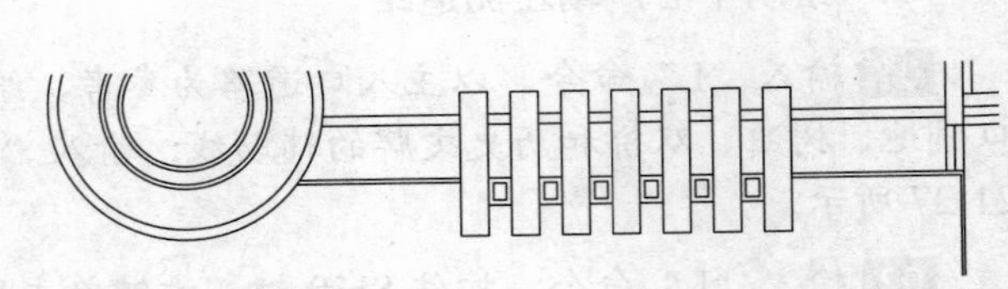

图 21-32 绘制亲水平台

4. 绘制中心广场右侧轮廓线

01 输入“L”命令，按住 Shift 键，右键单击鼠标，选择“自”，单击生态停车位右下角点，用光标指引 X 轴正方向，输入 35912 按 Enter 键确认直线的起点，输入（@1531，-11103）按 Enter 键确认直线的终点；输入“L”命令，按住 Shift 键，右键单击鼠标，选择“自”，单击该步创建直线的起点，用光标指引 X 轴正方向，输入 7179 按 Enter 键确认直线的起点，用光标指引 Y 轴负方向，输入 14271 按 Enter 键确认直线的终点；输入“O”命令，生成次入口的辅助线；输入“TR”命令，将辅助线进行修剪，结果如图 21-33 所示。

02 输入“L”命令，按住 Shift 键，右键单击鼠标，选择“自”，单击生态停车位右下角点，用光标指引 X 轴正方向输入 69972 按 Enter 键确认直线的起点，沿 Y 轴负方向输入 13115 按 Enter 键确认直线的终点；输入“O”命令，生成休闲长廊和广场铺地的辅助线；输入“TR”命令，将辅助线进行修剪，结果如图 21-34 所示。

03 输入“C”命令，按住 Shift 键，右键单击鼠标，选择“自”，单击观景长廊右下角端点，输入（@-5140，294）按 Enter 键确认圆心的位置，输入 3200 按 Enter 键，绘制一个圆；输入“O”命令，设置偏移距离为 192 和 2059，依次向内进行偏移；输入“PL”命令，绘制圆弧段多段线，设置圆弧半径为 730，绘制一条多段线；输入“AR”命令，以圆心为中心点，设置项目总数为 8，阵列角度为 360，对多段线进行阵列，结果如图 21-35 所示。

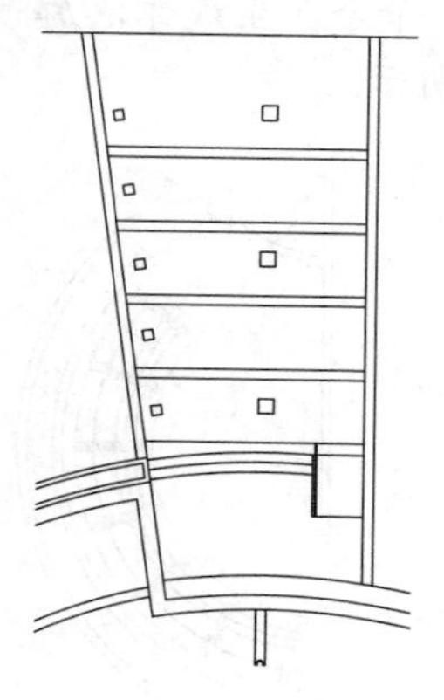
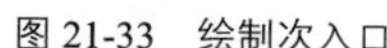

图 21-33　绘制次入口

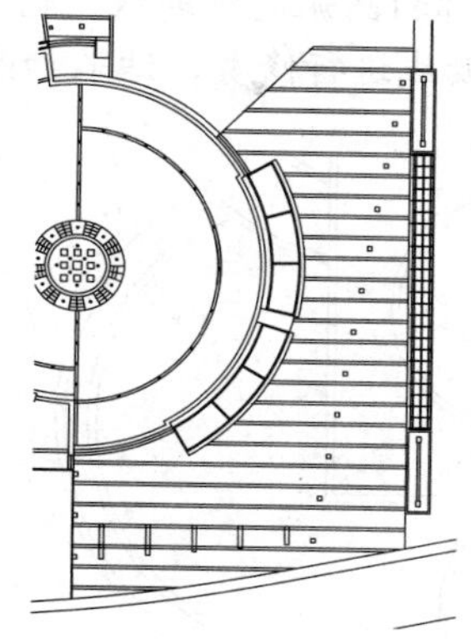

图 21-34　绘制休闲长廊和铺地

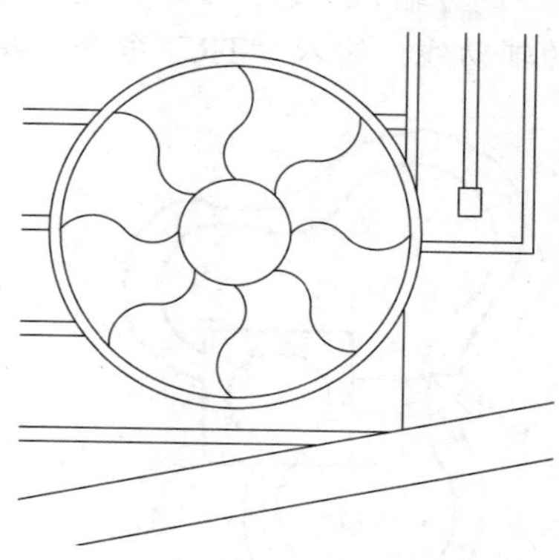

图 21-35　绘制特色花坛

04 输入“REC”命令，按住 Shift 键，右键单击鼠标，选择“自”，单击观景长廊右下角端点，输入（@18903，24732）按 Enter 键确认矩形的左下角点，输入（@3064，2856）按 Enter 键确认矩形的另一个对角点；输入“O”命令，将矩形向内偏移 150；输入“L”命令，连接内矩形的两条对角线，结果如图 21-36 所示。

05 输入“REC”命令，按住 Shift 键，右键单击鼠标，选择“自”，单击聚贤亭右下角端点，输入（@4215，-2844）按 Enter 键确认矩形的左下角点，输入（@8551，8179）按 Enter 键确认矩形的另一个对角点；输入“EL”命令，设置椭圆的中心点为矩形对角线的交点，长半轴长为 3006，短半轴长为 2750，绘制一个椭圆；输入“O”命令，将矩形和椭圆向内偏移 150，结果如图 21-37 所示。

06 输入“L”命令，按住 Shift 键，右键单击鼠标，选择“自”，单击聚贤亭右下角点，用光标指引 Y 轴正方向输入 228 按 Enter 键确认直线的起点，用光标指引 X 轴正方向，输入 4215 按 Enter 键确认直线的终点；输入“O”命令，设置偏移距离依次为 200、2000 和 200，将直线向上偏移，结果如图 21-38 所示。

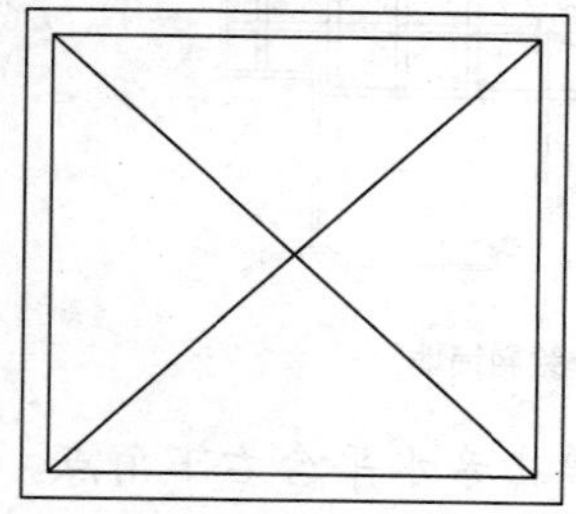

图 21-36　绘制聚贤亭

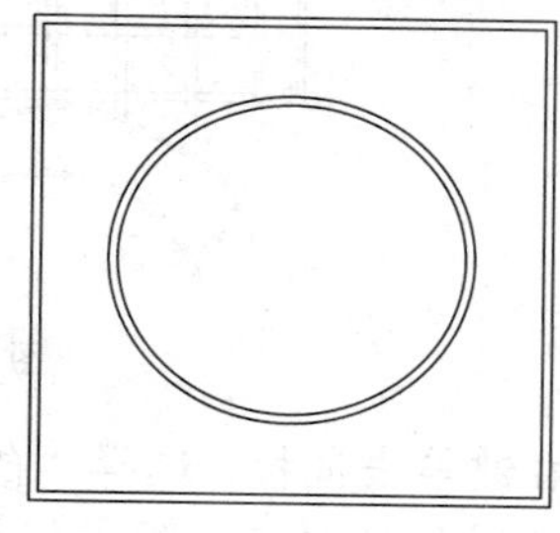

图 21-37　绘制亲水平台

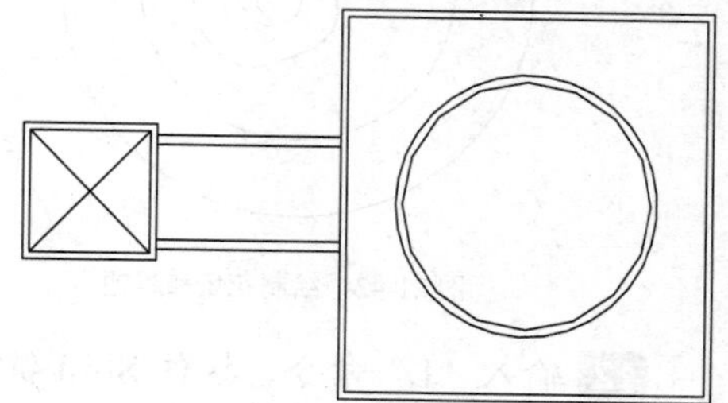

图 21-38　绘制单桥

07 输入“PL”命令，绘制出聚贤湖边轮廓线；输入“O”命令，将多段线向外偏移，生成湖边小道和路缘石轮廓线；利用夹点编辑功能，将小道外边线进行修改，结果如图 21-39 所示。

08 输入“C”命令，按住 Shift 键，右键单击鼠标，选择“自”，单击亲水平台右下角端点，输入（@-130，1617）按 Enter 键确认圆心位置，输入 4781 按 Enter 键确认半径值；输入“TR”命令，将聚贤湖边轮廓线左侧圆弧进行修剪；输入“O”命令，将圆弧进行偏移，生成花池的辅助线；输入“TR”命令，将辅助线进行修剪，结果如图 21-40 所示。

09 输入“O”命令，生成休息廊的圆弧的辅助线；输入“XL”命令，生成休息廊横梁的辅助线；输入“TR”命令，将辅助线进行修剪，结果如图 21-41 所示。

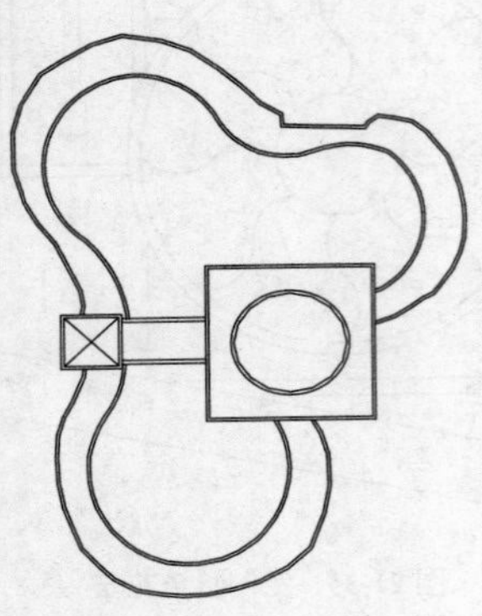

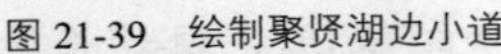

图 21-39　绘制聚贤湖边小道

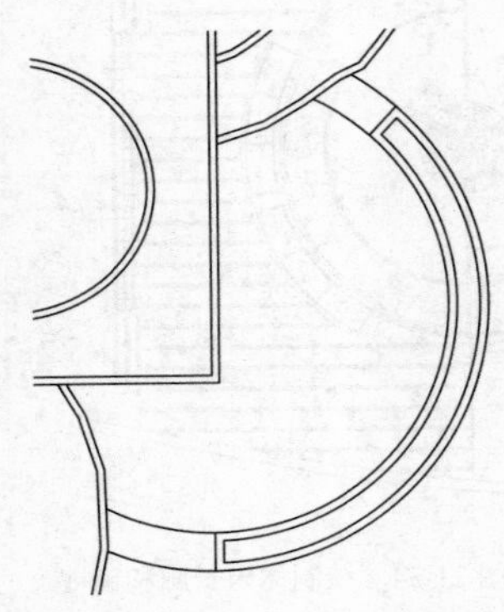

图 21-40　绘制弧形花池

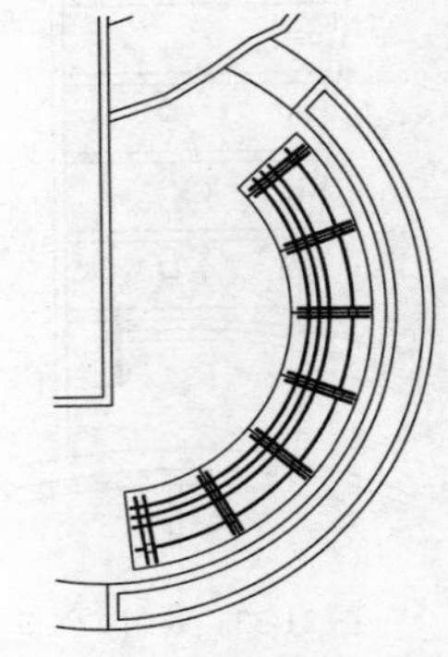

图 21-41　绘制休息廊

10 输入“C”命令，按住 Shift 键，右键单击鼠标，选择“自”，单击亲水平台左上角端点，输入（@524，16447）按 Enter 键确认圆心位置，输入 2899 按 Enter 键确认半径值；输入“O”命令，将圆向内偏移 960；输入“SPL”命令，在圆内绘制出雕塑轮廓线，结果如图 21-42 所示。

11 输入“L”命令，按住 Shift 键，右键单击鼠标，选择“自”，单击生态停车位右下角点，用光标指引 X 轴正方向输入 92598 按 Enter 键确认直线的起点，用光标指引 Y 轴负方向，输入 12276 按 Enter 键确认直线的终点；输入“O”命令，生成铺地和花池的辅助线；输入“TR”命令，将辅助线进行修剪，结果如图 21-43 所示。

图 21-42　绘制花坛和雕塑

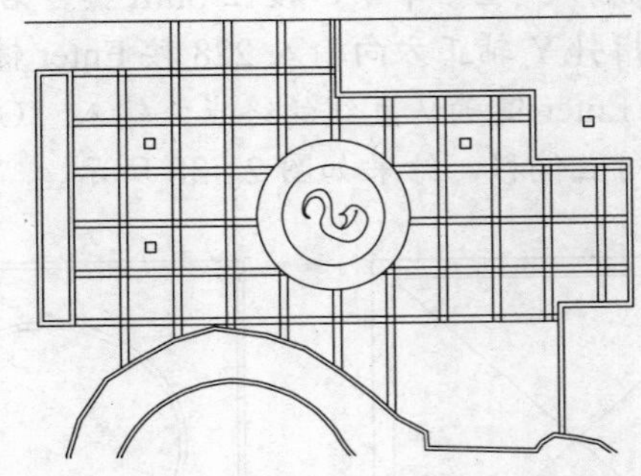

图 21-43　绘制铺地

12 输入“L”命令，按住 Shift 键，右键单击鼠标，选择“自”，单击亲水平台右下角点，输入（@11748，-2501）按 Enter 键确认多段线的起点，用光标指引 X 轴负方向输入 3500；输入“绘图｜圆弧｜起点、端点、半径”命令，单击直线的端点，输入（@-7678，-14900）按 Enter 键确认圆弧的终点，输入 10504 按 Enter 键确认半径值；输入“O”命令，偏移生成观景平台的辅助线；输入“TR”命令，将辅助线进行修剪，结果如图 21-44 所示。

13 输入“L”命令，按住Shift键，右键单击鼠标，选择“自”，单击上步创建圆弧的圆心，输入（@-9391，5137）按Enter键确认直线的起点，输入（@-3531，1894）按Enter键确认直线的终点；输入“O”命令，设置偏移距离为2550，将直线向下偏移；输入“EX”命令，将直线延伸至聚贤湖湖边小道，结果如图21-45所示。

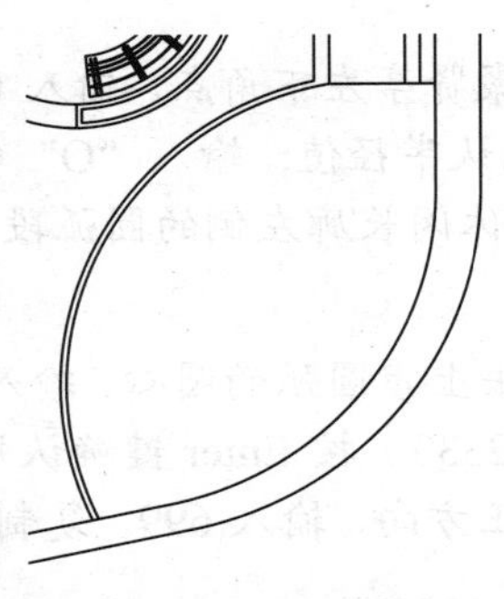
图21-44　绘制观景平台

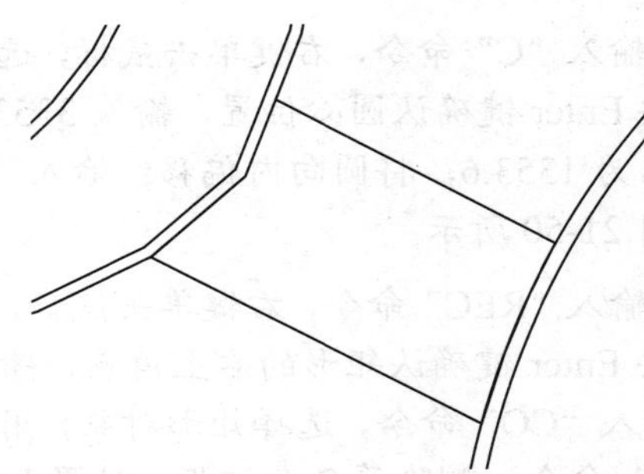
图21-45　绘制小桥

21.2 绘制办公楼广场周围景观和设施

办公楼广场周围景观和设施主要包括汀步、花池、石桌和灯柱等。

21.2.1 绘制休闲石桌

01 输入“C”命令，在绘图区中空白处绘制一个半径为1280的圆；输入“C”命令，按住Shift键，右键单击鼠标，选择“自”，单击圆心，输入（@-92，-33）按Enter键确认圆心位置，输入480按Enter键确认半径值，结果如图21-46所示。

02 输入“C”命令，按住Shift键，右键单击鼠标，选择“自”，单击第二个圆的圆心，输入（@-580，-357）按Enter键确认圆心位置，输入128按Enter键确认半径值，结果如图21-47所示。

03 输入“AR”命令，选择“极轴阵列”方式，指定圆桌面的圆心为中心点，设置项目总数为4，填充角度为360，将小石凳进行阵列复制，结果如图21-48所示。

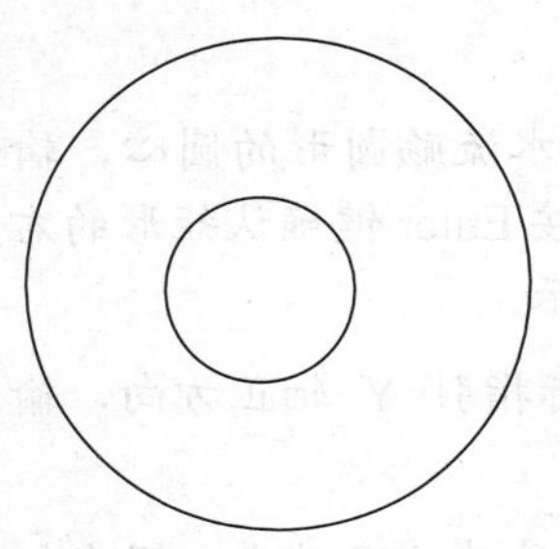
图21-46　绘制桌面和地面平台

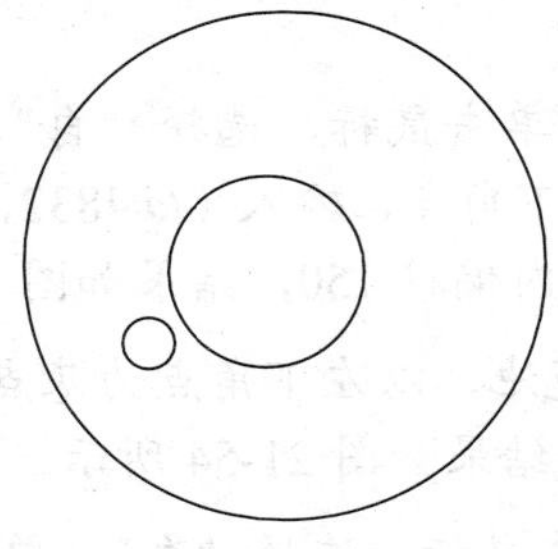
图21-47　绘制小石凳

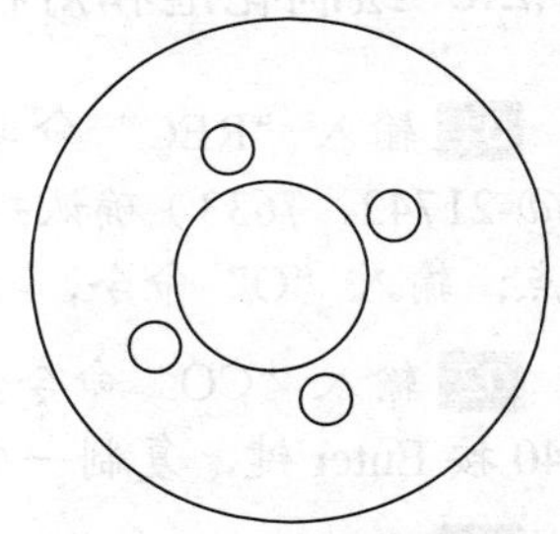
图21-48　阵列石凳

04 输入“M”命令，选择休闲石桌，指定休闲石桌外圆的圆心为基点，右键单击鼠标，选择“自”，单击亲水平台左上角点，输入（@-19181，15246）按Enter键确认休闲石桌位置；

输入“CO”命令，选择休闲石桌，指定休闲石桌外圆的圆心为基点，输入（@18948，-37821）按 Enter 键确认另一个休闲石桌位置，结果如图 21-49 所示。

21.2.2 绘制汀步

01 输入“C”命令，右键单击鼠标，选择“自”，单击聚贤亭左下角点，输入（@-19025，1269）按 Enter 键确认圆心位置，输入 3353.6 按 Enter 键确认半径值；输入“O”命令，设置偏移距离为 1353.6，将圆向内偏移；输入“TR”命令，将休闲长廊左侧的圆弧段进行修剪，结果如图 21-50 所示。

02 输入“REC”命令，右键单击鼠标，选择“自”，单击上步圆弧的圆心，输入（@3728，1022）按 Enter 键确认矩形的右上角点，输入（@333.5，-2333）按 Enter 键确认矩形的右上角点；输入“CO”命令，选择矩形对象，用光标指引 X 轴正方向，输入 699，复制多个汀步；输入“E”命令，删除第 7 个汀步，结果如图 21-51 所示。

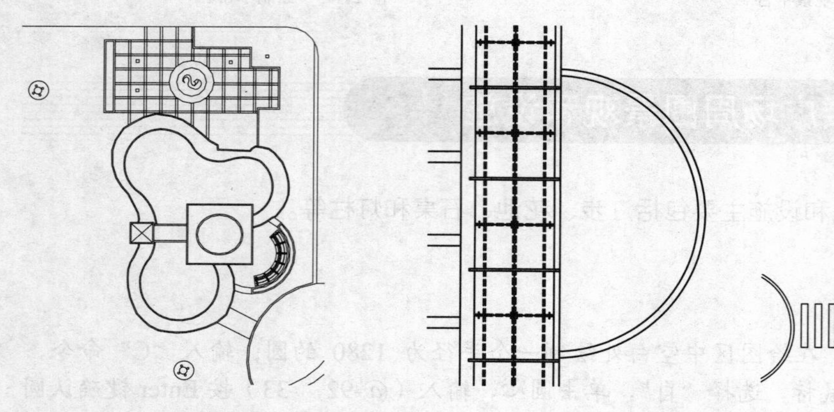

图 21-49　复制休闲石桌　　图 21-50　绘制圆弧　　图 21-51　绘制直线汀步

03 输入“PL”命令，绘制出汀步辅助线；输入“REC”命令，绘制一个尺寸为 1024×384 的矩形和一个尺寸为 512×192 的矩形；输入“B”命令，将两矩形分别定义成块，基点为中心点；输入“ME”命令，选择多段线对象，输入选项“B”，输入块名按 Enter 键，输入等分线段长度按 Enter 键，即可完成汀步的绘制，结果如图 21-52 所示。

21.2.3 绘制花池和灯柱

01 输入“REC”命令，右键单击鼠标，选择“自”，单击曲水流觞圆形的圆心，输入（@-21742，7633）确认矩形的左下角点，输入（@4832，1902）按 Enter 键确认矩形的右上角点；输入“O”命令，将矩形向内偏移 150，结果如图 21-53 所示。

02 输入“CO”命令，选择花池，以左下角点为基点，用光标指引 Y 轴正方向，输入 3840 按 Enter 键，复制一个花池，结果如图 21-54 所示。

03 输入“L”命令，右键单击鼠标，选择“自”，单击北面花池左上角端点，用光标指引 Y 轴正方向，输入 1920 按 Enter 键，用光标指引 Y 轴负方向，输入 15357 按 Enter 键，用光标指引 X 轴负方向，输入 3036 按 Enter 键；输入“O”命令，生成灯柱池围边的辅助线；输入“TR”命令，将辅助线进行修剪，结果如图 21-55 所示。

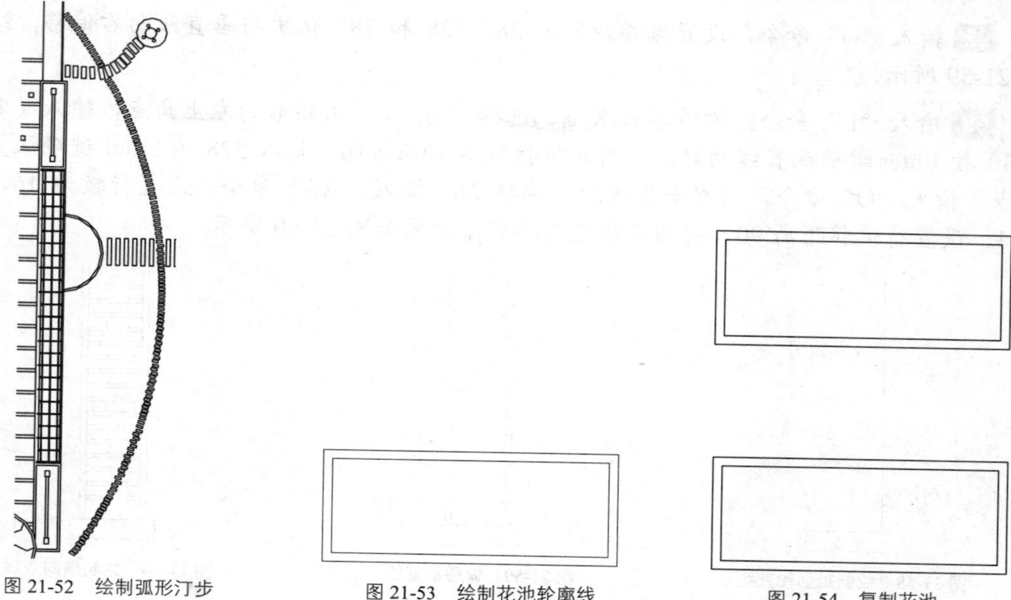
图 21-52　绘制弧形汀步　　图 21-53　绘制花池轮廓线　　图 21-54　复制花池

04 输入“REC”命令，右键单击鼠标，选择“自”，单击灯柱池围边右下角点，输入（@-2357，853）按 Enter 键确认矩形的左下角点，输入（@384，384）按 Enter 键确认矩形的右上角点；输入“C”命令，以矩形的中心点为圆心，半径为 99；输入“L”命令，选择“自”，单击圆心，用光标指引 X 轴负方向，输入 130 按 Enter 键确认直线的起点，用光标指引 X 轴正方向，输入 260 按 Enter 键确认直线的端点；输入“L”命令，选择“自”，单击圆心，用光标指引 Y 轴负方向，输入 130 按 Enter 键确认直线的起点，用光标指引 Y 轴正方向，输入 260 按 Enter 键确认直线的端点，结果如图 21-56 所示。

05 输入“CO”命令，选择灯柱，指定灯柱左下角点为基点，用光标指引 Y 轴正方向，依次输入 3845 和 3836 按 Enter 键确认灯柱的插入点，结果如图 21-57 所示。

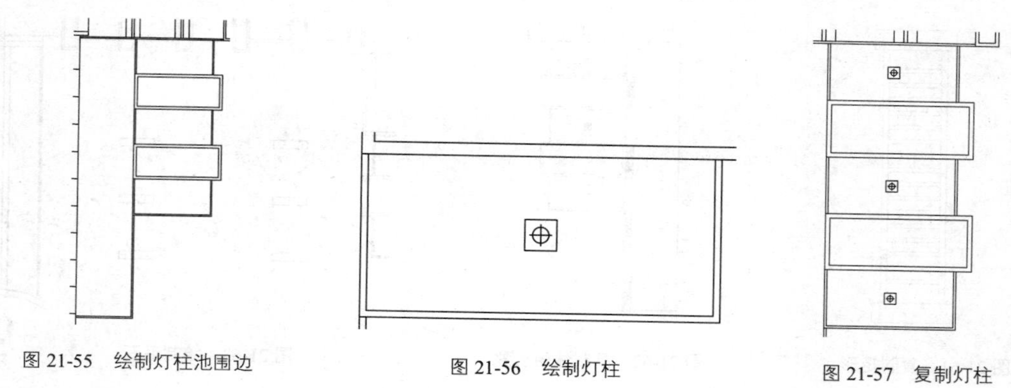
图 21-55　绘制灯柱池围边　　图 21-56　绘制灯柱　　图 21-57　复制灯柱

21.2.4 绘制休闲长凳和毛石

01 输入“REC”命令，绘制一个尺寸为 512×128 的矩形；输入“L”命令，右键单击鼠标，选择“自”，单击矩形左上角点，用光标指引 X 轴正方向，输入 54 按 Enter 键确认直线的起点，用光标指引 Y 轴正方向，输入 1625 按 Enter 键确认直线的终点，结果如图 21-58 所示。

02 输入“O”命令，设置偏移距离为 38、328 和 38，依次将垂直线向右偏移，结果如图 21-59 所示。

03 输入“L”命令，右键单击鼠标，选择“自”，单击矩形的左上角点，输入（@92，128）按 Enter 键确认直线的起点，用光标指引 X 轴正方向，输入 328 按 Enter 键确认直线的终点；输入“O”命令，将水平直线向上偏移 26；输入“AR”命令，设置行数为 16，列数为 1，设置行偏移距离 90，将两直线进行阵列，结果如图 21-60 所示。

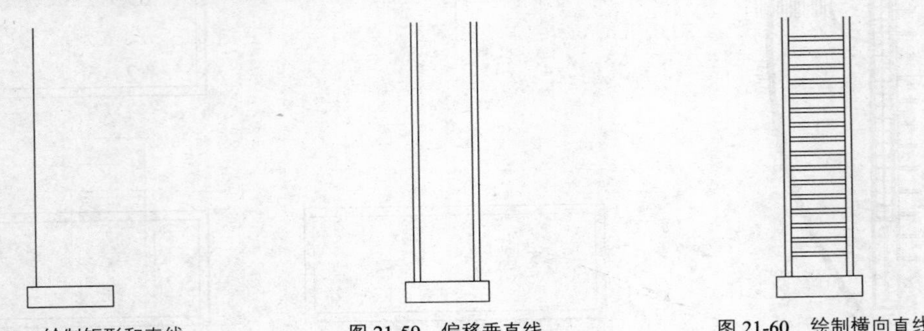

图 21-58　绘制矩形和直线　图 21-59　偏移垂直线　图 21-60　绘制横向直线

04 输入“CO”命令，将矩形进行复制，结果如图 21-61 所示。

05 输入“M”命令，选择休闲长凳，指定休息长凳的右下角点为基点，右键单击鼠标，选择“自”，单击灯柱围边内角点，输入（@-20，20）按 Enter 键确认休闲长凳的位置；输入“CO”命令，选择休闲长凳，以左下角点为基点，用光标指引 Y 轴正方向，输入 3830 按 Enter 键复制多个休闲长凳，结果如图 21-62 所示。

06 输入“REC”命令，右键单击鼠标，选择“自”，单击灯柱围边右下角点，输入（@3100，-247）按 Enter 键确认矩形的左下角点，输入（@1600，384）按 Enter 键确认矩形的右上角点；输入“AR”命令，选择阵列的类型为矩形阵列，设置行数为 3，列数为 2，行偏移为 2700，列偏移 7200，将矩形进行阵列，结果如图 21-63 所示。

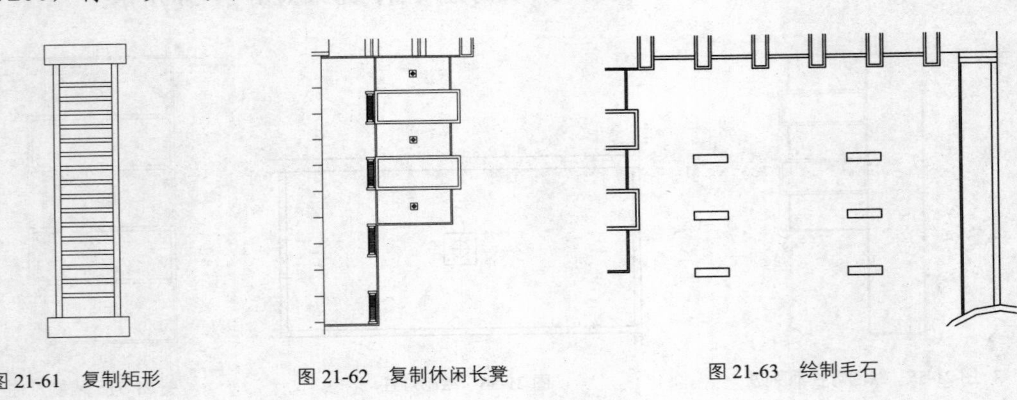

图 21-61　复制矩形　图 21-62　复制休闲长凳　图 21-63　绘制毛石

21.2.5 绘制台阶

01 输入“L”命令，右键单击鼠标，选择“自”，单击右侧生态停车场右下角点，用光标指引 Y 轴负方向，输入 1950，按 Enter 键确认直线的起点，用光标指引 Y 轴正方向，输入 18200 按 Enter 键，用光标指引 X 轴正方向，输入 6110 按 Enter 键；输入“O”命令，设置偏移距离为 500，将垂直线向右偏移，设置偏移距离为 3000，将水平直线向下偏移；输入“TR”

命令，将多余的线段进行修剪，结果如图 21-64 所示。

02 输入“L”命令，单击上步创建垂直线的下端点，用光标指引 X 轴正方向，输入 3611 按 Enter 键；输入“O”命令，生成台阶和休息平台的辅助线，台阶宽度为 400，休息平台宽度为 2000；输入“TR”命令，将多余的辅助线进行修剪，结果如图 21-65 所示。

03 输入“PL”命令，右键单击鼠标，选择“自”，单击台阶左下角端点，输入（@1998，-432）按 Enter 键确认多段线起点，用光标指引 Y 轴正方向，输入 17128 按 Enter 键，用光标指引 X 轴正方向，输入 2390 按 Enter 键，输入选项“W”按 Enter 键，设置起点宽度为 500，端点宽度为 0，输入 1700 按 Enter 键，完成方向箭头的绘制，结果如图 21-66 所示。

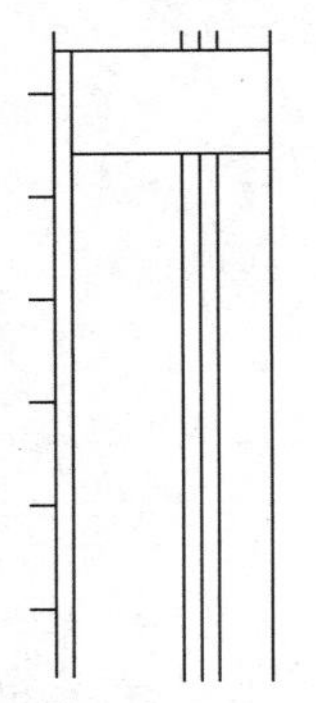

图 21-64　绘制平台和台阶挡土墙

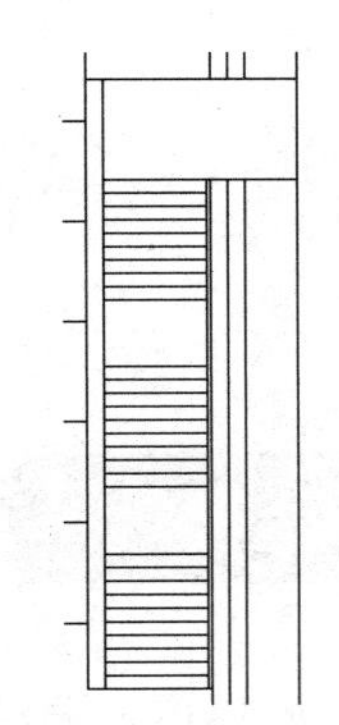

图 21-65　绘制台阶和休息平台

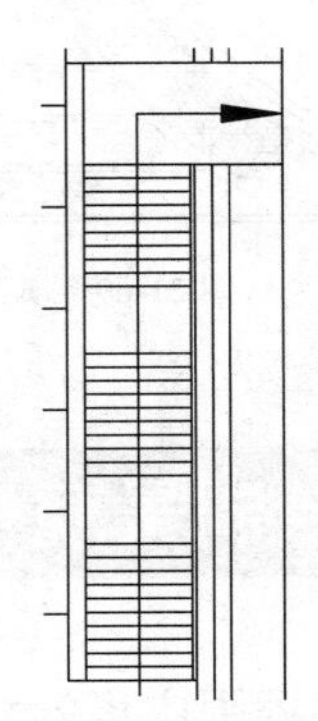

图 21-66　绘制台阶方向箭头

21.2.6 填充材料图例

01 新建“填充”图层，颜色为灰色，并将其置为当前层。

02 输入“H”命令，设置图案为 ANSI37，填充比例为 600，填充角度为 45，填充麻石广场铺地的结果如图 21-67 所示。

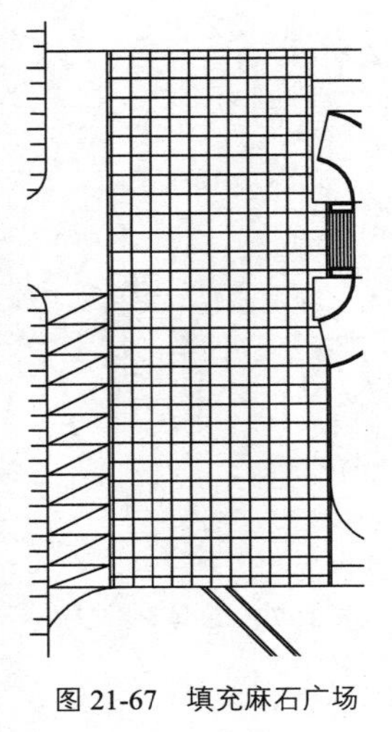

图 21-67　填充麻石广场

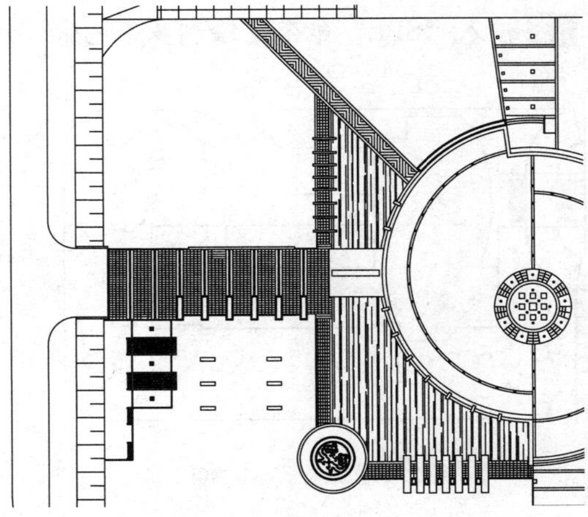

图 21-68　填充中心广场左侧区域

03 重复输入“H”命令，填充其他区域的材料图例。

04 中心广场左侧区域的填充结果如图 21-68 所示；中心广场右侧花坛填充结果如图

21-69 所示；聚贤湖区域填充结果如图 21-70 所示。

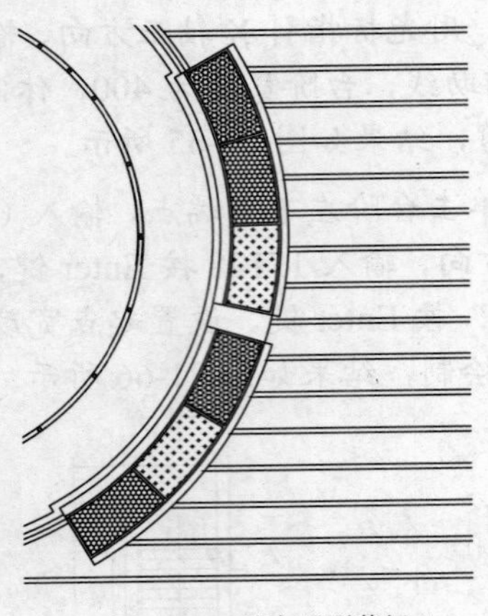
图 21-69 填充弧形花坛

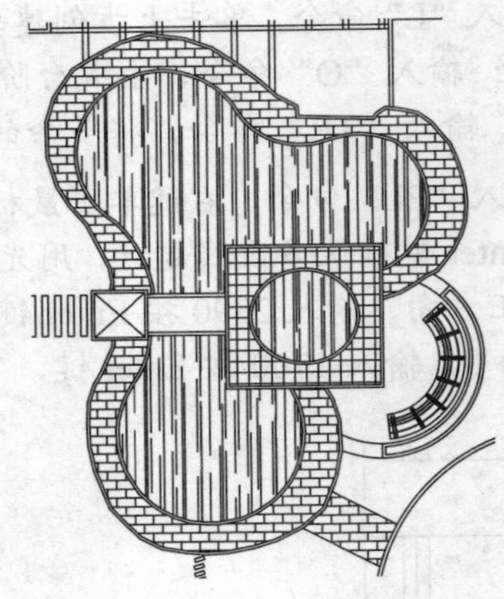
图 21-70 填充聚贤湖区域

21.3 绘制景观植物和引线标注

办公楼周围广场的绿化配置有其独有的特点。园林是以树木、花草、山石和水面等自然景物为主体，以建筑小品为点缀，来衬托自然景物。

21.3.1 绘制地被植物

1. 绘制色叶植物造型

01 新建“绿化”图层，颜色设为绿色，并将其置为当前层。

02 输入“REVCLOUD”命令，绘制景观植物群，结果如图 21-71 所示。

03 输入“SPL”命令，绘制多条色带，结果如图 21-72 所示。

图 21-71 绘制景观植物群

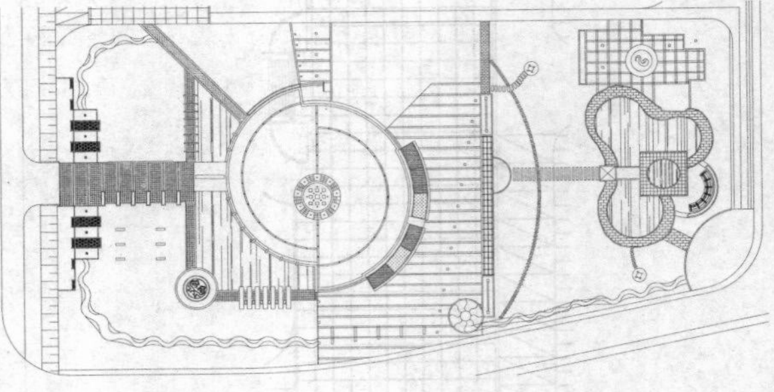
图 21-72 绘制多条色带

2. 绘制彩色灌木造型

01 输入“C”命令，绘制一个半径为 1600 的圆；输入“O”命令，将圆向内进行偏移，偏移距离依次为 228、457 和 560，结果如图 21-73 所示。

02 输入“CO”命令，选择所有圆，以圆心为基点，用光标指引X轴正方向，输入2871按Enter键，复制圆形，多次重复命令，结果如图21-74所示。

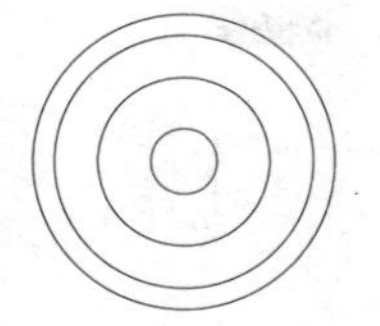

图21-73 绘制圆

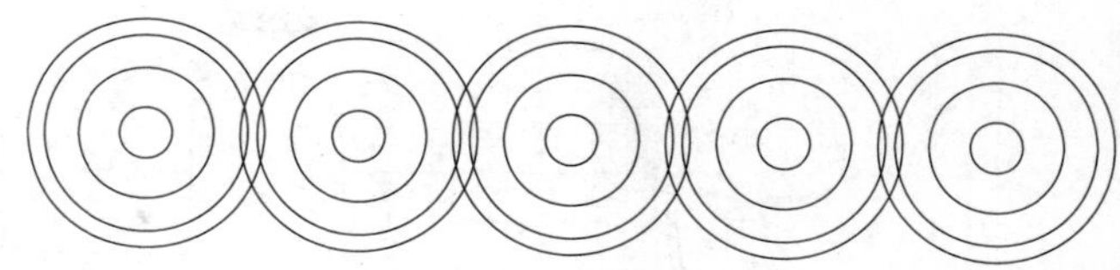

图21-74 复制圆形

03 输入“TR”命令，将灌木造型多余的圆弧段进行修剪，结果如图21-75所示。

04 输入“PL”命令，在第三个圆内绘制多段线；输入“C”命令，以圆心为圆心，绘制一个半径为40的圆；输入“CO”命令，复制多段线和小圆，结果如图21-76所示。

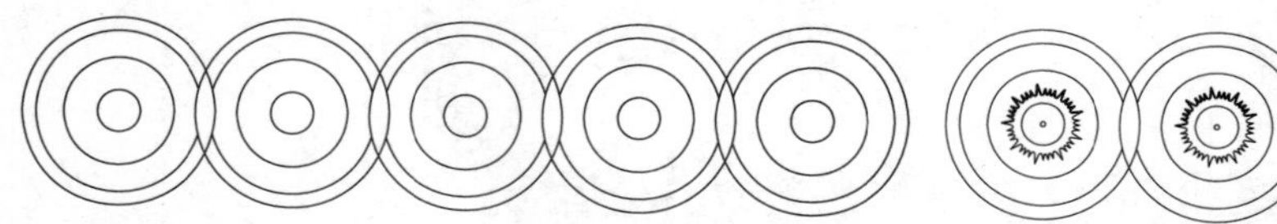

图21-75 修剪圆弧

图21-76 绘制多段线和小圆

05 输入“H”命令，对彩色灌木造型进行图案填充，并设置不同的颜色；输入“E”命令，删除辅助圆形，结果如图21-77所示。

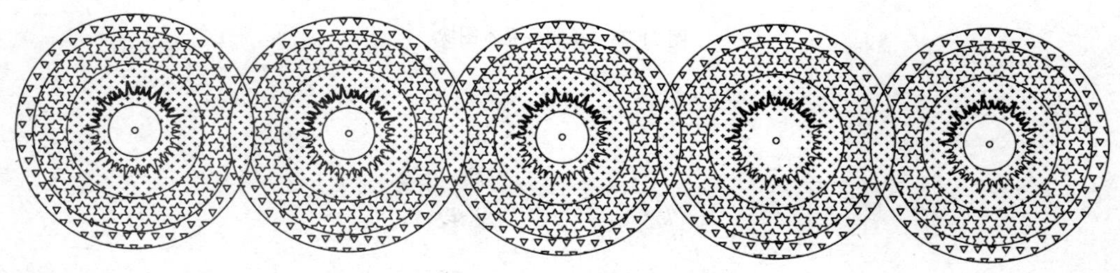

图21-77 填充彩色灌木

21.3.2 插入乔灌木图块

本例中的乔灌木种类有很多，其绘制方法参照第08章中的绘制方法进行绘制。

01 新建“乔灌木”图层，颜色设为绿色，并将其置为当前层。

02 输入“I”命令，在弹出的对话框中单击“浏览”按钮，找到本书配套光盘中的乔灌木图例，将其插入到图中；输入“CO”命令，复制其他乔灌木图块，结果如图21-78所示。

21.3.3 引线标注和文字标注

01 新建“标注”图层，颜色设为白色，并将其置为当前层。

02 在“默认”选项卡中，单击“注释”面板中的“多重引线样式”按钮，新建“样式1”，设置方法与前面相同。

03 输入“MLD”命令，对图形进行引线标注，结果如图 21-79 所示。

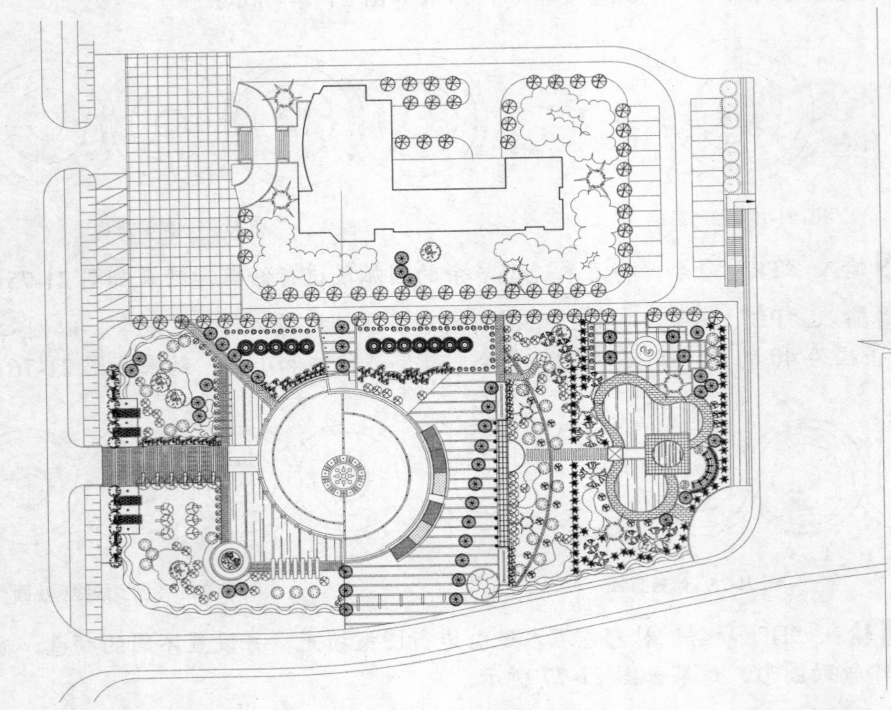

图 21-78 绘制乔灌木图块

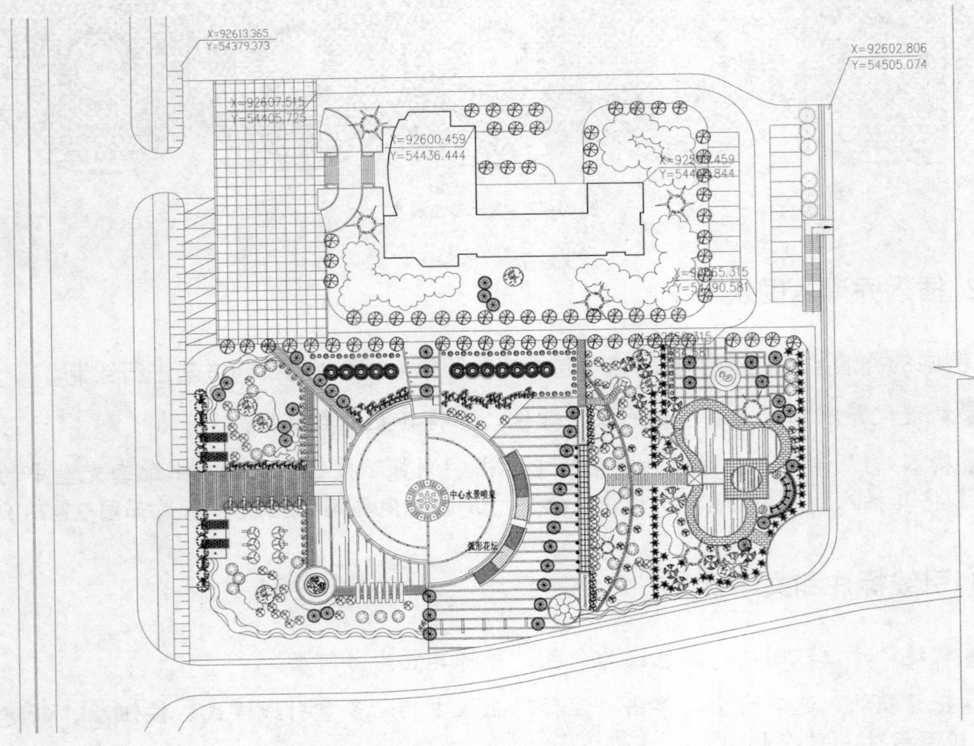

图 21-79 引线标注

04 新建“文本”图层，颜色为白色，并将其置为当前层，输入“T”命令，对图形进行文字标注，最终效果如图 21-80 所示。

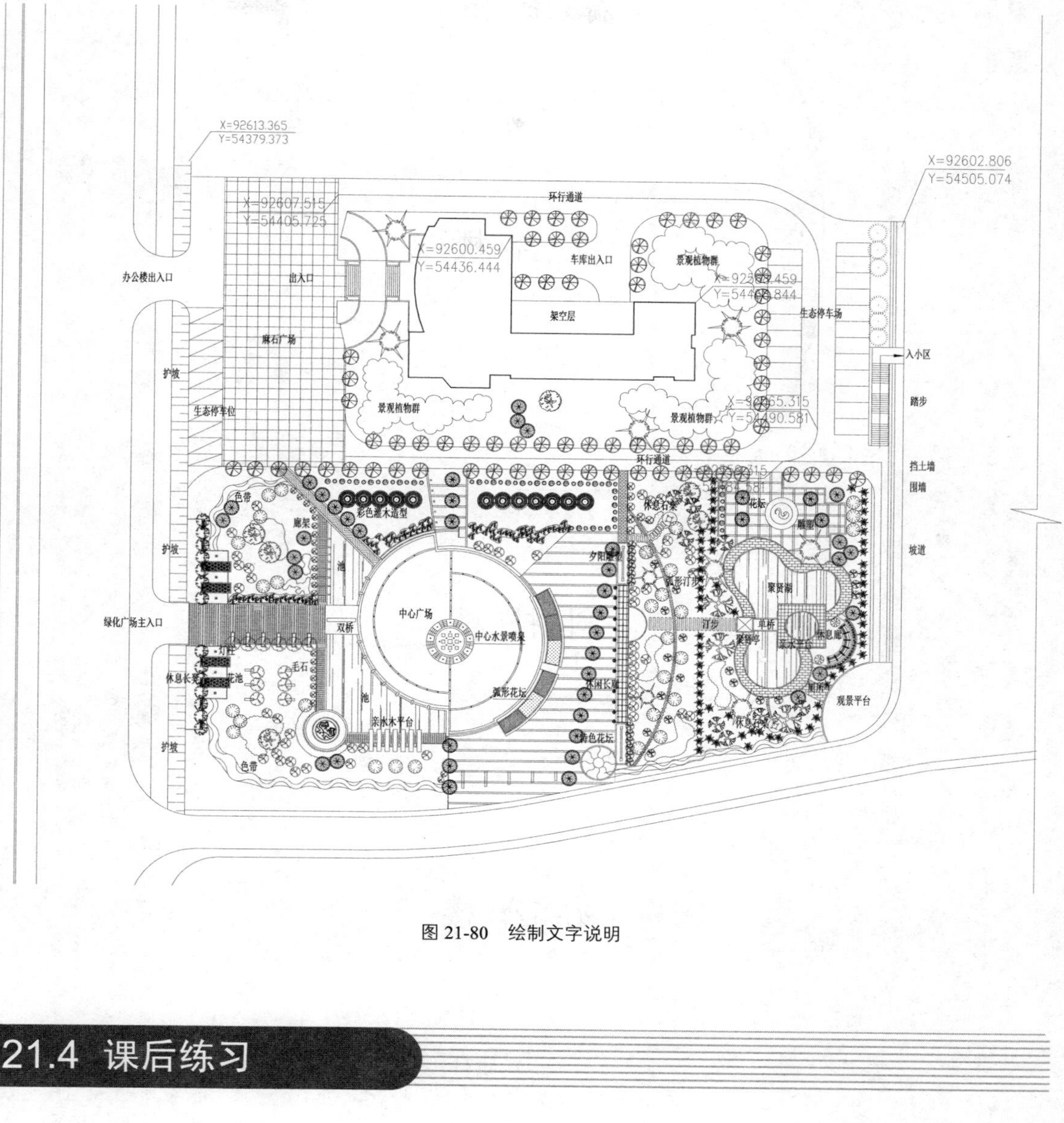

图 21-80　绘制文字说明

21.4 课后练习

绘制如图 21-81 所示厂区景观设计平面图。

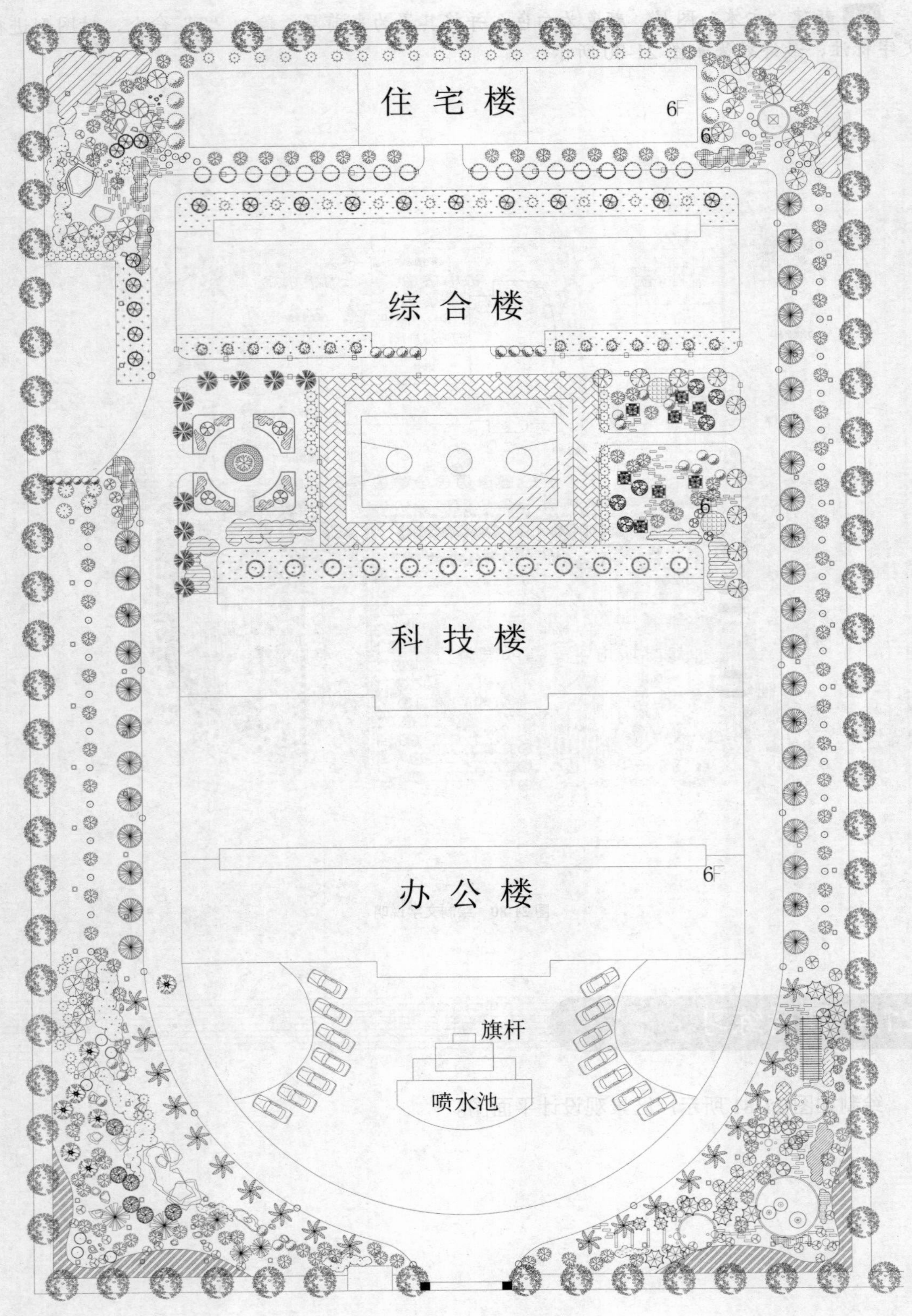

图 21-81 厂区景观设计平面图

第22章 城市道路绿地设计实例

本章导读

本章主要介绍城市道路绿地设计平面图的绘制方法，原场地是某城市主干道的绿地。城市道路绿地设计，主要以植物造景为主，其他景观元素适当点缀即可。

本章重点

- 绘制整体轮廓
- 绘制绿地景观元素
- 绘制植物
- 课后练习

本章绘制完成的城市道路绿地设计总平面图最终效果如图 22-1 所示。

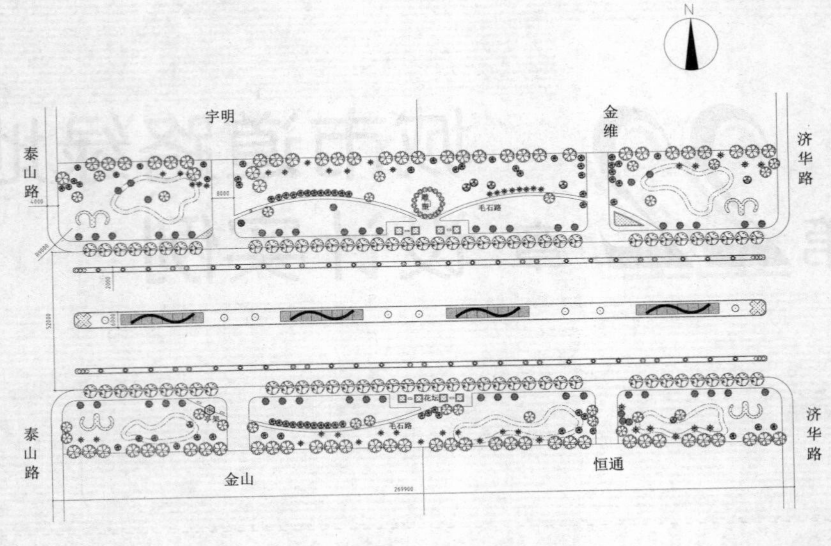

图 22-1　城市道路绿地设计总平面图

22.1 绘制整体轮廓

本例是截取某城市道路绿地中的一段，整体轮廓主要包括道路轮廓、绿地轮廓及中间隔离带轮廓等。首先绘制出大体框架，然后再在此基础上进行细部绘制。

22.1.1 绘制道路轮廓

01 新建“道路”图层，并置于当前层，输入“L”命令，绘制长度为 269900 的水平线段，表示轴线；绘制长度为 55500 垂直线段，表示绿地外轮廓线；输入“O”命令，偏移垂直线段，偏移参数及绘制结果如图 22-2 所示。

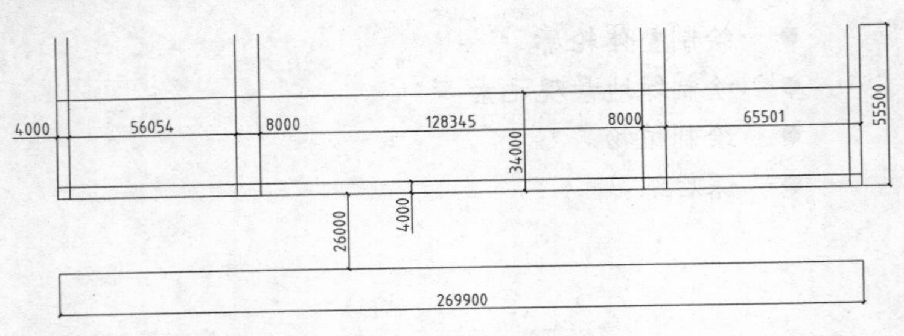

图 22-2　绘制线段

02 输入“F”命令，对图形进行不修剪圆角，然后输入“TR”命令，整理图形，输入“L”命令，绘制分割线，如图 22-3 所示。

03 输入“MI”命令，对图形进行镜像，如图 22-4 所示。

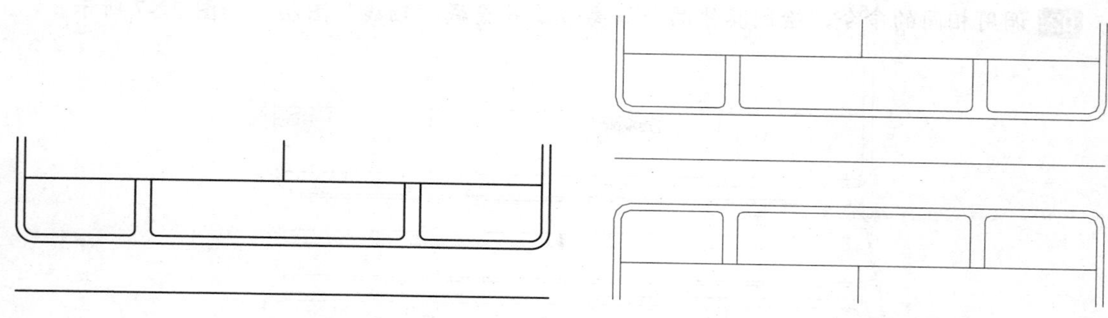

图 22-3　圆角图形

图 22-4　镜像图形

04 输入“DT”命令，设置文字高度为 4000，进行文字标注，如图 22-5 所示。

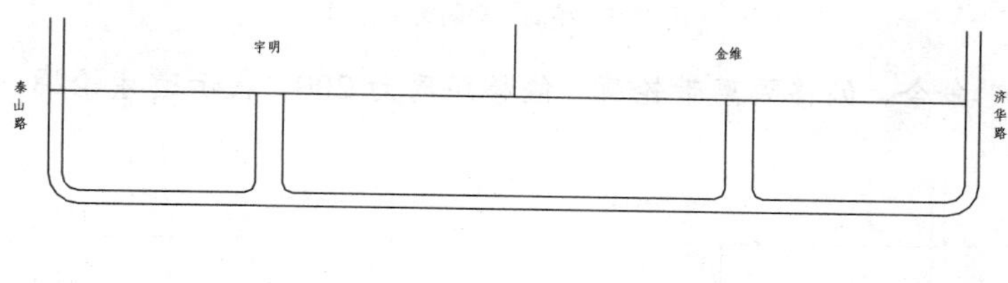

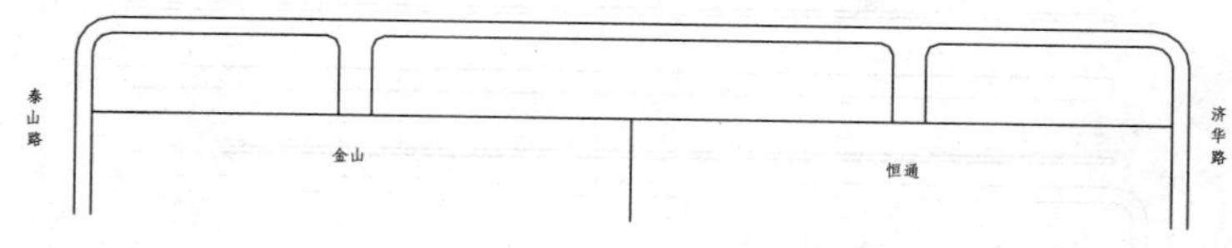

图 22-5　文字标注

22.1.2 绘制绿化隔离带

01 新建“隔离带”图层，并置于当前层，输入“O”命令，将轴线分别向上下偏移 3000，输入“L”命令，连接偏移的水平线段。然后输入“F”命令，对绘制好的线段进行圆角，圆角半径为 1800，如图 22-6 所示。

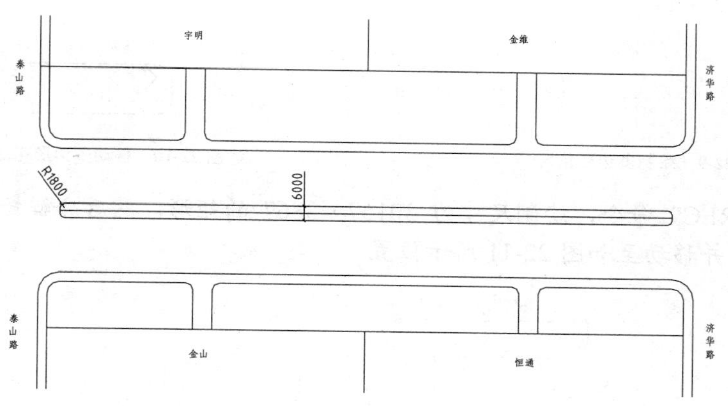

图 22-6　绘制道路隔离带轮廓

02 调用相同的命令，绘制其他两个隔离带，并隐藏“轴线”图层，如图 22-7 所示。

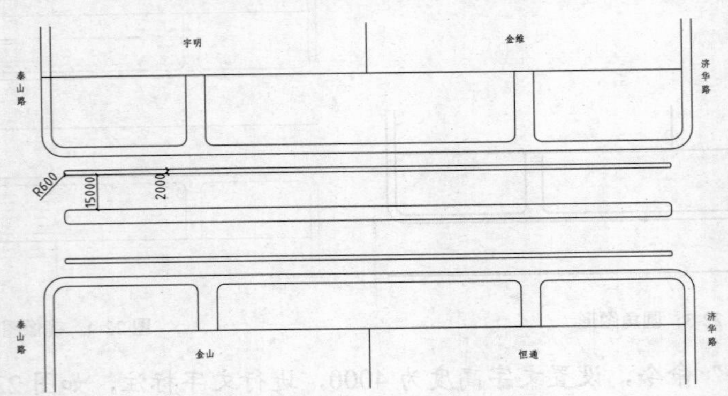

图 22-7　绘制其他隔离带轮廓

03 输入“O”命令，偏移隔离带轮廓，偏移距离为 200，表示道牙轮廓，如图 22-8 所示。

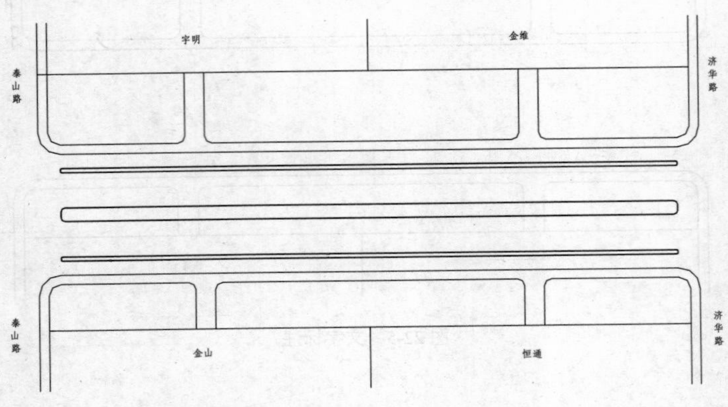

图 22-8　绘制道牙

04 新建“绿化”图层，并置于当前层，输入“PL”命令，绘制如图 22-9 所示图形。

05 输入“RO”命令，将上一步绘制的图形旋转 45°，并将其移动复制至相应位置，如图 22-10 所示。

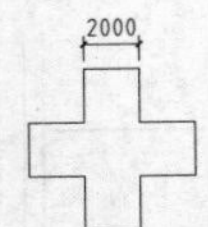

图 22-9　绘制多边形花坛

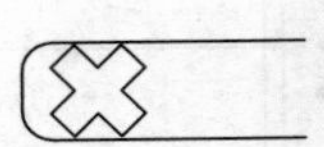

图 22-10　移动多边形花坛

06 输入“REC”命令，绘制尺寸为 30157×3867 的矩形，然后分解矩形，偏移矩形左边，偏移 7 次，并移动至如图 22-11 所示位置。

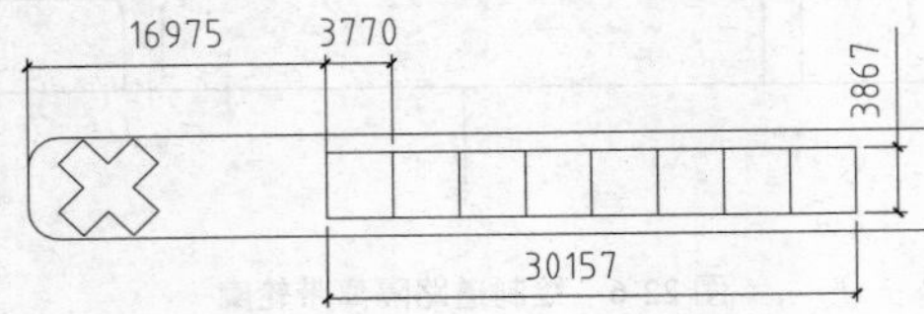

图 22-11　绘制绿篱外轮廓

07 输入“AR”命令，阵列绿篱，列数为 4，列距为 58077，行数为 1，如图 22-12 所示。

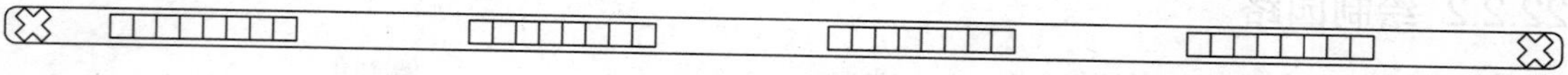

图 22-12　阵列绿篱

22.2 绘制绿地景观元素

确定道路整体框架后，接下来即可对绿地景观图形进行绘制，本小节将绘制入口花坛、小园路和其他景观小品。

22.2.1 绘制小广场花坛

01 新建“园林小品”图层，并置于当前层，输入“REC”命令，绘制 30000×5000 的矩形，并将其移动至合适的位置；输入“TR”“E”命令，整理图形，如图 22-13 所示，利用相同的方法绘制另一边图形。

02 输入“REC”命令，绘制边长为 3000×3000 的矩形，并输入“O”命令，将矩形向内依次偏移 200、200，然后移动至相应的位置，如图 22-14 所示。

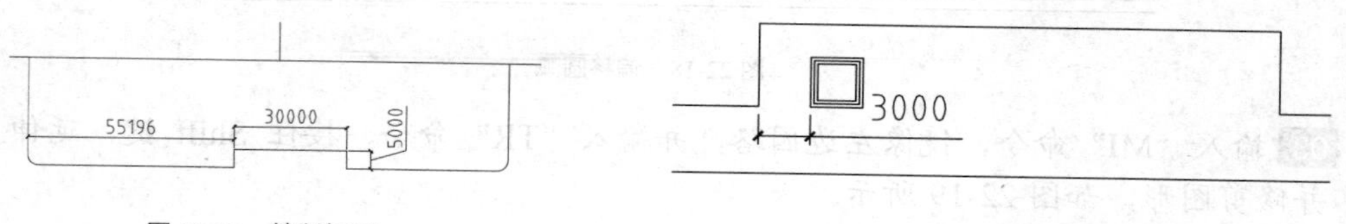

图 22-13　绘制矩形

图 22-14　绘制花坛轮廓

03 输入“CO”命令，复制花坛，如图 22-15 所示。

04 输入“REC”绘制 1500×600 矩形，表示休息坐凳，并复制与花坛中间位置，然后输入“MI”命令，镜像花坛和坐凳，如图 22-16 所示。

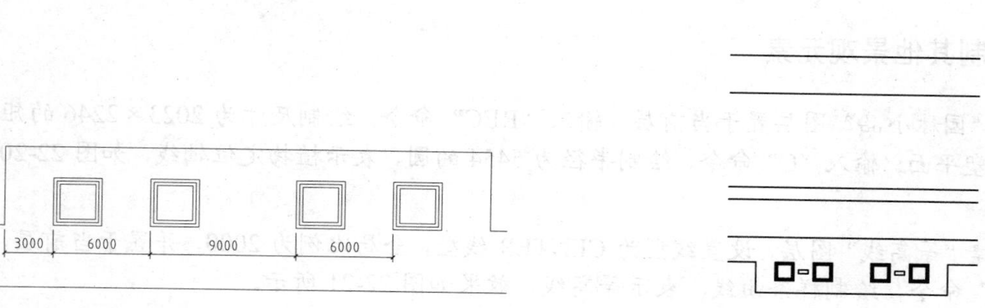

图 22-15　复制花坛

图 22-16　镜像花坛和坐凳

22.2.2 绘制园路

01 新建“园路”图层，并置于当前层，输入“A”命令，拾取A点位圆弧起点，指定B点为圆弧端点，绘制半径为77167的圆弧，输入“MI”命令，镜像圆弧，并输入“EX”命令，延伸镜像圆弧，如图22-17所示。

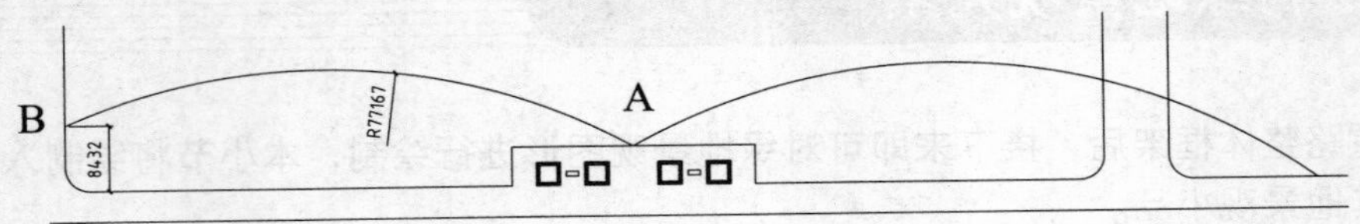

图 22-17 绘制圆

02 输入“O”命令，偏移上一步绘制的圆弧，偏移距离为1200，表示园路，并输入“TR”命令，修剪图形，如图22-18所示。

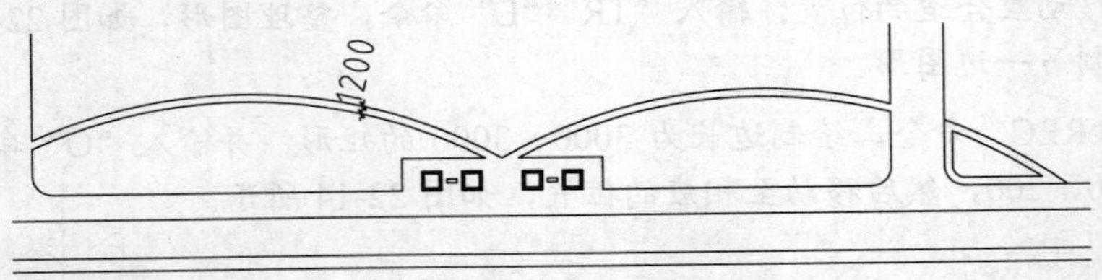

图 22-18 偏移圆弧

03 输入“MI”命令，镜像左边园路，并输入“TR”命令，按住Shift键，延伸上边圆弧，并修剪图形，如图22-19所示。

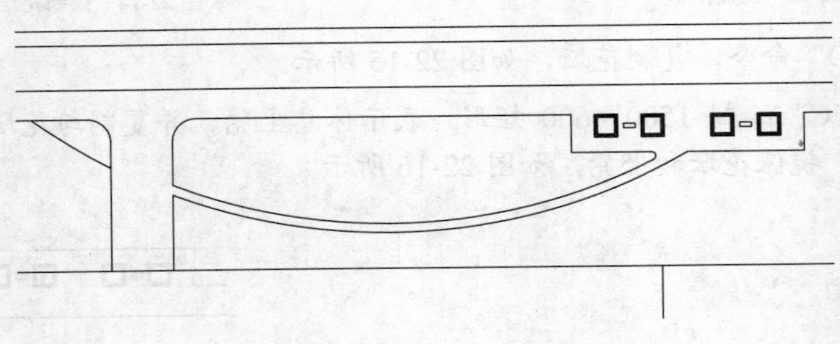

图 22-19 镜像左园路

22.2.3 绘制其他景观元素

01 将“园林小品”图层置于当前层，输入“REC”命令，绘制尺寸为2023×2246的矩形，表示雕塑平面；输入“C”命令，绘制半径为5454的圆，表示植物定位轴线，如图22-20所示。

02 新建“等高线”图层，设置线型为CENTER线型，全局比例为2000，并置于当前层，输入“SPL”命令，绘制样条曲线，表示等高线，效果如图22-21所示。

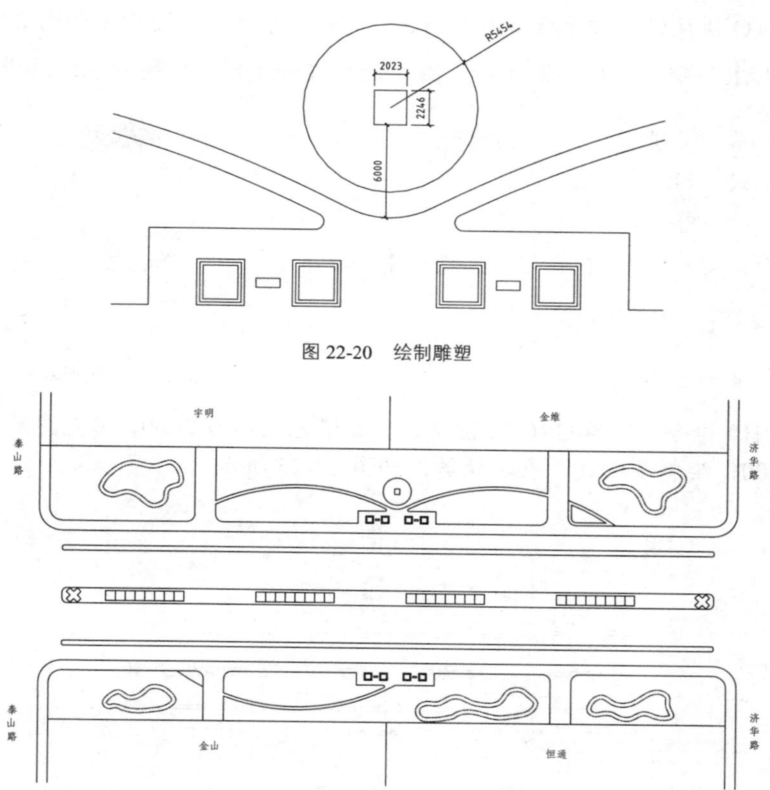

图 22-20　绘制雕塑

图 22-21　绘制等高线

03 按 Ctrl+O 快捷键，打开随书附赠图例，复制凉亭平面图至当前图形中，复制之前绘制好的休息坐凳，并将凉亭和坐凳移动至相应位置，如图 22-22 所示。

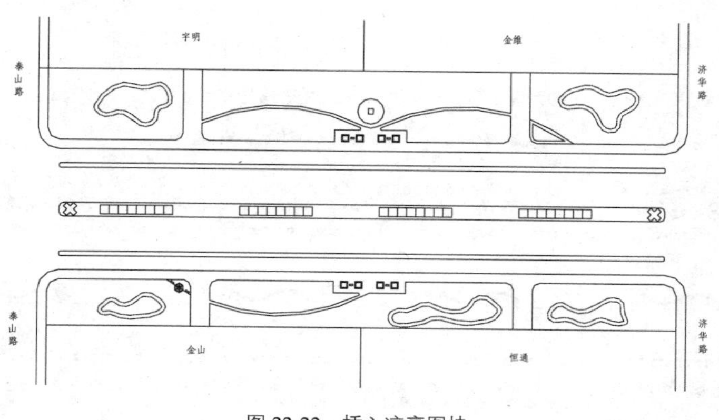

图 22-22　插入凉亭图块

22.3 绘制植物

道路轮廓及绿地景观细部绘制完成，将对植物进行绘制，这里植物图例的绘制方法就不赘述了，主要使用插入命令，进行绘制。

01 按 Ctrl+O 快捷键，打开随书附赠图例，复制“紫叶李”图例至如图 22-23 所示位置。

02 输入“AR”命令，对“紫叶李”图例进行极轴阵列，阵列数 12，如图 22-24 所示。

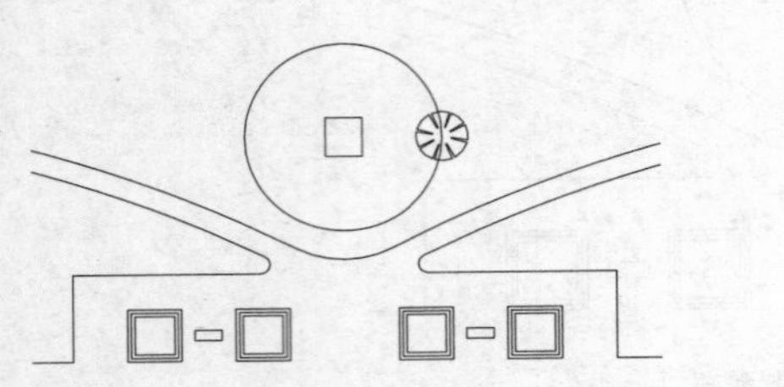

图 22-23　插入图块

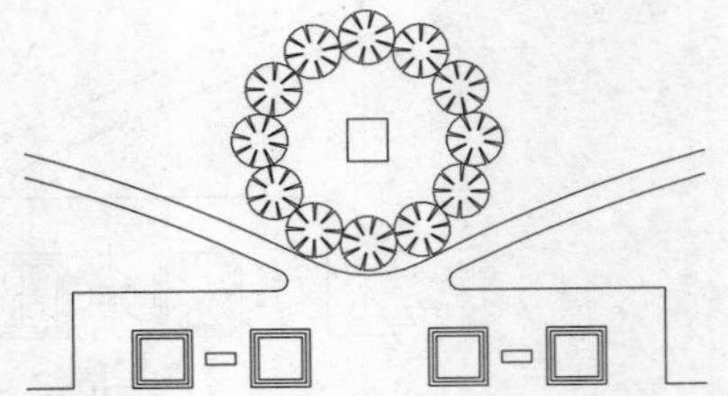

图 22-24　阵列图块

03 输入“H”命令，选择 CROSS 图案，设置填充比例为 2000，填充图案，并输入“PL”设置宽度为 1000，绘制多段线，表示绿篱，如图 22-25 所示。

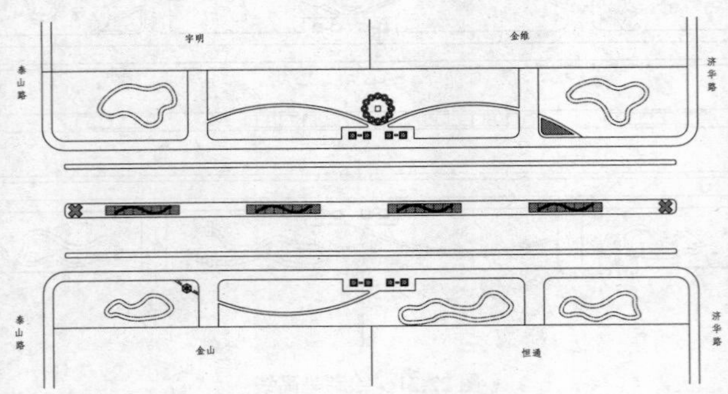

图 22-25　填充图案

04 使用相同的方法，复制其他植物图例至相应的位置，如图 22-26 所示。

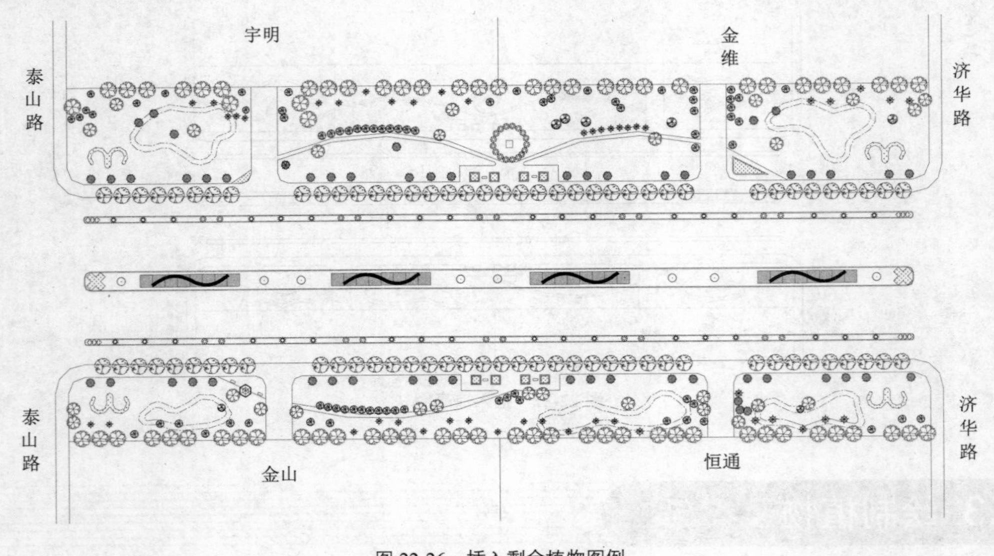

图 22-26　插入剩余植物图例

05 输入“DT”命令，对图形进行文字标注，如图 22-26 所示。

06 输入“C”“PL”“H”命令，绘制指北针，并移动至合适的位置；使用“DLI”“DRA”

命令，对图形道路宽度及转角半径进行尺寸标注，然后输入“MT”命令和“PL”命令，绘制图名，结果如图 22-1 所示，城市道路绿地设计平面图绘制完成。

22.4 课后练习

绘制如图 22-27 所示的街头绿地景观设计平面图。

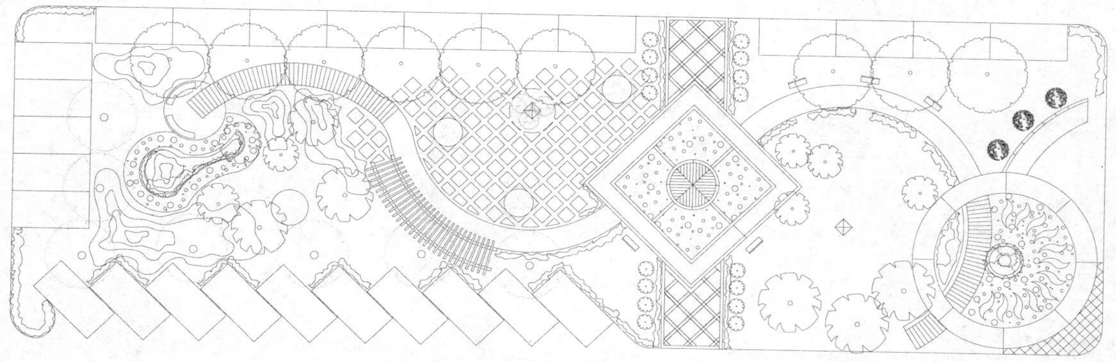

图 22-27　街头绿地景观设计平面图